W0063805

UTB **2280**

Eine Arbeitsgemeinschaft der Verlage

Beltz Verlag Weinheim und Basel
Böhlau Verlag Köln · Weimar · Wien
Wilhelm Fink Verlag München
A. Francke Verlag Tübingen und Basel
Paul Haupt Verlag Bern · Stuttgart · Wien
Verlag Leske + Budrich Opladen
Lucius & Lucius Verlagsgesellschaft Stuttgart
Mohr Siebeck Tübingen
C. F. Müller Heidelberg
Ernst Reinhardt Verlag München und Basel
Ferdinand Schöningh Verlag Paderborn · München · Wien · Zürich
Eugen Ulmer Verlag Stuttgart
Vandenhoeck & Ruprecht Göttingen
WUV   Facultas · Wien

Beate Jessel / Kai Tobias

Ökologisch orientierte Planung

Eine Einführung in Theorien, Daten und Methoden

99 Abbildungen
66 Kästen
92 Tabellen
16 Farbtafeln

Verlag Eugen Ulmer Stuttgart

Prof. Dr. Beate Jessel, geb. 1962 in Stuttgart, Promotion (Dr. agr.) 1998 an der TU München-Weihenstephan. Mehrjährige Tätigkeit in einem Planungsbüro, ab 1992 Betreuung des Referats „Ökologisch orientierte Planungen" an der Bayerischen Akademie für Naturschutz und Landschaftspflege in Laufen/Salzach. 1999 Ruf auf den Lehrstuhl für Landschaftsplanung am Institut für Geoökologie der Universität Potsdam. Tätigkeits- und Forschungsschwerpunkte: Theorie und Methoden der ökologisch orientierten Planung, Landschaftsästhetik, Umsetzung ökologischer Daten in die Planung.

Prof. Dr. Kai Tobias, geb. 1961 in Helmstedt (Niedersachsen), Promotion (Dr. agr.) 1990 an der TU München-Weihenstephan. Tätigkeiten: Projektsteuerungsgruppe Ökosystemforschung Berchtesgaden an der TU München, Geschäftsstelle Ökosystemforschung Wattenmeer am Umweltbundesamt, Sachgebiet Landschaftsplanung/Eingriffsregelung beim Landesamt für Umweltschutz Sachsen-Anhalt, Projektleiter in einem privaten Planungsbüro, Dozent für Landschaftsplanung an der FH Erfurt. Seit 2000 Leiter des Lehr- und Forschungsgebietes „Ökologische Planung und UVP" an der Universität Kaiserslautern.

Die Deutsche Bibliothek - CIP-Einheitsaufnahme

Ein Titeldatensatz für diese Publikation ist bei Der Deutschen Bibliothek erhältlich.

ISBN 3-8252-2280-2 (UTB)
ISBN 3-8001-2784-9 (Ulmer)

© 2002 Verlag Eugen Ulmer GmbH & Co.
Wollgrasweg 41, 70599 Stuttgart (Hohenheim)
Printed in Germany
email: info@ulmer.de
Internet: www.ulmer.de
Lektorat: Dr. Friederike Hübner, Dr. Nadja Kneissler
Herstellung: Otmar Schwerdt
Satz: KL-Grafik, München
Druck: Gutmann, Talheim
Bindung: Koch, Tübingen

ISBN 3-8252-2280-2 (UTB-Bestellnummer)

Inhaltsverzeichnis

Vorwort

Der Begriff „Planung" umreißt hochkomplexe, prozessuale Geschehen, und so wäre es denn auch vermessen, ein Buch über „die" ökologisch orientierte Planung schreiben zu wollen. Um zu planen, d. h. Aussagen für unser Handeln zu treffen, bedarf es jedoch Argumente, die nachvollziehbar aufgebaut und inhaltlich unterfüttert sind – und genau hier leisten vorhandene Theorien, Daten und Methoden Hilfestellung. Über sie will das Buch einen Überblick vermitteln.

Trotz unseres Bemühens einer möglichst umfassenden Einführung in das Thema, werden wir dabei nicht wenige wichtige Aspekte und Einzelfragestellungen unberücksichtigt belassen haben. Dem Berufseinsteiger sei auch gleich ans Herz gelegt, dass ihn der Mangel der Unvollständigkeit bis zu seinem Berufsende in vielleicht drei bis vier Jahrzehnten ständig begleiten wird. Als Umweltplaner sind frau/man auf den Zusammenhang spezialisiert, weshalb umfassende Darstellungen, die auch Details enthalten, geradezu unmöglich sind. Entsprechende Versuche sind von interdisziplinär zusammen gesetzten Autorenteams gemacht worden, leiden aber an der unzulänglichen Durchgängigkeit des Dargestellten.

Als Anfang der 70er-Jahre die Beschäftigung mit der Umweltplanung in der Bundesrepublik Deutschland und auch in der damaligen DDR überhaupt begann, waren zunächst ganz andere Schwierigkeiten zu lösen. Es mangelte vor allem an Daten und Methoden, während es uns heute nicht wenig Mühe bereitet, die mittlerweile in großem Umfang erhobenen Daten mit einer angemessenen Methode interpretieren zu können, um auf dieser Grundlage planungsrelevante Zielstellungen und Maßnahmenpakete formulieren zu können. Diese komplexen Verfahrensschritte müssen gelernt werden. Das dazu erforderliche Handwerkszeug wurde in diesem Buch zusammengestellt. Wir bemühten uns, Definitionsstreitigkeiten weitgehend aus dem Wege zu gehen und diese Aufgabe den dafür besser geeigneten Grundlagenwissenschaftlern zu überlassen. Uns kam es vor allem darauf an, vielfach erprobte und seit langem bewährte Verfahrensweisen und Methoden darzustellen, die den erforderlichen fachlichen Anspruch aufweisen, den Anwender aber nicht überfordern. Nachvollziehbarkeit und Einfachheit sind wohl die wichtigsten Kriterien, die bei der Wahl eines Analyse- und Bewertungsverfahrens im Vordergrund stehen sollten, damit auch interessierte Laien unsere Arbeiten verstehen können. Dennoch waren wir bemüht, verschiedene Möglichkeiten zur Zielerreichung einzubeziehen, wovon wir dann die uns am sinnvollsten erscheinende ausführlich dargestellt haben. So weit möglich, haben wir uns auch darum bemüht, die Entwicklung der Umweltplanung und ihrer Vorgehensweisen in den letzten drei Jahrzehnten im Überblick darzustellen. Ob es uns tatsächlich gelungen ist, ein komprimiertes Lehrbuch und Nachschlagewerk zu verfassen, kann letztendlich nur der Leser bzw. die Leserin entscheiden.

Zum Zeitpunkt der Endredaktion mit Beginn des Jahres 2002 war noch nicht absehbar, wann und in welcher Form genau ein novelliertes Bundesnaturschutzgesetz (BNatSchG) in Kraft treten würde. Gleichwohl ist der Bezug zum gesetzlichen Rahmen wichtig. Wir haben daher nachträglich noch die wesentlichen Anpassungen vorgenommen, waren aber mit weitergehenden Erläuterungen darauf angewiesen, uns in den bereits vorgegebenen Textrahmen einzupassen.

Wir wollen uns an dieser Stelle ganz herzlich bei unserem Verleger, Herrn Roland Ulmer, sowie unseren Lektorinnen, Dr. Nadja Kneissler, Antje Springorum und Dr. Friederike Hübner für die uns gewährte umfangreiche Unterstützung sowie wertvolle Anregungen bedanken.

Des Weiteren gestatteten uns das Bayerische Landesamt für Umweltschutz, Augsburg, und die Regierung von Niederbayern, Landshut, die Verwendung von Karten aus dem Landschaftsentwicklungskonzept der Region Landshut. Wir bedanken uns diesbezüglich auch beim Landschaftsbüro Pirkl-Riedel-Theurer, Landshut, und beim Planungsbüro Blum, Freising, das die grafische Aufbereitung der im Buch wiedergegebenen Farbkarten für uns erstellt hat.

Bei der Erarbeitung eines solch umfangreichen Lehrbuches waren wir auf die Hilfe vieler Personen angewiesen, die uns bei der Erstellung von Tabellen und Abbildungen halfen oder für uns recherchierten. Ohne sie wäre dieses Werk niemals fertig geworden, deshalb auch an sie unser ausdrücklicher und herzlicher Dank: Dr. Daisy Fiebich, Dipl.-Geoökol. André Freiwald, Dipl.-Ing. Karina Harms, Dipl.-Ing. (FH) Daniel Jenny, Cand.-Ing. Gabi Wolfer. Für eventuelle Fehler sind ausschließlich die Autoren verantwortlich.

Ursprünglich war vorgesehen, dieses Buch zusammen mit unserem Mentor und langjährigen Freund Prof. Dr. Peter Knauer, der das Lehrgebiet Angewandte Geografie/Raumordnung am Institut für Geografie der Martin-Luther-Universität Halle-Wittenberg vertreten hat und der erste Direktor des Universitätszentrums für Umweltwissenschaften war, zu verfassen. Diese Absicht wurde durch seinen plötzlichen Tod im Sommer 1996 leider vereitelt. Da er sich wie kaum ein anderer in der Bundesrepublik Deutschland für die Belange der ökologisch orientierten Planung eingesetzt hat, möchten wir ihm dieses Buch widmen.

Potsdam und Kaiserslautern im Januar 2002   Beate Jessel und Kai Tobias

1   Einführung

Planung ist ein komplexes Phänomen, das sich aus sehr verschiedenen Bereichen schöpft: Wesentliche Grundlagen bieten die Naturwissenschaften, insbesondere die Ökologie. Daneben sind exemplarisch Sozial- und Gesellschaftswissenschaften, die Organisationstheorie, Methodenlehre und Wissenschaftstheorie, Psychologie und Verhaltenswissenschaften zu nennen. Umso wichtiger ist es – gerade vor dem Hintergrund einer „Landschafts-"Planung, die mit einem sehr umfassenden Anspruch antritt – sich über ihre Grenzen im Klaren zu sein.

1.1   Ja mach nur einen Plan …
Notwendigkeit und Grenzen von Planung

1.1.1   Wandel des Planungsverständnisses

Für viele Leute ist der Begriff Planung, zumal nach dem politischen Zusammenbruch der auf ganzheitliche Planbarkeit und „Plan-Wirtschaft" gerichteten Gesellschaftssysteme des früheren Ostblocks, mit negativem Beigeschmack behaftet. Nach einer bis in die 70er-Jahre reichenden Planungseuphorie, die die Etablierung zahlreicher neuer Planungsinstrumente nicht nur im Umweltbereich mit sich brachte (vergleiche Abb. 1.1) und einer darauf folgenden Phase tiefen Planungspessimismus kann darüber diskutiert werden, inwieweit nun tatsächlich eine gewisse „Normalisierung" eingetreten ist, wie Abbildung 1.1 sie rechts oben ausweist. Die aktuelle Literatur jedenfalls wird beherrscht von der Thematik mangelnder „Effektivität" oder „Effizienz" von Planung und der beklagten fehlenden Umsetzung oft aufwendig erstellter Planwerke, die in die von SELLE (1996) gestellte Frage „Was ist bloß mit der Planung los?" münden.

Und in der Tat lässt sich berechtigt fragen, ob denn komplexe Gebilde wie menschliche Gesellschaften, Wirtschaftssysteme oder – im Gegensatz zu dem, was uns der Begriff „Landschafts-Planung" suggeriert – komplexe Gebilde wie Landschaften überhaupt deterministisch beeinflussbar sind. In den Wissenschaften hat in der letzten Zeit ein Wandel herrschender Auffassungen, ein so genannter „Paradigmenwechsel", stattgefunden, der auch unsere Planungssysteme mit erfasst hat: An die Stelle von strikter Rationalität und Kausal- bzw. Machbarkeitsdenken sind die Einsicht in unsere begrenzte Erkenntnis- und Prognosefähigkeit sowie die komplexe Dynamik sich ständig verändernder Systeme getreten. Hinzu kommen Erkenntnisse der Chaosforschung

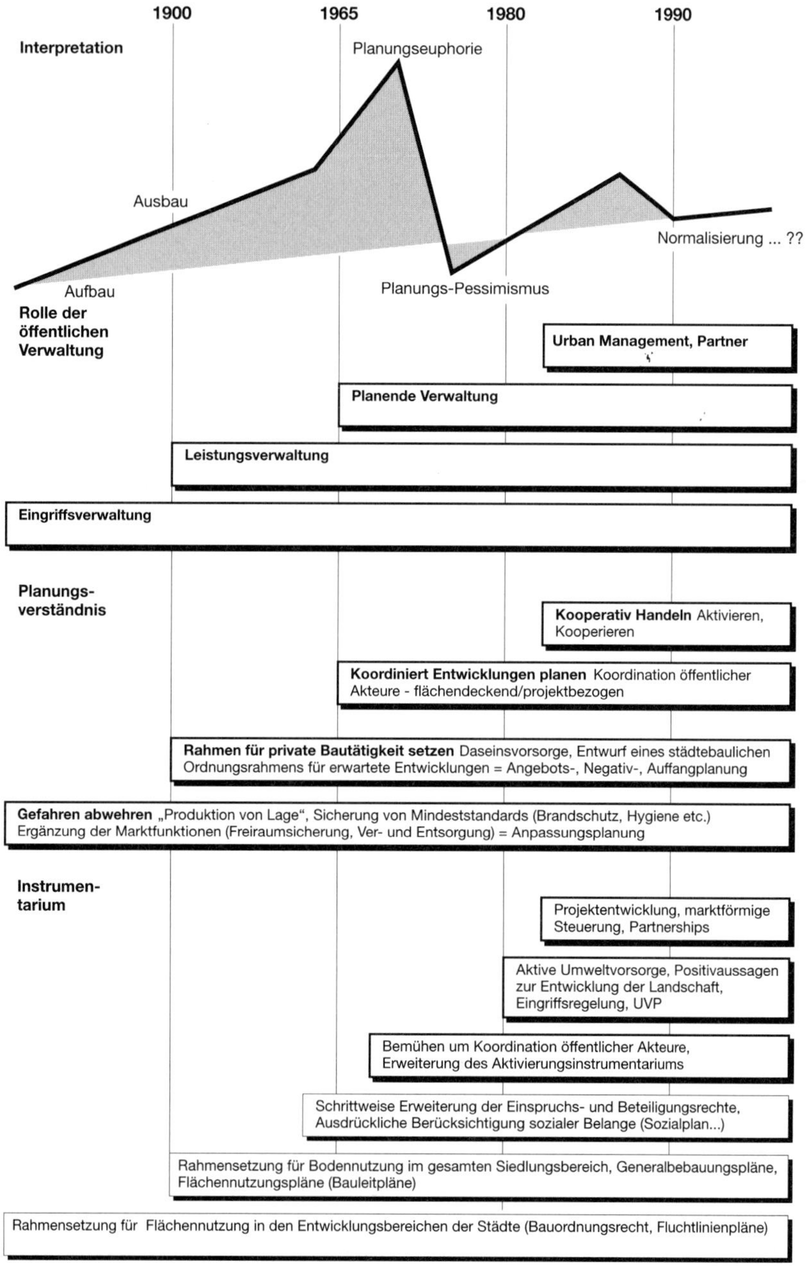

Abb. 1.1: *Stufen und Linien des Wandels im Planungsverständnis (SELLE 1996, verändert).*

und Chaostheorie wie auch die Auffassung der Systemlehre: Sie vermitteln die Einsicht, dass nicht nur komplexe, sondern bereits relativ einfache Systeme in ihrem Verhalten nicht vorhersagbar und damit nicht planbar sind.

Dem steht allerdings entgegen, dass die systematische Auseinandersetzung mit der Zukunft eine zentrale und untrennbare Kategorie menschlichen Daseins bildet. Eine „gedankliche Vorwegnahme künftigen Handelns" – so eine klassische Definition von Planung nach STACHOWIAK (1970) – findet sich in nahezu allen Lebensbereichen, ob es sich nun um die politische Gestaltung des Gemeinwesens, um unsere teils von gesellschaftlichen Rahmenbedingungen (z. B. Schul-/Rentenalter) bestimmte Lebensplanung oder um die ganz individuelle Entscheidung handelt, am nächsten Tag die Vorlesung über Grundlagen der Umweltplanung zu besuchen – oder auch nicht. Bewusste Vorwegnahme („Antizipation") der Zukunft ist notwendig auch im menschlichen Umgang mit dem Land, insbesondere bei jeglicher Erzeugung menschlicher Nahrung. Man denke hier an landwirtschaftliche Tätigkeiten (Bodenbearbeitung, Säen), durch die oft erst nach Monaten nutzbare Erträge erzielt werden können. In der Forstwirtschaft muss sogar in Zeitspannen von mehreren Jahrzehnten bis Jahrhunderten gedacht werden.

Planung ist derart als ein Grundmuster menschlichen Handelns zu sehen, dass ihr bewusstes Unterlassen in das Paradox einer „geplanten Planlosigkeit" (KROHN & KÜPPERS 1990) münden würde. Daher ist es weniger die Frage des „Ob", sondern des „Wie" von Planung, die sich stellt.

Ob im derzeitigen Planungsverständnis nun eine „Normalisierung" eingetreten ist (vergleiche Abb. 1.1), kann sicherlich mit Fragezeichen versehen werden. Die heutige Situation lässt sich jedoch mit der Einsicht in die Notwendigkeit von Planung bei zugleich skeptischer Betrachtung ihrer Möglichkeiten umreißen. Für das damit verbundene Planungsverständnis stehen Begriffe wie **„Stückwerktechnik"** (JESSEL 1998b, unter Bezug auf POPPER 1987) oder – ein anderer Ausdruck, der Ähnliches beinhaltet – **„Inkrementalismus"** (SELLE 1996). Beides meint ein Vorgehen in kleinen Schritten, das von gesamthaften Planentwürfen Abstand nimmt. Vielmehr sollten eingetretene Veränderungen kritisch mit dem beabsichtigten Planungsziel rückgekoppelt werden, was mit einer laufenden Fehlerkorrektur einhergeht: Planungsziele und -maßnahmen müssen revidierbar sein. An die Stelle einer simplen Antizipation – der oben angesprochenen Vorwegnahme von Zukunft durch Planung – ist damit die Erkenntnis getreten, dass Planen auch bedeutet, aus Erfahrung zu lernen. An die Stelle des einmal erstellten Plans (der dann unter Umständen in der Schublade verschwindet) tritt damit Planung als ein kontinuierlicher Prozess, der sich nicht nur auf dem Papier, sondern wesentlich auch in den Köpfen der Akteure abspielt.

Dies gilt nicht nur für die politische und gesellschaftliche Planung, sondern auch für komplexe raum-zeitliche Gebilde wie Landschaften. Sie werden von uns Menschen im mitteleuropäischen Kulturkreis zwar als „Ganzheiten" erfahren, können jedoch im Zusammenwirken ihrer belebten und unbelebten Bestandteile nie vollständig durch Untersuchungen erhoben bzw. durch einzelne Maßnahmen umfassend und in Kenntnis aller Folgen verändert werden: Landschaft ist weder messbar noch als Ganzes planbar. Bewusste Veränderung kann immer nur an Teilen von ihr ansetzen und dabei, außer in eng umgrenzten Bereichen, nie vollständig sein (DÖRNER 1995). Dazu ist zielgerichtetes, oft pragmatisches Vereinfachen notwendig, für das im Rahmen der hier beschriebenen ökologisch orientierten Planung verschiedene Methodenbausteine eingesetzt werden, deren Anwendbarkeit nicht zuletzt auf Konventionen der Planergemeinschaft beruht.

1.1.2 Vielschichtigkeit von Planung in einer vielschichtigen Wirklichkeit

Um einer vielschichtigen, komplexen Wirklichkeit gerecht zu werden, muss auch Planen und Handeln vielschichtig sein. Landschaften bilden dabei für eine ökologisch orientierte Planung die räumliche Bezugsbasis. In ihnen sind

- **Strukturen**, d. h. Gliederungsmuster und Anordnungsformen von Elementen und Nutzungen,
- **Funktionen**, d. h. Prozesse wie Stoff- und Energieflüsse, Nahrungsbeziehungen, biotische und abiotische Wechselwirkungen zwischen Lebewesen und ihrer Umwelt, sowie
- **Fluktuationen**, d. h. laufende raum-zeitliche Veränderungen, etwa durch den Witterungsablauf, die Ebbe-Flut-Dynamik, Jahreszeiten, Sukzessionsabläufe oder evolutive Weiterentwicklung

untrennbar aufeinander bezogen. Hinzu kommt, dass Pläne immer nur so gut sind wie ihre Umsetzung, d. h. die Veränderungen, die sie vor Ort tatsächlich bewirken. Zentral ist dabei die Erkenntnis, dass wie auch immer geartetes „ökologisches" Handeln (und damit die Umsetzung von Plänen) jedoch nicht an den natürlichen Bestandteilen von Ökosystemen ansetzt, sondern an sozialen Systemen, d. h. an den Menschen, die diese Handlungen ausführen sollen (HIRSCH 1993). Deren Einstellungen, Werte und Handlungsformen sind daher mit einzubeziehen. Dies kann über Befragungen im Rahmen von Datenerhebungen, über kooperative Beteiligungsformen wie Runde Tische und Arbeitskreise bei der Planerstellung und -umsetzung erfolgen, und auch, indem Planung versucht, nicht alles bis ins Detail vorzugeben, sondern ihren „Adressaten" (etwa Landwirten oder Grundstückseigentümern) Anstöße zu eigenständigem Handeln in eigener Verantwortung zu geben.

Das bedeutet, dass etwa bei der Ausarbeitung eines gemeindlichen Landschaftsplanes durch Kartierungen vor Ort wie auch im Kontakt mit den Menschen (Bürgern, Gemeinderäten, Naturschutz- und anderen Fachbehörden) die wesentlichen Fragestellungen, die in der jeweiligen Gemeinde angegangen werden sollen, oft erst zu ermitteln sind: Die Planungsaufgabe besteht oft gerade darin, die **wesentlichen** Probleme zu verstehen und auch im Fall widersprüchlicher Auffassungen und z. B. unterschiedlicher Interessengruppen zu umsetzungsfähigen Entschlüssen zu gelangen. Dann entsteht ein projektorientierter Plan, der gute Chancen hat, auch verwirklicht zu werden.

Abbildung 1.2 veranschaulicht, dass demzufolge das Ansetzen an der Struktur nur die unterste Ebene von Planung sein kann. Es müssen die Beachtung des Wechselspiels von Struktur und Funktion, d. h. von ökologischen Mustern und Prozessen, weiterhin das Zulassen von Veränderungen in Form von Energie- und Materialdurchsätzen sowie des eigenständigen Handelns sozialer Einheiten hinzukommen. Das Tätigkeitsfeld des Planers kann sich dabei je nach Planungsaufgabe und Rahmenbedingungen vom bloßen Entwickeln struktureller Lösungsmöglichkeiten und Alterna-

Aufgaben des Planers	System-Eigenschaft	Beschreibungs-ebenen	Gegenstände, z.B.	Methoden, z.B.
Katalysator	Evolutive Weiterentwicklung, Ordnung durch Fluktuation	Struktur ↔ Funktion ↘ ↗ Fluktuation	Sukzession, raumzeitliche Veränderung, Regelungsfunktion von Ökosystemen	Langzeitbeobachtung, Studium von Regenerationsprozessen, Anstoß zu eigenem Handeln in sich selbst organisierenden Subsystemen
Koordinator	Autopoiese (Selbstregulation)	Struktur ↔ Funktion	Förderung von Prozessen/Funktionen (z.B. Stoffkreisläufe und Energieflüsse), Produktions-, Träger-, Informationsfunktion von Ökosystemen	Probenahme zeitlicher Messreihen, räumlich flächendeckende Erhebungen, kollektive Beteiligungsformen (wie Runde Tische, Mediationsprozesse)
Informationsempfänger, Entwickler struktureller Lösungsmöglichkeiten und Alternativen	Gleichgewicht	Struktur	Artenschutz konservierender Naturschutz	Zählen, Bestimmen, Kartieren (im Wesentlichen punktuell ansetzend), Befragungen, Bereitschaftsanalysen

Abb. 1-2: *Vielschichtigkeit von Planung in einer vielschichtigen Wirklichkeit (*JESSEL *1998b, unter Verwendung von* JANTSCH *1988 und* HÖPNER *o.J.).*

tiven, von einem „Koordinator", der verschiedene Einflüsse und Interessen aufeinander abstimmt, hin zu einem „Katalysator" bewegen, der als Ideengeber Entscheidungs- und Meinungsbildungsprozesse anstößt, die sich dann verselbständigen. Dies bedeutet zugleich, sich auf eine gewisse Ergebnisoffenheit einzulassen, denn bei vielen Planungsaufgaben, etwa der „Landschafts-Planung", lässt sich oft mehr erreichen, wenn man auf genaue Detailvorgaben verzichtet und stattdessen einen Rahmen formuliert, der die Menschen flexibel und in eigener Verantwortung handeln lässt. Zugleich ist damit der Grund benannt, warum in diesem Band neben dem herkömmlichen Methodenrepertoire auch auf Befragungstechniken und so genannte „kooperative Planungsstrategien" eingegangen wird.

1.2 Von der Illusion, „ökologisch" zu planen

Ehe man sich den Instrumenten, Daten und Methoden zuwendet, sollte die Frage geklärt sein, ob es möglich ist, „ökologisch" zu planen. Diese Wendung wird nämlich ausgesprochen häufig gebraucht und ist dazu angetan, Missverständnisse über die Umsetzung ökologischer Erkenntnisse in planerisches Handeln herbeizuführen. Ein theoretischer Exkurs soll daher helfen, das Verhältnis von ökologischer Wissenschaft und ökologisch orientierter Planung aufzuschlüsseln.

1.2.1 Ökologie und ökologisch orientierte Planung

Ökologie als Wissenschaft hat seit der Prägung des Begriffes, die 1866 durch ERNST HAECKEL erfolgte, eine rasche und bis heute andauernde Ausweitung ihrer Aufgaben-

und Gegenstandsbereiche erfahren. In ihrer ursprünglichen, von HAECKEL gegebenen Definition war Ökologie zunächst die Lehre von den Beziehungen eines Organismus zur umgebenden Außenwelt, zu der alle Existenzbedingungen, also sowohl andere Lebewesen als auch abiotische Einflüsse, gerechnet werden. Damit war zunächst eine primär biologische Disziplin begründet, die weitgehend dem entsprach, was wir heute als **Autökologie**, als Ökologie des Einzelorganismus, bezeichnen. Als man zum systematischen Studium von Biozönosen (Lebensgemeinschaften), überging – v. MOEBIUS hatte diesen Begriff 1877 bei der Untersuchung von Austernbänken geprägt – entwickelte sich die **Synökologie**, d. h. das Studium der wechselseitigen Beziehungen zwischen den Lebewesen einer solchen Biozönose und ihrer Umwelt. Mit CARL TROLL wurde in den 30er-Jahren die **Landschaftsökologie** in die wissenschaftliche Terminologie eingeführt, d. h. das Studium der in Landschaften vorhandenen räumlichen Verteilungsmuster, Stoff- und Energieflüsse. Schon 1941 vertrat dann etwa AUGUST THIENEMANN die Auffassung von Ökologie als einer integrativ verstandenen **Naturhaushaltslehre**, die bereits ausdrücklich über eine biologische Disziplin hinausreicht, indem sie Aussagen verschiedener Naturwissenschaften zusammenführt.

Vor allem die Einbeziehung von Landschaften als ganzheitlich-räumlichen Gebilden in die Gegenstände ökologischer Betrachtungen war dafür maßgebend, dass menschlicher Einfluss und wertbehaftetes menschliches Handeln in der Umwelt an Bedeutung gewannen. Es etablierte sich die **Humanökologie** (vergleiche etwa NENTWIG 1995), die speziell den Menschen in seiner Umweltbezogenheit betrachtet und mit der Forderung nach weiterer interdisziplinärer Ausweitung und Einbeziehung sozialwissenschaftlicher Aspekte einhergeht (NOHL 1983; ODUM 1975). Weitere Ausweitungen erfolgten, so dass der Begriff Ökologie in verschiedene Lebensbereiche vorgedrungen ist und heute über eine Wissenschaft hinaus häufig für eine bestimmte Einstellung zur Umwelt gebraucht wird.

In diesem Zusammenhang wird nicht nur die Erweiterung der Ökologie zu einer übergeordneten „Leitwissenschaft" gefordert, die forschungsleitende Funktion auch für die anderen Wissenschaftsbereiche ausübt (AMERY 1978; KORAB 1991). Noch einen Schritt weitergehend findet sich auch die Forderung nach einer umfassenden „Ökologisierung" verschiedener menschlicher Handlungsfelder. Im Zuge seiner Popularisierung hat man sich die positive Besetzung des Wortes „Ökologie" zunutze gemacht, um eine „ökologische" Politik, „ökologisches" Wirtschaften oder auch „ökologisches" Planen zu fordern. Neben der Forderung nach einem stärkeren Anwendungsbezug ökologischer Forschung (etwa bei FINKE 1994) haben mit dieser „ökologischen Bewegung" zugleich normative Fragen an Bedeutung gewonnen: In der Verwendung der Termini „Ökologie" und „ökologisch" geht es nicht mehr nur um das wissenschaftliche Feld der Erforschung der Natur wie sie ist, sondern es werden zugleich Hinweise auf die Natur, wie sie sein soll, erwartet.

Damit wird „Ökologie" heute in unterschiedlicher Bedeutung gebraucht:
- Einmal als **Wissenschaft**, die man im weiteren Sinn unter Einschluss ihrer verschiedenen Arbeitsbereiche als die „Wissenschaft von der Umwelterkenntnis" (HABER 1993a) fassen kann, und
- zum anderen für die **Bewältigung praktischer Probleme**, die man sich durch den Einsatz ökologischen Wissens erhofft.

Jegliches praktisches Problemlösen, jegliches Handeln beruht dabei auf Entscheidungen, die eine Bewertung (etwa im Hinblick auf die Ziele oder auf die zu ihrer Erreichung gegebenen Möglichkeiten) notwendig voraussetzen. Nun ist zwar heute akzeptiert, dass es auch im Bereich der Wissenschaften eine Fiktion ist, von „Wertfreiheit" zu sprechen bzw. eine solche zu fordern. Es gibt jedoch **unterschiedliche Wertbezüge**, die gerade in den verschiedenen Bedeutungen des Ökologiebegriffs umgangssprachlich oft miteinander vermengt werden. Diese Wertbezüge äußern sich (vergleiche auch Jessel 1998b):

(1) In der Verpflichtung gegenüber verschiedenen wissenschaftsimmanenten Werten – Widerspruchsfreiheit, Genauigkeit, intersubjektive Nachvollziehbarkeit, Tatsachenkonformität, Einfachheit und anderes mehr. Das Akzeptieren dieser wissenschaftsinternen Regeln setzt bereits eine Entscheidung voraus.

(2) Im so genannten „forschungspsychologischen Kontext", zu dem etwa die Entscheidung der Wissenschaftlergemeinschaft gehört, Forschungsergebnisse anzuerkennen oder abzulehnen. Ein und derselbe wissenschaftliche Aufsatz, der von der einen Fachzeitschrift zur Veröffentlichung angenommen, von einer anderen aber abgelehnt wird, ist ein gutes Beispiel, dass auch die Akzeptanz wissenschaftlicher Resultate wertbehaftet sein kann.

(3) In der gleichfalls wertbehafteten Auswahl der Untersuchungsgegenstände, etwa in der Entscheidung eines wissenschaftlich arbeitenden Ökologen, sich der Lösung einer ganz bestimmten anwendungsbezogenen Fragestellung zu widmen oder Grundlagenforschung zu betreiben.

Auch wenn in Letzteres unstrittig bereits äußere Einflüsse (z. B. die zur Verfügung stehenden Geldmittel) hineinspielen können, handelt es sich doch bis hier um wissenschafts**intern** zu treffende Entscheidungen. Von diesen klar zu unterscheiden ist:

(4) Das Setzen von **externen**, über wissenschaftliche Aussagenzusammenhänge hinausreichenden Normen, etwa wenn auf der Grundlage ökologischer Sachverhalte Entscheidungen gefällt werden, die außerhalb wissenschaftlicher Erkenntniszusammenhänge wirksam werden. Dies ist zum Beispiel der Fall, wenn sich ein Wissenschaftler aufgrund seiner Erkenntnisse über Sukzessionsvorgänge auf feuchtem Grünland für die Durchführung bestimmter Pflegemaßnahmen einsetzt. Dazwischen liegt ein Wertungsschritt, der logisch nicht aus den Tatsachenbehauptungen ableitbar ist. Genau hier verläuft im Übrigen auch die Grenze zwischen (primär deskriptiv ansetzender) Ökologie und (handlungsorientiertem) Naturschutz.

Im Zuge der Popularisierung von „Ökologie" wird nicht immer klar zwischen diesen wissenschafts**internen** Wertungen und dem Setzen von **externen** Wertungen auf der Grundlage der gewonnenen Ergebnisse unterschieden. Es ist jedoch klar zu differenzieren, ob es sich bei einer „Ökologisierung" um die Übertragung ökologischer Denkweisen handelt, die – wie etwa eine Betrachtung von Wechselbeziehungen – zu ihrem immanenten Wertsystem gehören, oder um externe Wertungen etwa im Sinne politischer oder planerischer Handlungsanweisungen. Nachdrücklich muss daher dafür plädiert werden, die Verwendung des Begriffes Ökologie auf Ersteres, auf den Erkenntniszusammenhang von Wissenschaft, zu beschränken, um ihn nicht mit Erwartungen an seine praktische Problemlösungskompetenz zu überfrachten und dabei letztlich ins Diffuse abdriften zu lassen. Das bedeutet, dass ökologische Erkenntnisse,

Kasten 1.1 Begriffsdefinitionen

Ökologie

ist die Wissenschaft von den Beziehungen der Organismen untereinander und zu ihrer Umwelt (Fragestellung: Welche Ausprägungen sind vorhanden? Wie können sie erklärt werden?).

Naturschutz

umfasst die Gesamtheit der Maßnahmen zur Erhaltung und Förderung der natütlichen Lebensgrundlagen (Fragestellung: Was ist zu tun?) Diese beruhen auf Wertentscheidungen, zu deren Umsetzung wissenschaftliche Erkenntnisse herangezogen werden. Die Ökologie ist dabei neben etwa der Biologie, den Sozialwissenschaften, der Ethik eine von mehreren Wissenschaften, die die notwendigen Grundlagen beisteuern.

aber auch Begriffe wie „Vielfalt", „Stabilität", „ökologisches Gleichgewicht", „Kreislauf" oder „Vernetzung" (DAHL 1983) nicht mit Handlungsaufforderungen gleichgesetzt werden dürfen.

Aus dieser Betrachtung heraus erweist es sich als unmöglich, „ökologisch" zu planen: Planung ist ein stufenweiser Entscheidungsprozess, der dazu dient, Handlungsziele zu bestimmen und dabei mit praktischen Wertungen einhergeht. Aus beschreibenden ökologischen Grundlagen können selbst jedoch keine Handlungsziele bezogen werden, sondern hierzu ist auf ein (externes) normatives System zurückzugreifen, wie es der Naturschutz oder die Naturschutzgesetzgebung für die natürlichen Grundlagen bereitstellen. Man wird jedoch bei Vorliegen definierter Ziele – beispielsweise des Erhalts bestimmter Ausprägungen von Mager- oder Halbtrockenrasen – ökologisches Wissen einsetzen, um geeignete Maßnahmen zu ihrer Erreichung aufzuzeigen (z. B. spezielle Formen der Beweidung oder ein bestimmter Mahdrhythmus). Auch wird man sich insofern an der Ökologie „orientieren" als man sich ihre integrierenden Betrachtungsweisen, die in einer Art Brückenfunktion die Aussagen verschiedener Wissenschaften verbinden, um die Wechselbeziehungen der Existenzbedingungen zu kennzeichnen, auch in der Planung zu Eigen macht. In diesem Sinn wird hier nun von „ökologisch orientierter Planung" gesprochen.

Das Verhältnis von ökologischer Wissenschaft und ökologisch orientierter Planung lässt sich demnach wie folgt charakterisieren (vergleiche Abb. 1.3):

• Die **Arbeitsbereiche der Ökologie** bieten verschiedene Beschreibungs- und Erklärungsmuster, die zur Strukturierung, Erklärung und Interpretation von Daten eingesetzt werden können. Ein Beispiel dafür sind Klassifikationsmuster, die eine Einordnung erhobener pflanzensoziologischer Daten erlauben. Diese theoretischen Ansätze („Hypothesen") kennzeichnen unterschiedliche Zugänge zur Erfassung natürlicher Systeme, die einem bestimmten wissenschaftlichen Kenntnisstand entsprechen.

• Dem stehen gesellschaftlich vermittelte **Planungsziele** gegenüber, die auf Wertungen beruhen. Hierzu zählen etwa die klassischen Ziele der Naturschutzgesetzgebung, wie der Schutz von Arten und Lebensgemeinschaften oder der Erhalt und die Entwicklung der Leistungsfähigkeit des Naturhaushaltes. Um diese zunächst allgemein

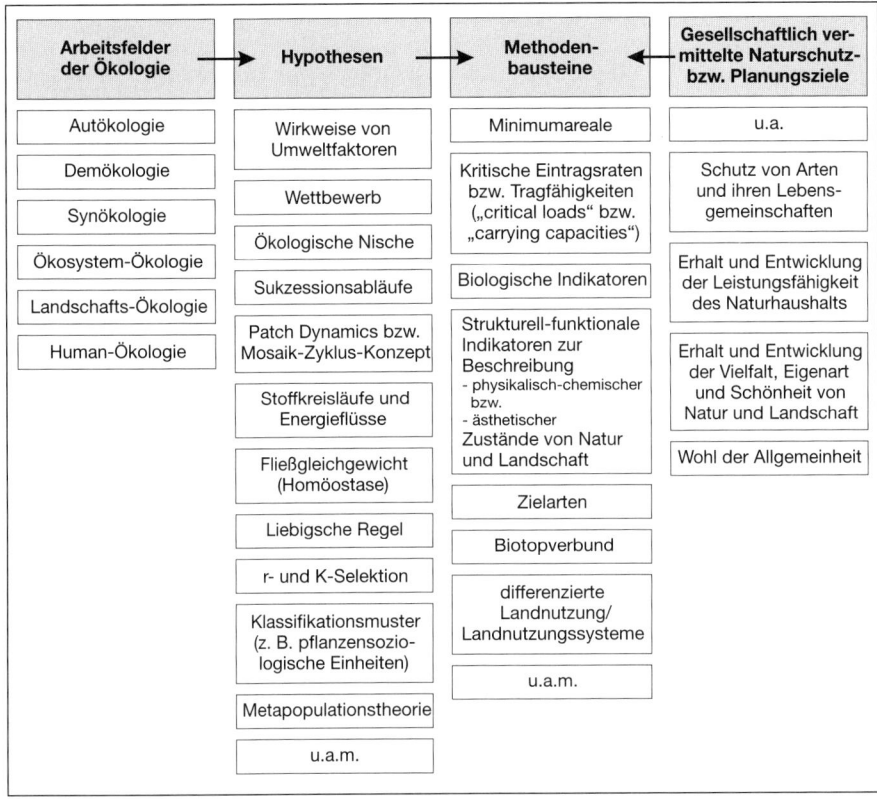

Arbeitsfelder der Ökologie	Hypothesen	Methoden-bausteine	Gesellschaftlich ver-mittelte Naturschutz- bzw. Planungsziele
Autökologie	Wirkweise von Umweltfaktoren	Minimumareale	u.a.
Demökologie		Kritische Eintragsraten bzw. Tragfähigkeiten ("critical loads" bzw. "carrying capacities")	Schutz von Arten und ihren Lebens-gemeinschaften
Synökologie	Wettbewerb		
	Ökologische Nische		
Ökosystem-Ökologie	Sukzessionsabläufe	Biologische Indikatoren	Erhalt und Entwicklung der Leistungsfähigkeit des Naturhaushalts
Landschafts-Ökologie			
Human-Ökologie	Patch Dynamics bzw. Mosaik-Zyklus-Konzept	Strukturell-funktionale Indikatoren zur Beschreibung - physikalisch-chemischer bzw. - ästhetischer Zustände von Natur und Landschaft	Erhalt und Entwicklung der Vielfalt, Eigenart und Schönheit von Natur und Landschaft
	Stoffkreisläufe und Energieflüsse		
	Fließgleichgewicht (Homöostase)		Wohl der Allgemeinheit
	Liebigsche Regel	Zielarten	
	r- und K-Selektion	Biotopverbund	
	Klassifikationsmuster (z. B. pflanzensozio-logische Einheiten)	differenzierte Landnutzung/ Landnutzungssysteme	
	Metapopulationstheorie	u.a.m.	
	u.a.m.		

Abb. 1.3: *Arbeitsfelder ökologischer Disziplinen, Hypothesen, Methodenbausteine sowie gesellschaftlich vermittelte Naturschutz- bzw. Planungsziele (aus JESSEL 1998b).*

gehaltenen Vorgaben in das konkrete Handeln umzusetzen, werden verschiedene Methodenbausteine verwendet. Diese bedienen sich zwar ökologischer Erkenntnisse, lassen sich aber nicht logisch zwingend aus ihnen ableiten. Sie setzen diese Erkenntnisse vielmehr ein, um die ihnen zugrundeliegenden normativen Setzungen inhaltlich auszufüllen. Beispielsweise hängen angenommene Tragfähigkeiten („carrying capacities") von Ökosystemen nicht nur mit eintretenden Veränderungen zusammen, die häufig nicht durch exakte Ursache-Wirkungsbeziehungen nachweisbar sind. Vielmehr liegt ihnen auch eine Wertung zugrunde, welcher Grad an Veränderung noch als hinnehmbar erachtet wird. Auch Flächenanteile naturnaher Biotope, die in einzelnen Naturräumen im Rahmen einer „differenzierten Landnutzung" gefordert werden, oder Zielarten, an denen Naturschutzansprüche ausgerichtet werden, sind meist nicht allein wissenschaftlich exakt benennbar, sondern es fließen bei ihrer Verwendung zusätzliche normative Annahmen mit ein. Einige der Methodenbausteine, die Abbildung 1.3 veranschaulicht, werden in Kapitel 5 behandelt.

1.2.2 Methoden in der Wissenschaft und Methoden in der Planung

Während ökologische Wissenschaft der Gewinnung von Umwelterkenntnis dient, wendet ökologisch orientierte Planung diese vor allem an. Damit liegen in der Planungspraxis andere Motivationen vor, die weniger vom Streben nach Erkenntnisgewinn, sondern von der Vorstellung praktischer Problemlösung bestimmt sind. Hinzu kommt, dass Planung stets unter eingeschränkten zeitlichen und finanziellen Ressourcen steht und versuchen muss, unter der Maxime eines „Zweck-Mittel-Bezuges" vorhandene Mittel optimal zur Erreichung der festgelegten Ziele einzusetzen. Dazu ist instrumentelles Wissen notwendig, das sich weniger an wissenschaftlich prüfbaren Wahrheitswerten, sondern an seiner Effektivität bemisst. Unter diesem Gesichtspunkt haben planerische Vorgehensweisen viel mit technologischen Regeln gemeinsam, die weniger dazu dienen, reines Wissen zu sammeln, sondern zu einer erfolgreichen Aktion beizutragen (BUNGE 1967; JESSEL 1998b).

Um für Planungsaufgaben einsetzbar zu sein, müssen abstrakte und aufwendige wissenschaftliche Methoden unter Umständen für die praktische Verwendung transformiert und vereinfacht werden. Ein Beispiel: Bei kleineren und mittleren Eingriffsvorhaben können meist keine komplexen Ausbreitungsmodelle gerechnet werden, um die räumliche Reichweite von Schadwirkungen oder möglichen Grundwasserabsenkungen zu bestimmen, sondern es kommen Faustregeln zur Anwendung, um Untersuchungsräume abzugrenzen oder Aktionsräume von Tierarten zu bestimmen. Auch der Potenzialansatz, der in diesem Buch dazu herangezogen wird, die Analyse und Bewertung einzelner Schutzgüter und die darauf aufbauende Konfliktanalyse zu veranschaulichen, stellt eine solche zielgerichtete Vereinfachung dar, die mit ausgewählten Indikatoren arbeitet. Um Verwechslungen und falsche Erwartungen zu ver-

Tabelle 1.1 Gegenüberstellung wissenschaftlicher Methoden und planerischer Vorgehensweisen

Methoden in der Wissenschaft	Vorgehensweisen in der Planung
→ werden unter reproduzierbaren und kontrollierbaren Randbedingungen angewandt (Experimente in geschlossenen Systemen)	→ haben es je nach Situation mit unterschiedlichen Randbedingungen (in Landschaften als offenen Systemen) zu tun.
→ gehen meist (deduktiv) von Hypothesen aus, die systematisch überprüft werden.	→ werden vielfach (induktiv) zur fallbezogenen Interpretation und Zusammenführung von gewonnenen Daten und Informationen eingesetzt
→ oft apparativ aufwendig und komplex	→ oft zielgerichtet vereinfachend („technologische Faustregeln")
→ müssen vor allem „richtig" sein, um Hypothesen (vorläufig) zu bestätigen; ihnen sind „Wahrheitswerte" zuordenbar	→ müssen vor allem „angemessen" sein, um bestimmte Ziele zu erreichen; ihnen sind „Effektivitätswerte" zuordenbar

meiden, sollte in Abgrenzung von wissenschaftlichen „**Methoden**" in der Planung daher eigentlich besser von „**Vorgehensweisen**" gesprochen werden.

Faustregeln, die pauschal gehandhabt und ohne fallbezogene Begründung übertragen werden, lassen allerdings auch die Gefahren zu starker Vereinfachung deutlich werden. Das gilt z. B. für pauschale Wirkkorridore (etwa von 200 oder 500 m Breite), wie sie häufig eingesetzt werden, um bei linienförmigen Eingriffsvorhaben (Verkehrswegen oder Infrastrukturvorhaben) den Untersuchungsraum abzugrenzen und dabei nicht weiter entsprechend der jeweils vorgefundenen Situation begründet und differenziert werden. Von planerischen Vorgehensweisen kann daher vielfach zwar keine wissenschaftliche Relevanz und Exaktheit der Ergebnisse erwartet werden, sie dürfen jedoch die Rückkopplung zum Erkenntnisfortschritt der Wissenschaft nicht vermissen lassen.

Wissenschaftliche Methoden sind daher auch zur Validierung gängigen planerischen Vorgehens einzusetzen etwa zur Prüfung, ob bei der geläufigen Forderung nach Mindestflächengrößen bestimmter Biotop- oder Habitattypen oder bei planerisch konzipierten Biotopverbundsystemen tatsächlich Individuen- und Genaustausch einzelner Arten langfristig gesichert sind oder um nachzuweisen, dass sich bestimmte angenommene Wirkpfade und -intensitäten in ihrer Größenordnung als zutreffend erweisen.

1.3   Aufgaben und Entwicklung ökologisch orientierter Planung

1.3.1   Definition

Vor dem Hintergrund des erörterten Verhältnisses zur Ökologie als wesentlicher wissenschaftlicher Grundlage lässt sich ökologisch orientiertes Planen nun bestimmen als

> Vorgehensweisen, die auf einer Betrachtung ökologischer Muster und Prozesse bzw. Strukturen und Funktionen aufbauen und dabei über mediale Ansätze hinaus eine integrierende räumliche Betrachtung von Schutzgütern, Ressourcen oder Nutzungen in ihren Bezügen und Wirkungszusammenhängen anstreben, mit dem Ziel daraus unter Einbeziehung darzulegender Werthaltungen raumbezogene Zielvorstellungen, Handlungsempfehlungen und Maßnahmen zu begründen.

Ökologisch orientiertes Planen baut demnach auf den Ergebnissen anwendungsorientierter, insbesondere landschaftsökologischer Forschung auf und bringt diese in Bezug zu den Auswirkungen menschlicher Nutzungsansprüche im Raum sowie zu gesellschaftlich vermittelten Anforderungen an die Umweltqualität. Im räumlichen Planungssystem der BRD sind es vor allem die Planungshierarchie der Landschaftsplanung, die naturschutzrechtliche Eingriffsregelung, die Umweltverträglichkeitsprüfung und die Verträglichkeitsprüfung gemäß FFH-Richtlinie, verschiedene Fachplanungen etwa der Land-, Forst- und Wasserwirtschaft und der Luftreinhaltung sowie ihre Integration über die Instrumente der Raumordnung und Bauleitplanung, die sich mit diesen Gesichtspunkten auseinander setzen.

1.3.2 Entwicklung

Wichtige Voraussetzungen für die Entwicklung späteren Planungsverständnisses wurden bereits ab 1800 mit dem Entstehen des englischen Landschaftsgartens gelegt, mit dem man versuchte, ein angenommenes Idealbild von Landschaft umzusetzen. Unter hygienischen und sozialen Aspekten sowie geprägt vom Einsetzen der Industrialisierung, die mit starker Verstädterung und einem gravierenden Wandel in der Landnutzung einherging, verbanden sich damit zugleich die Ziele von Landeskultur und Landesverschönerung. Für Letztere stand insbesondere der Gartenkünstler Peter Joseph Lenné, der u.a. für Berlin und Potsdam ganze Landschaften und Stadtteile plante. Später darf der Einfluss großflächiger Rekultivierungen (etwa des Stuttgarter Höhenparks Killesberg, der in den 30er-Jahren aus einem großen Steinbruchgelände hervorgegangen ist) sowie von Wiederbegrünungen von Schuttbergen und Trümmerflächen nach dem 2. Weltkrieg (der Münchner Olympiapark ist hierfür ein wenn auch spätes Beispiel) nicht außer Acht gelassen werden: Diese Aspekte sind gemeinsam erwähnenswert, da in der Tradition von Gartenkunst und Landesverschönerung sicherlich Wurzeln lagen, die **die Auffassung einer deterministischen und ganzheitlich ansetzenden Planbarkeit von Landschaft** förderten, auf deren Grundlage sich die „Landschafts-Planung" herausbildete. Mit ihnen verbinden sich zudem oft unbewusste bildhaft-ästhetische Orientierungen. Bereits 1935 nahm das Reichsnaturschutzgesetz (das ja bis 1976 als Landesrecht fortgalt) Bezug auf das Landschaftsbild, das nach § 5 vor „verunstaltenden Eingriffen" zu bewahren war; der Naturhaushalt fand hier noch keine Erwähnung. Es sei die These vertreten, dass bis heute der Umgang von räumlicher Planung mit Landschaft ganz wesentlich durch bestimmte **tradierte bildhafte Vorstellungen** mit geprägt ist.

Weitere Vorläufer, die die Landschaftsplanung mit der heutigen Raumordnung gemeinsam hat, waren zu Anfang des 20. Jahrhunderts gegründete kommunale Zweckverbände, vor allem der 1920 eingerichtete Siedlungsverband Ruhrkohlenbezirk (SVR). Als interkommunaler Zusammenschluss hatte er die Aufgabe, im Ruhrgebiet die Siedlungsentwicklung zu steuern und dabei ein System an Freiräumen zu sichern. 1942 setzte sich E. Mäding (zit. nach Runge 1990) für „Landschaftspflegekonzepte" als notwendige ökologische Grundlage der Raumordnung ein und forderte etwas später weiter, dass das „biologische Potenzial" in allen Fachplanungen eine wesentliche Rolle spielen solle (Mäding 1950, zit. nach Runge 1990). Der erste gültige Landschaftspflegeplan, d. h. eine landschaftliche Planung auf Kreisebene, wurde von H. Wiepking für den Landkreis Göttingen erstellt. Als 1960 das Bundesbaugesetz verabschiedet wurde und die Gemeinden zur Bauleitplanung verpflichtete, stieg in der Folge auch die Nachfrage nach Landschaftsplänen. Zudem forderte, in einer durch raschen Wiederaufbau nach dem Krieg und starkes Wirtschaftswachstum gekennzeichneten Zeit, schon 1961 die „Grüne Charta von der Mainau" eine rechtlich durchsetzbare Raumordnung für alle Planungsebenen unter Berücksichtigung der natürlichen Gegebenheiten, die Aufstellung von Landschafts- und Grünordnungsplänen für alle Gemeinden sowie Maßnahmen zur Erhaltung und Wiederherstellung eines „gesunden Naturhaushalts" (DRL 1997). Auch vor dem Hintergrund heute geführter Diskussionen lässt sich daraus als wichtige Folgerung festhalten, dass – nicht zuletzt aufgrund

Tabelle 1.2 Ausgewählte Eckdaten zur Entwicklung ökologisch orientierter Planung im Zusammenhang mit den Rechtsgrundlagen sowie der deutschen Umweltpolitik

1911	Gründung des Zweckverbands Groß-Berlin
1920	Einrichtung des Siedlungsverbands Ruhrkohlenbezirk (SVR) als Vorläufer regionaler Planungsverbände
1923	Vorlage eines ersten regionalen Grünordnungsplans für das Ruhrgebiet durch den SVR
ab 1934	Landschaftspflegerische Begleitung des Reichsautobahnbaus durch „Landschaftsanwälte"
26.06.1935	Reichsnaturschutzgesetz, u.a. mit der Bestimmung, das Landschaftsbild gegen „verunstaltende Eingriffe" zu bewahren
1942	E. MÄDINGS „Die Landespflege" mit der Auffassung von Landespflegekonzepten als ökologischer Grundlage der Raumordnung
1950–1957	Versuch einer von F. LINGNER und F.E. CARL geleiteten Arbeitsgruppe, in der DDR eine flächendeckende „Landschaftsdiagnose" zu etablieren
1951	„Landschaftspflegeplan Göttingen" von H. WIEPKING als erstes Beispiel für eine landschaftliche Planung auf Kreisebene
ab ca. 1953	Begleitplanungen in Form von „Landschaftspflegeplänen" im Agrarbereich, Wasserbau, Verkehrswesen
1957	Wasserhaushaltsgesetz (WHG) mit der Forderung nach Aufstellung wasserwirtschaftlicher Rahmenpläne
1960	Verabschiedung des Bundesbaugesetzes (BBauG): Verpflichtung der Gemeinden zur Bauleitplanung unter Berücksichtigung der Belange des Natur- und Landschaftsschutzes
1961	Verankerung der Berücksichtigung des Landschaftsbildes bei Straßenbaumaßnahmen bei der Novellierung des Bundesfernstraßengesetzes
April 1961	„Grüne Charta von der Mainau" mit der Forderung nach rechtlich durchsetzbarer Raumordnung auf allen Planungsebenen sowie nach Aufstellung von Landschaftsplänen in allen Gemeinden
1965	Raumordnungsgesetz (ROG) mit der allgemeinen Forderung nach Beachtung der natürlichen Gegebenheiten
1970	Verabschiedung des Landeskulturgesetzes der DDR mit Bestimmungen zu u.a. Naturschutz, Erholung, Lärmschutz und Luftreinhaltung
Okt. 1971	Vorlage eines ersten „Umweltprogramms der Bundesregierung", das eine vorausschauende Umweltplanung zur Aufgabe staatlicher Daseinsfürsorge erklärt
1973	Erste Verwendung des Begriffes „ökologische Planung" durch die Forschungsgruppe TRENT an den Universitäten Dortmund und Saarbrücken

Tabelle 1.2 Ausgewählte Eckdaten zur Entwicklung ökologisch orientierter Planung im Zusammenhang mit den Rechtsgrundlagen sowie der deutschen Umweltpolitik (Forts.)

27.07.1973	Bayerisches Naturschutzgesetz als erstes Landes-Naturschutzgesetz, das zugleich eine gesetzliche Grundlage für die Landschaftsplanung einführt
1974	Verabschiedung des Bundes-Immissionsschutzgesetzes (BImSchG) mit Einführung von Luftreinhalteplänen
1974	4. Novelle des Wasserhaushaltsgesetzes (WHG) mit der Einführung von Bewirtschaftungsplänen als zusätzlichem Instrument wasserwirtschaftlicher Planung
1976	Bundesweite rahmenrechtliche Verankerung von Landschaftsplanung und naturschutzrechtlicher Eingriffsregelung im neuen Bundesnaturschutzgesetz (BNatSchG)
1986	Einführung des landschaftspflegerischen Begleitplans in das Flurbereinigungsgesetz (FlurbG)
1986	Einrichtung des „Bundesministeriums für Umwelt, Naturschutz und Reaktorsicherheit" (BMU)
1986	Einführung des neuen Baugesetzbuchs (BauGB) mit Grundsätzen zum Natur- und Landschaftsschutz in der Bauleitplanung
Dez. 1986	„Leitlinien Umweltvorsorge" der Bundesregierung, die die Rolle der Umweltverträglichkeitsprüfung (UVP) und raumbezogener Planungen für eine wirksame Umweltvorsorge betonen
Juli 1989	Novellierung des Raumordnungsgesetzes mit Erweiterung der raumordnerischen Grundsätze um ökologische Anforderungen und verbindlicher Einführung des Raumordnungsverfahrens mit Umweltverträglichkeitsprüfung (UVP) für alle Bundesländer
01.08.1990	Mit Inkrafttreten des UVP-Gesetzes (UVPG) Einführung der gesetzlichen Umweltverträglichkeitsprüfung für bestimmte größere öffentliche und private Projekte
29.09.1990	Inkrafttreten des Einigungsvertrages unter Übernahme der Vorschriften zum Bau- und Naturschutzrecht sowie zur gesetzlichen UVP durch die neuen Bundesländer
16.12.1991	Einschränkung umwelt- bzw. planungsrechtlicher Regelungen für Verkehrswege in den neuen Bundesländern durch das Verkehrswegeplanungsbeschleunigungsgesetz (VerkPBG)
21.05.1992	Verabschiedung der Fauna-Flora-Habitat-(FFH-)Richtlinie der EU mit der Maßgabe zur Einführung einer „Verträglichkeitsprüfung" bei potenziellen Beeinträchtigungen von Schutzgebieten von gemeinschaftlicher Bedeutung
Juni 1992	Konferenz der Vereinten Nationen für Umwelt und Entwicklung in Rio de Janeiro, Verabschiedung einer Reihe von Grundsätzen u.a. zur Nachhaltigkeit (Agenda 21) und zur UVP (Grundsatz 17 der Rio-Deklaration)

Tabelle 1.2 Ausgewählte Eckdaten zur Entwicklung ökologisch orientierter Planung im Zusammenhang mit den Rechtsgrundlagen sowie der deutschen Umweltpolitik (Forts.)

01.05.1993	Einschränkung rechtlicher Bestimmungen zu UVP und Eingriffsregelung durch das Investitionserleichterungs- und Wohnbaulandgesetz (IWG)
17.12.1993	Einschränkung umwelt- bzw. planungsrechtlicher Regelungen für Verkehrswege in allen Bundesländern durch das Planungsvereinfachungsgesetz (PlVereinfG)
08.03.1995	Entschließung der Ministerkonferenz Raumordnung (MKRO), 15 % der nicht für Siedlungszwecke genutzten Flächen der BRD über die Regionalplanung zu einem funktional zusammenhängenden Netz ökologisch bedeutsamer Freiräume zu entwickeln
1997	Von einer Unabhängigen Sachverständigenkommission verfasster Entwurf eines Umweltgesetzbuchs (UGB), der Landschaftspläne durch „Naturpflegepläne" ersetzt und eine neue Planungsebene der „Umweltgrundlagenplanung" vorsieht
01.01.1998	Inkrafttreten der Novellierung des Baugesetzbuchs, die die Regelungen zum Vollzug der naturschutzrechtlichen Eingriffsregelung in der Bauleitplanung in das Baurecht überführt
	Neues Raumordnungsgesetz (ROG) mit der Möglichkeit zu regionalen Ausgleichskonzepten und Vorgaben zur verbesserten Integration (umwelt-)fachplanerischer Aussagen in die Raumordnung
06.02.1998	Zustimmung des Bundesrats zu einem Bundes-Bodenschutzgesetz (BBodschG)
01.05.1998	Bundesrechtliche Umsetzung der Verträglichkeitsprüfung nach FFH-Richtlinie durch das „Zweite Gesetz zur Änderung des Bundesnaturschutzgesetzes"
Okt. 1998	Koalitionsvereinbarung der neuen Rot-Grünen Bundesregierung, die vorsieht, die Verpflichtung zu einer flächendeckenden Landschaftsplanung einzuführen
20.10.2000	18 Mitgliedstaaten des Europarates unterzeichnen in Florenz die Europäische Landschaftskonvention, die einen gemeinsamen Rahmen für die Erfassung und planerische Entwicklung der landschaftlichen Vielfalt setzt
22.12.2000	Inkrafttreten der „Richtlinie zur Schaffung eines Ordnungsrahmens für Maßnahmen der Gemeinschaft im Bereich der Wasserpolitik" (EU-Wasserrahmenrichtlinie, RL 2000/60 EG)
Mai 2001	Verabschiedung eines Europäischen Raumentwicklungskonzeptes (EU-REK) durch die EU-Mitgliedstaaten mit gemeinsamen raumplanerischen Zielen und Leitbildern
05.06.2001	Verabschiedung einer Richtlinie der EU-Kommission für eine „Strategische Umweltprüfung"(SUP) für Pläne und Programme durch den Europäischen Rat

Tabelle 1.2 Ausgewählte Eckdaten zur Entwicklung ökologisch orientierter Planung im Zusammenhang mit den Rechtsgrundlagen sowie der deutschen Umweltpolitik (Forts.)

27.07.2001	Änderung von u.a. UVP-Gesetz und Baugesetzbuch mit Erweiterung des Anwendungsbereichs der UVP auf eine Reihe weiterer Projekte
04.04.2002	Inkrafttreten eines novellierten Bundesnaturschutzgesetzes (BNatSchG), u.a. mit Einführung einer flächendeckenden Landschaftsplanung, Regelungen zur „guten fachlichen Praxis" in der Land, Forst- und Fischereiwirtschaft sowie Veränderungen der naturschutzrechtlichen Eingriffsregelung.

solcher Forderungen – bereits **vor dem Vorliegen gesetzlicher Grundlagen entsprechende Planungen erarbeitet** wurden und man für sie methodische Herangehensweisen entwickelte.

Ansonsten setzte die Umweltpolitik der Bundesrepublik jedoch zunächst am technischen Umweltschutz an: Es dominierten am **Verursacherprinzip** ausgerichtete Schutzmaßnahmen in Form von Vorrichtungen zur Emissionsminderung, zur Abwasserreinigung, Müllentsorgung u. ä. Dabei wurde jedoch recht bald deutlich, dass diesen Strategien nicht nur eine räumliche Differenzierung (gemäß unterschiedlicher Empfindlichkeiten der betroffenen Ökosysteme) fehlte, sondern sie durch Verlagerungen von Umweltbelastungen in andere Räume (so genannte „Politik der hohen Schornsteine") oder in andere Umweltmedien (etwa: luftbelastende Verbrennung von Klärschlamm als Rückstand aus der Abwasserbeseitigung) vielfältig zu unterlaufen waren.

Diese Erkenntnis führte dazu, dass in dem 1971 verabschiedeten „Umweltprogramm der Bundesregierung" das **Vorsorgeprinzip** als weiteres umweltpolitisches Grundprinzip herausgestellt wurde. Es sollte insbesondere mittels einer langfristig angelegten „Umweltplanung" umgesetzt werden, die sich u.a. auf die wirksame Beratung bei allen relevanten Entscheidungen der Gesetzgebung, Verwaltung und Rechtsprechung sowie auf die Integration des Umweltschutzes in alle Maßnahmen der Struktur- und Raumordnungspolitik erstrecken sollte (SRU 1974). Unter Berufung auf das Vorsorgeprinzip wurden in den 70er-Jahren zahlreiche ökologischen Belangen verpflichtete sektorale oder eigenständige Fachpläne (wie agrar-, forst- und wasserwirtschaftliche Planungen, Abwasserbeseitigungspläne, auch die Planung von Verkehrswegen auf unterschiedlichen Ebenen) eingeführt bzw. ausgeweitet. Diese verschiedenen raum- und standort- oder trassenbezogenen Pläne ergänzten ihrerseits die Raumordnung und Landesplanung, die – unter Einbeziehung ökologischer Belange – einen Koordinierungsauftrag zu erfüllen hat.

Zur selben Zeit (im Jahr 1973) wurde von einer vom Bundesminister für Ernährung, Landwirtschaft und Forsten eingesetzten und an den Universitäten Dortmund und Saarbrücken tätigen Forschergruppe zum ersten Mal der Begriff **„ökologische Planung"** gebraucht. Diese „Forschungsgruppe TRENT" hatte den Auftrag, den inhaltlichen und rechtlichen Stand der Landschaftsplanung zu ermitteln und daraus aus fachlicher Sicht Anforderungen an ihre Weiterentwicklung zu begründen. Um die

Kasten 1.2 Grundprinzipien der Umweltpolitik

- Gemeinlastprinzip (die Gemeinschaft trägt die Lasten für die Beseitigung vom Umweltschäden)
- Verursacherprinzip

- Vorsorgeprinzip
- Kooperationsprinzip
- Gleichrangigkeitsprinzip

im Umweltprogramm der Bundesregierung erwähnte „Umweltplanung" konzeptionell auszufüllen, forderten die Forscher, die Landschaftsplanung zu einer „ökologischen Planung" zu erweitern, „um vor dem Hintergrund des Schutzes, der Pflege und der Entwicklung natürlicher Grundlagen eine Entscheidungshilfe bei Nutzungsverteilungen erarbeiten zu können" (Forschungsgruppe TRENT 1973). Der Begriff wurde also mit Blick auf eine Neu-Orientierung der Landschaftsplanung als querschnittsorientierte räumliche Planung eingeführt. In diesem Ursprung ist mit ein Grund zu suchen, weshalb bis heute „ökologisch orientierte Planung" und „Landschaftsplanung" von vielen Autoren gleichgesetzt werden. Bundesweit wurde die Landschaftsplanung gemeinsam mit der Eingriffsregelung, die bei erheblichen oder nachhaltigen Veränderungen von Naturhaushalt oder Landschaftsbild zur Anwendung kommt, 1976 mit dem Bundesnaturschutzgesetz eingeführt.

Der Notwendigkeit vorausschauender Umweltpolitik sahen sich 1986 auch die „Leitlinien Umweltvorsorge" der Bundesregierung verpflichtet: Es wurde betont, dass **Emissions**werte allein zum Schutz von Mensch und Umwelt nicht ausreichten, sondern durch konkrete **immissions-**, d. h. schutzgut- und wirkungsbezogene Umweltqualitätsziele ergänzt werden müssten (BMU 1986). Seitdem hat die Forderung nach Aufstellung von **Zielsystemen** an Bedeutung gewonnen, die ausgehend von allgemeinen Leitbildern hin zu Umweltqualitätszielen und -standards schlüssig auseinander entwickelt und dabei in ihrem sachlichen und räumlichen Bezug zunehmend präzisiert werden (FÜRST et al. 1992). Mit ihrer Hilfe erhofft man sich für die Planung ein Instrument, mit dem nicht nur im Sinne von Gefahrenabwehr **reagiert**, sondern vor allem **agiert**, d. h. aktiv-gestaltend Vorstellungen künftiger Raumentwicklung formuliert sowie verwirklicht werden können.

Mit der gesetzlichen **Umweltverträglichkeitsprüfung** (UVP) wurde in Deutschland zum 1. August 1990 ein Prüfinstrument eingeführt, mit dem die Auswirkungen bestimmter Projekte auf alle biotischen und abiotischen Schutzgüter (auch auf den Menschen), auf die Landschaft unter Einschluss der Wechselwirkungen, weiterhin auf Kultur- und sonstige Sachgüter zu ermitteln, zu beschreiben und zu bewerten sind. Damit verband sich die Hoffnung, die aus sehr verschiedenen Wurzeln entstandenen Planungstypen besser zu verklammern und über die Betrachtung der medienübergreifenden Wechselwirkungen ökosystemaren Aspekten zu stärkerer Berücksichtigung zu verhelfen. Die Hoffnungen haben sich jedoch nur eingeschränkt erfüllt, da das UVP-Gesetz als reines Verfahrensrecht ausgestaltet ist und dem auch die Rechtsprechung der Verwaltungsgerichte gefolgt ist, indem sie Umweltverträglichkeitsprüfungen eine lediglich verfahrensstrukturierende, aber keine materiell-rechtliche, d. h. inhaltliche Funktion zuweist. Zudem hat seit Beginn der 90er-Jahre im Zeichen der

Deregulierung ein kontinuierlicher Abbau gesetzlicher und verfahrensmäßiger Regelungen eingesetzt (vergleiche Tabelle 1.2). Im Zuge der Deregulierung hat jedoch zugleich das umweltpolitische **Kooperationsprinzip** an Bedeutung gewonnen, d. h. es wird bei Vorhabenträgern und Planungsbeteiligten zunehmend auf Eigenverantwortung, auf die gemeinsame Erarbeitung von Planungszielen im Rahmen verschiedener Beteiligungsformen und auf untergerichtliche Einigung bei Konfliktfällen durch den Einsatz neutraler Moderatoren oder Mediatoren, gesetzt.

Derzeit gehen Impulse zur Weiterentwicklung des Planungsinstrumentariums vor allem von der Europäischen Union (EU) aus: Die projektbezogene UVP und die 1998 in die deutsche Gesetzgebung umgesetzte **Verträglichkeitsprüfung nach der Fauna-Flora-Habitat-(FFH-)Richtlinie** markieren Ansätze zu einem ökologisch orientierten Planungsinstrumentarium auf europäischer Ebene. Mit dem Auslaufen der Umsetzungsfrist einer Richtlinie zur Änderung der ursprünglichen Richtlinie über die Prüfung der Umweltverträglichkeit bei öffentlichen und privaten Projekten zum März 1999 und einer entsprechenden Änderung des UVP-Gesetzes (zum 27. Juli 2001) ist dabei der Katalog UVP-pflichtiger Projekte wesentlich aufgeweitet worden. Eine weitere Richtlinie zur Einführung einer so genannten „**Strategischen Umweltprüfung**" **(SUP)**, die sich auf Pläne und Programme erstreckt, ist im Juni 2001 von den zuständigen EU-Gremien verabschiedet worden. Wesentliche Auswirkungen auf die Landschaftsplanung wird auch die im Dezember 2000 in Kraft getretene **EU-Wasserrahmenrichtlinie** haben: Ihr Ziel, einen „guten ökologischen Zustand" von Gewässern zu erreichen, erfordert Überlegungen zum Management der Landnutzung in den Einzugsgebieten und führt damit quasi auf eine „Gewässerlandschaftsplanung" hin. Schließlich ist im Oktober 2000 in Florenz von 18 Staaten, die dem Europarat (Council of Europe) angehören, die **Europäische Landschaftskonvention** unterzeichnet worden. Deutschland gehört allerdings noch nicht dazu. Dies ist umso erstaunlicher als die Konvention einen Rahmen für die Erfassung und Bewahrung bzw. Entwicklung der landschaftlichen Vielfalt in Europa setzt, der vieles mit der bundesdeutschen Landschaftsplanung gemeinsam hat: Für einzelne Landschaften sollen nämlich landschaftsbezogene Qualitätsziele formuliert und Instrumente zum Schutz, zur Pflege und zur Gestaltung eingeführt werden. Eine große Rolle wird dabei auch Verfahren der Beteiligung und Öffentlichkeitsarbeit zugemessen.

Deutlich wird aus diesem Überblick, dass die einzelnen Rechtsmaterien des Umweltrechts wie auch das darauf beruhende Planungsinstrumentarium nicht aus einem systematischen Zusammenhang heraus entwickelt worden sind. Auf nationaler Ebene ist versucht worden, diesem Problem mit dem Entwurf einer Zusammenführung („Kodifikation") des Umweltrechts in einem Umweltgesetzbuch (UGB) zu begegnen. Der Entwurf einer Expertenkommission (BMU 1997) hierzu sieht vor, die Landschaftsplanung als „Naturpflegeplanung" weiterzuentwickeln. Weiterhin sollen vor ihrer Integration in die Raumordnung und Bauleitplanung vorhandene ökologisch orientierte Pläne in Form neu einzuführender so genannter „Umweltgrundlagenpläne" zusammengeführt und koordiniert werden. Wie mit diesen Überlegungen weiter verfahren wird, ist jedoch derzeit noch ungewiss.

Die unterschiedlichen Wurzeln des Planungssystems führen zudem dazu, dass hinsichtlich der instrumentellen Verankerung, des Zeitbezugs und des Wirkungsbezugs

Tabelle 1.3 Betrachtungsweisen ökologisch orientierter Planung

Instrumentelle Verankerung

- Anbindung an die Landschaftsplanung und deren querschnittsorientierte Aufweitung zu einer koordinierenden „Raumnutzungsplanung"

oder
- Zusammenführung von Instrumenten des technischen und des biologischen Umweltschutzes zu gemeinsamen, integrierenden Ansätzen

Zeitbezug

- Aktiv-gestaltend:
konzeptionell und zukunftsgerichtet Entwicklungsvorstellungen formulierend,
etwa
Landschaftsplanung, Zielsysteme

oder
- Reaktiv:
Verschlechterungsverbot,
Erhalt des Status quo bei Beeinträchtigungen,
etwa
Eingriffsregelung, Umweltverträglichkeitsprüfung

Wirkungsbezug

- Nutzungsorientiert
(ausgehend von Auswirkungen einzelner Nutzungsansprüche),
etwa
Rohstoffpotenzial, Wasserdargebotspotenzial, Entsorgungspotenzial

oder
- Ressourcenorientiert
(an Regelungsfunktionen von Ökosystemen ansetzend)
etwa
Regulations- und Regenerationspotenziale Boden, Wasser, Luft/Klima, Arten- und Lebensraumpotenzial

ökologisch orientierter Planungen unterschiedliche Vorstellungen bestehen (vgl. Tab. 1.3).

1.3.3   Landschaft, Naturhaushalt und Landschaftsbild als Gegenstände ökologisch orientierter Planung

Ökologisch orientierte Planung hat es als räumliche Planung wesentlich mit der Formulierung von Zielen und Maßnahmen zum Schutz, zur Pflege und zur Entwicklung von „Natur und Landschaft" – so das gängige Begriffspaar des Bundesnaturschutzgesetzes – zu tun. Landschaft wird dabei vielfach als ihre räumliche Bezugsgrundlage gesehen. Zugleich gelten Naturhaushalt und Landschaftsbild als Gegenstandsbereiche, mit denen sie sich zu befassen hat. Beide werden über das Bundesnaturschutzgesetz hinaus in zahlreichen umweltrelevanten Rechtsgebieten erwähnt: Der Naturhaushalt etwa im Bundes-Bodenschutzgesetz (§ 2 Abs. 2 Ziff. 1b BBodSchG), im Bundeswaldgesetz (§ 1 Ziff. 1 BWaldG) oder im Wasserhaushaltsgesetz (§ 1a Abs. 1 WHG). Das Landschaftsbild nennen etwa das Bundeswaldgesetz (§ 1 Ziff. 1 BWaldG) und das Baugesetzbuch (§ 1 Abs. 5 Ziff. 4 BauGB) als zu berücksichtigenden Belang.

Landschaft kennzeichnet dabei einen ganzheitlichen Wahrnehmungseindruck, der – zumindest im mitteleuropäischen Kulturkreis – erst mit Bezug auf einen wahrnehmenden Menschen zustande kommt. Die Wurzeln des Landschaftsbegriffs liegen einmal im alt- und mittelhochdeutschen Wort „lantschaft" bzw. „lantscaf", das um etwa 830 n. Chr. das erste Mal nachgewiesen wurde und sich auf einen politisch definierten Landstrich bzw. eine räumlich abgegrenzte Gegend bezog (GRUENTER 1953; TROLL 1973). Neben diesem räumlich-territorialen Bedeutungsaspekt taucht „Landschaft" als Fachbegriff, als terminus technicus, in der spätmittelalterlichen Malerei auf und bezeichnete als solcher einen gemalten Naturausschnitt. Bei diesem handelte es sich oft nicht um eine tatsächlich vorhandene Gegend, sondern es wurden Landschaftskompositionen wiedergegeben, die ein ästhetisches Formideal widerspiegelten und in den Köpfen der Künstler entstanden waren. Entsprechend wird auch heute „Landschaft" in unterschiedlichen, letzten Endes kaum miteinander kompatiblen Bedeutungen gebraucht (vergleiche Kasten 1.3). In der Planung wird man dabei meist auf Ersteres, die Hypothese eines räumlichen Wirkungsgefüges von biotischen, abiotischen und anthropogenen Bestandteilen Bezug nehmen. Bei Charakterisierungen des Landschaftsbildes spielt aber auch der physiognomische Gestalteindruck eine Rolle.

Der Umgang mit Landschaft innerhalb von Planung lässt sich unter die Maxime „Analytische Auflösung und praktische Synthese" fassen: Landschaft als solche kann nicht ganzheitlich erfasst werden, sondern immer nur Teilaspekte von ihr. Sie dient aber als Interpretationsrahmen, um Untersuchungen sinnvoll (analytisch) aufzufächern und umgekehrt ihre Ergebnisse (in der Synthese) wieder zusammenzufügen. Auch geplante und ausgeführte Maßnahmen, etwa der Bau einer Straße oder eines Gewerbegebiets, die Entbuschung eines Halbtrockenrasens oder die Anlage so genannter Ausgleichs- und Ersatzmaßnahmen werden immer zunächst an einer Veränderung einzelner Strukturen, Lebensgemeinschaften oder Lebensräume ansetzen, sich dabei aber auf das landschaftliche Gefüge auswirken. Für die räumliche Planung ist Landschaft demnach zwar notwendiger räumlicher Bezugsrahmen; sie muss jedoch für die durchgeführten Erhebungen und Untersuchungen erst analytisch in einzelne fassbare Bestandteile aufgegliedert („operationalisiert") werden.

Auch „**Naturhaushalt**" und „**Landschaftsbild**" sind komplexe Interpretationsgrößen, die nicht unmittelbar erfassbar sind. Sie müssen, um handhabbar zu werden, gleichfalls erst weiter in vereinfachende Teilmodelle bis hin zu erfassbaren (Einzel-)Merkmalen aufgeschlüsselt werden. Beim Naturhaushalt kann dies über die einzelnen Ressourcen bzw. Schutzgüter (Boden, Wasser, Luft/Klima, Pflanzen, Tiere, auch den Menschen) oder über die spezifischen Leistungen („Funktionen") erfolgen, die das

Kasten 1.3 Landschaft

Der Begriff „Landschaft" wird verwendet

- für einen auf unterschiedlichen Maßstabsebenen abgrenzbaren konkreten räumlichen Ausschnitt der Erdoberfläche, der als Wirkungsgefüge von biotischen, abiotischen, anthropogenen Bestandteilen einschließlich stofflicher und energetischer Wechselbeziehungen betrachtet wird.
- für den physiognomischen Gestaltcharakter („Totalcharakter") einer Erdgegend (vgl. etwa „Gäulandschaft", „Moränenlandschaft").
- als abstrakt-bildhafte Metapher (z. B. „Seelenlandschaft", „Politische Landschaft").

Gesamtökosystem erbringt (vergleiche Tab. 1.4). Auf der so genannten „Informationsfunktion", dem Bereitstellen von Informationen und Orientierungsmerkmalen über die Ausprägungen von Ökosystemen, beruht etwa das Prinzip der Bioindikation; zugleich markiert diese Funktion die Verbindung des Naturhaushalts zum Landschaftsbild. Für Letzteres bietet sich eine Aufgliederung in unterschiedliche Wahrnehmungsbzw. Komplexitätsebenen an, wie sie z.b. Abbildung 3.18 (in Kap. 3.3.5) verdeutlicht.

Tabelle 1.4 Aspekte des Naturhaushalts (GASSNER & WINKELBRANDT 1997, ergänzt)

NATURHAUSHALT	
Einzelaspekte	**Ganzheitliche Aspekte**
Spezifische Teilleistungen der Schutzgüter • Boden • Gewässer • Atmosphäre, Klima • Pflanzen, Tiere Spezifische Einwirkungen und Abhängigkeiten des Menschen	• Räumlicher und zeitlicher Bezug • Strukturelle und funktionelle Verknüpfung der abiotischen und biotischen Komponenten • Spezifische Leistungen des Gesamtökosystems, etwa – Produktionsfunktion (für abiotische, biotische Ressourcen), – Trägerfunktionen (als Standort und durch Aufnahme von Belastungen), – Regelungsfunktionen (durch Fähigkeit zu Reinigung und Stabilisierung), – Informationsfunktion (über Signale, durch Bereitstellen von Information)

2 Planungsinstrumente

Die unter 1.3 gegebene Definition grenzt ökologisch orientiertes Planen nicht auf ein bestimmtes rechtliches oder administratives Instrumentarium ein. Die Betrachtung verschiedener Schutzgüter in ihrem Zusammenhang und die Beachtung von Auswirkungen auf Naturhaushalt und Landschaftsbild sollte vielmehr ein Aspekt sein, der jede raumwirksame Planung durchzieht. Noch so ausgefeilte Methoden und fachinhaltliche Vorgehensweisen laufen jedoch ins Leere, wenn sie sich zu ihrer Umsetzung gegenüber Dritten nicht bestimmter rechtlicher und administrativer Kategorien bedienen können. Der folgende Überblick über wichtige Planungsinstrumente soll helfen, Methoden und Inhalte im Hinblick auf Verfahrensabläufe und Anwendungsbereiche einzuordnen. Dass die Bewältigung konkreter Umweltprobleme jedoch nicht an institutionalisierte Formen gebunden zu sein braucht, machen die in der Praxis zahlreichen informellen Planungen deutlich, die ebenfalls behandelt sind.

2.1 Landschaftsplanung

Der Begriff „Landschaftsplanung" wird in unterschiedlicher Bedeutung gebraucht (vgl. Kasten 2.1). Im Folgenden sind Aufgaben, Verfahren und Inhalte der gesetzlichen Landschaftsplanung umrissen.

2.2.1 Aufgaben der gesetzlichen Landschaftsplanung

Das Bundesnaturschutzgesetz (BNatSchG) definiert (in den §§ 13 bis 16) Landschaftsplanung als die raumbezogene Planung des Naturschutzes und der Landschaftspflege. In § 1 BNatSchG sind Ziele des Naturschutzes und der Landschaftspflege festgelegt, die sich auf Schutz, Pflege, Entwicklung und Wiederherstellung
- der Leistungs- und Funktionsfähigkeit des Naturhaushaltes,
- der Regenerationsfähigkeit und nachhaltigen Nutzungsfähigkeit der Naturgüter,
- der Tier- und Pflanzenwelt,
- der Vielfalt, Eigenart und Schönheit von Natur und Landschaft sowie ihres Erhohlungswertes.

beziehen. § 2 BNatSchG nennt weitere Grundsätze des Naturschutzes und der Landschaftspflege, die diese Ziele konkretisieren, indem sie nähere Ausführungen u.a. zu einzelnen Schutzgütern sowie zur Erholung, zum Zugang von Landschaftsteilen und zu historischen Kulturlandschaften treffen. Der Landschaftsplanung kommt die Auf-

---

Kasten 2.1 Der Begriff „Landschaftsplanung" wird gebraucht

- als allgemeiner, umgangssprachlicher Oberbegriff für verschiedene ökologisch orientierte Planungsinstrumente,
- im rechtlichen Sinn für die Planungshierarchie des Bundesnaturschutzgesetzes, die aus Landschaftsprogramm, Landschaftsrahmenplänen und örtlichen Landschaftsplänen besteht,
- im engeren Sinn eingegrenzt auf die örtliche (kommunale) Landschaftsplanung.

---

gabe zu, die konkreten „Erfordernisse und Maßnahmen" zur inhaltlichen und räumlichen Realisierung dieser Ziele aufzuzeigen (vgl. § 13 Abs.1 BNatSchG).

Diese Aussagen richten sich zum einen an die für Naturschutz und Landschaftspflege zuständigen Behörden. Die in Landschaftsplänen enthaltenen „Erfordernisse" sind zudem von anderen Behörden und öffentlichen Stellen im Rahmen ihrer Zuständigkeiten aufzugreifen und zu verwirklichen. Die Grundlage dafür bildet § 6 Abs. 2 BNatSchG, der andere Behörden und öffentliche Stellen dazu verpflichtet, die Verwirklichung der Ziele des Naturschutzes und der Landschaftspflege im Rahmen ihrer Möglichkeiten zu unterstützen. Damit angesprochen sind neben den Trägern der Raumordnung und Bauleitplanung verschiedene Fachbehörden der Land-, Forst- und Wasserwirtschaft, weiterhin die für Straßenbau, Abbauvorhaben und andere Raumnutzungen zuständigen Behörden. Daneben können „Erfordernisse des Naturschutzes und der Landschaftspflege" in verschiedenen Verfahren – insbesondere Raumordnungs-, Planfeststellungs- und Genehmigungsverfahren – Berücksichtigung finden. Die Landschaftsplanung beinhaltet demnach ein Konzept und Maßnahmen für die **sektoralen** Belange des Naturschutzes und der Landschaftspflege. Sie muss sich jedoch zugleich **querschnittsorientiert** mit den ökosystemaren Auswirkungen aller Raumnutzungen auf Natur und Landschaft auseinander setzen.

Landschaftspläne werden auf verschiedenen Ebenen erarbeitet (vergleiche auch Tab. 2.1):

- Das **Landschaftsprogramm** stellt die überörtlichen Erfordernisse und Maßnahmen zur Verwirklichung der Ziele des Naturschutzes und der Landschaftspflege für den Bereich eines Landes dar. Es wird – je nach Größe des jeweiligen Bundeslandes – in Maßstäben zwischen 1 : 1 000 000 und 1 : 300 000 erarbeitet und in das Landesentwicklungsprogramm übernommen (integriert).
- **Landschaftsrahmenpläne** stellen gleichfalls überörtliche Erfordernisse des Naturschutzes und der Landschaftspflege dar, allerdings für Planungsregionen und

---

Kasten 2.2 In den Aussagen von Landschaftsplänen ist zu unterscheiden zwischen

Maßnahmen (des Naturschutzes und der Landschaftspflege, die im Zuständigkeitsbereich der Naturschutzverwaltung zu beachten und umzusetzen sind).

Erfordernissen (Anforderungen, die an andere Nutzungen und Fachverwaltungen formuliert werden).

Tabelle 2.1 Die vier Ebenen der räumlichen Gesamtplanung in der Bundesrepublik Deutschland im Verhältnis zur Landschaftsplanung

Planungsraum	Gesamtplanung	Landschaftsplanung	Planungsmaßstab
Land	Landesraumord-nungsprogramm*	Landschaftspro-gramm*	1: 1.000 000 bis 1: 300 000
Region, Landkreis, Regierungsbezirk	Regionalplan*	Landschaftsrah-menplan*	1: 100 000 bis 1: 50 000
Gemeinde	Flächennutzungs-plan	Landschaftsplan	1: 10 000 bis 1: 5 000
Teilraum einer Ge-meinde	Bebauungsplan	Grünordnungs-plan	1: 2 500 bis 1: 500

* Die Planwerke werden in den einzelnen Bundesländern z.T. unterschiedlich bezeichnet.

Bezirke, teilweise auch Landkreise als Bezugsräume. Sie werden meist im Maßstab 1 : 50 000 oder 1 : 100 000 erstellt und in die Regionalpläne integriert. In Brandenburg werden Landschaftsrahmenpläne auch für die Großschutzgebiete (Nationalpark, Biosphärenreservate und Naturparke) sowie die Braunkohlentagebaugebiete erarbeitet. Die Zuständigkeit für die Aufstellung von Landschaftsrahmenplänen liegt bei den Trägern der Regionalplanung (z. B. in Hessen, Baden-Württemberg und Sachsen) oder bei den Fachbehörden für Naturschutz und Landschaftspflege (etwa in Brandenburg, dem Saarland oder Schleswig-Holstein). Die Stadtstaaten Berlin, Hamburg und Bremen haben eine nur zweistufige Verwaltungsstruktur ohne den Landschaftsrahmenplan. In Nordrhein-Westfalen erfüllen so genannte „Gebietsentwicklungspläne", die einen landschaftsplanerischen Fachbeitrag enthalten, die Funktionen des Landschaftsrahmenplans.

- „Örtliche" bzw. „kommunale" Landschaftspläne beinhalten die örtlichen Erfordernisse des Naturschutzes und der Landschaftspflege und werden meist als Beitrag zur vorbereitenden Bauleitplanung, also zum Flächennutzungsplan, erarbeitet. Das zu Beginn des Jahres 2002 novellierte Bundesnaturschutzgesetz gibt (in § 16 Abs. 2) nunmehr vor, dass sie flächendeckend aufzustelllen sind und fortgeschrieben werden müssen, wenn wesentliche Veränderungen in der Landschaft eintreten. Gängige Maßstäbe sind 1 : 10 000 bzw. 1 : 5 000. In den meisten Bundesländern werden die örtlichen Landschaftspläne auf Gemeindeebene von den Kommunen bzw. kommunalen Planungsverbänden erstellt, die zugleich Träger der Bauleitplanung sind. In den Stadtstaaten erfolgt die Aufstellung durch die Naturschutzbehörden. In Nordrhein-Westfalen und Thüringen werden die örtlichen Landschaftspläne auf Ebene der Landkreise gefertigt. Träger sind hier Kreise und kreisfreie Städte (in NRW) bzw. die unteren Naturschutzbehörden (in Thüringen).

- Daneben gibt es in den meisten Bundesländern, entsprechend landesrechtlicher Regelungen, **Grünordnungspläne**, die in der Regel als landschaftsplanerischer Fachbeitrag zum Bebauungsplan, also der unteren Ebene der Bauleitplanung erarbeitet werden. Im Saarland gebraucht man lediglich den Begriff „Grünordnung". Nur Bremen, Hessen, Mecklenburg-Vorpommern, Nordrhein-Westfalen und Schleswig-Holstein haben den Begriff „Grünordnung" bzw. „Grünordnungsplan" in ihren Landesnaturschutzgesetzen nicht eingeführt. In Rheinland-Pfalz wird die entsprechende Planungsebene ebenfalls als „Landschaftsplan" bezeichnet. Brandenburg hat nachträglich die Regelung getroffen, dass ein Grünordnungsplan nicht erforderlich ist, soweit die erforderlichen Maßnahmen in einem Bebauungsplan oder einer Satzung festgesetzt werden. Geläufiger Maßstab für Grünordnungspläne ist 1 : 500 bis 1 : 2.500. Dies ermöglicht konkrete flächenscharfe Vorschriften etwa über zu pflanzende Bäume (Pflanzgebote), über das bei Pflanzungen zu verwendende Artenrepertoire, Vorgaben zur Dach- und Fassadenbegrünung, zur Pflege von Grünflächen, zur Gestaltung der Höhe von Einfriedungen und anderes mehr. Im Gegensatz zu den anderen Planungsebenen, deren Aussagen noch nicht parzellengenau sind, sind diejenigen Inhalte von Grünordnungsplänen, die in die Bebauungspläne aufgenommen werden, auch für Privatleute, d. h. für den einzelnen Bauherren, verbindlich.

Mit dieser hierarchischen Stufung gibt das Bundesnaturschutzgesetz einen Rahmen vor. Bereits obige Zusammenstellung zeigt jedoch, dass dieser von den einzelnen Bundesländern in ihren Landesnaturschutzgesetzen sehr unterschiedlich ausgefüllt wird. Teils wird auch die bundesgesetzlich vorgegebene Planungshierarchie nicht vollständig übernommen bzw. eine andere Terminologie gewählt.

Die **Aufgaben der Landschaftsplanung** regelt § 14 Abs. 1 BNatSchG näher. Demnach hat ein örtlicher Landschaftsplan

- den vorhandenen und den angestrebten Zustand von Natur und Landschaft darzustellen und zu beurteilen;
- die Ziele und Grundsätze des Naturschutzes für den jeweiligen Planungsraum weiter zu konkretisieren;
- die Erfordernisse und Maßnahmen für den angestrebten Zustand von Natur und Landschaft darzulegen.

Diese Darstellung umfasst insbesondere die Erfordernisse und Maßnahmen

---

Kasten 2.3 Die Inhalte der Landschaftspläne werden in die Raumordnungs- und Bauleitpläne integriert

Raumordnung und Landesplanung: Zielen auf die Ordnung raumwirksamer Tätigkeiten ab. Sie bezeichnen synonym die Raumplanung auf Landesebene mit den Instrumenten des Landesraumordnungsprogramms und des Regionalplans (vgl. Tab. 2.1).

Bauleitplanung: Hat auf örtlicher Ebene zur Aufgabe, die bauliche und sonstige Nutzung der Grundstücke in der Gemeinde vorzubereiten. Umfasst die beiden Ebenen des Flächennutzungsplans (vorbereitender Bauleitplan) und des Bebauungsplans (verbindlicher Bauleitplan).

- zur Vermeidung, Minderung oder Beseitigung von Beeinträchtigungen von Natur und Landschaft (dadurch wird der Bezug zur naturschutzrechtlichen Eingriffsregelung hergestellt; vergleiche Kap. 2.2);
- zum Schutz, zur Pflege und Entwicklung bestimmter Teile von Natur und Landschaft im Sinne des Vierten Abschnittes des BNatSchG. Dieser enthält die Regelungen zur Ausweisung von Schutzgebieten, woraus sich ein Auftrag an die Landschaftsplanung begründet, Vorschläge für Schutzgebiete und -objekte (Naturdenkmale und Geschützte Landschaftsbestandteile) zu unterbreiten, bzw. deren Ausweisung konzeptionell wie inhaltlich mit vorzubereiten.
- zum Schutz, zur Pflege und Entwicklung der Lebensgemeinschaften und Lebensräume wild lebender Pflanzen- und Tierarten;
- Erfordernisse und Maßnahmen auf Flächen, die zum Aufbau eines Biotopverbunds besonders geeignet sind bzw. zum Aufbau und Schutz des europäischen Schutzgebietssystems „Natura 2000" dienen;
- zum Schutz und zur Verbesserung von Böden, Gewässern und Klima;
- zur Erhaltung und Entwicklung der Vielfalt, Eigenart und Schönheit von Natur und Landschaft, insbesondere auch als Erlebnis- und Erholungsraum für den Menschen.

Das Bundesnaturschutzgesetz gilt im besiedelten und unbesiedelten Bereich (vergleiche § 1 BNatSchG). Daraus ergibt sich ein flächendeckender Auftrag auch an die Landschaftsplanung, den zudem nun auch § 16 Abs. 1 BNatSchG unterstreicht. Eine Ausnahme stellt unter den Bundesländern allerdings Nordrhein-Westfalen dar, wo die Aufstellung von Landschaftsplänen bislang nur für den baurechtlichen Außenbereich erfolgt. Infolge der im April 2002 erfolgten Novellierung des BNatSchG und des darin nunmehr bundesweit an die Landschaftsplanung formulierten flächendeckenden Auftrags ergibt sich hier jedoch voraussichtlich Anpassungsbedarf. Hervorzuheben ist auch, dass der Auftrag der Landschaftsplanung neben Naturhaushalt und Landschaftsbild die Schaffung und Sicherung der Erholungsfunktion mit einschließt, denn die naturgebundene Erholung ist gleichfalls Regelungsgegenstand des Naturschutzrechts.

Weitere Ansprüche an die Landschaftsplanung formulieren einzelne Landesnaturschutzgesetze. So ist es nach dem Thüringer (§ 3 Abs. 5 ThürNatG) und dem Sachsenanhaltinischen (§ 4 Abs. 2 NatSchG LSA) Naturschutzgesetzen explizit ihre Aufgabe, für projektbezogene Entscheidungen Maßstäbe zur Beurteilung von deren Umweltverträglichkeit bereitzustellen. Aus dem gesetzlichen Anforderungskatalog ergibt sich für die Landschaftsplanung zudem die Notwendigkeit einer schutzgut- und zugleich nutzungsübergreifenden Betrachtung, die die Auswirkungen verschiedener Nutzungsformen auf die Leistungsfähigkeit von Naturhaushalt und Landschaftsbild betrachtet.

Aufgrund dieses umfassenden Anspruchs ist die Landschaftsplanung unter den bestehenden Instrumenten am ehesten als Dreh- und Angelpunkt für eine umfassende, ökologisch orientierte Umweltplanung geeignet. Abbildung 2.1 gibt diesen Zusammenhang wieder und verdeutlicht zugleich Bezüge zwischen den in diesem Band angesprochenen Planungsinstrumenten:

Demnach hat die Planungshierarchie der Landschaftsplanung die Aufgabe, prinzipiell flächendeckend Leitbilder und Umweltqualitätsziele unterschiedlichen Detaillie-

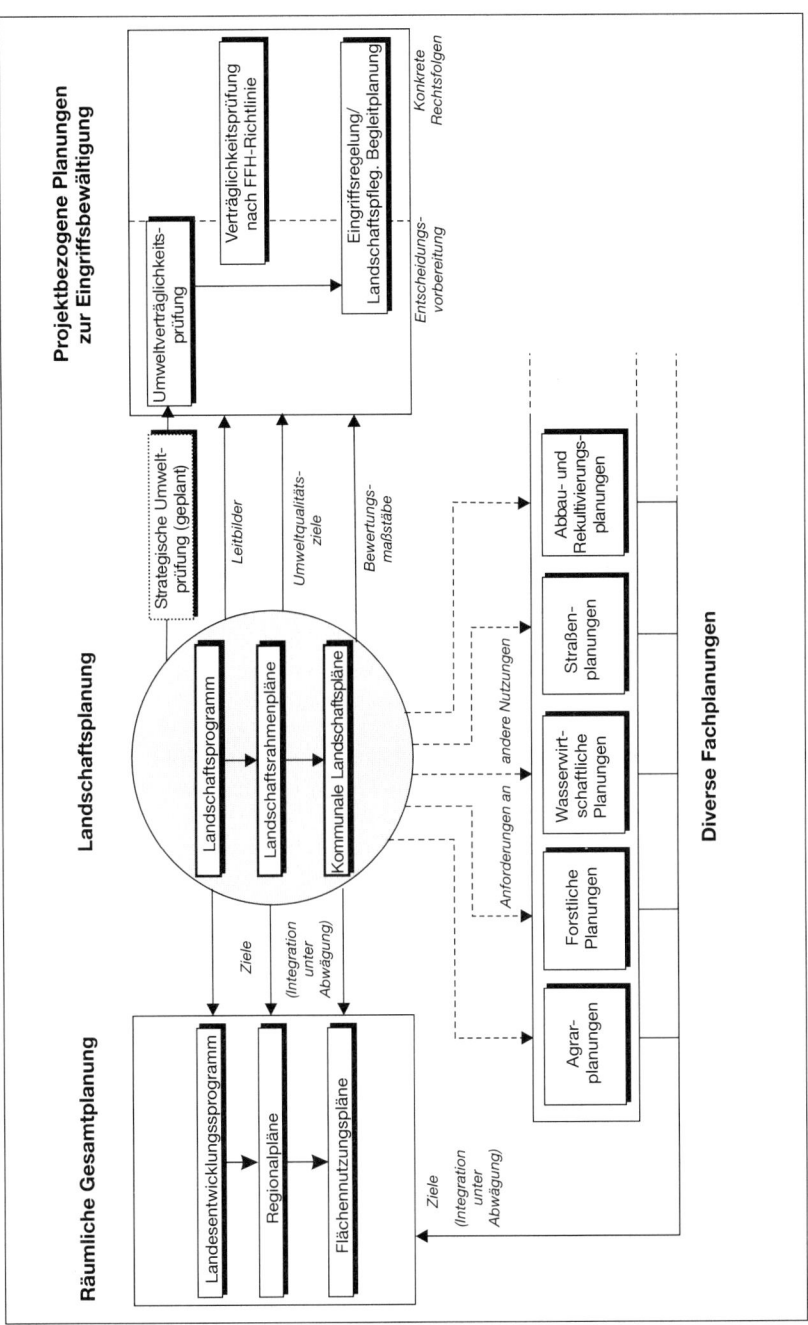

Abb. 2.1: *Zusammenhang ökologisch orientierter Planungsinstrumente mit der Landschaftsplanung als Dreh- und Angelpunkt.*

rungsgrades bereitzustellen. Ihr kommt außerdem bei der planungsbezogenen Aufbereitung landschaftsökologischer Grundlagen zentrale Bedeutung zu. Auf diesen Angaben können zum einen Umweltverträglichkeitsprüfung (UVP) und Eingriffsregelung als projektbezogene Instrumente zur Prüfung einzelner Eingriffsvorhaben aufbauen: Die UVP ist ein medienübergreifend angelegtes Prüfinstrument, das dazu dient, die Entscheidungsgrundlagen für bestimmte Projekte unter Umweltgesichtspunkten zu erarbeiten und zu strukturieren. Ihre Aussagen können dann über die Eingriffsregelung bzw. deren fachliches Planungsinstrument, den landschaftspflegerischen Begleitplan, im konkreten Flächenbezug hin zu verbindlich umzusetzenden Ausgleichs- und Ersatzmaßnahmen weiter präzisiert werden. Zum anderen sollen Zielvorgaben (Erfordernisse) der Landschaftsplanung in den verschiedenen sektoralen Fachplanungen wie auch, nach Abwägung mit anderen fachplanerischen Belangen, in der Landes-, Regional- und Bauleitplanung Berücksichtigung finden. Umgekehrt haben die Landschaftsplanung und andere Fachplanungen bei ihrer Aufstellung die Grundsätze und Erfordernisse der Raumordnung zu berücksichtigen. Zu diskutieren bleibt dabei die Frage, inwieweit die Landschaftsplanung diesem prinzipiell weit gespannten Anspruch aktuell gerecht wird (vergleiche Kap. 2.2.4).

2.1.2   Verfahren bei der Aufstellung und Integration von Landschaftsplänen

Die Verfahrensabläufe bei der Aufstellung und Integration von Landschaftsplänen in die Bauleitplanung gestalten sich in den einzelnen Bundesländern recht unterschiedlich. Mit RAMSAUER (1993) lässt sich ironisch anmerken, dass die Länder hier einen Beitrag zu einer mittlerweile nur schwer überschaubaren „Artenvielfalt" geschaffen haben, wie man sie in der Natur kaum mehr antrifft. Als Beispiel aus Brandenburg veranschaulicht Abb. 2.2 den Ablauf der Erarbeitung eines örtlichen Landschaftsplans, die im Idealfall parallel mit der Aufstellung des Flächennutzungsplans erfolgt.

Eine Gemeinde, die sich entschlossen hat, für ihr Gebiet einen Landschaftsplan aufzustellen, wird dazu ein geeignetes Planungsbüro beauftragen. Bei der Ausarbeitung von Landschaftsplänen handelt es sich um freiberufliche Leistungen, die zwar über die Honorarordnung für Architekten und Ingenieure (HOAI) geregelt, wegen ihrer einzelfallbezogenen Individualität aber inhaltlich nicht vergleichbar sind. Das Einholen von Vergleichsangeboten und die bei öffentlichen Aufträgen sonst praktizierte Vergabe an den billigsten Bieter ist hier daher nicht zulässig. Zunächst wird dann im Regelfall ein Landschaftsplan-Vorentwurf erarbeitet, der die Bestandserfassung, Bewertung, Konfliktanalyse sowie bereits eine Vorstellung des beauftragten Planungsbüros für eine Entwicklungskonzeption enthält. Wenn der Vorentwurf mit dem Planungsträger abgestimmt ist, wird darauf aufbauend der Landschaftsplan-Entwurf erarbeitet. Spätestens zu diesem Zeitpunkt hat die Gemeinde die zuständigen Behörden und Träger öffentlicher Belange zu beteiligen. Unter Berücksichtigung der von ihnen eingegangenen Anregungen wird die endgültige Fassung des Landschaftsplans erstellt und in den meisten Bundesländern in den Flächennutzungsplan eingearbeitet.

Auch die Verbindlichkeit der örtlichen Landschaftsplanung und die Art ihrer Integration in die Bauleitplanung sind unterschiedlich geregelt. Vereinfachend lassen sich folgende Modelle unterscheiden, wobei der Systematik von RAMSAUER (1993) gefolgt wird:

Gemeinde/Stadt	LP-Bearbeiter	Sonstige	FNP-Bearbeiter

1. Schritt: Auftragsvergabe

Gemeinde/Stadt	LP-Bearbeiter	Sonstige	FNP-Bearbeiter
Einholung eines Angebots von einem Landschaftsplanungsbüro	Erstellung eines Angebots entsprechend HOAI	Beteiligung der unteren Naturschutzbehörde bei der Festlegung des Untersuchungsumfanges	
ggf. Beantragung von Fördermitteln			
Auftragserteilung an ein Landschaftsplanungsbüro		ggf. finanzielle Förderung durch Landesmittel	Vorbereitung zur Erarbeitung des FNP

2. Schritt: Erarbeitung des Vorentwurfs

Gemeinde/Stadt	LP-Bearbeiter	Sonstige	FNP-Bearbeiter
Information über Problemschwerpunkte und Planungswünsche an die LP-Bearbeiter	Erarbeitung von Bestandsanalyse/Bestandsbewertung und Planungszielen	Information über Problemschwerpunkte und Planungswünsche durch die - untere Naturschutzbehörde - Fachplanungen - Naturschutzverbände an die LP-Bearbeiter	Information über - städtebauliche Bestandsdaten und - Planungsziele/Planungsvarianten an die LP-Bearbeiter
	Entwicklung eines Flächennutzungs- und Gestaltungskonzepts einschl. der erforderlichen Maßnahmen zu Vermeidung u. Ausgleich bei geplanten Vorhaben		Erhalt von Planungsgrundlagen für den FNP aus der LP-Bearbeitung
Beteiligung der zuständigen Naturschutzbehörde	Vorentwurf des LP, ggf. mit verschiedenen Planungsvarianten unter gleichwertiger Erfüllung des Vermeidungs- und Ausgleichsgebots und anderer fachlicher Anforderungen	Abgabe der Stellungnahme zum Vorentwurf des LP durch die zuständige Naturschutzbehörde und Unterrichtung der für die Genehmigung des FNP zuständigen Behörde über die Beurteilung des LP	Einarbeitung des LP-Vorentwurfs - ggf. Änderung bisheriger Planungsabsichten der Flächennutzungsplanung aufgrund der Aussagen des Vorentwurfs des LP - Einarbeitung der für den FNP relevanten Inhalte des LP

Gemeinsame Erörterung des LP-Entwurfs und seiner in den FNP zu übernehmenden Darstellungen zwischen Gemeinde/Stadt, unterer Naturschutzbehörde, LP- und FNP-Bearbeitern (evtl. Naturschutzverbänden u. a.) im Rahmen des Bearbeitungsprozesses

Gemeinde/Stadt	LP-Bearbeiter	Sonstige	FNP-Bearbeiter
Entscheidung über die Darstellung des FNP-Vorentwurfs und LP-Entwurfs nach gerechter Abwägung			
ggf. frühzeitige Bürgerbeteiligung für den FNP-Vorentwurf; Bereitstellung des LP zur Einsichtnahme		ggf. Anregungen und Bedenken durch die Bürger	Vorentwurf FNP - mit den übernommenen Darstellungen des LP und den Begründungen, wo dessen Inhalten nicht gefolgt werden konnte

Abb. 2.2: Aufstellung eines örtlichen Landschaftsplanes im Parallelverfahren mit dem Flächennutzungsplan am Beispiel Brandenburgs (Landesumweltamt Brandenburg 1996).

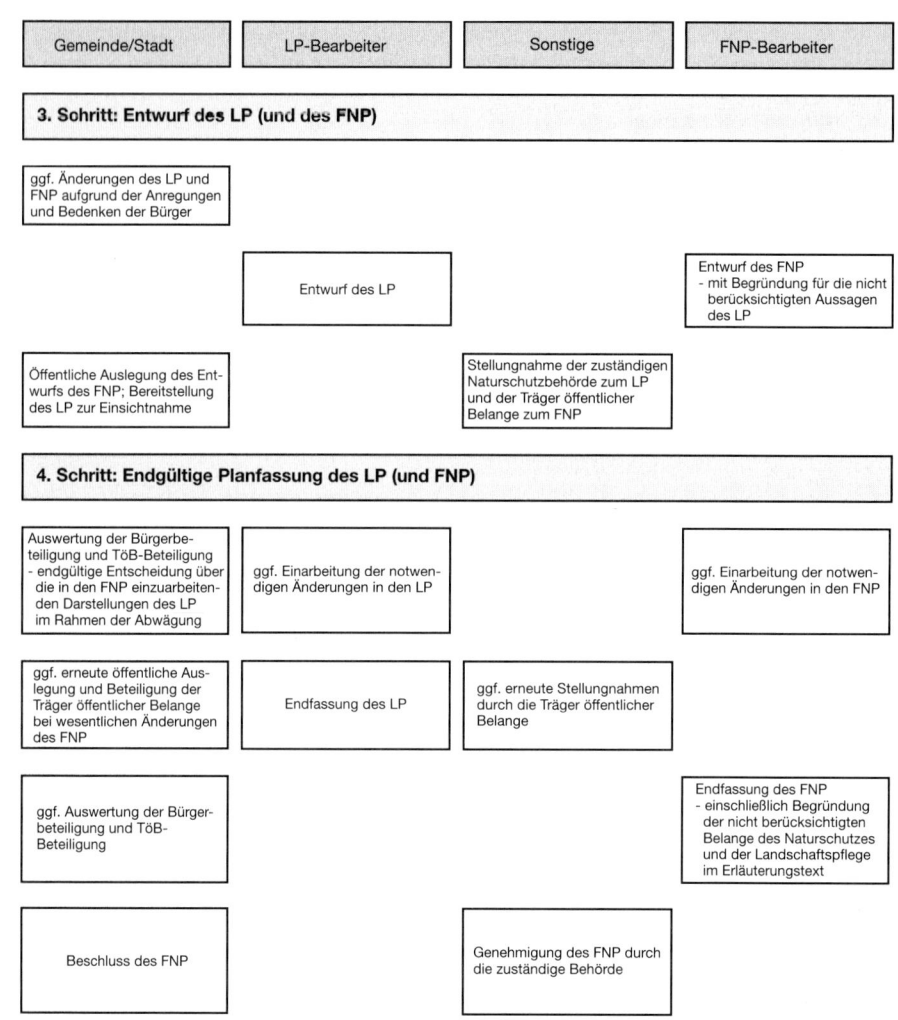

Gemeinde/Stadt	LP-Bearbeiter	Sonstige	FNP-Bearbeiter

3. Schritt: Entwurf des LP (und des FNP)

ggf. Änderungen des LP und FNP aufgrund der Anregungen und Bedenken der Bürger

Entwurf des LP

Entwurf des FNP
- mit Begründung für die nicht berücksichtigten Aussagen des LP

Öffentliche Auslegung des Entwurfs des FNP; Bereitstellung des LP zur Einsichtnahme

Stellungnahme der zuständigen Naturschutzbehörde zum LP und der Träger öffentlicher Belange zum FNP

4. Schritt: Endgültige Planfassung des LP (und FNP)

Auswertung der Bürgerbeteiligung und TöB-Beteiligung
- endgültige Entscheidung über die in den FNP einzuarbeitenden Darstellungen des LP im Rahmen der Abwägung

ggf. Einarbeitung der notwendigen Änderungen in den LP

ggf. Einarbeitung der notwendigen Änderungen in den FNP

ggf. erneute öffentliche Auslegung und Beteiligung der Träger öffentlicher Belange bei wesentlichen Änderungen des FNP

Endfassung des LP

ggf. erneute Stellungnahmen durch die Träger öffentlicher Belange

ggf. Auswertung der Bürgerbeteiligung und TöB-Beteiligung

Endfassung des FNP
- einschließlich Begründung der nicht berücksichtigten Belange des Naturschutzes und der Landschaftspflege im Erläuterungstext

Beschluss des FNP

Genehmigung des FNP durch die zuständige Behörde

Abb. 2.2 (Fortsetzung): *Aufstellung eines örtlichen Landschaftsplanes im Parallelverfahren mit dem Flächennutzungsplan am Beispiel Brandenburgs (Landesumweltamt Brandenburg 1996).*

A. Landschaftspläne mit eigener Rechtsverbindlichkeit

In Nordrhein-Westfalen sowie den Stadtstaaten Berlin, Bremen und Hamburg werden örtliche Landschaftspläne mit eigener Rechtsverbindlichkeit in Form von Satzungen oder Rechtsverordnungen erlassen. Die Rechtswirkung besteht gegenüber Behörden. § 38 des nordrhein-westfälischen Landschaftsgesetzes (LG NRW) listet zudem Voraussetzungen auf, unter denen auch Grundstückseigentümer zur Durchführung landschaftspflegerischer Maßnahmen verpflichtet werden können. Auch sind in Nord-rhein-Westfalen Maßgaben von Landschaftsplänen bezüglich Aufforstung und Erst-aufforstung bei der forstlichen Bewirtschaftung zu berücksichtigen (§ 35 LG NRW), und es können im Landschaftsplan Zweckbestimmungen für Brachflächen auch auf privaten Grundstücken festgesetzt werden (§ 24 LG NRW). Auch § 17 des Berliner Na-turschutzgesetzes (NatSchG Bln) enthält Maßgaben, nach denen zur Durchführung festgesetzter Maßnahmen Grundeigentümer herangezogen werden können. In Bre-men und Hamburg fehlen derartige Vorschriften.

Vordergründig scheint eine rechtlich eigenständige Landschaftsplanung das effektiv-ste Mittel zur Durchsetzung der Ansprüche von Naturschutz und Landschaftspflege. Jedoch ist zu beachten, dass hier für den Fall möglicher Konflikte mit der Bauleitpla-nung rechtliche Kollisionsregelungen getroffen werden müssen. Diese gehen etwa in Berlin zugunsten des Bebauungsplans, der Festsetzungen des Landschaftsplans außer Kraft setzen kann. In den anderen beiden Stadtstaaten verbleibt oft nur ein geringer Spielraum für rechtlich verbindliche Festsetzungen des Landschaftsplans (RAMSAUER 1993). Auch wird unter diesem Aspekt nun der Grund ersichtlich, warum in Nord-rhein-Westfalen, wie schon erwähnt, die Aufstellung von örtlichen Landschaftsplänen bislang nur den baurechtlichen Außenbereich erfasst.

B. Primärintegration der Landschaftspläne in die Bauleitpläne

Hierbei werden die örtlichen Landschaftspläne von vornherein („unmittelbar") in die Bauleitpläne integriert, als deren Bestandteil sie Behördenverbindlichkeit erlangen. Dieses Modell der unmittelbaren oder Primärintegration, bei dem de jure auf eine rechtlich eigenständige Landschaftsplanung verzichtet wird, haben Bayern und Rhein-land-Pfalz gewählt. Faktisch kann jedoch auch hier auf eine methodisch eigenständi-ge Erarbeitung der Grundlagen und auf eine inhaltlich konsistente Herleitung der Zie-le kaum verzichtet werden. Die entsprechenden landschaftsplanerischen Grundlagen (Materialien, Karten) bleiben dabei in Bayern als so genannter „Landschaftsplan-Vor-entwurf" meistens auch weiter selbständig verfügbar. Auch ist aus der Praxis der dor-tigen Naturschutzbehörden bekannt, dass sie für ihre Arbeit auch auf Aussagen des (noch unverbindlichen und unabgestimmten) Vorentwurfs zurückgreifen. In Rhein-land-Pfalz entsteht zwar ein zu genehmigender „Flächennutzungsplan mit integrier-tem Landschaftsplan", dem jedoch gleichfalls eine eigene gutachterliche „landschafts-pflegerische Entwicklungskonzeption" zugrunde liegt.

Auch wenn sich in der Praxis somit das Modell der Primärintegration in vieler Hin-sicht dem der nachfolgend beschriebenen Sekundärintegration annähert, sind we-sentliche Nachteile nicht von der Hand zu weisen: So wird mit der Analyse von Natur und Landschaft oft erst begonnen, wenn auch ein Flächennutzungsplan aufgestellt oder überarbeitet werden soll. Die Landschaftspläne laufen Gefahr, dass ihre Rolle sich letztlich auf die Beschaffung des notwendigen Abwägungsmaterials für die Bauleitpla-nung beschränkt, so dass der Anspruch einer Vorsorgeplanung oft nicht erfüllt werden kann. Auf der anderen Seite zwingt die Primärintegration vielfach zu einer frühzeiti-gen Beteiligung der Adressaten, weshalb hier vielfältige Partizipationsmodelle prakti-ziert werden (vergleiche etwa JESSEL et al. 1996; LUZ et al. 2000).

C. Sekundärintegration der Landschaftspläne in die Bauleitpläne

In den Ländern Baden-Württemberg, Brandenburg, Hessen, Sachsen, dem Saarland, Schleswig-Holstein und Thüringen werden rechtlich selbständige Landschaftspläne aufgestellt. Sie sind eingeschränkt behördenverbindlich, d. h. meist werden sie innerhalb der Behörden des Trägers der Bauleitplanung als verbindlich gehandhabt. Rechtliche Außenverbindlichkeit gegenüber anderen Behörden erreichen sie jedoch erst, wenn sie in einem zweiten Schritt in die Bauleitplanung integriert werden. Innerhalb dieser „mittelbaren" oder Sekundärintegration lassen sich nochmals zwei Konzepte unterscheiden: Das der Vollintegration (etwa in Brandenburg, Thüringen und Schleswig-Holstein), bei dem alle Landschaftsplan-Inhalte in die Bauleitplanung übernommen werden, und das der Teilintegration (etwa in Baden-Württemberg, dem Saarland und Sachsen), bei dem nur eine teilweise Übernahme erfolgt. Da in beiden Fällen eine Abwägung vorgenommen wird und von den aufgenommenen Inhalten nur die so genannten „Festsetzungen", nicht aber die „Darstellungen" bindend sind, unterscheiden sich aber im Ergebnis beide Konzepte kaum.

D. Sonderfälle

Als Sonderfälle können Niedersachsen und Sachsen-Anhalt gelten: Der örtliche Landschaftsplan stellt hier eine gutachterlicher Empfehlung an die Gemeinden dar, es gibt jedoch keine landesrechtlichen Vorschriften, ob und inwieweit seine Inhalte zu übernehmen sind. Dennoch entfalten auch hier diejenigen Aussagen, die die Gemeinden (freiwillig) in die Bauleitpläne aufnehmen, Verbindlichkeit.

Gelegentlich findet sich für Landschaftspläne mit eigener Rechtsverbindlichkeit auch der Begriff „vorlaufende Landschaftsplanung", der sich davon ableitet, dass sie unabhängig bzw. oft mit zeitlichem Vorlauf zur Bauleitplanung erarbeitet werden. Das Modell der Sekundärintegration wird dann als „mitlaufende", das der Primärintegration als „integrierte" Landschaftsplanung bezeichnet (etwa bei JEDICKE 1994b; RAMSAUER 1993; in etwas abweichender Terminologie bei ERMER et al. 1996). Da jedoch der Zeitpunkt der Erarbeitung eines Landschaftsplanes keinen Einfluss auf die Art seiner Verbindlichkeit bzw. die Integration in die räumliche Planung zu haben braucht, ist diese Formulierung irreführend. Auf sie sollte daher verzichtet werden.

Auf eine eigene ausführliche Synopse der verschiedenen Regelungsmodelle der einzelnen Bundesländer wird hier verzichtet. Derartige Zusammenstellungen sind u.a. bereits bei ERMER et al. (1996, 168ff.), GRUEHN (1998, 87ff.), JEDICKE (1994b, 27ff.), KIEMSTEDT & WIRZ (1990, 6f.) oder MERIAN & WINKELBRANDT (1993) nachzulesen. Es bleibt zu betonen, dass angesichts der Vielfalt und feinen Unterschiede zwischen den Länderregelungen derartige Übersichten zwangsläufig stets vereinfachen müssen und ein genaues Nachschlagen landesrechtlicher Spezifika in den einzelnen Ländergesetzen nicht erübrigen können.

2.1.3   Inhalte

Bereits mit ihrer Einführung in das Bundesnaturschutzgesetz 1976 war ein umfassender inhaltlicher Anspruch der Landschaftsplanung festgelegt. Dem stand lange Zeit die Praxis entgegen, die sich überwiegend auf einen sektoralen Beitrag zum Arten- und

Biotopschutz mit Aussagen zum Schutz und zur Pflege bestimmter Biotoptypen beschränkte. In den letzten 20 Jahren hat die Landwirtschaft begonnen, sich immer stärker aus der seit Jahrhunderten auch auf Grenzertragsstandorten betriebenen Nutzung zurückzuziehen; auch blieb die Flächeninanspruchnahme und Bodenversiegelung durch neue Bauvorhaben nahezu ungebremst mit spürbaren Folgen nicht nur für den Naturhaushalt, sondern auch das Landschaftsbild. Da bereits das Bundesnaturschutzgesetz neben Schutz und Pflege auch die Erhaltung von Natur und Landschaft fordert, reagierte auch die Landschaftsplanung mit Zielvorstellungen über Flächenextensivierung und den Aufbau komplexer Biotopverbundsysteme. Zudem haben sich viele Planer des Themas „Landschaftsbild" erst in den letzten Jahren angenommen, weil sie fälschlicherweise glaubten, dass es sich hierbei um einen zutiefst subjektiven, bei Analyse und Bewertung der Landschaft nicht rational fassbaren Aspekt handeln würde. Die Ausführungen in Abschnitt 3.3.5 widersprechen dieser Auffassung nachdrücklich. Vernachlässigt wurde dabei zudem, dass das Landschaftserleben einen wichtigen Moment darstellen kann, um Zugang zu den Sichtweisen und Einstellungen der ortsansässigen Bevölkerung zu erlangen.

Mit dem Investitionserleichterungs- und Wohnbaulandgesetz 1993 sowie der Neuordnung des Bau- und Raumordnungsgesetzes 1998 traten neue rechtliche Regelungen in Kraft, die vordergründig zunächst das Verhältnis von Bauleitplanung und Eingriffsregelung neu fassen (s. auch unter 2.2.3): Eingriffe, die durch Bauvorhaben verursacht werden, müssen nun auf Ebene der Bauleitplanung abschließend bewältigt werden, d. h. ihre Auswirkungen auf Naturhaushalt und Landschaftsbild sind zu prognostizieren und es müssen ihnen Minimierungs- sowie Ausgleichs-(Kompensations-)Maßnahmen zugeordnet werden. Den notwendigen Fachbeitrag können zur Ebene des Flächennutzungsplans als vorbereitendem Bauleitplan die örtlichen Landschaftspläne, zur Ebene des Bebauungsplans als verbindlichem Bauleitplan die Grünordnungspläne leisten. Landschaftspläne lassen sich zudem nun von den Kommunen für ein „kommunales Flächenmanagement" (MITSCHANG 1998) einsetzen, um frühzeitig Flächen für Ausgleichs- und Ersatzmaßnahmen vorzuhalten.

Obwohl sie sich jeweils an den Zielen des Bundesnaturschutzgesetzes als gemeinsamer Grundlage herzuleiten haben, gestalten sich die inhaltlichen Anforderungsprofile an die Landschaftsplanung in den einzelnen Bundesländern unterschiedlich. Einvernehmliche inhaltliche Empfehlungen für die örtliche Landschaftsplanung, auf die sich erst 1994 die Länderarbeitsgemeinschaft für Naturschutz, Landschaftspflege und Erholung (LANa) geeinigt hat, sind jedoch sehr allgemein gehalten und können als „kleinster gemeinsamer Nenner" unter den Bundesländern als inhaltlicher Minimalkatalog für eine flächendeckende örtliche Landschaftsplanung gelten. Demnach

- beruhen landschaftsplanerische Aussagen auf **Potenzialerfassungen der einzelnen Schutzgüter** Boden, Wasser (Grund- und Oberflächengewässer), Klima/Luft, Arten und Lebensgemeinschaften sowie des Landschaftsbildes im Plangebiet. Für jedes dieser Schutzgüter sind gesondert die besonders bedeutsamen bzw. schutzwürdigen Bereiche sowie die Beeinträchtigungen darzustellen und zu bewerten.
- ist für das Plangebiet, ggf. bezogen auf landschaftliche Teilräume, ein **naturschutzfachliches Leitbild** für die angestrebte Entwicklung zu erarbeiten, das

auf die anzustrebende Qualität und Entwicklung der einzelnen Potenziale Bezug nimmt.

- sind **Schutz-, Pflege- und Entwicklungsziele und -maßnahmen für Natur und Landschaft** sowie bezogen auf einzelne **Raumnutzungen** darzustellen. Sie sind bezüglich ihrer Umsetzbarkeit auf konkrete bzw. konkret absehbare Planungen und Entwicklungen zu beziehen. Neben den darzustellenden Flächen zum Schutz, zur Pflege und zur Entwicklung von Natur und Landschaft sind Anforderungen genannt, die im Einzelnen zu formulieren sind an
  - Flächen mit besonderen Freizeit- und Erholungsfunktionen,
  - die Siedlungsstruktur und -Entwicklung,
  - landwirtschaftliche Flächennutzungen,
  - Waldfläche,
  - Flächen für die Nutzung oberflächennaher Rohstoffe,
  - sonstige Nutzungen wie Ver- und Entsorgungsanlagen und Verkehr.
- ist der Beitrag der örtlichen Landschaftsplanung zur **Bewältigung der Eingriffsregelung** besonders zu beachten. Diese Forderung hat mit der oben erwähnten Novellierung des Baugesetzbuches an Bedeutung gewonnen.
- Schließlich wird betont, wie wichtig es für den späteren Umsetzungserfolg ist, frühzeitig die **Akzeptanz der Betroffenen** für landschaftsplanerische Ziele zu erreichen. Dafür wird auf Expertengespräche mit allen wichtigen lokalen Akteuren im Rahmen der Grundlagenermittlung sowie auf den Einsatz kommunikativer Beteiligungsformen, etwa mit Hilfe planungsbegleitender Arbeitskreise, verwiesen.

Wichtige Angaben zu den Anforderungen („Leistungsbilder") an Landschaftsrahmenpläne und an die örtliche Landschaftsplanung können weiterhin den Paragraphen 47 (Leistungsbild Landschaftsrahmenplan) und 45a (Leistungsbild Landschaftsplan) der Honorarordnung für Architekten und Ingenieure (HOAI) entnommen werden. Auch enthalten einzelne Verordnungen und methodische Leitfäden auf Landesebene weitergehende Anforderungen (Beispiele: für Bayern: STMLU 1996; für Brandenburg: LUA 1996; für Rheinland-Pfalz: KIEMSTEDT & WIRZ 1993, für Thüringen: TRILLER 1994). Abbildung 2.3 zeigt die notwendigen inhaltlichen Arbeitsschritte bei der Erarbeitung eines örtlichen Landschaftsplans am Beispiel Bayerns.

Die angesprochenen umfassenden inhaltlichen Möglichkeiten von Landschaftsplänen bergen auch die Gefahr einer Überfrachtung. Die Effektivität gerade auch der örtlichen Landschaftsplanung wird sich jedoch immer auch daran erweisen, inwieweit sie in der Lage ist, einen Beitrag zur Bewältigung aktueller kommunaler Probleme zu leisten. Gefragt ist daher nicht nur das Abarbeiten eines methodisch-inhaltlichen Standardprofils. Vielmehr sollten Datenerhebung und -analyse möglichst komprimiert und zielgerichtet erfolgen, damit noch Spielraum verbleibt, um auf gemeindespezifische Fragestellungen einzugehen. Daraus können sich für einen örtlichen Landschaftsplan sehr unterschiedliche thematische Schwerpunkte ergeben (vgl. Kasten 2.4).

Da die Landschaftsrahmenpläne auf die Verwertbarkeit für die Raumordnung, die örtlichen Landschaftspläne auf die Verwertbarkeit für die Bauleitplanung Rücksicht zu nehmen haben, bietet es sich weiter an, die in ihnen entwickelten Erfordernisse und Maßnahmen **adressatenbezogen** aufzubereiten und zu differenzieren. Bei der Erar-

Grundlagenteil (Erfassung und Bewertung) *(left vertical label, outer: Ziel teil (Planung))*

Ermittlung der Rahmenbedingungen
- Charakterisierung des Untersuchungsgebietes anhand der Auswertung planungsrelevanter Unterlagen (z. B. Regionalplan, ABSP; evtl. Karten zur historischen Entwicklung der Raumnutzung
- Vorgaben für das landschaftliche Leitbild aus überörtlicher Landschaftsplanung

↓

Erfassung und Bewertung der planungsrelevanten Schutzgüter und Grundlagen durch Darstellung der/des

| - Abiotischen Ausstattung (Boden, Wasser, Luft, Klima) | - Biotischen Ausstattung (Arten und Lebensräume) | - Grundlagen des Wirtschaftens und Handelns | - Landschaftsbildes/ -erlebens (Vielfalt, Eigenart, Schönheit) |

↓

Erfassung bzw. Prognose der bestehenden und beabsichtigten Flächennutzungen einschl. Bereiche mit rechtswirksamen Festsetzungen und Nutzungseinschränkungen

- Land- und Forstwirtschaft	- Bauliche Nutzung
- Erholung	- Schutzgebiete, -objekte
- Wasserwirtschaft	- Verkehr
- Abbau von Bodenschätzen	

sowie auf die Schutzgüter bezogene Bewertung und Konfliktanalyse (ggf. über den räumlichen Geltungsbereich hinausgehend) und Lösungsansätze für Erhalt und Entwicklung von Naturhaushalt und Landschaftsbild

Ableitung von Landschaftseinheiten aus der Zusammenschau von Schutzgütern und Flächennutzungen als räumliche Grundlage für das landschaftliche Leitbild

↓

Landschaftliches Leitbild auf die Landschaftseinheiten bezogen, mit den Schwerpunkten

| - Sicherung und Entwicklung von Naturhaushalt und Landschaftsbild | - Siedlungsentwicklung - Naturbezogene Erholung |

↓

Darstellung von örtlichen Erfordernissen und Maßnahmen des Naturschutzes und der Landschaftspflege

Ressourcen
- Abiotische Ausstattung	- Biotische Ausstattung	- Landschaftsbild/-erleben
- Boden	- Flora und Fauna	- Natur- und Landschafts-erleben
- Wasser		
- Luft/Klima		
	- Naturbezogene Erholung	

- Anforderungen von Naturschutz und Landschaftspflege an bestehende und beabsichtigte Flächennutzungen

- Flächen zum Schutz, zur Pflege und Entwicklung von Natur und Landschaft	- Flächen für Ver- und Entsorgungsanlagen
- Sonstige Schutzgebiete	- Wasserflächen
- Grün- und Erholungsflächen	- Flächen für Aufschüttungen, Abgrabungen oder für die Gewinnung von Bodenschätzen
- Bauliche Nutzung	- Flächen für die Landwirtschaft
- Verkehrsflächen	- Flächen für Wald

Dabei ggf. Entwicklung alternativer Lösungswege zur Vermeidung und Minimierung von Konflikten

↓

Diskussion des Vorentwurfs und Erarbeitung von Varianten unter Beteiligung von Fachbehörden und Bürgern

↓

Ausarbeitung des Entwurfs FNP mit LP

↓

Genehmigungsfähige Planfassung FNP mit LP

(right vertical labels: Landschaftsplanerisches Konzept) — Vorentwurf (Landschaftsplanerisches Konzept); Vorentwurf mit FNP; Entwurf)

Abb. 2.3: *Inhalte und Arbeitsschritte bei der Erarbeitung eines örtlichen (gemeindlichen) Landschaftsplans am Beispiel Bayerns (aus StMLU 1996, ergänzt und verändert).*

Kasten 2.4 Mögliche inhaltliche Schwerpunkte bei der Erarbeitung eines örtlichen Landschaftsplanes können z.B. sein:

- räumliche Lenkung von Aufforstungsmaßnahmen oder Flächenstillegungen,
- Begründung von Maßnahmen einer umweltgerechten Landnutzung und – in der Umsetzung – Einführung einer regionalen Vermarktung landwirtschaftlicher Produkte,
- Lenkung des Erholungsverkehrs,
- Einbindung von Ortsrändern und Gestaltung des Ortsbildes,
- Sicherung eines Freiflächensystems im Siedlungsbereich,
- Begründung eines örtlichen Biotopverbundsystems in der freien Landschaft,
- Lenkung der Bautätigkeit und anderer Vorhaben (etwa Abbauvorhaben) im Zusammenhang mit der Bewältigung der Eingriffsregelung und anderes mehr.

---

beitung der Landschaftsrahmenpläne für das Land Brandenburg beispielsweise wurde in Text- und Kartendarstellung eine Dreiteilung praktiziert in (REIN & SCHAEPE 1998)

- ein naturschutzfachliches Entwicklungskonzept (M 1 : 50 000), das schutzgutbezogene Entwicklungsziele sowie Maßnahmen enthält, die mit den Instrumenten des Naturschutzes umgesetzt werden können;
- verursacherbezogene Entwicklungsziele (1 : 50 000), die sich an die verschiedenen Flächennutzer und Fachplanungen richten,
- raumbedeutsame, überörtliche Entwicklungsziele, die in der Systematik (Formulierung von Vorrang- und Vorbehaltsgebieten) und im Maßstab (1 : 100 000) gezielt auf die Integration in die Regionalplanung Bezug nehmen.

2.1.4 Zum Dilemma der Landschaftsplanung

Dem formulierten umfassenden Anspruch der Landschaftsplanung stehen jedoch de facto verschiedene Schwierigkeiten entgegen. So stellt eine durchgängige Planungshierarchie, in der ausgehend vom landesweiten Landschaftsprogramm über Landschaftsrahmenpläne bis hin zu örtlichen Landschafts- und Grünordnungsplänen Ziele und Maßnahmen logisch aufeinander aufbauen und schrittweise konkretisiert werden, einen Idealfall dar, der bislang in noch keinem Bundesland realisiert werden konnte. Entweder dauerte die Erstellung der überörtlichen Programme und Pläne zu lange oder sie formulieren lediglich Gemeinplätze, die für Konkretisierungen auf unteren Ebenen nicht ausreichen. Hinzu kommt, dass die föderalen Unterschiede die Ausformung eines einheitlichen Planungsverständnisses zur Landschaftsplanung bislang verhindert haben. Der Regelungs**vielfalt** in den einzelnen Bundesländern steht eine in der Praxis, etwa bezogen auf die Inhalte von Landschaftsplänen und die rechtlich festgelegten Möglichkeiten zu ihrer Umsetzung, nur geringe Regelungs**dichte** gegenüber (KIEMSTEDT et al. 1990): Es fehlen Bestimmungen, welche Aussagen von Landschaftsplänen in die Bauleitpläne zu übernehmen sind. Auch besteht in den meisten Bundesländern keine Begründungspflicht, wenn Aussagen von Landschaftsplänen nicht in die Raumordnungspläne und Bauleitplanung integriert werden.

Dies führt dazu, dass bei den Akteuren – den Kommunen als Trägern etwa der örtlichen Landschaftsplanung, den Behörden und den Naturschutzverbänden – oft Unklarheiten bzw. unterschiedliche Auffassungen über Selbstverständnis und Aufgabenstellung dieses Planungsinstrumentes bestehen: Interesse der Gemeinden ist vielfach, dass der Landschaftsplan, der oft zusammen mit der Aufstellung des Flächennutzungsplans von ihnen gefordert wird und die Voraussetzung für dessen Genehmigung darstellt, die Ausweisung neuer Bau- und Gewerbeflächen nicht erschwert. Er sollte zudem so angelegt sein, dass sich mit seiner Hilfe verschiedene Fördermittel (etwa für die Landwirtschaft oder für Freizeit und Erholung) erschließen lassen. Die Naturschutzbehörden hingegen sehen den Landschaftsplan als „ihren" Fachplan, in dem gegenüber anderen Fachplanungen bspw. der Land-, Forst- und Wasserwirtschaft die Belange von Natur und Landschaft möglichst ungefiltert durch andere Interessen zum Tragen kommen sollen. Dabei ist jedoch die örtliche Landschaftsplanung die einzige Fachplanung, die in den meisten Bundesländern mit Ausnahme der Stadtstaaten nicht über die zuständigen Fachbehörden erarbeitet wird und Verbindlichkeit erlangt, sondern die vom Gesetzgeber unter die kommunale Planungshoheit gestellt wurde.

Neben die unterschiedlichen Erwartungen einzelner Akteure tritt ein weiterer Zielkonflikt: Ein Landschaftsplan sollte **fachspezifische** Ziele und Maßnahmen zum anzustrebenden Zustand von Natur und Landschaft sowie zur freiraumgebundenen Erholung erarbeiten und diesen Belangen zur Durchsetzung verhelfen. Seine Aussagen entfalten jedoch in den meisten Bundesländern erst nach ihrer Integration in die Bauleitplanung Verbindlichkeit, wobei sie mit anderen Gesichtspunkten (etwa den wirtschaftlichen Interessen der Gemeinde) abgewogen werden. Zugleich hat der Landschaftsplan, wie schon dargelegt, unter dem Aspekt der Belastbarkeit von Naturhaushalt und Landschaftsbild Anforderungen an andere Raumnutzungen und ihre Verträglichkeit untereinander zu formulieren. Damit diese auch tatsächlich akzeptiert und nicht als überzogene Ansprüche zurückgewiesen werden, muss der Landschaftsplaner **querschnittsorientiert** argumentieren und sich dabei evtl. auf Kompromisse einlassen. Oft sind es ja die verschiedenen Nutzer bzw. die sie vertretenden Fachbehörden, die die Aussagen von Landschaftsplänen erst umsetzen sollen, was auch bei Ihnen oft auf Akzeptanzprobleme stößt. RAMSAUER (1993) umreißt dies treffend als das Dilemma einer „querschnittsorientierten Fachplanung", in dem die Landschaftsplanung (und damit auch der mit ihr befasste Planer) sich befinden.

2.1.5 Rollenverteilung der Akteure

Diese Konflikte lassen deutlich werden, dass bei der Aufstellung von Landschaftsplänen bereits frühzeitig, d. h. im Rahmen der Grundlagenermittlung, der Kontakt zu den lokalen Akteuren gesucht werden muss. Planungsbegleitend sind dann Beteiligungsformen zu entwickeln, um gemeinsam („kooperativ") zu Konzepten zu gelangen, die vor Ort auch tatsächlich realisierbar sind. Wo Landschaftspläne in unmittelbarer („Primär"-)Integration erarbeitet werden, tritt das Erfordernis zu frühzeitiger Abstimmung noch deutlicher zutage als dort, wo man den örtlichen Landschaftsplan als zunächst eigenständiges Fachgutachten entwickelt und erst „sekundär" in die Bauleitplanung integriert.

Für den Planer bedeutet dies, dass sich seine Rolle nicht nur auf das **Ermitteln** von Daten und das Ausarbeiten eines fachlichen Konzeptes beschränken darf. Vielfach hat er auch die Rolle eines Moderators zu übernehmen, der zwischen unterschiedlich gelagerten Interessen **vermittelt**, der Diskussions- und Beteiligungsprozesse anstößt und sie als Ideengeber in Gang hält. Um die am Planungsprozess Beteiligten einzubinden, kann es wichtig sein, nicht nur eine einzige Planungslösung zu erarbeiten, sondern Szenarien künftiger Gemeindeentwicklung aufzuzeigen sowie für einzelne Fragestellungen alternative Lösungsvorschläge zu entwickeln.

Bei der Aufstellung insbesondere örtlicher Landschaftspläne ist es daher wesentlich, ein arbeitsteiliges Rollenverständnis zu entwickeln, das nicht allein dem Planer die Verantwortung für die Qualität der Planung zuweist, sondern die Gemeinde, Behörden, Bürger und Verbände gleichermaßen mit einbindet (vergleiche Abb. 2.4). Gerade in der örtlichen Landschaftsplanung tritt somit gleichberechtigt neben fachinhaltliche Methoden die Entwicklung entsprechender Beteiligungs-, Kooperations- und Organisationsformen. Über sie sollten nicht zuletzt die Gemeinde bzw. die kommunalen Entscheidungsträger in ihrer Eigenverantwortung und im Einbringen eigener Vorstellungen gefordert werden: Sie sind es ja, die in den meisten Bundesländern „sehenden Auges", d. h. in bewusst zu machender Verantwortung für die Folgen, über die Aufnahme von Landschaftsplan-Aussagen in den Flächennutzungsplan und damit über ihre Verbindlichkeit zu entscheiden haben.

2.2 Naturschutzrechtliche Eingriffsregelung und landschaftspflegerische Begleitplanung

Neben der Landschaftsplanung war die Eingriffsregelung die wichtigste Neuerung des Bundesnaturschutzgesetzes von 1976. Sie greift vom Anspruch her flächendeckend überall dort, wo eine erhebliche Veränderung des Naturhaushalts oder des Landschaftsbildes vorgenommen wird. Dabei wird das Verursacher- und das Vorsorgeprinzip umgesetzt: Demnach ist der Verursacher eines Eingriffes zu verpflichten, vermeidbare Beeinträchtigungen von Natur und Landschaft zu unterlassen sowie für unvermeidbare Beeinträchtigungen Ausgleich oder Ersatz zu leisten. Die dazu notwendigen Maßnahmen werden meist in einem **landschaftspflegerischen Begleitplan** dargestellt. Materiell strebt die Eingriffsregelung damit die Sicherung des Status quo, d. h. des bestehenden Zustands der Leistungsfähigkeit des Naturhaushalts und des bestehenden Landschaftsbilds an (Verschlechterungsverbot).

2.2.1 Anwendungsbereich

Voraussetzung, dass die Eingriffsregelung zur Anwendung kommt, ist das Vorliegen von Veränderungen der Gestalt oder der Nutzung von Grundflächen, die die Leistungs- und Funktionsfähigkeit des Naturhaushalts oder das Landschaftsbild erheblich beeinträchtigen können (vgl. § 18 Abs. 1 BNatSchG). Weiterhin gelten Veränderungen des mit der belebten Bodenschicht in Verbindung stehenden Grundwasserspiegels als Eingriff:

Die Gemeinde

- hat den gesetzlichen Auftrag der Daseinsfürsorge für das Wohl der Bürger und ist zu einem Ausgleich unterschiedlicher Interessen verpflichtet;

- entscheidet im Rahmen ihrer Planungshoheit in eigener Verantwortung über die Aussagen des Landschaftsplans;

- erkundet bereits im Vorfeld der Auftragsvergabe die unterschiedlichen örtlichen Interessen und steckt mögliche Ziel- und Problembereiche ab;

- zieht kompetenten Sachverstand zur Lösung von Planungsfragen heran;

- initiiert frühzeitig planungsbegleitende Arbeitskreise und ermuntert zur Mitarbeit;

- setzt bereits während des Planungsprozesses konsensfähige Maßnahmen vor Ort um (Akzeptanzverbesserung!).

Der Planer / die Planerin

- ist im Auftrag der Gemeinde im Planungsprozess sowohl als "Ermittler" wie auch als "Vermittler" und Koordinator gefordert;

- richtet möglichst bereits bei Beginn der Planung mit Unterstützung der Gemeinde einen begleitenden Arbeitskreis ein und übernimmt ggf. die Moderation;

- vermittelt einerseits neue inhaltliche Anstöße und erarbeitet alternative Lösungsvorschläge, greift andererseits auch Anregungen, Forderungen und Wünsche auf;

- arbeitet frühzeitig und kooperativ mit dem für den FNP zuständigen Architekten/Ortsplaner zusammen;

- informiert regelmäßig und verständlich über die Ergebnisse der einzelnen Planungsschritte;

- sorgt dafür, dass Landschaftsplan-Aufstellung und -Umsetzung von Anfang an Hand in Hand gehen

Aufstellung örtlicher Landschaftspläne: Rollenverteilung der Akteure

Die Behörden

- informieren über die Ziele des Naturschutzes und der Landschaftspflege sowie des Baugesetzbuches für den Bereich der Bauleitplanung;

- stimmen sich mit dem Landschafts-, dem Ortsplaner und der Gemeinde über die Planungsvorgaben ab;

- stellen notwendige Unterlagen bereit, erteilen Auskünfte und stellen Kontakte zu anderen Behörden her;

- pflegen die behördenübergreifende Zusammenarbeit zum Wohl der Gemeinde (kooperatives Verwaltungshandeln);

- unterstützen den Landschaftsplaner fachlich und bestärken ihn in seinem Selbstverständnis als neutraler Fachgutachter;

- bringen aus der eigenen Gebiets- und Sachkenntnis konstruktive Anregungen ein (als Träger öffentlicher Belange);

- leisten im Rahmen ihrer Möglichkeiten Unterstützung bei der frühzeitigen und planungsbegleitenden Umsetzung von Landschaftsplan-Aussagen.

Bürger und Verbände

- beteiligen sich als breites Spektrum örtlicher Interessenvertreter und Meinungsführer am Planungsprozeß;

- leisten Entscheidungshilfe für den Gemeinderat;

- leisten in informellen Gesprächen Beiträge zur Analyse von Meinungen und Sichtweisen der Bevölkerung sowie der Einstellung der Menschen zu ihrer Landschaft;

- nutzen die Formen der formellen, gesetzlich vorgeschriebenen Planungsbeteiligung;

- sind aufgefordert, in ihrer Gemeinde selbst aktiv landschaftsplanerische Ziele, z.B. auf eigenen Grundstücken, umzusetzen oder bei gemeindlichen Umweltaktionen mitzumachen.

Abb. 2.4: Rollenverteilung und Zusammenarbeit der an der örtlichen Landschaftsplanung Beteiligten (Zusammenstellung auf Grundlage von STMLU 1996, ergänzt u. verändert).

- **„Erheblich"** meint dabei, dass eine bestimmte Intensität der Veränderung gegeben sein muss. Vor der 2002 erfolgen Novellierung des Bundesnaturschutzgesetzes stand zudem die "Nachhaltigkeit", also die Dauer von Beeinträchtigungen, als eigener Anknüpfungstatbestand für die Eingriffsregelung im Gesetz. Dass dieser nun entfallen ist, dürfte aber kaum von Bedeutung sein, da Beeinträchtigungen ohnehin von einer gewissen Schwere sein müssen, um nachhaltig zu wirken, mithin das Kriterium der Erheblichkeit im Regelfall das der Nachhaltigkeit mit einschließt.
- Die **„Gestalt von Grundflächen"** meint die äußere Erscheinungsform der Erdoberfläche. Zu ihr gehören neben geomorphologischen Gegebenheiten alle prägenden Bestandteile wie Pflanzenbestände, Wasserflächen, unter Umständen auch bauliche Anlagen.
- Unter der **„Nutzung"** ist die tatsächlich ausgeübte aktuelle Nutzung zu verstehen. Da in diesem Sinne auch ein nicht wirtschaftlichen Zwecken dienendes Sich-Selbst-Überlassen einer Fläche als Nutzung gilt, kann auch die Umwandlung einer Brachfläche zu Acker einen Eingriff darstellen.
- Da sich die Eingriffsregelung auf die Leistungs**fähigkeit** des Naturhaushalts bezieht, sind nicht nur aktuelle, sondern auch vorhandene, zurzeit aber noch nicht realisierte Entwicklungspotenziale eingeschlossen (Eissing & Louis 1996). Demgegenüber dürfte es sich kaum auswirken, dass im novellierten Bundesnaturschutzgesetz neben der Leistungs- nun auch die **Funktionsfähigkeit** des Naturhaushaltes erwähnt ist.
- Die Redewendung „verändern **können"** steht zudem für die so genannte „Präventivwirkung" der Eingriffsregelung, d. h. um sie anzuwenden muss nicht das tatsächliche Eintreffen der Beeinträchtigungen bewiesen werden, sondern es genügt bereits dessen hinreichend große Wahrscheinlichkeit.

Weitere Voraussetzung für die Anwendung der Eingriffsregelung ist, dass für den Eingriff eine **behördliche Entscheidung**, etwa eine Bewilligung oder Erlaubnis (einzuholen z. B. bei Gewässerbenutzungen nach Wasserrecht), eine Genehmigung (etwa bei Anlagen nach Immisionsschutzrecht), Planfeststellung (wie sie bei Straßen, Schienenwegen, Flughäfen, Gewässerausbauten zum Zweck der Schifffahrt vorgesehen ist) oder eine Anzeige (relevant z. B. bei Freileitungen) vorgeschrieben ist.

Den Ländern hat der Gesetzgeber die Möglichkeit eingeräumt, bestimmte Vorhaben, die im Regelfall nicht mit erheblichen Eingriffen verbunden sind, von der Eingriffsregelung auszuklammern. Auf dieser Grundlage haben z. B. Nordrhein-Westfalen, Hamburg und Thüringen so genannte „Negativlisten" aufgestellt, über die in Thüringen u.a. bestimmte landwirtschaftlich genutzte Gebäude, Durchlässe oder Baustelleneinrichtungen (einschließlich Lager- und Schutzhallen sowie Unterkünften) von der Anwendung der Eingriffsregelung ausgenommen werden. Umgekehrt gibt es in den meisten Bundesländern so genannte „Positivlisten" mit Veränderungen, die regelmäßig als Eingriffe zu sehen sind. Tabelle 2.2 zeigt eine Zusammenstellung, welche Tatbestände hierunter derzeit in den einzelnen Bundesländern fallen. Rechtlich gesehen haben Negativ- und Positivlisten den Charakter von Regelvermutungen: Sie heben auf einen Regelfall ab und können in Einzelfällen aufgrund der dabei wirksamen Umstände argumentativ widerlegt werden.

Tabelle 2.2 Positivliste von Eingriffstatbeständen nach den Landesnaturschutzgesetzen (Stand: 01.08.2001; ähnlich formulierte Begriffe verschiedener Länder sind zusammengefasst)

	Baden-Württemberg: § 10 Abs. 1,2 NatSchG	Bayern: BayNatSchG	Berlin: § 14 Abs. 1 NatSchGBln	Brandenburg: § 10 Abs. 2 BbgNatSchG	Bremen: § 11 Abs. 1 BremNatSchG	Hamburg: § 9 Abs. 1 HmbNatSchG	Hessen: § 5 Abs. 1,2 HENatG	Mecklenburg-Vorpommern: § 14 Abs. 2 LNatG M-V	Niedersachsen: NNatG	Nordrhein-Westfalen: § 4 Abs. 2 LG	Rheinland-Pfalz: § 4 LPflG	Sachsen: § 8 Abs. 2 SächsNatSchG	Sachsen-Anhalt: § 8 Abs. 1 NatSchG LSA	Saarland: § 10 Abs. 2 SNG	Schleswig-Holstein: § 7 Abs. 1 LNatSchG	Thüringen: § 6 Abs. 2 ThürNatG
• Abgrabungen, Aufschüttungen, Ausfüllungen (i.d.R. mit Angabe eines Schwellenwertes)	x		x	x	x	x		x		x	x	x		x	x	x
• Abbau/Gewinnung von Bodenschätzen	x		x	x	x	x		x		x	x	x	x	x	x	x
• Maßnahmen zur Erkundung von Lagerstätten													x			
• Errichtung oder Änderung von														x		
– baulichen Anlagen im Außenbereich	x		x	x	x	x	x	x		x	x	x	x	x	x	x
– Verkehrsflächen im Außenbereich	x		x		x	x		x		x	x	x	x	x	x	
– Anlagen, die einem Planfeststellungsverfahren unterliegen (auch wenn von dessen Durchführung abgesehen werden kann)	x		x	x										x		x
– Lager-, Ausstellungs-, Camping-, Wochenendplätzen im Außenbereich	x				x	x		x							x	
– Masten (incl. Freileitungsmasten)	x		x		x	x		x				x	x		x	x
– Golfplätzen				x				x							x	x
– Motorsportbahnen				x									x			
– Sport-/Freizeitanlagen												x	x	x	x	
– Werbeanlagen im Außenbereich			x	x				x					x			
– Park- und Stellplätzen > 300qm								x								
– Abfallentsorgungsanlagen								x		x		x				
– Flugplätzen										x	x	x		x		
– Küsten-, Uferschutz-, Hafenanlagen															x	

Bayern (BayNatSchG) und Niedersachsen (NNatG): Keine Positivbestände.

Tabelle 2.2 Positivliste von Eingriffstatbeständen nach den Landesnaturschutzgesetzen (Stand: 01.08.2001; ähnlich formulierte Begriffe verschiedener Länder sind zusammengefasst) (Forts.)

	Baden-Württemberg: § 10 Abs. 1,2 NatSchG	Bayern: BayNatSchG	Berlin: § 14 Abs. 1 NatSchGBln	Brandenburg: § 10 Abs. 2 BbgNatSchG	Bremen: § 11 Abs. 1 BremNatSchG	Hamburg: § 9 Abs. 1 HmbNatSchG	Hessen: § 5 Abs. 1,2 HENatG	Mecklenburg-Vorpommern: § 14 Abs. 2 LNatG M-V	Niedersachsen: NNatG	Nordrhein-Westfalen: § 4 Abs. 2 LG	Rheinland-Pfalz: § 4 LPflG	Sachsen: § 8 Abs. 2 Sächs.NatSchG	Sachsen-Anhalt: § 8 Abs. 1 NatSchG LSA	Saarland: § 10 Abs. 2 SNG	Schleswig-Holstein: § 7 Abs. 1 LNatSchG	Thüringen: § 6 Abs. 2 ThürNatG
• Aufstellen von																
– Wohnwagen im Außenbereich			x					x						x		
– Zelten, nicht zugelassenen Kfz und sonstigen transportablen Anlagen im Außenbereich								x			x	x				x
• Errichtung von Einfriedungen oder Einzäunungen im Außenbereich			x	x				x						x	x	
• Verlegen ober-/unterirdischer Leitungen				x			x	x		x	x	x	x	x	x	x
• Versiegelung bei landwirtschaftlichem Wegebau										x						x
• Aufstau/Absenken von Grundwasser		Keine Positivbestände						x	Keine Positivbestände	x			x	x	x	x
• Ausbau/Umgestaltung von Gewässern	x		x	x	x			x		x	x	x	x	x	x	x
• Veränderungen der Ufervegetation								x		x			x			x
• Errichtung oberirdischer Anlagen in und an Gewässern								x		x						
• Errichtung von Anlegestellen für Wasserfahrzeuge								x		x				x		x
• Umbruch von Dauergrünland (oft auf best. Bereiche eingegrenzt)								x		x		x	x	x		x
• Änderung der Nutzungsart von Dauergrünland auf Niedermoorstandorten						x		x								
• Entwässerung/Schädigung von Flächen/Feuchtgebieten	x		x	x	x	x				x	x				x	x
• Vorhaben und Maßnahmen in landesrechtlich geschützten Biotopen										x				x		
• Beseitigung von Hecken/Gehölzen, i.d.R. auf den Außenbereich bezogen							x	x		x		x	x	x	x	x

Tabelle 2.2 Positivliste von Eingriffstatbeständen nach den Landesnatur-schutzgesetzen (Stand: 01.08.2001; ähnlich formulierte Begriffe verschiedener Länder sind zusammengefasst) (Forts.)

	Baden-Württemberg: § 10 Abs. 1,2 NatSchG	Bayern: BayNatSchG	Berlin: § 14 Abs. 1 NatSchGBln	Brandenburg: § 10 Abs. 2 BbgNatSchG	Bremen: § 11 Abs. 1 BremNatSchG	Hamburg: § 9 Abs. 1 HmbNatSchG	Hessen: § 5 Abs. 1,2 HENatG	Mecklenburg-Vorpommern: § 14 Abs. 2 LNatG M-V	Niedersachsen: NNatG	Nordrhein-Westfalen: § 4 Abs. 2 LG	Rheinland-Pfalz: § 4 LPflG	Sachsen: § 8 Abs. 2 Sächs.NatSchG	Sachsen-Anhalt: § 8 Abs. 1 NatSchG LSA	Saarland: § 10 Abs. 2 SNG	Schleswig-Holstein: § 7 Abs. 1 LNatSchG	Thüringen: § 6 Abs. 2 ThürNatG
• Bewirtschaftung von Wegen u. Feldrainen		Keine Positivbestände						x	Keine Positivbestände							
• Beseitigung der Bodendecke auf nicht bewirtschafteten Grundflächen im Außenbereich				x							x					x
• Umwandlung von Wald in eine andere Nutzungsart				x						x	x		x	x		
• Roden von Wald											x				x	x
• Weihnachtsbaumkulturen							x	x								
• Erstaufforstung bestimmter Bereiche											x		x	x		x
• Errichtung und Betrieb von Tiergehegen								x			x					
• Errichtung von Gartenanlagen im Außenbereich							x	x			x		x	x		x
• Beseitigung von öffentl. Grünflächen im besiedelten Bereich			x				x				x				x	x
• Lagerung/Ablagerung von Abfällen					x	x					x		x			x
• Vorhaben/Einrichtungen, die den Zugang zur freien Landschaft ausschließen oder beeinträchtigen	x						x					x	x			x
• Veranstaltungen im Außenbereich								x								

Von der Anwendung der Eingriffsregelung sind allerdings nach bisheriger Rechtslage ausgenommen:

- Stoffliche und energetische Einwirkungen (die durchaus auch zu erheblichen Beeinträchtigungen fuhren können);
- Änderungen der Nutzungsintensität (z. B. durch Verdichtung des Mahdrhythmus von Grünland oder Verzicht auf einen Wechsel in der Fruchtfolge);
- Programme und Pläne, die selbst zwar noch keine Änderung der Gestalt oder Nutzung bewirken, dafür aber die Grundlage schaffen (wichtige Ausnahme ist jedoch die Bauleitplanung, s. u.!);
- Veränderungen, die keiner behördlichen Entscheidung oder Anzeige bedürfen;
- eine der „guten fachlichen Praxis" folgende land-, forst- und fischereiwirtschaftliche Bodennutzung.

2.2.2   Verfahren

Für die Eingriffsregelung hat man kein eigenes Verfahren geschaffen, sondern sie wurde „Hucke-Pack" auf bestehende Genehmigungsverfahren aufgesattelt: Soweit nicht weitergehende Formen der Beteiligung vorgeschrieben sind, wird die Entscheidung über die notwendigen Maßnahmen von der zuständigen Fachbehörde im Benehmen mit den Naturschutzbehörden getroffen. Bei Eingriffen in Schutzgebieten sind es im Regelfall die Naturschutzbehörden, die entscheiden; bei Eingriffen, die über die Bauleitplanung (Flächennutzungs- und Bebauungspläne) vorbereitet werden, entscheidet die jeweilige Gemeinde im Rahmen der baurechtlichen Abwägung.

Sind die Voraussetzungen für einen Eingriff erfüllt, ergibt sich aus der Formulierung des BNatSchG eine Abfolge von Prüfschritten, eine so genannte „Entscheidungskaskade" (vergleiche Abb. 2.5), die nacheinander abzuarbeiten ist:

1. Der Verursacher hat **vermeidbare Beeinträchtigungen zu unterlassen**. Nach geltender Rechtsauffassung bedeutet Vermeidung allerdings nicht, die Erfordernis des Projektes als solches nochmals zu überprüfen, sondern erstreckt sich auf einzelne von ihm ausgehende Beeinträchtigungen. Das kann bedeuten, dass eine Straßentrasse geringfügig verschwenkt wird, um ein wertvolles Biotop zu umfahren, dass die Entwurfselemente im Lage- und Höhenplan an die Topographie der Landschaft angepasst werden oder man statt eines Damms eine Brücke vorsieht, um Zerschneidungswirkungen für die Tierwelt zu mindern. Ihre Grenze findet die notwendige Vermeidung zudem im Grundsatz der Verhältnismäßigkeit, d. h. sie muss tatsächlich erforderlich und im Umfang dem Verursacher noch zumutbar sein.
2. Verbleibende unvermeidbare Beeinträchtigungen muss der Verursacher vorrangig **ausgleichen**. Für den Naturhaushalt bedeutet dies, dass Maßnahmen durchzuführen sind, die gleichartig sind d. h. funktional, räumlich und zeitlich in engem Bezug zum Ort des Eingriffsvorhabens und zur Art seiner Auswirkungen stehen. „Ausgleich" ist dabei ein juristischer Begriff, denn im naturwissenschaftlichen Sinn wird nach Durchführung einer Maßnahme im Regelfall kein identischer Zustand wiederherstellbar sein. Weiter gefasst ist der Ausgleichsbegriff für das Landschaftsbild: Hier reicht es aus, wenn dieses landschaftsgerecht wiederhergestellt oder neu gestaltet wird.

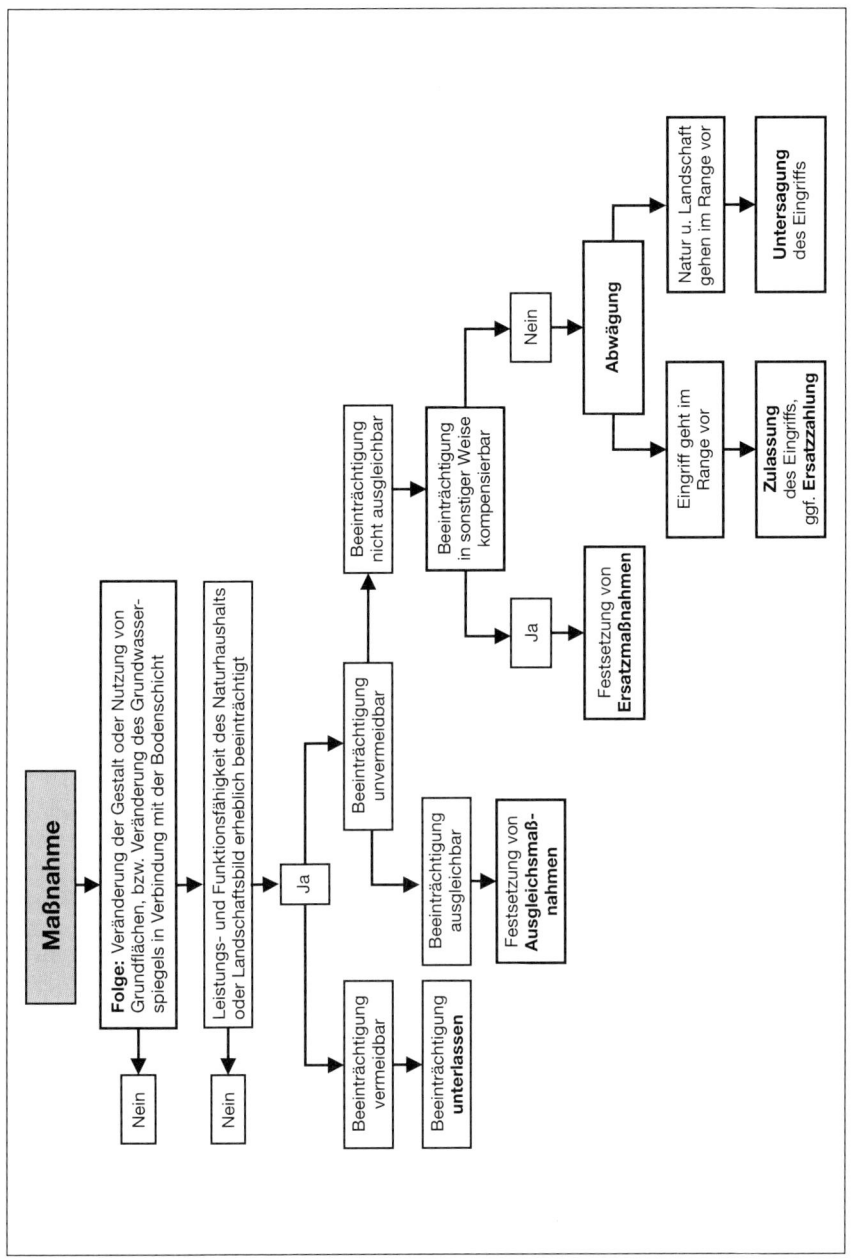

Abb. 2.5: *Entscheidungskaskade der naturschutzrechtlichen Eingriffsregelung.*

3. Für nicht ausgleichbare Eingriffe ist ansonsten **Ersatz** zu leisten. Ersatzmaßnahmen sind im novellierten Bundesnaturschutzgesetz nunmehr einheitlich definiert: Sie ersetzen die beeinträchtigten Funktionen des Naturhaushaltes in gleichwertiger Weise oder führen für das Landschaftsbild eine landschaftsgerechte Neugestaltung herbei. Dass die landschaftsgerechte Neugestaltung des Landschaftsbildes demnach sowohl als Ausgleich als auch als Ersatz gilt, war ein Fehler, der sich im Gesetzgebungsverfahren eingeschlichen hat und der sich für die Praxis als ausgesprochen verwirrend erweist. Die gesetzliche Formulierung macht jedoch deutlich, dass auch bei Ersatzmaßnahmen eine funktionale Beziehung zu den vom Eingriff hervorgerufenen Beeinträchtigungen zu bestehen hat, die aber lockerer sein darf als beim Ausgleich. Die Rechtsprechung stellt hier bislang auf das Kriterium der „Ähnlichkeit" von Ersatzmaßnahmen ab, d. h. es genügt, wenn durch sie ein Zustand geschaffen wird, der dem vor Durchführung einer Maßnahme möglichst ähnlich ist. In räumlicher Hinsicht wird dabei nicht verlangt, dass eine Maßnahme direkt auf den Eingriffsort zurückwirkt; es muss jedoch eine Beziehung zum Ort des Eingriffs bestehen. Im Regelfall erachtet man diese als gegeben, wenn die Ersatzmaßnahme in derselben naturräumlichen Untereinheit durchgeführt wird. Um zu bestimmen, welche Art von Ersatzmaßnahmen sinnvoll ist, können die in den Landschaftsplänen für einen Raum präzisierten Ziele des Naturschutzes und der Landschaftspflege wertvolle Unterstützung leisten (dies betont § 19 Abs. 2 BNatSchG). Ausdrücklich für unzulässig erklärt haben es die Gerichte jedoch, wenn eine naturschutzrechtlich gebotene Ersatzmaßnahme nur als Vorwand herangezogen wird, um eine aus anderen Gründen wünschenswerte ökologische Maßnahme zu realisieren (vergleiche etwa BVerwG–Gerichtsbescheid vom 10.09.1998 – 4A 35.97)

4. Nicht ausgleichbare und nicht ersetzbare Beeinträchtigungen werden in die **Abwägung** eingestellt. Sofern sich dabei ergibt, dass Natur und Landschaft im Rang vorgehen, muss der Eingriff untersagt werden. Eingriffe in Biotope der streng geschützten Tier- und Pflanzenarten, die nicht ersetzbar sind, dürfen dabei nur zugelassen werden, wenn sie sich in der Abwägung durch besondere zwingende Gründe eines überwiegenden öffentlichen Interesses rechtfertigen lassen.

5. Für verbleibende, nicht ersetzbare Beeinträchtigungen können die Länder **Ersatzzahlungen** vorsehen; allerdings sind sie hierzu (dem Wortlaut des § 19 Abs. 4 BNatSchG zufolge) nicht verpflichtet. Die meisten Länder haben allerdings bereits solche Zahlungen eingeführt. Der hierfür oft synonym verwendete Begriff „Ausgleichsabgabe" ist irreführend, da diese Gelder ja meist gerade deswegen als „Ultima Ratio", als letzte Möglichkeit also, erhoben werden, weil keine gleichartigen Ausgleichsmaßnahmen möglich sind. Überwiegend findet dabei derzeit noch eine subsidiäre Ersatzzahlung Anwendung: D. h. eine Abgabe darf erst dann erhoben werden, wenn Ersatzmaßnahmen nicht sinnvoll oder vom Verursacher nicht durchführbar sind. Die alternative Ersatzzahlung ist z. B in Hessen möglich. Hier ist nach Landesrecht z. Zt. kein derartiger Vorrang der Durchführung physisch-realer Ersatzmaßnahmen festgelegt, sondern es kann dazwischen gewählt werden, ob eine Ersatzmaßnahme durchgeführt oder eine Abgabe geleistet wird.

Vor der **Novellierung des BNatSchG** präsentierte sich auf Bundesebene die Entscheidungskaskade der Eingriffsregelung in anderer Form: Nicht ausgleichbare Beeinträchtigungen waren in die Abwägung einzustellen; Ersatz war für die nach durchgeführter Abwägung dann noch verbleibenden Beeinträchtigungen zu leisten. Da jedoch innerhalb von drei Jahren nach Inkrafttreten der Bundesregelung die Länder ihre Naturschutzgesetze erst noch dem geänderten Rahmenrecht werden anpassen müssen, gilt bis dahin diese alte Abfolge auf Ebene der meisten Länder zunächst noch weiter. Da Ersatzmaßnahmen nach der neuen Rechtslage nun auf die Stufe vor der Abwägung gestellt sind, spielt ihre vom Gesetz (in §19 Abs. 2 Satz 3 BNatSchG) nun als Kriterium genannte „Gleichwertigkeit" eine wichtige Rolle. Dieser Gleichwertigkeit sind in der Auslegung Grenzen gesetzt, denn das Gesetz sieht nunmehr ja vor, dass nach durchgeführtem Ersatz noch Beeinträchtigungen verbleiben können, über die dann abzuwägen ist. Es wird daher wichtig sein, qualifizierte **Anforderungen an die Gleichwertigkeit** zu formulieren, um zu verhindern, dass letztlich „irgend etwas" für den Naturhaushalt getan wird.

Einer gesonderten Regelung unterliegt die so genannte **naturschutzrechtliche Eingriffsregelung in der Bauleitplanung**. Über das Investitionserleichterungs- und Wohnbaulandgesetz hatte man sie 1993 – zunächst noch mittels einer Norm im Naturschutzrecht, nämlich den damaligen § 8a BNatSchG (nunmehr: § 21) – in das Bauleitplanverfahren integriert. Dabei wurde bestimmt, dass durch die Bauleitplanung vorbereitete Eingriffe auf dieser Ebene abschließend zu bewältigen sind. D. h. es ist im Flächennutzungs- oder Bebauungsplan eine Eingriffs- und Wirkungsprognose der voraussichtlich eintretenden Veränderungen vorzunehmen und auf dieser Grundlage der Umfang notwendiger Kompensationsmaßnahmen festzulegen. Mit dem neuen Baugesetzbuch wurden zum 1. Januar 1998 auch die Regelungen zu Vermeidung und Ausgleich sowie zu deren Vollzug in das Baugesetzbuch überführt. Demnach sind nun die **Voraussetzungen** für die Anwendung der Eingriffsregelung – also das Vorliegen eines erheblichen Eingriffs in Naturhaushalt oder Landschaftsbild – über das Naturschutzrecht geregelt, die **Rechtsfolgen** in Form von baurechtlichen Ausgleichsmaßnahmen aber im Baurecht. Die Gemeinden stellen die Maßnahmen im Flächennutzungsplan (FNP) dar und setzen sie im Bebauungsplan (B-Plan) verbindlich fest.

Auch hier ist ein Prüfablauf einzuhalten, der gegenüber der Eingriffsregelung im Naturschutzrecht Unterschiede aufweist (vergleiche Abb. 2.6):

- Das Baurecht kennt für die Maßnahmen zur Kompensation der Eingriffsfolgen nurmehr den Begriff des „Ausgleichs": Hierunter sind bundeseinheitlich naturschutzrechtlicher Ausgleich und Ersatzmaßnahmen nach den Vorschriften der Landesnaturschutzgesetze zusammengefasst.
- Für diesen baurechtlichen „Ausgleich" gelten vergleichsweise lockere Maßgaben hinsichtlich des notwendigen räumlichen Bezugs zum Eingriff: Er braucht nicht mehr im Baugebiet selber festgesetzt zu werden. Sofern dies einer geordneten städtebaulichen Entwicklung, den Zielen der Raumordnung sowie des Naturschutzes und der Landschaftspflege nicht widerspricht, kann dies auch an anderer Stelle, im Prinzip mittels vertraglicher Lösungen sogar im Gebiet benachbarter Gemeinden erfolgen.
- Die Abwägung bei der naturschutzrechtlichen Eingriffsregelung ist bipolar: Es wird eine Ja-Nein-Entscheidung gefällt, ob der Eingriff oder ob die Belange von Natur und Landschaft im Range vorgehen. Hingegen werden in die bauleitpla-

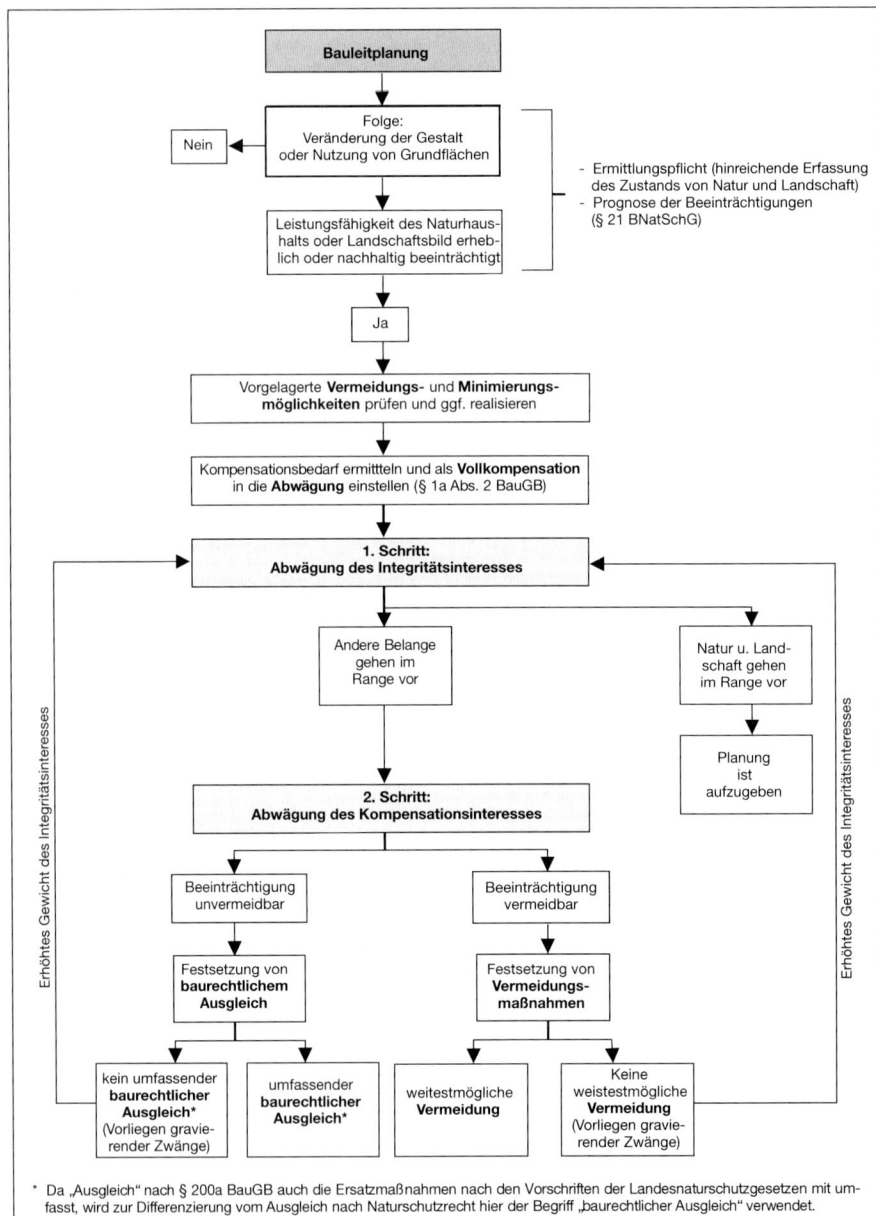

Abb. 2.6: *Modifizierte Entscheidungskaskade der Eingriffsregelung in der Bauleitplanung (nach § 21 BNat-SchG und BauGB; SCHEMEL & JESSEL 2001, ergänzt und verändert nach JESSEL 1999; LOUIS & ENGELKE 2000).*

nerische Abwägung darüber hinaus alle öffentlichen und privaten Belange eingestellt, d. h. es handelt sich um eine mehrpolige Abwägung.

- Vermeidung und baurechtlicher Ausgleich gelten in der Bauleitplanung nicht als sog. Planungsleitsätze, die strikt zu beachten sind, sondern sie fallen unter die Abwägung. Das kann für den Fall, dass ihrer Umsetzung gravierende Zwänge entgegenstehen und diese hinreichend präzisiert und begründet sind, Abstriche von ihrem Umfang rechtfertigen. Um dieser Begründung nachzukommen und die Abwägung nachvollziehbar zu gestalten, ist aber auch in der Bauleitplanung zunächst der volle Kompensationsbedarf zu ermitteln und in die Abwägung einzustellen. Da jedoch die Gemeinde den baurechtlichen Ausgleich räumlich flexibel in ihrem Gebiet und dem benachbarter Gemeinden handhaben kann, ist es für den konkreten Fall äußerst schwierig, solche Zwänge, die eine reduzierte Vermeidung bzw. einen reduzierten Ausgleich auch tatsächlich rechtfertigen, plausibel darzulegen.
- In der Abwägung ist zunächst über das „Integritätsinteresse" von Natur und Landschaft zu entscheiden, d. h. ob diese für ein Vorhaben überhaupt beansprucht werden dürfen. Danach ist über das „Kompensationsinteresse" zu entscheiden: Sollten aufgrund unabweisbarer Zwänge tatsächlich einmal kein umfassender baurechtlicher Ausgleich bzw. keine weitest mögliche Vermeidung durchführbar sein, wirkt dies auf das Integritätsinteresse zurück: Das Gewicht von Natur und Landschaft und damit die Hürde für die Zulassung des Eingriffs steigen. Diese Rahmenbedingungen führen dazu, dass auch in der Bauleitplanung im Regelfall die volle Kompensation zu tätigen ist.

Es ist auch für den im Auftrag einer Gemeinde tätigen Planer wichtig, sich in dieser komplizierten Rechtslage zurechtzufinden und den naturschutzrechtlichen nicht mit dem baurechtlichen Ausgleichsbegriff zu vermengen.

Für baurechtliche Ausgleichsmaßnahmen in Frage kommende Bereiche (Suchräume) können in den Landschafts- und Flächennutzungsplänen dargestellt, die konkreten Flächen dann im Grünordnungsplan bzw. einem in den Bebauungsplan integrierten landschaftspflegerischen Fachbeitrag verbindlich festgesetzt werden. Es besteht jedoch das Problem, dass derartige Verpflichtungen konkret erst greifen, wenn sie auch in die Genehmigungsunterlagen für das einzelne Bauvorhaben übernommen werden (Meyhöfer 2000). Im Zuge der Deregulierung haben jedoch verschiedene Bundesländer in ihre Landesbauordnungen Regelungen zur Erleichterung des Wohnungsbaus aufgenommen, in denen ein Bauherr keine förmliche Baugenehmigung mehr benötigt, sondern es reicht, wenn er den zuständigen Behörden sein Bauvorhaben anzeigt (Bauanzeige). Dies erschwert die Kontrolle, ob die getroffenen Auflagen auch tatsächlich in die für die Realisierung eines Bauvorhabens maßgebenden Unterlagen (Bauvorlagen) aufgenommen und dann auch umgesetzt werden.

2.2.3   Inhalte

Die Eingriffsregelung kennzeichnen zahlreiche **unbestimmte Rechtsbegriffe** (etwa: Erheblichkeit eines Eingriffs, Beeinträchtigung, Ausgleich, Ersatz), die aus fachlicher Sicht präzisiert werden müssen. Oft lassen sie sich nur mittels Konventionen ausfüllen. So wird für die Ausgleichbarkeit in der Fachdiskussion mittlerweile übereinstimmend von verschiedenen Autoren ein Zeithorizont von bis zu 25 Jahren Entwicklungsdauer angesetzt.

Fachliche Einordnungs- und Bewertungsprobleme ergeben sich insbesondere
- bei der Festlegung der Schwelle für einen Eingriff, d. h. bei der fachlichen Bestimmung, ob nach den Formulierungen des Gesetzes ein Eingriff vorliegt;
- bei der Bilanzierung von Eingriff und Kompensation, d. h. bei der Bestimmung des Umfangs und der sinnvollen Zuordnung der Kompensationsmaßnahmen.

Bereits der Einstieg in die Eingriffsregelung, die **Bestimmung, ob ein Eingriffstatbestand** vorliegt, beinhaltet einen Wertungsschritt. Um zu begründen, ob eine erhebliche Beeinträchtigung gegeben ist, sind verschiedene Aspekte gemeinsam zu betrachten (HABER et al. 1993; vergleiche auch Abb. 2.7):
- Die Eingriffsmaßnahme selbst **(Vorhabensbezug)**: Es sind die Art des Vorhabens nach seinen bau-, anlage- und betriebsbedingten Auswirkungen zu beurteilen. Darüber hinaus müssen eventuelle maßnahmenspezifische Störfälle berücksichtigt werden.
- Die am jeweiligen Standort betroffenen abiotischen und biotischen Ausprägungen, schutzwürdigen Landschafts- und Ökosystemtypen **(Standortbezug)**.
- Die Zustandsänderungen im Naturhaushalt und im Landschaftsbild **(Wirkungsbezug)**. Dabei sind auch indirekte, erst über ein Trägermedium hervorgerufene Wirkungen sowie mögliche Wirkungsverstärkungen (Kumulationswirkungen) zu beachten.

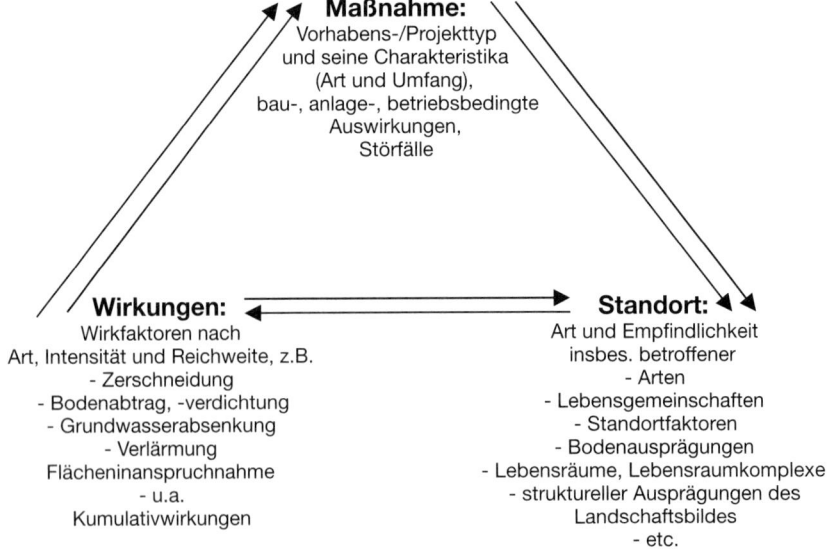

Abb. 2.7: *Maßnahme, Wirkungen und Standort als bei der Beurteilung von Eingriffen in engem Zusammenhang zu betrachtende Charakteristika.*

Viele vereinfachte Rechenmodelle, wie sie zur Eingriffsregelung praktiziert werden, um den Eingriffsumfang festzulegen und daraus den Umfang von Kompensationsmaßnahmen abzuleiten, weisen fachlich erhebliche Unzulänglichkeiten auf, weil sie sich überwiegend auf die Eingriffsfläche beziehen, den Wirkungsbezug, d. h. die Art und Intensität der Wirkungen auf die einzelnen Naturhaushaltsbereiche (und hier insbesondere auf die abiotischen Schutzgüter Boden, Wasser und Luft/Klima) und auf das Landschaftsbild jedoch außer Betracht lassen. Aus der gesetzlichen Formulierung der Eingriffsregelung, die auf die Vermeidung und den Ausgleich einzelner Beeinträchtigungen von Naturhaushalt und Landschaftsbild Bezug nimmt, lässt sich jedoch die Notwendigkeit einer wirkungsbezogenen Betrachtung auch rechtlich begründen.

Auch bei der **Zuordnung der Ausgleichs- und Ersatzmaßnahmen** sollten verschiedene Betrachtungsebenen einbezogen werden, etwa beim Naturhaushalt (vergleiche auch HABER et al. 1993):

- Die **Ebene des landschaftlichen Komplexgefüges**, d. h. des Zusammenhangs aus Biotop-/Lebensraumkomplexen, der zwischen einzelnen Ökosystemen wirksamen Gradienten (z. B. bezüglich Nährstoff- und Wasserhaushalt), stofflichen Transportvorgängen (z. B. Sedimentationsvorgänge in Überflutungsauen), energetischen Austausch- und Wanderbeziehungen. Eine beeinträchtigte Feuchtwiese oder Feldhecke beispielsweise darf nicht nur als Lebensraum für sich betrachtet werden; wesentlich ist darüber hinaus ihre funktionale Stellung im

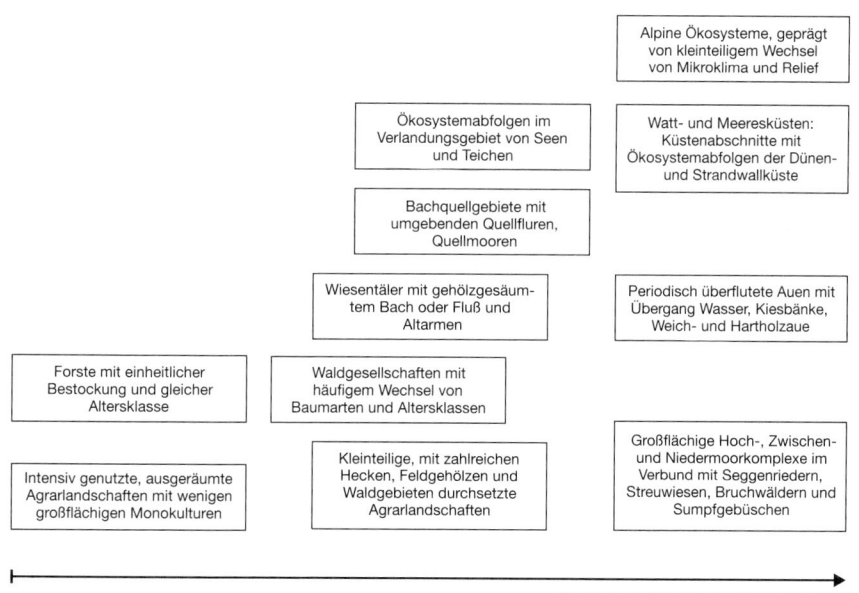

Abb. 2.8 *Hypothetische Anordnung von Landschaften nach zunehmender Komplexität, Vielfalt und Verzahnung der enthaltenen Lebensräume (*HABER *et al. 1993, verändert).*

Landschaftsgefüge. Das bedeutet, etwa bei der Kompensation einer Feuchtwiese, die Bestandteil einer Abfolge von feuchteren hin zu trockeneren Standorten ist, die Kompensationsflächen wieder in eine derartige Abfolge einzubinden bzw. den beeinträchtigten Gradienten wiederherzustellen. Abbildung 2.8 zeigt eine Anordnung typischer Komplexlandschaften nach zunehmender Kleinteiligkeit und Differenzierung der Trophie-, Feuchte- und kleinklimatischen Bedingungen sowie einer zunehmenden Intensität stofflicher Transportvorgänge (z. B. in Watt- und Auelandschaften). Je intensiver in einem beeinträchtigten

Wiederherstellbarkeit hinsichtlich des Standortes

Zeitliche Grenze der Ausgleichbarkeit

Lebensraumtypen

	1-15	15-25	25-50 (80)
5 deren Standortfaktoren *nicht* oder nur mit *extremem Aufwand* an geeigneter Stelle wiederherstellbar sind	Wandernde Kiesbänke in Auen		Dauerhafte Gebüschsukzession der Weichholzaue
4 deren Standortfaktoren mit *großem Aufwand* an geeigneter Stelle wiederherstellbar sind	Dauerhafte Zwergbinsen- und Schlammbodenfluren	Vegetation eutropher Stillgewässer (z.B. Wasserschwaden- und Rohrkolbengesellschaften)	Nasswiesen (artenärmer, einschürig), Pfeifengraswiesen Artenreiche, stärker strukturierte Gräben/Bachläufe
3 deren Standortfaktoren mit *durchschnittlichem Aufwand* an geeigneter Stelle wiederherstellbar sind	Pionierstadien von Sandrasen Viele Ausbildungen bodensaurer Gebüsche und Hecken (z.B. Besengingster-Gebüsche, Traubenholunder-Gebüsche)	Artenärmere sekundäre Sandmager- und Halbtrockenrasen	Halbtrockenrasen Lückige Felsfluren in frühen Sukzessionsstadien
2 deren Standortfaktoren mit *einfachen Gestaltungsmaßnahmen* an geeigneter Stelle wiederherstellbar sind	Mesotrophe Gräben mit typ. Grabenvegetation Temporäre Stillgewässer Ephemere Kleingewässer (z.B. in Kies- und Lehmgruben) Ackerwildkrautfluren	Vorwälder artenreiche Gras- und Staudenfluren an Böschungen und Dämmen	
1 die soweit von Standortfaktoren *unabhängig* sind, dass zu ihrer Wiederherstellung keine standortbezogenen Maßnahmen erforderlich sind	Die meisten kurzlebigen und ausdauernden Ruderalfluren Fettwiesen	Artenreiche Hochstaudenfluren Artenärmere, ein- bis zweischürige Wiesen	Feldgehölze

Zeitliche Wiederherstellbarkeit

Nicht ausgleichbare Lebensräume

Landschaftsbereich derartige Austauschbeziehungen und Lebensraummosaike ausgeprägt sind, desto weniger wird man hier von einem möglichen „Ausgleich" sprechen können und desto aufwendiger wird sich die Kompensation gestalten.

- Die **Ebene einzelner Lebensraum-/Biotoptypen**. Deren Kompensierbarkeit orientiert sich u.a. an ihrer zeitlichen und ihrer standörtlichen Wiederherstellbarkeit, d. h. am technischen und finanziellen Aufwand für die Wiederherstellung (vergleiche Abbildung 2.9).
- Der **Ebene der Arten und Populationen bzw. einzelner Standortsausprägungen** abiotischer Ressourcen. Für Arten und Populationen etwa müssen bezüglich der Kompensierbarkeit von Eingriffen Möglichkeiten der Besiedelbarkeit bzw. Wiederbesiedelbarkeit betrachtet werden. Entsprechend der Prämisse der Eingriffsregelung, dass nur die erheblichen bzw. nachhaltigen Beeinträchtigun-

Seigenwiesen	Grauerlenwälder Hartholzauenwälder (z.B. Eichen-Ulmen- Eschen-Auwald) Wälder der Waldgrenze	Die meisten Bruchwald- typen Hochmoore Sinterquellen Reliktstandorte, z.B. Thermophile Waldinseln, Periglacialrelikte
Schwingrasen u.a. Ver- landungsökosysteme an Stillgewässern	Schneeheide-Kiefernwälder Wälder mit Bodenprofilen mit hohem Stoffumsatz (z.B. Schluchtwälder) Hang- u. Hangschuttwälder mit hoher Bodendynamik	Großseggenrieder, Niedermoore Wall- und Lesesteinhecken
Magerasenartige Feldflu- ren bestimmte Ausprägungen thermophiler Gebüsche	Sumpfquellen	Trockenrasen Eichen-Hainbuchenwäl- der
Artenarme, wenig diffe- renzierte Hecken	Brackwasserseen	
Baumreihen/Baumgrup- pen Fichtenwälder Artenreiche, ein- bis zwei- schürige Wiesen	Fichtenbergwälder (als pot. nat. Veg. weiter Teile höherer Berglagen)	Buchenwälder (als pot. nat. Veg. weiter Teile Mitteleuropas)
50 (-80)-150	**150-250**	**> 250 Jahre**

(ungefährer Entwicklungszeitraum) in Jahren

Abb. 2.9 *Zusammenhang von zeitlicher und standörtlicher Wiederherstellbarkeit (Zeiträume nach* Haber *et al. 1993,* Riedel *et al. 1994).*

gen zu betrachten sind, wird man sich hier oft auf charakteristische Leitarten oder auf repräsentative Zielarten bzw. -artengruppen konzentrieren.

Analog sind beim **Landschaftsbild** verschiedene Wahrnehmungs- und Komplexitätsebenen zu beachten, die an den Rechtsbegriffen Vielfalt (Elementebene), Eigenart (Gestaltebene) und Schönheit (Raumebene als ganzheitlicher Wahrnehmungseindruck) orientiert werden können (vgl. hierzu Kap. 3.3.5).

Wertungsprobleme ergeben sich bei der Ableitung des Kompensationsumfangs vor allem, wenn kein gleich„artiger", funktional auf die Beeinträchtigungen zurückwirkender Ausgleich möglich ist und daher gleich„wertiger" Ersatz geleistet werden muss („Wie viele Hektar Ersatzlebensraum, z. B. Extensivgrünland sind für einen – nicht wieder herstellbaren – Halbtrockenrasen anzulegen, um bestimmte Funktionen zu gewährleisten?"). Auch gibt es Flächen, für die – etwa aufgrund betroffener Boden- oder Wasserhaushaltsfunktionen – Kompensation zu leisten ist, man aus Naturschutzsicht aber nicht unbedingt denselben Biotoptyp als Zielbiotop anstrebt („Was bzw. wie viel an Kompensation ist für in Anspruch genommenen Acker oder Fichtenforst zu leisten?"). Um hier Hilfestellung zu geben, existieren in den Bundesländern, Landkreisen und Gemeinden zahlreiche Leitfäden, die diesen Wertungsschritt über Flächenfaktoren, Biotopwerte (d. h. Wertpunkte, die einzelnen Biotoptypen zugeordnet werden) oder mittels des so genannten Herstellungskostenansatzes (d. h. die anzunehmenden Wiederherstellungskosten für die beanspruchten Biotope gelten als Maß für den Umfang durchzuführender Kompensationsmaßnahmen) bewerkstelligen. Auf die Problematik solcher Verfahren, hinter denen sich oft fragwürdige, in ihrem Ergebnis fachlich nicht mehr nachvollziehbare Rechenoperationen verbergen und die in ihrer Ausgestaltung den Anforderungen (Prüfabfolge!) der Eingriffsregelung oft nicht gerecht werden, kann hier nicht vertieft eingegangen werden. Es bleibt jedoch zu betonen, dass sich die Ermittlung des Ausgleichs aus fachlicher Sicht einer pauschal vorgegebenen Zuordnung entzieht und auch ein solcherart schematisch ermittelter Ersatzumfang in sinnvollem Bezug zum Eingriffsvorhaben und seinen Auswirkungen umgesetzt werden muss. Dazu sind eine mitlaufende verbal-argumentative Begründung und die Einbindung in ein naturschutzfachliches Leitbild notwendig. Ausgleichs- und Ersatzmaßnahmen müssen dabei gemeinsam in ein schlüssiges landschaftsplanerisches Konzept eingebettet sein, das etwa dazu dient, bestimmte Austausch- oder Vernetzungsbeziehungen, oder – in Bezug auf das Landschaftsbild – Sichtachsen und Blickbezüge aufrechtzuerhalten oder wiederherzustellen.

Die Bewertungsprobleme, die sich an die Bestimmung der Erheblichkeitsschwelle für einen Eingriff und an die sinnvolle Ausgestaltung insbesondere der Ersatzmaßnahmen knüpfen, lassen damit die Notwendigkeit einer **Einbindung der Eingriffsregelung in Zielsysteme und übergreifende Leitbilder** deutlich werden. Dazu ist insbesondere die Verbindung zur Landschaftsplanung zu suchen, die Zielvorgaben für eine sinnvolle Einbindung und Ausgestaltung von Ersatzmaßnahmen bereitstellen und Bewertungsmaßstäbe für eine naturraumspezifische Festlegung von Erheblichkeitsschwellen für einen Eingriff bestimmen kann. Mit der Novellierung des Raumordnungsgesetzes (ROG) zum 01.01.98 besteht zudem die Möglichkeit, nunmehr auch auf Ebene des Regional- bzw. des integrierten Landschaftsrahmenplans räumlich zusammenhängende Bereiche für Ausgleichs- und Ersatzmaßnahmen darzustellen und sie in überörtliche Verbundsysteme einzubinden (vergleiche § 7 Abs. 2 Satz 2 ROG). Sind derartige Vorgaben, wie derzeit noch oft der Fall, nicht vorhanden, wird es Aufgabe des Planers und der Naturschutzbehörden sein, in enger Abstimmung ein naturraumbezogenes Leitbild für die Planung der Kompensationsmaßnahmen zu erarbeiten.

2.3 Pflege- und Entwicklungsplanung

Innerhalb der ökologisch orientierten Planung stellen Pflege- und Entwicklungspläne eine besondere Naturschutzfachplanung für Gebiete dar, die als Naturschutz- und Landschaftsschutzgebiete, geschützte Landschaftsbestandteile sowie Nationalparke ausgewiesen sind. Noch aus DDR-Zeiten bzw. in den neuen Bundesländern findet sich z. T. der Begriff "Behandlungsrichtlinien". Die weniger restriktiv geschützten Landschaftsschutzgebiete umfassen in der Bundesrepublik Deutschland etwa ein Fünftel der Landesfläche, während die strenger geschützten Kategorien (Nationalparke und Naturschutzgebiete) eine Fläche von weniger als 3 % ausmachen, wobei der Flächenanteil in den einzelnen Bundesländern sehr unterschiedlich ist. Der Schutzzweck dieser Flächen wird in Schutzgebietsverordnungen festgelegt, deren Ausarbeitung oft umfangreiche Schutzwürdigkeitsgutachten vorangestellt sind. Deren Schwerpunkt liegt zunächst in der möglichst detaillierten Erfassung und Bewertung des augenblicklichen Bestandes an Pflanzen- und Tierlebensgemeinschaften. Idealerweise sollte sich an diese Erhebungen, die meist – da im Allgemeinen sehr unterschiedliche Tiergruppen zu erfassen sind – in interdisziplinär besetzten Expertenteams durchgeführt werden müssen, die Erstellung eines Pflege- und Entwicklungsplanes anschließen, in dem die wesentlichen Zielaussagen für die zukünftigen Entwicklungen des Gebietes und die konkreten Maßnahmen zu deren Umsetzung möglichst umfassend zu beschreiben und nach Möglichkeit auch bereits mit den Landnutzern abzustimmen sind. In einigen Bundesländern werden solche Pläne explizit gefordert und es existieren entsprechende Anleitungen, in denen die geforderten Inhalte sowie der Umfang notwendiger Erhebungen enthalten sind (vgl. Tab. 2.3).

Da bei Schutzgebieten die Erhaltung spezieller Tier- und Pflanzenlebensgemeinschaften oder deren Entwicklung in eine naturschutzfachlich definierte Richtung im Vordergrund steht, müssen für die Aufstellung von Pflege- und Entwicklungsplänen umfangreiche **Geländeerhebungen** durchgeführt werden, die das bei anderen Planungen übliche Maß deutlich übersteigen. Je nach Schutzzweck sind hierfür vegetationskundliche Kartierungen nach der Methode von Braun-Blanquet (KOHL et al. 1992) und Erhebungen für unterschiedliche Tiergruppen unerlässlich (FINCK et al. 1992). Die Funde seltener und/oder gefährdeter Arten und Lebensgemeinschaften werden detailliert erfasst und dokumentiert. Als Kartengrundlagen dienen die Deutsche Grundkarte im Maßstab 1 : 5 000 möglichst mit Höhenlinienangaben oder großmaßstäblichere Karten und Luftbilder, so weit sie vorhanden sind. In besonderen Fällen kann es erforderlich sein, dass spezielle Geländevermessungen durchgeführt werden müssen, z. B., wenn die Wiedervernässung von ehemaligen Moorflächen oder die Revitalisierung naturferner Fließgewässer vorgesehen ist. Hierzu sind Längs- und Querschnitte im Maßstab 1 : 20 bis 1 : 100 erforderlich.

Tabelle 2.3 Empfehlungen der Länder und des Bundes für die Erhebung der Abiotik, die Biotoptypenkartierung sowie floristisch – vegetationskundliche Erhebungen und deren Untersuchungsmethoden im Rahmen der Pflege- und Entwicklungsplanung (WÜST et al. 1998)

	BW	BB (LAGS)	HH	HE	NI/BS	NI/LÜ	NW	RP	SL	SN	ST	TH	Bund
Klima	○	○	○	○	○	○	○	○		○	●	○	○
Geologie	○	○	○	○	○	○	●	○		○		○	○
Böden	○	○	○	○	○	○	●	○		●	●	○	●
Hydrologie	○	●	○	○	○	●	●	○		●	●	○	●
Biotoptypen	◆	◆	◆	◆	◆	◆	◆	◆	◆	◆[2]	◆	◆	◆
reale Vegetation	◆	◆	◆	◆	⊠	◆	◆	⊠	◆	◆	⊠	⊠	◆
pot. nat. Veg.		+			+	+	+	+		+[1]			+
Gefäßpflanzen	⊠	⊠	⊠	⊠	⊠	⊠	⊠	⊠	⊠	⊠	⊠	⊠	⊠
Moose	◀	◀	◀		◀	◀	◀	◀		◀		◀	◀
Flechten	◀	◀	◀		◀	◀	◀	◀		◀		◀	◀
Pilze	◀	◀	◀		◀	◀				◀		◀	◀
Untersuchungs- methode Vegetation	■	■	■	■	■	■		■	■	■	?	■	■

+ Darstellung vorgesehen

○ in der Regel Auswertung vorhandener Unterlagen ausreichend

● nach Absprache Durchführung eigener Erhebungen

◆ flächendeckende Kartierung von Biotoptypen und Vegetation (bei Biotoptypen nach Landesschlüssel)

⊠ selektive Erfassung von Biotoptypen/Pflanzengesellschaften und Arten/Erstellung von Artenlisten

◀ Erfassung nur an Sonderstandorten/nach gesonderten Vereinbarungen/Erstellung von Artenlisten

■ Erfassung der Vegetation nach Braun-Blanquet, Dokumentation in pflanzensoziologischen Tabellen

[1] eigene Analysen werden empfohlen

[2] Luftbildanalyse vorgesehen

Neben der Erfassung der biotischen Grundlagen sind natürlich auch die **abiotischen Voraussetzungen** zu erheben. Fallweise kann es erforderlich werden, spezielle Bodenkartierungen durchzuführen oder hydrologische Daten zu erfassen. Meist genügen jedoch die üblicherweise vorhandenen Unterlagen, die in vielen Fällen auch kartographisch aufzubereiten sind (vergleiche Tab. 2.9). Sofern für den Schutzzweck relevant, sollten unbedingt Aussagen zu den **landschaftsästhetischen Verhältnissen** erfolgen, obwohl sie von stärker naturwissenschaftlich orientierten Gutachtern oftmals unterschlagen werden. Dabei wird vergessen, dass die Akzeptanz von Schutzgebieten und ihren jeweiligen Zweckbestimmungen nur durch die Mithilfe der Menschen, die in einem Gebiet wohnen und Arbeiten bzw. sich dort erholen, positiv beeinflusst werden kann. Der Planer verzichtet unnötigerweise auf eine wichtige Argumentationsbasis und riskiert, dass seine Planungen nicht im gewünschten Umfang akzeptiert und umgesetzt werden.

Meist wird durch Auswertung historischer Karten (z. B. Preußische Urmesstischblätter aus der Mitte des 19. bzw. Topographische Karten aus den 30er-Jahren des 20. Jahrhunderts) und alter Luftbilder (z. B. aus den 50er und 60er-Jahren des vorigen Jahrhunderts, die vor der Bodenreform in der DDR bzw. dem größten Boom der Flurbereinigungsverfahren in der BRD aufgenommen wurden) die Veränderung der Nutzungsstruktur erfasst und bewertet. Oftmals stellen sie eine wichtige Grundlage zur Formulierung von Planungszielen und -maßnahmen dar, vor allem, wenn Entwicklungsoptionen von Teilflächen eines Schutzgebietes zu diskutieren sind. Einem undif-

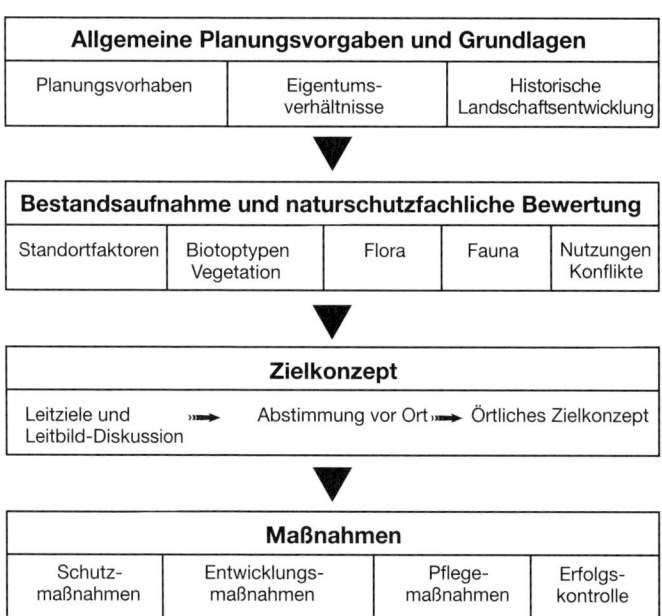

Abb. 2.10 *Arbeitsphasen bei der Erstellung eines Pflege- und Entwicklungsplans (BDLA, 1994).*

ferenzierten Historismus, der einfach eine Wiederherstellung ehemaliger Verhältnisse fordert, ist dabei aber keineswegs zu folgen. Vielmehr ist bei der Bearbeitung darauf zu achten, welche übergeordneten Zielstellungen in Landschaftsplänen, Landschaftsrahmenplänen oder auch Arten- und Biotopschutzprogrammen formuliert sind, um Zielstellungen abzuleiten, die der Erfüllung dieser Vorgaben – so weit fachlich vertretbar – dienen.

Von nicht unerheblichem Interesse gerade für diesen Typ der Planung sind zudem die **Grundbesitzverhältnisse**, die in ergänzenden Katasterkarten erfasst werden. Nach der Zielformulierung und Festlegung durchzuführender Pflegemaßnahmen sind diese mit den Grundstückseignern und den Pächtern abzustimmen. In diesem Arbeitsschritt liegt ein erhebliches Konfliktpotenzial, das in Einzelgesprächen oder kleinen Arbeitsgruppen bewältigt werden muss. Die Erfahrung hat gezeigt, dass durch eine möglichst frühzeitige Beteiligung der Betroffenen meist schnellere und umfangreichere Erfolge für den Naturschutz zu erzielen sind, weil keine fertigen Pläne akzeptiert werden müssen, sondern eigene Ideen in einem Planungsprozess mit einfließen können. Diese werden sich auch an den spezifischen Bedürfnissen eines Grundstückeigners bzw. -pächters zu orientieren haben. Den Arbeitsablauf zur Erstellung eines solchen Planes verdeutlicht Abbildung 2.10 (BDLA 1994).

2.4   Umweltverträglichkeitsprüfung (UVP)

Die Umweltverträglichkeitsprüfung (UVP) ist ein Verfahren zur Entscheidungsvorbereitung, mit dessen Hilfe die voraussichtlichen Auswirkungen von Vorhaben auf die Umwelt systematisch erfasst, dargestellt und beurteilt werden. Diese Ermittlung und Beschreibung ist vom Träger eines Projektes zu leisten und umfasst seine Wirkungen auf die so genannten „Schutzgüter"
• Mensch, Tiere, Pflanzen,
• Boden, Wasser, Luft/Klima und Landschaft,
• Kulturgüter und sonstige Sachgüter
  einschließlich der zwischen ihnen bestehenden Wechselwirkungen. Damit soll insbesondere den umweltpolitischen Grundprinzipien des Verursacher- und des Vorsorgeprinzips entsprochen werden.

Der Grundgedanke der UVP stammt aus den Vereinigten Staaten. Hier wurde 1970 durch das Nationale Umweltschutzgesetz (National Environmental Policy Act) für alle größeren Projekte eine vorhergehende Prüfung ihrer Auswirkungen auf die Umwelt verpflichtend eingeführt. In Europa verabschiedete 1985 die Europäische Gemeinschaft eine „Richtlinie über die Umweltverträglichkeitsprüfung bei bestimmten öffentlichen und privaten Projekten". Sie wurde in Deutschland über das zum 01. August 1990 in Kraft getretene UVP-Gesetz mit über zweijähriger Verspätung in nationales Recht umgesetzt. Diese ursprüngliche EG-Richtlinie über die Umweltverträglichkeitsprüfung ist 1997 durch eine weitere Richtlinie (die Richtlinie 97/11 EG des Rates vom 03. März 1997) geändert und ergänzt worden. Die Änderungen waren bis zum 14. März 1999 in die nationale Gesetzgebung umzusetzen; erst im Juli 2001 wurde das entsprechende Gesetzpaket zur Umsetzung der EU-rechtlichen Vorgaben verabschiedet.

Der Begriff „Umweltverträglichkeitsprüfung" leitet sich aus einer ungenauen Übersetzung der englischsprachigen Bezeichnung „environmental impact assessment" (abgekürzt EIA) her. Wörtlich bedeutet dies in etwa „Einschätzung der Umweltauswirkungen". Die englische Bezeichnung macht damit besser deutlich, dass es um eine begründete Beurteilung der möglichen Folgen eines untersuchten Vorhabens geht. Diese beruht auf einer Einschätzung, für die Wertmaßstäbe zu entwickeln und darzulegen sind – was als umwelt„verträglich" und was als „unverträglich" zu gelten hat, ist nicht naturgegeben, sondern stellt eine gesellschaftliche Wertentscheidung dar. Der deutsche Ausdruck „Prüfung" suggeriert hingegen eine absolutere Gültigkeit und Objektivität der gewonnenen Ergebnisse und läuft zudem Gefahr, den Eindruck zu erwecken, dass das Vorhaben nach erfolgter Prüfung umweltverträglich ist.

2.4.1 Anwendungsbereich

Die gesetzliche Umweltverträglichkeitsprüfung lt. UVP-Gesetz (UVPG) bezieht sich auf bestimmte Projekte, die die Anlage 1 zum UVPG sowie die ergänzenden landesrechtlichen Regelungen abschließend aufzählen. Hierbei handelt es sich um Vorhaben, die der Planfeststellung oder einer anderen behördlichen Genehmigung bedürfen und bei denen erhebliche Auswirkungen auf die Umwelt zu erwarten sind. Dies gilt etwa für den Bau von Bundesfern- und Wasserstraßen, Schienenwegen, Flugplätzen, für ortsfeste kerntechnische Anlagen, bestimmte bauplanungsrechtliche Projekte sowie eine ganze Reihe von nach dem Immissionsschutzrecht genehmigungsbedürftigen Industrievorhaben.

Mit dem zum Juli 2001 geänderten UVP-Gesetz sind die UVP-pflichtigen Vorhaben nunmehr in vier Kategorien unterteilt:
- Vorhaben, die **generell** einer UVP zu unterziehen sind.
- Vorhaben, für die sich nach einer **allgemeinen Prüfung des Einzelfalles** entscheidet, ob eine förmliche UVP durchzuführen ist. Dafür maßgebend sind bestimmte Merkmale des Vorhabens, des von ihm beanspruchten Standortes sowie der Art seiner Auswirkungen.
- Vorhaben, für die auf Grundlage einer **standortbezogenen Vorprüfung des Einzelfalles** entschieden wird, ob eine UVP erfolgt. Dies entscheidet sich aufgrund von so genannten Schutzkriterien, d. h. der Betroffenheit bestimmter gesetzlicher Schutzkategorien (Schutzgebiete) und bestimmter empfindlicher Lebensräume.
- Weitere **Vorhaben, für die die einzelnen Bundesländer die UVP-Pflicht näher zu regeln haben.** Dies betrifft z. B. Landesstraßen, Projekte zur Bodenbe- und Entwässerung in der Landwirtschaft, Deichbauten oder Sporteinrichtungen wie Schipisten, Schilifte und Seilbahnen.

Viele Vorhaben sind dabei mittels verschiedener Schwellenwerte den einzelnen Kategorien zugeteilt, wodurch ein abgestufter Einstieg in die Umweltverträglichkeitsprüfung entsteht (vergleiche Abb. 2.11). Die Prüfung des Einzelfalles, auch „**Screening**" genannt, soll sicherstellen, dass neben der Größe eines Projektes auch die besonderen Eigenschaften und Empfindlichkeiten der betroffenen Standorte beachtet werden. Denn es macht einen Unterschied, ob sich ein- und dieselbe Flächeninanspruchnahme auf einen intensiv genutzten Acker oder auf einen Feuchtlebensraum erstreckt. Entsprochen wird damit der grundsätzlichen Rechtsprechung des Europäischen Gerichtshofes, wo-

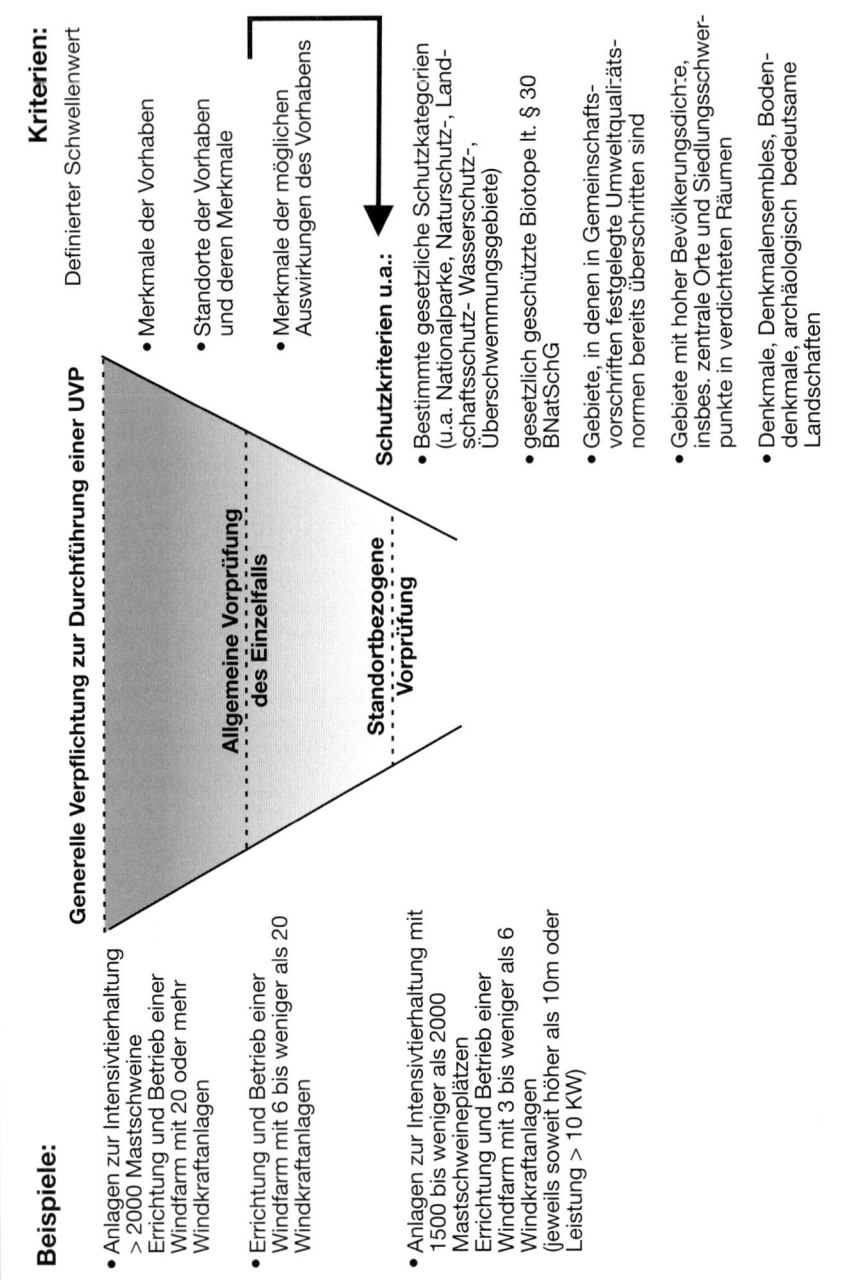

Beispiele:

- Anlagen zur Intensivtierhaltung > 2000 Mastschweine
  Errichtung und Betrieb einer Windfarm mit 20 oder mehr Windkraftanlagen

Generelle Verpflichtung zur Durchführung einer UVP

Kriterien:

Definierter Schwellenwert

- Merkmale der Vorhaben

- Standorte der Vorhaben und deren Merkmale

- Errichtung und Betrieb einer Windfarm mit 6 bis weniger als 20 Windkraftanlagen

Allgemeine Vorprüfung des Einzelfalls

- Merkmale der möglichen Auswirkungen des Vorhabens

Standortbezogene Vorprüfung

Schutzkriterien u.a.:

- Anlagen zur Intensivtierhaltung mit 1500 bis weniger als 2000 Mastschweineplätzen
  Errichtung und Betrieb einer Windfarm mit 3 bis weniger als 6 Windkraftanlagen
  (jeweils soweit höher als 10m oder Leistung > 10 KW)

- Bestimmte gesetzliche Schutzkategorien (u.a. Nationalparke, Naturschutz-, Landschaftsschutz- Wasserschutz-, Überschwemmungsgebiete)

- gesetzlich geschützte Biotope lt. § 30 BNatSchG

- Gebiete, in denen in Gemeinschaftsvorschriften festgelegte Umweltqualitätsnormen bereits überschritten sind

- Gebiete mit hoher Bevölkerungsdichte, insbes. zentrale Orte und Siedlungsschwerpunkte in verdichteten Räumen

- Denkmale, Denkmalensembles, Bodendenkmale, archäologisch bedeutsame Landschaften

Abb. 2.11 Prinzipieller Aufbau des Einstiegs in die UVP mittels einer Vorprüfung („Screening").

nach für die entsprechenden Projekte alle Fallgestaltungen, die möglicherweise zu erheblichen Umweltauswirkungen führen, durch eine UVP erfasst werden müssen.

Im Juni 2001 ist vom Europäischen Parlament zudem eine Richtlinie verabschiedet worden, der zufolge auch die Umweltauswirkungen bestimmter Pläne und Programme künftig verbindlich einer UVP unterzogen werden sollen (vergleiche Tabelle 2.4). Diese Bestimmungen sind nunmehr innerhalb von drei Jahren in das nationale Recht umzusetzen. Betroffen sind dabei solche Pläne und Programme, die konkret den Rahmen für die Genehmigung von UVP-pflichtigen Projekten setzen, wie etwa Abfallwirtschafts- und Abwasserbeseitigungspläne oder Flächennutzungspläne. Da hier auf einer vorgelagerten Entscheidungsebene strategisch-steuernd angesetzt werden soll, hat sich für dieses neue Instrument der Name *„Strategische Umweltprüfung"* **(SUP)** eingebürgert.

Tabelle 2.4 Pläne und Programme, die voraussichtlich einer Strategischen Umweltprüfung unterzogen werden sollen (aus TOBIAS & KAHL 2001)

Rechtsbereich	SUP-pflichtige Pläne und Programme
Immissionsschutzrecht	Luftreinhaltepläne, Lärmminderungspläne, Ausweisung von Schutzgebieten nach § 49 Abs. 1 Bundesimmissionsschutzgesetz
Bergrecht	Rahmenbetriebsplan (§ 52 Bundesberggesetz)[1]
Verkehrsrecht	Bundesverkehrswegeplanung zur Vorbereitung des Bundesfernstraßenausbaugesetzes, des Bundesschienenwegeausbaugesetzes und des Magnetschwebebahnbedarfsgesetzes; Linienbestimmungen[2]
Abfallrecht	Abfallwirtschaftspläne
Bodenschutzgesetz	Ausweisung von Bodenschutzgebieten nach Landesbodenschutzrecht (nur in einigen Ländern)
Wasserrecht	Abwasserbeseitigungspläne, Bewirtschaftungspläne, Schutzgebietsausweisungen nach § 19 Wasserhaushaltsgesetz
Naturschutzrecht	Landschaftsplanungen (soweit länderrechtlich bindend), Schutzgebietsausweisungen nach Naturschutzrecht
Raumordnungsrecht	Raumordnungspläne, Regionalpläne
Bauleitplanung	Flächennutzungspläne, Bebauungspläne

[1] Für obligatorische Rahmenbetriebspläne ist bereits nach geltendem Recht eine Umweltverträglichkeitsprüfung vorgeschrieben

[2] Für Linienbestimmungen nach § 16 Bundesfernstraßengesetz und § 13 Bundeswasserstraßengesetz ist bereits nach geltendem Recht eine Umweltverträglichkeitsprüfung vorgeschrieben

Über den gesetzlichen Rahmen hinaus können **freiwillige Umweltverträglich-keitsprüfungen** durchgeführt werden. Bereits Jahre vor In-Kraft-Treten der gesetzlichen UVP haben vor allem Groß- und Mittelstädte in Verdichtungsräumen als Projekt- und Planungsträger von dieser Möglichkeit in vieler Hinsicht Gebrauch gemacht, um sich für ihre Entscheidungsprozesse einen differenzierten Überblick über die zu erwartenden Auswirkungen zu verschaffen. Entsprechend geht der Anwendungsbereich solcher kommunaler UVPs in vielen Fällen über den Geltungsbereich des UVP-Gesetzes hinaus: Er kann sich etwa auch auf gemeindliche Pläne und Programme (wie Flächennutzungs- oder Verkehrsentwicklungspläne), auf einzelne Hoch- und Tiefbaumaßnahmen sowie Sanierungs- oder Stadterneuerungsmaßnahmen erstrecken. Darüber hinaus sind der Anwendung freiwilliger Umweltverträglichkeitsprüfungen keine Grenzen gesetzt: U.a. können auch kommunale Satzungen, die Haushaltsplanung, das Vergabe- und Beschaffungswesen oder Förderrichtlinien und Subventionen einer solchen Prüfung unterzogen werden.

Derartige freiwillige Prüfungen sind nicht an den Verfahrensablauf gebunden, wie er für die gesetzliche UVP verbindlich vorgegeben ist (vergleiche die Darstellung unter Pkt. 2.4.2). Vielfach wird bei ihnen zunächst mittels einer Vorprüfung („Screening") abgecheckt, ob von einem Vorhaben erhebliche Umweltauswirkungen zu erwarten sind, die eine detaillierte Untersuchung erforderlich machen. Auch bei der Frage, wie die eintretenden Umweltfolgen zu bewerten sind, besteht ein größerer Spielraum: Während sich die gesetzliche UVP an die in den Fachgesetzen festgelegten Wertmaßstäbe zu halten hat, ist bei freiwilligen kommunalen Prüfungen eine weitere Auslegung möglich. Mehrere Landkreise, Städte und Gemeinden haben daher eigene Kataloge an raumbezogenen, vorsorgeorientierten und vor allem auf ihre eigenen Bedürfnisse abgestimmten Umweltqualitätszielen aufgestellt, die für ihre kommunale Planungen als Maßstab herangezogen werden (vergleiche z. B. Runden et al. 1995 für den Landkreis Osnabrück; Stadt Dortmund 1995; Stadt Herne 1993).

2.4.2   Verfahren

Welche Verfahrensschritte bei der gesetzlich vorgeschriebenen Projekt-UVP im Einzelnen durchzuführen sind (vergleiche Abbildung 2.12) regelt das UVP-Gesetz. Demnach ist eine UVP ein „unselbständiger Teil verwaltungsbehördlicher Verfahren" (§ 2 Abs. 1 UVPG), d. h. es gibt kein eigenständiges UVP-Verfahren, sondern dieses ist in andere bestehende Verfahrensabläufe eingebettet, die der Zulassung von Vorhaben dienen.

Der Vorhabenträger reicht dabei die Antragsunterlagen, in denen er seine Absicht zur Durchführung eines bestimmten Vorhabens kundtut, bei der zuständigen Genehmigungsbehörde ein. Diese sichtet die Unterlagen auf Vollständigkeit und ermittelt in einer ersten überschlägigen Vorprüfung die zu erwartenden Umweltauswirkungen des Vorhabens. Bei Projekten, deren Dimension eine bestimmte, im Gesetz festgelegte Größenordnung nicht überschreitet, wird dabei anhand der Merkmale des jeweiligen Einzelfalls sowie der Eigenschaften der betroffenen Lebensräume zunächst zu prüfen sein, ob erhebliche Umweltauswirkungen zu erwarten sind, die eine formale Umweltverträglichkeitsprüfung erfordern (Durchführung eines „Screening"). Sofern der Vorhabenträger dies wünscht oder die genehmigende Behörde es für erforderlich hält, wird Letztere dann eine Antragskonferenz einberufen, auf der der voraussichtliche Untersuchungsrahmen festgelegt wird (so genannter „Scoping"-Termin). Die Öffentlichkeit (z. B. die betroffenen Gemeinden) und weitere betroffene Fachbehörden (z. B.

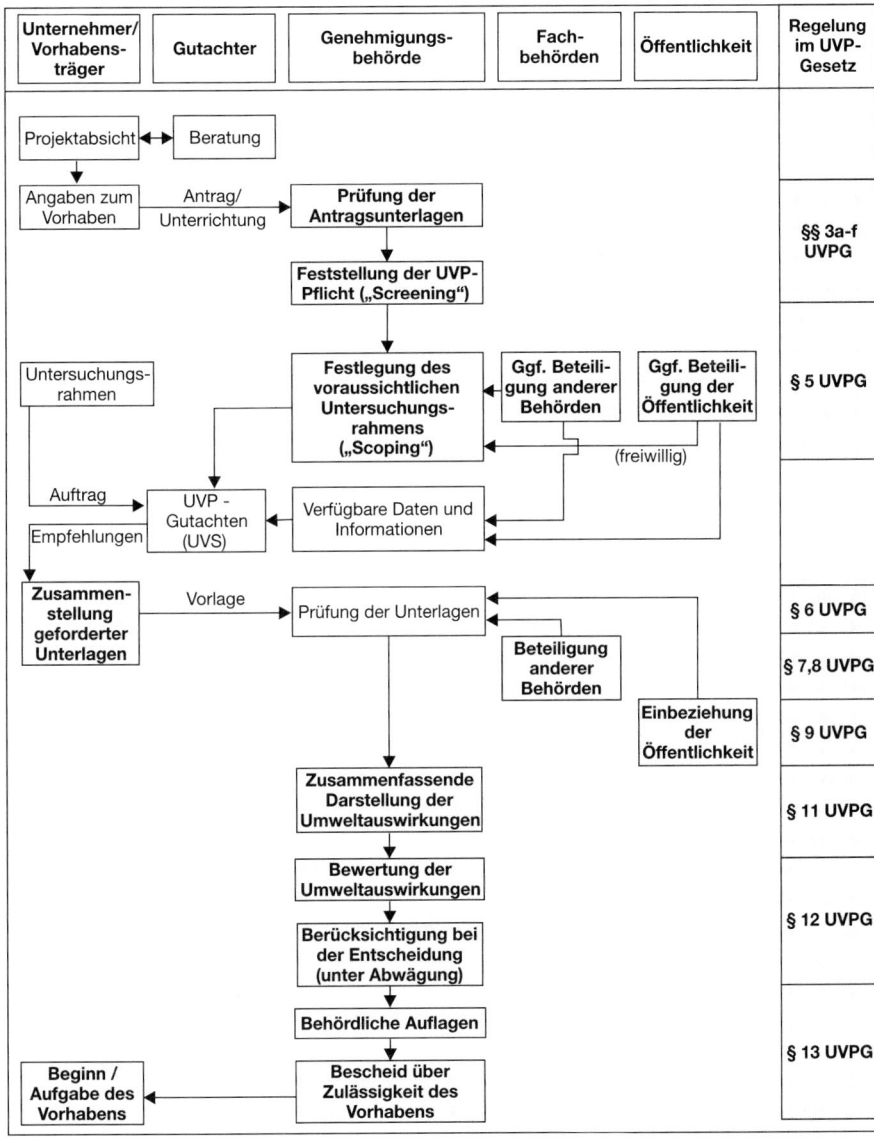

Abb. 2.12 *Ablauf einer UVP nach gesetzlichen Bestimmungen.*

Kasten 2.5 UVP

Eine UVP ist integriert in die verschiedenen fachgesetzlichen Zulassungsverfahren u.a. des

- Abfallgesetzes
- Atomgesetzes
- Bundesbahngesetzes
- Bundesberggesetzes
- Bundesfernstraßengesetzes
- Bundes-Immissionsschutzgesetzes

- Bundeswasserstraßengesetzes
- Flurbereinigungsgesetzes
- Luftverkehrsgesetzes
- Personenbeförderungsgesetzes
- Wasserhaushaltsgesetzes

---

die Naturschutz-, Landwirtschafts-, Forst- und Wasserwirtschaftsbehörden) können hier fakultativ bereits mit einbezogen werden und sich äußern.

Auf der Grundlage des erstellten Anforderungsprofils hat nun der Vorhabenträger die Unterlagen über die Umweltauswirkungen seines Vorhabens zu erarbeiten und zusammenzustellen. Hierzu wird er in der Regel einen Gutachter mit der Erstellung eines UVP-Gutachtens, einer so genannten Umweltverträglichkeitsstudie (UVS) oder Umweltverträglichkeitsuntersuchung (UVU) beauftragen. Dieses Gutachten enthält alle Untersuchungen, die für die Bewertung der Umweltauswirkungen auf die einzelnen Schutzgüter sowie die abschließende Beurteilung des Vorhabens erforderlich sind.

Die zuständige Genehmigungsbehörde prüft die ihr vorgelegen Unterlagen unter Beteiligung anderer betroffener Fachbehörden sowie der betroffenen Öffentlichkeit, die innerhalb eines festgelegten Zeitrahmens Stellungnahmen abgeben können. Unter Berücksichtigung dieser eingegangenen Rückäußerungen erarbeitet die Genehmigungsbehörde aus den vorgelegten UVP-Unterlagen eine zusammenfassende Darstellung der Umweltauswirkungen. Bei der nun zu treffenden Entscheidung hat sie gestuft vorzugehen:

- Zunächst hat die Behörde die Umweltauswirkungen auf Grundlage der erarbeiteten Unterlagen zu bewerten. Bewertungsmaßstäbe sind dabei die Fachgesetze. Es darf noch keine Abwägung mit anderen öffentlichen oder privaten Belangen stattfinden.
- Diese Bewertung ist dann bei der Zulassungsentscheidung zu berücksichtigen, d. h. es wird eine Abwägung mit anderen (etwa sozialen oder wirtschaftlichen) Belangen getroffen. „Berücksichtigen" heißt dabei, dass die Genehmigungsbehörde verpflichtet ist, sich mit dem Ergebnis der UVP inhaltlich auseinander zu setzen, aber unter Einbeziehung anderer Belange in der Abwägung zu einer abweichenden Entscheidung kommen kann.

Abschließend erfolgt die Bekanntgabe des Bescheides über die Zulässigkeit bzw. Genehmigung des Vorhabens einschließlich der Auflagen und Bestimmungen, unter denen diese Genehmigung erteilt wird.

In diesem Verfahrensablauf gestaltet sich die UVP nicht als Verhinderungsinstrument, sondern als ein Optimierungsinstrument: Sie trägt dazu bei, ein Vorhaben im Planungsprozess optimal auszugestalten und ggf. zu modifizieren, etwa indem eine andere Ausführungsalternative aufgezeigt und gewählt wird. Durch eine umfassende und systematische Informationsaufbereitung und -strukturierung werden Entscheidungsprozesse unterstützt und transparent gemacht, was im Ergebnis letztlich zu einer erhöhten Rechtssicherheit für Investoren und beteiligte Behörden führt.

Um solche Entscheidungsprozesse gezielt zu unterstützen, sollte eine UVP in die verschiedenen Verfahrensschritte, die zur Realisierung eines Vorhabens führen, integriert sein. Diese Integration stellt sich am Beispiel der Straßenplanung wie folgt dar (vergleiche Abb. 2.13):

- Auf Ebene der **Bedarfsplanung** wird zunächst geprüft, ob und welche Notwendigkeiten für ein Straßenbauvorhaben bestehen. Die Regelungen des UVP-Gesetzes betreffen diese oberste Planungsebene zwar nicht, jedoch werden vor ihrer Aufnahme in den Bundesverkehrswegeplan alle Verkehrswege mit mehr als 10 km Streckenlänge einer groben ökologischen Risikoeinschätzung unterzogen.
- Für Bundesverkehrswege und andere überörtlich raumbedeutsame Infrastrukturvorhaben ist ein **Raumordnungsverfahren** durchzuführen. Es hat den Zweck, vor der Erteilung einer öffentlich-rechtlichen Genehmigung (z. B. einer Planfeststellung) zu ermitteln, ob das betreffende Vorhaben mit den Erfordernissen der Raumordnung und mit anderen überörtlich-raumbedeutsamen Vorhaben und Maßnahmen übereinstimmt. Entsprechend wird sich eine UVP im Raumordnungsverfahren auf die überörtlich-raumbedeutsamen Auswirkungen eines Vorhabens beziehen und dabei etwa großräumige Trassenalternativen oder – bei flächenförmigen Projekten – Alternativstandorte betrachten. Das Ergebnis des Raumordnungsverfahrens, die landesplanerische Beurteilung, ist dann bei weiteren raumbedeutsamen Planungen zu berücksichtigen, hat jedoch gegenüber dem Träger des Vorhabens und gegenüber dem Einzelnen noch keine unmittelbare Rechtswirkung.
- Mit dem nächsten Schritt, der **Linienbestimmung**, werden dann die Anfangs- und Endpunkte sowie der grundsätzliche Verlauf einer Trasse festgelegt, wobei alle betroffenen öffentlichen Belange einschließlich des Ergebnisses einer UVP zu berücksichtigen sind. Eine eigene UVP ist dabei zur Linienbestimmung nur durchzuführen, wenn sie im Raumordnungserfahren noch nicht erfolgt ist. Die Linienbestimmung ist für die Behörde, die den weiteren Entwurf bearbeitet, verbindlich, hat aber gleichfalls noch keine Außenwirkung gegenüber Dritten.
- Auf Ebene der **Planfeststellung** wird schließlich verbindlich über die Zulässigkeit eines Vorhabens entschieden. Gegenstand der UVP sind hier die fachgesetzlich-projektspezifischen Belange. Untersucht werden also eher die technischen und baulichen Alternativen an einem Standort bzw. der Verlauf einer ausgewählten Trasse unter Berücksichtigung kleinräumiger Alternativen. In der Regel wird hier ein intensiveres Untersuchungsprogramm zur Untersuchung der Umweltsituation des ausgewählten Standortes durchgeführt. Wenn die UVP in den vorgelagerten Ebenen ordnungsgemäß durchgeführt wurde, beschränkt sich die Prüfung im Planfeststellungsverfahren lediglich auf zusätzliche oder andere erhebliche Umweltauswirkungen des Projektes. Damit soll eine doppelte Untersuchung vermieden werden. Man bezeichnet dies auch als „Abschichtung des Prüfstoffes."

Neben der UVP ist zur Planfeststellung auch der Landschaftspflegerische Begleitplan (LBP) einzureichen. Während die UVP eher allgemeine Aussagen zu möglichen Vermeidungs-, Ausgleichs- und Ersatzmaßnahmen enthält, setzt der LBP die einzelnen durchzuführenden Maßnahmen im konkreten Raumbezug fest. Daneben enthält die UVP einige Inhalte, die über den LBP hinausgehen, z. B. Angaben zu Abwasser und Larm (die nicht das Naturschutzrecht, sondern andere Rechtsmaterien im Immissionsschutz- und Wasserrecht betreffen) sowie Angaben zu den zu erwartenden Auswirkungen auf die Schutzgüter Mensch, Kultur- und sonstige Sachgüter. Diese zusätzli-

---

Bedarfsplan (§ 1 FStrAbg)

(1) ... Das Netz der Bundesfernstraßen wird nach dem Bedarfsplan für die Bundesfernstraßen ausgebaut, der diesem Gesetz als Anlage beigefügt ist.
(2) Die in den *Bedarfsplan* aufgenommenen Bau- und Ausbauvorhaben entsprechen den Zielsetzungen des § 1 Abs. 1 des Bundesfernstraßengesetzes. Die Feststellung des Bedarfs ist für die Linienbestimmung nach § 16 des Bundesfernstraßengesetzes und für die Planfeststellung nach § 17 des Bundesfernstraßengesetzes *verbindlich*

Kein „verwaltungsbehördliches Verfahren"
-> keine (förmliche) UVP

Raumordnungsverfahren (§ 15 ROG)

(1) Raumbedeutsame Planungen und Maßnahmen sind in einem besonderen Verfahren untereinander und mit den Erfordernissen der Raumordnung *abzustimmen* (...). Durch das Raumordnungsverfahren wird festgestellt,
 1. ob raumbedeutsame Planungen oder Maßnahmen mit den Erfordernissen der Raumordnung übereinstimmen und
 2. wie raumbedeutsame Planungen und Maßnahmen unter den Gesichtspunkten der Raumordnung aufeinander abgestimmt und durchgeführt werden können....
(3) ... Dabei sollen sich die Verfahrensunterlagen auf die Angaben beschränken, die notwendig sind, um eine Bewertung der raumbedeutsamen Auswirkungen des Vorhabens zu ermöglichen.
(Die Durchführung einer förmlichen UVP im Raumordnungsverfahren bemisst sich nach den jeweiligen landesrechtlichen Bestimmungen)

Fakultative abgestufte UVP (§ 16 UVPG)

Linienbestimmung (§ 16 FStrG)

(1) Der Bundesminister für Verkehr *bestimmt* im Benehmen mit den Landesplanungsbehörden der beteiligten Länder *die Planung und Linienführung der Bundesfernstraßen* .(...)
(2) Bei der Bestimmung der Linienführung sind die von dem Vorhaben berührten öffentlichen Belange einschließlich der Umweltverträglichkeitsprüfung und des Ergebnisses des Raumordnungsverfahrens *im Rahmen der Abwägung zu berücksichtigen.*

(Evtl.) fakultative abgestufte UVP (§ 15 UVPG)

Planfeststellung (§ 17 FStrG)

(1) Bundesfernstraßen dürfen nur gebaut werden, wenn der Plan voher festgestellt ist. Bei der Planfeststellung sind die von dem Vorhaben berührten öffentlichen und privaten Belange einschließlich der Umweltverträglichkeit im *Rahmen der Abwägung zu berücksichtigen.*

UVP lt. Nr. 8 der Anlage zu § 3 UVPG

Vermeidung von Doppeluntersuchungen („Abschichten des Prüfstoffes")

FStrAbG: Fernstraßenausbaugesetz   FStrG: Bundesfernstraßengesetz
ROG: Raumordnungsgesetz

Abb. 2.13 *Gestufte UVP in der Straßenplanung.*

chen Inhalte der UVP müssen für das Rechtsverfahren entsprechend aufbereitet werden.

2.4.3 Inhalte

Das UVP-Gesetz gibt einen Verfahrensablauf vor. Es enthält jedoch keine inhaltlichen („materiellen") Anforderungen, wie das Fachgutachten, die **Umweltverträglichkeitsstudie (UVS)** bzw. **Umweltverträglichkeitsuntersuchung (UVU)** – beide Begriffe werden synonym gebraucht – zu erarbeiten ist. Solche Anforderungen existieren lediglich auf Ebene einzelner Fachverwaltungen, etwa für den Straßenbau durch das so genannten MUVS (Merkblatt für die Umweltverträglichkeitsstudie im Straßenbau; FGSV 1990) oder für die Wasserwirtschaft (LAWA 1997). Dennoch werden Umweltverträglichkeitsstudien als gutachterlicher Planungsbeitrag im Regelfall erstellt, um die Unterlagen, die nach § 6 UVPG vom Vorhabenträger beizubringen sind, zu erarbeiten (vergleiche Abb. 2.14).

Beispielhaft soll der Ablauf einer UVS, wie sie im Straßenbau vor dem Linienbestimmungsverfahren angesiedelt ist, dargestellt werden. Eine solche UVS ist in der Regel in zwei Schritten durchzuführen (vergleiche Abb. 2.15):

- der raumbezogenen Empfindlichkeitsuntersuchung, auch Raumempfindlichkeitsanalyse genannt;
- der Wirkungsprognose und dem Variantenvergleich.

Die **Raumempfindlichkeitsanalyse** beinhaltet eine flächendeckende Raumanalyse und -bewertung. Für jedes Schutzgut werden in einem größeren Suchraum Zustand, Bedeutung und ggf. Empfindlichkeit dargestellt und bewertet. Hohe Wertkategorien entsprechen einem hohen Konfliktpotenzial, einem hohen so genannten „Raumwiderstand" gegenüber dem Straßenbauvorhaben. Weiter sind bestehende Vorbelastungen sowie fachgesetzliche Vorgaben und Planungskategorien zu berücksichtigen (etwa Schutzgebiete wie Natur-, Landschafts- oder Wasserschutzgebiete; Vorrangflächen der Regionalplanung; Festsetzungen der Bauleitpläne).

Die ermittelten Flächenbewertungen aller Funktionsbereiche werden überlagert. Hierdurch ergeben sich je nach Wertigkeit der überlagerten Einzelflächen Teilräume mit unterschiedlicher Konfliktdichte, d. h. einem unterschiedlich hohen „Raumwiderstand" gegen das Vorhaben. Liegen im Untersuchungsgebiet nur teilweise Flächen mit hoher Schutzwürdigkeit, Bedeutung oder Empfindlichkeit, dann ergeben sich nur teilweise Bereiche mit hohem Raumwiderstand, zwischen denen im Idealfall Korridore geringeren Raumwiderstandes abgeleitet werden können, die sich für eine Trassierung anbieten (so genannte „relativ konfliktarme Korridore", vergleiche Abbildung 2.15). Liegen überwiegend Flächen mit hoher Schutzwürdigkeit, Bedeutung oder Empfindlichkeit im Untersuchungsraum, dann ist auch die Konfliktdichte entsprechend hoch, d. h. eine neue Trasse ist entweder nur mit erheblichen Vermeidungs- Ausgleichs- und Ersatzmaßnahmen zu verwirklichen oder die Konflikte sind so schwerwiegend, dass die Durchführung des Straßenbauvorhabens aus Sicht der Umweltbelange entweder überhaupt nicht oder nur als Ausbauvariante möglich erscheint.

Die raumbezogene Empfindlichkeitsuntersuchung und die aus ihr evtl. ableitbaren vergleichsweise konfliktarmen Bereiche sollten die Grundlage bilden, aus der in Zu-

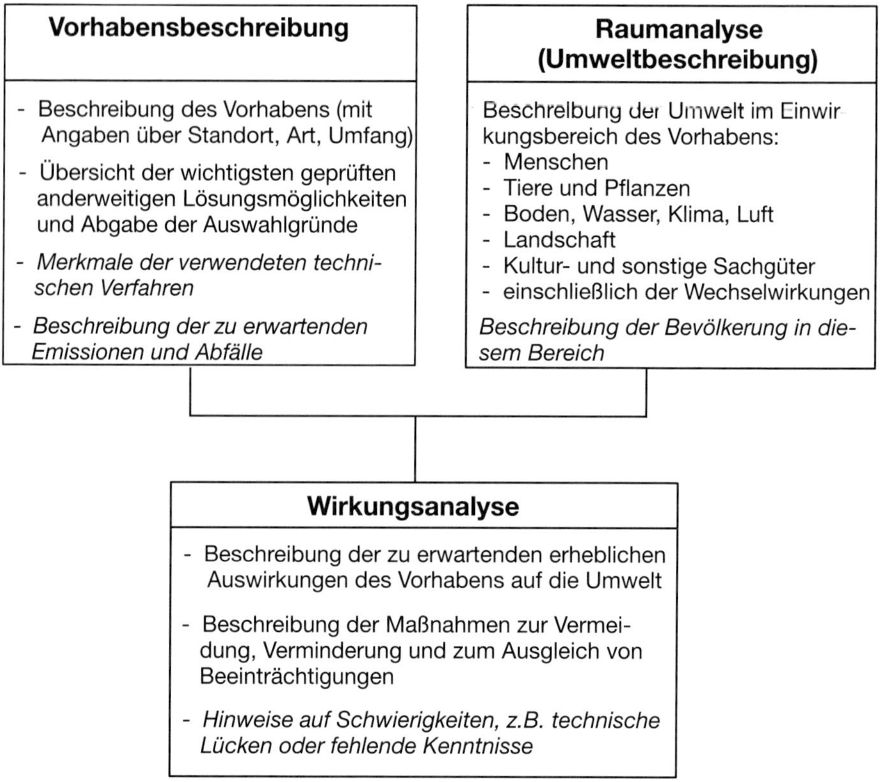

Vorhabensbeschreibung	Raumanalyse (Umweltbeschreibung)
- Beschreibung des Vorhabens (mit Angaben über Standort, Art, Umfang) - Übersicht der wichtigsten geprüften anderweitigen Lösungsmöglichkeiten und Abgabe der Auswahlgründe - *Merkmale der verwendeten technischen Verfahren* - *Beschreibung der zu erwartenden Emissionen und Abfälle*	Beschreibung der Umwelt im Einwirkungsbereich des Vorhabens: - Menschen - Tiere und Pflanzen - Boden, Wasser, Klima, Luft - Landschaft - Kultur- und sonstige Sachgüter - einschließlich der Wechselwirkungen *Beschreibung der Bevölkerung in diesem Bereich*

Wirkungsanalyse

- Beschreibung der zu erwartenden erheblichen Auswirkungen des Vorhabens auf die Umwelt

- Beschreibung der Maßnahmen zur Vermeidung, Verminderung und zum Ausgleich von Beeinträchtigungen

- *Hinweise auf Schwierigkeiten, z.B. technische Lücken oder fehlende Kenntnisse*

Normalschrift: Mindestangaben, die erbracht werden müssen (nach § 6, Abs. 3 UVPG; § 2, Abs. 2 UVPG)

Kursivschrift: Angaben, die zu erbringen sind, soweit es erforderlich bzw. für den Träger des Vorhabens zumutbar ist (§ 6 Abs. 4 UVPG)

Abb. 2.14 *Im Rahmen einer UVP beizubringende Unterlagen nach § 6 UVP-Gesetz.*

sammenarbeit mit dem technischen Straßenplaner Trassenvarianten entwickelt werden. Im Rahmen des zweiten Schrittes, der **Wirkungsprognose und des Variantenvergleichs**, erfolgt nun für jede Variante wieder eine Ermittlung und Darstellung ihrer Auswirkungen auf die einzelnen Schutzgüter. Unter den Auswirkungen sind dabei sowohl direkte Verluste durch z. B. Versiegelung und Flächenbeanspruchung als auch indirekte Funktionsbeeinträchtigungen im Trassenumfeld darzustellen und zu bewerten. Besondere Konfliktschwerpunkte sollten zusätzlich herausgehoben werden. Weiterhin sind mögliche Maßnahmen zur Vermeidung und Minderung von Beeinträchtigungen darzustellen, verbleibende Beeinträchtigungen abzuschätzen und räumliche Bereiche zu ermitteln, die für Ausgleichs- und Ersatzmaßnahmen in Frage kommen.

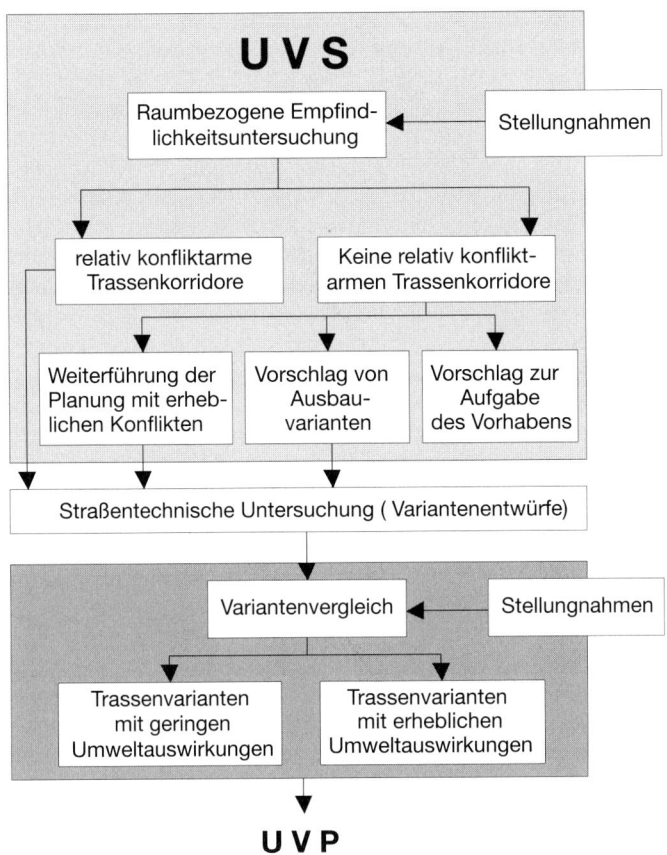

Abb. 2.15 *Gestufter Ablauf einer Umweltverträglichkeitsstudie (UVS) im Straßenbau.*

Auf der Grundlage dieser Ergebnisse sind in einer zusammenfassenden gutachterlichen Beurteilung die Vor- und Nachteile der einzelnen Varianten aufzuzeigen sowie eine Beurteilung und Reihung der Varianten gemäß darzulegender Wertmaßstäbe und Zielvorstellungen vorzunehmen. Es ist dabei wichtig, zwischen dieser gutachterlichen Einschätzung im Rahmen einer UVS und der Bewertung im Verfahrensablauf auf der Grundlage von § 12 UVPG (vergleiche den in Abb. 2.12 dargestellten Verfahrensablauf) zu unterscheiden: Letztere stellt einen formalisierten Verfahrensschritt dar, der von der Genehmigungsbehörde vorgenommen wird. Die Behörde ist dabei an die Maßstäbe gebunden, die ihr die einzelnen Fachgesetze vorgeben, kann und sollte diese aber im Rahmen einer wirksamen Umweltvorsorge auslegen und auf den konkreten Fall anwenden.

Der Unterschied zwischen vorgegebenem verfahrensmäßigen Rahmen und fachlich notwendigen Inhalten einer UVP wird auch am Beispiel der Alternativenprüfung deutlich: Aus den Vorgaben des UVP-Gesetzes kann keine verbindliche Pflicht abgeleitet werden, auch Alternativen zu prüfen. Aus fachinhaltlicher Sicht ist jedoch der Vergleich von Alternativen das inhaltliche Kernstück einer Umweltverträglichkeitsprüfung bzw. -studie. Die Nullvariante betrachtet dabei die Umweltsituation ohne das Vorhaben, jedoch einschließlich weiterer Entwicklungen, wie etwa einer zu verzeichnenden Zunahme des Verkehrsaufkommens. Eigentlich lassen sich nur im Vergleich von Alternativen einschließlich der Nullalternative Aussagen treffen, welche Variante sich aus Sicht der Umwelt günstiger gestaltet. Auch können im Abgleich von Alternativen leichter Optimierungsmöglichkeiten abgeleitet werden.

2.4.4   UVP für Pläne und Programme („Strategische Umweltprüfung")

Auch die Richtlinie zur Strategischen Umweltprüfung gibt vor allem die Grundzüge des Verfahrensablaufes vor (vergleiche Abb. 2.16). Neu ist dabei vor allem, dass als Ergebnis der Prüfung ein so genannter Umweltbericht mit definierten Inhalten als ein gesondertes Dokument zu erstellen und abzugeben sein wird. Auch laufen viele der betroffenen Planungsverfahren bislang ohne förmliche Öffentlichkeitsbeteiligung ab.

Vor allem aber wird im Vergleich zur herkömmlichen Projekt-UVP mit der SUP inhaltlich-methodisch in vieler Hinsicht Neuland betreten (vergleiche Tab. 2.5). Wesentliche Unterschiede betreffen u.a.

- den Charakter des Instruments, der bei der frühzeitig an den Entscheidungsprozessen ansetzenden Plan- und Programm-UVP noch stärker ein prozessbegleitender und -strukturierender ist;
- die Datenbasis, d. h. die Plan- und Programm-UVP erfordert verstärktes Arbeiten mit hoch aggregierten Umweltdaten. In der Bearbeitungstiefe wird man sich – etwa bei einer UVP in der Regionalplanung – auf überörtlich-raumbedeutsame Belange konzentrieren;
- die bei der Plan- und Programm-UVP höheren Prognoseunsicherheiten, zumal es sich hier um die Prognose übergeordneter, also bereichsübergreifener Entwicklungen und deren Umweltauswirkungen handelt. Bei Prognosen im Rahmen der SUP werden dabei vielfach nur qualitative Aussagen möglich sein, etwa indem die möglichen Konsequenzen unterschiedlicher Planungsvarianten mit Hilfe von verbal formulierten Szenarien beschrieben werden.

2.5   Verträglichkeitsprüfung nach der Fauna-Flora-Habitat-(FFH-)Richtlinie

Die 1992 verabschiedete Richtlinie 92/43 EWG, die so genannte „Fauna-Flora-Habitat-Richtlinie (FFH-Richtlinie)" verpflichtet die Mitgliedstaaten der Europäischen Union zur Errichtung eines europaweiten zusammenhängenden („kohärenten") Netzes von Schutzgebieten, das den programmatischen Namen Natura 2000 trägt. Es besteht

Bestandteile einer SUP

Relevanzprüfung (Anhang II des Richtlinienentwurfs)

- Feststellen der Umwelterheblichkeit (Screening)
- Feststellen des Prüfungs- bzw. des Untersuchungsrahmens (Scoping)

Erarbeiten eines Umweltberichts

mit der Ermittlung, Darstellung und Bewertung u.a.

- der voraussichtlichen erheblichen Auswirkungen (inkl. sekundärer, kumulativer, synergetischer Auswirkungen)
- vernünftiger Alternativen
- der beeinflussten Umweltmerkmale des Gebiets
- der für den Plan oder das Programm relevanten, auf nationaler, gemeinschaftlicher und internationaler Ebene festgelegten Umweltziele

(Inhalte gemäß Anhang I der Richtlinie)

Konsultationen

- Behörden
- Öffentlichkeit einschließlich Nichtregierungsorganisationen
- International bei grenzüberschreitenden Programmen und Plänen

Entscheidungsfindung

Berücksichtigung von Umweltbericht und Konsultationen bei der Ausarbeitung und vor der Annahme des Programms oder Plans

Abb. 2.16 *Bestandteile einer Strategischen Umweltprüfung (SUP)*.

Tabelle 2.5 Ausgewählte Aspekte der Projekt-UVP und der Strategischen Umweltprüfung (SUP) im Vergleich (unter Verwendung von RIEHL 1997; BUNGE 1998, ergänzt)

	Projekt-UVP	Strategische Umweltprüfung (SUP)
• Gegenstand	Konkret definiertes Vorhaben am konkreten Standort	Raum- oder Flächennutzung, raumbedeutsame Planungen
• Zeitpunkt	Im Zulassungsverfahren (teilweise auch bereits im Raumordnungsverfahren)	Auf vorgelagerter programmatischer Ebene ansetzend
• Charakter des Instruments	Umfassende, nach Schutzgütern systematisierte Strukturierung des Entscheidungsverfahrens -> Betonung des fachlichen Anteils	Begleitung eines Entscheidungsprozesses auf politisch-programmatischer Ebene -> Betonung des politischen Anteils
	Verfahrensaspekte	
• Prüfung von Alternativen	Tendenziell weniger häufig (eher Modifikationen am Standort)	Regelmäßig (räumliche Alternativen)
• Betroffenheit und Beteiligung der Öffentlichkeit	Unmittelbare/direkte Betroffenheit	Unmittelbare Betroffenheit Einzelner, Entscheidungen mit gesellschaftlicher Relevanz
	Ziel: Projektakzeptanz und Projektoptimierung	Ziel: Gesellschaftliche Konsensbildung bzw. tragfähiger Kompromiss
	Beteiligungsform: Übersichtliche Aufbereitung des UVP-Dokuments, Auslegung, Anhörung	Beteiligungsform: Einsatz spezieller Vermittlungstechniken, verstärkter Medieneinsatz
• Bewertungsmaßstäbe	Zumindest im Grundsatz rechtlich vorgegeben teilweise sehr detailliert	Für die Plan- und Programmebene nur teilweise rechtlich vorgegeben eher generell
• Veränderung des Prüfgegenstandes während des Verfahrens	Möglich (größere Änderungen sind aber im Projektzulassungsverfahren nicht die Regel)	Wahrscheinlich
	Inhaltliche Aspekte	
• Auswirkungsgebiet	Zumeist eher klein, überschaubar	Unterschiedlich, meist eher groß

Tabelle 2.5 Ausgewählte Aspekte der Projekt-UVP und der Strategischen Umweltprüfung (SUP) im Vergleich (unter Verwendung von RIEHL 1997; BUNGE 1998, ergänzt) (Forts.)

	Projekt-UVP	Strategische Umweltprüfung (SUP)
	Inhaltliche Aspekte	
• Raum- und Zeitbezug des Projekts, Plans oder Programms	Vielfach konkret angegeben- Arbeiten mit detailliertem Umweltwissen	Teilweise nicht detailliert festgelegtArbeiten mit aggregiertem Umweltwissen,
• Datenbasis, Methoden		verstärkter Methodenmix
• Prognose der Umweltauswirkungen	Detailliert, qualitativ, soweit wie möglich auch quantitativ	Eher pauschal, qualitativ verstärkter Einsatz verbal-qualitativer Prognosetechniken unter Integration div. Methodenbausteine (Szenariotechnik)
	mögliche Entwicklungen sind vergleichsweise überschaubar	größere Vielfalt möglicher Entwicklungen
	Prognoseunsicherheit gegeben	Prognoseunsicherheit sehr hoch
• Folge- und Wechselwirkungen, Kumulationen	Naturwissenschaftliche Beziehungen	Wirkungen auf andere Bereiche, erhöhte humanökologische und umweltökonomische Relevanz

aus den „Gebieten von gemeinschaftlicher Bedeutung" und den europäischen Vogelschutzgebieten. Grundlage für Letztere ist die bereits von 1979 stammende Richtlinie 79/409/EWG, die europäische Vogelschutzrichtlinie. Für die Gebiete von gemeinschaftlicher Bedeutung maßgebend ist das Vorkommen von bestimmten Arten und Lebensräumen von gemeinschaftlicher Bedeutung sowie von prioritären Arten und Lebensräumen, denen besonderes Gewicht zugemessen wird.

Die Bundesländer haben in einem nationalen Auswahlverfahren Gebiete für Natura 2000 ausgewählt und sie an das Bundesumweltministerium gemeldet. Die Europäische Kommission prüft ihrerseits die von dort weitergeleiteten nationalen Meldungen und stellt eine Liste der Gebiete von gemeinschaftlicher Bedeutung auf.

Die Anforderungen der FFH-Richtlinie wurden 1998 mit vierjähriger Verspätung in das deutsche Recht umgesetzt, indem in das Bundesnaturschutzgesetz zunächst die §§ 19a-f (nach der Novellierung des BNatschG: §32–37) eingefügt wurden. Bestandteil dieser Bestimmungen ist (auf der Grundlage von Art. 6 Abs. 3, 4 FFH-Richtlinie sowie § 34 BNatSchG) auch eine so genannte Verträglichkeitsprüfung: Demzufolge erfordern Pläne oder Projekte, die zu erheblichen Beeinträchtigungen von FFH- oder Vogelschutzgebieten führen können, vor ihrer Zulassung oder Durchführung eine Prüfung auf ihre Verträglichkeit mit den Erhaltungszielen dieser Gebiete.

2.5.1 Anwendungsbereich

Unter die Projekte, die eine solche Prüfung erforderlich machen, fallen alle natur-schutzrechtlichen Eingriffe in Natur und Landschaft sowie alle Vorhaben und Maß-nahmen in den geschützten Gebieten, die einer behördlichen Entscheidung oder An-zeige unterliegen oder von einer Behörde durchgeführt werden. Betroffen sind weiterhin nach Bundesimmissionsschutzgesetz genehmigungsbedürftige Anlagen so-wie nach Wasserhaushaltsgesetz erlaubnispflichtige Gewässerbenutzungen.

Pläne, die einer Verträglichkeitsprüfung nach der FFH-Richtlinie unterliegen, sind etwa Linienbestimmungen nach dem Bundesfernstraßengesetz, Raumordnungspläne für das Gebiet eines Bundeslandes (also z. B. Landesentwicklungsprogramme), Regio-nalpläne, Bauleitpläne sowie gemeindliche Satzungen, die einzelne Außenbereichs-flächen in die im Zusammenhang bebauten Ortsteile einbeziehen. Klärungsbedürftig ist noch, ob auch Raumordnungsverfahren der Prüfpflicht unterliegen: Die Auffassung der Ministerkonferenz Raumordnung (MKRO, Entschließung vom 18./19.03.1999), nach der die Ergebnisse eines Raumordnungsverfahrens wegen ihres „gutachtlichen und lediglich erklärenden Charakters" nicht geeignet seien, ein FFH- oder Vogel-schutzgebiet erheblich zu beeinträchtigen und daher keine Pläne im rechtlichen Sinne darstellten (ähnlich auch Hopp 2000), ist fragwürdig und möglicherweise so nicht rechtskonform (Planungsgruppe Ökologie + Umwelt 1999).

Maßgebend um die Prüfpflicht auszulösen ist, dass die betreffenden Pläne oder Projekte geeignet sind, ein geschütztes Gebiet in seinen Erhaltungszielen maßgeblich zu beeinträchtigen. Der Auslöser für die Prüfung ist damit primär ein **gebiets**bezo-gener. Dies ist im Vergleich zur gesetzlichen Umweltverträglichkeitsprüfung zu be-achten, die **projekt**bezogen bei bestimmten, im UVP-Gesetz abschließend aufgezähl-ten Vorhaben durchzuführen ist oder auch im Vergleich zur Eingriffsregelung, für die **wirkungs**bezogen das Vorliegen erheblicher Veränderungen der Gestalt oder Nut-zung von Grundflächen maßgebend ist (Jessel 1999a; Tabelle 2.6). Die Prüfpflicht kann sich daher auch auf außerhalb eines Natura 2000-Gebietes liegende Projekte und Pläne erstrecken, die erhebliche Beeinträchtigungen der Erhaltungsziele hervor-rufen, etwa indem von ihnen Fernwirkungen ausgehen, sie die Vernetzung (den „kohärenten" Zusammenhang) zwischen den Gebieten beeinträchtigen oder sich mehrere von ihnen in ihrer Wirkung gegenseitig verstärken (Summations- und Ku-mulativwirkungen).

Im Übrigen bleibt zu bemerken, dass die FFH-Richtlinie (in Art. 6 Abs. 2) ein Ver-schlechtungsverbot für die relevanten Lebensräume und Habitate sowie ein Störver-bot für die geschützten Arten enthält. Dieser Schutz bezieht sich auch auf beeinträch-tigende Aktivitäten außerhalb der Gebiete, die nach derzeitiger Rechtslage nicht als Pläne oder Projekte einzustufen sind (Jessel 1999a, 70; Ramsauer 2000, 602). Vor-stellbar sind hier z. B. eine Erhöhung von Emissionen, wie etwa Lärm, und stoffliche Einträge, z. B. durch Düngung aus der Landwirtschaft. Maßstab sind bei solchen Be-einträchtigungen allerdings immer nur diejenigen Gebietsbestandteile, die über die Er-haltungsziele erfasst sind. Die Europäische Kommission hat in einer Anfrage, die sie im April 2000 an die Bundesregierung gerichtet hat, auch aus diesem Grund bemängelt, dass die bisherige Projekt-Definition des Bundesnaturschutzgesetzes als Auslöser für die Verträglichkeitsprüfung zu eng gefasst ist, weil sie nicht alle relevanten Beeinträchtigungen einschließt.

Die Anwendung der Regelungen zur Verträglichkeitsprüfung wird auch dadurch erschwert, dass der Prozess der Gebietsauswahl auf Landes-, Bundes- und Europaebene noch im Gang ist. Außerdem sind – etwa über die so genannten „Schattenlisten", die die Naturschutzverbände erstellt haben – eine Vielzahl von Gebieten bekannt, die zwar den Kriterien von FFH- und Vogelschutzrichtlinie entsprechen, aber nicht nach Brüssel gemeldet wurden. Da

- die Mitgliedstaaten auch bei noch nicht erfolgter bzw. mangelnder Umsetzung von Richtlinien verpflichtet sind, deren Ziele nicht zu unterlaufen (so genanntes „Stillhaltegebot"),
- die Auswahl von Gebieten nach Rechtsprechung des Europäischen Gerichtshofes allein nach fachlichen Erwägungen zu erfolgen hat (d. h. z. B. wirtschaftliche Erwägungen keine Rolle spielen dürfen)

greifen die Anforderungen der Verträglichkeitsprüfung derzeit (d. h. bis der Eintrag der Gebiete in die Gemeinschaftsliste und deren offizielle Bekanntmachung erfolgt sind) im Rahmen einer „vorsorgenden Erwägung": D. h., dass Gebiete, für die die entsprechenden fachlichen Kriterien zutreffen, als „faktische Vogelschutzgebiete" bzw. als „potenzielle FFH-Gebiete" zu behandeln sind.

2.5.2 Verfahren

Die Prüfung nach § 34 BNatSchG besteht aus zwei wesentlichen, voneinander zu unterscheidenden Bestandteilen:

- der eigentlichen Verträglichkeitsprüfung (nach § 34 Abs. 1, 2 BNatSchG),
- dem Ausnahmeverfahren (nach § 34 Abs. 3, 4 BNatSchG).

Die **Verträglichkeitsprüfung** untersucht zunächst die Frage, ob ein Natura 2000-Gebiet durch einen Plan oder ein Projekt in seinen Erhaltungszielen maßgeblich beeinträchtigt werden könnte. Wie bei der Eingriffsregelung reicht auch hier die Möglichkeit des Eintretens von Beeinträchtigungen aus, um die Prüfpflicht auszulösen. Dazu ist eine Bestandsaufnahme durchzuführen, bei der gezielt die vorkommenden Arten und Lebensräume von gemeinschaftlicher Bedeutung sowie prioritärer Art erfasst werden, es sind die direkten und indirekten Auswirkungen darzustellen (Wirkungsprognose) und deren Erheblichkeit zu beurteilen (vergleiche Abb. 2.17). Für den Fall, dass die Prüfung das mögliche Eintreten von Beeinträchtigungen bejaht, sieht § 34 Abs. 2 vor, dass der Plan oder das Projekt unzulässig sind.

In diesem Fall sind als zweiter Bestandteil des Verfahrens schrittweise bestimmte **Ausnahmetatbestände** abzuprüfen (vergleiche Abbildung 2.18):

- Zunächst darf das Verfahren nur weitergeführt werden, wenn zwingende öffentliche Interessen zugunsten der Planung vorgebracht werden und keine zumutbaren Alternativen bestehen. Anders als bei der Eingriffsregelung können ausschließlich private Belange nicht angeführt werden. Da jedoch auch bei privaten Projekten häufig pauschal mit der Stärkung der Wirtschaftskraft einer Region oder der Schaffung von Arbeitsplätzen als öffentlichen Interessen argumentiert wird, ist weiter zu fordern, dass hierfür ein konkreter Ortsbezug dargelegt wird

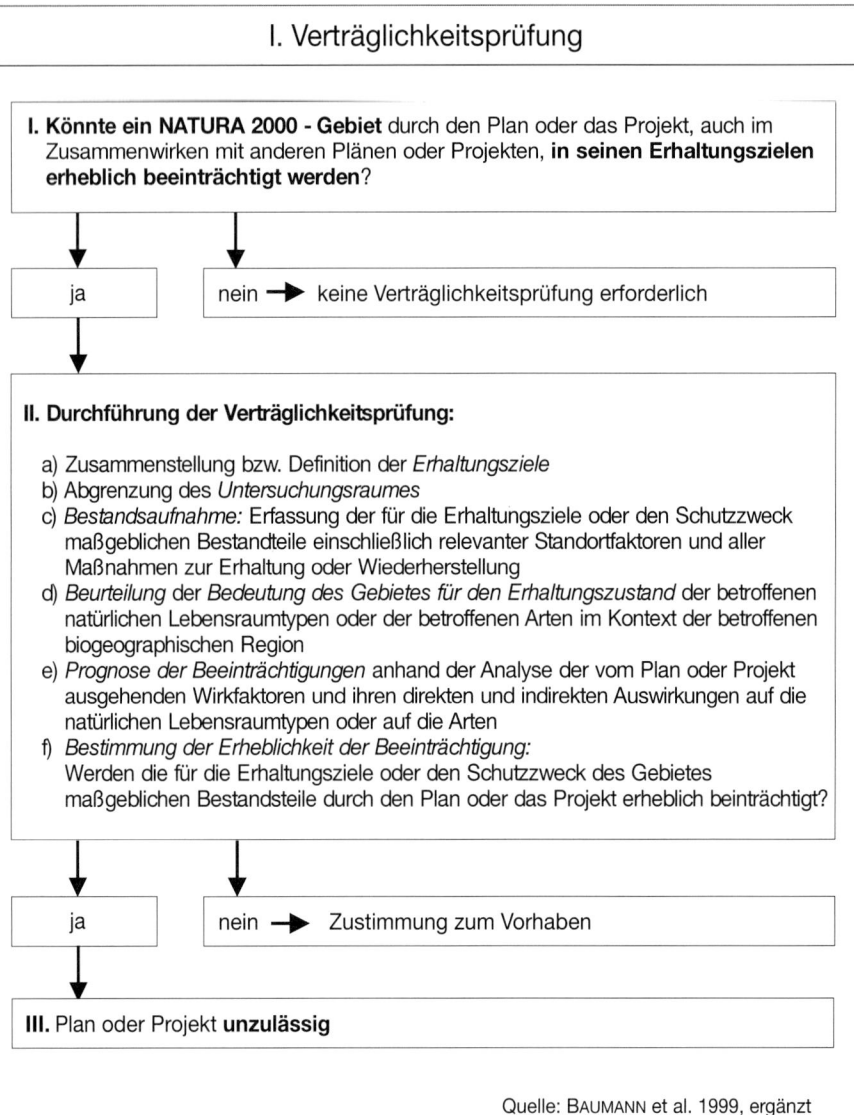

I. Verträglichkeitsprüfung

I. Könnte ein NATURA 2000 - Gebiet durch den Plan oder das Projekt, auch im Zusammenwirken mit anderen Plänen oder Projekten, **in seinen Erhaltungszielen erheblich beeinträchtigt werden?**

ja

nein ➤ keine Verträglichkeitsprüfung erforderlich

II. Durchführung der Verträglichkeitsprüfung:

a) Zusammenstellung bzw. Definition der *Erhaltungsziele*
b) Abgrenzung des *Untersuchungsraumes*
c) *Bestandsaufnahme:* Erfassung der für die Erhaltungsziele oder den Schutzzweck maßgeblichen Bestandteile einschließlich relevanter Standortfaktoren und aller Maßnahmen zur Erhaltung oder Wiederherstellung
d) *Beurteilung* der *Bedeutung des Gebietes für den Erhaltungszustand* der betroffenen natürlichen Lebensraumtypen oder der betroffenen Arten im Kontext der betroffenen biogeographischen Region
e) *Prognose der Beeinträchtigungen* anhand der Analyse der vom Plan oder Projekt ausgehenden Wirkfaktoren und ihren direkten und indirekten Auswirkungen auf die natürlichen Lebensraumtypen oder auf die Arten
f) *Bestimmung der Erheblichkeit der Beeinträchtigung:*
Werden die für die Erhaltungsziele oder den Schutzzweck des Gebietes maßgeblichen Bestandsteile durch den Plan oder das Projekt erheblich beinträchtigt?

ja

nein ➤ Zustimmung zum Vorhaben

III. Plan oder Projekt **unzulässig**

Quelle: BAUMANN et al. 1999, ergänzt

Abb. 2.17 *Prüfung nach § 34 BNatSchG: Teil I – Verträglichkeitsprüfung.*

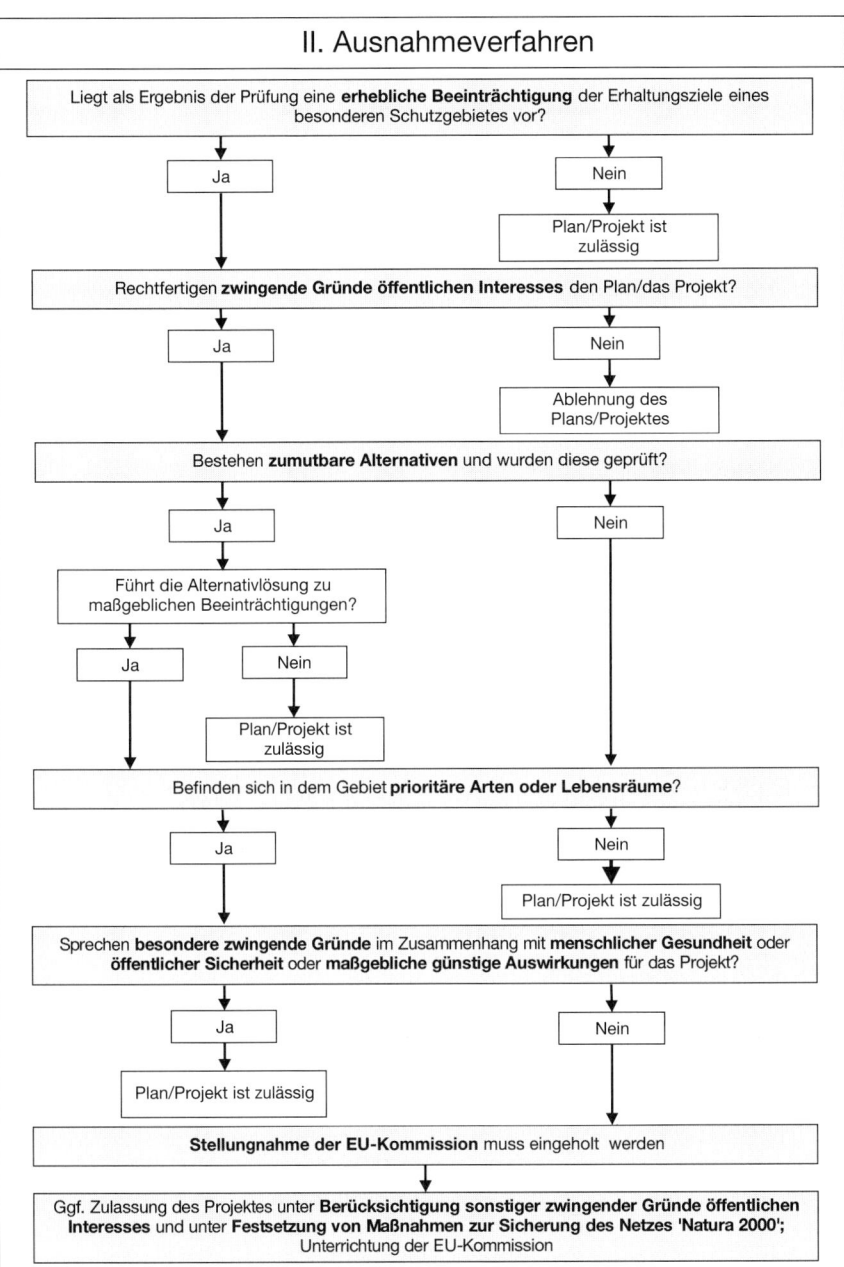

Abb. 2.18 *Prüfung nach § 34 BNatSchG: Teil II – Ausnahmeverfahren. Entscheidungskaskade des Ausnahme-verfahrens bei negativem Ergebnis einer Verträglichkeitsprüfung.*

(RAMSAUER 2000): D. h. es ist schlüssig zu begründen, warum für das Projekt nur genau dieser Standort in Frage kommt.

- Handelt es sich bei dem Schutzgebiet um ein Areal, in dem sich prioritäre Arten oder Biotope befinden, wird der Entscheidungsspielraum noch weiter eingeschränkt: In solchen Fällen können allein Gründe vorgebracht werden, die im Zusammenhang mit der Gesundheit des Menschen, der öffentlichen Sicherheit oder günstigen Auswirkungen der Planung auf die Umwelt stehen – andernfalls wird eine Stellungnahme der Europäischen Kommission erforderlich.

- Sofern ein Plan oder Projekt dann dennoch zugelassen wird, sind Maßnahmen zu ergreifen, die sicherstellen, dass die Kohärenz des europäischen Netzes Natura 2000 gewahrt bleibt. Infolge dieser besonderen Zielstellung sind diese so genannten „Sicherungsmaßnahmen" nicht mit den Ausgleichs- und Ersatzmaßnahmen der Eingriffsregelung identisch. Damit die Kohärenz des Gebietsnetzes bestehen bleibt, sind die Maßnahmen zeitnah zur Durchführung eines Vorhabens, ggf. sogar mit zeitlichem Vorlauf zu realisieren. Auch ist bei ihnen im Regelfall ein enger Rahmen für die Gleichartigkeit des herzustellenden Lebensraumes gesteckt.

Die Durchführbarkeit von Sicherungsmaßnahmen erweist sich damit neben den genannten Ausnahmetatbeständen als grundlegende Voraussetzung für die Zulassung von Plänen und Projekten, von denen erhebliche Beeinträchtigungen ausgehen. Umgekehrt gesprochen: Sollten einmal keine Sicherungsmaßnahmen durchführbar sein (weil die entsprechenden Standortsvoraussetzungen nirgendwo mehr wiederherstellbar sind und auch kein entsprechendes Gebiet mehr nachgemeldet werden kann) dürfte dies die Unzulässigkeit eines Vorhabens bedeuten. Dies stützt auch der Wortlaut derjenigen Stellungnahmen, die die EU-Kommission bereits abgegeben hat, z. B. zum Bau der Ostseeautobahn A 20 oder der Ansiedlung eines neuen Dasa-Werkes in Hamburg: Diese Vorhaben wurden zwar aus wirtschaftlichen und sozialen Erwägungen von der Kommission ausdrücklich als zulässig erachtet. Jedoch wurden umfangreiche Sicherungsmaßnahmen gefordert und wurde betont, dass die Kohärenz des ökologischen Netzes Natura 2000 ein Hauptanliegen der Richtlinie ist, das durch einzelne Ausnahmen nicht in Frage gestellt werden darf.

Für faktische Vogelschutzgebiete (die zwar die fachlichen Kriterien erfüllen, aber noch nicht ausgewiesen worden sind) hat zudem der Europäische Gerichtshof festgestellt, dass sie einem noch strengeren, quasi absoluten Verschlechterungs- und Störverbot unterliegen (wie es ursprünglich durch Art. 4 Abs. 4 der Vogelschutzrichtlinie vorgesehen war). Erst wenn sie förmlich zu Schutzgebieten erklärt worden sind, unterstehen sie (auf der Grundlage von Art. 7 FFH-RL) den Maßgaben der FFH-Richtlinie, die in Artikel 6 ihrerseits die Grundlagen für das Ausnahmeverfahren formuliert. Dies bedeutet, dass erst für ausgewiesene Vogelschutzgebiete auch von der Möglichkeit eines Ausnahmeverfahrens Gebrauch gemacht werden kann, d. h. unter den genannten engen Maßgaben evtl. Beeinträchtigungen zugelassen werden dürfen (vergleiche Urteil des EuGH vom 07.12.2000 in der Rechtssache C-374/98).

Die Betrachtung von Alternativen und die Ausarbeitung von Sicherungsmaßnahmen sind keine Bestandteile der Verträglichkeitsprüfung, sonders erst des Ausnahmeverfahrens (vergleiche Abbildung 2.18). Sind jedoch bereits bei Eintritt in eine Verträglichkeitsprüfung erhebliche Beeinträchtigungen absehbar, bietet es sich an, diese Aspekte hier mit zu behandeln.

Neben der Prüfung nach § 34 BNatSchG dienen die UVP und die naturschutzrechtliche Eingriffsregelung alle drei der Folgenbewältigung von Beeinträchtigungen. Damit bestehen zwischen ihnen inhaltlich zwar zahlreiche Überschneidungen. Es muss jedoch beachtet werden, dass es sich aus rechtlicher und verwaltungstechnischer Sicht um eigenständige Instrumente handelt. Tabelle 2.6 fasst die Unterschiede zusammen.

Neben unterschiedlichen Rechtfolgen liegt ein ganz wesentlicher Unterschied in den verschiedenen Prüfmaßstäben, die für die Bewertung heranzuziehen sind: Bei der Verträglichkeitsprüfung sind es die Erhaltungsziele für die jeweiligen Gebiete, die sich auf ganz bestimmte Arten und Lebensräume und damit nur auf einen Teilbereich des Arten- und Biotopschutzes beziehen. Für die Eingriffsregelung sind die Ziele und Grundsätze des Naturschutzgesetzes für Naturhaushalt und Landschaftsbild relevant sowie verbindliche Planungen, die diese weiter konkretisieren, insbesondere die Planungshierarchie der Landschaftsplanung. Die UVP hingegen setzt umweltbezogen an, d. h. bei einer Beurteilung der Umwelt(un)verträglichkeit sind alle umweltrelevanten Rechtsmaterien zu beachten, die sich auf die verschiedenen Schutzgüter des UVP-Gesetzes beziehen.

Analog zur gestuften Umweltverträglichkeitsprüfung sollte allerdings auch die Verträglichkeitsprüfung integraler Bestandteil jeder Planungsphase sein. Am Beispiel des Straßenbaus heißt dies, dass zur Linienbestimmung (im Raumordnungsverfahren), zur Planfeststellung und zur Entwurfsplanung jeweils entsprechende Beiträge zu erarbeiten sind. Die für die FFH-Prüfung notwendigen Angaben können bei UVP-pflichtigen Projekten dabei grundsätzlich im Rahmen der Umweltverträglichkeitsstudie erarbeitet werden (Planungsgruppe Ökologie + Umwelt 1999), sofern dabei die speziellen Anforderungen der Richtlinie beachtet werden. Jedoch sollten für den Fall, dass eine Stellungnahme der Europäischen Kommission eingeholt werden muss, die Ergebnisse in einem gesonderten Dokument dargestellt werden.

2.5.3 Inhalte

Analog zur Umweltverträglichkeitsstudie (als Fachgutachten innerhalb des UVP-Verfahrens) wird im Rahmen der Prüfung nach § 34 BNatSchG meist eine „FFH-Verträglichkeitsstudie" oder „FFH-Verträglichkeitsuntersuchung" erarbeitet. Dabei sind eine Reihe ergänzender fachlicher Aspekte zu beachten:

Zu Beginn der Studie sind die **Erhaltungsziele** für das betreffende Schutzgebiet zusammenzustellen. Sie dienen als Ausgang für die **Ableitung von Umweltqualitätszielen und -standards**, die diese Ziele weiter präzisieren und konkretisieren. Diese naturschutzfachlichen Kriterien bilden den Rahmen für die zielgerichtete und problemorientierte Bestandsaufnahme und gutachterliche Beurteilung möglicher Beeinträchtigungen.

Die Festlegung von Erhaltungszielen ist nicht Gegenstand der Verträglichkeitsprüfung, sondern des naturschutzrechtlichen Ausweisungsverfahrens. Die Schutzzwecke bestehender Verordnungen weisen jedoch meist noch keine Bezüge zu den europäischen Schutzzielen auf; auch ist nur ein Teil der gemeldeten Gebiete von gemein-

Tabelle 2.6 Prüfung nach § 34 BNatSchG, UVP und Eingriffsregelung – Unterschiede hinsichtlich gesetzlicher Grundlagen, Ziele, Anwendungsbereiche, Prüfgegenstände und Rechtsfolgen.

	Prüfung von Plänen u. Programmen nach § 34 BNatSchG	UVP	Eingriffsregelung
Gesetzliche Grundlage	Art. 6 FFH-RL, in Verbindung mit § 34-36 BNatSchG	Gesetz über die Umweltverträglichkeitsprüfung (UVPG)	§§ 18, 19 Bundesnaturschutzgesetz (BNatSchG)
Oberziele	Schutz des kohärenten Europäischen Netzes „NATURA 2000", insbesondere der Gebiete von gemeinschaftlicher Bedeutung. Lt. Präambel der FFH-RL: Erhaltung der biologischen Vielfalt in der Gemeinschaft Verschlechterungsverbot	Frühzeitige und umfassende Ermittlung, Beschreibung und Bewertung der Umweltauswirkungen eines Vorhabens sowie frühestmögliche Berücksichtigung bei allen behördlichen Zulassungsentscheidungen.	Schutz, Pflege und Entwicklung der Leistungsfähigkeit des Naturhaushalts, der Pflanzen- und Tierwelt sowie der Vielfalt, Eigenart und Schönheit von Natur und Landschaft.
Anwendungsbereich	**Gebietsbezogen:** Pläne oder Projekte, die ein Gebiet in seinen für die Erhaltungsziele maßgeblichen Bestandteilen erheblich beeinträchtigen können. Dabei: • Darlegung von Summationswirkungen • Berücksichtigung von Einwirkungen aus der Umgebung	**Projektbezogen:** Projekte nach Maßgabe der Anlage zu § 3 UVPG	**Wirkungsbezogen:** Veränderungen der Gestalt oder Nutzung von Grundflächen, die Naturhaushalt oder Landschafsbild erheblich beeinträchtigen können. Dabei: Bei Vorliegen dieser Voraussetzungen Anwendung auf der ganzen Fläche (vorausgesetzt eine behördliche Anzeige, Genehmigung etc. ist notwendig).

Prüfgegenstand und Prüfmaßstäbe

| Prüfgegenstand | *Arten und Lebensräume* nach Anhang I und II der FFH-RL (einschließlich günstiger Erhaltungszustand, Kohärenz) | Mensch *Tiere, Pflanzen* Boden, Wasser, Luft/Klima, Landschaft Wechselwirkungen Kultur- u. sonst. Sachgüter | ⌉ *Leistungsfähigkeit des Naturhaushaltes* ⌋

Landschaftsbild |

Tabelle 2.6 Prüfung nach § 34 BNatSchG, UVP und Eingriffsregelung – Unterschiede hinsichtlich gesetzlicher Grundlagen, Ziele, Anwendungsbereiche, Prüfgegenstände und Rechtsfolgen. (Forts.)

	Prüfgegenstand und Prüfmaßstäbe		
Prüfmaßstäbe	Schutzgutbezogen, d.h. Erhaltungsziele, die sich auf best. Arten und Lebensräume innerhalb des Teilbereiches Arten- und Biotopschutz beziehen.	Umweltbezogen, d.h. alle auf o.g. Schutzgüter bezogenen umwelt- und naturschutzrelevanten Rechtsmaterien	Naturschutzbezogen, d.h. erhebliche Beeinträchtigung von Naturhaushalt oder Landschaftsbild unter Berücksichtigung der Ziele und Grundsätze des Naturschutzes.
	Rechtsfolgen		
Bindungswirkung	**Materiell-rechtliche Wirkung:** Unzulässigkeit des Vorhabens bei negativem Ergebnis der Verträglichkeitsprüfung.	**Verfahrensrecht ohne eigene materiell-rechtliche Wirkung:** Ergebnis ist nach Maßgabe der geltenden Gesetze zu „berücksichtigen".	**Materiell-rechtliche Wirkung:** Untersagung des Eingriffs, wenn er weder ausgleichbar noch vermeidbar ist und die Belange des Naturhaushalts im Range vorgehen.
	Dann: **Ausnahmeverfahren** aufgrund von § 34 (3,4) BNatSchG	Dabei: **Mehrpolige Abwägung**	Dabei: **Bipolare Abwägung**
Prüfung von Alternativen	Im Fall eines negativen Prüfergebnisses: Prüfung zumutbarer Alternativen, um den mit dem Vorhaben verfolgten Zweck an anderer Stelle oder mit geringeren Beeinträchtigungen zu erreichen	Übersicht der wichtigsten geprüften Lösungsmöglichkeiten als Bestandteil der vom Projektträger vorzulegenden Unterlagen	Vermeidbare Beeinträchtigungen sind zu unterlassen
	→ **Auch Standort- und Trassenalternativen**	→ **Fachlich-technische Optimierung** am konkreten Ort des Eingriffs	→ **Fachlich-technische Optimierung** am konkreten Ort des Eingriffs
„Ausgleichs"-Maßnahmen	Nach § 34 BNatSchG Maßnahmen zur Sicherung des Zusammenhangs des Europäischen ökologischen Netzes „Natura 2000"	Nach § 6 (3) UVPG Beschreibung der Maßnahmen, mit denen erhebliche Beeinträchtigungen soweit möglich ausgeglichen werden, sowie der Ersatzmaßnahmen bei nicht ausgleichbaren, aber vorrangigen Eingriffen	Nach § 19 (2) BNatSchG sind unvermeidbare Beeinträchtigungen vorrangig auszugleichen oder in sonstiger Weise zu kompensieren (Ersatz)
	→ **„Sicherungsmaßnahmen"**	→ **Ausgleichs- u. Ersatzmaßnahmen**	→ **Ausgleichs- u. Ersatzmaßnahmen**

Tabelle 2.6 Prüfung nach § 34 BNatSchG, UVP und Eingriffsregelung – Unterschiede hinsichtlich gesetzlicher Grundlagen, Ziele, Anwendungsbereiche, Prüfgegenstände und Rechtsfolgen. (Forts.)

	Prüfung von Plänen u. Programmen nach § 34 BNatSchG	UVP	Eingriffsregelung
	Rechtsfolgen		
„Ausgleichs"-Maßnahmen	Maßnahmen sind auf „NATURA 2000" bezogen und führen **nicht** zu einer Überwindung der Unzulässigkeit eines Vorhabens.	**Abwägung** kann trotz Kompensationsmaßnahmen zur Überwindung der Belange von Natur und Landschaft führen.	Nach § 19 (3) können Belange von Natur und Landschaft in der **Abwägung** überwunden werden. Ausgleichbare oder ersetzbare Eingriffe sind zuzulassen.
Öffentlichkeitsbeteiligung	Fakultativ Nach Art. 6 Abs. 3 FFH-RL; keine Angabe im BNatSchG	Obligatorisch Nach § 2 (1) UVPG: Die UVP wird unter Einbeziehung der Öffentlichkeit durchgeführt	Nach Maßgabe anderer **Rechtsvorschriften**, die eine behördliche Entscheidung oder Anzeige vorschreiben

schaftlicher Bedeutung bereits hinreichend streng unter Schutz gestellt. Vielfach ist es daher notwendig, die Erhaltungsziele als vorläufige Beurteilungsmaßstäbe eigens zu entwickeln. Neben Angaben aus den Standarddatenbögen, die für die Meldung nach Brüssel für jedes Gebiet erstellt worden sind, und bestehenden Schutzverordnungen können dabei relevante Aussagen naturschutzfachlicher Programme und Pläne herangezogen werden, insbesondere der Landschaftspläne, aber auch der Arten- und Biotopschutzprogramme sowie der für ein Gebiet formulierten Pflege- und Entwicklungspläne (Abbildung 2.19). Im „Notfall" d. h. wenn keine anderen Angaben verfügbar sind, können vorläufige Erhaltungsziele auch durch eigene Beobachtung aus dem Landschaftscharakter eines Gebietes erschlossen werden (NIEDERSTADT 1998). In jedem Fall ist dabei das Einvernehmen mit den Naturschutzbehörden herzustellen.

Bei der **Bestandsaufnahme** sind im Erhebungsprogramm die Arten und Lebensräume von gemeinschaftlicher Bedeutung sowie die prioritären Arten und Lebensräume, die die Richtlinie bestimmt, besonders zu berücksichtigen und in Bestandskarte und -analyse darzustellen. Besonderes Augenmerk ist auch den funktionalen überörtlichen Beziehungen des betroffenen Gebietes zu widmen; sein Stellenwert innerhalb des Biotopnetzes Natura 2000 ist darzulegen. Auch muss untersucht werden, ob noch weitere Programme oder Pläne bestehen, die das Gebiet – ggf. auch von außen her – beeinträchtigen können.

Bei der Beschreibung der Umweltwirkungen **(Wirkungsprognose)** müssen besonders die Auswirkungen auf die Erhaltungsziele und den kohärenten Zusammenhang

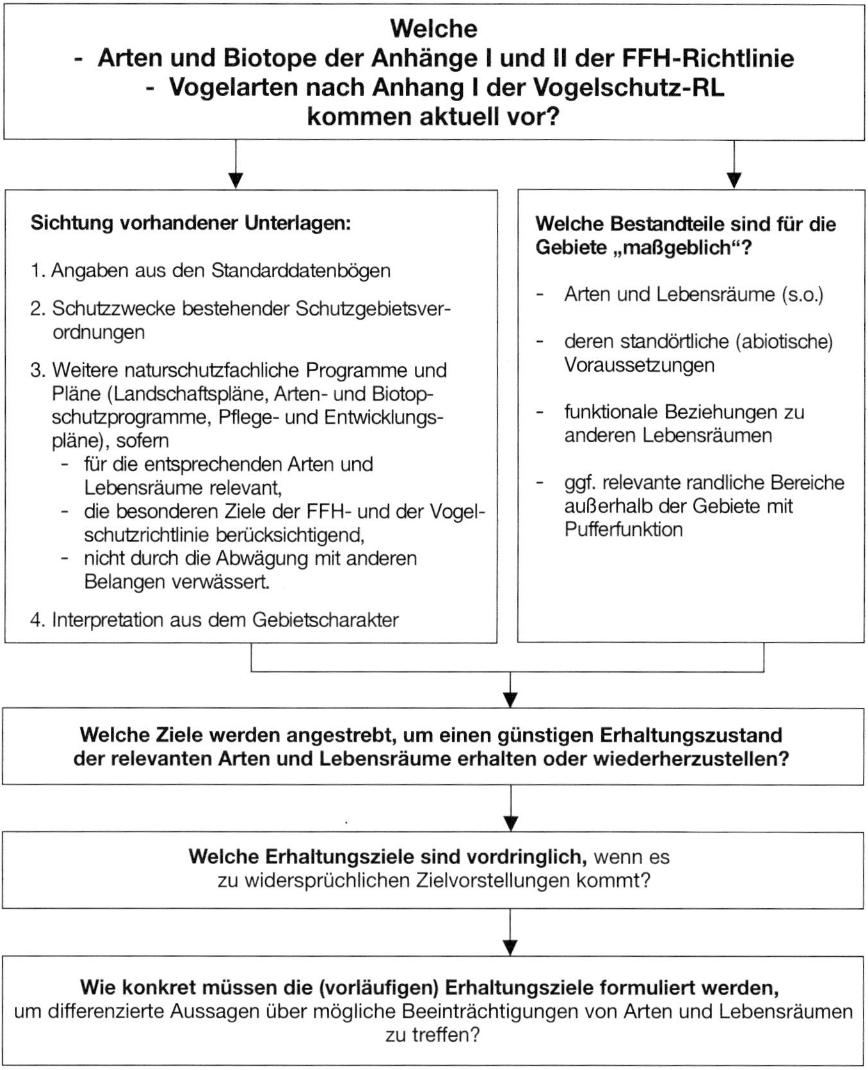

Welche
- Arten und Biotope der Anhänge I und II der FFH-Richtlinie
- Vogelarten nach Anhang I der Vogelschutz-RL
kommen aktuell vor?

Sichtung vorhandener Unterlagen:

1. Angaben aus den Standarddatenbögen

2. Schutzzwecke bestehender Schutzgebietsverordnungen

3. Weitere naturschutzfachliche Programme und
Pläne (Landschaftspläne, Arten- und Biotopschutzprogramme, Pflege- und Entwicklungspläne), sofern
   - für die entsprechenden Arten und
     Lebensräume relevant,
   - die besonderen Ziele der FFH- und der Vogel-
     schutzrichtlinie berücksichtigend,
   - nicht durch die Abwägung mit anderen
     Belangen verwässert.

4. Interpretation aus dem Gebietscharakter

Welche Bestandteile sind für die
Gebiete „maßgeblich"?

- Arten und Lebensräume (s.o.)

- deren standörtliche (abiotische)
  Voraussetzungen

- funktionale Beziehungen zu
  anderen Lebensräumen

- ggf. relevante randliche Bereiche
  außerhalb der Gebiete mit
  Pufferfunktion

Welche Ziele werden angestrebt, um einen günstigen Erhaltungszustand
der relevanten Arten und Lebensräume erhalten oder wiederherzustellen?

Welche Erhaltungsziele sind vordringlich, wenn es
zu widersprüchlichen Zielvorstellungen kommt?

Wie konkret müssen die (vorläufigen) Erhaltungsziele formuliert werden,
um differenzierte Aussagen über mögliche Beeinträchtigungen von Arten und Lebensräumen
zu treffen?

Abb. 2.19 *Vorgehen bei der Herleitung von vorläufigen Erhaltungszielen.*

des Gebietssystems berücksichtigt werden. Summations- und Folgewirkungen (etwa wenn infolge einer Infrastrukturmaßnahme anzunehmen ist, dass Siedlungs- und Gewerbeflächen in einem Raum zunehmen werden) sind möglichst genau darzulegen.

Auch in die **Beurteilung der Erheblichkeit** sind neben den örtlich vorhandenen Arten und Lebensgemeinschaften die Auswirkungen auf den überörtlichen funktionalen Zusammenhang des Netzes Natura 2000 einzubeziehen. Gezielte Vermeidungs-

und Minderungsmaßnahmen können – auch nach Ansicht der Europäischen Kommission – helfen, Beeinträchtigungen unter die Schwelle der Erheblichkeit zu reduzieren. Um dies beurteilen zu können, müssen allerdings zunächst alle auftretenden Beeinträchtigungen nachvollziehbar dargelegt werden. Skeptisch zu sehen ist hingegen, wenn Ausgleichs- und Ersatzmaßnahmen der Eingriffsregelung zum Ansatz gebracht werden, um Beeinträchtigungen von Gebieten von Gemeinschaftlicher Bedeutung und Europäischen Vogelschutzgebieten als nicht mehr erheblich darzustellen: Bei ihnen handelt es sich um ein anderes Verfahrenselement; durch die häufig erst verzögert einsetzende Wirksamkeit wird zudem dem Verschlechterungsverbot der FFH-Richtlinie nicht entsprochen.

2.6 Weitere Fachplanungen (Agrar, Forst, Wasserwirtschaft)

Eine ganze Reihe von weiteren Fachplanungen sind zur Berücksichtigung ökologischer Belange verpflichtet. Auch lassen sich mit ihrer Hilfe die in der Planungshierarchie der Landschaftsplanung dargestellten Erfordernisse und Maßnahmen des Naturschutzes und der Landschaftspflege oft erst umsetzen. Unter den verschiedenen umweltrelevanten Fachplänen werden dabei hier nur die räumlichen, landnutzungsbezogenen Fachplanungen der Land-, Forst- und Wasserwirtschaft dargestellt sowie als Beispiel für vorhabensbezogene Planungen exemplarisch Abbau- und Rekultivierungspläne angesprochen.

2.6.1 Agrarstrukturplanung und Flurbereinigung

Auf die Landwirtschaft und Agrarstruktur beziehen sich eine Reihe von Planungen unterschiedlicher Zweckbestimmung:

Die gemeinsame Rahmenplanung auf Bundesebene ist rechtlich in der so genannten **Gemeinschaftsaufgabe „Verbesserung der Agrarstruktur und des Küstenschutzes"** verankert. Diese stellt in vierjährigem Rhythmus Rahmenpläne auf, in denen Ziele und gemeinsame Finanzierung der Agrarstrukturpolitik durch Bund und Länder festgesetzt werden und ist damit keine räumliche, sondern eine finanzielle Rahmenplanung.

In den Bundesländern werden über die mehrstufig angelegte **Agrarstrukturelle Vorplanung (AVP)** landwirtschaftliche Flächenfunktionen ausgewiesen (etwa in Form von so genannten Agrarpotenzialtypen) und Nutzungseignungen (z. B. Acker- und Grünlandstandorte) bestimmt, Entwicklungsbedarf in der Agrarstruktur sowie im ländlichen Raum aufgezeigt und gebietsspezifische Leitbilder sowie Handlungskonzepte (insbesondere zur Entwicklung der Betriebsstruktur landwirtschaftlicher Betriebe) formuliert. Zu unterscheiden sind:

- die erste Stufe der AVP I als landwirtschaftlicher Fachbeitrag zur Raumplanung auf Landesebene,
- die zweite Stufe der AVP II (die in Bayern als „Agrarleitplan" bezeichnet wird) als landwirtschaftlicher Fachbeitrag zur Regionalplanung,
- ggf. die AVP III als entsprechender Fachbeitrag auf kommunaler Ebene.

In der Agrarfachplanung besteht damit zwar eine Dreigliedrigkeit, die dem System der räumlichen Planung angepasst ist. Sie wird aber in den Bundesländern kaum als durchgängige Planungshierarchie praktiziert. Zudem sind an die Stelle der AVP in manchen Bundesländern mittlerweile so genannte Agrarstrukturelle Entwicklungsplanungen (AEP) getreten. Sie können z. B. in Brandenburg von Gemeinden, Landkreisen und kreisfreien Städten erarbeitet werden und stellen eine auf die Entwicklung ländlicher Räume gerichtete freiwillige (informelle) Planung dar, die aber bis zu einem bestimmten Zeitpunkt mit öffentlichen Geldern förderfähig war.

Die **Flurbereinigung** strebt für Teilgebiete des ländlichen Raumes die Neuordnung ländlichen Grundbesitzes an. Synonym werden die Bezeichnungen Flurneuordnung oder Bodenordnung gebraucht; in Bayern erfolgte vor einigen Jahren eine Umbenennung der Planungsverfahren und der entsprechenden Verwaltungsstrukturen in „Ländliche Entwicklung". Grundlage ist das Flurbereinigungsgesetz (FlurbG), das ein bundeseinheitliches Durchführungsgesetz darstellt.

Im Flurbereinigungsverfahren hat die durchführende Behörde neben anderen Belangen auch denen des Naturschutzes und der Landschaftspflege Rechnung zu tragen (§ 37 Abs. 2 FlurbG) und zudem das Benehmen mit den anderen beteiligten Behörden und Organisationen herzustellen. Ein Flurbereinigungsverfahren stellt einen weitreichenden Eingriff in die Eigentumsverhältnisse dar, ist zugleich aber auch ein schlagkräftiges Planungsinstrument, um notwendige Flächenumlegungen und -arrondierungen zu bewerkstelligen. Es wird beispielsweise oft auch im Zuge von Straßenbauvorhaben und anderen flächenbeanspruchenden Bauvorhaben notwendig, um für deren Durchführung die im öffentlichen Interesse benötigten Flächen zu erhalten. Die Flurbereinigungsbehörde hat dabei das Recht, ein solches Verfahren anzuordnen.

Kasten 2.6 Agrarstrukturelle Entwicklungsplanung (AEP)

Inhalte einer agrarstrukturellen Entwicklungsplanung (AEP) auf kommunaler Ebene am Beispiel Brandenburgs (MELF 1999):

- Kartographische Darstellung agrarstruktureller Standortsbedingungen,
- Bestandsaufnahme mit Aussagen zur Struktur der Land- und Forstwirtschaft, der Wirtschaft, der Infrastrukturausstattung, zur Situation der Umwelt sowie zu anderen Planungen (z. B. Landschafts-, Landschaftsrahmenpläne, Bebauungspläne, Pflege- und Entwicklungspläne),
- Ermittlung der Konfliktbereiche und der Defizite der Agrarstruktur,
- Handlungsbedarf zur Verbesserung der Rahmenbedingungen der land- und forstwirtschaftlichen Unternehmen (als eigenständiges fachliches Entwicklungskonzept oder als sektoraler Beitrag zur Raumordnung und Bauleitplanung),
- Erarbeitung von gebietsspezifischen Leitbildern sowie von Vorschlägen sachlicher und/oder räumlicher Entwicklungsschwerpunkte,
- Konzept mit Maßnahmen, die dazu geeignet sind, die Wirtschafts-, Wohn- und Erholungsfunktionen ländlicher Räume sowie deren ökologische Leistungsfähigkeit zu erhalten oder zu verbessern,
- Strategien zur Verwirklichung der Maßnahmen,
- Mitwirkung der Öffentlichkeit an der AEP im Planungsgebiet.

Dazu werden alle am Verfahren Beteiligten zu Mitgliedern einer Teilnehmergemeinschaft, die eine Körperschaft öffentlichen Rechts darstellt und die einen Vorstand wählt, der für die Dauer des Verfahrens Verhandlungspartner der Behörde ist.

Ein Flurbereinigungsverfahren umfasst nach dem FlurbG die drei Schritte

- Aufstellung von Planungsgrundsätzen (nach § 38 FlurbG)
- Erarbeitung des „Plans über die gemeinschaftlichen und öffentlichen Anlagen" (nach § 41 FlurbG). Dieser enthält zugleich die Landschaftspflegerische Begleitplanung mit ggf. notwendigen Ausgleichs- und Ersatzmaßnahmen. Auch ist für ihn nach den Bestimmungen des UVP-Gesetzes eine Umweltverträglichkeitsprüfung (UVP) durchzuführen.
- Flurbereinigungsplan (nach § 58 FlurbG).

Jedem dieser Schritte sind integrierte landschaftsplanerische Fachbeiträge zugeordnet, die Abbildung 2.20 am Beispiel der Ländlichen Entwicklung in Bayern deutlich macht.

Dorferneuerungs- und -entwicklungspläne schließlich bieten vor allem Gestaltungsmöglichkeiten für das ländliche Siedlungs- und Ortsbild. Die Gestaltung von Ortsrändern etwa ist für die Verzahnung von Siedlungen zur umgebenden Landschaft wichtig.

Flurbereinigungs- und Dorferneuerungsverfahren enthalten dabei zahlreiche Möglichkeiten, die sich für Naturschutz und Landschaftspflege nutzen lassen:

- Zum Zweck der Bodenordnung können vereinfachte Flurbereinigungsverfahren durchgeführt werden. Auf diese Weise kann etwa ein Tausch von Grundstücken bewerkstelligt werden oder es können Grundstücke zusammengelegt (arrondiert) werden, um sie für Naturschutzmaßnahmen verfügbar zu machen. Mittels der Flurneuordnung ist daher ein Zugriff auf Grund und Boden möglich, über den die naturschutzrechtliche Landschaftsplanung selbst nicht verfügt.
- Dadurch sind Flurbereinigungsverfahren ein wichtiges Mittel, um Aussagen von Landschaftsplänen in der freien Landschaft umzusetzen, z. B. über Heckenpflanzungen oder die Anlage von Gewässer- oder Ackerrandstreifen.
- Bei den Erhebungen für den landschaftspflegerischen Beitrag zu Flurbereinigungsverfahren und Dorferneuerung werden wichtige Informationen gewonnen, die sich unter Umständen auch für den örtlichen Landschaftsplan nutzen lassen – und umgekehrt. Das gilt etwa für die in Bayern als Grundlage für die „Landschaftsplanung in der Ländlichen Entwicklung" geforderte ausführliche Struktur- und Nutzungskartierung (SNK).
- Es ist mittlerweile gängig, dass bei der Einleitung von Dorferneuerungsverfahren unter Beteiligung der Bevölkerung und unter Moderation durch die zuständigen Planer und Behörden partizipativ ein gemeinsames Leitbild und Teilziele entwickelt werden. Während dieser Aufwand hier honoriert wird, sieht hingegen für die örtliche Landschaftsplanung die Honorarordnung in ihrem Standard-Leistungsbild eine gesonderte Bezahlung der Organisation und Moderation von Arbeitsgruppen bislang nicht vor. Viele Landschaftsplaner greifen daher auf Arbeitskreise im Rahmen eines parallel laufenden Dorferneuerungsverfahrens zurück, um daran anknüpfend auch für die Landschaftsplanung die notwendige planungsbegleitende Bürgerbeteiligung zu erreichen und Wünsche und Anregungen aufzunehmen. Dieser Zustand ist zwar sicherlich nicht wünschenswert,

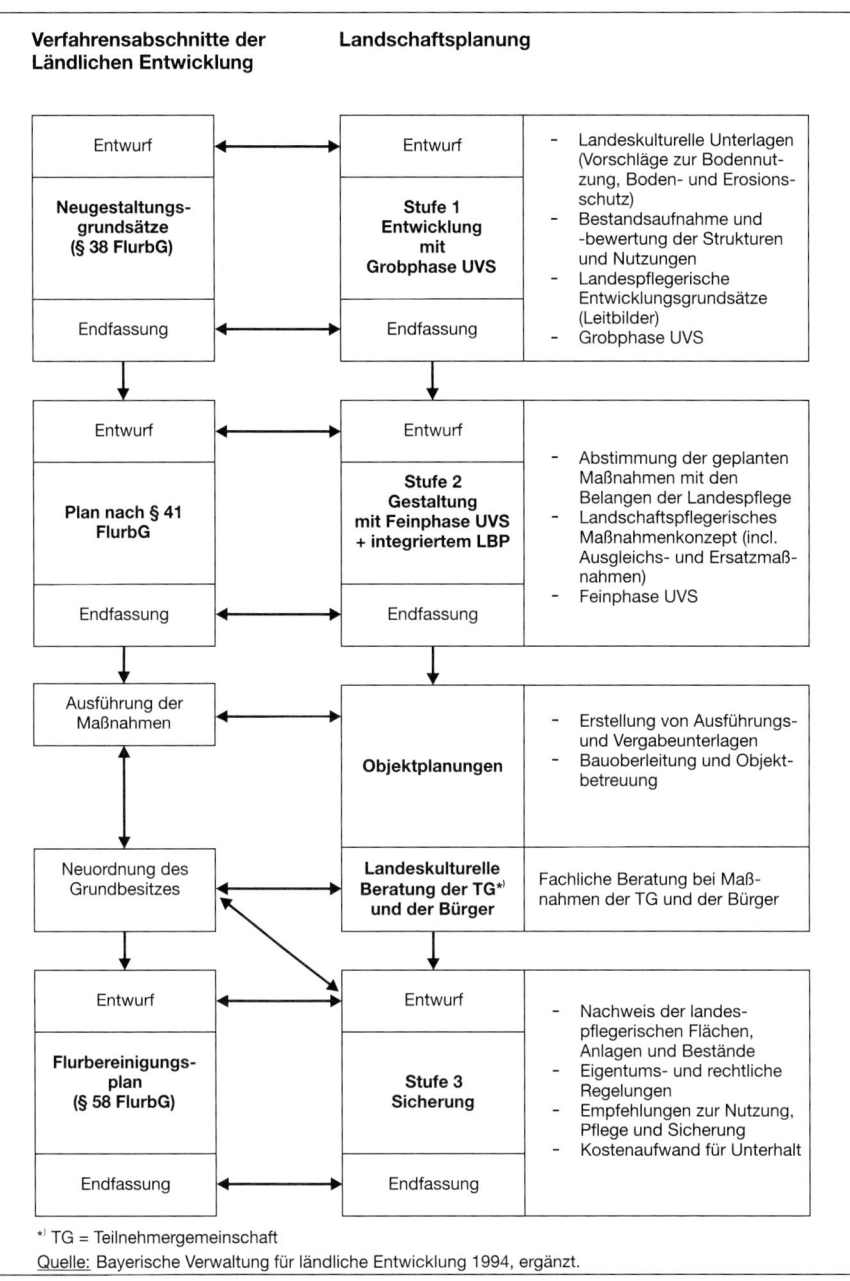

Abb. 2.20 *Ablauf eines Flurbereinigungsverfahrens mit integrierten landschaftsplanerischen Fachbeiträgen.*

entspricht aber angesichts einer mangelnden Honorierung von Beteiligungsformen in der Landschaftsplanung gängiger Praxis.

• Veränderten gesellschafts- und agrarpolitischen Rahmenbedingungen Rechnung tragend werden in der letzten Zeit zunehmend auch Flur"bereinigungs"verfahren durchgeführt, in denen Maßnahmen vergangener Jahre wieder rückgebaut werden, z. B. indem man Gewässer renaturiert oder die Agrarlandschaft mit Strukturen anreichert. D. h. dass vom Grundsatz her zu Naturschutzzwecken eigene Flurneuordnungsverfahren denkbar sind.

2.6.2 Forstliche Planungen

Rechtliche Grundlage sind das Bundeswaldgesetz (BWaldG) als ein Rahmengesetz sowie die Waldgesetze der Länder. Ausgehend von § 6 BWaldG haben **Forstliche Rahmenpläne** die Aufgabe, die verschiedenen Nutz-, Schutz- und Erholungsfunktionen des Waldes insbesondere auch bei weiteren Planungen und Maßnahmen von Trägern öffentlicher Vorhaben zu sichern. Sie werden von den Forstbehörden unter Beachtung der Ziele von Raumordnung und Landesplanung und unter Beteiligung der Träger öffentlicher Belange bei kleinen Bundesländern für das Landesgebiet, ansonsten für Teile davon aufgestellt. Analog zu den Landschaftsrahmenplänen und weiteren Fachplanungen auf regionaler Ebene werden die Aussagen der Forstlichen Rahmenpläne in der Regel in die Raumordnungspläne aufgenommen und gelangen dadurch zur Verbindlichkeit. Die Art der Integration ist dabei in den einzelnen Ländern unterschiedlich geregelt.

Waldfunktionskartierungen und daraus abgeleitete **Waldfunktionsplanungen** stellen häufig den Fachbeitrag zur Rahmenplanung dar, der eine räumliche Darstellung und Zuweisung der einzelnen Waldfunktionen enthält. In Anlehnung an das Bundeswaldgesetz können dabei neben den Nutzfunktionen von Wäldern verschiedene ökologische Schutzfunktionen, die Erholungsfunktion sowie Sonderfunktionen unterschieden werden. In den Rechtsvorschriften der Länder werden jedoch die Begriffskategorien sehr uneinheitlich gehandhabt, so dass nicht selten Waldgebiete mit gleicher oder ähnlicher Funktion verschiedene Bezeichnungen tragen.

Die örtliche Ebene der Forstplanung stellt die **Forsteinrichtung** (auch **Forstbetriebsplanung** genannt) dar. Als Betrieb gelten dabei die Waldflächen eines Eigentümers, beim Staatswald die Flächen eines Forstamtes. Wenn, wie oft der Fall, in einem Forstamt Wald unterschiedlichen Eigentums betreut wird, gliedern sich die Forstbetriebspläne entsprechend in je einen Betriebsplan für den Staatswald sowie für jeden Körperschafts-(Kommunal-)wald und Privatwald auf.

Die Organisation der Forsteinrichtung variiert in den Bundesländern. Sie baut auf den Beständen als den kleinsten nach Standortsausprägung und Bestockung zusammenhängenden einheitlichen Flächen auf. Die einzelnen Bestände werden einer gründlichen Bestandsaufnahme (Inventur) unterworfen, in der insbesondere die Merkmale

• Hauptbaumart,
• Schichtung, Stammstärke, Kronenschluss,
• Alter,
• Bestockungsanteile,

Kasten 2.7 Gliederung der Waldfunktionen

(Terminologie und Einteilung variieren stark in den einzelnen Bundesländern).
Nutzfunktionen
Ökologische Schutzfunktionen
• Klimaschutzwald
• Wasserschutzwald (u.a. Küstenschutzwald)
• Bodenschutzwald (u.a. Lawinenschutzwald)
• Schutzwälder für Pflanzen, Tiere und Lebensgemeinschaften (u.a. Waldschutzgebiete, Bannwald, Schonwald, Naturwaldreservate, Naturwaldparzellen)
Erholungsfunktion
• Erholungswald
• Wälder/Waldränder mit besonderer Bedeutung für das Landschaftsbild
Sonderfunktionen
• Immissions- und Sichtschutzwälder
• Wälder mit besonderer kulturhistorischer Bedeutung, historische Waldbausysteme
• Lehr- und Forschungswälder
• Brandschutzwälder

• Wüchsigkeit,
• Gefährdungen (z. B. durch Wind- und Schneebruch, Immissionen)
• Holzmenge, Zuwachs

erfasst werden. Ergebnis ist ein so genanntes Forsteinrichtungswerk mit Angaben zur Zielbestockung und Planaussagen, die wirtschaftliche Erfordernisse (Holznutzung, Maßnahmen zur Bestandsstabilisierung und Durchforstung sowie zur Bestandserneuerung) gleichermaßen betreffen wie Aspekte der Landschaftspflege im Wald. Auf Basis der Forsteinrichtung werden für den laufenden Forstbetrieb dann jährliche Wirtschaftspläne erstellt.

2.6.3   Wasserwirtschaftliche Planungen

Gesetzliches Kernstück wasserwirtschaftlicher Planungen ist das Wasserhaushaltsgesetz (WHG), ein Rahmengesetz des Bundes. Seine Bestimmungen werden in allen Bundesländern durch eigene Landes-Wassergesetze näher ausgeführt, in denen zu den relevanten Planwerken Zuständigkeiten und Aufstellungsverfahren teilweise unterschiedlich geregelt sind.

Eine Reihe neuer Anforderungen an wasserwirtschaftliche Planungen sowie die räumliche Planung überhaupt werden sich aus der Umsetzung der europarechtlichen **Wasserrahmenrichtlinie** (Richtlinie 20/60/EG) ergeben. Sie ist am 22.12.2000 in Kraft getreten und hat zum Ziel, einen gemeinsamen Rahmen für die Wasserpolitik der Europäischen Gemeinschaft zu schaffen. Der Schwerpunkt liegt dabei auf der Güte der Gewässer. Dabei wird jedoch kein primär stofflicher, sondern ein raumbezogener Ansatz verfolgt: Räumliche Bezugseinheiten sind nämlich nicht die Gewässer, sondern deren Einzugsgebiete.

Für den Gewässerzustand der Oberflächengewässer und des Grundwassers gibt die Richtlinie normative Begriffsbestimmungen zur Einstufung ihres ökologischen Zustandes in 5 Zustandsklassen vor. Dabei entspricht ein „sehr guter ökologischer Zustand" natürlichen Verhältnissen mit keinen oder nur sehr geringen anthropogenen Einflüssen, ein „guter Zustand" zeigt nur geringfügige Abweichungen vom naturnahen Zustand, während ein „mäßiger Zustand" bereits signifikante Störungen aufweist. Maßgebend für die Einstufung sind bei den Oberflächengewässern Wasserpflanzen (Phytoplankton, Phytobenthos, Makrophyten), Gewässerkleintiere (benthische Wirbellose) und Fische als biologische Qualitätskomponenten, weiterhin Wasserhaushalt, Gewässerdurchgängigkeit und Gewässermorphologie als hydromorphologische Qualitätskomponenten. Für alle Gewässer sind Leitbilder zu erstellen, die mit dem „guten ökologischen Zustand" die zweithöchste Zustandsstufe anstreben. Für das Grundwasser ist als oberstes Leitziel ein Gleichgewicht zwischen Grundwasserentnahme und -neubildung anzustreben. Bei stark veränderten oder künstlichen Gewässern (z. B. Schifffahrtswegen, gestauten Gewässern, Speicherbecken, Baggerseen), die aufgrund irreversibler Veränderungen nicht mehr nach dem Leitbild naturgemäßer Gewässer zu entwickeln sind, können von den Mitgliedstaaten weniger strenge Umweltziele vorgesehen werden, wobei die Notwendigkeit für die weniger strenge Einstufung genau zu begründen ist. Auch diese Gewässer sollen aber zumindest ein „gutes ökologisches Potenzial" erreichen.

Der Zeitrahmen für die Umsetzung der Wasserrahmenrichtlinie ist sehr eng gesteckt (vergleiche Tabelle 2.7): Das Endziel, der „gute ökologische Zustand" der Oberflächengewässer soll bereits nach 15 Jahren erreicht sein. Dazu werden nicht nur in der Wasserwirtschaftsverwaltung eine ganze Reihe von Aktivitäten notwendig, die zum Teil auch eine Anpassung der bestehenden Verwaltungsstrukturen erfordern werden, sondern es erschließen sich eine Reihe von Handlungsfeldern für die räumliche Planung:

- Zentrales Instrument zur Umsetzung der Richtlinie sind Bewirtschaftungspläne, die innerhalb von 9 Jahren für die einzelnen Flussgebiete aufzustellen sind. Sie sind nicht gewässer-, sondern einzugsgebietsbezogen zu erarbeiten und bestehen aus einem umfangreichen Zustandsbericht und einem Maßnahmenteil, deren Inhalte im Anhang der Richtlinie vorgegeben sind. Um die primär auf die Güte der Gewässer hin orientierten Vorgaben der Richtlinie zu erreichen, wird man bei der Aufstellung und Umsetzung der Bewirtschaftungspläne und Maßnahmenprogramme gerade auch an den stofflichen Einträgen durch verschiedene Nutzungen, d. h. an der Bewirtschaftung der Einzugsgebiete, ansetzen müssen (vergleiche Abb. 2.21) Notwendig ist dies, da derzeit ca. 70 % der stofflichen Einträge in Gewässer aus so genannten diffusen Quellen, also z. B. von versiegelten Flächen und aus landwirtschaftlicher Nutzung stammen.

- Mit den verschiedenen biologischen Güteparametern gibt die Richtlinie Bewertungskategorien vor, mit deren konkreter Ausfüllung und Präzisierung noch kaum Erfahrungen bestehen. D. h. es werden auf die einzelnen Gewässer bzw. Gewässertypen abgestimmte Bewertungsverfahren und Umweltziele zu bestimmen und im Detail festzulegen sein.

- Die Wasserrahmenrichtlinie sieht eine umfassende Information und Einbindung der Öffentlichkeit einschließlich der Nutzer in den Einzugsgebieten vor. Bei auf-

Tabelle 2.7 Fahrplan zur Umsetzung der EU-Wasserrahmenrichtlinie (WRRL), ausgehend vom 22.12.2000

➜ Nach 2 Jahren	Vorschlag der EU-Kommission über spezielle Maßnahmen zur Verhinderung und Begrenzung der Grundwasserverschmutzung (Art. 17 Abs. 1 WRRL)
➜ Nach 3 Jahren	Umsetzung der Richtlinie in das nationale Recht der Mitgliedstaaten (Art. 24 Abs. 1 WRRL)
➜ Nach 4 Jahren	Bestandsanalyse der Gewässer und Einstufung ihres Zustands (umfassende Merkmalsanalyse und Überprüfung der Auswirkungen menschlicher Tätigkeit für jede Flussgebietseinheit; Art. 5 Abs. 1 WRRL) Erstellung einer Liste prioritärer gefährlicher Stoffe durch die EU-Kommission (Art. 16 WRRL)
➜ Nach 6 Jahren	Aufstellung und Inbetriebnahme von Überwachungs- (Monitoring-) Programmen für die Gewässer jeder Flusseinheit (Art. 8 Abs. 2 WRRL)
➜ Nach 9 Jahren	Aufstellung der Maßnahmenprogramme zur Umsetzung der Ziele gemäß Art. 4 (Art. 11 Abs. 2 WRRL) und von Bewirtschaftungsplänen für die Einzugsgebiete (Art. 13 Abs. 6 WRRL)
➜ Nach 12 Jahren	Umsetzung der Maßnahmen in die Praxis muss erfolgt sein (Art. 11 Abs. 7 WRRL) Vorlage von Zwischenberichten mit Darstellung der Fortschritte bei Durchführung des geplanten Maßnahmenprogramms (Art. 15 Abs. 3 WRRL) Bericht der Kommission über die Umsetzung der Richtlinie (Art. 18 Abs. 1 WRRL)
➜ Nach 13 Jahren (und danach alle 6 Jahre)	Überprüfung der Merkmalsanalysen und Spezifikationen, die zur Einstufung eines Gewässers geführt haben (Art. 5 Abs. 2 WRRL)
➜ Nach 15 Jahren	Erreichen der festgelegten Umweltziele durch Umsetzung der in den Bewirtschaftungsgebieten festgelegten Maßnahmenprogramme: • „guter ökologischer Zustand" für die Oberflächengewässer • Gleichgewicht zwischen Entnahme und -neubildung für das Grundwasser (Art. 4 WRRL) Überprüfung und Aktualisierung der Maßnahmenprogramme (Art. 11 Abs. 8 WRRL) und der Bewirtschaftungspläne (Art. 13 Abs. 7 WRRL)
➜ Danach alle 6 Jahre	Überprüfung und ggf. Aktualisierung von Maßnahmenprogrammen und Bewirtschaftungsplänen Bericht der Kommission über die Umsetzung der Richtlinie

tretenden Konflikten mit den Zielvorgaben können dabei für den Planer Vermittlungs- und Moderationsaufgaben entstehen.

Mit der Umsetzung der Wasserrahmenrichtlinie verbinden sich zugleich tiefgreifende Auswirkungen auf das wasserwirtschaftliche Planungsinstrumentarium. Für die Planungspraxis von Bedeutung sind dabei weniger die Bewirtschaftungspläne, die sich in einem sehr großräumigen Maßstab (1 : 500.000) bewegen und Informationen in hoch aggregierter Form enthalten werden, sondern vielmehr die zu ihrer Umsetzung notwendigen Maßnahmenprogramme, die eine Fülle an Detailplanungen erfordern werden. Bis Ende 2003 müssen die nationalen Gesetze angepasst werden. Deswegen ist derzeit eine Anpassung des Wasserhaushaltsgesetzes (WHG) in Arbeit: Ihr zufolge sollen die bisherigen **Abwasserbeseitigungspläne** (die sich mit dem Ausbau überörtlicher kommunaler Abwasseranlagen befassen) sowie die bisherigen **Wasserwirtschaftlichen Rahmenpläne** (die sich auf Flussgebiete als Wirtschaftsräume beziehen) ersatzlos abgeschafft werden; die Bewirtschaftungspläne werden an die neuen Erfordernisse angepasst.

Fragestellungen, die sich dabei ergeben, betreffen u.a. das **Verhältnis zu anderen raumbedeutsamen Planungen:** Bei den Bewirtschaftungsplänen nach der Wasserrahmenrichtlinie wird es sich aufgrund der zwingend umzusetzenden EU-rechtlichen Vorgaben absehbar um rechtsverbindliche Pläne handeln. Diese sind dann nicht – wie etwa die Landschaftsplanung oder andere Fachplanungen – unter Abwägung in die Regionalpläne aufzunehmen, sondern von diesen voraussichtlich als verbindliche Vorgaben zu übernehmen. Die regionalplanerische Abwägung, die derzeit einen Interessenausgleich zwischen den verschiedenen Fachplanungen zu leisten hat, könnte damit quasi ausgehebelt werden. Da Flusseinzugsgebiete zudem nicht an Staatsgrenzen Halt machen, werden die Bewirtschaftungspläne grenzübergreifend abzustimmen sein. Dies wird einen erheblichen Koordinationsaufwand in der Verwaltung erfordern. Hinzu kommt, dass eine so weitreichende **Beteiligung der Öffentlichkeit**, wie sie die Wasserrahmenrichtlinie fordert, für wasserwirtschaftliche Planungen in Deutschland eine institutionelle Neuigkeit darstellt. Derzeit wird bei ihnen nur ein eingeschränkter Kreis von Trägern öffentlicher Belange beteiligt.

Analog zu Pflege- und Entwicklungsplänen für Schutzgebiete, wie sie unter Abschnitt 2.3 behandelt sind, werden auch für Gewässer **Pflege- und Entwicklungspläne** aufgestellt. Aufgabe dieser Fachpläne ist die Lenkung von Ausbau- und Unterhaltungsmaßnahmen, um die Funktionsfähigkeit der Gewässer und ihrer Überschwemmungsgebiete langfristig zu erhalten und wiederherzustellen.

Gewässerpflegepläne werden bevorzugt für größere zusammenhängende Gewässerstrecken erarbeitet. Bei kleineren Gewässern sollten sie zumindest gemeindebezogen vom für den Unterhalt zuständigen Träger erstellt werden. Bei den Gewässern II. und III. Ordnung sind dies je nach Landeswassergesetz die Gemeinden, Landkreise oder auch Wasser- und Bodenverbände; für die Gewässer I. Ordnung ist der Bund zuständig.

Bei der Ausarbeitung sind Abflussgeschehen, Feststoffhaushalt, Morphologie, Wasserqualität und Lebensgemeinschaften einzubringen (vergleiche Abb. 2.22) und daneben Vorgaben des Naturschutzes, Belange der Fischerei, von Erholungsuchenden und anderer Nutzer zu beachten. Gewässer und Aue sind dabei als eine Einheit zu be-

Bewirtschaftungspläne für Flussgebietseinheiten

M 1:500.000

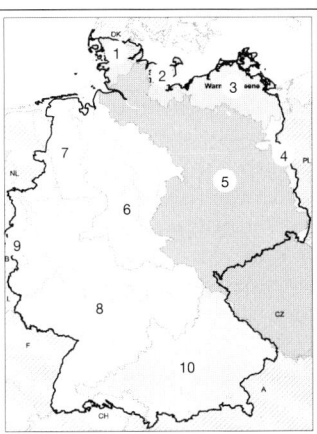

- Eider (1)
- Schlei / Trave (2)
- Warnow / Peene (3)
- Oder (4)
- Elbe (5)
- Weser (6)
- Ems (7)
- Rhein (8)
- Maas (9)
- Donau (10)

Diverse Maßnahmenprogramme zur Umsetzung
(vgl. auch Anhang VI Wasserrahmenrichtlinie)

Verringerung des Stoffeintrags, z.B.	• Behandlung des Schmutz- und Niederschlagswassers aus Siedlungen • Minimierung der Einträge aus der Landwirtschaft, regionale Verfahrenskodizes für die gute fachliche Praxis • Bereitstellen von Flächen zur Anlage von Pufferstreifen • Extensivierung/Umstellung auf ökologischen Landbau
Verbesserung der Gebietswasserdynamik/Abflussdynamik, z.B.	• Änderung von Flächennutzungen (z.B. Umwandlung von Acker zu Grünland) • Neuschaffung und Wiederherstellung von Feuchtgebieten • Abflussrückhalt • Reduzierung von Wasserentnahmen • Künstliche Anreicherung von Grundwasserleitern
Verbesserung der hydraulischen Verhältnisse, z.B.	• Änderungen von Stauhaltungen • Renaturierung von Gewässerabschnitten
Maßnahmen zur Veränderung der Nährstofffixierung, z.B.	• Steuerung des Beitrags von Nitrat zur Phosphat-Reduktion • Aushagerung
Administrative Instrumente, z.B.	• Ausweisung von Schutzgebieten (Wasserschutzgebiete, Naturschutz- und FFH-Gebiete)
Wirtschaftliche und steuerliche Instrumente, z.B.	• Spezifische Förderprogramme
Fortbildungsmaßnahmen	
u.a.m.	...

Abb. 2.21 *Räumlicher Bezug der Bewirtschaftungspläne und exemplarische Inhalte von Maßnahmenprogrammen zur Umsetzung der Inhalte der EU-Wasserrahmenrichtlinie (Quelle der Kartengrafik: Umweltbundesamt).*

trachten und planerisch entsprechend zu behandeln. Für sie ist zunächst ein Leitbild zu entwickeln, wobei sich dieser Begriff im Falle wasserwirtschaftlicher Planungen stets auf den potenziell natürlichen Zustand eines Gewässers bezieht, d. h. den Zustand, der sich einstellen würde, wenn die heutigen Nutzungen aufgelassen und künstliche Regelungen des Wasserhaushaltes aufgehoben würden. Um dieses Leitbild zu ermitteln, sind naturnahe Referenzstrecken hilfreich. Je nach Eigenart des zu bearbeitenden Gewässersystems muss es zudem für einzelne größere Abschnitte (z. B. verschiedene Talformen) differenziert werden. Aus einem Abgleich des Leitbildes, der Bestandsaufnahme und den festgestellten Defiziten werden unter Berücksichtigung bestehender Zwänge (Restriktionen) flächendeckend für das Bearbeitungsgebiet Entwicklungsziele abgeleitet und geeignete Maßnahmen zu ihrer Umsetzung formuliert. Diese Maßnahmen umfassen neben Belangen einer ökologisch orientierten Gewässerentwicklung nutzungsorientierte Belange der Gewässerunterhaltung sowie die notwendige Flächenbereitstellung (Grunderwerb). Für Letztere ist als Untergrenze ein Entwicklungskorridor (Gewässerrandstreifen) von 20 m bei Gewässern I. und II. Ordnung, von 5–10 m je Ufer bei Gewässern III. Ordnung anzustreben.

2.6.4 Abbau- und Rekultivierungsplanungen

Raumordnungsprogramme und Landesentwicklungspläne weisen als Vorgaben der Raumordnung u.a. Räume aus, die für die Rohstoffgewinnung von landesweiter Bedeutung sind. Über solche Vorrang- und Vorbehaltsflächen sowie bedeutsame Bereiche werden abwägungserhebliche Belange der Rohstoffsicherung in abgestufter Intensität dargestellt. Die Entscheidung über mögliche Abbaustandorte innerhalb dieser Räume fällt in der Regel über ein **Raumordnungsverfahren**, das auf Antrag eines Planungsträgers oder eines von einer raumbedeutsamen Planung Betroffenen, also auch eines Abbauunternehmers, eingeleitet werden kann. Sofern bergbauliche Vorhaben einer Planfeststellung nach dem Bundesberggesetz (BBergG) bedürfen oder eine Gesamtfläche von 10 ha überschreiten, muss dabei auch eine Umweltverträglichkeitsprüfung durchgeführt werden. Das Ergebnis des Raumordnungsverfahrens, die landesplanerische Beurteilung, zeigt auf, welche Vorhaben und Standorte Aussicht auf Genehmigung haben, mit welchen Vermeidungs-, Ausgleichs- und Ersatzmaßnahmen der Vorhabenträger zu rechnen hat und welche Vorgaben bezüglich der Folgenutzungen zu berücksichtigen sind.

In Nordrhein-Westfalen werden nach den Vorschriften des Landesplanungsgesetzes eigene **Braunkohlepläne** von den Bezirksplanungsbehörden erarbeitet, in denen vor allem Abbaugrenzen, Halden- und Umsiedlungsflächen, Räume für die Erschließung und Entsorgung sowie im textlichen Teil Grundzüge der im Rahmen der Rekultivierung angestrebten Landschaftsentwicklung enthalten sind.

Bei der konkreten Zulassung von Abbauvorhaben greifen verschiedene fachgesetzliche Verfahren (z. B. nach Berg-, Wasser-, Immissionsschutz-, Bau- oder Naturschutzrecht), wobei für die Zuordnung zu einem bestimmten Genehmigungsverfahren Art und Qualität des Bodenschatzes sowie die Art des Abbaus ausschlaggebend sind. Da es sich bei Abbauvorhaben regelmäßig um erhebliche und nachhaltige Veränderungen der Gestalt oder Nutzung von Grundflächen handelt, kommt dabei im Hucke-

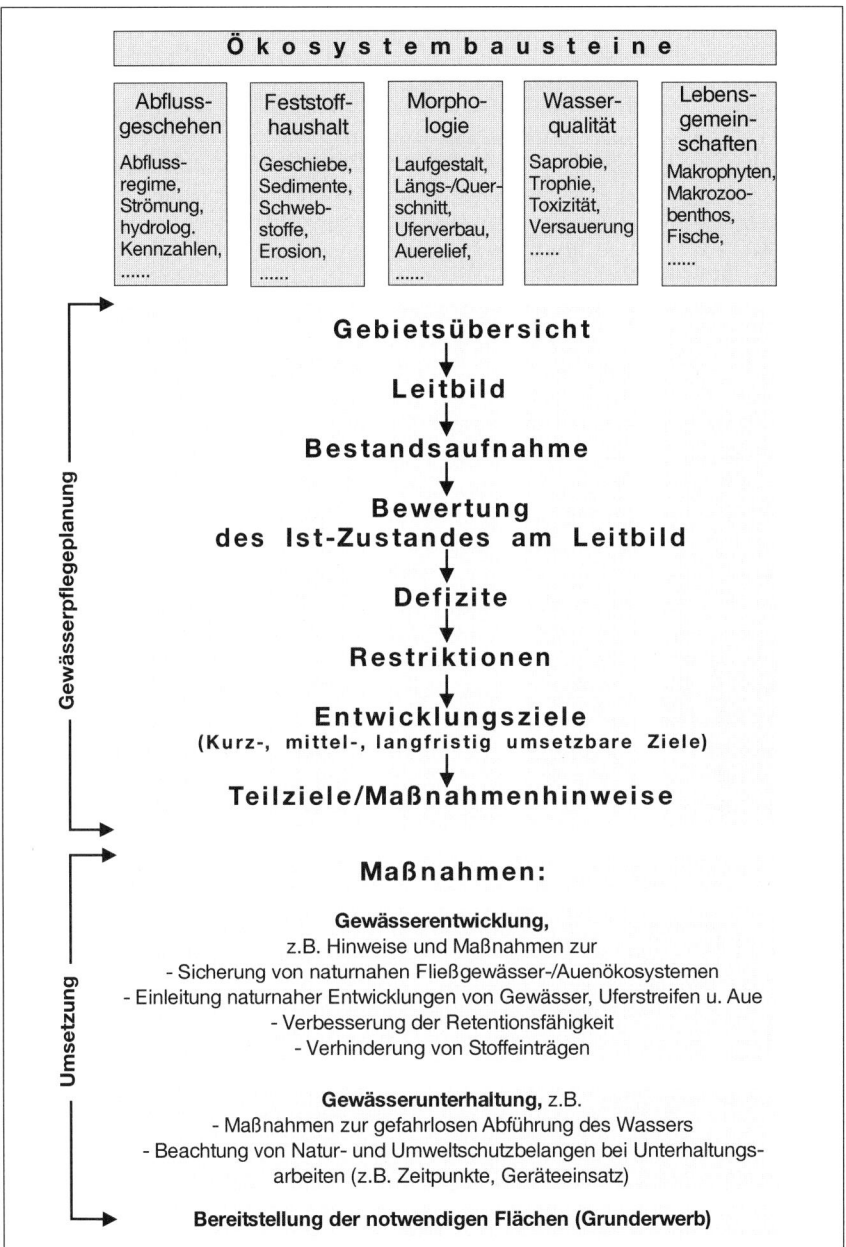

Abb. 2.22 *Bestandteile einer Gewässerpflegeplanung und deren Umsetzung (Bayerisches Landesamt für Wasserwirtschaft 1997, ergänzt).*

pack-Verfahren jeweils auch die naturschutzrechtliche Eingriffsregelung zur Anwendung (siehe z. B. aus Baden-Württemberg MLR & LfU 1997).

Vorhaben, die nach Bergrecht genehmigt werden, dürfen § 51 BBergG zufolge nur auf Grundlage von **Betriebsplänen** errichtet, geführt und eingestellt werden. Unter den verschiedenen Arten von Betriebsplänen ist in jedem Fall ein Hauptbetriebsplan erforderlich, der die beabsichtigte Betriebsentwicklung für einen Zeitraum von jeweils 2 Jahren aufzeigt. Für die Genehmigung sind die Bergämter zuständig. Die Zulassung des Betriebsplans ist davon abhängig, dass für die vom Bergbau in Anspruch genommenen Flächen die „Wiedernutzbarmachung" sichergestellt ist. Das Bergrecht gebraucht diesen Begriff für Rekultivierungen; er ist insoweit problematisch als er auch Naturschutzmaßnahmen einschließt, die (wie z. B. eine Sukzession auf ehemaligen Abbauflächen) nicht mit einer wirtschaftlichen Nutzung verbunden sind.

Abbildung 2.23 zeigt am Beispiel von **bergbaulichen Sanierungsvorhaben** als raumbedeutsamen Vorhaben die anzustrebende Verzahnung der bei ihrer Planung und Zulassung notwendigen Schritte mit den verschiedenen Ebenen der Regional- und Landschaftsplanung: Die einzelnen Ebenen sollten sich der Beiträge der Landschaftsplanung bedienen; umgekehrt sind bestehende Rahmen- und Abschlussbetriebspläne bei der Aufstellung von Landschaftsplänen zu berücksichtigen. Für stillgelegte oder stillzulegende großflächige Tagebaue ist dabei zunächst ein Sanierungsrahmenplan als Teil des Regionalplans und als Grundlage für den Abschlussbetriebsplan zu erstellen. Die vielfach angestrebte Mehrfachnutzung von Abbauflächen birgt oft umfangreiches Konfliktpotenzial. Notwendig ist daher die Auseinandersetzung mit einem breiten Themenfeld, das vom hydrologischen Zustand, Landschaftsbild, Biotopvernetzung bis hin zu den beabsichtigten Folgenutzungen wie Landwirtschaft, Aufforstung oder der Nutzbarmachung für Freizeit und Erholung reicht. Qualifizierte Gestaltungspläne, die sich ihrerseits u.a. auf die Vorgaben der örtlichen Landschaftspläne beziehen, und falls notwendig für Teilbereiche des Abbauvorhabens entwickelt werden, sollten dazu dienen, die Abschlussbetriebspläne weiter zu untersetzen; auf ihnen bauen dann ihrerseits die konkreten Ausführungsplanungen für die Rekultivierungsmaßnahmen auf (vergleiche Abb. 2.23).

Kasten 2.8 Betriebsplanarten nach dem Bundesberggesetz (BBergG)

Hauptbetriebsplan: Zu Errichtung und Führung eines Betriebes in jedem Fall erforderlich. Enthält Angaben zur Betriebsentwicklung für einen Zeitraum von jeweils 2 Jahren.

Rahmenbetriebsplan: Enthält allgemeine Angaben über das beabsichtigte Vorhaben, dessen technische Durchführung und den zeitlichen Ablauf; ist bei UVP-pflichtigen bergrechtlichen Vorhaben mit integrierter Umweltverträglichkeitsprüfung vorzulegen.

Sonderbetriebspläne: Auf Verlangen der Bergbehörde für besondere Betriebsteile oder besondere Vorhaben vorzulegen (z. B. wenn eigene Untersuchungen der Standfestigkeit eines Böschungssystems erforderlich werden).

Abschlussbetriebspläne: Zu Ende des Abbaus (oder von Abbauphasen) aufzustellen. Trifft Regelungen über die Wiedernutzbarmachung (Rekultivierung).

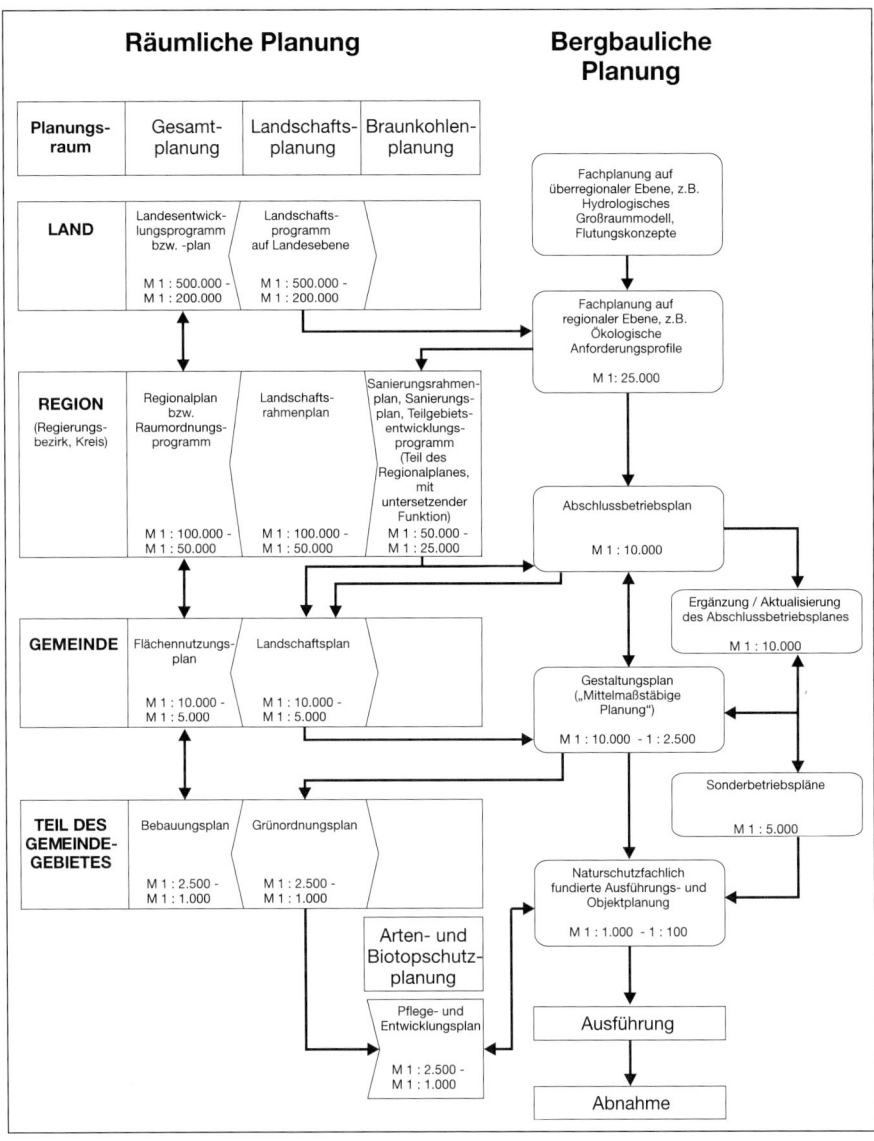

Abb. 2.23 *Anzustrebende Einordnung einer bergbaulichen Sanierungsplanung in das System der räumlichen Planungen (ABRESCH et al. 2000).*

2.7 Informelle Planungen

Ohne in den Rang formalrechtlich vorgegebener und damit gesetzlich abgesicherter Planungen zu gehören, spielen für die Erfassung und Bewertung von Natur- und Umweltschutzbelangen zahlreiche informelle Planungen eine Rolle. Zudem bahnen sich neu auftretende Fragestellungen und Probleme, die eine vorausschauend-konzeptionelle Bewältigung erfordern, ohne dass hierfür definierte Vorgaben existieren, vielfach ihren Weg über informelle Planungen. Aktuelle Beispiele sind z. B. die Umwandlung von Konversionsflächen und Industriebrachen. Zugleich müssen diese Konzepte dabei ihre Durchsetzung aufgrund ihrer Überzeugungskraft, also aufgrund der Sachargumente, die sie enthalten, entwickeln. Dennoch kommt ihnen große Bedeutung zu: So ergab eine 1995 unter knapp 400 Gemeinden unterschiedlicher Größe durchgeführte Umfrage des Deutschen Instituts für Urbanistik (DIFU), dass etwa zwei Drittel davon im Vorlauf oder parallel zu ihrer Flächennutzungsplanung informelle Planungen anwendeten.

Dies hat gute Gründe:

• Informelle Vorgehensweisen haben den Vorteil, dass nicht in vorgegebenen rechtlichen und verfahrensmäßigen Kategorien gedacht zu werden braucht. So können losgelöst von derartigen Zwängen erst einmal eigenständige konzeptionelle Vorstellungen und Visionen entwickelt werden. Nicht formalisierte Planungen eignen sich damit vor allem für die Erarbeitung von Entwicklungsalternativen und Szenarien.

• Nicht an feste Verfahrensschritte gebunden zu sein, wie es bei den gesetzlich vorgegebenen Planungsverfahren oft der Fall ist, bedeutet größere Flexibilität und Offenheit. So können insbesondere Ergebnisse von Bürgerbeteiligungen und offenen Planungen mit Runden Tischen und Arbeitskreisen der Beteiligten eingebunden werden. Die nach den gesetzlichen Bestimmungen fest gefügte Entscheidungskaskade der naturschutzrechtlichen Eingriffsregelung oder auch der Verfahrensablauf der UVP sehen zwar eine Beteiligung der betroffenen Öffent-

---

Kasten 2.9 Einige Beispiele für informelle Planungen

• Arten- und Biotopschutzprogramme (die in manchen Bundesländern wie Bayern flächendeckend für alle Landkreise sowie die kreisfreien Städte vorliegen),

• Biotopschutzkonzeptionen und Biotopverbundkonzepte,

• Städtebauliche Rahmenpläne und Grünkonzepte,

• Fachgutachten zu verschiedenen landschaftsökologischen und naturschutzfachlichen Fragestellungen (z. B. Schutzwürdigkeitsgutachten, die eine fachliche Grundlage für die spätere förmliche Ausweisung von Schutzgebieten bilden),

• Regionale Entwicklungskonzepte, Städtenetze und Regionalkonferenzen,

• freiwillig (meist auf kommunaler Ebene) durchgeführte Umweltverträglichkeitsprüfungen,

• Konversion von Militärstandorten

• Umwandlung von Industriebrachen

lichkeit und der Träger öffentlicher Belange vor, lassen darüber hinaus aber kaum Raum, um z. B. partizipativ entwickelte landschaftliche Leitbilder und Zielvorstellungen zu integrieren. Auf kommunaler Ebene wird es oft erst möglich sein, einen Flächennutzungsplan mit integriertem Landschaftsplan aufzustellen, wenn ein gesellschaftlicher Konsens als Grundlage – gerade auch für die Verabschiedung im Stadtrat – vorhanden ist. Um einen solchen Konsens zu erzielen, stellen sich gerade auf örtlicher Ebene informelle Planungen vielfach als unabdingbare Grundlage dar. Sie nehmen damit in zunehmendem Umfang Management- und Moderationsaufgaben wahr, die durch formale Planungen inhaltlich und finanziell nicht abgedeckt sind.

- Formale Planwerke haben, z. B. aufgrund vorgeschriebener komplizierter Abstimmungsprozesse, oft sehr lange Erarbeitungszeiten. Diese können durch vorgeschaltete informelle Planungs- und Abstimmungsprozesse verkürzt werden.
- Informelle Planungen unterliegen vielfach nicht den Sachzwängen und Abstimmungserfordernissen, wie es bei formellen Planungen der Fall ist. Ein Beispiel sind die Arten- und Biotopschutzprogramme in Bayern oder die so genannte Planung Vernetzter Biotopsysteme (VBS) in Rheinland-Pfalz: Beide stellen zwar für die Naturschutzbehörden eine wesentliche Grundlage ihrer Arbeit dar, entfalten jedoch keine Außenverbindlichkeit gegenüber Dritten. In beiden Bundesländern werden die örtlichen Landschaftspläne nach dem Prinzip der Primärintegration, d. h. unter Abwägung mit anderen Belangen direkt in die Flächennutzungspläne übernommen. Formal existiert daher keine eigenständige Landschaftsplanung als Fachplanung des Naturschutzes. Die angesprochenen Planwerke werden hier daher auch vor dem Hintergrund erarbeitet, dass die Belange des Naturschutzes und der Landschaftspflege in ihnen „ungefiltert" in einem eigenen Fachkonzept zur Geltung kommen.

Vielfach werden informelle Planungen daher als Vorarbeit und Vorlauf zu formellen Planwerken genutzt, in die ihre Aussagen dann aufgenommen werden. Wichtig ist es jedoch zugleich, dass von informellen Vorgehensweisen und den dabei etwa von engagierten Bürgern erarbeiteten Zielvorstellungen und Maßnahmenvorschlägen dann die Verbindung zu den etablierten Planwerken gesucht wird, da nur so die Aussagen Relevanz und Verbindlichkeit entfalten und vielfach letztlich auch umgesetzt werden.

2.7.1 Lokale Agenda 21-Prozesse als Beispiel informeller Konsensbildung

Wesentliche Impulse für informelle Konzepte und Vorgehensweisen auf kommunaler und regionaler Ebene sind durch Agenda 21-Prozesse ausgelöst worden. Die Agenda 21, das auf der Konferenz der Vereinten Nationen für Umwelt und Entwicklung 1992 in Rio de Janeiro verabschiedete umfangreiche umwelt- und entwicklungspolitische Aktionsprogramm, verpflichtet in ihrem Kapitel 28.1 die Kommunen, einen „Aktionsplan für das 21. Jahrhundert" zu formulieren. Mit ihm soll die Zielvorstellung einer „nachhaltigen" bzw. „zukunftsfähigen" Entwicklung mit konkreten Inhalten gefüllt und umgesetzt werden, wobei gleichermaßen ökologischen, ökonomischen und sozialen Aspekten Rechung zu tragen ist. Der Aktionsplan soll als Ergebnis eines Konsultationsprozesses entstehen, in den die jeweiligen Verwaltungen mit ihren Bürgern treten. Damit wird der Erkenntnis Rechnung getragen, dass das allgemeine Prinzip der „Nachhaltigkeit" nur in einem gemeinsamen Prozess gesellschaftlicher Wertentwicklung mit Leben gefüllt werden kann.

Informelle Beteiligungs- und Konsensfindungsprozesse innerhalb einer lokalen Agenda 21 können helfen, die Fortschreibung formeller Instrumente, vor allem der kommunalen Flächennutzungs- und Landschaftspläne vorzubereiten, sowie in weitere kommunale Steuerungsinstrumente wie Förderprogramme und Satzungen, die Auftragsvergabe und das Beschaffungswesen, die Tätigkeit von Einrichtungen wie Sozial- und Jugendstationen, des ÖPNV, der Feuerwehr oder der Stadtwerke einfließen. Auch kann und sollte eine lokale Agenda 21 ein gemeinsames Dach darstellen, unter dem verschiedene kommunale Pläne, Programme und Instrumente zusammengeführt und hinsichtlich eines gemeinsamen Leitbildes, ihrer „Zukunftsfähigkeit" abgestimmt werden.

Wesentlicher Baustein, um in lokalen Agenda-21-Prozessen entwickelte Zielvorstellungen in ihrer räumlichen Dimension zu verorten und umzusetzen, können die örtlichen Landschaftspläne sein. Dabei bestehen zwischen Agenda 21 und Landschaftsplan zahlreiche gemeinsame Handlungsfelder und Synergismen, die von Siedlungsökologie und Bauen, Biotoppflege in der freien Landschaft, Gewässer- und Klimaschutz bis zur Öffentlichkeitsarbeit reichen (vergleiche Abb. 2.24). Vor allem aber bedarf es konkreter Maßstäbe und Indikatoren, anhand derer überprüfbar wird, ob man tatsächlich dabei ist, sich einer Entwicklung anzunähern, die als zukunftsfähig gelten kann. Solche in Beteiligungsprozessen entwickelten Vorstellungen kann dann ein Landschaftsplan aufnehmen und ihnen zur Verbindlichkeit verhelfen; umgekehrt werden damit im Rahmen von Agenda-Prozessen eingetretene Entwicklungen überprüfbar. Auf diese Weise können beide voneinander profitieren: Der Landschaftsplan, indem er neue Impulse erhält, die über eine Fachplanung für Natur und Landschaft hin zu stärkerer Querschnittsorientierung der erarbeiteten Aussagen weisen. Durch die Verknüpfung mit der Agenda 21 erhält die Aufstellung von Landschaftsplänen stärker prozessualen Charakter und rückt durch den Dialog mit verschiedenen gesellschaftlichen Gruppen stärker ins Bewusstsein der Öffentlichkeit. Die Agenda hingegen profitiert, indem sie auf ein etabliertes, flächendeckend angelegtes Instrument zurückgreifen kann, um ihre Ziele zu verankern.

Lokale Agenda 21   Kommunaler Landschaftsplan

Bestandsaufnahme

Rückgriff auf Grundlagendarstellungen im LP

Aufnahme von Informationen der Bürger

Siedlungsökologie und Bauen

Entwicklung von Zielvorstellungen zur
Flächeninanspruchnahme

Umsetzung in Vorgaben zur Entwicklung
von Bau- und Nutzungsstrukturen, flächen-
sparendem Bauen u.a.m.

Aussagen des LP als Ausgangspunkt für
konkrete Aktivitäten (z.B. Entsiegelung)

Biotoppflege, Gewässerschutz

Informationen über Biotop-, Gewässerzustand und Pflegeerfordernisse

Aussagen des LP als Ausgangspunkt für
konkrete Aktivitäten (z.B. Biotop-, Bachpaten-
schaften, Pflegemaßnahmen)
Entwicklung von Zielvorstellungen zur Landbewirtschaftung

Räumliche Festlegung von Schutz-, Pflege-,
Entwicklungserfordernissen

Aussagen des LP als Grundlage für die Be-
antragung v. Fördermitteln für die Landwirte
Zusammenbinden von Naturschutz, Landwirtschaft und regionaler Wirtschaft zu gemeinsamen Kreisläufen auf Grundlage der Umsetzung von Landschaftsplänen

Räumliche Festlegungen des LP als Förder-
kulisse für kommunale u.a. Förderprogramme (z.B. zum Gewässerschutz)

Öffentlichkeitsarbeit

Verwendung von Aussagen des LP für die
Öffentlichkeit im Rahmen von Agenda-Prozessen

Informationen über den Zustand von Natur
und Landschaft sowie sämtlicher naturschutzrelevanter Schutzgüter im Gemeindegebiet

Leitbilder, Umweltqualitätsziele

Entwicklung   Verankerung
von Indikatoren zur Ausfüllung und Überprüfung des Leitbildes „Nachhaltigkeit"

Regelmäßige Überprüfung der eingetretenen
Entwicklungen anhand der festgelegten
Zielvorgaben

Übernahme und räumliche sowie zeitliche
Verortung von im Rahmen von Arbeitskreisen
und Beteiligungsformen entwickelten Zielvorstellungen

*Abb. 2.24 Zusammenwirken von informeller und formeller Planung anhand exemplarischer Handlungsfelder
von Lokaler Agenda 21 und kommunaler Landschaftsplanung (LP).*

3 Analyse und Bewertung von Landschaften und ihren Teilkomponenten

Es gibt keine Daten an und für sich: Sie sind in ihrer Art und in ihrem Zustandekommen bestimmt durch die angewandten Methoden und bedürfen der Analyse und Interpretation, um dadurch erst zu aussagekräftiger „Information" zu werden, d. h. einen Sinngehalt zu erwerben. In dem Kapitel werden zunächst einige theoretische Grundlagen der Datenerhebung angesprochen, gängige Erhebungsmethoden sowie Modellvorstellungen, nach denen Natur und Landschaft erfasst, analysiert und abgebildet werden, vorgestellt sowie diese in exemplarischer Anwendung auf die Schutzgüter verdeutlicht.

3.1 Datengrundlagen

Als die ökologisch orientierte Planung zu Beginn der 70er-Jahre begann, konnte sie weder auf eine lange Tradition bisheriger ökologischer Grundlagenforschung noch auf umfangreiche und vor allem nach anwendungsbezogenen Aspekten landesweit vereinheitlichte Datengrundlagen zurückgreifen. Vereinzelt waren zwar über bestimmte Artengruppen (u.a. Avifauna, Orchideen) meist auf regionaler Ebene durchaus hervorragende Langzeituntersuchungen durchgeführt worden. Jedoch waren und sind die einzelnen Erhebungen oft nach unterschiedlichen Methoden und mit unterschiedlichem Raumbezug durchgeführt und dadurch oft nur schwer zu einer gemeinsamen raumbezogenen Datenbasis zusammenzuführen.

Einige wichtige Grundlagenerhebungen standen bereits zur Verfügung, z. B. die seit den 60er-Jahren durchgeführten naturräumlichen Erhebungen, landeskundliche Aufnahmen meist auf Länderebene oder auch spezielle sektorale Kartensammlungen, wie sie etwa die Klimaatlanten der Länder oder die Hydrologischen Kartenwerke darstellten. Es fehlten jedoch spezielle Informationen über die aktuelle Ausstattung und den Zustand der Tier- und Pflanzenwelt auf dem Gebiet der Bundesrepublik Deutschland.

1973 begann im Freistaat Bayern die erste landesweite Erfassung naturschutzfachlich wertvoller Biotoptypen **(Biotopkartierung)** im Maßstab 1 : 50 000, die bei Nachkartierungen später in den Maßstäben 1 : 25 000 und 1 : 5 000 konkretisiert wurde. Derartige Biotopkartierungen sind mittlerweile in allen Bundesländern entstanden; für städtische Bereiche wurden dabei z. T. eigene Stadtbiotopkartierungen durchgeführt. Von den so genannten selektiven Biotopkartierungen, die nur die naturschutzfachlich wertvollen Biotope erfassen und dabei jedes Biotop auf einen eigenen Erhebungsbogen dokumentieren, sind landesweit flächendeckend angelegte Biotop- und Nutzungstypenkartierungen zu unterscheiden, die z. B. in Brandenburg, Thüringen oder Schleswig-Holstein auf Grundlage von Luftbildbefliegungen durchgeführt wurden.

Was das Schutzgut **Boden** angeht, besteht für die neuen Bundesländer mit der Mittelmaßstäbigen landwirtschaftlichen Standortkartierung (MMK) eine flächendeckende Grundlage, die detailliert über zahlreiche bodenkundliche Eigenschaften Auskunft gibt. Ihr Maßstab von 1 : 25 000 ist jedoch für viele planerische Anwendungen zu grob. U.a. bedingt durch das Bundes-Bodenschutzgesetz sind in den meisten Bundesländern mittlerweile Bodeninformationssysteme im Aufbau; flächendeckend verfügbare Bodenkarten bzw. standortkundliche Bodenkarten existieren jedoch meist nur für Teilbereiche in für konkrete Planungsaufgaben hinreichend großmaßstäbiger Ausprägung.

Dennoch kann festgehalten werden, dass die ökologisch orientierte Planung mit Beginn des neuen Jahrtausends über vielfältige Datensammlungen verfügt. Auch wenn diese nicht für die Beantwortung jeder Fragestellung optimal eingesetzt werden können, lassen sich die meisten an sie gestellten Anforderungen auf einer ausreichend abgesicherten fachlich-inhaltlichen Basis beantworten. Im Rahmen von Planungsaufgaben notwendige ergänzende Erhebungen haben daher jeweils zielorientiert auf die jeweils entscheidungsrelevanten Aspekte gerichtet zu sein, nicht zuletzt, damit neben der Datenerhebung noch genügend Spielraum für die Entwicklung räumlich konkreter und vor allem mit den Akteuren abgestimmter Planungsziele verbleibt.

3.1.1 Daten als Modelle der Wirklichkeit

Die Datenerfassung und -analyse auf der Grundlage eines ersten Arbeitsmodells der relevanten Umweltbestandteile steht im Regelfall am Beginn von Planungsprozessen. Um diesen Schritt zielgerichtet und effizient durchführen zu können, ist vom Planer zuvor ein Arbeitsmodell der je nach Planungsaufgabe relevanten Umweltbestandteile zu erstellen: Da „Umwelt" bzw. „Landschaft" als solche nicht messbar sind, muss damit die Komplexität von Naturhaushalt und Landschaftsbild im Hinblick auf die Planungsaufgabe reduziert und in messbare Aspekte zerlegt werden.

Verschiedene erkenntnistheoretische Ansätze machen dabei übereinstimmend deutlich, dass es aufgrund vorgängiger Erfahrungen logisch gesehen **keine „reinen Daten"** (STACHOWIAK 1973; ähnlich FEYERABEND 1986) und auch **keine reine, d. h. wertneutrale Analyse und Interpretation** dieser Daten geben kann. Jeder Auswahl von Betrachtungsobjekten und jeder Beobachtung gehen früher gemachte Erfahrungen und damit vorhandene Erwartungen voraus, durch die sie bereits „theoriegetränkt" sind (POPPER 1984). Über die so genannte Induktion, d. h. ausgehend von noch so vielen vorliegenden Daten und Beobachtungen (und dabei z. B. auftretenden Regelmäßigkeiten und Wiederholungen) können daher aus logischer Sicht keine Verallgemeinerungen abgeleitet werden. Derartige Schlüsse vom Besonderen zum Allgemeinen sind somit logisch gesehen unzulässig (POPPER 1984). Es ist sehr wichtig, sich dies zu vergegenwärtigen, denn diesem „induktiven" Prinzip folgten sowohl in der Planung wie auch in den Anfängen der Ökosystemforschung oft als Selbstzweck durchgeführte Datensammlungen, aus denen man glaubte, Gesetzmäßigkeiten ableiten zu können. Jede „Tatsache" lässt sich jedoch als solche nur im Rahmen akzeptierter theoretischer Vorstellungen bestimmen (STRÖKER 1977).

Jegliche in Planungsvorgängen gewonnenen Daten sind immer schon von einer vorgängigen Theorie abhängig, die bereits in der gewählten Methode und der damit verbundenen Begriffssprache steckt. Die Anerkennung dieses Grundsatzes führt daher zu der Forderung, dass bereits zu Beginn und als Grundlage von Datenerhebungen die zugrundegelegten Erwartungen auszuformulieren und explizit darzulegen sind. Das betrifft etwa zoologische Erhebungen, in denen Vermutungen über in einem Gebiet mit bestimmten Habitatstrukturen anzutreffende Arten in Form eines **„Erwartungshorizontes"** auszudrücken sind, der dann als Gerüst für die zielgerichtete Suche dient.

Auch Begriffe können nie frei vom Kontext wissenschaftlicher Theorien konstruiert werden. Vor Beginn von Erhebungen muss damit zugleich **Klarheit über die zugrundegelegten Begrifflichkeiten** und deren Inhalte bestehen. Diese sind ggf. eigens darzulegen und zu definieren. Beispielsweise kann unter einen „Ökosystem" fallweise ein Funktionszusammenhang aus Stoffkreisläufen und Energieflüssen verstanden werden oder aber ein durch das Vorkommen von bestimmten Arten oder Lebensgemeinschaften konkret gekennzeichneter Raum. Beides kann für sich genommen zu einer anderen räumlichen Vorstellung und zur Auswahl unterschiedlicher Erhebungsparameter führen.

Zunächst breit und unspezifisch aufgefächerte, spekulativ angelegte Erhebungsprogramme können im Sinne ihrer notwendigen Ziel-Mittel-Effizienz nicht Aufgabe von Planung sein. Dies erkennt auch die Rechtsprechung an: Für Eingriffsplanungen haben die Verwaltungsgerichte wiederholt festgehalten, dass es hier nicht auf eine vollständige Erhebung etwa von Artenspektren, sondern auf eine gezielte Erfassung der **entscheidungserheblichen Sachverhalte** ankommt. Allerdings würde die ausschließliche Anwendung einmal verfestigter Theorien und über „Erwartungshorizonte" ausgedrückter Auffassungen die Gefahr bergen, dass man sich hierdurch zu stark einschränkt und im Grunde genommen nur noch bestehende Modelle überprüft, aber keine neuen Erkenntnisse hinzugewinnt (FEYERABEND 1986): Hier kommt deshalb die Aufgabe einer breit angelegten ökologischen Grundlagenforschung zum Tragen, die auch einmal bewusst spekulative, von herrschenden Theorien und Erwartungen abweichende Vorgehensweisen wählt und zudem eine breite, in sich vergleichbare Datenbasis etwa an Arten- und Standortskartierungen zur Verfügung stellt. Ökologische Forschung und ökologisch orientierte Planung sollten in diesem Sinne eng miteinander verzahnt sein!

Aufgrund der von Erwartungen geprägten Selektivität der Wahrnehmung und der bei Erhebungen einsetzbaren unterschiedlichen Vorgehensweisen und Hilfsmittel (z. B. Messinstrumente) sind Daten letztlich nicht als Abbilder, sondern als von diesen abhängige Modelle der Wirklichkeit aufzufassen. Dabei brauchen komplexe Arbeitsmodelle, die viele Variable und Bezüge integrieren, nicht unbedingt ein zutreffenderes Bild dieser Wirklichkeit zu vermitteln als einfache Annahmen, die sich auf wenige, aber wesentliche und stärker abgesicherte Variable beschränken: Mit höherer Modellkomplexität nehmen nämlich unter Umständen Messfehler bei den Eingabedaten zu (vergleiche Messfehler e_m in Abbildung 3.1). Darüber hinaus werden mit der Ein-

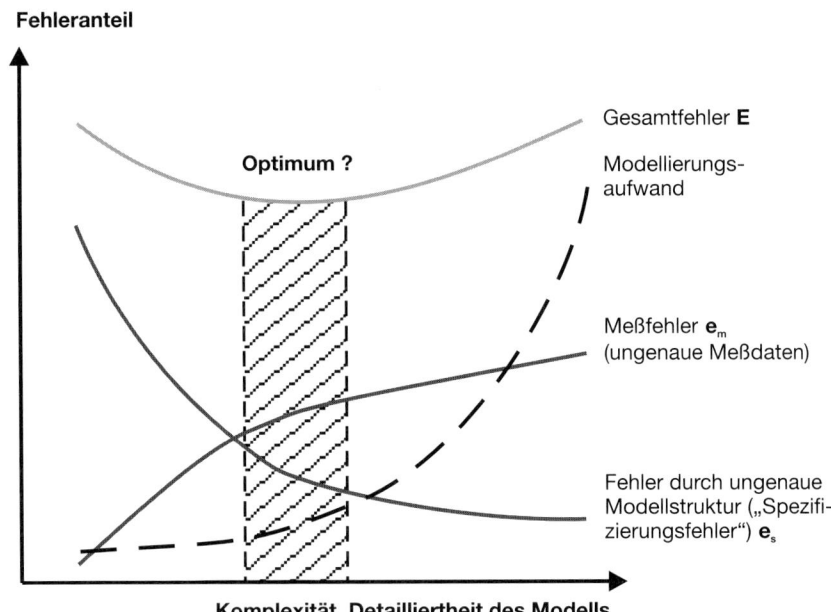

Fehleranteil

Gesamtfehler **E**

Optimum ?

Modellierungs-
aufwand

Meßfehler e_m
(ungenaue Meßdaten)

Fehler durch ungenaue
Modellstruktur („Spezifi-
zierungsfehler") e_s

Komplexität, Detailliertheit des Modells

Abb. 3.1 *Zusammenhang von Messfehlern (e_m), Spezifizierungsfehlern (e_s) und Gesamtfehler E bei zunehmender Modellkomplexität (ALONSO 1969; ergänzt und erweitert; Darstellung ohne Anspruch auf Maßstäblichkeit).*

führung neuer Modellvariabler zugleich neue Beziehungen zu den anderen Variablen eingeführt, die oft nur unzureichend bestimmt und abgesichert („spezifiziert") sind (Spezifizierungsfehler e_s in Abbildung 3.1). Der Gesamtfehler E, dessen Tiefpunkt das Optimum für eine effiziente Gestaltung des Modelles darstellt, steigt daher mit zunehmender Komplexität eines Modelles wieder an (vergleiche Abb. 3.1):

Aus den genannten Gründen sind daher als Arbeitsmodelle für Datenerhebungen in der Planung oft **einfache Modelle** vorzuziehen, die sich auf die später voraussichtlich beurteilungs- und maßnahmenrelevanten Einflussgrößen konzentrieren. Sie erweisen sich im Hinblick auf Datenfehler und Veränderungen in den Zusammenhängen einzelner Variabler als robuster. In enger Rückkopplung zu planungspraktischen Fragen kommt jedoch auch hier wieder die ökologische Forschung zum Einsatz: Deren Aufgaben liegen darin, die Ausprägungen und Bezüge einzelner Modellkomponenten wissenschaftlich abzusichern (zu validieren) sowie schrittweise die Erstellung komplexer Modelle unter prüfbarer Absicherung von deren Zusammenhängen voranzutreiben.

3.1.2 Erhebungen

In den verschiedenen Bundesländern liegen mehr oder weniger ausführliche Kartenwerke vor, die bei ökologisch orientierten Planungen herangezogen werden können.

Tabelle 3.1 Übersicht über gängige Karten und Informationsgrundlagen zur Ermittlung verschiedener Faktoren des Naturhaushaltes und des Landschaftsbildes (zusammengestellt aus GASSNER & WINKELBRANDT 1997, ergänzt).

Ermittlung von Bodentypen, Geomorphologie und Bodenarten

Informationsquelle	Bodentyp/Geomorphologie	Bodenart
Topographische Karten (DGK 5, TK 10, TK 25, TK 50, TK 10ff. AS/AV)	Geländehöhen, Tal- und Bergformen, Küsten- und Binnendünen, vulkanische Formen (Krater), eiszeitliche Formen, Feuchtgebiete, Moore, anthropogene Formen (Steinbrüche, Gruben)	
Geomorphologische Karten M 1 : 25 000 (in Bearbeitung)	Morphographie Morphogenese Morphodynamik	X
Lithofazieskarte M 1 : 50 000	Geomorphologische Prozesse, Reliefformen und -genese	
Bodenkarte M 1 : 5000 u. 1 : 10 000 auf Grundlage der Bodenschätzung	Bodentyp Geländegestalt	(geologisches Alter und Zustandsstufen) X
Bodengeologische Karten M 1 : 25 000 und 1 : 50 000	Bodentyp Bodenaufbau	X
Geologische Karten M 1 : 25 000 und 1 : 50 000	Bodentypen durch Interpretation des Ausgangsgesteins (gilt nicht für durch Wasser, Luft, Mensch transportierte Böden)	X
Karte der potenziellen natürlichen Vegetation M 1 : 25 000 bzw. 1 : 200 000	Bodentypen (durch Interpretation)	
Mittelmaßstäbige landwirtschaftliche Standortkartierung M 1 : 25 000 u. 1 : 100 000 (Neue Länder)	Bodenart Standortregionaltypen Hangneigung	X
Forstliche Standortkarte M 1 : 10 000	Geomorphologie (wie Topographische Karten)	X
Luftbilder M 1 : 5000, M1 : 12 000	im wesentlichen wie Topographische Karten, aktueller und konkreter	

Tabelle 3.1 Übersicht über gängige Karten und Informationsgrundlagen zur Ermittlung verschiedener Faktoren des Naturhaushaltes und des Landschaftsbildes (zusammengestellt aus GASSNER & WINKELBRANDT 1997, ergänzt) (Forts.)

| Informationsquelle | Ermittlung der realen Bodennutzung, der Stoffeinträge und der ökologischen Beschaffenheit des Bodens | | |
	reale Bodennutzung	Stoffeinträge	ökologische Beschaffenheit
Topographische Karten (DGK 5, TK 10, TK 25, TK 50, TK 10ff. AS/AV)	Siedlungen (Wohn-, Industriegebiete), Infrastruktur (Straße, Schiene), Wälder, Landwirtschaft		
Bodenkarte M 1 : 5000 auf Grundlage der Bodenschätzung	Acker und Grünland; Kulturarten; Bodenwertzahlen		Mächtigkeit, Humusgehalt, Wasserverhältnisse
Karte der potenziellen natürlichen Vegetation (M 1 : 25 000 bzw. 1 : 200 000)	Hinweise auf Wuchsleistung, durch Interpretation		Hinweise auf Bodenwasserverhältnisse usw. durch Interpretation
Mittelmaßstäbige landwirtschaftliche Standortkartierung M 1 : 25 000 u. 1 : 100 000 (Neue Bundesländer)			Substrat
Forstliche Standortskarte M 1 : 10 000	reale Waldnutzung – Leistungsklassen – Ertragsstufen	Angaben zur Düngung	Bodenwasserhaushalt, Mächtigkeit, Gründigkeit, Trophie
Luftbilder M1 : 5000, 1 : 10 000, 1 : 12 000	differenzierte Realnutzungskartierung	Deponien, Ablagerungen, Emissionsquellen, Interpretation geschädigter Wälder und Bäume	Veränderung der ökologischen Beschaffenheit durch Erosion
Immissionskataster, z.B. Lufthygienisches Überwachungssystem Niedersachsen		SO_2, NO_2, NO, Schwebstaub, C_nH_m, CO, O_3, Vinylchlorid, Cl^-	

Tabelle 3.1 Übersicht über gängige Karten und Informationsgrundlagen zur Ermittlung verschiedener Faktoren des Naturhaushaltes und des Landschaftsbildes (zusammengestellt aus GASSNER & WINKELBRANDT 1997, ergänzt) (Forts.)

Ermittlung von Faktoren für den Wasserhaushalt

Informationsquelle	Informationsgehalt
Topographische Karten (DGK 5, TK 10, TK 25, TK 50, TK 10ff. AS/AV)	Gewässernetz
Orohydrographische Karten M 1 : 25 000, 1 : 50 000	Gewässernetz, Einzugsgebiet
Klimakarten (mittlere Jahressummen der Niederschläge, M 1 : 200 000)	Niederschläge, Temperaturverteilung, Windverhältnisse
Karte der potenziellen natürlichen Vegetation (M 1 : 25 000 bzw. 1 : 200 000)	Hinweise zur Vorflutregelung
Luftbilder M 1 : 5000, 1 : 10 000 u.a.	Gewässernetz (aktualisiert und konkretisiert)

Ermittlung von Faktoren für die Wasserbeschaffenheit (Gewässergüte)

Informationsquelle	Informationsgehalt
Hydrogeologische Karten M 1 : 25 000, 1 : 50 000 (auch Neue Bundesländer)	Chemische Beschaffenheit
Gewässergütekarten (Maßstäbe länderspezifisch)	Gewässergüte in Klassen (biochemisch und Saprobien-System) : I = unbelastet, II = mäßig belastet, III = stark belastet, IV = übermäßig verschmutzt

Ermittlung von Faktoren für die Gewässerbeschaffenheit (Gewässermorphologie)

Informationsquelle	Informationsgehalt
Topographische Karten (DGK 5, TK 10, TK 25, TK 50, TK 10ff. AS/AV)	Uferzonen, Bäche, Deiche, Verbauung
Geomorphologische Karten M 1 : 25 000 (in Bearbeitung)	Bildung von Erosionsrinnen
Luftbilder M 1 : 5000, 1 : 10 000 u.a.	wie Topographische Karte, nur aktualisiert und konkretisiert; z.T. Informationen über Strukturreichtum im Gewässer

Ermittlung von Faktoren über Stoffeinträge

Informationsquelle	Informationsgehalt
Immissionskataster	Stoffeinträge aus der Luft in stehende Gewässer
Luftbilder M 1 : 5000, 1 : 10 000 u.a.	Abwassereinleitungen, Immissionsquellen

Tabelle 3.1 Übersicht über gängige Karten und Informationsgrundlagen zur Ermittlung verschiedener Faktoren des Naturhaushaltes und des Landschaftsbildes (zusammengestellt aus GASSNER & WINKELBRANDT 1997, ergänzt) (Forts.)

Ermittlung der Nutzungen am Gewässer

Informationsquelle	Informationsgehalt
Topographische Karten (DGK 5, TK 10, TK 25, TK 50, TK 10ff. AS/AV)	Acker, Grünland, Wald, Siedlungen, Industriegebiete, Straßen, Eisenbahnen, Deponien
Karte der potenziellen natürlichen Vegetation (M 1 : 25 000 bzw. 1 : 200 000)	optimale Grünlandstandorte
Luftbilder M 1 : 5000, 1 : 10 000 u.a.	wie Topographische Karte, nur aktualisiert und weiter konkretisiert

Ermittlung der Parameter für das Grundwasser

Informationsquelle	Informationsgehalt
Topographische Karten (DGK 5, TK 10, TK 25, TK 50, TK 10ff. AS/AV)	räumliche Verteilung der landwirtschaftlichen Flächen (Grünland und Acker); räumliche Verteilung der forstwirtschaftlichen Flächen; räumliche Verteilung der Seen, größerer Teiche, Teichgebiete; räumliche Verteilung der Fließgewässer (in Verbindung mit regionaler Gewässergütekarte)
Geologische Karten M 1 : 25 000, 1 : 50 000	Verbreitung der Grundwasservorkommen Wassergewinnungsmöglichkeiten derzeitige Grundwasserflurabstände
Hydrogeologische Karten M 1 : 25 000, 1 : 50 000 (auch Neue Bundesländer)	Verbreitung der Grundwasservorkommen Wassergewinnungsmöglichkeiten Grundwasserqualität
Profilkarten	Verbreitung der Grundwasservorkommen Wassergewinnungsmöglichkeiten
Karten der Aquifermächtigkeit	Wassergewinnungsmöglichkeiten
Orohydrographische Karten M 1 : 25 000, 1 : 50 000	derzeitige Grundwasserflurabstände
Grundwassergleichenpläne	derzeitige Grundwasserflurabstände
Bodenkarten M 1 : 5 000, 1 : 25 000, 1 : 50 000	derzeitige Grundwasserflurabstände Bodenarten, Bodentyp
Hydrogeologische Grundkarte (DDR) M1 : 50 000	Grundwasserleiter, Grundwasserstauer, Horizontalschnittbalken, Versalzung, Höffigkeit
Karte der Grundwassergefährdung (DDR) M 1 : 50 000	Geschütztheitsgrad potenzielle Kontaminationsherde
Karten der Meliorationsprojektierung	Grund- und Stauwasserstufen

Tabelle 3.1 Übersicht über gängige Karten und Informationsgrundlagen zur Ermittlung verschiedener Faktoren des Naturhaushaltes und des Landschaftsbildes (zusammengestellt aus GASSNER & WINKELBRANDT 1997, ergänzt) (Forts.)

Ermittlung von Faktoren für das Geländeklima (Grundinformationen)

Informationsquelle	Informationsgehalt
Klimakarten (mittl. Jahressummen der Niederschläge, M1 : 200 000)	Niederschlag, Temperaturverteilung, Windverhältnisse, Besonnung, Nebelgefährdung
Wuchsklimakarte Baden-Württemberg, Wuchsklima-Gliederung Hessen (M1 : 200 000)	Wärmesummenstufen während der Vegetationsperiode Spätfrostgefährdung

Ermittlung von Faktoren für das modifizierte Gelände- und Stadtklima

Informationsquelle	Besiedlung	Topographie	Immissionsquellen	Vegetationsflächen innerhalb der Bebauung	Nutzungen; Strukturen zur Kaltluftentstehung u. -transport
Topographische Karten (DGK 5, TK 10, TK 25, TK 50, TK 10ff. AS/AV)	Siedlungskerne, dichte Bebauung, lockere Bebauung	Relief, Gebäudehöhe, Neigung, Geländeformen, Barrieren	Industrie und Gewerbegebiete, Verkehrsflächen	Freiflächen, Parks, Friedhöfe, Grünanlagen	Wiesen, Weiden, Gebiete mit hohem Grundwasserstand, vegetationsfreie Fläche, Wald, Hecken

Informationsquelle	Informationsgehalt
Luftbilder M 1 : 5000, 1 : 10 000 u.a.	wie Topographische Karten, nur aktualisierte, präzisierte und konkretisierte Aufbereitung möglich

Tabelle 3.1 Übersicht über gängige Karten und Informationsgrundlagen zur Ermittlung verschiedener Faktoren des Naturhaushaltes und des Landschaftsbildes (zusammengestellt aus GASSNER & WINKELBRANDT 1997, ergänzt) (Forts.)

Ermittlung von Landschaftsbildelementen und historischer Landschaftsentwicklung

Informationsquelle	Informationsgehalt
Topographische Karten (DGK 5, TK 10, TK 25, TK 50, TK 10ff. AS/AV)	Geländehöhen, Ebene, Tal- und Bergformen (Geländeformen), Küsten- u. Binnendünen, Krater, Maare, Felsen, Klippen, eiszeitliche Formen, anthropogene Formen (Steinbrüche, Gruben, Aufschüttungen u.a.) historische Ortskerne Kirchen, Kapellen, Ruinen, Burgen, Schlösser, Einzelgehöfte, Aussichtstürme, -punkte usw. Laub-, Nadel-, Mischwald, Heide, Moor, verlandete Gewässer, Wiesen, Weiden, Garten, Weingarten, Parks, Friedhöfe, Baumschulen, Einzelbäume, Alleen, Gebüsche, Knicks u.a. Quellen, Wasserfälle, Bäche, Flüsse, Altarme, Gräben, Kanäle, Teiche, Rückhaltebecken, Seen und Stauseen, Uferzonen, Küste u.a. Dämme, Aufschüttungen, Brücken u.a.
Geomorphologische Karten M 1 : 25 000 (in Bearbeitung)	Morphographie, Morphogenese und Morphodynamik Bildung von Erosionsrinnen, Veränderungen von Gewässerläufen u.a.
Luftbilder M 1 : 5000, 1 : 10 000 u.a., Luftschrägaufnahmen	wie Topographische Karten, nur aktualisiert und konkretisiert Erkennung von Emissionsquellen bei Luftschrägaufnahmen: Beurteilung der wichtigen Elemente und Strukturen der Landschaft und des Ortes
Topographische Karten (Preußische Meßtischblätter von 1848, 1898, 1937-1943), Karte des Deutschen Reiches (Königl. Preuß. Landesaufnahme Eberswalde 1881 M 1 : 100 000) Heimatchroniken u.ä.	Historische Entwicklung von Siedlung, Landschaftsgestalt und Landschaftsnutzung sowie Verkehr

Im Allgemeinen kommt man jedoch nicht umhin, zielgerichtet Geländeerhebungen vor Ort durchzuführen. Von besonderer Wichtigkeit ist für nahezu jede zu bearbeitende Fragestellung die flächendeckende Kartierung von Biotop- und Nutzungstypen. Hierzu existieren auf Bund- und Länderebene verschiedene Kartierungsschlüssel sowohl für die Abgrenzung im Gelände als auch für die Interpretation von Falschfarben-Infrarot-Luftbildern (RIECKEN et al. 1993; BfN 1995). Da die Autoren derartiger Kartierungsschlüssel meist auch einen Vorschlag für die numerische Codierung der verschiedenen Typen unterbreiten, die untereinander oft auch nicht abgestimmt sind, sondern die föderale Vielfalt des Bundes und der Länder widerspiegeln, ergibt sich für jeden Planer die Notwendigkeit, den jeweiligen Spezifika der einzelnen Länder, in denen er tätig ist, Rechnung zu tragen. Hier ist dringender Handlungsbedarf gegeben, denn die genannten Einheiten werden auch nicht in allen Ländern als Grundlage für die Aufstellung Roter Listen der Biotoptypen verwendet, sondern diesbezüglich kommen teilweise wiederum völlig andere Untergliederungen zur Anwendung, z. B. Vegetations- oder Ökosystemtypen.

Bei der Kartierung und Abgrenzung von Biotop- bzw. Nutzungstypen sollten möglichst aktuelle **Luftbilder** verwendet werden. Diese sind bei den Landesvermessungsämtern erhältlich. Durch eine Vorauswertung der Luftbilder und einer möglichst aktuellen Topografischen Karte neueren Datums im Büro verschafft man sich einen Überblick über das zu kartierende Gelände und markiert sich die Bereiche, deren Ausprägungen nicht klar zuordenbar sind oder in denen vermutlich mit Besonderheiten zu rechnen ist. Die erstellte Arbeitkarte dient als Grundlage für eine flächige Begehung des Untersuchungsgebietes. Bei der Kartierung sollte eine Kopie des Luftbildes, auf der eine Folie befestigt ist, mitgeführt werden. Mittels eines wasserfesten fine-liners können auf der Folie die kartierten Einheiten abgegrenzt werden. Standardisierte Erhebungsbögen liegen im Allgemeinen auf Länderebene vor und sollten dann Verwendung finden. Über eine laufende Nummer wird der Bezug zwischen kartierter Einheit und Erhebungsbogen hergestellt. Eine eingehende Geländeerhebung ist in jedem Fall notwendig, da nur so die aktuelle Ausprägung der Landnutzung, die Ausstattung naturschutzfachlich wertvoller Biotope, zusätzlich zu erhebende Kleinstrukturen sowie konkret vorliegende Störeinflüsse ermittelt und in die Karte eingetragen werden können. Die so erhobenen Abgrenzungen können anschließend im Büro in Reinzeichnung gebracht oder digital aufbereitet werden.

Für die Untersuchung von Landschaftsveränderungen in einem Untersuchungsgebiet hat sich die Verwendung **historischer Topografischer Karten** und alter Luftbilder als wichtige Datengrundlage herausgestellt, mit der sich räumlich exakt Nutzungsänderungen (meist Intensivierungen) darstellen lassen. Es existieren z. B. alte Messtischblätter aus der Mitte des 19. Jahrhunderts, die meist noch nicht die Folgen der Allmendteilung (Separation) und der ersten Flurbereinigung (Verkopplung) nach der Bauernbefreiung darstellen und somit ein vergleichsweise genaues Abbild des damaligen Landnutzungsmusters vermitteln. Aufgrund mangelnder Messtechnik wurden die damaligen Geländeaufnahmen mit Hilfe des Schrittmaßes durchgeführt und die kartografischen Ergebnisse eignen sich nicht für eine Überlagerung mit modernen Karten, um so die Veränderungen festzustellen. Für die neuen Bundesländer sind hier für das Gebiet des früheren Preußen die Urmesstischblätter der Preußischen Landesaufnahme von 1842 zu erwähnen, deren Kartenschnitte bereits denen der heutigen topografischen Karten 1 : 25 000 entsprechen. Wertvollen Aufschluss über die damalige Wald-Offenland-Verteilung und historisch alte Wälder gibt auch das so genannte Schmettausche Kartenwerk von 1767 bis 1787 im Maßstab 1 : 50 000 oder das für Württemberg geltende Kiersche Forstlagerbuch und die Kierschen Forstkarten aus dem 17. Jahrhundert. Günstiger hat sich die Verwendung älterer Topografischer Karten z. B. aus den 30er-Jahren des 20. Jahrhunderts herausgestellt, in die die alten Landnutzungen so genau wie möglich von Hand eingetragen werden. Veränderungen seit dem Ende des Zweiten Weltkriegs können durch Verwendung alliierter Luftbilder, die ebenfalls bei den Landesvermessungsämtern vorrätig sind, ausgewertet werden.

Neben der klassischen analogen kartografischen Aufbereitung raumbezogener Daten setzen sich in jüngerer Vergangenheit immer stärker digitale Auswertungsverfahren mittels Einsatz **Geografischer Informationssystem**e durch. „Geografische Informationssysteme (GIS) sind computergestützte Werkzeuge und Methoden, die in der Lage sind, flächenbezogene geografische Daten zu erheben, zu verwalten, abzuändern und auszuwerten" (SCHALLER 1996). Die digitale Aufbereitung der Daten ist zunächst aufgrund fehlender Erfahrung zeitraubend und personalintensiv, zumal besonders bei geringen EDV-Kenntnissen viele Fehlerquellen auftauchen können und verschiedene raumbezogene Daten ständiger und meist auch kurzfristiger Veränderungen unterworfen sind (z. B. die Flächennutzung im Umfeld von Großstädten). Liegen die Daten einmal EDV-aufbereitet vor, ergeben sich jedoch vielfältige Auswertungsmöglichkeiten, die analog nicht mehr leistbar sind (vgl. Kasten 3.1 und 3.2).

Da die Datenerhebung und -verfügbarkeit in vielen Lebensbereichen exponentiell ansteigt, wird es immer schwieriger, diese Datenmengen möglichst zeitnah zu verarbeiten und zu veranschaulichen. Deshalb werden auf der Grundlage von GIS'en verstärkt komplexe Informationssysteme aufgebaut und ständig aktuell gehalten. So verfügen mittlerweile viele Kommunen über ein Kommunales Informationssystem (KIS), in das die Veränderungen der Flächennutzung im Zusammenhang mit der Bauleitplanung kurzfristig eingearbeitet werden können. Auch die räumlichen Auswirkungen neu geplanter Baugebiete oder Straßen können schnell und sehr flexibel visualisiert werden, um so als Entscheidungsgrundlage für den Gemeinderat zu dienen. Auch viele Behörden bedienen sich dieses Instrumentariums, z. B. in Form von fachlichen Informationssystemen für die Forst-, Agrar- oder Wasserwirtschaftsverwaltung oder als übergreifende Umweltinformationssysteme, in denen Daten über den Boden- und Waldzustand ebenso zu finden sind wie Angaben über Biotope oder Altlastenverdachtsflächen.

Durch die **Auswertung vorhandener Literatur** können für verschiedene Fragestellungen in unterschiedlichen Untersuchungsgebieten wichtige Datengrundlagen erschlossen werden. Hierzu eignen sich z. B. historische und aktuelle Reisebeschreibungen, Landeskunden oder Kartenwerke ebenso wie Gemeinde- oder Landkreischroniken. Allerdings wird sich eine derartige Auswertung in den meisten Fällen auf ein Mindestmaß reduzieren müssen, denn viele Aufgabenstellungen der ökologisch orientierten Planung müssen mit einer prägnanten und fachlich zwar anspruchsvollen, jedoch auch dem interessierten Laien verständlichen Sprache bearbeitet werden.

Für einige Fragestellungen ist es von besonderer Bedeutung, die Veränderungen des Vorkommens bestimmter Tier- und Pflanzenarten in einem Untersuchungsgebiet

Kasten 3.1 Wesentliche Anwendungsfelder beim Einsatz Geografischer Informationssysteme (SCHOLLES 1999)

Flächenberechnung

Mit Einsatz der GIS-Software kann sehr schnell die Größe von Flächen berechnet werden, auch die Gesamtgröße von Flächen gleicher Ausprägung in einem größeren Untersuchungsgebiet.

Grafische Selektion

Da mittels einer Datenbank an eine bestimmte digital vorliegende Fläche beliebig viele Sachinformationen gekoppelt werden können, ist es sehr leicht möglich, sich Flächen nach bestimmten Kriterien für sehr spezifische Fragestellungen darstellen zu lassen.

Nachbarschaftsanalyse

Da im GIS die relative Lage von Flächen bekannt ist, können z. B. typische Nachbarnutzungen von Flächen, aber auch deren Unverträglichkeit abgebildet werden.

Pufferdarstellungen

Die Berechnung und Darstellung von Pufferdistanzen können dazu eingesetzt werden, die sich aus der direkten Angrenzung unverträglicher Nutzungen ergebenden Konflikte darzustellen und Lösungsvorschläge zu unterbreiten. Auch Distanzanalysen können mit diesem Software-Baustein durchgeführt werden.

Verschneidung

Während bei analogen Verschneidungsverfahren verschiedene Folien mit unterschiedlichen Sachinformationen am Leuchttisch übereinander gelagert werden mussten, bieten moderne GIS die Möglichkeit der digitalen Überlagerung, wodurch unterschiedliche Sachinformationen (z. B. die Grenzen von Biotoptypen mit denen von Bodenformen) verschnitten werden können. Hierzu wird durch einen entsprechenden Softwarebaustein mittels einer topologischen Operation aus zwei Ausgangsgeometrien eine neue gemeinsame Geometrie erstellt.

Netzwerkanalysen

Mit Hilfe von Netzwerkanalysen können z. B. Erreichbarkeiten und kürzeste Straßenverbindungen zwischen zwei Orten ermittelt werden (Fahrzeugnavigationssysteme).

Oberflächenmodellierung

Diese Verfahren ermöglichen die Darstellung eines Untersuchungsgebietes als 3-D Bild oder die Analyse von Einsehbarkeiten von größeren Bauwerken unter Berücksichtigung des vorhandenen Reliefs und des Landnutzungsmusters.

abzuschätzen. Hierzu eignet sich ein Vergleich der aktuellen Tier- und Pflanzenartenvorkommen mit alten Floren- und Faunenwerken, die regional begrenzt im 19. Jahrhundert von naturinteressierten Personen (u.a. Lehrern oder Pfarrern) angefertigt und oftmals auch in Bücherform veröffentlicht wurden. Meist ist das Vorkommen der Arten sehr genau gekennzeichnet, so dass in Verbindung mit historischen Kartenwerken auch Rückschlüsse über das frühere Landnutzungsmuster möglich sind. Allerdings dürften in diesen Werken auch einige Fehlbestimmungen enthalten sein, und es muss unbedingt berücksichtigt werden, dass sich die Nomenklatur der Arten seit Erscheinen der Floren und Faunen verändert hat. In einigen Fällen dürfte es durchaus sehr

---

Kasten 3.2 Netzwerkanalysen und Oberflächenmodellierung

Mögliche Modellanwendungen für Netzwerkanalysen und Oberflächenmodellierung (SCHALLER 1996):

- Grundwassermodelle (Dynamik, Fließrichtung, Schadstoffausbreitung),
- Hydrologische Modelle (Einzugsgebiets- und Abflussmodellierung),
- Bodenbelastung (Stofftransport, Bodenwasserhaushalts- und Erosionsmodelle),
- Gewässergütemodelle,
- Klimamodelle (Luftaustausch, Temperaturverteilung, Windsysteme),
- Luftbelastung (Schadstoffausbreitung),
- Biotopvernetzungsmodelle,
- Lärmausbreitungsmodelle.

---

schwer fallen, die tatsächlich gemeinte Art zu identifizieren, auch wenn meist eine grobe systematische Charakterisierung angefügt ist (in sehr vielen Fällen nach der Nomenklatur von Linné).

3.1.3 Einsatz sozialempirischer Methoden (Befragungen und Beobachtungen)

Neben der Erfassung der biotischen und abiotischen Ausprägungen sowie des Landschaftsbildes steht die Forderung, in Datenerhebungen und bei Planungen die soziale Ebene stärker zu berücksichtigen. Jedes Projekt, jeder Planungsvorgang hat seine Vorgeschichte, so wie auch die beteiligten Menschen ihre Vorgeschichte haben. Die Umsetzung von Zielen, die in ökologisch orientierten Planungen entwickelt wurden, setzt ja nicht an den Bestandteilen von Ökosystemen an, sondern geht stets von sozialen Systemen, von Menschen aus. Daher sollten nicht nur – wie es beispielsweise das einschlägige Merkblatt für die Umweltverträglichkeitsstudie im Straßenbau fordert (MUVS 1999) – Erhebungen zu Bevölkerungsdichte und -struktur erfolgen, sondern gerade bei Eingriffsvorhaben, Schutzgebietsausweisungen oder in der Landschaftsplanung vorgelagerte oder begleitende Akzeptanzuntersuchungen in die Datenerhebungen mit einbezogen werden. Der damit verbundene Einsatz sozialempirischer Methoden kann hier nur exemplarisch angesprochen bzw. in beispielhaften Einsatzmöglichkeiten verdeutlicht werden. Für eine intensive Auseinandersetzung und Methodendiskussion wird auf die entsprechende Fachliteratur verwiesen und sind ggf. entsprechend ausgebildete Fachleute hinzuzuziehen.

Von Befragung, Beobachtung, Experiment und Inhaltsanalyse als den vier grundlegenden Methoden zur Analyse der sozialen Wirklichkeit sind vor allem die beiden ersteren relevant. Experimente untersuchen Verhalten unter künstlichen, vom Forscher bestimmten (Labor-)Situationen, während bei der Inhaltsanalyse der Schwerpunkt auf der Analyse von Texten liegt. Voraussetzung für den Einsatz jedweder sozialempirischer Methode ist das Vorliegen eines zugrunde liegenden theoretischen Konzepts. Abbildung 3.2 zeigt exemplarisch ein solches Modell: Es identifiziert Merkmale, die die ästhetische Wahrnehmung städtischer Freiräume bestimmen und ordnet den einzelnen Komponenten jeweils Untersuchungsmethoden bzw. Parameter, die erhoben werden sollen, zu.

Der Einsatz derartiger Vorgehensweisen ist je nach Frage- und Aufgabenstellung differenziert zu sehen: So ging es im vorliegenden Fall darum, die wesentlichen Komponenten herauszufinden, die die Wahrnehmung städtischer Grünräume bestimmen, um darauf aufbauend Ansätze für eine gestalterische Optimierung zu entwickeln. Umfragen können auch eingesetzt werden, um die Akzeptanz von Landschaftsveränderungen bzw. von Ausgleichs- und Ersatzmaßnahmen bei den Bewohnern der betreffenden Gegend zu erforschen. Sie sind jedoch meist nur schwer in formale Verfahren wie etwa den gesetzlich vorgegebenen Entscheidungsgang der naturschutzrechtlichen Eingriffsregelung integrierbar. Hier kommt es vielmehr unabhängig von den subjektiven Wahrnehmungspräferenzen Einzelner darauf an, Veränderungen der landschaftlichen Vielfalt und Eigenart nach Art und Intensität zu ermitteln und darzustellen (vergleiche auch Abschnitt 3.3.5.).

Befragungen können in mündlicher oder schriftlicher Form erfolgen und dabei wenig bis stark strukturiert sowie in der Form ihrer Antwortkategorien unterschiedlich stark standardisiert sein (vergleiche ATTESLANDER 2000):

Schriftliche Befragungen sind in der Regel vom Aufwand her günstiger, d. h. es kann meist in kürzerer Zeit und mit weniger Personalaufwand eine größere Anzahl von Befragten erreicht werden. Einflüsse des Interviewers als mögliche Fehlerquelle entfallen. Ein wesentlicher Nachteil gegenüber einer **mündlichen Befragung** ist, dass die Befragungssituation nicht hinreichend kontrollierbar ist (z. B. können andere Personen die Antwort des Befragten beeinflussen).

Bei einem **wenig strukturierten Interview** arbeitet der Fragende ohne Fragebogen und kann die Formulierung seiner Fragen jeweils den Befragten individuell anpassen. Die Gesprächsführung gestaltet sich flexibel, d. h. das Gespräch folgt nicht einer vorgegebenen Reihenfolge von Fragen des Interviewers, sondern die jeweils nächste Frage ergibt sich aus den Aussagen des Befragten. Das wenig strukturierte Interview setzt eine sorgfältige Schulung des Interviewers voraus: Er oder sie hat die Aufgabe, den Informationsfluss und das Gespräch in Gang zu halten. Wenig strukturierte Befragungen eignen sich besonders, um Zusammenhänge zu erfassen, Problemfelder einzugrenzen sowie das Meinungsspektrum von Befragten auszuloten und dabei relevante Antwortkategorien zu erfassen. **Stark strukturierte** Befragungen hingegen fußen auf einem Fragebogen, der den Ablauf des Gesprächs vorgibt und damit die Freiheitsspielräume des Interviewers und des Befragten stark einschränkt. Bei der **teilstrukturierten** Befragung schließlich handelt es sich um Gespräche, die aufgrund vorbereiteter und vorformulierter Fragen stattfinden, wobei die Abfolge der Fragen offen ist. In der Regel wird dazu ein Gesprächsleitfaden benutzt. Stark strukturierte Befragungen werden im Regelfall durch eine wenig- oder teilstrukturierte Befragung vorbereitet, in der das Feld möglicher Antworten erhoben wird und die ausgewählten Fragen ggf. noch modifiziert werden.

Die Begriffe **„standardisiert"** und **„nicht standardisiert"** beziehen sich hingegen auf die verwendeten Antwortkategorien. So wird bei nicht standardisierten Fragen entweder auf eine Kategorisierung der Antworten verzichtet oder sie wird erst später im Rahmen der Auswertung vollzogen.

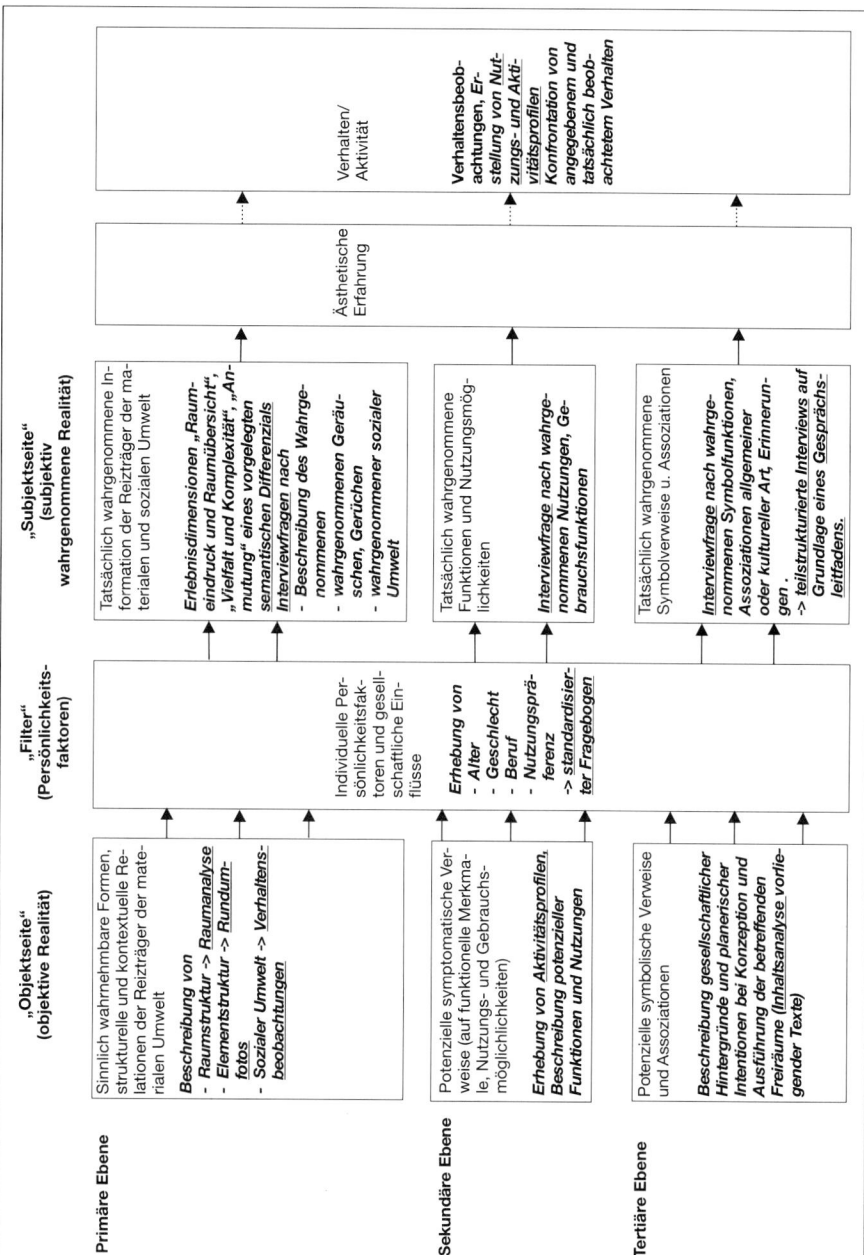

Abb. 3.2 Zuordnung von einzelnen Untersuchungsbestandteilen zu den Komponenten eines Wahrnehmungsmodells, das die Wahrnehmung städtischer Freiräume beschreibt und kategorisiert (nach JESSEL 1989).

Als Beispiel zeigt Tabelle 3.2 den Gesprächsleitfaden, der den teilstrukturierten Interviews zugrunde lag, mit denen erfragt wurde, wie die in Abbildung 3.2 dargestellten Wahrnehmungsebenen bei Anwohnern der betreffenden Freiräume jeweils konkret ausgefüllt waren. Die Antwortkategorien waren nicht standardisiert, sondern die Äußerungen der Befragten wurden protokolliert und das Spektrum der Antworten nach Bedeutungsfeldern geordnet. Ein Auswertungsbeispiel zeigt Tabelle 3.3.

Gerade solche Erhebungen des Landschaftserlebens werden häufig anhand von Fotos vorgenommen. Eine Befragung vor Ort, d. h. in der konkreten räumlichen Situation bietet jedoch den Vorteil, dass die Wirklichkeit in vollem Umfang von 360° erlebt werden kann. Jedes (vermeintlich noch so „objektive") Foto stellt nur einen Ausschnitt dar und vermag nicht die gleichzeitig mit den visuellen empfundenen taktilen (Tastsinn), olfaktorischen (Geruchssinn) und akustischen Eindrücke wiederzugeben, durch deren Zusammenwirken erst der Gesamteindruck eines Landschaftsraumes entsteht.

Eine standardisierte Form der Befragung, mit der bestimmt werden kann, inwieweit Personen einem Landschaftsraum bestimmte (Anmutungs-)Qualitäten zusprechen, stellt das so genannte Polaritätenprofil oder **„semantische Differenzial"** dar. Es besteht aus einer Gruppe von Adjektivpaaren entgegengesetzter Bedeutung (z. B. „schön – hässlich"), zwischen die eine Punkteskala gelegt ist. Auf dieser Skala tragen die Testpersonen ihre Urteile über die wahrgenommenen Objekte ein. Zur Konstruktion eines semantischen Differenzials sind zunächst die (Erlebnis-)Dimensionen zu bestimmen, von denen angenommen wird, dass sie für die Betrachtung eine Rolle spielen. In dem in Abbildung 3.3 dargestellten Beispiel sind dies z. B. Raumeindruck und -übersicht, Vielfalt und Komplexität, die sozialen Aktivitäten, sowie – als abschließende Wertung – Aussagen über die wahrgenommene „Anmutung". Danach erfolgt die Bestimmung von Gegensatzpaaren, die zur Kennzeichnung dieser Dimensionen geeignet erscheinen. Um Bedeutungsunterschiede, die einem Begriff von verschiedenen Personengruppen zugeschrieben werden, auszugleichen, sollten jeder inhaltlichen Dimension nach Möglichkeit mehrere Begriffspaare zugeordnet werden. Die ausgefüllten Angaben können entweder grafisch durch Aufzeichnen der Polaritätenprofile oder mathematisch-statistisch ausgewertet werden. In Abbildung 3.3 sind dazu die so genannten Varianzwerte mit dargestellt: Sie stellen ein Maß für die Variabilität der Mittelwerte dar und werden berechnet, indem die quadrierten Abweichungen der einzelnen Messwerte vom Mittelwert aufsummiert und durch die Anzahl der Werte geteilt werden.

Auch die Art, wie Landschaft z. B. vom Erholungssuchenden erschlossen bzw. wie Freiräume benutzt werden können, bestimmt ihre Wahrnehmung. Zwischen Wahrnehmen und Handeln bestehen dabei enge und wechselseitige Bezüge: Aufgenommene Bedeutungen aus der materialen Umwelt werden in Handlungen umgesetzt, wodurch deren Objekte wiederum zu subjektiven Bedeutungsträgern werden und eine gegenseitige Beeinflussung entsteht. Daher wird es sich des Öfteren anbieten, auch **(Verhaltens-)Beobachtungen** mit als Erhebungsmethode einzubeziehen.

Hinzu tritt, dass zwischen realem Verhalten (also wie jemand sich in einer Situation tatsächlich verhält) und Meinungsstruktur (d. h. wie jemand auf die gestellte Frage, wie er sich in einer bestimmten Situation verhalten würde, antwortet) unterschieden werden muss: Beides braucht nicht unbedingt übereinzustimmen! Eine geäußerte Meinung lässt nicht unbedingt auf das tatsächlich dann ausgeübte Verhalten

Tabelle 3.2 Beispiel eines Gesprächsleitfadens für ein teilstrukturiertes Interview. Das Interview wurde während eines Rundgangs durch die untersuchten Grünräume geführt, wobei die Befragten sich an jeweils 4 festgelegten Standorten zu den angeführten Fragen äußern sollten (vgl. JESSEL 1989)

I. Erläuterung zu Beginn des Rundgangs

Einleitung, Stiften von Motivation beim Gesprächspartner	*„Seit kurzer Zeit beginnen Gartenarchitekten und Planer, sich dafür zu interessieren, wie und was Menschen sehen und erleben, wenn sie eine Grünanlage besuchen. Ein wichtiger Punkt bei jeder Planung muss es sein, Bedürfnisse und Sichtweisen der Leute zu berücksichtigen.*
Zielangabe/genaue Zieldefinition des Rundganges	*Sie können sich daher vorstellen, dass es von größter Wichtigkeit ist, dass Sie mir während des folgenden Rundganges alles sagen und schildern, was Sie sehen und was Sie dabei empfinden.*
Erläuterung des Ablaufes	*Wir werden daher jetzt den vor uns liegenden Grünbereich auf einer festgelegten Strecke gemeinsam abgehen. An bestimmten Punkten werden wir Halt machen, und ich würde Sie bitten, hier alles, aber auch alles aufzuzählen,* *– was Sie sehen,* *– welche Funktionen, Gebrauchsmöglichkeiten etc. sich für sie damit verknüpfen,* *– welche Bedeutungen, Assoziationen Sie dabei empfinden.* *Zu diesem Zweck werden wir ein Tonbandgerät mitnehmen, so dass Sie in Ihrem gewohnten Tempo sprechen können. "*

II. Erläuterungen an den einzelnen Standpunkten

Standpunkt 1 – ausführlichere Erläuterung

Beschreibung der Merkmale der materialen und sozialen Umwelt (primäre Ebene)	1. Schritt: A) *„Zählen Sie nun bitte stichpunktartig auf, was Sie von diesem Standpunkt aus wahrnehmen können. Vielleicht können Sie sich die Aufgabe ein wenig erleichtern, indem Sie sich vorstellen, dass Sie einem guten Freund oder Bekannten, der die Anlage nicht kennt, beschreiben, was Sie sehen und wie dies auf sie wirkt. "* B) *„Denken Sie ferner daran, dass Umwelt nicht nur aus den sichtbaren Dingen besteht, sondern auch aus Geräuschen, Gerüchen, daraus wie sie sich anfühlt etc. "* C) *„Denken Sie schließlich auch an die Leute, die Sie hier sehen und die sich normalerweise hier aufhalten. Möchten Sie Ihrem Freund hierzu etwas mitteilen?"*

Tabelle 3.2 Beispiel eines Gesprächsleitfadens für ein teilstrukturiertes Interview. Das Interview wurde während eines Rundgangs durch die untersuchten Grünräume geführt, wobei die Befragten sich an jeweils 4 festgelegten Standorten zu den angeführten Fragen äußern sollten (vgl. Jessel 1989) (Forts.)

II. Erläuterungen an den einzelnen Standpunkten	
Standpunkt 1 – ausführlichere Erläuterung	
Beschreibung wahrgenommener Funktionen und Gebrauchsmöglichkeiten (sekundäre Ebene)	2. Schritt: D) „Können Sie sich vorstellen, dass man mit dem, was wir hier sehen, etwas anfangen, etwas ‚machen' kann? Solche Gebrauchsmöglichkeiten sind im weitesten Sinne zu sehen – es können z.B. auch sein ein kühler Bereich, in dem man sich bei Hitze gerne aufhalten möchte oder ein sonniger Fleck, an dem man sich gerne von der Sonne wärmen lassen möchte."
Erfragen von Bedeutungen, Assoziationen (tertiäre Ebene)	3. Schritt: E) „Schließlich lassen Sie Ihre Phantasie spielen – stellen Sie sich vor, Sie würden Ihrem Freund beschreiben, ob Sie mit dem was Sie hier sehen irgendwelche Bedeutungen verknüpfen. Dies können sein Bedeutungen allgemeiner Art (Beispiel: mit einem Kleeblatt verbinden viele Leute ‚Glück'), es können Bedeutungen ganz persönlicher Art sein (z.B.: Hier habe ich mich mit Freunden schon einmal gut unterhalten) oder aber sagen Sie Ihrem Freund, ob Sie mit dem, was vor uns liegt in dieser Beziehung nichts anfangen können."
Standpunkt 1 – ausführlichere Erläuterung	
An jedem Standpunkt wird eine möglichst vollzählige Aufzählung angestrebt	„Wenn wir jetzt am folgenden Standpunkt sind, dann stellen Sie sich bitte vor, die Szene wäre völlig neu für Sie. Zählen Sie daher ruhig auch Dinge auf, die Sie vorher schon gesehen haben." Es folgt eine verkürzte Wiedergabe der Einzelschritte.

Tabelle 3.3 Kategorisierung der von den Befragten wahrgenommenen Symbolverweise und Assoziationen.

I. Auf den Gesamteindruck bezogene Assoziationen	Assoziation		Anzahl der Nennungen	Summe
	• Geborgenheit		10	
	• Zentrum		2	
	• Natur		1	
	• Atmosphäre eines Parks		1	
	• Gefühl der Freiheit		1	
	• Zusammengehörigkeit, Gemeinschaft		1	
	• Geschmack und Harmonie		1	
	• Visitenkarte, Wohnungsdiele		1	18
II. An Einzelemente geknüpfte Assoziationen	**Element**	**Assoziation**	**Anzahl der Nennungen**	**Summe**
	1. Auf kulturelles Allgemeingut bezogen			
	• Neptunbrunnen	z.B. Mittelmeer/Reisen; Gemütlichkeit, Beruhigung; Wasser = Leben; Zentrum	18	
	• Torbogen	z. B. Hineingehen in ein Bild, Nadelöhr, zu Hause	5	23
	2. Auf Vegetationselemente bezogen			
	• Linden am Brunnen	Gang der Jahreszeiten, Dach,	3	
		Ruhe und Geborgenheit	1	
	• Bäume insgesamt	Gang der Jahreszeiten		
	• Wilder Wein an Hausfassaden	Gemütlichkeit, Märchen	1	5
	3. Erinnerungen persönlicher Art			
	• Neptunbrunnen	z.B. Spiel der Kinder; erstes Wort, das der Sohn sprach	4	
	• Autos	Hund wurde überfahren	1	
	• Gittertor	Verbotenes Öffnen in der Jugendzeit	1	
	• Aufgang zum Rosenhof	Frühere Kiesgrube an dieser Stelle	1	7
	4. Sonstiges			
	• Autos	Gefühl des Gehetztseins	1	
	• Treppe	Weg in eine andere Welt	1	2
Gesamt			**55 Nennungen bei 21 Personen**	

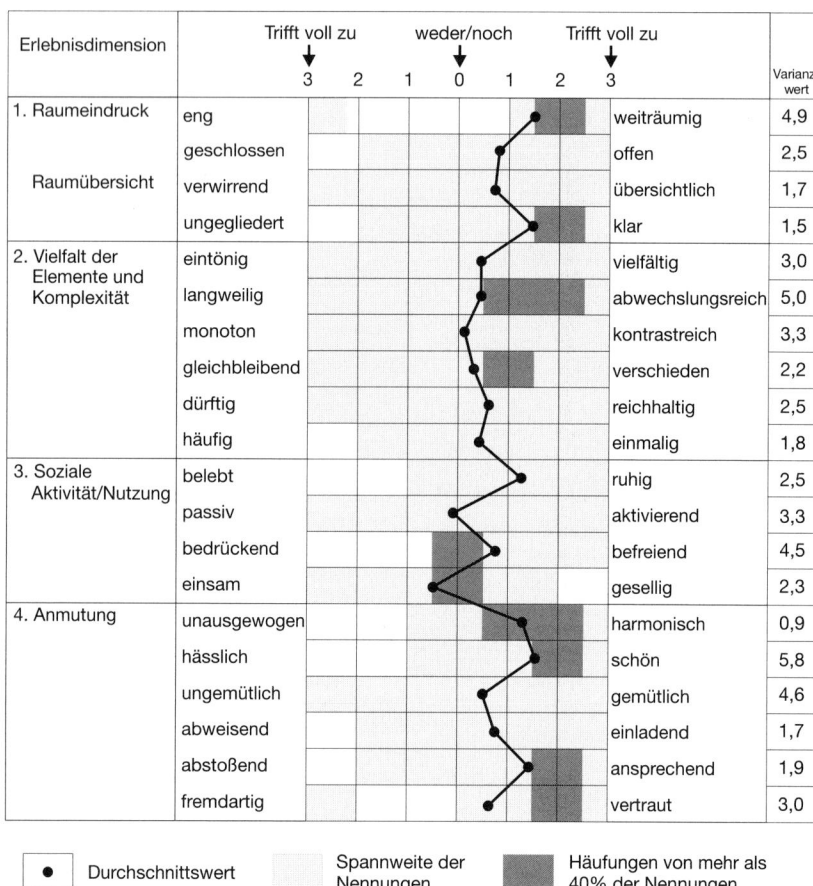

Erlebnisdimension		Trifft voll zu			weder/noch		Trifft voll zu				Varianz-wert
		3	2	1	0	1	2	3			
1. Raumeindruck	eng								weiträumig		4,9
	geschlossen								offen		2,5
Raumübersicht	verwirrend								übersichtlich		1,7
	ungegliedert								klar		1,5
2. Vielfalt der Elemente und Komplexität	eintönig								vielfältig		3,0
	langweilig								abwechslungsreich		5,0
	monoton								kontrastreich		3,3
	gleichbleibend								verschieden		2,2
	dürftig								reichhaltig		2,5
	häufig								einmalig		1,8
3. Soziale Aktivität/Nutzung	belebt								ruhig		2,5
	passiv								aktivierend		3,3
	bedrückend								befreiend		4,5
	einsam								gesellig		2,3
4. Anmutung	unausgewogen								harmonisch		0,9
	hässlich								schön		5,8
	ungemütlich								gemütlich		4,6
	abweisend								einladend		1,7
	abstoßend								ansprechend		1,9
	fremdartig								vertraut		3,0

● Durchschnittswert   Spannweite der Nennungen   Häufungen von mehr als 40% der Nennungen

Abb. 3.3 *Beispiel für die Einstufung von Wahrnehmungsqualitäten in einem Polaritätenprofil (semantisches Differenzial) durch 20 Befragte.*

schließen. Die vielfach thematisierte Diskrepanz zwischen (verbal geäußertem) Umweltbewusstsein und (dann tatsächlich praktiziertem) Umwelthandeln ist hier nur ein Beispiel. Auch dies spricht dafür, Befragungsergebnisse wenn möglich durch Verhaltensbeobachtungen zu überprüfen.

Unter Beobachtung ist in diesem Sinne das systematische Erfassen, Festhalten und Deuten sinnlich wahrnehmbaren Verhaltens zum Zeitpunkt seines Geschehens zu verstehen (ATTESLANDER 2000). Verhaltensereignisse können in mehr oder weniger stark festgelegten Kategorien (Erhebungsbögen, Lageskizzen) festgehalten werden. Weitere wichtige Auswertungshilfen stellen Randvariable wie Wetter oder Temperatur dar. Stärker noch als die Befragung ist die Beobachtung auch ein prozesshafter Vorgang, da sich oft nicht alle auftretenden Verhaltensweisen von vornherein werden fassen lassen. Als besonderes Charakteristikum ist denn auch festzuhalten, dass Beobachtungen auf der einen Seite der Erfassung und Deutung sozialen Handelns dienen, auf der anderen Seite aber selbst soziales Handeln sind. Entsprechend unterscheiden sich verschiedene Formen der Beobachtung anhand folgender Merkmale (ATTESLANDER 2000):

- **Strukturiertheit**: Analog zur Befragung liegt einer strukturierten Beobachtung ein vorab erstelltes Beobachtungsschema zugrunde, das angibt, was und wie zu beobachten ist, d. h. Zahl und Art der Beobachtungseinheiten definiert. Dabei besteht das Problem, dass die Wahrnehmung durch ein von vornherein vorgegebenes Beobachtungsschema bzw. vorgegebene Beobachtungskategorien unter Umständen zu sehr eingeschränkt wird. Daher sollten die für bestimmte Beobachtungsfelder entwickelten Kategorienschemata in jedem Fall einem Vortest (Pretest) unterzogen werden. Der unstrukturierten Beobachtung liegen im Gegensatz dazu keine inhaltlichen Beobachtungsschemata zugrunde, sondern lediglich die Leitfragen der Forschung. Dies sichert die Flexibilität und die Offenheit der Beobachtung für die Eigenarten der beobachteten Felder.
- **Offenheit**: Bei einer verdeckten Beobachtung wissen die Beobachteten nicht, dass sie beobachtet werden, bei einer offenen Beobachtung ist dies bekannt. Der Grund für eine verdeckte Beobachtung kann darin liegen, dass das Verhalten der Personen durch die Beobachtung nicht gestört oder verändert werden soll.
- **Teilnahme**: Diese Dimension bezieht sich auf den Partizipationsgrad des Beobachters an der sozialen Situation, die er beobachtet. Eine gewisse Teilnahme ist durch die Wahrnehmungs- und Interpretationstätigkeit des Beobachters zwar stets gegeben. Zu unterscheiden ist jedoch eine passive Teilnahme (niedriger Partizipationsgrad) von einer aktiven Teilnahme (hoher Partizipationsgrad). Bei ersterer beschränkt sich der Beobachter ganz auf seine Rolle und nimmt wenig an den zu untersuchenden Interaktionen teil. Bei der aktiven Teilnahme übernimmt der Beobachter selbst eine Teilnehmerrolle im Feld. Er kann sich so ggf. besser in die Lebenswelt der Versuchspersonen hineinversetzen und deren Verhalten nachvollziehen.

Eine heute häufig praktizierte Form ist die qualitativ-teilnehmende Beobachtung: Sie ist – gemessen an den oben geschilderten Merkmalen – unstrukturiert, offen und aktiv-teilnehmend, d. h. der Untersuchende begibt sich aktiv in das Umfeld, das er betrachten will. Als ein Beispiel einer solchen Beobachtung zeigt Abbildung 3.4 die Einschätzung der Akzeptanz von Landwirten für die Durchführung von Ausgleichs- und Ersatzmaßnahmen während eines Aushandelungsprozesses zwischen den Grundstückseigentümern und verschiedenen Behörden. Dabei werden vor allem zwischen Landwirt und Vorhabenträger sehr unterschiedliche Sichtweisen deutlich, die während des Projektverlaufs zu erheblichen Missverständnissen bis hin zur Gefahr des Scheiterns der vorgesehenen Maßnahme führten. Solche teilnehmenden Beobachtungen eignen sich, um Planungs-, Entscheidungs- und Abstimmungsprozesse zu verfolgen. Für sie sind meist keine standardisierten Auswerteverfahren entwickelbar; vielmehr bemessen sich Erhebungs- wie Auswertungskategorien an den konkreten Situationen.

Um derartige Erhebungen korrekt durchzuführen, erweist sich im Regelfall ein **Pretest**, d. h. eine Vor- oder Testerhebung als notwendig. Er dient dazu, das erstellte „Untersuchungsdesign" auf seine Tauglichkeit zu testen und zu prüfen, inwieweit es

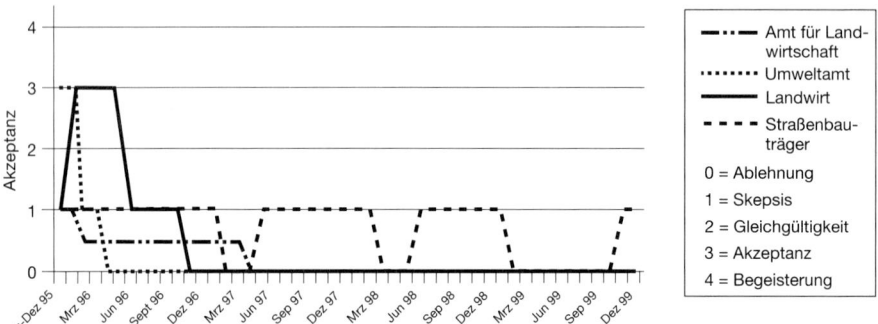

Abb. 3.4 *Einschätzung der Akzeptanz der Landwirte für eine geplante Ersatzmaßnahme auf Grundlage einer teilnehmenden Beobachtung (GARBE 2001).*

sich dazu eignet, die beabsichtigten Ergebnisse zu erzielen. Für den Pretest sollte das gleiche Auswahlverfahren verwendet werden, das auch für die Hauptuntersuchung beabsichtigt ist. Auf folgende Punkte ist dabei zu achten:

- Zuverlässigkeit (Reliabilität) und Gültigkeit (Validität) der Ergebnisse: Die Reliabilität gibt dabei das Ausmaß an, in dem die Anwendung eines Erhebungsinstruments bei wiederholten Datenerhebungen unter den gleichen Bedingungen und bei denselben Probanden das gleiche Ergebnis erzielt. Die Validitätsprüfung gibt an, inwieweit die Anwendung eines Erhebungsinstruments tatsächlich die Variable misst, die es zu messen beansprucht.
- Sprachliche und inhaltliche Verständlichkeit der Fragen bzw. Eindeutigkeit der verwendeten Kategorien: Oft wird es auch darum gehen, über den Pretest erst das Spektrum der Antwort- und Kategorisierungsmöglichkeiten zu erheben, um daraus eine eindeutige und vollständige Kategorisierung der Antwortmöglichkeiten zu entwickeln.
- Ein Pretest hat auch den Sinn, möglicherweise nicht vermutete Schwierigkeiten und Probleme zu erkennen und nach Möglichkeit auszuräumen. So stellt sich oft erst über eine Voruntersuchung heraus, dass das Erhebungsinstrument sowie die Datenstruktur manche der beabsichtigten Auswertungen und Hypothesen gar nicht erst erlauben und daher ggf. eine andere Methode zum Einsatz kommen sollte.

3.2 Methodenbausteine

Neben der Datenbeschaffung waren im Rahmen der Erarbeitung der ersten ökologisch orientierten Planungen zunächst verschiedene grundsätzliche Fragestellungen zu klären. Diese betrafen vor allem die in den einschlägigen Gesetzen formulierten sehr komplexen Ansprüche (vergleiche §§ 1, 2 und 14 BNatSchG, § 1 ROG oder § 2 Landeskulturgesetz der DDR). Fachlich-inhaltlich zunächst nur schwer interpretierbare Begriffe wie Leistungsfähigkeit des Naturhaushalts, Nutzungsfähigkeit der Naturgüter oder effektive Mehrfachnutzung der Landschaft und ihrer Reichtümer mussten erst einmal handhabbar gemacht („operationalisiert") werden. Besondere Schwierigkeiten bereitete dabei die Forderung, die planerischen Aussagen auch flächenbezogen in Karten und Plänen darzustellen.

Bis Ende der 80er-Jahre ist zum einen eine deutliche Tendenz zu immer stärkerer Verkomplizierung planungsrelevanter Methoden beobachtbar. Auch der Wille zur Quantifizierung ist erkennbar. Gerade von staatlicher Seite standen und stehen demgegenüber immer wieder massive Bestrebungen, möglichst vereinheitlichte und stark formalisierte Verfahren zur Anwendung zu bringen. Zwischenzeitlich war man der Meinung, dass nahezu jeder Interessierte in der Lage sein müsste, verschiedene Planungsverfahren abarbeiten zu können, wenn nur eine gut ausgearbeitete Methodenanleitung zur Verfügung stünde, also z. B. ein Vermessungskundler in die Lage versetzt wird, den landschaftspflegerischen Begleitplan für eine Flurbereinigungsmaßnahme durchzuführen oder ein Kommunalbeamter, die Eingriffsregelung für die gemeindliche Bauleitplanung abzuarbeiten. Sämtliche diesbezüglich unternommenen Versuche sind ziemlich kläglich gescheitert und führten zu der Erkenntnis, dass neben einem formalen Ablauf eine große Fülle fachplanerischer Erfahrungen erforderlich ist, um derartige komplexe Aufgaben zu erledigen. Ansonsten könnten sie auch maximal standardisiert von entsprechend konzipierten Computerprogrammen erledigt werden. Mit großer Sicherheit hätten nicht wenige Menschen psychologisch begründete Vorbehalte gegenüber den Ergebnissen solcher Planungen. Deshalb hat sich in der Planergemeinschaft die Erkenntnis durchgesetzt, dass zwar Teilschritte formalisiert werden können, der gesamte Planungsablauf jedoch nur mit fachplanerischen Mindesterfahrungen zu einem erfolgreichen Abschluss gebracht werden kann.

Wesentlich ist des Weiteren die Erkenntnis, dass besonders aufwendige Planungsverfahren nicht unbedingt zu detaillierteren (z. B. flächenbezogen genaueren) oder besser begründeten (z. B. fachlich quantifizierbaren) Zielformulierungen und Maßnahmenempfehlungen führen müssen. Vielmehr sollten bei der Auswahl von Analyse- und Bewertungsmethoden folgende Kriterien beachtet werden:

Einfachheit: Da Planungsergebnisse im Allgemeinen auch vor interessierten Laien vorgestellt und von ihnen oftmals akzeptiert werden müssen (beispielsweise ein Landschaftsplan von den Gemeindevertretern), sollten die Verfahren so einfach sein wie es fachlich-inhaltlich vertreten werden kann. Man sollte auch nicht davor zurückschrecken, Methoden zu berücksichtigen, die dem „gesunden Menschenverstand" entsprechen, d. h. deren Ablauf und Ergebnisse unmittelbar einleuchtend (plausibel) sind.

Nachvollziehbarkeit: Die Darstellung der Vorgehensweise muss so erfolgen, dass auch andere qualifizierte Bearbeiter zu vergleichbaren Ergebnissen kommen würden. Die wissenschaftlich anerkannten Theorien sind hierbei selbstverständlich adäquat einzubeziehen. Als besonders anschaulich, um zu einer nachvollziehbaren Entscheidung zu gelangen, haben sich u.a. Ausschlussverfahren in Form von „Wenn ..., dann ...!"- bzw. „Wenn ... und / oder, dann ..."-Regeln erwiesen. Zur Erhöhung der Akzeptanz sollte bei bestimmten Aufgaben, wie z. B. in der kommunalen Landschaftsplanung, nicht nur eine planerische Lösung angeboten werden, sondern möglichst ein Set verschiedener Lösungen, aus denen sich anschließend der Auftraggeber (z. B. der Gemeinderat) die seiner Überzeugung nach tragfähigste Alternative auswählen kann.

Zielorientiertheit: Auch bei erfahrenen Planern ist oft die Tendenz zu beobachten, den Aufwand für Analysen und Bewertungen zu sehr in den Vordergrund zu stellen, während für die Erarbeitung fundierter Planungsaussagen und vor allem deren Abstimmung mit den Akteuren anschließend zu wenig Zeit und natürlich auch Geld zur Verfügung steht. Zunächst werden oft Unmengen an Daten gesammelt, die später gar nicht mehr gebraucht werden oder wieder zusammengefasst werden müssen, nachdem sie viel zu detailliert aufbereitet wurden und auf ihrer Basis keine direkten Planungsaussagen abgeleitet werden konnten.

Regionaler Bezug: Weil die Datengrundlagen in den verschiedenen Bundesländern in sehr unterschiedlicher Menge und Qualität vorliegen, müssen die methodischen Grundlagen dieser Situation immer neu angepasst bzw. aus ihr heraus erst entwickelt werden. Sie sind deshalb grundsätzlich flexibel zu gestalten und müssen fallweise sogar völlig neu entwickelt werden. Hierbei sind auch regionale Unterschiede in der Weise zu berücksichtigen, dass eine in einem Landschaftsraum seltene Art im Nachbar-Landschaftsraum einen Verbreitungsschwerpunkt aufweisen kann oder ein fruchtbarer Boden in der Lüneburger Heide etwas ganz anderes ist als in der Magdeburger Börde.

In der Konsequenz der dargestellten Entwicklung kommen heute in ökologisch orientierten Planungen **verschiedene Modellansätze zur Erfassung und Darstellung des Naturhaushaltes** zur Anwendung: Sie entstammen unterschiedlichen Wurzeln, werden heute aber parallel gebraucht und überschneiden sich daher begrifflich zum Teil:

Der **Potenzialansatz** hat sich im Wesentlichen aus der physischen Geografie entwickelt. Anknüpfend an einen jahrzehntelangen Disput, wie eine Gliederung des geografischen Raumes zu bewerkstelligen sei (vergleiche auch Kap. 3.2.2.), stellte der Potenzialansatz sowohl die reale Möglichkeit wie auch die Zweckmäßigkeit einer nach objektiven Kriterien möglichen Naturraumgliederung in Frage. Er geht vielmehr davon aus, dass fallbezogen eine auf die jeweiligen Nutzungsansprüche und resultierende Belastbarkeiten Bezug nehmende Raumgliederung sinnvoll ist. Die Betrachtungsweise war ursprünglich stark nutzungsorientiert (indem z. B. ein Rohstoff-, Wasserdargebots- oder Biotisches Ertragspotenzial unterschieden wurden). Durch Übernahme in die ökologisch orientierte Planung wurden die Naturraumpotenziale nunmehr auch als nutzungsunabhängige Funktionskomplexe von Ökosystemen aufgefasst, die sich eignen, um deren Belastbarkeit zu betrachten (vergleiche Kap. 3.2.3.).

Der **Schutzgutansatz** hingegen unterscheidet ressourcenbezogen in die Schutzgüter Boden, Wasser, Luft/Klima, Pflanzen und Tiere. Er fand vor allem in das UVP-Gesetz Eingang, das in dieser Aufzählung zusätzlich den Menschen nennt.

Stark aus Sicht der naturschutzrechtlichen Eingriffsregelung geprägt ist hingegen das Begriffspaar der **Wert- und Funktionselemente** oder auch **Werte und Funktionen**. Darunter zu verstehen sind flächenbezogene Landschaftselemente, denen aus Naturschutzsicht eine „allgemeine" oder „besondere" Bedeutung zugesprochen und damit die Wertigkeit bei einer Inanspruchnahme durch Eingriffsvorhaben gekennzeichnet wird. Die Begriffe stehen für den Anspruch der Eingriffsregelung, wonach deren Ausgleichs- und Ersatzmaßnahmen funktional auf einzelne Beeinträchtigungen bezug nehmen sollen. Sie sind vor allem im rechtlichen Bereich verankert und finden sich in der Naturschutzgesetzgebung einzelner Bundesländer zur Eingriffsregelung (z. B. Art. 6 Abs. 3 BayNatSchG; § 9 Abs. 6 HmbNatSchG; § 12 NdsNatSchG).

Hingegen wird vor allem in der Landschaftsplanung oft in so genannten **(Landschafts-)Funktionen** differenziert. Auch werden solche Funktionen oft zur weiteren Untergliederung der Landschaftspotenziale eingesetzt (vergleiche hierzu etwa Tabelle 3.6).

Eigentlich wäre ein Abgleich dieser verschiedenen Begriffe dringend erforderlich. Eine einheitliche Begriffwahl wäre insbesondere anzustreben, um die Kompatibilität und die Bezüge zwischen den Instrumenten Landschaftsplanung, UVP und Eingriffsregelung zu steigern.

3.2.1 Indikatorenansatz

Auch nach nahezu 30 Jahren Erfahrung mit ökologisch orientierten Planungen hat es sich als Illusion herausgestellt, sämtliche ökologischen Parameter und ihre vielfältigen Wechselwirkungen im komplexen Zusammenwirken des Naturhaushaltes komplett erfassen und bewerten zu können. Hierzu sind weder ausreichend Zeit noch genügend finanzielle Mittel vorhanden. Außerdem ist die Erfüllung dieses Anspruches aus planungstheoretischer Sicht und pragmatischer Erfahrung auch gar nicht notwendig geschweige denn sinnvoll. Man hat frühzeitig erkannt, dass es für die Erfassung und Bewertung von Landschaften bzw. die darauf aufbauende Formulierung von Zielen und Maßnahmen im Allgemeinen ausreichend ist, die vorhandene Situation eines Landschaftsraumes mit Hilfe von Indikatoren (besonders aussagefähigen und repräsentativen Parametern) zu beschreiben.

Sie sind nie isoliert, sondern stets in Bezug zu einem Indikandum zu sehen. Nicht sie selbst allein sind von Interesse, sondern die Tatsachen, die sie belegen sollen. So ist die Angabe über die Zu- bzw. Abnahme einer bestimmten Luftschadstoffkonzentration allein betrachtet zunächst vergleichsweise uninteressant. Erst eine Zusammenschau dieser Indikatorgröße mit dem Auftreten bestimmter Krankheitshäufigkeiten oder geschädigter Baumarten ermöglichen planungsrelevante Interpretationen. Deshalb muss gut genug bekannt sein, ob ein Indikator auch tatsächlich das misst, was betrachtet werden soll **(Validitätsproblem)** und wie zuverlässig bzw. stabil er dabei ist **(Reliabilitätsproblem)** (Steingrube 1998).

Bezogen auf ökologisch orientierte Planungen sind Indikatoren Parameter, die bestimmte Zustände der Umwelt repräsentativ beschreiben. Es handelt sich bei ihnen entweder um biologische Größen zur Charakterisierung von Populationen oder Biozönosen (z. B. Einzelarten oder auch Artengruppen) oder chemisch-physikalische Daten zur Beschreibung ökosystemarer Wechselwirkungen (z. B. Nährstoffgehalte, Strahlungsverhältnisse). Oft stehen sie stellvertretend für Parameter und komplexe Zusammenhänge, die selbst nicht direkt oder nur mit hohem Aufwand zu erfassen sind. Ein Beispiel sind die Ellenberg'schen Zeigerwerte, die z.B. als Licht- oder Feuchtezahl verschiedenen Pflanzenarten zuordnenbar sind und einen Rückschluss auf komplexe Standorteigenschaften zulassen.

In der Planung kommen Indikatoren für Beschreibungs-, Klassifikations- und Bewertungsaufgaben zum Einsatz. An sie werden eine Reihe von Anforderungen gestellt. Sie müssen insbesondere:

- eindeutig definiert sein,
- reproduzierbar sein, d. h. im Rahmen von Wiederholungsuntersuchungen vergleichbare Ergebnisse liefern,
- objektiv in dem Sinne sein, dass jeder bei ihrer Verwendung zum gleichen Ergebnis kommt,
- unter vertretbarem Aufwand exakt erfassbar sein,
- umweltrelevant sein, also sich auf ganz konkrete Ursache-Wirkungsbeziehungen konzentrieren sowie
- zielgerichtet sein, d. h. sich dazu eignen, durchgängig in verschiedenen Planungsschritten und -ebenen verarbeitet zu werden (SUKOPP et al. 1985).

Es ist unbedingt notwendig, die Auswahl der bei einer Planung verwendeten Indikatoren fachlich zu begründen und die Arbeitsschritte zu beschreiben, mit denen man das Auftreten und die Verteilung des Indikators im Untersuchungsraum erfasst und bewertet hat. Im Allgemeinen versucht man ein ganzes Set problembezogener Indikatoren zu formulieren. Sie erleichtern die Geländearbeit und kartographische Auswertungen und führen meist zu nicht unerheblichen Kostenersparnissen. Dennoch muss die Qualität einer Aussage auch bei Verwendung nur weniger Indikatoren nicht unbedingt eingeschränkt werden. Dies gilt vor allem in den Fällen, in denen Indikatoren ausgewählt werden konnten, über die bereits langjährige Erfahrungen vorliegen. Hierzu zählen u.a. die teils jedoch umstrittenen Ellenberg'schen Zeigerwerte für Pflanzenarten, die Indikation einer bestimmten großräumig betrachteten Landschaftsraumqualität durch Erhebung von Brutvogelarten oder auf kleinräumigem Niveau durch Untersuchung von Mollusken in einzelnen Biotopen. Auch die Gewässergütebestim-

Kasten 3.3 Typen planungsrelevanter Indikatoren

Bei Planungsaufgaben kommen Indikatoren für folgende Zwecke zum Einsatz (ZEHLIUS-ECKERT 1998):

- als **Zustandindikatoren**, die der Beschreibung von Objekteigenschaften dienen
  Beispiele: pH-Wert, Zeigerpflanzen nach ELLENBERG, denen z.B. eine Licht-, Feuchte- oder Stickstoffzahl als Indikatoren für bestimmte Standorteigenschaften zugeordnet sind;

- Als **Klassifikationsindikatoren**, die der Abgrenzung von Klassen dienen bzw. eine Zuordnung von Objekten zu den Einheiten einer Klassifikation erlauben
  Beispiele: Charakter- und Differentialarten von Pflanzengesellschaften, wasserlebende Organismen, über die sich Saprobiegrade als Maß für die Trophie von Gewässern zuordnen lassen;

- Als **Ziel- bzw. Bewertungsindikatoren**, die der Formulierung von Zielen (in Form von Soll-Werten) und der auf diese Ziele bezogenen wertenden Beschreibung von Objekten (z.B. in Form von Soll-Ist-Differenzen) dienen
  Beispiel: Zielarten.

mung anhand des Saprobienindexes erfolgt über Indikatororganismen und -größen. Obwohl ihr Einsatz für Hoch- und Mittelgebirgsgewässer nur eingeschränkt oder überhaupt nicht möglich ist, handelt es sich um ein seit Jahrzehnten erfolgreich eingesetztes Verfahren zur Bewertung der Gewässerqualität.

3.2.2 Landschaftsökologische Raumgliederungen

Seit Beginn des 19. Jahrhunderts, als sich die Geografie als komplexe Wissenschaftsdisziplin etablierte, gibt es kontroverse Auffassungen darüber, ob vorhandene Räume universell (also entsprechend der naturräumlichen Gliederung) oder zweckgebunden für verschiedene Fragestellungen (z. B. entsprechend des Potenzialansatzes, vergleiche Kap. 3.2.3) zu gliedern sind. Grundsätzlich würde es die Arbeit der ökologisch orientierten Planung erleichtern, wenn es möglich wäre, eine universelle Gliederung der Erdoberfläche in verschiedenen Maßstabsebenen vornehmen zu können. Ein Versuch ist mit der naturräumlichen Gliederung in beiden Teilen Deutschlands in den 60er-Jahren des letzten Jahrhunderts durchgeführt worden. Angesichts der Größe und Komplexität von Naturräumen gelangt auch der erfahrene Betrachter schnell an objektive Erkenntnisgrenzen. Der Versuch der umfassenden Erkenntnis muss somit als entweder grundsätzlich unmöglich, zumindest aber als ungerechtfertigt aufwendig angesehen werden (RUNGE 1998). Der Ganzheitsansatz wurde 1980 von BIERHALS in Frage gestellt und stattdessen zweckgebundene Gliederungen, wie sie in den 70er-Jahren bereits in der DDR entwickelt worden waren, empfohlen. Beide Verfahren sind seither weiterentwickelt und auch erfolgreich eingesetzt worden.

Deshalb empfehlen BASTIAN et al. (1999) entsprechend der zu bearbeitenden Fragestellung und des gewählten Maßstabs eine der folgenden Bearbeitungsweisen zu nutzen, die jeweils weiter differenziert bzw. modifiziert werden müssen und auch kombiniert werden können:

Ganzheitlicher Ansatz: Dabei werden die meist mehr oder weniger heterogenen Raumeinheiten als Ganzes betrachtet und bewertet, ohne sie in kleinere Bestandteile aufzulösen. Dieser Ansatz eignet sich u.a., wenn im untersuchten Raum Eigenschaften zu beschreiben sind, die sich nur großräumig analysieren und definieren lassen, z. B. Klimaparameter, Habitateigenschaften oder landschaftliche Diversität.

Teilräumlicher Ansatz: Heterogene Räume werden in Untereinheiten zerlegt, wenn sie sich hinsichtlich wichtiger Merkmale deutlich voneinander unterscheiden lassen. Diese Vorgehensweise wird gewählt, wenn unterschiedliche Landschaftsfunktionen zu betrachten sind, deren Korrelation mit den Raumnutzungen meist sehr gering sind. Auf Detailerkundungen kann dann verzichtet werden, wenn wiederkehrende Gesetzmäßigkeiten bekannt sind, wie z. B. das Vorhandensein landschaftlicher Grundeinheiten (trockene Kuppen wechseln mit feuchten Senken) in Kleinkuppengebieten. Ein Beispiel ist die Untergliederung größerer Räume in einzelne klimatische Funktionsräume oder in durch einheitliches Nutzungsmuster und geomorphologischen Formenschatz gekennzeichnete Landschaftsbildeinheiten.

Elementarflächenbezogener Ansatz: Hierbei werden sehr komplexe Räume weitestgehend in einzelne Merkmale zerlegt und fachlich analysiert und bewertet, ohne Berücksichtigung ihres räumlichen Zusammenhangs. Ein solches Vorgehen kann dann sinnvoll sein, wenn kleinräumig Prozesse oder Landschaftsfunktionen untersucht werden müssen, die an keine großräumigen Beziehungen gebunden sind.

3.2.3 Potenzialansatz

Die Ursprünge der Verwendung des Potenzialansatzes für landschaftsplanerische Fragestellungen reichen in die 40er-Jahre des letzten Jahrhunderts zurück. MÄDING (1950 zit. in RUNGE 1990) forderte, dass das „biologische Potenzial" in Fachplanungen berücksichtigt werden soll. Zeitgleich wurden 1948 in der damaligen Sowjetischen Besatzungszone von den beiden Mitarbeitern des Instituts für Bauwesen der Deutschen Akademie der Wissenschaften LINGNER und CARL erste Vorüberlegungen zur Durchführung einer umfassenden Landschaftsdiagnose der ein Jahr später gegründeten DDR angestellt (GELBRICH 1995). Begründet wurde die Absicht mit einer zunehmend zu beobachtenden Vernachlässigung der Pflege der Kulturlandschaft, verbunden mit Landschaftsschäden infolge von Bodenabbaumaßnahmen, Entblößung der Agrarlandschaft durch landwirtschaftliche Intensivierung, nachhaltige Veränderungen des Wasserhaushaltes und Luftverunreinigungen durch Industrie und Städte. In Form einer flächendeckenden Landschaftsdiagnose sollten Daten zur Verfügung gestellt werden, auf deren Basis ein Plan notwendiger Sanierungs- und Neuordnungsmaßnamen aufgestellt werden konnte. Das dabei erhobene sehr umfassende Material wurde jedoch nur sehr zögerlich und gegen die Anweisungen der staatlichen Plankommission zur Ableitung landschaftsplanerischer Ziele und Maßnahmen weiterverwendet.

Einen wichtigen Impuls bekamen diese Arbeiten durch das 1970 in Kraft getretene **Landeskulturgesetz der DDR**. Darin wurden die umweltrelevanten Zielstellungen zur zukünftigen Entwicklung umfassend festgelegt. Es sollte ein Konzept der Mehrfachnutzung der Landesfläche zur Befriedigung sämtlicher gesellschaftlicher Bedürfnisse, zu denen explizit auch der Naturschutz gerechnet wurde, konzipiert und planerisch umgesetzt werden. Diese Entwicklungen trugen wesentlich zu einer kontinuierlichen Präzisierung und Weiterentwicklung der Naturraumerkundung bei. Wichtigste Zielstellung war, die besondere Eignung verschiedener Landschaftsteile für eine oder mehrere Nutzungen zu bewerten und anschließend planerisch umzusetzen (HAASE 1991; FINKE 1994). Dabei war nicht nur der aktuelle Zustand von Natur und Landschaft, sondern gerade auch die Entwicklungsfähigkeit einzelner Flächen (also ihre Potenziale) zu berücksichtigen. So entstand zunächst der in Kasten 3.4 dargestellte nutzungsorientierte Potenzialansatz, der mit anspruchsvollen wissenschaftli-

---

Kasten 3.4 Nutzungsorientierte Potenzialbetrachtung (HAASE 1991; FINKE 1994)

Naturschutzpotenzial/biotisches Regenerationspotenzial
Rohstoffpotenzial
Wasserdargebotspotenzial
Biotisches Ertragspotenzial

Klimatisches Potenzial
Erholungspotenzial
Entsorgungspotenzial
Bebauungspotenzial

chen Methoden ständig weiterentwickelt wurde (HAASE 1991). Obwohl von der Datenlage her prinzipiell möglich, gab es in der DDR jedoch zu keiner Zeit eine umfassende Landschaftsplanung bzw. Umweltverträglichkeitsuntersuchungen (GELBRICH 1995). Dies mag auch damit erklärt werden, dass nach den Ölpreiskrisen 1973 und 1978 die mutigen Ziele des Landeskulturgesetzes aufgrund ständig zunehmender wirtschaftlicher Probleme der DDR nicht mehr realisiert werden konnten.

Mit diesem Ansatz konnten die in der Landesplanung immer wichtiger werdenden Vorrang- und Vorbehaltsgebiete für unterschiedliche raumordnerische Zweckbestimmungen (u.a. für Land- und Forstwirtschaft, Erholung, Wassergewinnung, Rohstoffsicherung usw.) fachlich fundiert ausgewiesen werden (vgl. Tab. 3.4).

Für die Landschaftsplanung musste diese Verfahrensweise später modifiziert werden, indem eine **ressourcenorientierte Betrachtungsweise** des Potenzialansatzes entwickelt wurde. Hierbei werden die Regelungsfunktionen der einzelnen Ökosystembestandteile in ihrem Zusammenwirken zum Naturhaushalt betrachtet. Der Boden wird folglich im Hinblick auf seine Regelungsleistungen im Stoffhaushalt, das Wasser in Bezug auf den Wasserhaushalt und Luft/Klima hinsichtlich ihrer Regelungsleistungen im Wärmehaushalt einer Landschaft beurteilt. Das Vorkommen seltener oder gefährdeter Arten und Lebensgemeinschaften widerspiegelt in dieser Betrachtungsweise ein hohes Maß an Selbstregelungsfähigkeit einer Landschaft. Demgegenüber stellen Vielfalt, Eigenart und Schönheit von Natur und Landschaft einen Komplexparameter (ebenso wie der Naturhaushalt) dar, der sich primär auf die Sichtweise und Empfindung des wahrnehmenden Menschen bezieht. Um diese Potenziale (vergleiche Tab. 3.5) handhabbar zu machen werden sie in verschiedene Naturhaushaltsfunktionen,

Tabelle 3.4 In Regionalplänen grundsätzlich darstellbare Vorrang- und Vorbehaltskategorien (KIEMSTEDT et al. 1993)

Funktionsbereich	Vorrangbereiche	Vorbehaltsbereiche
Rohstoffsicherung und -gewinnung	… für den Abbau von Rohstoffen	… zur langfristigen Sicherung von Rohstoffvorkommen
Erholung	… für naturnahe Erholung (oder sonstige spezielle Erholungsnutzungen)	… zur Förderung der Fremdenverkehrsentwicklung, … für Naherholung
Klimaschutz	… zum Schutz von Kaltluftentstehungsgebieten, … für den Kaltlufttransport	… für Klimaschutz (im Falle einer noch unzureichenden fachlichen Fundierung)
Landwirtschaft		… für die Landwirtschaft
Forstwirtschaft	… für die Vergrößerung des Waldanteils	
Naturschutz/ Landschaftspflege	… für Naturschutz und Landschaftspflege	… für Naturschutz und Landschaftspflege
Grundwassersicherung	… für die Grundwassersicherung	… zum vorsorgenden Schutz von Grundwasservorkommen

die Teilleistungen des Naturhaushalts erfüllen, untergliedert (LfU 1997). Auch in diesem Fall wurde nicht nur die Erfüllung der aktuell vorhandenen Regelungsleistungen betrachtet, sondern ebenso die nach einer zukünftigen Regeneration mögliche Funktionserfüllung. So wurde z. B. beim Arten- und Lebensraumpotenzial zwischen der aktuellen und potentiellen Lebensraumfunktion unterschieden, um

- einerseits den derzeitigen Zustand bzw. die augenblickliche Ausstattung eines Raumes mit bestimmten Arten und ihren Lebensgemeinschaften sowie
- andererseits die standortbedingten Entwicklungsvoraussetzungen eines Raumausschnittes adäquat beurteilen zu können.

Damit soll dem Schutz- und dem Entwicklungsaspekt Rechnung getragen werden, denn beide können sich in Bezug auf ihre räumliche Abgrenzung und fachspezifische Bewertung ganz erheblich voneinander unterscheiden. So würden z. B. naturnahe, der potenziell natürlichen Vegetation entsprechende Buchen- oder Eichen-Hainbuchenwälder aufgrund ihrer potenziellen Häufigkeit nur gering eingestuft werden, obwohl sie aktuell sehr selten geworden sind und diesbezüglich sehr hoch beurteilt werden müssen.

Die genannten Ansätze der Potenzialbetrachtung wurden von HABER (1993b) nach anderen Kriterien gegliedert und sind in Tabelle 3.6 dargestellt. Nach dieser Einteilung werden vier Grundfunktionen unterschieden, die die Umwelt für den Menschen erbringt:

- die Erzeugung von Nahrungsmitteln und Rohstoffen (**Produktionsfunktion**)
- die Bereitstellung von Flächen für Bebauung, Verkehr, Straßen und Deponien (**Trägerfunktion**)
- die Aufnahme bzw. der Umbau von Stoffen sowie die Stabilisierung des Naturhaushalts (**Regelungsfunktion**) sowie
- die Bereitstellung von Informationen (**Informationsfunktion**) u.a. durch Biomonitoring sowie durch den optisch-ästhetischen Aspekt der Umwelt, der zur Lenkung des Verhaltens dient.

Tabelle 3.5 Ressourcenorientierter Potenzialansatz (LfU 1997)

Potenzial:	Naturhaushaltsfunktionen:
Arten und Lebensraumpotenzial	Aktuelle Lebensraumfunktion Potenzielle Lebensraumfunktion
Regulations- und Regenerationspotenzial Boden	Filterfunktion Pufferfunktion Transformatorfunktion Erosionswiderstandsfunktion
Regulations- und Regenerationspotenzial Wasser	Grundwasserneubildungsfunktion Grundwasserschutzfunktion
Regulations- und Regenerationspotenzial Luft/Klima	Wärmehaushaltsfunktion
Landschaftsästhetisches Erlebnispotenzial	Erlebnisfunktion

Tabelle 3.6 Funktionen, Leistungen und Nutzungen der kultürlichen Umwelt (HABER 1993b)

	1. Produktionsfunktionen für	2. Trägerfunktionen als	3. Regelungsfunktionen als	4. Informationsfunktionen
Funktionen	abiotische Ressourcen	Standortfunktionen	Reinigungsfunktionen	
	biotische Ressourcen	Aufnahmefunktionen	Stabilisierungsfunktionen	
Leistungen	Bereitstellung oder Erzeugung	Bereitstellung von Flächen, Gebieten oder Medien	Fähigkeit der Umwelt zu	Bereitstellung bzw. „Lieferung" von Signalen und Informationen
	abiotische Ressourcen	als Standort für Wohnen, Produktion, Verkehr u.a.	Reinigung, Filterung, Schadstoffabbau etc. (auch Akkumulationseffekte)	
	biotische Ressourcen	für die Aufnahme von den aus der Standortnutzung resultierenden Belastungen	Stabilisierung, Abschirmung, Ausgleich etc. (Regelung i.e.S.)	
Nutzungen	Abbau / Entnahme/Ernte	Inanspruchnahme von Flächen, Gebieten oder Medien	Inanspruchnahme der Regelungsfunktionen z.B. Abbau von Schadstoffen, Selbstreinigung von Gewässern, Filterung der Luft, Zurückhaltung von Wasser in der Pflanzendecke und im Boden, Verhinderung von Bodenerosion, Erholung, Regeneration	Nutzung der Signale und Informationen zur Bedürfnisbefriedigung, Bioindikation, Identifizierung mit der Umwelt
	abiotische Ressourcen	als Standorte für z.B. Wohngebiete, Verkehrsraum, Industrieflächen, Ver- und Entsorgungsnetze usw.		
	biotische Ressourcen	für Emissionen/Immissionen (z.B. Schadstofftransport), Abfälle, Abwässer		

Alle vorgestellten Gliederungsvorschläge weisen bei ihrer Anwendung in der Praxis verschiedene Vor- und Nachteile auf. Sie werden deshalb bei der Vorstellung konkreter Anwendungen meistens nicht in „reiner" Form verwendet, sondern aufgrund pragmatischer Überlegungen zweckbezogen untergliedert.

3.2.4 Bewertungsansätze

„Jede menschliche Handlung ist auf Werte hin orientiert" (BUNGE 1987), und so ist auch Planung als Vorwegnahme künftigen Handelns untrennbar mit Werten, Normen und Be-Wertungen verbunden. Diese erstrecken sich nicht nur auf den eigentlichen Schritt der „Bewertung" im Planungsablauf, in dem meist eine formalisierte Gegenüberstellung von ermittelten Wertklassen mit definierten Zielen erfolgt und daraus die Entscheidung über eine zu realisierende Projekt- und Maßnahmenalternative erfolgt. Wertaspekte treten vielmehr auch überall dort auf, wo entschieden, wo ausgewählt werden muss. Dies betrifft u.a. Entscheidungen über Ziele (vergleiche Kap. 5.1.), Vorgehensweisen, Auswahlentscheidungen über zu untersuchende Parameter oder einzubeziehende Informationen (vergleiche Kap. 3.1), über die Einengung des Betrachtungsfeldes auf bestimmte Lösungsvarianten, nicht zuletzt aber auch die Entscheidung, wer von den Beteiligten wann und in welchem Umfang zu informieren und aktiv einzubeziehen ist (vergleiche Kap. 5.3).

Bestandteile von Wertungsvorgängen
Bei Wertungsvorgängen sind verschiedene Bestandteile klar auseinander zu halten: Es gibt keine **Werte** an sich, die gleichsam per se vorgegeben im Raume schweben. Werte sind vielmehr zunächst allgemeine begriffliche Gehalte wie „gut", „schön" oder „wertvoll", die keine Dinge bezeichnen, sondern Qualitäten oder Eigenschaften ausdrücken (KRAFT 1951; REININGER & NAVRATIL 1985). Sie setzen ein **wahrnehmendes Subjekt** voraus, das sie einem „Objekt", einem **Wertträger** materieller oder ideeller Art zuschreibt – auch Ideen kann man ja gut oder schlecht finden. Damit enthalten Wertzuweisungen immer zwei Komponenten: eine sachliche, der der Wertträger (z. B. Arten, Standortsausprägungen, Biotope) in seiner konkreten Ausprägung zugrunde liegt, und eine auszeichnende, die in der Zuweisung eines Wertes (z. B. gut, schön, wertvoll, bedeutsam) besteht. Diese Beziehung zwischen Werten, Wertträgern und wertzuweisendem Subjekt liegt als Grundrelation jedem Wertungsvorgang zugrunde (vergleiche Abb. 3.5).

Wie ein Werturteil zustande kommt, veranschaulicht Abbildung 3.6 anhand eines Beispiels: Um die Werte, die einzelnen Ausprägungen eines Wertträgers zugeschrieben werden, in eine Rangfolge zu bringen, muss ein **Wertmaßstab** eingeführt werden. Dieser ist verschieden wählbar (vergleiche Kasten 3.5), den Werten nicht immanent und stellt seinerseits eine Setzung dar. Durch die Zusammenführung von den Werten zugeordneten Maßstäben mit den **sachlichen Ausprägungen** des betreffenden Wertträgers werden dann **Werturteile** gebildet, die eine bewusste Haltung des bewertenden Subjekts gegenüber dem bewerteten Sachverhalt ausdrücken. Schließlich erfolgt die Auswahl der Wertträger unter **modellhafter Abstraktion** der wahrgenommenen Umwelt; ihr wie auch der Wahl der Werte liegen **Bewertungsziele bzw.**

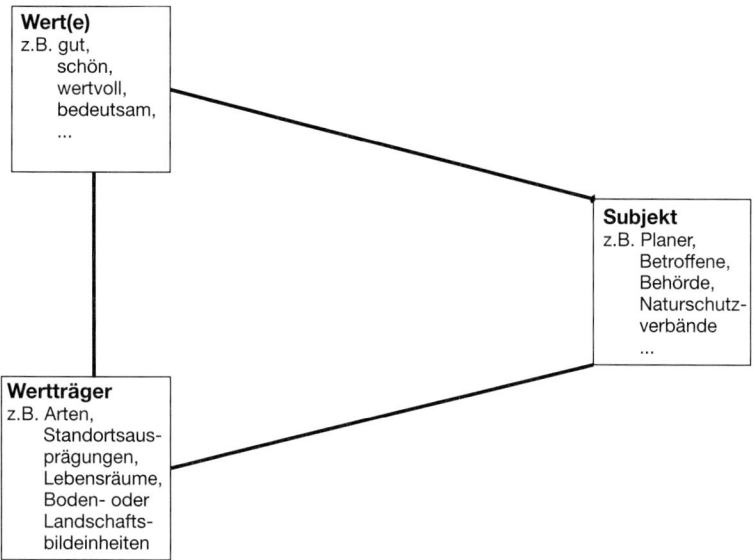

Abb. 3.5 *Grundrelation von Wertungsvorgängen (JESSEL 1998b).*

-zwecke zugrunde, die das bewertende Subjekt bestimmt. Diese einzelnen Bestandteile sind bei jedem Bewertungsvorgang zu benennen und offen zu legen.

Der jeweilige Zweck erweist sich dabei als der eigentliche Schöpfer von Werten: Er ist zugleich eng verbunden mit einem zuvor zu benennenden bzw. herzuleitenden Zielsystem (vergleiche Kap. 5.1.1). Dieses bestimmt quasi die Maßstäbe für die zu bewertenden Umweltzustände und Ausprägungen. **Unterschiedliche Bewertungszwecke** können Vorsorge bzw. Vermeidung zum einen, Gefahrenabwehr zu anderen darstellen: Vorsorge bedeutet, Vorkehrungen zu treffen, damit sich Gefährdungen möglichst gar nicht erst einstellen. Gefahrenabwehr hingegen dient der Minderung bereits eingetretener Auswirkungen; beides kann zur Wahl unterschiedlicher Wertkriterien und Wertmaßstäbe führen. Einer unterschiedlichen Zweckbestimmung unterliegen auch unterschiedliche Planungsaufgaben: In der Landschaftsplanung, wo es vor allem um Schutz, Pflege und Entwicklung geht, stehen Schutzwürdigkeitsparameter und -kriterien im Vordergrund, die den Eigenwert eines Schutzgutes kennzeichnen (z. B. Seltenheit, Artenzahl bzw. Vollständigkeit des Artenspektrums, regionaltypische Ausprägung). Hingegen werden bei vorhabensbezogenen Planungen, bei denen es darum geht, Beeinträchtigungen abzubilden und zu bewerten, Empfindlichkeitskriterien hinzutreten, über die sich Gefährdungen gegenüber einzelnen auftretenden Wirkfaktoren abbilden lassen (z. B. Empfindlichkeiten gegenüber stofflichen Einträgen, Grundwasserabsenkungen, Zerschneidungen).

Diese Zweckbestimmtheit führt dazu, dass ein aus Werten, Wertträgern und Wertungsmaßstäben gebildetes Bewertungssystem, das für einen bestimmten Zweck konstruiert wurde, nicht ohne weiteres für einen anderen eingesetzt werden kann. Will

Kasten 3.5 Skalierungsmöglichkeiten

Die Durchführung von Bewertungen erfordert je nach Kenntnistiefe und Erhebungsaufwand einer zu bearbeitenden Fragestellung die Anwendung unterschiedlicher Abbildungsmaßstäbe. Diesbezüglich haben sich folgende Skalentypen bewährt (SUKOPP et al. 1985):

Nominalskala (zur Beschreibung qualitativer Merkmale, die „vorhanden/nicht vorhanden" sind, wird ein bestimmter Grenzwert „erreicht/nicht erreicht?"). Diese Skalierungsform bietet sich insbesondere bei unsicherer Datenlage und nur überschlägigen Erhebungen (z. B. Übersichtskartierungen mit der Aussageebene: „Sind bestimmte Faktoren vorhanden/nicht vorhanden?") an. Bei der Verwendung eines Grenzwertes als Einstufungskriterium besteht häufig das Problem seiner möglichst genauen, inhaltlich begründeten Festsetzung.

Ordinalskala (zur Festlegung einfacher Rangordnungen bei Merkmalen, deren Unterschiede zwar bekannt, aber messbare, (metrische) Größenordnungen nicht ermittelbar sind: „größer/kleiner", „gut/mittel/schlecht" usw.). Diese Skala bietet sich insbesondere zur Verwendung bei unsicherer Datenlage (z. B. überschlägigen Risiko- und Empfindlichkeitseinschätzungen) an. Die vergebenen Stufen können dabei mit der zu erwartenden relativen Intensität ökologischer Wirkungen verknüpft werden.

Kardinalskala (zur Einstufung messbarer Werte, die bekannte Abstände aufweisen: Längenmessung, Prozentangaben usw.). Kardinale Skalierungen sind nur möglich, wenn entsprechend genaue metrische Werte vorliegen. Hierbei kann es zu erheblichen Schwierigkeiten kommen, wenn bestimmten Werten genaue ökologische Wirkungen zugeordnet werden sollen. Demzufolge ist bei der Anwendung kardinaler Rangskalen zu fordern, dass die Wertzuordnungen nicht schematisch erfolgen, sondern an ökologischen Zusammenhängen orientiert sind. Die folgende Abbildung soll die Skalierungstypen bildlich veranschaulichen.

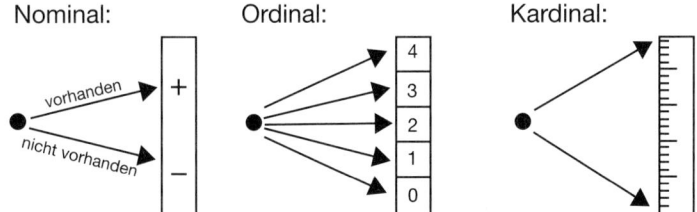

Schematische Darstellung der Wertzuweisung auf der Grundlage unterschiedlicher Skalierungstypen (PLACHTER 1992).

Darüber hinaus besteht noch die Möglichkeit, verbale Beschreibungen und Einordnungen der angetroffenen Merkmalsausprägungen in ihrer Relation zueinander ohne Vorgabe definierter Abstufungen vorzunehmen **(verbal-argumentative Bewertung)**. Obwohl bei diesem Verfahren die Gefahr mangelnder Nachvollziehbarkeit und Vergleichbarkeit besteht, wird es innerhalb der Umweltplanung immer beliebter, weil über die bisher genannten schematischen Abstufungen hinaus nicht berücksichtigbare Qualitäten in die Betrachtung mit einbezogen werden können. Es sollte deshalb

Kasten 3.5 Skalierungsmöglichkeiten (Forts.)

dann eingesetzt werden, wenn die Datenlage eher ungenau ist, quantifizierbare Einstufungen nicht möglich sind oder ergänzende Erläuterungen zu kardinalen, ordinalen oder nominalen Abstufungen gemacht werden sollten.

Bei der Aufstellung von Bewertungsskalen bietet sich an, einem Vorschlag der ARSU (1992) zu folgen. Sie definiert einerseits **Optimalwerte**, die das uneingeschränkte Gedeihen von Ökosystemen oder Organismen bzw. ökologischen Funktionen gewährleisten. Als solche Merkmalsausprägungen werden die Hintergrundwerte ohne menschlichen Einfluss auf die Ökosphäre verstanden, bei der Schwefeldioxidkonzentration der Luft in Mitteleuropa also z. B. 5 µg SO_2/m^3 Luft. Als Pessimalwert wird eine Konzentration beschrieben, die zu einer Schädigung empfindlicher Ökosysteme (z. B. Nadelwälder) oder besonders sensitiver Organismen (z. B. Flechten) führen kann. Dies ist ab Schwefeldioxidkonzentrationen von etwa 30 µg SO_2/m^3 Luft der Fall. Daraus ließen sich die folgenden Stufen einer Skala ableiten:

Stufe 1:   0 bis 5   µg SO_2/m^3 Luft (Optimalwert)

Stufe 2:   6 bis 13   µg SO_2/m^3 Luft

Stufe 3:   14 bis 22   µg SO_2/m^3 Luft

Stufe 4:   23 bis 29   µg SO_2/m^3 Luft

Stufe 5:   > 30   µg SO_2/m^3 Luft (Pessimalwert)

Wichtig ist: Die Wertstufen nominaler, ordinaler und kardinaler Skalen sind nicht direkt vergleichbar; dasselbe gilt für gleichrangige ordinale Einstufungen („Äpfel- und Birnen"-Problem!).

man ein Bewertungssystem sozusagen auf analoge Zwecke übertragen, muss intensiv geprüft werden, ob diese auch wirklich identisch sind!

Aus den in den Abbildungen 3.5 und 3.6 in Beziehung zueinander gesetzten Bewertungsbestandteilen werden zugleich einige häufige Fehler und Irrtümer beim Bewerten erklärbar (vergleiche Kasten 3.6). Eine geläufige Forderung ist in puncto Bewertung dabei die nach einer Trennung von Sach- und Wertebene, d. h. von Sachaussagen und darauf aufbauenden Wertungen. Damit verbindet sich, dass der so genannte „naturalistische Fehlschluss" zu vermeiden ist, nämlich von einem „Sein" (einer Sachaussage) unmittelbar auf ein „Sollen" schließen zu wollen (indem man aus den Sachaussagen Bewertungen ableitet). Normatives kann logisch gesehen aber nur aus Prämissen gewonnen werden, in denen bereits Normatives enthalten ist.

Eine strikte Trennung von Sach- und Wertebene gestaltet sich in der Praxis der Lebenswelt wie auch in naturschutzfachlichen und planerischen Argumentationen allerdings sehr schwierig. Dies hängt damit zusammen, dass planerische Aussagen keine isolierten logischen Systeme darstellen, sondern sich aus **Argumentationszusammenhängen**, aus so genannten „Aussagenkörpern" aufbauen, in denen Sachaussagen und Wertaussagen sich im jeweiligen Kontext eng und wechselseitig

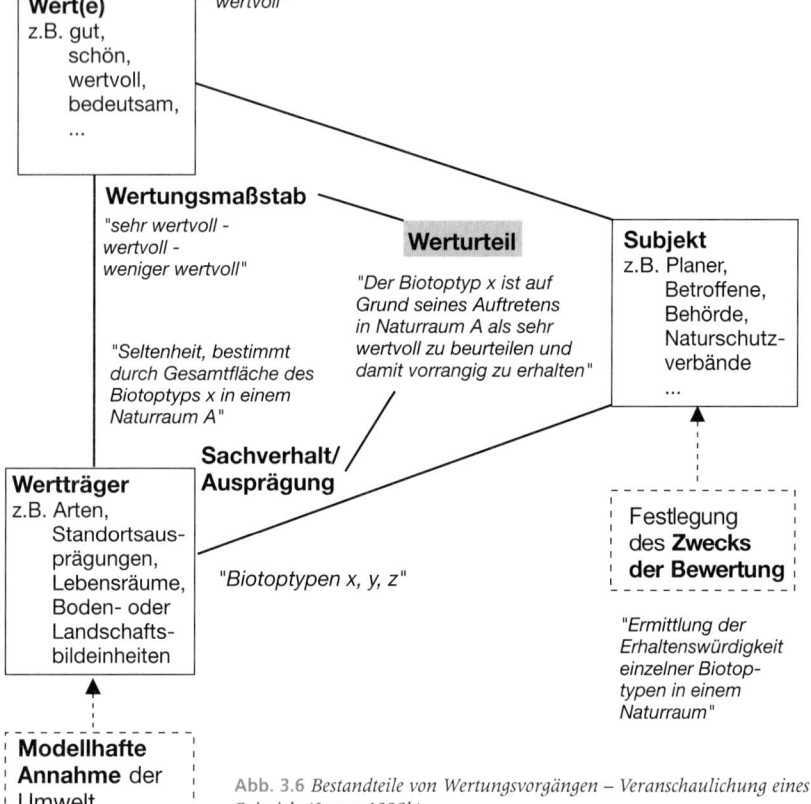

Abb. 3.6 *Bestandteile von Wertungsvorgängen – Veranschaulichung eines Beispiels (*JESSEL *1998b).*

beeinflussen. Weil aber alle noch so scharfsinnigen Versuche, das Sollen mit dem Sein logisch zu verknüpfen, bislang gescheitert sind, muss dieses Axiom zumindest als ideale Leitvorstellung akzeptiert werden, um das Zustandekommen von Werturteilen so weit als möglich offen zu legen und kritisierbar zu halten. Damit verbindet sich ein sehr hoher Anspruch an Wertungsvorgänge hinsichtlich Transparenz, Nachvollziehbarkeit und Plausibilität. Logisch aus ökologischem Sachwissen ableitbare Bewertungen und darauf aufbauende Entscheidungen, wie im konkreten Fall zu handeln ist,

Kasten 3.6 Bewertungsproblematik

Einige Beispiele für häufige Irrtümer beim Bewerten (vgl. auch JESSEL 1999b):
- Es wird nicht hinreichend zwischen dem Zweck einer Bewertung und den Wertträgern unterschieden: Ein Bespiel sind Rote-Liste-Arten, die oft als Wertträger betrachtet werden, um die Erhaltenswürdigkeit oder Gefährdung eines Gebietes (als Bewertungszweck) einzustufen:

Kasten 3.6 Bewertungsproblematik (Forts.)

„Das Gebiet des Tennenloher Forstes ist aufgrund des Nachweises von drei Laufkäferarten der Roten Liste 1 als hoch gefährdet einzustufen".
Die hier als Sachverhalt zugrunde gelegte Aussage – „Diese Art ist eine Rote-Liste-Art der Stufe 1-Vom Aussterben bedroht" – beruht jedoch ihrerseits bereits auf einem Werturteil, das sich aus der Zuweisung einer Gefährdungskategorie (als Wertmaßstab) zum Auftreten der betreffenden Laufkäferart (als Sachverhalt) ergibt. Diese Zuweisung der Gefährdungsgrade im Rahmen der Roten Listen erfolgt aufgrund einer wertenden Experteneinschätzung. Werden nun – wie in obigem Beispiel – Wertträgern Ausprägungen zugrundegelegt, die ihrerseits bereits eine Wertzuweisung hinsichtlich des Zwecks der Bewertung (in diesem Fall die Gefährdungsgrade der Roten Liste) enthalten, wird die Bewertung zirkulär.

- Es kann wichtig sein, den sachlichen Gehalt von Werturteilen, der einer Argumentation zugrunde liegt, aufzudecken, Beispiel:
  „Die im Naturraum des Donau-Isar-Hügellandes vorkommenden Halbtrockenrasen sind als seltene Lebensräume wertvoll und müssen erhalten werden."
  Jedem Werturteil liegt ein sachlicher Bezug in Form des Wertträgers und dessen Ausprägungen zugrunde. In obiger Aussage ist dabei nicht nur das Werturteil kritisierbar (der dem Lebensraum Halbtrockenrasen zugewiesene Wert und seine als Norm darauf aufbauend anzustrebende Erhaltenswürdigkeit). Kritisierbar ist vielmehr auch die Sachaussage, die die Grundlage des Werturteils bildet (in diesem Fall die Höhe des Flächenanteils, mit dem Halbtrockenrasen im betreffenden Naturraum vertreten sind und aufgrund dessen sie als „selten" bezeichnet werden).

- Es fließen in Aussagen versteckte Prämissen ein, Beispiel:
  „Der Bestand an Brutvogelarten in einem bestimmten Gebiet hat in den letzten Jahren um etwa 15 % abgenommen, weshalb es vorrangig als Naturschutzgebiet zu sichern ist, um weitere negative Einflüsse abzuwehren".
  Einer solchen Argumentation liegt die (versteckte) Prämisse zugrunde: „Alle Arten müssen in dem betreffenden Gebiet gleichermaßen erhalten werden", die zumindest offen zu legen und als solche zu benennen ist.

- Es werden Wertaussagen losgelöst von ihrem Bedeutungsumfeld betrachtet:
  „Die Zottige Wolfsmilch (*Euphorbia villosa*) hat als seltene Art prioritäres Ziel von Naturschutzmaßnahmen zu sein."
  Zwar stimmt es, dass diese Art im Bundesland Bayern tatsächlich nur noch an einem Standort bei Passau auftritt und dort in der Roten Liste in der Gefährdungskategorie 1 – Vom Aussterben bedroht geführt wird. Über die Grenze hinweg im nahen Ober- und Niederösterreich sind die Vorkommen jedoch noch so häufig, dass eine Betrachtung in einem anderen Kontext, etwa bezogen auf die europaweite Ausbreitung zu einer anderen Aussage führen kann. Ohne Angabe ihres Kontextes, ihrer sachlichen Bezugsbasis, kommt Wertkriterien wie „Naturnähe", „Seltenheit" oder „Vielfalt" keine Aussagekraft zu. Diese Basis kann in einer Organisationsebene (z. B. der „Vielfalt" auf Arten-, Gesellschafts- oder Lebensraumebene) oder in einer räumlichen Bezugsebene bestehen (z. B. regionale, landes- oder europaweite Seltenheit).

gibt es jedenfalls nicht. Deshalb sollte auch auf Begriffskombinationen wie z. B. „ökologische Bewertung", „ökologische Ziele" oder „ökologische Leitbilder", die eine derartige Verknüpfung suggerieren, verzichtet werden.

Gültigkeit und Geltung von Werturteilen

Bei der Suche nach Belegen, um eine möglichst weitreichende intersubjektive Akzeptanz von getroffenen Bewertungen und Planungszielen herbeizuführen, muss dabei zwischen „Gültigkeit" und „Geltung" unterschieden werden:

- **„Gültigkeit"** drückt die Übereinstimmung von Wertaussagen mit bzw. ihre Rückführbarkeit auf allgemeine Wertungsgrundsätze und Zielsysteme aus, etwa rechtliche Rahmensetzungen, verbindliche Programme und Pläne des Natur- und Umweltschutzes. Sie beinhaltet damit eine normlogische Beziehung. Die letzten, allgemeinen, ihrerseits nicht mehr herleitbaren Wertungsgrundsätze erweisen sich allerdings ihrerseits als besagte Setzungen, und es lässt sich keine logische Notwendigkeit bestimmen, der zufolge sie ihrerseits von jedem anerkannt werden müssten.

- Derartige Setzungen können jedoch in sozialen Kontexten über individuelle Haltungen hinaus **„Geltung"**, d. h. überindividuelle Verbindlichkeit und Anerkennung entfalten (JESSEL 1998b; KRAFT 1951). Geltung umreißt etwa die kollektive Meinungsbildung innerhalb der Fachwelt, z. B. die hier als gängig anerkannten Wertkriterien und Einstufungen von Ausprägungen. Es handelt sich dabei nicht um eine Übereinstimmung mit einer vorgegebenen Wertordnung, sondern um mit der Dynamik der Fachdiskussion sich ändernde Normen und Anschauungen: „Geltung" ist zeit-, situations- und gruppenabhängig. Beispielsweise kann unter „Laien" und unter „Experten" die Geltung von Werturteilen zu einem Thema unterschiedlich gelagert sein. Hinter „Geltung" verbirgt sich damit nicht zuletzt auch die verbreitete Forderung nach der Akzeptanz von Naturschutz- und Planungszielen.

„Gültigkeit" und „Geltung" lassen sich damit zusammenfassend bestimmen als die rationale und die soziale Komponente der Anerkennung von Werturteilen. Beide sind gleichermaßen zu beachten.

Auch in der ökologisch orientierten Planung können die jeweiligen Zielsetzungen und notwendige Wertbestimmungen kaum vom Gutachter alleine vorgenommen werden, sollen sie Dritten gegenüber Verbindlichkeit entfalten. Vielmehr gilt es, als Grundlage für Zielbestimmungen und zu treffende Wertungen gültige und geltende Normen aufzuspüren. Dies umfasst die Ermittlung der vom Rechtssystem in Form von Gesetzen, untergesetzlichen Regelungen, verbindlichen Programmen und Plänen vorgegebenen Normen. Abbildung 3.7 veranschaulicht die Operationalisierung von „gültigen" Bewertungsmaßstäben anhand der gesetzlichen Vorgaben. Diese Ableitung ist der betreffenden Umweltverträglichkeitsstudie vorangestellt und dient als Grundlage für die Auswahl der Untersuchungsparameter und die vorgenommenen Wertungen. Daneben können Literaturauswertungen und systematische Auswertungen von Begründungen zu Gutachten Aufschluss über geltende Ziele und Normen geben. Eine Rolle spielen weiterhin institutionalisierte Meinungsbildungsprozesse, wie Formen der Bürgerbeteiligung, kollektive Zielfindungsprozesse über Runde Tische beispielsweise im Rahmen der kommunalen Landschaftsplanung oder institutionalisierte Verfahren

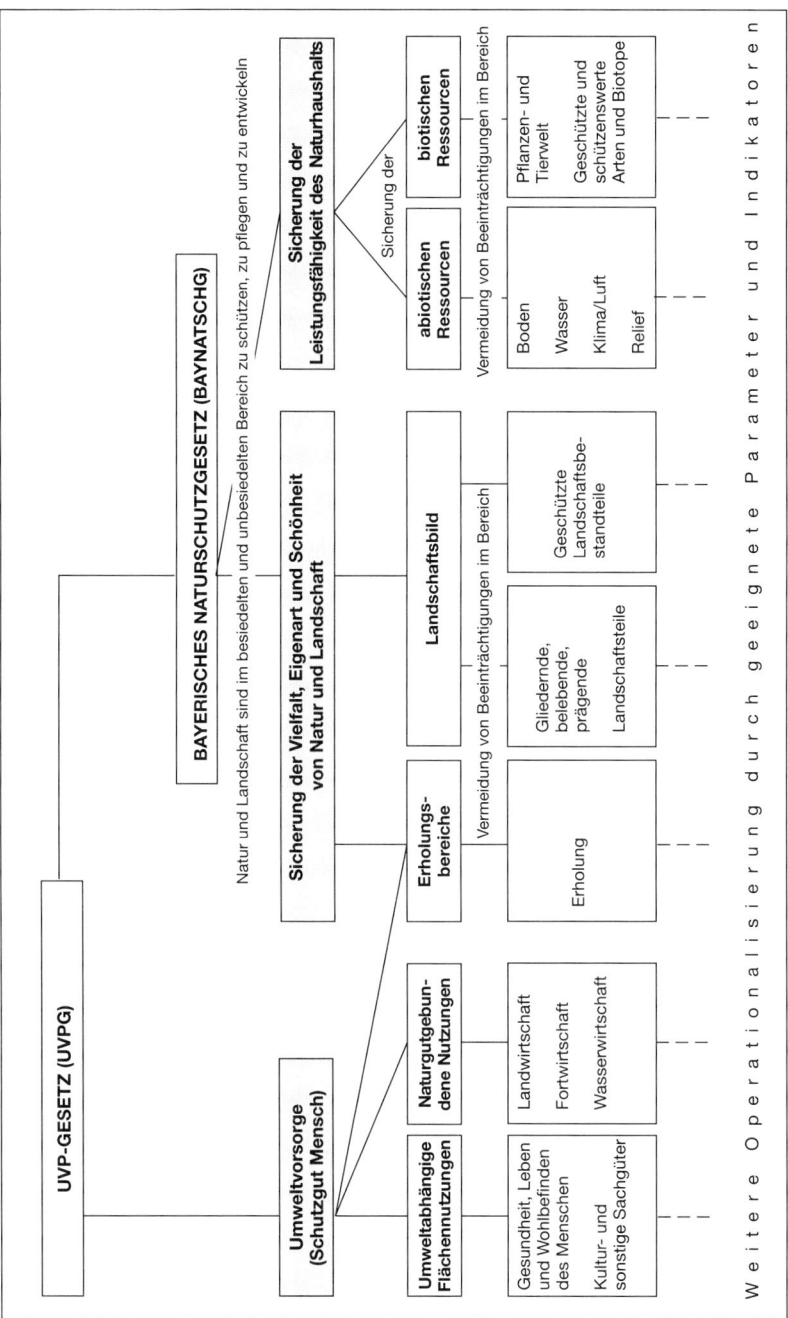

Abb. 3.7 *Operationalisierung von „gültigen" Bewertungsmaßstäben für eine Umweltverträglichkeitsstudie aus den gesetzlichen Vorgaben (SCHOBER & NARR 1993, ergänzt).*

der Konventionen- und Standardbildung, wie sie etwa den Roten Listen gefährdeter Pflanzen- und Tierarten zugrunde liegen.

Anforderungen an eine rationale Ausgestaltung von Bewertungsverfahren

Die Zweckbestimmtheit von Bewertungen macht deutlich, dass es nicht „das" richtige und allgemein anwendbare, sondern lediglich mit Blick auf die jeweilige Fragestellung angemessene Bewertungsverfahren geben kann. Verallgemeinerbare Anforderungen an Bewertungsverfahren beschreibt Kasten 3.7: Bei der Forderung nach **Transparenz und Nachvollziehbarkeit** ist zu beachten, dass formale nicht unbedingt mit inhaltlicher Transparenz identisch ist: Wertzuweisungen und Rangfolgen müssen nicht nur formal klar dargelegt, sondern jeweils auch inhaltlich begründet sein; formale Perfektion darf nicht über fehlende Inhalte hinwegtäuschen! Das wird etwa deutlich, wenn bei einer nur ungenauen Datenlage eine detaillierte Aufschlüsselung in eine inhaltlich nicht mehr begründbare Anzahl an Wertstufen erfolgt, die eine Scheingenauigkeit vorspiegelt (etwa wenn zehn Wertstufen unterschieden werden, die so gar nicht durch Daten und Ausprägungen in dieser Genauigkeit schlüssig belegbar sind). **Plausibilität** heißt, dass sich die Ausprägungen der Wertträger und der an sie angelegten Wertmaßstäbe so entsprechen sollten, dass sich im Hinblick auf den Bewertungszweck brauchbare Werturteile ergeben. Eine wesentliche Rolle spielt der jeweilige **Bezugsraum**: Z. B. ist es unsinnig, ein Landschaftsbildbewertungsverfahren, das für einen stark reliefierten, gewässerreichen Landschaftsraum entwickelt wurde und demzufolge Bewertungskriterien wie „Reliefenergie" und „Uferlänge" enthält, auf einen anderen, ebenen Landschaftsraum zu übertragen, der zwar keine Gewässer, aber zahlreiche Waldflächen, Hecken und Feldgehölze enthält. In Bezug auf das Kriterium „Reliefenergie" gelten zumal im norddeutschen Flachland bereits geringe Höhenunterschiede den Besuchern als attraktiv, während in den süddeutschen Mittelgebirgen für die gleiche Einschätzung meist ausgeprägte Höhendifferenzen vorliegen müssen. Eine **der Fragestellung angemessene Differenzierung der Wertstufen** schließlich meint, dass die Zahl der Wertstufen und die ihnen zugeordneten Ausprägungen so zu wählen sind, dass im jeweiligen Betrachtungsraum planungsrelevante Unterschiede herausgearbeitet und abgebildet werden.

Deutlich wird damit auch, dass der Standardisierung von Bewertungsansätzen enge Grenzen gesetzt sind, da sie nach der jeweiligen Fragestellung und den Gegebenheiten des betreffenden Raumes zu entwickeln sind. Das bedeutet zugleich, dass ein und der-

---

Kasten 3.7 Allgemeine Anforderungen an Bewertungsverfahren

- Maximale Transparenz und Nachvollziehbarkeit (formal wie inhaltlich!)
- größtmögliche Einfachheit
- Plausibilität (in der Abfolge der einzelnen argumentativen Schritte)
- der jeweiligen Situation bzw. dem jeweiligen Planungsraum angepasste Operationalisierung bzw. Regionalisierung
- Planungsbezogenheit und Zweckbestimmung (d. h. Ausrichtung der Vorgehensweise auf die jeweilige Aufgabenstellung)
- der Fragestellung angemessene Differenzierung der Wertstufen

selbe Sachverhalt je nach Planungssituation, Raumbezug und Aufgabenstellung durchaus unterschiedlich bewertet werden kann.

3.2.5 Zusammenfassung von Analyseschritten und Bewertungsergebnissen

Aus Gründen der Komplexitätsreduktion ist es in Gutachten oft notwendig, einzelne Ausprägungen und Werturteile zu einer Gesamtaussage zu verdichten, die ihrerseits als Grundlage für die Entscheidung herangezogen werden kann (z. B. für die als Resultat einer UVP zu bevorzugende Standort- oder Trassenalternative). Jede solche Informations- und Wertsynthese bedeutet einen Informationsverlust. Es kann dabei keine optimale, konfliktfreie, sondern nur eine der jeweiligen Fragestellung möglichst angemessene, im Hinblick auf die weitere Verwendung zielführende Aussagen- und Wertsynthese geben, über die fallweise entschieden werden muss. Nicht formale Kriterien, sondern inhaltliche Gesichtspunkte haben daher für die Art der Synthese, d. h. für die Zusammenfassung von Bewertungsergebnissen, maßgebend zu sein.

Formale (rechnerische) Aggregationsschritte sind meist inhaltlich nicht zu rechtfertigen: Sie dürfen nur dann durchgeführt werden, wenn sie einerseits auf Basis von kardinalen Skalen vorgenommen werden (dies ist bei ökologischen Ausprägungen nur in wenigen Fällen möglich) und wenn zum anderen nachweisbar wäre, dass die verschiedenen zusammenzufassenden Werte statistisch voneinander unabhängig sind (d. h. nicht miteinander korrelieren). Angesichts der großen Vielzahl bekannter und einer sicherlich ebenso großen Zahl unbekannter ökologischer Wechselwirkungen wird es nur in den seltensten Fällen möglich sein, diese Unabhängigkeit nachzuweisen. So ist die Funktionsfähigkeit einer Landschaft in Bezug z. B. des Grundwasserschutzes in hohem Maße abhängig von der Bodengüte. In diesem Fall dürfen keine mathematischen Zusammenfassungen der Aussagen zu den natürlichen Ressourcen „Boden" und „Wasser" vorgenommen werden. Auch im biotischen Bereich sind beispielsweise additive Verknüpfungen gängiger Wertungskriterien wie Arealgröße, Diversität, Seltenheit und Repräsentanz problematisch: Arealgröße und Diversität korrelieren über so genannte „Arten-Arealkurven" untereinander, Diversität und Seltenheit sind gleichfalls untereinander verknüpft, Seltenheit und Repräsentanz (typische Ausprägung) verhalten sich meist gegenläufig.

Aggregationen von Kriterienausprägungen zu einem Gesamtwert oder – etwa durch die Operation „Fläche mal Wertstufe" – zu einem dimensionslosen Indexwert, erweisen sich weiterhin überall dort nicht als zielführend, wo es um die schlüssige Begründung und Herleitung daran anknüpfender Maßnahmen geht: Da bei solchen Gesamtwerten dann nicht mehr ersichtlich ist, auf welches wertgebende Kriterium bzw. welche Teilfunktion die Maßnahmen dann Bezug nehmen, erweisen sie sich als letztlich ohne Aussagekraft.

Einige „erlaubte" Aggregationsmöglichkeiten zeigt Kasten 3.8 auf. Überlegt werden sollte jedoch weiterhin, inwieweit auf Aggregationen und dem damit zwangsläufig verbundenen Informationsverlust verzichtet werden kann, indem z. B. Wertungskriterien von vornherein maßnahmenrelevant ausgewählt werden, so dass über die durch sie ermittelten Ausprägungen unmittelbar auf begründete Maßnahmen geschlossen werden kann.

Kasten 3.8 Möglichkeiten der Zusammenfassung von Analysedaten und Bewertungsergebnissen

Vereinfachung

Wenn in Bezug zu einem Schutzgut (z. B. Tiere und Pflanzen sowie ihren Lebensgemeinschaften) z. B. für verschiedene Teilflächen eines Untersuchungsraumes eine große Vielzahl von Einzelaussagen und -bewertungen vorhanden sind, kann anhand typisch auftretender Muster eine Vereinfachung der Analyse/Bewertung in dem Sinne erfolgen, dass in einer sehr groben zusammenfassenden Einstufung der Teilraum mit „+" oder „++", ein anderer mit „-" oder „- -" bzw. „0" beurteilt wird (Dies entspricht einer fünfstufigen Ordinalskala).

Hierarchisierung und logische Verknüpfungsregeln

Anhand von hierarchisch aufgebauten, über „Ja/Nein"-Entscheidungen verknüpften inhaltlichen Entscheidungsregeln können mehrere Einzelkriterien und -parameter zu Wertstufen etwa einer Schutzwürdigkeit oder Empfindlichkeit kombiniert werden (vgl. Abb. 3.9).

Schwellenwertverfahren

Bei diesem Vorgehen wird in der Art zusammengefasst, dass diejenige Merkmalsausprägung eines Objektes als weiter zu betrachtende Stufe herangezogen wird, die insgesamt am höchsten ist. Wenn ein Ökosystem z. B. im Hinblick auf sein Alter und seine Verbundfunktion mit „hoch", das gleiche Ökosystem in Bezug auf seine Seltenheit und Vollständigkeit des Spektrums nachgewiesener Arten mit „mittel" beurteilt wurde, würde zusammenfassend das Werturteil „hoch" herangezogen werden (vgl. Abb. 3.8).

Inhaltlich begründete Zusammenfassungen

Anhaltspunkte für inhaltlich begründete Zusammenfassungen können z. B. sein:

- Inhaltliche Zusammenhänge (sachbezogener Kontext):
  Bei der Aufgabenstellung eines Variantenvergleichs innerhalb einer Umweltverträglichkeitsprüfung sind nur diejenigen Teilfunktionen aussagekräftig, über deren Ausprägungen sich eine Differenzierung zwischen den Varianten bewerkstelligen lässt. In einem Fall, in dem alle Varianten bezüglich des Schutzgutes Klima sehr ähnlich abschneiden, hat dieses kaum Aussagekraft, im Gegensatz z. B. zum Landschaftsbild, für das sich deutliche Unterschiede zwischen den Alternativen ergeben.

- Erschöpfbarkeit der natürlichen Resourcen, Wiederherstellbarkeit:
  REICHHOFF & BÖHNERT (1987) haben hier eine Klassifikation vorgenommen, die jedoch noch zu diskutieren wäre. Sie geht davon aus, dass es mit technischen Maßnahmen vergleichsweise „leicht" möglich ist, die Ressourcen Luft und Wasser von Schadstoffen zu reinigen. Gleiches ist beim Schutzgut Boden schon sehr viel aufwendiger bzw. gar nicht mehr möglich. Wenn Tiere und Pflanzen ausgestorben sind, sind sie gar nicht mehr wiederherstellbar. Insofern ergäbe sich vereinfacht die folgende, von oben nach unten abnehmende Hierarchie der Schutzgüter:
  – Tiere, Pflanzen, Pilze,
  – Boden,
  – Wasser, Luft/Klima

Kasten 3.8 Möglichkeiten der Zusammenfassung von Analysedaten und Bewertungsergebnissen (Forts.)

Ein Problem stellt allerdings dar, dass das Schutzgut Landschaftsbild darin nur schwer oder gar nicht integriert werden kann, weil es aus Komponenten der jeweils anderen Schutzgüter zusammengesetzt ist.

Räumliche Integration

Darunter ist die Zusammenführung unterschiedlicher analysierter und bewerteter Daten auf der Grundlage von zu bildenden möglichst homogenen Raumeinheiten zu verstehen. Ggf. müssen hierzu neue, bisher so nicht vorhandene Raumtypen abgegrenzt werden. Hierzu bieten sich Landschaftstypisierungen (Auen, Lösshügelländer, Niedermoore, Binnendünen) mit deutlichem Bezug zu den pedologischen Gegebenheiten an.

Als weitere Beispiele für Integrationen, wie sie aus einem landschaftsbezogenen Zusammenhang heraus erfolgen können, lassen sich anführen:

- Brandenburg ist ein Bundesland mit einem Anteil von etwa 70 % sandigen Böden an der Gesamtfläche. Unter den verschiedenen Kriterien, die die Wertigkeit der Bodenfunktionen bestimmen, wird der Wasserdurchlässigkeit (Infiltrationskapazität) hier daher nur in Regionen, die einen höheren Anteil lehmiger oder toniger Ausgangssubstrate aufweisen (wie z. B. Uckermark und Oderbruch) ein hohes Gewicht zukommen.

- Beim Variantenvergleich einer Umweltverträglichkeitsprüfung werden vor allem diejenigen Teilfunktionen, denen die Ziele der Raumordnung und Landschaftsplanung im betreffenden Raum besonderes Gewicht und besondere Bedeutung beimessen, zu berücksichtigen sein.

3.3 Exemplarische Anwendungen auf die Schutzgüter

Wie bereits dargestellt sind die Datenerhebungen zu den einzelnen Schutzgütern in den verschiedenen Bundesländern sehr unterschiedlich weit fortgeschritten und weisen uneinheitliche Schwerpunkte auf. An diesen Bedingungen müssen sich Analysen und Bewertungen für die verschiedenen Schutzgüter orientieren. Hierzu werden bewährte Methoden vorgestellt, die teilweise auch an einem Gebietsausschnitt aus dem Freistaat Bayern kartografisch angewendet werden.

Dieser auf den Farbkarten dargestellte Ausschnitt wird in West-Ost-Richtung durchzogen vom Unteren Isartal, einem breiten, überwiegend ackerbaulich genutzten Kastental. Nördlich grenzt der Naturraum des Donau-Isar-Hügellandes, südlich der des Isar-Inn-Hügellandes an. Beides sind Landschaften mit flachwelligen Hügelzügen und im nacheiszeitlichen Frostwechselklima entstandenen asymmetrischen Tälern, die meist durch flache, lösslehmbedeckte Osthänge und steile, westexponierte Hanglagen gekennzeichnet sind.

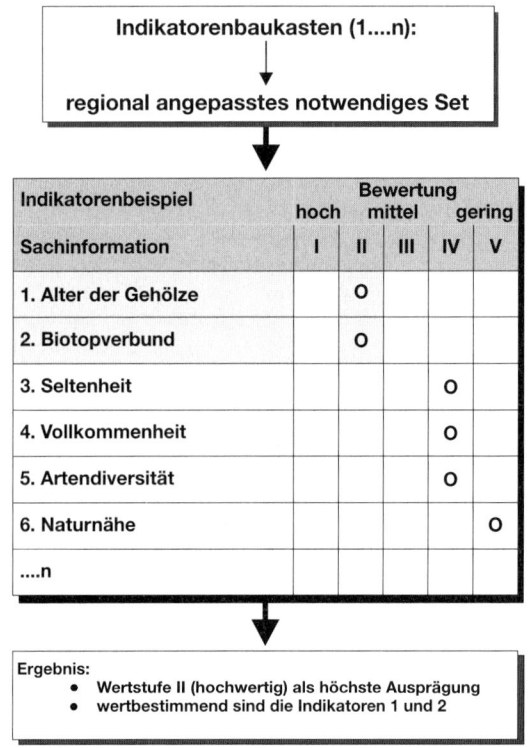

Abb. 3.8 *Aggregation wertbestimmender Merkmale nach dem „Schwellenwert-Verfahren" (in Anlehnung an* KNOSPE *1998).*

3.3.1 Boden

Innerhalb des Landschaftshaushalts stellt der Boden einen vergleichsweise stabilen Standortsfaktor dar. Wenn nicht Bodenabbau oder Bodenversiegelung stattfinden, sind Veränderungen dieses Schutzgutes nur über lange Zeiträume möglich, auch wenn diese ganz erhebliche Auswirkungen haben können, wie die Bodenversauerung vornehmlich in Waldökosystemen oder Erosionsvorgänge auf ackerbaulich genutzten Standorten verdeutlichen. Die vielfältigen **Funktionen des Bodens im Naturhaushalt** sind in Abb. 3.10 zusammenfassend dargestellt. Sie entsprechen im Wesentlichen denen des § 2 Abs. 2 Bundesbodenschutzgesetz (vgl. Tabelle 3.7). Wesentlich ist dabei, dass das Bundesbodenschutzgesetz nicht den Boden „an sich" schützt (der ja auch über andere Rechtsmaterien mit erfasst wird, etwa über die Grundsätze des Naturschutzes nach § 2 BNatSchG), sondern nur die darin aufgeführten Bodenfunktionen. Kartografische Auswertungen können auf der Grundlage von bodenkundlichen, geologischen und topografischen Kartenwerken durchgeführt werden. Die Bodenkunde hat eine eigene Nomenklatur zur Klassifizierung von Böden in Abhängigkeit ih-

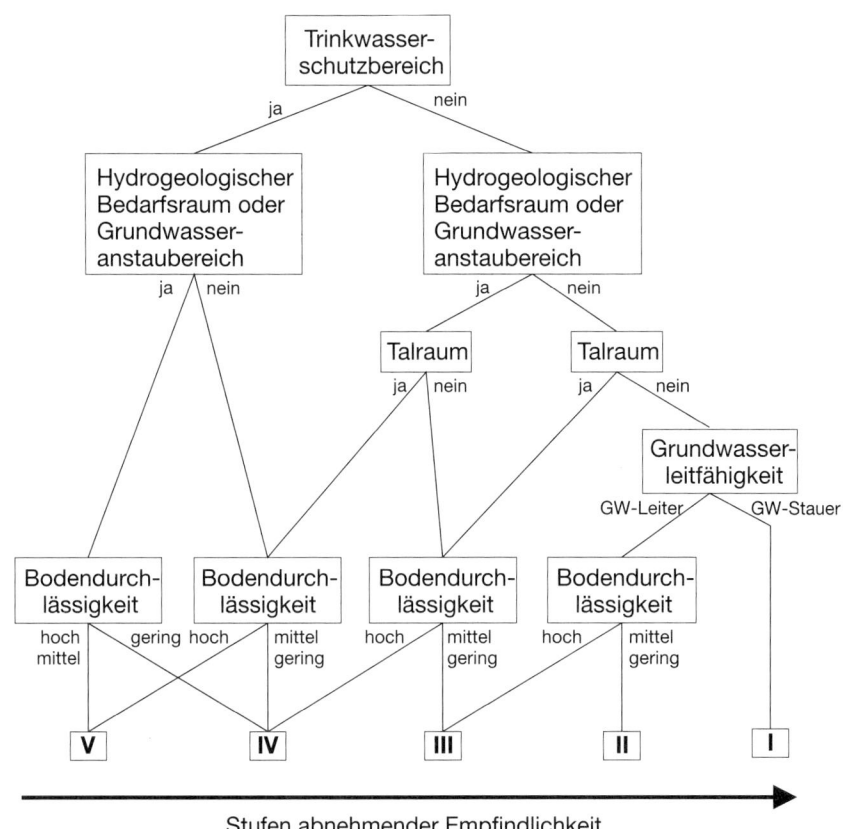

Abb. 3.9 *Aggregation mittels logischer Entscheidungsregeln (Relevanzbaum).*

rer Entwicklungsgeschichte und des Gesteinsuntergrundes erarbeitet (vergleiche Abb. 3.11).

Im Rahmen ökologisch orientierter Planungen sind die natürlichen Funktionen des Bodens und seine Funktionen als Archiv der Natur- und Kulturgeschichte von Belang. Zur **Bewertung dieser Bodenfunktionen** haben verschiedene Bundesländer Leitfäden entwickelt, so Hamburg (Umweltbehörde Hamburg 1999), Baden-Württemberg (Umweltministerium Baden-Württemberg 1995), Sachsen-Anhalt (Landesamt für Umweltschutz Sachsen-Anhalt 1998) und Brandenburg (Landschaftsplanung Uni Potsdam 2000). Die drei letztgenannten stützen sich für die Offenlandbereiche im Wesentlichen auf die Angaben der Reichsbodenschätzung, die auszuwerten und z. T. noch durch Geländeerhebungen zu untersetzen sind. Die Bezugnahme auf diese Datengrundlage ist insoweit kritisch zu sehen, als sie bereits seit 1934 aus einer ganz anderen Motivation heraus, nämlich der gerechten Besteuerung landwirtschaftlich genutzter Flächen, durchgeführt wurde (vergleiche Kasten 3.9). Seitdem haben sich durch

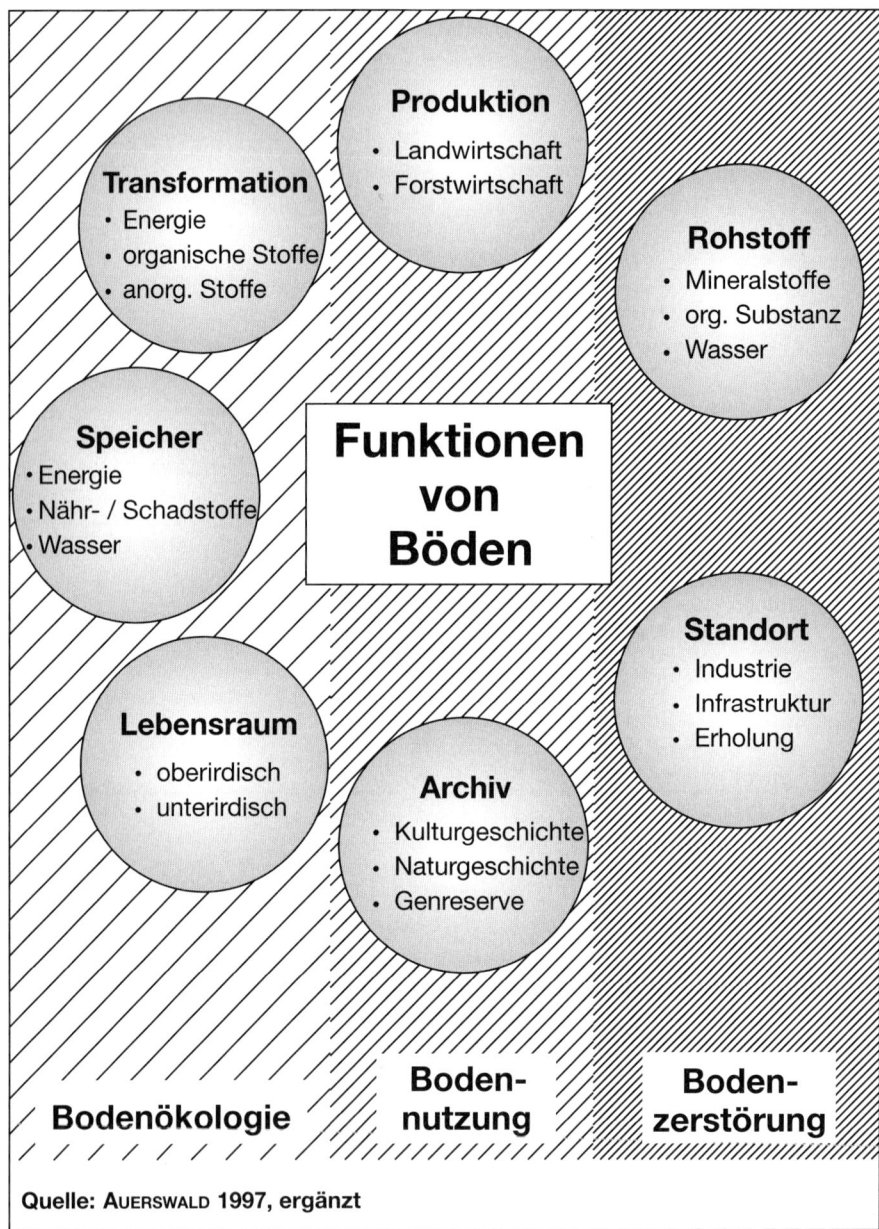

Abb. 3.10 *Funktionen von Böden im Landschaftshaushalt (A*UERSWALD *1997, ergänzt).*

Tabelle 3.7 Untergliederung der Bodenfunktionen nach § 2 Bundes-bodenschutzgesetz (Landschaftsplanung Uni Potsdam et al. 2000)

Bodenfunktion nach dem BBodSchG	Teilfunktion
• Lebensgrundlage und Lebensraum für Menschen, Tiere, Pflanzen und Bodenorganismen (§ 2 Abs. 2 Ziff. 1a BBodSchG)	Standort für die natürliche Vegetation (Biotopentwicklungspotenzial)
	Lebensraum für Bodenflora und -fauna
	Natürliche Ertragsfunktion
• Bestandteil des Naturhaushaltes mit seinen Wasser- und Nährstoffkreisläufen (§ 2 Abs. 2 Ziff. 1b BBodSchG)	Wasserspeicherkapazität
	Wasserdurchlässigkeit
	Nährstoffvorrat (Pot. Nährstoffkapazität)
	Regler- und Speicherfunktion für den Nährstoffhaushalt
• Abbau-, Ausgleichs- und Aufbaumedium für stoffliche Einwirkungen (§ 2 Abs. 2 Ziff. 1c BBodSchG)	Mechanische Filterfunktion
	Festlegung und Pufferung anorganischer Schadstoffe
	Festlegung und Pufferung organischer Schadstoffe
	Säurepufferung
• Archiv der Natur- und Kulturgeschichte (§ 2 Abs. 2 Ziff. 2 BBodSchG)	

Aufdüngen und Melioration die Standort- und vor allem Nährstoffverhältnisse, weiterhin die Nutzung (z. B. durch Aufforsten und Bebauung) vielfach geändert; dennoch aber verbleibt die Reichsbodenschätzung als bislang einzige bundesweit einheitlich und großmaßstäbig verfügbare Grundlage zum Boden.

Ein Problem stellt bei Bodenbewertungen weiterhin dar, dass die aus dem BBodSchG abzuleitenden Bodenfunktionen teilweise gegenläufig sind. So kann ein Lössboden die Funktion „Filter und Puffer für Schadstoffe" sehr gut erfüllen. Als besonders fruchtbarer Standort für Kulturpflanzen sollte jedoch gerade dieser Standort von Schadstoffeinträgen möglichst verschont werden. Gegenläufig ausgeprägt sind etwa auch die beiden physikalischen Bodenfunktionen „Wasserspeicherkapazität" (von Bedeutung für die Retentionsfunktion im Wasserhaushalt einer Landschaft) und „Wasserdurchlässigkeit" eines Bodens (die für den Beitrag eines Landschaftsraums zur Grundwasserneubildung von Bedeutung ist). Gerade für Bodenbewertungen gilt daher, dass die einzelnen Teilkriterien und Teilfunktionen nicht formal aufsaldiert, sondern für die notwendige Gesamtschau vielmehr in ihrem inhaltlichen Zusammenhang betrachtet werden müssen: Beispielsweise wird in Landschaftsräumen, die wie große Teile Brandenburgs überwiegend durch sandige Substrate gekennzeichnet sind und bereits ein überwiegend kontinentales Klima mit über das Jahr hinweg z. T. negativer klimatischer Wasserbilanz aufweisen, der Bodenfunktion „Wasserspeicherkapazität" besonders hohe Bedeutung zukommen, während in Landschaftsräumen mit überwiegend lehmigen Ausgangssubstraten eventuell die Wasserdurchlässigkeit von größerer Bedeutung ist.

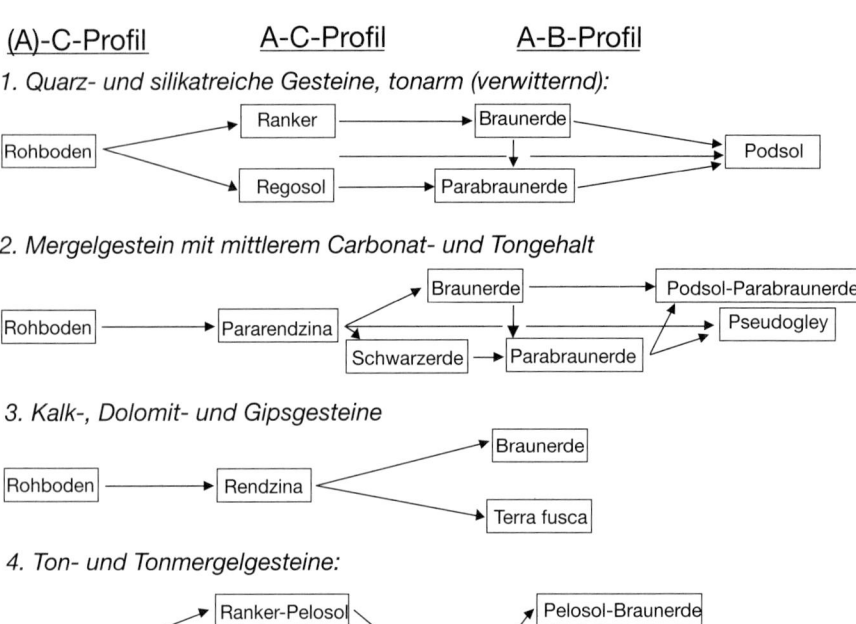

Abb. 3.11 *Bodenentwicklung in Mitteleuropa in Abhängigkeit vom Gestein (SCHEFFER et al. 1982).*

Nachfolgend wird auf verschiedene Aspekte der Lebensraum- und Archivfunktion von Böden eingegangen. Böden als Teil des Wasserhaushaltes (Grundwasserschutz und Beitrag zur Grundwasserneubildung) sind unter Kapitel 3.3.2 „Wasser" mit behandelt.

Natürliche Ertragsfunktion von Böden
Unter der natürlichen Ertragsfunktion ist die natürliche Funktion des Bodens, Biomasse zu produzieren und in die ökosystemaren Stoffkreisläufe einzubringen, zu verstehen. Wichtig ist, dass die natürliche Bodenfruchtbarkeit, um die es hier geht, nicht schlechthin mit den landwirtschaftlichen Nutzungspotenzialen identisch ist. Vielmehr ist im Rahmen der natürlichen Ertragsfunktion des Bodens seine Fruchtbarkeit im Sinne einer „natürlichen Produktivität" zu bewerten, d. h. Maßnahmen, die die Landwirtschaft zur Steigerung des Ertrags durchgeführt hat (z. B. Düngung), bleiben unberücksichtigt.

Die Bewertung der natürlichen Ertragsfunktion landwirtschaftlich genutzter Böden erfolgt in der Regel anhand der Ertragsmesszahlen der Reichsbodenschätzung. Dabei muss allerdings regional bzw. naturräumlich sehr stark differenziert werden: So wird für Sachsen-Anhalt landesweit Böden mit einer Bodenwertzahl von über 60 ein hohes, bei über 81 ein sehr hohes Ertragspotenzial zugewiesen (Landesamt für Umwelt-

Kartenausschnitte aus

Landschaftsentwicklungskonzept Region Landshut (LEK 13)
Fachkonzept des Naturschutzes und der Landschaftspflege

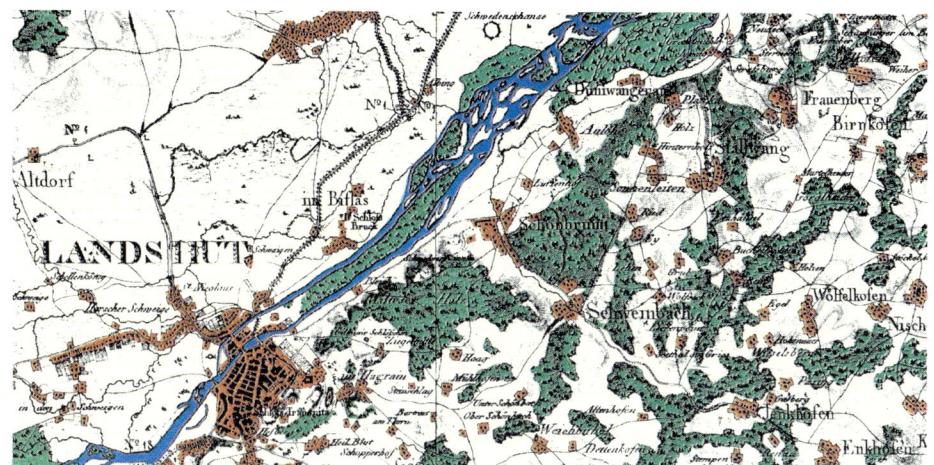

Wiedergabe mit freundlicher Genehmigung des Herausgebers

Herausgeber: Regierung von Niederbayern, Landshut 1998
In Zusammenarbeit mit dem Bayerischen Landesamt für
Umweltschutz, Augsburg
Finanzierung: Bayerisches Staatsministerium für Landesentwicklung
und Umweltfragen, München
Bearbeitung: Landschaftsbüro Pirkl-Riedel-Theurer, Landshut
EDV: ILI Richter und Mendler GbR, Freising
Aufbereitung der Kartenausschnitte: Planungsbüro Blum, Freising

Kartengrundlage: Topographische Karte 1:100.000, Blatt C 7538,
Luftbild 1:15.000, Bild-Nr. 259; Wiedergabe mit Genehmigung des
Bayerischen Landesvermessungsamtes München, Nr. 1253/99

**Bayerisches
Landesvermessungsamt**
Alexandrastr. 4, 80538 München
Tel. 089/2129-01
http://www.bayern.de/vermessung
Geodaten von Bayern
Vertrieb durch das Dienstleistungszentrum des BLVA
• Amtliches Topographisch-Kartographisches
  Informationssystem (ATKIS)
• Digitales Geländemodell (DGM)
• Rasterdaten
• Luftbilder, Orthophotos
Landkarten von Bayern
Vertrieb über den örtlichen Buch- oder Landkartenhandel

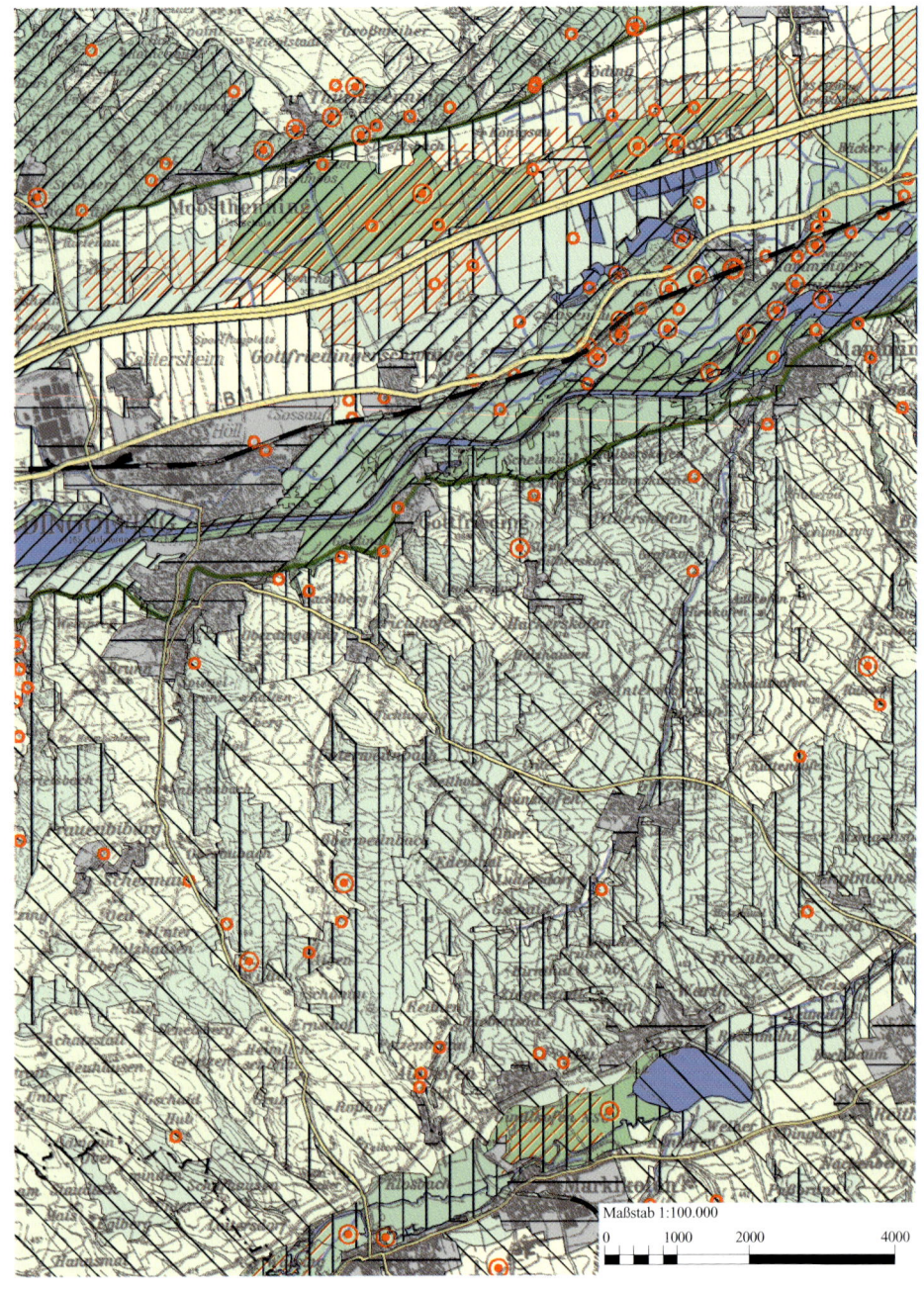

Maßstab 1:100.000

0   1000   2000   4000

Landschaftsentwicklungskonzept Region Landshut (LEK 13)
Fachkonzept des Naturschutzes und der Landschaftspflege

Karte 1.4: Schutzgutkarte Arten und Lebensräume (Ausschnitt)

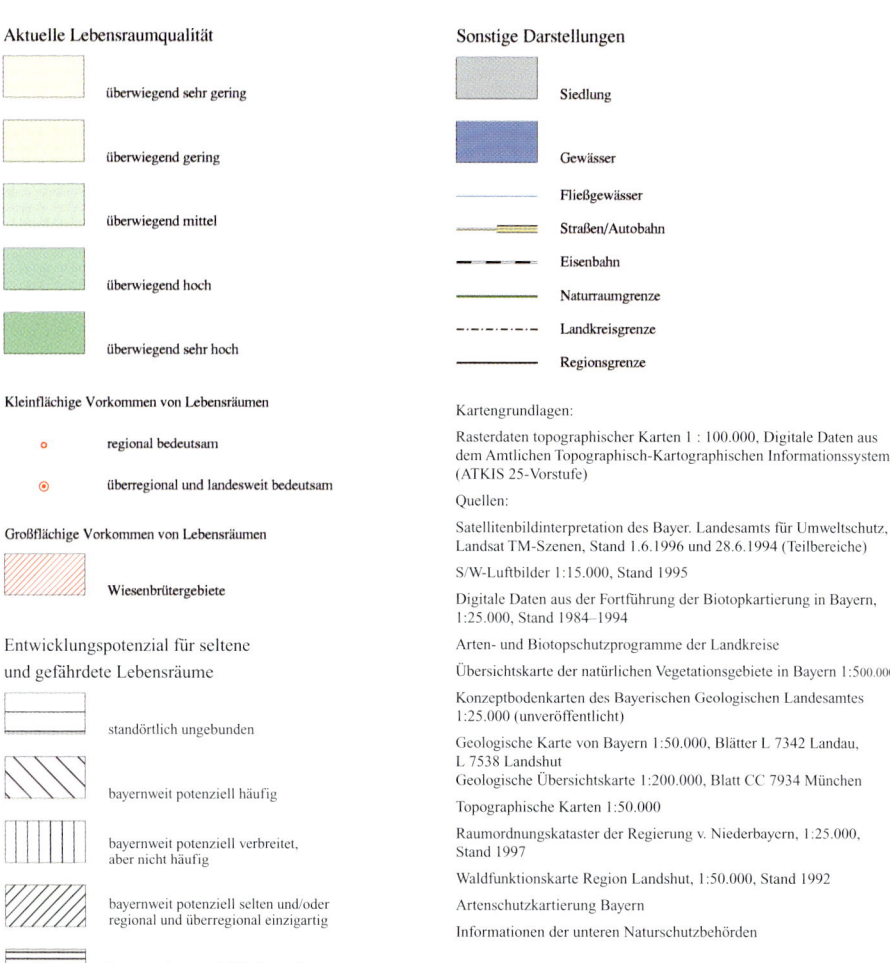

Aktuelle Lebensraumqualität

- überwiegend sehr gering
- überwiegend gering
- überwiegend mittel
- überwiegend hoch
- überwiegend sehr hoch

Kleinflächige Vorkommen von Lebensräumen

- ○ regional bedeutsam
- ◉ überregional und landesweit bedeutsam

Großflächige Vorkommen von Lebensräumen

- Wiesenbrütergebiete

Entwicklungspotenzial für seltene und gefährdete Lebensräume

- standörtlich ungebunden
- bayernweit potenziell häufig
- bayernweit potenziell verbreitet, aber nicht häufig
- bayernweit potenziell selten und/oder regional und überregional einzigartig
- bayernweit potenziell äußerst selten oder einzigartig

Sonstige Darstellungen

- Siedlung
- Gewässer
- Fließgewässer
- Straßen/Autobahn
- Eisenbahn
- Naturraumgrenze
- Landkreisgrenze
- Regionsgrenze

Kartengrundlagen:

Rasterdaten topographischer Karten 1 : 100.000, Digitale Daten aus dem Amtlichen Topographisch-Kartographischen Informationssystem (ATKIS 25-Vorstufe)

Quellen:

Satellitenbildinterpretation des Bayer. Landesamts für Umweltschutz, Landsat TM-Szenen, Stand 1.6.1996 und 28.6.1994 (Teilbereiche)

S/W-Luftbilder 1:15.000, Stand 1995

Digitale Daten aus der Fortführung der Biotopkartierung in Bayern, 1:25.000, Stand 1984–1994

Arten- und Biotopschutzprogramme der Landkreise

Übersichtskarte der natürlichen Vegetationsgebiete in Bayern 1:500.000

Konzeptbodenkarten des Bayerischen Geologischen Landesamtes 1:25.000 (unveröffentlicht)

Geologische Karte von Bayern 1:50.000, Blätter L 7342 Landau, L 7538 Landshut
Geologische Übersichtskarte 1:200.000, Blatt CC 7934 München

Topographische Karten 1:50.000

Raumordnungskataster der Regierung v. Niederbayern, 1:25.000, Stand 1997

Waldfunktionskarte Region Landshut, 1:50.000, Stand 1992

Artenschutzkartierung Bayern

Informationen der unteren Naturschutzbehörden

Auftraggeber und Copyright: Regierung von Niederbayern © 1998 - Koordinierung: Bayer. Landesamt für Umweltschutz - Finanzierung: Bayer. Staatsministerium für Landesentwicklung und Umweltfragen - Bearbeitung: Landschaftsbüro Pirkl-Riedel-Theurer, Landshut - EDV: ILI Richter und Mendler GbR, Freising - Aufbereitung der Kartenausschnitte: Planungsbüro Blum, Freising - Stand: Juli 1997

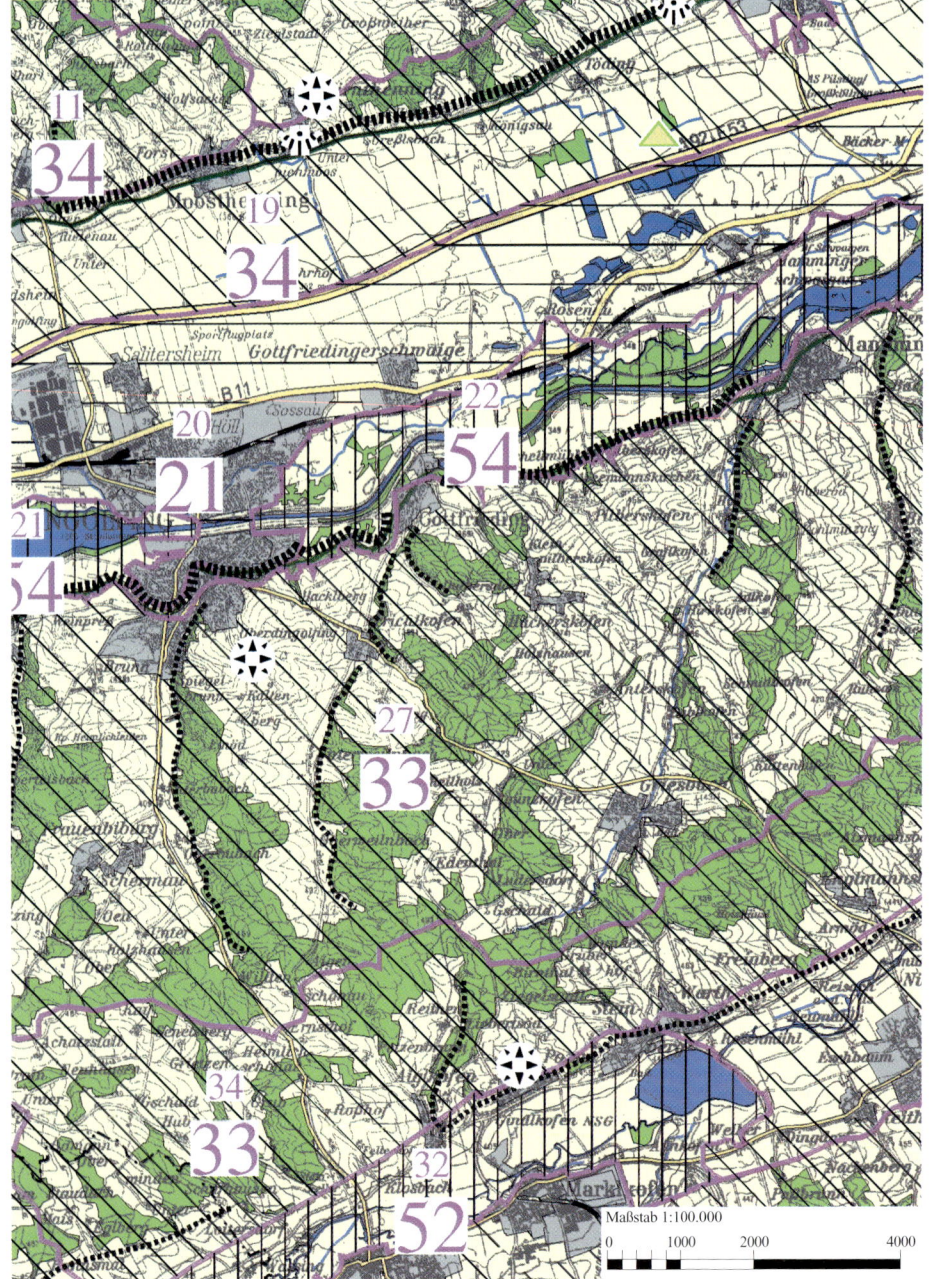

Maßstab 1:100.000

0   1000   2000   4000

Landschaftsentwicklungskonzept Region Landshut (LEK 13)
Fachkonzept des Naturschutzes und der Landschaftspflege

Karte 1.5: Schutzgutkarte Landschaftsbild und Landschaftserleben (Ausschnitt)

Einzelkriterien

Grenze des Landschaftsbildraumes

14   Nummer des Landschaftsbildraumes

1. Ziffer: 2. Ziffer:

12   Eigenart   Reliefdynamik

1 – sehr gering
2 – gering
3 – mittel
4 – hoch
5 – sehr hoch

Visuelle Leitstrukturen

vorhanden

mit hoher Intensitätswirkung

Herausragende Landschaftsbereiche

△   Kulturlandschaftsteile

●   Landschaftselemente

Landschaftserleben

※   kultur–oder naturhistorische Einzelelemente mit hoher Fernwirkung

✤   Aussichtspunkte

Ruhige, naturbezogene Erholung
(Waldflächen über 200 ha wurden gesondert bewertet)

nicht bewertet

potenziell geeignet – geringe Entwicklungsmöglichkeiten

potenziell geeignet – hohe Entwicklungsmöglichkeiten

geeignet

Sonstige Darstellungen

Siedlung

Landwirtschaftliche Flächen

Gewässer

Wald

Fließgewässer

Straßen/Autobahn

Eisenbahn

Naturraumgrenze

Landkreisgrenze

Regionsgrenze

Kartengrundlagen:

Rasterdaten topographischer Karten 1 : 100.000, Digitale Daten aus dem Amtlichen Topographisch-Kartographischen Informationssystem (ATKIS 25-Vorstufe) – Wiedergabe mit Genehmigung des BLVA Nr. 942/98, http://www.bayern.de/vermessung

Quellen:

Satellitenbildinterpretation des Bayer. Landesamts für Umweltschutz, Landsat TM-Szenen, Stand 1.6.1996 und 28.6.1994 (Teilbereiche)

S/W-Luftbilder 1:15.000, Stand 1995

Topographische Karten 1:50.000

Waldfunktionskarte Region Landshut, 1:50.000, Stand 1992

Fortführung der Biotopkartierung in Bayern, 1:25.000, Stand 1984–1994

Topographische Umgebungskarten des Bayerischen Landesvermessungsamtes 1:50.000

Freizeitkarten

Raumordnungskataster der Regierung v. Niederbayern, 1:25.000, Stand 1997

Informationen der Kreisheimatpfleger

Informationen der unteren Naturschutzbehörden

Verzeichnis der Denkmale in Bayern

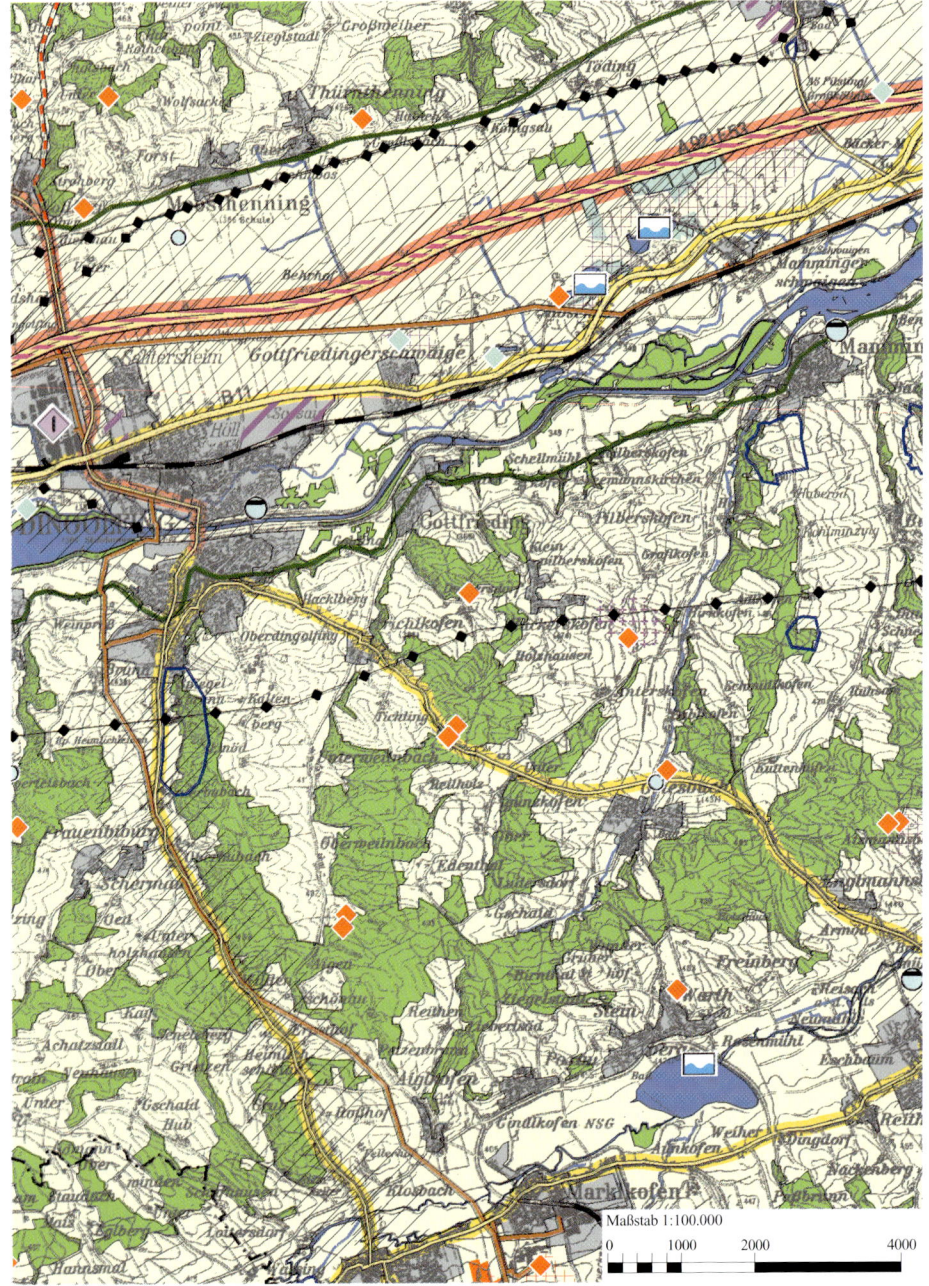

Maßstab 1:100.000

0   1000   2000   4000

Landschaftsentwicklungskonzept Region Landshut (LEK 13)
Fachkonzept des Naturschutzes und der Landschaftspflege

Karte 2.2: Sonstige Nutzungen und Funktionen (Ausschnitt)

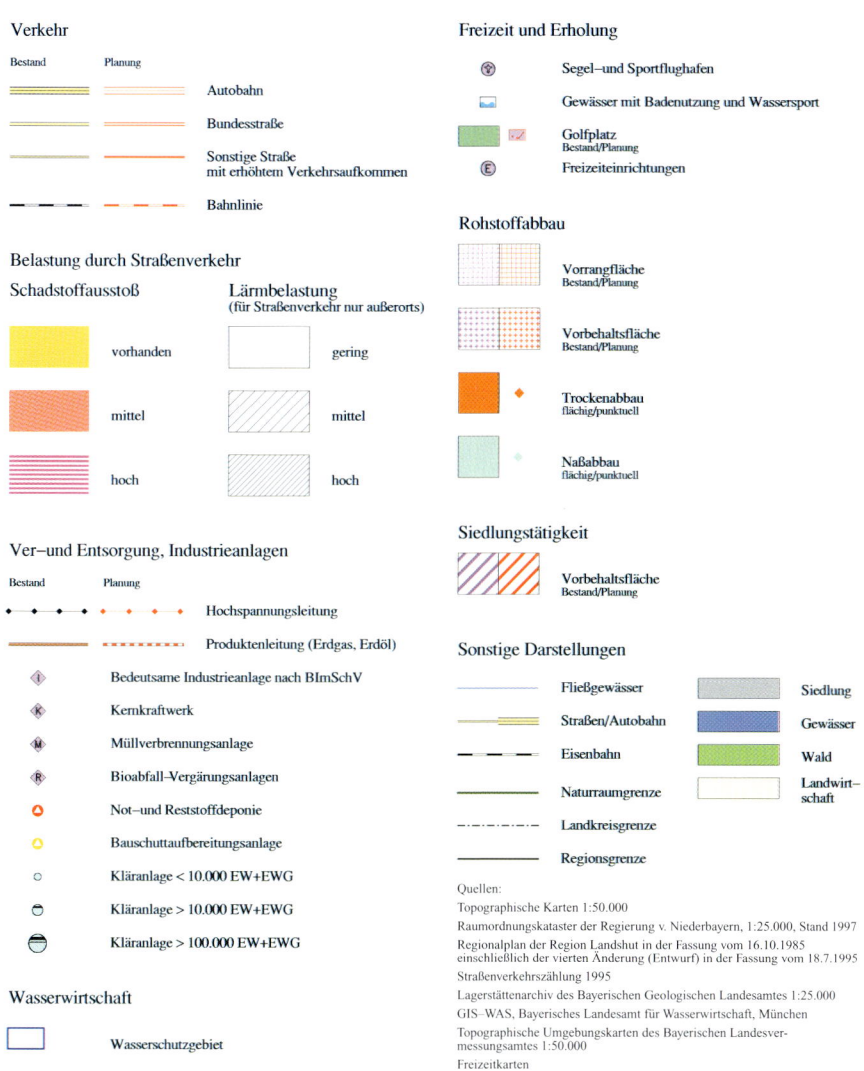

Verkehr

Bestand	Planung	
		Autobahn
		Bundesstraße
		Sonstige Straße mit erhöhtem Verkehrsaufkommen
		Bahnlinie

Belastung durch Straßenverkehr

Schadstoffausstoß

- vorhanden
- mittel
- hoch

Lärmbelastung
(für Straßenverkehr nur außerorts)

- gering
- mittel
- hoch

Ver–und Entsorgung, Industrieanlagen

Bestand   Planung

- Hochspannungsleitung
- Produktleitung (Erdgas, Erdöl)
- (i) Bedeutsame Industrieanlage nach BImSchV
- (K) Kernkraftwerk
- (M) Müllverbrennungsanlage
- (R) Bioabfall–Vergärungsanlagen
- Not–und Reststoffdeponie
- Bauschuttaufbereitungsanlage
- Kläranlage < 10.000 EW+EWG
- Kläranlage > 10.000 EW+EWG
- Kläranlage > 100.000 EW+EWG

Wasserwirtschaft

- Wasserschutzgebiet

Freizeit und Erholung

- Segel–und Sportflughafen
- Gewässer mit Badenutzung und Wassersport
- Golfplatz Bestand/Planung
- (E) Freizeiteinrichtungen

Rohstoffabbau

- Vorrangfläche Bestand/Planung
- Vorbehaltsfläche Bestand/Planung
- Trockenabbau flächig/punktuell
- Naßabbau flächig/punktuell

Siedlungstätigkeit

- Vorbehaltsfläche Bestand/Planung

Sonstige Darstellungen

- Fließgewässer
- Straßen/Autobahn
- Eisenbahn
- Naturraumgrenze
- Landkreisgrenze
- Regionsgrenze
- Siedlung
- Gewässer
- Wald
- Landwirt–schaft

Quellen:
Topographische Karten 1:50.000
Raumordnungskataster der Regierung v. Niederbayern, 1:25.000, Stand 1997
Regionalplan der Region Landshut in der Fassung vom 16.10.1985 einschließlich der vierten Änderung (Entwurf) in der Fassung vom 18.7.1995
Straßenverkehrszählung 1995
Lagerstättenarchiv des Bayerischen Geologischen Landesamtes 1:25.000
GIS–WAS, Bayerisches Landesamt für Wasserwirtschaft, München
Topographische Umgebungskarten des Bayerischen Landesver-messungsamtes 1:50.000
Freizeitkarten

Auftraggeber und Copyright: Regierung von Niederbayern © 1998 - Koordinierung: Bayer. Landesamt für Umweltschutz - Finanzierung: Bayer. Staatsministerium für Landesentwicklung und Umweltfragen - Bearbeitung: Landschaftsbüro Pirkl-Riedel-Theurer, Landshut - EDV: ILI Richter und Mendler GbR, Freising - Aufbereitung der Kartenausschnitte: Planungsbüro Blum, Freising - Stand: Juli 1997

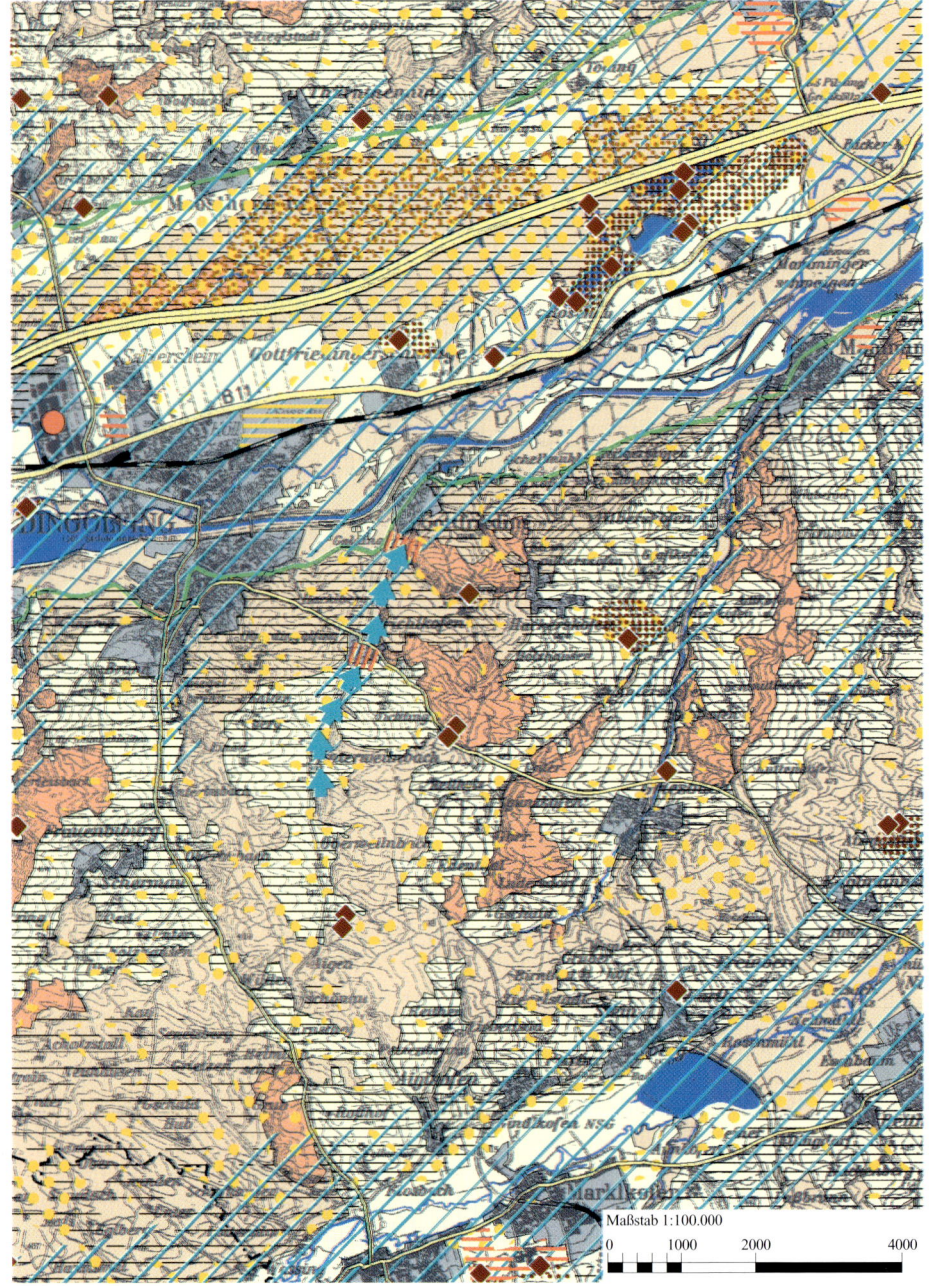

Maßstab 1:100.000

0   1000   2000   4000

Landschaftsentwicklungskonzept Region Landshut (LEK 13)
Fachkonzept des Naturschutzes und der Landschaftspflege

Karte 3.1: Konfliktkarte Boden–Luft/Klima (Ausschnitt)

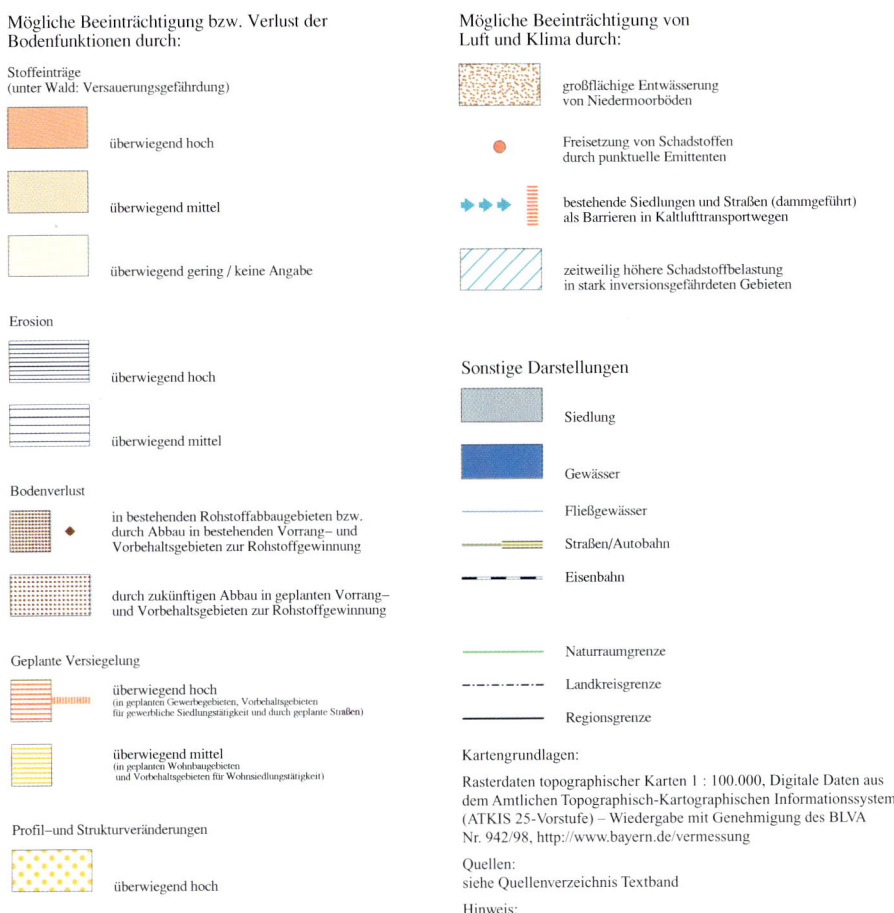

Mögliche Beeinträchtigung bzw. Verlust der Bodenfunktionen durch:

Stoffeinträge
(unter Wald: Versauerungsgefährdung)

überwiegend hoch

überwiegend mittel

überwiegend gering / keine Angabe

Erosion

überwiegend hoch

überwiegend mittel

Bodenverlust

in bestehenden Rohstoffabbaugebieten bzw. durch Abbau in bestehenden Vorrang– und Vorbehaltsgebieten zur Rohstoffgewinnung

durch zukünftigen Abbau in geplanten Vorrang– und Vorbehaltsgebieten zur Rohstoffgewinnung

Geplante Versiegelung

überwiegend hoch
(in geplanten Gewerbegebieten, Vorbehaltsgebieten für gewerbliche Siedlungstätigkeit und durch geplante Straßen)

überwiegend mittel
(in geplanten Wohnbaugebieten und Vorbehaltsgebieten für Wohnsiedlungstätigkeit)

Profil–und Strukturveränderungen

überwiegend hoch

Mögliche Beeinträchtigung von Luft und Klima durch:

großflächige Entwässerung von Niedermoorböden

Freisetzung von Schadstoffen durch punktuelle Emittenten

bestehende Siedlungen und Straßen (dammgeführt) als Barrieren in Kaltlufttransportwegen

zeitweilig höhere Schadstoffbelastung in stark inversionsgefährdeten Gebieten

Sonstige Darstellungen

Siedlung

Gewässer

Fließgewässer

Straßen/Autobahn

Eisenbahn

Naturraumgrenze

Landkreisgrenze

Regionsgrenze

Kartengrundlagen:

Rasterdaten topographischer Karten 1 : 100.000, Digitale Daten aus dem Amtlichen Topographisch-Kartographischen Informationssystem (ATKIS 25-Vorstufe) – Wiedergabe mit Genehmigung des BLVA Nr. 942/98, http://www.bayern.de/vermessung

Quellen:
siehe Quellenverzeichnis Textband

Hinweis:
Die Aussagen dieser Karte zum Schutzgut Luft/Klima basieren z.T. auf kleinmaßstäblichen Grundlagen und können deshalb im Einzelfall örtlich abweichen.

Auftraggeber und Copyright: Regierung von Niederbayern © 1998 - Koordinierung: Bayer. Landesamt für Umweltschutz - Finanzierung: Bayer. Staatsministerium für Landesentwicklung und Umweltfragen - Bearbeitung: Landschaftsbüro Pirkl-Riedel-Theurer, Landshut - EDV: ILI Richter und Mendler GbR, Freising - Aufbereitung der Kartenausschnitte: Planungsbüro Blum, Freising - Stand: Juli 1997

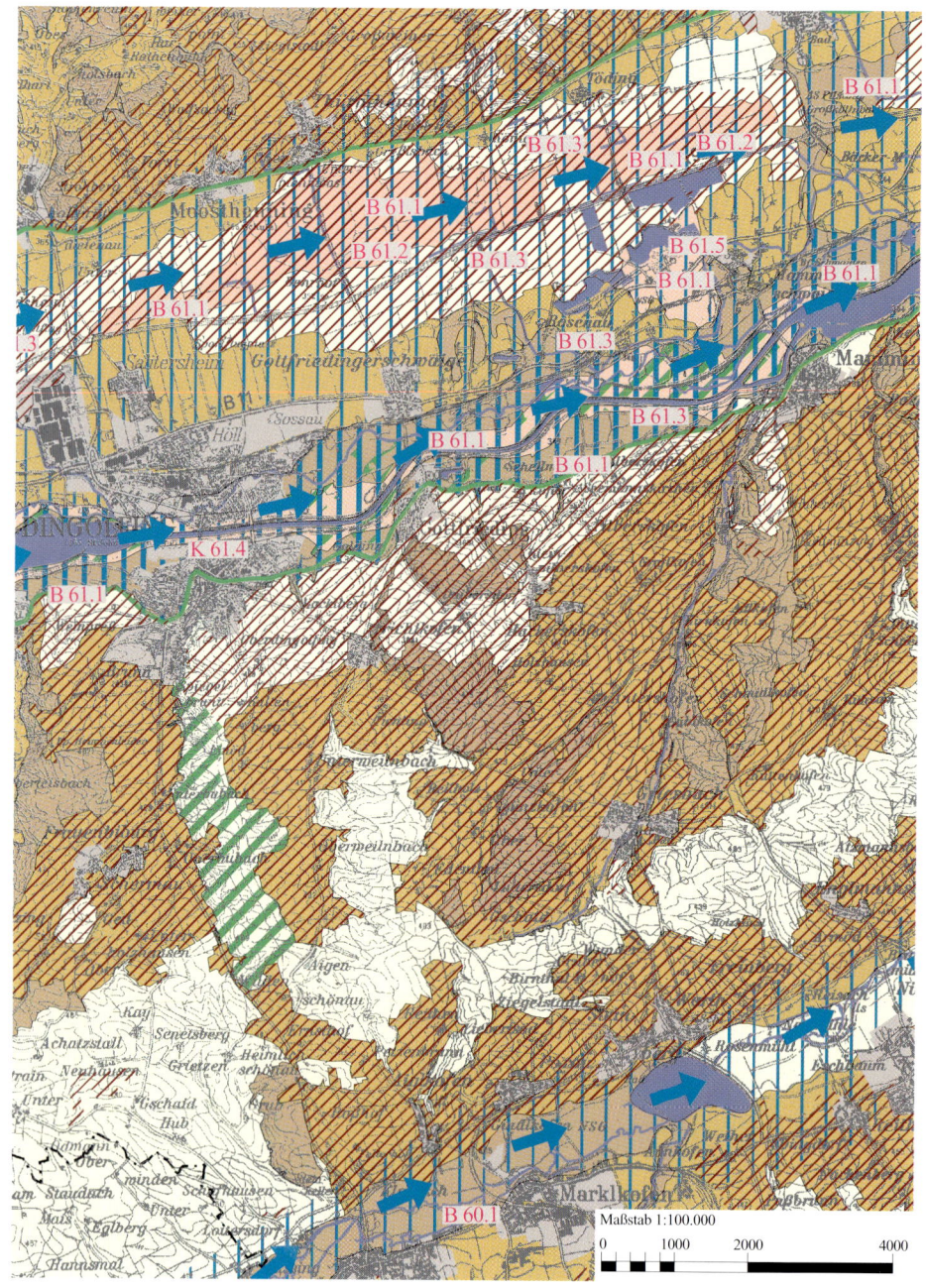

Landschaftsentwicklungskonzept Region Landshut (LEK 13)
Fachkonzept des Naturschutzes und der Landschaftspflege

Karte 4.1: Zielkarte Boden–Luft/Klima (Ausschnitt)

Bedeutung

Gebiet mit Böden von **hervorragender Bedeutung** als Standort für seltene Lebensgemeinschaften sowie für die Sicherung empfindlicher Böden

Gebiet mit Böden von **besonderer Bedeutung** als Standort für seltene Lebensgemeinschaften sowie für die Sicherung empfindlicher Böden

Gebiet mit **besonderer Bedeutung** für die Erhaltung leistungsfähiger Böden

Gebiet mit **besonderer Bedeutung** für die Schutz des Bodens vor Erosion

Gebiet mit **allgemeiner Bedeutung** für die Erhaltung der Bodenfunktionen

Textverweise für Teilräume mit spezieller Zielsetzung (siehe Textband LEK)

62.1   im Naturraum Donau-Isar-Hügelland
64.1   im Naturraum Dungau
61.1   im Naturraum Unteres Isartal
60.1   im Naturraum Isar-Inn-Hügelland
54.1   im Naturraum Unteres Inntal

Gebiet mit **hervorragenderer Bedeutung** für die Sicherung des Kalt- und Frischlufttransportes

Gebiet mit **besonderer Bedeutung** für die Sicherung des Kalt- und Frischlufttransportes

Waldgebiet mit **besonderer Bedeutung** für den Klimaschutz

Siedlungsgebiet, in dem der Verbesserung der bioklimatischen Situation eine **besondere Bedeutung**

allgemeine Bedeutung zukommt

Sonstige Darstellungen

Gewässer

Fließgewässer

Naturraumgrenze

Landkreisgrenze

Regionsgrenze

Kartengrundlagen:
Rasterdaten topographischer Karten 1 : 100.000, Digitale Daten aus dem Amtlichen Topographisch-Kartographischen Informationssystem (ATKIS 25-Vorstufe)

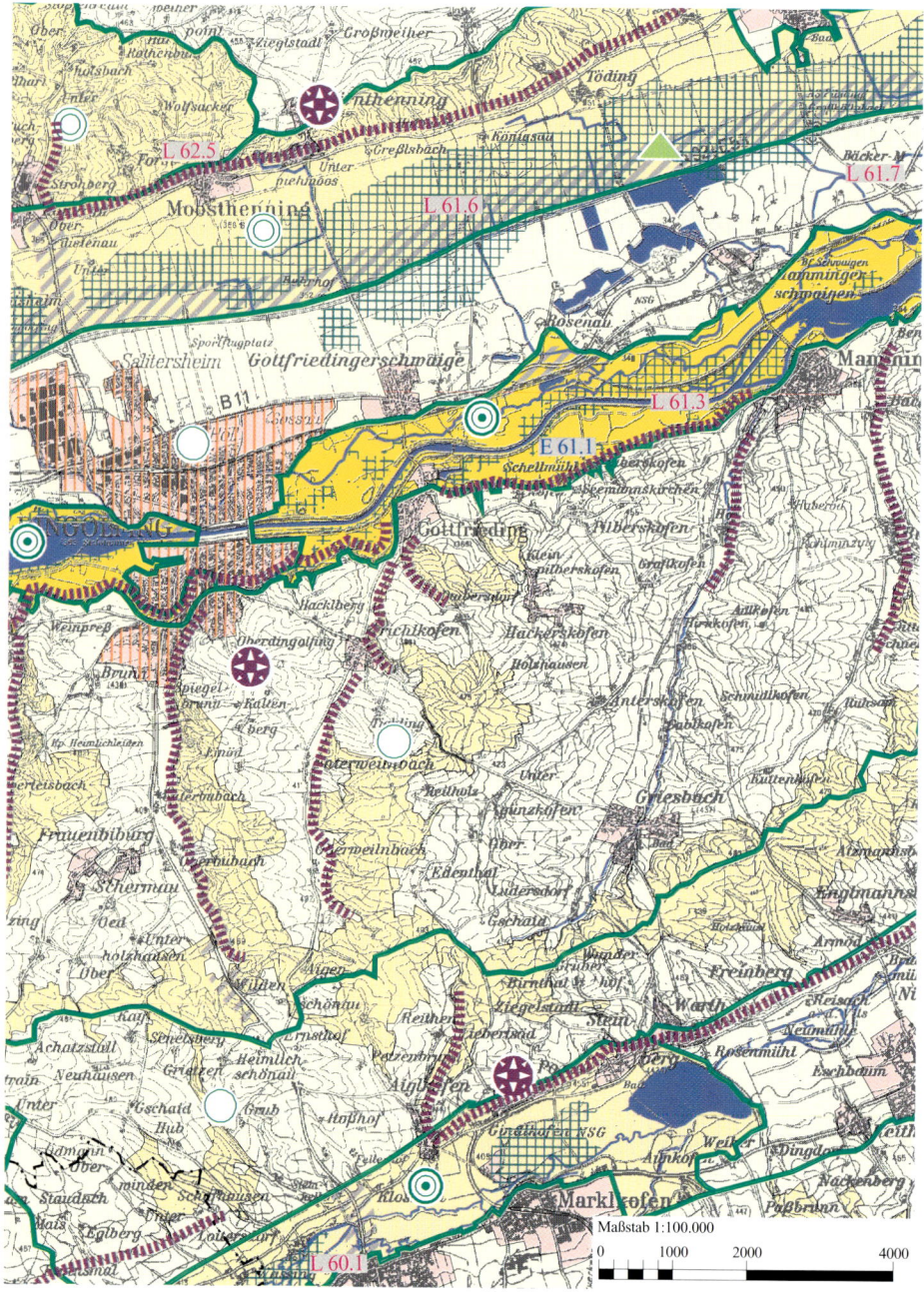

Maßstab 1:100.000

0   1000   2000   4000

Landschaftsentwicklungskonzept Region Landshut (LEK 13)
Fachkonzept des Naturschutzes und der Landschaftspflege

Karte 4.4: Zielkarte Landschaftsbild und Landschaftserleben (Ausschnitt)

Bedeutung

Gebiet mit **hervorragender Bedeutung** für die Sicherung einer ruhigen, naturbezogenen Erholung

Gebiet mit **hervorragender Bedeutung** für die Sicherung einer stadtnahen, naturbezogenen Erholung

Gebiet mit **besonderer Bedeutung** für die Erhaltung und Entwicklung einer ruhigen, naturbezogenen Erholung

Gebiet mit **besonderer Bedeutung** für die Erhaltung und Entwicklung einer stadt-nahen, naturbezogenen Erholung

Gebiet mit **allgemeiner Bedeutung** für die Erhaltung und Entwicklung einer ruhigen, naturbezogenen Erholung

Siedlungsgebiet, in dem der Entwicklung städtischer Erholungsflächen eine **besondere** Bedeutung zukommt

Siedlungsgebiet

Gebiet, in dem eine naturbezogene Erholung durch Verkehrs- oder Fluglärm beeinträchtigt ist

Gebiet, in dem eine ruhige, naturbezogene Erholung nur mit Rücksicht auf störungs-empfindliche Arten erfolgen kann

Gebiet mit **hervorragender Bedeutung** für die Sicherung und Entwicklung des Landschaftsbildes und Landschaftserlebens

Gebiet mit **besonderer Bedeutung** für die Erhaltung und Entwicklung des Landschaftsbildes und Landschaftserlebens

Gebiet mit **allgemeiner Bedeutung** für die Erhaltung und Entwicklung des Landschaftsbildes und Landschaftserlebens

Erhalt herausragender Kulturlandschaftsteile

Erhalt herausragender Landschaftselemente

Erhalt von Sichtbeziehungen zu fernwirksamen Orientierungspunkten

Erhalt visueller Leitlinien

Sonstige Darstellungen

Gewässer

Fließgewässer

Landkreisgrenze

Regionsgrenze

Textverweise für Teilräume mit spezieller Zielsetzung (siehe Textband LEK)

L 62.1	E 62.1	im Naturraum Donau-Isar-Hügelland
L 64.1	E 64.1	im Naturraum Dungau
L 61.1	E 61.1	im Naturraum Unteres Isartal
L 60.1	E 60.1	im Naturraum Isar-Inn-Hügelland
L 54.1	E 54.1	im Naturraum Unteres Inntal

L - Ziele Landschaftsbild   E - Ziele Erholung

Kartengrundlagen:
Rasterdaten topographischer Karten 1 : 100.000, Digitale Daten aus dem Amtlichen Topographisch-Kartographischen Informationssystem (ATKIS 25-Vorstufe)

Auftraggeber und Copyright: Regierung von Niederbayern © 1998 - Koordinierung: Bayer. Landesamt für Umweltschutz - Finanzierung: Bayer. Staatsministerium für Landesentwicklung und Umweltfragen - Bearbeitung: Landschaftsbüro Pirkl-Riedel-Theurer, Landshut - EDV: ILI Richter und Mendler GbR, Freising - Aufbereitung der Kartenausschnitte: Planungsbüro Blum, Freising - Stand: Juli 1997

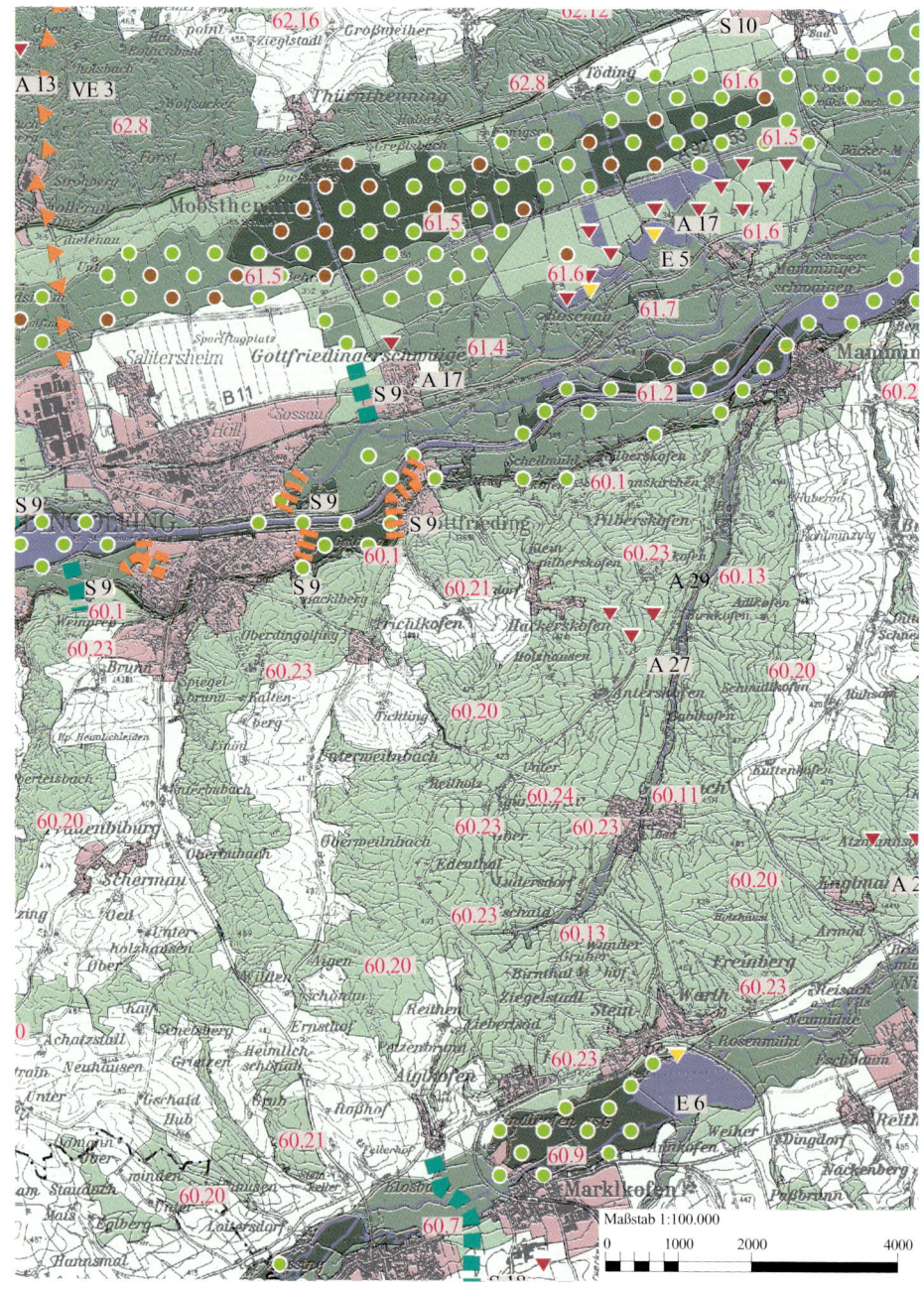

Maßstab 1:100.000

0   1000   2000   4000

Landschaftsentwicklungskonzept Region Landshut (LEK 13)
Fachkonzept des Naturschutzes und der Landschaftspflege

Karte 6: Leitbild der Landschaftsentwicklung

Funktionsräume

Gebiete mit langfristig **natürlicher/naturnaher Entwicklung**

Landnutzung mit **vorherrschenden** Leistungen für Naturhaushalt und das Landschaftsbild

Landnutzung mit **bedeutenden** Leistungen für Naturhaushalt und das Landschaftsbild

Landnutzung mit **begleitenden** Leistungen für Naturhaushalt und das Landschaftsbild

Übrige Flächennutzungen mit **begleitenden** Leistungen für Naturhaushalt und Landschaftsbild

Maßnahmen

Textverweise für vorgeschlagene Maßnahmen (siehe Textband LEK)

62.I	im Naturraum Donau-Isar-Hügelland
64.I	im Naturraum Dungau
61.I	im Naturraum Unteres Isartal
60.I	im Naturraum Isar-Inn-Hügelland
54.I	im Naturraum Unteres Inntal

Spezielle Entwicklungsmaßnahmen des Naturschutzes und der Landschaftspflege

Artenschutzmaßnahmen

Bodenschutzmaßnahmen

Verbesserung der Erholungswirksamkeit und des Landschaftsbildes

Spezielle Lenkungsmaßnahmen von Nutzungen

Verkehr, Ver- und Entsorgung

Freizeit und Erholung

Rohstoffgewinnung

Siedlung - Grünzäsur

Siedlung - Ortsrand, der nicht überschritten werden soll

VEI — Textverweis (siehe Textband zum LEK) zum Teil erfolgen Mehrfachverweise: A12 EI

Hinweise zu folgenden Nutzungen:

A	Rohstoffgewinnung
E	Erholung
S	Siedlung und Gewerbe
V	Verkehr
VE	Ver- und Entsorgung

Sonstige Darstellungen

Gewässer

Fließgewässer

Naturraumgrenze

Landkreisgrenze

Regionsgrenze

Kartengrundlagen:

Rasterdaten topographischer Karten 1 : 100.000, Digitale Daten aus dem Amtlichen Topographisch-Kartographischen Informationssystem (ATKIS 25-Vorstufe)

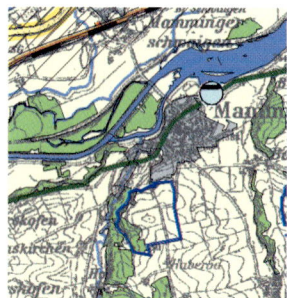

Landschaftsentwicklungskonzept
Region Landshut (LEK 13)

Fachkonzept des Naturschutzes und der Landschaftspflege

Links: Ausschnitt aus der Karte Sonstige Nutzungen und Funktionen
Maßstab 1:100.000
Unten: Luftbild (Bild-Nr. 259) des gleichen Gebietsausschnitts
Originalmaßstab 1:15.000, Wiedergabe verkleinert auf ca. 1: 35.000

Kasten 3.9 Bodenschätzung

Eine Bewertung der Ertragsfähigkeit aller landwirtschaftlich genutzten Böden erfolgte seit 1934 nach In-Kraft-Treten des Bodenschätzungsgesetzes. Diese „Reichsbodenschätzung" diente der Festsetzung gerechter Steuern und stellte eine ebenfalls sehr wichtige Grundlage für die Ermittlung von Bodenpreisen, Beleihungen oder Entschädigungen bei Enteignungsverfahren dar. Während in den alten Bundesländern die Bodenschätzung durch vom Finanzamt bezahlte Fachleute auch heute noch fortgeführt und damit ständig aktualisiert wird, liegt sie in den neuen Bundesländern teilweise mehr als fünf Jahrzehnte zurück und wurde maximal standortskundlich aktualisiert bzw. auch ergänzt, während Meliorationsmaßnahmen (die sich ganz erheblich auf die Verbesserung der Ertragsfähigkeit eines Bodens auswirken) vielfach unberücksichtigt blieben.

Grundlage der Bodenschätzung bildet die Ermittlung der Bodenart im Gelände. Für die Bewertung von Gründlandflächen werden fünf Bodenarten (Sand, lehmiger Sand, Lehm, Ton und Moor) unterschieden. Für Ackerflächen sind sie um anlehmigen Sand, stark sandigem Lehm, sandigem Lehm und schwerem Lehm ergänzt und damit differenzierter untergliedert.

Im Schätzungsrahmen für Ackerflächen wird noch die Entstehungsart und die Zustandsstufe eines Bodens angegeben. Die Zustandsstufe erfasst bodenkundliche Parameter wie etwa Krumen- und Profiltiefe, Bodengefüge und Horizontgliederung sowie Humus- und Carbonatgehalt. Als Entstehungsarten unterscheidet die Bodenschätzung Alluvial-, Diluvial-, Löss-, Verwitterungs- und Moorböden. Bodenart, Zustandsstufe und Entstehungsart sind in einer Tabelle zusammengefasst und ermöglichen die Bewertung eines Ackerbodens in Verhältniszahlen (Bodenzahlen) von 7 bis 100. Zur landwirtschaftlichen Nutzung eignen sich Böden ab einer Bodenzahl von 18. Während beim Ackerschätzungsrahmen 7 Zustandsstufen unterschieden werden, sind es beim Grünlandschätzungsrahmen nur III. Die sog. „Grünlandgrundzahlen" umfassen hier eine Spanne von 7 bis 88. Statt der Entstehungsart werden hierbei auch das Klima als eigenständiger Parameter untergliedert in drei Stufen sowie die Wasserverhältnisse (5 Stufen) miteinbezogen. Die Aufstellung beider Schätzungsrahmen erfolgte unter Zugrundelegung bestimmter Klima- und Geländeverhältnisse. Weist ein zu bewertender Standort Besonderheiten auf (z. B. bezüglich seiner Hanglage oder Niederschlagsverhältnisse), können Zu- oder Abschläge der Bodenzahl-Bewertung vorgenommen werden. Es handelt sich um hoch aggregierte Relativzahlen, die sich seit Jahrzehnten bewährt haben.

Unterlagen zur Bodenschätzung sind deshalb grundsätzlich langfristig gültig und bilden eine umfassende und oftmals unverzichtbare Grundlage für die Beschreibung des Bodens als Standortsfaktor. Allerdings sind die Angaben zu überprüfen und ggf. zu korrigieren, wenn z. B. Nutzungsänderungen (Grünlandumbruch, Aufforstung) oder andere Bodenveränderungen (Erosion, Melioration, Entwässerung oder Tiefenumbruch) stattgefunden haben. Bodenschätzungskarten liegen im Allgemeinen bei Kataster- oder Finanzämtern im Maßstab 1 : 5.000 vor und können bei Nennung eines berechtigten Grundes auch eingesehen werden. Für großmaßstäbliche Planungen sollte von dieser Möglichkeit Gebrauch gemacht werden. Die Ergebnisse der Bodenschätzung sind zusammengefasst auch in kleinmaßstäbigen Karten (z. B. Bodenkarten 1:25.000 oder Bodenkundlichen Übersichtskarten 1 : 100.000) übernommen worden. Somit stellen sie auch für Rahmenplanungen wertvolle Informationen zur Verfügung.

schutz Sachsen-Anhalt 1998). Diese Einstufung gilt jedoch in Lössgebieten und muss in anderen Landschaften entsprechend nach unten korrigiert werden. In Brandenburg, das im landesweiten Durchschnitt eine Bodenwertzahl von nur 33 (!) aufweist, gelten dagegen bereits Böden mit einer Bodenzahl über 44 als von sehr hoher, mit einer Wertzahl von mehr als 36 von hoher natürlicher Ertragsfähigkeit. Die Regionalplanung im Freistaat Sachsen stuft dort Böden ab einer Bodenwertzahl von 60 als landwirtschaftliche Vorrangflächen ein; ab 50 Bodenpunkten werden sie dort als Vorbehaltsgebiete ausgewiesen.

Für die Standorte unter Forst bietet es sich an, analog auf die so genannten „Stamm-Fruchtbarkeitsziffern" als einfach handhabbare Bewertungskriterien zurückzugreifen. Diese sind den Forstlichen Standortskartierungen zu entnehmen, die in der Regel im Maßstab 1 : 10 000 vorliegen und auf Ebene der einzelnen Forstamtsbezirke durchgeführt werden.

Funktion des Bodens als Standort für die natürliche Vegetation (Biotopentwicklungspotenzial)

Die nach dem Bundes-Bodenschutzgesetz zu betrachtende Lebensraumfunktion eines Bodens wird vielfach über das Biotopentwicklungspotenzial operationalisiert. Dabei wird das Potenzial eines Bodens, Extremstandorte mit schutzwürdiger Vegetation zu entwickeln, betrachtet. Die Berücksichtigung des Biotopentwicklungspotenzials ergibt sich aus der gesetzlich fixierten Notwendigkeit, im Rahmen von Planungen die Leistungsfähigkeit des Naturhaushaltes zu beurteilen. Dies schließt die Entwicklungspotenziale der verschiedenen Schutzgüter, so auch des Bodens mit ein. Während sich der Focus des Arten- und Biotopschutzes jedoch auf den aktuellen Vegetationsbestand richtet, steht bei der Betrachtung zum Biotopentwicklungspotenzial des Bodens die Fähigkeit eines Standortes zum Hervorbringen entsprechender Vegetationsbestände im Zentrum der Betrachtung. Dabei spielt es keine Rolle, ob eine entsprechende Ausprägung schon ausgebildet ist oder ob sie aufgrund anderer Einflüsse aktuell nicht entwickelt ist.

Für die Einstufung kann auch hier die Boden- bzw. Grünlandzahl herangezogen werden, wobei die Wertabstufung reziprok zur natürlichen Ertragsfähigkeit angesiedelt ist. Durch Auswertung des Arten- und Biotopschutzprogramms im Freistaat Bayern konnte etwa ermittelt werden, dass Böden mit einer geringen Acker- bzw. Grünlandzahl von in diesem Fall weniger als 40 anthropogen vergleichsweise wenig überprägt sind, für die landwirtschaftliche Nutzung als entweder zu feucht oder zu trocken und oftmals ebenfalls als nährstoffarm einzustufen sind. Im Allgemeinen wurden sie nicht übermäßig intensiv bewirtschaftet, so dass sie auch heute noch ansonsten selten gewordene naturbetonte Elemente aufweisen und deshalb besonders gute Voraussetzungen als Entwicklungsflächen für seltene Biotope (eben auch für den Biotopverbund) aufweisen. Dass aber auch hier wieder sehr stark regional differenziert werden muss, zeigt sich darin, dass in Brandenburg im Rahmen einer landesweiten Auswertung erst Böden mit einer Wertzahl von weniger als 18 ein sehr hohes Biotopentwicklungspotenzial zugesprochen wurde. Zu beachten ist weiterhin, dass es auch Böden mit günstigen natürlichen Nährstoffverhältnissen wie Niedermoor- und Auenstandorte gibt, die gleichfalls ein hohes Biotopentwicklungspotenzial aufweisen und daher ergänzend zu betrachten sind.

In Nordrhein-Westfalen wurden u. a. die folgenden Bodeneinheiten mit besonderen ökologischen Funktionen (Entwicklungspotenzial für Biotope mit extremem Wasser- und Nährstoffhaushalt) in die Karte der schutzwürdigen Böden aufgenommen (SCHRAPS & SCHREY 1997). Diese Böden werden in besonderem Maße als schutzwürdig angesehen:

• **Moorböden**

Hoch-, Nieder- und Übergangsmoore, mit natürlichem Wasserhaushalt oder nur geging abgesenktem Wasserstand und ohne Überdeckung durch mineralische Substrate.

• **Grundwasserböden**

Anmoor-, Moor- und Nassgleye, zum Teil Gleye, regionale Auenböden mit rezenter Überflutung, mit natürlichem Wasserhaushalt oder nur gering abgesenktem Wasserstand als Böden mit permanentem Wasserüberschuss. Einbezogen werden hier regional auch rezente Überflutungsbereiche der Auen größerer Flüsse.

• **Staunässeböden**

Stagnogleye, (Anmoor-)Pseudogleye mit starker bis sehr starker Staunässe als Böden mit ausgeprägtem Wechsel von Nass- und Trockenphase.

• **Trockene Sand- und Schuttböden**

Grundwasser- und staunässefreie (Braunerde-)Podsole und Regosole in schluff- und tonarmen Sanden und Grobskelettsubstraten als extrem trockene und nährstoffarme Böden.

• **Extrem trockene Felsböden**

Nährstoffarme Ranker und kalkhaltige nährstoffreiche Rendzinen.

Eine weitere Möglichkeit, die Funktion des Bodens als Standort für die natürliche Vegetation zu ermitteln, ist dabei von der potenziell natürlichen Vegetation (PNV) auszugehen. Dabei wird beurteilt, wie wertvoll (z. B. selten) die Vegetation ist, die sich auf einem Standort entwickeln würde, wenn man anthropogene Eingriffe ausschließen und ihn sich selber überlassen würde. So wird etwa in Sachsen-Anhalt vorgegangen, wo inzwischen landesweit und flächendeckend Karten der potenziell natürlichen Vegetation im Maßstab 1 : 50 000 vorliegen (Landesamt für Umweltschutz Sachsen-Anhalt 1998).

Funktion des Bodens als Lebensraum für Bodenorganismen

Über die Bestimmung des § 2 Abs. 2 Ziff. 1a, wonach Böden u.a. in ihrer Funktion für Bodenorganismen zu schützen sind, fordert das Bundes-Bodenschutzgesetz eine Berücksichtigung auch dieser Teilfunktion. Voraussetzung ist allerdings das Vorliegen geeigneter Datengrundlagen und Bewertungskriterien.

Würde man dabei nun die Seltenheit der vorkommenden Arten und Artengruppen als Bewertungskriterium zugrunde legen, so wären Extremstandorte (z. B. Hochmoorstandorte), die sich durch seltene und besondere Standortseigenschaften auszeichnen, mit einer hohen Lebensraumfunktion für Bodenorganismen zu belegen, da dort hochspezialisierte, seltene Organismen vorkommen können. Diese Betrachtungsweise würde jedoch die Funktion der Bodenorganismen als wesentlichen Bestandteil der Stoff- und Energiekreisläufe in Ökosystemen weitgehend ignorieren, da sich Extremstandorte nicht unbedingt durch einen hohen Besatz an Bodenorganismen und eine hohe bodenbiologische Aktivität auszeichnen (U-Plan in: Landschaftsplanung Uni Potsdam et al. 2000). Zieht man dagegen die bodenbiologische Aktivität als Maßstab für die Bewertung heran, so wären Böden, die günstige Lebensbedingungen für Bodenorganismen indizieren, mit hoher Bedeutung zu belegen. Problematisch ist allerdings, dass hier dann allein der quantitative Aspekt das Maß für die Bewertung darstellt und standortsspezifische Arten(gruppen)zusammensetzungen unberücksichtigt bleiben.

Am viel versprechendsten erscheint daher das allerdings erst im Aufbau begriffene „Konzept der bodenbiologischen Standortklassifikation" (Römbke et al. 1999): Dabei wird derzeit im Rahmen von Forschungsvorhaben versucht, für bestimmte Standortstypen charakteristische Lebensgemeinschaften an Bodenlebewesen (Bodenbiozönosen) zu bestimmen. Diese sollen ihrerseits durch wenige handhabare Standortsfaktoren beschreibbar sein. Der Vergleich der real vorkommenden mit der zu erwartenden Bodenbiozönose erlaubt dann eine Bewertung. Hilfsweise können auch anthropogene Einflüsse, die eine Abweichung der Biozönose vom Erwartungswert des Standortes nahe legen, herangezogen werden.

Seltene Böden

Soweit möglich sollten innerhalb eines Untersuchungsraumes auch selten vorkommende Böden gekennzeichnet werden. Ähnlich wie bei Tier- und Pflanzenarten bzw. Biotopen oder Ökosystemen sind die Ausprägungen dieses Kriteriums regional sehr unterschiedlich und bedürfen einer entsprechenden Anpassung. Obwohl die fachliche Diskussion erst begonnen hat, können die Ausführungen von Bosch (1994) als wichtige Anhaltspunkte herangezogen werden, wenn eine entsprechende Einstufung von Böden erforderlich sein sollte. Er listet die im Kasten 3.10 genannten Bodentypen als selten auf und leitet darauf aufbauend einen Vorschlag für eine „Rote Liste natürlicher Böden" ab. Hierbei ergeben sich einige Überschneidungen mit den o.g. Böden, die als besonders für den Biotopverbund geeignet herausgestellt wurden.

Böden mit Archivfunktion

Nach § 2 Bundes-Bodenschutzgesetz sollen bei Einwirkungen auf den Boden auch Beeinträchtigungen seiner Funktionen als Archiv der Natur- und Kulturgeschichte so weit wie möglich vermieden werden. Unter solchen „Archivböden" sind Böden zu verstehen, die aufgrund ihrer spezifischen Ausprägung und Eigenschaften charakteristische Phasen der Boden- und/oder Landschaftsentwicklung archivieren. Für Brandenburg wurde eine Liste erarbeitet, die die in Tabelle 3.8 aufgelisteten Böden und Bodenvergesellschaftungen als schutzwürdige Archivböden ausweist. Dabei waren – in je nach Bodenausprägung unterschiedlicher Kombination – folgende Kriterien maßgebend:

- **Flächengröße:** Archivböden, die nur eine geringe räumliche Ausdehnung haben, sind stärker durch Zerstörung gefährdet als Flächen mit einer großen Ausdehnung.
- **Naturnähe:** Je naturnäher ein Archivboden ist, desto höher ist er in seiner Funktion als Archiv der Naturgeschichte zu bewerten.
- **Seltenheit:** Je seltener die Ausprägung eines Archivbodens oder einer Vergesellschaftung ist, desto höher ist seine Wertigkeit.
- **Repräsentanz:** Wenn ein Archivboden landesweit besonders typisch ist und

Kasten 3.10 Rote Liste der natürlichen Böden (Bosch 1994)

Terrestrische Böden

Rohböden (Syroseme) und flachgründige Böden, die der natürlichen Abtragung ausgesetzt sind, wie Ranker auf silikatischem Festgestein, Regosole auf silikatischem Lockergestein oder Rendzinen und Pararendzinen auf kalkreichem Ausgangsmaterial

trockene Böden mit einer nutzbaren Feldkapazität < 40 mm

Podsole und Staupodsole

Terrae fuscae

Reliktische Schwarzerden

Periglazialbildungen: Frostmosaik und andere ausgeprägte Strukturen der Kryoturbation

Tertiäre Bodenbildungen, die nicht tiefer als 2 m unter der Geländeoberfläche liegen: Plastosole, Latosole, Terrae rossae

Anmoorpseudogleye, Stagnogleye, Pseudogleye (ohne pseudovergleyte Bodentypen)

Böden des Hochgebirges

Semiterrestrische Böden

Auenrohböden: Rambla, Kalkrambla

Paternia und Kalkpaternia, Auenpararendzina

Nassgley, Anmoorgley, Moorgley (auch als Hang- und Quellengleye)

Grundwasserböden mit einem mittleren Grundwasserstand < 50 cm unter Geländeoberfläche

Subhydrische Böden

nährstoffarme Süßwasserböden: Dy

Moore

Nieder-, Übergangs- und Hochmoore

wissenschaftlich dokumentiert ist bzw. einen wichtigen Standort für wissenschaftliche Langzeitbeobachtungen darstellt, so ist er dementsprechend hoch zu bewerten.

- **Alter:** Datierbare Böden, die aufgrund ihrer Ausprägung in den Ablauf der Boden- und Landschaftsgenese eingeordnet werden können, haben eine besondere Bedeutung für die Wissenschaft und sind daher hoch zu bewerten.

Eine Besonderheit stellt es dar, dass in diese Zusammenstellung als eigenständige Kategorie der Böden mit Archivfunktion so genannte Referenzböden mit aufgenommen wurden: Dabei handelt es sich um wissenschaftlich dokumentierte Standorte wie Bodendauerbeobachtungsflächen, Langzeituntersuchungen wissenschaftlicher Einrichtungen und Eichstandorte von Bodenkartierungen, die für die Einordnung und den Vergleich von Böden und Bodeneigenschaften von Bedeutung sind.

Für Nordrhein-Westfalen haben SCHRAPS & SCHREY (1997) folgende Böden als regionaltypisch und/oder besonders selten als Archiv der Natur- und Kulturgeschichte ausgewiesen:

Tabelle 3.8 Böden mit Funktionen als Archiv der Natur- und Kulturgeschichte in Brandenburg (Schmidt & Dotterweich, in Landschaftsplanung Uni Potsdam et al. 2000).

Kategorie	Archivböden	Kriterien				
		Flächengröße	Naturnähe	Seltenheit	Repräsentanz	Alter
Archive der Naturgeschichte	Böden auf tertiären Sedimenten		X	X		X
	Böden der Blockpackungen der Endmoränen			X	X	
	Schwarzerden der Uckermark				X	X
	Reliktische Dünenfelder mit expositionsbedingt unterschiedlicher Bodenbildung		X		X	X
	Auen (Böden der Überflutungsauen)	X	X			
	Kalkmoore (Kalkniedermoor, Kalkanmoorgley)				X	X
	Raseneisenstein (Podsolgleye mit Vorkommen von Ocker oder Raseneisenstein)				X	X
Archive der Kulturgeschichte	Naturnahe Moore mit ihren Pollen und Großresten als Archiv der Naturgeschichte		X	X		X
	Naturnahe Moore mit ihren Pollen und Großresten als Archiv der Kulturgeschichte		X	X		X
	Alt-Kippen des ehemaligen Braunkohlenbergbaus mit eigenständiger Bodenentwicklung von wissenschaftlicher Bedeutung (vor allem, wenn sie datiert sind)				X	X
	Wölbäcker als historische Flur- und Nutzungsform			X	X	X
	Urgeschichtliche Schluchten mit ihren Schwemmfächern	X			X	X
	Böden historisch alter Wälder			X	X	X
Referenzböden	Bodendauerbeobachtungsflächen (BDF)				X	X
	Flächen der Level 2 Untersuchung der Landesforstanstalt Eberswalde	X	X		X	
	Flächen der integrierenden ökologischen Dauerbeobachtungen (IÖDB)				X	X
	Musterstücke der Bodenschätzung				X	X
	Land- und Forstwirtschaftliche Versuchsflächen				X	X

- Tschernoseme
- Böden aus Quell- und Sinterkalken
- Böden aus Mudden oder Wiesenmergel
- Böden aus Vulkaniten
- Plaggenesche und tiefreichend humose Braunerden oft mit regional hoher Bodenfruchtbarkeit
- Böden aus tertiärem Lockergestein
- Böden aus kreidezeitlichem Lockergestein

Beeinträchtigungen des Schutzguts Boden

Auch Belastungen und Gefährdungen des Schutzgutes Boden sollten – soweit bekannt bzw. aus vorhandenen Daten ermittelbar – in den Kartenwerken der ökologisch orientierten Planung verzeichnet werden. Sie werden für spätere Konfliktdarstellungen benötigt. Vermeidungs- und Minderungsmaßnahmen der verschiedenen Beeinträchtigungen werden in den entsprechenden Kapiteln zu den unterschiedlichen Raumnutzungen behandelt. Beim Boden handelt es sich um folgende Gefahren:

- bei landwirtschaftlichen Nutzungen vor allem Bodenverdichtung, -erosion und -degradation infolge von Entwässerungsmaßnahmen;
- Emissionen aus Industrie, Gewerbe und Verkehr bewirken eine Versauerung des Bodens und Einträge von Schwermetallen und organischen Verbindungen;
- Rohstoffabbau und Versiegelung führen zu einem unwiederbringlichen Verlust des Bodens und seiner vielfältigen Funktionen im Naturhaushalt.

Infolge der Lösung des in der Atmosphäre vorhandenen CO_2 reagiert der Niederschlag auch natürlicherweise leicht sauer. Messungen würden einen Wert von pH 5,6 ergeben. Seit den sich immer weiter verstärkenden Emissionen säurebildender Gase in die Atmosphäre, wie sie SO_2 oder NO darstellen, sind „saure Niederschläge" geradezu sprichwörtlich im Zusammenhang mit den neuartigen Waldschäden geworden. Während der diesbezüglich in großem Umfang betriebenen Forschungen wurden pH-Werte gemessen, die deutlich unter 4 lagen. Damit wird die natürlicherweise in allen Böden Mitteleuropas vorhandene Pufferkapazität verstärkt aufgebraucht, ohne dass die Wissenschaft derzeit in der Lage wäre abschätzen zu können, welche Folgen für den Naturhaushalt damit im Zusammenhang stehen. Besonders stark von der Versauerung betroffen sind Böden unter Wald. Einerseits wurden Wälder auf die unproduktiven, landwirtschaftlich im Allgemeinen nicht nutzbaren Böden zurückgedrängt und Jahrhunderte lang wenig pfleglich behandelt (Waldweide, Streunutzung). Des Weiteren kämmen Wälder aufgrund ihrer großen Blatt- bzw. Nadeloberfläche in hohem Maße Luftschadstoffe aus der Luft aus. Diese Effekte tragen wesentlich dazu bei, dass die Böden unter Wald 3 bis 5 mal höhere säurehaltige Einträge aufweisen als vergleichbare Flächen im Offenland. Verstärkt werden sie in reinen Fichten- bzw. Kiefernmonokulturen, denn deren Streu wird nur ungenügend abgebaut und trägt ebenfalls zur Versauerung bei. Davon betroffen sind auch Fließgewässer, deren pH-Werte ebenfalls auf Werte unter 5 absinken können. Derartige Effekte hat man im Nationalpark Bayerischer Wald beobachtet, der Jahrzehnte lang SO_2-Immissionen aus den südböhmischen Industrierevieren ausgesetzt war. Der ohnehin silikatische Untergrund büßte seine Pufferfähigkeit stark ein, so dass in Höhen von mehr als 700 m ü. NN. in den ansonsten natürlichen Fließgewässern keine Fische mehr vorkommen konnten, weil bei den niedrigen pH-Werten auf sie toxisch wirkende Aluminium-Konzentrationen freigesetzt wurden. Die Versauerungsgefährdungen sind in naturnahen Laubmischwäldern niedriger als in naturfernen Nadelbaumforsten.

So weit möglich sollten auch die nachgewiesenen bzw. vermuteten Altlastenverdachtsflächen dargestellt werden. Als geeignete Messlatte zur Beurteilung von Stoffkonzentrationen in Böden haben sich die in den beiden Tabellen 3.9 und 3.10 angegebenen Orientierungswerte für unterschiedliche Nutzungstypen gut bewährt (EIKMANN & KLOKE 1991).

3.3.2 Wasser

Abbildung 3.12 zeigt die **Komponenten des Wasserkreislaufes** bezogen auf die Bundesrepublik Deutschland (HÄCKEL 1990). Für ökologisch orientierte Planungen sind die Gebietsniederschläge, die Verdunstung, die Grundwasserneubildung und der Abfluss in Oberflächengewässern von besonderem Interesse. Die Verdunstung wird wesentlich durch zwei Parameter beeinflusst, die aktive Transpiration der Pflanzen und die passive Evaporation, bei der an Oberflächen (Pflanzen, Mineralboden oder Streuauflage des Waldbodens) anhaftendes Wasser durch physikalische Vorgänge als Wasserdampf an die Luft abgegeben wird. Da beide Prozesse nur schwer messtechnisch unterschieden werden können, werden sie meist zusammen als Evapotranspiration bezeichnet. Kartografische Auswertungen können auf der Basis der Klimaatlanten der Länder, wasserwirtschaftlicher Spezialuntersuchungen, topografischer, bodenkundlicher und geologischer Karten durchgeführt werden.

Oberflächengewässer

Als linienhafte Elemente stellen Fließgewässer in der mitteleuropäischen Kulturlandschaft wichtige Vernetzungselemente dar. Infolge menschlicher Eingriffe sind sehr viele von ihnen entweder in ihrem natürlichen Verlauf stark verändert worden oder durch Verrohrung ganz verschwunden. Das vordringliche Ziel der Wasserwirtschaft war Jahrhunderte lang, den Hochwasserschutz von Siedlungen und die Bewirtschaftungsfähigkeit landwirtschaftlicher Nutzflächen zu verbessern. Dies gelang am besten, wenn das in den Fließgewässern gesammelte Oberflächenwasser möglichst schnell abgeführt werden konnte. Durch Zusammenwirken mit ständig fortschreitender Versiegelung, zunehmender Bodenverdichtung und neuartiger Waldschäden wurde die Gefahr von Hochwasserkatastrophen in den Unterläufen der großen Flüsse damit deutlich verschärft, so dass heute versucht wird, durch die Revitalisierung von Fließgewässern naturnähere Verhältnisse mit den lebensraumtypischen Tier- und Pflanzenarten wiederherzustellen und gleichzeitig die Rückhaltefähigkeit (Retention) für die bei stärkeren Niederschlägen anfallenden Wassermassen zu verbessern. Die Erfassung der Naturnähe eines Gewässers (vergleiche Tab. 3.11) und seiner Gewässergüte (vergleiche Tab. 3.12) sind wichtige Parameter zur Beurteilung der Fließgewässer eines Untersuchungsraumes. In Kartenwerken sollten zusätzlich die amtlich festgesetzten Überschwemmungsgebiete übernommen werden. Zusätzlich bietet sich in vielen Fällen die Übernahme oder eigene Abgrenzung der Fließgewässereinzugsgebiete an. Oft-

Tabelle 3.9 Nutzungs- und schutzgutbezogene Orientierungswerte für (Schad-)Stoffe in Böden Teil I: Metalle (mg/kg Boden) (EIKMANN et al. 1991)

Nr.	Nutzungsarten	Element	As	Bo	Cd	Cr	Cu	Hg	Ni	Pb	Se	Ti	Zn
0	Multifunktionale Nutzungsmöglichkeit	BW I	20	1	1	50	50	0,5	40	100	1	0,5	150
1	Kinderspielplätze	BW II	20	1	2	50	50	0,5	40	200	5	0,5	300
		BW III	50	5	10	250	250	10	200	1000	20	10	2000
2	Haus- und Kleingärten	BW II	40	2	2	100	50	2	80	300	5	2	300
		BW III	80	5	5	350	200	20	200	1000	10	20	600
3	Sport- und Bolzplätze	BW II	35	1	2	150	100	0,5	100	200	5	2	300
		BW III	90	2,5	5	350	300	10	250	1000	20	20	2000
4	Park- und Freizeitanlagen, unbefestigte, vegetationsarme Flächen	BW II	40	5	4	150	200	5	100	500	10	5	1000
		BW III	80	15	15	600	600	15	250	2000	50	30	3000
5	Industrie-, Gewerbe- und Lagerflächen, unversiegelt	BW II	50	5	10	200	300	10	200	1000	15	10	1000
		BW III	150	20	20	800	1000	20	500	2000	70	30	3000
6	Industrie-, Gewerbe- und Lagerflächen, versiegelt oder bewachsen	BW II	50	10	10	200	500	10	200	1000	15	10	1000
		BW III	200	20	20	800	2000	50	500	2000	70	30	3000
7	Landwirtschaftliche Nutzflächen, Obst- und Gemüsebau	BW II	40	10	2	200	50	10	100	500	5	2	300
		BW III	50	20	5	500	200	50	200	1000	10	20	600
8	nichtagrarische Ökosysteme	BW II	40	10	5	200	50	10	100	1000	5	2	300
		BW III	60	20	10	500	200	50	200	2000	10	20	600

BW I = Bodenwert I = Unbedenklichkeitswert (Oberer geogen, also „aus dem Gestein", und pedogen, „aus dem Boden", bedingter Ist-Wert natürlicher Böden ohne wesentliche anthropogen bedingte Einträge)

BW II = Bodenwert II = Toleranzwert (Schutzgut- und nutzungsbezogener Gehalt in Böden, der trotz dauernder Einwirkung auf die jeweiligen Schutzgüter deren normale Lebens- und Leistungsfähigkeit langfristig nicht negativ beeinträchtigt)

BW III = Bodenwert III = Toxizitätswert (Gehalt im Boden, bei dem Schäden an Schutzgütern wie Pflanze, Tier und Mensch sowie an Nutzungen und Ökosystemen erkennbar werden. Der BW III ist ein phyto-, zoo-, human- und ökotoxikologischer Wert).

Tabelle 3.10 Nutzungs- und schutzgutbezogene Orientierungswerte für (Schad-)Stoffe in Böden. Teil II: Organische Verbindungen (EICKMANN et al. 1991)

Nr.	Nutzungsarten		Benzo–a–pyren (mg/kg)	Polychlorierte Biphenyle (PCB)* (mg/kg)	PCDD/PCDF (ng TE/kg)**
0	Multifunktionale Nutzungsmöglichkeit	BW I	1	0,2	10
1	Kinderspielplätze	BW II	1	0,2	10
		BW III	5	1	100
2	Haus- und Kleingärten	BW II	2	0,5	30
		BW III	5	2,5	100
3	Sport- und Bolzplätze	BW II	1	1	30
		BW III	3	5	100
4	Park- und Freizeitanlagen, unbefestigte, vegetationsarme Flächen	BW II	3	3	50
		BW III	6	10	150
5	Industrie-, Gewerbe- und Lagerflächen, unversiegelt, versiegelt oder bewachsen	BW II	5	5	75
		BW III	10	15	200

* Summe 6 Ballschmiter PCB – Kongenere
** TE nach BGA/UBA

BW I = Bodenwert I = Unbedenklichkeitswert
(Oberer geogen, also „aus dem Gestein", und pedogen, „aus dem Boden", bedingter Ist-Wert natürlicher Böden ohne wesentliche anthropogen bedingte Einträge)

BW II = Bodenwert II = Toleranzwert
(Schutzgut- und nutzungsbezogener Gehalt in Böden, der trotz dauernder Einwirkung auf die jeweiligen Schutzgüter deren normale Lebens- und Leistungsfähigkeit langfristig nicht negativ beeinträchtigt)

BW III = Bodenwert III = Toxizitätswert
(Gehalt im Boden, bei dem Schäden an Schutzgütern wie Pflanze, Tier und Mensch sowie an Nutzungen und Ökosystemen erkennbar werden. Der BW III ist ein phyto-, zoo-, human- und ökotoxikologischer Wert).

mals spiegeln die Wasserverhältnisse anthropogene Beeinflussungen des Wassereinzugsgebietes wider. Nachgewiesene Schadstoffe im Gewässer deuten auf chemische Belastungsquellen (meist in Form von punktförmigen Einträgen). Verschlammungen der Sohle eines Fließgewässers und trübe Verfärbungen deuten demgegenüber auf diffuse Einträge und im Einzugsgebiet zu vermutende Erosionsvorgänge hin. Zusätzlich sind meist Pestizide im Fließgewässer nachweisbar. Chlorid-Ionen deuten auf den Einfluss von Straßenabspülungen hin, während Schaumbildungen auf dem Gewässer ein Hinweis auf ungeklärte Hausabwässer sein können (RINGLER et al. 1994).

Die seit den 70er-Jahren des vorigen Jahrhunderts betriebene Politik der Gewässerreinhaltung hat in der Bundesrepublik Deutschland zu einer spürbaren Entlastung

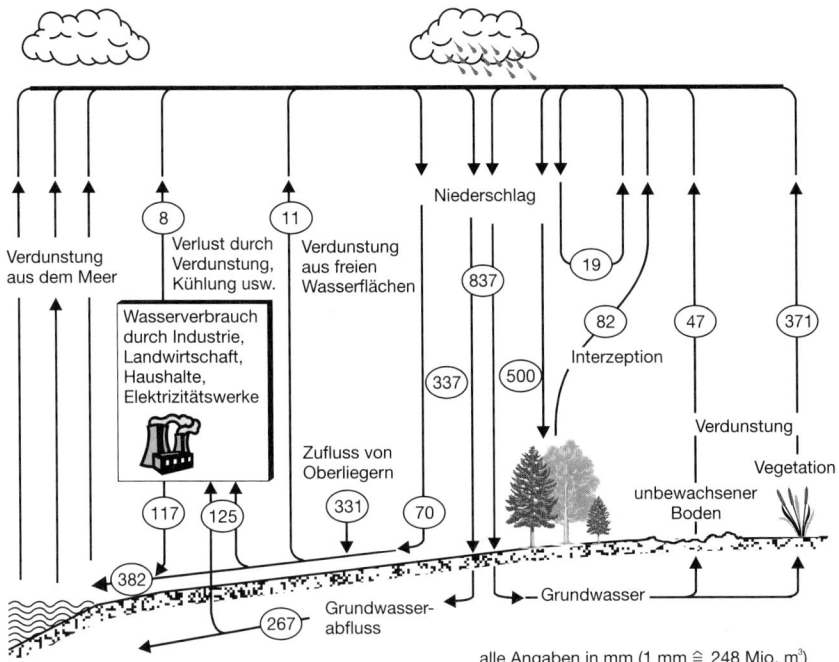

Abb. 3.12 *Wasserkreislauf in der Bundesrepublik Deutschland (HÄCKEL 1990).*

Tabelle 3.11 Verwendung unterschiedlicher morphologischer Merkmale zur Beurteilung der Naturnähe von Fliessgewässern (KERN 1994)

geomorphologische Strukturelemente	geomorphologische Parameter
aquatischer Bereich	Morphometrie
Felsblöcke, Gerölle, Sand- und Kiesbänke, Kolke; künstliche Bauteile wie Schwellen, Steinschüttungen, Betonteile u.ä.	Linienführung, Längsprofil, Querprofil
amphibischer Bereich	Sohle
Inseln, Anlandungen, Sand- und Kiesbänke, Geschwemmsel, Uferbereich mit Unterspülungen und Abbrüchen; künstliche Uferbefestigungen	Sohlensubstrat, Sohlenstruktur (Relief), Breitenvariabilität
terrestrischer Bereich	Uferbereich
Flutmulden, Uferwälle, Talränder; künstliche Veränderungen wie Deiche, Dämme, Aufschüttungen, Abgrabungen, Bauwerke	Böschungs- bzw. Uferform mit Neigung, Struktur- und Fußausbildung, Böschungsmaterial

Tabelle 3.12 Gütegliederung der Fließgewässer als Grundlage für die Gewässergütekarte der Bundesrepublik Deutschland (Wohlrab et al. 1992)

Güteklasse	Grad der organischen Belastung	Saprobität (Saprobiestufe)	Saprobienindex	Chemische Parameter		
				BSB$_5$ (mg/l)	NH$_4$-N (mg/l)	O$_2$-Minima (mg/l)
I	unbelastet bis sehr gering belastet	Oligosaprobie	1,0 – < 1,5	1	höchstens Spuren	> 8
I – II	gering belastet	Oligosaprobie mit betamesosaprobem Einschlag	1,5 – < 1,8	1–2	um 0,1	> 8
II	mäßig belastet	ausgeglichene Betamesosaprobie	1,8 – < 2,3	2–6	< 0,3	> 6
II – III	kritisch belastet	alpha – betamesosaprobe Grenzzone	2,3 – < 2,7	5 – 10	< 1	> 4
III	stark verschmutzt	ausgeprägte Alphamesosaprobie	2,7 – < 3,2	7–13	0,5 bis mehrere mg/l	> 2
III – IV	sehr stark verschmutzt	Polysaprobie mit alphamesosaprobem Einschlag	3,2 – < 3,5	10–20	mehrere mg/l	< 2
IV	übermäßig verschmutzt	Polysaprobie	3,5 – < 4,0	> 15	mehrere mg/l	< 2

Saprobienindex S für die Biozönose (an der jeweiligen Probenstelle):

$$S = \frac{\sum\limits_{i=1}^{n} s \cdot h \cdot g}{\sum\limits_{i=1}^{n} h \cdot g}$$

s = Saprobienindex für die einzelne Art (Indikator)

h = geschätzte Häufigkeit

g = Indikationsgewicht

n = Anzahl der zu berücksichtigenden Arten

(s und h werden aus einer Liste entnommen)

der Fließgewässer beitragen können. Nach der Wende konnten ähnliche Erfolge in den neuen Bundesländern wiederholt werden, so dass das Ziel der Wasserwirtschaft, in Deutschland flächendeckend die Gewässergüteklasse II „gering belastet" vorweisen zu können in den großen Flüssen wohl bald erreicht sein wird. Damit ist jedoch nicht automatisch eine Wiedereinwanderung verschwundener Tier- und Pflanzenarten verbunden, wenn die bisherigen armseligen Strukturen der Lebensräume, die auf unangepasste Gewässerunterhaltungsmaßnahmen und Landnutzungen zurückzuführen sind, nicht entscheidend aufgewertet werden können (TENT 2001). Andererseits hat sich auch gezeigt, dass eine erfolgreiche Revitalisierung eines Fließgewässers kein Garant für das Vorkommen hochwertiger Lebensgemeinschaften ist, wenn nicht gleichzeitig die Gewässergüte entsprechend verbessert wird.

Grundwasser

Grundwasser entsteht, wenn Niederschläge im Boden versickern oder Wasser aus oberirdischen Gewässern an grundwasserführende Schichten abgegeben wird. Wasserführende Gesteine werden als Grundwasserleiter bezeichnet. Sie werden nach Ausbildung ihrer Hohlräume unterschieden. In Lockergesteinen (sandige oder kiesige Ablagerungen des Quartärs) werden sie als Porengrundwasserleiter, in kompakten Festgesteinen (z. B. Buntsandstein, Sandsteinkeuper) als Kluftgrundwasserleiter und in wasserlöslichen Festgesteinen mit ausgeprägten Gängen und Höhlen (Muschelkalk, Gipskeuper) als Karstgrundwasserleiter bezeichnet. Die pedo- und geologischen Verhältnisse beeinflussen wesentlich die Grundwasserneubildung in einem Landschaftsraum und die Empfindlichkeit des Grundwassers gegenüber dem Eintrag von Schadstoffen.

Grundwasserneubildung/-anreicherung

Die Grundwasserbilanz einer Landschaft ist nur innerhalb eines längeren Zeithorizontes als ausgeglichen zu betrachten. Innerhalb der unterschiedlichen Klimabereiche können jahreszeitliche Rhythmen oder auch ein Wechsel zwischen feuchten und trockenen Jahren zu erheblichen Schwankungen der Grundwasserneubildungsrate beitragen (HERMANN 1991). Ihr Umfang hängt hauptsächlich von den Faktoren Niederschlagshöhe, Geländeneigung, Vegetationsbedeckung sowie Durchlässigkeit der Böden und der tieferliegenden geologischen Deckschichten ab. Geländeneigung und Bodenart beeinflussen die Möglichkeit des Wassers, im Boden zu versickern und zur Grundwasserneubildung beizutragen. Des Weiteren beeinflusst vor allem die Vegetationsbedeckung einer Fläche und ihre Bodenart deren Verdunstungsrate (Evapotranspiration). Deshalb ist die Grundwasserneubildungsrate auf leichten Sandböden höher als auf schweren Tonböden. Unter den Nutzungsformen weisen Nadelwald insgesamt die geringste und Ackerflächen bei Fruchtfolgen mit vergleichsweise hohem Bracheanteil die höchste potenziell mögliche Grundwasserneubildung auf. Sie sinkt jedoch bei stärkerem Gefälle wegen zunehmendem Oberflächenabfluss und Interflow (im Boden oberflächennah abfließendes Wasser). Grundwasserbeeinflusste Böden weisen aufgrund ständiger Verdunstung eine stark reduzierte Grundwasserneubildung auf. Die folgenden Tabellen 3.13, 3.14 und 3.15 sowie Abbildung 3.13 verdeutlichen die Infiltrationsgeschwindigkeit verschiedener Bodenarten und die Verdunstungs- bzw. Grundwasserneubildungsraten bei unterschiedlichen Landoberflächen bzw. Nutzungsarten (MULL 1995; HERMANN 1991).

Die zusammenfassende Betrachtung der verschiedenen die Grundwasserneubildung beeinflussenden Parameter ist in Tab. 3.16 dargestellt. Unter Berücksichtigung dieser Wechselwirkungen kann eine relative Einstufung der potenziellen Grundwasserneubildungsfunktion vorgenommen werden (vgl. Tab. 3.17). Diese Angaben sind für Gebiete mit geringen Niederschlägen und hohen Verdunstungsraten (z. B. den ausgedehnten Lösslandschaften im Windschatten der Mittelgebirge) nur bedingt oder gar

Tabelle 3.13 Grundwasserneubildungsraten bezogen auf eine mittlere Jahresniederschlagshöhe von 660 mm (MULL 1995)

Landoberfläche	Grundwasserneubildungsrate		hN (%)
	mm/a	l/(s * km²)	
Nackter Boden	400	12,7	60
Spärliche Vegetation	320	10,1	48
Ackerland	230	7,3	35
lockere Bebauung	200	6,3	30
Grünland	170	5,4	26
Strauchvegetation	100	3,2	15
Wald	70	2,2	11
dichte Bebauung	0	0	0
Wasserflächen	*)	*)	*)

hN = Anteil an der Höhe des Niederschlags
*) = Verdunstung größer als der Niederschlag

Tabelle 3.14 Grundwasserneubildungsrate in Abhängigkeit vom Versiegelungsgrad (MULL 1995)

Landoberfläche	Grundwasserneubildungsrate hq		hN (%)
	mm/a	l/(s * km²)	
mäßige Versiegelung	200	6,3	30
mittlere Versiegelung	140	4,4	21
starke Versiegelung	40	1,3	6
sehr starke Versiegelung	< 10	< 1,0	< 1,5

hN = Anteil an der Höhe des Niederschlags
mäßige Versiegelung (10–50 %): Einfamilienhäuser, Kleingartenbetriebe, Zeilenbausiedlungen
mittlere Versiegelung (45–75 %): Blockrandbebauung, Nachkriegsneubaugebiete
starke Versiegelung (70–90 %): städtische Baugebiete mit Blockrandbebauung, ältere Industrieanlagen
sehr starke Versiegelung (85–100 %): unzerstörte Blockbebauung der Innenstadtbezirke und Industrieflächen, die in jüngerer Zeit entstanden oder verändert worden sind

Tabelle 3.15 Infiltrationsgeschwindigkeit des Wassers in der ungesättigten Bodenzone (HERMANN 1991)

Bodenart	Infiltrationsgeschwindigkeit in mm/h
Sande	20
sandige und schluffige Böden	10 bis 20
Lehm	5 bis 10
tonige Böden	1 bis 5
tonige Böden mit Na-Verbindungen	1

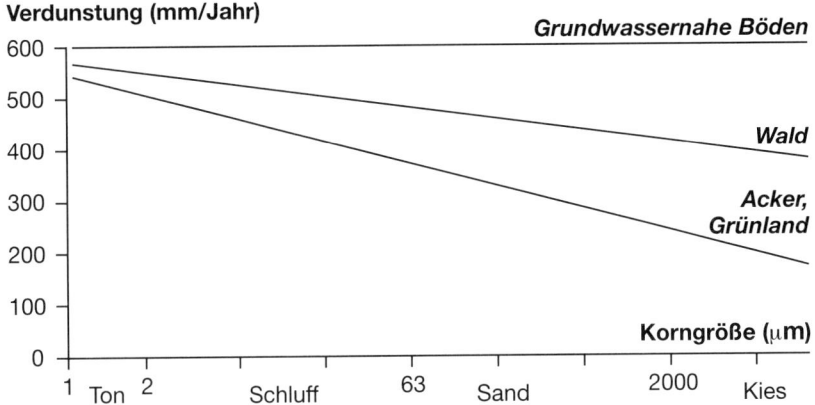

Abb. 3.13 *Beziehung zwischen Verdunstung (Evapotranspiration) und Korngröße nach Lysimeterergebnissen (DÖRHÖFER & JOSOPAIT 1980).*

Tabelle 3.16 Zusammenfassende Darstellung der die Grundwasserneubildung beeinflussenden Parameter

Grundwasserneubildung	Verdunstung (abhängig von)		Oberflächenabfluss
	Bodenart	Nutzungstyp	Relief
Gering		grundwassernahe Böden	
	T	Siedlung/Gewerbe	> 10% Neigung
	L		
	lS	Nadel-/Laubwald	5–10% Neigung
	S		
Hoch	Kies	Grünland/Acker	< 5% Neigung

Tabelle 3.17 Klassifizierung unterschiedlicher Merkmalskombinationen zu einer relativen Rangfolge der potenziellen Grundwasseranreicherungsfunktion

Grundwasseranreicherung	Erläuterung
gering	alle Nutzungstypen auf grundwasserbeeinflussten Böden (Flurabstand < 2 m), Siedlungs- und Gewerbe­flächen mit einem Versiegelungsgrad > 70 %, alle Wälder auf T-/L-Böden und/oder einer Hangneigung >10 %
mittel	Acker/Grünland auf Flächen über 10 % Hangneigung und/oder T-/L-Böden, alle nicht unter gering genannten Wälder, Siedlungs- und Gewerbeflächen mit einem Versiegelungsgrad < 70 %
hoch	Acker/Gründland auf Flächen bis 10 % Hangneigung außer auf T-/L-Böden

nicht verwendbar, denn dort haben Lysimeteruntersuchungen gezeigt, dass in vielen Jahren überhaupt keine Grundwasserneubildung durch Niederschläge stattgefunden hat.

Beeinträchtigungen der Grundwasserneubildungsfunktion sind vor allem durch folgende Veränderungen der Nutzungstypen einer Landschaft und damit einhergehenden Erhöhungen der Verdunstungsrate und/oder des Oberflächenabflusses zu erwarten (HERMANN 1991):

- Zunahme der Oberflächenversiegelung durch Straßen, Gebäude, Parkplätze, Industrie- und Gewerbegebiete usw.
- zunehmende Verdichtung des Oberbodens durch Einsatz schwerer Maschinen bei intensiven land- und forstwirtschaftlichen Bearbeitungsverfahren
- Zunahme der Verdunstungsrate durch Veränderungen der Vegetationsstruktur (je dichter die Vegetation, desto höher die Verdunstung)
- Zunahme der Verdunstungsrate durch Freilegen von Grundwasserleitern z. B. infolge von Kiesabbaumaßnahmen.

Grundwasserschutz

Für die fünf neuen Bundesländer liegt mit der Hydro-Geologischen Karte der DDR im Maßstab 1 : 50 000 flächendeckend eine Kartierung der Grundwasserschutzfunktion vor. Sie differenziert verschiedene so genannte „Geschütztheitsgrade" des Grundwassers anhand der Flurabstände und des Anteils bindigen Materials in der Versickerungszone. Wenn in größeren Maßstäben (z. B. 1 : 5 000 oder 1 : 10 000) gearbeitet werden muss, lassen sich diese Datengrundlagen allerdings nur bedingt extrapolieren, so dass – wie für die Bundesländer ohne entsprechendes Kartenwerk – möglichst großmaßstäbliche geologische und bodenkundliche Karten ausgewertet werden müssen.

Nach MARKS et al. (1992) ist die Grundwasserschutzfunktion als Fähigkeit des Landschaftshaushalts zu verstehen, Grundwasser gegenüber stofflichen Verunreinigungen entweder zu schützen oder zumindest die Wirkung derselben abzuschwächen. Da sich die potenziellen Schadstoffe bezüglich ihres physikalischen, chemischen und biologischen Verhaltens im Boden sehr stark unterscheiden können (z. B. Schwermetalle, flüssige organische Verbindungen oder Pflanzenschutzmittel), kann eine Beurteilung der Grundwasserschutzfunktion meist nur nach allgemeinen Kriterien durchgeführt werden. Bei vermuteten Altlastenverdachtsflächen bzw. konkreten Planungsvorhaben, von denen Schadstoffbelastungen ausgehen können, müssen entsprechende Spezialuntersuchungen durchgeführt werden. Für eine grobe Einstufung in fünf Klassen können der Grundwasserflurabstand (Tab. 3.18) und die Wasserdurchlässigkeit der Bodenarten (Tab. 3.19) herangezogen werden. Die aus beiden Tabellen ableitbare Einstufung der Grundwasserschutzfunktion ist der Abbildung 3.14 zu entnehmen. Da bei dieser Betrachtung der geologische Untergrund nicht berücksichtigt wird, sollten beim Vorliegen geologischen Kartenmaterials nicht nur die Bodenart, sondern auch die tieferliegenden geologischen Verhältnisse Berücksichtigung finden (vergleiche Tab. 3.20). Letztere können durch entsprechende Zu- und Abschläge in die Bewertungsvorschrift einfließen.

Tabelle 3.18 Klassifizierung des Grundwasserflurabstandes (MARKS et al. 1992)

Klasse	Grundwasserflurabstand (cm)	Bezeichnung
I	> 200	sehr groß
II	130 - 200	groß
III	80 - 130	mittel
IV	40 - 80	gering
V	< 40	sehr gering

Tabelle 3.19 Klassifizierung der Bodenarten bezüglich ihrer Wasserdurchlässigkeit (LESER et al. 1988; MARKS et al. 1992)

Wasserdurchlässigkeitsklasse	Bodenart
I (sehr gering)	Sand (S), Grus, Kies
II (gering)	lehmiger Sand (lS), schwach toniger Sand (t'S), schwach schluffiger Sand (u'S)
III (mittel)	lehmiger Schluff (lU), sandig-lehmiger Schluff (slU), schluffiger Lehm (uL), sandiger Lehm (sL), stark lehmiger Sand bis stark sandiger Lehm (tS-SL), toniger Sand (tS), sandiger Schluff (sU), schluffiger Sand (uS)
IV (hoch)	schluffig-toniger Lehm (utL), toniger Lehm (tL), sandig-toniger Lehm (stL)
V (sehr hoch)	sandiger Ton (sT), lehmiger Ton (lT), Ton (T)

Die Einstufung von Nieder- und Hochmoorböden ist stark abhängig vom Zersetzungsgrad des Torfes.

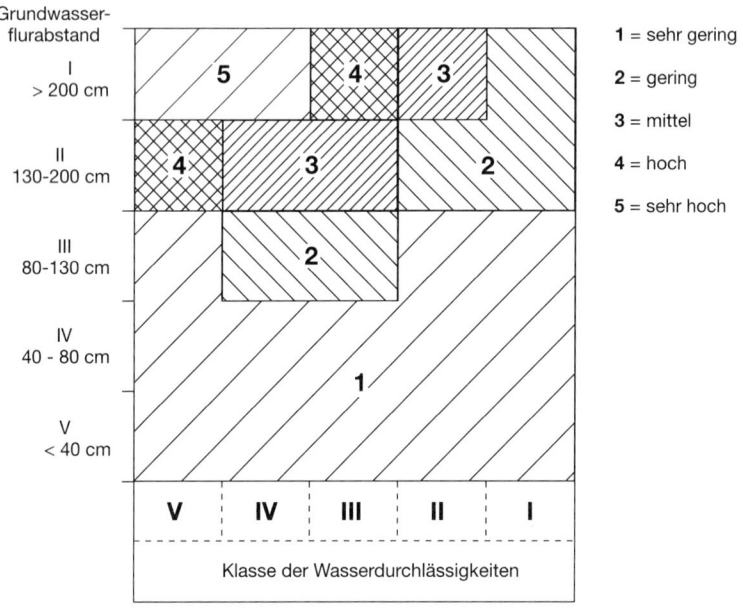

Abb. 3.14 *Grundwasserschutzfunktion in Abhängigkeit von Grundwasserflurabstand und Wasserdurchlässigkeit (MARKS et al. 1992).*

Grundwasserschutz- und Grundwasseranreicherungsfunktion sind wichtige Parameter zur Abgrenzung von Trinkwasserschutzgebieten, deren Nutzungen sehr streng auf das Erfordernis abgestellt werden müssen, möglichst sauberes und schadstofffreies Trinkwasser zur Verfügung zu stellen. Damit verbinden sich im Allgemeinen Nutzungseinschränkungen, die mit naturschutzfachlichen Forderungen durchaus im Einklang stehen können. Aus diesem Grund sollte unbedingt versucht werden, die Flächen von Trinkwasserschutzgebieten in Biotopverbundsysteme entsprechend einzubeziehen, wenn dieser Absicht keine wasserwirtschaftlichen Ansprüche entgegenstehen.

Tabelle 3.20 Klassifizierung der geologisch bedingten Grundwasserschutzfunktion (HÖLTING et al. 1995, LfU 1997)

Klasse	Gesteinsarten
I (gering)	Konglomerat, Brekzie, Kalkstein, Kalktuff, Dolomitstein, Gipsstein, poröser Sandstein, poröse Vulkanite (z.B. Tuffstein)
II (mittel)	Sandstein, Quarzit, vulkanische Festgesteine, Plutonite, Metamorphite, Gebiete mit mächtigen Löss- und Lösslehmdecken
III (hoch)	Tonstein, Tonschiefer, Mergelstein, Schluffstein, Quartärgesteine

3.3.3 Luft/Klima

Abbildung 3.15 gibt einen zusammenfassenden Überblick über den Wärmehaushalt einer Landschaft. Neben dem Strahlungsgenuss durch das Sonnenlicht, der abhängig von der Lage einer Landschaft auf dem Breitengrad ist, wird er wesentlich durch das Relief und das Landnutzungsmosaik bestimmt. Für Erholungsplanungen ist vor allem das Bioklima eines Landschaftsraumes von Bedeutung, ansonsten der Ausgleich des Wärmehaushalts zwischen Siedlungen und der sie umgebenden Landschaft (HÄCKEL 1990; LfU 1997). Darüber hinaus sollten bei ökologisch orientierten Planungsvorgängen auch die lufthygienischen Verhältnisse eines Untersuchungsraumes beurteilt werden.

Siedlungs- und Gewerbeflächen weisen gegenüber nicht bebauten Bereichen deutlich unterschiedliche Oberflächenstrukturen auf, die zu charakteristischen Klimaabweichungen beitragen. Infolge der höheren Oberflächenrauigkeit wird die Windgeschwindigkeit herabgesetzt und städtische Flächen durch hohe Temperaturen vor allem im Sommerhalbjahr aufgeheizt (Wärmeinseln). Die Strahlung wird von den Gebäuden aufgenommen und gespeichert. Bei nächtlichen Abkühlungsprozessen wird diese Wärme meist nur unzureichend wieder abgegeben, so dass bioklimatisch ungünstige Bedingungen mit gesundheitlichen Folgen für entsprechend empfindliche Menschen auftreten können. Die in den Städten vorhandene gegenüber dem Umland teilweise deutlich erhöhte Lufttemperatur geht einher mit niedriger Luftfeuchtigkeit (hervorgerufen durch Bodenversiegelung, Kanalisation von Niederschlägen), stadtspezifische Windverhältnisse (oftmals wechselt Windstille mit Düsenwirkungen an exponierten Standorten ab) und erhöhten Emissionen von Luftschadstoffen und Wärme.

Nicht bebaute Bereiche tragen demgegenüber zur Kaltluftentstehung und Frischluftproduktion bei. Der Unterschied zwischen beidem besteht zum einen darin, dass Frisch-

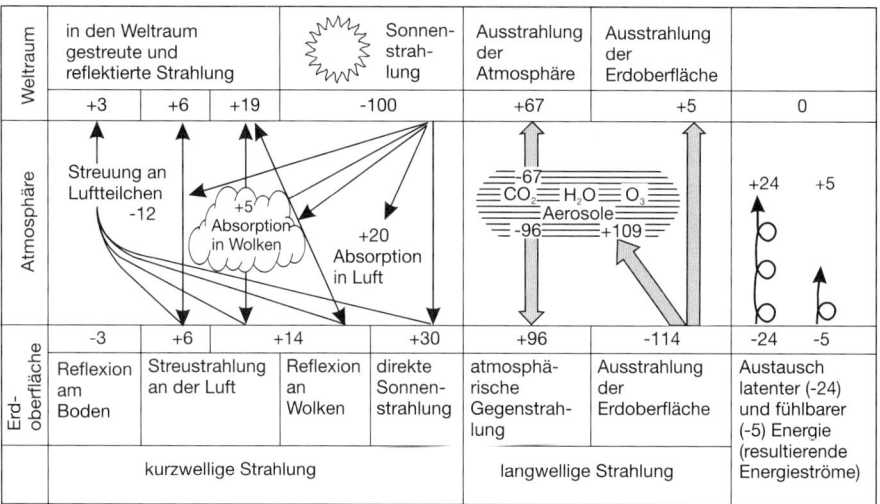

Abb. 3.15 *Der Energiehaushalt von Erde und Atmosphäre (HÄCKEL 1990).*

luft nicht mit Schadstoffen angereichert ist, Kaltluft hingegen eine lufthygienische Vorbelastung aufweisen kann. Zum anderen unterscheiden sie sich in der Art ihrer Entstehung: Wälder in windexponierter Lage und einer Mindestausdehnung von 200 m können als **Frischluftquellgebiete** gelten. Sie kämmen nämlich Schadstoffe aus der Luft aus und produzieren dadurch vergleichsweise saubere Luft mit nur geringen Anteilen an Staub und gasförmigen Schadstoffen. Diese Luft ist zudem relativ feucht und kühl sowie sauerstoffangereichert. Aufgrund ihres Waldinnenklimas und ihrer Oberflächenrauigkeit, die einen Abfluss verhindert, tragen Forsten in ebenen Lagen jedoch nur wenig zur **Kaltluftentstehung** bei. Diese wird außerhalb von Wäldern vor allem auf un- bzw. nur schütter bewachsenen Böden, Brachflächen und feuchtem Grünland in so genannten Strahlungsnächten (bei Windstille) gebildet. Besonders geeignet sind Oberflächen mit isolierender Wirkung, bei denen die Wärmenachlieferung aus tieferen wärmeren Bodenschichten durch sehr geringe Wärmeleitfähigkeit weitgehend unterbunden ist. Dies sind vor allem abgetrocknete Torfböden und Flächen mit hohen Humusanteilen. Auch Oberflächen mit geringer Ausgangstemperatur (unbewachsene Flächen in schattigen und/oder feuchten Lagen) tragen zur Kaltluftbildung wesentlich bei.

Derartige Flächen mit vergleichsweise niedriger Vegetationsdecke können in windstillen Perioden nächtlicher Auskühlung etwa 10 bis 12 m^3 Kaltluft/m^2*h produzieren. Handelt es sich um weitgehend ebene Flächen ohne Abfluss, kann die Kaltluftobergrenze kontinuierlich um bis zu 0,2 m/min ansteigen. Bereits bei geringen Neigungen der Flächen fließt die Kaltluft jedoch talwärts, was durch die geringen Reibungsverluste der niedrigen Vegetationsdecke kaum beeinflusst wird (BAUMÜLLER 1994). Die Konsistenz der Kaltluft ist weniger dem Wasser als vielmehr dem Honig vergleichbar (sie ist also viel zäher), so dass sie sich sehr schnell vor querliegenden Barrieren (Hecken- und Baumriegel, Dämme, Talverengungen, Brückendurchlässe, Lärmschutzwälle oder -wände, Verbauungen durch größere Gebäude oder geschlossene Siedlungskörper) stauen kann. Kaltluftbahnen sollten deshalb möglichst frei von Bebauung jedweder Art und Aufforstungen bleiben. Ihre Funktion ist optimal gegeben, wenn sie nicht durch vielfältige Nutzungswechsel eine zu raue Oberfläche aufweisen und eine Mindestbreite von 200 m haben. Wenn solche Leitbahnen zu belasteten Wärmeinseln führen, sind sie für den klimatischen Wärmeausgleich einer Landschaft von besonderer Bedeutung. Ein Kaltluftfließen ist nachweisbar, wenn die Hangneigung > 5 ° und hoch, wenn sie mehr als 15 ° beträgt. Auf geringer geneigten Flächen wird die Kaltluft angereichert und kann zu Spät- und Frühfrostereignissen führen, die sich vor allem in Obst- und Weinanbaugebieten ertragsmindernd auswirken können. Besonders gefährdet sind entwässerte Moore. Indifferent bezüglich der Kalt- bzw. Frischluftproduktion erweisen sich dagegen größere Gewässerflächen. In den Tabellen 3.21 und 3.22 sind Einstufungen der Wärmeausgleichfunktion für verschiedene Nutzungstypen und Anforderungen an effektive Kaltlufttransportwege zusammengestellt (LfU 1997).

Für die Planung weiterhin von Bedeutung ist die **Inversionsgefährdung** eines Gebietes. Bei einer Temperaturumkehr in der Atmosphäre (also einer Temperaturzunahme mit der Höhe anstatt einer -abnahme) ist der vertikale Luftaustausch unterbunden, wodurch sich in den bodennahen Luftschichten Staub und gasförmige Emissionen anreichern können. Angaben zur potenziellen Inversionsgefährdung eines Gebietes können der Nebelstrukturkarte des Deutschen Wetterdienstes entnommen werden. Das

Tabelle 3.21 Einstufung der Wärmeausgleichsfunktion (LfU 1997)

Rangstufe	Einstufung	Erläuterung
1	Nicht vorhanden	Flächen mit hochbelasteten klimatischen Bedingungen Beispiele: Innerstädtische Kernbereich, Großflächig versiegelte Bereiche > 0,5 qkm
2	Gering	Flächen mit belastenden klimatischen Bedingungen Beispiele: Größere locker bebaute bzw. z.T. durchgrünte Siedlungsbereiche und städtische Randbereiche (> 0,5 qkm)
3	Durchschnittlich bzw. indifferent	Flächen ohne belastende klimatische Bedingungen und ohne Bedeutung für die Kaltluftproduktion Beispiele: Größere Wasserflächen (Seen), großflächige Wälder > 0,5 qkm
4	Hoch	Flächen mit vorhandener Kaltluftproduktionsfunktion Beispiele: Großflächige Bereiche mit hohem Anteil > 75 %) an Offenland (Acker, Grünland)
5	Sehr hoch	Flächen mit intensiver Kaltluftproduktion Beispiele: Großflächige Bereiche mit hohem Anteil > 75 %) an Offenland (Acker, Grünland) auf isolierenden Böden mit schlechter Wärmenachlieferung (Torf, organische Böden)

Tabelle 3.22 Täler mit Bedeutung für Kaltlufttransport und -sammelwege (LfU 1997)

Kaltlufttransport und -sammelwege	
Von hoher Bedeutung	Von Bedeutung
Talsystem mit einer Mindestgröße von 25 km², wobei mindestens 15 km² aus Acker und Grünland bestehen	Tal mit einer Mindestfläche des Kaltlufteinzugsgebietes (Acker/Grünland) von 3 qkm
Mindestreliefenergie 250 m	Mindestreliefenergie 50 m
Neigungswinkel der Hänge > 15°	Neigungswinkel der Hänge > 5°
Gefälle der Talsohle > 1°	Gefälle der Talsohle > 1°

häufige Auftreten von Talnebeln weist auch auf häufige Inversionen hin, während das Auftreten häufiger Hochnebel auf das Vorhandensein potenzieller Inversionsgefährdungen hinweisen.

Bioklima (Jendritzky 1990)
Bei der Planung in Erholungs- und Kurgebieten sind die bioklimatischen Verhältnisse von besonderem Interesse. Grundsätzlich lassen sich drei Wirkungskomplexe unterscheiden.

Der **thermische Wirkungskomplex** umfasst die Parameter Temperatur, Wind, Strahlung und relative Feuchte, die auf den menschlichen Körper einwirken. Der Mensch reagiert auf diesen Wirkungskomplex durch Wärmeregulation, die es ihm erlaubt durch Wärmeproduktion bzw. Wärmeabgabe seine Körpertemperatur in einem geringen Schwankungsbereich konstant zu halten. Klimatherapeutisch ergibt sich bei diesem Wirkungskomplex die Möglichkeit, durch Wärme oder Kälte Reaktionen des peripheren Kreislaufes auszulösen. Da Kältewirkungen das Herz kaum belasten, sind sie besonders geeignet, eine verbesserte Regulation der Blutgefäße und auf diese Weise adaptive Prozesse der Akklimatisation bei Herz-Kreislauferkrankungen zu fördern.

Unter **aktinischem Wirkungskomplex** werden die Einflüsse der solaren Strahlung (vor allem des sichtbaren Lichtes) auf das Sehen, den Hormonhaushalt, die Psyche sowie die Wirkung der UV-Strahlung auf den Körper zusammengefasst. Die Strahlung kann nur dann wirksam werden, wenn sie von der Haut absorbiert wird. Bei zu hohem Strahlungsgenuss kann es zur Entzündung der Hautzellen und Bildung von Sonnenbrand kommen. Einerseits verursachen direkte Strahleneinwirkungen Hautalterung und Linsentrübung des Auges, andererseits erweist sie sich sehr positiv bei der

---

Tabelle 3.23 Bioklimafaktoren (JENDRITZKY **1990**)

Schonfaktoren

- thermische Bedingungen: im Behaglichkeitsbereich, geringe Amplitude im Tages- und Jahresgang
- schwache Windbewegung, aber keine Windstillen
- vermehrte, aber keine übermäßige Globalstrahlung
- hohe Luftreinheit
- Allergienfreiheit

Unter anderem anzutreffen in Waldklimatopen.

Reizfaktoren

- thermische Bedingungen: ausgeprägter Tages- und Jahresgang, Kältereize
- böiger Wind
- hohe Intensität der kurzwelligen Strahlung
- verringerter Sauerstoffpartialdruck
- hohe Luftreinheit
- spezifische Luftbeimengungen (z.B. Salz, Jod)

Unter anderem anzutreffen in Mittelgebirgen und an der Küste.

Belastungsfaktoren

- thermische Bedingungen: Wärmebelastung, Kältebelastung, fehlende nächtliche Abkühlung
- andauernder Mangel an Sonnenstrahlung
- Nebel, Nasskälte
- erhöhte Luftverschmutzung
- ungünstige Ausbreitungsbedingungen

Unter anderem anzutreffen in Stadtklimatopen.

Behandlung der Schuppenflechte oder bei der Bildung des antirachitischen Vitamin D_3. Auch die Aktivität des Menschen wird durch den Tagesgang der Strahlung beeinflusst. Die beginnende Tageshelligkeit fördert normalerweise die Aktivität des Menschen, während das gedämpfte Licht der Abendstunden eher beruhigend und erholungsfördernd wirkt.

Der **luftchemische Wirkungskomplex** umfasst das vom Menschen täglich eingeatmete Gasgemisch Luft, das mehr oder weniger anthropogen belastet ist. Während vor allem in Städten die Luft im Innen- und Außenraum meist sehr unterschiedliche Immissionsbelastungen aufweist, nimmt die Beeinträchtigung der Luft durch Emissionen mit der Höhe über NN deutlich ab, so dass vor allem die Mittelgebirge und der Alpenraum (außer beim Ozon) vergleichsweise saubere Luft aufweisen. Eine Ausnahme bilden die Küstenregionen, die aufgrund starker Winde ebenfalls mit Reinluftbedingungen aufwarten können. In Tabelle 3.23 werden die unterschiedlichen Faktoren des Bioklimas zusammenfassend bewertet.

Klimatope

Zur Beantwortung verschiedener Fragestellungen der ökologisch orientierten Planung bietet es sich an, das Untersuchungsgebiet in verschiedene Klimatope zu unterteilen, deren bioklimatische Bedingungen und Wirkungen näher zu charakterisieren sind. Sie weisen ähnliche mikroklimatische Verhältnisse auf, die sich vor allem in Bezug auf thermischen Tagesgang, vertikale Rauigkeit, topografische Lage bzw. Exposition und Realnutzung unterscheiden. Auch spezielle Belastungsfaktoren (z. B. Emissionssituation) werden berücksichtigt. Diesbezüglich bieten sich nach BAUMÜLLER et al. (1995) u.a. folgende Unterteilungen an:

Gewässer-Klimatop: Vor allem großflächige Gewässer haben auf ihre Umgebung einen ausgleichenden thermischen Einfluss durch meist gering ausgeprägte Tages- und Jahresgänge. Das Gewässer-Klimatop weist eine hohe Luftfeuchte und Offenheit gegenüber Windeinfluss aus.

Freiland-Klimatope: Sie werden meist von Acker- und Grünlandflächen mit sehr lockerem Gehölzbestand bestimmt, weisen eine hohe Kaltluftproduktivität auf und tragen über Kaltluftabflussbahnen zur Durchlüftung angrenzender Siedlungsgebiete bei. Sind sie nur flach geneigt oder liegen sie in Mulden, bilden sich in ihnen häufig Nebel, so dass sie vor allem durch Reizfaktoren bestimmt sind.

Wald-Klimatop: Die auftretenden klimatischen Faktoren charakterisieren ein Schonklima. Der Tagesgang von Temperatur und Luftfeuchte weist gegenüber dem Freiland einen gemäßigten Verlauf auf, der auch im Jahresgang auftritt. Hohes Filtervermögen der Blattoberfläche verringert die Belastung der Luft mit Schadstoffen deutlich. Die Strahlungsverhältnisse bei Beschattung unter dem Blätterdach wirken sich ebenso günstig aus wie die dort überwiegend auftretenden meist leichten Windbewegungen. Diese Faktoren wirken sich bei folgenden Krankheitsbildern positiv aus: Herz- und Gefäßkrankheiten, nicht-allergische Atemwegserkrankungen, Osteoporose und Adipositas (Fettsucht), Rekonvaleszens nach schweren Krankheiten sowie Erholung in hohem Alter.

Ländliche bzw. Stadtrand-Klimatope: Sie zeichnen sich durch maximal 3-geschossige Bebauung und einen hohen Anteil an Grünstrukturen bzw. Privatgärten aus.

In den dichter bebauten Bereichen ist die nächtliche Abkühlung eingeschränkt, während die Grünflächen stärker abkühlen. Die Bebauung behindert die Ausbildung lokaler Windsysteme und bremst regional wirksame Windsysteme ab.

Stadt-Klimatop: Dieses Klimatop ist durch mehrgeschossige im Allgemeinen geschlossene Bebauung mit nur wenigen Grünstrukturen geprägt. In der Zeit von Hitzeperioden ist die nächtliche Abkühlung nur gering. Regionale und überregionale Windsysteme werden in erheblichem Umfang durch die massive Bebauung beeinflusst. Zusätzliche Belastungsfaktoren ergeben sich in Form von Schadstoffbelastungen und Lärm. Falls nötig kann dieser Typ weiter in Stadtkern-, Gewerbe- und Industrie-Klimatop untergliedert werden.

Bahnanlagen-Klimatop: Mehrspurige Bahnstrecken (ab 50 m Breite) können innerhalb von Städten als wichtige Luftaustauschbahnen dienen, da sie in der Nacht rasch abkühlen, nachdem sie sich am Tage intensiv erwärmt haben. Ähnlich verhalten sich Grünanlagen- und Gartenstadt-Klimatope, die sich im Wärmehaushalt eines Stadtgebietes meist ausgleichend auf die bebaute und meist überwärmte Umgebung auswirken können.

Critical Levels/Critical Loads

Zur Beurteilung möglicher schädlicher Wirkungen von in der Luft befindlichen (Schad-) Stoffen wurde auf internationaler Ebene das Konzept der Critical Levels und Critical Loads entwickelt. Als Critical Level wird diejenige Konzentration eines Schadstoffes in der Atmosphäre bezeichnet, bei dessen Überschreiten direkte Effekte auf Rezeptoren (wie sie z. B. Pflanzen, Tiere, Ökosysteme oder auch Baumaterialien darstellen) nach aktuellem Kenntnisstand zu erwarten sind. Critical Loads sind quantitative Schätzgrößen für akzeptierbare Stoffeinträge eines oder mehrerer Elemente, bei deren Unterschreiten nach heutiger Kenntnis keine nachweisbaren schädlichen Auswirkungen auf besonders empfindliche Bestandteile der Umwelt eintreten werden.

Die beiden Tabellen 3.24 und 3.25 geben Anhaltspunkte, ab welchen Konzentrationen bzw. Eintragsraten mit Gefährdungen besonders sensibler Ökosysteme gerechnet werden muss. Als maximal zulässige Eintragsraten für den Schadstoff H^+ werden für sehr sensible Ökosysteme auf von Natur aus bereits sauren Standorten 0,2 bis 0,5 kg/ha*a, für sensible Typen 0,5 bis 1,0 kg angesehen. Für den Eintrag von Schwefel werden entsprechende Werte von < 3,2 kg/ha*a bzw. 3,2 bis 8 kg angegeben. Weniger empfindliche Ökosysteme auf kalk- und nährstoffreichen Standorten verkraften auch Werte von 8 bis 16 kg S/ha*a.

Entsprechende Werte zum Schutz der menschlichen Gesundheit wurden u.a. von der Weltgesundheitsorganisation WHO (1987) vorgelegt (Tab. 3.26). Sie berücksichtigen in besonderem Maße auch die Empfindlichkeiten kranker und alter Menschen sowie von Kindern und liegen weit unter entsprechenden Werten, die laut Technischer Anleitung zur Reinhaltung der Luft in der Bundesrepublik Deutschland zulässig sind. Eine ausführliche Diskussion zu Umweltqualitätsstandards für Luftschadstoffe findet sich in Kühling & Röhrig (1995).

Aufgrund ständig steigender Stickoxidemissionen in der Bundesrepublik Deutschland liegen z. B. in Nordrhein-Westfalen die Einträge über Freilandniederschläge mittlerweile bei durchschnittlich 20–22 kg N/ha*a. Natürlicherweise würden hier etwa

Tabelle 3.24 Critical Levels nach UN ECE Workshop in Bad Harzburg (1988) und Vorschläge des Workshops in Egham (1992) (NAGEL et al. 1994)

Schadgas	Critical Level UN ECE (1988) [µg/m³]	Dauer	Critical Level Workshop Egham [µg/m³]	Rezeptor
SO_2	70	24h – Mittel	–	gesamte Vegetation
	–	Jahresmittel[3]	10	Flechten
	20	Jahresmittel[3]	20	Wald
			15[1]	
	20	Jahresmittel[3]	20	natürliche Vegetation
			15[1]	
	30	Jahresmittel[3]	30	landwirtschaftliche Nutzpflanzen
O_3	150	1 h	–	
	60	8 h	–	
	50	7h – Mittel in der Vegetationsperiode[4]	-	gesamte Vegetation
	–	kumulierte Dosis[2]	300 ppb/h	
NO_X	30	Jahresmittel	30	gesamte Vegetation
	–	4h – Mittel	95	
NH_3	1000	1h – Mittel	3300	
	600	24h – Mittel	270	gesamte Vegetation
	100	Monatsmittel	23	
		Jahresmittel	8	

[1] in Gebieten, in denen die Summe der Differenzen zwischen der täglichen Durchschnittstemperatur und 5 °C (nur wenn die Temperatur 5 °C übersteigt) mehr als 1000 beträgt

[2] kumulative Dosis als Summe der Differenzen zwischen der stündlichen Durchschnittskonzentration und 40 ppb, wenn die Konzentration 40 ppb übersteigt (nur bei Tageslicht)

[3] für die Critical Levels, die in Egham festgelegt wurden, gilt zusätzlich, dass der Wert auch im Winterhalbjahr (Oktober - März) nicht überschritten werden darf

[4] das 7h – Mittel bezieht sich auf den Zeitraum von 9 Uhr bis 16 Uhr und die Vegetationsperiode auf die Monate April bis September

5 bis 10 kg Stickstoff in den Freilandniederschlägen enthalten sein, so dass bereits deutlich erhöhte Werte konstatiert werden müssen. Infolge des Auskämmeffektes wurden in Wäldern nicht selten Stickstoffdepositionen von 30 bis 60 kg N/ha∗a gemessen. Derart hohe Einträge führen in empfindlichen Waldökosystemen zu erheblichen Veränderungen des Stoffhaushaltes, damit einhergehend zu Störungen der Kon-

Tabelle 3.25 Critical Loads für Ökosysteme mit unterschiedlicher Produktivität (kg N ha⁻¹a⁻¹) (GASSNER & WINKELBRANDT 1990)

Ökosystem	Critical load
Laubwald [1]	5 – 20 [2]
Nadelwald [1]	3 – 15 [2]
Zwergstrauchheide (dwarf shrub vegetation)	3 – 5 [3]
Grünland, naturnah (Grassland, e.g. Mesobrometum)	3 – 10 [3]
Hochmoor (raised bog)	3 – 5 [3]

[1] für verfallende Ökosysteme (declining systems) wird der Wert „0" vorgeschlagen
[2] für reife Wälder wird der Wert „0" vorgeschlagen
[3] ohne größere Beseitigung des Stickstoffs durch Bewirtschaftung

Tabelle 3.26 Luftschadstoffgrenzwerte zum Schutz der menschlichen Gesundheit (WHO 1987)

Schadstoff	Grenzkonzentration [µg/m³]
NO_2	150 (24h-Wert)
O_3	100–120 (8h-Wert)
SO_2	50* (1a-Wert)

*Kombinationswirkung mit Staub ist berücksichtigt.

kurrenzverhältnisse und letztlich zu Verschiebungen der Artenzusammensetzungen. Zusätzlich wird der Waldboden eutrophiert und versauert (AK Waldbau & Naturschutz 1996).

3.3.4   Arten und Lebensgemeinschaften

In Ökosystemen erfüllen Tier- und Pflanzenarten sowie ihre Lebensgemeinschaften wichtige Funktionen (z. B. Primärproduktion, Sauerstoffbildung usw.). Darüber hinaus haben sie viele weitere Funktionen im Naturhaushalt (vgl. Kasten 3.11). Mit Beginn der Industriellen Revolution am Anfang des 18. Jahrhunderts wurde die mitteleuropäische Landschaft sehr stark verändert und industriell überprägt. Gleichzeitig wurden unzählige Lebensräume vernichtet oder so verändert, dass vor allem spezialisierte Tier- und Pflanzenarten (vergleiche auch Kasten 3.12 Ellenbergsche Zeigerwerte) verschwunden sind und sich gleichzeitig Allerweltsarten (Ubiquisten) ausbreiten konnten.

Auf der Konferenz der Vereinten Nationen über Umwelt und Entwicklung 1992 in Rio de Janeiro wurde auch die Konvention zum Schutz der **Biodiversität** verabschiedet, deren wichtigstes Umsetzungsinstrument in den Ländern der Europäischen Gemeinschaft die Fauna-Flora-Habitat(FFH-)Richtlinie darstellt. Der Begriff Biodiversität bezieht sich nicht nur auf die Vielfalt von Arten, sondern darüber hinaus auch auf

Kasten 3.11 Bestimmungsfaktoren des Arten- und Biotopschutzes (KAULE 1991)

Erhaltung der Funktion biologischer Systeme
- Erzeugung von Nahrungsmitteln
- Stabilität von Ökosystemen
- biologische Schädlingsbekämpfung
- Blütenbestäubung bei Kulturpflanzen
- biologischer Filter und Entgifter
- Humuserzeugung in land- und forstwirtschaftlich genutzten Böden
- Bioindikationspotenziale

Erhaltung der biochemischen Information
- Erhaltung des evolutiven Anpassungspotenzials
- Züchtung neuer Sorten bzw. Rassen und Resistenzzüchtung
- Pharmakologie

Erhaltung von Forschungsobjekten
- Entdeckung neuer Arten als Nahrungsmittel
- Bionik
- biotechnologische Energiegewinnung
- ingenieurbiologische Grundlagenforschung
- biologische/ökologische Grundlagenforschung

Erholung und Heimatschutz
- Phänologische Vielfalt
- Vielfalt und Charakteristik der Raumgestalt und des Landschaftsbilds
- sensitive Vielfalt
- Vielfalt der Farben, Formen, Bewegungsmuster

Erziehung

die Vielfalt innerhalb einer Art, also ihre genetische Ausstattung, Sorten, Varietäten oder auch Unterarten. Auch die Diversität auf der Ebene von Lebensgemeinschaften sowie deren Veränderungen in Raum und Zeit sollen erhalten bleiben und ggf. auch verbessert werden. Hierzu eignen sich besonders komplexe Landschaften mit vielfältigen Verzahnungen und Wechselwirkungen, wie beispielsweise alpine, Watt-/Meeres- und Auenökosysteme oder großflächige Feuchtgebietskomplexe mit Verlandungsbereichen, Hoch-/Niedermooren und Bruchwäldern.

Innerhalb der deutschen Naturschutzbewegung stand immer die Frage zu beantworten, welche Pflanzen- und Tierartenausstattungen in der mitteleuropäischen Landschaft schützenswert sind und somit dauerhaft erhalten bleiben sollen. Die anthropogen unbeeinflusste „natürliche" Landschaft würde stark von Wald-Lebensgemeinschaften geprägt sein, wodurch einige Offenlandarten seltener werden oder vielleicht sogar auch ganz aussterben würden. Als (allerdings durchaus zu hinterfragende) Konvention hat sich seit den 70er-Jahren ergeben, dass es das Ziel von Naturschutz

Kasten 3.12 Zeigerwerte von Pflanzen

Die ökologische Einnischung von Pflanzen kann anhand verschiedener Zeigerwerte charakterisiert werden. Diese Werte berücksichtigen den herrschenden Konkurrenzdruck in der Vegetationsdecke und geben somit keine Auskunft über die physiologischen Ansprüche der einzelnen Pflanzenarten, die nur durch entsprechende Kulturversuche zuverlässig bestimmt werden könnten. Weil die Zeigerwerte einen Hinweis auf die Standortsverhältnisse ermöglichen, werden sie für die Beantwortung sehr unterschiedlicher Fragestellungen in der ökologisch orientierten Planung verwendet. Als ordinale Skalierungen ersetzen sie keine empirischen Untersuchungen, sind jedoch ideal einsetzbar, wenn Messungen aus Zeit- bzw. Kostengründen nicht durchführbar sind oder wenn durch Vergleich historischer Vegetationsaufnahmen mit aktuellen Erhebungen Aussagen über eingetretene Standortsveränderungen getroffen werden sollen.

Da die Zeigerwerte seit vielen Jahrzehnten immer wieder überarbeitet wurden, ist eine mathematische Weiterverarbeitung durchaus zulässig und führt auch zu plausiblen Ergebnissen, wenn der Bearbeiter eine kritische Distanz und große Sorgfalt bei der Interpretation seiner Rechenergebnisse walten lässt. Die Bewertung der Gefäßpflanzen erfolgt über sieben Ziffern. Dabei wurden die drei klimatischen Faktoren **Licht, Wärme** und **Kontinentalität**, die drei Bodenfaktoren **Feuchtigkeit, Bodenreaktion** und **Stickstoffversorgung** sowie das Verhalten zum **Salz- bzw. Schwermetallgehalt** des Bodens eingestuft. Dies erfolgt über eine neunteilige Skala (beim Feuchtefaktor 12-teilig), wobei 1 das geringste und 9 das größte Ausmaß des bewerteten Faktors kennzeichnet. Einige andere wichtige Faktoren konnten bisher nicht aufgenommen werden, weil sie sich entweder einer differenzierten Betrachtung weitgehend entziehen (z. B. Phosphor) oder indirekt durch andere Zeigerwerte beschrieben werden (z. B. Calciumgehalte durch die Reaktionszahl). Mechanisch wirksame Faktoren (Wind, Feuer oder Tritt durch Wildtiere) sind vergleichsweise leicht zu beurteilen bzw. wesentlich durch menschliche Nutzungen geprägt (Schnitt oder Verbiss und Tritt durch Weidetiere) und somit ebenfalls mit verhältnismäßig geringem Aufwand selbst nach zu bestimmen.

ELLENBERG et al. (1992) definieren die ökologischen Zeigerwerte folgendermaßen:

L = Lichtzahl: Vorkommen von Pflanzen in Beziehung zur relativen Beleuchtungsstärke

T = Temperaturzahl: Vorkommen von Pflanzen im Wärmegefälle von der nivalen Stufe bis in die wärmsten Tieflagen

K = Kontinentalitätszahl: Vorkommen der Pflanzen im Kontinentalitätsgefälle von der Atlantikküste bis ins Innere Eurasiens

F = Feuchtezahl: Vorkommen der Pflanzen im Gefälle der Bodenfeuchtigkeit vom flachgründig trockenen Felshang bis zum Sumpfboden sowie vom seichten bis zum tiefen Wasser

R = Reaktionszahl: Vorkommen der Pflanzen im Gefälle der Bodenreaktion bzw. des Basen- und Kalkgehaltes im Boden

N = Stickstoffzahl: Vorkommen der Pflanzen im Gefälle der Mineralstickstoffversorgung während der Vegetationszeit

S = Salzzahl: Vorkommen der Pflanzen im Gefälle der Salz-, insbesondere der Chloridkonzentration im Wurzelbereich

B, b = Schwermetallresistenz: Vorkommen der Pflanzenarten an Standorten mit hoher Konzentration an Blei, Zink oder anderen Schwermetallen

und Landschaftspflege sein soll, die Artenvielfalt zu erhalten und zu entwickeln, die vor Beginn der Industriellen Revolution um 1750 bis 1800 vorhanden war. Aus der damaligen Zeit sind ausreichend Quellen vorhanden, die ausführliche Auskunft über die damalige Artenausstattung ermöglichen. Dieses Ziel soll durch geeignete Maßnahmen des Arten- und Biotopschutzes realisiert werden, ist aber insoweit nicht unproblematisch als viele Tier- und Pflanzenarten in Mitteleuropa erst in vom Menschen geschaffene Kulturbiotope eingewandert sind, die heute an historische, ökonomisch aus sich heraus eigentlich nicht mehr tragfähige Nutzungsformen gebunden sind. Andererseits dokumentieren Langzeiterhebungen wie der in Abbildung 3.16 dargestellte Vergleich zweier 1950 und 1988 durchgeführter Erhebungen der Pflanzengesellschaften, die in einer Gemeinde im östlichen Schleswig-Holstein durchgeführt wurden, eindrucksvoll die Verschiebung der Artenspektren in der Landschaft hin zu immer nährstoffreicheren, stark vom Menschen beeinflussten (polyhemeroben) Gesellschaften sowie einen Rückgang gefährdeter Vegetationstypen auf einen immer kleineren Flächenanteil.

Analyse und Bewertung von Arten und Lebensgemeinschaften

Für die Bearbeitung vieler Fragestellungen der ökologisch orientierten Planung sind flächendeckende Biotoptypen-Kartierungen durchzuführen. In den einzelnen Bundesländern existieren jeweils eigene Schlüssel, die oft nur mit Mühe in Übereinstimmung zu bringen sind und einen Hang zur Spezialisierung und Perfektionierung erkennen lassen, der aus Sicht der Planung nicht unbedingt zielführend ist. Bei einer ganzen Reihe von Fragestellungen, z. B. der Ausarbeitung von Pflege- und Entwicklungsplänen, Artenschutzmaßnahmen oder der Folgenbewältigung für bestimmte Beeinträchtigungen sind flächendeckende vegetationskundliche und floristische sowie spezialisierte faunistisch-ökologische Erfassungen unabdingbar (KOHL et al. 1992; FINCK et al. 1992). In allen Fällen ist die Auswahl geeigneter Indikatorarten entscheidend. In der Tabelle 3.27 sind ausgewählte Tiergruppen zusammengefasst, die für verschiedene Biotoptypen geeignete Taxozönosen aufweisen (vergleiche auch RECK 1992; RIECKEN & SCHRÖDER 1995; ANL 1996). Dabei muss allerdings beachtet werden, dass das Vorkommen vieler Tierarten nur begrenzt mit dem Vorkommen von vegetationskundlichen Einheiten korreliert (vgl. etwa SCHLUMPRECHT & VÖLKL 1992). Gerade bei Eingriffsplanungen sind daher zu untersuchende Tierartengruppen im Wirkungsbezug auszuwählen, d.h. sie müssen sich eignen, bestimmte Beeinträchtigungen abzubilden. Zur Erfassung der verschiedenen Tiergruppen erforderliche methodische Standards sind etwa bei TRAUTNER (1992) oder VUBD (1994) dargestellt.

USHER & ERZ (1994) haben übliche Kriterien zur naturschutzfachlichen Bewertung ausgewertet und näher beschrieben, u.a. Diversität, Flächengröße, Seltenheit, Natürlichkeit (vergleiche hierzu Tab. 3.28), Repräsentanz, Empfindlichkeit, Stabilität, Struktur, Maturität (Reife von Ökosystemen). PLACHTER (1992) und BASTIAN & SCHREIBER (1994) haben unter Berücksichtigung sehr vieler dieser Kriterien mehrstufige Bewertungssysteme mit nutzwertanalytischem Charakter vorgeschlagen, bei deren Anwendung jedoch beachtet werden muss, ob sie durch den gemäß der Honorarordnung für Architekten und Ingenieure vorgegebenen, bei Planungsaufgaben leistbaren finanziellen Rahmen abgedeckt ist. Auch ist es nicht zielführend, bei Bewertungen im Arten-

und Biotopschutz die o.g. Kriterien aufzusaldieren bzw. Mittelwerte zu bilden: Sie sind, wie etwa Natürlichkeit und Maturität, in vieler Hinsicht nicht unabhängig voneinander und können bei entsprechender Ausprägung je für sich für eine Biotopfläche wertbestimmend sein. Deshalb haben sich für viele Planungen einfachere Bewertungsverfahren etabliert, mit denen ausreichend genau Artvorkommen und Biotopausstattungen

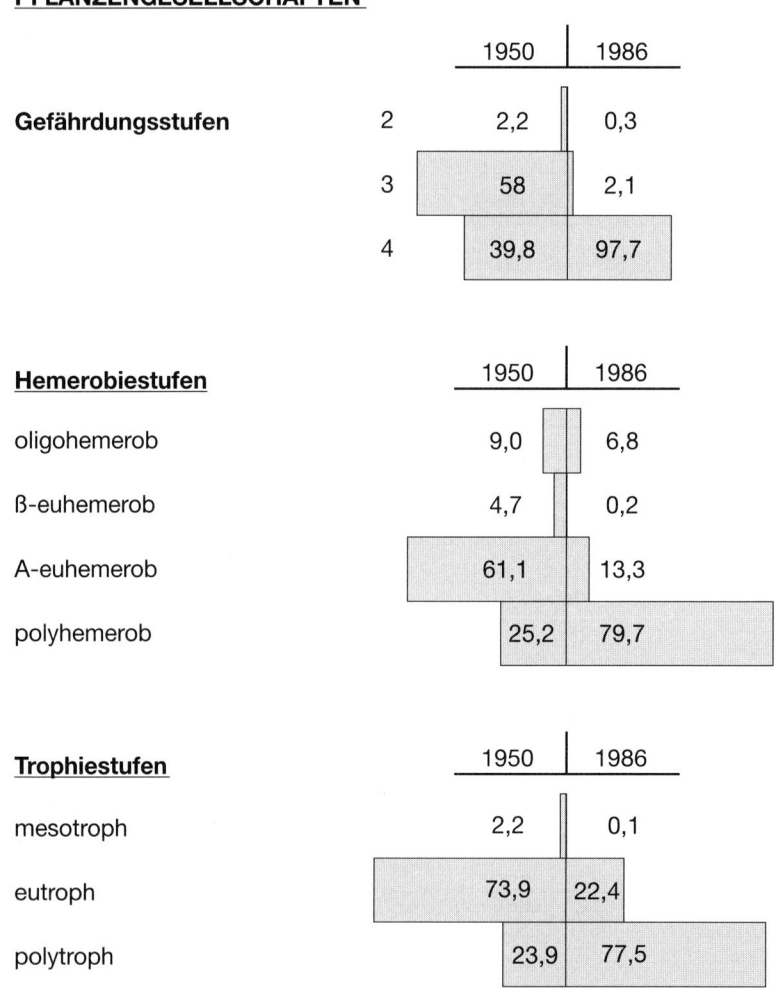

Abb. 3.16 *Verschiebung von Gefährdungs-, Hemerobie- und Trophiestufen, abgeleitet aus zwei Kartierungen der Vegetation in einer überwiegend agrarisch genutzten Gemeinde in Schleswig-Holstein. Die Zahlen beziehen sich auf Prozent der Gemeindefläche; Gefährdungstufe 2: Stark gefährdeter Vegetationstyp; 3: Gefährdeter Vegetationstyp; 4: Ungefährdeter Vegetationstyp (*Dierßen & Schrautzer *1997).*

Tabelle 3.27 Verteilung von Indikatoren ausgewählter Tiergruppen in verschiedenen Biotoptypen (BRINKMANN 1998)

Biotoptypen \ Tierartengruppen	Großsäuger	Fledermäuse	Kleinsäuger	Vögel	Reptilien	Amphibien	Fische	Limnische Wirbellose [2]	Libellen	Heuschrecken	Tagfalter	Nachtfalter	Laufkäfer	Xylobionte Käfer	Aculeate Hymenopteren [3]
1. Wälder und sonstige großflächige Gehölzbestände (z. B. Parkanlagen oder Friedhöfe)	0	+	0	+		0					+	+	+	+	
2. Gebüsche, Kleingehölze und Einzelbäume (auch der Siedlungsbereiche)	0	+	0	+		0				0	0	+	+	+	
4. Binnengewässer															
– Quellen	0	+	0	0	0	0		+	0						
– Fließgewässer	0	+	0	+	0	0	+	+	+						
– Stillgewässer	0	+	0	+	0	+	0	0	+						
5. Gehölzfreie Biotope der Sümpfe, Niedermoore und Ufer (inkl. Verlandungsbereiche der Gewässer)		+		+		+			+	+	+	+	+		0
6. Hoch- und Übergangsmoore									+		+				
7. Fels-, Gesteins- und Offenbodenbiotope					+	0				0	0	+	+		0
8. Heiden und Magerrasen				+	+					+	+	+	+		+
9. Grünland			0	0		0				+	+	+	+		+
10. Äcker					0						0		+		0
11. Ruderalfluren		0	0			0				+					+
12. Grünanlagen der Siedlungsbereiche und Gartenbaubiotope		0	0									0	0		
13. Biotope von Gebäuden und Gebäudekomplexe	+	0	0	+								0			+

+: i.d.R. hohe Anzahl von Zeigerarten
0: i.d.R. nur einzelne Zeigerarten

[2] v.a. Stein-, Köcher- und Eintagsfliegen
[3] v.a. Wildbienen, Falten-, Grab- und Wegwespen

bewertbar sind. Vielfach stützt man sich auf die in Kasten 3.13 dargestellte neunstufige Bewertungsskala nach KAULE (1991), die seither ständig weiterentwickelt und verbessert wurde (vergleiche RECK 1996). Ein gängiges Bewertungskriterium ist zudem das Auftreten von Rote-Liste-Arten (Kasten 3.14). Ihr Vorhandensein wurde z.b. bei den Arten- und Biotopschutzkartierungen der Bundesländer Bayern und Thüringen ausschließlich als Bewertungskriterium herangezogen. Die alleinige Verwendung von Rote-Liste-Arten ist jedoch zu hinterfragen: Damit werden konkrete Gefährdungskategorien abgebildet, wohingegen in einem Landschaftsraum jedoch auch natürlicherweise seltene Arten von Relevanz sein können und darauf abgestellt werden sollte, ein insgesamt möglichst vollständiges Artenspektrum zu erhalten.

Beurteilung der Auswirkungen von Störungen auf Tiere (DAHL et al. 2000)
Neben natürlichen Störungen und Katastrophen (Feuer, Überschwemmungen, Wind- und Schneebruch, massiver Borkenkäferbefall), die als wesentliche Bestimmungsfaktoren bei der Ökosystem-Dynamik betrachtet werden, haben in den letzten Jahrzehnten anthropogene Störwirkungen auf die heimische Fauna deutlich zugenommen und sind in ihren Konsequenzen noch gar nicht abschließend zu beurteilen. Ungestörte Bedingungen in Natur und Landschaft sind naturschutzrechtlich begründetes Schutzziel. Bezüglich der Auswirkungen von Störungen ist die mitteleuropäische Avifauna recht gut untersucht. Zwergseeschwalbe, Schwarzstorch oder Stein- und Fischadler sind auch in der breiten Öffentlichkeit bekannte Arten, die auf Störungen recht empfindlich reagieren. 33 % sämtlicher Brutvogelarten in Deutschland werden augenblicklich in erheblichem Maße durch Störungen beeinträchtigt, 42 % sind aufgrund von Störungen sogar gefährdet und 4 % werden deshalb als bestandsbedroht angesehen.

Aus Sicht des Naturschutzes haben STOCK et al. (1994) Störwirkungen auf die Fauna systematisiert. Zu unterscheiden ist grundsätzlich zwischen dem Störreiz (z. B. Paraglyder, Bootsfahrer, Klettersportler) und dem beobachtbaren Verhalten der Tiere (z. B. Flucht, Irritation). Die Reaktion der Tiere ist kompensierbar, wenn der durch das Fluchtverhalten bewirkte Energieverlust an anderer Stelle problemlos ausgeglichen werden kann, nicht kompensierbar, wenn dies nicht möglich sein sollte und beim Individuum entsprechende Gewichtsabnahmen damit verbunden sein sollten. Dabei sind auf den verschiedenen Ebenen u.a. folgende Auswirkungen beobachtet worden:

- Individuum: Auswirkungen physiologischer Art (Erhöhung von Herzschlagrate und Adrenalinausstoß), Verhaltensänderungen (Flucht, Wegducken), Beeinträchtigung der Kondition (Gewichtsabnahme), verminderter Bruterfolg,
- Population: Bestandsrückgänge, Zunahme innerartlicher Konkurrenzsituationen aufgrund beschränkter Nahrungsangebote,
- Biozönose: Zunahme der zwischenartlichen Konkurrenz mit Vorteilen für die nicht oder weniger gestörten Spezies,
- Ökosystem: Artenverschiebungen bei Beutetieren oder Prädatoren, Über-/Unternutzung spezieller Vegetationseinheiten, Änderung der Sukzession.

Je höher die Ebene ist, auf der eine Störwirkung beobachtet wird, desto schwieriger sind entsprechende Kompensationsmaßnahmen durchzuführen, zumal dann auch komplexe Wechselwirkungen stattfinden, die es im Allgemeinen nicht erlauben, festgestellte Veränderungen monokausal als Folge einer bestimmten Störung erklären zu

Tabelle 3.28 Die Hauptökosystemtypen Mitteleuropas, geordnet nach zunehmender menschlicher Beeinflussung und Nutzung*) (HABER 1993)

A) Biologisch geprägte Ökosysteme	Überwiegend aus natürlichen Bestandteilen zusammengesetzte und durch biologische Vorgänge gekennzeichnete Ökosysteme
	1) Natürliche Ökosysteme Vom Menschen nicht oder kaum beeinflusst, selbstregelungsfähig *Beispiel:* Tropischer Regenwald
	2) Naturnahe Ökosysteme Vom Mensch zwar beeinflusst, doch Typ 1) ähnlich, ändern sich bei Aufhören des Einflusses kaum, selbstregelungsfähig *Beispiele:* viele mitteleuropäische Laubwälder, Hochmoore
	3) Halbnatürliche Ökosysteme durch menschliche Nutzungen aus Typ 1) oder 2) hervorgegangen, aber nicht bewusst geschaffen; ändern sich bei Aufhören der Nutzung; begrenzt selbstregelungsfähig, Pflege erforderlich *Beispiel:* Heiden, Trockenrasen, Streuwiesen, Nieder- und Mittelwälder
Grenze zwischen naturbetonten und anthropogenen Ökosystemen	
B) Technisch geprägte Ökosysteme	4) Agrar- und Forst-Ökosysteme („Nutz-Ökosysteme" aus Nutz-Pflanzen und Tieren), vom Menschen bewusst zur Erzeugung biologischer Nahrungs- und Rohstoffe geschaffen und völlig von ihm abhängig, Selbstregelung unerwünscht, Funktionen werden von außen gesteuert *Beispiele:* Felder, Forste, Weinberge
	„Techno-Ökosysteme", vom Menschen bewusst für kulturell-zivilisatorisch-technische Aktivitäten geschaffen, nicht selbstregelungsfähig, sondern völlig von Außensteuerung (mit hoher Energie- und Stoffzufuhr) und von umgebenden und sie durchdringenden biologisch geprägten Ökosystemen (Typ A) abhängig Gekennzeichnet durch: I) bautechnische, Gebrauchs- und Verbrauchsobjekte II) Gewinnungs-, Herstellungs- und Verwendungsprozesse III) Emissionen IV) Rauminanspruchnahme *Beispiele:* Dörfer, Städte, Industriegebiete

*) außer Betracht bleiben Hochgebirge, Gewässer, unbewachsene Ufer- und Küstenbereiche

Kasten 3.13 Bewertungsstufen des Artenschutzes

Bewertungsstufen für eine flächendeckende Bewertung für Belange des Artenschutzes (KAULE 1986; KAULE 1981, zit. in RECK 1996)

9 Gebiete mit internationaler oder gesamtstaatlicher Bedeutung (NSG oder NP). Seltene und repräsentative natürliche und extensiv genutzte Ökosysteme. In der Regel alte und/oder oligotrophe Ökosysteme mit Spitzenarten der Roten Liste, geringe Störung, so weit vom Typ möglich große Flächen.

Wälder, Moore, Seen, Auen, Felsfluren, alpine Ökosysteme, Küstenökosysteme, Heiden, Magerrasen, Streuwiesen; Acker, Stadtbiotope mit hervorragender Artenausstattung.

8 Gebiete mit besonderer Bedeutung auf Landes- und Regionalebene (NSG/ND).

Wie 9, jedoch weniger gut ausgebildet, vorrangig auch zurückgehende Waldökosysteme und Brachen, Komplexe mit bedrohten Arten, die einen größeren Aktionsraum benötigen.

7 Gebiete mit örtlicher und regionaler Bedeutung, LSG oder geschützter Landschaftsbestandteil als Schutzstatus anstreben. Nicht oder extensiv genutzte Flächen mit Rote-Liste-Arten zwischen Wirtschaftsflächen, regional zurückgehende Arten noch zahlreich vorkommen.

Altholzbestände, Plenterwälder, spezielle Schlagfluren, Hecken, Bachsäume, Dämme, etc. Sukzessionsflächen mit Magerkeitszeigern, regionaltypische Arten; Wiesen und Äcker mit stark zurückgehenden Arten, Industriebrache, Böschungen, Parks, Villengärten mit alten Baumbeständen.

6 Kleinere Ausgleichsflächen zwischen Nutzökosystemen

(Kleinstrukturen) nur in Landschaftskomplexen LSG, in der Regel kein spezieller Vorschlag zur Unterschutzstellung, ggf. geschützter Landschaftsbestandteil. Unterscheidet sich von 7 durch Fehlen oder Seltenheit von oligothraphenten Arten und Rote-Liste-Arten. Bedeutend für Arten, die in den eigentlichen Kulturflächen nicht mehr vorkommen.

Artenarme Wälder, Mischwälder mit hohem Fichtenanteil, Hecken, Feldgehölze mit wenig regionaltypischen Arten; Äcker und Wiesen, in denen noch standortspezifische Arten vorkommen; kleinere Sukzessionsflächen in Städten, alte Gärten und Kleingartenanlagen.

5 Nutzflächen, in denen nur noch wenig standortspezifische Arten vorkommen. Die Bewirtschaftungsintensität überlagert die natürlichen Standortseigenschaften. Grenze der „ordnungsgemäßen Land- und Forstwirtschaft"

Äcker und Wiesen ohne spezifische Flora und Fauna, stark belastete Abstandsflächen, Fichtenforste, Siedlungsgebiete mit intensiv gepflegten Anlagen.

4 Nutzflächen, in denen nur noch Arten eutropher Einheitsstandorte vorkommen bzw. die Ubiquisten der Siedlungen oder die widerstandsfähigsten Ackerunkräuter. Randliche Flächen wenig beeinträchtigt.

Äcker und Intensivwiesen, Aufforstungen in schutzwürdigen Bereichen, Fichtenforste auf ungeeigneten Standorten (entsprechend sehr artenarm), dicht bebaute Siedlungsgebiete mit wenigen extensiv genutzten Restflächen.

Kasten 3.13 Bewertungsstufen des Artenschutzes (Forts.)

Bewertungsstufen für eine flächendeckende Bewertung für Belange des Artenschutzes (KAULE 1986; KAULE 1981, zit. in RECK 1996)

3	Nur für sehr wenige Ubiquisten nutzbare Flächen, starke Trennwirkung, sehr deutlich Nachbargebiete beeinträchtigend. Intensiväcker mit enger Fruchtfolge, stark verarmtes Grünland, 4–8 höhere Pflanzenarten/100 m², Wohngebiete mit Einheitsgrün, Zwergkoniferen, Rasen, wenige Zierpflanzen, Forstplantagen in Auen und in anderen schutzwürdigen Lebensräumen.
2	Fast vegetationsfreie Flächen. Durch Emissionen starke Belastungen für andere Ökosysteme von hier ausgehend. Gülleentsorgungsgebiete in der Landwirtschaft, extrem enge Fruchtfolgen und höchster Chemieeinsatz, intensive Weinbau- und Obstanlagen, Aufforstungen in hochwertigen Lebensräumen, Intensivforstplantagen.
1	Vegetationsfreie Flächen. Durch Emissionen sehr starke Belastungen für andere Ökosysteme von hier ausgehend. Innenstädte, Industriegebiete fast ohne Restflächen, Hauptverkehrsstraßen.

können. Außerdem können sich auch verschiedene Störursachen in einem bestimmten Gebiet gegenseitig überlagern.

Die mit der **Jagdausübung verbundenen Störungen** führen vor allem zu Veränderungen des Raum-Zeit-Musters und der Verhaltensökologie von Tieren. U.a. wurden beobachtet:

- Vergrößerung der Fluchtdistanz,
- Verringerung des Lebensraumangebotes,
- Änderungen tageszeitlicher Aktivitätsrhythmen,
- geringere Nahrungsaufnahme verbunden mit nicht ausreichender Bildung entsprechender Fettdepots zur Vorbereitung des Vogelzuges,
- Veränderung des Auftretens bestimmter Arten in bisher regelmäßig genutzten Rastgebieten.

Infolge der mit der Jagd z. B. von Wasservögeln verbundenen Erhöhung der Fluchtdistanz verändert sich die Energiebilanz der Individuen ganz erheblich, da Fluchtbewegungen öfters mit Auffliegen verbunden ist (10-fach erhöhter Energieverbrauch im Vergleich zum Ruhen).

Die Störung durch Jagd kann durch Angler zusätzlich verstärkt werden. Haubentaucher haben eine Fluchtdistanz von mindestens 50 m und verlassen ihr Nest, auch wenn der Angler ruhig dasitzt. Erst wenn dieser sich bis auf 80 m entfernte, wurde der Brutvorgang wieder begonnen. In der Zwischenzeit waren die Eier vielleicht bereits nach Unterkühlung abgestorben oder frisch geschlüpfte Junge durch Hitzeeinwirkung zu Grunde gegangen. Zumindest ist der Bruterfolg von empfindlichen Wasservogelarten an Angelgewässern deutlich vermindert. Weitere negative Auswirkungen werden bei größeren Ansammlungen mausernder, durchziehender oder überwinternder Gastvögel beobachtet. Sie haben im Allgemeinen eine vergrößerte Fluchtdistanz und sind

Kasten 3.14 Rote Listen der gefährdeten Arten

Rote Listen gibt es für Pflanzen und Tiere, Pflanzengesellschaften und Biotoptypen (s. u.a. BfN 1996, JEDICKE 1997). Es handelt sich um Verzeichnisse verschwundener bzw. gefährdeter Arten und Biotope für bestimmte meist politisch definierte Raumeinheiten (Staaten oder Teilräume von diesen). Sie wurden Anfang der 70er-Jahre nach dem Vorbild der Red Data Books der IUCN (International Union for Nature Conservation and Natural Ressources = Internationale Naturschutzunion) für die Bundesrepublik erstellt. Für die DDR wurden sie Ende der 70er-Jahre publiziert. Zurzeit werden die landesweiten Listen auch vor dem Hintergrund der vergrößerten Bundesrepublik Deutschland bereits zum dritten Mal überarbeitet. Deutlich muss dabei festgestellt werden, dass die Listen immer länger werden und nur in seltenen Ausnahmefällen einzelne Arten aus ihnen wieder herausgenommen werden können.

Rote Listen haben sich als wichtige Datengrundlagen für die ökologisch orientierte Planung herausgestellt. Sie werden von großen Teilen der interessierten Bevölkerung anerkannt, obwohl sie keine gesetzliche Basis darstellen, sondern vielmehr als Konvention, also zusammengefasste Expertenmeinung, verstanden werden müssen. Sie ergänzen in fachlich sinnvoller Weise die Listen der Artenschutzverordnung und der besonders geschützten Biotope nach § 30 BNatSchG. Nachdem man die Listen zunächst für die gesamte Bundesrepublik erstellt hatte, stellten sich auch bald die Grenzen ihrer Anwendung heraus, z. B. für Gebiete, in denen bestimmte seltene Arten einen Hauptverbreitungsschwerpunkt hatten. Auch um die regionalen Unterschiede besser charakterisieren zu können, wurden Rote Listen deshalb verstärkt für die einzelnen Bundesländer aufgestellt. Die Diskussionen bei ihrer Veröffentlichung werden meist sehr kontrovers geführt, gerade, wenn es sich z. B. um jagdbare Tiere wie den Feldhasen handelt.

In den Roten Listen der Bundesrepublik Deutschland und den sechzehn Bundesländern werden im Allgemeinen die folgenden Gefährdungskategorien unterschieden:

Kategorie 0: Ausgestorben oder verschollen
Hierunter fallen die Arten, die vor rund hundert Jahren auf dem Gebiet der Bundesrepublik bzw. den einzelnen Ländern noch vorgekommen sind und mittlerweile ausgestorben sind bzw. systematisch ausgerottet wurden. Arten, die trotz gezielter Suche seit mehr als 10 Jahren nicht nachgewiesen sind, gelten als verschollen. Beispiele: Wolf, Bär, Ur

Kategorie 1: Vom Aussterben bedroht
Hierunter zählen Arten, deren zukünftiges Überleben unwahrscheinlich ist, wenn die sie bedrohenden Faktoren nicht beseitigt und gezielte Arterhaltungsmaßnahmen durchgeführt werden. Diese Arten weisen meist nur wenige voneinander isolierte Teilpopulationen mit wenigen Individuen auf. Die noch vorhandene Population ist insgesamt auf eine kritische Restgröße zusammengeschrumpft. Beispiele: Luchs, Fischotter

Kategorie 2: Stark gefährdet
Diese Arten weisen in ihrem gesamten Verbreitungsgebiet eine hohe Gefährdung auf. Ihre Bestände sind erkennbar zurückgegangen, in einigen Landesteilen sind sie bereits verschollen und sie weisen nur mehr kleine Populationen auf. Beispiele: Biber, Hausratte

Kasten 3.14 Rote Listen der gefährdeten Arten (Forts.)

Kategorie 3: Gefährdet

In großen Teilen ihres einheimischen Verbreitungsgebietes sind diese Arten gefährdet. Sie sind regional und lokal deutlich zurückgegangen bzw. bereits verschwunden und weisen meist nur kleine Populationen auf. Beispiele: Feldhase, Iltis

Des Weiteren werden drei Kategorien unterschieden, in denen Arten bzw. Lebensgemeinschaften aufgelistet werden, deren Bestand zwar als gefährdet angenommen wird, eine nähere Einstufung aufgrund der aktuellen Datenlage jedoch zurzeit nicht möglich ist.

Kategorie G: Gefährdung anzunehmen

Aufgrund einzelner Untersuchungsergebnisse kann die Gefährdung dieser Arten angenommen, aber keine genauere Einstufung vorgenommen werden. Unter diese Kategorie fallen im Allgemeinen weniger gut untersuchte Spezies, also vor allem Nichtwirbeltiere.

Kategorie R: Extrem selten (Früher bzw. teils noch in Landeslisten Kategorie P)

Es handelt sich um seit jeher extrem seltene bzw. sehr lokal vorkommende Arten, bei denen zwar kein merklicher Rückgang also keine Bedrohung feststellbar ist, die jedoch durch unvorhersehbare menschliche Einwirkungen schlagartig ausgerottet oder zumindest erheblich dezimiert werden können. Hierunter fallen z. B. Arten, die in ihrem einheimischen Verbreitungsgebiet nur wenige oder kleine Vorkommen aufweisen sowie Spezies, die in Populationen mit wenigen Individuen am Rande ihres Verbreitungsareals vorkommen. Beispiele: Alpensteinbock, Murmeltier.

Zur Kennzeichnung nicht in die Rote Liste aufzunehmender Arten, die jedoch beobachtet werden sollten bzw. deren Datenlage mangelhaft ist, können folgende weitere Kategorien angewendet werden:

Kategorie V: Zurückgehend, Art der Vorwarnliste

Hierunter fallen Arten, die aktuell zwar nicht gefährdet, dennoch in ihren Verbreitungsgebieten merklich zurückgegangen sind, im besiedelten Bereich selten ist oder deren Lebensräume selten werden. Sie sind oftmals an in der Kulturlandschaft selten gewordene Lebensräume gebunden (Beispiele: Feldlerche, Wachtel). Viele dieser Arten sind für naturschutzfachliche Einschätzungen wertgebend und wichtige Indikatorarten. Ihre Entwicklung muss beobachtet werden, da eine zukünftige Gefährdung wahrscheinlich ist.

Kategorie D: Daten mangelhaft

Diese Arten sind oft nur gering untersucht und werden meist auch übersehen. Es handelt sich teilweise auch um taxonomisch neu kombinierte oder gesplittete Artengruppen, deren Populationsentwicklung daher nicht eingeordnet werden kann.

Die Kategorien * (derzeit nicht gefährdet) und ** (ungefährdet) sind meist nur dann in den Listen vorhanden, wenn diese auch gleichzeitig die Floren- oder Faunenliste des Landes wiedergeben.

besonders in der Mauser extrem empfindlich gegenüber Energieverlusten, was dazu führen kann, dass bestimmte Angelgewässer von diesen Arten (z. B. Tafel-, Krick- oder Pfeifente) überhaupt nicht mehr genutzt werden können.

Auch durch **Freizeitaktivitäten** werden etwa ein Drittel der deutschen Brutvogelbestände negativ beeinträchtigt. 13 % der Brutvogelarten sind erheblich gefährdet und 20 % zumindest auf regionaler Ebene gefährdet (BEZZEL 1995). Monokausale Zusammenhänge konnten bei einigen Großvogelarten wie Seeadlern, Schwarzstörchen oder Kranichen beobachtet werden, die bei Annäherung des Menschen ihr Nest verlassen, wodurch die Sterblichkeit der Jungvögel durch Beutegreifer, Verhungern oder Unterkühlung deutlich erhöht wird. Beim Uhu konnten auch auf den den Brutfelsen in näherer Entfernung umgebenden Felsbereichen das ganze Jahr über mehr oder weniger intensive Nutzungen beobachtet werden. Für diese Art wurde daher ermittelt, dass ein möglichst störungsfreies Lebensraumzentrum von 5 km in der Umgebung des Brutplatzes eingehalten werden sollte (DALBECK et al. 2001). Die von Seglern, Surfern und Kanuten ausgehenden Störungen entsprechen denen, die bereits oben für Angler und Jäger genannt wurden. Störungen durch Drachenflieger und Paraglyder können gering gehalten werden, wenn die Sportler ausreichenden Abstand über dem Boden (> 200 m) einhalten. Wanderer, Reiter und Mountainbiker sollten unbedingt auf ihren Wegen bleiben und können somit Störwirkungen verringern.

Heftige und sehr kontroverse Diskussionen sind bezüglich der möglichen **Störwirkungen von Windenergieanlagen (WEA)** auf die Avifauna geführt worden und es wird wohl noch einiger Jahre Forschung bedürfen, um letztlich einigermaßen klare Aussagen darüber machen zu können. Verschiedene Vogelarten verhalten sich sehr unterschiedlich und teilweise auch individuell verschieden, weshalb generalisierende Aussagen derzeit noch sehr schwierig sind. Während des Fluges konnten in der Nähe von Windkraftanlagen z. B. Steigflüge, Ausweichmanöver oder erhebliche Kurskorrekturen beobachtet werden. Vor allem die Zugvögel mit niedrigen Flughöhen nehmen Windkraftanlagen als Barriere wahr und weichen ihnen bis auf zwei Kilometer aus. Kraniche lösen ihre typischen Keilformationen vor Windkraftanlagen auf und ein geordneter Weiterzug konnte erst nach über 30 min nach Sichtung der Anlage beobachtet werden. Der damit zusammenhängende Energieverlust kann sich vor allem zum Ende langer Zugetappen, die zusätzlich mit Sturm, Hagel oder Starkregen verbunden sind, ganz erheblich auf die Konstitution der Vögel auswirken.

Darüber hinaus wurden Vermeidungsreaktionen beobachtet, wobei Gänse und Watvögel (Limikolen) vermutlich empfindlicher reagieren als Singvogelarten. Als Hauptursache für das Vermeidungsverhalten wird Feindvermeidung angenommen. So stellten KRUCKENBERG et al. (1999) Vorher-Nachher-Untersuchungen in der Nähe eines Windparks im Landkreis Leer über das Verhalten von Blässgänsen an. Sie ermittelten, dass die Nahrungsaufnahme in einem Umkreis bis 300 m um die Anlage herum vollständig aufgegeben wurde. In einem Umkreis bis 500 m wurden nur etwa 50 % der ansonsten festgestellten Individuenzahlen beobachtet, so dass insgesamt eine Fläche von fast 350 ha nicht mehr als Nahrungsgrundlage zur Verfügung stand. Die Konkurrenz auf den weiter entfernt liegenden Flächen dürfte entsprechend zugenommen haben und es ist anzunehmen, dass diese Verhaltensänderungen bisher nicht bekannte zusätzliche Einbußen für die Landwirtschaft bewirkt haben dürften.

In der Konsequenz sind Mindeststandards für Erhebungen der Avifauna bei Errichtung von Windkraftanlagen im Binnenland zu formulieren: Diese beinhalten eine umfassende Brutvogelkartierung sowie eine Erfassung der Gastvögel, die während der Hauptzugzeiten in wöchentlichem Abstand stattzufinden hat. Genauso wesentlich sind aber Nachuntersuchungen, um die tatsächlichen Auswirkungen zu dokumentieren: Diese sollten sich auf mindestens zwei, optimalerweise fünf aufeinander folgende Brutperioden nach Errichtung einer Windkraftanlage erstrecken und zudem eine gründliche Suche nach Kollisionsopfern in 50 m Umkreis um die Füße der Anlagen einschließen (DÜRR 2001).

Auch von den 200 000 in Deutschland vorhandenen Hochspannungsmasten gehen nicht unerhebliche Störwirkungen aus (vgl. Kasten 3.15), bei denen auch nach längeren Zeiträumen keine Gewöhnungseffekte auftraten. Diese sind bei Zugvögeln aufgrund geringer Aufenthaltsdauer sowieso nicht zu erwarten. Nur 6 % der Kabel auf 110 KV-Niveau verlaufen unterirdisch, in Städten liegt dieser Anteil bereits bei bis zu 70 %. Unter Berücksichtigung verminderter Leitungsverluste liegen die Kosten für die Erdverkabelung etwa drei Mal höher als für Freileitungen, wobei durch kürzere Verlegungsstrecken teilweise auch Einsparungen möglich sind.

Gefährdungen durch Strommasten ergeben sich vor allem:

- durch Stromschlag sitzender Individuen infolge eines Kurzschlusses (gegeben durch Kotstrahl oder im Schnabel transportiertes Nistmaterial)
- durch Drahtanflug (sofortige Tötung oder schwerste Verletzungen, die später zum Tod führen)
- durch Meidungsverhalten in leitungsnahen Abschnitten (z. B. durch Gänse in einem Korridor von 80 m mit totaler Meidung und bis zu 600 m mit deutlich verringerter Nutzungsintensität).

Masten mit Stützisolatoren sind insgesamt am gefährlichsten, weil der Stromkontakt sehr leicht hergestellt wird. Diese Gefährdungen lassen sich durch Umbaumaßnahmen beheben. Das Drahtanflugrisiko ist bei Großvögeln (Greifvögel, Kranich, Weiß- und

Kasten 3.15 Meidungsverhalten verschiedener Vogelarten bei WEA und Strommasten

Nach verschiedenen Autoren (DÜRR 2001; HANDKE 2000) lassen sich zurzeit die folgenden Gruppen unterscheiden (bei sich widersprechenden Aussagen wurde zur Sicherheit der gravierendere Befund dokumentiert):

- empfindlich bis sehr empfindlich (Meidungsverhalten ab 500 bis 2000 m): Kranich, Schreiadler, Seeadler, Blässgans, Großer Brachvogel, Großtrappe, Schwarzstorch, Goldregenpfeifer
- ggf. empfindlich (Meidungsverhalten in 100 m Umgebung): Kiebitz, Lachmöwe, Säbelschnäbler,
- indifferentes Verhalten (individuell sehr unterschiedlich und nahezu nicht voraussagbar): Weißstorch, Singschwan, Zwergschwan, Möwen, Stare,
- eher unempfindlich: Grauammer, Feldlerche, Wiesenpieper, Bachstelze, Stockente, Rohrweihe, Mäusebussard, Fasan, Wachtel, Rotschenkel, Schafstelze, Austernfischer, Schilfrohrsänger, Braunkehlchen, Dorngrasmücke.

Schwarzstorch, Graureiher, Großtrappe) besonders hoch. In einzelnen Brutgebieten des Weißstorchs wurde eine Todesrate von bis zu 70 % allein durch Drahtanflug festgestellt. Während der Zugzeiten, bei ungünstigen Sichtverhältnissen, sowie in der Nacht- und Dämmerung sind die Anfluggefahren am höchsten.

Nach Untersuchungen in Gebieten mit hoher Vogeldichte wurden jährliche Verluste von bis zu 30 Millionen Vögeln in Deutschland prognostiziert. Zählungen sind auch deshalb schwierig, weil bestimmte Prädatoren (z. B. der Fuchs) systematische Suchkontrollen nach Tierkadavern an Stromleitungen vornehmen und geschätzt wird, dass etwa 70 % der getöteten Individuen innerhalb eines Tages bereits wieder verschwunden sind. Dennoch konnten diese Zahlen für weite Binnenlandflächen, die als Habitat für Vögel eine geringere Bedeutung haben, nicht bestätigt werden (BERNSHAUSEN et al. 2000). Dort hängt das Vogelschlagrisiko wesentlich von der Topographie, den Witterungsbedingungen und Verhaltensunterschieden bei verschiedenen Spezies ab. Die Autoren konnten die besonders gefährlichen Abschnitte des von ihnen untersuchten Leitungsnetzes ermitteln und schlagen für diese speziell für Vögel entwickelte Leitungsmarkierungen vor. In den Niederlanden liegen damit längerfristige Erfahrungen vor, und es wird erwartet, dass sich mit Verwendung dieser Markierungen das Vogelschlagrisiko um 80 bis 90 % reduzieren lässt. Deshalb wurde eine Verpflichtung zur Markierung von Stromasten auch in das novellierte Bundesnaturschutzgesetzes (§ 53) aufgenommen.

3.3.5 Vielfalt, Eigenart und Schönheit von Natur und Landschaft

Der Schutz, die Pflege und die Entwicklung der Vielfalt, Eigenart und Schönheit von Natur und Landschaft bilden eine der grundlegenden Forderungen des Bundesnaturschutzgesetzes (BNatSchG) bzw. der Ländernaturschutzgesetze. Damit verbinden sich wesentlich, wenn auch nicht ausschließlich, Fragen des **Landschaftserlebens** bzw., enger gefasst, **des Landschaftsbildes.**

Landschaftsbilderfassungen und -bewertungen werden oft sehr kritisch gesehen, da man sie für subjektiv hält. Zwar spielen in ästhetische Urteile subjektive Bedürfnisse, Empfindungen, Erwartungen hinein. Neben dieser „Subjektseite" des wahrnehmenden Menschen gilt es in der Beschäftigung mit Landschaft jedoch immer eine „Objektseite" beschreibbarer und damit intersubjektiv erfassbarer Bestandteile der Umwelt zu unterscheiden: Denn wir können ja über das, was wir sehen, miteinander reden: Dass da Bäume sind, Gewässer, Äcker, Wiesen, Hügel, Berge – all dies sind an sich objektivierbare Elemente genauso wie die typischen Abfolgen und Gestalten, zu denen sie sich formieren. Das betrifft etwa die Gestalt eines Talraumes mit einem Fließgewässer samt begleitendem Gehölzsaum und angrenzendem Grünland (vergleiche Abb. 3.17).

Das Grundproblem im Hinblick auf Beurteilungen des Landschaftsbildes liegt nun darin, dass die auf der Objektseite vorhandenen Elemente einer Landschaft immer auch Träger tief verankerter emotionaler Werte sind, die für den Menschen sehr unterschiedliche Bedeutung haben können. Des Weiteren stellt sich bei der Wahrnehmung von „Landschaft" – zumindest im mitteleuropäischen Kulturkreis – ein Gesamteindruck ein, der mehr ist als nur die Aneinanderreihung der einzelnen Bestandteile.

„Objektseite"

Reale bauliche Umwelt und Landschaft mit bildauslösenden Komponenten (z.B. Relief, Vegetation, Wasser, Nutzungsstrukturen) sowie Komponenten der sozialen Umwelt (andere Menschen, best. Nutzergruppen)

Landschafts- bzw. Stadtbild

Beschreibbar über Kriterien wie Vielfalt (Elementebene), Eigenart (Gestaltebene), Schönheit (als ganzheitlicher räumlicher Wahrnehmungseindruck)

„Subjektseite"

Betrachter in seiner subjektiven Befindlichkeit (Erfahrungen, Erwartungen, Bedürfnisse, Hoffnungen, Präferenzen, Einstellungen)

Abb. 3.17 Entstehen des wahrgenommenen Landschaftsbildes bzw. Landschaftseindrucks aus dem Zusammenspiel von „Objektseite" und „Subjektseite".

Schönheit ist jedoch immer Schönheit von etwas, d. h. man muss unterscheiden zwischen den Gegenständen, die wir wahrnehmen und den Sinnzusammenhängen, in denen sie interpretiert werden. Aufgabe bei Erfassungen und Analysen des Landschaftsbildes ist es daher, die gemeinsame Grundlage unserer Wahrnehmungen, d. h. das Elementmuster eines Landschaftsraumes in seinem Repertoire, seinen charakteristischen Abfolgen und seinem Gestaltcharakter intersubjektiv nachvollziehbar darzustellen und damit vergleichenden Betrachtungen zugänglich zu machen.

Gebrauch machen sollte man von den damit verbundenen Möglichkeiten auch, weil die unwillkürliche ästhetische Orientierung, die jeder in sich trägt, es mit sich bringt, dass der Zugang zu den Adressaten von Planungen über ästhetische Gründe oft sehr viel leichter fällt als über Argumente, die sich aus ökologischen Sachverhalten begründen: Widerstand von Bürgern gegen Eingriffsvorhaben begründet sich meist weniger in den Veränderungen, die diese beispielsweise in der Bodenstruktur oder für eine seltene Laufkäferart mit sich bringen, sondern in den optisch wahrnehmbaren Auswirkungen. Was wir für das tun, was wir als Landschaft bezeichnen, hängt jedenfalls wesentlich davon ab, was wir von ihr wahrnehmen und wie wir es wahrnehmen, und alleine hierin liegt ein hinreichender Grund, sich bei der Ableitung von Planungszielen ausführlich mit dem Landschaftserleben auseinander zu setzen.

Dabei bietet sich eine Bezugnahme auf die durch das Bundesnaturschutzgesetz an verschiedener Stelle (z. B. §§ 1 Ziff. 4, 14 Abs. 1 Ziff. 4f, 26 Abs.1 Ziff. 2) vorgegebenen Begriffe Vielfalt, Eigenart und Schönheit an. Dies hat den Vorteil, landschaftsbildrelevante Planungen damit auch rechtlich abzusichern. Vielfalt, Eigenart und Schön-

---

Kasten 3.16 Vielfalt, Eigenart und Schönheit

Inhaltliche Merkmale der Rechtsbegriffe Vielfalt, Eigenart und Schönheit in Bezug auf das Landschaftsbild

Vielfalt umfasst u.a.

- die verschiedenen auftretenden Nutzungsformen,
- lineare und punktuelle Strukturelemente,
- besonders erlebniswirksame Randstrukturen (z. B. Wald- und Gewässerränder),
- die kleinräumig wirksame Reliefvielfalt,
- unterschiedliche Blickbezüge und perspektivische Eindrücke,
- kulturell-anthropogene Elemente wie u.a. eingestreute Siedlungen, Gehöfte, Weiler u.a. Baustrukturen,
- zeitliche Vielfalt (z. B. Wandel verschiedener Blühaspekte im Laufe des Jahres)
- Vielfalt an unterschiedlichen Wahrnehmungseindrücken (Geräusche, Gerüche, Tastempfinden).

Eigenart umfasst u.a.

- Gestaltformen, d. h. typische landschaftliche Anordnungsformen und Abfolgen,
- charakteristische Maßstäbe und Proportionen,
- standörtliche Differenzierung der Nutzung (d. h. inwieweit eine charakteristische Beschaffenheit der Landschaft aufgrund spezifisch abiotischer Faktoren in ihrem Erscheinungsbild ablesbar ist,
- Zeitrahmen, d. h. Vorhandensein über die Zeit hinweg gewachsener Strukturen (z. B. historische Kulturlandschaften und Kulturlandschaftselemente, aufgrund deren Vorhandensein eine historische Entwicklung ablesbar ist),
- eine relative Konstanz und Stabilität der natürlichen Prozesse (d. h. es kann sich um Landschaftsräume handeln, die zwar einer gewissen räumlich-zeitlichen Eigendynamik unterliegen – z. B. durch stete Wanderung von Dünen an der Meeresküste, ständige Änderung von Geröllfeldern und Geschiebeführung bei Wildflusslandschaften in den Alpen –, sich dabei in ihrem Erscheinungsbild nach außen aber dennoch insgesamt relativ geschlossen und konstant darstellen),
- Seltenheit (z. B. historische Kulturlandschaften oder die letzten besonders naturnahen Landschaften, deren Ausprägungen sich mit besonderer Einzigartigkeit und Prägnanz verbinden).

Schönheit steht für

- den wahrgenommenen und intuitiv als solchem empfundenen Gesamteindruck eines Landschaftsraumes,
- die darauf aufbauende Inwertsetzung der Begriffe Vielfalt und Eigenart.

heit sind jedoch unbestimmte Rechtsbegriffe, die erst für die praktische Handhabung anwendbar, also „operationalisiert" werden müssen. Kasten 3.16 enthält hierfür Definitionsvorschläge. Zusammenfassend bleibt dazu festzuhalten:

- Alle drei Begriffe haben eine **zeitliche Komponente**: Vielfalt kann u.a. auch in zeitlicher Hinsicht bestehen, man denke beispielsweise an die Vielfalt des Aspektwandels verschiedener Blühaspekte im Laufe des Jahres. Bei der Eigenart ist der Zeitaspekt hingegen integrales Merkmal: Sie entsteht über eine bestimmte Konstellation natürlicher und kultureller Elemente, über eine charakteristische Gestalt bzw. Abfolge von Nutzungsformen, die in aller Regel im Laufe einer Entwicklung entstanden sind und deren Spuren in der Landschaft weiter ablesbar sind. Über eine gewisse Zeit gewachsene Strukturen bilden dabei einen Rahmen, der den Menschen in einem Raum hilft, Identifikation und Heimatgefühl zu entwickeln. Dabei geht man davon aus, dass der Erinnerungshorizont einer menschlichen Generation (etwa 30–40 Jahre) als Zeitrahmen herangezogen werden kann, um zu bestimmen, inwieweit etwas zur Eigenart einer Landschaft zu rechnen ist (Jessel 2001). D. h. dass auch Landschaften mit industriellen Artefakten oder Hinterlassenschaften des Bergbaus (wie z. B. Abraumhalden) eine hohe Eigenart aufweisen können. Auch landschaftliche Schönheit schließlich darf nicht statisch gesehen werden, sondern entsteht als Resultat eines dynamischen Wahrnehmungsprozesses: So können sich mit demselben Landschaftsraum je nach Stimmungslage unterschiedliche Werturteile verbinden.
- Das Landschaftserleben bzw. das wahrgenommene Landschaftsbild schließt auch **synästhetische Wahrnehmungseindrücke** ein, d. h. Geräusche, Gerüche, den Geschmacks- und Tastsinn. So können verschiedene synästhetische Wahrnehmungen zur Vielfalt, aber auch zum Charakter, zur Eigenart eines Landschaftsraumes beitragen. Auf der ganzheitlichen Raumebene („Schönheit") schließlich wird der Wahrnehmungseindruck ein- und desselben optischen Landschaftsbildes ein anderer sein, je nach dem ob gleichzeitig Vogelgezwitscher oder Autolärm zu hören ist.
- Alle drei Begriffe stehen nicht nur für das Landschaftserleben, sondern kennzeichnen darüber hinaus auch Belange des **Naturhaushalts:** So steht der Begriff Vielfalt auch für eine Vielfalt der verschiedenen Naturgüter und Lebensformen und damit der physikalischen, chemischen und biologischen Prozesse in einem Raum. Da eine Vielfalt an Lebensformen und Lebensräumen ihren Ausdruck wiederum in einer Vielfalt der Wahrnehmungseindrücke findet, erscheinen optische und ökologische Vielfalt kaum trennbar. Auch Eigenart beinhaltet nicht nur rein formale Qualitäten, sondern eine Landschaft mit ausgeprägter Eigenart verfügt mit hoher Wahrscheinlichkeit auch über ein in bestimmter Weise gegliedertes Biotopsystem mit beschreibbaren, charakteristischen Qualitäten. Gegenüber dem weiten Bedeutungsfeld von Vielfalt, Eigenart und Schönheit des § 1 BNatSchG stellt demnach der Begriff des Landschaftsbildes, den im Gesetz die Bestimmungen zur naturschutzrechtliche Eingriffsregelung verwenden, eine Einschränkung dar.

Der landschaftlichen **Eigenart** als dem Charakter und dem Unverwechselbaren einer Landschaft kommt unter verschiedenen Aspekten wichtige Bedeutung zu, d. h. sie kann innerhalb der gesetzlichen Trias als der zentrale Begriff gelten:

- So gibt es – mit Blick auf die Vielfalt – Landschaften, deren Anziehungskraft bzw. Charakter darin besteht, dass sie in ihrem Gesamteindruck gerade wenig vielfältig sind (z. B. ausgedehnte Hochmoorlandschaften). Sowohl Vielfalt als auch Eigenart sind dabei Beschreibungsmerkmale des Landschaftsbildes, die an sich zunächst noch keinen Wert darstellen – auch etwa devastierte Tagebaulandschaften erweisen sich als von hoher Eigenart. Die Bewertung der erhobenen Vielfalt wird sich dabei jedoch im Regelfall an der landschaftlichen Eigenart orientieren, d. h. im Hinblick darauf erfolgen, ob es sich um eine landschaftstypische Vielfalt handelt oder ob etwa fremde (z. B. technische) Elemente oder anthropogene Überprägung überwiegen.

- Die naturschutzrechtliche Eingriffsregelung führt als Kompensationsmöglichkeiten für Beeinträchtigungen des Landschaftsbildes neben der Wiederherstellung die „landschaftsgerechte Neugestaltung" an. Die Eigenart des betreffenden Landschaftsraumes kann als wesentliches Kriterium zur Ausfüllung dieses Begriffes herangezogen werden, da „landschaftsgerecht" als synonym mit „der Eigenart entsprechend" aufgefasst werden kann.

- Auch die Rechtsprechung zieht die landschaftliche Eigenart häufig heran, um zu klären, ob eine erhebliche Beeinträchtigung des Landschaftsbildes vorliegt bzw. um dessen Empfindlichkeit gegenüber Veränderungen zu kennzeichnen.

- Schließlich stellt die Eigenart die wesentliche Schnittstelle zwischen dem planerischen und dem kulturhistorischen Ansatz in der Auseinandersetzung mit dem Landschaftsbild dar. Letzterer nimmt insbesondere auf die Grundsätze des § 2 BNatSchG Bezug, wonach historische Kulturlandschaften und -landschaftsteile von besonders charakteristischer Eigenart zu erhalten sind.

Einen Vorschlag zur Kategorisierung der Eigenart auf regionaler Ebene vermittelt Tabelle 3.29. Maßgebend für die Zuordnung der Ausprägungen war in diesem Fall der Bestand an

- kulturhistorisch wertvoller, visuell wirksamer Substanz und/oder
- prägnanten, in der Regel im Zuge einer längeren historischen Entwicklung entstandenen charakteristischen Nutzungsformen und Nutzungsabfolgen sowie der Grad ihrer Spezifität/Gebundenheit an den jeweiligen Landschaftsraum.

Weiterhin sind bedeutsame Einzelelemente wie Natur- und Bodendenkmale berücksichtigt.

Eine für die betreffende Region als durchschnittlich einzustufende Eigenart wurde demnach in der „typischen", normal strukturierten Agrarlandschaft mit einem Nutzungsmuster aus Acker, Grünland, Wald und Weilern angesiedelt. Dabei können auch an sich wenig vielfältige Landschaften eine hohe Eigenart aufweisen, in diesem Fall z. B. das so genannte Donaumoos, eine großflächige Niedermoorlandschaft, die aufgrund ihres ebenen, dunklen Moorbodens, typischer Straßendörfer als Siedlungsform und Birkenalleen als gliedernden Elementen einen unverwechselbaren Eindruck bietet. Da eine solche Kategorisierung das Ziel verfolgt, einen Betrachtungsraum angemessen zu untergliedern, ist zu beachten, dass das hier wiedergegebene Beispiel nicht ohne weiteres auf andere Gebiete übertragen werden darf.

Oft als eigenes Kriterium bei Landschaftsbildbewertungen verwendet wird auch die „Natürlichkeit" bzw. „Naturnähe" eines Landschaftsraumes. Darunter ist zu verstehen,

Tabelle 3.29 Beispielhafte Zuordnung von Ausprägungen für das Beschreibungsmerkmal „Eigenart" (JESSEL 1998a)

Kategorie	Ausprägung der Eigenart	Erläuterung
1	sehr gering	• Im visuellen Eindruck der Landschaftsbildeinheit dominieren künstliche, anthropogen-technisch ge- bzw. überformte Elemente und Nutzungsformen. Kulturhistorisch bedeutsame Elemente oder prägnante, über einen gewissen Zeitraum hinweg entwickelte Nutzungsformen/-elemente fehlen. • Beispiel in der Planungsregion: Industrie- und Raffinerieflächen
2	gering	• Im visuellen Eindruck der Landschaftsbildeinheit dominieren Bau- und Nutzungsformen, an denen keine längere, für den Landschaftsraum typische Entwicklung ablesbar ist. Kulturhistorisch wertvolle und/oder prägnante, über längere Zeiträume entwickelte Nutzungsformen/-elemente sind kaum vorhanden. • Beispiele in der Planungsregion: ausgeräumte, intensiv genutzte Agrarlandschaft, großflächige forstliche Monokulturen (Nadelforste)
3	durchschnittlich	• Der visuelle Eindruck der Landschaftsbildeinheit beinhaltet das „Normalbild" einer über längere Zeit gewachsenen, gut strukturierten, in der Regel agrarisch oder forstlich genutzten Landschaft mit einzelnen bäuerlichen Siedlungselementen. • Beispiele in der Planungsregion: gut strukturierte Agrarlandschaften mit etwa gleichen Anteilen an Acker, Grünland, Wald sowie kleineren Ansiedlungen; Forstbereiche, in denen ein ablesbarer Wechsel von Flächen verschiedener Altersklassen und/oder von Laub-, Misch-, Nadelwaldbeständen auftritt.
4	hoch	• Im visuellen Eindruck der Landschaftsbildeinheit dominieren charakteristische Abfolgen/Konstellationen in der Regel über längere historische Zeiträume entwickelter Bau- und Nutzungsformen/-elemente, ggf. zusammen mit erhaltenen naturbetonten Bereichen und Elementen. Diese weisen ein hohes Maß an Prägnanz und Kontinuität auf und sind in ihrem Auftreten weitgehend an den Landschaftsraum gebunden • Beispiele in der Planungsregion: Flussauen und Wiesentäler mit charakteristischen Abfolgen von Fließgewässern mit begleitenden Gehölzstrukturen, Grünlandbereichen, angrenzenden Hangkanten, durch typische Straßendörfer gegliederte Mooslandschaften, gut strukturierte Agrarlandschaften mit hohem Anteil gebietstypischer Sonderkulturen (z.B. Hopfenanbaugebiete, Grünlandgebiete), sehr reich und kleinteilig strukturierte Forstbereiche (z.B. großflächige Hutewälder)
5	sehr hoch	• Im visuellen Eindruck der Landschaftsbildeinheit dominieren charakteristische Abfolgen/Konstellationen prägnanter, historisch entwickelter Bau- und Nutzungsformen/-elemente, die in ihrem Auftreten an den Landschaftsraum gebunden sind. Es sind in der Regel kultur- und naturhistorische Elemente von hohem Bekanntheitsgrad und Symbolgehalt sowie hoher Fernwirkung vorhanden. • Beispiele in der Planungsregion: Bereiche des Altmühltals mit charakteristischer Kombination von Felsstandorten, Wachholderheiden und Trockenrasen, ggf. zusätzlich hineinspielender Fernwirkung (z.B. Eichstätter Burg)

inwieweit sich das visuelle Erscheinungsbild als frei von menschlicher Überprägung erweist. Dieser Aspekt lässt sich jedoch sehr gut unter die landschaftliche Eigenart und deren Bestimmungsmerkmal „Seltenheit" fassen, da derartige Landschaftseindrücke zumindest in Mitteleuropa sehr selten geworden sind. Das Merkmal „Natürlichkeit" bei Landschaftsbildbewertungen als eigenes Kriterium heranzuziehen, birgt hingegen die Gefahr des Ökologismus: Es kann dann leicht zu einer Doppelbewertung mit Naturhaushaltsaspekten kommen und wird verkannt, dass neben Naturelementen auch Kulturelemente wie die Bau- und Siedlungsform sowie die Nutzungsart zum ästhetischen Erleben einer Landschaft beitragen.

Landschaftliche **Schönheit** stellt den umstrittensten der drei Begriffe dar, ist Schönheit doch etwas eindeutig Subjektives, das von jedem durchaus unterschiedlich empfunden wird – und über Geschmack sollte man ja bekanntlich nicht streiten! Trotzdem ist es gut, dass dieser Begriff im Gesetz steht: Er kennzeichnet zunächst einen intuitiv wahrgenommenen Gesamteindruck von Landschaft, für dessen Einschätzung nach Lesart der Rechtsprechung ein so genannter „aufgeschlossener Durchschnittsbetrachter" von Bedeutung ist. Darunter ist eine für den Gedanken des Natur- und Landschaftsschutzes aufgeschlossene Person zu verstehen, die gleichwohl kein Fachmann zu sein braucht. Zwar nehmen die Juristen im Zweifelsfall diese Position des Durchschnittsbetrachters für sich selber in Anspruch, indem sie bei einem Ortstermin etwa ein Urteil darüber abgeben, ob eine Christbaumkultur in die Landschaft passt oder als Beeinträchtigung zu werten ist. Dieses Urteil wird jedoch aufgrund des sich darbietenden Gesamteindrucks gefällt und bedarf keiner umfangreichen analytischen Begründung mehr. Man sollte sich daher auch bei planerischen Analysen nicht scheuen, neben objektiv darlegbaren Anordnungsmustern, Elementrepertoires u. dgl. auch den intuitiv erfassbaren Gesamteindruck eines Landschaftsraumes beschreibend wiederzugeben. Darüber hinaus kann der Begriff der „Schönheit" dann bei der daran anschließenden Bewertung als die Inwertsetzung von Vielfalt und Eigenart verstanden werden. In diesem Zusammenhang ist jedoch darauf hinzuweisen, dass es gerade nicht Aufgabe des Gutachters ist, zu bestimmen, wie schön ein vorgefundenes Landschaftsbild ist und dabei unter Umständen seine subjektive Meinung einzubringen. Vielmehr geht es darum, ausgehend von der landschaftstypischen Vielfalt und Eigenart nachvollziehbare Anknüpfungspunkte für planerische Schutz-, Pflege- und Entwicklungsmaßnahmen zu definieren bzw. mit ihrer Hilfe bei Beeinträchtigungen Art und Umfang der eintretenden Veränderungen nachvollziehbar zu machen.

Als erster Schritt bei der Darstellung und Analyse des Landschaftsbildes sind zunächst **„Landschaftsbildeinheiten"** bzw. **„landschaftsästhetische Raumeinheiten"** als räumliche Bezugsgrundlage zu bestimmen. Hierbei handelt es sich um individuelle oder typenhaft sich wiederholende Landschaftsbilder, die sich aus der Perspektive einer die Landschaft erlebenden Person als Räume mit visuell homogenem Charakter darstellen (JESSEL 1994, 1998a; NOHL 1993). Ihre Abgrenzung kann oft anhand der naturräumlichen Gliederung, der Topographie und einer ähnlichen Ausstattung und Verteilung an Nutzungstypen und Strukturelementen erfolgen. Dass allerdings Naturraumgrenzen und Landschaftsbildeinheiten nicht identisch zu sein brauchen, zeigt sich am Beispiel von Flusstälern, bei denen die Talsohle oft die Naturraumgrenze auf unterer Hierarchieebene darstellt, die Grenze des Sichtraumes hingegen bis zur oberen Hangkante reicht.

Als ergänzendes Kriterium kann dann ggf. die Reliefdynamik herangezogen werden: Das Relief gehört zu den wenig oder kaum veränderbaren Landschaftsfaktoren, die einen hohen ordnenden Einfluss auf das wahrnehmbare Gesamtgefüge eines Raumes haben und damit in starkem Maße den Charakter und die Unverwechselbarkeit eines Landschaftsraumes prägen. Zusätzlich spielt die Gestalt der Erdoberfläche eine Rolle für die Wahrnehmbarkeit von Landschaftsbildern: Eine Vielfalt an Strukturen und Nutzungsformen kann vor allem dort wahrgenommen werden und ihre visuelle Wirkung entfalten, wo entweder weitreichende Blickbezüge gegeben oder aufgrund einer gewissen Reliefdynamik „Übersichtspunkte" vorhanden sind, die einen Überblick über den Landschaftsraum ermöglichen.

Auf Basis der abgegrenzten Landschaftsbildeinheiten kann dann das Landschaftsbild unter Zuhilfenahme der im Gesetz zu findenden Kriterien erfasst und dargestellt werden. D. h. es bietet sich eine Vorgehensweise an, die

- auf einer **Elementebene** („Vielfalt") einzelne punktuelle, lineare, flächige, raumbildende Nutzungstypen und Strukturelemente sowie Merkmale von Einzelformen aufnimmt;
- auf einer **Gestaltebene** typische Anordnungsmuster, Nutzungsabfolgen sowie prägende Formenkomplexe (z. B. Talräume, Höhenzüge, welliges Gelände, Hochplateaus) einbezieht. Diese Gestaltebene kann mit der „Eigenart" einer Landschaft synonym gesehen werden;
- die Charakteristik des Eindrucks einzelner Landschaftsbildeinheiten etwa hinsichtlich Geomorphologie, Struktur- und Formenvielfalt betrachtet; diese **Raumebene** kann als einer der Aspekte von Schönheit, verstanden als ganzheitlicher Wahrnehmungseindruck, aufgefasst werden.

Abbildung 3.18 verdeutlicht ein Set von Beschreibungsmerkmalen, die zur Charakterisierung einer Landschaftsbildeinheit auf diesen einzelnen Ebenen herangezogen werden können.

Zusätzlich zu dieser flächigen Charakterisierung können Einzelmerkmale und -strukturen gesondert erfasst und dargestellt werden (vergleiche auch die entsprechende Farbkarte), etwa:

- Visuelle Leitstrukturen (z. B. Höhenzüge, Reliefsprünge, Fließgewässer mit offenen Talbereichen, markante Waldränder);
- fernwirksame Orientierungspunkte (z. B. Burgen, Türme von Kirchen, aber auch von technischen Bauten wie Kraftwerken, Sendemasten)
- markante Einzelstrukturen (z. B. bestimmte geologische Formationen; kulturhistorische Elemente in exponierter Lage);
- weiträumige Blickbeziehungen, die u.a. durch solche Leitstrukturen und Orientierungspunkte gegeben sein können.

Abbildung 3.19 veranschaulicht zusammenfassend die Arbeitsschritte, die sich daraus für die **Darstellung und Analyse des Landschaftsbildes in Landschaftsplänen** ergeben können. Zwar erlebt man – wie es Alexander v. Humboldt formuliert hat – Landschaft als den „Totalcharakter einer Erdgegend", jedoch sollte in der Gesamtschau dann auf die Darstellung einer Gesamtrangstufe, d. h. auf eine Zusammenfassung der Einzel-

		BESCHREIBUNGSMERKMALE	
Landschaftsbild-raum	**Elementebene** ("Vielfalt")	**Gestalteebene** ("Eigenart")	**Raumebene** ("Schönheit")

Bezeichnung
Lage
Kontakt
Eingriffsobjekt
	I. Nutzungstypen und Strukturelemente
	• Strukturelemente:
	  - Punktförmig
	  - Linienförmig
	  - (Klein-)flächig
	  - Raumbildend/-begrenzend
	• Nutzungstypen
	  - Nutzungsart/Nutzungsstruktur
	  - Randstrukturen
	• Merkmale von Einzelformen (z.B. Farbe, Textur, lokal prägende Bestände an Pflanzen- und Tierarten)
	II. Sichtbeziehungen und synästhetische Wahrnehmungseindrücke
	• Sichtbeziehungen
	  - Räumlich bzw. rahmenbildend
	  - Art der Sichtmöglichkeiten und Leitlinien von Sichtbeziehungen (innerhalb der Raumeinheit)
	• Sichtfolge und Erlebbarkeit von (zugänglichen) Betrachterstandpunkten
	• Erlebbarkeit synästhetischer Wahrnehmungseindrücke (Geräusche, Gerüche, Geschmack, Tastempfinden)
	III. Zeitliche Vielfalt
	• Tag-/Nacht-Wechsel
	• Jahreszeitlicher Wechsel
		I. Räumlich-strukturelle Merkmale
		• Anordnungsmuster/Nutzungsabfolgen
		  - Reihe/Staffel
		  - Gruppe/Verband
		  - Mosaikartig
		  - Großflächig
		• Gestaltformen
		  - Reliefformen
		  - Gewässerformen
		  - Siedlungsgestalt
		• Maßstäblichkeit und Proportion
		  - Größenverhältnisse
		  - Konturen, Horizontlinie/Silhouette
		• Standörtliche Differenzierung der Nutzungs- und Biotopausprägung
		  - Nutzungsformen
		  - Vegetation/Biotopausprägung
		• Art der Übergänge (strikt, diffus)
		• Art der Raumbildung, Raumcharakter (offen, panoramisch)
		II. Seltenheit
		• Einzigartigkeit, Prägnanz, ggf. Gefährdung
		III. Zeitliche Merkmale
		• Zeitrahmen (Ablesbare Kontinuität einer histor. Landschaftsentwicklung)
		• Relative Stabilität (Relative Konstanz und Stabilität (der natürlichen und anthropogenen Prozesse)
			• Ganzheitlicher Wahrnehmungseindruck
			• Raumübergreifende Aspekte:
			  - Leitstrukturen
			  - Fernwirksame Orientierungspunkte
			  - Weiträumige Blickbeziehungen, perspektivische Fernwirkung
			  - Art des übergreifenden Raummusters (offen, gestaffelt, gekammert)
			• Erlebbarkeit/Zugänglichkeit
			• Vorbelastung

Abb. 3.18 Beschreibungsmerkmale auf verschiedenen Ebenen als Grundlage zur Erstellung eines „Steckbriefes" zur Charakterisierung von Landschaftsbildeinheiten (JESSEL & ZSCHALICH 2001, ergänzt).

kriterien, verzichtet werden: Bei der Wahrnehmung von Landschaften kann es einmal der durch die Reliefdynamik geprägte Eindruck, einmal die Eigenart als typische Konstellation von Nutzungsformen und ein anderes Mal die Vielfalt beispielsweise in Form charakteristischer Einzelelemente sein, die überwiegt und damit wertbestimmend ist.

Auch dürfen bei der Interpretation der Beurteilungsergebnisse die einzelnen Landschaftsbildeinheiten nicht isoliert voneinander gesehen werden. Vielmehr können sich durch ihre Abfolge und ihren Wechsel auf einer großräumigeren Ebene zusätzliche Erlebnisqualitäten ergeben. So ist beispielsweise zu beachten, dass prägnante Leitstrukturen innerhalb einer Landschaftseinheit sowie aus anderen Landschaftsräumen hineinstrahlende Sichtbezüge die Qualität des landschaftlichen Erlebens auf- oder abwerten können.

Bei der **Untersuchung von Beeinträchtigungen** des Landschaftsbildes (UVP und Eingriffsregelung) wird der Untersuchungsraum den **visuellen Wirkraum**, in dem ein Vorhaben wahrgenommen werden kann, umfassen. Gesondert sind darin eventuelle sichtverschattete Flächen, von denen aus z. B. durch Topographie und Gehölzstrukturen bedingt das Vorhaben nicht wahrgenommen werden kann, zu ermitteln und auszuscheiden. Ggf. ist die Wirkzone in verschiedene Beeinträchtigungsintensitäten zu differenzieren, da die Gesamtwirkung eines Vorhabens mit zunehmender Entfernung immer geringer wird. So unterscheiden KRAUSE & KLÖPPEL (1996) diesbezüglich drei Maßstabsebenen: Eine Ebene der „Mikrostruktur", in die alles hineinreicht, was bis auf eine Entfernung von 50 m von einem Landschaftselement erfasst werden kann, gefolgt von der Mesostrukturebene, die bis ca. 100 m und von der Makrostrukturebene, die bis etwa 500 m reicht. Hingegen weiß man bei vertikal in die Höhe ragenden Eingriffsvorhaben, dass etwa eine Windkraftanlage oder ein Sendemast von 140 m Höhe erst ab ca. 204 m Entfernung vollständig vom menschlichen Auge erfasst werden. Da das Sehfeld jedoch immer nur in einem Teilbereich scharf fokussiert, wäre diese Anlage sogar erst ab 8 km Entfernung in ihrer gesamten Größe in diesem eigentlichen Sehfeld erfassbar (JESSEL & ZSCHALICH 2001). Aufgrund dieser Fernwirkungen sind hier entsprechend große Bearbeitungsräume zu wählen.

Neben den Schutzwürdigkeitsmerkmalen, die die wertgebenden Eigenschaften der einzelnen Raumeinheiten kennzeichnen, sind in Eingriffsplanungen ergänzend noch die **Empfindlichkeiten gegenüber visuellen Beeinträchtigungen** zu charakterisieren. Maßgebend hierfür sind insbesondere:

- Das Relief: Je stärker ausgeprägt die Reliefdynamik, desto stärker können je nach Standort neue technische Elemente hervortreten (bei Lage auf exponierten Kuppen) oder auch zurücktreten (bei Tallage, wenn durch das Relief eine Verdeckung erfolgt);
- Die Vielfalt: In wenig vielfältigen Landschaftsräumen ist ein Vorhaben unter Umständen stärker wahrnehmbar als in vielfältigen und stärker strukturierten, in denen es leichter von der Umgebung absorbiert wird.
- Die Eigenart: Je stärker ausgeprägt und in sich gewachsen die Eigenart eines Raumes ist, desto stärker werden zusätzlich eingefügte technische Elemente ins Auge fallen.
- Die Vegetationsdichte, d. h. der Abschirmeffekt der Vegetation, die die Sichthöhe des Vorhabens überschreitet. Transparenz und Durchsichtigkeit einer Landschaft

sind umso geringer, je stärker sie mit Hecken, Einzelbäumen, Baumgruppen und Wald überstellt ist.

- Das Ausmaß von Vorbelastungen: Vorbelastungen können die Empfindlichkeit eines Landschaftsraumes gegen Beeinträchtigungen mindern und eine weitere Beeinträchtigung als nicht erheblich erscheinen lassen. Ist hingegen ein Ausschnitt der Landschaft bereits vorbelastet, aber noch nicht so stark verändert, dass die Wirkung weiterer Beeinträchtigungen nicht mehr ins Gewicht fällt, kann die Vorbelastung umgekehrt dafür sprechen, den vorhandenen Zustand nicht noch weiter zu verschlechtern.

Die Erfassung von Beeinträchtigungen des Landschaftsbildes und den variantenbezogenen Vergleich der eintretenden Veränderungen veranschaulichen die Abbildungen

1) Unterscheidung zwischen größeren zusammenhängenden Waldgebieten (für die Maßstabsebene 1:50.000 z.B. > 100 ha) und Offenland;

2) Abgrenzung/Differenzierung der Reliefdynamik jeweils im Wald und im Offenland;

3) Weitere Unterteilung der bis hier erhaltenen Raumeinheiten entsprechend der Vielfalt erlebniswirksamer Nutzungsformen und Strukturelemente und deren klassifizierende Beschreibung je Raumeinheit;

4) Darstellung der Kriteriums Eigenart, für die erfahrungsgemäß im allgemeinen keine weitere räumliche Untergliederung mehr vorgenommen werden muss, sondern lediglich die Zuordnung einer beschreibenden Typisierung zu den bereits vorhandenen Raumeinheiten;

5) Überlagerung der flächigen Darstellung der Raumeinheiten (in ihrer Ausprägung hinsichtlich Reliefdynamik, Vielfalt und Eigenart) durch eine gesonderte Heraushebung optisch besonders wirksamer linienhafter Elemente („visuelle Leitstrukturen", ggf. in der Plandarstellung nach unterschiedlichen Intensitätsgraden differenziert) und punktueller Elemente („fernwirksame Orientierungspunkte"). In dieser Form sollten des weiteren auch markante Geräusch- und Geruchsquellen, punktuelle Beeinträchtigungen und Vorbelastungen herausgehoben bzw. zusätzlich gekennzeichnet werden.

Zur Darstellung in der Karte Kennzeichnung jeder Landschaftsbildeinheit mit den Ausprägungen der Kriterien:

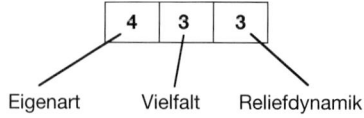

Eigenart Vielfalt Reliefdynamik

Es erfolgt keine weitere Aggregation zu einem Gesamtwert!

Abb. 3.19 *Vorschlag für Arbeitsschritte zur Darstellung und Analyse des Landschaftsbildes im Rahmen eines Landschaftsplans (*Jessel *1998a).*

Tabelle 3.30 Wirkzonen (WZ) für vertikal ausgeprägte Eingriffsobjekte (RP Darmstadt 1998)

	Höhe Eingriffsobjekt	Breite Eingriffsobjekt	Entfernung vom Eingriffsrand bzw. vom Eingriffsmittelpunkt
WZ I	< 10 m	< 25 m	0 – 200 m
WZ II	10 – 30 m	25 – 50 m	200 – 1.500 m
WZ III	> 30 m	> 50 m	1.500 m – 5.000 m
			(1.500 m – 10.000 m, bei entsprechender unverschatteter Fernwirkung fallweise auch darüber)

Die resultierenden Flächen ergeben den Mindestbearbeitungsumfang für die jeweiligen Objekttypen.

3.20 und 3.21 am Beispiel einer Umweltverträglichkeitsstudie im Straßenbau (GAREIS-GRAHMANN 1993). Das Landschaftsbild wird dabei in drei Wahrnehmungsebenen untergliedert, von denen jede weiter in Funktionen, jede Funktion dann in (möglichst messbare) Kriterien aufgeschlüsselt ist. Die Wahl der Kriterien ermöglicht es, eintretende Veränderungen nach Möglichkeit in ihrer Sachdimension, z. B. die Streckenlänge in Metern, zu erfassen (vergleiche Abb. 3.20). Für jede Variante und jede Wahrnehmungsebene wird dann in einer zweiten Zusammenstellung das Ausmaß der eingetretenen Veränderungen ordinal bewertet (vergleiche Abb. 3.21). Als Leitvorstellung und Zielrahmen für diese Bewertung maßgebend ist die so genannte „ästhetische Stabilität" einer Landschaft: Diese kennzeichnet einen Zustand, in dem alle drei Wahrnehmungsebenen „ausgefüllt" sind, d. h. vom wahrnehmenden Menschen gleichermaßen realisiert werden können. Die Einschätzung des Abschneidens der Varianten untereinander wird dann verbal-argumentativ getroffen, wobei einzelne Verschlechterungen auch durch prinzipiell mögliche Verbesserungen in einer anderen Wahrnehmungsebene nicht aufgehoben werden.

Einer gesonderten Betrachtung bedarf das **Stadt- und Ortsbild**: Auch Stadtlandschaften sind Landschaft mit charakteristischem Landschaftsbild. Allerdings sind in großflächig von Bebauung geprägten Bereichen gegenüber der freien Landschaft unter Umständen modifizierte Kriterien für die Wahrnehmung maßgebend: Geht man davon aus, dass die Wahrnehmung des Landschaftsbildes von biologischen, kulturellen und individuellen Einflüssen bestimmt ist (BOURASSA 1988), so ist anzunehmen, dass in Stadtlandschaften als vom Menschen gestalteten Räumen die kulturell überformte Komponente ästhetischer Wahrnehmung stärker wirksam ist.

Ausgehend von den in Kasten 3.17 benannten Merkmalen zeigt Tabelle 3.31 eine Übertragung der Kriterien Siedlungsvielfalt und Siedlungseigenart auf dörflich geprägte Siedlungsräume, die unter Einbeziehung des Bestandes typischer Gebäudeformen, Siedlungsstrukturen und Freiflächen den kulturellen Aspekt stärker betont. Dabei ist unter „Siedlungsvielfalt" die Häufigkeit und Verteilung von regionaltypischen Gebäudeformen und siedlungsgebundenen Freiflächen sowie der Bestand an historisch oder kulturell bedeutsamen Einzelelementen zu verstehen. Die „Siedlungseigenart" beschreibt die über-

Umweltverträglichkeitsstudie für eine Straßenplanung Auswertung der einzelnen Wahrnehmungsebenen - Beispiel: Wahrnehmungsebene „Räumliche Orientierung", Variante A -		
Auswertung der Variante A für die Wahrnehmungsebene „Räumliche Orientierung" Länge: 7300 m; Flächenbedarf: 26,6 ha (primär: ca. 9 ha)		
Kriterien	**Landschaftsauswertung**	**Messgröße**
• **An- und Verbindungsfunktion**		
- Linien	- Baum- und Strauchreihen (Heckenriegel) Wegrandstreifen Ackerrandstreifen Gewässerrandstreifen	- 980 m (tangiert) 300 m 220 m 1.300 m
- Punkte	- Einzelbäume Weiher/Tümpel Gehöft	- 13 4 2
- Flächen	- Wald; Wäldchen Streuobstwiese	- 11.400 m^2; 2.400 m^2 6.000 m^2
• **Einbindungsfunktion**		
- Rhythmus	- Gleichlage 5.320 m 4 Dammlagen 1.350 m 5 Einschnitte 1 Brücke 280 m	- ca. 27 % der Strecke ist nicht an den Rhythmus der Landschaft angepasst
- Proportion	- Straßenbreite	- Durchschnitt (13 m)
- Dimension	- 13 Bachläufe mit Uferbewuchs 11 Wanderwege Waldgebiet, Felder Bahndamm mit Bewuchs	- 28 tangierte Hauptelemente
• **Gliederungsfunktion (Markierungsfunktion)**		
- Relief	- bewegtes Relief (Primtal) mit tiefen Tälern zu den nördlichen Hängen und Felswänden des Weißjura ansteigend; Spaichingen liegt im Tal während Trasse mit über 10%iger Neigung am Hang entlang verläuft	- Trasse verläuft im 90°-Winkel zur Gliederung der Landschaft und erscheint daher leicht als Barriere des Reliefs
- Strukturiertheit	- reich strukturiert (viele Rote-Liste-Arten) mittel strukturiert (Kulturlandschaft) strukturarm Gewerbegebiet	- 3.060 m (= 41 %) der Gesamtstrecke 1.380 m 2.560 m 300 m
- Aspekt/ Kontrastwirkung	- ca. 200 m Streuobst und zwei weitere Streuobstwiesenbereiche mit Blühaspekt, 980 m Heckenriegel, 3 Feuchtwiesenbereiche	- 7 Flächen, die die Möglichkeit zum Blühen aufweisen, werden tangiert, jedoch nicht ganz beseitigt

Abb. 3.20 Erfassung und Darstellung von Veränderungen einzelner Komponenten des Landschaftsbildes am Beispiel einer Umweltverträglichkeitsstudie in der Straßenplanung (GAREIS-GRAHMANN 1993).

geordnete Charakteristik der dörflichen Siedlungsstrukturen einschließlich der überwiegenden Bauformen und -stoffe und des Bestands an siedlungsgebundenen Freiflächen, weiterhin die Ablesbarkeit von jeweils durch einen eigenen Charakter gekennzeichneten Siedlungsquartieren. Für städtische Bereiche müsste dabei jedoch eine weitere Angleichung erfolgen; hier können auch individuell gestaltete moderne Gebäude, Bauformen und Stadträume prägend für die herrschende Vielfalt und Eigenart sein.

Umweltverträglichkeitsstudie für eine Straßenplanung		
- Zusammenschau der drei Wahrnehmungsebenen für Variante A -		
Zusammenfassende Bewertung der einzelnen Wahrnehmungsebenen bei Variante A (Zusammenschau der drei Wahrnehmungsebenen)		
Räumliche Orientierung - Steuerung der eigenen Fortbewegung -	Erkennen von Gegenständen und Ereignissen in ihrer Bedeutung für das Handeln	Steuerung der sozialen Kommunikation
• **An- und Verbindungsfunktion** *(ohne Maßnahmen):* - - starke Verschlechterung aller - - drei Kriterien - - • **Einbindungsfunktion** *(ohne Maßnahmen):* - - starke Verschlechterung bei - - „Rhythmus" und „Dimension" o gleichbleibend bei „Proportion" • **Gliederungsfunktion (Markierungsfunktion)** *(ohne Maßnahmen):* - - starke Verschlechterung bei - - „Relief" und „Strukturiertheit", - leichte Verschlechterung bei „Aspekt/Kontrastwirkung"	• **Funktion für Naturhaushalt** *(ohne Maßnahmen):* - - starke Verschlechterung bei - - allen drei Kriterien - - • **Kulturhistorische Funktion** *(ohne Maßnahmen):* o gleichbleibend bei „Eigenart der Bauweisen", - leichte Verschlechterung bei „Eigenart der Nutzung", - - starke Verschlechterung bei „Kulturdenkmalen/Eigenart besonderer Bauwerke" • **Zukunftsweisende Funktion** *(ohne Maßnahmen):* o gleichbleibend bei „Pflegezu- o stand" und „Entwicklungszu- stand", - - starke Verschlechterung des Kriteriums „Entwicklungsfähig- keit", da Begrenzung durch die Trasse	• **Erlebnisraumfunktion** (Raumwirksamkeit, Prägnanz) *(ohne Maßnahmen):* - - starke Verschlechterung bei „Begehbarkeit", - leichte Verschlechterung bei „Bespielbarkeit", - o geringe Verschlechterung bis gleichbleibend bei „Neuartig- keit". • **Beziehungsraumfunktion** *(ohne Maßnahmen):* o gleichbleibend bei „Sichtach- sen", - - starke Verschlechterung bei - - „Sichtbeziehungen" und „En- semblewirkung" • **Lebensraumfunktion** *(ohne Maßnahmen):* - / leichte bis starke Verschlechte- - - rung bei „Kommunikation", o gleichbleibend bei „Wohnen", - geringe Verschlechterung bei „Hygiene"
(mit Maßnahmen): o - bei allen drei Funktionen könnte o - mit an den Rhythmus der o - Landschaft angepassten Ver- meidungs-, Ausgleichs- und Ersatzmaßnahmen eine nur leichte Verschlechterung oder auch eine gleichbleibende Deckung der Wahrnehmungs- ebene erreicht werden.	*(mit Maßnahmen):* - leichte bis starke Verschlechte- rung bei der Funktion für den Naturhaushalt, o gleichbleibend bei der kultur- historischen Funktion (Verle- gung der Gräberfelder), - - die eingeschränkte Entwick- lungsfähigkeit der zukunftswei- senden Funktion ist nicht ausgleichbar	*(mit Maßnahmen):* o gleichbleibend für die Erlebnis- raumfunktion bei ausreichenden Untertunnelungsmöglichkeiten; o bei o.g. Maßnahmen könnte auch die Beziehungsraumfunk- tion wiederhergestellt werden; - / die Störung der Lebensraum- - - funktion ist nicht ausgleichbar.

Abb. 3.21 Zusammenschau der Veränderungen der verschiedenen Wahrnehmungsebenen für eine Variante (GAREIS-GRAHMANN 1993).

Ergänzend zu einer flächigen Zuordnung von Siedlungsvielfalt und Siedlungseigenart können auch für Siedlungsräume markante punkt- oder linienhafte Elemente hervorgehoben werden, wie etwa

---

Kasten 3.17 Siedlungs- und Ortsbild

Beispielhafte Bestimmungsmerkmale des Siedlungs- und Ortsbildes in ländlichen Räumen (nach Hofmann 1996, ergänzt):

Siedlungsstruktur: Erkennbarkeit charakteristischer Siedlungsstrukturen wie Haufen-/Reihensiedlung, Weiler, Rundling u.a.; Zusammenspiel und Geschlossenheit der Ortssilhouette (bezüglich Gefüge, Dachlandschaft, Farbgebung);

Bauformen und -stoffe: Bestand an regionaltypischen Bauformen (z. B. Dreiseitenhöfe) und Verwendung regionaltypischer Materialien (z. B. Kalkstein); Art der Geschlossenheit der Raumbildung durch Bauformen;

historische Bauformen: Gesamtpräsenz historischer und landschaftsangepasster Bauten;

typische **siedlungsgebundene Freiflächen:** Wie Plätze, Anger, Teiche, Zier-, Obst- und Nutzgärten, Friedhöfe sowie die Art, wie sie als Informationsträger (z. B. die Geschichte des Ortes widerspiegelnd) wirken und zur Strukturierung der Siedlungsflächen beitragen;

Ausprägung der Ortsränder: Verzahnung mit der Flur; Anteil an Gehölzformen wie Hecken, Obstbäumen, Gehölzen; Dimensionierung, Stellung und Gestaltung der Gebäude (in einheitlicher Ausformung bzw. im Kontext zur umgebenden Landschaft).

Markante Einzelelemente: z. B. Kirchen, Zwetschendarren, Denkmäler.

- Wege,
- Grenzlinien (z. B. Uferlinien oder noch wahrnehmbare topografische Hangkanten),
- Brennpunkte (z. B. Kreuzungen),
- Merkzeichen (z. B. Kirchtürme, herausragende Gebäude).

Diese Bestandteile wurden bereits von Lynch (1965) für Stadtgebiete als erlebniswirksame Elemente herausgearbeitet, die die Orientierung steuern und menschliche Vorstellungsbilder wesentlich prägen; sie fanden im deutschsprachigen Raum seitdem aber kaum Anwendung.

3.3.6 Mensch

Der Mensch ist bei Vorhaben stets über die Auswirkungen auf die anderen Schutzgüter mit betroffen (etwa über den Boden, das Wasser, die Luft oder das Landschaftsbild). Auch bei den für diese Umweltbestandteile festgelegten Schutzzielen und Wertmaßstäben sind zumindest indirekt immer menschliche Bedürfnisse berührt. Denn was genau zu schützen, zu pflegen oder zu entwickeln ist, bemisst sich jeweils aus menschlicher Perspektive und wird durch Menschen als letztlich wertende Instanz festgelegt. Daneben gibt es Auswirkungen, z. B. über die Wirkfaktoren Lärm und Schadstoffe, die den Menschen auch direkt betreffen können. Dass etwa im UVP-Gesetz (in § 2 Abs. 2 UVPG) der Mensch gesondert neben den anderen Schutzgütern aufgeführt ist, hat somit den eher pragmatischen Grund, dass zwischen seiner mittelbaren und seiner unmittelbaren Betroffenheit durch ein Vorhaben zu unterscheiden ist (Schemel 1998).

Tabelle 3.31 Vorschlag für eine Ausfüllung der Kriterien „Siedlungsvielfalt" und „Siedlungseigenart" (HOFMANN 1996, ergänzt und verändert)

Kategorie	Ausprägung	Erläuterung
		Kriterium „Siedlungsvielfalt"
1	gering	geringer Bestand an regional- und landschaftstypischen Bauformen, -materialien und Freiflächen; sehr gleichförmige Bau- und Raumstruktur, in der kaum heraustretende, insbesondere historisch/kulturell bedeutsame Einzelelemente vorhanden sind
2	deutlich	durchschnittlicher Bestand typischer Bauformen, -materialien und Freiflächen, übliche Ausstattung mit prägnanten, insbesondere historisch/kulturell bedeutsamen Einzelelementen
3	hoch	reicher, abwechslungsreicher Bestand an regional- und landschaftstypischen Bauformen, -materialien und Freiflächen; abwechslungsreiche Raumerlebnisse, insbesondere durch Bereiche mit abwechslungsreichem kleinteiligem Wechsel von Bauten und siedlungsgebundenen Freiflächen (z.B. Obst-, Zier-, Nutzgärten), reiche Ausstattung mit aus der Baustruktur heraustretenden, insbesondere historisch/kulturell bedeutsamen Einzelelementen
		Kriterium „Siedlungseigenart"
1	gering	Dominanz regional untypischer Siedlungsstrukturen, Bauformen und -stoffe; zerfaserte Siedlungsstrukturen ohne ausgeprägte Ortsränder, die keinen eigenen Gestaltcharakter aufweisen; geringer Bestand an historischer, merkmalsbildender Bausubstanz und an identitätsstiftenden Freiflächen
2	deutlich	in Teilbereichen beeinträchtigte Siedlungsstruktur und -gestalt mit üblichem Bestand an historischer, merkmalsbildender Bausubstanz und Freiflächen
3	hoch	durch Dominanz regional- bzw. landschaftstypischer Siedlungsstrukturen, Bauformen und -stoffe entstehen Siedlungsformen bzw. einzelne Dorfquartiere von hohem eigenem Gestaltcharakter und hoher Unverwechselbarkeit; Prägung durch Siedlungs- und Freiflächen von hohem eigenem Charakter; geschlossene Ortssilhouette bzw. in enger Verzahnung zur umgebenden Landschaft ausgebildete Ortsränder; umfangreicher Bestand an kulturhistorisch bedeutenden Gebäuden und Freiflächen mit Ensemblewirkung

Gesetzliche Grundlagen für die Ableitung entsprechender Schutzziele sind darüber hinaus das Grundgesetz der Bundesrepublik Deutschland, das jedem Menschen das Recht auf körperliche Unversehrtheit zusichert. Nach § 50 Bundesimmissionsschutzgesetz (BImSchG) sind raumbedeutsame Planungen und Maßnahmen so durchzuführen, dass schädliche Umwelteinwirkungen (relevant sind hier insbesondere Lärm, Schadstoffe, Erschütterungen, Licht) auf Wohngebiete soweit als möglich vermieden werden. § 2 Abs. 1 Ziff. 13 BNatSchG fordert u.a. die Erhaltung und Bereitstellung geeigneter Flächen für die landschaftsgebundene und die siedlungsnahe Erholung, wie auch überhaupt Belange der naturgebundenen Erholung mit ein Regelungsgegenstand des Naturschutzrechts sind.

In ökologisch orientierten Planungen ist demnach der Mensch in denjenigen Aspekten als eigenständiger Belang zu betrachten, die ihn direkt und ohne den Umweg über andere Schutzgüter in seiner Umweltbezogenheit betreffen. Unter Bezug auf die genannten gesetzlichen Grundlagen umfassen diese Aspekte insbesondere (vergleiche auch Kasten 3.18):

- die **menschliche Gesundheit** und das **menschliche Wohlbefinden**, sofern sie von potenziell schädlichen Umwelteinflüssen (z. B. Lärm, Schadstoffe, Gerüche, Strahlung, Licht) betroffen sind;
- die **Wohn- und Wohnumfeldfunktion** im Bereich vorhandener und geplanter Wohngebiete einschließlich der Betroffenheit siedlungsnaher Freiräume (da beides zusammen den Bereich darstellt, in dem der Mensch seine Bedürfnisse befriedigt und der sein Lebensmittelpunkt ist);
- die **Erholungsfunktion**, d. h. Belange der naturgebundenen Erholung und der auf den Menschen wirkenden Erlebnisqualität von Umwelt (z. B. lokale, regionale, überregionale Erholungsgebiete und deren funktionale Beziehungen, etwa über Spazier- und Wanderwege).

Notwendig ist dabei eine **klare Abgrenzung des zugrunde gelegten Umweltbegriffs**: Dieser beinhaltet die natürlichen Lebensgrundlagen und die physische Umwelt des Menschen, nicht jedoch Aspekte des sozialen Miteinanders sowie die Interessen an der wirtschaftlichen Nutzung der Umweltressourcen (z. B. agrarstrukturelle Veränderungen, die zu Betriebsaufgaben oder daraus resultierenden betrieblichen Veränderungen führen; die wirtschaftliche Ausbeutung von Bodenschätzen, Energiegewinnung aus Wasserkraft, wirtschaftliche Belange des Fremdenverkehrs, eine potenzielle Veränderung der Zahl der Arbeitsplätze oder des Steueraufkommens etc.). Diese Belange sind im Rahmen der Abwägung und Entscheidungsfindung meist durch eigene Behörden und Interessenverbände (z. B. die Landwirtschaftsbehörden und -verbände) mit ggf. eigenständigen Gutachten vertreten. Sie im Rahmen etwa einer Umweltverträglichkeitsprüfung bereits mit einzubeziehen, würde bedeuten, dass bei der Entscheidungsfindung die Belange der Umwelt nicht mehr mit ihrem eigenen, „ungefilterten" Gewicht zum Tragen kommen können und hätte im Prinzip eine vorgezogene Abwägung zur Folge.

So geht es beispielsweise in Bezug auf den Boden um dessen Erhalt als natürliche Ressource, die als solche auch für den Menschen wichtige Funktionen erfüllt. Beurteilungsmaßstäbe sind in diesem Fall z. B. die natürlichen Voraussetzungen für die Entstehung bestimmter (seltener) Bodentypen, der Erhalt eines gebietstypischen Spektrums an Bodenausprägungen (das unter diesem Gesichtspunkt sowohl besonders fruchtbare Böden als auch verschiedene Randstandorte umfassen kann!) sowie die Voraussetzungen für seine natürliche Ertragsfähigkeit, nicht jedoch die anthropogen zum Zweck der rationellen Erzeugung gesteuerte Ertragsfähigkeit des Bodens. Letztere ist Ausdruck der ökonomischen Belange der Nutzungsform Landwirtschaft. Ihr mag zwar durchaus ein hoher Stellenwert für die Beurteilung eines Projektes zukommen, jedoch ist sie nicht Gegenstand der Betrachtung der Umweltbelange im Rahmen etwa einer UVP.

Kasten 3.18 Schutzgut Mensch

Für das „Schutzgut Mensch" zu berücksichtigende Wertelemente und Funktionen.

Gesundheit/Wohlbefinden: Art und Intensität der Beeinträchtigungen durch

- Lärm
- Schadstoffe
- Gerüche
- Erschütterungen
- Licht und Strahlung
- Bioklima (u.a. Inversionslage, Luftaustausch, nächtliche Abkühlung)
- Bewegungsfreiheit (z. B. auch deren Einschränkung und Gefährdung durch Straßenverkehr)

Wohn- und Wohnumfeldfunktion

- Bauflächen (vorhanden/geplant)
- Art und Zustand der Bausubstanz
- Wohnklimatische Verhältnisse
- Siedlungsnahe und innerörtliche Freiflächen
- Inner- und zwischenörtliche Beziehungen (z. B. Wegeverbindungen, straßenraumspezifische Kommunikationsmöglichkeiten, Zugänglichkeit/Erreichbarkeit von Freiflächen)

Erholungsfunktion

- Flächen mit Bedeutung für die landschaftsgebundene Erholung
- Erholungseinrichtungen und –infrastruktur
- Beziehungen zwischen Wohn- und Erholungsflächen, Erreichbarkeit, Zugänglichkeit, Erlebbarkeit

Neben einer **flächenbezogenen** Darstellung wird bei Belangen, die den Menschen betreffen, in vielen Fällen auch eine **personenbezogene** Darstellung erforderlich sein. D. h. es sollte versucht werden, gezielt bestimmte Risikogruppen (z. B. Kleinkinder, alte Leute) und/oder Nutzergruppen zu erfassen.

Menschliche Gesundheit schließt physische und psychische Aspekte ein. Über die Gesundheit hinaus umfasst das **Wohlbefinden** auch Veränderungen, die unter der Schwelle von Gesundheitsbeeinträchtigungen bleiben, etwa noch nicht physiologisch schädigende **Lärm**wirkungen. Von der Weltgesundheitsorganisation (WHO) wird Lärm dabei definiert als „jede Art von Schall, die das physische, psychische und soziale Wohlbefinden des Menschen beeinträchtigt oder objektivierbare Krankheiten hervorruft." So führen beispielsweise erst Lärmwerte ab 130 dB(A) zu Gehörschädigungen und ab 70 dB(A) zu physiologischen Stressreaktionen; bereits ab ca. 40 dB(A) sind jedoch Schlafstörungen möglich, und ab ca. 45 dB(A) gelten Erholung und Rekreation als beeinträchtigt (KLIPPEL 1994; KLOCKOW 1991). Tabelle 3.32 gibt einen Überblick über verschiedene Lärmquellen und die von ihnen hervorgerufenen Lärmpegel. Zu beachten ist dabei, dass die Dezibel-Skala keine lineare, sondern eine logarithmische ist, d. h. eine Zunahme um 3 dB (A) bedeutet bereits eine Verdoppelung des Lärmpegels!

Lärm selbst kann nicht gemessen werden. Die physikalischen Bestandteile des Schalles als mechanische Welle, welche sich im Raum ausbreiten, sind hingegen exakt definierbar. Die Empfindung (Wahrnehmung) des Schalles wiederum ist subjektiv sehr unterschiedlich (vergleiche Tab. 3.33), so dass man bei der Bewertung nur Hilfsmessgrößen zu Rate ziehen kann und dabei von durchschnittlichen Werten ausgeht. Eine Gegenüberstellung verschiedener solcher Richtwerte erfolgt in Tabelle 3.34. Ein Ver-

Tabelle 3.32 Lärmpegel unterschiedlicher Lärmquellen (u.a. FR 2001b, SRU 1999)

dB (A)	Hörempfinden
0	untere Grenze des Hörempfindens
5	**ruhig**
10	normales Atmen
20	Blätterrauschen
25	**leise**
30	Ticken eines Weckers, Schlafstörungen möglich
40	Flüstern, ruhige Wohnstraße nachts (Lern- und Konzentrationsstörungen möglich)
50	ruhige Wohnstraße tagsüber
55	**laut**
60	gedämpfte Unterhaltung (Umgangssprache), Pkw in 15 m Abstand
65	Zugverkehr, Rasenmäher (Risiko für Herz- und Kreislauferkrankungen erhöht)
70	Haartrockner, Schreibmaschine, Rasenmäher
75	Hauptverkehrsstraße tagsüber
80	Autobahn, erhöhter Straßenverkehr; maximale Sprechlautstärke
85	(Gehörschaden möglich)
90	Moped, Kreissäge, Werkzeugmaschinen, Stanzen; Pkw mit 100 km/h in 1 m Abstand
95	lautes Schreien
100	Industriewebstuhl, Kompressor, häufiger Pegel bei Musik über Kopfhörer
105	**schmerzhaft**
110	Presslufthammer, Rockband, Disko
120	Probelauf von Düsenflugzeugen, Trillerpfeife*, Bohrturbine im Bergwerk (Gehörschaden nach kurzer Einwirkung möglich)
130	Flugzeugmotor, lautes Händeklatschen*
140	Düsenantrieb von Flugzeugen
160	Airbag-Entfaltung*
170	Ohrfeige aufs Ohr*, Silvesterböller auf der Schulter explodiert*
180	Spielzeugpistole am Ohr abgefeuert*
190	Schwere Waffen*

*Spitzenpegel

gleich der Werte beider Tabellen zeigt recht deutlich, dass bereits die üblichen Grenzwerte (insbesondere die Tag-Richtwerte) schweren Beeinträchtigungen der Erholungseignung gleichzusetzen sind (ZSCHALICH & JESSEL 2001).

Weitere planungsrelevante Lärmschwellenwerte für unterschiedliche Ruhegebietstypen sind unter Abschnitt 4.3.7. dargestellt.

Ob **Gerüche** das Wohlbefinden erheblich beeinträchtigen, hängt nicht nur von der jeweiligen Immissionskonzentration und der Geruchsart ab, sondern auch von der tages- und jahreszeitlichen Verteilung der Einwirkungen, dem Rhythmus, in dem die Belästigungen auftreten und der Nutzung des betreffenden Gebietes. Im Allgemeinen geht man davon aus, dass keine schädlichen Umwelteinwirkungen zu erwarten sind, wenn der Geruchsschwellenwert in mindestens 97 % der Jahressummen nicht überschritten wird. Umgekehrt ist das deutlich wahrnehmbare Auftreten belästigender Gerüche innerhalb eines Zeitraums von mehr als 5 % der Jahresstunden stets als schädliche Einwirkung zu sehen (GASSNER & WINKELBRANDT 1997). Als Messgröße kommt dabei der TA Luft (Nr. 2.1.6) zufolge die Geruchszahl (GE) in Betracht. Sie ist das olfaktorisch gemessene Verhältnis der Volumenströme bei Verdünnung einer Abgasprobe bis zur Geruchsschwelle und wird als Vielfaches der Geruchsschwelle angegeben. Eine Zuordnung zu einem bestimmten Geruch kann die menschliche Nase ab etwa 3 GE/m^3 vornehmen.

Tabelle 3.33 Wertungssystem zur Bestimmung erholungsrelevanter Lärmschwellenwerte (REITER 1999, EGGENSCHWILER 1996)

Belastungsgrad	Lärmschwellenwert	Störwirkung
Keine Belästigung (absolute Ruhezone)	35 dB(A)	Keine
Keine Belästigung (weitgehend störungsfreie Ruhezone)	40 dB(A)	Sehr geringe (vereinzelte Störgeräusche) Kommunikations- und Reaktionsstörungen
Beginn der Belästigung	45 dB(A)	Einzelne empfindliche Erholungsuchende gestört
Leichte Belästigung	50 dB(A)	10 % der Bevölkerung gestört
Mittlere Belästigung	55 dB(A)	15 % der Bevölkerung gestört Leistungs- und Emotionsbeeinflussung, beginnende extraaurikulare Reaktionen
Schwere Belästigung	60 dB(A)	30 % der Bevölkerung gestört Kommunikationsstörungen
	70 dB(A)	Physiologische Stressreaktionen
	90 dB(A)	Kurzfristige Gehörbeeinträchtigungen
	130 dB(A)	Gehörschädigung

Tabelle 3.34 Richtwerte aus Regelwerken als Anhaltspunkt für die Einschränkung von Erholungsnutzungen (REITER 1999, verändert und ergänzt nach einer AUSWERTUNG VON A. ZSCHALICH)

Richtlinie	Nutzung	Richtwert Tag (6-22 Uhr)	Richtwert Nacht (22-6 Uhr)
DIN 18005	Wochendhaus- und Feriengebiete, Campingplätze und Kleingartenanlagen	55 dB (A)	55 dB(A)
	Reines Wohngebiet	50 dB(A)	40 (35)[+] dB(A)
TA Lärm/VDI 2058	Kurgebiete, Krankenhäuser, Pflegeanstalten, Schulen	45 dB(A)	35 dB(A)
	Reines Wohngebiet	50 dB(A)	35 dB(A)
Verkehrslärmschutzverordnung	Kurgebiete, Krankenhäuser, Pflegeanstalten, Schulen	57 dB(A)	47 dB(A)
	Reines Wohngebiet	59 dB(A)	49 dB(A)
Sportanlagenlärmschutzverordnung (18. BImSchV)	Kurgebiete, Krankenhäuser, Pflegeanstalten	45 dB(A)[*] 45 dB(A)[**]	35 dB(A)
	Reine Wohngebiete	50 dB(A)[*] 45 dB(A)[**]	35 dB(A)
Gesetz zum Schutz gegen Fluglärm	Krankenhäuser, Altenheime, Erholungsheime, Schulen u.ä. [#]	67 dB(A)	67 dB(A)
	Wohnungen [##]	75 dB(A)	< 75 dB(A)
Magnetschwebebahn-Lärmschutzverordnung	Krankenhäuser, Altenheime, Kurheime, Schulen u.ä.	57 dB(A)	47 dB(A)
	Reine und allgemeine Wohngebiete, Kleinsiedlungsgebiete	59 dB(A)	49 dB(A)
Gebietseinteilung nach Lärmschutzkriterien von BRÜDIGAM & DAMASCHKE (1989)	Teilflächen von Kur-, Erholungs- und Naturschutzgebieten (Lärmschutzgebiete)	45 dB(A)	35 dB(A)
	Krankenhäuser, Sanatorien und Kureinrichtungen	50 dB(A)	40 dB(A)
	Wohngebiete, vorstädtische und ländliche Gebiete	50 dB(A)	40 dB(A)
Lärmschutzverordnung der Schweiz	Empfindlichkeitsstufe I: Erholungszonen	50 dB(A) [!] 55 dB(A) [!!] 65 dB(A) [!!!]	

Erläuterungen:

+ = Immissionen von Industrie, Gewerbe- und Freizeitlärm
* = innerhalb der Ruhezeiten (werktags von 6.00 bis 8.00 Uhr und von 20.00 bis 22.00 Uhr, sonntags von 7.00 bis 9.00 und von 20.00 bis 22.00 Uhr)
** = außerhalb der Ruhezeiten
# = Schutzzone 2: (> 65 dB(A)) – keine Errichtung von Krankenhäusern, Alten- und Erholungsheime, Schulen u.ä.
= Schutzzone 1: (> 75 dB(A)) – keine Errichtung von Wohnungen
! = Planungswert
!! = Immissionsgrenzwert
!!! = Alarmwert

Im **Wohnbereich** und dessen unmittelbarem **Wohnumfeld** verbringen Menschen einen großen Teil ihrer Freizeit, in vielen Fällen auch ihrer Arbeitszeit. Er dient damit nicht nur dem rein funktionalen Wohnen, sondern ebenso der Erholung, der Entspannung und Freizeitgestaltung. Ein intaktes, unbelastetes Wohnumfeld im Siedlungsbereich ist daher für die Lebensqualität und Gesundheit der Menschen von besonderer Bedeutung. Eine exemplarische Zusammenstellung von Beurteilungskriterien zur Beschreibung der Wohn- und Wohnumfeldfunktion auf Ebene der Raumanalyse und des Variantenvergleichs einer Umweltverträglichkeitsstudie veranschaulicht Tabelle 3.35. Oft werden auch Richtwerte zur durchschnittlichen Versorgung der Bevölkerung mit Grün- und Freiflächen für die Beurteilung von Beeinträchtigungen übernommen. Dies ist jedoch skeptisch zu beurteilen, da der Freiraumbedarf stark durch die soziale Lage und Schichtzugehörigkeit geprägt ist (Spitthöver 1982).

Ambivalent gestaltet sich die **Erholungsfunktion**: Mit Bezug auf die Bedürfnisse des Menschen ist die naturgebundene Erholung einerseits Schutzgut. Sie kann allerdings auch eine Nutzung darstellen, von der ihrerseits Beeinträchtigungen ausgehen. Die Belange der Erholung als einer Nutzungsform sind daher unter Abschnitt 4.3.8 dargestellt.

3.3.7 Kulturgüter

Grundlage für die Berücksichtigung von Kulturgütern in ökologisch orientierten Planungen sind insbesondere § 2 Abs. 2 UVP-Gesetz, wonach, „Kultur- und sonstige Sachgüter" Gegenstand einer Umweltverträglichkeitsprüfung sind, sowie § 2 Abs. 1 Nr. 14 des Bundesnaturschutzgesetzes, der die Berücksichtigung historischer Kulturlandschaften und -landschaftsteile als einen der Grundsätze des Naturschutzes bestimmt. Analog zum Begriff des Kulturgutes verwendet die EU-Richtlinie zur Umweltverträglichkeitsprüfung (Richtlinie 97/11 EG des Rates) den des „kulturellen Erbes". Dieser weiter gefasste Begriff findet sich auch in der im Sommer 2000 vom Europarat verabschiedeten Europäischen Landschaftskonvention, die Aussagen zur Berücksichtigung des Natur- und Kulturerbes durch die nationalen Planungen trifft. Daneben findet sich der Terminus in verschiedenen Landesverfassungen, etwa der von Rheinland-Pfalz, die (in Art. 40 Abs. 3) die Obhut und Pflege der Kulturgüter als Verfassungsauftrag festsetzt. Der Kulturgutbegriff ist damit ein unbestimmter Rechtsbegriff wertenden Inhalts: D. h. es unterliegt einer Inwertsetzung, welche Bestandteile genau darunter gefasst werden.

Kulturgüter können dabei sowohl Einzelobjekte als auch Mehrheiten von Objekten (Ensembles), einschließlich ihres notwendigen Umgebungsbezuges umfassen, als auch flächenhafte Ausprägungen sowie räumliche Beziehungen bis hin zu kulturhistorisch bedeutsamen Landschaftsteilen und Landschaftsformen (Kleefeld 1997). Der in diesem Zusammenhang häufig gebrauchte Begriff „kulturhistorische Landschaftselemente" bezeichnet Objekte, deren Entstehung und Gestaltung auf frühere, heute nicht mehr existente gesellschaftliche Strukturen zurückgeht (Quasten 1997). Zwar bestehen von den Kulturgütern enge Beziehungen zur umweltspezifischen Seite des Denkmalschutzes, jedoch ist man sich in der Literatur weitgehend darin einig, dass sie nicht nur auf die rechtlich geschützten Bau- und Bodendenkmäler eingeengt werden dür-

Tabelle 3.35 Beurteilungskriterien für die Wohn- und Wohnumfeldfunktion auf den Ebenen der Raumanalyse und des Variantenvergleichs einer UVS (KÜHLING & RÖHRIG 1996)

Wertelemente und Funktionen	Beurteilungskriterien	Auswertung (Erfassungsgrößen)
Bauflächen (vorhanden, geplant)	Art der Flächennutzung	Abgrenzung von Flächennutzungen nach §§ 1–11 BauNVO, § 5 BauGB
	Maß der Flächennutzung (§§ 16-23 BauNVO)	*Bebauungsdichte durch Grundflächenzahl (GRZ) und Geschoßflächenzahl (GFZ)*
	Vorbelastungen	Art und Intensität der Vorbelastung
	Bevölkerungsstruktur	*Anzahl an Personen, die einer Risikogruppe zugeordnet werden; Bevölkerungsdichte*
Siedlungsnahe und innerörtliche **Freiflächen**	Art der Flächennutzung	Abgrenzung von Flächennutzungen nach § 5 BauGB, Nutzungseinheiten
	Vorbelastungen	Art und Intensität der Vorbelastung
	Freiflächenqualität	*Bebauungsdichte des Umfelds, Flächenzuschnitt und -umfang in m² oder ha*
	Nutzbarkeit	*Anzahl und Dauer der Frequentierung, Entfernung zu Baugebieten in m, Erreichbarkeit*
	Ersetzbarkeit	*Abgeleitet aus: Art der Flächennutzung, Freiflächenqualität, Nutzbarkeit, lokale oder überörtliche Bedeutung*
Inner- und zwischenörtliche Beziehungen	Art der Beziehung	Ermittlung der wichtigsten Verbindungen, Verkehrsart (Fußweg, Radweg etc.)
	Vorbelastung	Ermittlung der wichtigsten Trennlinien
		Anzahl und Dauer der Verkehrsunterbrechungen durch bauliche Anlagen und Verkehrsfluss
	Intensität der Beziehung	*Frequentierung, Anzahl der Verkehrsbeziehungen*

Kursivdruck: Ergänzende Betrachtung auf der (detaillierteren) Ebene des Variantenvergleichs

fen. Die Zusammenstellung im Kasten 3.19 macht vielmehr deutlich, dass in Umweltverträglichkeitsprüfungen unter den Kulturgütern z. B. auch archäologische Verdachtsflächen aufgenommen werden sollten: Zwar können hier die Auswirkungen von Projekten nicht konkret untersucht werden, jedoch können Bereiche benannt werden, die im Sinne des Vermeidungsprinzips vor Beeinträchtigungen möglichst geschont werden sollen. Neben der materiellen Dimension (wie sie der Begriff „Güter" suggeriert) ist zudem bei der Erfassung und Darstellung von Kulturgütern auch eine Einbeziehung immaterieller, geistiger und/oder ideeller Aspekte wie z. B. Blickbeziehungen oder inhaltlich-thematischer Zusammenhänge (z. B. eine Wallfahrtskirche mit den dorthin führenden Wegebeziehungen) gefordert.

Erfassungsmerkmale, die auf historische Kulturgüter angewendet werden können, sind in Tabelle 3.36 zusammengestellt und hierarchisch geordnet. Für die genannten Objekte und Ensembles hat dabei eine ganzheitliche Betrachtung zu erfolgen:

- in **inhaltlicher** Hinsicht, d. h. sie sind in ihrem Eingebundensein in einen zeitgeschichtlichen Kontext zu berücksichtigen, wobei unter Umständen auch Aspekte der Wirtschafts- und Sozialgeschichte hineinspielen;
- in **räumlicher** Hinsicht, d. h. die Betrachtung hat nicht nur mit Blick auf das Einzelobjekt zu erfolgen, sondern auch dessen Vernetzungen und räumliche Zusammenhänge, ggf. bis hin zur Denkmal- und Kulturlandschaft einzubeziehen.

Im Begriff „Kulturgut" hat damit auch der Wirkraum eines Objektes mit Berücksichtigung zu finden. **Inventarisierungen** in Form von Katastern und Datenbanken wie sie von verschiedener Seite her analog zu den Ansätzen und Vorgehensweisen der Biotopkartierung vorgenommen worden sind (vergleiche etwa Peters 2000; Wöbse 1994), können zwar einen wichtigen ersten Schritt zur Erfassung von Kulturgütern darstellen. Es besteht jedoch die Gefahr, dass derzeit verschiedene solcher Kataster, die

---

Kasten 3.19 UVP-relevante Kulturgüter

Zusammenstellung nach Boesler 1996, MUVS 1990, Scholle 1996:

Materielle, unmittelbar wahrnehmbare raumbezogene Elemente:

- Baudenkmale bzw. schutzwürdige Bauwerke sowie Ensembles (einschließlich ihres Umfeldes)
- Archäologische Bodendenkmale (inklusive ihres Umfeldes), Archivböden (Böden mit Funktion als Archive der Kulturgeschichte)
- Denkmalbereiche (großräumige, landschaftlich bzw. kulturhistorisch zusammenhängende Bereiche)
- Kulturhistorisch bedeutsame Landschaften, Landschaftsteile und Landschaftselemente
- Bedeutsame Stadt- und Ortsbilder (z. B. auch markante Ortssilhouetten)
- Archäologische Verdachtsflächen

Immaterielle, geistige und/oder ideelle, mittelbar wahrnehmbare Komponenten:

- Sichtachsen, traditionelle Blick- und Wegebeziehungen
- Raumbezogene Traditionen, Brauchtümer
- Inhaltlich-thematische Zusammenhänge (z. B. Symbolbedeutungen)

Tabelle 3.36 Hierarchisch geordnete Erfassungsmerkmale eines Kartierschlüssels historischer Kulturgüter (KNOSPE 1998, ergänzt)

Kulturland-schaftstyp	Erfassungsmerkmale historischer Kulturgüter				
	Kulturlandschaftsteile (Zustand in den einzelnen Zeitschnitten)				
	Nutzungen	Funktionsräume	Struktur*	Elemente*	Elementbestandteile*
städtisch ländlich	• Bergbau • Gewerbe/Industrie • Herrschaft • Verwaltung/Recht • Infrastruktur/Verkehr • Transport/Handel • Kultur/Erholung • Land- und Forst-wirtschaft • Gartenbau • Fischerei/Jagd • Militär/Verteidigung • Religion • Soziales/Dienst-leistung • Wissenschaft • Ver- und Entsorgung • Mischgebiet aus den o.a. Klassen	Zusammenfassen-de funktional-ge-netische Einhei-ten, wie z.B. • Bergwerk • Residenzanlagen • Park- und Gar-tenanlagen • Rangierbahnhof • Mülldeponie • Wassergewin-nung • bäuerliche Kul-turlandschafts-teile	Bestandteile von Funktionsräumen, wie z.B. • Waldhufendorf • Rundling • Wüstung • Hufenflur • Wasser- oder Windmühle • Vierfelderwirt-schaft • Niederwald • Waldweide • Kiesgrube • Kaserne • Ackerterrasse • Buckelwiese • Weinberg • Wegesystem	Bestandteile von Strukturen, wie z.B. • Anger • Entwässerungs-graben • Wachturm • Rieselfeld • Schleuse • Stollen • Lesesteinhaufen • Aussichtssturm • Kanal • Dreiseithof • Allee • Hohlweg • Viehtrift • Eschacker • Plaggenesche • Wölbacker • Wässerwiese • Torfstich	Bestandteile von Ele-menten, wie z.B. • Zaun • Steg • Wegbegleiter • Leinpfad • Schleusentor • Kopfbaum • Schneitelbaum • Feldkreuz • Grenzstein • Trockensteinmauer * Zusatzmerkmale, wie z.B. • Material • Oberflächenstruktur • Oberflächenform • Erhaltungszustand • Bewirtschaftungsform

Tabelle 3.37 Mögliche wertbestimmende Merkmale von Kulturgütern (zusammengestellt aus GASSNER & WINKELBRANDT 1997; QUASTEN 1997, RÖHRIG & KÜHLING 1996, SCHOLLE 1996)

Kriterium	Erläuterung
Schutzwürdigkeitskriterien	
• Schutzstatus	d.h. Vorliegen einer im Rahmen der einschlägigen Fachgesetze erfolgten Katalogisierung (als Denkmal) oder Schutzausweisung (z.B. als Naturdenkmal oder NSG nach Naturschutzrecht).
• Seltenheit	ergibt sich in erster Linie aus dem regionalen landeskulturellen Kontext, d.h. ist stets mit Bezug zu einem definierten Referenzraum anzuwenden.
• Aussagefähigkeit, Symbolgehalt	beschreibt die kulturhistorische Aussagekraft und berücksichtigt sowohl immateriell-inhaltliche Aspekte als auch visuelle Beiträge des betrachteten Objektes zum Landschaftserleben.
• Erhaltungszustand	sowohl in materieller Hinsicht mit Blick auf äußere Einwirkungen als auch im Sinne eines Erhalts der ursprünglichen Funktionalität; beschreibt dabei auch den Grad des Fortbestehens bzw. der Ablesbarkeit der authentischen Funktion(en).
• Ensemblewirkung	sowohl materieller als auch immaterieller Art im Zusammenhang mit dem Symbolgehalt sowie im Sinne einer übergreifenden Betrachtung der funktionalen gesamträumlichen Einbindung eines Objektes.
• Regionalspezifik, Eigenartsbedeutung	Grad, mit dem ein Objekt oder eine Objektgruppe zur Eigenart oder Individualität einer Landschaft beiträgt. Eine hohe Eigenartsbedeutung haben z.B. Gesamtheiten von Objekten, die entscheidende Phasen oder Abschnitte der Landschaftsgenese eines Raumes repräsentieren (z.B. Flurformen).
• Alter	nicht als absolutes Alter, sondern zu verstehen als z.B. ältestes Objekt innerhalb einer bestimmten Typenklasse (z.B. die älteste romanische/gotische/barocke Kirche einer Region).
Empfindlichkeitskriterien	
• Standort	z.B. Grundwasserstand, Tragfähigkeit des Bodens
• Klima/Luft	z.B. kleinklimatische Situation, luftchemische Zusammensetzung, klimatische Exposition
• Baumaterialien und Material des Schutzgutes	z.B. Naturstein, Beton, Metall, Holz, Glas, Kunststoff, Papier, Leder
• Natürliche Eigenschaften, die die Erhaltung unterstützen	z.B. Fassadenbegrünung, Windschutzhecken, Geländegestalt

mit unterschiedlichen Beschreibungsmerkmalen und Erfassungskriterien arbeiten, nebeneinander entwickelt werden und dass über dem Sammeln und Archivieren von Einzelelementen das übergreifende landschaftliche Beziehungsgefüge aus dem Blickfeld gerät.

Bei der Bewertung der erfassten Kulturgüter ist je nach Planungsauftrag zu differenzieren zwischen einer unterschiedlichen **Schutzwürdigkeit** (entsprechend des historischen Werts und der Aussagekraft) und der **Empfindlichkeit** gegenüber bestimmten Auswirkungen (z. B. gegenüber Lärm, Schadstoffen, Erschütterungen), die sich abhängig vom jeweiligen Vorhabenstyp gestaltet. Tabelle 3.37 fasst für beide Aspekte relevante Bewertungskriterien zusammen, deren Anwendbarkeit im konkreten Fall jeweils projekt- und regionsspezifisch zu überprüfen ist. Differenziert zu sehen ist dabei das von manchen Autoren gleichfalls als wertgebend angeführte Kriterium des Alters: Da schwer einzusehen ist, warum ein frühgeschichtlicher Grabhügel nur aufgrund seines höheren Alters bedeutsamer sein soll als etwa ein Eisenbahnviadukt, darf das Alter nicht als absolutes Kriterium gesehen werden (QUASTEN 1997). Es sollte vielmehr eine typologisch differenzierte Zuordnung erfolgen, d. h. ein Wert von Einzelobjekten kann sich daran bemessen, dass sie für ihren Typ ein besonders hohes Alter aufweisen (z. B. weil es sich um die älteste gotische Kirche in einer Region handelt).

Für die Betrachtung **vorhabensbedingter Auswirkungen auf Kulturgüter**, wie sie z. B. in einer UVP zu leisten ist, gilt, dass dabei neben direkten Beeinträchtigungen auch Aspekte des übergreifenden Raumbezugs zur Umgebung sowie Aspekte der Erlebbarkeit zu beachten sind (vergleiche Kasten 3.20). Dabei können gerade auch von außen hineinspielende Einwirkungen von Bedeutung sein, beispielsweise Lärm, der

---

Kasten 3.20 Mögliche vorhabensbedingte Auswirkungen auf Kulturgüter (BOESLER 1996, ergänzt).

Vorhabensbedingte Auswirkungen auf Kulturgüter können eintreten, wenn

- die Erhaltung der Kulturgüter an ihrem Standort nicht ermöglicht wird (z. B. durch Flächenbeanspruchung, Überbauung, Gewässerverlegung, Unfälle mit gefährlichen Stoffen);
- die Umgebung, sobald sie bedeutsam für das Erscheinungsbild und/oder die historische Aussage ist, verändert wird (z. B. durch Veränderung der physikalischen, chemischen, klimatischen Bedingungen am Standort, Schadstoffe, Staub-/Rußentwicklung, Grundwasserabsenkungen, Erschütterungen);
- die Nutzungsmöglichkeiten eingeschränkt werden (z. B. Bauverkehr auf Zubringerwegen, Lärm);
- die Erlebbarkeit und Erlebnisqualität herabgesetzt werden (z. B. durch Lärm, Trennung von Ensembles und funktionalen Einheiten, Dämme, Auftragsböschungen, Einschnitte; Störung des visuellen Eindrucks durch Deponien, Baustelleneinrichtungen u.a.);
- die wissenschaftliche Erforschung verhindert wird (z. B. durch Abgrabung, Flächeninanspruchnahme u.a. Beeinträchtigungen während des Baubetriebs);
- die Zugänglichkeit verwehrt wird.

Tabelle 3.38 Mögliche Vermeidungs- und Minderungsmaßnahmen bei Beeinträchtigungen von Kulturgütern (BOESLER 1996; GASSNER & WINKELBRANDT 1997)

Anlagebedingte Wirkungen

- Meidung von Flächen potenzieller archäologischer Funde
- Großräumiger Abstand von Kulturgütern aus Gründen des
  - Erhaltes der Standfestigkeit
  - Immissionsschutzes
  - Erschütterungsschutzes
  - Umgebungsschutzes
- Nutzung des Hauptwindsystems bei der Lokalisation (Leebereich)

Baubedingte Wirkungen

- Sorgfalt bei Erdarbeiten, um Bodendenkmale rechtzeitig erkennen zu können
- Einbeziehung von speziellen Fachleuten bei Erdaufschlüssen
- Vermeidung von Erschütterungen und Grundwasserabsenkungen (z.B. keine Sprengungen im Einwirkungsbereich von Kulturgütern)

Betriebsbedingte Wirkungen

- Errichten von Lärmschutzeinrichtungen
- Emissionsbegrenzungen nach dem jeweiligen Stand der Technik
- Vermeidung von Erschütterungen durch Verkehr und Betrieb
- Korrosionsschutz am Kulturgut
- Ggf. Um-, Unter- und Überbauung des Kulturguts

die Atmosphäre eines historischen Gartens nicht mehr in der zuvor gegebenen Intensität erlebbar sein lässt.

Bei eintretenden Beeinträchtigungen ist bei Kulturgütern eine Ausgleichbarkeit grundsätzlich nicht möglich: Alter (d. h. Zeit), geschichtlicher Kontext und ideelle Bedeutung sind nicht wiederherstellbar. Der Schwerpunkt muss daher auf einer Ausschöpfung der **Minderungs- und Vermeidungsmöglichkeifen** liegen (vergleiche Tab. 3.38).

4   Wirkungsermittlung, Prognose und Konfliktdiagnose

Als „Prozess systematischer Handlungsvorbereitung" (BENDIXEN & KEMMLER 1972) stützt sich Planung auf Annahmen über die Zukunft und schließt damit notwendig eine prognostische Dimension ein. Die Kette „Verursachender Nutzungsanspruch – ausgelöste beeinträchtigende Wirkung – betroffener Nutzungsanspruch bzw. betroffenes Schutzgut" ist eine der Grundgegebenheiten, mit denen sich ökologisch orientierte Planung zu befassen hat. Daran knüpfen sich Fragen der Wirkungsermittlung (Wirkungsanalyse), der Prognose und Konfliktdiagnose der von einzelnen Raumnutzungen ausgehenden möglichen Auswirkungen und Konflikte.

4.1   Aufgaben und Leistungsfähigkeit von Prognosen in der Planung

Vorstellungen über die Zukunft sind bei Planungsaufgaben vielfältig gefordert:

- Als „Ermittlung und Beschreibung von Umweltauswirkungen" in der Umweltverträglichkeitsprüfung (UVP) oder als Ermittlung zu erwartender erheblicher und nachhaltiger Beeinträchtigungen von Naturhaushalt und Landschaftsbild in der naturschutzrechtlichen Eingriffsregelung. Hier handelt es sich um **explorative Prognosen**, die ausgehend von der augenblicklichen Situation Aussagen über die Zukunft treffen.
- Wenn ausgehend von definierten Zielen (Leitbildern und Umweltqualitätszielen, vergleiche Kap. 5.1) Handlungsstränge und Maßnahmen zu ihrer Erreichung aufgezeigt werden. Dies ist etwa in der Landschaftsplanung oder in Pflege- und Entwicklungsplänen der Fall. Hier handelt es sich um **normative Prognosen**, die von gesetzten Zielen ausgehen und von diesen zurückschreitend feststellen, wie die Gegenwart beeinflusst werden muss, um den angestrebten Zustand zu erreichen. Die englischsprachige Literatur verwendet für sie – analog zum Begriff „forecasting" – plakativ die Bezeichnung „backcasting".

Gerade ökologisch orientierten Planungen wirft man aufgrund der Komplexität ihrer Gegenstände oft die mangelnde Absicherung und resultierend die Ungenauigkeit und Unsicherheit ihrer Prognoseaussagen vor. Dem steht allerdings eine gängige Prognosepraxis u.a. in den Bereichen Verkehr, Wirtschaft oder der gesellschaftlichen Bedarfsplanung gegenüber, die sich auf ähnlich komplexe Sachverhalte bezieht, in Politik wie Alltagshandeln durchaus akzeptiert ist sowie gängig als Grundlage für Entscheidungen herangezogen wird. Man denke nur an die jährlichen Wirtschaftsprognosen der „Fünf

Weisen", die jeweils bis auf die Zehntelstelle hinter dem Komma genau eine Einschätzung des zu erwartenden Wirtschaftswachstums geben. Diese dient als Basis für weitreichende politische Entscheidungen, obgleich in der real eintretenden Entwicklung dann oft erhebliche Abweichungen auftreten.

Worin also liegt die Aufgabe von Prognosen in der ökologisch orientierten Planung und was können sie realistisch gesehen leisten?

4.1.1 Einfache und komplexe Prognoseprobleme – Klärung der Voraussetzungen für planerische Prognosen

Um diese Frage zu beantworten, ist es zunächst sinnvoll, zwischen „einfachen" und „komplexen" Prognoseaufgaben zu unterscheiden: Während erstere für Prognosen im streng (natur-)wissenschaftlichen Sinn stehen, umreißen Letztere die Prognosepraxis in verschiedenen Lebensbereichen, also auch in der Planung. Beide stehen unter unterschiedlichen Rahmenbedingungen (vergleiche Abb. 4.1):

Voraussetzung für die Bewältigung einfacher Prognoseprobleme ist, dass die Rahmenbedingungen eingrenzbar, von der Anzahl her überschaubar sowie mit hinreichender Wahrscheinlichkeit kontrollier- und messbar sind. In der Ökologie gibt es hingegen kaum reproduzierbare Gesetze mit einfachen Anwendungsregeln. Es spielen vielmehr wechselnde Randbedingungen eine Rolle, aufgrund derer nur wenige Aussagen deduktiv aus Gesetzen ableitbar sind. Für ökologisch orientierte Planungen, die es – unter Umständen aufgrund ihrer eigenen Handlungen – mit sich ständig verändernden Rahmenbedingungen zu tun haben, gilt das in noch stärkerem Maß (vergleiche Punkt (10) in Abb. 4.1). Während bei der Anwendung von Naturgesetzen die Randbedingungen voneinander isoliert betrachtet werden können, sind sie bei ökologischen und planerischen Problemen in vielfältiger Weise systemisch miteinander verknüpft und abhängig, was in Abbildung 4.1 als „Gesamtinterdependenz" bezeichnet wird. Auch gibt es im Bereich ökologischer und planerischer Belange unter Umständen viele Hypothesen zur Erklärung von Ereignissen und Entwicklungen, die miteinander konkurrieren, ohne dass es allgemein anerkannte bzw. gültige Verfahren gibt, mit deren Hilfe man zwischen ihnen entscheiden könnte.

Deutlich wird aus der Gegenüberstellung, dass ein streng wissenschaftlich eingegrenztes Prognoseverständnis für komplexe Planungsprobleme nicht zielführend ist: Wissenschaftlichen Anforderungen genügende „Vorhersagen" werden im Regelfall nur auf isolierte (geschlossene) Systeme anwendbar sein. Diese sind jedoch (als in den meisten Fällen im Experiment hergestellte Kunstgebilde) planerisch irrelevant, weil man es hier mit komplexen, offenen Systemen zu tun hat. Zudem brauchen die wissenschaftlichen Kriterien an die Güte (und damit auch die Quantifizierbarkeit) einer Prognose nicht unbedingt mit den Erfordernissen an planerische Prognosen übereinzustimmen: Die wissenschaftliche Voraussage einer isolierten Größe kann für den Planer bedeutungslos sein, solange Interdependenzen mit anderen vor Ort sich wechselseitig beeinflussenden Größen nicht aufgedeckt sind.

Um ein Verständnis für planerische Prognosen zu entwickeln, sollte vielmehr auf **Ansätze der Systemtheorie, Chaosforschung und Thermodynamik** zurückgegriffen werden. Zusammen mit verschiedenen aktuellen Ansätzen der Wissenschafts-

		Einfache Prognoseprobleme	Komplexe Prognoseprobleme
1	Abgrenzung/Definition der relevanten Anfangs- und Rahmenbedingungen	möglich	nicht exakt möglich
2	Zahl der Anfangs- und Rahmenbedingungen	klein, überschaubar	groß, nicht genau überschaubar
3	Feststellbarkeit, Meßbarkeit, Kontrollierbarkeit der Anfangs- u. Rahmenbedingungen	ja	nur zum kleinen Teil
4	Systemcharakter	Geschlossene Systeme	Offene Systeme
5	Systemhafte Verknüpfung der Anfangs- und Rahmenbedingungen (Gesamtinterdependenz)	nein	ja
6	Zahl der anzuwendenden Gesetze und Regeln	klein bzw. Vorherrschen deduzierbarer Gesetzesaussagen	sehr groß bzw. Vorherrschen keiner anwendbaren Gesetzesaussagen
7	Relevante Neben- und Fernwirkungen	keine, bzw. so gering, daß vernachlässigbar	sehr viele
8	Bekannte Anwendungsbedingungen der Gesetze	ja	nein
9	Hypothesenkonkurrenz	nein	ja
10	Veränderbarkeit der Regelhaftigkeiten	nein	ja

Abb. 4.1 *Eigenschaften einfacher und komplexer Prognoseprobleme (JESSEL 1998b, 2000, in Anlehnung an KLEINEWEFERS 1985, ergänzt).*

theorie ist ihnen gemeinsam, dass sie – ausgehend von den Wechselbeziehungen zwischen dem Forscher und seinem Objekt – die Auffassung vertreten, dass aufgrund unterschiedlicher Wahrnehmungsperspektiven nicht nur eine (gemeinsame) Gegenwart existiert und es deshalb auch nicht nur eine (deterministisch vorherbestimmbare) Zukunft geben kann (vergleiche Abbildung 4.2). Vielmehr sind verschiedene mögliche Entwicklungen denkbar, die in die Zukunft führen können. Insbesondere die Chaosforschung hat hier gezeigt, dass bereits kleinste, unter Umständen unter der Messgenauigkeit liegende Veränderungen der Randbedingungen zu völlig unterschiedlichen Systementwicklungen führen können. Dies gilt etwa für das Verhalten eines Würfels oder auch der 49 Lottokugeln, die je für sich den (durch physikalische Gleichungen beschreibbaren) Gesetzen der Newton'schen Mechanik unterliegen, deren Verhalten aber gleichwohl nicht vorhersagbar ist. Hinzu kommt, dass komplexe Systeme ein nicht-lineares, dynamisches Systemverhalten aufweisen: An die Stelle einer linearen Fortsetzung von Trends können plötzliche Systemsprünge und abrupte Brüche auftreten, die man in der Sprache der Chaostheorie als „Bifurkationen" bezeichnet (und die in der rechten Hälfte der Abbildung 4.2 zu erkennen sind). Diese

Sprünge und plötzlichen Veränderungen sind in Zeitpunkt und Richtung nicht vorherbestimmbar.

Daraus ergeben sich Konsequenzen für den Umgang mit Prognosen innerhalb von ökologisch orientierten Planungen:

- Aus der Tatsache, dass selbst kleinste Einflüsse die Entwicklung eines Systems gravierend beeinflussen können folgt, das etwa in Eingriffsgutachten und Umweltverträglichkeitsprüfungen zunächst alle denkbaren Umweltauswirkungen aufzuzeigen und nach gegenwärtigem Kenntnisstand darzulegen sind, auch die mit nur geringer Erheblichkeit bzw. Eintrittswahrscheinlichkeit. Es wird dabei häufig wichtiger sein, die **Art** künftig möglicher Auswirkungen zu identifizieren als diese in ihrer **Größenordnung** exakt zu bestimmen.

- **Nichtvorhersagbarkeit** des Verhaltens komplexer Systeme ist nicht durch einen Mangel an Wissen bestimmt, sondern stellt eine **systemimmanente Eigenschaft** dar: Es ist unmöglich, für ein (Öko-)System vollkommene Information über seine Ausgangsbedingungen als Ausgangspunkt für eine Prognose zu erhalten. Für Datenerhebungen muss somit beachtet werden, dass es sinnlos ist, über Systeme mit nachgewiesenermaßen chaotischem Verhalten zum Zweck einer Vorhersage immer mehr Daten mit dem Ziel vollkommener Information zu sammeln. Erhebungen sollten sich vielmehr auf diejenigen Parameter zur Kennzeichnung von Beeinträchtigungen konzentrieren,

  a) die erheblich oder von großer Eintrittswahrscheinlichkeit sind und/oder

  b) für die gesicherte Erkenntnisse vorliegen.

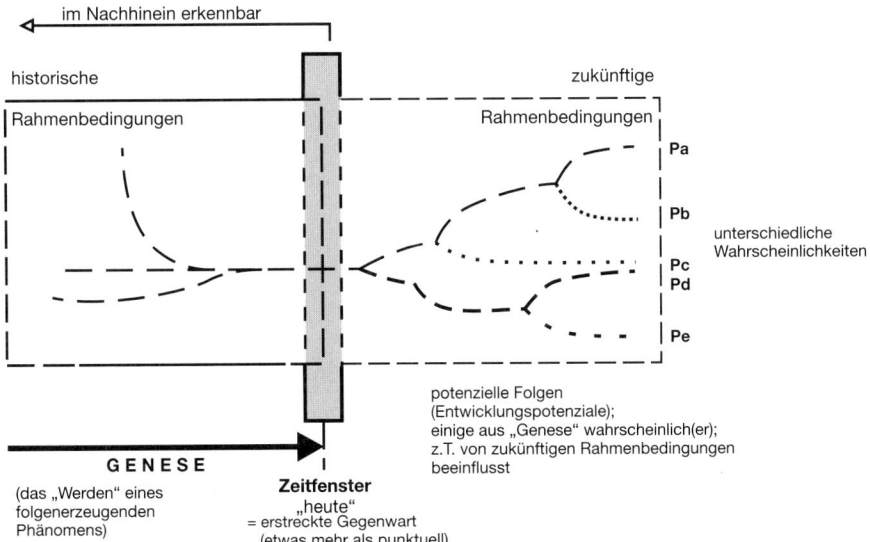

Abb. 4.2 *Das „Werden" der Zukunft unter Unsicherheit eintretender Entwicklungen* (BÖHRET 1990, verändert).

- Zukunft kann nur von der Gegenwart aus entwickelt werden; ein Zurückschreiten auf umgekehrtem Weg ist nicht möglich. Dies setzt normativen Prognosen enge Grenzen: Sie können zwar zur systematischen Analyse eingesetzt werden, welche derzeit bekannten Handlungsmöglichkeiten bestehen, um definierte Ziele zu erreichen. Das kann gerade bei partizipativen Planungen ein wichtiger Gesichtspunkt sein. Es ist aber stets damit zu rechnen, dass von diesen Zielen **abweichende Systementwicklungen** eintreten. Auch kann eigentlich immer erst im Nachhinein, nicht aber vorab bestimmt werden, ob sich eine Veränderung als reversibel oder irreversibel erweist. Das vielfach von Planungen geforderte Prinzip der „Fehlerfreundlichkeit" erweist sich damit im strengen Sinn als Illusion: Wir müssen mit den Folgen unseres Handelns leben. Diese Feststellung ist z. B. für die Handhabung des Begriffes „Ausgleich" von Beeinträchtigungen bei Anwendung der Eingriffsregelung von Bedeutung.
- Unter Berücksichtigung der Erkenntnisse der Chaostheorie ist es meist nutzlos, Folgen in linearer oder mechanistischer Weise darzustellen (vergleiche auch Abb. 4.2). Vielmehr wird es darauf ankommen, die **wesentlichen (d. h. die entscheidungserheblichen) Einflussgrößen eines Systems** als Grundlage für eine Prognose zu bestimmen und auf ihnen aufbauend bei Folgenabschätzungen einen Rahmen zu beschreiben, in dem sich mögliche Folgen abspielen können. Dabei sind Prognosemethoden notwendig, die auch „weiche" Informationen in Form von in der Planung gebräuchlichen Wortmodellen integrieren können.
- Da selbst kleinste Einflüsse auf die Entwicklung eines Systems gravierende Folgen haben können, ist bei der Darlegung von Prognosen den Randbedingungen als Einflussgrößen besondere Aufmerksamkeit zu widmen. Auch sollte darauf verzichtet werden, genau einen Zielzustand zu umreißen, sondern vielmehr Wert darauf gelegt werden, denkbare **Alternativentwicklungen** aufzuzeigen.

Es bedeutet damit einen grundlegenden Fehler, Prognosen mit Vorhersagen gleichzusetzen! Prognosen sind vielmehr ein Mittel zur Problemstrukturierung und Informationsaufbereitung, das sich notwendig auf der Grundlage aktuellen Kenntnisstandes bewegt und auf dieser Basis begründete Annahmen über mögliche Entwicklungen trifft. Analog zum Rückspiegel eines Autos können sie immer nur ein Bild von Bekanntem entwerfen, das aber niemals den direkten Blick durch die Frontscheibe ersetzt: Völlig Neues, noch nie Dagewesenes ist nicht vorstellbar und daher auch nicht prognostizierbar!

4.1.2 Struktur planerischer Prognosen

Für ökologisch orientierte Planungen erweist sich somit nicht die Frage als zentral, wie Folgen bzw. Umweltauswirkungen möglichst exakt „vorhergesagt" werden können, sondern wie verfügbare Informationen zu strukturieren und aufzubereiten sind, um die geforderte, in sich stimmige Analyse möglicher Entwicklungen zu leisten.

Dazu hat eine systematische Aufschlüsselung zu erfolgen, die zwei Arten von Information klar unterscheidet (KNAPP 1978; WÄCHTLER 1992):

- **„Relevante Information"**, die einen Zusammenhang zwischen den Ereignissen nachweist. Dabei braucht es sich nicht unbedingt abgesichertes Kausalwissen oder statistisch begründete Eintrittswahrscheinlichkeiten von Ereignissen zu handeln, sondern es reichen begründete Vermutungen über Zusammenhänge (z. B. durch Analogieschlüsse oder abgesicherte Expertenmeinungen) schon aus (vergleiche Kasten 4.1). Umgekehrt ist aber das Vorliegen bzw. der Nachweis relevanter Information die unabdingbar notwendige Voraussetzung, um überhaupt eine Prognose fertigen zu können. Bei der Prognose von Auswirkungen etwa einer Straßenbaumaßnahme, können dies z. B. Erfahrungswissen über bei Vorhaben einer derartigen Größenordnung normalerweise eintretende Beeinträchtigungen, Literaturauswertungen über Zerschneidungseffekte und andere Auswirkungen, begründete Expertenmeinungen wie auch bestehende Trendentwicklungen der in einem Lebensraum auffindbaren Individuenzahlen einer Population sein.

- **„Zusatzinformation"** beinhaltet außerlogische Information im Sinne zusätzlich angenommener Randbedingungen, die zu einer Veränderung von Ereignissen im Hinblick auf das gestellte Problem führen können. Im Fall besagter Prognose der Auswirkungen eines Straßenbauvorhabens können dies z. B. unterschiedliche Ausbaugrade oder Trassenverläufe sein, die das Ergebnis der Prognose beeinflussen. In ihnen kommen zusätzliche Annahmen des Prognostikers zum Tragen.

Indem man beide Informationen auseinander hält, wird deutlich, wo noch relevante Information im Sinne nachgewiesener Zusammenhänge fehlt und wo deshalb ggf. normativ weitere Zusatzannahmen eingeführt werden müssen. Erst in einem zweiten Schritt werden dann beide Informationsarten zusammengeführt, indem Prognoseaussagen, etwa über die bei einer Trasse bestimmten Ausbaugrades zu erwartenden Auswirkungen von Zerschneidung auf die Fauna, formuliert werden.

Folgt man dieser Struktur, werden Prognosen zu einem Mittel systematischer Informationsaufbereitung und -anreicherung, die als Antworten auf spezifische Fragen aufzufassen sind. Es muss nicht nur ihre konkrete Fragestellung bzw. Zielsetzung klar benannt werden, sondern es ist zugleich die Abhängigkeit der Prognoseaussagen von den wertend eingeführten Randbedingungen (Zusatzannahmen) deutlich zu machen: Bei Ihnen handelt es sich oft bereits um dezisionistische Entscheidungen der Verwaltung (z. B. über den „notwendigen" Ausbaugrad einer Straße; die „erforderliche" Richtgeschwindigkeit, an der sich die Trassierung zu orientieren hat oder eine angenommene Steigerung des Verkehrsaufkommens, die den Bau weiterer Verkehrswege „unabdingbar" macht). Diese Randbedingungen beeinflussen wesentlich das Ergebnis einer Prognose. Sie müssen klar offen gelegt und der öffentlichen Diskussion zugänglich gemacht werden – ansonsten besteht die Gefahr, dass Prognosen als Mittel zu Manipulation und Durchsetzung bestimmter Ziele eingesetzt werden können und z. T. auch werden.

Bei der Erstellung von Prognosen müssen weiterhin die Schritte Wirkungsanalyse, Wirkungsprognose, Bewertung und Entscheidung klar voneinander getrennt werden (vergleiche Kasten 4.2). Bereits in der Wirkungsprognose kommen durch die hier eingeführten Randbedingungen (z. B. Ausbaugrade) normative Aspekte mit zum Tragen. Die Bewertung der eintretenden Auswirkungen (z. B. hinsichtlich ihrer Erheblichkeit oder Nachhaltigkeit) und – als weiterer Schritt – dann die Entscheidung z. B. über die Zulässigkeit eines Vorhabens werden dadurch noch nicht vorweggenommen: Wesentlich ist, dass Prognosen die Grundlagen für Entscheidungen verbessern, notwendige

Kasten 4.1 Prognoseproblematik

Möglichkeiten einer Absicherung prognostisch relevanter Zusammenhänge (JESSEL 1998b, 2000)
Damit ein Prognoseproblem bewältigt werden kann, muss als Voraussetzung relevante Information, d. h. Information über Zusammenhänge vorliegen oder erschlossen werden können. Dazu gibt des verschiedene Möglichkeiten:

Kausale Herleitung: Eine Ursache bestimmt eine zuordenbare Wirkung, z. B. führt Flächenversiegelung unmittelbar zur Zerstörung der natürlichen Bodenfunktionen. Hier handelt es sich um die engste Auffassung eines Zusammenhangs, die allein für Planungsaufgaben meist nicht zielführend sein wird.

Statistische Herleitung, d. h. die Angabe statistisch abgesicherter Eintrittswahrscheinlichkeiten. Auf sie wird z. B. oft in der Ökotoxikologie zurückgegriffen, da die Komplexität von Ökosystemen es nahezu unmöglich macht, die Bedeutung einzelner Einflussfaktoren und die durch sie hervorgerufenen Veränderungen quantitativ darzustellen.

Verwendung klassifikatorischer Informationen: Die Kopplung einer Klasse gemeinsamer Merkmale erlaubt bei Vorliegen eines der Kennzeichen auch die Prognose der anderen. Beispiel sind Prozesse wie Sukzessionsabläufe, bei denen die Pflanzengesellschaften, die sich nacheinander einstellen, klassifikatorisch zu Gruppen zusammengefasst werden. Diese erlauben die Darstellung einer zeitlichen Abfolge, die nicht auf kausale Beziehungen der einzelnen Bestandteile rückführbar, gleichwohl aber prognostizierbar ist.

Analogieschlüsse: Auf sie ist man häufig angewiesen, um etwa Auswirkungen von Lärm oder Zerschneidung auf Tierpopulationen darzustellen. Voraussetzung ist, dass zwischen zwei oder mehr komplexen Fallkonstellationen, die man vergleicht, nicht nur äußerlich-formale, sondern auch sachlogisch-inhaltliche Beziehungen bestehen. Da allerdings aus Analogieschlüssen logisch gesehen keine Entwicklungen abgeleitet werden können, muss versucht werden, mehr als nur eine Vergleichssituation aufzufinden.

Trendextrapolationen bzw. Regressionsanalysen, bei denen man versucht, die bisherige Entwicklung einer Größe zu beschreiben und in die Zukunft zu verlängern. Solche Analysen können zwar einen sehr differenzierten, mathematisch untermauerten Charakter haben. Sie sind jedoch theoretisch nicht begründet, sondern schlicht aus vorangegangenen Verläufen abgeleitet, für die eine formale Regelhaftigkeit über die Zeit angenommen wird. Man wird sie deswegen in aller Regel nur dann zu Hilfe nehmen, wenn keine andere theoretisch begründete Erklärung für Veränderungen gefunden werden kann.

Abgesicherte Expertenmeinungen: Ein Prognoseverfahren, das darauf beruht, ist das sog. „Delphi-Verfahren", in dem in einem schriftlichen Umlaufverfahren zu definierten Fragen Expertenmeinungen eingeholt werden und man in einem zweiten Durchlauf zu den zusammengefassten Ergebnissen nochmals um Stellungnahme bittet. Auch bei der Zusammenführung von Literaturauswertungen wird es sich oft um Expertenmeinungen handeln; abgeleitete Prognoseaussagen sollten gleichfalls aus verschiedenen Quellen abgesichert sein.

Kasten 4.2 Erstellung und Umsetzung von Prognosen

Bei der Erstellung und Umsetzung von Prognosen sind verschiedene Schritte notwendig zu trennen:

Wirkungsanalyse: Darlegung der Ausgangssituation sowie Aufdecken und Begründung von Wirkungsstrukturen (Zusammentragen relevanter Information, z. B. Darlegung möglicher, beim Bau einer Straße auf ein bestimmtes Biotop in der Bau-, Anlage- und Betriebsphase wirkender Faktoren).

Wirkungsprognose: Unter Einbeziehung normativ eingeführter Randbedingungen (z. B. des Ausbaugrades oder der erforderlichen Richtgeschwindigkeit) erfolgt die Beschreibung, welche Veränderungen an dem betroffenen Biotop nach Art, Intensität und Reichweite zu erwarten sind.

Bewertung: Einschätzung, ob die ermittelte Veränderung als „Funktionsstörung" bzw. als „erhebliche oder nachhaltige Beeinträchtigung" zu beurteilen ist. Dazu sind nach Möglichkeit definierte Ziele zugrunde zu legen.

Entscheidung über die Handlungserfordernisse, d. h. ob das betreffende Biotop zu erhalten, das Vorhaben zulässig ist und welche Schutz-, Pflege- und Entwicklungsmaßnahmen einzuleiten sind.

Entscheidungen über die auszuführenden Handlungen aber nicht ersetzen können.

Kommen wir noch einmal auf das eingangs genannte Bespiel der Wirtschafts- und Verkehrsprognose zurück: Was sie betrifft wird deutlich, dass Qualität und vertretbares Aussageniveau einer Prognose wesentlich von der Art und Absicherung der zugrungegelegten Zusammenhänge, der „relevanten Information" abhängen. Das heißt: Eine zwar auf eingespeistem quantitativem Datenmaterial (wie dem Verkehrsaufkommen, ausgedrückt in dtV, oder dem Bruttosozialprodukt in DM) fußende Prognose kann vom Prinzip her keine größere Genauigkeit und Treffsicherheit für sich beanspruchen als eine „nur" auf relativen Kenngrößen beruhende ökologische Prognose – selbst wenn ihre in Zahlen dargestellten Ergebnisse eine größere Aussageschärfe suggerieren mögen. Denn die diesen Prognosen zugrunde liegenden ökonomischen, gesellschaftlichen oder ökologischen Zusammenhänge erweisen sich als gleichermaßen schwer bestimmbar und absicherbar.

Gegenüber der Prognosepraxis, wie sie in anderen Gesellschaftsbereichen gang und gebe ist, brauchen sich daher auch im ökologischen Bereich tätige Planer nicht zu verstecken. Sie sollten ihre Prognosen allerdings nicht als ein Mittel sehen, um die Zukunft „vorherzusagen". Sondern es geht vielfach darum, mit ihrer Hilfe denkbare Alternativentwicklungen aufzuzeigen, die für diese notwendigen steuernden Handlungsmöglichkeiten darzulegen und so letztlich Bedingungen für eine wünschenswerte Zukunft aufzuzeigen, – mit dem Ziel, diese aktiv zu beeinflussen und zu gestalten.

4.2   Methodenbausteine

Zur Abbildung, Prognose und Bewertung von Nutzungseinflüssen wurden innerhalb der ökologisch orientierten Planung in den 70er und 80er-Jahren eine Reihe von Methodenbausteinen entwickelt. Dies betrifft zunächst die **ökologische Wirkungsanalyse**, für die man allerdings einen Rückgriff auf kausal abgesicherte Ursache-Wirkungsbeziehungen benötigt. Da dieser Anspruch gerade bei ökologischen Systemzusammenhängen kaum einlösbar ist, wurde die **ökologische Risikoanalyse** entwickelt: Sie ist ursprünglich daraufhin angelegt, auch bei nicht exakt zu klärenden Ursache-Wirkungszusammenhängen bzw. nur lückenhafter Information eine möglichst flächendeckende Bewertung der zu erwartenden Nutzungskonflikte zu ermöglichen.

Beide Vorgehensweisen sind mit Nachteilen behaftet: Die zu Beginn der 80er-Jahre für die ökologisch orientierte Planung konzipierten Wirkungsanalysen (z. B. KRAUSE 1980, VESTER & HESLER 1980) erwiesen sich als zu komplex. Sie sind zudem von den Anforderungen der Datenbasis her, die kausale Erklärungsmodelle verlangt, zu anspruchsvoll, um sich in der Planungspraxis durchsetzen zu können. Die ökologische Risikoanalyse mit ihrem formal eingängigen Verfahrensablauf zählt zwar zu den am häufigsten praktizierten Planungsmethoden und wird dabei in den unterschiedlichsten Variationen angewandt. Es ist jedoch wichtig, klarzustellen, dass sie ein Bewertungs- und kein Prognoseinstrument darstellt, dessen Einsatz zudem nur bei bestimmten Aufgabenstellungen sinnvoll ist.

Für Wirkungsanalysen und -prognosen kommt daher heute ein Methodenspektrum zum Einsatz, das von vereinfachten Formen der Wirkungsanalyse über verbalargumentative Vorgehensweisen in Form von (möglichst klar strukturierten) **Szenarien** reicht. Durch die anstehende Einführung einer UVP für Pläne und Programme wird zudem der Ermittlung von **Wechsel- und Kumulativwirkungen**, die die zugrunde liegende EU-Richtlinie ausdrücklich fordert, künftig höhere Bedeutung zukommen; die dafür notwendigen Methodenbausteine sind allerdings in vieler Hinsicht erst noch zu entwickeln.

4.2.1 Ökologische Risikoanalyse

Die ökologische Risikoanalyse ist ein Verfahren zur Bewertung von Nutzungsverträglichkeiten, das ursprünglich für die Regionalplanung entwickelt wurde (BACHFISCHER 1978). Ihr Entstehen muss ferner vor dem Hintergrund der zu dieser Zeit verstärkt einsetzenden Entwicklung geografischer Informationssysteme gesehen werden: Diese erlaubten die Verarbeitung großer Datenmengen sowie die räumliche Überlagerung (Verschneidung) verschiedener Datengrundlagen.

Der Begriff „Risiko" darf nicht mit dem Risikobegriff der Entscheidungstheorie verwechselt werden. Der entscheidungstheoretische Risikobegriff drückt eine in Prozentpunkten angebbare Eintrittswahrscheinlichkeit eines Ereignisses aus. Dagegen hat der Risikobegriff der ökologischen Risikoanalyse eine ganz andere Bedeutung: Er steht für das Ausmaß möglicher Beeinträchtigungen der natürlichen Ressourcen. Damit soll er die Unsicherheit zum Ausdruck bringen, die sich aus einer ungenügenden Kenntnis der Wirkungszusammenhänge und aus einer unzureichenden Datenverfügbarkeit begründet.

Der Ablauf einer ökologischen Risikoanalyse besteht aus folgenden Arbeitsschritten (vergleiche auch Abb. 4.3):

- Das Wirkungsgefüge Mensch-Umwelt wird in verschiedene Teilsysteme (Wirkungskomplexe oder Konfliktbereiche) untergliedert. Oft kommt hier der Potenzialansatz zur Anwendung, indem z. B. ein Biotop-, Erholungs- und Wasserdargebotspotenzial als solche Teilsysteme unterschieden werden.
- Die von einzelnen Nutzungen ausgehenden Beeinträchtigungen (z. B. Lärm, Schadstoffe) werden ermittelt und als „Beeinträchtigungsintensitäten" auf einer ordinalen Skala eingeordnet (z. B. hoch – mittel – gering).
- Es werden Indikatoren ermittelt, die die natürliche Eignung bzw. Schutzwürdigkeit der Teilsysteme kennzeichnen (z. B. Grundwasserqualität und -menge, Ausprägung der Deckschichten) und – gleichfallls in ordinaler Skalierung – zu einer Wertung der „Schutzwürdigkeit" bzw. „Empfindlichkeit" zusammengefasst.
- Über eine Matrix werden Beeinträchtigungsintensitäten und Beeinträchtigungsempfindlichkeiten zum Risiko der Beeinträchtigung (z. B. Risiko einer Beeinträchtigung des Grundwassers gegenüber Stoffeinträgen) zusammengefasst. Ein Zusammentreffen von hoher Beeinträchtigungsintensität und -empfindlichkeit ergibt dabei ein hohes, von geringer Beeinträchtigungsintensität und -empfindlichkeit ein geringes Risiko.

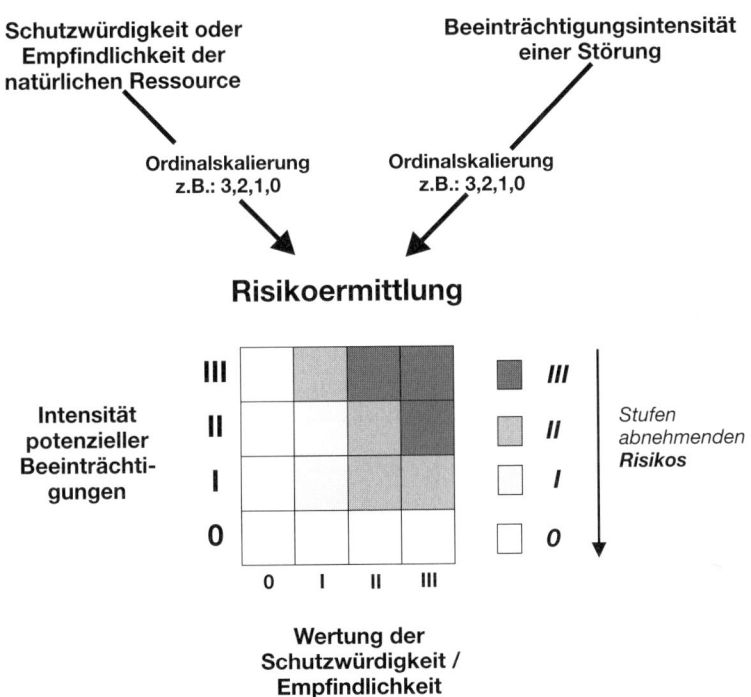

Abb. 4.3 *Grundstruktur einer ökologischen Risikoanalyse.*

Ursprünglich für eine kleinmaßstäbliche Anwendung auf regionaler Ebene entwickelt, ist dieses Grundmuster der Risikoanalyse vielfach übernommen, abgewandelt und dabei insbesondere auf Eingriffsplanungen übertragen worden, zumal es sich gut für eine GIS-technische Bearbeitung eignet. Dabei werden die mit der Risikoanalyse verbundenen Begriffe aber oft unsauber gebraucht, die ursprünglichen Rahmenbedingungen nicht beachtet und das Verfahren in einen anderen methodischen Zusammenhang gestellt. Kritikpunkte und häufige methodische Fehler sind u.a.:

- Schutzwürdigkeiten und Empfindlichkeiten (vergleiche Abb. 4.3) dürfen nicht gleichgesetzt werden. Vielmehr sind die Empfindlichkeiten eines Potenzials eigentlich gegenüber den einzelnen Wirkfaktoren differenziert zu ermitteln und darzustellen, was jedoch in der Praxis nicht immer erfolgt.

- Indirekte Wirkungen (z. B. Zerschneidung von Lebensräumen) sind nur schwer in die Risikoanalyse integrierbar; oft werden nur die direkten Beeinträchtigungen bestimmt.

- Einzelne Wirkungen (Beeinträchtigungsintensitäten) werden oft pauschal zu einem Gesamtrisiko zusammengefasst und bleiben nicht in einzelne ressourcen- bzw. potenzialbezogene Konfliktbereiche differenziert. Dies stellt eine unzulässige Aggregation dar.

- Die Klasseneinteilungen von Beeinträchtigungen und Empfindlichkeiten müssen sachlich (z. B. durch zugrunde liegende Wirkungsprognosen) begründet sein, – ansonsten wird durch die flächendeckende Vergabe eines zusammenfassenden Risikowertes unter Umständen eine Scheingenauigkeit vorgespiegelt.

- Eine unsinnige Vergabe von Risikostufen liegt auch vor, wenn Beeinträchtigungen, die mit Gewissheit eintreten werden, mit einer Risikostufe (z. B. „sehr hohes Risiko") bedacht werden. Das trifft etwa auf Versiegelung zu, durch die das Schutzgut Boden flächenmäßig in genau bestimmbarem Umfang irreparabel beeinträchtigt wird, weshalb hier eigentlich nicht von einem „Risiko" gesprochen werden darf.

- Die ökologische Risikoanalyse ist als ein Vorgehen zur Abbildung und Einstufung möglicher räumlicher Beeinträchtigungsintensitäten gedacht, das seinerseits auf Wirkmodelle und Wirkprognosen zurückgreift. Des Öfteren wird sie jedoch nicht als ein solches Mess- und Bewertungsinstrument eingesetzt, sondern als Prognosemodell. Dabei ist sie jedoch nicht geeignet, die an Prognosemethoden zu stellenden Anforderungen (vergleiche 4.1) zu erfüllen. Sie für Prognosen einzusetzen, heißt somit, sie in einen anderen inhaltlichen Zusammenhang, für den sie nicht geeignet ist, zu stellen.

- Aber auch für Bewertungsfragen ist die Risikoanalyse nicht in jedem Fall geeignet. So können etwa im Rahmen einer Umweltverträglichkeitsprüfung (UVP), bei der eine Bewertung unter Zugrundelegung der gesetzlichen Normen und Zulässigkeitsvoraussetzungen zu erfolgen hat (Bewertung nach § 12 UVPG) aus den Ergebnissen von Risikoanalysen (ordinalen Risikoeinstufungen) keine verwertbaren Aussagen abgeleitet werden. Auch bei der Eingriffsregelung als weiterer häufiger Anwendung ist es schwierig, aus den resultierenden Risikostufen zielgerichtete Ausgleichs- und Ersatzmaßnahmen abzuleiten: Sie stellen dimensionslose Indexwerte dar, aus denen sich solche Maßnahmen nur schwer nach Art und Umfang begründen lassen.

Die Einsetzbarkeit der ökologischen Risikoanalyse für ökologische Planungsaufgaben muss daher differenziert gesehen werden: Sie erweist sich als sinnvoll zur Darstellung regionaler Nutzungskonflikte, etwa um aus der Überlagerung verschiedener Nutzungsansprüche Vorrangzuweisungen zu begründen oder möglichst konfliktarme Trassen- bzw. Standortalternativen zu ermitteln. Hingegen ist ihr Einsatz für die oben genannten Fragen der Eingriffsbewertung kritisch zu sehen.

4.2.2 Ökologische Wirkungsanalyse

Der Begriff „Wirkungsanalyse" beschreibt zum einen den bei jeder Prognose notwendigen Analyseschritt, der im Auffinden von Zusammenhängen („relevanter Information") besteht und der als „Sachebene" einer Prognose klar von der eigentlichen Wirkungsprognose getrennt bleiben muss, in der zusätzlich normativ eingeführte Rahmenbedingungen zum Tragen kommen (vergleiche Kap. 4.1). Zum anderen umreißt die „ökologische Wirkungsanalyse" einen eigenen Prognoseansatz.

Ausgangspunkt für die Entwicklung von Wirkungsanalysen in der ökologisch orientierten Planung waren komplex angelegte systemanalytische Ansätze zur Abschätzung der Folgen menschlicher Nutzung auf die Umwelt. Dazu erstellte man Wirkungsketten, die Wirkungen und Folgewirkungen in einer Iteration von Verflechtungsmatrizen schrittweise aufzählten und verfolgten. Die Darstellung solcher komplexer Wirkungsketten setzt jedoch kausal abgesichertes Wissen über die Beziehungen zwischen sich beeinflussenden Systemen voraus. Außerdem hatten solche Modelle eine starre Form, in die nur schwer dynamische Aspekte integrierbar waren.

In der Praxis konnten sich diese Ansätze kaum durchsetzen. Es finden jedoch vereinfachte Ansätze von Wirkungsanalysen Anwendung. Hierunter fallen z. B. Verflechtungsmatrizes und so genannte „Wirkfaktor-Beeinträchtigungsketten":

Verflechtungsmatrizes sind (im Gegensatz zu einer nur eindimensionalen Checkliste) zweidimensional angelegt und stellen beispielsweise potenzielle Auswirkungen eines Vorhabens und betroffene Umweltmedien einander gegenüber (vergleiche Abb. 4.4). Sie dienen dazu, mögliche Umweltauswirkungen zu identifizieren, nach ihrer Intensität zu gewichten und einzelnen Untersuchungsschritten zuzuordnen. Dies wird etwa in Abbildung 4.4 deutlich: Das Risiko einer Freisetzung von gefährlichen Stoffen durch Unfälle wird der Umweltverträglichkeitsprüfung zugeordnet, da das Ausmaß hier möglicherweise eintretender Schäden ein wichtiges Entscheidungskriterium zwischen unterschiedlichen Alternativen sein kann. Hingegen sind die meisten Auswirkungen des Baubetriebes im Rahmen der landschaftspflegerischen Begleitplanung zu behandeln, da ihnen durch konkrete Vermeidungsmaßnahmen zu begegnen ist. Derartige Verflechtungsmatrizes werden etwa in die Antragskonferenz („Scoping") eines UVP-Verfahrens eingebracht, um gemeinsam den Untersuchungsaufwand abzustimmen und die Datenerhebungen auf die entscheidungserheblichen Auswirkungen zu konzentrieren. Sie stellen damit eine Grundlage für eine Prognose dar, müssen aber noch weiter mit Information „ausgefüllt" werden, um deren Anspruch zu genügen.

Eine in Eingriffsplanungen gängige vereinfachte Form der ökologischen Wirkungsanalyse stellen **Wirkfaktor-Beeinträchtigungsketten** dar. Sie beruhen auf dem Prinzip, dass von einem Verursacher bestimmte Wirkungen (Wirkfaktoren) ausgehen,

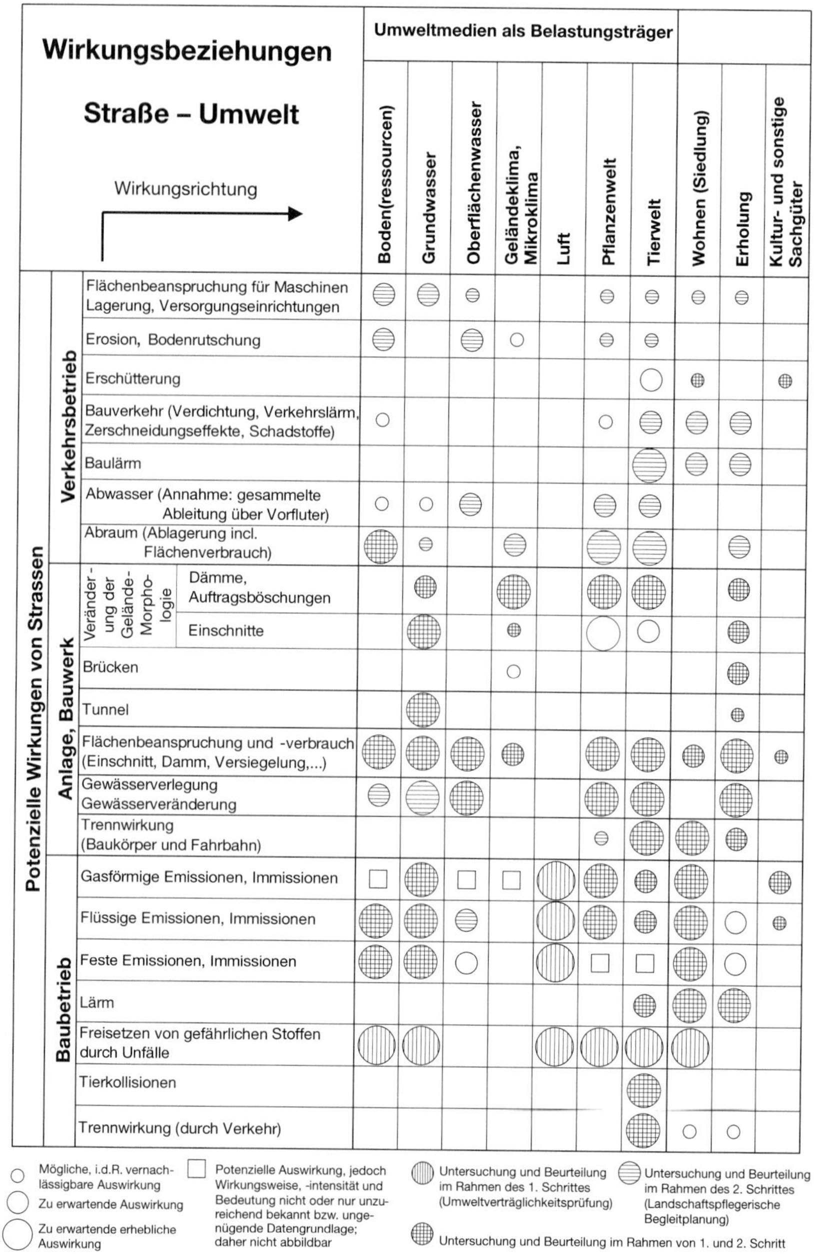

Wirkungsbeziehungen

Straße – Umwelt

Wirkungsrichtung →

Umweltmedien als Belastungsträger

Spaltenüberschriften (Umweltmedien):
- Boden(ressourcen)
- Grundwasser
- Oberflächenwasser
- Geländeklima, Mikroklima
- Luft
- Pflanzenwelt
- Tierwelt
- Wohnen (Siedlung)
- Erholung
- Kultur- und sonstige Sachgüter

Zeilen – **Potenzielle Wirkungen von Strassen**

Verkehrsbetrieb
- Flächenbeanspruchung für Maschinen Lagerung, Versorgungseinrichtungen
- Erosion, Bodenrutschung
- Erschütterung
- Bauverkehr (Verdichtung, Verkehrslärm, Zerschneidungseffekte, Schadstoffe)
- Baulärm
- Abwasser (Annahme: gesammelte Ableitung über Vorfluter)
- Abraum (Ablagerung incl. Flächenverbrauch)

Anlage, Bauwerk
- Veränderung der Gelände-Morphologie
  - Dämme, Auftragsböschungen
  - Einschnitte
- Brücken
- Tunnel
- Flächenbeanspruchung und -verbrauch (Einschnitt, Damm, Versiegelung,...)
- Gewässerverlegung Gewässerveränderung
- Trennwirkung (Baukörper und Fahrbahn)

Baubetrieb
- Gasförmige Emissionen, Immissionen
- Flüssige Emissionen, Immissionen
- Feste Emissionen, Immissionen
- Lärm
- Freisetzen von gefährlichen Stoffen durch Unfälle
- Tierkollisionen
- Trennwirkung (durch Verkehr)

Legende:
- ○ Mögliche, i.d.R. vernachlässigbare Auswirkung
- ◯ Zu erwartende Auswirkung
- ◯ (groß) Zu erwartende erhebliche Auswirkung
- □ Potenzielle Auswirkung, jedoch Wirkungsweise, -intensität und Bedeutung nicht oder nur unzureichend bekannt bzw. ungenügende Datengrundlage; daher nicht abbildbar
- ◍ Untersuchung und Beurteilung im Rahmen des 1. Schrittes (Umweltverträglichkeitsprüfung)
- ◒ Untersuchung und Beurteilung im Rahmen des 2. Schrittes (Landschaftspflegerische Begleitplanung)
- ⊕ Untersuchung und Beurteilung im Rahmen von 1. und 2. Schritt

Abb. 4.4 *Verflechtungsmatrix zur Analyse von Wirkungsbeziehungen Straße – Umwelt (nicht verallgemeinerbar, sondern einzelfallbezogene Darstellung!).*

die auf die einzelnen Bestandteile von Naturhaushalt und Landschaftsbild einwirken und hier Veränderungen (Beeinträchtigungen) hervorrufen. Sowohl Wirkfaktoren als auch die ihnen zuordenbaren Beeinträchtigungen werden beschrieben sowie nach Möglichkeit in ihrer quantitativen, ansonsten der qualitativen (Sach-)Dimension dargestellt. Prinzipiell können dabei Wirkfaktoren unterschieden werden, die strukturelle Einwirkungen (Beispiel: Flächenzerschneidung) und solche, die energetische sowie stoffliche Einwirkungen (z. B. Grundwasserabsenkung) kennzeichnen (vergleiche auch Abb. 4.5). Über die Struktur von Wirkfaktor-Beeinträchtigungsketten will man eintretende Veränderungen möglichst in ihrer Sachdimension erfassen und darstellen, damit daran dann konkrete Maßnahmen anknüpfen können.

4.2.3 Szenarien

Szenarien stellen eine Prognosemethode dar, die mit Wortmodellen arbeitet und dabei sowohl „harte" als auch „weiche" Information aufnehmen kann. Unter einem Szenario versteht man ein systematisches, stufenweises Durchdenken eines Systems, das plausible Entwicklungen und Trends in ihrem Zusammenhang aufzeigt. Dabei kann man sowohl explorativ von derzeit feststellbaren Rahmenbedingungen und Trends verschiedene denkbare Pfade in die Zukunft entwickeln als auch normativ von den gesteckten Zielen ausgehen und Wege und Maßnahmen diskutieren, die notwendig sind, um sie zu erreichen (vergleiche Kasten 4.3). Eine gute Eselsbrücke stellt es zudem dar, sich zu vergegenwärtigen, dass der Begriff Szenario aus der Theaterwelt stammt, wo

---

Kasten 4.3 Verschiedene Arten „explorativer" und „normativer" Szenarien

Zu den „explorativen" Szenarien gehören:

- Das **Trendszenario**: Es verlängert spekulativ die gegenwärtige Entwicklung in die Zukunft. Dies braucht aber nicht bloß eine Fortschreibung gegenwärtiger Bedingungen zu beinhalten, sondern kann auch Rückkopplungen, Innovationssprünge oder andere komplexe Entwicklungzusammenhänge berücksichtigen.
- Das **Alternativszenario**: Es verlängert ebenfalls die gegenwärtige Entwicklung in die Zukunft. Allerdings wählt man hier im Gegensatz zum Trendszenario bewusst unterschiedliche Ausgangszustände, so dass im Ergebnis statt eines Endzustandes eine Reihe alternativer Endzustände ermittelt werden.
- Das **Status-quo-Szenario**: Es stellt eine Sonderform des Trendszenarios dar, mit dem man den Zustand eruiert, der eintreten würde, wenn sich die Strukturen und Änderungen der Einflussgrößen in der derzeit (im „Status quo") zu beobachtenden Art und Stetigkeit fortsetzen würden.

Zu den „normativen" Szenarien gehören:

- Das **Kontrastszenario**: Als „Zielbild" wird bewusst ein Zustand entworfen, der zum gegenwärtigen oder zum durch ein Trendszenario erreichten komplementär ist, und es werden rückwirkend die Maßnahmen zu seiner Erreichung diskutiert.
- Das **Strategieszenario**: Hiermit sollen instrumentelle und raumpolitische Bedingungen ermittelt werden, die dafür geeignet sind, einer negativen Entwicklung (die etwa ein Trendszenario aufgezeigt hat) entgegenzusteuern.

Wirkfaktoren	quantitative und qualitative Dimensionen	Beeinträchtigung (allgemein)	Beschreibung der Beeinträchtigungen	quantitative und qualitative Dimensionen der Beeinträchtigungen
Zerschneidung	- Zerschneidungs-längen in lfdm - Breiten- und Tiefenwirkung in m bzw. als qualitative Abschätzung - Größe und Anzahl der Restflächen - Tiefe, Höhe und Länge von Trassierungen, Einschnitten und Dämmen sowie Brücken, Deponien, Bebauungen und Schallschutzwänden in m - Flächenbeanspruchung für Einschnitte, Dämme, Deponien etc. in m², ha	- Trennung von Jahreslebensräumen der Tierwelt durch Unterbrechung von Wanderwegen, insbesondere von nicht flugfähigen immobilen Tierarten und Behinderung des Vogelflugs	- Unterscheidung von Minimalarealgrößen - Isolierung von Populationen, Entstehung von Inselbiotopen - Verringerung, Veränderung des Tierartenbestandes und der Tiergesellschaften sowie deren Jahreslebensräume - Zuzug von standortfremden und Abwanderung von Arten	- Auswahl bestimmter Indikator- und Zielarten; Fläche in m², ha, km² - Vernetzungsdistanzen, Aktionsradien von ausgewählten Indikator- und Zielarten in m - Artenzahl und Individuendichte von ausgewählten Indikator- und Zielarten
		- Veränderung des Meso- und Mikroklimas	- Abriegelung von Frischluft- und Kaltluftbahnen durch Dämme und Einschnitte - Veränderung von Luftaustauschbewegungen	- qualitative Beurteilung der Beeinträchtigung - qualitative Abschätzung der Beeinträchtigung
		- Anschnitt von Geländeprofilen	- Veränderung von geomorphographischen Strukturen	- quantitative Beurteilung der Beeinträchtigung
		- Anschnitt von Grundwasseraquiferen	- Verringerung der Quellschüttung - Verschlechterung der Gewässergüte - Verschmutzung, Verschlechterung der Grundwasserqualität - Verminderung des nutzbaren Grundwasserdargebots	- qualitative Abschätzung der Quellschüttung - Gewässergüte - Trinkwassergüte; qualitative Abschätzung des Filtervermögens der Deckschichten - Grundwasservorkommen
		- Horizontlinienabänderung	- Veränderung der landschaftstypischen (naturräumlichen) Charakteristik (Eigenart des Landschaftsbildes) - Störung des Naturraumerlebens sowie des Nah- und Fernsicht sowie der Einsehbarkeit und der Sichtraumbeziehungen - Veränderung des Natürlichkeitsgrades einer Landschaft	- qualitative Beurteilung der Beeinträchtigung - Entfernung zum Objekt in m; Flächengröße der Sicht- und Verschattungsräume in m², ha - Bewegtheit des Reliefs; qualitative Abschätzung

Abb. 4.5 Beispiel einer Wirkfaktor-Beeinträchtigungskette für den Wirkfaktor „Flächenzerschneidung" (Thüringer Ministerium für Umwelt und Landesplanung 1994).

er für „Bühnenbild" steht, aber auch das Verzeichnis der Requisiten beinhaltet, die für eine Aufführung notwendig sind: Entsprechend bildet also das Szenario den Schauplatz, in dem sich eine Handlung abspielt. Dieser muss aus plausiblen Randbedingungen bestehen, die so vollständig zu benennen sind, dass sie einen in sich geschlossenen Rahmen bilden, aus dem heraus Argumentationsketten, die mögliche künftige Entwicklungen aufzeigen, folgerichtig entwickelt werden können. Dabei dürfen keine Brüche auftreten. Besonders zu betrachten und zu kennzeichnen sind dabei die möglichen Verzweigungspunkte des Systems, an dem es sich – beispielsweise aufgrund zusätzlich normativ eingeführter oder von außen her wirksamer Randbedingungen – in eine andere Richtung entwickelt.

Der große Vorteil von Szenarien liegt darin, sehr unterschiedliche Informationsarten und Methodenbausteine aufnehmen zu können. Oft liegen ihnen strukturierte Wirkungsketten zugrunde, die durch weitere insbesondere qualitative, aber auch statistisch-quantitative Angaben und Methodenbausteine ergänzt und angereichert werden. Aus ihnen können jedoch keine Angaben begründet werden, welches der geschilderten Ereignisse nun mit höherer Wahrscheinlichkeit eintreten kann. Die Stärke von Szenarien liegt vielmehr darin, unter Integration unterschiedlichster Informationen komplexe Entwicklungen darzustellen, um wichtige Einflussgrößen, Beziehungsmuster und mögliche Verzweigungspunkte des Systemverhaltens zu identifizieren. Unabdingbar ist dabei, dass Szenarien – wie allen Prognosen – eine klare Formulierung von Problemlage und Zielstellung zugrunde liegt und dass ihre Darstellung eindeutig zwischen relevanter Information (nachgewiesenen Zusammenhängen) und den normativ eingeführten wertenden Rahmenbedingungen (Zusatzinformation) unterscheidet (vergleiche Kasten 4.4): Eine Projektion, die den Namen „Szenario" trägt, darf kein undifferenzierter Textbrei sein, sondern muss diese Informationsarten klar benennen und voneinander trennen!

Ziel von Szenarien wird häufig sein, Problemfelder zu erkennen und zu strukturieren und rechtzeitig Strategien zu ihrer Überwindung oder Verhinderung zu erörtern.

Kasten 4.4 Ausformulierung von Szenarien

Bei der Ausformulierung von Szenarien ist eine klare Untergliederung der ihnen zugrunde liegenden Informationen nach folgenden Kategorien erforderlich:

- Benennung der **zugrunde liegenden Problemlage** und der **Zielstellung** der Prognose
- Aussagen über den **bekannten Systemzustand**
- Benennung der **Randbedingungen** als normativ eingeführte Zusatzinformation (z. B. Annahmen über die Größe und den Ausbaugrad einer Variante, Annahme des Weiterbestehens oder der Verschiebung bestimmter Werthaltungen). Diese müssen einen in sich geschlossenen und plausiblen Rahmen bilden, in dem sich das Szenario abspielt.
- Herangezogene „relevante Information" über **prognostisch relevante Zusammenhänge** (z. B. Trendextrapolationen, statistische Korrelationen, Erfahrungswissen, Aussagen über ähnliche Situationen, Literaturangaben über mögliche Auswirkungen und Wirkungsbeziehungen).
- Daraus formulierte **Aussagen über mögliche Wirkungen und Folgewirkungen**.

Damit eignen sie sich gut für die Landschaftsplanung, wo etwa entwickelte Alternativszenarien gezielt in der Öffentlichkeitsbeteiligung eingesetzt werden können. Auch können in partizipativen Beteiligungsprozessen gemeinsam Rahmenbedingungen für alternative Entwicklungen formuliert und über Szenarien in ihren möglichen Folgen beleuchtet werden. Nicht Ergebnisorientierung, sondern Prozessorientierung, d. h. die Gewinnung neuer Erkenntnisse und die Unterstützung von Entscheidungsprozessen stehen damit hier im Vordergrund. Bei Eingriffsabschätzungen werden insbesondere die Auswirkungen von Unfällen und Störfällen im Regelfall nicht quantitativ fassbar, sondern nur über Störfallszenarien darstellbar sein. Gleiches gilt für die Beschreibung der Umweltauswirkungen von Plänen und Programmen im Rahmen der Strategischen Umweltprüfung SUP. Tabelle 4.1 veranschaulicht abschließend eine Gegenüberstellung von Szenarien und Wirkfaktor-Beeinträchtigungsketten. Letztere sind dabei tendenziell auf genauere Informationen und zuordenbare Zusammenhänge angewiesen und kommen vor allem für die Beschreibung projektspezifischer Umweltauswirkungen zum Einsatz.

4.2.4 Wechsel- und Kumulativwirkungen

Eine adäquate Berücksichtigung von Wechselwirkungen hat nach den **Bestimmungen des UVP-Gesetzes** Bestandteil jeder Umweltverträglichkeitsprüfung zu sein: Mit der Vorgabe, dass neben den Auswirkungen auf einzelne Schutzgüter auch die auf die jeweiligen Wechselwirkungen zu berücksichtigen sind (§ 2 Abs. 1 UVP-Gesetz), beabsichtigt der Gesetzgeber eine Vorgehensweise, die die funktionalen Bezüge zwischen den Schutzgütern einbezieht und in eine ganzheitliche Betrachtung der Auswirkungen eines Vorhabens auf die Umwelt mündet. Einen sehr umfassenden Ansatz formuliert zudem die Richtlinie zur Prüfung der Umweltauswirkungen bestimmter Pläne und Programme: Demnach schließen die in einer **Strategischen Umweltprüfung (SUP)** darzustellenden voraussichtlichen erheblichen Umweltauswirkungen „sekundäre, kumulative, synergetische, kurz-, mittel- und langfristige, ständige und vorübergehende, positive und negative Auswirkungen" ein. Neben der UVP sind die Aussagen der **FFH-Richtlinie** relevant, da sie die Bedeutung von Wirkungsüberlagerungen (Kumulativwirkungen) besonders hervorhebt: Demnach erfordern auch Pläne und Projekte, die ein FFH- oder ein Vogelschutzgebiet im Zusammenhang mit anderen Plänen und Projekten erheblich beeinträchtigen können, eine Prüfung auf Verträglichkeit mit den für das Gebiet festgelegten Erhaltungszielen (Art. 6 Abs. 3 FFH-Richtlinie). Dem Thema Wechsel- und Kumulativwirkungen kommt also aufgrund dieser aktuellen Entwicklungen in der Planungspraxis erhöhte Bedeutung zu.

Definitorisch ist dabei zu unterscheiden zwischen (BALLA & MÜLLER-PFANNENSTIEL 1997; RASSMUS et al. 2001):

- **Wechselbeziehungen**, die als Oberbegriff alle Wirkungszusammenhänge in der Umwelt als vernetztem System umfassen;
- **Wechselwirkungen**, die solche Wirkungszusammenhänge zwischen aber auch innerhalb von Schutzgütern einschließen, die durch ein Vorhaben indirekt betroffen sein können;
- **den Auswirkungen auf die Wechselwirkungen**, die dann die feststellbaren Veränderungen dieses Wirkungsgefüges beschreiben.

Diesem umfassenden Anspruch der gesetzlichen Vorgaben steht jedoch entgegen, dass es derzeit noch keine einheitliche Definition gibt, was genau unter Wechselwirkungen zu verstehen ist und wie sie inhaltlich zu behandeln sind. Die Erfassung und Bewertung von Wechselwirkungen stellt vielmehr bislang ein **Definitionsproblem** und ein **Methodenproblem** dar. Zur UVP trifft zwar die Verwaltungsvorschrift zum UVP-Ge-

Tabelle 4.1 Gegenüberstellung von Wirkfaktor-Beeinträchtigungsketten und Szenarien (Jessel 2000)

Wirkfaktor-Beeinträchtigungsketten	Szenarien
Stärker strukturierte	Weniger stark strukturierte und im Einzelnen nachgewiesene
Wirkungszusammenhänge	
Stärker quantifizierend, d.h. Wirkfaktoren und nach Möglichkeit auch Art und Intensität der Beeinträchtigungen sollten in der Sachdimension fassbar sein	Stärker qualitativ angelegt, d.h. Integration auch nur qualitativ wiedergebbarer Sachverhalte
Beschränkung auf strukturierte Wirkungsketten	Flexible Integration weiterer Rahmenbedingungen und Methoden
In der Tendenz einfachere Wirkungszusammenhänge	Berücksichtigung komplexer Zusammenhänge
Einfacher Aufbau	Komplexer, d.h. Wirkungsketten sind als einer von mehreren Methodenbausteinen integriert
Größere Übersichtlichkeit und klarere Zuordnung	Gefahr des Textbreis bzw. unhinterfragt einfließender Rahmenbedingungen und Zusatzannahmen
Einsatz z.B.: • zur Beschreibung projektspezifischer Umweltauswirkungen und Strukturierung von Wirkungsbeziehungen in (Projekt-)UVP und Eingriffsregelung	Einsatz z.B.: • zur Beschreibung von Umweltauswirkungen von Plänen und Programmen (Landschaftsplanung oder im Rahmen der geplanten Strategischen Umweltprüfung SUP) • für Unfall- und Störfallszenarien in der UVP • als ergänzende Darstellung zu Wirkungsketten (z.B. Aufzeigen alternativer Entwicklungen und damit verbundener Auswirkungen bei Realisierung unterschiedlicher Varianten/Alternativen) • zum Entwickeln von Alternativszenarien im Rahmen der Landschaftsplanung

setz die Aussage, dass Wechselwirkungen durch Schutzmaßnahmen und Problemverschiebungen zwischen Schutzgütern verursacht werden können. Ein Beispiel für eine solche Problemverlagerung wäre eine verbesserte Abwasserreinigung, die jedoch zu einem Anstieg der Klärschlammmengen und deren Schadstoffbelastung führt. Da der Klärschlamm entsorgt werden muss, steigt die Gefahr einer Kontamination des Bodens (bei Aufbringung auf landwirtschaftlich genutzte Flächen) bzw. der Luft (bei Verbrennung; weitere Beispiele vergleiche Tabelle 4.2). Eine solche Sichtweise greift jedoch zu kurz. Es muss vielmehr beachtet werden, dass Wechselwirkungen verschiedene weitere Entstehungsursachen haben können (vergleiche Kasten 4.5).

Als ein erster Schritt, um mögliche Bezüge zwischen den Schutzgütern zu identifizieren, kann eine Verflechtungsmatrix dienen. Abbildung 4.6 verdeutlicht Beispiele für solche grundlegenden Bezüge zwischen den Schutzgütern, deren Inhalte allerdings jeweils noch projektspezifisch anzupassen sind. Darauf aufbauend muss dann jedoch beachtet werden, dass Wechselwirkungen viele Facetten haben:

- Aus ökosystemarer Sicht können die in der Umwelt ablaufenden **Prozesse** als Wechselwirkungen aufgefasst werden (RASSMUS et al. 2001; vergleiche auch Tab. 4.3). Darunter fallen energetische, stoffliche, hydrologische und biologische Prozesse. Aber auch bestimmte gesellschaftliche Prozesse sind zu beachten, wenn sie Veränderungen in der Umwelt bewirken, die zu einem Wandel menschlichen Verhaltens führen, das seinerseits erhebliche Einflüsse auf die Umwelt hat. Auswirkungen auf Wechselwirkungen sind in diesem Sinne entscheidungserhebliche Auswirkungen eines Vorhabens auf (Schlüssel-)Prozesse oder das Prozessgefüge, die zu einem veränderten Zustand, einer veränderten Entwicklungstendenz oder einer veränderten Reaktion der Umwelt auf äußere Einflüsse führen.
- Ein anderer Ansatz besteht darin, Wechselwirkungen aus **landschaftsräumlichen Zusammenhängen** heraus zu bestimmen (SPORBECK et al. 1997). Demnach gibt es bestimmte Ökosystemtypen bzw. Ökosystemkomplexe, bei denen aufgrund ihrer Komplexität im Regelfall eine schutzgutübergreifende Betrachtung des ökosystemaren Wirkungsgefüges erforderlich ist. Nennen lassen sich als solche u.a.: Auenkomplexe, naturnahe Bach- und Flusstäler, oligotrophe Stillgewässer mit Verlandungszonen, Trocken- und Halbtrockenrasenkomplexe, naturnahe waldfreie Feuchtbereiche (Niedermoore, Feuchtgrünländer, Seggenriede),

---

Kasten 4.5 Wechselwirkungen

Wechselwirkungen können auf verschiedenen Wegen entstehen (GASSNER & WINKELBRANDT 1997):

Additiv, wobei ein Einzelfaktor die Umwelt durch stetige Entnahme oder Hinzufügen von Stoffen bzw. Energie beeinflusst;

Interaktiv, wobei ein Einzelfaktor die Umwelt durch stetige Entnahme oder Hinzufügung sich verbindender Stoffe bzw. Energien beeinflusst;

Multifaktoriell, wobei unterschiedliche Wirkfaktoren die Umwelt mehrfach belasten;

Synergetisch bzw. antagonistisch, wobei unterschiedliche Wirkfaktoren die Umwelt mit positiver/negativer Resonanz belasten.

Tabelle 4.2 Wirkungsverlagerung (Problemverschiebungen) aufgrund von Vermeidungs- und Minderungs- oder Schutzmaßnahmen (SPORBECK et al. 1999)

Vermeidungs-/Minderungs-/Schutzmaßnahmen	Zu entlastende Schutzgüter	mögliche Wirkungsverlagerungen
Anlage von Lärmschutzwänden oder -wällen	• Mensch • (Tiere)	• visuelle Beeinträchtigungen des Landschaftsbildes • erhöhte Barrierewirkung auf Mensch und Tiere • Beeinträchtigung klimatischer Austauschvorgänge • erhöhte Schadstoffanreicherung im Trassennahbereich, bei einseitigen Lärmschutzwänden erhöhte Schadstoffausbreitung in entgegengesetzter Richtung mit entsprechender Beeinträchtigung von Pflanzen, Boden, Wasser, Luft
Absenken der Trasse in Einschnittlage zum Immissionsschutz und zur Minimierung optischer Wirkungen	• Mensch • Landschaft/Landschaftsbild • (Boden) • (Tiere/Pflanzen)	• Anschnitt von Grundwasser, Beeinträchtigung des Grundwasserschutzes • erhöhter Flächenverbrauch
Anlage von Brücken und Aufständerungen zur Erhaltung der kleinklimatischen Verhältnisse, zum Biotopschutz und zur Verringerung von Trennwirkungen	• Mensch • Tiere/Pflanzen • Klima	• Visuelle Beeinträchtigung des Landschaftsbildes • Beeinträchtigung des Grundwassers bei Tiefgründungen in grundwassernahen Bereichen und Beeinträchtigung von Biotopen durch Änderung der Standortbedingungen • erhöhte Inspruchnahme von Biotopstrukturen durch Vergrößerung des Baufeldes
Immissionsschutzpflanzungen zur Verringerung der Schadstoffausbreitung	• Mensch • Boden • Tiere/Pflanzen • (Wasser)	• erhöhte Schadstoffanreicherung im Trassennahbereich und Gefahr der Verlagerung des Grundwassers • visuelle Beeinträchtigung des Landschaftsbildes • Beeinträchtigung klimatischer Austauschvorgänge
Abflachen von Böschungen, Geländemodellierungen zur besseren landschaftlichen Einbindung und zur geländeklimatischen Optimierung	• Landschaft/Landschaftsbild • Klima	• erhöhte Inspruchnahme natürlicher Böden • erhöhte Inspruchnahme von Biotopstrukturen
Freie Versickerung des Straßenabflusswassers zur Erhaltung des wasserhaushaltlichen Gleichgewichts und zur Erhaltung naturnaher Vorfluter	• Wasser	• Schadstoffbelastung des Bodens • Schadstoffbelastung des Grundwassers • Schadstoffbelastung von Biotopstrukturen • Schadstoffbelastung von Oberflächenwasser (bei enger Nachbarschaft der Straße zu naturnahen Gewässern)
Einleitung des Straßenabflusswassers in die Kanalisation oder in den Vorfluter	• Boden • Wasser	• Reduzierung der Grundwasserneubildungsrate • Erhöhung der Wassermenge im Vorfluter • Schadstoffbelastung des Vorfluters

Tabelle 4.2 Wirkungsverlagerung (Problemverschiebungen) aufgrund von Vermeidungs- und Minderungs- oder Schutzmaßnahmen (SPORBECK et al. 1999) (Forts.)

Vermeidungs-/Minderungs-/Schutzmaßnahmen	Zu entlastende Schutzgüter	mögliche Wirkungsverlagerungen
Anlage von Absatzbecken Anlage von Gehölzstrukturen	• Wasser • Landschaft/Landschaftsbild	• Inanspruchnahme von Böden • Inanspruchnahme von Biotopstrukturen • Schadstoffbelastung des Bodens • Schadstoffbelastung des Grundwassers • Kammerung der Landschaft • Unterschreitung der Fluchtdistanzen von Tieren und Vertreibung z.b. von Wiesenbrütern (Anspruch an offene Wiesenbereiche)

Hochmoore, naturnahe Wälder sowie Bereiche mit besonderen Standortsfaktoren (z. B. grund- und hangwasserbeeinflussten Böden, Bereiche mit ausgeprägtem Geländeklima).

- Neben **äußeren Faktoren** (z. B. der Energieeinstrahlung) können auch **interne Rückkopplungen** (z. B. Selbstregulationsfähigkeit und Selbstorganisationsfähigkeit von Ökosystemen) eine Rolle spielen. Das bedeutet zugleich, dass Wechselwirkungen sich entgegen gängigem Verständnis nicht nur zwischen Schutzgütern, sondern auch innerhalb eines Schutzgutes abspielen können.
- Da in ökosystemaren Wirkungsgefügen letztlich „alles mit allem" in Verbindung steht, entstehen Wirkungsketten, die sich quasi ins Unendliche fortsetzen. Für Planungsprozesse hat die Betrachtung von Wechselwirkungen sich auf die **entscheidungserheblichen Aspekte** zu beschränken. D. h. sie reicht nur so weit wie erhebliche Veränderungen auftreten können.

Ein Aspekt bei der Bearbeitung von Wechselwirkungen ist die Erfassung **kumulativer Aspekte**, so genannte „Summationswirkungen." Sie treten ein, wenn Auswirkungen eines Projektes sich mit vergangenen, aktuellen oder in Kürze zu realisierenden Projekten verbinden. Beispiele für solche kumulativen Auswirkungen sind Auswirkungen, die Infrastrukturprojekte wie Straßen infolge weiterer Industrieansiedlung nach sich ziehen, der Eintrag von Sedimenten oder toxischen Stoffen in große Gewässer über die Zeit hinweg oder die sukzessive Biotopzerschneidung durch Infrastruktur oder andere Planungen. Auch der globale Treibhauseffekt, der durch die Wirkung verschiedener relevanter Spurengase eintritt, kann darunter gerechnet werden (vergleiche Tab. 4.4). Da Kumulativwirkungen häufig zeitversetzt eintreten und erst in Überlagerung mit anderen Wirkungen – ggf. an anderer Stelle – zu erheblichen Effekten führen, ist der zeitliche und räumliche Rahmen zu ihrer Erfassung gegenüber rein projektbezogenen Untersuchungen deutlich weiter zu stecken.

Die Darlegung der Wechselwirkungen (Wirkungsanalyse) und der bei ihnen möglicherweise eintretenden Veränderungen (Wirkungsprognose) sollte in Gutachten in einem eigenen Abschnitt erfolgen und nicht unter die anderen Schutzgüter mit gefasst werden. Da eine quantitativ abgesicherte Datenbasis über das Ausmaß eintretender

Wirkung von / auf	Menschen	Tiere	Pflanzen	Boden	Wasser	Luft	Klima	Landschaft
Tieren	Ernährung Erholung Naturerlebnis	Konkurrenz Minimalareal Populationsdynamik Nahrungskette	Fraß, Tritt Düngung Bestäubung Verbreitung	Düngung Verdichtung Lockerung Bodenbildung (Bodenfauna)	Nutzung Stoffein- und -austrag	Nutzung Stoffein- und -austrag	Beeinflussung durch CO_2-Produktion etc. Atmosphärenbildung (zus. mit Pflanzen)	gestaltende Elemente Nutzung
Pflanzen	Schutz Ernährung Erholung Naturerlebnis O_2-Produktion	Nahrungsgrundlage O_2-Produktion Lebensraum Schutz	Konkurrenz Pflanzengesellschaften Schutz	Durchwurzelung (Erosionsschutz) Nährstoffentzug Schadstoffentzug Bodenbildung	Nutzung Stoffein- und -austrag Reinigung Regulation	Nutzung Stoffein- und -austrag Reinigung	Klimabildung, Beeinflussung durch O_2-Produktion CO_2-Aufnahme Atmosphärenbildung (zus. mit Tieren)	Strukturelemente Topographie, Höhen
Boden	Lebensraum Ertragspotenzial Rohstoffgewinnung	Lebensraum	Lebensraum Nährstoffversorgung Schadstoffquelle	trockene Deposition Bodeneintrag	Stoffeintrag Trübung Sedimentbildung Filtration von Schadstoffen	Staubbildung	Beeinflussung durch Staubbildung	Wasserhaushalt Stoffhaushalt Energiehaushalt Strukturelemente
Wasser	Lebensgrundlage Trinkwasser Brauchwasser Erholung	Lebensgrundlage Trinkwasser Lebensraum	Lebensgrundlage Lebensraum	Stoffverlagerung Erosion nasse Deposition Beeinflussung von Bodenart und -struktur	Regen Stoffeintrag	Aerosole Luftfeuchtigkeit	Lokalklima Verdunstung Wolken, Nebel, etc.	Wasserhaushalt Stoffhaushalt Energiehaushalt Strukturelemente Relief
Luft	Lebensgrundlage Atemluft	Lebensgrundlage Atemluft Lebensraum	Lebensgrundlage Atemluft CO_2	Bodenluft Bodenklima Erosion Stoffeintrag	Belüftung Trockene Deposition (Trägermedium)	chem. Reaktion mit Schadstoffen Durchmischung O_2-Ausgleich	Lokal- und Kleinklima	Stoffhaushalt Erholungseignung
Klima	Wohlbefinden Umfeldbedingungen	Wohlbefinden Umfeldbedingungen	Verbreitung Bestäubung Wuchsbedingungen Umfeldbedingungen	Bodenklima Bodenentwicklung	Gewässertemperatur Grundwasserneubildung	Strömung, Wind Luftqualität	Beeinflussung verschiedener Klimazonen (Wirkungs-, Ausgleichsräume)	Wasserhaushalt Energiehaushalt Element der gesamtästhetischen Wirkung
Landschaft	Ästhetisches Empfinden Erholung Schutz Wohlbefinden	Lebensraumstruktur	Lebensraumstruktur	ggf. Erosionsschutz	Gewässerverlauf Wasserscheiden	Strömungsverlauf	Klimabildung Reinluftbildung Kaltluftströmung	Naturlandschaft vs. Stadt-/Kulturlandschaft
(Menschen) Vorbelastung	konkurrierende Raumansprüche	Verbreitung Störungen (Lärm etc.) Verdrängung	Verbreitung Nutzung, Pflege Verdrängung	Bearbeitung, Düngung Verdichtung Versiegelung Umlagerung	Nutzung (Trinkwasser, Erholung), Stoffeintrag Gestaltung	Nutzung (Schad-) Stoffeintrag	z.B. Aufheizung durch Stoffeintrag "Ozonloch"	Nutzung z.B. durch Erholungssuchende Überformung Gestaltung

Abb. 4.6 *Überblick über Wechselbeziehungen zwischen den Schutzgütern (RAMMERT 1995; ergänzt u. verändert durch SCHOLLES 1997).*

Tabelle 4.3 Prozesse, die Wechselwirkungen abbilden und dabei durch Auswirkungen eines Vorhabens erheblichen Veränderungen unterliegen können (Rassmus et al. 2001)

Energetische, stoffliche und hydrologische Prozesse

- **Transportprozesse,**
  z.B. Transport von Energie in Form von Wärmeenergie oder chemisch gebundener Energie, Transport von gelösten, gasförmigen oder festen Stoffen, Versickerung und Abfluss von Wasser

- **Filterungs- und Speicherungs- bzw. Anreicherungsprozesse,**
  z.B. Filterung von Stoffen im Boden, Speicherung von Stoffen im Boden, Sedimentation

- **Umwandlungsprozesse,**
  z.B. Umwandlung von chemischer in thermische Energie, Abbau von organischen Verbindungen

- **Kreisläufe,**
  z.B. Wasser-, Nährstoff-, Kohlenstoffkreisläufe

Biologische Prozesse

- **Toxische, kanzerogene und hormonelle Wirkung von Stoffen in Organismen**
  im Hinblick auf die individuelle Fitness, die Fortpflanzungsfähigkeit und den Fortpflanzungserfolg

- **Physiologische Reaktion und Verhalten von Tieren aufgrund visueller, auditiver und olfaktorischer Umweltbedingungen,**
  z.B. Flucht (bei Störungen, ggf. aber mit Gewöhnungsprozessen), Anlockung (z.B. Licht auf Insekten), Fehlleitung (z.B. Anlage von Brutgelegen auf Maisäckern)

- **Migrationsprozesse**
  zwischen Teillebensräumen und Teilpopulationen, dadurch u.U. populationsökologische Auswirkungen

- **Bildung von Lebensgemeinschaften**
  durch direkte oder indirekte Förderung bzw. Verdrängung von Arten, z.B. aufgrund von Veränderungen der abiotischen Bedingungen oder aufgrund von Konkurrenz, Fraß bzw. Prädatorendruck (dabei sind ggf. spezifische Funktionen von Arten – z.B. Bestäubung und Verbreitung von Pflanzenarten durch Tiere – zu beachten, die zu weiteren Folgewirkungen führen können)

- **Regulation der abiotischen Bedingungen durch biologische Prozesse,**
  z.B. Humusbildung durch die Bodenfauna, Erosionshemmung durch die Vegetationsbedeckung oder Filterung von Schadstoffen aus Gewässern durch die Makrofauna

Gesellschaftliche Prozesse

- **Attraktion,**
  z.B. vermehrte Nutzung eines Raumes durch Erholungssuchende aufgrund landschaftlicher oder kultureller Attraktionen, guter Erreichbarkeit oder Nähe zu Wohn- oder Feriengebieten

- **Mobilität,**
  z.B. Veränderung von Verkehrsflüssen aufgrund von Verkehrswegen, Lage von Wohn- und Gewerbegebieten

- **Nutzung,**
  z.B. Veränderung der land-, forst- und fischereiwirtschaftlichen Nutzung aufgrund der Erreichbarkeit oder wirtschaftlicher Rahmenbedingungen

Tabelle 4.4 Spektrum kumulativer Wirkungen (RUNGE 1998)

Wirkungstyp	Charakteristik	Beispiel
Zeitliche Summenwirkungen	Ständige oder oft wiederholte Eingriffe (Wirkung noch nicht abgeklungen, bevor die nächste eintritt)	Wilde Abfallentsorgung an Seen, Flüssen etc.
Räumliche Summenwirkungen	Räumlich gedrängte Eingriffe, so dass die Wirkungsradien überlappen	Biotopzerschneidung durch vielfachen Straßenbau
Verbindungswirkungen	Synergismen aus vielfachen Quellen innerhalb eines Mediums	Gasige Emissionen in die Atmosphäre
Zeitverschobene Wirkungen	Lange Verzögerung bis zum Sichtbarwerden einer Wirkung	Waldschäden, kanzerogene Prozesse
Raumverschobene Wirkungen	Wirkungen treten weit entfernt von der Quelle auf	Staudämme, Langstreckentransport von Luftschadstoffen
Trigger- und Schwellwirkungen	Plötzliche Auslösung ökologischer Prozesse, die das Systemverhalten grundsätzlich ändern	Ausschwemmung von Schwermetallen nach Erschöpfung der Bodenpufferkapazität
Strukturelle Überraschungen	Multimediale oder multisystemare Wirkungen, die mit langfristigen Veränderungen natürlicher Systeme einhergehen	Wirkung des CO_2-Anstiegs auf das Globalklima
Induzierte Wirkungen	Neben- und Folgeeffekte einer Primäraktivität	Straßenbau, der Siedlungsaktivitäten nach sich zieht
Streuwirkungen	Breite Streuung einzeln geringfügiger Wirkungen	Fragmentierung von Ökosystemen

Auswirkungen hier meist nicht verfügbar sein wird, sind sie zumindest einer qualitativen, verbal-argumentativen Betrachtung zu unterziehen, die vor allem die jeweiligen landschaftsräumlichen Zusammenhänge berücksichtigt. Zudem ist es gerade zum Thema Wechselwirkungen wichtig, auch vorhandene Kenntnislücken anzugeben, wie es ja auch das UVP-Gesetz als Bestandteil der beizubringenden Unterlagen verlangt.

4.3   Exemplarische Anwendungen auf die Raumnutzungen

Ökologisch orientierte Planung erfordert nach der Darstellung der Analyse und Bewertung der Schutzgüter die Betrachtung aktuell bereits bekannter bzw. aufgrund vorhandener Planungen in Zukunft absehbarer Konfliktpotenziale. Sie entstehen vor allem aufgrund unterschiedlicher Landnutzungen, deren Intensitäten sich oftmals nicht am Prinzip der Nachhaltigkeit orientieren, sondern ausschließlich an kurzfristigen ökonomischen Überlegungen ausgerichtet sind. Sie sind während des Planungsprozesses ausführlich darzustellen, um auf dieser Grundlage aufbauend planerische Ziele und Maßnahmen zur Konfliktvermeidung oder mindestens -minderung bzw. -minimierung ableiten zu können. Nachfolgend sind die wesentlichen Raumnutzungen hinsichtlich ihrer planerisch relevanten Auswirkungen dargestellt. Dabei werden jeweils zunächst mögliche auftretende Probleme und Umweltbelastungen, sodann planerische Lösungsansätze und Maßnahmen behandelt.

4.3.1　Landwirtschaft

Seit Beginn der Neolithischen Revolution vor rund 10 000 Jahren hat der Mensch große Teile der ehemaligen Naturlandschaft in nutzbare Kulturlandschaften verwandelt. Dieser Übergang geschah nicht plötzlich, sondern ist das Resultat langfristiger Veränderungsprozesse. Dabei bediente er sich ausschließlich des Versuch- und Irrtums – Prinzips, weshalb es auch zu vielen Rückschlägen und Landschaftszerstörungen kam. Diesbezüglich sind u.a. die Versalzungen großer Teile bewässerter Felder in Mesopotamien ebenso zu nennen wie die Entwässerung großer Moore in Nordwestdeutschland und den Niederlanden. Obwohl bereits diese frühen Umweltzerstörungen nachhaltige negative Veränderungen von Landschaften zur Folge hatten, waren sie technologisch begrenzt. Dies änderte sich erst mit dem Beginn der Industriellen Revolution, deren zunehmender Einsatz von Maschinen nahezu jede Landschaftsveränderung und Anpassung an menschliche Bedürfnisse möglich machte. In Mitteleuropa begann der Prozess der Industrialisierung der Landwirtschaft insbesondere nach Beendigung des Zweiten Weltkrieges. Ausschlaggebend hierfür waren einerseits die Erfolge der nordamerikanischen Landwirtschaft für die Entwicklung Westeuropas und die „Tonnenideologie" des sowjetischen Stalinismus. Verbunden damit waren auch gravierende Veränderungen landwirtschaftlicher Produktionsweisen in Osteuropa.

Auswirkungen der Landwirtschaft auf die Umwelt

Abbildung 4.7 listet die Verursacher des Rückgangs gefährdeter Pflanzenarten der Roten Liste entsprechend ihrer Bedeutung auf. Danach ist die Landwirtschaft, die ca. 50 % der Landesfläche bewirtschaftet, mit deutlichem Abstand der Hauptverursacher des Artenrückgangs. Dies gilt nicht nur für Pflanzen, sondern in weit größerem Umfang auch für Tiere, für die die Pflanzen Nahrung liefern, Deckung geben und oft an spezielle Arten gebunden sind. Nach einer Faustzahl sterben mit jeder Pflanzenart ungefähr 10 bis 12 Tierarten aus, die ökologisch in Wechselwirkung mit dieser Pflanze standen (SRU 1985). REICHHOLF (2000) schätzt, dass in Deutschland die Landwirtschaft für 90 % und weltweit immerhin noch für 80 % des Artenrückgangs verantwortlich ist.

Als die wesentlichsten Gründe hierfür sind zu nennen:
- Ständige Spezialisierung und infolgedessen erforderlich werdende Mechanisierung der landwirtschaftlichen Betriebe
- Allgemeiner Trend zur möglichst großflächigen landwirtschaftlichen Bewirtschaftung

513	Landwirtschaft
338	Forstwirtschaft und Jagd
161	Tourismus und Erholung
158	Rohstoffgewinnung, Kleintagebau
155	Gewerbe, Siedlung, Industrie
112	Wasserwirtschaft
79	Teichwirtschaft
71	Verkehr und Transport
71	Abfall- und Abwasserbeseitigung
53	Militär
40	Wissenschaft, Bildung und Kultur
8	Lebensmittel- und pharmazeutische Industrie

Abb. 4.7 *Verursacher des Rückgangs gefährdeter Pflanzenarten der Roten Liste (KORNECK & SUKOPP 1988).*

- Weitgehender Verlust naturbetonter Elemente in der Kulturlandschaft
- Vereinfachung von Fruchtfolgen und damit erhöhter Bedarf an chemischer Schädlingsbekämpfung
- Weitgehende Entkopplung der Stoffkreisläufe mit der Folge, dass Tiermastbetriebe ihre Gülle zunehmend schwerer auf ihren eigenen Flächen verwerten können und reine Ackerbaubetriebe chemischen Dünger kaufen müssen. Rund ein Drittel der etwa 15 Mio. deutschen Rinder wird mit Futtermitteln ernährt, die in Südamerika gewachsen sind (ebd.).

Der deutliche Artenverlust ist umso gravierender einzustufen als es ja gerade die Inkulturnahme mitteleuropäischer Landschaften durch die Menschen während des Neolithikums war, die erheblich zu einer deutlichen Vermehrung der Tier- und Pflanzenartenvielfalt beigetragen hat. Durch Schaffung von Offenlandbiotopen in den überwiegend von artenärmeren Wäldern bedeckten Landschaftsräumen wurden viele neue Biotope für unzählige damals erst einwandernde Tier- und Pflanzenarten geschaffen. Seit etwa dem Beginn der Industriellen Revolution wurde dieser positive Trend jedoch umgekehrt und seit Ende des Zweiten Weltkrieges in negativer Richtung rasant verstärkt. Diese Tendenz konnte auch nicht durch die moderne Naturschutzgesetzgebung abgemildert werden, und es bleibt abzuwarten, ob der Aufbau von Biotopverbundsystemen und die Unterschutzstellung von mindestens 10 % der Landesfläche für naturschutzrelevante Zwecke (wie es das neue BNatSchG in § 3 fordert) ausreichen werden, diesen Trend der Artenentwicklung tatsächlich aufzuhalten.

Die verschiedenen von der Landwirtschaft ausgehenden Umweltgefährdungen sind in Tab. 4.5 zusammengefasst dargestellt. Im Folgenden sollen vor allem die Belastungen einer näheren Betrachtung unterzogen werden, die eine nachhaltige und dauerhafte Beeinträchtigung des Naturhaushaltes zur Folge haben. Sie ließen sich erheblich

Tabelle 4.5 Umweltgefährdung durch Landwirtschaft – Synopse von Problembereichen (BUSCH & FAHNING 1992)

Gefährdeter Bereich	Schadfaktoren/Schadwirkung
Umweltmedien	
Boden	Erosion Verdichtung Schadstoff- und Nährstoffeintrag
Wasser	Schadstoff- und Nährstoffeintrag in Grund- und Oberflächenwasser
Luft	Emission von Stoffen z.B. bei: • Tierhaltung (Ammoniak etc.) • Pflanzenschutzmittelausbringung • Bodenbearbeitung, Düngung, Ernte (Stäube) • Kraftfahrzeugbetrieb • erhöhter Denitrifikation
Lebende Systeme	
Flora und Fauna	Artendezimierung durch Beeinträchtigung, Verkleinerung, Zersplitterung und Beseitigung naturbetonter Biotope Beeinträchtigung durch Einsatz von Pflanzenschutzmitteln und Düngern Veränderung und Beseitigung von Biotopen durch Nivellierung von Standortsverhältnissen (Be- und Entwässerung, Düngung)
Flora und Fauna im Boden	Beeinträchtigung durch Bodenbearbeitung, Düngung, Pflanzenschutz, Befahren des Bodens
Landschaftsbild	
Kulturlandschaft	Verlust an ästhetisch wertvollen Landschaftselementen Beeinträchtigung durch nicht an die Landschaft angepasste Wirtschaftsgebäude und Silos
Ressourcenverbrauch	
Energie	Verbrauch durch z.B. Düngerproduktion, Trocknungen
Rohstoffe	Erdöl Düngemittel (z.B. Phosphat, Kalium) Erze (Maschinen etc.)
Wasser	Beregnung, Tierhaltung, Pflanzenschutz Gesundheitsrisiken am Arbeitsplatz
Mensch	maschinenbedingte Risiken betriebsbedingte Risiken (z.B. Gefährdung durch das Versprühen von Pflanzenschutzmitteln) Monotonisierung der Arbeitsverhältnisse
Nahrungsmittel	
Mensch und Tier	Schadstoffrückstände in pflanzlicher oder tierischer Nahrung Nährstoffanreicherung (z.B. Nitrat im Blattgemüse)

reduzieren, wenn die in Kasten 4.6 aufgelisteten Kriterien der „guten fachlichen Praxis" (gemäß § 5 BNatSchG) umgesetzt werden könnten.

Bodenverdichtung

Mit der zunehmenden Industrialisierung der Landwirtschaft waren gravierende Umstrukturierungsprozesse innerhalb dieses Wirtschaftssektors verbunden. Da immer weniger Landwirte die Nahrungsmittel für immer mehr Menschen produzieren müssen, wurden immer größere und damit auch schwerere Maschinen für die Bodenbearbeitung eingesetzt. Da die Preise für landwirtschaftliche Produkte in den letzten Jahren zudem gefallen und nicht gestiegen sind, konnten die bäuerlichen Betriebe nur durch ständige Rationalisierungen überleben. Dadurch hat vor allem auch die physikalisch-mechanische Belastung der Ackerböden kontinuierlich zugenommen. Hohe Erträge ließen sich oftmals nur erzielen, wenn auf den Böden eine Vielzahl von Bewirtschaftungsmaßnahmen (Pflügen, Säen, Düngen, Pflanzenschutz u.v.m.) durchgeführt wurden, wodurch die Böden auch immer häufiger überfahren werden mussten. In Abhängigkeit von den Witterungsverhältnissen und der Bodenstruktur kann es so zu

---

Kasten 4.6 Gute fachliche Praxis gemäß des Forderungskatalogs des Bundesamtes für Naturschutz (2000)

Das Bundesamt für Naturschutz hat die folgenden Kriterien aufgestellt, wie aus Sicht des Naturschutzes die gute fachliche Praxis der Landwirtschaft aussehen müsste:

- geschützte, schutzwürdige und gefährdete Biotope erhalten,
- Pufferzonen an der Grenze zu Biotopen nach Einzelfallprüfung nicht düngen und dort keine Pestizide sprühen,
- wenigstens fünf Prozent der Nutzfläche als ökologische Ausgleichsfläche nachweisen, wobei Weiden zur Mutterkuhhaltung oder Öko-Äcker gerechnet werden,
- Hecken, Waldsäume und Feldraine und Ähnliches ebenso erhalten wie punktförmige Trittsteinbiotope, etwa Quellen, Kleinmoore, Tümpel oder Einzelbäume,
- für eine Mindestdichte solcher schützenswerten Bestandteile der Nutzfläche sorgen, wobei deren Flächenanteil ein bis zwei Prozent betragen müsste,
- Feld für Feld den Einsatz von Düngemitteln und Daten zur Nährstoffbilanz in einer so genannten Schlagkartei dokumentieren, die kontrolliert wird,
- im Winter zwischen Mitte November und Mitte Februar nicht düngen,
- höchstens zwei Großvieheinheiten (etwa zwei Rinder mit einer Tonne Lebendgewicht und entsprechend mehr kleinere Nutztiere) je Hektar Nutzfläche halten,
- die Erkenntnisse des integrierten Pflanzenschutzes anwenden und dokumentieren (Einsatz von Nützlingen zum Bekämpfen von Schädlingen; Chemie auf dem Acker als letztes Mittel der Wahl),
- auf Dauergrünland keine Pestizide einsetzen,
- den Boden angepasst an den jeweiligen Standort bearbeiten, dabei Humus und Bodenlockerheit erhalten, wie es das Bundesbodenschutzgesetz fordert,
- in Flussauen, Überschwemmungsgebieten und auf Hängen mit starkem Bodenabtrag kein Grünland zu Acker umbrechen,
- kein genmanipuliertes Saatgut einzusetzen.

verstärkten Verdichtungserscheinungen kommen. Einmal wird der Boden durch den Reifendruck zusammengequetscht und zum anderen durch die Bewegung der Räder auch geknetet. Beide Vorgänge können vor allem bei feuchter Witterung zu deutlichen Veränderungen des Bodenaufbaus beitragen. Vor allem das Volumen wasser- und luftgefüllter Poren im Boden kann dadurch deutlich verringert werden.

Der Landwirt ist durch Einsatz des Pfluges darum bemüht, in den oberen 30 cm der fruchtbaren Bodenkrume durch Wenden des Bodens einer Verdichtung entgegenzuwirken. Dadurch wird eine Verdichtung unterhalb der Krume jedoch nicht verhindert, weshalb sich in disponierten Böden unterhalb der Bearbeitungstiefe eine Pflug- oder Schlepperradsohle ausbilden kann, in der die Wuchsbedingungen der Kulturpflanzen ganz erheblich eingeschränkt sind. Des Weiteren wird die Infiltration von Wasser in den Boden erschwert, so dass es zur Bildung von Stauwasser und Sauerstoffmangel kommen kann, die bis zum Absterben von Kulturpflanzen führen können. Die Durchwurzelbarkeit dieser Bereiche ist deutlich vermindert und die Lebensbedingungen von Flora und Fauna des Bodens erheblich eingeschränkt. Erhebliche Ertragseinbußen können die Folge sein. Vor allem witterungsbedingte Ertragsschwankungen nehmen zu und die Produktion landwirtschaftlicher Produkte kann nicht mehr kostendeckend erfolgen. Besonders gefährdet sind feuchte und tonhaltige Böden, die aber nicht nur ihre Ertragsfähigkeit einbüßen, sondern deren sonstige Bodenfunktionen ebenfalls deutlich beeinträchtigt werden können. In diesem Zusammenhang muss auf den Landschaftswasserhaushalt verwiesen werden. Nach Dauerregenereignissen können schadverdichtete Böden weniger Wasser infiltrieren, wodurch Hochwasserereignisse verstärkt werden können. Die zukünftige Bodenbearbeitung erfordert einen höheren Energieaufwand und die Gefahr der Auswaschung von Nährstoffen und Pflanzenschutzmitteln nimmt zu. Für die neuen Länder wird davon ausgegangen, dass etwa 40 % der Böden schadverdichtet sind (Dürr et al. 1995), wodurch Ertragseinbußen in Höhe von 10 bis 25 % angenommen werden.

Der Landwirt hat verschiedene Möglichkeiten, den Gefahren einer Bodenverdichtung entgegenzuwirken. Er kann z. B. Fahrgassen anlegen, die immer wieder überfahren werden, wodurch die Zwischenräume geschont werden. Auf den Gassen selbst ist dann allerdings meist ein totaler Ernteausfall zu beobachten. Außerdem kann es zu verstärkter Bodenerosion durch Wasser und zu Verschlämmungserscheinungen kommen. Deshalb sollten besser andere Maßnahmen ergriffen werden, um das Bodengefüge zu schonen. Vor allem bei großen Maschinen sollte die Radlast reduziert werden. Hierbei helfen technische Lösungen wie der Einsatz von Breit- und Zwillingsreifen bzw. Gitterräder, Gummibandlaufwerke oder die Anpassung des Reifeninnendrucks auf dem Acker und der Straße (Niederdruckreifen). Des Weiteren können Arbeitsgänge zusammengelegt oder Behältervolumina von Gülle-, Ernte- oder Transportfahrzeugen sinnvoll aufeinander abgestimmt werden. Auch spezielle Spurlockerer können an den üblichen Bearbeitungsgeräten mitgeführt werden.

Aus Sicht der ökologisch orientierten Planung sollte unbedingt darüber nachgedacht werden, ob schadverdichtete Böden nicht ganz aus der Nutzung genommen werden, um sich zu regenerieren oder ob sie in Grünland umgewandelt werden können, um die erforderlichen Arbeitsgänge deutlich zu reduzieren. Demgegenüber ist der Einsatz von Tieflockerungsgeräten nur nach sorgfältiger Prüfung anzuraten, da sie einen erheblichen Eingriff in das gewachsene Bodengefüge zur Folge haben. Mit den klassischen Verfahren zur Bodenverbesserung (Einbringen organischer Substanz, Kalkung) kann der Bodenverdichtung im Allgemeinen nur wenig entgegengewirkt werden. Deutlich mehr Erfolg versprechen konservierende Bodenbearbeitungsverfahren (z. B. nicht wendende Bodenlockerung) in Verbindung mit dem Anbau von Zwischenfrüchten und dabei die Verwendung tief wurzelnder Pflanzenarten.

Bodenverlust durch Wasser- und Winderosion

Seit Inkulturnahme des Bodens für landwirtschaftliche Produktionsprozesse durch den Menschen sind über das natürliche Ausmaß hinausreichende Bodenverluste infolge von Wasser- und Winderosion bekannt. Die äußerst fruchtbaren Auelehmablagerungen vieler Flusstäler entstanden erst nach der Abholzung der natürlichen Wälder in den lössbedeckten Landschaften Mitteleuropas. Auch aus früheren Zeiten sind bereits Devastierungen des Bodens infolge von Erosion bekannt. Seit den 50er-Jahren haben erosionsbedingte Bodenverluste stark zugenommen. Die wichtigsten Ursachen sind:

- Vergrößerung von Ackerschlägen durch Flurbereinigungsmaßnahmen
- Beseitigung von Hangstufen, Hecken und Gräben
- Umwandlung von Grünland in Ackerland
- Zunahme von Feldfrüchten mit später und vergleichsweise kurzer Bodenbedeckung (Zuckerrüben, Mais)
- Verminderung des Humusgehaltes des Bodens infolge intensiver Bodenbearbeitungsverfahren
- Zunahme der Bodenverdichtung (s. o.).

Eine Erhöhung der Winderosion steht vor allem in Verbindung mit einer zunehmenden ackerbaulichen Nutzung von Mooren und der Absenkung ihrer Grundwasserspiegel, dem Umbruch von Heiden und Grünland, sowie der sich beschleunigenden Ausräumung der Landschaft durch Rodung von Feldgehölzen und Hecken.

Mit dem meist unwiederbringlichen Verlust der Bodensubstanz sind weitere Beeinträchtigungen und Funktionsstörungen verbunden, die sich auch auf die Ertragsfähigkeit des Bodens auswirken. Der Verlust an durchwurzelbarer Bodensubstanz führt zur Verminderung des Wasserspeicher- und Filtervermögens. Der Boden verarmt an Humus und Nährstoffen, was sich deutlich auf den Ertrag auswirken kann. Treten größere Erosionsvorgänge nach der Keimung der Kulturpflanzen auf, können sie verletzt oder gar entwurzelt werden. Andere Pflanzen werden von Bodenmaterial überdeckt. Die Ackerschläge werden zunehmend uneinheitlich und ihre Bewirtschaftung kann infolge tiefer Erosionsrinnen erschwert werden. In den Anlandungsbereichen kommt es zu einer Akkumulation von Nährstoffen und Pflanzenschutzmitteln. Gräben, Wege und Gewässer werden durch erodiertes Bodenmaterial ebenfalls beeinträchtigt (Nährstoffeinträge mit der Folge von Eutrophierungen oder auch Gewässerverlandungen). Die Vorgänge der Bodenerosion durch Wasser sind schematisch in Abb. 4.8 dargestellt (AID 1994a).

Zur **Abschätzung der Erosionsempfindlichkeit** existieren mittlerweile wissenschaftlich abgesicherte Verfahren (vergleiche Kasten 4.8). In ökologisch orientierten Planungen sollte mit Nachdruck darauf hingewiesen werden, dass Bodenerosion im

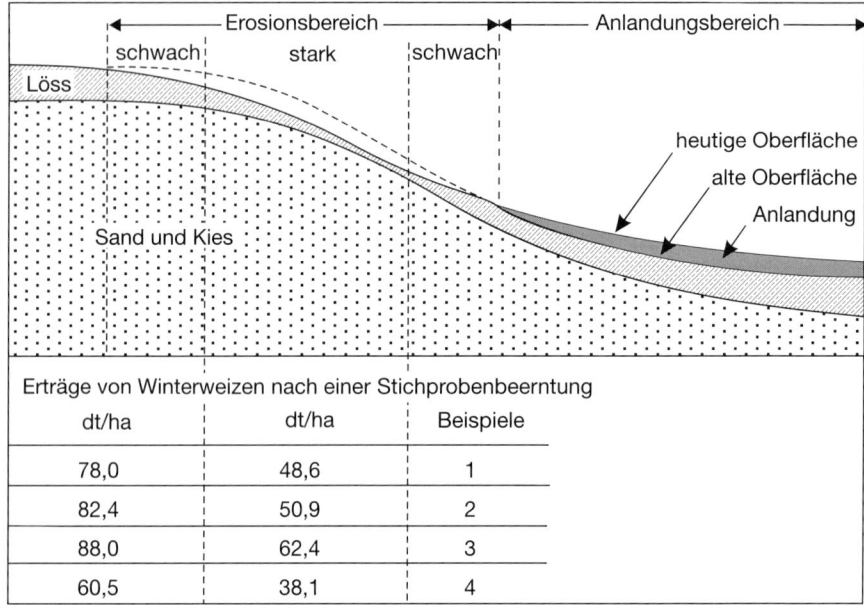

Abb. 4.8 *Beispiele für die Beeinträchtigung der Bodenfruchtbarkeit durch Bodenerosion (AID 1994a).*

Sinne einer Umsetzung nachhaltiger Wirtschaftsweisen unbedingt auf ein geringst mögliches Maß reduziert werden muss, um die wertvolle Ressource Boden auch zukünftig zu erhalten. Hierzu sind eine Reihe gängiger Verfahren bodenschonender Bewirtschaftung erprobt und praxisreif entwickelt worden. Entscheidende Bedeutung kommt der Verbesserung und Pflege der Bodenstruktur zu. Hierzu gehört eine ausreichende Humusversorgung zur Förderung der biologischen Aktivität. Ernterückstände, Wurzelmasse oder Gründüngung sind ebenso geeignet wie die Verwendung von Festmist. Hinzu kommen standortsgerechte Fruchtfolgen mit geringen Anteilen erosionsfördernder Feldfrüchte sowie ausreichende Kalkung und angepasste Bodenbearbeitung. Durch Einsatz moderner Bewirtschaftungsgeräte ist auch die Bearbeitung quer zum Hang (Konturnutzung) möglich geworden. Größere Schläge in Hanglage können zudem unterteilt und mit verschiedenen Feldfrüchten bestellt werden, um die erosive Hanglänge zu verkürzen. Speziell beim Maisanbau haben sich des Weiteren Untersaaten z. B. mit Weißklee oder Weidelgras und die Anlage von Erosionsschutzstreifen bewährt. Ebenso konnten gute Erfolge mit Mulchsaaten erzielt werden. Auch für

Tabelle 4.6 Relativer Bodenabtrag bei verschiedenen Kulturpflanzen (nach SCHWERDTMANN et al. 1987)

Schwarzbrache	Rotklee	Getreide	Zuckerrüben	Silomais	Hopfen
1,0	0,02	0,08 – 0,11	0,29	0,51	0,9 – 1,0

Zuckerrüben, Hopfen- und Weinkulturen sind zahlreiche erosionsmindernde Bearbeitungsverfahren eingeführt (AID 1994a).

Als Maßnahme gegen Winderosion sollte vor allem eine Stabilisierung der Bodenoberfläche vorgenommen und eine Bremsung des Windes herbeigeführt werden. Ersteres kann z. B. durch die Umwandlung von Ackerland in Grünland erfolgen, Letzteres durch die Anlage von Windschutzstreifen (vergleiche Abb. 4.11 und Tab. 4.7, AID

Kasten 4.7 Erosionsabschätzung

Erosion durch Wasser

Die Höhe der Bodenerosion durch Wasser ist abhängig von der Bodenart, der Landnutzung und der Hangneigung. Besonders empfindlich sind schluff- und feinsandhaltige Böden (z. B. Lössböden), des Weiteren humusarme Böden und Böden mit verringerter Versickerungsfähigkeit. Vergleichsweise erosionswiderstandsfähig sind sandreiche Böden mit hohen Infiltrationsraten infolge vieler Grobporen. Tonreiche Böden weisen eine dichte Lagerung mit hohen Kohäsionskräften auf und bilden dadurch gefügestabile Aggregate, die ebenfalls geringe Erosionsanfälligkeit aufweisen. In der Literatur sind Verfahren zur Selbstabschätzung der Erosionsgefährdung umfassend dokumentiert. Ein vergleichsweise einfaches Verfahren bietet die Ad-hoc-Arbeitsgruppe-Boden, 1994, das sich ausschließlich an der Bodenart orientiert. Das gängige Standardverfahren stellt jedoch die Allgemeine Bodenabtragsgleichung (=ABAG) dar, ein von SCHWERDTMANN et al. (1987) nach nordamerikanischem Vorbild auf Bayern übertragenes Verfahren.

Sie lautet: $A = R \times K \times L \times S \times C \times P$

wobei A der zu errechnende langjährige mittlere Bodenabtrag in t/ha, R die Charakteristik des Regengeschehens, K die Bodeneigenschaften, L die Hanglänge, S die Hangneigung, C die Bodenbedeckung und -bearbeitung sowie P die Art bereits durchgeführter Erosionsschutzmaßnahmen bedeuten. Die Abb. 4.9 und 4.10 (AID 1994a) verdeutlichen die Einflüsse der Faktoren L (Hanglänge) und S (Hangneigung), Tab. 4.6 den relativen Bodenabtrag bei verschiedenen Kulturpflanzen. Die ABAG erlaubt eine grobe Schätzung des unter jeweils gegebenen Standortsbedingungen zu erwartenden mittleren Bodenabtrags von einzelnen Ackerflächen. Auf ackerbaulich genutzten Flächen muss grundsätzlich ab 5% Neigung mit Bodenabträgen gerechnet werden. Ab 10 % Hangneigung sind sie als hoch einzustufen, wenn Mais, Wein oder Hopfen angebaut werden, ab 5 % ist mit ihnen zu rechnen.

Erosion durch Wind

Winderosion tritt vornehmlich im Frühjahr nach der Bodenbestellung auf, wenn der noch unzureichend bedeckte Boden dem Wind mehr oder weniger ungeschützt ausgesetzt ist. Ackerflächen, auf denen Kartoffeln, Mais oder Zuckerrüben angebaut werden, sind besonders gefährdet. Auch im Zeitraum direkt nach der Ernte sind Böden mit Fein- und Mittelsandfraktion (Korngrößen mit einem Durchmesser von 0,1 bis 0,5 mm) besonders winderosionsgefährdet. Aber auch entwässerte und stark zersetzte Moorböden unter Ackernutzung sind besonders winderosionsgefährdet. Als kritische Windgeschwindigkeit gelten 5 m/s.

1994a). Zur Anlage von derartigen Pflanzungen besonders geeignete Arten sind für verschiedene Wuchsgebiete in Tabelle 4.8 (KNAUER 1993) zusammengestellt.

Auswaschung von Nitrat in Grundwasser und Oberflächengewässer

Nitrat-Stickstoff ist ein für Kulturpflanzen zum optimalen Wachstum in großen Mengen benötigter Nährstoff, der vor allem durch Düngung (hofeigene Dünger wie Festmist oder Gülle, Mineraldünger) bzw. Anbau von Zwischenfrüchten mit Knöllchen-

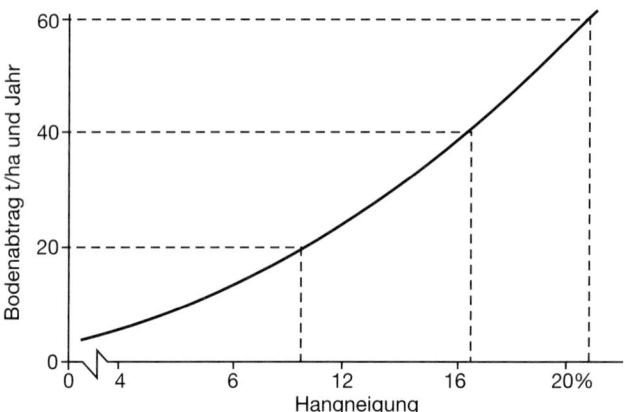

Abb. 4.9 *Bodenabtrag, abhängig von der Hangneigung (Hanglänge 200 m) (AID 1994a).*

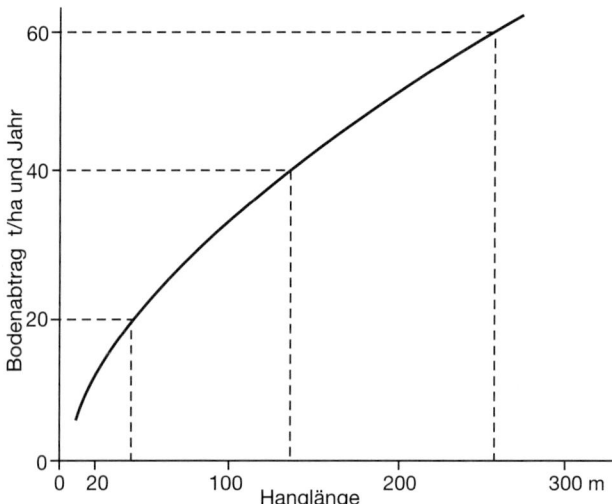

Abb. 4.10 *Bodenabtrag, abhängig von der Hanglänge (Hangneigung 15 %) (AID 1994a).*

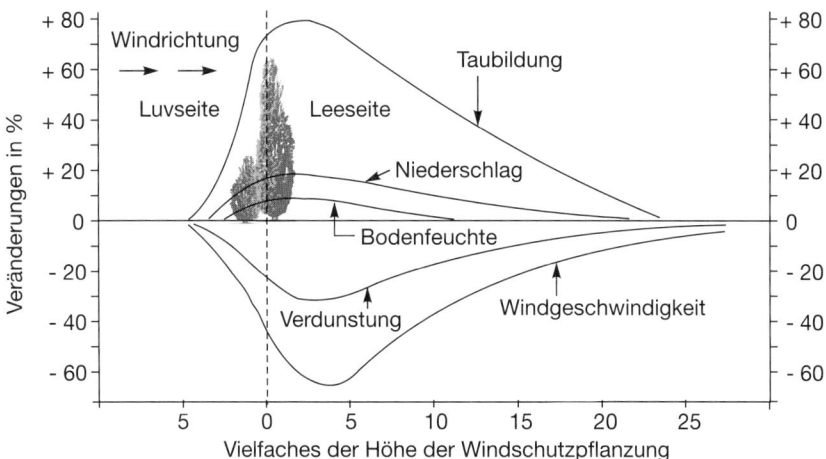

Abb. 4.11 *Wirkung einer Windschutzhecke (Luv = dem Wind zugekehrt, Lee = dem Wind abgekehrte Seite)* (AID 1994a).

Tabelle 4.7 Windbremsung durch einen 12 m hohen Windschutzstreifen (AID 1994a)

ursprüngliche Windgeschwindigkeit [m/s]	Windgeschwindigkeit an der Oberfläche des Bodens oder des Pflanzenbestandes [m/s]			
	Entfernung von der Hecke			
	20 m	70 m	150 m	240 m
3	1	1–2	2	3
4	1	2	3	4
6	1–2	3	4–5	6
8	2	4	6	8
10	2–3	5	7–8	10

bakterien (Leguminosen: Klee, Erbsen, Bohnen) auf Ackerflächen und Grünland aufgebracht wird. Da im Zuge der Intensivierung und der damit einhergehenden Strukturveränderungen in der Landwirtschaft auf immer weniger Flächen immer aufwendiger gewirtschaftet wird, ist auch eine Zunahme des Einsatzes von Düngerstickstoff zu beobachten. Da der Boden nicht in der Lage ist, Nitrat zu binden, ist vor allem in Wassergewinnungsanlagen ein Trend zu jährlich steigenden Nitratgehalten im Trinkwasser zu beobachten. Pro Jahr kann dieser Trend regional begrenzt durchaus bei 1 bis 2 mg Nitrat/l pro Jahr bestehen (AID 1994b). Der für die Bundesrepublik Deutschland bestehende Grenzwert von 50 mg Nitrat/l (die EU empfiehlt ihren Mitgliedstaaten einen Höchstwert von 25 mg/l) wird örtlich bereits überschritten, so dass die Landwirtschaft aufgefordert ist, Maßnahmen zur Reduktion der Nitratauswaschung zu ergrei-

Tabelle 4.8 Beispiel einiger Gehölzarten – Empfehlung für den Aufbau artenreicher Windschutzanlagen (KNAUER 1993)

		Wuchsgebiete					
		I	II	III	IV	V	VI
Hauptbaumarten							
Rotbuche	*Fagus sylvatica*		+	+	+		+
Bergahorn	*Acer pseudoplatanus*		+	+	+	+	
Esche	*Fraxinus excelsior*		+	+	+	+	
Traubeneiche	*Quercus petraea*	+	+			+	
Winterlinde	*Tilia cordata*		+	+	+		
Spitzahorn	*Acer platanoides*		+		+		
Füllbaumarten							
Stieleiche	*Quercus robur*	+	+	+	+	+	+
Feldahorn	*Acer campestre*		+	+	+	+	+
Hainbuche	*Carpinus betulus*		+	+	+		+
Zitterpappel	*Populus tremula*	+	+	+	+		
Sandbirke	*Betula pendula*	+	+	+	+		
Eberesche	*Sorbus aucuparia*	+	+		+		
Mehlbeere	*Sorbus aria*			+			+
Speierling	*Sorbus domestica*	+					
Süßkirsche	*Prunus avium*			+			
Elsbeere	*Sorbus torminalis*			+			
Wildbirne	*Pyrus communis*			+			
Wildapfel	*Malus silvestris*			+			
Schwarzpappel	*Populus nigra*				+		
Silberpappel	*Populus alba*				+		
Schwarzerle	*Alnus glutinosa*				+		
Straucharten							
Schlehe	*Prunus spinosa*	+	+	+	+	+	+
Eingriffliger Weißdorn	*Crataegus monogyna*	+	+	+	+	+	+
Hasel	*Corylus avellana*		+	+	+	+	+
Pfaffenhütchen	*Euonymus europaeus*		+	+	+	+	+
Hartriegel	*Cornus sanguinea*		+	+	+	+	+
Heckenkirsche	*Lonicera xylosteum*		+	+	+		+
Schwarzer Holunder	*Sambucus nigra*		+		+	+	
Wolliger Schneeball	*Viburnum lantana*			+			+
Gewöhnl. Schneeball	*Viburnum opulus*				+	+	
Kreuzdorn	*Rhamnus catharticus*			+		+	
Besenginster	*Cytisus scoparius*	+		+			

Tabelle 4.8 Beispiel einiger Gehölzarten – Empfehlung für den Aufbau artenreicher Windschutzanlagen (KNAUER 1993) (Forts.)

| | | Wuchsgebiete | | | | | |
		I	II	III	IV	V	VI
Straucharten							
Faulbaum	*Rhamnus frangula*	+					
Brombeere	*Rubus fruticosus*	+					
Kornelkirsche	*Cornus mas*			+			
Liguster	*Ligustrum vulgare*			+			
Schwarze Johannisbeere	*Ribes nigrum*					+	
Traubenkirsche	*Prunus padus*					+	

I: Gebiet der feuchten bis trockenen Eichen-/Birkenwälder und der feuchten bis trockenen Buchen-/Eichenwälder im norddeutschen Altalluvium und nordwestdeutschen Diluvium

II: Gebiet der Eichen-/Hainbuchenwälder in den Ackerlandschaften der Lössregion

III: Gebiet der Buchenwälder im Berg- und Hügelland auf verschiedenen Verwitterungs- und Lössböden

IV: Gebiet der Buchen – Mischwälder im Flach- und Hügelland auf meist grundwasserbeeinflussten Böden

V: Gebiet verschiedener Auewälder in Bach-, Fluss- und Stromtälern

VI: Gebiet der Buchenwälder im Berg- und Hügelland sowie der Mittelgebirge auf Kalkverwitterungsböden

fen. Die größten Mengen werden im Herbst nach der Ernte ausgetragen, wenn die Böden ohne Pflanzenbedeckung und hohem N-Status umfangreichen Niederschlägen ausgesetzt sind. Abb. 4.12 verdeutlicht die Größenordnungen der Nitratauswaschung unter verschiedenen Nutzungsarten (AID 1994b).

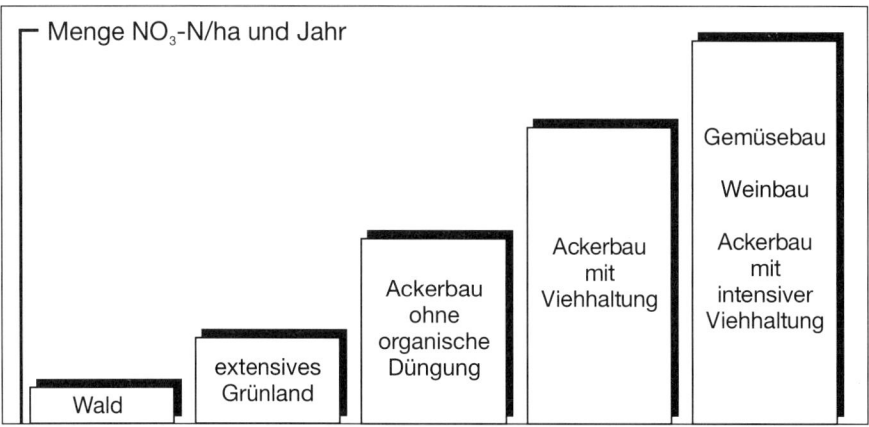

Abb. 4.12 *Nitratauswaschung bei unterschiedlicher Wirtschaftsweise (AID 1994b).*

Die Gefahr der Nitrateinwaschung ins Grundwasser ist abhängig von der Art und Dauer der Bodenbedeckung, der Jahreszeit und den Niederschlagsmengen bzw. der Grundwasserneubildungsrate. Schätzungen gehen davon aus, dass allein in der fruchtbaren Ackerkrume (oberste 20 bis 30 cm des Bodens) infolge der Jahrhunderte langen landwirtschaftlichen Bewirtschaftung 3 000 bis 10 000 kg Gesamtstickstoff pro Hektar enthalten sind; die entsprechenden Durchschnittswerte liegen bei ca. 6 000 kg. Rund 95 % davon liegen in der organischen Substanz fest, der Rest ist als Ammoniumstickstoff an Tonkomplexe gebunden oder Bestandteil der Bodenflora und -fauna. In der Bodenlösung befinden sich als pflanzenverfügbare Formen Ammonium, Nitrat und Nitrit, die durch Mineralisierung organischer Substanz ständig nachgeliefert werden. Während der Vegetationsperiode nehmen die Pflanzen pro Tag und Hektar zwischen 1 und 5 kg Stickstoff auf, wenn in Folge hoher Evapotranspiration (vor allem im Sommer) die Wasserbewegung im Boden nach oben gerichtet ist. Die Stickstoffverarmung des Bodens nach der Ernte kann sehr schnell durch Mineralisierung von organischer Substanz kompensiert werden. Aufgrund geringer Temperaturen (und damit verbundener geringer Verdunstung), der fehlenden Pflanzendecke und verstärkter Niederschläge (abwärts gerichtete Wasserbewegung) ist in der Zeit von Oktober bis April die Gefahr der Nitratauswaschung am höchsten (BAUMÜLLER 1994).

Nitrat selbst ist toxikologisch als unbedenklich zu bewerten. Im Verdauungstrakt des Menschen kann es jedoch durch mikrobielle Reduktion in Nitrit umgewandelt werden, dass in größeren Konzentrationen zu möglichen Krankheitserscheinungen führen kann. Des Weiteren wurden Reaktionen mit Eiweißstoffen zu Nitrosaminen beobachtet, die als Krebs erregend eingestuft werden. Deshalb empfiehlt die Weltgesundheitsorganisation, eine tägliche Nitrataufnahme von 220 mg nicht zu überschreiten. Sie liegt augenblicklich in der Bundesrepublik Deutschland bei ca. 130 mg, wovon etwa 70 % durch den Verzehr von Gemüse und 15% durch Trinkwasseraufnahme zustande kommen. Alle anderen Nahrungsmittel tragen also nur unwesentlich zur Nitrataufnahme bei.

Der Landwirt hat verschiedene Möglichkeiten, die Gefahr einer Nitratauswaschung ins Grundwasser zu vermindern. Um die Düngergabe optimal zu gestalten, ist nicht nur der Stickstoffbedarf des Pflanzenbestandes, sondern auch das Stickstoffangebot im Boden angemessen zu berücksichtigen. Bei wenig speicherfähigen Sandböden sollten bei der Düngung flachwurzelnder Kulturpflanzen (z. B. Kopfsalat) die Mineraldüngung in mehreren Teilgaben aufgeteilt werden, um die Auswaschungsgefahr zu vermindern. Organische Dünger sollten nicht im Herbst und Winter aufgebracht werden, sondern unmittelbar vor Kulturbeginn. Auch sollten Ernterückstände und Gründünger erst möglichst spät in den Boden eingearbeitet werden. Gülle ist ähnlich wie Mineraldünger zu behandeln. Auch die Kulturpflanzenwahl und die Gestaltung der Fruchtfolge haben Auswirkungen auf die Auswaschungsgefahr. Eine ganzjährige Vegetationsdecke wie beim Grünland verringert die Auswaschungsgefahr erheblich. Schwarzbrachen sollten durch Zwischenfruchtanbau möglichst vermieden werden. Bei Kulturen mit großen Pflanzabständen (Wein- und Obstbau) sollten Untersaaten erfolgen. Auf dichte Pflanzenbestände ist zu achten und der Anbau von tiefwurzelnden Pflanzenarten z. B. im Gemüsebau als Herbstkultur sind zu fördern.

Ökologischer Landbau

Mit Stand 1999 wurden in der Bundesrepublik Deutschland etwa 2,6 %, in Österreich 8,4 % und in der Schweiz sogar 9 % der landwirtschaftlichen Nutzfläche im ökologischen Landbau bewirtschaftet (BMVEL 2001). Der Verkauf von Lebensmitteln aus ökologischer Produktion hatte zum gleichen Zeitpunkt in der Bundesrepublik Deutschland einen Anteil von 2,5 % (das entsprach einem Jahresumsatz von etwa 5 Mrd. DM), der jedoch ständig gestiegen ist und als Wachstumsmarkt gesehen wird. Neben diesen ökonomischen Effekten sind vor allem auch die sich insgesamt sehr positiv auf den Naturhaushalt auswirkenden Effekte des alternativen Landbaus zu nennen (vergleiche KNAUER 1993). Da bei den Bodenbearbeitungsverfahren der Humuswirtschaft ein immenser Stellenwert eingeräumt wird, werden die Lebensgemeinschaften des Bodens und seine Struktur positiv beeinflusst. Da die Zufuhr von Düngemitteln stark eingeschränkt ist und ausschließlich hofeigene Düngerstoffe zur Anwendung kommen, sind stoffliche Belastungen des Naturhaushaltes gegenüber konventionell wirtschaftenden Betrieben deutlich geringer. Auch der weitgehende Verzicht auf den Einsatz von Pflanzenschutzmitteln wirkt sich sehr positiv aus. Dies haben u.a. die Betreiber von Wasserwerken erkannt, weshalb in den Einzugsgebieten auch größerer Städte (Beispiel: München) mittlerweile fast flächendeckend alternativer Landbau betrieben wird. Ökonomische Einbußen durch geringere Erträge werden durch Ausgleichszahlungen kompensiert. Die Wasserwerke sparen im Gegenzug viel Geld für die Aufbereitung des normalerweise mit Pflanzenschutzmitteln und Nitraten belasteten Trinkwassers. Untersuchungen von Trinkwasserproben ergaben, dass in 60 % der Fälle Pestizide nachweisbar waren und in 22 % sogar die vorgeschriebenen Grenzwerte überschritten wurden. Dieses Trinkwasser musste entweder unter Einsatz aufwendiger Verfahren aufbereitet oder mit unbelastetem Trinkwasser verschnitten werden. Letzteres stößt auf ganz erhebliche Akzeptanzprobleme bei den Trinkwasserabnehmern.

Der alternative Landbau wirkt sich jedoch nicht nur positiv auf Boden und Wasser aus, sondern auch auf Flora und Fauna. Durch zahlreiche Vergleichsuntersuchungen konnte belegt werden, dass die Artenvielfalt der Ackerwildkrautgesellschaften auf alternativ bewirtschafteten Feldern meist 2 bis 3 mal, im Extrem sogar 10 mal größer ist wie auf konventionell bewirtschafteten Parzellen. Neben dem Verzicht auf Herbizide und synthetischen Handelsdünger wirken sich auch bodenschonende Bewirtschaftung und vielgestaltige Fruchtfolgen positiv auf die Artenausstattung aus (VAN ELSEN 1998). In Verbindung mit höheren Artenzahlen konnte auch eine Erweiterung des Spektrums an Blumentypen festgestellt werden, so dass sich eine deutliche Verbesserung des Angebotes an Nektar und Pollen für unterschiedlichste Insektenarten ergibt. Die sich dann einstellenden artenreichen Tiergesellschaften enthalten auch unterschiedliche Nützlingspopulationen, die wiederum den Kulturpflanzenschutz ohne zusätzliche Verfahren verbessern helfen.

Zwischen Naturschutz und ökologischem Landbau bestehen somit zahlreiche Synergieeffekte. Grenzen sind ökologischen Anbauverfahren aus Naturschutzsicht hingegen gesetzt, wo es um den Erhalt von gefährdeten Rote-Liste-Arten außerhalb der Acker- und Grünlandflächen und besonders schutzwürdigen Biotopen geht. Denn die aus Sicht des Arten- und Biotopschutzes besonders wertvollen Pflanzengesellschaften

(z. B. Borstgrasrasen, Feucht- und Streuwiesen) beruhen zum großen Teil auf historischen Landnutzungsformen, für deren Erhalt das Extensivierungsniveau des ökologischen Landbaus noch nicht ausreicht (MAHN 1993). Auch für das Landschaftsbild sind die „erlebbaren" Auswirkungen des Ökolandbaus als eher gering einzustufen: Zwar führen die größere Kulturartenvielfalt und sich einstellende attraktiv blühende Wildkrautfluren zu einer gewissen optischen Anreicherung der Flur. Jedoch werden die Schlaggrößen meist nicht signifikant reduziert, d. h. die Flurform bleibt erhalten. Auch sehen die gängigen Richtlinien der Ökolandbau-Verbände meist keine verbindlichen Vorgaben zur Anlage von Strukturen vor, etwa von Saum-, Hecken- oder Kleinstrukturen. Solche Maßnahmen hängen in hohem Maße von den freiwilligen Selbstverpflichtungen ökologisch wirtschaftender Betriebe ab. Die großräumige Struktur der Kulturlandschaft bleibt damit auch im Ökolandbau meistens erhalten.

Einschränkend muss des Weiteren gesehen werden, dass auch der ökologische Landbau starkem Wettbewerbsdruck unterliegt. Gegebene Möglichkeiten zur Intensivierung werden daher auch hier meist ausgeschöpft. Dies gilt aufgrund der Notwendigkeit, das benötigte Grundfutter betriebsintern zu erzeugen, etwa für die Grünlandwirtschaft: Um entsprechend hohe Eiweiß- und Energiegehalte im Grünfutter zu erreichen, sind meist frühe Schnittzeitpunkte notwendig. Die Erfahrung zeigt zudem, dass man auch im Ökolandbau nicht frei von dem Bestreben ist, Feuchtwiesen und Extremstandorte, die wenig nutzbar sind, zu meliorieren.

Wichtig ist diese differenzierte Betrachtung (vergleiche auch Tabelle 4.9), da zurzeit intensiv diskutiert wird, eine **Umstellung auf ökologischen Landbau als Ausgleichs- oder Ersatzmaßnahme der naturschutzrechtlichen Eingriffsregelung** anzuerkennen. Dabei muss in jedem Fall nach Standorten und betroffenen Schutzgütern unterschieden werden: zumal es ja in der Eingriffsregelung darum geht, die konkreten, durch ein Vorhaben hervorgerufenen Beeinträchtigungen zu kompensieren. Ein Kompensationspotenzial des ökologischen Landbaus für Eingriffe in intensiv genutzte Agrarlandschaften und -flächen, wo vor allem Belange des Ressourcenschutzes (Wasserhaushalt, natürliche Bodenfunktionen) betroffen sind, ist durchaus zu diskutieren. Kontraproduktiv wäre es jedoch, damit auch Beeinträchtigungen des Landschaftsbildes und naturschutzfachlich wertvoller Biotope auffangen zu wollen. Gerade Letztere bedürfen gezielter Maßnahmen des Managements und der Landschaftspflege, die sich nicht als Nebenprodukt einer ansonsten umweltgerechten Landwirtschaft quasi automatisch erreichen lassen.

Landschaftspflege

Da die Offenhaltung der Landschaft aus verschiedenen Gründen sinnvoll und notwendig sein kann, versuchen die Landwirtschaftsministerien der Bundesländer mit Hilfe von Förderprogrammen die Motivation der Landwirte für die Praktizierung der Landschaftspflege zu fördern. Nur über aktive Pflegemaßnahmen lassen sich zudem viele historische Landnutzungsformen erhalten. In vielen Gegenden, in denen durch die rapiden Umstrukturierungsprozesse in der Landwirtschaft die Landschaft zuzuwachsen droht (z. B. in vielen Mittelgebirgen oder auch im Alpenraum), wurden Landschaftspflegeverbände mit Drittelparität (Landwirtschaft, Kommunen und Naturschutz) gegründet und funktionieren teilweise sehr erfolgreich. In diesem Bereich

Tabelle 4.9 Ökologischer Landbau und Naturschutz – Positive Auswirkungen contra verbleibende Defizite (eigene Zusammenstellung auf der Grundlage von MAHN 1993, VAN ELSEN & DANIEL 2000, WEIGER & WILLER 1997)

	Positive Auswirkungen Potenziale und	Verbleibende Defizite Grenzen
Vegetation/ Flora	Auf Acker- wie auf Grünlandstandorten höhere Artenzahlen, im Grünland insbes. höhere Anzahl von an nährstoffarme und saure Standorte gebundenen Arten; nachweisbare Vorteile für den Erhalt artenreicher Frischwiesen und -weiden; Förderung typischer Ackerwildkrautfluren.	Extensivierungsniveau für Erhalt von Rote-Liste-Arten und historischen Landnutzungsformen nicht ausreichend; zur Erreichung hoher Eiweiß- und Energiegehalte im Grünfutter meist frühe Schnittzeitpunkte;
Fauna	Geringere Pflanzendichten der Getreidebestände wirken sich positiv auf Arthropodenvielfalt sowie best. Insektengruppen (z.B. Lauf- und Marienkäfer, Hautflügler, Wanzen, Asseln) aus; höhere Abundanz, Biomasse und Artenvielfalt an Regenwürmern; höhere Artenzahlen und Bestandsdichten best. Vogelarten (z.B. Feldlerche).	Extensivierungsniveau für den Erhalt vieler gefährdeter, an bestimmte Landnutzungsformen gebundener Vogelarten nicht ausreichend (z.B. Wiesenbrüter).
Boden	Geringere Nivellierung von Standortunterschieden durch reduzierte Düngung; größere Tiefenlockerung, dadurch oft höhere Wasserspeicherfähigkeit; höhere Aktivität der Bodenlebewesen und höherer Biomasseanteil infolge Humuswirtschaft und organischer Düngung; durch langanhaltende Bodenbedeckung weitgehende Vermeidung von Erosionserscheinungen; geringere Dünger- und Pestizidbelastung.	Teilweise tiefes Wenden und Pflügen, das einen großen Teil des Bodenlebens schädigt, bleibt bestehen Reduzierung des Nährstoffniveaus zur vom Naturschutz angestrebten Aushagerung zu Extensivgrünland nicht ausreichend. Auch im Ökolandbau Interesse an Melioration von Feuchtstandorten (z.B. für Milchwirtschaft wenig nutzbare Feuchtwiesen).
Wasserhaushalt	Weitgehende Reduktion von stofflichen Einträgen in Grundwasser und Oberflächengewässer (Stickstoff, Nitrat, Phosphor).	
Klima	Gegenüber konventionellem Anbau verringerte Emission klimarelevanter Spurengase (Methan, Lachgas, CO_2).	
Landschaftsbild	Anreicherung durch größere Kulturartenvielfalt und attraktive kulturlandschaftstypische Wildkrautfluren.	Richtlinien der meisten Anbauverbände ohne verbindliche und quantifizierende Angaben zur Anlage von Strukturelementen (lediglich Selbstverpflichtung); i.d.R. keine feststellbare Reduktion der Schlaggrößen; großräumige Landschaftsstruktur bleibt somit bestehen.

eröffnen sich auch alternative Einkommensmöglichkeiten für die Landwirtschaft. Es gibt verschiedene Gründe, die für oder gegen die Mahd bzw. die Beweidung von Grünlandflächen herangezogen werden (vergleiche Tab. 4.10). Des Weiteren ist bei der Mahd auch die verwendete Technik zu berücksichtigen. Nach einer Untersuchung von CLAßEN et al. (1996) sind die Verluste von Amphibien auf Flächen, die mit einem Kreiselmäher bewirtschaftet wurden deutlich höher, so dass naturverträgliche Wiesenmahd möglichst mit einem Balkenmäher durchgeführt werden sollte.

Für Flächen, von denen sich die Landwirtschaft völlig zurückgezogen hat, werden mittlerweile großflächige extensive Beweidungskonzepte befürwortet. Dabei zu be-

Tabelle 4.10 Vergleich zwischen den Auswirkungen von Beweidung und Mahd auf extensiv bewirtschaftete Flächen

	Beweidung	Mahd
Vegetation: vertikale Struktur	Neubildung, Erhaltung und Verstärkung der strukturellen Unterschiede durch selektiven Verbiss	Gleiche Wirkung auf die Gesamtfläche führt zu einer nahezu gleich ausgebildeten Struktur
horizontale Struktur	Neubildung, Erhaltung und Verstärkung durch Viehtritt	Erhaltung der vorhandenen Struktur
Mikrorelief des Bodens	Schonung und Neubildung durch z.B. Ameisen und Maulwurf	Nivellierung
Bodenverdichtung	Trittstellen, Pfade, z.T. erosionsfördernde Wirkung vor allem an Steilhängen durch Rinder	Nur wenig kleinräumige Unterschiede
Nährstoffverteilung	Unterschiedliche Verteilung der Nährstoffe durch tierische Exkremente	Keine räumlichen Unterschiede
Nährstoffentzug	Bei geringer Besatzdichte möglich, jedoch nur sehr langsam	Bei Heuwirtschaft ohne Düngung langsame Aushagerung
Fauna	Mechanische Schädigung durch Tritt, geringes Blüten- und Wirtspflanzenangebot	Vollständiger Verlust von nahrungs- und Larvalbiotop für bestimmte Tiergruppen bei der Mahd
Flora	Selektiver Verbiss einzelner Arten, Trittschäden (Arten mit empfindlichem schwer regenerierbarem Vegetationskegel, Vorherrschaft von Pflanzen, die durch Weide begünstigt werden (Weideunkräuter), Vorkommen von mahdempfindlichen Arten	Ausgeglichenes Konkurrenzverhältnis bei regelmäßiger Mahd nach Abblühen der Wiese, Vorkommen von weideempfindlichen Arten

---

Kasten 4.8 Eckwerte für eine naturschutzgerechte Extensivbeweidung (OPPERMANN & LUICK 1999)

Anzustrebende Besatzstärken (entsprechend 500 kg raufutterverzehrende Großvieheinheit [RGVE])

- in produktionsschwachen Lagen: 0,3 – 0,5 RGVE
- in montanen Regionen: 0,5 – 0,8 RGVE
- in produktiven Niederungslagen: 0,8 – 1,5 RVGE

Anteil von > 10 % dauerhaft ungenutzter Strukturelemente in Form von Gehölzen, Hochstaudenfluren, Steinhaufen, Altholz etc. auf der gesamten Weidefläche

Anteil von ca. 20-30 % selektiver Weidereste im gesamten Weidesystem, d. h. jahrweise wechselnd selektiv unbeweidete Flächen

Weidesystem idealerweise aus großflächig gekoppelten Standweiden, Mähweiden und Wiesen bestehend; anzustrebende Mindestgrößen von 30-50 ha sowohl aus ökologischen als auch aus ökonomischen Gründen

flexible Steuerung von Besatzstärken und Besatzdichten (Zeitpunkt, Zeitraum und Fläche) gemäß der aktuellen Produktivität (nachhaltige Nutzung)

kein Biozideinsatz und keine Düngung (Ausnahme nur auf Flächen mit extrem einseitigen Pflanzenbeständen, wo auf Grund der Nährstoffverhältnisse eine gelegentliche leichte Grunddüngung geboten ist)

Zukauf von Futtermitteln < 10 % des Futterbedarfs

---

achtende Rahmenbedingungen sind im Kasten 4.8 zusammengefasst. Damit die Tiere auf dem weitläufigen Gelände weitgehend sich selbst überlassen bleiben können, dürfen nur Tierrassen zum Einsatz kommen, die im Winter nicht eingestallt werden müssen. Sind die Flächen groß genug, sollten sie auch mit verschiedenen Tierarten besetzt werden (Rinder, Schafe, Ziegen, Pferde), da sie teilweise selektiv weiden und durch die Mischung eine höhere Vielfalt zu erwarten ist.

4.3.2   Forstwirtschaft

Anstoß für die wissenschaftliche Beschäftigung mit Wäldern und das Entstehen der modernen Forstwirtschaft gab eine weitgehende Degradation der mitteleuropäischen Wälder, die vor etwa 200 Jahren zu akutem Holzmangel führte. Aus forstlicher Sichtweise mussten damals sehr kurzfristig Maßnahmen ergriffen werden, um die bis dahin im Allgemeinen übliche rücksichtslose Ausbeutung der Wälder in ordnungsgemäße Waldbewirtschaftungsformen zu überführen. Infolge eines ständig wachsenden Bedarfs nach Brennholz (für Industrie, Bergbau, Schiffbau, Werkzeuggebrauch, Hausbau, Salzsiederei usw.), war es zu einer starken Übernutzung vieler Waldbestände gekommen. Laubheugewinnung, Waldweide und Streunutzung verschärften die Ausbeutung der Wälder zusätzlich. In Nordwestdeutschland war es bereits zu ersten Binnendünenbildungen gekommen, wodurch auch landwirtschaftlich genutzte Flächen verloren gingen. Man hatte schnell erkannt, dass auf den devastierten Böden wenig anspruchsvolle Baumarten wie Fichte und Kiefer besser gediehen als Buche, Eiche oder Edellaub-hölzer. Es wurden daher großflächige Monokulturen aufgeforstet, die den Holzbedarf zusammen mit Einfuhren aus Skandinavien und Übersee decken konnten. Mit Beginn der Forstwissenschaften wurde zugleich das Prinzip der Nachhaltigkeit entwickelt, d. h., dass in jedem forstwirtschaftlich ordnungsgemäß bewirtschafteten Waldbestand immer nur so viel bzw. weniger Holz entnommen wird als natürlicherweise nachwächst. Aber auch dieser hehre Grundsatz konnte nicht verhindern, dass es innerhalb der Forstwirt-schaft zu großflächigen Kahlschlägen mit vollautomatisierten Holzerntemaschinen (so genannte Harvester) gekommen ist, obwohl der Bundesgesetzgeber ab Mitte der 70er-Jahre für den Wald und deren Besitzer andere Zielstellungen formuliert hatte.

Nach § 1 Abs. 1 Bundeswaldgesetz ist der Wald in der Bundesrepublik Deutschland wegen seines wirtschaftlichen Nutzens (Nutzfunktion) und wegen seiner Bedeutung für die Umwelt, insbesondere für die dauernde Leistungsfähigkeit des Naturhaushal-tes, das Klima, den Wasserhaushalt, die Reinhaltung der Luft, die Bodenfruchtbarkeit, das Landschaftsbild, die Agrar- und Infrastruktur und die Erholung der Bevölkerung (Schutz- und Erholungsfunktion) zu erhalten, erforderlichenfalls zu vermehren und eine ordnungsgemäße Forstwirtschaft nachhaltig zu sichern. Abb. 4.7 zeigt sehr deut-lich, dass Forstwirtschaft und Jagd in ihrer bisherigen Praxis nicht unerheblich dazu beigetragen haben, die heimische Artenvielfalt an Farn- und Blütenpflanzen zu ge-fährden. Auch im § 1 BWaldG fällt auf, dass zwar ziemlich viele Formulierungen aus § 1 BNatSchG zur Sicherung der Leistungsfähigkeit des Naturhaushaltes im Wald ge-nannt werden, dabei aber die heimische Tier- und Pflanzenwelt bewusst heraus gelas-sen wurde. So ist seit langem bekannt, dass Wälder, die ausschließlich mit der in Deutschland ursprünglich nicht heimischen Baumart Douglasie aufgeforstet wurden, nur ein sehr reduziertes Arteninventar an Pflanzen und Tieren aufweisen.

Deshalb beginnt auch innerhalb der Forstwirtschaft mittlerweile ein Umdenkpro-zess und die bislang alles absegnende „Kielwassertheorie" hat ihre Bedeutung längst eingebüßt. Sie besagte, dass die ordnungsgemäße Waldbewirtschaftung auch den Na-turschutzzielen in ausreichendem Maß zu Gute käme und auch die Holznutzung im Kahlschlag keine größeren Auswirkungen auf den Naturhaushalt habe. Dieser Auffas-sung können mittlerweile jedoch sehr konkrete **negative Folgen der bisherigen forstwirtschaftlichen Praxis** auf den Naturhaushalt und die Stabilität der Waldöko-systeme gegenübergestellt werden (Scherzinger 1996):

- Durch ständige Holzentnahme und das Entfernen abgestorbener bzw. abgängiger Baumindividuen wird die sehr artenreiche Gruppe todholzbewohnender Tiere, Pflanzen (hier vor allem die Moose) und Pilze stark reduziert;
- Durch Auswahl der zu pflanzenden Baumarten überwiegend nach betriebswirt-schaftlichen Gesichtspunkten werden die natürlichen Standortsvoraussetzungen zu wenig beachtet, wodurch in den Wäldern Instabilitäten (Windwurf, Schnee-bruch, Schädlingskalamitäten, Feuer, Rotfäuligkeit der Fichte, u.a.) vorprogram-miert werden;
- Großflächige Kahlschläge und anschließende großflächige Aufforstungen berücksichtigen im Allgemeinen nicht die in vielen Wäldern vorherrschende kleinräumig wechselnde Standortsheterogenität; Nivellierungen des Standorts-mosaiks sind die Folge;

- Die natürlichen Alterungsphasen der Wälder werden bereits in den Jungstadien des Waldes unterbrochen; statt vieler hundert Jahre existiert ein ordnungsgemäß bewirtschafteter Forst heute im Allgemeinen 80–150 Jahre, Eichenwälder max. 250 Jahre;
- Wirtschaftlich wenig relevante Bäume und auch andere Pflanzenarten werden entfernt, wodurch die Artenvielfalt beschränkt wird; parallel verschwinden auch die auf diese Pflanzen angewiesenen Tierarten;
- Ein zur optimalen Erschließung der Wälder angelegtes Wegenetz führt zur Fragmentierung der Waldfläche, außerdem werden empfindliche Tierarten zusätzlich gestört;
- Waldfremde und nicht heimische Arten (z. B. Waschbär, Marderhund u.a.) etablieren sich zunehmend in deutschen Wäldern und erzeugen überlebensfähige Populationen, die einheimische Spezies verdrängen können;
- Übermäßig gehegte und aus Prestigegründen (Trophäenjagd) oftmals extrem überhöhte Wildbestände gefährden durch starke Verbissschäden zunehmend die Naturverjüngung des Waldes; da das Anlegen von Wildschutzzäunen wirtschaftlich nicht mehr tragfähig ist, können auf vielen Flächen nur wieder Fichten als Jungpflanzen aufgeforstet werden;
- Auf Sonderstandorte im Wald (Moore, Bruchwälder, Auen, Trockenstandorte) wurde waldbaulich meist überhaupt nicht durch Förderung entsprechend standortsgerechter Arten eingegangen, wodurch die ursprüngliche Heterogenität der mitteleuropäischen Waldgesellschaften auf die ökonomisch optimal nutzbaren Baumarten eingeschränkt wurde.

Jahrzehntelange saure Niederschläge haben zur Versauerung von Böden und Gewässern in vielen Waldökosystemen beigetragen. Dieser Effekt wurde durch Fichtenmonokulturen sogar noch verstärkt, so dass viele Waldböden ihr natürliches Puffervermögen weitgehend aufgebraucht haben und augenblicklich niemand in der Lage ist zu beschreiben, welche Konsequenzen diese Entwicklung für die Zukunftsfähigkeit unserer Waldökosysteme haben wird.

Diese negativen Folgen bestimmter traditioneller Formen der Waldbewirtschaftung wurden mittlerweile erkannt und in den Landeswaldgesetzen Zielstellungen aufgenommen, die diesen Entwicklungen entgegenwirken sollen. So soll z. B. der standortsgemäße Zustand der Wälder wiederhergestellt und zur Stärkung ihrer Schutzfunktionen beigetragen werden. Letzteres ist von stabilen und gesunden, gestuft aufgebauten Mischwäldern eher zu gewährleisten als von monotonen Altersklassenwäldern (vergleiche auch Abb. 4.13). Parallel zu diesen Entwicklungen haben sich verschiedene Organisationen sowohl auf Länder- und Bundesebene als auch im internationalen Rahmen des Themas nachhaltiger und naturverträglicher Waldwirtschaft angenommen.

Beispielhaft sollen die deutsche Arbeitsgruppe des Weltforstrates (Forest Stewardship Council = FSC) und der Verband Weihenstephaner Forst-Ingenieure (VWF) herausgegriffen werden. Sie haben allgemeine (FSC 1998) und spezielle **Leitlinien des Waldbaus** (VWF 1998) aufgestellt, die auch den Anforderungen des Naturschutzes und der Landschaftspflege gerecht werden, auch wenn in Einzelfragen sicherlich weiterer Diskussionsbedarf besteht.

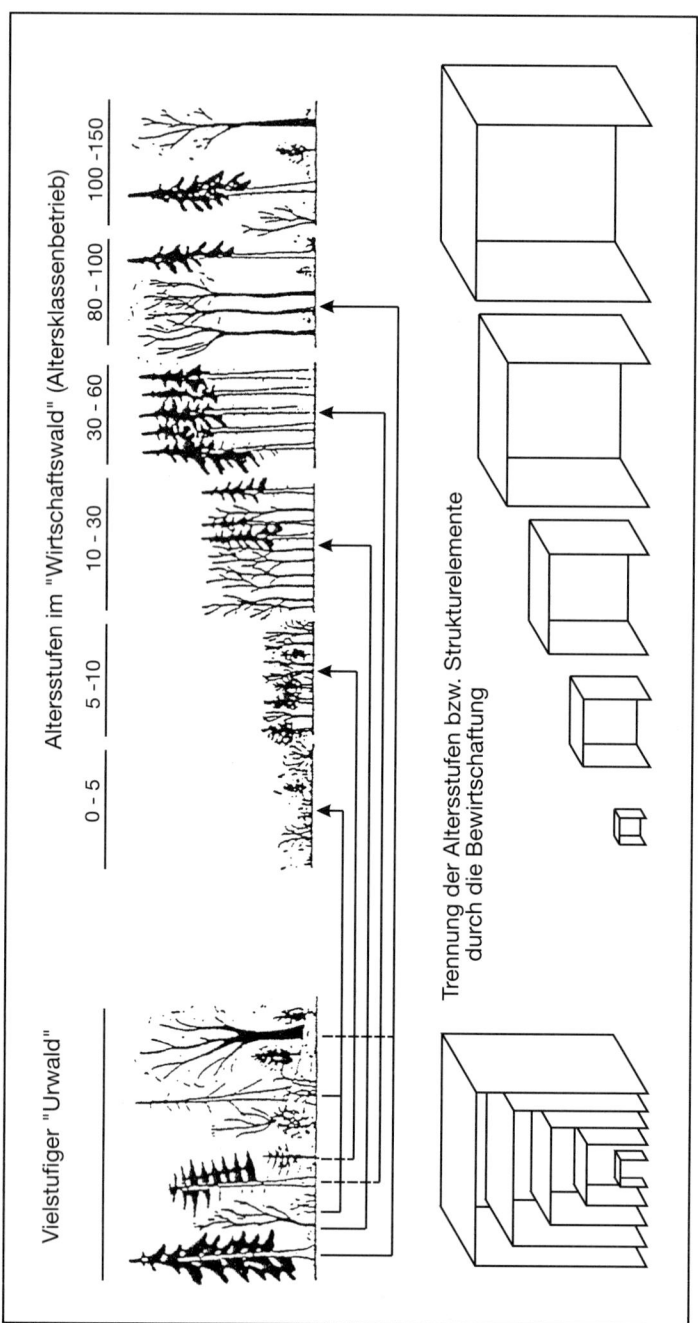

Abb. 4.13 *Räumliches und zeitliches Miteinander im Urwald versus räumliches und zeitliches Nebeneinander im Wirtschaftswald* (SCHERZINGER 1996).

Aufbauend auf den Positionspapieren der beiden genannten Organisationen und ergänzt um naturschutzfachliche Forderungen sollen im Folgenden die wichtigsten Zielstellungen aufgezeigt werden. Hierbei interessieren weniger die ökonomischen, sozialen und eigentumsrechtlichen Forderungen, sondern vielmehr diejenigen, die den Wald als Ökosystem sehen und für dieses zukünftig eine umweltgerechtere Nutzung vorsehen.

So wird der Schutz repräsentativer Waldökosysteme von mindestens 20 ha besser jedoch 50–100 ha Größe (um Randeffekte weitgehend auszuschließen) gefordert. Derartige Referenzflächen sollten mindestens 3 %, mittelfristig besser 5 % und langfristig am besten 10 % der Waldfläche umfassen. Sie sollen der nachhaltigen Waldbewirtschaftung als Lern- und Vergleichsflächen zur Verfügung stehen. Innerhalb dieser Flächen ist jegliche forstliche Nutzung auszuschließen. Die Auswahl der Flächen sollte sich am Kriterium Repräsentativität für den jeweiligen Wuchsbezirk orientieren und vor allem Leit-Waldgesellschaften, ggf. auch typische Sonderstandorte, umfassen. Bei der Auswahl solcher Referenzflächen sollten Bundes-, Landes- und Kommunalwald ab einer Flächengröße von 1 000 ha Vorbildfunktion entwickeln. Kleinere Kommunalwälder und Forstbetriebe im Privatwald müssen nicht unbedingt Referenzflächen ausweisen, sondern sollen sich bei ihrer Bewirtschaftung an den in der Nähe gelegenen Referenzflächen orientieren. Alle Referenzflächen sollten zur dauerhaften Sicherung mittel- bis langfristig in Naturschutzgebiete überführt werden. Diesbezüglich bietet sich insbesondere die Ergänzung bereits bestehender Großschutzgebiete (Nationalparke, Kernzonen in Biosphärenreservaten) an.

Auf den bewirtschafteten Flächen werden nicht standortsgerechte Baumarten gänzlich abgelehnt. Eine Übersicht über die Standortsansprüche der wichtigsten Baumarten gibt AID (1994c). Dem Standort zwar angepasste, jedoch nicht einheimisch vorkommende Baumarten dürfen nicht bestandsbildend sein. Ihr Vorrat und zukünftiges Verjüngungsziel sollte 30 % nicht überschreiten. Monokulturen (mit Ausnahme von naturnahen Waldgesellschaften, die sich aus einer Baumart aufbauen) werden nicht akzeptiert. Die Bewirtschaftungsregelungen sind in der Forsteinrichtungsplanung festzuschreiben. Bei ihrer Aufstellung sollten Naturschutzbehörden und interessierte Fachbehörden eingebunden werden. Sie sollten auch der interessierten Bevölkerung offen gelegt werden. Zur Förderung der Dynamik im Wald sollte ein weiter waldbaulicher Rahmen gesteckt werden, der den vor Ort Agierenden notwendige Entscheidungsfreiheiten belassen. Im Rahmen der Forsteinrichtung bietet sich die Durchführung einer Biotopkartierung an, die u.a. die Parameter standörtliche Grundlagen, forstliche Produktion, Strukturvielfalt, Naturnähe und Artenvielfalt mindestens enthalten sollte, um auf dieser Grundlage die jeweils günstigsten Bewirtschaftungsziele entwickeln zu können.

Da die naturverträgliche Bewirtschaftung des Waldes sehr anspruchsvolle Betriebstechniken erfordert, sollten ausschließlich qualifiziertes ortsansässiges Fachpersonal oder lokale Unternehmer eingesetzt werden. Arbeitsflächen und Einsatzzeitpunkte sollten so gewählt werden, dass Boden und Baumbestand möglichst pfleglich behandelt werden. Hierzu sollte der Einsatz von Rückepferden gefördert werden. Wenn dies nicht möglich ist, sollten kleine, möglichste leichte und sehr wendige Rückegeräte zum Einsatz kommen. Vollerntemaschinen, die ökonomisch nur bei großflächigen Kahlschlägen zum Einsatz kommen könnten, werden grundsätzlich abgelehnt. Bei der

Waldpflege und Holzernte ist vielmehr möglichst auf der gesamten Fläche die einzelstammweise Nutzung anzustreben. Ziel hierbei ist der Aufbau von gemischten, stufigen, ungleichaltrigen und strukturreichen Dauerbestockungen mit hohem Anteil älterer Baumindividuen zur Erzeugung starken und wertvollen Holzes bei Bewahrung des gebietsheimischen Genpotenzials. Auch auf kleinflächigere Kahlschläge bzw. kahlschlagähnliche Maßnahmen mit einem Flächendurchmesser von mehr als einer Baumlänge sollte verzichtet werden. Stehendes und liegendes Todholz sollten mindestens 2 % der Bestockung eines Bestandes ausmachen und zur Bereicherung des Waldökosystems möglichst im Bestand verbleiben. Nicht standortgerechte Monokulturen sind mit geeigneten waldbaulichen Verfahren in standortgerechte Mischbestände zu überführen. Der Naturverjüngung ist der Vorrang vor Neupflanzungen einzuräumen. Sollten dennoch Aufforstungen erforderlich werden, dürfen keine genmanipulierten Individuen eingesetzt werden.

Eine Bearbeitung des Bodens (Grubbern, Pflügen, Fräsen) sollte möglichst unterbleiben, ebenso wie flächiges Befahren, Flächenberäumung, Kalkungs- oder Düngungsmaßnahmen (Mineraldünger, Gülle oder Klärschlamm). Die infolge von Hiebmaßnahmen anfallende Biomasse sollte möglichst nicht verbrannt, sondern weitgehend an Ort und Stelle belassen werden. Auf die Entwässerung von Waldflächen sollte ganz verzichtet werden. Der Einsatz von Pestiziden wird grundsätzlich abgelehnt. Nur in Ausnahmefällen, wenn großflächige Gefährdungen des Waldes zu befürchten sind, sind unter Beteiligung von Naturschutzbehörden und interessierten Verbänden auch der Einsatz chemischer Bekämpfungsmöglichkeiten in Erwägung zu ziehen.

Zur besseren wirtschaftlichen Nutzung der Wälder werden noch immer neue Erschließungswege angelegt, dies vor allem in bisher wenig oder gar nicht zugänglichen Waldgebieten in den neuen Ländern. Alle diese Planungen sind kritisch zu hinterfragen. Nicht mehr benötigte Wege sind darüber hinaus auch wieder zurückzubauen, um unnötige Störungen auszuschließen. Bei der Planung der Feinerschließung sollten Rückegassenabstände von weniger als 40 m möglichst nicht unterschritten werden.

Die **Grenzlinien zwischen Wäldern und Offenland** sollten durch stufig aufgebaute Waldränder, bestehend aus einer Kraut- und Strauchschicht, ausgebildet werden. Gerade Ränder zwischen unterschiedlichen Ökosystemen (so genannte Ökotone) weisen eine hohe Artenvielfalt auf und stellen wichtige Vernetzungselemente im Naturhaushalt dar. Gegenüber dem Waldinneren konnte in Waldrändern eine bis zu 10-fach erhöhte Vogeldichte nachgewiesen werden (AID 1993). Ein optimaler Waldrand baut sich aus einer 5 m breiten Krautschicht, einer sich daran anschließenden 5 bis 10 m breiten Strauchschicht und einer weiteren 5 bis 10 m breiten Baumschicht auf, die aus Baumarten 2. Ordnung zusammengesetzt ist. Ein idealer Waldrand ist somit 20 m breit, mindestens sollte er jedoch 5 bis 10 m Breite aufweisen. Die beim Aufbau von Waldrändern zu verwendenden Wildstraucharten sind in Tab. 4.11 mit ihren Standortsansprüchen verzeichnet. In vielen Fällen sprechen Gründe des Windschutzes gegen eine kurzfristige Umgestaltung der meist ungenügend aufgebauten Waldränder. Deshalb muss entweder die Zeit der Bestands-Endnutzung abgewartet werden oder bisher anderweitig genutzte Flächen in dem Wald vorgelagerten Bereichen einbezogen werden. Letzteres ist finanziell aufwendig und verursacht Konflikte vor allem mit der Landwirtschaft.

Tabelle 4.11 Standortansprüche wichtiger Wildsträucher (AID 1993)

Art	Standort ■ nährstoffreich ● mittel □ nährstoffarm	Boden h	st	s	l	t	● kalkreich ✦ mittel o kalkarm	Wasserbedarf ✦ feucht ☒ mittel ▲ trocken	Tiernahrung 1 2 3
sonnig – schattig									
Brombeere (*Rubus fruticosus*)	■●	+	+	+	+	-	o	✦ ☒ ▲	+ + +
Hartriegel (*Cornus sanguinea*)	■	+	-	-	+	-	●	✦ ☒ ▲	+ + +
Hasel (*Corylus avellana*)	■●	+	+	-	+	-	●	✦ ☒ ▲	+ + +
Heckenkirsche (*Lonicera xylosteum*)	■	+	+	+	+	-	●	✦ ☒	+ + +
Himbeere (*Rubus idaeus*)	■●	+	+	+	+	-	● ✦ o	✦ ☒	+ + +
Kornelkirsche (*Cornus mas*)	■	+	-	-	+	-	●	☒ ▲	+ + +
Kreuzdorn (*Rhamnus cartharticus*)	■●	-	+	-	+	-	● ✦	▲	+ + +
Liguster (*Ligustrum vulgare*)	■●	+	+	-	+	-	● ✦	▲	+ + +
Ohrweide (*Salix aurita*)	■	+	-	-	-	+	o	✦	+ +
Weißdorn (*Crataegus laevigata*)	■●	+	+	+	+	-	●	✦ ☒ ▲	+ + +
Wolliger Schneeball (*Viburnum lantana*)	■	+	-	+	+	-	●	▲	+ +
sonnig									
Berberitze (*Berberis vulgaris*)	■	+	-	+	+	-	●	☒ ▲	+ +
Holzapfel (*Malus sylvestris*)	■●	-	+	-	+		●	✦ ☒	+ + +
Mehlbeere (*Sorbus aria*)	■●	-	+	-	+	-	● ✦ o	☒ ▲	+ + +
Sanddorn (*Hippophae rhamnoides*)	●	-	-	+	-	-	●	✦	+
Schlehe (*Prunus spinosa*)	■●	+	+	+	+	-	● ✦ o	☒ ▲	+ + +
überwiegend sonnig									
Besenginster (*Cytisus scoparius*)	●□	+	+	+	-	-	o	☒	+ +
Heckenrose (*Rosa canina*)	■●	-	+	+	+	-	● ✦	☒ ▲	+ +
Holzbirne (*Pyrus pyraster*)	■	-	+	-	+	-	●	☒	+ + +
überwiegend schattig									
Roter Holunder (*Sambucus racemosa*)	■●	-	+	-	+	-	✦ o	✦ ☒	+ + +
Schwarze Johannisbeere (*Ribes nigrum*)	■	-	-	-	+	+	● ✦ o	✦	+ +
Schwarzer Holunder (*Sambucus nigra*)	■	+	-	+	+	-	✦ o	✦ ☒	+ +
schattig									
Faulbaum (*Frangula alnus*)	●	+	-	+	+	-	✦ o	✦ ☒	+ + +
Gewöhnl. Schneeball (*Viburnum opulus*)	■	+	-	+	+	-	● ✦	✦	+ + +
Pfaffenhütchen (*Euonymus europaeus*)	■	-	+	+	-	-	●	✦ ☒	+ + +
Purpurweide (*Salix purpurea*)	●□	-	+	+	-	+	● ✦	✦ ☒ ▲	+
Salweide (*Salix caprea*)	■●	+	+	+	+	-	● ✦	✦ ☒	+ +
Traubenkirsche (*Prunus padus*)	■	+	-	+	+	-	✦	✦	+ +

1: Nektar und Pollen für blütenbesuchende Insekten, 2: Früchte (Beeren, Samen) für Vögel und Kleinsäuger, 3: Blätter und Triebe, z.T. auch Blüten, für Larven (Raupen) und voll entwickelte Insekten

Boden: h: humos, st: steinig, s: sandig, l: lehmig, t: torfig

Der meist überhöhte Bestand an Schalenwild sollte auf waldverträgliche Populationsdichten reduziert werden. Als Kriterium hierzu ist das Gelingen der Naturverjüngung aller standortheimischen Baum- und Straucharten selbstverständliche Voraussetzung. Die Fütterung sollte sich nur auf wenige Ausnahmen beschränken (z. B. spezielle Rotwildwintergatter, in denen zum Zwecke der Wilddichteregulierung das Schalenwild auch erlegt werden darf).

4.3.3   Siedlung/Industrie/Gewerbe

In Mitteleuropa leben derzeit 70 bis 80 % der Bevölkerung in Städten oder im stadtnahen Umland. Da kein anderer Nutzungstyp so stark anthropogen überprägt ist, ergeben sich für den Naturhaushalt der Städte im Vergleich mit naturnäheren Systemen ganz erhebliche Veränderungen, Beeinträchtigungen und auch Zerstörungen, die sich durch mehr oder weniger starke Beeinflussung des Wasser-, Stoff-, und Klimahaushaltes bemerkbar machen (vgl. Kasten 4.19 und 4.10).

Infolge längerfristiger sehr spezifischer Nutzungen kam es zur Ausbildung von Böden mit besonderen Eigenschaften. Hierzu gehören z. B. Bodenbildungen, die für Kleingartenanlagen charakteristisch sind (so genannte Hortisole) oder Böden, die auf Friedhöfen entstanden sind (so genannte Nekrosole). Besondere Aufmerksamkeit muss den Flächen gewidmet werden, auf denen zu früheren Zeiten ggf. giftige Stoffe abgelagert wurden, deren gesundheitsschädliche Folgen oftmals nur schwer abgeschätzt werden können (so genannte Altlastenverdachtsflächen).

Urbane Aktivitäten haben auch eine erhebliche Veränderung des Wasserhaushalts zur Folge. Sie stehen in engem Zusammenhang mit den Veränderungen der Stadtböden und des städtischen Klimas. Vor allem die hohen Anteile an versiegelter Fläche führen zum beschleunigten Abtransport des Wassers nach Niederschlagsereignissen und zur Belastung der angeschlossenen Vorfluter und Fließgewässer.

Die genannten Besonderheiten der ökologischen Standortsfaktoren in Städten haben eine Veränderung der in urbanen Räumen anzutreffenden Arten der Flora und

---

Kasten 4.9 Besonderheiten von Siedlungsräumen hinsichtlich des Schutzgutes Klima/Luft (MARKS et al. 1992; SUKOPP & WITTIG 1998).

- Höhere Temperaturen,
- niedrigere Windgeschwindigkeiten bei höherer Böigkeit,
- höherer Bewölkungsgrad,
- höhere Niederschläge (in Großstädten bis 10 % erhöht),
- geringere Sonnenscheindauer (in Großstädten im Sommer bis 10 % reduziert),
- erhöhte Turbulenz und verstärkter Luftaustausch,
- geringere relative Luftfeuchte,
- Verminderung der kurzwelligen Einstrahlung (vor allem im UV-Bereich),
- erhöhte Anteile an Aerosolen,
- höhere luftchemische Belastung,
- verlängerte Vegetationsperiode (um 8–10 Tage in Großstädten).

Kasten 4.10 Besonderheiten der Ressource Boden innerhalb urbaner Räume (MARKS et al. 1992; SUKOPP & WITTIG 1998)

- Hoher Anteil an versiegelten Oberflächen, die entweder keinerlei oder nur in sehr marginalem Umfang „natürliche" Bodenfunktionen im urbanen Naturhaushalt wahrnehmen können,
- Abgesenkte Grundwasserstände bei gleichzeitig verringerter Grundwasserneubildungskapazität,
- Veränderungen der Horizontausbildungen infolge von Vermischungen und Planieren des Oberbodenmaterials, Abtrag und Auftrag von Boden, dadurch erhöhte Humusgehalte bis in Tiefen von 40 bis 50 cm,
- Ablagerungen von technogenen Substraten,
- Verdichtung des Bodens durch Befahren, Tritt und Baumaßnahmen,
- Kontamination durch Stäube, Abfälle und Abwasser mit der Folge von Eutrophierung und Alkalisierung,
- An Straßenrändern und im Bereich von Baumscheiben ist eine Erhöhung des N- und P-Gehaltes nachzuweisen,
- Allgemein hohe Belastung der Böden mit Schadstoffen infolge von Hausbrand, Gewerbe, Industrie und Verkehr,
- winterliche Streusalzverwendung bewirkt eine Erhöhung des NaCl-Gehaltes.

Fauna zur Folge. Zahlreiche Arten verschwanden während andere sich besser entfalteten und ihr ursprüngliches Areal deutlich erweitern konnten. Dies trifft vor allem für die Kulturfolger und an Dörfer und Städte besonders eng gebundene Arten (so genannte „Synanthrope") zu. Typische Vertreter sind z. B. die Mehlschwalbe, der Turmfalke, die Stubenfliege oder auch die Pflanzenarten Schafgarbe und Quecke. In Städten einschließlich ihrer Weichbilder konnte vielfach eine größere Artenvielfalt bei Pflanzen und Tieren als in umgebenden intensiv genutzten Agrarlandschaften festgestellt werden (vergleiche auch Tab. 4.12). Das liegt u.a. an der Struktur- und Standortsheterogenität der urbanen Räume. Selbst in maximal versiegelten Kernstadtbereichen gibt es „verwilderte" Innenhöfe oder verfallende Häuser. Auch Gewerbe- und Industriebrachen erhöhen die Vielfalt möglicher Rückzugsräume für spezialisierte Tier- und Pflanzenarten. Nicht so sehr die Städte an sich sind deshalb für den Verlust wild lebender Organismen verantwortlich, sondern menschliche Ordnungsliebe, die spontane Entwicklung auf städtischen Freiräumen nicht zulassen will. Viele in Siedlungen anzutreffende Arten sind „euryök" und weisen ein breites Anpassungsspektrum auf, weshalb sie auch als Ubiquisten („Allerweltsarten") bezeichnet werden.

Umweltverträgliche Zukunftsperspektiven von Siedlungen
Nachdem sich die Wissenschaft nun bereits seit 2 Jahrzehnten intensiv mit der Stadt als Ökosystem beschäftigt, sind auch vielfältige Lösungsansätze für die spezifischen Umweltprobleme urbaner Agglomerationen erarbeitet worden.

Auch die Beschlüsse der Umweltkonferenz in Rio de Janeiro im Jahr 1992 weisen die Kommunen in Kapitel 28 der **Agenda 21** als wesentliche Handlungsebene und da-

Tabelle 4.12 Tiere und Pflanzen in ausgewählten urbanen Landschaftseinheiten (BASTIAN & SCHREIBER 1994)

Urbane Landschaftseinheit	Flora und Vegetation	Fauna
Kompakte Baugebiete	Geringe Anzahl an Wildpflanzen: Gartenunkräuter in Blumenrabatten, Trittpflanzengesellschaften, Solitärbäume	Dohle, Turmfalke, Haustaube, Haussperling, Wanderratte, Fledermäuse, an Gebäuden ehemalige Felsenbewohner (z.B. Weberknechte)
Villen und Einzelhausbebauung	Hohe Artenzahl: floristisch reiche Parkrasen, Gartenunkräuter, Trittrasen, nitrophile Säume	Reiche Brutvogelfauna, Igel, Vielzahl Pflanzen fressender und saugender sowie Blüten besuchender Insekten
Industriegebiet	Meist hohe Artenzahl: Ruderal- und Trittpflanzen, hoher Neophytenanteil, Quecken- und Rautenfluren	Kaninchen, Steinmarder, auf Ödland: Haubenlerche, Sumpfrohrsänger, zahlreiche Vorrats- und Materialschädlinge
Kleingartenanlage	Gartenunkräuter und Trittpflanzen (z.T. stark reduziert)	Zahlreiche Brutvögel, viele Blütenbesucher, Pflanzenfresser, Blattläuse
Kommunale Abfalldeponie	Sehr reiche Unkrautflora (besonders einjährige Arten, Neophyten, verwilderte Zier- und Nutzpflanzen)	Saatkrähe, Lachmöwe, Silbermöwe, viele Trockenheit und Wärme liebende Insektenarten

mit entscheidenden Faktor bei der konkreten Verwirklichung der Ziele aus. Seither haben zahlreiche Kommunen die Aufstellung einer lokalen Agenda 21 begonnen, womit sich im kommunalen Bewusstsein meist eine Aufwertung ökologischer Aspekte verbindet. Allerdings besteht in der derzeit zumindest in Deutschland zu beobachtenden Praxis die Tendenz, das Anliegen des Technischen Umweltschutzes (Energiesparen, Abfallverminderung, Wasserreinhaltung) oder ganz spezifische Problemfälle (Minderung von Verkehrslärmbelastungen, Bereitstellung von Erholungsflächen) in den Vordergrund zu stellen und ökologisch orientierte Maßnahmen zur Umsetzung der Nachhaltigkeit weitgehend zu vernachlässigen. Diesbezüglich sind u.a. zu nennen (vergleiche SUKOPP & WITTIG 1993):

- Ausweisung zonal differenzierter Schwerpunktgebiete des Naturschutzes und der Landschaftspflege in Städten als Vorranggebiete,
- Akzeptanz spontaner Vegetationsentwicklungen auch in Innenstadtbereichen,
- Berücksichtigung der historischen Kontinuität,
- Nachhaltige Sicherung möglichst großflächiger zusammenhängender Freiräume und stadtübergreifende Vernetzung derselben,
- Erhaltung von Standortsunterschieden,
- Ermöglichung differenzierter Nutzungsintensitäten,

- Sicherung der Vielfalt typischer Elemente urbaner Systeme,
- Funktionelle Einbindung von Bauwerken.

Verschiedene Ansätze, die mit einer „nachhaltigen Stadtentwicklung" argumentieren, sind jedoch mit Skepsis zu betrachten. Spezifikum städtischer Ökosysteme ist es ja gerade, das sie aus sich heraus nicht lebensfähig, sondern wesentlich auf ihr Umland angewiesen sind: Aus diesem bezieht die Stadt Energie, Nahrung und Rohstoffe, die sie nur in sehr geringem Umfang selbst produzieren kann. Sie ist ebenso auf ihr Umland angewiesen, um ihr Abwasser und ihre Abfälle zu entsorgen – nicht umsonst ist in unzähligen Fällen die Peripherie von Städten durch Kläranlagen, Müllberge oder Kühltürme gekennzeichnet. Die Stadt ist demnach ein extrem von Außensteuerung beeinflusstes Ökosystem, das per se nicht „nachhaltig" nach klassischer Auffassung sein kann. Im besten Fall machbar ist eine möglichst umweltverträgliche Stadtentwicklung, die als solche dann aber die Stadt und ihr Umland als Gesamtsystem mit ihren vielfältigen Wechselwirkungen und gegenseitigen Abhängigkeiten betrachten muss.

Anhand der positiven Auswirkungen von Dach- und Fassadenbegrünung sowie ortsnaher Versickerung von Niederschlagswässern sollen exemplarisch konkrete Umsetzungsmöglichkeiten ökologisch orientierter Stadtplanung aufgezeigt werden.

Dach- und Fassadenbegrünung

Mit dem Bau eines Gebäudes gehen Flächen mit unterschiedlichen Funktionen im Naturhaushalt unwiederbringlich verloren. Ein Teil dieses Verlustes kann durch das Bepflanzen von Dächern und das Begrünen von Fassaden kompensiert werden. Dies gilt auch für die Sanierung und Rekonstruktion älterer Gebäude. Allerdings muss der konstruktive Mehraufwand (vor allem bei Dachkonstruktionen) und die fachgerechte Pflege berücksichtigt werden. Bei Dachbegrünungen wird grundsätzlich zwischen extensiven und intensiven Verfahren unterschieden. Erstere zeichnen sich durch Substratauflagen bis 10 cm Mächtigkeit und Bepflanzung, die keiner weiteren Pflege bedarf, aus. In den ersten Jahren ergibt sich jedoch ein geringer Aufwand, weil unerwünschte Vegetationselemente vom Dach entfernt werden müssen. Intensive Dachbegrünungen weisen entsprechend stärkere Substratauflagen (bis 30 cm Mächtigkeit) auf und die verwendeten Pflanzenarten (Gräser, Kräuter, Bodendecker, Stauden und Gehölze) bedürfen einer ständigen Pflege (u.a. Wässern, Düngen und Mähen). Obwohl die ökologischen Auswirkungen beider Verfahren durchaus unterschiedlich sind, lassen sich grundsätzlich die folgenden Effekte beobachten (DÜRR 1995):

Wasserrückhaltung: Abhängig von der Konstruktion können begrünte Dächer 50 bis 90 % der gefallenen Niederschläge speichern. Ein großer Anteil verdunstet und der Rest wird zeitverzögert in die Kanalisation abgegeben.

Verbesserung des Klimas: Durch begrünte Dächer wird die Luft in Städten lokal abgekühlt und befeuchtet, wodurch das Mikroklima deutlich verbessert wird.

Staubbindung: Die Vegetation begrünter Dächer weist durch die Blattmasse gegenüber normalen Dächern eine viel größere Oberfläche auf. Dadurch wird der Luftstrom abgebremst und 10 bis 20 % Staub und Schadstoffe aus der Luft herausgefiltert. Eingetragene Nährstoffe (z. B. Nitrate) werden von den Pflanzen verwertet.

Wärmedämmung und Schallschutz: Begrünte Dächer schützen besser vor Hagelschlag, UV-Einwirkung, Hitze und Kälte. Sie verbessern sommers wie winters den Wärmeschutz und tragen zu einer Verminderung des Energieverbrauchs um bis zu 10 % bei. Des Weiteren konnte eine Schalldämmung um bis zu 8 dB(A) ermittelt werden.

Lebensraum für Pflanzen, Tiere und Menschen: Ungestörte begrünte Dächer können als Refugium einer großen Vielzahl von Tieren und Pflanzen dienen.

Des Weiteren bieten sich Nutzungen als Dachgarten, Dachcafé oder auch als Spiel- und Sportflächen an. Dabei müssen auch die psychologischen Effekte begrünter Dächer berücksichtigt werden. Sie befriedigen sehr viel mehr als normale Dächer das Bedürfnis der Menschen nach Schönheit und Naturnähe und ermöglichen die Beobachtung von Jahreszeiten ebenso wie haptische, optische und olfaktorische (geruchsbestimmte) Erfahrungen.

Versickerung von Niederschlagswasser

Die zunehmende Versiegelung unserer Städte hat verschiedene negative Auswirkungen auf den Wasserhaushalt (GEIGER & DREISEITL 1995). Weil die Niederschläge auf den versiegelten Flächen nicht gespeichert werden können und oberflächig abfließen mussten, geriet das Kanalsystem bei kurzen und sehr heftigen Niederschlägen schnell an seine Leistungsgrenzen (vergleiche auch Abb. 4.14). Das aus den Städten sehr schnell abfließende Wasser konnte unterhalb der Stadtgebiete auch zu Überschwemmungen beitragen. Innerhalb der urbanen Räume trugen die Niederschläge kaum noch zur Grundwasserneubildung bei. Außerdem wurde der Grundwasserspiegel durch ständige Wasserentnahmen permanent abgesenkt. Da in vielen Städten keine getrennten Kanalisationen bestehen, wurden Kläranlagen bei Starkregenereignissen schnell überlastet und gaben die zugeführten Wassermengen weitgehend ungereinigt an die Fließgewässer wieder ab. Da durch Niederschläge zunächst der sich ablagernde Schmutz auf befestigten Flächen abgespült wird, ergeben sich weitere Kontaminationsgefahren, die sich auf die ökologische Qualität der städtischen Fließgewässersysteme auswirken können. Da weniger Wasser verdunstet wird, kann sich auch das Kleinklima verschlechtern, indem die Luft der Städte weniger Feuchtigkeit aufweist als im Offenland.

Vor allem seit Mitte der 90er-Jahre wurde diesen Problemen zunehmend Aufmerksamkeit geschenkt und Vorschläge zusammengetragen, welche Maßnahmen besonders geeignet sind, um auch in Städten einen Beitrag für die nachhaltige Bewirtschaftung des Wasserhaushaltes leisten zu können (vergleiche auch Kasten 4.11). Diesbezüglich bieten sich u.a. verschiedene Möglichkeiten der flächigen Versickerung von Niederschlagswasser durch Entsiegelung überflüssig versiegelter Flächen im privaten und öffentlichen Bereich an. Bei der Gestaltung neuer Flächenbefestigungen sollten überwiegend durchlässige Befestigungsmöglichkeiten bevorzugt werden: Kies-/Splittdecken, Schotterrasen, Holzroste/-pflaster, Rasengittersteine/-fugenpflaster/-waben oder Porenpflaster (BULLERMANN et al. 1998). Untersuchungen über die Leistungsfähigkeit derartiger Verfahren zur Flächenversickerung ergeben in den ersten Jahren sehr gute Werte, die nach einiger Zeit jedoch vermindert werden, weil sich auf den Flächen zunehmend Feinmaterial ablagert, wodurch die Versickerungsfähigkeit der Beläge immer stärker eingeschränkt wird.

Auf längere Sicht werden sich deshalb wahrscheinlich die im Folgenden genannten Verfahren in der Praxis immer stärker durchsetzen. Sie sind jedoch nicht überall uneingeschränkt einsetzbar. Der Boden muss ausreichend wasserdurchlässig sein. Die Belange des Boden- und Grundwasserschutzes müssen beachtet werden, weshalb das Niederschlagswasser von Metalldächern (aus Zink oder Kupfer) nicht problemlos versickert werden kann. Bei einem privaten Grundstück muss eine ausreichende Flächengröße vorhanden sein, um das Niederschlagswasser problemlos versickern zu können. Des Weiteren muss das Wasser mit vertretbarem Aufwand an den Standort der Versickerungsanlage geleitet werden können. Dieser sollte mindestens 6 m von den Gebäuden entfernt sein, um mögliche Schadwirkungen des Wassers weitgehend ausschließen zu können.

Die einfachste und kostengünstigste Variante ist die Versickerung des Niederschlagswassers mittels einer Mulde, die als Vertiefung in einer Rasen- und Pflanzfläche ausgebildet sein kann. Der Umfang der Sohlfläche sollte etwa 10 bis 20 % der angeschlossenen versiegelten Flächen betragen. Die maximale Anstauhöhe darf 30 cm nicht übersteigen und auch bei sehr starken Regenfällen sollte das in die Mulde geleitete Wasser spätestens nach 15 Stunden vollständig versickert sein. Grundsätzlich kann die

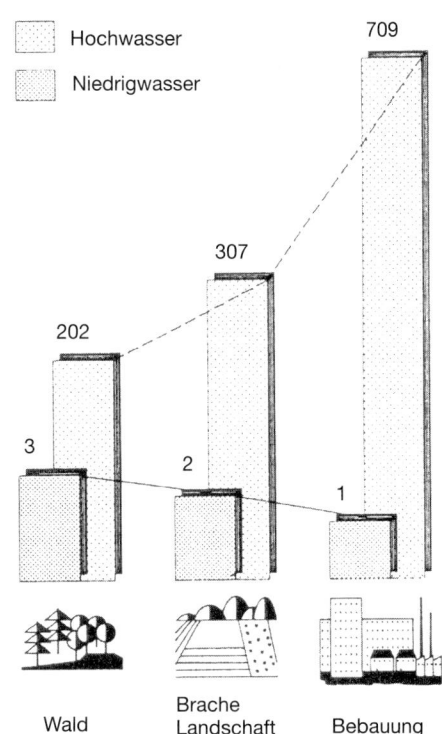

Abb. 4.14 *Abflussspenden [l/(s ∗km²)] für Hoch- und Niedrigwasser bei unterschiedlicher Geländenutzung (GEIGER & DREISEITL 1995).*

Mulde auch weiterhin als Rasennutzfläche verwendet werden. Die Böschung sollte dabei möglichst flach (1 : 2) ausgebildet werden.

Bei der Versickerung über ein Rohr-Rigolensystem wird das Regenwasser dem Boden über ein geschlitztes Kunststoffrohr zugeführt. Damit auch größere Wassermengen zwischengespeichert werden können, wird das Rohr mit einem Kies- oder Schotterkörper umgeben, der durch ein Vlies vom umgebenden Bodenmaterial getrennt werden muss, um eine Verschmutzung des Sickerrohrs auch längerfristig zu verhindern. Da die Nutzungen über dem Rohr keiner Einschränkung unterliegen, handelt es sich um eine sehr flächensparende Methode. Bei der Schachtversickerung wird das Regenwasser über gelochte Schachtringe im Boden versickert. Auch bei diesem Verfahren wird ein Schotter-/Kieskörper mit Filtervlies zur Aufnahme größerer Niederschlagsmengen um den Schacht herum ausgebildet.

Flächenmanagement und -recycling

Trotz der Aufnahme von Bodenschutzklauseln in das Raumordnungsgesetz und das Baugesetzbuch werden in der Bundesrepublik Deutschland täglich etwa 130 ha Frei-

Kasten 4.11 Naturnaher Umgang mit Regenwasser in Siedlungen

BECKMANN & LANG (2001) haben folgende Vorschläge zum umweltverträglichen Umgang mit Regenwasser in Siedlungen unterbreitet.

1. Rückhaltung (dezentral und naturnah)
   - Erdbecken, überwiegend bepflanzt
   - keine ober- oder unterirdischen technischen Rückhaltebauwerke
   - Mischformen nur im Ausnahmefall
2. Verwertung (naturnah)
   - Rückführung in den Naturhaushalt durch Oberflächenverdunstung und Verwertung durch Pflanzen
   - Gebrauch in Haushalt (Toilettenspülung) und Garten (Bewässerung)
   - Brauchwassernutzung zur Trinkwassersubstituierung ist nicht vorausgesetzt
3. Versickerung (in flachen Mulden)
   - auf dem und durch den belebten, bewachsenen Oberboden, ohne spezielle künstliche Bauelemente
   - Verzicht auf Mulden-Rigolen
   - Verzicht auf unterirdische Verrieselung, z. B. über Schluckbrunnen

flächen in Siedlungs- und Verkehrsflächen (Die Zeit 2000) umgewandelt und dies mit ständig steigender Tendenz. Die Fläche entspricht der Ausdehnung von über 180 Fußballfeldern. Würde sich diese Entwicklung auch in Zukunft fortsetzen, wäre die Bundesrepublik Deutschland in ungefähr 70 bis 80 Jahren völlig zubetoniert. Hier besteht dringender Handlungsbedarf, denn eine derart ungezügelte Flächeninanspruchnahme entspricht weder einer nachhaltigen zukunftsverträglichen Raum- und Siedlungspolitik noch der gesetzlichen Vorgabe, die im Baugesetzbuch explizit fordert, das mit Grund und Boden sparsam umzugehen ist (§ 1a Abs. 1 BauGB). Der Flächeninanspruchnahme kann u.a. durch eine geordnete Flächenhaushaltspolitik der Kommunen entgegengewirkt werden (ARL 1999). Sie verfolgt im Wesentlichen zwei Ziele: Die ständige Ausdehnung von Siedlungs- und Verkehrsflächen zu Lasten von Freiflächen soll zukünftig deutlich verringert und langfristig zum Stillstand gebracht werden (Mengenziel, vergleiche auch Tab. 4.13). Die ökologischen Qualitäten der Ressource Fläche sollen gesichert bzw. die von schon bestehenden Flächennutzungen ausgehenden Belastungen in qualitativer und quantitativer Hinsicht ausgeglichen werden (Qualitätsziel). Die klassische Planungspolitik kann ihre Schwerpunkte auf diese Weise auf zukunftsfähige Kreislauf- und Umbaupolitik verlagern.

Bevor eine Freifläche für Wohnen, Gewerbe oder Infrastruktureinrichtungen zur Verfügung gestellt werden kann, ist der Nachweis zu erbringen, dass der erforderliche Flächenbedarf nicht innerhalb schon bestehender Siedlungsflächen bzw. durch Umwandlung vorhandener Flächenpotenziale gedeckt werden kann. Derartige Potenziale können sein:
- Wiedernutzung von Brach- und Konversionsflächen,
- Nachnutzung von Gewerbe-, Industrie- und Infrastrukturflächen,

Tabelle 4.13 Mögliche Standards für die Begrenzung der Flächen-inanspruchnahme (DIFU 1999)

Notwendiger Freiflächenanteil im Gemeindegebiet	>50%
Freiraum-Bruttofläche pro Einwohner für	
• städtische Park- und Grünanlagen	8–15 m²
• Sportflächen	4–10 m²
• Kleingärten	10–17 m²
• Außerstädtische Freiflächen	200–1000 m²
Richtwerte für die Siedlungsdichte (in Wohneinheiten pro ha)	
• Verdichtungsgebiete	30 WE/ha
• Ländlicher Raum	15 WE/ha
Richtwerte für die Siedlungsfläche pro Einwohner (Infrastruktur, Wohn- und Arbeitsfläche)	200 m²/E
Mindestbedarf an Freifläche (Innen- und Außenbereich) pro Einwohner	285 m²/E
Kritische Grenze des Siedlungsflächenanteil am Gesamtareal (ohne Wald, Gewässer, Ödland)	40 %
Begrenzung des Baulandbedarfs	
• im Ballungszentrum	150 m²/E
• in Randlage	200 m²/E
• im ländlichen Bereich	250 m²/E

- Mehrgeschossige oder flächensparende Bauformen,
- Beseitigung von Kümmernutzungen (nicht legale Wohnnutzungen in Kleingartenanlagen, nicht ausgewiesenes Grabeland, nicht ausgewiesene Campingplätze usw.),
- Rückbau versiegelter Flächen,
- Maßvolle Nachverdichtung,
- Dachgeschossnutzungen,
- Moderne Nutzungsmischungen.

Durch Nutzung sämtlicher dieser Möglichkeiten ergeben sich ideale Voraussetzungen für die Schaffung kompakter, multifunktionaler, verkehrsmindernder und letztlich flächensparender Siedlungsstrukturen.

Besondere Potenziale eröffnet die Nachnutzung von Industrie-, Gewerbe- und Verkehrsbrachen. Sie sind vor allem in traditionellen Industrieregionen anzutreffen, nachdem wirtschaftliche Veränderungsprozesse riesigen Ausmaßes zu einer völligen Veränderung der Wirtschaftsstruktur geführt haben. Die wichtigsten Ursachen für die Herausbildung der Brachflächen sind:

- Der wirtschaftliche Niedergang traditioneller Industriezweige in Mitteleuropa (vor allem Montan-, Maschinen-, Textil- und Schiffbauindustrie),
- Die Verlagerung von Unternehmen in Billiglohnländer,

- Die Konversion von militärischen Liegenschaften nach Ende des Kalten Krieges und der Wiedervereinigung,
- Der Funktionsverlust klassischer Infrastruktureinrichtungen (Häfen, Bahnhöfe, etc.).

Die Reaktivierung solcher Brachflächen eröffnet vielfältige Möglichkeiten, allerdings müssen verschiedene Risiken von vornherein eingeplant werden. Hierzu gehört die Auseinandersetzung mit Altlasten, die u.a. folgendermaßen untergliedert werden können (KOMPA et al. 1997):

- Chemische Altlasten (Kontaminationen),
- Bauliche Altlasten (Fundamente, Baugrund, Funktionsgebäude),
- Mentale Altlasten (viele altlastenbehaftete Flächen sind stigmatisiert, so dass sich nicht unerhebliche Schwierigkeiten bei einer späteren Vermarktung dieser Flächen ergeben können).

Einer Nachnutzungsplanung sollte in jedem Fall eine ausführliche Analyse und Bewertung der Brachflächen vorausgehen, denn viele von ihnen weisen bereits nach wenigen Jahren der Nutzungsaufgabe einen wertvollen Bestand auch an seltenen Tier- und Pflanzenarten auf. Des Weiteren eignen sich Erholungssuchende sehr schnell günstig gelegene Brachflächen für vielfältige und sehr unterschiedliche Freizeitnutzungen an. Auch diese Qualitäten müssen bei der Gestaltung eines Nachfolgekonzeptes unbedingt berücksichtigt werden.

4.3.4 Ver- und Entsorgung – am Beispiel Windenergieanlagen

Der Ausbau regenerativer Energien ist in vielen Bundesländern erklärtes umweltpolitisches Ziel. Gerade Windenergieanlagen verzeichnen dabei enorme Zuwächse: Im Vergleich zu den 1987 gemeldeten ca. 137 Windkraftanlagen mit einer Leistung von ca. 5 MW waren in Deutschland Ende Dezember 2000 bereits 9.359 WKA mit einer Nennleistung von gut 6.100 MW in Betrieb; allein bis Ende September 2001 wurden weitere 1.115 WKA mit 1.399 MW Leistung neu installiert, was gegenüber dem Vorjahr einen weiteren erheblichen Zuwachs bedeutete (EGERT & JEDICKE 2001). Dies hängt nicht zuletzt damit zusammen, dass Windkraftanlagen infolge gesetzlicher Regelungen eine besondere Stellung genießen: Es handelt sich um sog. privilegierte Vorhaben im Außenbereich nach § 35 Abs. 1 BauGB. Nach geltender Rechtsprechung begründet sich jedoch daraus kein generelles Baurecht im Außenbereich, sondern es dürfen an einzelnen Standorten, auch wenn diese nicht förmlich unter Natur- oder Landschaftsschutz gestellt sind, zugleich keine überwiegenden Belange (z.B. eine Verunstaltung des Landschaftsbildes) entgegenstehen (vgl. etwa Urt. des OVG NRW vom 12.06.2001 – Az. 10 A 97/99). Auch spielt bei der Beurteilung die Vorbelastung eine Rolle: So ist es trotz baurechtlicher Privilegierung nicht zu beanstanden, wenn sich die zuständige Behörde bei einem noch nicht vorbelasteten Standort in besonders reizvoller landschaftlicher Lage gegen die Zulassung eines Windparks entscheidet (VGH Baden-Württemberg, Urt. vom 20.04.2000 – 8 S 318/00).

Bezüglich seiner Windhöffigkeit sind das nordwestdeutsche Tiefland, die Küstenregionen und die Kuppen der Mittelgebirge besonders für die Windkraft geeignet. Gerade diese Regionen sind aber auch qualitativ hochwertige Lebensräume für gefährdete

Tiere und Pflanzen (z. B. die Nationalparke im Wattenmeer) oder besonders für die Erholung geeignet (z. B. viele Naturparke in Mittelgebirgen). In einigen Landkreisen Niedersachsens ist die Dichte der Windkraftanlagen derzeit bereits auf so hohe Werte angewachsen, das von keinem Winkel aus ein ungestörter, d. h. von diesen Anlagen unbeeinflusster, Blick mehr möglich ist.

Um die Leistungsfähigkeit der Rotoren zu steigern, wurden immer größere Anlagen gebaut, die heute einschließlich ihrer Rotorblätter bis zu 150 m Höhe erreichen. Bei der Konzeption wird überwiegend ökonomischen Erfordernissen gefolgt. Je höher eine Anlage errichtet wird, desto besser ist infolge steigender Windhöffigkeit auch ihre Energieausbeute. Optimal ist sie im Binnenland erst im Bereich ab 80 m über der Erdoberfläche, weil nicht nur die Windgeschwindigkeit deutlich ansteigt, sondern auch die Turbulenzen (die sonst infolge von Hindernissen wie Häusern oder Wäldern eintreten) abnehmen und eine Angleichung der Windgeschwindigkeiten zwischen Tag und Nacht stattfindet. Damit steigt nicht nur die Energieausbeute, sondern es gestaltet sich auch die Energieproduktion über die Zeit hinweg gleichmäßiger (STILLER 2001). Bei Größenordnungen, die über 100 m Höhe hinausgehen, sind aufgrund der Belange der Flugsicherheit auffällige Gestaltungen (v.a. nächtliche Beleuchtung) erforderlich, die das Landschaftsbild in weitem Umkreis erheblich beeinträchtigen können und zu zusätzlichen Auswirkungen auf die Avifauna führen.

Aufgrund der zu erwartenden Konflikte wurden verschiedene **Vorschläge zur räumlichen Lenkung** von Windkraftanlagen unterbreitet. Grundsätzlich sollten Flächen bevorzugt werden, die bereits vorbelastet sind, um ganz bewusst und konsequent die für Naturschutz und Landschaftspflege wertvollen Flächen zu schonen (AG Eingriffsregelung der LANa 1996). Daneben sind bestimmte energiewirtschaftliche Kriterien zu berücksichtigen (Kasten 4.12).

Tabelle 4.14 enthält Ausschluss- und Restriktionskriterien, wie sie u.a. in Brandenburg auf Ebene der Regionalplanung zur Ermittlung der für Windkraftanlagen nicht geeigneten Standorte Verwendung finden. Dadurch sollen auch Auswirkungen auf flugfähige Tiere (Vögel, Insekten, Fledermäuse) möglichst ausgeschlossen werden (vergleiche auch Kap. 3.3.4). Aus naturschutzfachlicher Sicht sind diese Kriterien um ausgeprägte grundwassernahe Grünlandbereiche (Potenzielle Wiesenbrüterhabitate), Rastgebiete für seltene Zugvogelarten (z. B. Goldregenpfeifer, Kranich) und große unzerschnittene Landschaftsräume zu ergänzen. Um eine konzentrierende Wirkung zu entfalten, sollten Eignungsgebiete für Windkraftanlagen zudem eine Mindestgröße vom 100 ha aufweisen (BERGER-KARIN 2001).

Kasten 4.12 Bei der Anlage von Windenergieanlagen zu berücksichtigende energiewirtschaftliche Kriterien (BERGER-KARIN 2001)

- Windpotenzial > 140 W/m² Rotorfläche in 60 m Höhe,
- Nähe zum Umspannwerk in max. 5 km Entfernung,
- Nähe zum Mittelspannungsnetz (15, 20 oder 30 KW) in max. 2 km Entfernung,
- Nähe zum Hochspannungsnetz (110 KV) in max. 5 km Entfernung,
- Aktuelle Netzauslastung (insbesondere Mittelspannungsnetz).

Tabelle 4.14 Ausschluss- und Restriktionskriterien bei der Standortfrage von Windkraftanlagen in Brandenburg (Berger-Karin 2001)

Naturraum-/Schutzpotenzial (am höchsten)	Abstand/Puffer
NSG gem. § 21 BbgNatSchG (festgesetzt, im Verfahren, einstweilig gesichert)	1000 m
Feuchtgebiete internationaler Bedeutung	500 m
stehende Gewässer erster Ordnung gem. RAMSAR	500 m
sensible Fließgewässer	500 m
Schutzgebiete der FFH- Richtlinie (sofern Vogelschutz)	1000 m
Großtrappenschongebiet, Brutgebiet Kranich	1000 m
geschützte Landschaftsbestandteile >10 ha	500 m
Flächennaturdenkmale >10 ha	500 m
Biotope gem. § 32 BbgNatschG >10 ha	100 m
Landschaftsschutzgebiete gem. § 22 BbgNatSchG (festgesetzt, im Verfahren, geplant, einstweilig gesichert)	1000 m
Alleen gem. § 31 BbgNatSchG	100 m
markante landschaftsprägende Hangkanten und Kuppen in der Region	500 m
Grünzäsuren gem. LEPeV und potenzielle Grünzäsur der Regional-planung	Einzelfall-bewertung
Vorranggebiete § 16 BbgWaldG gem. forstwirtschaftlicher Rah-menplanung	200 m
Vorsorgegebiet gem. forstwirtschaftlicher Rahmenplanung	200 m
Vorranggebiete Rohstoffsicherung Steine und Erden der Regional-planung	Einzelfall-bewertung
Gebiete mit besonderer Bedeutung Wasserwirtschaft, Überschwemmungsgebiete/Flutungspolder der Regionalplanung	100 m
Siedlungsgebiete (außer festgesetzte GE und GI, einschl. Ferien-dörfer und Campingplätze)	500 m
Denkmalbereiche der Parkanlage gem. § 11 sowie Umgebungs-schutz eines Denkmals gem. Denkmalschutzgesetz	1000 m
Hoch- und Mittelspannungsleitungen	100 m
Produktenleitungen (Gas, Erdöl usw.)	30 m
Verkehrswege (Autobahn, Bundes-, Landes-, Kreis- und Gemeindestraßen	100 m
Bahntrassen und schiffbare Wasserstrassen (sofern nicht Gewässer 1. Ordnung)	100 m
Flug- und Landeplätze	Einzelermittlung, Hindernisbegren-zungsflächen
Richtfunkstrecken	50 m
militärische Anlagen	Einzelfallbewer-tung gem. Erlass

Tabelle 4.14 Ausschluss- und Restriktionskriterien bei der Standortfrage von Windkraftanlagen in Brandenburg (BERGER-KARIN 2001) (Forts.)

Restriktionskriterien Schutz II (hoch): Potenziale des Naturraums und weitere Nutzungen mit Raumbedeutsamkeit (abwägungsrelevant):
- Naturpark (soweit nicht als Schutzgebiet festgesetzt)
- Brutgebiete gefährdeter Wiesenbrüter gem. Artenschonprogramm
- Vorkommen bedrohter, an störungsarme Räume gebundener Großvogelarten gem. Fachkonzeption Artenschutzprogramm und SPA-Gebieten
- regional bedeutende Kulturlandschaftsräume sofern nicht Denkmalbereich und Umgebungsschutz nach §§ 11 und 14 Denkmalschutzgesetz
- FFH-Gebiete (übrige, sofern kein Vogelschutz)
- herausragende Sichtachsen
- Vorranggebiete Wasserwirtschaft/Trinkwasserschutz (Zone I-II)
- Vorbehaltsgebiete Rohstoffsicherung Steine/Erden der Regionalplanung

Restriktionskriterien Schutz III (mittel): Potenziale des Naturraums und weitere Nutzungen mit Raumbedeutsamkeit (abwägungsrelevant)
- Gebiete mit hochwertigem Landschaftsbild (gem. Landschaftsprogramm als Schutzgut „Landschaftsbild" dargestellte Gebiete der Kategorie Schutz/Pflege des vorhandenen hochwertigen Eigencharakters)
- Vorbehaltsgebiet Natur und Landschaft nach Landschaftsrahmenplanung
- Gebiete mit landwirtschaftlicher Bedeutung in der Region
- Landschaftsräume mit regionaler Bedeutung für Fremdenverkehr/Erholung der Regionalplanung sofern nicht Naturpark oder als Schutzgebiet gesichert
- Grabungsschutzgebiete gem. § 17 Denkmalschutzgesetz (Bodendenkmale)

Häufung/Verteilung im Raum (Mindestabstand benachbarter Flächen für die raumbedeutsame Windenergienutzung):
Bei der Ausweisung von Gebieten für die raumbedeutsame Windenergienutzung ist darauf zu achten, dass die natürliche Eigenart der Landschaft in ihrer Wahrnehmbarkeit erhalten bleibt. Vor diesem Hintergrund ist es notwendig, Mindestabstände zwischen zwei benachbart gelegenen Eignungsgebieten als Kriterium zu definieren. Der Mindestabstand zwischen zwei benachbart gelegenen Flächen für die raumbedeutsame Windenergienutzung ist in der Regel der doppelte Durchmesser der größeren benachbarten Fläche bzw. mindestens 5 km.

Die Arbeitsgruppe Eingriffsregelung der LANa (1996) hat zudem die folgenden Maßnahmen vorgeschlagen, die bei Standortplanungen für Windkraftanlagen grundsätzlich zu beachten sind:
- Gruppen von Windkraftanlagen sollten so angeordnet werden, dass die Zugbewegungen und Standortswechsel der Avifauna möglichst wenig beeinträchtigt werden. Sie sollten auch nicht in Reihen errichtet, sondern flächenhaft konzen-

triert werden, um Barrierewirkungen für die Vögel und für das Landschaftsbild gering zu halten.

- Aufgrund der hohen Tierverluste infolge von Drahtanflug bei Nebel und zur Nachtzeit, sollten Abspannmasten möglichst nicht errichtet werden.
- Innerhalb einer Anlagengruppe sollten die Einzelanlagen in Höhe und Ausführung gleichartig sein.
- Aufgrund ihres unruhigen Laufbildes sollten Rotoren mit weniger als drei Flügeln gar nicht mehr errichtet werden.
- Die Farbgebung der Anlagen sollte mit der umgebenden Landschaft harmonieren; ungebrochene und leuchtende Farben sollten möglichst nicht zur Anwendung kommen und Reflektionsmöglichkeiten gering gehalten werden.
- Für Reparaturen und Wartung erforderliche Anfahrts- und Erschließungswege sollten so kurz wie möglich sein, dabei sind schwere Befestigungen weitgehend zu vermeiden.
- Erforderliche Nebenanlagen sollten möglichst konzentriert errichtet werden. In störungsempfindlichen Bereichen sollte auf Maßnahmen, die Besucherverkehr zur Folge haben können (Beschilderungen, Informationseinrichtungen) weitgehend verzichtet werden.
- Eine Beleuchtung der Anlagen soll unterbleiben.
- Neue Freileitungen sollten möglichst nicht gebaut, sondern stattdessen ausschließlich Erdkabel verlegt werden.
- Optische und akustische Effekte der Anlage, sowohl im ruhenden als auch im laufenden Betrieb, sind bei der Standortwahl ausreichend zu berücksichtigen.
- Die Anlagenhöhe muss sich an die Maßstäblichkeiten der Landschaft anpassen.
- Dabei sind ausreichende Abstände zu den aus der Sicht von Naturschutz und Landschaftspflege bedeutsamen Gebieten unbedingt einzuhalten (dabei zu verwendende Kriterien siehe Tab. 4.14).

4.3.5 Wasserwirtschaft

Die Wasserwirtschaft umfasst sämtliche menschlichen Einwirkungen auf das ober- und unterirdische Wasser. Dazu bedient sie sich des Wasserbaus, der nach seinen Anwendungsgebieten folgendermaßen untergliedert werden kann (VISCHER & HUBER 1993):

- Siedlungswasserbau für die Wasserversorgung und Abwasserentsorgung
- Landwirtschaftlicher bzw. Kulturtechnischer Wasserbau für Be- und Entwässerung
- Wasserkraftwerkbau
- Verkehrswasserbau für die Schifffahrt einschließlich Wasserstraßenbau und Hafenbau
- Flussbau und Wildbachverbau für Erosions- und Hochwasserschutz an Fließgewässern und Seeuferschutz.

Da der Küstenschutz regional begrenzt ist, taucht er in dieser Gliederung nicht auf. Allerdings fehlt der Aspekt des Wasserbaus, der sich speziell mit Erholungsfragen, z. B. in Siedlungen oder Naturparken, auseinander setzt.

Obwohl der Mensch auf sauberes Wasser angewiesen ist und sich u.a. die Fließgewässer in vielfältiger Art und Weise nutzbar gemacht hat (als Transportweg, Abwasserentsorgung usw.) war sein Verhältnis zu dieser Ressource Jahrhunderte lang eher zwiespältig und von dem Glauben geprägt, den Wasserhaushalt einer besiedelten Landschaft beliebig beeinflussen zu können. Überschwemmungen und Dürreperioden aber auch die Notwendigkeit, ständig neue landwirtschaftliche Nutzflächen in Kultur nehmen zu müssen oder die Erfordernis, die Transportkapazitäten der Flüsse zu steigern, bewirkten vielfältige Veränderungen des Landschaftswasserhaushaltes. Der Wasserbau als Ingenieurwissenschaft wurde sehr frühzeitig professionalisiert und er bekam über mehr als zwei Jahrhunderte ausreichende Finanzmittel an die Hand, um seine Ziele mit großem Erfolg umsetzen zu können.

Die ursprüngliche Vegetation konnte bis an die Ufer zurückgedrängt und die abgeholzte Fläche für Ackerbau, Siedlungen und Infrastruktureinrichtungen genutzt werden. Viele Flächen wurden melioriert (vor allem entwässert) oder versiegelt. Natürliche Retentionsräume gingen verloren. Die Maßnahmen zur Landgewinnung für unterschiedliche Nutzungen waren häufig der Auslöser für Korrekturen an der Linienführung der Flüsse. Der Gewässerlauf wurde verkürzt, die Ufer unter Verwendung von Normprofilen weitgehend befestigt. Um die dann eintretende Sohleneintiefung zu verhindern, mussten unzählige Querbauwerke errichtet werden, wodurch Störungen im Geschiebehaushalt und die Unterbrechung der ökologischen Durchgängigkeit auftraten (PATT et al. 1998). Innerhalb von Städten wurden die Flüsse oft in Betonwannen abgeführt. Zur Reduzierung von Hochwassergefahren wurden Hochwasserschutzmauern und Deiche angelegt, die nicht immer so gestaltet wurden, dass sie sich ins Landschaftsbild einfügten.

Zur Energiegewinnung wurden auch **Staustufen** errichtet, die vielfältige Auswirkungen auf den Naturhaushalt zur Folge hatten (vergleiche Kasten 4.13). Von den im Jahr 2001 rund sieben Prozent Strom, der aus regenerativen Energien erzeugt wurden, entfielen 2/3 auf Wasserkraft. Die derzeit finanziell begünstigten Anlagen bis 5 MW trugen zur gesamten Stromerzeugung lediglich 0,3 % bei. Ihre möglichen und tatsächlichen Umweltauswirkungen stehen dazu in keinem Verhältnis, denn die Querbauwerke verhindern die Wanderung der Gewässerfauna und die Turbinen zerhäckseln unzählige Organismen. Je kleiner die Anlagen sind, desto problematischer ist die ökologische Gesamtbilanz einzustufen. Anlagen unter 1 MW sind besonders kritisch und sollten zukünftig nur noch in besonderen Ausnahmefällen genehmigt werden (VORHOLZ 2001). Gegenüber früheren Anlagen, mit denen Mühlen, Säge- oder Hammerwerke betrieben wurden, weisen moderne Anlagen zudem Turbinen mit hohem Schluckvolumen auf, von dem wesentlich ihre Wirtschaftlichkeit abhängt. Die durchgeleitete Wassermenge bestimmt die Stromausbeute, so dass infolge des Betriebes in den ursprünglichen Bachbetten die Restwassermenge ziemlich knapp werden und im Sommer sogar ganz versiegen kann.

Großangelegte Umgestaltungen von ursprünglichen Flusslandschaften in energetisch möglichst optimal nutzbare Formen fanden u.a. am Unteren Inn in Niederbayern statt, wo große Staustufen errichtet wurden. Das ehemals schnell fließende Wasser wurde stark abgebremst und es entwickelten sich große Wasserflächen mit dem Charakter von Stillgewässern. Sie entwickelten in den darauf folgenden Jahren zu sehr

Kasten 4.13 Auswirkungen von Staustufen

Morphologische und hydrologische Auswirkungen von Staustufen auf Flussökosysteme (DIEPOLDER 1994):

- Vergrößerung der Wasseroberfläche,
- Vergrößerung der Wassertiefe,
- Veränderung der Wasserstandsschwankungen (ihre Amplitude wird in Richtung Staustufe zunehmend nivelliert),
- Veränderung des Chemismus und der Temperatur,
- Abnahme der Fließgeschwindigkeit und Turbulenzen,
- Abnahme des Geschiebetransportvermögens,
- Verlandung des Stauraumes,
- Veränderung des Grundwasserhaushalts (Reduzierung der Schwankungsamplitude auf ein Minimum),
- Unterbrechung der Verbindung Grundwasser-Flusswasser bei Dichtungswänden bis zum Untergrund,
- Grundwasserabsenkung (insbesondere unterhalb der Staustufe),
- Veränderung der Struktur im Gewässerbett,
- Verminderung der Selbstreinigungskraft,
- Veränderung der Flora und Fauna.

wertvollen Rast- und Brutgebieten für entsprechend angepasste Arten der Avifauna. Diese aus naturschutzfachlicher Sicht positiv zu bewertenden Entwicklungen gingen mit dem Verlust der letzten frei fließenden Flussökosysteme und der an sie gebundenen naturnahen Biozönosen einher.

Nach den erfolgreichen **Korrekturen der großen Ströme** wurden nach Ende des zweiten Weltkrieges umfangreiche Maßnahmen zur technischen Umgestaltung der Agrarlandschaften in beiden Teilen Deutschlands durchgeführt. Zusammen mit der Flurbereinigung wurden die letzten naturnahen Kleingewässer begradigt und ein flächendeckendes System zur Regelung der Vorflutverhältnisse angelegt. Zu feuchte Flächen wurden drainiert und störende Gräben und Fließgewässer (vor allem in Siedlungsbereichen) gleich ganz verrohrt. Auf diese Weise konnte die Entwässerungsfunktion der Fließgewässer optimiert werden, wobei steigende Bodenerosion durch ungeordnete Starkregenabflüsse und erhöhte Nährstoffausträge mit dem Sickerwasser auftraten. Seitens der Landwirtschaft musste diese Entwicklung durch entsprechend höhere Düngergaben kompensiert werden. Noch zu Beginn der 70er-Jahre des letzten Jahrhunderts wurden die Fließgewässer vor allem durch punktuelle Einleitungen ausgehend von Siedlungen und Industrieanlagen verschmutzt. Durch massiven Bau von Kläranlagen und Umstellung der Produktionsmethoden konnten diese Einleitungen sehr deutlich verringert werden, in den letzten 10 Jahren auch in den Neuen Bundesländern. Deshalb stammen heute etwa 70 bis 80 % der Stickstoff- und Phosphateinträge aus diffusen Einträgen, vor allem verursacht durch die Landwirtschaft. Dabei wird Nitrat überwiegend mit dem Grundwasser und Phosphat in großen Mengen über Bodensubstrateinwaschung infolge von Erosionsvorgängen in die Fließgewässer eingetragen.

Seit den 80er-Jahren des vorigen Jahrhunderts besteht in der Wasserwirtschaft, im Naturschutz und in der Landschaftspflege weitgehend Einigkeit darüber, dass weitgehend intakte Fließgewässer über ihre reine Entwässerungsaufgaben hinaus zahlreiche andere wichtige Funktionen im Naturhaushalt der Landschaften erfüllen. Hierzu gehören u.a. Dämpfung von Hochwasserwellen, Entschärfung von Niedrigwassersituationen, Verbesserung der Gewässergüte durch Erhöhung der Selbstreinigungskraft, Lebensraum für Tiere und Pflanzen, Biotopverbundwirkung, Gliederung und Belebung des Landschaftsbildes einschließlich deutlicher Verbesserung der Erholungsfunktion. Deshalb wurde in den vergangenen beiden Jahrzehnten eine Vielzahl von kleineren und größeren Fließgewässern wieder naturnäher umgestaltet (revitalisiert).

Dabei orientierten sich die Wasserbauer am Leitbild einer eigendynamischen Gewässerentwicklung, bei dem nach Ende der Umgestaltungsmaßnahmen kein fertiger Zustand hergestellt wird, sondern lediglich Grobstrukturen geschaffen werden, die anschließend von der gestaltenden Kraft des Wassers weiterentwickelt werden. Zur Wiederherstellung typischer Auenstrukturen können z. B. folgende Gestaltungsmaßnahmen durchgeführt werden (Patt et al. 1998):

- Schlitzen von Deichen, um die Überflutungsdynamik zu fördern
- Materialentnahme bei eingetieften Gewässern, um eine Korrespondenz des Fließgewässers mit dem Grundwasser wiederherzustellen und Überflutungen zu ermöglichen
- Wiedervernässung ehemaliger Altarme und Rinnen, die infolge Gewässereintiefung trockengefallen sind
- Neubegründung von Auwald durch Pflanzung oder Sukzession
- Erhöhung der Vielfalt morphologischer und damit auch ökologisch wirksamer Strukturen (z. B. durch Einbringen unterschiedlich grober Sohlsubstrate).

Sollte weder genug Platz beiderseits der Gewässerufer vorhanden sein noch ausreichende Finanzmittel für aufwendige Revitalisierungsmaßnahmen zur Verfügung stehen, kann auch mit sehr einfachen Maßnahmen eine deutliche Aufwertung der Fließgewässer erreicht werden. So ist in den Wassergesetzen einiger Bundesländer (z. B. im Freistaat Thüringen) festgelegt, dass in einem **Randstreifen** von z. B. 5 m Breite an den Ufern eines Gewässers II. Ordnung weder Pflanzenschutzmittel ausgebracht noch Düngerstoffe eingetragen werden dürfen. Damit wäre eine Minimalbreite für Revitalisierungsmaßnahmen gegeben. Im Landschaftshaushalt können bereits diese schmalen Streifen sehr unterschiedliche Funktionen erfüllen (Landesamt für Umweltschutz Sachsen-Anhalt 1993):

- Lebensraumfunktion für Flora und Fauna,
- Schutz von Biozönosen bzw. deren erweiterte Entwicklung,
- Vernetzungsfunktion mit den Biotopen im Einzugsgebiet,
- Förderung der Eigendynamik des Fließgewässers,
- Schutz des Gewässers vor diffusen Stoffeinträgen aus anliegenden landwirtschaftlichen Nutzflächen,
- Schutz der Böschungen und der Ufer,
- Erhöhung des Erholungs- und Erlebniswertes durch Aufwertung des Landschaftsbildes,
- Reduzierung des Unterhaltungsaufwandes.

Tabelle 4.15 Heimische Bäume und Sträucher, die sich zur Bepflanzung von Fließgewässern in Ackerbaugebieten des Thüringer Beckens eignen (JOHANNSEN et al. 1998)

Deutscher Name	Wissenschaftlicher Name	Talauenbach	Löss- und Lehmbach, ständige Wasserführung	Löss- und Lehmbach, zeitweise Wasserführung
Bäume				
Feldahorn	*Acer campestre*		x	x
Roterle	*Alnus glutinosa*	x		
Hainbuche	*Carpinus betulus*	x	x	x
Esche	*Fraxinus excelsior*	x	x	x
Stieleiche	*Quercus robur*	x	x	x
Silberweide	*Salix alba*	x	x	
Salweide	*Salix caprea*		x	x
Fahlweide	*Salix rubens*	x	x	
Vogelbeere	*Sorbus aucuparia*		(x)	(x)
Sträucher				
Hartriegel	*Cornus sanguinea*	x	x	x
Hasel	*Corylus avellana*	x	x	x
Weißdorn	*Crataegus monogyna*	x	x	x
Pfaffenhütchen	*Eyonimus europaea*	x	x	
Liguster	*Ligustrum vulgare*		(x)	(x)
Wildrosen	*Rosa spec.*	x	x	x
Brombeere	*Rubus spec.*	x	x	x
Himbeere	*Rubus spec.*	x	x	x
Schlehe	*Prunus spinosa*		x	x
Aschweide	*Salix cinerea*	x	x	
Purpurweide	*Salix purpurea*	x	x	
Korbweide	*Salix viminalis*	x	x	
Schwarzer Holunder	*Sambucus nigra*	x	x	x
Wasserschneeball	*Viburnum opulus*	x	x	

Bei der Gestaltung der Uferrandstreifen sind dabei grundsätzlich die folgenden Gesichtspunkte zu berücksichtigen (PFLUG & JOHANNSEN 1989):
- standsichere und erosionsstabile Nutzungsgrenze,
- Einbindung vernässter Bereiche,
- Verlauf der Flurstücksgrenzen (meist in Verbindung mit Schlag- und Nutzungsgrenzen),

Tabelle 4.16 Eigenschaften und Funktionen von Pflanzenarten aus ingenieurbiologischer Sicht (JOHANNSEN et al. 1998)

Funktion:	Voraussetzung:	Geeignete Arten:
Ufersicherung in der amphibischen und unteren terrestrischen Zone	Sicheres Durchwurzeln dieser Zone	Roterle, Silberweide, Fahlweide, Korbweide, Aschweide, Purpurweide
Sohlensicherung an kleinen steilen Löss-/Lehmbächen	Sicheres Durchwurzeln der Sohle bis 0,4 m unter MW nach 10–15 Jahren bei geeigneten Standortsverhältnissen und besseren Wasserqualitäten	Roterle, Silberweide, Fahlweide bei Gewässergüten II–III und besser
Förderung einer Auflandung in der amphibischen Zone	Dichte oberirdische Biomasse	Röhrichte und höhere Wiesenvegetation
Dämpfen einer Hochwasserwelle	Deutliche Reduzierung der Abflussleistung durch Rauhigkeitserhöhung zu jeder Jahreszeit	Einsatz sperriger Sträucher Ständige Wasserführung: Korbweide, Aschweide, Purpurweide, Wasserschneeball Zeitweise Wasserführung: Himbeere, Brombeere, Wildrosen, Schlehe, Liguster
Reduzierung des Krautwuchses im Mittelwasserbett	Starke Beschattung durch Bäume, bei Bächen mit ständiger Wasserführung zusätzlich Durchwurzelung der Böschungen	Ständige Wasserführung: Roterle und Traubenkirsche Zeitweilige Wasserführung: Salweide, Feldahorn, Hainbuche
Verbesserung der Selbstreinigungskraft des Gewässers	Vitale Pflanzenbestände, dichtes Wurzelwerk, hohe Biomasseproduktion	Schilf, Wasserschwertlilie und andere Röhrichte
Schutz des Gewässers vor seitlichen Stoffeinwirkungen	Hohe Stickstofftoleranz, geringe Anfälligkeit gegen Trockenheit und Sonnenstrahlung auf Böschungsschultern, Regenerationsfähigkeit nach Biozideinsatz und mechanischen Beschädigungen sowie Wildverbiss, Konkurrenzkraft gegen Ackerwildkräuter	Fahlweide, Korbweide, Weißdorn, Schwarzer Holunder, Hartriegel, Liguster, Schlehe, Wildrosen, Brombeeren, Himbeeren.

- Realisierung des Grunderwerbs oder anderweitige Gewährleistung der Flächenverfügbarkeit,
- Sicherung der Finanzierung für Grunderwerb, Vermessung, Planung, Ausführungsarbeiten und Pflege,

- Schaffung gerader Nutzungslinien für eine günstige Bewirtschaftung der Acker- und Grünlandflächen,
- Anlage von durch Ufergehölze verschatteten Bereichen.

Besonders wichtig ist die Verwendung von Gestaltungselementen, die dem auch zukünftig zu erwartenden Nutzungsdruck seitens der Landwirtschaft mit ihren Maschinen und den eingesetzten chemischen Stoffen standhalten. Die hierbei zu verwendenden Gehölze sollten sowohl gegenüber Herbiziden als auch gegen gelegentliche mechanische Schäden widerstandsfähig sein. In der Anwuchs- und Jugendphase ist aus diesem Grund ein zusätzlicher Schutzzaun oder ein schützender Totholzwall (Benjeshecke) erforderlich. Damit sich zusätzlich auf dem Uferrandstreifen auch Hochstaudenfluren etablieren können, sollte die Gehölzbepflanzung nicht zu dicht erfolgen. Am Beispiel einer intensiv genutzten Ackerlandschaft sind die für verschiedene Bachtypen empfohlenen heimischen Gehölzarten in Tabelle 4.15 zusammengefasst. Sie können bei der Revitalisierung verschiedene Funktionen übernehmen (vergleiche Tab. 4.16).

4.3.6 Verkehr

Innerhalb seiner Stammesgeschichte bedeutete die Mobilität des Menschen einen wesentlichen Selektionsvorteil, der u.a. seinen evolutionären Erfolg erklären hilft. Nachdem sich infolge von Klimaveränderungen in seinem ursprünglichen Lebensraum anstelle des Urwaldes immer mehr eine baumlose Savanne durchsetzte, bedeutete der aufrechte Gang eine ausgesprochen effektive Möglichkeit, neue Nahrungsressourcen zu erschließen und sich vor Raubtieren in Sicherheit zu bringen. Vielleicht widerspiegelt unser heutiges Bedürfnis nach ständiger Mobilität diesen einst besonders wichtigen Selektionsvorteil.

Die Wissenschaftler, die sich mit **Mobilität und ihren Ursachen und Wirkungen** beschäftigen, haben herausgefunden, dass sich jeder Mensch täglich durchschnittlich drei Mal von einem Ort (z. B. seinem Wohnort) zu einem anderen Ort (z. B. seiner Schule, seiner Arbeitsstätte, seinem Arzt oder seiner Lieblingskneipe) bewegt. Erstaunlich an diesem Ergebnis ist die Tatsache, dass dieser Bewegungsdrang bereits seit Hunderten von Jahren zu bestehen scheint und für diese Ortswechsel durchschnittlich eine Stunde Zeit in Anspruch genommen werden. Da sich mit den modernen Fortbewegungsmitteln vor allem die Geschwindigkeit unserer Bewegungen deutlich erhöht haben, sind die mittlerweile zurückgelegten Strecken sehr viel länger geworden.

In den letzten 50 Jahren ist das Straßennetz in Deutschland um mehr als 80 % angewachsen und liegt im Jahr 2000 bei über 230 000 km. Technische Neuerungen der Motoren ermöglichten es, den durchschnittlichen Benzinverbrauch von fast 11 l im Jahr 1975 auf 8,6 im Jahr 2000 zu reduzieren. Da der Anteil der Kfz-Besitzer ebenfalls deutlich zugenommen hat, haben sich auch die Verkehrsbewegungen ständig erhöht. Nach Prognosen der Prognos AG wird der Verkehr in Deutschland und Europa auch in den nächsten Jahren weiterhin stark zunehmen. Dabei wird der Güterverkehr im Zeitraum bis 2020 mit einem Anstieg von 40 % etwa doppelt so stark steigen wie der Personenverkehr. Den überwiegenden Anteil dieser Transporte (geschätzte 74 %) wird die Straße aufzunehmen haben. Dabei wird die Bundesrepublik durch ihre zentrale Lage in Europa und die Brückenfunktionen nach Ost, West, Nord und Süd ungleich stärker belastet werden, denn bereits heute entfallen nahezu 30 % der europäischen Transporte auf das deutsche Verkehrsnetz (UVP-Report 1999).

Klassische vierspurige Autobahntrassen erreichen ihre Belastungsgrenze bei 50 000 bis 60 000 Fahrzeugen pro Tag, müssen oftmals jedoch über 100 000 Fahrzeuge aufnehmen. Selbst die mittlerweile sechsspurig ausgebaute BAB A 9 nördlich von München überschreitet mit 150 000 Fahrzeugen pro Tag immer öfter ihre Kapazitätsgrenze. Somit sind etwa 10 % des Autobahnnetzes ständig von Staus betroffen. Für Fahrten, die vor 10 Jahren noch 20 min. dauerten benötigt man heute meist doppelt so lange (PRACKLEIN 2000). Ähnlich wie für den Autoverkehr werden auch für den Flugverkehr zukünftig immense Zuwachsraten prognostiziert. Gegenüber 1995 werden bis 2010 pro Person eine Verdopplung der mit dem Flugzeug zurückgelegten Entfernungen vorausgesagt. Nach Angaben des Umweltbundesamtes in Berlin werden sich die Frachtguttransporte im Zeitraum 1995 bis 2020 sogar verdreifachen (FR 2001a). Vergleichbare Prognosen sind bezüglich der zukünftig zu erwartenden Nutzungen von Bahn und ÖPNV ungleich schwerer möglich, denn diese hängt sehr stark von der Qualität und der Flächendeckung der Angebote sowie gesamtwirtschaftlicher Entwicklungen (die z. B. in Zusammenhang mit der Ökosteuer bzw. der Benzinpreisentwicklung stehen) ab.

Auswirkungen des Verkehrs auf den Naturhaushalt

Die Auswirkungen des Verkehrs auf den Naturhaushalt sind sehr vielschichtig und sollen beispielhaft anhand des Straßenverkehrs dargestellt werden (vergleiche dazu auch Abb. 4.4).

Zerschneidung

Zerschneidung tritt im Zusammenhang mit unterschiedlichen linienhaften Landschaftsstrukturen und Materieströmen (Menschen, Stoffe, Energie) auf (GRAU 1998). Zerschneidungselemente können sowohl technische (Straßen, Kanäle, Eisenbahntrassen, Pipelines, Hochspannungsleitungen), als auch natürliche Strukturen (Bäche, Flüsse) sein. Auch Richtfunkstrecken werden als zerschneidende Elemente im Naturhaushalt betrachtet. Sie können unterschiedliche Funktionen erfüllen: Korridor, Habitat, Barriere, Senke für Immissionen, Quelle für Emissionen oder auch Ursache für Kollisionen (z. B. Wildunfälle oder Vogelschlag). Von Zerschneidungswirkungen sind Biotope und deren Komplexe ebenso betroffen wie Populationen bzw. Zönosen oder auch Stofftransporte (wie z. B. fluviatile Sedimente) und Energieflüsse (Kalt- und Frischlufttransport, Wasserbewegungen in der Landschaft) (vergleiche auch Abb. 4.15).

Vor allem die Ränder solcher Verkehrswege sind unterschiedlichen straßenbedingten Beeinflussungen ausgesetzt:

- Baumaßnahmen (Bodenaushub, Auffüllen mit unterschiedlichen Materialien, Verdichtung, Versiegelung),
- Gasförmige Emissionen (Stickoxide, Schwefeldioxid, Kohlenwasserstoffe, Kohlenmonoxid),
- Schwermetallhaltige Stäube (Verbrennungsrückstände, Abrieb von Autoreifen),
- Abgesenkter Grundwasserspiegel,
- Flüssige Stoffe (Mineralöle, Kraftstoffe),
- Wärmeabstrahlung und Fahrtwind.

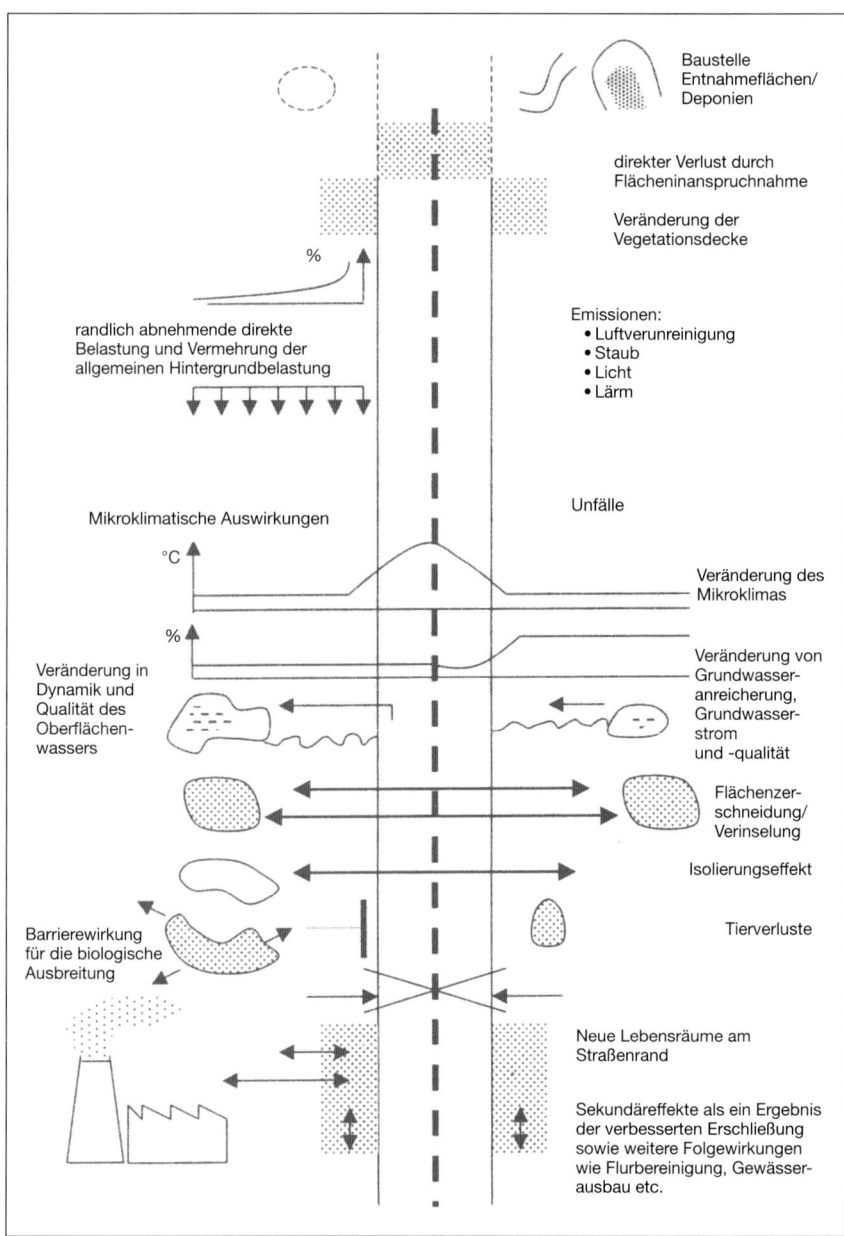

Abb. 4.15 *Auswirkungen von Straßen (Anlage und Betrieb). Die konkreten Auswirkungen hängen vom Straßentyp und von den Charakteristika des jeweiligen Landschaftsraumes ab. Die Beurteilung der Wirkungen erfolgen über die empfindlichsten wertbestimmenden Akzeptoren (KAULE 2000).*

Bereits bei einer durchschnittlichen täglichen Verkehrsbelastung von nur 40 bis 50 Kfz können lediglich 70 bis 80 % sich langsam fortbewegender Tierarten (z. B. auch Amphibien) beim Überqueren einer Straße die andere Seite problemlos erreichen. Bei einer verkehrlichen Belastung von 1500 Fahrzeugen ist dies für sie nicht mehr möglich. Infolge von Verdichtungen sowie Nähr- und Schadstoffeinträge (teilweise werden die Grenzwerte der Klärschlammverordnung sogar überschritten) sind in einem Streifen von etwa 15 m rechts und links einer Fahrbahn so deutliche Vegetationsveränderungen festzustellen, dass von einem Totalverlust der ehemaligen Lebensraumqualität gesprochen werden kann, zumal auch erhebliche Auswirkungen auf die Bodenfauna unterstellt werden müssen. In einem etwa 100 m breiten Streifen beiderseits stark befahrener Straßen sind die Schwermetallgehalte erhöht, u.a. auch mit dem sehr toxischen Cadmium, das z. B. durch Reifenabrieb freigesetzt wird (Cadmium ist mit Zink im Verhältnis 1 : 100 bis 1 : 1000 natürlicherweise vergesellschaftet, so dass immer Verunreinigungen auftreten, Zink wird als Stabilisator im Reifengummi eingesetzt).

Über Vogelverluste an Straßen gibt STEIOF (1996) einen Überblick. Nach seinen Schätzungen muss jährlich von vielen Millionen getöteten Vögeln an Straßen ausgegangen werden. Das Risiko einer Tötung ist abhängig von der Verkehrsgeschwindigkeit, dem Anteil an Lkw, der Gestaltung der Trasse sowie der Bepflanzung der unmittelbar an die Straßen angrenzenden Bereiche. Folgende Faktoren erhöhen das Tötungsrisiko:

- Unübersichtlichkeit,
- hohe Fahrgeschwindigkeit und Verkehrsdichte (Opferrate bei Geschwindigkeiten > 40 km/h deutlich erhöht),
- Gewässernähe,
- Vorhandensein von Landschaftselementen mit Leitlinienwirkung (Hecken, Gräben, Hohlwege, Staudenraine, Gebüsche), die quer zur Straße verlaufen,
- erhöhte Straßenführung auf Dämmen,
- reich strukturierte Randbereiche (u.a. Waldränder, Röhrichte, Gebüsche), aus Feldgehölzen im Straßenrandbereich startende Vögel können den unmittelbar angrenzenden Verkehr nicht erfassen,
- direkt an die Fahrbahn angrenzende kleinsäugerreiche Krautfluren mit Ansitzwarten.

Aus diesen Ergebnissen leitet der Autor folgende Maßnahmen ab (siehe auch Kasten 4.14):

- Nichtbau oder Rückbau von Verkehrswegen in besonders vogelartenreichen Gebieten,
- Reduktion der Geschwindigkeit in solchen Gebieten auf 40 km/h,
- Errichten von Dämmen oder Lärmschutzwänden,
- Gestaltung übersichtlicher Straßenrandstreifen ohne Sträucher und Stauden je nach Verkehrsbelastung einer Straße von 5 – 15 m Breite. Größere Bäume (z. B. Alleen) können durchaus angepflanzt werden.

Damit wären die Gestaltungsmöglichkeiten für Straßenrandstreifen deutlich begrenzt. Da diese jedoch bei der Erstellung landschaftspflegerischer Begleitpläne von besonderer Wichtigkeit sind, darf man sich nicht monokausal vom Schutz einer Tiergruppe leiten lassen, sondern muss alle Aspekte des Naturhaushaltes und des Landschaftsbildes ausgewogen berücksichtigen.

Kasten 4.14 Grünbrücken und Tunnelbauwerke

Zur Vermeidung und Verminderung von Zerschneidungseffekten werden auch Grünbrücken und Tunnelbauwerke angelegt, die jedoch nur bei entsprechender Dimension funktionieren. Grünbrücken, die auch von Hase, Reh und Fuchs benutzt werden, können dann funktionieren, wenn sie mindestens 20 m breit sind, besser mindestens 50 m Breite aufweisen. Die Länge ist weniger ausschlaggebend. Damit auch Großtiere, wie der Hirsch sie benutzen können, müssen Tunnelbauwerke mindestens 3 m hoch und 30 m breit sein, was sehr schnell an finanzielle Grenzen stoßen dürfte. Die Verbindungswege sollten so angelegt werden, dass sie nicht direkt zwei Wälder miteinander verbinden, sondern besser Waldränder mit z. B. Offenland auf der anderen Seite miteinander vernetzen. Dann werden sie am besten von unterschiedlichen Tierarten angenommen. Für Amphibien eignen sich kleindimensionierte Durchlassbauwerke, die vergleichsweise preiswert herzustellen sind. Allerdings bedarf es eines Schutzzaunes, um die Tiere zu den vorhandenen Durchlässen zu leiten. Auch hier sind Mindeststandards zu beachten, von denen die Effektivität des Leitsystems stark abhängt.

SCHWENNINGER et al. (1998) konnten auf naturnah gestalteten straßenbegleitenden Grünflächen im Zentrum von Stuttgart die besondere Bedeutung dieser Lebensräume für insgesamt 64 Wildbienen- und 8 Tagfalterarten nachweisen. Sie waren dann besonders artenreich, wenn sie sonnenexponiert waren und während der gesamten Vegetationsperiode blühende Wildkräuterbestände aufwiesen. Neben naturschutzfachlichen Aspekten müssen auch Lärmschutz- und Erholungsaspekte bei der Gestaltung des Straßenbegleitgrüns berücksichtigt werden (vergleiche z. B. BERG et al. 1999), die es vielleicht besonders ratsam erscheinen lassen, die Straße parallel mit Gehölzen unterschiedlicher Höhe abzupflanzen. Wenn hierbei avifaunistische Aspekte integriert werden können, sollte dies natürlich auf jeden Fall erfolgen.

Beleuchtung

Aus Sicherheitsgründen ist die Beleuchtung der Verkehrswege innerhalb von Ortschaften von vordringlichem Interesse. Diesbezüglich weisen Naturschützer immer häufiger auf die sich von derartigen Lichtquellen ergebenden Gefahren für die Insektenfauna hin. Die stundenlang um die Lampen schwärmenden Tiere fallen entweder erschöpft zu Boden, ohne sich erfolgreich fortgepflanzt zu haben oder sie werden Opfer ihrer Fressfeinde (Vögel und Fledermäuse). SCHEIBE (1999) konnte nachweisen, dass von einer einzigen Lampe sämtliche der auf einem Abschnitt von 40 m Uferlänge geschlüpften Insekten angezogen worden waren. In einem anderen Fall konnten sogar die Individuen von einem Abschnitt von 240 m Uferlänge nachgewiesen werden. Damit sind natürlich ganz erhebliche Auswirkungen auf die betroffenen Ökosysteme verbunden, zumal der Abstand der Straßenlaternen im Allgemeinen zwischen 30 und 50 m beträgt. Mit der Ausweisung immer neuer Baugebiete und entsprechender Erschließungsstraßen nimmt die Anzahl der Lichtquellen und damit auch die Gefährdung der Fauna kontinuierlich zu. Besonders wirksam sind die kurzwelligen Anteile des Lichts (violett, blau bis grün) und die UV-Strahlung. Von langwelligen

Strahlen (rot und gelb) werden weit weniger Insekten angezogen. Bei einem Versuch mit Natriumdampfhochdrucklampen mit sehr geringen Anteilen kurzwelliger Strahlen konnten Eisenbeis & Hassel (2000) gegenüber anderen Lichtquellen lediglich die Hälfte gefangener Insekten nachweisen und leiteten daraus Folgerungen für die Verwendung von Lichtquellen in öffentlichen Räumen ab (Kasten 4.15).

Lärm

Von Straßenverkehrslärm am stärksten betroffen sind die Bewohner zentrumsnaher Stadtbezirke. Über 50 % der Bevölkerung in der Bundesrepublik fühlen sich häufig und andauernd von Lärm belästigt, wobei vor allem Verkehrs- und Fluglärm genannt werden. Diese Beeinträchtigungen wirken sich unterschiedlich und kostenwirksam aus durch:

- Minderung des Wohnwerts,
- Abhilfemaßnahmen gegen Lärmimmissionen,
- Produktivitätsverluste am Arbeitsplatz,
- Gesundheitsschäden und
- Belästigungen.

Nach Schätzungen für das Jahr 1989 beliefen sich diese Kosten auf annähernd 100 Mrd. DM. Die Folgen der Lärmwirkungen sind in allen Generationen feststellbar. Jugendliche im Alter von 18 Jahren hören heute so schlecht wie 40-Jährige vor 15 Jahren. 13 Millionen Deutsche müssen mit einer Dauerbeschallung von 65 dB(A) und mehr leben. Für die Stuttgarter Innenstadt ermittelten Baumüller et al. (1994) für über 40 % der Einwohner sogar einen Schallpegel von über 65 dB(A), der den Verhältnissen eines gewerblich-industriell genutzten Gebietes entspricht. Ab diesen Pegeln sind auf lange Sicht körperliche Schäden zu erwarten, die sich u.a. durch die ständige Ausschüttung von Stresshormonen einstellen können. Man schätzt heute, dass sich zwei bis drei Prozent aller Herzinfarkte auf Lärmeinwirkungen zurückführen lassen.

Die Abschätzung der Lärmauswirkungen des Verkehrs kann einerseits mittels einfacher Berechnungen oder durch Einsatz aufwendiger Computerprogramme unter Berücksichtigung der topographischen Situation erfolgen. Dabei werden die technischen Parameter der Straßen- und Schienenwege und die an die Verkehrswege angrenzende Realnutzung ebenso berücksichtigt wie die ermittelten Verkehrsmengen

---

Kasten 4.15 Anforderungen an die Verwendung von Lichtquellen in öffentlichen Räumen (Eisenbeis & Hassel 2000)

- Auswahl spezieller Lampen mit niederwelligem Strahlungsanteil,
- Abschirmung der Lichtquellen nach oben und weitgehende Vermeidung von Kugelleuchten,
- Verwendung von UV-absorbierenden Lampenabdeckungen (z. B. UV-Sperrfolien),
- Konstruktion vollständig gekapselter Lampen gegen das Eindringen von Tieren,
- Verwendung von Zeitschaltungen und Leistungsdrosselung nach Bedarf,
- Wahl geeigneter Beleuchtungshöhen.

und die Orographie. Eine sehr einfache Methode zur überschlägigen Ermittlung ergibt sich durch Anwendung des Nomogramms in Abb. 4.16, das den Lärmpegel in dB(A) für unterschiedliche Straßentypen in Abhängigkeit der Verkehrsbelastung in Kfz/Tag und der Entfernung zur Straßenmitte angibt.

Über die **Auswirkungen des Straßenlärms auf Tiere** liegen bisher nur wenige Untersuchungen vor (vergleiche auch Kasten 4.16). Kruckenberg et al. (1998) analysierten den Einfluss von Straßen auf die Raumnutzung und das Verhalten von äsenden Bless- und Nonnengänsen am Dollart in Niedersachsen. Mit zunehmender Verkehrsdichte erhöhte sich auch der von den Vögeln zu Straßen eingehaltene Abstand. Im Zuge abnehmender Nahrungsvorräte in den straßenferneren Bereichen während des Winters verringerte sich bei beiden Arten die eingehaltene Distanz. Allerdings waren keine Gewöhnungseffekte beobachtbar. Vielmehr reagierten die Gänse mit vermehrtem Aufmerken und anderen Verhaltensänderungen (zeitweises Auffliegen oder Laufen), wodurch die Nutzung der straßennahen Teilflächen energetisch nicht mehr sinnvoll war. Bei einem durchschnittlichen täglichen Verkehrsaufkommen von 10 000 Autos kann von einer 150 m breiten Stresszone rechts und links der Fahrbahn ausgegangen werden, die sich auf 500 m erhöht, wenn die Verkehrsbelastung auf 50 000 Fahrzeuge ansteigt.

Auftausalze

Entsprechend des Witterungsverlaufes in der kalten Jahreszeit betrug der Gesamtverbrauch an Tausalz auf Bundesautobahnen und Bundesstraßen in den westdeutschen Bundesländern im Zeitraum 1967 bis 1993 zwischen 200 000 und 800 000 t NaCl pro Winter (Porst 1999). Bei der Einschätzung der Gefährlichkeit dieses Stoffes für den

Kasten 4.16 Lärmwirkungen auf Tiere

Mit den Auswirkungen des Lärms auf die Tierwelt befassen sich Reck et al. (2001). Sie können auftreten als
• physiologische Schäden (Ohrverletzungen nach lauten Knalls)
• Maskierung von Informationen (Reviergesang oder das Hören von Feinden und Beute ist eingeschränkt) oder
• Übermittlung von Informationen, die negative Reaktionsmuster auslösen (Schallereignisse werden mit Gefährdungen assoziiert und bewirken Fluchtverhalten).
Durch Auswertung der vorhandenen Literatur schlagen die Autoren folgende Werte zur Beurteilung des Lebensraumverlusts bei Vögeln infolge von lärmbedingten Eingriffen vor:

Dauerschallpegel	Lebensraumverlust
> 90 dB(A)	100%
90 bis 70 dB(A)	85% (ca. 70 bis 100%)
70 bis 59 dB(A)	55% (ca. 40 bis 70%)
59 bis 54 dB(A)	40% (ca. 30 bis 50%)
54 bis 47 dB(A)	5% (ca. 10 bis 40%)

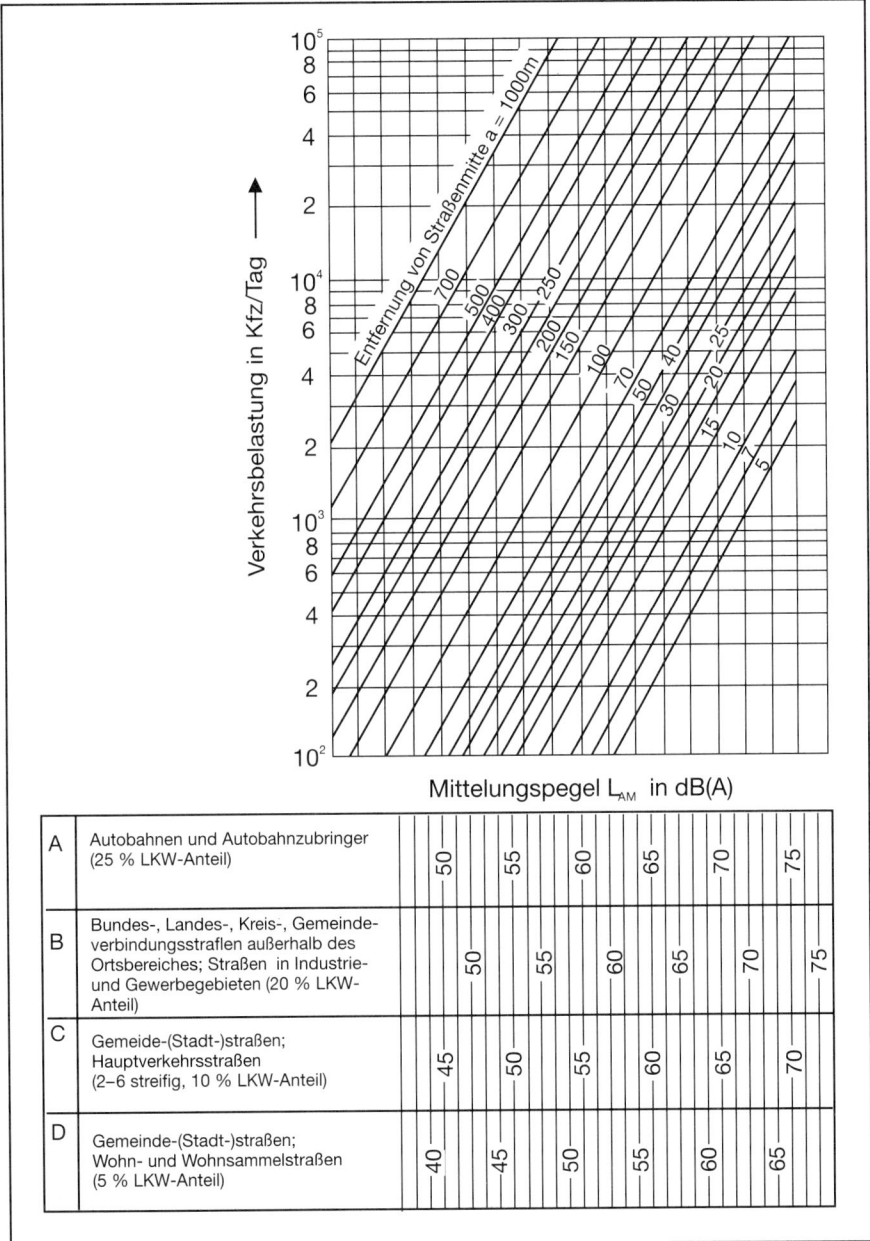

Abb. 4.16 *Nomogramm zur Ermittlung des „maßgeblichen Außenlärmpegels" für typische Straßenverkehrssituationen (DIN 4109).*

Naturhaushalt sind zum Einen die Frage der Konzentration in den verschiedenen Umweltmedien und zum Anderen die unterschiedlichen Pfade, auf denen die applizierten Tausalze zusammen mit anderen Straßenabflüssen letztendlich in das Gewässernetz gelangen können, von besonderem Interesse. Das aufgebrachte Streusalz bildet zunächst ein Gemisch aus Eis und Schnee. Teile des Salzes gehen in Lösung und werden mit dem abfließenden Schmelzwasser über das Abflusssystem in die Oberflächengewässer befördert, wobei es stark verdünnt wird. Die Wege der Auftausalze in der Umwelt verdeutlicht die Abb. 4.17.

Infolge erhöhter Salzkonzentrationen in Oberflächengewässern kann es zu Schädigungen der Fließgewässerbiozönose durch das komplexe Zusammenwirken verschiedener Mechanismen kommen:

- osmotische Wirkungen,
- physiologische Wirkungen,
- Gefrierpunkterniedrigung,
- Verringerung der Sauerstofflöslichkeit,
- düngende Wirkung.

Da in den seltensten Fällen monokausale Erklärungen für Beeinflussungen der Gewässerbiozönosen bekannt sind, muss davon ausgegangen werden, dass es sich um nachhaltig auswirkende Veränderungen handelt, die einerseits zu direkten Schädigungen einzelner Arten führen können, andererseits die ökologischen Standortsbedingungen so stark beeinflussen, dass daraus erhebliche Verschiebungen des Artenspektrums resultieren. Den Zusammenhang zwischen Chlorid-Konzentration und biologischen Veränderungen zeigt Tabelle 4.17. Neben den Gewässern werden vor allem Straßenrandböden von salzhaltigen Schmelzwässern beeinträchtigt. Infolge der Versalzung kommt es zu einer Verschlämmung und Verdichtung des Bodens, so dass die Durchlüftung verringert und die Wasserbeweglichkeit gehemmt wird. Nährstoffionen werden freigesetzt und mit dem Sickerwasser in tiefere Bodenhorizonte transportiert, womit sie für die pflanzliche Ernährung nicht mehr zur Verfügung stehen.

Als Maßnahmen zur Verringerung des Streusalzverbrauches auf deutschen Straßen werden vorgeschlagen (ebd.):

- Verzicht der Streusalzausbringung innerhalb von geschlossenen Ortschaften
- Anwendungsverbot von Streusalz auf Gehwegen, da diese dem Straßenbegleitgrün unmittelbar benachbart sind

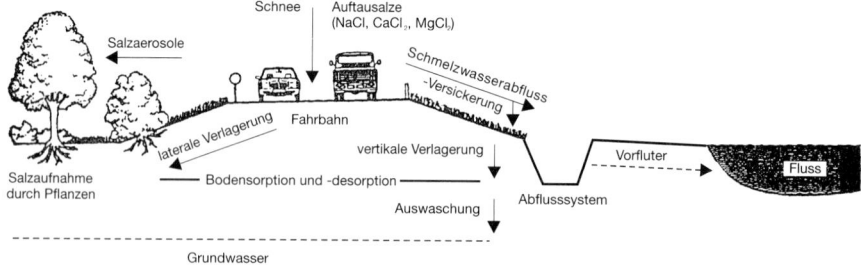

Abb. 4.17 *Wege der Auftausalze in der Umwelt* (BROD 1991).

Tabelle 4.17 Wirkung der Gewässerversalzung in Abhängigkeit von der Chlorid-Konzentration (PORST 1999)

Cl⁻-Konzentration	Wirkung der Gewässerversalzung
0–200 mg/l	Keine biologische Beeinträchtigung
200–400 mg/l	Schädigung erster empfindlicher Organismen, Beginn der Beeinträchtigung von Wasserpflanzen durch Chlorophyll-Verlust
> 1000 mg/l	Limitierung der meisten Insektenarten (z.B. Köcherfliegen)
< 2000 mg/l	Hemmung der Nitrifikation beginnt
> 3000 mg/l	Fischsterben bei wenig salztoleranten Arten
> 5000 mg/l	Biologische Verödung, Verschwinden der Wirbeltiere, Artenarmut

- Ausbringung von Streusalz nur auf Hauptstraßen
- Erhöhung des Einsatzes abstumpfender Streumittel (wie z. B. Granulat, Split, Sand, Kies)
- Optimierung des Winterdienstes (Reduzierung und verbesserte Dosierung der Streusalzmenge).

4.3.7 Abbau von Bodenschätzen

Der Abbau von Bodenschätzen erfolgt in der Bundesrepublik Deutschland in erheblichem Umfang. Während die unterirdische Gewinnung z. B. von Steinkohle, Gas oder Öl zwar mit erheblichen Beeinträchtigungen des Naturhaushaltes verbunden sind (Absenkungen des Bodens, des Grundwassers, mögliche Unfallfolgen), bewirkt der Abbau oberflächennaher Rohstoffe eine oftmals großflächige völlige Veränderung der Erdoberfläche.

Zu den Übertage gewonnenen Rohstoffen gehören (WOHLRAB et al. 1995):
- Steine und Erden: Sand und Kies, Bims und sonstige Pyroklastika (vulkanische Lockergesteine), Natursteine, Kalk- und Dolomitgesteine, Gips und Anhydrit (Kalziumsulphat), feuerfeste und keramische Rohstoffe (z. B. Kaolinit)
- Torf
- Braunkohle.

Da der Abbau von Braunkohle und Torf regional begrenzt ist und für sie in Zukunft keine größeren Abbauvorhaben mehr zu erwarten sind, soll vor allem auf den Abbau von Steinen und Erden eingegangen werden, der auch zukünftig erhebliche Auswirkungen auf Natur und Landschaft zur Folge haben wird. Umso notwendiger sind sämtliche Möglichkeiten unterschiedlichster Nachfolgenutzungen zu optimieren, die sowohl der Pflanzen- und Tierwelt als auch dem Erholungsbedürfnis des Menschen gerecht werden.

Gesteinsabbau

Die vom Gesteinsabbau ausgehenden Umweltwirkungen sind in Tabelle 4.18 zusammenfassend dargestellt. Obwohl mit dem Übertage-Abbau von Rohstoffen erhebliche

Veränderungen der Naturhaushaltsfunktionen verbunden sind, bestehen verschiedene Möglichkeiten, die Eingriffsfolgen durch Verminderungs- und Vermeidungsmaßnahmen zu verringern (vergleiche Tab. 4.19). Zudem übernehmen auch betriebene Abbaustätten neue Funktionen speziell für Arten und Lebensgemeinschaften, die in den Folgeplanungen unbedingt berücksichtigt werden müssen. Die Nachnutzungsmöglichkeiten nach Beendigung des Rohstoffabbaus sind sehr vielfältig. Grundsätzlich bietet es sich an, zwischen wasser- und landflächengebundenen Nachnutzungen zu unterscheiden (ebd.). Meist sind die verschiedenen Ansprüche sehr unterschiedlich und deshalb sind vielfältige Konflikte zu erwarten. Insofern bietet es sich an, Rekultivierungspläne in Zusammenarbeit mit den Betroffenen aufzustellen, dabei aber nicht die Zielstellungen des Naturschutzes und der Landschaftspflege zu vernachlässigen. Darstellungen zur Folgenutzung Naturschutz in Abbaustätten sowie den Naturschutzwert von Steinbrüchen allgemein geben Tränkle & Böcker 2001, Gilcher & Bruns 1999, Tränkle & Beißwenger 1999 und sehr ausführlich Poschlod et al. 1997.

Eine zurückbleibende Wasserfläche kann z. B. als Landschaftssee, als Angelgewässer oder für Wassersport- und Freizeit genutzt werden. Da der sich meist über viele Jahre hinziehende Rohstoffabbau mit verschiedenen Beeinträchtigungen für die ansässige Bevölkerung verbunden war, entsteht sehr oft der Wunsch, nach Beendigung der Abbauarbeiten die Gestaltung der Wasserfläche so vorzunehmen, dass möglichst vielfältige Freizeitaktivitäten durchgeführt werden können. Da die Wasserflächen jedoch auch große Bedeutung als sekundärer Lebensraum für seltene und gefährdete Tier- und Pflanzenarten aufweisen, müssen auch diese Aspekte eingebracht werden.

Auch die Landflächen ehemaliger Abbauvorhaben bieten vielfältige Möglichkeiten für die Gestaltung wertvoller Sekundärlebensräume, die nachweislich zur Erhöhung der biologischen Vielfalt beitragen können. Kleinere Abbauflächen (< 3 ha) könnten einfach sich selbst überlassen werden, müssen jedoch zumindest in Teilen aktiv renaturiert werden. Durch Sukzession können dort über längere Zeiträume hervorragende Lebensräume entstehen. Dies ist bei größeren Abbauflächen etwas schwieriger, weil dort natürliche Entwicklungsprozesse auch über längere Zeiträume nicht über Pionierstadien hinaus kommen und dies meist bei der Bevölkerung als problematisch angesehen wird (Akzeptanz-Probleme). Naturschutzfachlich sind lange Pionierphasen wünschenswert, da diese oft hohe Anteile hochspezialisierter und oft auch gefährdeter Arten aufweisen. Durch bewusste Schaffung vielfältiger Standortsbedingungen unter Berücksichtigung des Wasserhaushaltes (Schaffung von Tümpeln, Freilegen von Quellen) und der geologischen Verhältnisse (Belassen von Steilwänden und Bermen, Aufschüttung von Böschungen mit Abraummaterial) können Ausgangsbedingungen geschaffen werden, die ein günstiges Besiedlungspotenzial gerade für gefährdete Lebensgemeinschaften aufweisen. So bilden belassene Steilwände wichtige Brutmöglichkeiten für Felsenbrüter, wie sie Uhu, Turm- oder Wanderfalke sowie die Hohltaube darstellen. Ausführliche Managementempfehlungen für Steinbrüche geben Tränkle & Beißwenger (1999).

Sand- und Kiesabbau

Olschowy (1993) nennt durchschnittliche Fördermengen von Sand- und Kies von 200 Mio. t pro Jahr, was einem Flächenbedarf mit erforderlichen Grenzabständen, Er-

Tabelle 4.18 Negative Auswirkungen des Gesteinsabbaus auf die Naturhaushaltspotenziale (SCHOBRANSKI 1997)

Potenzial	Eingriff	Auswirkungen
Boden	Flächenbeanspruchung: • Abgrabung • Umlagerung • Versiegelung • Verdichtung Schadstoffeintrag Anstau/Absenkung des Grundwassers	Zerstörung des Bodengefüges, der Bodenstruktur, der Horizontabfolge und des Bodenlebens Verlust sämtlicher Bodenfunktionen Beeinträchtigung des Bodenwasserhaushaltes durch Entwässerung oder Vernässung
Grundwasser	Abgrabung Anstau/Absenkung des Grundwassers Schadstoffeintrag	Gefahr des Grundwasseraustritts durch Anschneiden von grundwasserführenden Schichten Beeinträchtigung der Grundwasserfließrichtung durch Hemmung, Umleitung oder Grundwasserstau Beeinträchtigung landschaftsraumtypischer Grundwasserstände besonders in grundwassergeprägten Gebieten Veränderung der Grundwasserstände (Absenkung, Anstieg) Gefahr des Schadstoffeintrags nach Entfernung der schützenden Deckschichten
Oberflächenwasser	Flächenbeanspruchung Ausbau, Verlegung, Verrohrung Schadstoffeintrag	Funktionsverlust von Still- und Fließgewässern und naturnahen Auen und Uferbereichen Beeinträchtigung der Fließgewässerdynamik Beeinträchtigung der Lebensraumfunktion für Flora und Fauna Beeinträchtigung der Retentionsfunktion von Auen
Klima	Änderung des Bestandsklimas, Lärm, Staub, Abgase Abgrabungen	Verlust von Flächen mit lufthygienischer und klimatischer Ausgleichsfunktion (z.B. Wald) Veränderung von Mikro- und Mesoklima im Bereich der Wasserflächen durch veränderte Verdunstungs-, Temperatur- und Windverhältnisse Immissionsbelastungen
Arten und Biotope	Flächenbeanspruchung: • Abgrabung • Zerschneidung Lärm, Erschütterungen	Vernichtung/teilweiser Verlust von Biotopen Beeinträchtigung großräumiger, bisher unzerschnittener Lebensräume Beeinträchtigung bzw. Unterbrechung von Austausch- und Wechselbeziehungen benachbarter Biotope mit ähnlicher Artenausstattung Beeinträchtigung von Biotopen durch Störreize
Landschaftsbild und Erholung	Flächenbeanspruchung: • Versiegelung • Zerschneidung Veränderung der Oberflächengestalt Lärm, Staub, Erschütterungen	Verlust von Flächen mit bedeutenden Landschaftsbildqualitäten Verlust und Beeinträchtigung bedeutsamer Sachgüter, z.B. Bodendenkmäler, historische Kulturlandschaften, historische Bau- und Siedlungsstrukturen Verlust der Vielfalt prägender Strukturelemente Überformung der typischen Ausprägungen bestimmter Landschaftsbildeinheiten Beeinträchtigung von Schutzgebieten mit Erholungsfunktion Beeinträchtigung der Erholungseignung und historisch bedeutsamer Bauwerke

Tabelle 4.19 Übersicht über mögliche Vermeidungs- und Verminderungsmaßnahmen beim Festgesteinabbau (HERBSTREIT & STOLZENBRUG 1999)

	Abbauplanung/ Abbauvorbereitung	Abbaubetrieb/ Steinbruchherrichtung
Landschaftsbild, Sicht- und Immissionsschutz	• Erhalt von Gelände- und Vegetationskulissen ggf.Nachsprengungen zur Abböschung störender Kanten • Kulissenpflanzungen nach Möglichkeit schon zum Abbaubeginn • Schrittweiser Abbau • Abbaufortschritt nach Möglichkeit von unten nach oben	• ggf. Nachsprengungen zur Abböschung störender Wände und Kanten
Boden	• Bodenabschiebung erst unmittelbar vor Inanspruchnahme • Vermeidung von Bodenzwischenlagerungen • sofern erforderlich, fachgerechte Sicherung und Lagerung von Oberboden	• Verwendung des Bodens für Abböschungen oder zur Anlage von Schutzwällen
Wasser	• Wiederversickerung von Sümpfungswässern im Steinbruch selbst • Schutz und Sicherung von Sohlquellen • beim Abbau unter Grundwasser nach Möglichkeit Gewässertiefen von > 10 m bis max. 50 m anstreben	• Vermeidung von Schadstoffträgern aus Maschinen und Fahrzeugen • Sachgerechter Umgang mit Betriebsstoffen
Biotope und Arten (Naturschutzmaßnahmen)		• Herausnahme von Flächen aus dem Abbaubetrieb („Ruhezonen") • Anlage natürlicher Böschungswinkel • Schaffung vielfältiger Standortbedingungen (z. B. unterschiedliche Substrate und Expositionen) • Kleinstrukturierung der Abbauflächen (Steinhaufen, Kleingewässer etc.) • wenn sinnvoll möglich, Erhalt ausreichend hoher Steilwände • Herrichtungsziel natürliche Sukzession ohne Ansaat und Anpflanzungen zumindest in kleineren Steinbrüchen

schließungs- und technischen Einrichtungen von etwa 3600 ha entspricht. Insgesamt ist von weit mehr als 650 Entnahmestellen in der gesamten Bundesrepublik Deutschland auszugehen, bei denen nicht nur Kies- und Schotterablagerungen der alluvialen und diluvialen Terrassen der Flusstäler genutzt werden, sondern auch abbauwürdige Vorkommen im Umfeld größerer Städte.

Die mit dem Abbau verbundenen Umweltveränderungen sind vielfältig und nach den Ergebnissen des langjährigen baden-württembergischen Pilotprojektes „Konfliktarme Baggerseen (KABA)" nicht immer negativ (s. LfU BW 1997 bzw. überblickshaft ISTE 1999). So sind beim Nassabbau vor allem die Veränderungen des Grundwasserhaushaltes und der Wasserbeschaffenheit im Abbaugebiet besonders zu beachten. Wird das Grundwasser in geneigtem Gelände freigelegt, pendelt sich der Wasserspiegel zunächst horizontal ein, wodurch das Grundwasser am grundwasseroberstromigen Ufer abgesenkt und am grundwasserunterstromigen Ufer aufgehöht wird (DINGETHAL et al. 1985). Treten stark belastende, meist durch intensive Nutzung (Landwirtschaft, Fischerei und hohe Freizeitnutzung) bedingt, Verunreinigungen des Baggersees auf, können diese mit dem Grundwasserstrom zu einer Belastung des Grundwassers beitragen. Nach BOOS (1999) besitzen Baggerseen jedoch häufig die besondere Funktion als Nähr- und Schadstoffsenke, sofern sie selbst nur wenig belastet sind (u.a. nur geringer Fischbesatz). Mit Zunahme des Alters eines Baggersees nimmt die Eutrophierung zu und damit auch die Verstopfung der Poren am unterstromigen Ufer, so dass die Grundwassererneuerung stetig abnimmt. Nur in seltenen Fällen kommt es zu einer vollständigen Abdichtung („Badewanneneffekt").

Die mit der Grundwasserfreilegung in Verbindung stehende **Veränderung der Verdunstungsleistung** wächst mit zunehmender Strahlungsintensität, Windgeschwindigkeit, Temperatur und abnehmender Luftfeuchtigkeit. In Mitteleuropa verdunsten Niedermoore, Feuchtwiesen, Au- und Bruchwälder die höchsten Anteile der Jahresniederschlagssumme. Etwas geringer ist die Verdunstungsleistung offener Gewässer mit 75–80 %. Demgegenüber liegt die Verdunstungsrate bei Äckern bei 40–50 %, bei Grünland bei 60 % und bei Hochwald bei 70 % der Jahresniederschlagsmenge. Mit Veränderungen der Verdunstungsleistung im Jahresverlauf ergeben sich auch Veränderungen des Wasserspiegels eines Baggersees. Diese sind zudem abhängig von Schwankungen des Grundwasserspiegels.

Der **Wasserchemismus eines Baggersees** ist abhängig von den geologischen Bedingungen im Einzugsgebiet, der Vegetationsdecke und den vorherrschenden Nutzungen. Mit der Freilegung des Grundwasserkörpers beginnt die Besiedlung des Baggersees durch eine Vielzahl unterschiedlicher Lebewesen. Die mit ihnen im Zusammenhang stehenden Stoffumsetzungen bilden die wesentliche Ursache, warum sich der Wasserchemismus eines Baggersees deutlich von dem des zufließenden Grundwassers unterscheidet. Da Seen mit nährstoffarmem und sauberem Wasser in unseren Landschaften selten geworden sind, sollte bei allen Grundwasserfreilegungen darauf geachtet werden, die nährstoffarmen Verhältnisse langfristig zu sichern. Zur Verhinderung von Einschwemmungen und Einwehungen sollten Umlaufgräben und Uferschutzstreifen angepflanzt werden. Auch Röhrichtzonen können Nährstoffe in geringem Umfang in eigene Biomasse umwandeln. Auch die möglichen Nachnutzungen wirken sich auf die Eutrophierung eines Baggersees aus (vgl. Kasten 4.17). Des weiteren beschleunigt das Füttern von Wasservögeln, die Einschwemmung von Düngemitteln aus landwirtschaftlichen Fluren, die Einleitung von Abwässern oder das Einbringen von Müll, Abfällen oder Mutterboden die Eutrophierung.

Entscheidend für die Stabilität eines Baggersees gegenüber Einwirkungen von außen ist die Größe und Tiefe des Wasserkörpers. Außerhalb der Uferzonen sollte er tiefer als 4 m sein und eine Größe von mehr als 3 ha aufweisen. Badeseen sollten mindestens 5 ha und Wassersportseen sogar über 30 ha Größe aufweisen. Bei diesen Größenordnungen sind bakteriologisch-seuchenhygienische Gefahren weitgehend auszuschließen, zumal Badegewässer in der Saison alle 2 Wochen seitens der Gesundheitsämter beprobt werden. Die Baggerseen sind dann in der Lage, auch Maximalbelegungen der Wasserflächen bis zu 500 Badenden/ha Seefläche zu verkraften und die von ihnen eingebrachten Nähr- und Schmutzstoffe abzubauen bzw. abzupuffern oder zu inaktivieren.

Bei der **Rekultivierung von Baggerseen** sollten einige Grundsätze beachtet werden (s. hierzu auch GILCHER & BRUNS 1999, RADEMACHER 2000), zumal auch schon betriebene Nassauskiesungen erhebliche naturschutzfachliche Bedeutung haben können (RADEMACHER 1999a und b, 2001). Um den Erfolg der Gestaltungsabsichten auch tatsächlich realisieren zu können, sollten mittels eines Lenkungskonzepts konfliktträchtige Nachfolgenutzungen (z. B. Freizeit, Sport, Angeln, oder Naturschutz) voneinander räumlich getrennt werden. Dies kann durch Anlage von Infrastruktureinrichtungen und Wegeführungen erfolgen. Bereiche, die nicht zugänglich sein sollen, können z. B. mit dornigen Sträuchern bepflanzt werden. Bei Baggerseen, die vordringlich der Erholungsnutzung dienen sollen, sind vor allem die Ufer sehr flach (1 : 10) auszugestalten. Große Rasenflächen und breitkronige Schattenbäume tragen wesentlich zur Steigerung der Attraktivität bei und verhindern „wilde" Nutzungen der dem Naturschutz vorbehaltenen Bereiche. Letztere sollten vielfältig und abwechslungsreich gestaltet werden. Geschwungene Uferlinien mit unterschiedlichen Gefällestufen bis zur Ausbildung von Steilufern u.a. als Bruthabitat für die Uferschwalbe sind möglich. Entsprechend vielfältig kann auch die Bepflanzung erfolgen, wobei auch Rohbodenflächen für die Sukzession vorgesehen werden sollten. Auch künstliche Inseln und die Anlage unterschiedlich tiefer kleiner Tümpel und Feuchtbereiche in Ufernähe bilden wertvolle Standorte für die spontane Ansiedlung von Tier- und Pflan-

---

Kasten 4.17 Der Nährstoffeintrag nimmt in der folgenden Reihenfolge zu (DINGETHAL et al. 1985):

- Naturschutzgebiet bzw. ökologische Ausgleichsfläche
- Landschaftssee
- extensive Sportfischerei
- Wassersportsee (Segeln, Surfen, Rudern)
- extensive Badenutzung
- intensiver Badebetrieb
- Fischhaltung mit gelegentlicher Fütterung
- Intensivfischhaltung (z. B. mit Netzgehegen)

zenlebensgemeinschaften. Auch hier darf nicht vergessen werden, dass eine Ansiedlung der naturschutzrelevanten Zielarten schon während der Abbauphase erfolgt sein kann und oft auch erfolgt ist. Die Planung muss auch hier die Gegebenheiten vor Ort berücksichtigen und integrieren.

4.3.8 Erholung/Freizeitverhalten/Tourismus

Seit in den westlichen Industrieländern vor allem nach dem Zweiten Weltkrieg die Erwerbsarbeitszeit für große Bevölkerungsgruppen kontinuierlich verkürzt wurde, stieg zugleich der Anteil an zur Verfügung stehender Freizeit deutlich an. Die Bevölkerung schätzt ihren Wert zudem recht hoch ein:

- Jeder Erwachsene verfügt pro Jahr einschließlich der Feiertage und Ferienzeiten durchschnittlich über 2600 Stunden Freizeit (gegenüber 1600 Arbeitsstunden),
- Private Haushalte geben mehr als 350 Mrd. DM pro Jahr für die Freizeitgestaltung aus,
- Innerhalb des Dienstleistungssektors gehören über 1 Mio. Anbieter der Freizeitwirtschaft an, über 5 Mio. Erwerbstätige sind dort beschäftigt,
- Die Umsätze der Freizeitwirtschaft betragen rund 12 % des Bruttosozialproduktes der Bundesrepublik Deutschland (AGRICOLA 2000).

Wie die Diagramme in Abbildung 4.18 verdeutlichen, nimmt innerhalb des Verkehrsaufkommens die Freizeitnutzung mit über 38 % den höchsten Anteil ein. Demgegenüber ist der Urlaubsanteil am Verkehrsaufkommen mit deutlich unter 1 % vernachlässigbar. Der Modal Split, d. h. die Verteilung des Verkehrs auf die Verkehrsarten, verdeutlicht sehr anschaulich, dass der Motorisierte Individualverkehr (Auto, Motorrad, Moped, Mofa) dabei über 50 % ausmacht. Umweltverträgliche Formen (ÖPNV, Fahrrad und zu Fuß gehen) der Freizeitmobilität machen lediglich 1/3 aus. Bei der Verkehrsmittelwahl spielen u.a. die Bequemlichkeit, die Schnelligkeit und die Unabhängigkeit des privaten Kfz die dominierenden Rollen.

Die **zeitliche Nutzung der Freizeit** lässt sich je nach Dauer grob in folgende Kategorien mit jeweils spezifischen Anforderungsprofilen unterteilen:

- Besuch von Erholungseinrichtungen für kurze Zeiträume, z. B. in der Mittagspause oder zwischen zwei Terminen bzw. zum Hundausführen unmittelbar im Wohnungs- bzw. Arbeitsumfeld;
- Nutzung von Freizeitangeboten nach Feierabend in kurzer Wegstreckenentfernung (< 10 km);
- Kurzfristige Nutzung (1/2 bis wenige Tage) von Erholungsangeboten in mittlerer Wegstreckenentfernung (70 bis 100 km);
- Längerfristige Nutzung von Erholungsangeboten in auch größerer Wegstreckenentfernung. Neben einem längeren Aufenthalt während des Jahresurlaubes (zwei bis drei Wochen meist im sonnigen Ausland) werden zunehmend weitere Kurzurlaube mit der Dauer von drei bis fünf Tagen (in den Urlaubsregionen Deutschlands) nachgefragt.

Da sich nicht nur die dem einzelnen zur Verfügung stehende Zeit, sondern auch die finanziellen Möglichkeiten für viele Menschen verbessert haben, ist in den letzten Jahren ein deutlicher Trend weg vom einmaligen längerfristigen Urlaubsaufenthalt an einem Ort hin zu mehreren kurzfristigen Aufenthalten erkennbar. Dies ist sicherlich auch den eingetretenen Veränderungen im familiären Zusammenleben zuzusprechen. Der klassische dreiwöchige Familienurlaub im Mittelgebirge, an der Küste oder im Alpenraum liegt nicht mehr im Trend. Mit dieser Entwicklung zeichnet sich auch eine sich ständig beschleunigende Nachfrage nach neuen Betätigungsfeldern in der Freizeit

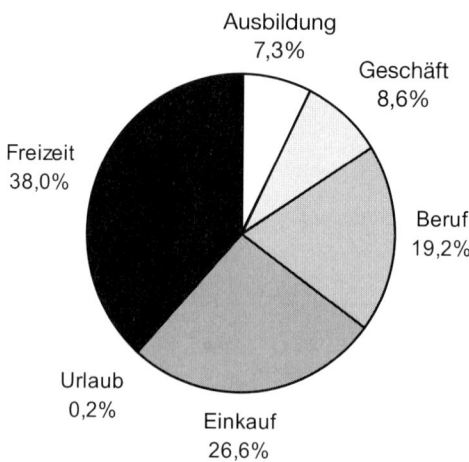

Verkehrsaufkommen im Personenverkehr nach Fahrtzwecken in Deutschland 1994

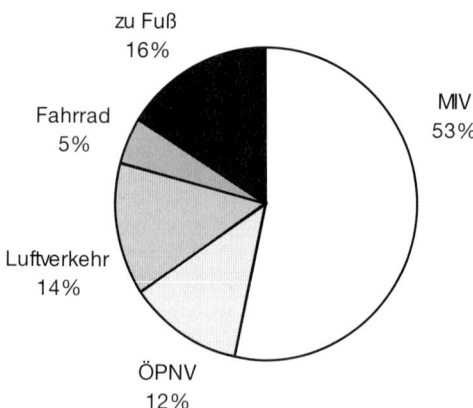

Modal-Split im Freizeitverkehr (inkl. Urlaubsreiseverkehr) in Deutschland 1994

Abb. 4.18 *Verkehrsaufkommen im Personenverkehr nach Fahrtzwecken und Modal-Split im Freizeitverkehr (einschließlich Urlaubsreiseverkehr) in Deutschland 1994 (HEINZE & KILL 1997).*

ab. Neudeutsch werden sie von der Computergeneration ausschließlich mit englischen Begriffen beschrieben:

Moutain-Biking, Free-Climbing, River-Rafting, Snowboarding, Bungee-Jumping, Paragliding, Zorbing, um nur die wichtigsten Trends zu nennen. Für sehr unerschrockene und gut durchtrainierte Personen bieten sich besondere Spezialitäten an, die meist ein aufwendiges technisches Equipment erforderlich machen: z. B. Down-Hill Mountain-Biking mit speziellen Rädern oder Klettern in gefrorenen Wasserfällen.

Für das Jahr 2000 wurden Größenordnungen von rund 7 Millionen Wanderern, 3 Millionen Mountainbikern (nur im Sommerhalbjahr für die deutschen Alpen), 700 000 Kanufahrern, 350 000 Reitern, 250 000 Windsurfern, 10 000 Drachenfliegern und 20 000 Paraglidern geschätzt (GEORGII 2000).

Landschaften, in denen Menschen ihren Bedürfnissen nach Freizeit und Erholung nachgehen, müssen bestimmte Bedingungen erfüllen (vergleiche Abb. 4.19). Selbst die in einem Center Parc realisierte Kunstwelt wird in eine Erholungslandschaft eingebettet, obwohl sie wesentlich dazu beiträgt eben diese zu beeinträchtigen bzw. sogar zu zerstören und obwohl ein solches „Freizeit-Paradies" durchaus auch in einem Tagebaurestloch o. Ä. errichtet werden könnte. Tabelle 4.20 nennt wesentliche Kriterien, die erfüllt sein müssen, damit sich eine Landschaft als Erholungsgebiet eignet. Neben landschaftlichen Ausstattungsmerkmalen sind bezüglich der Eignung eines Raumes für landschaftsgebundene Erholungsformen auch die Zugänglichkeit und damit die Erlebbarkeit, die notwendigen infrastrukturellen Ausstattungen und die Freiheit von Störeinflüssen jedweder Art (Lärm, Zerschneidung durch Straßen oder Hochspannungsleitungen) maßgebend.

Sind in der Nähe größerer Städte Reste derartiger Landschaften noch vorhanden, sind sie an Wochenenden von großen Mengen Erholungssuchender überlastet. Diejenigen, die sich diesen Mengen entziehen wollen, ziehen es oftmals vor, stundenlang im Stau zu stehen, nur um am Ziel festzustellen, dass auch hier eine nicht gerade geringere Anzahl ebenfalls Erholungssuchender vorzufinden ist.

Nicht wenige Freizeitplaner vertreten die zunächst einsichtig erscheinende These, dass derartige Überlastungen u.a. dadurch ausgeschlossen werden können, indem die Freizeitangebote unserer Städte in unmittelbarer Umgebung zu den Wohnorten qualitativ und quantitativ aufgewertet werden müssten (vergleiche hierzu Tab. 4.21). Allerdings fehlt bisher der Nachweis zwischen dem Freizeitangebot einer bestimmten Stadt und dem daraus resultierenden Druck auf ihr Umland. Sollte sich jemand der Mühe unterziehen wollen, hierzu empirische Daten ermitteln zu wollen, würde er sehr wahrscheinlich an der unendlichen Komplexität und der kaum je gegebenen Vergleichbarkeit verschiedener Städte scheitern müssen.

Neben der Aufwertung städtischer Freiräume wird es wohl auch immer erforderlich sein, **Lenkungskonzepte** für die attraktivsten Erholungslandschaften aufzustellen und erfolgreich umzusetzen, um deren Ausstattungsqualitäten auch für zukünftige Generationen sichern zu helfen. Grundsätzlich ist eine umwelt- und sozialverträgliche Entwicklung anzustreben, die weniger auf Kapital-intensiven Infrastruktureinrichtungen beruht, als vielmehr auf den vorhandenen Gegebenheiten und regionalen Stärken aufbaut. Die Attraktivität eines Landschaftsraumes und die daraus resultierende Nachfrage von kurzfristig verweilenden Erholungssuchenden und längerfristig bleibenden

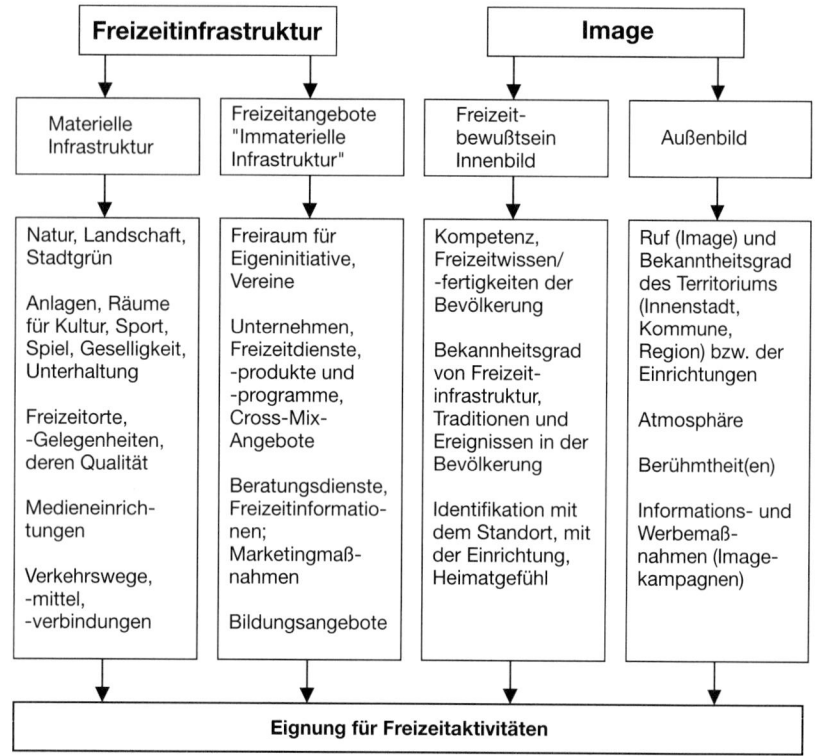

Abb. 4.19 *Bedingungen, die die besondere Eignung eines Raumes für Freizeitaktivitäten bestimmen (AGRICOLA 2000).*

Touristen wird u.a. davon abhängen, inwiefern freizeitgerechte Konzepte auch in den bisher nur sehr wenig oder sogar noch überhaupt nicht tätigen Bereichen umgesetzt werden können. Hierzu gehören Landwirtschaft, Handel, Kultur oder Naturschutz.

Eine zunehmende Erschließung eines Landschaftsraums für die Freizeitnutzung einschließlich des Tourismus ohne langfristige Strategie birgt die Gefahr einer unkontrollierten ausschließlich quantitativ ausgerichteten Ausweitung der Nachfrage mit zunehmenden umweltbedingten (vergleiche auch Tab. 4.22) aber auch soziokulturellen Belastungen:

- Zersiedelung, Erschließung und Verbauung der nicht erneuerbaren Ressource Landschaft,
- Zunahme des Individualverkehrs, Lärmbelästigung, Gewässer- und Luftverschmutzung, Vernichtung von Pflanzen und Tieren sowie ihren Lebensräumen,
- Schleichender Verlust der kulturellen Identität, Eigenständigkeit und Selbstbestimmung der einheimischen Bevölkerung,
- Verschärfung regionaler Disparitäten durch einseitige Abhängigkeit von einem Wirtschaftsfaktor.

Da die Nachfrage nach Erholungsangeboten in vielen Fällen zeitlich sehr stark konzentriert ist (mit extremen Spitzenbelastungen in nur wenigen Monaten des Jahres) sind die meisten Angebotsträger bestrebt, die Freizeiteinrichtungen aus Rentabilitätsgründen möglichst das ganze Jahr zu nutzen. Um die im zeitlichen Verlauf sehr un-

Tabelle 4.20 Kriterien zur Beschreibung der Erholungseignung einer Landschaft (nach BARTH 1995, ergänzt und verändert)

Landschaftliche Ausstattungsmerkmale

Relief	Reliefenenergie, Hangneigung, Formenreichtum, Höhenlage, Expositionswechsel
Boden	Vielfalt der Bodeneigenschaften und der daraus resultierenden Bodenbedeckungszusammensetzung in naturnaher Farbabwechslung
Klima	Bioklima, Geländeklima, Höhenlage, Strahlung
Randeffekte	Vielfalt von Rändern u.a. Waldränder, Hecken, Knicks, Baumgruppen, Gewässerränder, kleinstrukturierter Wechsel der Flächennutzung
Gewässer	Vielfalt der Gewässerarten (See, Teich, Tümpel, Fluss, Bach, usw.), Strukturreichtum der Randbereiche, Nutzungsreichtum ohne Verdrängungseffekte
Landwirtschaft	Abwechslungsreichtum verschiedener Nutzungsformen (Acker, Weide, Wiese), Viehbestand, Ranken und Raine, Gärten, Wein- und Obstbau, Almen
Wald	Waldanteil, Waldstruktur, Naturnähe, Bioklima im Wald
Sonstige Flächen	Heide, Moor, Ödland, Dünen, Sandstrand, Felsen, Gletscher
Landschaftsbild	Vielfalt, Eigenart des Nutzungsmusters, landschaftstypische Abfolgen (z.B. Auen)
Räumliche Bezüge	Blickachsen, Blickbeziehungen, Aussichtspunkte

Zugänglichkeit/Erlebbarkeit und infrastrukturelle Ausstattung

Zugänglichkeit	Nutzbarkeit, Begehbarkeit, Erreichbarkeit
Infrastruktur	Ausstattung mit bereichernden Elementen wie z.B. Sitzbänken, Cafés, Spielflächen für Kinder und Jugendliche

Störungsfreiheit

Immissionen	Freiheit von Lärm-, Schadstoff-, Geruchsbelastung
Landschaftsbild	Freiheit von optischen Beeinträchtigungen
Erholungsdruck	Beeinträchtigungen aufgrund bereits bestehenden Erholungsdrucks oder infrastruktureller Übererschießung

Seltenheit

Seltenheit	Häufigkeit des Auftretens einer erholungsrelevanten Struktur oder Nutzungsform im Landschaftsraum (Beispiel: Einziger Badesee der Region, höchster Berg, usw.)

Tabelle 4.21 Richtwerte für multifunktionale Freiräume (NOHL 1983b)

	wohnungs-bezogene Freiräume	wohngebiets-bezogene Freiräume	stadtteil-bezogene Freiräume	stadt-bezogene Freiräume	regionale Freiräume
Entfernung von der Wohnung in Metern	bis 300 m[1]	bis 800 m[1]	bis 1500 m[1]	bis 5000 m[1]	bis 30 000 m[1]
Entfernung von der Wohnung in Minuten	bis 4 Min[2]	bis 10 Min[2]	bis 20 Min[2]	bis 15 Min[3]	bis 30 Min[3]
Größe des Frei-raums in Hektar	bis etwa 1 ha	bis etwa 10 ha	bis etwa 30 ha	bis etwa 200 ha	mind. 5 km^2
Einwohner-flächenwert	4 m^2/E	6 m^2/E	7 m^2/E	8 m^2/E	150 m^2/E
Einwohner im Einzugsbereich	etwa 2500 E	etwa 17 000 E	etwa 45 000 E	etwa 280 000 E	–
Größe des Ein-zugsbereichs in Hektar	etwa 20 ha	etwa 170 ha	etwa 500 ha	etwa 6 000 ha	–
Bruttobaugebiet im Einzugsbe-reich pro Ein-wohner	etwa 80 m^2/E	etwa 100 m^2/E	etwa 130 m^2/E	etwa 220 m^2/E	–
Besucher-flächenwert (Spitzenzeit)	etwa 100 m^2/B	etwa 150 m^2/B	etwa 155 m^2/B	etwa 160 m^2/B	etwa 850 m^2/B

1) = tatsächliche Wegelänge (nicht Luftlinie)   3) = mit öffentlichen Verkehrsmitteln
2) = zu Fuß   4) = besiedelte Fläche anstelle von Bruttobaugebiet

terschiedlich geartete Nachfrage auch abdecken zu können, muss das Erholungsange-bot entsprechend erweitert und müssen damit die Anlagen immer größer aber auch kapitalintensiver werden. Gleichzeitig ergibt sich aus Wirtschaftlichkeitsüberlegungen der unbedingte Zwang, die Nachfrage entsprechend zu steigern.

Strategie eines sanften (sozial- und umweltverträglichen) Tourismus (SPIKA 1993)

Es steht inzwischen jedoch außer Frage, dass eine intakte Natur und traditionelle Kul-tur als Grundvoraussetzung für eine nachhaltige Entwicklung einer Landschaft als Er-holungsraum unabdingbare Voraussetzung sind. Mit dem Konzept des sanften Touris-mus wird mittlerweile seit vielen Jahren – sicherlich sehr kontrovers – sowohl auf theoretischer Ebene als auch bei vielen Versuchen seiner praktischen Anwendung eine Entwicklungsstrategie befürwortet, die den o.a. Konflikten zwischen Ökonomie und Ökologie zu begegnen versucht und eine Annäherung der Ziele von Tourismus und Umwelt zum Ziel hat. In einigen Gemeinden ist daraus durchaus ein übertragbares Er-folgskonzept geworden (Hindelang im Allgäu, Biosphärenreservat Rhön, Neukirchen

Tabelle 4.22 Umweltbelastungen durch Tourismus (SCHARPF 1998)

Betroffener Umweltfaktor	Veränderungen, Belastungen	Ursachenbeispiele
Klima/Luft	Abgase, Lärm Verändertes Mikro- und Mesoklima	Urlaubs- und Ausflugsverkehr, Motorboot oder Motocrossfahren Großflächiges Versiegeln von Boden für Gebäude, Parkplätze und Straßen
Boden	Verdichtung und Versiegelung, damit erhöhter Oberflächenabfluss Flächen-, punkt- und linienförmige Erosion	„wildes" Camping, Parken, befestigte Plätze und Wege, häufig begangene Trampelpfade „wildes" Mountainbiking, Trampelpfade (Tritterosion)
Wasser	Grund- und Oberflächenwasserbelastung durch Stoffeintrag, Eutrophierung Verminderte Grundwasserneubildung	Baden (Sonnencreme), Einsatz von Chemikalien und Dünger in Freizeitanlagen Drainage von Freizeitanlagen, großflächiges Versiegeln von Boden für Gebäude, Parkplätze und Straßen
Tierarten und deren Lebensräume	Artenveränderungen/-verschiebungen, Beunruhigung von empfindlichen Tierarten durch Lärm und Anwesenheit Isolierung und Zerschneidung von Lebensräumen	Mountainbiking, Angeln, Klettern, Kanufahren Freizeitinfrastruktur, Freizeitanlagen
Pflanzenarten und deren Lebensräume	Artenveränderungen/-verschiebungen durch veränderte Standortbedingungen, mechanische Verletzung von Vegetation Isolierung oder Zerschneidung von Lebensräumen	Bau und Betrieb von Freizeitanlagen, „wildes" Mountainbiking, Camping, Parken, Blumen pflücken Freizeitinfrastruktur, Freizeitanlagen
Landschaftsbild	Großflächige Veränderungen und Beeinträchtigungen des Landschaftsbildes	Bau und Betrieb von nicht landschaftsangepassten Freizeitanlagen

am Großvenediger usw.). Im Hinblick auf die praktische Umsetzung bietet das Konzept des sanften Tourismus im engeren Sinn durchaus viele Ansatzpunkte für die ökologisch orientierte Planung. Diesbezüglich können vier grundlegende Basiselemente angeführt werden, deren inhaltliche Konkretisierung jedoch noch nicht abschließend erfolgt ist (vergleiche auch HASSLACHER 1985, MOSE 1989):

1) Naturnahe und wenig technisierte Tourismusangebote vor dem Hintergrund sich ändernder Werthaltungen und Freizeitbedürfnisse:

- Sportliche Betätigungsmöglichkeiten wie beispielsweise Wandern, Skiwandern, Radwandern, Skilanglauf, Reiten,
- Natur- und regionalkundliche Bildungsangebote wie z. B. Lehrpfade, geführte Wanderungen,
- Möglichkeiten kreativer Gestaltung wie beispielsweise künstlerische und handwerkliche Kurse,
- Landschaftsbezogene Unterbringung, z. B. Urlaub auf dem Bauernhof.

2) Landschaftsschonende Formen der touristischen Erschließung vor dem Hintergrund der zunehmenden ökologischen Folgeprobleme des Tourismus und Freizeitverhaltens:
- Weitgehender Verzicht auf technische Einrichtungen (z. B. Seilbahnen, Lift- und Beschneiungsanlagen),
- Einschränkung des Autoverkehrs (z. B. autofreie Ortszentren, Sammelparkplätze, Geschwindigkeitsbeschränkungen, flächendeckendes ÖPNV-Konzept),
- Umweltverträglichkeitsprüfung für sämtliche Eingriffe in die Landschaft,
- Beschränkung beim Ausbau neuer Wanderwege, Erhaltung und Optimierung des vorhandenen Wanderwegenetzes,
- Festlegung von Kapazitätsobergrenzen.

3) Sozio-kulturell verträgliche Entwicklung vor dem Hintergrund entsprechender Entfremdungs- und Überfremdungserscheinungen:
- Erhaltung und Förderung der heimischen Kultur,
- Keine Verkitschung und Vermarktung des Brauchtums,
- Bewahrung traditioneller Bau-, Arbeits- und Wirtschaftsweisen,
- Entwicklung einer auf diese Ziele abgestimmten Unternehmenskultur in den Fremdenverkehrsbetrieben,
- Ortsbildpflege.

4) Einbindung der touristischen Entwicklung in Strategien einer eigenständigen Regionalentwicklung vor dem Hintergrund der ökonomischen Probleme des ländlichen Raumes:
- Sicherung und Förderung der regionalen Entwicklungspotenziale, insbesondere in Landwirtschaft, Handwerk und Kleingewerbe,
- Keine ausschließlich monostrukturelle Abhängigkeit vom Tourismus,
- Förderung kooperativer Unternehmensformen,
- Stärkung der Zusammenarbeit der Kommunen,
- Verbesserung der politischen Selbstorganisation, d. h. direkte Beteiligung der regionalen Bevölkerung an Planungs- und Entscheidungsprozessen,
- Innovationen für den Einsatz umweltfreundlicher Technologien,
- Aktivierende Bildungsarbeit durch Verstärkung der innerregionalen Kommunikation und Information, Vermittlung regionaler Fragen und Probleme in der Jugend- und Erwachsenenbildung.

Die Auflistung dieser Kriterien einschließlich der genannten Einzelaspekte erhebt nicht den Anspruch einer allgemein gültigen Prüfliste, anhand der in der Praxis vorzugehen wäre. Vor dem Hintergrund eines wechselseitigen Verhältnisses von Theorie und Praxis müssen die genannten formalen Kriterien in Relation zu den realen regionsspezifischen Bedingungen und ihrer praktischen Anwendung gesehen werden. Der allgemeine theoretische Anspruch stellt somit zunächst ein idealtypisches Konzept dar, dessen aufgelistete Konkretisierung in der Realität kaum in vollem Umfang erreichbar sein wird, dabei jedoch als Leitstrategie dienen sollte. Die zunehmende Konkretisierung bestünde in einer Umsetzung kleiner Schritte bzw. als ein Prozess der schrittweisen Veränderung innerhalb der theoretisch definierten Rahmenbedingungen. Bei unkritischer Nachahmung anderweitig erfolgreicher Projekte ist grundsätzlich Vorsicht geboten. Auch sollten Rentabilitätsüberlegungen nicht vernachlässigt werden. Ganz besonders wichtig ist auch die Ehrlichkeit und die Einbindung des sanften Tourismus in ein umweltverträgliches Gesamtkonzept. Dem anspruchsvollen Gast reicht es nicht aus, wenn er in einem Hotel übernachtet, in dem Mülltrennung praktiziert wird und besondere Energieerzeugungsanlagen eingebaut sind, wenn er dieses Gebäude nur mit dem eigenen Kfz erreichen kann oder in unmittelbarer Nähe eine Schneekanone arbeitet. Insofern kann der sanfte Tourismus auch immer nur ein Teilaspekt eines insgesamt auf Nachhaltigkeit ausgerichteten Konzeptes der Regionalentwicklung darstellen.

Gewährleistung der Lärmfreiheit

Für die Ausübung naturverträglicher Erholungsformen (Wandern, Skiwandern, Radfahren) ist die Gewährleistung der Lärmfreiheit von besonderer Wichtigkeit. Lärm stellt mittlerweile in der mitteleuropäischen Kulturlandschaft eine der bedeutendsten Umweltbelastungen dar. Durch unterschiedliche Lärmquellen der modernen Industriegesellschaft (Straßen-, Schienen-, Flug-, Gewerbe- und auch Freizeitlärm) werden vor allem dichter besiedelte Bereiche nahezu flächendeckend mit einem Lärmteppich überzogen. Für die Erholungseignung leitet REITER (1999) nach Auswertung verschiedener Richtwerte aus gängigen Regelwerken (u.a. DIN 18005, TA Lärm und VDI 2058) folgende Lärmschwellenwerte für unterschiedliche Ruhegebietstypen ab:

- Ruhegebiet im siedlungsfernen Bereich mit höchsten Anforderungen 35 bis 40 dB (A) (= absolute Ruhezone);
- Ruhegebiet im siedlungsnahen Bereich mit hohen Anforderungen 45 dB (A);
- Ruhegebiet mit geringen Anforderungen 50 dB (A).

Eine ausführliche Zusammenstellung der Richtwerte verschiedener Regelwerke mit Anhaltspunkten für eine Einschränkung von Erholungsnutzungen enthält Tabelle 3.38 (in Kap. 3.3.6).

Die Lärmfreiheit sollte sich auf ein ausreichend großes Gebiet erstrecken, damit dieses tatsächlich die Funktion einer Ruhezone mit höchsten Anforderungen erfüllen kann. Hierzu werden 100 km² als Bruttomindestflächengröße erachtet. Abzüglich gegebenenfalls beeinträchtigter Randbereiche, verbleibt eine Nettofläche von 80 bis 90 km², die z. B. groß genug wäre, um eine Tageswanderung vorzunehmen, ohne dabei eine Hauptverkehrsstraße oder eine Eisenbahntrasse queren zu müssen. Die Anzahl derartig großräumig unzerschnittener Erholungsgebiete ist in der Bundesrepublik Deutschland im Zeitraum 1977 bis 2001 von damals 349 auf derzeit 225 zurückgegangen. Da in Landesteilen mit hoher Dichte der Verkehrsinfrastruktur von Verkehrstrassen unzerschnittene Räume mit einer Ausdehnung von 100 km² kaum mehr vorhanden sind, wurde u.a. in Thüringen und Sachsen-Anhalt die Mindestgröße auf die Hälfte (50 km²) herabgesetzt (ebd.).

Die Bedeutung von Wanderwegen

Von nahezu 40 % der Bevölkerung wird der Indikator „Natur" genannt, sobald die Frage nach Freizeitgenuss gestellt wird. Da sie am besten über naturverträgliche Formen wie Wandern, Radwandern oder Skiwandern erkundet werden kann, stellen sich an die Anlage von Wegen in Natur und Landschaft besondere Anforderungen. Sie sollen möglichst so angelegt werden, dass sie die Schönheit der Natur erlebbar machen. Dabei sind Aus- und Fernblicke von besonderer Relevanz. Lange und monotone Auf- und Abstiege sollten möglichst vermieden werden. Auch ein Wechsel zwischen Wald und Offenland erhöht die Attraktivität eines Wanderweges. Daneben sind gut „wanderbare" Wegebeläge, Bänke und Tische zum Ausruhen und eine ausreichende Ausschilderung unerlässlich. In Kasten 4.18 sind unterschiedliche Typen von Wegenetzen beschrieben und in Tabelle 4.23 verschiedene Wegearten bewertet.

Wanderwege können auch so ausgewählt werden, dass ihre Benutzung nicht nur den Genuss von Natur und Landschaft erlaubt, sondern sie sich zudem gesundheitsfördernd auswirken. Dabei muss die Wegeführung bestimmten Kriterien folgen, wobei vor allem die Eigenschaften des Geländes und des Lokalklimas ausgenutzt werden. Derartige Klimaterrainwege eignen sich vor allem zur Heilung von Herz-Kreislauf-Kranken sowie zur Unterstützung der Rekonvaleszenz. Während der Wanderbewe-

Kasten 4.18 Wegenetz-Typen

Wanderwege müssen untereinander so vernetzt werden, dass sich jeder Wanderer eigenständig und nach seinem Leistungsvermögen eine Idealroute zusammenstellen kann. BRÄMER (1998) unterscheidet folgende Grundtypen:

- Für eher reliefarme und homogene Landschaftsräume eignet sich das **Gitternetz**, bei dem sich zwei Sätze nahezu parallel verlaufender Wege annähernd im Rechten Winkel kreuzen, wodurch ein viereckiges Raster entsteht.
- Beim **Leitersystem** verlaufen zwei Wege parallel nebeneinander, die über quer dazu verlaufende Wanderwege verbunden sind. Dieses System ist flexibel einsetzbar, wenn Tal- und Höhenwanderweg in einer Richtung verlaufen und über Nebenwege vielfältig miteinander verbunden sind.
- Beim **Radnetz** beginnen von einem Wanderzentrum sternförmig auslaufende Wege, die in einigen Kilometern Entfernung in einem größeren Ringweg münden. Bei Bedarf kann ein weiterer Ring angelegt werden, auf dem kürzere und längere Runden gewandert werden können.
- Beim **Rosettensystem** werden tropfenförmige blütenblätterartige Rundwege ausgebildet, die sich im Normalfall nicht überschneiden, auch wenn dadurch die Kombinationsmöglichkeiten eingeschränkt werden.
- Wenn das Wanderumfeld etwas außerhalb eines Ortes gelegen ist, werden oft **Lassowege** angelegt, die von einem zentralen Startpunkt zunächst auf einem Weg geführt werden und von diesem aus anschließend als Rundwege abzweigen.
- Beim **Netz** wird bewusst auf zusammenhängende Wege verzichtet und benachbarte Abschnitte einfach miteinander verknüpft. Dieses System wird vielen Wanderern nicht gerecht, denn sie wollen Routen erwandern, die einen geographischen oder thematischen Zusammenhang erkennen lassen.

Tabelle 4.23 Klassifizierung und Bewertung verschiedener Wegetypen (HOCKWIN 2000)

Wegeart	Belag	geeignet	Erlebnis	Nutzergruppen
Forstweg	Schotter, ge-schlemmt	ganzjährig	weite Einsicht auf den Weg, Distanz zur Natur	Wanderer, mobilitätseinge-schränkte Personen
Waldweg	Waldboden, festgefahrene Spur, Gras-streifen	ganzjährig mit Einschränkun-gen	nah an der Natur	Wanderer, mobilitätseinge-schränkte Personen teilweise
Pfad	Waldboden, Gras	ganzjährig mit Einschränkun-gen	Teil in der Natur, Über-raschungsmo-mente	Wanderer
Feldweg	verdichtete Fahrspur	ganzjährig mit Einschränkun-gen	weite Blicke in die Landschaft	Wanderer, mobilitätseinge-schränkte Personen teilweise
Wiesenweg	grasbewachse-ner Boden, festgefahrene Spur	witterungs-abhängig	weites Sichtfeld	Wanderer
Spazierweg	wetterfest	ganzjährig	Distanz zur Natur	Wanderer, mobilitätseinge-schränkte Personen, Ausflügler

gungen in der freien Natur wirken verschiedene Klimaparameter auf den menschlichen Körper ein und rufen positive Adaptationen hervor. Durch den Wechsel von Licht und Schatten wird die Haut unterschiedlichen Strahlungsintensitäten ausgesetzt und auch die Temperatur wechselt entsprechend des Wanderns im Wald bzw. im Offenland. Sie können durch das Einwirken von Wind verstärkt werden. Durch Einbeziehung von Auf- und Abstiegen bei der Wanderwegeausweisung wird der Bewegungsapparat und die Kreislaufstabilität zusätzlich gefördert.

Die körperliche Belastung sollte den unterschiedlichen Krankheitsbildern durch entsprechende Auswahl von Wegelänge und Steigungen angepasst werden. Durch abwechselungsreiche Streckenführung ergeben sich gesundheitsfördernde kurzzeitige Wechsel von Belastung und Entlastung. ABKAI (1993) empfiehlt Wegelängen von 8 bis 20 km und Steigungen bis 11 %, wobei bei der Auswahl der Wanderwege eine enge Zusammenarbeit mit Medizinern empfohlen wird. Die Ausweisung von Klimaterrainwegen ist vor allem in Mittelgebirgen in der Nähe von Kurorten sinnvoll. Hier überwiegen sehr gute klimatische und lufthygienische Verhältnisse, die in den vorherrschenden Höhenlagen um 300 bis 1000 m ü. NN klimatherapeutisch hervorragend genutzt werden können. Während sich die Tallagen der Mittelgebirge oftmals schonend auf den menschlichen Körper auswirken, rufen hochgelegene offene Flächen eine stärkere Reizwirkung durch UV-Strahlung, niedere Temperaturen und frischere Winde hervor.

4.3.9 Militärische Nutzungen

Seit den 70er-Jahren des 20. Jahrhunderts wird die **Bedeutung militärischer Liegenschaften für den Naturschutz** hervorgehoben. Zu Beginn der 90er-Jahre besaß die Bundeswehr ca. 7000 Liegenschaften mit einer Gesamtflächengröße von über 250 000 ha. Rechnet man dazu noch die militärisch genutzten Flächen der Alliierten

Tabelle 4.24 Vielfalt an Biotop- und Nutzungstypen auf einem Truppenübungsplatz (WILLECKE et al. 1996)

Untersuchungs-flächen	Biotoptyp	Nutzungstyp	Untersuchungsaspekt
Militärisch genutzte Flächen			**Militärische Belastungen**
	Grünland	Fahrübungsgelände	Bodenverletzung,
	Grünland und Grünland-Gebüsch-Komplexe	Zielgebiete der Schießbahnen und für Bombenabwurf	-verdichtung
	Laub- u. Mischwälder/-forste	Zielgebiete der Schießbahnen und für Bombenabwurf	Bodenverletzung, Brand, Brachfallen, Stoffeintrag Brand, Bodenverletzung, Totholzanreicherung
		Waldkampfbahn	Verletzung der Bäume, Schanzschäden
Militärisch genutzte Flächen mit speziellen Pflege- und Entwicklungsmaßnahmen			**Pflege/Nutzung/Eingriff**
	Grünland	Fahrübungsgelände,	Mulchung, Beweidung
	Gebüsche	Schießbahnen	Entbuschung, Sukzession,
	Dörfliche Siedlungsbereiche	Zielgebiete, Pufferzonen	Reliktflora
	Fließgewässer/Stehgewässer	Wüstung, Zielgebiet	Bachverbau, Anstauung
		Fließgewässer, Regenrückhaltebecken	
Forstlich genutzte Flächen mit speziellen Pflege- und Entwicklungsmaßnahmen			**Pflege/Nutzung**
	Laubwälder/-forste	Niederwald	Historische Waldbewirtschaftung
	Äcker	Wildäcker	
	Stehgewässer	Regenrückhaltebecken/Angelteich	Landwirtschaft Fisch-, Entenzucht
Weitere vorhandene Biotoptypen			**Repräsentative Erfassung**
	Felskuppen, -hänge Trocken- u. Magerrasen Heide Seggenriede, Röhrichte Streuobstwiesen Erlen- Weidenwälder/-forste Sonstige Wälder/Forste Stehgewässer	Naturnahe Flächen ohne spezielle Nutzung, teils mit extensiver Pflege als Schon- und Pufferbereiche des Übungsplatzes	

Streitkräfte hinzu, kommt man auf etwa 400 000 ha, was einem Flächenanteil der Bundesrepublik Deutschland von 1,6 % entspricht. Nicht viel größer war der Flächenumfang sämtlicher Naturschutzgebiete in der Bundesrepublik Deutschland im Jahr 2000. Viele dieser Liegenschaften weisen erhebliche Flächengrößen mit zusammenhängenden naturnahen bzw. nur extensiv genutzten Biotoptypen auf. Diese können über 50 % der Flächengröße einnehmen (WILLECKE et al. 1996). Verschiedenen negativ zu beurteilenden Einflüssen der militärischen Nutzung (Bodenverdichtung, und -erosion, Lärm und stoffliche Einträge) stehen eine Reihe positiver Auswirkungen gegenüber: Verzicht auf Pflanzenschutz- und Düngemittel, Betretungseinschränkungen für die Öffentlichkeit, übungsbedingte Schaffung eines vielfältigen Mosaiks unterschiedlicher Entwicklungs- und Sukzessionsstadien. Auch seltene und bedrohte Tier- und Pflanzenarten finden auf militärischen Flächen einen Rückzugsraum. Die Vielfalt an Biotop- und Nutzungstypen auf dem Truppenübungsplatz Baumholder in Rheinland Pfalz zeigt exemplarisch Tabelle 4.24.

Die auf dieser Liegenschaft anzutreffende Vielfalt an Tier- und Pflanzenarten widerspiegelt die Heterogenität der vorkommenden Biotoptypen. So konnten über 650 verschiedene Farn- und Blütenpflanzen ermittelt werden. Auch bestandsgefährdete Biotoptypen wurden kartiert: Bachufer-, Schlucht- und Niederwälder, Trockenwälder, und -gebüsche, naturnahe Gewässer, Seggenriede und Röhrichte, artenreiches Feucht- und Nassgrünland, Magerrasen, Heiden und Felsfluren. Entsprechend vielfältig waren die ermittelten Vorkommen an Vögeln, Amphibien und Tagfaltern. Eine nicht zu unterschätzende Bedeutung haben militärspezifische Nutzungen. Durch Fahrzeugspuren verdichtete Bereiche führen zur Schaffung von temporären und perennierenden Kleingewässern, die zum Beispiel als Lebensraum extrem seltener Arten dienen können. So wird für den ehemaligen Truppenübungsplatz Kindel in Thüringen ein auf 20 000 bis 50 000 Individuen geschätztes Vorkommen der Gelbbauchunke vermutet, das langfristig jedoch verschwinden wird, nachdem die Fläche Bestandteil des Nationalparks Hainich geworden ist und die Befahrung mit Panzern aufgehört hat.

5 Planerstellung

5.1 Zielsysteme

Insbesondere zur Bewältigung komplexer Planungssituationen sind eindeutige Zielformulierungen sowie ein klares Herausarbeiten und Abgrenzen der Problemstellung
unabdingbar. Zugleich sind in jedem einzelnen Planungsschritt (z. B. Raumabgren-
zung, Bestimmung des Erhebungsumfangs, Analyse/Prognose) Entscheidungen zu
treffen, hinter denen sich Wertungsschritte verbergen und dabei mehr oder minder
exakte Zielvorstellungen stehen. Diese sind jeweils klar zu benennen sowie in stufenweiser Konkretisierung aufeinander aufzubauen und weiterzuentwickeln. Abbildung
5.1 macht diesen schrittweisen Zielentwicklungsprozess deutlich: Er reicht von einem
ersten groben Leitbild, das zugleich als notwendiger Erwartungshorizont für die Bestandsaufnahme dient, über Ziele als Grundlage für die Bewertung, die dann weiter zu
einem Zielrahmen für das zu formulierende Maßnahmenkonzept entwickelt werden.

Dieser Gang einer Zielentwicklung ist dabei keine Einbahnstraße, sondern es sind
in jedem Schritt iterative Rückkopplungen notwendig, etwa indem aufgrund der Ergebnisse der Bestandsaufnahme und Bewertung die eingangs formulierten Planungsziele abgeändert werden. Schrittweise aufeinander aufbauende und auseinander entwickelte Zielvorstellungen haben das Gerüst bzw. Rückgrat jeden Planungsvorganges
zu bilden. Sie dienen dazu, einen durchgängigen **„Ableitungszusammenhang"** herzustellen, der verhindert, dass in der Argumentation eines Gutachtens Brüche auftreten. Dabei sind die zugrunde gelegten Wertprämissen offen zu legen und expressis ver-
bis auszuformulieren. Das gilt auch für zugrunde gelegte ethische Werthaltungen (z. B.
den Erhalt aller Arten oder ein vertretenes Prinzip der Verantwortung gegenüber
künftigen Generationen). Solche Werthaltungen werden oft als selbstverständlich vorausgesetzt. Bei ihnen handelt es sich jedoch gleichermaßen um Werte, wenn auch um
Grundwerte unserer Gesellschaft.

Ersichtlich wird auch, wo bei der Zielentwicklung das Wünschenswerte und wo das
Machbare angesiedelt sein sollte: Idealtypische Zustände, z. B. eine „typische", da noch
großräumig ihrer natürlichen Dynamik überlassene Flusslandschaft oder der aus historischen Karten ableitbare frühere Zustand einer Kulturlandschaft, werden vor allem
eingangs bei der Entwicklung eines ersten groben Zielgerüstes für die anstehenden
Untersuchungen sowie ggf. noch für die Bewertung eine Rolle spielen, etwa um standörtliche Entwicklungspotenziale oder in einem Raum möglicherweise auftretende Arten abzuschätzen. Ihnen kommt im Zielfindungsprozess durchaus eine wichtige Rolle

zu, da ihre „visionäre Kraft" und Wirkung auf die einzelnen Beteiligten nicht unterschätzt werden darf. Im zunehmenden Maßnahmenbezug sowie mit zunehmender (sachlicher und räumlicher) Konkretisierung der Ziele werden dann zunehmend auch (z. B. irreversible) menschliche Nutzungen oder auch strategische Erwägungen (Prio-

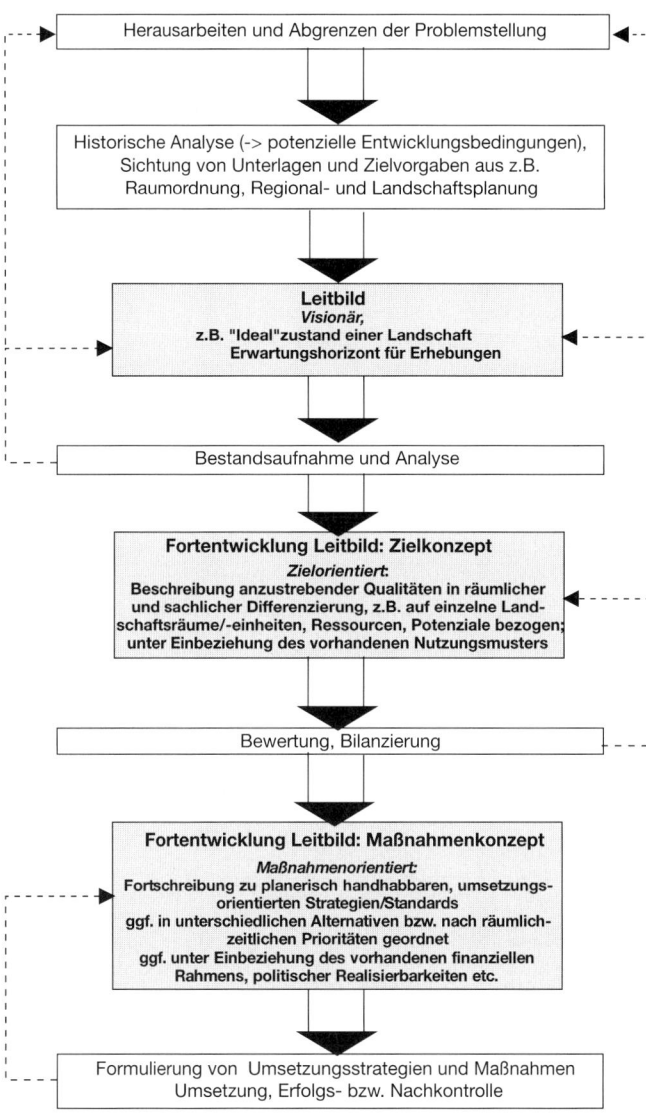

Abb. 5.1 *Planung als schrittweiser und dabei iterativer (rückgekoppelter) Zielfindungsprozess (nach* Jessel *1996).*

ritätensetzungen) einzubeziehen sein. Naturschutz- und Landnutzungskonzepte, die in ihrem Maßnahmen- und Handlungsbezug den menschlichen Einfluss völlig außen vor lassen, sind jedenfalls – zumindest in der mitteleuropäischen Kulturlandschaft – kaum vermittelbar und können nur schwer Eingang in die politische Diskussion finden.

5.1.1 Leitbilder, Umweltqualitätsziele, Umweltqualitätsstandards

Planung ist als gedankliche Vorwegnahme künftigen Handelns untrennbar mit Wertentscheidungen verbunden, denen jeweils klar benannte Ziele zugrunde zuliegen haben (vergleiche auch Kap. 3.2.4). Dennoch ist erst seit den 90er-Jahren eine verstärkte Diskussion um die Notwendigkeit von „Leitbildern" zu beobachten. Hintergrund waren teils sehr unterschiedliche, in Naturschutz und ökologisch orientierter Planung entwickelte Zielvorstellungen, für die exemplarisch die Debatte um den Erhalt der Kulturlandschaft durch Landschaftspflege oder alternativ das Zulassen von Sukzession unter dem Stichwort „Wildnis" steht (vergleiche Kap. 5.1.3). Zugleich stellten solche Leitbilder im Naturschutz vielfach nicht mehr den Schutzgedanken in den Vordergrund, sondern sie formulierten Anforderungen an eine künftige Landschaftsentwicklung. Über sie erhoffte man sich daher, aus einer bislang überwiegend reagierenden Haltung im Naturschutz herauszutreten und vermehrt aktiv-gestaltende, in die Zukunft gerichtete Handlungskonzepte zu formulieren (vergleiche Kasten 5.1). Hinzu trat schließlich, aus dem technischen Umweltschutz kommend, die Erkenntnis, dass eine überwiegend emissionsorientierte (d. h. bildlich gesprochen an den Schornsteinen ansetzende) Betrachtungsweise nicht ausreichte, um den Schutz von Mensch und Umwelt zu gewährleisten. Vielmehr sei sie durch immissionsbezogene, d. h. auf die einzelnen Naturgüter, Arten und Lebensgemeinschaften abstellende Umweltqualitätsziele zu ergänzen.

Kasten 5.1 Leitbilder im Bereich des Arten- und Biotopschutzes

Aufgaben eines Leitbildes im Bereich des Arten- und Biotopschutzes (Reck et al. 1994):

AKTIV-GESTALTEND:
- Schutz- und Entwicklungsprioritäten (Schutzflächen, Entwicklungsflächen, überregionale Verbundsysteme, Flächenansprüche)
- Maßnahmenbedarf (zielorientiert, anpassungsfähig)
- Prioritäten für Fördermittel (Anreiz für Maßnahmen hoher Priorität)
- Ausweisung von Flächen zum Schutz und zur Entwicklung zonaler Lebensgemeinschaften, natürlicher Zonationen und natürlicher Auenlandschaften.

REAKTIV:
- Bewertungsgrundlagen (u.a. Eingriffsbewertung, Entscheidungshilfe bei Zielkonflikten, Flächen mit wichtigen Potenzialen)
- Mindeststandards an Nutzflächen (z. B. Belastungsobergrenzen, Untergrenzen für die Zahl nutzungsbedingter Biotope).

Im Zuge dieser Diskussionen hat sich für derartige Zielvorstellungen eine große Begriffsvielfalt eingebürgert, in der Ausdrücke wie Umweltqualitätsziele, Umweltziele, Umwelthandlungsziele, Umweltqualitätskriterien, Umweltstandards, Leitlinien, Umweltindikatoren und andere teilweise synonym und ohne exakte Abgrenzung verwendet werden. Zielhierarchien, von denen sich mittlerweile vor allem die in Abbildung 5.2 dargestellte eingebürgert hat, sind ein Versuch, diese Begriffsvielfalt zu ordnen: Ausgehend von Leitlinien als allgemeinen Zielvorgaben z. B. der Umweltpolitik oder Raumplanung werden dabei Leitbilder, Umweltqualitätsziele und Umweltqualitätsstandards unterschieden. Als notwendig erweisen sich solche Zielsysteme zugleich, weil viele rechtliche Oberbegriffe wie „Leistungs- und Funktionsfähigkeit des Naturhaushaltes" (nach § 1 BNatSchG), das „Wohl der Allgemeinheit" als wesentlicher Grundbegriff des Wasserhaushaltsgesetzes (WHG) oder auch Begriffe wie „Nachhaltigkeit" oder „Zukunftsfähigkeit" (vergleiche Kap. 5.1.2) einer normativen Ausfüllung und Konkretisierung bedürfen, um anwendbar zu sein.

Landschaftliche Leitbilder

Leitbilder stellen demnach die integrative Summe meist ressourcenspezifischer, d. h. auf verschiedene Schutzgüter bezogener Umweltqualitätsziele dar. Dabei beschränken sie sich auf eine relativ allgemeine, häufig bildhaft gehaltene Beschreibung des anzustrebenden Zustands (etwa: „Erhalt des gebietstypischen Spektrums an Tier- und Pflanzenarten"); diesen zeitlich und räumlich zu konkretisieren sowie Vorschläge für Maßnahmen zur Umsetzung zu unterbreiten ist noch nicht ihr Gegenstand. Innerhalb dieser Definition wird der Leitbildbegriff sehr vielfältig und uneinheitlich gebraucht und kann sich auf alle Maßstabsebenen beziehen. Wenn von „Leitbildern" gesprochen wird, ist es daher wichtig, stets die jeweilige Bezugsebene anzugeben.

Im Naturschutz hat man es oft mit sehr komplexen, auf verschiedene Schutzgüter bezogenen Zielsystemen zu tun, unter denen Konflikte und Widersprüche auftreten können (Beispiel: Notwendigkeit von Bodenschutz und Bodensanierung, der im konkreten Fall Belange des Arten- und Biotopschutzes entgegenstehen). Leitbildern kommt hier eine wichtige integrierende Aufgabe zu, um diese Ziele **intern** untereinander abzugleichen und für sie eine gemeinsame, übergreifende Basis zu finden. Indem man ein gemeinsames übergeordnetes Leitbild formuliert, werden damit oft Verhandlungsspielräume deutlich. Zum anderen ist es ein wesentlicher Aspekt von landschaftlichen Leitbildern in Planungsprozessen, dass sie **Außenwirkung** entfalten: Sie dienen dazu, oft viele komplexe Einzelziele zusammenzufassen, auf das Wesentliche zu reduzieren, damit für ein breites Publikum verständlich und so vielfach einer Partizipation erst zugänglich zu machen.

Ein Problem stellt die statische Betrachtungsweise dar, die der Begriff „Leitbild" suggeriert: Zwar sind Leitbilder durch gesellschaftliche Wertsetzungen bestimmt und unterliegen de facto einem ständigen Wandel. Jedoch bergen sie in der Tat gerade in der Planung die Gefahr bzw. Versuchung, dass man über sie ein statisch gefestigtes Bild be- bzw. festschreibt. Auch stellt sich bei der Herleitung von Leitbildern die Frage nach der Art des gewählten Bezugs sowie nach der Bestimmung von Referenzzuständen. Verschiedene Möglichkeiten diskutiert hier etwa ROWECK (1995), wobei er neben historischen Zuständen ästhetische Bezüge, Belange des Arten- und Biotopschutzes oder des

Begriff	Definition	Aussagegebene und räumlicher Bezug	Beispiele Arten- und Biotopschutz	Beispiele Gewässerschutz	Umweltrecht
Übergeordnete Grundsätze (Leitlinien aus Umweltpolitik, Raumordnung, Landesplanung)	= allgemeine Zielvorstellungen der Umweltpolitik ohne weitere räumliche oder sachliche (z.B. ressourcenspezifische) Konkretisierung	regionaler Zielrahmen für die Bewertung von Landschaftspotenzialen oder Raumnutzungen (d.h. Bezugsraum z.B.: Gebiet der BRD, Bundesland, Planungsregion)	„In der Planungsregion soll auf die Erhaltung der naturräumlichen Vielfalt hingewirkt werden."	„Die Qualität des Oberflächenwassers ist entsprechend der Tragfähigkeit des jeweiligen Raumes zu erhalten und zu verbessern."	„Art. 20a Grundgesetz: Staatszielbestimmung Umweltschutz."
Landschaftliches/ regionales Leitbild	= integrative Summe der Umweltqualitätsziele, bezogen z.B. auf eine Gemeinde oder einen Naturraum	Bezugsraum z.B. naturräumliche Einheiten oder Gemeinden	„Erhalt bzw. Etablierung eines gebietstypischen Spektrums an Tier- und Pflanzenarten im Naturraum der Donauniederung."	„Repräsentation sämtlicher in der Region enthaltener Fließgewässertypen"; „Sicherung und Entwicklung des unter naturnahen Bedingungen gegebenen Spektrums an Arten und Lebensgemeinschaften"	„Ziele nach § 1 BNatSchG (u.a. Erhalt der Leistungs- und Funktionsfähigkeit des Naturhaushalts)."
Umweltqualitätsziele	= sachlich, räumlich und zeitlich definierte Qualitäten von Ressourcen, Potenzialen und Funktionen, die in konkreten Situationen entwickelt werden sollen	Weitere räumliche Detaillierung bzw. Fortschreibung der Zielangaben für z.B. einzelne Nutzungs-/Ökosystemtypen, einzelne Flächen/Raumeinheiten oder für einzelne Ressourcen über kommunale Landschaftsplanung und andere nachgeordnete Planungsinstrumente bzw. Verfahren (z.B. Umweltverträglichkeitsprüfung, Landschaftspflegerische Begleitplanung, Pflege- und Entwicklungsplanung u.a.)	„Auf den Feuchtwiesen des Naturraumes Donauniederung sollen Maßnahmen auf den Großen Brachvogel als Zielart abgestellt werden."	„Auf der gesamten Fließstrecke muss die Wasserqualität der natürlichen Wassergüte nahekommen."	„Liste geschützter Biotoptypen nach § 30 BNatSchG als bundesweite rahmenrechtliche Vorgabe."
Umweltqualitätsstandards	= konkrete, in der Regel quantifizierte, d.h. auf Messvorschriften bezogene Angaben zur gewünschten Umweltqualität		„Auf den Niedermoor-, Seggen- und Feuchtwiesen des Naturraums X soll in den nächsten 5 Jahren auf einer Mindestfläche von Y ha ausreichend Lebensraum für eine überlebensfähige Mindestpopulation des Brachvogels bereitgestellt werden."	„Anzustrebende Gewässergüte (z.B. Güteklasse II) sowie weitere Referenzwerte (z.B. Gefälle, Temperatur), ggf. nach Flussabschnitten (Quellregion, Mittel-, Unterlauf) differenziert."	„Landesrechtliche (verbindliche) Konkretisierungen des § 30 BNatSchG; Bundesartenschutzverordnung als auf dem BNatSchG aufbauender Umweltstandard."

Abb. 5.2 *Mögliche Hierarchie eines Zielsystems im Natur- und Umweltschutz.*

Ressourcenschutzes anführt (vergleiche Abbildung 5.3). So beruht etwa die häufige Bezugnahme auf historische Leitbilder oft auf eher zufälligen Zeitschnitten, die über historische Karten dokumentiert sind. Diese liefern zwar durchaus wertvolle Informationen, jedoch nicht im Sinne einer unreflektierten bildhaften Übernahme, sondern um für die Leitbildentwicklung landschaftliche Potenziale abschätzen zu können. Dies betrifft z. B. die Ableitung von Aussagen, wo sich früher Grünlandnutzung, Überschwemmungsbereiche oder Heckenstrukturen befunden haben, um auf dieser Grundlage die (standörtliche) Realisierbarkeit von Maßnahmen und Strukturneuschaffungen einschätzen zu können. Im Regelfall wird man die in Abbildung 5.3 aufgezeigten Leitvorstellungen daher nicht in Reinkultur antreffen, sondern hat sie mit Bezug auf die Gegebenheiten des jeweiligen Planungsraumes zu differenzieren. Solche typisierten Leitbilder eignen sich jedoch ggf., um plakativ mögliche Entwicklungen und Zielzustände in Form von Alternativszenarien aufzuzeigen und in Beteiligungsprozesse einzubringen.

Umweltqualitätsziele (UQZ)
stellen sachlich, räumlich und zeitlich definierte Qualitäten von Ressourcen, Potenzialen und Funktionen dar, die in konkreten Situationen geschützt, gepflegt oder entwickelt werden sollen. Ein Beispiel ist die Aussage, dass auf einem bestimmten Ökosystemtyp, nämlich den Feuchtwiesen der Donauniederung, der Große Brachvogel als Zielart in seinem Vorkommen (in einer überlebensfähigen Population) erhalten werden soll. Als räumliche Basis für Umweltqualitätsziele bieten sich etwa so genannte landschaftsökologische Raumeinheiten an, die aufgrund von möglichst gleichartigen Ausprägungen vor allem der abiotischen Landschaftsfaktoren bestimmt werden und für die sich ressourcenbezogene Zielvorstellungen formulieren lassen (Tabelle 5.1).

Umweltqualitätsstandards (UQS)
schließlich sind konkrete, quantifizierte, d. h. auf Messvorschriften bezogene Angaben zur gewünschten Umweltqualität. So beinhaltet z. B. die Aussage, dass für den langfristigen Erhalt einer Brachvogelpopulation 500 ha räumlich zusammenhängendes Feuchtgrünland erforderlich sind und dieser Flächenumfang innerhalb der nächsten 5 Jahre etwa durch Fördermaßnahmen realisiert werden soll, einen konkreten, in seinem Erfolg auch überprüfbaren Standard. Die Umweltqualitätsstandards zugrunde liegenden Messgrößen können sowohl kardinal (z. B. Grenzwert für SO_2), ordinal (verschiedene Gefährdungsgrade nach den Roten Listen gefährdeter Tier- und Pflanzenarten) als auch nominal (z. B. nach Landesrecht gesetzlich geschützte Biotope) skaliert sein.

Eine gewisse Tradition besitzen Umweltstandards im technischen Umweltschutz und im abiotischen Ressourcenschutz, etwa bei den Trinkwasserwerten oder den Grenzwerten der Luftbelastung. Im Unterschied dazu existieren für andere Umweltbereiche, insbesondere für den Arten- und Biotopschutz und das Landschaftsbild kaum quantifizierte Umweltstandards. Es wäre aber auch gefährlich, nun alle zu erreichenden Umweltqualitäten über messbare Umweltstandards beschreiben zu wollen. Dies würde die Gefahr bergen, dass bei der Bestimmung von Zielzuständen die nicht quantifizierbaren Eigenschaften unter den Tisch fallen. Zu überlegen ist auch, dass die

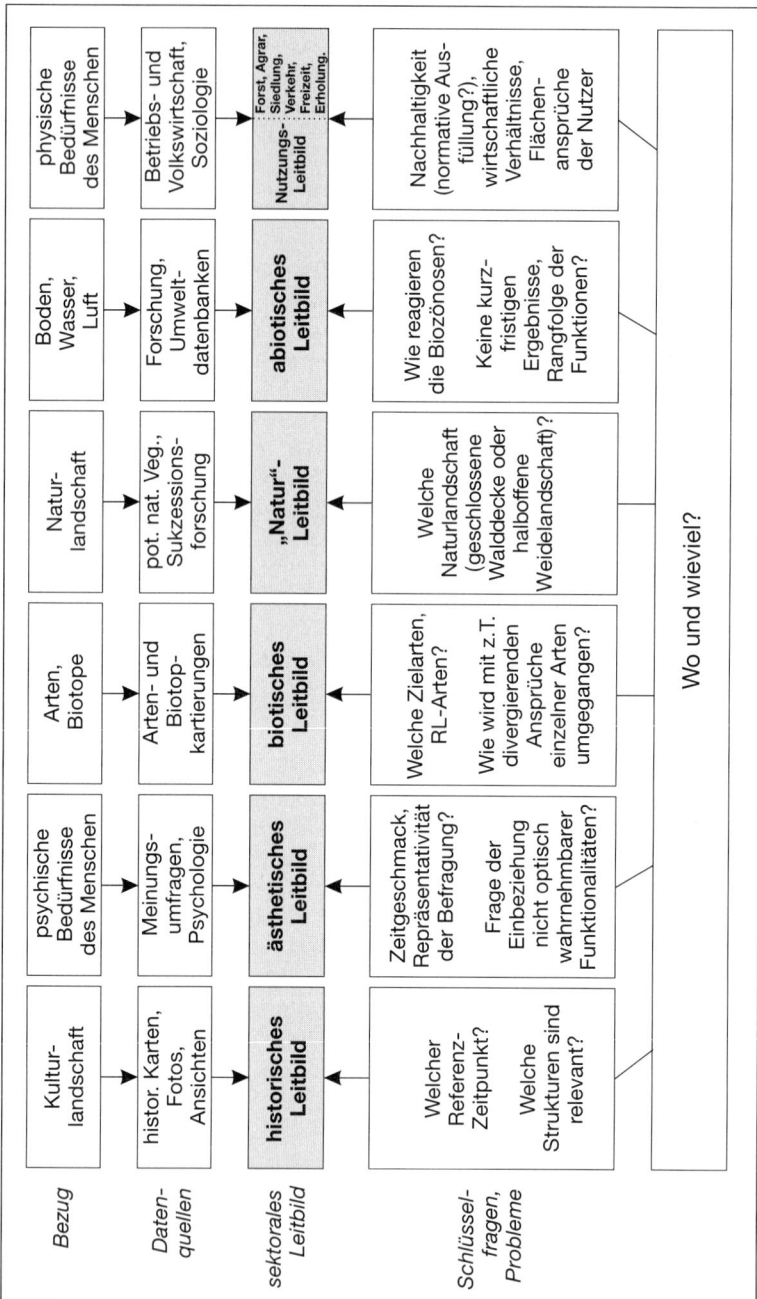

Bezug	Kultur-landschaft	psychische Bedürfnisse des Menschen	Arten, Biotope	Natur-landschaft	Boden, Wasser, Luft	physische Bedürfnisse des Menschen
Daten-quellen	histor. Karten, Fotos, Ansichten	Meinungs-umfragen, Psychologie	Arten- und Biotop-kartierungen	pot. nat. Veg., Sukzessions-forschung	Forschung, Umwelt-datenbanken	Betriebs- und Volkswirtschaft, Soziologie
sektorales Leitbild	**historisches Leitbild**	**ästhetisches Leitbild**	**biotisches Leitbild**	**„Natur"-Leitbild**	**abiotisches Leitbild**	**Nutzungs-Leitbild** Forst, Agrar, Siedlung, Verkehr, Freizeit, Erholung.
Schlüssel-fragen, Probleme	Welcher Referenz-Zeitpunkt? Welche Strukturen sind relevant?	Zeitgeschmack, Repräsentativität der Befragung? Frage der Einbeziehung nicht optisch wahrnehmbarer Funktionalitäten?	Welche Zielarten, RL-Arten? Wie wird mit z.T. divergierenden Ansprüche einzelner Arten umgegangen?	Welche Naturlandschaft (geschlossene Walddecke oder halboffene Weidelandschaft)?	Wie reagieren die Biozönosen? Keine kurz-fristigen Ergebnisse, Rangfolge der Funktionen?	Nachhaltigkeit (normative Aus-füllung?), wirtschaftliche Verhältnisse, Flächen-ansprüche der Nutzer

Wo und wieviel?

Abb. 5.3 *Typisierte Möglichkeiten der Leitbildbestimmung und damit verknüpfte Fragestellungen (nach* ROWECK *1995).*

Tabelle 5.1 Beispiel für die Formulierung von Umweltqualitätszielen auf der Basis landschaftsökologischer Raumeinheiten (JESSEL & KÖPPEL 1991)

Standorteinheit	Bodenart	Zielvorstellungen bezüglich:			
		Überflutungsverhältnisse	Grundwasserverhältnisse	Vegetation	Fauna
Nr.21: Tone innerhalb Hochflutbereich, hohe GW-Dynamik, nass	Ablagerung vorwiegend toniger Substrate Erhaltung bzw. Entwicklung toniger Böden (dominierende Bodenart: tL, lT)	Lage im Hochwasserbereich mit regelmäßigen Überflutungen, diese sollen eher den Charakter von Überstauungen bzw. Überschwemmungen besitzen (langsame Fließgeschwindigkeit). Überflutungshäufigkeit: mehrere Monate im Jahr oder direkte Verbindung mit Fluss in Form von Altwässern; Trockenfallen bei Niedrigwasserstand des Flusses.	Mittlerer jährlicher Grundwasserflurabstand >1,0 m. Starke jährliche Schwankungen des GW-Flurabstandes (Schwankungsamplitude >2,0 m)	Großflächige Wechselwasserröhrichte, ausgedehnte Schlammlingsfluren auf Schlickbänken	Rastbiotope für Wat- und Schwimmvögel (Zugvögel); Brutplätze für Rallen, Flussregenpfeifer und Watvögel; sowie für an die Auendynamik angepasste Wirbellosenfaunen der Schluffbänke (Käfer, Spinnen etc.)
Nr. 32: Auenrandniedermoore; moorig-erdiges oder überschichtetes Moor außerhalb Hochflutbereich	Bildung anmoorig-erdiger Bodenarten (dominierende Bodenart: lHn)	Lage außerhalb des Hochwasserbereichs (keine Überflutungen)	Geringe mittlere jährliche Grundwasserflurabstände > 0,4 m Geringe jährliche Schwankungen des GW-Flurabstandes (Schwankungsamplitude de >1,0 m)	Extensive Streuwiesennutzung, in Teilbereichen auch extensive bis zwei-schürige Mähwiesen. Entwicklung großflächiger Feuchtwiesenlandschaften im Wechsel mit naturbelassenen Moorbereichen mit Seggenrieden und Bruchwäldern ohne land- und forstwirtschaftliche Nutzung	Entwicklung und Optimierung von Lebensräumen für Wiesenbrüter. Erhaltung und Optimierung von Lebensräumen für die mesotraphente Wirbellosenfauna von Mooren (z.B. Schnecken, Insekten).

Angabe von Umweltstandards dazu verleitet, dass diese „aufgefüllt" werden, d. h. dass die über sie erlaubten Schwellen auch ausgenutzt werden und der Vorsorgegedanke einer weitestmöglichen Vermeidung von Beeinträchtigungen unter Umständen zu kurz kommt.

Hinsichtlich ihrer Funktionen können Umweltstandards demnach in **Schutzstandards** (Verschlechterungsverbot) und **Vorsorgestandards** (Minimierungsgebot von Beeinträchtigungen) unterschieden werden. Sie unterscheiden sich weiterhin in ihrer rechtlichen Verbindlichkeit: Hoheitliche Umweltstandards sind in Rechtsvorschriften (Gesetzen, Rechtsverordnungen, Verwaltungsvorschriften) verbindlich festgelegt. **Grenzwerte** legen dabei für die Adressaten zwingende Verhaltenserfordernisse fest, während **Richtwerte** empfohlene Werte sind, die bei der medien- und schutzgutbezogenen Beurteilung von Umweltbelastungen durch die Behörden als Maßstäbe dienen. Nichthoheitliche Umweltstandards sind z. B. Werte, die von Gremien, öffentlich-rechtlichen Sachverständigen und vergleichbaren Einrichtungen empfohlen werden. Sie werden z. B. als Normen, Richtlinien, Handlungsempfehlungen, Beurteilungshilfen und Merkblätter herausgegeben. Auch die Roten Listen gefährdeter Tier- und Pflanzenarten stellen solche als Expertenmeinung gefasste nicht hoheitliche Umweltstandards dar. Eine Zusammenstellung von Möglichkeiten, aus denen der Planer Umweltqualitätsziele und -standards unterschiedlicher Verbindlichkeit entnehmen kann, zeigt Tabelle 5.2.

Mittels solcher Zielsysteme, wie sie Abbildung 5.2 exemplarisch darstellt, soll eine Verknüpfung der verschiedenen Zielebenen und Konkretisierungsgrade erreicht werden. Für abgrenzbare Raumeinheiten sollen schutzgutbezogene und schutzgutübergreifende Umweltqualitätsziele einerseits zusammengefasst und systematisiert werden, andererseits soll über den Bezug zu messbaren Umweltstandards der Grad der Zielerreichung bestimmbar gemacht werden. Es ist dabei anzustreben, dass die Ziele über derartige Zielhierarchien widerspruchsfrei auseinander entwickelt und hergeleitet werden. Für den Bereich ökologisch orientierter Planungen kommt insbesondere der Planungshierarchie der Landschaftsplanung die Aufgabe zu, Ziele solcherart schrittweise herzuleiten und zu konkretisieren sowie evtl. auftretende innerfachliche Zielkonflikte untereinander abzugleichen. Zum anderen lassen sich jedoch landschaftsraumbezogene Ziele nicht bis ins Letzte logisch auseinander herleiten und entwickeln, sondern es bestehen auf jeder Ebene Freiheitsgrade – genau hier liegt die kreative Aufgabe des Planers, aber auch die Notwendigkeit einer Abstimmung mit den Akteuren (vergleiche Kap. 5.1.4).

Eine etwas stärker ausdifferenzierte Zielhierarchie wird seitens des Umweltbundesamtes vertreten (UBA 2000; vergleiche Abb. 5.3). Es stellt sich zwar die Frage, ob man mit der ergänzenden Einführung von Begriffen wie „Umweltqualitätskriterien" der begrifflichen Einfachheit und Klarheit einen Gefallen erweist, jedoch wird durch die in Abbildung 5.3 wiedergegebene Übersicht Folgendes deutlich:

- Schutzgutbezogene Umweltqualitätsziele reichen als Vorgaben oft noch nicht aus, um als Grundlage für das Handeln zu dienen. Sie bedürfen vielmehr einer Art handlungsorientierter Übersetzung. Dazu werden auf ihnen aufbauend auf einzelne Emittenten oder Verursacher gerichtete **Umwelthandlungsziele** formuliert. Ein Beispiel ist im Klimaschutz das Umweltqualitätsziel „Stabilisierung der Konzentration von Treibhausgasen in der Atmosphäre auf ein Niveau, das

Tabelle 5.2 Mögliche Quellen für Umweltqualitätsziele und -standards (UVP-Förderverein 1995, ergänzt u. verändert)

	Kategorien von Quellen von Umweltqualitätszielen	Beispiele für Quellen von Umweltqualitätszielen und -standards
A	Gesetzliche Festlegungen	Besonders geschützte Biotope nach § 30 BNatSchG
B	Untergesetzliche, jedoch mit unmittelbarer Wirkung gegen die Allgemeinheit rechtssetzende Vorschriften: Verordnungen, kommunale Satzungen	Verordnungen für Natur-, Landschafts- und Wasserschutzgebiete, Trinkwasser-VO, Festsetzungen in Bebauungsplänen nach § 9 Abs. 1 Nm. 10, 15, 20, 25 BauGB
C	EG-Richtlinien	Fauna-Flora-Habitat-Richtlinie, Europäische Vogelschutzrichtlinie, Wasserrahmenrichtlinie, Richtlinie zur Bekämpfung der Verunreinigung durch Industrieanlagen
D	(Abgewogene) Aussagen der Gesamtplanung mit Bindungswirkung gegenüber Behörden	Landesentwicklungsprogramm, Regionalplan, Flächennutzungsplan
E	Kabinettsbeschlüsse	Moorschutzprogramme, Fließgewässerprogramme (Fließgewässerschutzsystem)
F	Verwaltungsvorschriften zur Konkretisierung von Gesetzesinhalten	Verwaltungsvorschrift zum UVP-Gesetz
G	Fachpläne auf der Grundlage eines gesetzlichen Planungsauftrags	Landschaftsprogramm, Landschaftsrahmenpläne, Landschaftspläne, Bewirtschaftungspläne nach den Landeswassergesetzen, Luftreinhaltepläne nach § 47 BImSchG
H	Sonstige ministerielle Erlasse	Ausweisung von Naturwaldreservaten
I	Explizit aufgestellte und fachlich abgestimmte Zielsetzungen und Planungen der Fachbehörde ohne gesetzlichen Planungsauftrag	Fischotterprogramm, Weißstorchprogramm, Waldfunktionenkartierung
J	Behördeninterne Kartierung oder Zielvorstellungen	Kartieranleitungen von Fachbehörden für Naturschutz; behördliche Hinweise zur Eingriffsregelung in der Bauleitplanung
K	Fachgutachten und fachliche Veröffentlichungen zu Einzelfällen bzw. -fragen	z.B. Mindestanforderungen an Biotopverbund nach Heydemann (1986); Richtwerte für die Luftqualität nach Kühling (1986); Rote Listen gefährdeter Tier- und Pflanzenarten

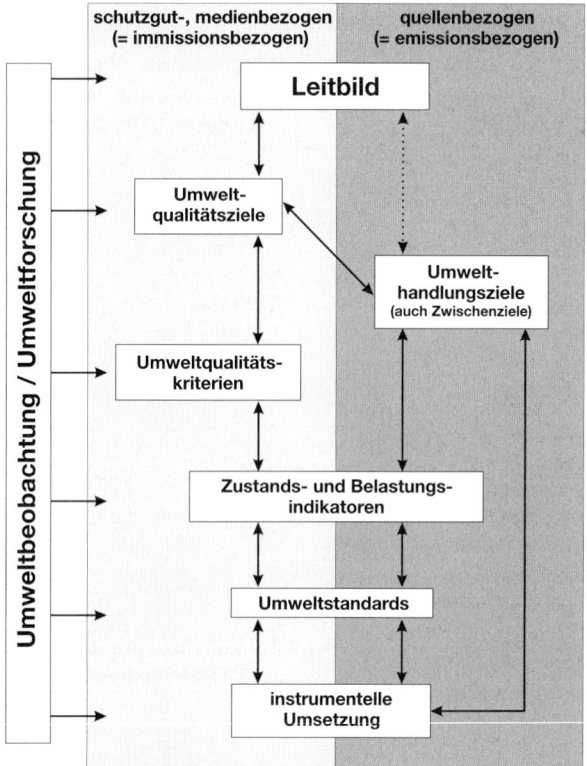

Abb. 5.4 *Leitbildorientierte Formulierung von Umweltqualitäts- und Umwelthandlungszielen (UBA 2000).*

Störungen des Klimasystems verhindert". Davon ausgehend besteht als umweltpolitisches Handlungsziel die Forderung, dass bis zum Jahr 2050 in den Industrieländern eine Reduktion der CO_2-Emission um 80 % anzustreben ist (UBA 2000).

• Um den Zielerreichungsgrad von Umweltqualitäts- und Umwelthandlungszielen zu bestimmen, müssen geeignete **Zustands- und Belastungsindikatoren** benannt werden: Zustandsindikatoren sind Größen, anhand derer der Zustand der Umwelt beurteilt werden kann (z. B. Anteil geschädigter Bäume am Baumbestand oder Versauerungsgrad von Böden). Belastungsindikatoren geben in aggregierter Form das Ausmaß von aktuellen Belastungen für die Umwelt an, z. B. Gesamtfrachten von Schadstoffemissionen.

• Notwendig ist außerdem die Einbindung in eine systematische **Umweltbeobachtung**, die das Ausmaß von stofflichen und nichtstofflichen Veränderungen und deren Auswirkungen auf den Naturhaushalt erfasst, dokumentiert und bewertet. Die Ergebnisse der Umweltbeobachtung können zudem dazu dienen, vorhandene Ziele laufend zu überprüfen und ggf. fortzuschreiben.

Mit Bezug auf das Aufgabenspektrum ökologisch orientierter Planungen werden Zielvorgaben vielfältig benötigt: In der **naturschutzrechtlichen Eingriffsregelung** ist die Erheblichkeit von Eingriffen mittels räumlich bzw. standörtlich differenzierter Umweltqualitätsziele einzuschätzen. Auch bedarf es entsprechender Zielaussagen als Maßstäbe für die Antwort auf die Frage, ob und inwieweit bestimmte Maßnahmen eine Beeinträchtigung von Natur und Landschaft ausgleichen können und wie die Ersatzmaßnahmen auszugestalten sind. In der **FFH-Verträglichkeitsprüfung** sind die so genannten Erhaltungsziele für die jeweiligen Schutzgebiete als Prüfmaßstäbe heranzuziehen, um zu bestimmen, ob eine erhebliche Beeinträchtigung eintreten kann. Auch diese Erhaltungsziele stellen vom Prinzip her Umweltqualitätsziele bzw. -standards dar. Schließlich benötigt auch in der **UVP** die prüfende Behörde Maßstäbe, um die Umweltfolgen der betreffenden Projekte zu bewerten und sie im Entscheidungsprozess zu berücksichtigen. Die Grundlage für diese Bewertung auf der Grundlage von § 12 UVP-Gesetz liefern zunächst die geltenden umweltrelevanten Rechtsvorschriften. Oft sind diese jedoch so allgemein formuliert (z. B. „Wohl der Allgemeinheit" nach § 1a WHG; Bestimmung, dass ein Vorhaben „keine Gefahren, erheblichen Nachteile oder erheblichen Belästigungen für die Allgemeinheit und die Nachbarschaft hervorrufen darf" nach § 5 Abs. 1 Nr. 1 BImSchG), dass sie durch detaillierte Kriterien und Maßstäbe fallbezogen weiter konkretisiert werden müssen.

In den 90er-Jahren haben zudem zahlreiche Städte und Gemeinden **kommunale Umweltqualitätszielkonzepte** erarbeitet. Durch diese Zielkonzepte sollten innerhalb der kommunalen Planungshoheit Belange der Umweltvorsorge inhaltlich auf kommunaler Ebene konkretisiert werden. Die Zielkonzepte dienen den Kommunen meist als Bewertungsmaßstäbe für (kommunale) Umweltverträglichkeitsprüfungen sowie als Grundlage für ihre Bauleit- und Landschaftsplanung. Die mit ihnen verfolgte Absicht war außerdem, durch den Bezug auf klare Ziele eine größere Transparenz umweltpolitischer Entscheidungen zu erreichen und durch öffentlichkeitswirksame Vermittlung der kommunalen Ziele das Umweltbewusstsein der Bürger zu stärken.

5.1.2 Das Konzept der „Nachhaltigkeit"

Wesentlich befördert worden ist die Debatte um Zielsysteme und Umweltqualitätsziele durch das Leitbild einer „nachhaltigen" bzw. „dauerhaft-umweltgerechten" Entwicklung: In allgemeiner Form besteht über diese (abstrakte) Vorstellung zwar weitreichender gesellschaftlicher Konsens, sie bedarf jedoch einer weiteren Präzisierung durch konkrete Zielvorgaben, um anwendbar zu sein.

Der Nachhaltigkeitsgedanke entstammt der Forstwirtschaft des 18. und 19. Jahrhunderts: Durch vielfältige (Über-)Nutzungen waren zu dieser Zeit die Wälder so stark degeneriert, dass die Lebensgrundlagen (u.a. die Versorgung der Städte mit dem Brenn- und Baustoff Holz) ernsthaft in Gefahr waren. Daraus erwuchs die Einsicht, dass die natürliche Produktivkraft des Waldes und die jeweilige Holzernte so in Einklang miteinander zu bringen waren, dass nicht mehr Holz entnommen wurde als langfristig nachwächst – die „Nachhaltigkeit" wurde zum Leitprinzip des damals eingeführten Waldbaus erhoben.

1987 erschien unter dem Titel „Our Common Future" der Bericht der Weltkommission für Umwelt und Entwicklung, die von der norwegischen Politikerin G.H. BRUNDTLAND geleitet wurde. Ihm war das Konzept der „Sustainable Development" zugrunde gelegt, das von der Einsicht getragen war, dass die Umweltprobleme nicht ohne Berücksichtigung sozialer und wirtschaftlicher Gesichtspunkte zu bewältigen waren. Weitere wesentliche Grundgedanken dieses so genannten „Brundtland-Berichts" waren, dass eine Angleichung oder zumindest Annäherung der materiellen und immateriellen Lebensbedingungen zwischen entwickelten und unterentwickelten Ländern anzustreben ist (Prinzip der intragenerativen Gerechtigkeit) und dass die Bedürfnisse der Gegenwart nicht auf Kosten künftiger Generationen befriedigt werden dürften (Prinzip der intergenerativen Gerechtigkeit). Geprägt durch die historische Entwicklung der Forstwirtschaft, wurde „sustainable" mit „nachhaltig" ins Deutsche übersetzt. Es stellt sich jedoch die Frage, ob dieser Begriff angemessen ist, kennzeichnet doch in der Forstwirtschaft der Begriff „Nachhaltigkeit" ein recht schmales Zielespektrum, das sich auf die Stetigkeit des Holzertrages bezieht und erstreckt sich dagegen der Anspruch des „sustainable development" auf ein sehr komplexes Zielsystem, das ökologische, ökonomische und soziale Aspekte gleichermaßen integriert. Eine Fortsetzung und Vertiefung des im Brundtland-Bericht eingeschlagenen Kurses brachte die Konferenz der Vereinten Nationen für Umwelt und Entwicklung 1992 in Rio de Janeiro: „Sustainable Development" wurde zum Leitbegriff der Rio-Deklaration. Die auf der Konferenz verabschiedete Agenda 21 besagt u.a., dass das allgemeine Leitbild „Nachhaltigkeit" auf gesamtstaatlicher, regionaler und kommunaler Ebene durch konkrete Zielbestimmungen auszufüllen ist (vergleiche auch Kap. 2.7.1).

Neben dem angesprochenen Ursprung aus der (auch heute vielfach eben nicht nachhaltig betriebenen!) Forstwirtschaft **erweist sich der Begriff „Nachhaltigkeit"** in weiterer Hinsicht als **problematisch**:

- Mit der Forderung des Brundtland-Berichtes, den Entwicklungsländern ein Aufholen zu den Industriestaaten zu ermöglichen, verbindet sich ein Wachstumsgedanke. Gelegentlich ist in Verbindung mit „sustainable development" daher von „sustainable growth", von „nachhaltigem Wachstum" die Rede. Es ist jedoch eine der Grunderkenntnisse der Ökologie, dass ein dauerhaftes Wachstum von Systemen nicht möglich ist.
- Bisherige Nachhaltigkeitsdebatten erweisen sich, ausgehend vom klassischen Nachhaltigkeitsbegriff der Forstwirtschaft, überwiegend nutzungsorientiert und dabei auf ein mehr oder minder statisches Fließgleichgewicht, d. h. ein angenommenes Gleichgewicht von stofflicher Entnahme und Zufuhr bzw. Regeneration hin ausgerichtet. Das Leitprinzip der Nachhaltigkeit sollte aber nicht nur an Nutzungen sowie Stoff- und Energieflüssen ausgerichtet sein, sondern sich auch auf die nachhaltige Wahrnehmung bestimmter Funktionen beziehen. Dazu gehört, angesichts des derzeitigen Wandels mitteleuropäischer Kulturlandschaften, beispielsweise die landschaftsästhetische Erlebnisfunktion. Historisch gesehen war dabei menschliche Nutzung der Umwelt im strengen Sinn nie „nachhaltig"; vielmehr hat der Mensch es verstanden, seine Lebensbasis immer weiter zu entwickeln und ggf. auch nach seinen Ansprüchen zu verbreitern. Zudem befinden sich Ökosysteme auch ohne menschliches Zutun in ständigem Wandel. Es

ist daher verstärkt zu überlegen, wie Wandel und dynamische Prozesse in künftige tragfähige Entwicklungen zu integrieren sind.

- Es gibt Systeme, die für sich gesehen per se nicht „nachhaltig" sein können. Dies betrifft trotz aller Diskussion um eine „nachhaltige Stadtentwicklung" z. B. Städte, die auf die Versorgung aus ihrem Umland angewiesen und daher nur als großräumig zu betrachtende Stadt-Umland-Systeme überhaupt lebensfähig sind.

Anstelle des problematischen Begriffes „Nachhaltigkeit" sollte daher, wie schon von verschiedener Seite vorgeschlagen, besser von einer „**dauerhaft-umweltgerechten**" (SRU 1994), „**zukunftsfähigen**" oder „**tragfähigen**" Entwicklung gesprochen werden, um das damit verbundene Anliegen zum Ausdruck zu bringen. An dieses können übergeordnete Handlungsprinzipien zum Management von Stoffströmen geknüpft werden, die Kasten 5.2 verdeutlicht. Insbesondere das Prinzip, dass nicht erneuerbare Naturgüter durch andere Materialien oder Energieträger ersetzt („substituiert") werden müssen, macht dabei die angesprochene notwendige dynamische Komponente einer Entwicklung deutlich, die langfristig tragfähig ist.

Das Grundanliegen einer dauerhaft-zukunftsfähigen Entwicklung, ökologische mit ökonomischen und sozialen Erfordernissen in Einklang zu bringen, wird oft als ein „magisches Dreieck" dargestellt: Dessen drei Eckpunkte stehen zwar in wechselseitiger Verbindung, es besteht jedoch zugleich zwischen ihnen ein Spannungsverhältnis, da es unmöglich ist, ihnen gleichermaßen gerecht zu werden. SACHS (1992) erweitert diese klassischen drei Dimensionen um zwei weitere: Es treten eine **räumliche Dimension** (Gleichwertigkeit der Lebensbedingungen verschiedener Räume) und eine **kulturelle Dimension** (Bewahrung kultureller Vielfalt und Eigenarten, darunter etwa auch landschaftsästhetischer Besonderheiten) hinzu (vergleiche Abbildung 5.5). Gerade diese beiden letzten Aspekte, deren Wichtigkeit je für sich unbestritten sind, sind

---

Kasten 5.2 Umsetzung des Nachhaltigkeitsgedankens – Handlungsprinzipien zum Management von Stoffströmen (Enquetekommission 1998, SRU 1994; UBA 2000)

Regeneration: Die Nutzung einer erneuerbaren Ressource darf auf die Dauer nicht größer sein als ihre Regenerationsrate.

Substitution: Nicht erneuerbare Ressourcen dürfen nur in dem Maße genutzt werden, in dem ihre Funktionen durch andere Materialien oder Energieträger ersetzt werden können.

Anpassungsfähigkeit/Beachtung der Tragfähigkeit: Die Freisetzung von Stoffen oder Energie darf auf die Dauer nicht größer sein als die Anpassungsfähigkeit der Ökosysteme.

Zeitmaß: Das Zeitmaß anthropogener Eingriffe in die Umwelt muss in einem ausgewogenen Verhältnis zu der Zeit stehen, die die Umwelt zur selbst stabilisierenden Reaktion benötigt.

Anwendung des Vorsorgeprinzips auf die menschliche Gesundheit: Gefahren und unvertretbare Risiken für die menschliche Gesundheit durch anthropogene Einwirkungen sind zu vermeiden.

jedoch einander entgegengesetzt und machen die Gefahr deutlich, dass der Anspruch einer zukunftsfähigen Entwicklung letztlich zur Leerformel verkommt.

„Nachhaltigkeit" bzw. „Zukunftsfähigkeit" erweisen sich somit als **Wertfrage**: Gesellschaftliche Vorstellungen von einer zukunftsfähigen Entwicklung können sowohl zeit- und situations- wie auch kultur- und wissensbedingt unterschiedlich ausfallen. Dies wird etwa an der klassischen Frage deutlich, was genau denn im Rahmen einer „nachhaltigen Waldnutzung" erhalten werden soll: Die Produktion einer ganz bestimmten Holzart oder eines Mixes an verschiedenen Naturalien, die der Wald liefern kann? Oder geht es um den „nachhaltigen" Erhalt eines bestimmten Waldökosystemes (wobei an natürliche oder naturnahe Ökosysteme wieder ganz andere Anforderungen zu stellen sind als an solche, die an bestimmte Nutzungsformen gebunden sind). Es kann aber unter derselben Prämisse auch der Erhalt bestimmter Produktionsbedingungen (z. B. der nachhaltigen Gewinnerwirtschaftung durch die Sägewerksbesitzer) oder bestimmter sozialer Systeme im Vordergrund stehen, die beide an den Wald gebunden sind (wie z. B. der Verein der Rückepferde-Besitzer). Gerade in Bezug auf Letzteres kann „Sustainability" damit auch soziale Stabilität bedeuten.

Auch wenn es viele Entwicklungen und Ziele gibt, die pauschal mit diesem Begriff belegt werden, ist Nachhaltigkeit damit noch kein Planungskonzept, aus dem konkrete Maßnahmen herleitbar wären! Es muss vielmehr erst normativ ausgefüllt werden, wobei Umweltqualitätsziele und diese weiter konkretisierende Indikatoren zu bestimmen sind, die eine Situationsanalyse und Überprüfung der Zielerreichungsgrade ermöglichen. In der aktuellen Diskussion werden für eine solche Indikatorenbildung verschiedene Modelle zugrundegelegt, deren gängigste Kasten 5.3 aufzeigt. Am stärk-

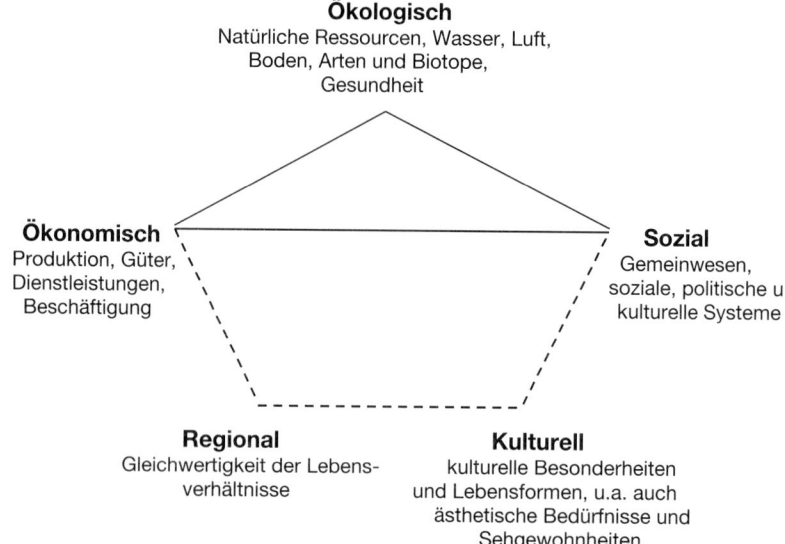

Ökologisch
Natürliche Ressourcen, Wasser, Luft,
Boden, Arten und Biotope,
Gesundheit

Ökonomisch
Produktion, Güter,
Dienstleistungen,
Beschäftigung

Sozial
Gemeinwesen,
soziale, politische u.
kulturelle Systeme

Regional
Gleichwertigkeit der Lebens-
verhältnisse

Kulturell
kulturelle Besonderheiten
und Lebensformen, u.a. auch
ästhetische Bedürfnisse und
Sehgewohnheiten

Abb. 5.5 *Erweiterung des magischen Dreiecks nachhaltiger Entwicklung zu einem Fünfeck (nach* SACHS *1992).*

sten durchgesetzt hat sich international dabei das **Pressure-State-Response-Modell** der Organisation für wirtschaftliche Zusammenarbeit und Entwicklung (OECD). Es geht davon aus, dass der Zustand der Umwelt einerseits durch Belastungen des ökologischen Systems bedingt wird (Emissionen, Entnahme von Ressourcen, Abgabe von Reststoffen), andererseits durch die Art und Weise, wie das ökonomische und gesellschaftliche System auf diese Änderungen der natürlichen Umwelt reagiert (vergleiche Tabelle 5.3).

Solche Umweltindikatoren und Zielbestimmungen sind auf nationaler Ebene in verschiedenen europäischen Ländern (z. B. Österreich und den Niederlanden) über die Erstellung **nationaler Umweltpläne** entwickelt worden. Der National Environmental Policy Plan (NEPP) der Niederlande etwa enthält zeitlich gestaffelte, quantifizierte Zielaussagen, denen zufolge die Nutzung der Umweltressourcen bis zum Jahr 2010 auf ein Niveau zurückgeführt werden soll, das den Kriterien einer dauerhaft-umweltgerechten Entwicklung genügt. Neben Vorgaben für Emissionsreduzierungen werden quantitative Vorgaben für die Reduzierung des Einsatzes von Rohstoffen gesetzt. Der NEPP spricht in diesem Zusammenhang von den zwei Strängen der Um-

---

Kasten 5.3 Modelle für die Indikatorenbildung zur Umsetzung des Leitbildes einer dauerhaft-umweltgerechten Entwicklung (SRU 1994)

Das **STRESS-Modell** unterteilt Indikatoren in:

- **Stress-Indikatoren** (für Umweltbelastungen durch Stoffe, Ressourcenverbrauch, Landschaftsumgestaltung, natürliche Ereignisse und Bevölkerungsentwicklung);
- **Reaktionsindikatoren** (für Restriktionen der Umwelt und Gesellschaft).

Das **PRESSURE-STATE-RESPONSE-Modell** der OECD unterteilt Indikatoren nach:

- **Belastungsindikatoren** (Belastungen der Umwelt durch menschliche Aktivitäten, die der Pressure-Spalte des Modellrahmens zugeordnet werden);
- **Umweltzustandsindikatoren** (Indikatoren zur Beschreibung der Umweltqualität sowie der Qualität und Quantität der natürlichen Ressourcen, die der State-Spalte des Modellrahmens zugeordnet werden);
- **Reaktionsindikatoren** (Indikatoren zur Beschreibung gesellschaftlicher Reaktionen, die der Response-Spalte des Modellrahmens zugeordnet werden).

Das **AKTEUR-AKZEPTOR-Modell** schlägt eine Unterteilung von Belastungs- und Wirkungsindikatoren in verschiedene Gruppen vor:

- **Knappheitsindikatoren** (für den Ressourcenverbrauch);
- **Denaturierungsindikatoren** (für physisch-strukturelle Belastungen);
- unmittelbare **stoffliche Belastungsindikatoren**;
- **mediale Belastungsindikatoren** (für die Durchgangsmedien Luft und Wasser);
- **Akkumulations- Wirkungs- und Risikoindikatoren** (für die Akzeptoren Böden, Grundwasser, Klima, Biotope und Lebensgemeinschaften);
- sozio-kulturelle Indikatoren (**Zerstörung von Parks, Kulturdenkmälern, Bauten u.a.).**

Tabelle 5.3 Zusammenhang von Indikatoren nach dem Pressure-State-Response-Ansatz

Problemkategorie	„Pressure" Belastungsindikator	„State" Zustandsindikator	„Response" Reaktionsindikator
Treibhauseffekt	CO_2-Emission	CO_2-Konzentration	Energieeffizienz Energiesteuer

weltpolitik, dem auswirkungs- und risikoorientierten („effect-oriented") und dem quellen- und ursachenorientierten („source-oriented") Strang. Erarbeitet wurde der NEPP in einem iterativen und partizipativen Prozess, in dem alle relevanten gesellschaftlichen Gruppen (so genannte „target-groups") und die verschiedenen Ebenen der Regierung (national, regionale und lokal) beteiligt waren.

Auf örtlicher Ebene kommt Beteiligungsprozessen im Rahmen der **Agenda 21** eine wesentliche Rolle zu, um konkretisierende Zielvorstellungen und Indikatoren zu erarbeiten. An solche Indikatoren sind dabei andere Anforderungen zu richten als an Indikatoren im streng wissenschaftlichen Sinn: Nicht die Abbildung von Kausalitäten, sondern die zusammenfassende und dabei plakativ vereinfachende Kennzeichnung einer komplexen Umweltsituation steht hier im Vordergrund. Daneben haben solche Indikatoren wesentlich auch eine Kommunikationsfunktion, d. h. sie dienen dazu, komplexe Sachverhalte öffentlichkeitswirksam zu vermitteln und einen Beitrag zur öffentlichen Bewusstseinsbildung zu leisten (vergleiche Kasten 5.4). Viele Gemeinden legen daher mittlerweile so genannte „Nachhaltigkeitsberichte" auf, in denen über die Entwicklung der kommunalen Indikatoren regelmäßig Aufschluss gegeben wird.

Ein Beispiel eines im Rahmen des örtlichen Agenda-Prozesses entwickelten Indikatorensystems, das verschiedene Handlungsfelder abdeckt, dabei aber in der Anzahl noch übersichtlich bleibt, zeigt Abbildung 5.6. Wichtig ist, dass die Kenngrößen nicht isoliert stehen, sondern sich gegenseitig beeinflussen: Um z. B. die Inanspruchnahme von Fläche zu begrenzen und auch einer Zersiedelung entgegenzuwirken, ist in der Stadtentwicklung eine höhere Wohndichte anzustreben. Hier kann es jedoch zu Ziel-

Kasten 5.4 Aufgaben von „Nachhaltigkeitsindikatoren" im Rahmen von Agenda 21-Prozessen (HEILAND 1999)

Analysefunktion, d. h. Bestandsaufnahme der Ist-Situation.

Planungsfunktion, d. h. durch einen Soll-Ist-Vergleich, der mit Hilfe der Indikatoren möglich ist, werden Defizite bisheriger Entwicklung deutlich. Dies erleichtert das Setzen von Prioritäten.

Warn- und Kontrollfunktion: Eine regelmäßige Datenerhebung ermöglicht es, die Entwicklung bestimmter Größen zu verfolgen. Damit hat man ein Instrument zur Zielkontrolle bzw. die Möglichkeit, steuernd einzugreifen.

Kommunikationsfunktion, d. h. die Indikatoren dienen dazu, komplexe Sachverhalte zu vermitteln und einen Beitrag zur öffentlichen Bewusstseinsbildung zu leisten.

konflikten z. B. mit dem Handlungsbereich „Grün in der Stadt" kommen, über den eine gute innerörtliche Durchgrünung und Versorgung mit öffentlichen Freiflächen angestrebt wird.

Das Konzept der „Nachhaltigkeit" muss somit auf die Ebene sachlich und räumlich differenzierter Umweltqualitätsziele und -standards „heruntergebrochen" werden, auf der auch Zielkonflikte deutlich werden. Des Weiteren sind Zeithorizonte für die Umsetzung zu benennen. Ohne eine solche Konkretisierung verkommt „Nachhaltigkeit" in der Tat zur Leerformel – auf eine pauschale Nennung des Begriffes ohne weitere Präzisierung sollte daher verzichtet werden.

5.1.3   Wildnis und Kulturlandschaft als Naturschutzziele und Denkfiguren

Naturschutz stellt eine Wertfrage dar, wobei man sich zu seiner Umsetzung insbesondere ökologischer, bei Bedarf aber auch sozial- und geisteswissenschaftlicher Erkenntnisse bedient. In **Deutschland** war der **Naturschutz** lange bestimmt vom Schutz von Kulturlandschaften sowie vom Heimatschutzgedanken: Nicht umsonst trug die erste staatliche Naturschutzbehörde, gegründet 1906 in Danzig, den Namen einer „staatlichen Stelle für Naturdenkmalpflege" und etablierte sich die Bezeichnung „Naturschutz und Landschaftspflege", d. h. des systematischen Erhalts kulturbedingter Lebensräume, als ein feststehendes Begriffspaar. Erst in der letzten Zeit findet, angestoßen auch durch die deutsche Wiedervereinigung und die etwa in den dünn besiedelten Landschaften Mecklenburgs und Brandenburgs sich auftuenden Eindrücke großräumig naturnaher Bereiche, verstärkt auch hier eine Debatte um das Zulassen von mehr „Wildnis" statt. Diese ist zudem stark geprägt durch die **Naturschutzdiskussion in den USA**: Während in Mitteleuropa die Landschaften sich in jahrhundertelanger Co-Evolution mit menschlichen Nutzungsformen entwickelt haben, fanden die nordamerikanischen Siedler seinerzeit großräumig unberührt scheinende Landschaften vor. Bedingt durch das rasche Vordringen des Menschen entstand hier ein schärferer Kontrast zwischen „Wildnis" und „Zivilisation", z. B. in den großen Metropolen und Stadtlandschaften der Vereinigten Staaten. Es dürfte auch dieser stärker ausgeprägte Kontrast gewesen sein, der dazu führte, dass auf der Suche nach einer eigenen Identität die unberührte, „wilde" Natur zu einem Symbol für das National- und Freiheitsbewusstsein der Amerikaner wurde – man denke nur an das Stichwort „Wilder Westen" und seine fast schon mythische Verklärung. Bereits 1872 wurde hier mit dem Yellowstone der weltweit erste Nationalpark eingerichtet und nahezu 100 Jahre später 1964 mit dem „Wilderness Act" eine eigene gesetzliche Grundlage für so genannte Wildnisgebiete geschaffen: Diese nehmen heute mit 4,5 % einen beträchtlichen Teil der Landesfläche der USA ein (OLBRICH 1997). Der Mensch darf dort lediglich zu Gast sein, indem er diese Gebiete ohne technische Hilfsmittel, d. h. zu Fuss oder Pferd durchquert.

Der Wildnisgedanke stellt daher ein Beispiel für ein Naturschutz-Leitbild dar, das sehr stark kulturhistorisch geprägt ist: Der nordamerikanische, großräumig geprägte Wildnisgedanke kann nicht ohne weiteres auf das Naturschutzmanagement im flächendeckend durch jahrhundertlange menschliche Einflussnahme geprägtem Mitteleuropa übertragen werden. Hier müssen vielmehr auch Möglichkeiten eines kleinräumigen Ver-Wilderns, einer Rücknahme menschlicher Nutzungen und Zweckbe-

Handlungsfelder:	Indikatoren	Flächennutzung	Grünflächenpflege	Wohndichte	Abfallwirtschaft	Energieverbrauch	Erneuerbare Energien	ÖPNV	Grün in der Stadt	Wasserverbrauch	Grundwasserqualität	Landwirtschaft	Bevölkerungsstruktur	Öffentliche Sicherheit	Erwachsenenbildung	Forstwirtschaft	Fußgänger/Radfahrer	Wohnen und Arbeiten	Wirtsch./Umweltsch.	Gesundheit	Freizeitangebot	Ortsgemeinschaft	Eine-Welt-Initiativen
Flächennutzung	Anteil der Siedlungs- und Verkehrsfläche Gesamtfläche	■						↰				↰	↰				↰	↰					
Grünflächenpflege	Anteil der extensiv gepflegten Grünflächen		■																		↰		
Wohndichte	Anteil der Baugebiete mit Geschossflächenzahl >=0,7		↰	■		↰		↰	↰			↰					↰						
Abfallwirtschaft	Abfallaufkommen pro Einwohner und Woche				■	↰			↰		↰												
Energieverbrauch	Stromverbrauch Haushalte/sonstige Kleinverbraucher					■	↰																
Erneuerbare Energien	Nutzung erneuerbarer Energien					↰	■											↰					
ÖPNV	Anzahl der ÖPNV-Personenfahrten	↰				↰		■				↰	↰				↰	↰		↰			
Grün in der Stadt	Zahl hochgewachsener Laubbäume im Siedlungsbereich	↰							■	↰										↰			
Wasserverbrauch	Täglicher Wasserverbrauch je Einwohner									■	↰									↰			
Grundwasserqualität	Nitratgehalt an den Grundwassermessstellen									↰	■					↰							
Landwirtschaft	Extensiv bewirtschaftete Flächen								↰	↰	↰	■											
Bevölkerungsstruktur	Altersstruktur												■	↰	↰						↰		
Öffentliche Sicherheit	Anzahl der Eigentums- und Personendelikte													■			↰						
Erwachsenenbildung	Teilnehmer an Kursen der Volkshochschule														■				↰				↰
Forstwirtschaft	Anteil der naturnah bewirtschafteten Waldfläche	↰							↰		↰					■							
Fußgänger und Radfahrer	Anteil der Vorrangfläche für Fußgänger und Radfahrer							↰									■	↰					
Wohnen und Arbeiten	Anteil der Ein- und Auspendler an den Erwerbstätigen	↰						↰									↰	■					
Wirtschaft/Umweltschutz	Anzahl umweltzertifizierter Unternehmen				↰					↰	↰								■				
Gesundheit	Zahl der Kinder mit allergischen Erkrankungen																			■			
Freizeitangebot	Freizeitangebot für Jugendliche														↰		↰				■		
Ortsgemeinschaft	Anteil und Altersstruktur ausländischer Mitbürger																			↰	↰	■	↰
Eine-Welt-Initiativen	Bürgeraktivitäten, Kampagnen und Schulaktivitäten zu „Eine-Welt" und „Globale Verantwortung"																					↰	■

Die Auswirkungen von Veränderungen in einem Handlungsbereich auf andere Handlungsbereiche werden mit einem Pfeilsymbol dargestellt (↰).

Abb. 5.6 Beispiel eines im Rahmen der Agenda 21 entwickelten Indikatorensystems und wechselseitige Beeinflussung der Handlungsfelder (B.A.U.M. Consult 2000).

stimmungen aus der Agrar- und Forstlandschaft oder einer Revitalisierung von Fluss-auen betrachtet werden. Jedoch ist auch die amerikanische Wildnis eine Denkfigur, denn die Landschaften, die seinerzeit den von den Eindrücken mitteleuropäischer Kulturlandschaften geprägten Siedlern als wild und unberührt erschienen, waren ja gleichermaßen bereits von Menschen bewohnt und beeinflusst, nämlich von den ver-schiedenen Indianerstämmen Nordamerikas. Beim Umgang mit dem Leitbild „Wild-nis" in der Naturschutzarbeit sind dabei verschiedene Dimensionen zu beachten (ver-gleiche Kasten 5.5): Neben den sachlichen Anliegen des Schutzes und der wissenschaftlichen Erforschung etwa von Sukzessionsvorgängen spielen auch psycho-logisch-emotionale Gesichtspunkte (Wildnis etwa als „Ödland" oder „Unland" im Ge-gensatz zur gepflegten Kulturlandschaft) oder auch ethische Dimensionen (Erhalt der damit verbundenen Möglichkeiten der Naturerfahrung) eine Rolle.

Unter internationalen Bestimmungen existieren seit 1994 Wildnisgebiete als eigene **Schutzkategorie**. Die in Tabelle 5.4 wiedergegebenen Managementziele und Ge-bietskategorien der International Union for the Conservation of Nature (IUCN) machen zudem sehr gut deutlich, dass in Schutzgebieten im Regelfall nicht nur eindi-mensionale Ziele verfolgt werden, sondern sich vielmehr verschiedene Zielbestim-mungen hier jeweils vielfältig überlagern.

Die **planerische Relevanz des Wildnisgedankens** ist u.a. vor dem Hintergrund des Strukturwandels in der Landwirtschaft zu sehen: Prognosen (etwa BECKMANN et al. 1994) gehen dahin, dass unter künftigen agrarpolitischen Rahmenbedingungen je nach Naturraum zwischen 30–80 % der bislang landwirtschaftlich genutzten Flächen

---

Kasten 5.5 Dimensionen des Wildnisbegriffs im Naturschutz (JESSEL 1997)

Naturwissenschaftliche Dimension, z. B.:
Wissenschaftliche Erforschung von Sukzessionsvorgängen und raum-zeitlicher Dynamik;
Ermittlung räumlicher Mindestgrößen für bestimmte Prozesse bzw. Artenvorkom-men.

Psychologisch-emotionale Dimension, z. B.:
„Wildnis" als Gegensatz zum Garten Eden (Paradies) und zum kultivierten Land;
Archetypische, mit „Wild"-Tieren wie Wolf und Bär verbundene Bilder und Gefüh-le;
Sich-einlassen auf das Unvorhergesehene, auf ergebnisoffene Entwicklungen.

Ethische Dimension, z. B.:
Erhalt der mit Wildnis verbundenen Naturerfahrung für kommende Generationen;
Wildnis als Symbol von Freiheit, Unabhängigkeit, als Metapher für die ethische Ka-tegorie des „Erhabenen".

Utilitaristisch-zweckbestimmte Dimension, z. B.:
Wildnis als ästhetische Kategorie;
Nutzen von Wildnis für die Naturerfahrung (insbesondere von Kindern).

Ökonomische Dimension, z.B.
Attraktivität für und Wertschöpfung durch den Fremdenverkehr

Tabelle 5.4 Management-Ziele und -Kategorien von Schutzgebieten der IUCN (1994; die Zahlen geben die Prioritäten der Management-Ziele wieder)

Management-Ziel	Ia	Ib	II	III	IV	V	VI
Wissenschaftliche Forschung	1	3	2	2	2	2	3
Schutz der Wildnis	2	1	2	3	3	–	2
Erhaltung der Arten und der genetischen Vielfalt	1	2	1	1	1	2	1
Erhaltung von Umweltdienstleistungen	2	1	1	–	1	2	1
Schutz natürlicher/kultureller Besonderheiten	–	–	2	1	3	1	3
Tourismus und Erholung	–	2	1	1	3	1	3
Erziehung	–	–	2	2	2	2	3
Nachhaltige Nutzung von Ressourcen natürlicher Ökosysteme	-	3	3	–	2	2	1
Erhaltung kultureller/traditioneller Merkmale	–	–	–	–	–	1	2

1 = Primäres Ziel; 2 = Sekundäres Ziel; 3 = Potenziell anwendbares Ziel; - = Nicht anwendbar

Bezeichnungen der Schutzgebietskategorien und Hauptziele des Managements:

I   Strenges Naturschutzgebiet/Wildnisgebiet

Ia   Strenges Naturschutzgebiet:
Management des Schutzgebietes hauptsächlich zu wissenschaftlichen Zwecken

Ib   Wildnisgebiet:
Management des Schutzgebietes hauptsächlich zum Wildnisschutz

II   Nationalpark:
Management des Schutzgebietes hauptsächlich zum Schutz des Ökosystems und zur Erholung

III Naturmonument:
Management des Schutzgebietes hauptsächlich zur Erhaltung spezifischer natürlicher Eigenheiten

IV   Lebensraum-/Artengebiet für Management:
Management hauptsächlich zum Naturschutz durch Eingriffe des Managements

V   Geschützte Landschaft/Marine Landschaft:
Management des Schutzgebietes hauptsächlich zum Schutz der Landschaft/marinen Landschaft und Erholung

VI   Ressourcen-Gebiet mit Management:
Management des Schutzgebietes hauptsächlich zur nachhaltigen Nutzung natürlicher Ökosysteme

aus der Nutzung fallen könnten. Entsprechende Szenarien für das überwiegend von Sandböden geprägte Bundesland Brandenburg kommen sogar zu dem Ergebnis, dass bei Wegfall der Agrarsubventionen unter Weltmarktbedingungen hier 85 % der Fläche von Nutzungsaufgabe betroffen sein könnten (WERNER & DABBERT 1993). Hier stellt sich die Frage einer planerischen Lenkung und Einflussnahme, braucht doch ein Brachfallen bestimmter von menschlicher Nutzung abhängiger Lebensräume aus Naturschutzsicht nicht unbedingt erwünscht sein. Da Nutzungsaufgabe auf intensiv genutzten Standorten unter Umständen auch zur Freisetzung von Nährstoffen in das Grundwasser führen kann, können zudem Aspekte des Ressourcenschutzes zu beachten sein. In anthropogen intensiv beeinflussten Bereichen kann anstelle von Nutzungsaufgabe dabei vielmehr eine Sanierung geboten sein, indem die gegenwärtige Nutzung wieder auf ein verträgliches Maß zurückgeführt wird.

Erfahrungen mit „Wildnisgebieten" liegen z. B. aus Bereichen des französischen und italienischen Alpenraumes vor, die stark von Landflucht und Nutzungsaufgabe betroffen sind. Da solche Gebiete eine Anziehungskraft auf Erholungssuchende aufweisen, können dadurch auch touristische Potenziale und damit eine ökonomische Komponente erschlossen werden. Einen entsprechenden, von BROGGI (1997) entwickelten Vorschlag von Kriterien zur Ausweisung solcher „Wildnis-Räume" zeigt Abbildung 5.7. Deutlich wird daraus, dass neben naturschutzfachlichen auch raumplanerische Aspekte mit zu beachten sind. Zudem sollte eine partizipative Einbindung der örtlichen Bevölkerung erfolgen, die das Entstehen von Wildnis-Räumen mittragen muss. Solche Überlegungen sind bei der Entwicklung regionaler Leitbilder zu integrieren und im Dialog mehrheitsfähig zu gestalten.

Gängig ist weiterhin die Forderung, dass Bereiche mit einer ungelenkten Entwicklung sich **repräsentativ über alle naturräumlichen Einheiten und Standortsausprägungen** erstrecken sollten. Dies versteht sich vor dem Hintergrund, dass unser Kenntnisstand über die Prozesse und Entwicklungen, die sich unter verschiedenen Standort- und Ausgangsbedingungen abspielen, noch viel zu gering ist. So bestehen im System der derzeit 13 deutschen Nationalparke noch wesentliche Lücken: Nicht oder nur unzureichend erfasst sind insbesondere die Eichen-, Kiefern-(Eichen-) und Eichen-Hainbuchenwälder des Norddeutschen Tieflands, die Buchenwälder in den westlichen Mittelgebirgen wie auch die Buchen- und Fichtenwälder des Schwarzwaldes. Im Süden Deutschlands besteht ein Defizit an Wald-, Moor-, Seen- und Flusslandschaften des Alpenvorlandes (DIEPOLDER 1997).

Im forstlichen Bereich hat man den Anspruch, ungenutzte Bereiche über alle Naturräume zu verteilen, für den Freistaat Thüringen über eine so genannte „Totalreservatkonzeption" zu realisieren versucht (vergleiche Tabelle 5.5): Dieses Netz soll alle Naturraumtypen Thüringens mit ihren unterschiedlichen charakteristischen Standortsverhältnissen und damit alle typischen Waldökosysteme erfassen. Es setzt sich zusammen aus Naturentwicklungsräumen als großflächigen Totalreservaten von mindestens 1 000 ha Größe, repräsentativen, über alle naturräumlichen Untereinheiten verstreuten Totalreservaten sowie dem Schutz lokal vorhandener kleinräumiger Biotope und Strukturen.

Zusammenfassend kennzeichnen „Wildnis" und Kulturlandschaft als Eckpunkte ein **Spektrum von Naturschutzzielen**, das vom „Tun", dem Schutz von Humanbiotopen und bewusst steuernder Landschaftspflege bis hin zum „Unterlassen", d. h. dem Zulassen von ungelenkter Entwicklung reicht. Mit diesen Zielen verbinden sich zwar unterschiedliche, z. T. nicht kompatible Wertsysteme. Sie sind jedoch gleichermaßen notwendig, um im Naturschutz ein repräsentatives Spektrum an Standortsausprägungen mit den daran gebundenen Arten und Lebensgemeinschaften abzudecken, das sowohl anthropogen geprägte als auch naturnahe Bereiche einschließt. Eine Präzisierung muss jeweils durch regionale, räumlich und sachlich differenzierte Leitbilder und Umweltqualitätsziele erfolgen. Wesentlich ist zudem, dass dabei auch „Wildnis" nicht frei

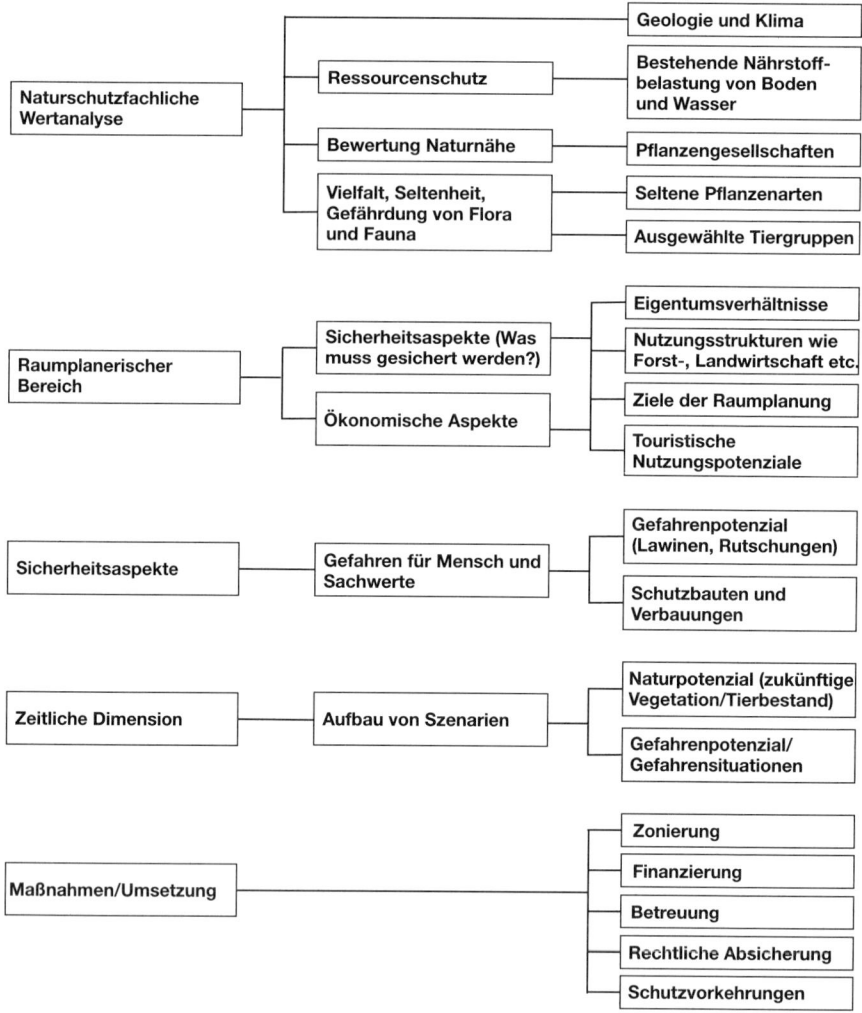

Abb. 5.7 *Zu beachtende Aspekte bei der Ausweisung von Wildnis-Räumen* (BROGGI 1997, *ergänzt*).

Tabelle 5.5 Bestandteile einer Totalreservatskonzeption für Thüringen (HAUPT 1997, ergänzt)

	% der Landesfläche	% der Waldfläche
1. Naturentwicklungsräume (NER)		
• Großflächige Totalreservate (mindestens 1.000 ha Größe)		
• Dokumentation typischer Ausschnitte aus Naturraumtypen im Bereich großer zusammenhängender Waldgebiete		
• 4 Gebiete:		
– Mittelgebirge	0,68	2,05
– Buntsandstein-Hügelländer		
– Muschelkalk-Platten und -Bergländer		
– Bergbaufolgelandschaft		
• (Zusätzlich: Entwicklung zur Kernzone im Nationalpark Hainich)	(ca. 0,43)	(ca. 1,32)
2. Repräsentative Totalreservate		
• Dokumentation aller Naturräume und Naturraum-Untereinheiten Thüringens		
• Dokumentation aller typischen Standortmosaike und Waldökosysteme	0,49	1,49
• Repräsentative Flächen von etwa 100 ha Größe		
• 80 Gebiete, davon 97% im Landeswald		
3. Kleinflächige Totalreservate		
• Schutz lokal vorhandener kleinräumiger Biotope bzw. Strukturen		
• Bedeutung für Arten- bzw. Biotopschutz	0,03	0,09
• Erlebnisräume „Urwald" in Siedlungsnähe und für touristische Nutzung		
Totalreservatsflächen gesamt (ohne Nationalpark Hainich)	**ca. 1,2**	**ca. 3,63**

ist von bewusstem Tun, denn sie beinhaltet zumindest im flächendeckend von menschlicher Aktivität geprägten Mitteleuropa eine bewusst zu treffende Entscheidung, wo genau man ungelenkte und von Zweckbestimmung freie Entwicklung zulässt.

5.1.4 Diskursive Leitbildentwicklung und Verfahren der Standardbildung

Umweltqualität ist ein dynamischer Begriff, der gesellschaftspolitischen Wertungen und Entscheidungen unterliegt. Die **Aufgabe von Experten** ist es dabei, die Sachbasis für Ziele zu liefern, nicht aber Ziele selbst zu setzen. Beispielsweise ist es Aufgabe von Gutachtern, die Folgen aufzuzeigen und aufzubereiten, die sich bei einer Reali-

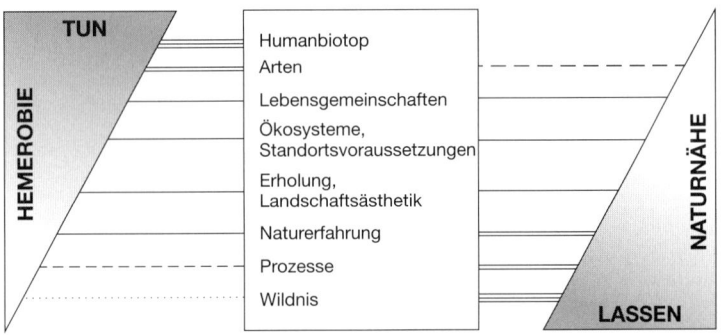

Abb. 5.8 *Leistungsspektrum von Tun und Unterlassen im Naturschutz (SCHERZINGER 1997, ergänzt).*

sierung verschiedener Zielalternativen voraussichtlich einstellen werden. Wenn es z. B. das Ziel ist, einen bestimmten anthropogen veränderten Lebensraum zu erhalten (z. B. bestimmte halbnatürliche Ökosysteme wie Magerrasen oder Streuwiesen, die permanenter menschlicher Eingriffe bedürfen), dann ist es Aufgabe des Planers, hierzu geeignete Managementoptionen (z. B. Beweidung, Mahd) aufzuzeigen. Das Bestimmen der Ziele selbst ist jedoch eine gesellschaftliche Wertentscheidung.

Um die Formulierung von Umweltqualitätszielen und -standards transparent zu machen und zu einer breiten gesellschaftlichen Akzeptanz beizutragen, bedarf es daher **institutionalisierter Meinungsbildungsprozesse**. Genauso wichtig wie die Inhalte ist die formale Ausgestaltung solcher Prozesse. Die bekannte Soziologin Renate MAYNTZ (1990) hat dazu treffend festgestellt, dass überspitzt formuliert Entscheidungen eher aufgrund des Verfahrens, in dem sie zustande kommen, als aufgrund des Inhalts als angemessen empfunden werden. Dabei muss nicht nur der Ablauf des Verfahrens nachvollziehbar geregelt sein, sondern es muss auch klar sein, wie die Standards setzenden Gremien in ihrer Zusammensetzung zustande kommen, wie der zeitliche Geltungsrahmen angelegt ist und wie die Überprüfung und Anpassung an neue Erkenntnisse funktioniert (vergleiche Kasten 5.6). Beispiele für institutionalisierte Verfahren der Standardbildung, die in den Bereich ökologisch orientierter Planungen hineinreichen, sind das Delphi-Verfahren (als ein formalisiertes Verfahren der Expertenbefragung), Normsetzungsverfahren für Umweltstandards im technischen Umweltschutz sowie im Naturschutz die Roten Listen gefährdeter Tier- und Pflanzenarten. Sie sind in Kasten 5.7 beschrieben.

Eine Idealvorstellung für institutionalisierte Meinungsbildungsprozesse entwirft die von dem Philosophen Jürgen HABERMAS (1983) propagierte **Diskursethik**: Sie gründet auf dem Prinzip, dass nur Normen Geltung beanspruchen dürfen, denen alle möglicherweise Betroffenen als Teilnehmer in rationalen Diskursen zustimmen könnten (so genanntes Diskursprinzip). Weiterhin sind dann die Folgen und Nebenwirkungen, die sich aus der Befolgung dieser Normen voraussichtlich ergeben, von allen zwanglos zu akzeptieren (so genanntes Universalisierungsprinzip). Bedeutsam ist, dass den Betroffenen zwar das Recht am Diskurs eingeräumt, nicht aber die Pflicht zur tatsächlichen Teilnahme auferlegt ist.

Kasten 5.6 Verfahren der Standardbildung

Der Rat von Sachverständigen für Umweltfragen benennt für Verfahren der Standardbildung folgende Aspekte als regelungsbedürftig (SRU 1996):

- Einzubeziehende Sachverständige sowie zu beteiligende gesellschaftliche Gruppen,
- „Beteiligungsoffenheit", d. h. eine Beteiligung der Öffentlichkeit muss gewährleistet sein,
- Transparenz des Verfahrens (sowohl im Zustandekommen der Standards als auch in der Zusammensetzung der Gremien),
- Eingehende Begründung, wie die in dem Verfahren formulierten Standards zustande kommen,
- Veröffentlichung der Umweltstandards in einer jedermann zugänglichen Publikation,
- Fixierung eines zeitlichen Geltungsrahmens,
- Periodische Überprüfung, um die Anpassung an neue Erkenntnisse und technische Entwicklungen zu gewährleisten.

Die geforderte Einbeziehung prinzipiell aller Beteiligten wird in vielen Fällen allerdings kaum zu realisieren sein. Bei der Errichtung einer Deponie oder des Baus einer Straße ist es nämlich schwierig zu bestimmen, wie weit sich der Kreis der Betroffenen erstreckt (im Sinne der Beeinträchtigung des Gemeinwohls wäre es sogar möglich zu argumentieren, dass jeweils jeder ein Betroffener ist). Der Anspruch der Diskursethik formuliert aber ein ideales Leitbild. Dieses zu beachten heißt etwa, dass man bei Beteiligungsprozessen z. B. bei der Ausarbeitung eines gemeindlichen Landschaftsplanes oder der Agenda 21 an alle das Angebot zur Beteiligung richtet und nicht nur an ausgewählte Meinungsführer und deren Vorschläge dann auch ernst nimmt. Weitere Leitprinzipien, die der Diskursethik als Grundgedanken für Zielfindungsprozesse entnommen werden können, sind das Zulassen aller Argumente und Fairness, d. h. Herrschaftsfreiheit im Dialog. Dies sich zu vergegenwärtigen ist keine Selbstverständlichkeit, weil Gremien und Beteiligungsformen des Öfteren auch für Alibizwecke missbraucht werden.

5.2 Methodenbausteine

Als Methodenbausteine zur Aufstellung und Umsetzung von planerischen Zielkonzepten werden im Folgenden exemplarisch Zielartensysteme für den biotischen Bereich und das Modell einer Differenzierten Land- und Bodennutzung, das sich auf die Regulationsleistungen von Ökosystemen bezieht, behandelt. Dabei bestehen jedoch enge Zusammenhänge: Über die mit ihr verbundenen Flächenforderungen zum Aufbau eines Netzes naturnaher Ökosysteme, das helfen soll, Belastungen durch Nutzökoysteme auszugleichen, weist die Theorie der Differenzierten Landnutzung Bezüge zu Biotopverbundsystemen auf. Für jene wird wiederum gängig die notwendige Orientierung an den Ansprüchen einzelner Zielarten gefordert; ergänzend dürfen dabei

---

Kasten 5.7 Beispiele für institutionalisierte Verfahren der Standard-bildung

Das Delphi-Verfahren

Es handelt sich um ein institutionalisiertes Verfahren der Expertenbefragung, das bei Prognosen eingesetzt wird, um Expertenmeinungen über mögliche Entwicklungen einzuholen, zu strukturieren und intersubjektiv abzusichern. Nach einem ersten schriftlichen Befragungsdurchgang erfolgt gewöhnlich eine Rückkopplung, indem den Teilnehmern die (anonymisierten) Ergebnisse der ersten Runde mit der Frage mitgeteilt werden, ob sie nun ihre eigene Meinung ändern oder modifizieren möchten. Dadurch sollen Einflüsse, wie sie sich in direkter Diskussion durch das persönliche Auftreten und die Reputation der jeweiligen Fachleute ergeben, ausgeschaltet werden.

Normgebungsverfahren für Umweltstandards

Existieren speziell im Bereich des technischen Umweltschutzes. Beispiele sind die DIN-Normen des Deutschen Instituts für Normung oder die des Vereins Deutscher Ingenieure (VDI). Sie werden von einem Gremium in einem streng formalisierten Verfahren entwickelt und haben zunächst den Charakter privater Umweltstandards. De facto entfalten sie jedoch große Bedeutung, weil ihnen in gerichtlichen Verfahren häufig Indiziencharakter zuerkannt wird. Auch erlangen sie durch den Bezug einiger Rechtsvorschriften, z. B. des Immissionsschutzrechts, auf die entsprechenden DIN-Normen nicht selten auch rechtlichen Verbindlichkeit. Ein weiteres Beispiel sind die MAK-Werte (Maximale Arbeitsplatzkonzentrationen an gefährdenden Stoffen), die von einem unabhängigen Gremium technisch-praktischer Experten und Wissenschaftler der Deutschen Forschungsgemeinschaft jährlich beschlossen, sodann von einem weiteren Gremium überprüft und in die entsprechende Rechtsverordnung aufgenommen werden.

Die Roten Listen gefährdeter Tier- und Pflanzenarten

Sie beruhen auf Kartierungen sowie Sammlungs- und Literaturauswertungen unter Hinzuziehung von Expertenvorschlägen. Im Regelfall werden je Artengruppe über Koordinatoren die Meinungen unterschiedlicher Experten eingeholt. Die Festlegung und endgültige Zuordnung einzelner Arten zu Gefährdungsstufen erfolgt durch Konsensbildung in Arbeitsgruppentreffen. Durch ihre intersubjektive Absicherung weisen die Roten Listen für die Begründung von Naturschutzmaßnahmen eine hohe faktische, wenn auch nicht rechtlich verbindliche Durchsetzungskraft auf.

---

aber auch Belange eines flächendeckend ansetzenden Ressourcenschutzes und einer guten fachlichen Praxis in der Land- und Forstwirtschaft nicht außer Acht bleiben. Letztlich gilt daher auch für diese Ansätze, dass die damit verbundenen Konzepte und Modelle nicht separat nebeneinander stehen dürfen, sondern jeweils auf einzelne Landschaftsräume abgestimmte integrierende Strategien entwickelt werden müssen.

5.2.1 Zielartensysteme

Die Vielfalt vorkommender Pflanzen- und Tierarten – allein in Mitteleuropa treten ca. 40 000 mehrzellige Tierarten auf – muss für die Planung auf handhabbare Größen reduziert werden: Bereits bei der Bestandsaufnahme hat eine Eingrenzung auf Artengruppen, die mit Blick auf die jeweilige Fragestellung und die jeweiligen Lebensräume besonders aussagekräftig sind, zu erfolgen. Planerische Modellbildungen, also modellhafte Standort- und Wirkungsanalysen wie auch Prognose- und Bewertungsmodelle, werden sich in der Regel auf einzelne Stellvertreter für die zu kennzeichnenden Zusammenhänge stützen; um konkrete Maßnahmenziele zu formulieren, ist dann oft eine weitere Einengung nötig (vergleiche Abb. 5.9). Daneben werden erfassbare Parameter auch im Artenbereich benötigt, um Leitbilder zu präzisieren und im Rahmen von Erfolgskontrollen zu überprüfen, ob Naturschutzziele erreicht worden sind.

Für Arten als Indikatoren, als „Stellvertreter" für Zusammenhänge in Naturschutz und in der Landschaftspflege, existieren verschiedene Begriffe nebeneinander, die sehr unterschiedlich gebraucht werden. Abbildung 5.10 unternimmt hier den Versuch einer Systematisierung.

Demnach sind zunächst verschiedene Zwecke der Indikation zu unterscheiden, für die Arten eingesetzt werden können (ZEHLIUS-ECKERT 1998): Für die wertfreie Beschreibung von Objekten (in Form von Zustands- und Klassifikationsindikatoren) sowie für die normative Ausformulierung von Zielen, etwa in Form von Sollwerten (als Ziel- und Bewertungsindikatoren; vgl. auch Kasten 3.3 bzw. Kap. 3.2.1).

Bioindikatoren im weiteren Sinne stellen demnach Zustandsindikatoren dar (vergleiche Abb. 5.10): Sie beschreiben Eigenschaften von Organismen, deren Ausprägung eine hohe Korrelation zur Ausprägung einer (natürlichen oder anthropogen veränderten) Umwelteigenschaft aufweist. Die Ausprägungen beider Eigenschaften müssen in einer qualitativ und quantitativ möglichst eindeutigen Beziehung stehen (ZEHLIUS-ECKERT 1998). Differenziert man die Bioindikatoren nach ihren Eigenschaften weiter, so versteht man unter **Bioindikatoren im engeren Sinn** solche, die in Kor-

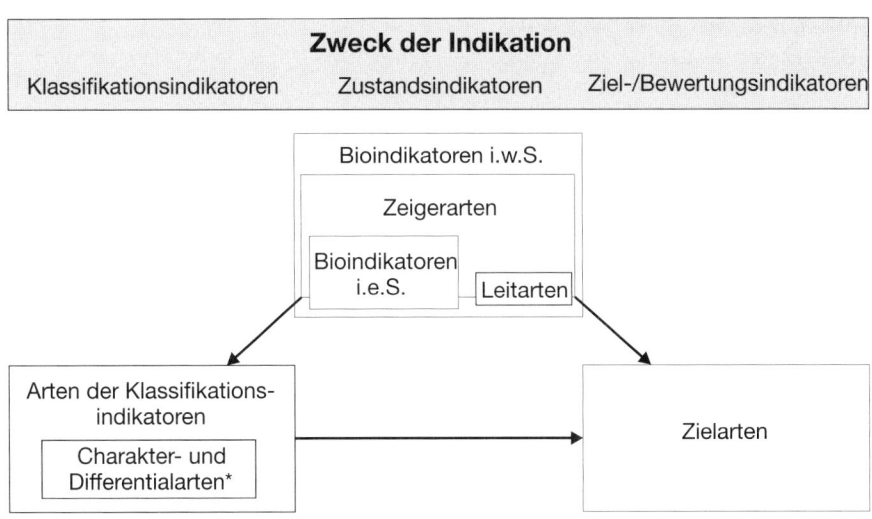

Abb. 5.10 *Artbezogene Indikatorenbegriffe und ihr Verhältnis zueinander (ZEHLIUS-ECKERT 1998).*

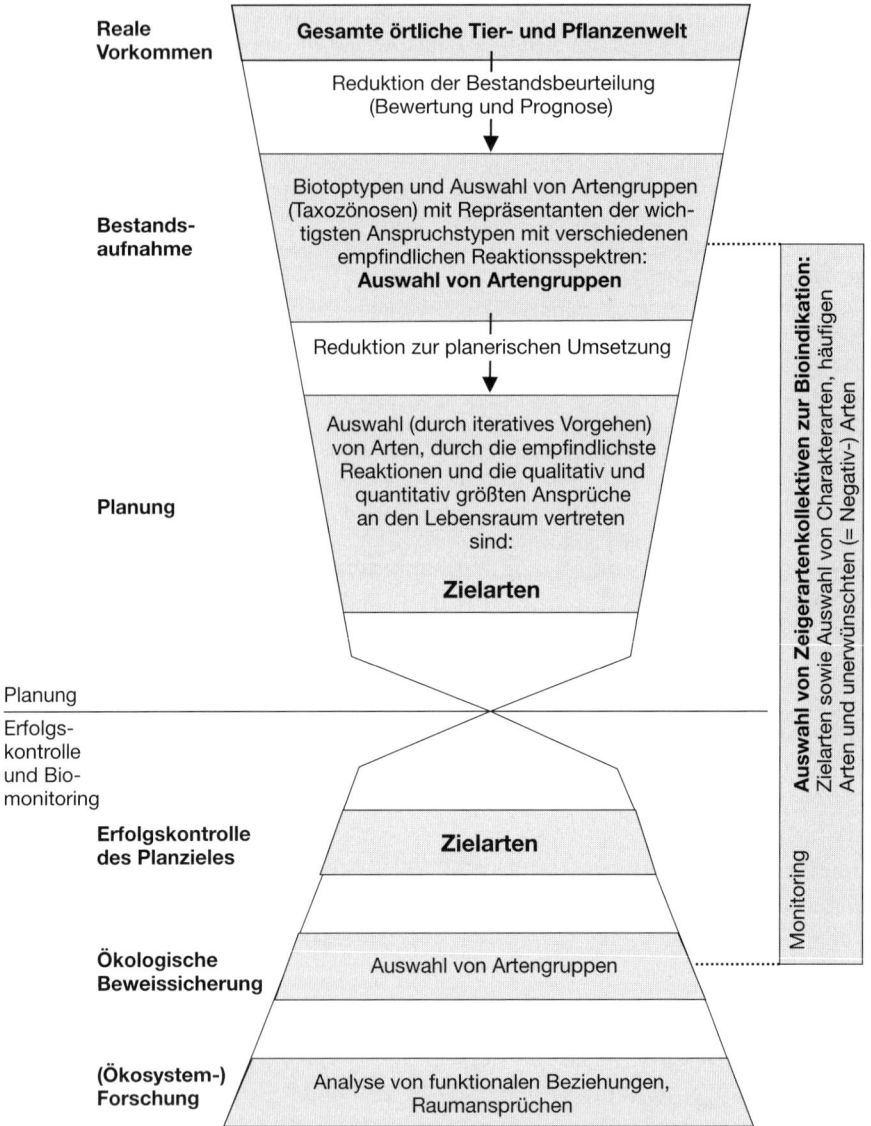

Abb. 5.9 *Schrittweise Eingrenzung des Artenspektrums auftretender Tier- und Pflanzenarten zur Bestimmung von Zielarten für Planung und Erfolgskontrolle (RECK et al. 1994).*

relation zu anthropogenen (Schadstoff-)Belastungen stehen. Hingegen sind **Leitarten** Indikatorarten, die in einem oder wenigen Landschaftstypen signifikant höhere Stetigkeiten und in der Regel auch wesentlich höhere Siedlungsdichten erreichen als in anderen Landschaftstypen. FLADE (1995) etwa definiert eine (Vogel-)Art dann als Leitart, wenn sie in maximal 6 Lebensraumtypen eine signifikant höhere Stetigkeit aufweist als in allen anderen. Aus Abbildung 5.11 wird ersichtlich, dass demnach das Wintergoldhähnchen eine typische Leitart ist, die vier Waldtypen signifikant gegenüber anderen Lebensräumen präferiert. Eine noch stärker, vor allem auf Großseggenrieder spezialisierte Art ist der Seggenrohrsänger. Der häufig auftretende Fitis hingegen zeigt keine klaren Präferenzen und ist deshalb keine Leitart. Das Vorkommen oder Fehlen von Leitarten kann dann z. B. Informationen über die Habitatqualität von Flächen liefern.

Zielarten schließlich dienen der Formulierung von konkreten und aussagekräftigen Zielen des Naturschutzes. Sie stellen Umweltqualitätsziele dar, die etwa die sachliche und räumliche Konkretisierung von abstrakt gehaltenen Leitbildern ermöglichen (vergleiche hierzu auch Kap 5.1.1. und die Beispiele in Abbildung 5.2). Mit ihrer Hilfe lassen sich z. B. notwendige bzw. sinnvolle Schutz-, Kompensations-, Pflege- und Entwicklungsmaßnahmen ableiten, Handlungsprioritäten für Maßnahmen festlegen und Zielerreichungsgrade für eine Erfolgskontrolle bestimmen. Beispielsweise geht man davon aus, dass sich unter der Vorgabe, dass von den Zielarten mindestgroße, langfristig überlebensfähige Populationen (so genannte MVPs = Minimum Viable Populations) bestehen sollen, der für diese notwendige Raumanspruch und damit der Flächenanspruch für Naturschutzmaßnahmen bestimmen lässt (HOVESTADT et al. 1991). Zielarten sind damit als Ziel- bzw. Bewertungsindikatoren anzusprechen.

Gerade die Begriffe der Leit- und der Zielarten werden oft vermengt. Zu ihrer Unterscheidung ist es jedoch wesentlich, dass erstere auf einer wissenschaftlichen Basis, dem Grad ihrer „Treue" und ihrer Bindung an bestimmte Lebensräume bestimmbar sind, während die Bestimmung einer Art als Zielart für Maßnahmen des Naturschutzes und der Landschaftspflege eine normative Setzung darstellt. Dennoch bestehen enge Bezüge: Um hinreichend aussagekräftig zu sein, sind Klassifikations- und Bewertungsindikatoren (also Zielarten) immer zugleich auch Zustandsindikatoren; auch erweisen sich Klassifikationsindikatoren als besonders geeignet, um mit ihnen Zielaussagen zu treffen. Diese Bezüge werden durch die Pfeile in Abbildung 5.10 angedeutet.

Grundannahme bei der Verwendung von Zielarten in der Planung ist, dass durch die Förderung solch repräsentativer Arten, die die empfindlichsten und schutzbedürftigsten Spezies relevanter Anspruchs- und Lebensraumtypen vertreten, die weiteren Arten mit gesichert werden. Dabei darf man jedoch nie davon ausgehen, dass eine Zielart alleine stellvertretend für den Schutz weiterer Arten stehen kann. Vielmehr muss je nach Landschaftsraum das Vorkommen eines größeren **Zielartenkollektivs** gefördert werden, um weitere Arten mit zu sichern. Dabei geht man von der Hypothese aus, dass die zwischen den Ansprüchen der verschiedenen Zielarten aufgespannten Übergänge zwangsläufig ein derart großes Spektrum an Lebensbedingungen umfassen, dass sie zur Bildung von ausreichend vielen Habitaten führen (so genanntes „Umbrella-Prinzip"; WALTER et al. 1998).

Von Kritikern wird dem entgegengehalten, dass es im Einzelfall ja nicht genau zuorden- bzw. prognostizierbar ist, welche weiteren Arten denn genau von den Maß-

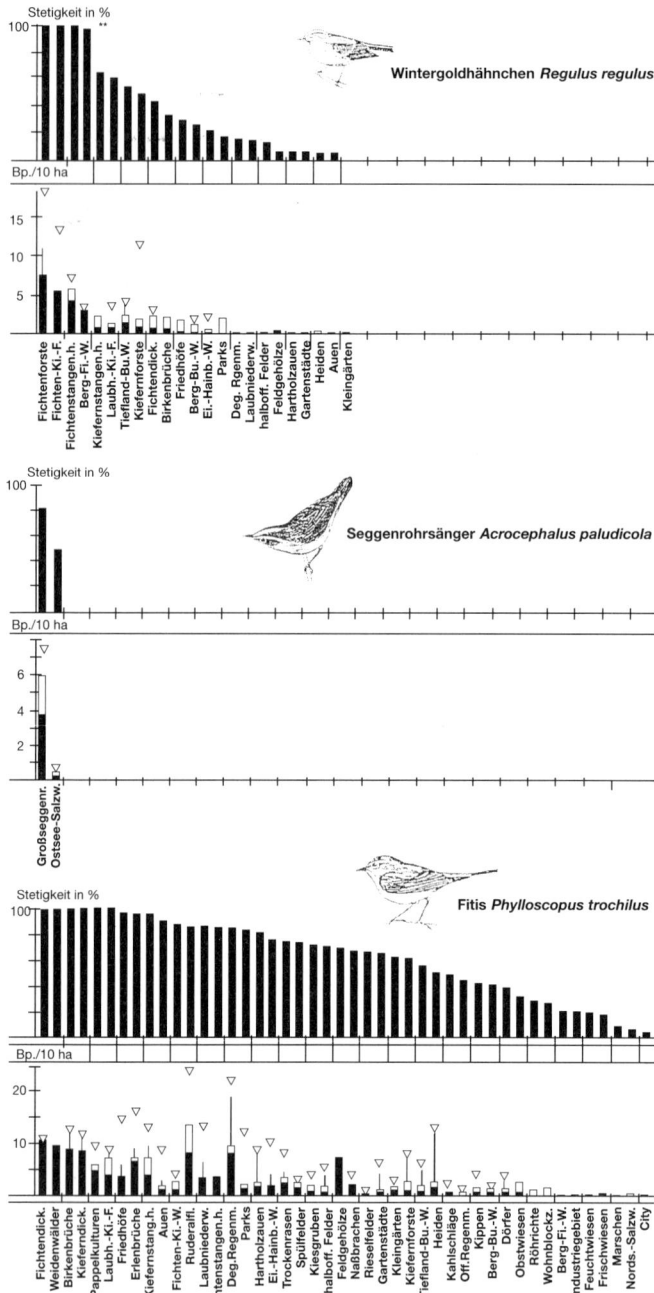

Abb. **5.11** *Ökologische Profile (Stetigkeit des Vorkommens) von 3 Vogelarten als Grundlage für die Bestimmung von Leitarten (FLADE 1991).*

nahmen, die man für eine Zielart ergreift, profitieren werden. D. h. dass das Indikandum (also die durch Zielarten als Indikatoren abgebildete Eigenschaft) nicht genau bestimmbar ist (ZEHLIUS-ECKERT 1998). Selbst bei der Auswahl repräsentativer Artenkollektive sei daher die Indikation einer ganzen Lebensgemeinschaft als unwahrscheinlich anzusehen. Es dürfe deshalb nicht davon ausgegangen werden, dass Zielarten ihren Lebensraum in dem Sinne repräsentieren, dass sie das Vorkommen einer bestimmten Zönose anzeigen, sondern vielmehr – bescheidener – dass Schutzmaßnahmen für Zielarten andere Arten mit begünstigen könnten (VOGEL et al. 1996).

Demgegenüber wird argumentiert, der Einsatz von Arten als primäre Bezugsgröße in der Naturschutzplanung sei angebracht, weil Artvorkommen und Lebensraumansprüche von Populationen (gewollter oder vorhandener Arten) die einzigen objektivierbaren und direkt messbaren Bewertungskriterien und Zielzustände seien. Biotope seien zudem nur über die in ihnen vorkommenden Arten definierbar. Arten wiesen eine vergleichsweise geringe Veränderlichkeit innerhalb planerisch relevanter Bezugsräume auf und stellten damit gegenüber den schneller sich wandelnden Zönosen und Biotopen eine vergleichsweise stabile Bezugsbasis dar. Weil die meisten Arten in verschiedenen Nutzungssystemen und Lebensräumen existieren könnten, werde mit der Formulierung von Zielarten zudem keine statische Zukunftslandschaft vorgegeben. Vielmehr werde ein arterhaltender Rahmen formuliert, in den unter Berücksichtigung sonstiger Umweltqualitätsziele und ökonomischer Erfordernisse verschiedene Zukunftsszenarien eingepasst werden könnten (RECK 1998; RECK et al. 1994; WALTER et al. 1998).

In jedem Fall wird deutlich, dass – wie im Übrigen alle Naturschutzstrategien – Zielartenkonzepte nicht als alleinige Strategie verfolgt werden sollten, weil auch dieser Ansatz konzeptionelle Grenzen aufweist. Notwendig ist vielmehr ein Spektrum an Naturschutzstrategien, die auch Aspekte z. B. des Ressourcenschutzes und der Landschaftsästhetik berücksichtigen (vergleiche hierzu auch Abb. 5.8 in Kap. 5.1.3). Auch muss versucht werden, durch Zielartenkollektive ein Spektrum verschiedener Anspruchstypen und Kriterien abzudecken. D. h. sie müssen neben gefährdeten Arten natürlicherweise seltene Arten sowie Belastungs- und Störungszeiger enthalten.

Zielartensysteme bedürfen zudem stets eines klar definierten **Raumbezuges**; man spricht deswegen auch von „regionalisierten Zielarten." Innerhalb solcher Räume, z. B. von Schutzgebieten, Naturräumen oder Bundesländern, werden sie dann oft auch dazu eingesetzt, Naturschutzziele öffentlichkeitswirksam darzustellen und zu vertreten. Bei der Auswahl spielen daher neben naturschutzfachlichen Kriterien (wie Seltenheit, Gefährdung oder Repräsentativität für bestimmte Lebensgemeinschaften) oft naturschutzstrategische (Bekanntheitsgrad, Attraktivität, positives Image einer Art) wie auch pragmatische Kriterien (z. B. leichte Erfassbarkeit, wissenschaftlich gut dokumentierter Kenntnisstand) eine wesentliche Rolle.

Die **Herleitung von Zielartenspektren** muss dabei nachvollziehbar aufbereitet und dargelegt sein. Den fundierten Vorschlag eines solchen methodischen Rahmens für die Herleitung regionalisierter Zielarten unterbreitet ALTMOOS (1997) am Beispiel des Biosphärenreservates Rhön (vergleiche auch Abbildung 5.12):

- Ausgehend vom bekannten Gesamtartenspektrum der Region werden demnach zunächst **Ausschlusskriterien** betrachtet, die für die Eignung einer Art als Ziel-

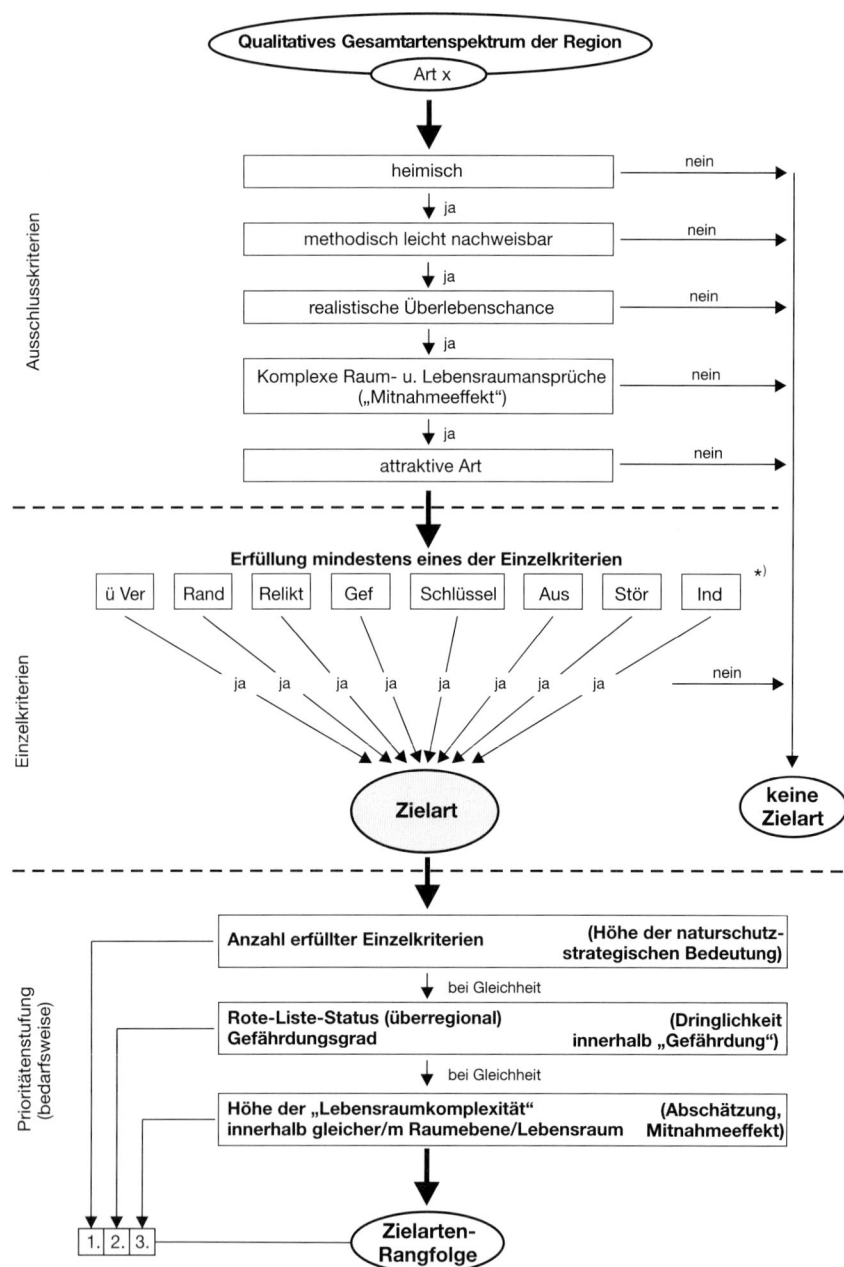

Abb. 5.12 *Methodischer Rahmen zur Auswahl von Zielarten (ALTMOOS 1997).*

art erforderlich sind und dabei zugleich alle erfüllt sein müssen. Dazu gehört z. B. dass die Arten in der betreffenden Bezugsregion heimisch sind, dass man sie methodisch leicht erfassen und nachweisen kann, dass sie eine wirkliche (langfristige) Überlebenschance und zugleich einen deutlichen Mitnahmeeffekt haben sowie unter naturschutzstrategischen Gesichtspunkten, dass sie attraktiv sind und sich damit eignen, um über Öffentlichkeitsarbeit Akzeptanz für Naturschutzziele zu vermitteln. Der „Mitnahmeeffekt" ist dabei getrennt für verschiedenen Raumebenen und Artengruppen zu betrachten (vergleiche Abb. 5.13).

- Danach werden verschiedene **Einzelkriterien** betrachtet, die jeweils eine eigene naturschutzfachliche Bedeutung der Art in der Region anzeigen. Mit ihnen soll im überregionalen Abgleich die regionale Eigenart und Verantwortung für bestimmte Organismen abgebildet werden, und zwar über Wertmaßstäbe wie Verbreitung, Seltenheit, Gefährdung, Wiederherstellbarkeit oder Empfindlichkeit. Im vorliegenden Fall wurde angenommen, dass für die Eignung als Zielart zusätzlich zu den Ausschlusskriterien mindestens eines dieser Einzelkriterien erfüllt sein muss.
- Unter den so ausgewählten Zielarten kann dann eine weitere **Prioritätensetzung** erfolgen, etwa nach der Anzahl der erfüllten Einzelkriterien (als Ausdruck der generellen naturschutzstrategischen Bedeutung einer Art in der Region), des Rote-Liste-Status (als Maß für die Dringlichkeit von Schutzmaßnahmen) oder aufgrund des (abgeschätzten) Umfangs des Mitnahmeeffektes.

Ein regionales Zielartensystem sollte weiterhin berücksichtigen:
- verschiedene Raumebenen (vergleiche Abb. 5.13). Beachtet werden muss dabei, dass die Ansprüche einzelner Arten (z. B. der Heuschrecken in feuchtem Grünland) nicht stellvertretend für die anderer Artengruppen (z. B. Vögel) stehen können;
- verschiedene Anspruchstypen (z. B. nach Ernährungsweise, Mobilität);
- unterschiedliche Lebensphasen von Arten und daraus resultierende Ansprüche (unterschiedliche Habitatansprüche bezüglich Reproduktion, Nahrungssuche, Überwinterung).

Für einzelne Zielarten können dann Handlungshinweise erstellt werden, wie sie am Beispiel des Schwarzstorches Tabelle 5.6 verdeutlicht werden: Darin sind in wechselseitiger Verknüpfung sowohl Belange des direkten Populationsschutzes der betreffenden Arten (z. B. Zugriffsregelung, Besucherlenkung) als auch Aspekte des Flächenschutzes (z. B. Integration von Schutzerfordernissen in die Landnutzung), des Prozessschutzes (Erhalt/Entwicklung von Schlüsselprozessen) sowie der Öffentlichkeitsarbeit und Umweltbildung enthalten.

Abb. 5.12 *) Erläuterungen der Abkürzungen:
ü Ver = überregionaler Verbreitungsschwerpunkt der Art in der Planungsregion;
Rand = Bezugsregion liegt im Randbereich des überregionalen Vorkommens der Art;
Relikt = Reliktvorkommen oder Endemismus;
Gef = überregional gefährdete Arten;
Schlüssel = Art weist wesentliche Schlüsselfunktionen auch für andere Arten auf;
Aus = Arten mit geringer Ausbreitungs- und Etablierungsfähigkeit;
Stör = störempfindliche Arten;
Ind = Arten mit wichtiger Indikator-/Zeigerartenfunktion

Ein Beispiel eines Zielartensystems im Rahmen der Landschaftsplanung stellt das baden-württembergische Zielartenkonzept (ZAK) dar, mit dem auf Landesebene naturraumbezogene Ziele für den Arten- und Biotopschutz erarbeitet wurden (WALTER et al. 1998). Damit soll eine flächendeckende Grundlage für Bewertungen etwa im Rah-

Raumebene 1 – Landschaftsausschnitte

Birkhuhn	Schwarzstorch	Uhu	Rotmilan	Schleiereule

Raumebene 2 – Lebensraumkomplexe

Offenland	Halboffenland	Wasser-Land-Komplexe:	ohne Zuordnung
Bekassine	Raubwürger	**- Bach-Ufer**	(verschiedene
Braunkehlchen	Neuntöter	Wasseramsel	Möglichkeiten)
Steinschmätzer	Heidelerche	Eisvogel	
Wiesenpieper	Braunkehlchen	Feuersalamander	Bechsteinfledermaus
	Schwarzkehlchen	*Calopteryx virgo*	Mausohr
	Kreuzotter	oder *C. splendens*	Braunes Langohr
	Fixsenia pruni		Fransenfledermaus
		- Stillgewässer-Land	
	Schlingnatter	Gelbbauchunke	Alpenspitzmaus
	oder Zauneidechse	Geburtshelferkröte	
		Fadenmolch	
		Kammmolch	

Raumebene 3 – Lebensraumbereiche

Trockene Magerrasen	Frisches Grünland	Feuchtgrünland	Waldrand
Carabus monilis	*Polysarcus denticauda*	Wachtelkönig	*Limenitis populi*
Hipparchia semele	*Carabus convexus*	*Stetophyma grossum*	*Parnassius mnemosyne*
Chazara briseis		*Proclossiana eunomia*	*Nordmannia w-album*
Maculinea arion			*Isophya kraussi*
Glaucopsyche alexis		*Lycaena virgaureae*	*Carabus arvensis*
Psophus stridulus		oder	
Decticus verrucivorus		*Lycaena hippothoe*	
Metrioptera brachyptera			
Platycleis albopunctata			
Laubwald	**Moor**	**Stillgewässer**	**Fließgewässer**
Waldschnepfe	*Colias palaeno*	*Gomphus vulgatissimus*	Bachforelle
Hohltaube	*Boloria aquilonaris*	*Lestes dryas*	Groppe
Schwarzspecht	*Trechus rivularis*	*Coenagrion hastulatum*	*Osmylus fulvicephalus*
Baummarder	*Tricca alpigena*	*Sympetrum flaveolum*	*Sialis fuliginosa*
		Aeshna juncea	*Cordulegaster boltoni*
	Somatochlora artica		
	oder		
	Aeshna subartica		

Raumebene 4 – Strukturen

Quelle/Quellfluren	Offene Bodenstellen/Steinfluren	Totholzbereiche
Bythinella compressa	*Andrena tarsata*	*Agapanthia violaceae*
Cordulegaster bidentatus	*Osmia varouxi*	*Leiopus nebulosus*

(Wirbeltiere mit deutschem Namen, Wirbellose mit wissenschaftlichem Namen)

Abb. 5.13 *Abbildung verschiedener Raumebenen durch ein Zielartensystem am Beispiel der Rhön* (ALTMOOS *1998*).

Tabelle 5.6 Arbeits- und Aktionsplan für die Zielart Schwarzstorch als Beispiel für ein Umsetzungskonzept (Flächenkonkretisierungen sind hier weggelassen; ALTMOOS 1998)

Nr.	Strategiebereich	Maßnahmenrahmen	Träger
1	**Wald**	Kernzonen-Umsetzung	Obere Naturschutz-behörden
	Flächiges Lebensraumpotenzial (unabhängig aktueller Besiedlung)	Entwicklung ausgewählter geeigneter Waldbereiche (gesonderte Auswahlkriterien)	
		darin Entwicklung von Altersphasen und natürlichen Gewässern: Absprachen, Integration in Betriebsplanungen	Abstimmung mit Forstverwaltung und Revierförstern
	Nisträume und nahe Nahrungsaufnahme	Beruhigung (vor allem zwischen Februar und August)	
2	**Gewässer**	Quellbereiche und Gewässer innerhalb und in der Nähe o.g. ausgewählter Wälder und um die Kernzonen: sich selbst Überlassen der Bäche und Ufer	Forstverwaltung
	Lebensraumpotenzial		
	Nahrungsräume	Im Kulturland Extensivierung: Integration in stattfindende Nutzungen, ergänzend Ankauf.	Landwirtschafts-verwaltung, Landwirte
3	**Störungsminimierung um bestehende Horste**	Störungsvermeidung in allen besiedelten Habitaten im Umkreis von mindestens 300 m um Horste.	Absprachen mit Forst oder Eigentümer
4	**Minimierung von Stromschlags-verlusten**	Isolatoren für Stromleitungen, Verkabeln von Teilabschnitten in Auen.	Stromunternehmen
5	**Öffentlichkeitsarbeit / Umweltbildung**	Aufklärung, gezielte Information direkt Betroffener	Projektbearbeiter
		Veranstaltungen zur allgemeinen Akzeptanzerhöhung	divers

men von Eingriffsplanungen geschaffen und sollen zudem Ziele für den Arten- und Biotopschutz vorgegeben werden. Diese stellen dabei nicht ein Optimum der Artendichte und -verbreitung dar; vielmehr werden für vorherrschende Nutzungstypen (Grünland, Acker, Obst- und Weinbau, Wirtschaftswald) **Mindestanforderungen an die Artenausstattung** definiert. Sie sollen helfen, eine standorts- und nutzungstypische Artenvielfalt zu erhalten oder wiederherzustellen und repräsentieren Lebensgemeinschaften, die noch nicht verarmt sind.

Die Tabellen 5.7 und 5.8 verdeutlichen den Aufbau eines solchen Mindeststandards: Er beruht auf naturraumbezogenen Auswahllisten für einzelne Artengruppen. Dabei wird zwischen anpassungsfähigen Arten (die unter derzeit üblichen Nutzungsformen und -intensitäten ohne besondere Schutzmaßnahmen überleben können) und anspruchsvolleren Arten (die in der Regel schon stark rückläufig oder gefährdet sind) differenziert. Für verschiedene Bezugsflächengrößen (z. B. 10, 20, 100 ha Grünland) und einzelne Artengruppen wird dann festgelegt, wie viele der „anspruchsvolleren" und der „anpassungsfähigen" Arten dort gemeinsam vorkommen müssen, um den Mindeststandard zu erfüllen. Es handelt sich um eine Expertenempfehlung, die so gestaltet ist, dass nie ganz bestimmte Arten nachgewiesen werden müssen, um Zufallsereignisse ausreichend berücksichtigen zu können. Auch wird nach der Flächengröße differenziert: In einem grünlanddominierten Gebiet von 100 ha werden im Vergleich zu einer 20 ha großen Fläche zusätzliche Arten gefordert. Auf diese Weise entsteht als landschaftsplanerische Zielvorgabe ein hinreichend flexibler Rahmen, zu dessen konkreter Erfüllung verschiedene Alternativen möglich sind.

Tabelle 5.7 Matrix zum Mindeststandard: Zeigergruppen, Nutzungstypen und Bezugsflächen (WALTER et al. 1998)

Matrix zum Mindeststandard: Zeigergruppen, Nutzungstypen und Bezugsflächen

	Gefäß-Pflanzen	Brut-vögel	Repti-lien	Tag-falter	Heu-schrecken	Lauf-käfer	Holz-käfer	Wild-bienen	Moose	Flechten
Mittleres Grünland	10 ha	–	–	10 ha	10 ha	–	–	–	–	–
	–	20 ha	–	–	–	–	–	–	–	–
	–	–	–	50 ha	50 ha	–	–	–	–	–
	–	100 ha	–	–	–	–	–	–	–	–
Obstbau	10 ha	10 ha	–	10 ha	10 ha	–	–	–	s	s
	–	50 ha	–	50 ha	50 ha	–	–	–		
Acker	20 ha	20 ha	–	–	–	20 ha	–	–	s	–
	–	100 ha	–	–	–	100 ha	–	–		
Weinberge	2 ha	–	–	–	–	–	–	2 ha		
	–	–	5 ha	5 ha	5 ha	–	–	5 ha	s	s
	–	10 ha	–	10 ha	10 ha	–	–	–		
	–	–	–	–	–	20 ha	–	–		
Wirtschaftswald	–	20 ha	–	–	–	–	20 ha	–	–	–
	–	100 ha	–	100 ha	–	100 ha	100 ha	–	–	s
	300 ha	300 ha	–	300 ha	–	–	300 ha	–		

(s = strukturelle Anforderungen)

Tabelle 5.8 Aufbau des Mindeststandards für Zielgruppen am Beispiel des Grünlands der Schwäbischen Alb (WALTER et al. 1998)

Aufbau des Mindeststandards für Zielarten am Beispiel des Grünlands der Schwäbischen Alb

Zeiger-gruppen	Zusammenstellung typischer Grünlandarten der Schwäbischen Alb (= Auswahlliste für Mindeststandards)	Mindeststandard Anzahl geforderter Arten aus der Auswahlliste auf:					
		10 ha tr-fr	10 ha fr-fe	20 ha	50 ha tr-fr	50 ha fr-fe	100 ha
Gefäß-pflan-zen[1]	• 59 „anpassungsfähige" Arten: z.B. *Bromus erectus, Campanula rotundifolia, Centaurea jacea, Chrysanthemum leucanthemum, Lotus corniculatus, Medicago lupulina, Prunella vulgaris, Ranunculus bulbosus, Sanguisorba minor, Silene dioica, Silene vulgaris, Trifolium dubium, Trisetum flavescens* ...	20 +	21 +	-	-	-	-
	• 33 „anspruchsvollere" Arten: z.B. *Briza media, Campanula patula, Helianthemum nummularium, Helictotrichon pratense, Helictotrichon pubescens, Knautia arvensis, Linum catharticum, Pimpinella saxifraga, Potentilla erecta, Primula elatior, Salvia pratensis, Tragopogon pratensis* ...	2	2	-			
Tagfal-ter, Wid-derchen	• 12 „anpassungsfähige" Arten: z.B. *Colias hyale, Maniola jurtina, Aphantopus hyperantus, Coenonympha pamphilus, Cyaniris semiargus, Polyommatus icarus, Carterocephalus palaemon, Thymelicus sylvestris* ...	6 +	5 +	-	6 +	6 +	-
	• 22 „anspruchsvolle" Arten: z. B. *Adscita statices, Zygaena viciae, Zygaena filipendulae, Mellicata athalia, Melanargia galathea, Erebia medusa, Lycaena tityrus, Lycaena hippothoe, Aricia ataxerxes, Eumodonia eumedon* ...	2	2	-	3	3	
Heu-schre-cken	• 8 „anpassungsfähige" Arten: z.B. *Metrioptera roeselii, Chrysochraon dispar, Gomphocerippus rufus, Corthippus biguttulus, Corthippus parallelus* ...	4 +	3 +	-	5 +	4 +	-
	• 10 „anspruchsvollere" Arten: z.B. *Polysarcus denticauda, Metrioptera bicolor, Gryllus campestris, Euthystira brachyptera, Omocestus viridulus, Corthippus dorsatus* ...	1	1	-	3	3	
Vögel [2]	• 13 Arten des weithin offenen Grünlandes mit einzelnen Strukturelementen: z.B. Feldlerche, Wachtel, Braunkehlchen, Feldschwirl, Sumpfrohrsänger, Goldammer ...	-	-	2*) oder	-	-	3 oder
	• 21 Arten des reichstrukturierten Grünlandes: z.B. Baumpieper, Heckenbraunelle, Braunkehlchen, Mönchsgrasmücke, Dorngrasmücke, Neuntöter, Feldsperling, Goldammer ...	-	-	5	-	-	8

tr–fr: mäßig trockene bis frische Standorte (trockenste Ausprägung z.B. Salbei-Glatthaferwiese);
fr–fe: frische bis mäßig feuchte Standorte (feuchteste Ausprägung z.B. Kohldistelwiese).
*) Eine der geforderten Brutvogelarten muss in der Roten Liste Baden-Württemberg (HÖLZINGER et al. 1996) genannt sein; die Einstufung als schonungsbedürftig genügt.
1) Bearbeiter: K. & M. WEISS, W. KRÖNECK;
2) Bearbeiter: M. KRAMER; für die Bezugsfläche von 20 ha ist der Mindeststandard noch nicht ausreichend abgesichert.

Eine **Erfolgskontrolle** von Maßnahmen ist nur aufgrund eines vorher formulierten Leitbildes möglich. Zielarten können (als Umweltqualitätsstandards) ein solches Leitbild prüfbar machen, d. h. sie ermöglichen eine eindeutige und messbare Erfolgskontrolle. Auch hier gelten jedoch die vorher beschriebenen Gefahren einer Eingrenzung von derartigen Kontrollparametern auf ganz bestimmte Zielarten: Es ist eben, z. B. bei Ausgleichs- und Ersatzmaßnahmen, die sich funktional auf die Beeinträchtigungen bestimmter Arten beziehen sollen, nicht hinreichend bestimmbar, welche Tier- oder Pflanzenart genau sich in welchem Lebensraum etablieren wird. Ähnliche Einschränkungen lassen sich aktuell aufgrund von Erfahrungen mit der **Metapopulationstheorie** treffen: Diese ist ein dynamisches Konzept, das davon ausgeht, dass sich eine Gesamtpopulation aus mehreren, über verschiedene „Patches" (fragmentierte Habitate) verteilten Teilpopulationen zusammensetzen kann. Zwischen diesen besteht ein Austausch, wobei es in einzelnen Teilflächen zu lokalem Aussterben (Extinktion), aber auch zu Neu- und Wiederbesiedlung (Kolonisation) kommen kann. Die Population bleibt als Ganzes zwar erhalten, es ist aber – mit Blick auf durchzuführende Kontrollen – unsicher, in welcher Fläche wann welches Vorkommen auftritt. Umgekehrt bedürfen jedoch Schutzzielvorgaben wie die des „Erhalts aller standortsheimischen Arten" einer Eingrenzung auf bestimmte Zielarten, um für Erfolgskontrollen überhaupt handhabbar zu sein.

Daher sollten auch Erfolgskontrollen auf Zielartensysteme abstellen und nicht auf Nachweise einzelner Arten. Mindeststandards wie die von Walter et al. (1998) formulierten bieten auch hier einen guten Ansatz, da sie sich nicht auf einzelne Arten festlegen.

5.2.2 Von der Differenzierten Landnutzung über den Biotopverbund zur Guten fachlichen Praxis

Forderungen, dass in der Kulturlandschaft bestimmte Flächenanteile für naturnahe Lebensräume vorzuhalten seien, reichen bereits lange zurück: Schon in den 30er-Jahren des 20. Jahrhunderts erhob Alwin Seifert die Forderung, dass 3–5 % so genanntes „Ödland" verbleiben sollten (Seifert 1935/36, zit. nach Marschall 1998). Zugrunde liegendes Argument war, dass nur so auf dem Rest der Fläche eine stetige Nutzung zu gewährleisten sei. Später, in den 50er-Jahren, formulierte Alwin Seifert dann ähnliche Forderungen in einem Rahmen von nunmehr 10 % Flächenanteil. Die Begründung war auch hier wieder eine nutzungsbezogene: Die Natur, so die Argumentation würde nirgendwo 100 %igen Ertrag gewähren; notwendig sei vielmehr ein so genannter „Zehnter für die Natur", um eine nachhaltige Nutzung zu gewährleisten. Diese 10 %-Forderung wurde in den 70er-Jahren vermehrt aufgegriffen und – weniger fachwissenschaftlich fundierten, sondern vielmehr pragmatischen Erwägungen entspringend – zu einem zentralen Leitbild des Naturschutzes und der Landschaftsplanung entwickelt. Auf sie nehmen etwa das Konzept einer Differenzierten Land- und Bodennutzung Bezug sowie Forderungen nach einem Biotopverbund, wonach naturnahe Lebensräume in besagter Größenordnung bereitzustellen sind, um sie miteinander zu vernetzen. Die Strategie des Biotopverbunds bedarf jedoch ihrerseits der Ergänzung durch eine flächendeckend umweltgerechte Landwirtschaft im Sinne einer so genannten „Guten fachlichen Praxis". In dem für diese definierten Anforderungsrahmen spielen wiederum neben Aspekten einer nachhaltigen Bodenbearbeitung und Sicherung der Bodenfruchtbarkeit aktuell auch Forderungen nach einer Mindestausstattung von Landschaftsräumen mit naturnahen Flächen und Strukturelementen eine Rolle, die sich häufig gleichfalls im Rahmen besagter 10 %-Forderung bewegen (z. B. KNICKEL et al. 2001).

Differenzierte Land- und Bodennutzung – ein übergeordnetes Steuerungs- und Korrekturprinzip

Das Konzept der Differenzierten Land- und Bodennutzung geht von der Vorstellung aus, durch geschicktes Zuordnen und Mischen von unterschiedlichen Nutzungstypen eine Stabilisierung der Kulturlandschaft zu erreichen. Ziel ist ein Nutzungsgefüge, das imstande ist, alle **Grundfunktionen von Ökosystemen**, d. h. die Produktions-, Träger-, Regelungs- und Informationsfunktion (vergleiche hierzu auch Tabelle 3.6) gleichzeitig wahrzunehmen. Eine zentrale Rolle nimmt dabei die Regelungsfunktion ein, d. h. von menschlichen Nutzungen ausgehende Wirkungen sollen so aufgefangen werden, dass ein in sich stabiles Gefüge entsteht. Entwickelt wurde das Konzept von HABER (1971, 1979) und SCHEMEL (1976) maßgeblich in Reaktion auf die **großräumige Funktions- entmischung**, die sich in Mitteleuropa in den letzten 150 Jahren und ganz besonders nach dem 2. Weltkrieg herausgebildet hat: Durch die Entwicklung intensiv agrarisch genutzter Räume, weitläufiger Fichten-Monokulturen und sich immer weiter in ihr Umfeld ausdehnender städtischer Ballungsräume ist ein ursprünglich heterogenes Standortgefüge in großflächig einheitliche Nutz-Ökosysteme überführt worden, was zugleich – so die Lesart – eine ökologische Destabilisierung der Kulturlandschaft bedeutet.

Angestrebt wird eine Diversifizierung der Landnutzung, die eine umweltschonende Landbewirtschaftung dabei nicht ersetzen, sondern ergänzen soll. Sie ist Teil einer Spannbreite von Raumnutzungs- und Naturschutzstrategien, die sich zwischen den Polen **Segregation** (d. h. einer räumlichen Trennung von Naturschutz und Landnutzung, etwa in Form großer Schutzgebiete) und **Integration** (d. h. einer weitgehenden Integration von Naturschutzansprüchen in die Landnutzung) bewegen. Anlass und Hintergrund ist dabei u.a. die so genannte SLOSS-Debatte im Naturschutz, die sich um die Frage „**S**ingle **l**arge **o**r **s**everal **s**mall?" dreht, d. h. was in puncto Schutzgebiete besser ist: Eine große Fläche oder mehrere kleine (vergleiche Abb. 5.14). Innerhalb dieses Spektrums handelt es sich bei der Differenzierten Land- und Bodennutzung um eine erklärtermaßen integrative Strategie.

Dazu werden folgende Ökosystem-Typen unterschieden (vergleiche Abb. 5.15):

- **Naturnahe oder nicht genutzte Ökosysteme**: Hier überwiegen die natürlichen Wirkkräfte und ökosystemaren Bezüge. Zugleich können diese Ökosysteme Ausgleichsleistungen übernehmen und damit einen Beitrag zur Stabilisierung der Kulturlandschaft leisten. Neben anthropogen kaum überprägten bzw. beeinflussten Bereichen werden hierunter auch naturnah bewirtschaftete Wälder gefasst.
- **Intensiv genutzte Agro- und Forstökosysteme** (z. B. forstliche Monokulturen und nicht standortsgerechte Nadelforste): Hier hat die Erzeugung Vorrang vor den anderen Ansprüchen. Es herrschen zwar biotische Strukturelemente vor, jedoch fehlt die Fähigkeit zur Selbstregulation. Die Systeme sind abhängig von menschlicher Stoffentnahme und -zufuhr, z. B. durch Düngemittel und Pestizide, die zu Stoffausträgen und Belastungen benachbarter Systeme führen können.

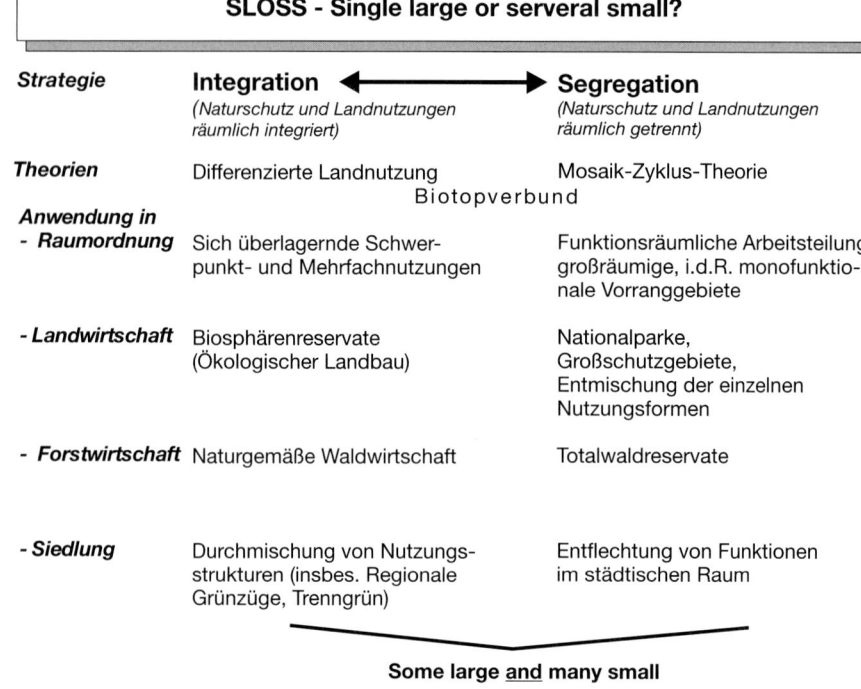

Abb. 5.14 *Spektrum räumlicher Naturschutzstrategien zwischen den Polen Integration und Segregation.*

- **Urban-industrielle Ökosysteme**, in denen technische Strukturen überwiegen und Mechanismen zur Selbstregulation häufig ganz beseitigt sind. Diese Ökosysteme sind für die Existenz ganz auf die Umgebung angewiesen.

Grundüberlegung ist nun, dass je großflächiger und einheitlicher oder aber je konzentrierter auf kleinem Raum und je langfristiger (d. h. ohne zeitlichen Wechsel) eine Nutzung durchgeführt wird, umso größer sind die von ihr ausgehenden Umweltbelastungen und Nebenwirkungen. Zwar ist zu akzeptieren, dass in der Regel eine Nutzungsform vorherrschen wird, jedoch ist diese folgenden **einschränkenden Regeln** zu unterwerfen (HABER 1998):

- Innerhalb einer Raumeinheit sollte eine intensive Landnutzung nicht die gesamte Fläche beanspruchen. Im Durchschnitt müssen mindestens 10–15 % der Fläche für entlastende oder puffernde Nutzungen verfügbar bleiben, z. B. für naturnahe Wälder, Gebüsche, Baumgruppen, Gewässer und deren Uferbereiche. Auswahl und Zusammensetzung der entlastenden oder puffernden Nutzungen richten sich nach der Stärke der Umweltbelastungen, die aus der Hauptnutzung stammen.
- Die jeweils vorherrschende Nutzung muss in sich diversifiziert werden, um große uniforme Flächen, z. B. „Agrarsteppen", monotone Industriegebiete oder große forstliche Reinbestände zu vermeiden. In der Agrarlandschaft ist die Schlaggröße

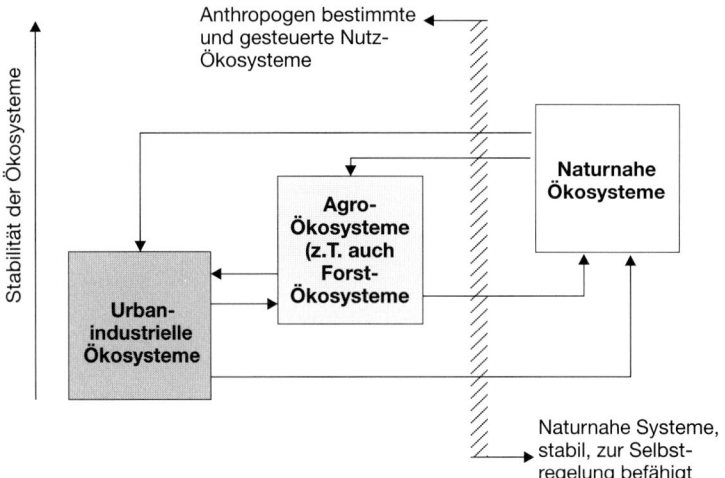

Abb. 5.15 *Prinzip einer Differenzierten Land- und Bodennutzung* (HABER 1971, 1979; SCHEMEL 1976).

dafür ein wichtiger Parameter, weiterhin z. B. eine Variation der Fruchtfolgen. D. h. neben die räumliche sollte auch eine zeitliche Diversifizierung der Landnutzung treten.

- In einer intensiv genutzten Raumeinheit müssen im Durchschnitt mindestens 10 % der Fläche für naturbetonte Bereiche reserviert bleiben. Diese Fläche ist netzartig zu verteilen. Mit ihr soll einerseits das Erscheinungsbild der Landschaft abwechslungsreich gestaltet werden. Andererseits wird dadurch ein wichtiger Beitrag zum Biotop- und Artenschutz geleistet, auf den alle diejenigen Arten angewiesen sind, die in den Nutzflächen selbst nicht dauerhaft existieren können.

Diese Leitprinzipen zeigen zugleich, dass das Konzept einer differenzierten Land- und Bodennutzung nicht auf die berühmte „10 %-Forderung" reduziert werden darf und zugleich vor schematischer Anwendung gewarnt werden muss! Grundanliegen ist vielmehr, die jeweils vorherrschende Landnutzung in sich zu diversifizieren, wozu für die anzustrebenden Anteile naturnaher Flächen und ihre Verteilung jeweils naturräumlich und standörtlich zu differenzierende Strategien entwickelt werden müssen. Damit handelt es sich bei der Differenzierten Land- und Bodennutzung um ein übergeordnetes Steuerungs- und Korrekturkonzept, das leitbildhafte Aussagen trifft, ohne dabei aber die Landnutzung bis ins Einzelne festschreiben zu wollen.

Innerhalb der verschiedenen, innerhalb der Ökologie gängigen **Diversitäts-Typen**, der Alpha-(Arten-) und der Beta-(Struktur-)Diversität, stützt sich das Konzept auf die Gamma-(Raum-)Diversität. Ein Problem ist dabei, dass die Zusammenhänge zwischen Diversität und Stabilität von Ökosystemen, auf denen die Theorie fußt, heute differenzierter gesehen werden als zu Beginn der 70er-Jahre (TREPl 1995). So kann sicher kein simpler Zusammenhang zwischen der Artdiversität und der Stabilität eines Ökosystems angenommen werden, da es z. B. zahlreiche ausgesprochen artenarme Ökosysteme gibt, die sich aber als ausgesprochen stabil erweisen (z. B. Röhricht,

Moor oder boreale Nadelwälder). Da aber einiges dafür spricht, dass der Diversitäts-Stabilitäts-Hypothese wenn nicht für einzelne Arten, so doch für die Ökosystemvielfalt im Raum und für die langfristige Stabilität und nachhaltige Nutzbarkeit von Landschaften Bedeutung zukommt, ist das Konzept der Differenzierten Bodennutzung in dieser Hinsicht immer noch aktuell.

Anwendungen des Konzepts einer Differenzierten Land- und Bodennutzung

Die Theorie der Differenzierten Landnutzung ist grundsätzlich auf alle Typen der Landnutzung anwendbar, auch auf **Siedlungsräume** und Dorfbereiche. Gerade in Ballungsräumen haben etwa Regionale Grünzüge und Trenngrün (d. h. freizuhaltende Bereiche, die gewährleisten sollen, dass bestehende Gemeinden oder Ortsteile nicht zusammenwachsen, sondern durch Freiräume getrennt bleiben) eine wichtige Ausgleichsfunktion. Auf einem Netz an regionalen Grünzügen mit parkartig gestalteten Wegen und Anlagen fußen z. B. so genannte „Regionalparks", die im Umfeld verschiedener Metropolen und Ballungsräume im Entstehen begriffen sind (z. B. der Regionalpark Rhein-Main im Umfeld von Frankfurt/M.).

Eine wichtige Steuerungsebene, auf der eine Differenzierte Land- und Bodennutzung ansetzen kann, ist die **Regionalplanung**. Praktiziert werden derartige Überlegungen etwa, wenn bei der Leitbildentwicklung auf regionaler Ebene so genannte „Funktionsräume" unterschieden werden, denen abgestufte Prioritätensetzungen für die Ausstattung mit naturnahen Landschaftselementen zugeschrieben werden. Tabelle 5.9 verdeutlicht solche Funktionsräume mit zugewiesenen Vorrangzuweisungen (Gewichtungen aus Sicht des Naturschutzes) und Schwerpunktzielen. Daneben beruht auch das in Farbkarte 6 wiedergegebene Leitbild einer regionalen Leitbildentwicklung auf derartigen Funktionsräumen, die auf Grundlage einer Analyse der verschiedenen Landschaftspotenziale ermittelt wurden und denen verschiedene mögliche Formen der Landnutzung und deren Überlagerung zugesprochen sind.

Auch in der **forstlichen Nutzung** sollten differenzierte Nutzungs- und Schutzprioritäten nebeneinander bestehen: Nur in großen Waldreservaten wie den Nationalparken kann der vollständige Zyklus der natürlichen Waldentwicklung ablaufen. Abbildung 5.16 macht deutlich, dass es im Unterschied zu diesen großen Waldreservaten kein Waldbewirtschaftungssystem gibt, das die volle Palette natürlicher Waldlebensräume bereitstellen kann. Naturwaldreservate sind hierzu in der Regel zu klein; ihr Anteil an der Waldfläche betrug 1996 zudem nur 0,2 % (HAUPT 1997) und dürfte sich seitdem auch nicht signifikant verändert haben. Auch im Forst bietet sich daher eine Kombination verschiedener Strategien an: Der integrative Aspekt umfasst dabei u.a. Dauerwald-Nutzung durch plenter- und/oder femelartige Forstwirtschaft, die Erhaltung des Anteils an Alt- und Totholz, den Verzicht auf Düngung/Kalkung, die Beschränkung von Erschließungsmaßnahmen durch Waldwegebau, die zumindest punktuelle Öffnung der starren Wald-/Offenlandstrukturen und die Orientierung der Baumartenzusammensetzung am Kriterium der Naturnähe. Zur segregativen Strategie gehören u.a. das Zulassen ungelenkter, d. h. vom Menschen unbeeinflusster Prozesse sowie Nutzungsverzicht in Totalwaldreservaten. Mögliche Bausteine eines differenzierten Schutzsystems im Wald verdeutlicht des Weiteren Kasten 5.8.

Tabelle 5.9 Regionalplanerische Funktionsraumtypen mit zugeordneten Gewichten und Schwerpunktsetzungen (LfU 1997; die Raumkategorien entsprechen den in Farbkarte 6 „Leitbild der Landschaftsentwicklung" wiedergegebenen Funktionsräumen)

Funktionsraum	Gewichtung aus Sicht des Naturschutzes	Schwerpunktziele	Kennzeichen
Gebiet mit langfristig natürlicher/naturnaher Entwicklung	**vorrangig**	Sicherungsziele zu • Arten- und Biotopschutz	• Naturschutzgebietswürdige Flächen (meist Wälder)
Landnutzung mit **vorherrschenden** Leistungen für Naturhaushalt und Landschaftsbild	**vorherrschend**	Sicherungs- und Optimierungsziele zu • Arten- und Biotopschutz • Boden- und Gewässerschutz • Naturbezogener, stadtnaher Erholung	• Extensiv genutzte Gebiete • Überörtlich bedeutsame Lebensräume bedrohter Arten • Kulturökosysteme • Sonderstandorte • Überschwemmungsgebiete • Stadtnahe, intensiv genutzte Erholungslandschaften
Landnutzung mit **bedeutenden** Leistungen für Naturhaushalt und Landschaftsbild	**besondere Beachtung**	Entwicklungsziele zu • Arten- und Biotopschutz • Bodenschutz • Landschaftsschutz • Naturbezogene Erholung	• Erosionsgefährdete Gebiete • Ertragsschwache Böden (trocken, nass) • Strukturreiche Gebiete • Erholungslandschaften • Landschaften mit schönem Erscheinungsbild
Landnutzung mit **begleitenden** Leistungen für Naturhaushalt und Landschaftsbild	**Beachtung**	Mindestziele in Natur und Landschaft (z.B. strukturelle Mindestausstattung), Sanierungsziele	• Meist intensiv land- und forstwirtschaftlich genutzte Gebiete mit ertragreichen Böden
Übrige Flächennutzungen mit **begleitenden** Leistungen für Naturhaushalt und Landschaftsbild	**Beachtung**	Sanierungsziele, Wohnumfeldverbesserung	• Siedlungsgebiete

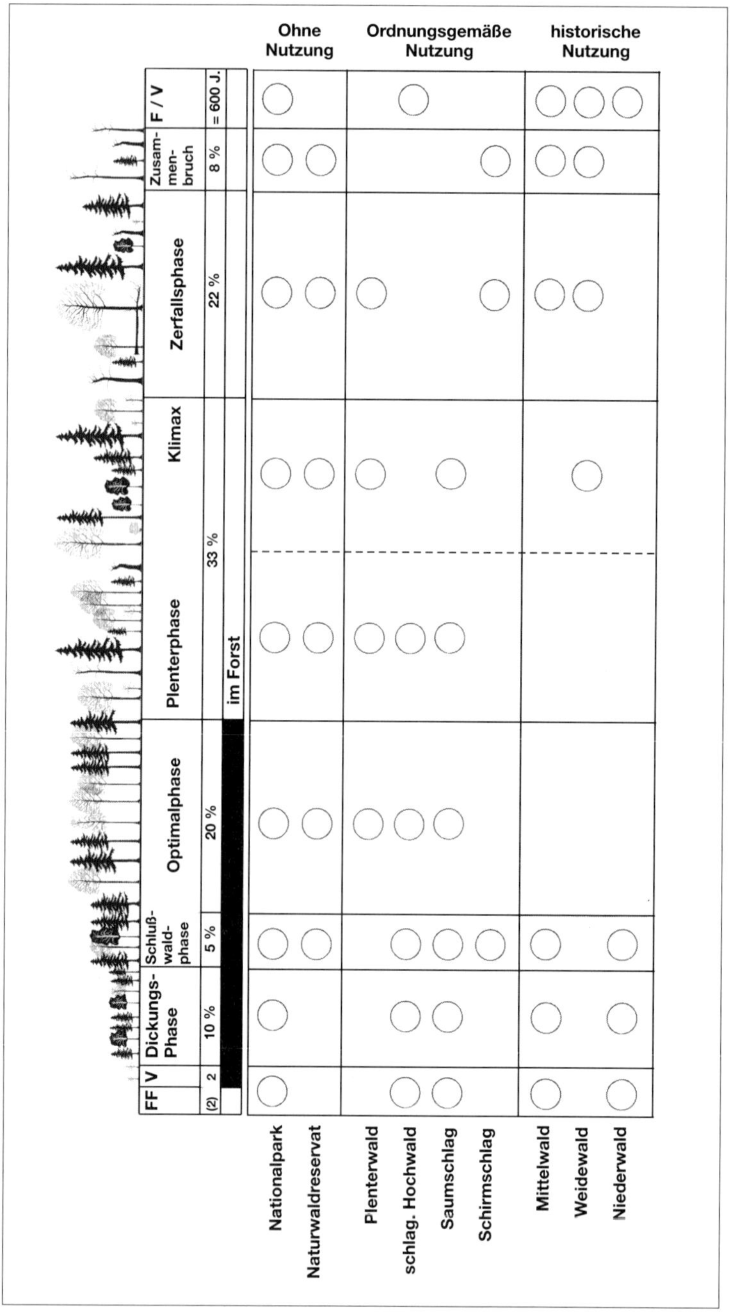

Abb. 5.16 *Strukturelle Übereinstimmung verschiedener Waldnutzungsformen mit den natürlichen Waldentwicklungsphasen (SCHERZINGER 1994).*

Kasten 5.8 Mögliche Bausteine eines differenzierten Schutzsystems im Wald (VOLK 1998)

Waldbiotope:

Gesetzlich geschützte Biotope nach BNatSchG und den Landeswaldgesetzen; lt. selektiver Waldbiotopkartierung Baden-Württemberg insbesondere

- Seltene naturnahe Waldgesellschaften (u.a. Au-, Bruch-, Moorwälder, Trockenwälder, Schlucht-, Hangfuß-, Blockwälder, seltene Buchen-, Eichen-, Fichten- und Tannenwälder)
- Waldbestände mit seltenen und besonders schützenswerten Pflanzen (z. B. größere Vorkommen von Diptam, Frauenschuh, seltenen Farnen und Gräsern, seltenen autochthonen Baumarten)
- Waldbestände mit seltenen und besonders schützenswerten Tieren (z. B. Fledermäuse, Mittelspecht, Birkwild)
- Trockenbiotope im Waldverband (z. B. Halbtrockenrasen, Wacholder- und Gingsterheiden, Borstgrasrasen, Trockengebüsche und -säume)
- Sukzessionsflächen (z. B. Pionier- und Vorwälder).

Flächenanteil in Baden-Württemberg: 6 %.

Waldschutzgebiete:

- Totalwaldreservate
- Teilreservate („Schonwälder") mit besonderer Zielsetzung für den Artenschutz

Flächenanteil in Baden-Württemberg: ca. 2 %

Biotopverbundsysteme:

- Mosaiksteine und lineare Elemente, die die Wälder durchziehen (Gewässerflächen und naturnahe Gewässerlinien, innere und äußere Waldränder)

Naturschutzgebiete und Naturdenkmale:

Flächenanteil in Baden-Württemberg: 2,6 %.

Auch für **die landwirtschaftliche Nutzung** sind auf Grundlage der Naturräume und Erzeugungsgebiete differenzierte Leitbilder zu entwickeln. Ein für den Freistaat Thüringen entwickeltes Konzept, das auf Vorstellungen zur Differenzierten Landnutzung fußt (ROTH et al. 1995; ROTH et al. 1996), geht von der Grundprämisse aus, dass die Landbewirtschaftung zum Einen umweltverträglich erfolgen muss und dabei die abiotischen und biotischen Naturgüter sowie die Vielfalt und Eigenart der Landschaft nicht gefährden darf. Zum Anderen muss sie aber auch effizient sein, d. h. ihre Wirtschaftlichkeit muss aus ihren Leistungen resultieren. Dazu wird eine Strategie verfolgt, die aus zwei wesentlichen Handlungssträngen besteht:

- Zum Einen soll eine umweltverträgliche Landwirtschaft in der Fläche, d. h. auf allen Produktionsflächen gewährleistet sein. Dazu werden Optima z. B. für den Einsatz von Dünge- und Pflanzenschutzmitteln, naturräumlich differenzierte Schlaggrößen sowie Anforderungen an die Kulturartenvielfalt formuliert. Diese Anforderungen stellen zugleich den Rahmen für eine ordnungsgemäße Landwirtschaft bzw. gute fachliche Praxis in der Fläche dar.

- Ergänzend wird die Sicherung und Wiederherstellung eines bestimmten Anteils an ökologischen und landeskulturellen Vorrangflächen im Agrarraum in Form unterschiedlicher Biotope, Flurelemente und Kleinstrukturen gefordert. Die Anteile der ÖLV werden wesentlich vom jeweiligen Naturraum, seinem Landschaftsbild und seiner Landschaftsstruktur bestimmt (vergleiche Tab. 5.11). Zu

Tabelle 5.10 Ökologische und landeskulturelle Vorrangflächen (ÖLV) im Agrarraum (ROTH et al. 1995)

1. Nicht oder kaum genutzte ÖLV

- Flächenhafte Feldgehölze (einschl. Erstaufforstung) mit standorttypischen Baumarten
- Hecken, Windschutzstreifen u.a., Ufergehölze
- Zwergstrauchheiden
- Sukzessionsflächen
- weitgehend natürliche Fließ- und Standgewässer
- Röhrichte, Groß- und Kleinseggenriede

2. Auf regelmäßige Nutzung und Pflege angewiesene ÖLV

- Feucht- und Naßwiesen, Quellfluren
- Trocken- und Halbtrockenrasen
- Bodensaure Magerrasen (z.B. Borstgrasrasen)
- Tal- und Bergfettwiesen unterschiedlicher Feuchtestufen

Tabelle 5.11 Anzustrebender Anteil an ökologischen und landeskulturellen Vorrangflächen (ÖLV) im Agrarraum in unterschiedlichen Naturräumen Thüringens[1] (ROTH et al. 1996)

Anteil ÖLV	Naturraum
10%	Thüringisches Ackerhügelland, Altenburger Lössgebiet
10–12%	Plateaulagen der Saale-Sandstein- und der Ilm-Saale-Platte, Orlasenke
12–15%	Östliches Thüringer Schiefergebirge, östlicher Teil des nordthüringischen Buntsandsteinlandes, Waltershäuser Vorberge, Plateaulagen der Meininger Kalkplatten
15–18%	Plothener Teichplatte, Paulinzellaer Buntsandsteinland, westlicher Teil des nord- und südthüringischen Buntsandsteinlandes, Hainich-Dün-Hainleite, Saale-, Werra- und Unstrutaue[2]
18–20%	Hochlagen des Thüringer Waldes und des Hohen Thüringer Schiefergebirges, zertalte Randbereiche der Saale-Sandsteinplatten
20–25%	Hohe Rhön, Vorderrhön, zertalte Lagen der Ilm-Saale-Platte und der Meininger Kalkplatten, Werrabergland-Hörselberge
> 25%	stark reliefierte Lagen des Thüringer Waldes, des Hohen Thüringer Schiefergebirges und des Harzes

[1] Naturräumliche Gliederung nach Hiekel et al. 1994;
[2] längerfristig noch höher.

den ÖLV gehören sowohl Flächen, die nicht oder kaum genutzt werden (z. B. Feldgehölze oder Sukzessionsflächen), wie auch solche, die auf regelmäßige Nutzung und Pflege angewiesen sind (z. B. Halbtrockenrasen, Feucht- und Nasswiesen, Gras- und Krautsäume; vergleiche Tab. 5.10).

Wesentlicher Teil des Konzeptes sind weiterhin Anforderungsprofile und konkrete Berechnungen für eine leistungsrechte Vergütung ökologischer Leistungen. Diese erstreckt sich auf alle Maßnahmen zum Erhalt bzw. zur Erweiterung der ÖLV (z. B. Neuanlage von Hecken und Feldgehölzen wie auch dauerhafte Pflege von Extensivgrünland). Auf den eigentlichen Produktionsflächen sind alle kostensteigernden bzw. erlösmindernden Maßnahmen, die über die gute fachliche Praxis hinausgehen, zu bezahlen. Damit wird ein Konzept verfolgt, demzufolge Landbewirtschaftung sich nicht allein auf die Produktion von Nahrungsmitteln und anderer Biorohstoffe erstreckt, sondern auch auf die flächendeckende Entwicklung des ländlichen Raumes und die Sicherung seiner ökologischen und landeskulturellen Funktionen.

Weitere Vorschläge für Flächenanteile in Agrarräumen, die nur extensiv zu nutzen bzw. aus der Nutzung auszuscheiden sind, werden von der Bayerischen Landesanstalt für Bodenkultur und Pflanzenbau unterbreitet (UNGER 1998; vergleiche Tab. 5.11). Bezugsfläche ist dabei jeweils die Gesamtfläche des Bearbeitungsgebietes abzüglich der Ortslagen und der Waldgebiete von mehr als 2,5 ha. Zu betonen ist dabei, dass die einzelnen in Tabelle 5.12 wiedergegebenen Prozentanteile nicht addiert werden dürfen, sondern sich gegenseitig ergänzen und überlagern sollen. Gemessen an den oben bereits aufgezeigten und diskutierten Forderungen dürfte es sich hier daher um eine untere Schwelle handeln.

Biotopverbund – ein umsetzbares Planungskonzept?

Über ihre Forderung nach einem Netz naturnaher Lebensräume, das auch innerhalb intensiv genutzter Räume verbleiben soll, steht die Theorie der Differenzierten Land-

Tabelle 5.12 Anzustrebende Strukturen – Empfohlener Flächenanteil an der landwirtschaftlichen Nutzfläche (LN; Bezugsfläche: Gesamtfläche abzüglich Ortslagen und Wäldern > 2,5 ha) (UNGER 1998).

	Flächenanteil* an der LN
• **Für den Bodenschutz:**	
– je nach Boden und Relief	2–3 %
• **Für den Schutz der Fließgewässer:**	
– 65.000 km Fließgewässer in Bayern	
x 5 m Pufferstreifen beidseitig	ca. 2 %
x 10 m Pufferstreifen beidseitig	ca. 4 %
• **Für die Vogelwelt:**	
– 80 m Hecke/ha Heckenbreite 5 m = 400 qm/ha	4 %

* Die einzelnen Prozentanteile dürfen nicht addiert werden, sondern überlagern sich gegenseitig

und Bodennutzung in enger Verbindung zu Biotopverbundsystemen. Unter Biotopverbund wird gängig eine Anordnung von Biotopen in einer (Kultur-)Landschaft verstanden, die (Teil-)Populationen, Aktionsräume und geeignete Teilhabitate bestimmter Arten bzw. Artengruppen zu voraussichtlich überlebensfähigen Einheiten verknüpft und ihren Austausch bzw. ihre Ausbreitung (dispersal) ermöglicht (Ringler 1999). Biotopverbund ist dabei ein Begriff und eine Naturschutzstrategie, die sich wie kaum eine andere auch im politischen Raum etablieren konnte: Das **Spektrum der politischen Willensbekundungen** reicht von der Konferenz von Rio (auf der die Vertragsparteien im Übereinkommen über die biologische Vielfalt die Einrichtung eines Systems an Schutzgebieten als notwendig erkannt haben) über die Fauna-Flora-Habitat-(FFH-)Richtlinie (mit dem im europäischen Zusammenhang einzurichtenden Verbundsystem Natura 2000) bis hin zum novellierten Bundesnaturschutzgesetz. Dabei stehen gerade auch besagte Flächenforderungen im Raum: Das BNatSchG sieht in § 3 vor, bundesweit einen Biotopverbund naturnaher Bereiche auf 10 % der Fläche zu etablieren. Bereits seit 1994 enthält zudem das schleswig-holsteinische Landesnaturschutzgesetz die Aussage, auf mindestens 15 % der Landesfläche einen Vorrang für Naturschutz zu begründen, der über ein Biotopverbundsystem verwirklicht werden soll, und fast alle anderen Bundesländer haben mittlerweile die verbale Forderung nach Schaffung von Biotopverbundsystemen als Grundsatz des Naturschutzes in ihre Landesnaturschutzgesetze aufgenommen.

Gerade aufgrund dieser Verbreitung bedarf jedoch das Konzept des Biotopverbunds einer kritischen Hinterfragung. Ausgangspunkt für sein Entstehen waren **Landschaftsveränderungen** in Mitteleuropa (vergleiche Kasten 5.9). Neben der Verinselung von Lebensräumen und Barriereeffekten (insbesondere durch Verkehrsinfrastruktur) spielt dabei vor allem auch eine Rolle, dass Randzonen und weiche Übergänge zwischen verschiedenen Lebensräumen (die so genannten „Ökotone") abnehmen und zwischen den Nutzungstypen zunehmend harte Grenzen entstehen.

Gängigerweise wird unter Biotopverbund dabei ein Gefüge verstanden, das sich aus den folgenden **Bestandteilen** zusammensetzt (vergleiche auch Abb. 5.18, rechter Teil):

- Großflächige Lebensräume als genetisch stabile Dauerlebensräume langfristig überlebensfähiger Populationen. Ihre Größe sollte sich im günstigsten Fall am Arealanspruch der Spitzenarten mit dem größten Raumbedarf orientieren, die in der Nahrungspyramide meist ganz oben stehen. Diese Kernlebensräume stellen zugleich „Lieferbiotope" dar, von denen aus etwa bei Biotopneuschaffungen neue Lebensräume besiedelt werden können.
- Trittsteine, die nicht die Größe besitzen, um vollständigen Populationen das dauerhafte Überleben zu sichern. Sie ermöglichen jedoch eine zeitweise Besiedlung und vielfach auch die Reproduktion. Auf diese Weise können sie als Ausgangspunkte oder Zwischenstationen bei der Ausbreitung fungieren und damit den Individuenaustausch zwischen den Hauptlebensräumen unterstützen.
- Korridore als Wanderwege, die großflächige Schutzgebiete und Trittsteine über ein möglichst engmaschiges Netz miteinander verbinden sollen.

Gerade an dieses „Standardmodell" des Biotopverbunds knüpfen sich jedoch zahlreiche **Kritikpunkte**:

Kasten 5.9 Landschaftsveränderung in Mitteleuropa und deren Effekte (MADER 1990, verändert nach RIEDEL et al. 1994)

Flächeneffekte:
- naturnahe und natürliche Biotope werden kleiner (einschließlich der extensiv genutzten Lebensräume)
- viele dieser Biotope verschwinden ganz (Ausdünnungseffekt)
- die Distanzen zwischen den verbleibenden Restflächen werden größer

Barriereeffekt:
- Mobilitätshindernisse durch lineare Infrastruktur wie
  – Straßen
  – Feldwege
  – Bahntrassen
  – Kanäle
  gewinnen an Bedeutung
- intensiv bewirtschaftete Produktionsflächen behindern zunehmend die Raumdynamik vieler Arten
- die Lebensfeindlichkeit des Umfeldes nimmt zu

Randzoneneffekte:
- Grenzen werden schärfer
- Ökotone und Säume verschwinden
- Randzonen verlagern sich von außen nach innen

- Viele Stimmen sehen im Biotopverbund eine Reduktion von Naturschutzanliegen auf den Arten- und Biotopschutz, d. h. auf die Ansprüche einzelner Tier- und Pflanzenarten sowie den Austausch von Individuen über die notwendigen Wanderbeziehungen. Eine zu einseitige Konzentration auf den Biotopverbund als Naturschutzstrategie, so die Kritiker, führe zur nachrangigen Behandlung anderer, ebenso wichtiger Aufgaben, z. B. des Schutzes der abiotischen Ressourcen oder der allgemeinen Eutrophierung.
- „Planungsschematismus" lautet ein weiterer Vorwurf, d. h. das dargestellte Prinzip von Verbundsystemen werde vielfach als Schablone gehandhabt, die einem Raum übergestülpt wird. Die Landschaft ist nun aber, wie RINGLER (1999) treffend feststellt, kein Legobaukasten mit standardisierten Konstruktionsanleitungen.
- Die Vernetzungsproblematik in der Kulturlandschaft ist nicht durch die Anlage einzelner Korridor- oder Trittsteinbiotope zu lösen. Es fehlt vor allem an für das langfristige Überleben von Populationen hinreichend großen, zusammenhängenden Lebensräumen. Oft wird vergessen, dass ausreichend große Schutzgebiete eigentlich die Kernzellen des Verbundgedankens darstellen, ohne die wie auch immer geartete „Trittsteine" oder „Korridore" wenig Sinn machen.
- Dabei besteht die Gefahr, dass Trittsteine bzw. Wanderkorridore als Argument dafür dienen, um auf der Fläche dazwischen weiterhin intensiv zu wirtschaften. Auch darf nicht vergessen werden, dass der Sicherung vorhandener Lebens-

raumstrukturen absolute Priorität vor einer Neuanlage etwa im Rahmen von Verbundplanungen zukommt. Biotopverbund darf somit nicht, wie aber durchaus häufig der Fall, zur Alibiplanung verkommen.

- Gewarnt werden muss auch vor einer unreflektierten Verbindung von Lebensräumen, z. B. der Anlage großräumig angelegter Heckenstrukturen: Derartige Maßnahmen wollen gut überlegt sein, da nämlich jede durchgehende Verbundstruktur gleichzeitig isolierende Wirkung für Arten hat, die anders strukturierte Habitate benötigen.

- Bei einer Verbindung von gleichartigen Lebensräumen wandern zudem häufig nur die Ubiquisten. Zugleich war aber eine gewissen Trennung von Populationen auch immer Voraussetzung für das Herausbilden von genetischer Diversität. Eine unüberlegte Verbindung von Lebensräumen kann daher unter Umständen zur Einwanderung von Generalisten und Opportunisten in empfindliche Lebensgemeinschaften führen, in denen dann die konkurrenzschwachen, gefährdeten Arten verdrängt werden.

Ergänzend müssen des Weiteren Erkenntnisse der **Metapopulationstheorie** betrachtet werden, die zwar einen Biotopverbund notwendig macht, jedoch gerade nicht im Sinne einer simplen und unmittelbaren räumlichen Verknüpfung von Lebensräumen: Viele Populationen existieren nämlich als Metapopulationen, d. h. als ein Verbund räumlich nicht unbedingt unmittelbar zusammenhängender Teilpopulationen, die aber untereinander signifikant im Austausch stehen (vergleiche Abb. 5.17). In einzelnen Teilflächen, den „Patches", kann es dabei immer wieder zu lokalem Aussterben, aber auch zur Wiederbesiedlung kommen. Viele Tierarten haben nur in einem solchen Verbund an Teilflächen langfristige Überlebenschancen, wobei die Wiederbesiedelbarkeit eine wesentliche Rolle spielt. Nicht nur die Entfernung zum nächsten besiedelbaren Teilgebiet ist dabei von Bedeutung, sondern auch die Anzahl der möglichen Kolonisatoren und damit die Größe der Population (GEIßLER-STROBEL et al. 2000). Legt man die Metapopulationstheorie zugrunde, kann man Biotopverbund daher definieren als einen Verbund aller ähnlich strukturierten, dabei aber z.T. voneinander isolierten Teilflächen, die von einer betrachteten Metapopulation als Lebensraum genutzt werden.

Unter Berücksichtigung dieser Erkenntnisse und Kritikpunkte ist daher eine gegenüber dem reduzierten „Standardmodell" **erweiterte Auffassung von Biotopverbund** notwendig, die folgende Gesichtspunkte berücksichtigt:

- Biotopverbund muss unter dem umfassenden Aspekt einer Einbeziehung und Ermöglichung dynamischer und räumlich-funktionaler Prozesse gesehen werden (vergleiche Abb. 5.18, linker Teil). Dabei sind räumliche Aspekte (z. B. Zonationen) wie zeitliche Aspekte (z. B. ein Nebeneinander verschiedener Sukzessionsphasen) zu beachten. Nicht nur Lebensraumtypen, sondern auch Habitatkomplexe oder -bündelungen mit inneren Unterschieden in Standortsbeschaffenheit, Konstanz/Dynamik oder Wuchsformen sollten über größere Entfernungen verfügbar sein (RINGLER 1999).

- Zwischen gleichartigen oder ähnlichen Lebensräumen ist nicht unbedingt ein direkter räumlicher Kontakt (d. h. ein „direkter Verbund", im Sinne des englischen Begriffs „connectedness") notwendig. Vielmehr kommt es darauf an, die Land-

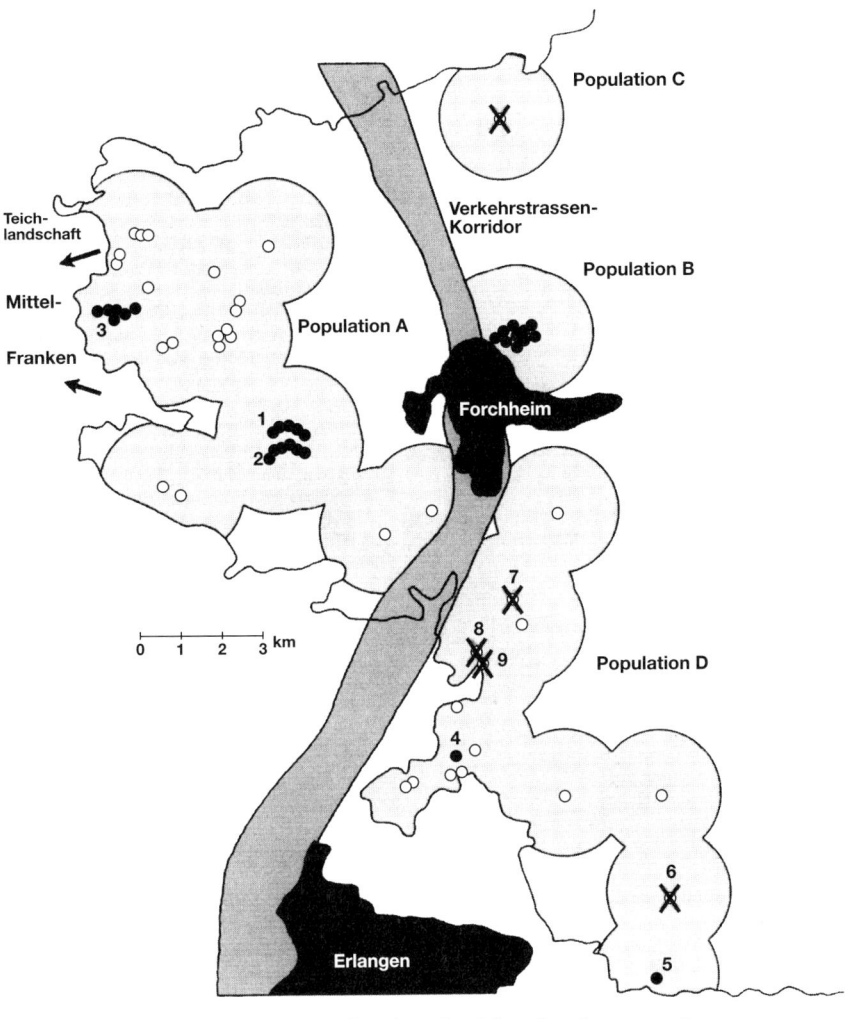

Räumlicher Populationsverbund von Laubfroschvorkommen als Metapopulation:

- ● mehr als 100 rufende Männchen
- ○ weniger als 100 rufende Männchen
- ✗ kurzfristig vom Aussterben bedrohte Kolonien

geplanter Verkehrskorridor

angenommene Aktionsradien

Abb. 5.17 *Auswirkungen einer geplanten Straßentrasse auf den räumlichen Populationsverbund eines als Metapopulation auftretenden Laubfroschvorkommens (*Vogel & Rothhaupt *1998).*

„Reduzierter Ansatz"

Biotopverbund durch

- „Trittsteine"
- „Korridore"
- „Kerngebiete"

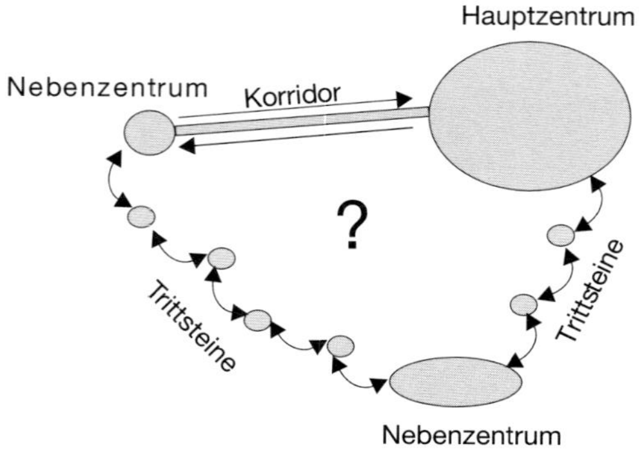

Erweiterter Ansatz

Biotopverbund durch Berücksichtigung folgender Inhalte:

**Größe/Breite/Länge von Lebensräumen,
unter Beachtung der Ansprüche definierter Zielarten bzw.
deren Metapopulationen**

Räumliche Kontakte zwischen Lebensräumen

- Überwindbare Entfernungen
- Verbindung nicht nur über (lineare) „Korridore" und „Trittsteine", sondern auch flächig
- Räumliche Kontakte auch zwischen verschiedenartigen Lebensräumen
- Reduzierung von Barrieren/Barrierewirkungen (dazu u.a. Nutzungsextensivierung)

Puffer-/Randzonen naturbetonter Lebensräume

- „Weiche" Übergänge zu Nutzflächen
- „Positive" Randeffekte

Durchgängigkeit von Gewässerökosystemen

Flächenanteil naturbetonter Lebensräume

- Erhöhung v.a. in „ausgeräumten" Landschaften
- Integration großräumiger/-flächiger Schutzgebiete

Abb. 5.18 *Reduzierter und erweiterter Ansatz von Biotopverbund* (RIEDEL et al. 1994, ergänzt).

schaft für verschiedene Organismen durchlässig zu halten, so dass Wander- und Austauschbeziehungen möglich sind („indirekter Verbund"). Dies kann auch durch eine geeignete räumliche Anordnung einer ausreichenden Anzahl von Habitaten erreicht werden, zwischen denen funktionale Austauschbeziehungen (engl. „connectivity") möglich sind, (GEISSLER-STROBEL et al. 2000).

- Bei allen Bestrebungen zur Vernetzung von Lebensräumen darf nicht vergessen werden, dass hinreichend große Kernlebensräume, von denen aus eine (Wieder-)Besiedelung anderer Flächen erreicht werden kann, den Grundgedanken bzw. das Grundgerüst eines Biotopverbunds darzustellen haben. Diese Kernräume können sowohl vom Menschen weitgehend unbeeinflusste Gebiete, durch anthropogene Dynamik gekennzeichnete Bereiche (z. B. großflächige Heidegebiete) wie auch pflegebestimmte Landschaften (mit z. B. Magerrasen, Heiden, Feucht- und Bergwiesen) umfassen.

- Zugleich bedürfen Verbundstrukturen der Ergänzung durch Nutzungsextensivierung und umweltgerechte Bewirtschaftung in Sinne zumindest einer „Guten fachlichen Praxis" in der Fläche. Diese ist notwendig, um die starke Isolationswirkung intensiv bewirtschafteter Agrarflächen herabzusetzen.

Mit Blick auf Abbildung 5.14 erweist sich Biotopverbund damit als eine Strategie, die quasi als **Bindeglied zwischen den Polen Integration und Segregation** steht. Vor dem Hintergrund der angesprochenen „SLOSS-Debatte" um die zielführende Größe von Schutzgebieten erweist sich für sie beides als notwendig: Sowohl hinreichend große Kernräume wie auch kleine, in die Kulturlandschaft eingestreute Flächen sowie eine flächendeckend ansetzende umweltgerechte Landwirtschaft.

In der Literatur gängig zu finden ist die Forderung, dass Biotopverbundsysteme sich an den **Ansprüchen einzelner Zielarten** orientieren müssen bzw. dass sie im Vorgriff die Festlegung eindeutiger Zielarten erforderten. Um diesen Anspruch zu verdeutlichen, wird z. T. die Forderung erhoben, anstelle von „Biotopverbund" besser die Begriffe „Populationsverbund", „Habitatverbund" oder – orientiert am Metapopulationskonzept – „überlebensfähiges Metapopulationssystem" zu verwenden (z. B. AMLER et al. 1999; GEISSLER-STROBEL et al. 2000). In der Tat können unspezifische Vernetzungsplanungen Vorkommen naturschutzrelevanter Arten erheblich beeinträchtigen. Dies trifft etwa auf häufige Gehölzpflanzungen an Gewässern zu, die zwar populär und damit leicht umsetzbar sein mögen, dabei aber z. T. ohne Rücksicht auf differenzierte Artansprüche im Raum vorgenommen werden. GEISSLER-STROBEL et al. (2000) belegen hier ein anschauliches Beispiel, in dem Populationen des Dunklen Wiesenknopf-Ameisenbläulings (*Maculinea nausithous*), die auf Grünland mit einem bestimmten Mahdrhythmus und dem Auftreten des Großen Wiesenknopfs *(Sanguisorba officinalis)* angewiesen sind, durch die Anlage grabenbegleitender Gehölzpflanzungen, die als Biotopverbundmaßnahme in den betreffenden Filder-Gemeinden durchgeführt wurden, erheblich zurückgingen.

Deutlich wird dadurch, dass Biotopverbundplanungen eine **intensive konzeptionelle Vorbereitung** erfordern. Bei einer alleinigen Ausrichtung an Zielarten muss aber auch gesehen werden, dass hier Konflikte zwischen den z. T. divergierenden Ansprüchen einzelner Arten auftreten können (z. B. zwischen wiesen- und heckenbrütenden Vogelarten, für die beide im selben Landschaftsraum Ansätze gegeben sein können). Gerade in solchen Fällen kann es daher sinnvoll sein, ergänzend auch

Aspekte des Ressourcenschutzes und auch landschaftsästhetische Belange in die konzeptionellen Überlegungen einzubeziehen, um zu einer Entscheidung zu gelangen. Unter dem Gesichtspunkt des Ressourcenschutzes können z. B. Gewässerrandstreifen nicht nur zur Ausbreitung von Tierarten, sondern auch zum Abpuffern eines Gewässers vor Stoffeinträgen und damit zur Verbesserung der Gewässergüte beitragen. Eine Renaturierung und Revitalisierung von Mooren, die ihrerseits durch Pufferzonen zu schützen sind, kann zugleich zu einer Reduzierung der aus Zersetzungsprozessen frei werdenden und die Umwelt belastenden Stoffe (Kohlendioxid, Lachgas, Methan u.a.) führen. Daher ist den Ausführungen von HEYDEMANN (1996) zu folgen, wonach Biotopverbund gleichermaßen

- eine biologische Dimension (abstellend auf Austauschprozesse von Arten und Populationen),
- eine chemisch-physikalische Dimension (die sich etwa auf die zugrundeliegenden Standortsfaktoren bezieht, die in ihrer Zusammensetzung „passen" müssen) und
- eine räumlich-strukturelle Dimension

aufweist. Alle drei Dimensionen sollten in ihrem jeweiligen Zusammenhang beachtet werden; eine Einengung auf ganz bestimmte Zielarten kann sich dabei fallweise als genauso kontraproduktiv erweisen wie eine rein ästhetischen Gesichtspunkten folgende „Landschaftsmöblierung".

Unter räumlich-strukturellen Gesichtspunkten bietet es sich dabei für den direkten Verbund an, **strukturelle Verwandtschaftsgrade zwischen Lebensräumen** zu beachten, die letztlich darauf zielen „funktionierende" Biotopkomplexe zu etablieren. Einen Anhaltspunkt gibt Abbildung 5.19: Demnach weisen etwa Feldgehölze mit Wäldern eine „hohe", Hecken eine „mittlere" Verwandtschaft auf; zwischen Feldgehölzen und Gras- und Krautfluren besteht keine strukturelle Verwandtschaft.

Umsetzung von Biotopverbundkonzepten

Die Umsetzung von Biotopverbund umfasst eine Palette an Strategien, über die Kasten 5.10 exemplarisch einen Überblick vermittelt. Zudem existieren u.a. zu den notwendigen Mindestflächen von Ökosystemen, Aktionsräumen und kritischen Vernetzungsdistanzen sowie zum Umfang von Pufferbereichen zum Schutz empfindlicher Lebensräume eine Reihe von Literaturwerten (vergleiche Tab. 5.13 sowie Zusammenstellungen in RIEDEL et al. 1994, HABER et al. 1992, JEDICKE 1994). Deren Größenordnungen beruhen zwar vielfach auf groben Schätzungen bzw. weisen noch erhebliche Kenntnislücken auf. Z. T. handelt es sich um Mittelwerte, z. T. auch um Experteneinschätzungen. Auch kann davon ausgegangen werden, dass derartige Schätzwerte in Abhängigkeit von einzelnen Naturräumen sowie der jeweiligen Qualität von Habitaten erheblichen Schwankungen unterliegen. Dennoch benötigt unter pragmatischen Gesichtspunkten Planung derartige „Richtgrößen", um auch aus wissenschaftlich gesehen unvollständigem bzw. vorläufigem Kenntnisstand heraus handeln zu können.

Auf folgende mit Biotopverbundplanungen in Zusammenhang stehende Begriffe ist dabei hinzuweisen: **Aktionsradien bzw. -räume** von Lebewesen umfassen die Bereiche, in denen sich Lebenszyklus und raumdynamische Prozesse einzelner Individuen abspielen, z. B. Laichwanderungen oder der Wechsel zwischen Brut- und Nahrungshabitaten. Demgegenüber geben die **Rekolonisationsdistanzen** (vgl. Tab.

angenommener Verwandtschaftsgrad
- ⬤ hoch
- ● mittel
- • niedrig

	Wald (allgemein)	flachgründige trockene Lagen	Exponierte Hanglagen / basenarme Standorte	flächenhafte Feldgehölze	Hecken	Streuobstwiesen	Friedhöfe, Parks	Orte mit hohem Baumanteil	Gärten (im Außenbereich)	Einzelbäume	Grasböschungen, Altgrasfluren	Ruderalfluren, Brachen	Magerrasen	Weinberge mit Trockenmauern	stehende Gewässer	Fließgewässer	Gehölzsäume an Gewässern	feuchte und nasse Wiesen
Wald (allgemein)		⬤	⬤	⬤	●	●	•	•	•	•							●	
flachgründige trockene Lagen			⬤	⬤	●	•	•	•	•				●	•			•	
Exponierte Hanglagen / basenarme Standorte				⬤	⬤	•	•	•	•				●	•				
flächenhafte Feldgehölze					●	●	⬤	•	•	•							●	
Hecken						•	●	●	●	•							●	
Streuobstwiesen							●	●	●	•	•						•	
Friedhöfe, Parks								⬤	•	•	•						•	
Orte mit hohem Baumanteil									•	•	•		•				•	
Gärten (im Außenbereich)										•	•	•		⬤			•	
Einzelbäume																	•	
Grasböschungen, Altgrasfluren													•					
Ruderalfluren, Brachen														•				
Magerrasen														•				
Weinberge mit Trockenmauern																		
stehende Gewässer																⬤	●	●
Fließgewässer																	●	●
Gehölzsäume an Gewässern																		•
feuchte und nasse Wiesen																		

Abb. 5.19 *Verknüpfungsmatrix zur Ermittlung des strukturellen Verwandtschaftsgrades zwischen Biotoptypen* (ROWECK *et al.* 1987, *verändert nach* RIEDEL *et al.* 1994).

5.13), die man auch als „Kritische Vernetzungsdistanzen" bezeichnet, die maximalen Entfernungen wider, bei denen mit einer Einwanderung der betreffenden Art zu rechnen ist. Die Entfernungen, die dabei überwunden werden, können ein Vielfaches der Aktionsradien betragen (z. B. wenn Jungtiere über größere Distanzen abwandern, um sich einen Lebensraum zu suchen).

Biotopverbundkonzepte können auf unterschiedlichen räumlichen und fachlichen Bezugsebenen ansetzen; für ihre konzeptionelle Vorbereitung bieten sich verschiedene Planungsinstrumente an (vergleiche Abb. 5.20). Ganz wesentlich ist ihre **Bündelungsfunktion für verschiedene Akteure**: Die Umsetzung von Biotopverbundkonzepten erfordert in der Regel einen „Verbund" verschiedener lokaler Akteure, d. h.

Tabelle 5.13 Rekolonisationsdistanzen („Kritische Vernetzungsdistanzen") (nach RIEDEL et al. 1994)

Art(engruppe)	Distanz
SÄUGETIERE	
Rotfuchs	3–100 km
Fischotter	30–50 km
VÖGEL	
Kleinvögel	10–25 km
Mittelgroße Vogelarten	5–10 km
Vögel der Hecken u. Feldgehölze	5–10 km
Wasservögel	–100 km
Watvögel der >200 ha großen Feuchtgebiete	30 km
Großer Brachvogel	10 km
Bekassine	10 km
Kiebitz	5–8 km
Birkhuhn	10–20 km
Auerhuhn	10–15 km
Sperber	1–265 km
Steinkauz	–30 km
Mittelspecht	< 10 km
Kleiber	–100 km
AMPHIBIEN	
Gelbbauchunke	–4 km
Erdkröte	2,2 (3–6) km
Kreuzkröte	1–1,3 km
Wechselkröte	–1,8 m, i.d.R. 0,6 km
Knoblauchkröte	0,6 (1,2) km
Geburtshelferkröte	1,2 km
Grasfrosch	1250 m–2 km
Springfrosch	1,7 km, i.d.R. 0,4–0,5 km
Laubfrosch	1–3 (4) km
„Wasserfrosch"	–1,8 (2,5) km
Kammmolch	–0,5 (0,8) km
Bergmolch	0,4 (>1) km
Fadenmolch	0,4 km
Teichmolch	0,4 (0,7) km
Feuersalamander	–1 km
REPTILIEN*	
Kreuzotter	1– 5 km
Mauereidechse	< 0,1 km

* Reptilien haben allgemein eine geringere bis sehr geringe Ausbreitungspotenz.

Tabelle 5.13 Rekolonisationsdistanzen ("Kritische Vernetzungsdistanzen") (nach RIEDEL et al. 1994) (Forts.)

Art(engruppe)	Distanz
INSEKTEN	
Heuschrecken	1–2 km
Feldgrille	1–3 km
Hummeln	1–3 km
Solitäre Bienen	1 km
Faltenwespen	1 km
Grabwespen	1 km
Wildbienen	500–1000 m
Köcherfliegen (Kompensationsflüge flussaufwärts)	bis zu 5 km
Flugfähige Laufkäfer	einige km
kleine flugunfähige Laufkäfer (bei stenotopen Arten geringer!)	ca. –1 km
solitäre Wespen- und Bienenarten	ca. –1 km
SCHMETTERLINGE	
zahlreiche Schmetterlingsarten	1–3 km
Widderchen (der trockenen Offenbiotope)	> 1 km
Segelfalter	2–3 km
Mittlerer Weinschwärmer	5–10 km
Spanische Flagge (Callimorpha quadripunctaria)	< 800 m
WEITERE GLIEDERFÜSSER	
epigäische Arthropoden (der Fichtenwaldbiotope)	0,5 km
Käfer der Gattung Apion	50–250 m
Blattkäfer	10–50 m
ALLG. FAUNENGRUPPEN	
Faunengruppen der Moorbiotope	5 km
Faunengruppen der Waldbiotope	0,8 km
bodenbewohnende Insekten des Fichtenwaldes	0,5–0,8 km

von Landnutzern, Fachbehörden und Verbänden. Nur wenn Fachplanungen und Handlungsfelder verschiedener Ressorts und administrativer Ebenen (Naturschutz, Land-, Forst- und Wasserwirtschaft, Kommunen) ineinander greifen und sich die fachspezifischen Förderprogramme räumlich ergänzen bzw. in ihren Wirkungen aufeinander abgestimmt werden, kommt tatsächlich ein Verbund zustande. Abbildung 5.21 verdeutlicht exemplarisch die Organisation eines örtlichen Umsetzungsprojektes.

Eine wichtige Bündelungsfunktion kommt Biotopverbundkonzepten des Weiteren zu, um **naturschutzrechtliche Ersatzmaßnahmen der Eingriffsregelung** wie auch **Agrarumweltprogramme** gezielt auf die für den Naturschutz wichtigen Entwicklungsstandorte zu lenken. So können etwa die im Zuge unvermeidbarer Eingriffe

Für Konzeption und Umsetzung von Biotopverbundsystemen sind von Bedeutung

verschiedene räumliche Bezugsebenen:	Verschiedene fachliche Bezugsebenen:	verschiedene planerische Instrumente, z.B.:	verschiedene Landnutzer, z.B.:	verschiedene Träger, z.B.:
überregional (international, landesweit)	Individuen	• Planungshierarchie der Landschaftsplanung	• Landwirtschaft	• Gemeinden
regional	Populationen	• Arten- und Biotopschutzprogramme	• Forstwirtschaft	• Naturschutzverbände
lokal	Ökosysteme, Lebensgemeinschaften	• Planung vernetzter Biotopsysteme (VBS) in Rheinland-Pfalz	• Wasserwirtschaft	• Landschaftspflegeverbände
	Gesamtverbund der Landschaft mit Stoff- und Energieflüssen	• Verfahren der ländlichen Entwicklung und Dorfentwicklung	• (Naturschutz)	• Staatsgüter/Staatsforst
		• Planungen der Wasserwirtschaft, Gewässerpflegepläne		• Fischerei- und Jagdverbände
		• Forstliche Planungen		• ...
		• Naturschutzrechtliche Eingriffsregelung		

Abb. 5.20 Bezugsebenen, Instrumente und Akteure mit Bedeutung für die Umsetzung von Biotopverbund.

Kasten 5.10 Überblick über Strategien zur Wiederherstellung eines natürlichen oder naturnahen Verbunds (nach Heydemann 1986)

Natürliche Strategien von Verbund und Vernetzung
- Erweiterung von Arealen bestimmter Arten
- Aufbau ähnlicher Biotope in unmittelbarer Nähe (unter Berücksichtigung kritischer Vernetzungsdistanzen)
- Förderung von Folgeentwicklungen (Sukzessionen) von Biotop-/Ökosystemketten, Aufbau ökologischer Zonierungen

Biotopschutz für Arten mit Doppelbiotop-Ansprüchen
Beispiele für solche Doppelbiotopbindungen sind:
- Brutbiotop/Nahrungsbiotop (z. B. Greifvögel, Weiss-/Schwarzstorch, Wildbienen)
- Sommer-/Überwinterungsbiotop (z. B. Amphibien, Reptilien)
- Jugend-/Erwachsenenbiotop (z. B. Libellen)
- Trockenphase-/Nässephasen-Biotop (z. B. viele wirbellose Arten, die eine bestimmte Feuchtigkeitsstufe benötigen, um mit dem jahresperiodischen oder witterungsbedingten Wandel der Bodenfeuchte den Biotop wechseln zu können, z. B. viele Laufkäfer-Arten)

Aufhebung der anthropogenen Isolation, z. B. infolge
- Verkehrswegen, Siedlungs- und Wohngebieten, z. B.
  - Bau von Säugetier-, Amphibien- und Reptilientunneln
  - Anlage, Schutz und Pflege von breiten, artenreichen, standortsgerechten Straßenrandbiotopen bei vermehrter Berücksichtigung der natürlichen Selbstentwicklung der Vegetation
  - Anlage von höheren Gebüsch- und Waldsaum-Formationen im bestimmten Abstand zur Straße
  - Einstellung der Herbizidanwendung zur Straßenrandpflege
  - Einschränkung des Streusalzgebrauchs
- Landwirtschaftlicher Intensivierung auf Acker und Grünland, z. B.
  - Verminderung der Schlaggröße
  - Erhaltung und Aufnahme von naturnahen Kleinbiotopen
  - Erhaltung und Aufbau von Saumbiotopen
  - Verhinderung der chemischen Belastung und der mechanisch-strukturellen Veränderung von Klein- und Saumbiotopen
  - Verhinderung des Einsatzes chemischer Mittel
  - Einrichtung von chemisch nicht mehr behandelten „Extensivkulturen" in Acker- und Grünlandbereichen als netzartige Randstreifen der genutzten Flächen
- Dichtschließender forstlicher Monokulturen, z. B.
  - Einrichtung von durchlaufenden, hinreichend besonnten Waldschneisen als Begleitareale von Forst- und Wirtschaftswegen
  - Entwicklung von nichtbewaldeten, trockenen und feuchten Waldwiesen von jeweils größerer Fläche in größerer Punktdichte
  - Erhaltung und Entwicklung von Altholzbeständen

> **Kasten 5.10 Überblick über Strategien zur Wiederherstellung eines natürlichen oder naturnahen Verbunds (nach HEYDEMANN 1986) (Forts.)**
>
> – Aufbau von baumartenreichen Mischbeständen mit artenreicher Kraut- und Strauchschicht unter Gewährleistung eines höheren Lichteinfalls bis zur Bodenzone
> – Vermehrte Einführung der Plenter- und Femelwaldbewirtschaftung unter besonderer Förderung der natürlichen Verjüngung artenreicher Bestände
> • Berücksichtigung der Minimumareal-Ansprüche für Arten/Populationen/Ökosysteme
> • Pufferzonen um Kleinbiotope und empfindliche Großflächen-Biotope (z. B. nährstoffarme Heiden, Moore, Magerrasen)

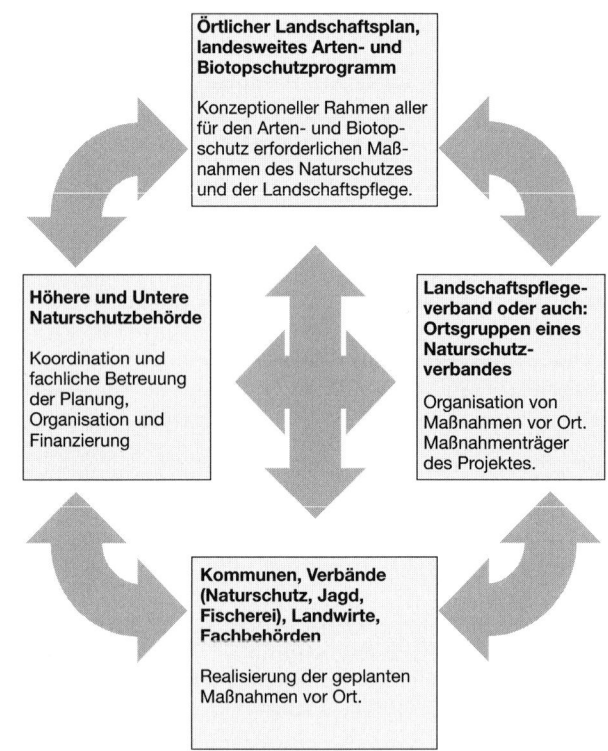

Abb. 5.21 *Biotopverbund – Beispielhafte Organisation eines Umsetzungsprojektes.*

anfallenden Ersatzmaßnahmen systematisch zur Deckung fehlender Verbundglieder genutzt werden. Wichtig ist dabei eine konzeptionelle Einbindung dieser Maßnahmen insbesondere durch die Landschaftsplanung: Hier vorliegende Verbundkonzepte können als Prioritätenbereiche für den Ankauf entsprechender Flächen genutzt werden. In Rheinland-Pfalz gibt es dazu eine eigene landesweite Hintergrundplanung, die so genannte „Planung vernetzter Biotopsysteme" (VBS), die auf Landkreisebene ausgearbeitet wird. In anderen Bundesländern wie Bayern und Thüringen leisten die Arten- und Biotopschutzprogramme wesentliche Beiträge, um räumliche Zielvorstellungen für den Biotopverbund zu präzisieren. Notwendig sind derartige Konzepte nicht zuletzt, um auch den Abgleich mit anderen Interessen, z. B. der Erholungsnutzung, zu leisten.

Gute fachliche Praxis in der Land- und Forstwirtschaft – notwendige Ergänzung zum Biotopverbund

Wie gezeigt, bedarf ein Biotopverbund einer notwendigen Ergänzung durch eine umweltgerechte Landbewirtschaftung in der Fläche. Die so genannte „gute fachliche Praxis" setzt dafür einen Mindestrahmen, wobei es jedoch gerade im Zuge eines räumlichen Biotopverbunds anzustreben ist, diesen durch weitere Extensivierungsmaßnahmen zu ergänzen.

Einer guten fachlichen Praxis sollte ein integrierender Ansatz zugrunde gelegt werden: Grundanforderung muss sein, dass biotische, abiotische und ästhetische Funktionen in der Landschaft gleichermaßen berücksichtigt bzw. im Umkehrschluss nicht beeinträchtigt werden. Demnach müsste durch Art und Intensität der Landnutzung gewährleistet sein, dass

- keine weiteren Verluste von Bodenmaterial oder Torfzersetzung erfolgen,
- Austräge von Feststoffen und Mineralsalzen in Grund- und Oberflächengewässer oder in nährstoffarme, naturbetonte Lebensgemeinschaften verhindert werden,
- das Überleben regionaltypischer Tier- und Pflanzenarten sowie deren Lebensgemeinschaften nicht gefährdet oder unmöglich gemacht wird,
- die Vielgestaltigkeit und Eigenart landschaftstypischer Formenelemente nicht beeinträchtigt wird (PFADENHAUER 1988).

Die derzeitigen rechtlichen Grundlagen einer guten fachlichen Praxis, insbesondere § 17 Abs. 2 des Bundes-Bodenschutzgesetzes (BBodSchG) stellen jedoch überwiegend den **Erhalt der Bodenfruchtbarkeit** in den Vordergrund. Das BBodSchG formuliert hierzu für eine Reihe von Parametern (z. B. Bodenstruktur, Bodenverdichtung, Bodenabtrag, biologische Aktivität) ein Verschlechterungsverbot. Ähnliches, d. h. eine Konzentration auf Ressourcenschutzbelange, gilt für die Düngeverordnung, die die bedarfsgerechte Anwendung von Düngemitteln regelt und die Landwirte zu regelmäßigen Bodenuntersuchungen und zur Erstellung von Nährstoffbilanzen verpflichtet. Beispielsweise dürfen gemäß Dünge-VO mit Wirtschaftsdüngern nach Abzug von maximal 20 % Ausbringungsverlusten auf Gründland bis zu 210 kg und auf Ackerland bis zu 170 kg/ha Gesamt-N (Stickstoff) aufgebracht werden. Das Pflanzenschutzgesetz vom 14. Mai 1998 verweist mit dem § 2a Abs. 1 auf den integrierten Pflanzenschutz als Basis der guten fachlichen Praxis. Jedoch bleibt hier offen, wie dieser umgesetzt werden soll. Weiter gefasst sind die Regelungen des im Februar 2002 verabschiedeten

Tabelle 5.14 Kriterienkatalog zur „Guten fachlichen Praxis" in der Landwirtschaft (zusammengestellt aus KNICKEL et al. 2001)

	Leitlinien für Agrarlandschaft und Bewirtschaftung		Kriterien einer Guten fachlichen Praxis	Kontrollparameter	Grenzwert bzw. Toleranzschwelle
A	**Erhaltung geschützter, schützenswerter und besonders gefährdeter Biotoptypen**				
A1	Erhaltung der noch vorhandenen natürlichen und naturnahen Biotope	K1	Erhaltung von geschützten/gefährdeten Biotopen	Einzelmaßnahmen, Flurkarte	
A2	Einrichtung von Pufferzonen zur Erhaltung dieser Flächen	K2	Einrichtung von Pufferzonen und Uferrandstreifen	Breite (m)	5 – 10 m
B	**Bereitstellung von ökologischen Ausgleichsflächen, Gestaltung von Biotopverbundsystemen**				
B1	10 % der Fläche für naturnahe Biotope und ein Biotopverbundsystem	K3	Mindestanteil ökologischer Ausgleichsflächen auf Betriebsebene	% LN	5 – 10 % (mind. 5 %)
B2	Ausreichender Anteil unbewirtschafteter Flächen im Landschaftsausschnitt (Trittsteinbiotope)				
B3	Biotopverbund (Verbund ökologischer Vorranggebiete, lineare Strukturen)	K4	Erhaltung von bestehenden Strukturelementen	Einzelmaßnahmen, Flurkarte	
B4	Hecken und Raine (mit Pflegemaßnahmen)	K5	Naturraumspezifische Mindestdichte von Strukturelementen	% LN	1 – 2 % (mind. 1 %)
B5	Landschaftstypische Obergrenzen von Schlaggrößen		s.o. (vgl. K4, K5)		
C	**Bodenschonender Anbau**				
C1	Schonende Bodenbearbeitung und Anpassung an die schlaginterne Bodenheterogenität	K6	Maßnahmen zur Erhaltung der natürlichen Ertragsfähigkeit	Einzelmaßnahmen	
C2	Untersaaten, Zwischenfrüchte, Fruchtfolge				
C3	Erosionsschutz durch Grünlandnutzung in Überschwemmungsgebieten und Hanglagen	K7	Grünlandnutzung in Fließgewässerauen und Hanglagen	Einzelmaßnahme, Unterlassung	

Tabelle 5.14 Kriterienkatalog zur „Guten fachlichen Praxis" in der Landwirtschaft (zusammengestellt aus KNICKEL et al. 2001) (Forts.)

Leitlinien für Agrarlandschaft und Bewirtschaftung	Kriterien einer Guten fachlichen Praxis	Kontrollparameter	Grenzwert bzw. Toleranzschwelle
D Emissionsbegrenzung, Boden- und Gewässerschutz			
D1 Anpassung der Düngung an Standortsbedingungen u. Pflanzenbedarf, N-Saldo für Einzelflächen	K8 Düngung nach Standort und Pflanzenbedarf, Nährstoffbilanzierung und Schlagkartei	Schlagkartei, kg N/ha	50 kg N
D2 Flächengebundene Tierhaltung	K9 Begrenzung des Viehbesatzes in der Fläche	Viehbesatz (GVE/ha)	2,0 GVE/ha LF
D3 Keine Düngung im Winter; keine Düngung von Magerwiesen und -weiden	K10 Anforderungen im Bereich der Düngemittelausbringung	Einzelmaßnahmen	
D4 Keine Nährstoffzufuhr in Nachbarbiotope, Uferbewuchs als Gewässerschutz	K2 Einrichtung von Pufferzonen und Uferrandstreifen	Breite (m)	5 – 10 m
E Verminderung der negativen Einflüsse von Pflanzenschutzmitteln			
E1 Pflanzenschutz nach IPS (Integriertem Pflanzenschutz), insbes. Nützlingsförderung, Schadschwellenprinzip	K11 Anwendung IPS und Schlagkartei zum Pflanzenschutz	Schlagkartei, Einzelmaßnahmen	
E2 Ausnutzung des Selbstregulationsvermögens der Agrarbiotope, geeignete Landschaftsstruktur	s.o. (vgl. K3, K4, K5)		
E3 Austragsgefahr durch sachgerechte Anwendung minimieren, keine Pflanzenschutzmittel in Dauergrünland	K12 Anforderungen im Bereich der Anwendung von Pflanzenschutzmitteln	Einzelmaßnahmen	
F Anforderungen an die Nutzung auf Landschaftsebene			
F1 Nutzungstypen-Vielfalt auf Landschaftsebene	s.o. (vgl. K3, K4, K5)		
F2 Fruchtfolge aneinander angrenzender Ackerflächen	K6 Maßnahmen zur Erhaltung der natürlichen Ertragsfähigkeit	Einzelmaßnahmen	

novellierten Bundesnaturschutzgesetzes: § 5 Abs. 4 BNatSchG sieht nun u. a. ergänzend vor, dass die Bewirtschaftung Standortangepasst zu erfolgen hat, die Tierhaltung in ausgewogenem Verhältnis zum Pflanzenbau zu stehen hat, Grünlandumbruch auf bestimmten Standorten zu unterlassen und eine schlagspezifische Dokumentation über den Einsatz von Dünge- und Pflanzenschutzmitteln zu führen ist.

Einen Rahmen für eine gute fachliche Praxis, der mittels eines überschaubaren und handhabbaren Kriterienkatalogs definiert wird und dabei zugleich auf **verschiedenen ökosystemaren Ebenen** (Ressourcenschutz, Biotop- und Landschaftsebene) ansetzt, formulieren Knickel et al. (2001; vergleiche Tab. 5.14): 18 Leitlinien werden durch Kriterien näher präzisiert, für die jeweils (möglichst quantifizierbare) Kontrollparameter und Grenzwerte angegeben sind. Die einzelnen Kriterien und Kontrollparameter sind z. T. verschiedenen Leitlinien zugeordnet. Auf diese Weise entsteht ein umfassender Rahmen, der sich nicht nur auf bodenschonenden Anbau und die Einbringung von Pflanzenschutzmitteln konzentriert, sondern auch landschaftliche Strukturen und Mindestanteile an ökologischen Ausgleichsflächen mit einbezieht. Ökologische Ausgleichsflächen, Trittsteinbiotope, Hecken und Raine markieren dabei die Verbindung zum Biotopverbund, wobei sich auch hier wieder besagte „10 % – Forderung" in Form eines Mindestanteils ökologischer Ausgleichsflächen auf Betriebsebene findet. Zugleich lassen die Vorgaben Spielraum für eine hinreichende regionale Differenzierung, etwa in Form einer naturraumspezifischen Mindestdichte an Strukturelementen. Gerade eine solche naturraum- und standortbezogene Regionalisierung einer guten fachlichen Praxis bedarf noch weiterer, eingehender Überlegungen.

5.3   Kooperative Planungsverfahren

Unter kooperativer Planung werden Ansätze verstanden, die die Öffentlichkeit, die Beteiligten und Betroffenen nicht nur frühzeitig über die zu tätigenden Aktionen informieren, sondern sie auch aktiv in die Ausarbeitung von Lösungen einbinden. Im Hintergrund steht die Erkenntnis, dass viele Planungsinstrumente, wie vor allem die Landschaftsplanung, kaum über unmittelbare Anreize verfügen, um ihre Akteure zur Umsetzung zu ermuntern. Ihr zentrales Instrument ist die Überredung und Überzeugung im Prozess einer gemeinsamen Konsensfindung. Beteiligungsformen wie moderierte Arbeitskreise, Runde Tische oder Zukunftswerkstätten ergänzen dabei die formalen Entscheidungsprozesse, ersetzen sie aber nicht. Für eine wirksame Beteiligung genauso unabdingbar sind gesetzlich fixierte Rechte z. B. in Form der bei Planungsverfahren in der Regel vorgeschriebenen Auslegungs- und Anhörungspflichten. Diese sollten aber durch informelle, häufig vorgeschaltete Abstimmungen und Beteiligungen sinnvoll ergänzt werden.

In ökologisch orientierten Planungen haben kooperative Beteiligungsformen **unterschiedliche Aufgaben**: Während es in der Landschaftsplanung, auch in Agenda 21-Prozessen sowie in informellen Planungen darum geht, gemeinsam Ziele zu bestimmen und zu diskutieren, sollen bei Eingriffsplanungen und der Umweltverträglichkeitsprüfung (UVP) durch Bürger- und Betroffenenbeteiligung vor allem Information und Transparenz von Entscheidungen erreicht werden: Basis sind hier normative gesetzliche Vorgaben, aus denen die (behördlichen) Bewertungen von Auswirkungen abzuleiten sind. Bürgerbeteiligung kann hier dazu dienen, die dazu notwendigen Arbeitsschritte auf Nachvollziehbarkeit und Plausibilität zu überprüfen, Anregungen und Bedenken einzuholen und Projektplanungen zu optimieren.

Gerade für die Landschaftsplanung konnte gezeigt werden, dass das Interesse von Landwirten an der Umsetzung von Umweltmaßnahmen umso größer war, je früher sie in deren Planung einbezogen wurden. Günstig war es dabei, wenn die Bedingungen für die lokale Umsetzung gezielt durch einen Informanten und Ansprechpartner vor Ort vermittelt wurden. Häufig waren es auch emotionale Vorbelastungen und negative Schlüsselerlebnisse aus zurückliegenden Erfahrungen mit ähnlichen Vorhaben, die die Haltung gerade auch von Kommunalpolitikern (Bürgermeistern und Gemeinderäten) gegenüber Umweltprojekten nachhaltig beeinflussten (Luz 1993). Durch Beteiligungsformen und frühzeitige Einbindung der Betroffenen sollte daher auch versucht werden, solche Widerstände aufzuspüren und einvernehmliche Lösungen herbeizuführen.

An kooperative Planungsverfahren, die zum Einsatz kommen, sind dabei eine Reihe von **Anforderungen** zu stellen (vergleiche Kasten 5.11): Anzustreben ist mit ihrer Hilfe nicht nur Konflikte beizulegen, sondern auch die inhaltliche Qualität der Planung zu erhöhen. Damit die Ergebnisse tatsächlich Wirkung entfalten können, müssen sie so aufbereitet werden können, dass sie wie oben bereits dargelegt in rechtsverbindliche Planungen integrierbar sind. Wichtig ist eine klare Zielbestimmung: Es gibt Verfahren, die sich eher zum kreativen Aufspüren und Zusammentragen von Ideen und andere, die sich eher zum Regeln von Konflikten eignen. In jedem Fall soll-

---

Kasten 5.11 Anforderungen an in der Umweltplanung einzusetzende kooperative Planungsverfahren (Dickhaut & Saad 1994)

- **Erhöhung der inhaltlichen Qualität**
- **Konfliktlösung**, d.h. es sollen Lösungen zwischen unterschiedlichen Akteuren mit stark wiederstreitenden Interessen angestrebt werden;
- **Ideenfindung/Verbesserung der Kommunikationsfähigkeit**, d.h. die einzelnen Methoden sollten sich eignen, die Ideenfindung im Sinne konstruktiver Lösungen zu fördern. U.U. werden dabei erst unkonventionelle Ideen entwickelt und daraus Lösungen vorbereitet, die kompromiss- und umsetzungsfähig sind;
- **Eingliederung in rechtsverbindliche Planungen**, d.h. um Wirkung zu erzielen müssen die erarbeiteten Ergebnisse in rechtsverbindliche Strukturen integriert werden;
- **Sicherstellung gleichberechtigter Beteiligung (Partizipation)**, d.h. es ist sicherzustellen, dass alle betroffenen Akteure eingebunden sind und dass ihren Beiträgen – unabhängig vom Status bzw. ihrer politischen oder wirtschaftlichen Bedeutung – gleiches inhaltliches Gewicht beizumessen ist. Sichergestellt sein muss zudem, das die zur Verfügung stehende Information allen Beteiligten gleichermaßen zugänglich ist;
- **Zeitökonomische Strukturierung der Planungsprozesse**, d.h. die Anwendung eines kooperativen Verfahrens soll zu einer Verkürzung, zumindest aber unter dem Strich zu keiner Verlängerung der Gesamtplanungsdauer führen.

te bei ihnen eine möglichst gleichberechtigte Beteiligung (Partizipation) sichergestellt sein.

Kooperative Planungsansätze benötigen daher eine **intensive Vorbereitungsphase**, in der u.a. das Thema eingegrenzt, in ersten Kontakten Teilnehmer und deren Interessen sondiert sowie ein verbindlicher Arbeits- und Zeitplan erstellt werden. Wichtig ist auch, dass zu Beginn **Arbeitsregeln** zwischen den Beteiligten abgestimmt werden, nicht zuletzt, um sich im weiteren Verlauf auf die inhaltlichen Entscheidungen konzentrieren zu können. Solche Regeln können sich auf die Art der Abstimmung und Entscheidungsfindung sowie die Festlegung der Rolle der Arbeitsgruppe und ihrer Mitglieder erstrecken (vergleiche Abb. 5.22).

Eine weitere wesentliche Voraussetzung ist **Ergebnisoffenheit**, d. h. dass das Verfahren offen sein muss für Lern-, Aushandlungs- und Entscheidungsprozesse der Bürgerinnen und Bürger. Beteiligung und die mit ihr verbundenen Lernprozesse setzen iterative und offene Planungsprozesse voraus. Nur wenn das Ergebnis nicht von vornherein feststeht, können Anregungen aus dem Beteiligungsverfahren überhaupt in Entscheidungsprozesse aufgenommen und weiter verarbeitet werden. Sinnvolle Beteiligung setzt weiter voraus, dass nicht ein Akteur auf Kosten der anderen gewinnt,

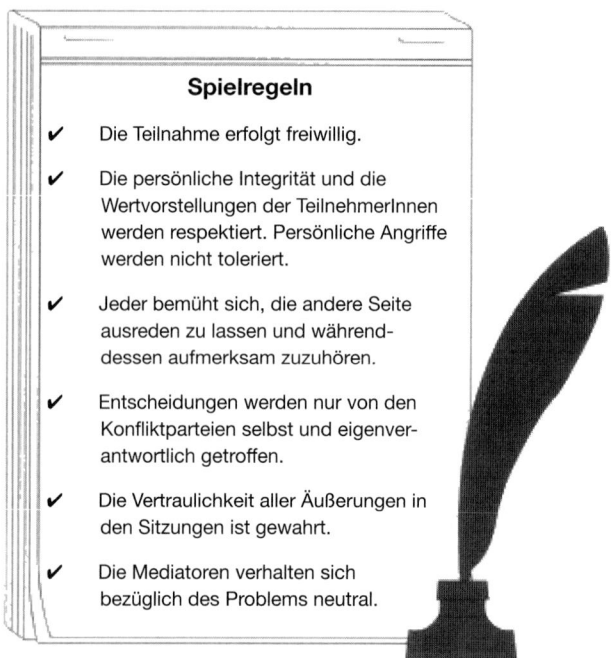

Spielregeln

✔ Die Teilnahme erfolgt freiwillig.

✔ Die persönliche Integrität und die Wertvorstellungen der TeilnehmerInnen werden respektiert. Persönliche Angriffe werden nicht toleriert.

✔ Jeder bemüht sich, die andere Seite ausreden zu lassen und währenddessen aufmerksam zuzuhören.

✔ Entscheidungen werden nur von den Konfliktparteien selbst und eigenverantwortlich getroffen.

✔ Die Vertraulichkeit aller Äußerungen in den Sitzungen ist gewahrt.

✔ Die Mediatoren verhalten sich bezüglich des Problems neutral.

Die MediatorInnen achten auf die Einhaltung der Spielregeln und auf den Prozess. Falls erforderlich, dürfen sie eingreifen und den Prozess unterbrechen.

Abb. 5.22 *Beispiele für Mindestspielregeln in Moderations- bzw. Mediationsprozessen* (SELLNOW *1999*).

sondern dass alle einen zusätzlichen Nutzen erkennen können (Aufbau so genannter „Win-Win-Positionen"). Das kann unter Umständen auch dadurch zu erreichen sein, dass die Verhandlungsthematik auf Wunsch der Teilnehmer neu definiert oder ausgeweitet wird (BISCHOFF et al. 1996). Das bedeutet aber auch, dass derartige Aushandlungsprozesse nicht eingesetzt werden dürfen, um unter dem Alibi der Partizipation lediglich die eigene Meinung besser durchsetzen zu wollen! Sie verlangen vielmehr von allen Beteiligten, eigene vorgefertigte Positionen zu verlassen und sich auf die Sichtweisen anderer einzulassen, um daraus ggf. ganz neue Lösungsansätze zu entwickeln.

Einige gängige Beteiligungsformen sind in Tabelle 5.15 verglichen und im Folgenden kurz vorgestellt. Für weitere Informationen zur konkreten Ausgestaltung und Durchführung der einzelnen Verfahren sei auf die einschlägige Spezialliteratur verwiesen. Anliegen ist es hier vielmehr, einen Überblick über verschiedene Beteiligungsansätze zu vermitteln und ihre Einsatzmöglichkeiten in der ökologisch orientierten Planung zu verdeutlichen.

Welche Form der kooperativen Planung dabei auch immer gewählt wird, es entstehen im Vergleich zu herkömmlichen Verfahren Mehrkosten: Beteiligungen qualifiziert durchzuführen, verlangt einen beträchtlichen **Organisations- und Zeitaufwand**, der dem Planer auch angemessen honoriert werden muss. Gerade in der örtlichen Landschaftsplanung wird zwar zunehmend die Forderung laut, die Bürger in Form von moderierten Arbeitskreisen und Runden Tischen von vornherein besser einzubinden, jedoch ist der dafür eigentlich notwendige Aufwand im zugrunde liegenden Leistungsbild der Honorarordnung (HOAI) noch nicht vorgesehen. Seitens der Auftraggeber sollte dabei jedoch auch gesehen werden, dass zunächst entstehende Mehrkosten durch Beschleunigung der nachgeschalteten formalen Planungsprozesse infolge der im Vorfeld erzielten Abstimmungen oft wieder mehr als wett gemacht werden und der Aufwand für kooperative Planungsformen sich so auch „rechnet".

5.3.1 Runder Tisch und moderierter Arbeitskreis

Der Begriff „Runder Tisch" erfreut sich seit der Wende in Osteuropa, als derartige Einrichtungen in verschiedenen Ländern maßgebliche Foren des gesellschaftspolitischen Wandels waren, großer Beliebtheit. Mittlerweile werden Runde Tische als Synonym für ein breites Spektrum an Beteiligungsformen gebraucht.

Im engeren Sinn versteht man unter einem Runden Tisch eine institutionalisierte Verhandlungsrunde, die zu einem bestimmten Projekt oder Thema eingerichtet wird und eine gemeinsame Beratung aller daran Beteiligten vorsieht. Die beteiligten Gruppen sind dabei gleichberechtigt, wobei dieser Grundsatz durch eingangs vereinbarte Spielregeln (z. B. gleiche Redezeiten und Stimmrechte) gewährleistet werden sollte. Einsatzmöglichkeiten bestehen für unterschiedliche Themen der Regional-, Stadt- und räumlichen Planung. Ziel ist es, einen Dialog über die damit verbundenen Sachprobleme zu führen und gemeinsam konsensorientiert nach Lösungen zu suchen. Ein externer Experte, der den Runden Tisch moderiert, ist dabei nicht unbedingt notwendig, kann aber von Vorteil sein.

Der Begriff „Moderation" wird sehr diffus gebraucht: Vielfach wird heute darunter jede Form der Leitung von Gruppen, insbesondere der Diskussionsführung verstan-

Tabelle 5.15 Beteiligungsverfahren im Vergleich und ihre Anwendung im Kontext der Landschaftsplanung (NEUGEBAUER 1999; OPPERMANN 1997)

	Runder Tisch	moderierter Arbeitskreis	Mediation	Zukunftswerkstatt	Planungszelle
Ziele und Mittel	sachorientierte Diskussion in schwierig zu legitimierenden Situationen, möglichst breites Spektrum an gesellschaftlichen Gruppen (zur Vermeidung von Profilierung)	sachorientierte Diskussion, Bündelung von Verantwortlichkeiten und Kompetenzen, Effektivierung von Verwaltungshandeln, Beteiligung von Interessengruppen	sachorientierte Diskussion zur Entscheidungsvorbereitung mit Interessen- und Betroffenengruppen und einem neutralen Vermittler, Schlichtung von Interessenkonflikten, weitreichende Kommunikations- und Verhaltensregeln (Fairness)	Workshop zur Erzeugung planerischer Kreativität, Phasenmodell (Kritik, Phantasie, Realisierungsbedingungen) Gruppen- und Kleingruppenarbeit (ähnlich Brainstormingmethode)	Erarbeitung einer Bürgerempfehlung zur Entscheidungsvorbereitung, Gruppen- und Kleingruppenarbeit, fachliche Beratung und Betreuung, Zufallsauswahl der Bürger (ähnlich Schöffenmodell)
Einsatzmöglichkeiten und Beschränkungen	in Sackgassensituationen, starke Orientierung an organisierten Interessen, Eskalationsgefahr durch emotionale Betroffenheit	bei komplexen Problemlagen, häufig geringe Bereitschaft zu echter Beteiligung, Gefahr des „Klüngelns"	in besonders emotionalisierten Konflikten (z. B. mit Risiken), hohe Anforderung an Moderation, geringe Breitenwirkung, politischer Druck verpönt	starke Motivationskraft, innovative, unorthodoxe Ideen, Projektkonzeption ohne Umsetzungsoption, geringe Breitenwirkung, keine direkte „Betroffenheit"	heterogene und vielfältige Teilnehmerstruktur, kein Interessendurchgriff, geringe Breitenwirkung, ggf. schwierige Motivation
Einbaumöglichkeiten in das Umweltplanungssystem	in Katastrophenfällen und Situationen mit besonderem Handlungsdruck, Umweltskandale	bei Problemlagen mit zersplitterten Kompetenzen, informelle Ergänzung zu formellen Verfahren, Pilotverfahren	bei Interessenkonflikten mit Verhärtungs- und Eskalationsmöglichkeit (z. B. bei der Standortsuche von Negativeinrichtungen/Großinfrastruktur)	Wünsche, Visionen, Utopien, Zukunftsentwürfe, Szenarien	ergänzende Meinungsforschung, Kontrolle von Leitbildern in Politik und Verwaltung, Entscheidungsvorbereitung
Bezüge zur Landschaftsplanung und Freiraumgestaltung, Beispiele	Hochwasser, Smogsituationen, Verschlechterung von Umweltqualität, z. B. Waldsterben	Umsetzung von Plänen, Einrichtung von Schutzgebieten, Sanierung von Belastungsgebieten	Standortsuche und UVP von Großinfrastruktur (z. B. Deponien, Kraftwerke, Gewerbegebiete), kritische Politikbereiche (Agrar-, Abfallpolitik)	Entwurf konkreter Leitbilder, gestaltungsorientierte Stadt- und Freiraumentwicklung	ökologische Kommunal- und Regionalplanung, Politikbereiche mit starken Lobby-Einflüssen, Verkehrskonzepte, Abfallvermeidung
Rolle von LandschaftsplanerInnen	u.U. externe Experten, Teilnehmer (Vertreter für Interessen ohne Lobby)	wie bei Rundem Tisch, neutraler Moderator	wie bei Rundem Tisch, Mediatoren	externe Experten, Umweltpädagogen, Moderatoren	wie bei Zukunftswerkstatt
Kombinationsmöglichkeiten in der Umweltplanung	Presse- und Öffentlichkeitsarbeit, Ursachenaufklärung, Kombination mit langfristigen, vorsorgeorientierten Planungsinstrumenten	Presse- und Öffentlichkeitsarbeit, Kombination mit langfristigen, vorsorgeorientierten Planungsinstrumenten	Presse- und Öffentlichkeitsarbeit, Ausgleichs- und Ersatzmaßnahmen, Kontrollmaßnahmen in Kooperation mit Interessengruppen	Presse- und Öffentlichkeitsarbeit, Initiierung von Projektumsetzung von Vorhaben mit experimentellem Charakter	Presse-, Öffentlichkeits- und Aufklärungsarbeit, verstärkte Bemühungen unter Beachtung der Bürgermeinung in den Verwaltungen

den. Als Methode beinhaltet Moderation ein strukturiertes Verfahren der Diskussions- und Verhandlungsleitung, das auf den Zweck gerichtet ist, ein Ergebnis zu erzielen, das nach Möglichkeit von allen Beteiligten akzeptiert wird. Der Moderator hat sich dabei neutral zu verhalten, d. h. er darf selber in der Diskussion keine Position beziehen. Vielmehr hat er die Aufgabe, diese so zu strukturieren, dass zielgerichtet inhaltlich sinnvolle Lösungen erarbeitet werden. Weiter sollte er ein gutes Gesprächsklima und eine Vertrauensbasis zwischen den Beteiligten herstellen, ihnen helfen, Missverständnisse zu vermeiden (z. B. indem er Diskussionsäußerungen für die Beteiligten nochmals „übersetzt", d. h. in eigenen, einfacheren Worten wiedergibt) und dabei auf den Zeitrahmen, das so genannte Zeitmanagement achten.

Diese Aufgaben, insbesondere die geforderte strikte Neutralität des Moderators gegenüber dem behandelten Thema, machen deutlich, dass autoritäre (z. B. vom Chef „von oben" geleitete) Verhandlungsführungen nichts mit Moderation im eigentlichen Sinn zu tun haben. Auch für den Planer, der in Moderationsprozessen tätig wird, kann dabei ein Rollenwechsel notwendig werden: In einer ernst gemeinten Moderation hat er sich als „Advokat", der sich für seine eigene Sache einsetzt, zurückzunehmen und sich vielmehr auf die Rolle eines neutralen Mittlers zu beschränken.

5.3.2 Mediation

Mediation lässt sich als Moderation in Konfliktfällen beschreiben: Es wird darunter ein freiwilliger, von rechtlichen und formalen Zuständigkeiten unabhängiger, gleichwohl aber strukturierter Verhandlungsprozess verstanden, der in langwierigen Konfliktfällen mit verhärteten Fronten zum Einsatz gelangt. Unter Einschaltung eines neutralen, von außen kommenden Mittlers (eines „Mediators") kommen die Beteiligten dabei überein, ihre Konfliktpunkte offen zu legen und ihre gegensätzlichen Standpunkte auszutauschen. Ziel ist, im gemeinsamen Gespräch Alternativen und Optionen zu erarbeiten, die für beide Seiten vorteilhaft sind: Dabei handelt es sich im Idealfall nicht um die klassischen Kompromisse (die zustande kommen, indem beide Seiten von ihren Interessen Abstriche hinnehmen). Vielmehr werden einvernehmliche Problem-

---

Kasten 5.12 Aufgaben eines unabhängigen (neutralen) Moderators in Verhandlungsprozessen

- Zeitmanagement, zielgerichtete Steuerung des Gesamtprozesses
- Herstellen eines offenen, kooperativen Gesprächsklimas und einer wechselseitigen Vertrauensbasis
- Steuerung und Dokumentation der Diskussion (ggf. über den Einsatz verschiedener Visualisierungstechniken)
- Differenziertes Eingehen auf die Teilnehmer: Sie zu ermutigen, offen über ihre Anliegen zu sprechen; Ausgleich unterschiedlicher Verbalisierungs- und Präsentationsfähigkeiten in der Gruppe durch Anwendung angemessener Arbeitstechniken
- Den Teilnehmern helfen, Missverständnisse in der Diskussion zu vermeiden
- Unterstützung einer transparenten Entscheidungsfindung.

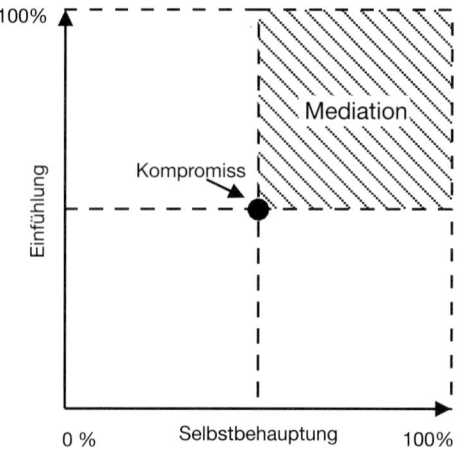

Abb. 5.23 *Verständnis von Mediation im Spannungsfeld zwischen Einfühlung und Selbstbehauptung: Erst jenseits des Kompromisses fängt Mediation an, wenn es gelingt, zu einvernehmlichen Lösungen zu kommen, die es beiden Seiten erlauben, ihre Interessen zu wahren (in Anlehnung an eine Darstellung von* SELLNOW 1999).

lösungen angestrebt, die es beiden Seiten erlauben, ihre Interessen zu wahren (vergleiche Abb. 5.23). Die dabei zu entwickelnden „Win-Win-Optionen" stellen hohe Anforderungen an die Ausgestaltung des Mediationsprozesses, an die Person des Mittlers (Mediators), aber auch an die Verhandlungsbereitschaft der Beteiligten.

Der Ansatz der Mediation kommt aus den USA und wurde in Deutschland zunächst z. B. bei Tarifkonflikten (Schlichtungsverfahren unter Hinzuziehen eines von allen Tarifparteien akzeptierten neutralen „Schlichters"), vor allem aber in außergerichtlichen Einigungsprozessen bei z. B. Erbschaftsstreitigkeiten, Ehescheidungen oder im Rahmen eines Täter-Opfer-Ausgleiches bei Bagatelldelikten angewandt. Ziel war dabei jeweils, auf diese Weise langwierige und ggf. kostenintensive Zivilprozesse zu vermeiden. Im Umweltschutz wurden Mediationsverfahren bislang u.a. für Entsorgungsanlagen, Altlasten, Flughäfen, Abfall- und Verkehrskonzepte durchgeführt, also vor allem bei Konfliktfällen im technischen Umweltschutz und der Standortsuche für Großinfrastruktur. Im Naturschutz kam Mediation insbesondere bei Landnutzungskonflikten und der Ausweisung von Großschutzgebieten zum Einsatz.

Vor Einsatz eines Mediationsverfahrens sind klar bestimmte **Voraussetzungen** zu klären: Es muss Verhandlungs- und Einigungswille bei den Verhandlungspartnern vorhanden sein. Dies geht einher mit der notwendigen Bereitschaft, auf Radikalopposition, d. h. auf eine grundsätzliche Ablehnung des besagten Vorhabens und auf ein einseitiges Durchboxen-Wollen der eigenen Vorstellungen zu verzichten: Es muss also allen klar sein, dass die Nulloption verloren geht. Dazu müssen Gestaltungsspielräume für eine Einigung vorhanden sein, d. h. es darf sich nicht um Nullsummenspiele handeln, bei denen eine Partei nur auf Kosten der anderen gewinnen kann. Auch Wertkonflikte, deren zugrunde liegende Überzeugungen nicht verhandelbar sind (z. B. Pro/contra Atomkraft, Abtreibung oder Gentechnik), sind mit kommunikativen Mitteln, d. h. mit Einsatz von Mediation nicht zu bewältigen. Die involvierten Parteien müssen über eine ausreichende Machtstellung, aus der heraus der Ausgang des Konfliktes beeinflussbar ist, und über ausreichende Verhandlungsvollmacht verfügen (SELLNOW 1999). Diese Rahmenbedingungen, die notwendig erfüllt sein müssen, zeigen, dass Mediation sich keineswegs als das Zauberwort zur Bewältigung von Konfliktfällen erweist, als das es gerade in der letzten Zeit oft gehandelt wird! Vielmehr ist erst gründlich abzuwägen, ob im jeweiligen Einzelfall der Einsatz von Mediation in

Frage kommt. Die Ausarbeitung einer systematischen Konfliktanalyse, wie sie Abbildung 5.24 darstellt, kann sich dabei als hilfreich erweisen.

Ein Mediationsprozess unterliegt einer klar definierten **Struktur** (vergleiche Abb. 5.25): Ein gewisser und vom Aufwand her nicht zu unterschätzender Vorlauf ist notwendig, um die Bereitschaft aller Beteiligten, an einer Lösung aktiv mitzuarbeiten, zu erkunden und um die räumlichen, zeitlichen, personellen und finanziellen Rahmenbedingungen zu klären. So ist es wichtig, sich von vornherein darüber im Klaren zu sein, welcher Zeitrahmen für den Aushandlungsprozess zur Verfügung steht (was für den professionellen Mediator im Allgemeinen auch bedeutet, für wie viele Verhandlungsrunden er finanziert ist). Auch ist besagte Konfliktanalyse zu erstellen, in der die Positionen der verschiedenen Parteien zum Streitgegenstand ermittelt werden. In der Einleitung der Mediationsphase ist es wichtig, gemeinsame Spielregeln zu vereinbaren (vergleiche auch Abb. 5.22) und die Zustimmung der Beteiligten zu Ablaufplan und Verfahrensmodell einzuholen. Zunächst ist den Konfliktparteien dann ausführlich und gleichberechtigt Raum zu geben, ihre einzelnen Sichtweisen darzulegen und durch wechselseitige Verständnisfragen zu erhellen. Es ist eine sehr anspruchsvolle Aufgabe des Mediators, dabei die Gefühle, Motive und Hintergründe der Beteiligten herauszuarbeiten, ohne jedoch selbst Position zu beziehen. Schrittweise sollte man dann dahin kommen, dass das Suchfeld für Lösungen abgesteckt wird und von den Teilnehmern Lösungsmöglichkeiten erarbeitet werden. Im Ergebnis einer Mediation ist eine gemeinsame, von allen Beteiligten mit getragene Lösung anzustreben, die in Form einer gemeinsamen Vereinbarung niedergelegt und unterzeichnet wird. Oft wird es dabei der Fall sein, dass kein vollständiger Konsens erreichbar ist: Vielmehr werden dann getrennt die Punkte, unter denen Einigung erzielt werden konnte sowie separat die abweichenden Voten und unvereinbar gebliebenen Standpunkte zu Papier gebracht. In der Umsetzungsphase (vergleiche Abb. 5.25) kann es dann ggf. noch Auf-

Konfliktparteien	Streitgegenstand	Verfahren
• Welches sind die wichtigsten Konfliktparteien und ihre Sprecher?	• Liegt ein Interessen- oder ein Wertkonflikt vor?	• Was halten die Parteien von konsensualen Konfliktlösungsverfahren? Liegen Erfahrungen vor?
• Haben sich „Benachteiligte/Betroffene" schon in Gruppen oder Initiativen zusammengeschlossen?	• Wie können die Probleme definiert werden?	• Nutzt ein konsensualer Prozess den Konfliktparteien?
• Sind die Konfliktparteien gewillt, eine Konsenslösung anzustreben?	• Was sind die zentralen und was die weniger wichtigen Konflikte?	• Welche „Sachzwänge" beeinflussen die Konfliktlösung (Zeitrahmen, Entscheidungsdruck, rechtliche Aktivitäten, finanzielle Bedingungen)?
• Sind die Konfliktparteien in der Lage, miteinander zu arbeiten?	• Kann darüber verhandelt werden?	
	• Welche Positionen werden eingenommen?	• Welche sonstigen Hindernisse muss der Prozess überwinden?
	• Wo liegen die jeweiligen Interessen und gibt es gemeinsame Interessen?	• Wie stehen die Chancen für einen Erfolg?
	• Sind Optionen für eine Konfliktlösung erkennbar?	

Abb. 5.24 *Erstellung einer Konfliktanalyse als Grundlage für ein Mediationsverfahren* (SELLNOW 1999).

Vorphase

- Erste *Kontaktaufnahme* von Konfliktbeteiligten zu den MediatorInnen oder umgekehrt oder durch Dritte
- Alle Konfliktparteien ansprechen, *Verfahren erläutern*, *Bereitschaft erfragen*, ggf. zur Teilnahme motivieren, aber nicht überreden (*Willigkeit* ist unbedingte Voraussetzung!)
- Klärung der finanziellen, personellen, räumlichen und zeitlichen *Rahmenbedingungen*
- *Vorbereitung der MediatorInnen*: inhaltlich, verfahrenstechnisch (Modell, Ablaufplan usw.)

▼ Mediationsphase

1. Einleitung

- Gute *Atmosphäre* schaffen (angenehm, entspannt, angstfrei, kooperativ, vertrauensvoll)
- *Vorstellung* der MediatorInnen und der Art der Kontaktaufnahme, Erläuterung des *Verfahrens*, der *Rolle* der MediatorInnen und der *Spielregeln*
- *Stand der Dinge*: *Informationsstand* der MediatorInnen offen legen
- *Vorstellung* der KontrahentInnen, *Hoffnungen und Befürchtungen* erfragen, *offene Fragen* klären
- *Zustimmung* zu Verfahrensmodell, Ablauf und Spielregeln einholen (ggf. schriftlich), *Willigkeit* zur kooperativen Mitarbeit bekunden

2. Sichtweise der einzelnen Konfliktparteien

- Sichtweise jeder einzelnen Konfliktpartei (Fakten & Gefühle) den MediatorInnen erzählen, *nachfragen* und *aktives Zuhören* durch die MediatorInnen, *Zusammenfassung* durch die MediatorInnen
- Gegenseitige *Verständnisfragen* von den KontrahentInnen
- *Rückmeldung* durch die Gegenseite(n): soweit möglich direkte Kommunikation praktizieren mit Spiegeln des Gehörten (ggf. mit Hilfe), sonst Kommunikation über die MediatorInnen
- Gemeinsamkeiten und Differenzen festhalten, insbesondere den *Konsens über den Dissens* herstellen (MediatorInnen)
- Gemeinsame *Erfolgskriterien* erarbeiten lassen, denen eine gute Lösung genügen muss und an denen Lösungen gemessen werden.

3. Konflikterhellung/Vertiefung

- *Befragung* zu den einzelnen Problemen durch die MediatorInnen (beide/alle Seiten im Wechsel)
- Von vorgebrachten *Positionen* auf die Ebene der *Interessen* kommen (Bedürfnisse, Wünsche, Hoffnungen, Ängste)
- *Gefühle, Motive und Hintergründe* herausarbeiten (ggf. auch Hintergrundkonflikte)
- *Wünsche* und *Idealvorstellungen* aussprechen lassen
- *Direkte Kommunikation* herstellen, auf *positive Aussagen* und *Ich-Botschaften* achten
- *Reaktion* der anderen Seite(n) erfragen

4. Problemlösung(en)

- TeilnehmerInnen *Lösungsmöglichkeiten* sammeln lassen (ggf. über Brainstorming oder andere Kreativitätstechniken), bei Engpässen auch Vorschläge der MediatorInnen einbringen
- *Suchfeld* für Lösungsmöglichkeiten so groß wie möglich ansetzen (Kuchen größer machen, bevor er verteilt wird)
- *Bewertung* und *Auswahl* der interessantesten Vorschläge unter Nutzung der erarbeiteten *Erfolgskriterien* und dem Ziel, möglichst *Win-Win-Lösungen* zu finden, bei denen es keine Verlierer gibt
- Ggf. Heranziehen von *Fachwissen* und *Experten* zur Prüfung der Machbarkeit

5. Übereinkunft

- *Einigung* auf die beste Lösung gemäß den Erfolgskriterien und der Zustimmungsbereitschaft der KontrahentInnen
- *Formulierung* der Übereinkunft, der Umsetzung und der Kontrolle der Problemlösung
- Wenn möglich, Lösung für den *Umgang mit künftigen Problemen* vereinbaren
- *Unterzeichnung* der Vereinbarung, Abschluss evtl. mit versöhnlicher Geste, Dank an alle Mitwirkende

▼ Umsetzungsphase

- *Umsetzung* der Problemlösung
- Ggf. *Nachfolgetreffen* zur *Auswertung und Besprechung von Problemen und Schwierigkeiten*
- Ggf. Nachverhandlungen

Abb. 5.25 *Phasen der Mediation (SELLNOW 1999, in Anlehnung an BESEMER 1993).*

gabe des Mediators sein, die Diskursergebnisse auch gegenüber den Entscheidungsträgern und der Öffentlichkeit erfolgreich zu vermitteln.

Die Grenzen zwischen einer reinen Moderation, einer Moderation bei auftretenden Konfliktfällen, die bereits Mediationselemente aufweist, und der eigentlichen Mediation sind in der Praxis fließend. Im Gegensatz zu einem Moderator bündelt jedoch der Mediator nicht nur die Interessen und strukturiert den Verhandlungsprozess. Ihm kommt vielmehr eine aktive Rolle zu, indem er die Parteien beim Ausloten von Verhandlungsspielräumen unterstützt, Blockadesituationen überwinden hilft und Unterstützung leistet, um Kriterien für tragfähige Lösungsmöglichkeiten zu finden. Diese müssen jedoch – das ist wesentlich! – von den Beteiligten selbst erarbeitet werden. Ein Mediator muss somit kommunikative Fähigkeiten in Verbindung mit breiten fachlichen Grundkenntnissen einbringen: Seine Aufgabe ist es auch, eingebrachtes Spezialwissen für alle Teilnehmer verständlich zu machen und ggf. zu „übersetzen". Deutlich wird somit, dass die Rolle eines Mediators sehr hohe Anforderungen an Erfahrungen und Sozialkompetenz stellt. Während jeder „gute" Planer über die Fertigkeiten verfügen sollte, Meinungsbildungsprozesse durch Moderation zu strukturieren, sollte er sich zugleich darüber im Klaren sein, dass es für eine Mediation weitreichenderer Kompetenzen bedarf, so dass fallweise zu überlegen ist, mit dieser Aufgabe eine besonders spezialisierte Person zu beauftragen.

5.3.3   Zukunftswerkstatt

Die Zukunftswerkstatt wurde Mitte der 70er-Jahre wesentlich von ROBERT JUNGK entwickelt. Sie versteht sich als ein basisdemokratischer Ansatz, in dem von den Beteiligten gemeinsam weitreichende und kreative Planungsideen und Möglichkeiten zu ihrer Umsetzung entwickelt werden. Dazu werden, begleitet von einem Moderator, drei **Phasen** durchlaufen (vergleiche Abb. 5.26):

- **Kritikphase**: In der Gruppe wird Kritik am Thema zusammengetragen und auf Papierbögen geschrieben. Aus der entstandenen Sammlung werden die wichtigsten Kritikthemenkreise oder -aussagen ausgewählt.
- **Phantasiephase:** Im Brainstorming werden zum Kritikergebnis Lösungen, Vorschläge, Ideen zusammengetragen, wobei auch bewusst utopische Vorschläge möglich, ja sogar gewünscht sind. Daraus werden dann wieder die kreativsten Ideen ausgewählt.
- **Verwirklichungsphase:** Es erfolgt eine kritische Überprüfung der Utopien auf realitätsnähere Lösungen und ein Abschätzen ihrer Durchsetzungsmöglichkeiten. Nach Möglichkeit werden Verwirklichungsschritte für die betreffende Aktion oder das Projekt angegeben.

Das Prinzip der Zukunftswerkstatt besteht dabei darin, dass jeweils erst Kritikpunkte bzw. Ideen gesammelt werden und dann eine zielgerichtete Eingrenzung erfolgt. Von Phase zu Phase ergibt sich dabei ein Wechselspiel zwischen einer Aufweitung des Ideenspektrums und einer nachfolgenden Einengung (vergleiche das in Abbildung 5.26 veranschaulichte „Trichterprinzip"). Eine wichtige Funktion kommt dabei der Phantasiephase zu: Sie soll Anstoß geben, bislang gewohnte Muster in Frage zu stellen und nach neuen, bislang nicht verfolgten Wegen zu suchen. Das Durchlaufen der

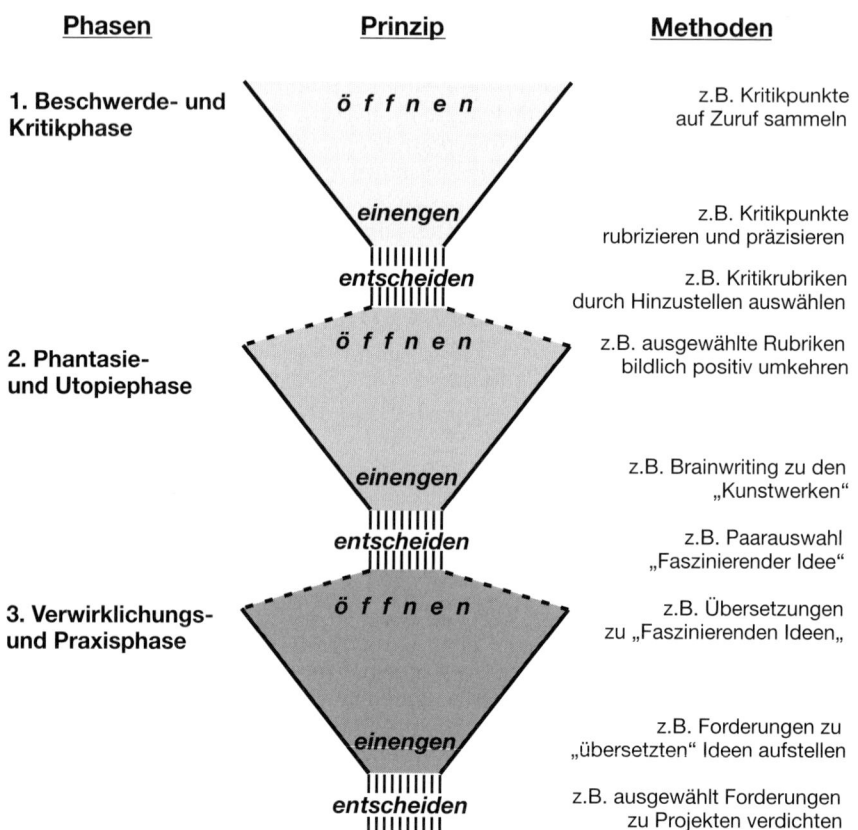

Phasen	Prinzip	Methoden
1. Beschwerde- und Kritikphase	*öffnen*	z.B. Kritikpunkte auf Zuruf sammeln
	einengen	z.B. Kritikpunkte rubrizieren und präzisieren
	entscheiden	z.b. Kritikrubriken durch Hinzustellen auswählen
2. Phantasie- und Utopiephase	*öffnen*	z.b. ausgewählte Rubriken bildlich positiv umkehren
	einengen	z.b. Brainwriting zu den „Kunstwerken"
	entscheiden	z.B. Paarauswahl „Faszinierender Idee"
3. Verwirklichungs- und Praxisphase	*öffnen*	z.B. Übersetzungen zu „Faszinierenden Ideen„
	einengen	z.B. Forderungen zu „übersetzten" Ideen aufstellen
	entscheiden	z.B. ausgewählt Forderungen zu Projekten verdichten

Abb. 5.26 *Phasenweiser Ablauf einer Zukunftswerkstatt nach dem Schema des „Trichters" im Überblick* (KUHNT & MÜLLERT 1996).

drei Phasen ist als gemeinsamer, sozialer Prozess ausgestaltet, wobei die Dauer normalerweise bei drei Tagen, die Teilnehmerzahl in einer Größenordnung von 10–25 Personen liegt. Es gibt jedoch sowohl die Möglichkeit, eine nur eintägige Zukunftswerkstatt durchzuführen als auch sie für einen längeren Zeitraum (z. B. eine Woche bis hin zu prozessbegleitenden, über mehrere Monate hinweg ausgestalteten Zukunftswerkstätten) auszugestalten.

Mit Zukunftswerkstätten können verschiedene **Ziele** verfolgt werden (BISCHOFF et al. 1996): Es kann im Vordergrund stehen, mit Hilfe dieser Kreativitätstechnik konkrete Problemlösungen und Ideen für Planungsprozesse zu entwickeln oder auch langfristige Perspektiven für die gemeinsame Arbeit in einer Gruppe zu entwerfen. Das Hauptanliegen kann aber auch darin bestehen, Apathien zu überwinden, Bürgerinnen und Bürger zu mobilisieren und zum Mitmachen zu motivieren. Gerade mit diesem Anliegen sind Zukunftswerkstätten in der letzten Zeit sehr häufig als „Initialzündungen" für lokale Agenda 21-Prozesse in den Gemeinden durchgeführt worden: Über eine Zukunftswerkstatt als Auftaktveranstaltung für die lokale Agenda 21 sollten hier jeweils möglichst viele Bürger zur aktiven Mitarbeit animiert und zugleich eine erste Problem- und Ideensammlung für die künftige Gestaltung der Gemeinde zusammengetragen werden.

Die Zukunftswerkstatt erweist sich damit als eine Methode, deren Stärke im kreativen Sammeln von teils auch unkonventionellen Ideen liegt. Im Rahmen der drei-, oft aber auch nur eintägigen Veranstaltungen gelingt es allerdings meist nicht, auch hinreichend konkrete Vorstellungen zur Umsetzung dieser Ideen zu entwickeln: Die weitergehende Realisierung findet oft erst zu einem späteren Zeitpunkt statt, die Ergebnisse bleiben recht unkonkret. Es ist daher auch für die Motivation der Beteiligten wichtig, dass im Nachgang zu einer Zukunftswerkstatt weitere Termine folgen, in denen man sich mit der Realisierung der entwickelten Vorstellungen befasst.

5.3.4 Planungszelle

Die Planungszelle ist ein gleichfalls zu Beginn der 70er-Jahre von P.C. DIENEL (1991) vorgeschlagenes Beratungsverfahren, das mittlerweile vor allem in der Stadtplanung Anwendung gefunden hat. Es beruht auf dem Prinzip einer „Laienplanung", die vorhandene Entscheidungsverfahren ergänzen soll. Dazu wird im Zufallsverfahren z. B. aus den Daten der Einwohnermeldeämter eines definierten Einzugsbereichs und auf der Basis festgelegter Kriterien (z. B. soziale Herkunft, Ausbildung, Geschlecht und Alter) eine Gruppe von ca. 25 Personen ausgewählt und zur Mitarbeit motiviert. Die betreffenden Personen werden dann für eine bestimmte Zeit (z. B. drei Wochen) unter Bezahlung von ihrer Arbeit freigestellt. Sie bilden dann als Laienplaner zusammen mit den Angehörigen der betreffenden Fachressorts, die sie anleiten und für Fachauskünfte zur Verfügung stehen, und didaktisch vorgebildeten Moderatoren eine „Planungszelle" und erarbeiten gemeinsam Lösungsvorschläge für das zu behandelnde Thema. Das Ergebnis bildet ein so genanntes „Bürgergutachten", d. h. eine schriftliche, als Vorlage für die Entscheidungsträger geeignete Zusammenfassung der ausgearbeiteten Bewertungen und Lösungsvorschläge.

Mit der Planungszelle wird das Ziel verfolgt, den Austausch zwischen Laien und Experten zu fördern. Durch die fachgerecht angeleitete Ausarbeitung des Bürgergutachtens, welches die Laienmeinung dokumentiert, kommt es vielfach zu einem gewichtigen und qualitativ hochwertigen Ergebnis. Die Planungszelle wird zwar informell im Vorfeld von Verfahren durchgeführt. Es besteht jedoch die Möglichkeit, das auszuarbeitende Bürgergutachten hinsichtlich der formalen Ansprüche an Stellungsnahmen der Träger öffentlicher Belange anzupassen und so in die formalen Entscheidungsprozesse einzuspeisen (DICKHAUT & SAAD 1996). Hervorzuheben ist der Anspruch der Planungszelle, durch die Zufallsauswahl der Teilnehmer eine breite soziale, politische und altersmäßige Beteiligung sicherzustellen.

Ein relativ hoher Aufwand entsteht allerdings durch die Verpflichtung, die Laien für die Freistellung von ihrer Beschäftigung zu bezahlen, was sich zu beträchtlichen Beträgen summieren kann. Auch müssen Informationsfluss und Zuarbeit der relevanten öffentlichen und privaten Institutionen zu den Teilnehmern gewährleistet sein: Erfolgt eine nur einseitige Wissensvermittlung, wird die sachliche Arbeit behindert und die Motivation der Teilnehmer untergraben (BISCHOFF et al. 1996). Trotz Teilnehmerauswahl nach dem Zufallsverfahren besteht die Gefahr, neue Ungleichheiten zu produzieren, da passive Bürger eher absagen und daher unterrepräsentiert sind. Dies ist jedoch ein Problem, mit dem im Grundsatz alle Beteiligungsverfahren zu kämpfen haben.

Einen ähnlichen Ansatz verfolgt die in den USA entwickelte **Advokatenplanung**: Schwächeren Gruppen werden hier so genannte „Advokaten" unterstützend zur Seite gestellt. Es handelt sich dabei um Experten, die fachlich fundierte (Gegen-)Positionen erarbeiten und in die Planungsverfahren einbringen können. Ihre Finanzierung übernimmt in der Regel der Planungsträger. Auch mit diesem Vorgehen soll allen Beteiligten die gleichberechtigte Teilhabe am Planungsprozess ermöglicht werden. Ein gewisses Problem kann allerdings darin liegen, das die Rolle des Anwalts gleichwohl einen Spagat bedeutet, da er zwar einerseits die Interessen der Betroffenen vertreten soll, andererseits aber vom Planungsträger finanziert wird.

6 Umsetzung und Nachkontrolle

Zwischen der Planumsetzung und Nachkontrollen besteht ein enger Zusammenhang: Die Ergebnisse von Nachuntersuchungen sollten gezielt eingesetzt werden, um die Durchführung weiterer Maßnahmen zu optimieren. Um dies zu erreichen, sollten sie zudem eng an einzelne Planungs- und Umsetzungsschritte gekoppelt sein. Deshalb werden hier beide Aspekte gemeinsam behandelt.

6.1 Aspekte der Umsetzung

Jeder Plan ist so gut wie das, was von ihm umgesetzt wird. Dabei kann es sich neben direkten (d. h. eine Maßnahme wird in der Fläche realisiert) auch um indirekte Wirkungen (Aussagen werden in andere Fachplanungen übernommen und über diese umgesetzt) sowie um Bewusstseinänderungen bei den Adressaten handeln, über die unter Umständen erst langfristig Verhaltensänderungen erzeugt werden.

Auf folgendes generelles Problem ist dabei hinzuweisen (vergleiche Abb. 6.1): Ausgehend von einer Analyse des Betrachtungsraumes, der „realen Umwelt", wie sie sich zu einem Zeitpunkt „t" darbietet, muss man sich zunächst ein Modell aufstellen. Dieses beinhaltet eine Abstraktion und Vereinfachung von der Komplexität landschaftlicher Gegebenheiten und ist notwendig, um etwa (wie unter 3.1.1 beschrieben) die Kriterien und Messgrößen für Bestandserhebungen zu bestimmen. Auf deren Grundlage wird dann ein Konzept erarbeitet. Wenn es jedoch zu dessen Umsetzung kommen soll, haben die Dynamik der Prozesse, die sich in einem Landschaftsraum abspielen, die Akteure und deren sich ändernde Werthaltungen sowie die weiteren, gleichfalls nicht unveränderlichen ökonomischen und sozialen Rahmenbedingungen oft bereits wieder zu weiteren Veränderungen der Umwelt geführt, die die ursprünglichen Modellannahmen unter Umständen nicht mehr zutreffen lassen. Verdeutlicht man sich, dass der Aufstellungsprozess eines kommunalen Landschaftsplanes sich vielfach über 3 bis 4 Jahre erstreckt und dass zwischen dem Billigungsbeschluss und dem eigentlichen Beginn von Umsetzungsmaßnahmen oft weitere zwei Jahre vergehen, wird ersichtlich, wie groß die Gefahr ist, dass die Realität unseren Planungen davonläuft.

Deutlich wird dadurch, dass Planung von einer möglichst unmittelbaren Umsetzung in konkretes Handeln lebt. Im Idealfall sollten Planung und Umsetzung Hand in Hand laufen, d. h. möglichst rasch einzelne wenn auch kleine Schritte ausgeführt werden. Dies bedeutet zudem ein Abkehren von großen, gesamthaften Entwürfen und landschaftsumgreifenden Planungen, sondern vielmehr ein Vorgehen in kleinen

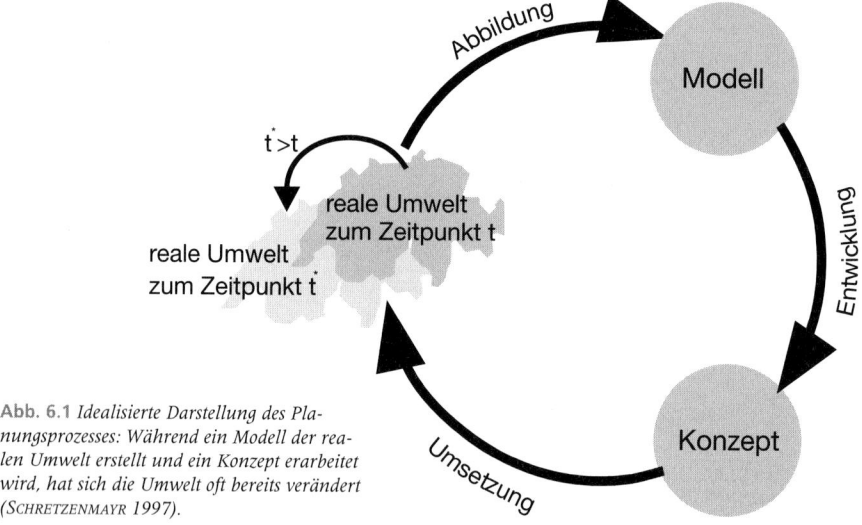

Abb. 6.1 *Idealisierte Darstellung des Planungsprozesses: Während ein Modell der realen Umwelt erstellt und ein Konzept erarbeitet wird, hat sich die Umwelt oft bereits verändert* (SCHRETZENMAYR 1997).

Schritten, das frühzeitig die verschiedenen Beteiligten einbindet, mittels Nachkontrollen die Rückkoppelung zur Entwicklung weiterer Maßnahmen sucht und weniger den fertigen Plan, sondern den Prozess seiner Ausarbeitung in den Vordergrund stellt.

Einen typischen Umsetzungsprozess eines örtlichen Landschaftsplanes verdeutlicht Abbildung 6.2. Empfehlenswert ist es, einen eigenen Ansprechpartner, z. B. ein Landschaftsplanungsbüro zu beauftragen, um z. B. nötige Detailkonzepte auszuarbeiten und abzustimmen, eine gezielte Beratung von Landwirten und interessierten Bürgern über Fördermöglichkeiten anzubieten sowie Informationsveranstaltungen zu organisieren und durchzuführen. Oft stehen zahlreiche Fördermöglichkeiten zur Verfügung, für deren Inanspruchnahme der Landschaftsplan die konzeptionelle und räumliche Grundlage bildet. Als wesentlich hat es sich dabei erwiesen, nicht nur (passiv) Förderangebote zu machen, sondern aktiv insbesondere auf die Landwirte zuzugehen und diese zugeschnitten auf ihre jeweiligen betrieblichen Möglichkeiten gezielt zu beraten.

6.2 Nachkontrollen in der ökologisch orientierten Planung

Nachkontrollen überprüfen die Ergebnisse, den eingetretenen „Erfolg" einer Maßnahme und schlagen ggf. Korrekturen vor. Sie dienen damit dazu, Planungs- und Entscheidungsprozesse zu optimieren. Für die zahlreichen verschiedenen Kontrolltypen, die an verschiedenen Punkten des Planungs- und Umsetzungsprozesses ansetzen, wird hier der Oberbegriff „Nachkontrolle" verwendet. Oft ist dafür auch der Ausdruck „Erfolgskontrolle" im Gebrauch. Eine echte „Erfolgs"-Kontrolle bedarf jedoch definierter Erfolgskriterien, die nach Möglichkeit bereits vor Beginn einer Maßnahmenumsetzung festzulegen sind. Der Begriff „Nachkontrolle" ist also weiter gefasst. Innerhalb

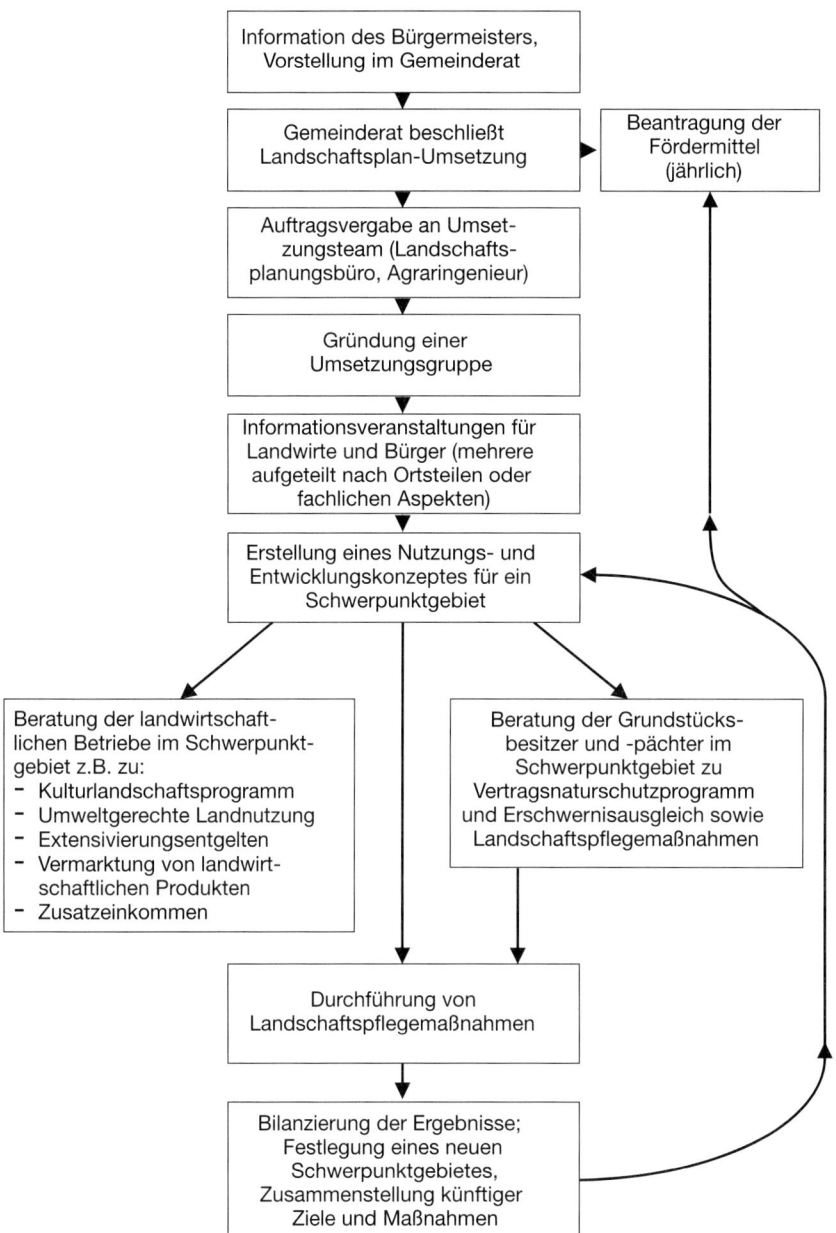

Abb. 6.2 *Ablauf einer Landschaftsplan-Umsetzung (Regierung von Niederbayern, o.J.).*

diese Feldes existiert eine Fülle verschiedener Begrifflichkeiten, für die einzelnen Kontrolltypen, die z. T. auch voneinander abweichend gehandhabt werden (Tabelle 6.1 auf Seite 425 veranschaulicht dies exemplarisch am Beispiel der naturschutzrechtlichen Eingriffsregelung). Auch bei den hier verwendeten Begriffen und Definitionen muss daher beachtet werden, dass es sich bei Nachkontrollen um ein Tätigkeitsfeld handelt, dessen Notwendigkeit erst seit kurzem in den Vordergrund des Interesses gerückt ist und dessen Begrifflichkeiten dementsprechend erst dabei sind, sich zu konsolidieren.

Ziel naturschutzfachlicher und planerischer Erfolgskontrollen ist über eine bloße Kontrolle der Zielerreichung von Maßnahmen hinaus, prinzipielle verfahrenstechnische sowie inhaltliche Mängel aufzudecken (vergleiche Kasten 6.1). Indem sie helfen, Zielsetzungen und Prozesse der Zielfindung zu optimieren, sollen Kontrollen auch Kriterien für dabei notwendige Prioritätensetzungen liefern. Die Dokumentation von Erfolgen und die Analyse von Misserfolgen bietet die Chance, die Akzeptanz der betreffenden Maßnahmen bei Entscheidungsträgern sowie bei wirtschaftlich oder in Ausübung ihrer Freizeitaktivitäten Betroffenen zu erhöhen. Wesentlich ist zudem eine Absicherung einmal eingetretener Erfolge: Vielfach wird es nicht ausreichen, nach einem gewissen Zeitraum die Effizienz einer Maßnahme oder eines Projektes festzustellen, sondern es muss weiter beobachtet werden, um sicherzustellen, dass einmal eingetretene erfolgreiche Entwicklungen auch langfristig aufrechterhalten bleiben. Über diesen umfassenden Ansatz verfolgen Nachkontrollen letztlich den Zweck einer umfassenden Qualitätssicherung der betreffenden Planungsabläufe.

Nachkontrollen sind in ein breites Feld von ökologischen Langzeitforschungs-, Dauerbeobachtungs- und Monitoringaufgaben eingebunden (vergleiche Abb. 6.3): Im Unterschied zur **ökologischen Langzeitforschung**, die in der Regel versucht, an exemplarischen Fallgestaltungen kausale Zusammenhänge aufzudecken, hat die **ökologische Dauerbeobachtung** zum Ziel, den aktuellen Zustand zu überwachen bzw. ablaufende Veränderungen von Teilen der Umwelt zu dokumentieren. Innerhalb der Dauerbeobachtung sind vom Grundsatz her zwei verschiedene Aufgabenbereiche zu unterscheiden (Abb. 6.3; REICH 1994):

- Das allgemeine oder unspezifische **Monitoring** soll Veränderungen des Naturhaushaltes auch dann dokumentieren, wenn das Wirkungsgefüge im Einzelnen

---

Kasten 6.1 Ziele von Nachkontrollen

Ziele von Nachkontrollen im Naturschutz und in der ökologisch orientierten Planung (WEISS 1996, ergänzt):

- Sicherstellung der Zielerreichung
- Sicherstellung eines hohen Wirkungsgrades der eingesetzten Mittel
- Erkennen verfahrenstechnischer und inhaltlicher Mängel
- Langfristige Absicherung der Erfolge
- Optimierung von Zielfindungen und Prioritätensetzungen
- Erhöhung der Akzeptanz von Naturschutz- und Planungszielen
- Umfassende Qualitätssicherung der entsprechenden Planungsabläufe.

noch nicht bekannt ist. Es hilft damit, eine Art Frühwarnfunktion zu erfüllen. Ein Beispiel wäre die Anlage vegetationskundlicher Dauerbeobachtungsflächen, z. B. in Schutzgebieten, um Veränderungen der Vegetation zu erfassen.

- Bei den **spezifischen Überwachungsprogrammen** steht im Gegensatz dazu die gezielte Beobachtung bekannter Wirkungen oder Maßnahmen im Vordergrund. Auch die Nachkontrolle von Naturschutzmaßnahmen fällt unter diese Kategorie. Ein wesentlicher Unterschied gegenüber einem reinen Monitoring bzw. wissenschaftlichen Begleitforschungen liegt zudem in ihrer normativen Ausrichtung: D. h. die Nachkontrolle wird sich an definierten Zielzuständen oder Pflegezielen orientieren; zumindest aber soll sie eine Bewertung eingetretener Entwicklungen ermöglichen.

Im Naturschutz und in der ökologisch orientierten Planung können sich Nachkontrollen erstrecken auf:

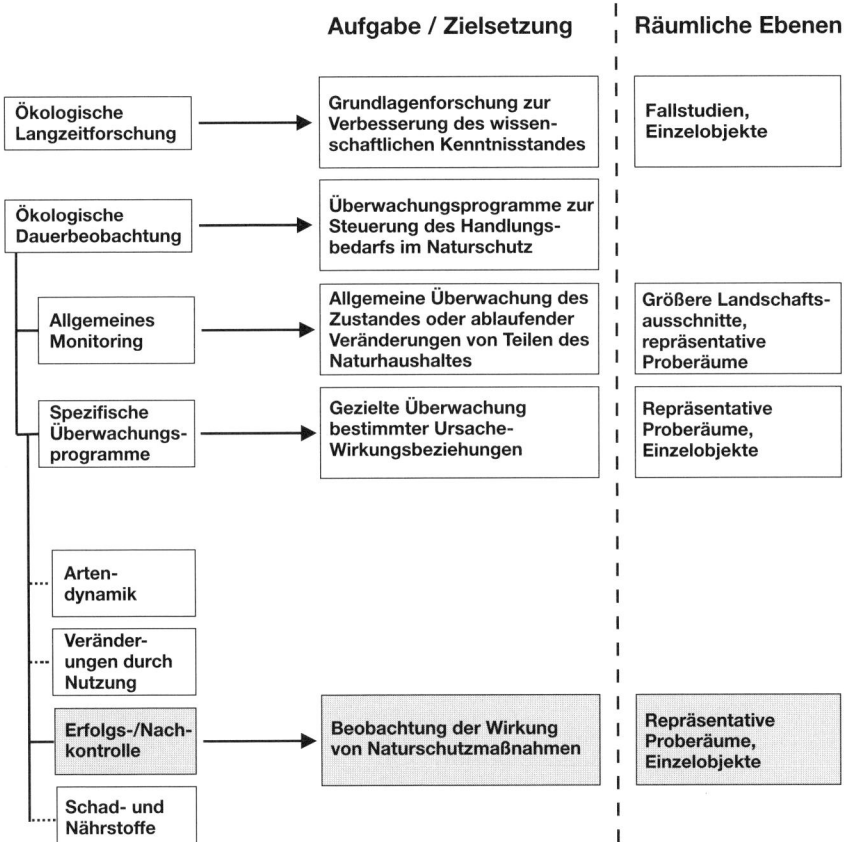

Abb. 6.3 *Inhaltliche und räumliche Gliederung verschiedener Programme der Langzeitforschung und ökologischen Dauerbeobachtung sowie Einordnung von Nachkontrollen* (Reich 1994).

- Schutzgebiete und -objekte (wobei insbesondere die Frage zu betrachten ist, ob die durch die Verordnung vorgegebenen Schutzziele eingehalten werden);
- die verschiedenen Planungsinstrumente (d. h. indem Plan- und Verfahrenskontrollen zur z. B. Eingriffsregelung/Landschaftspflegerischen Begleitplanung, Umweltverträglichkeitsprüfung oder Landschaftsplanung durchgeführt werden);
- Förderprogramme des Naturschutzes (z. B. den so genannten Vertragsnaturschutz);
- Artenschutzprogramme;
- bestimmte Schutz-, Entwicklungs-, Pflege- und Bewirtschaftungsmaßnahmen;
- die Umsetzung von Vermeidungs-, Ausgleichs- und Ersatzmaßnahmen der naturschutzrechtlichen Eingriffsregelung.

Ein neues Betätigungsfeld ist dabei durch die **Monitoring- und Berichtspflichten** entstanden, die die **Fauna-Flora-Habitat-(FFH-)Richtlinie** vorschreibt: Demzufolge haben die Mitgliedstaaten den Erhaltungszustand der in der Richtlinie benannten Arten und Lebensräume zu überwachen und alle sechs Jahre über die durchgeführten Maßnahmen zu deren Erhalt Bericht zu erstatten. Um dieser Berichtspflicht sowie dem in der Richtlinie für die betreffenden Schutzgebiete festgeschriebenen Verschlechterungsverbot nachzukommen, sollten auch die Sicherungsmaßnahmen, die im Falle von Beeinträchtigungen zur Sicherung der Kohärenz des Schutzgebietsnetzes Natura 2000 durchgeführt werden, einer gesonderten Nachkontrolle unterzogen werden. Ein Monitoring allerdings eher verfahrensmäßiger Art sieht auch die im Juni 2001 verabschiedete **Richtlinie zur Plan-UVP** vor: Demzufolge haben die Mitgliedstaaten die Auswirkungen, die bei der Durchführung der unter die Richtlinie fallenden Pläne und Programme auf die Umwelt auftreten mit dem Ziel zu überwachen, ggf. geeignete Vermeidungs- und Abhilfemaßnahmen zu treffen.

Es können also sehr **vielfältige Kontrollaufgaben** auftreten, für die jeweils **differenzierte Anforderungsprofile** entwickelt werden müssen. Gegebenenfalls sind dabei auch die Begrifflichkeiten den unterschiedlichen Aufgabenstellungen anzupassen. Es lassen sich jedoch einige grundsätzliche Herangehensweisen an derartige Kontrollen unterscheiden, die im Folgenden unter 6.2.1 wiedergegeben sind. Als unterschiedlich gelagerte Anwendungsfälle werden dann exemplarisch Nachkontrollen in der naturschutzrechtlichen Eingriffsregelung sowie im Rahmen komplexer Planungsaufgaben wie der Landschaftsplanung beschrieben.

6.2.1 Grundsätzliche Herangehensweisen

Mit dem Soll-Ist-Vergleich (Vergleich der Maßnahmenentwicklung mit vorab definierten Zielzuständen), dem Vorher-Nachher-Vergleich (Beschreibung des Unterschiedes vor und nach Durchführung einer Maßnahme) und dem Mit-Ohne-Vergleich (d. h. dem Vergleich von Flächen mit und solchen ohne durchgeführter Maßnahme) bestehen drei grundsätzliche Herangehensweisen an Nachkontrollen (vergleiche die nähere Beschreibung in Kasten 6.2). Aussagekraft und Einsatzmöglichkeiten sind dabei differenziert zu sehen:

Beim Soll-Ist-Vergleich müssen bereits zu Projektbeginn konkrete und möglichst quantifizierbare („messbare") Ziele festgelegt werden. Gegenüber den anderen beiden

Vergleichsarten besitzt der Soll-Ist-Vergleich den Vorteil, dass von vornherein eine klare Beurteilungsgrundlage vorhanden ist und dadurch unterschiedliche Bewertungen des eingetretenen Ergebnisses verhindert werden. Nicht immer aber wird bereits mit Projektbeginn eine solche Zielformulierung möglich oder sinnvoll sein. Auch bergen einmal festgelegte Ziele die Gefahr, zu statisch zu sein und zu wenig Raum für dynamische Entwicklungen zu lassen: Naturschutzziele wie Prozessschutz oder das Zulassen ungelenkter Dynamik lassen sich aufgrund ihrer Ergebnisoffenheit im Regelfall eben nicht am Vorkommen bestimmter Arten oder anderer definierter Parameter festmachen. Für sie bietet sich daher eher der Vorher-Nachher-Vergleich an.

Der Soll-Ist-Vergleich wirft damit auch die Frage auf, auf welcher Ebene bzw. in welchem Konkretisierungsgrad eine Zielformulierung, wie sie etwa für naturschutzrechtliche Ausgleichs- und Ersatzmaßnahmen zu treffen ist, sinnvoll ist: Auch hier sollte man sich nicht auf eine einzelne Zielart festlegen, sondern Zielartenspektren bestimmen (vergleiche hierzu Kap. 5.2.1). Was standörtliche Parameter angeht, kann es sinnvoll sein, Standortskomplexe zu definieren, die im Detail eine größere Spannbreite an möglichen Entwicklungen zulassen, dabei aber immer noch eine handhabbare Beurteilungsgrundlage bilden und den funktionalen Bezug zu einzelnen Beeinträchtigungen gewährleisten.

Ein gewisser Nachteil des Soll-Ist-Vergleiches kann es zudem sein, dass Wirkungsbeziehungen ausgeblendet bleiben: Mit ihm wird lediglich bestimmt, ob und inwieweit ein normativ vorgegebenes Ziel erreicht wird, ohne zu differenzieren, was dabei auf die „Leistungen" des Projektes bzw. der entsprechenden Maßnahmen und was ggf. auf andere, gleichzeitig wirkende Einflüsse zurückzuführen ist. Beispielsweise kann eine beabsichtigte Erhöhung der Exemplare wiesenbrütender Vogelarten unter Umständen gar nicht auf die Wirkungen der betreffenden Extensivierungsmaßnahme zurückzuführen sein, sondern darauf, dass in der Umgebung die entsprechenden Lebensräume stark abgenommen haben und so eine verstärkte Besiedelung noch geeigneter Flächen erfolgt. Auch beim Vorher-Nachher-Vergleich lässt sich kein eindeutiger Wirkungsbezug herstellen. Als Bestandteil von Wirkungskontrollen eignet sich daher besonders der Mit-Ohne-Vergleich: Über die hier angelegten Referenzflächen kann am ehesten der Nachweis geführt werden, welche Auswirkungen auf die durchführte Maßnahme und welche auf andere Einflüsse zurückgehen.

Der Vorher-Nachher-Vergleich birgt die Gefahr, dass die Diskussion „Was ist Erfolg?" erst nach Ende eines Projektes geführt wird und hier evtl. zu unterschiedlichen Bewertungen führt. Ein Problem ist hier zudem die oft fehlende Datenbasis an entsprechenden Referenzuntersuchungen: Deren Parameter müssen bereits auf die Notwendigkeit und die Methoden der Nachuntersuchung abgestellt sein, um die spätere Vergleichbarkeit zu gewährleisten. Das ist durch die übliche Bestandsaufnahme etwa bei Landschaftsplanungen und Eingriffsvorhaben nicht in jedem Fall gewährleistet.

Vielfach wird sich daher eine Kombination verschiedener Ansätze anbieten: Um die Erhaltungsziele von FFH- und von Vogelschutzgebieten sowie die Zweckmäßigkeit von Schutzgebietsverordnungen zu überprüfen, bietet sich der Soll-Ist-Vergleich an; um seit einer Ausweisung eingetretene Entwicklungen zu dokumentieren, kann man ihn ggf. durch einen Vorher-Nachher-Vergleich ergänzen. Der Mit-Ohne-Vergleich hingegen ist für eine Überprüfung von Schutzgebieten im Regelfall nicht geeignet.

Kasten 6.2 Herangehensweisen an Nachkontrollen

Man unterscheidet drei unterschiedliche Herangehensweisen an Nachkontrollen (vgl. z. B. WEY 1994):

Soll-Ist-Vergleich: Dabei wird zunächst das Ziel einer Maßnahme durch einen Soll-Zustand beschrieben. Der kontrollierte Ist-Zustand nach erfolgter Maßnahme wird dann mit diesem Soll-Zustand verglichen. Man stellt also fest, inwieweit man sich dem angestrebten Ziel durch die Maßnahmen angenähert hat: Der dabei festgestellte Grad der Zielerreichung dient als Erfolgsmaß.

Ein *Beispiel* ist die Überprüfung, ob vorab festgelegte Zielarten sich infolge einer Pflege- oder Entwicklungsmaßnahme tatsächlich auf einer Fläche einstellen.

Vorher-Nachher-Vergleich: Hier beschreibt man den Unterschied zwischen dem eingetretenen Ergebnis und dem Zustand vor Durchführung einer Maßnahme. Eine detaillierte, vorab zu treffende Zielvorgabe ist dabei nicht erforderlich. Erfolgskriterien können daher erst nach Projektabschluss, u. U. erst nach erfolgter Dokumentation des Nachher-Zustandes festgelegt werden. Notwendige Voraussetzung ist allerdings eine hinreichend genaue Bestandsaufnahme vor Durchführung der betreffenden Maßnahme.

Ein Vorher-Nachher-Vergleich kann sich anbieten, wenn Ausgangssituation und Ergebnis nicht direkt vergleichbar sind, aber eingetretene Veränderungen dokumentiert werden sollen. *Beispiele* sind die Neuschaffung von Lebensräumen, naturschutzrechtliche Ersatzmaßnahmen oder die Bewertung von Sukzessionsvorgängen.

Mit-Ohne-Vergleich: Dabei wird mit gleichen Methoden der Zustand nach durchgeführter Maßnahme mit dem Zustand einer Fläche ohne die Maßnahme verglichen. Dazu benötigt man Vergleichsflächen („Null"flächen oder Referenzflächen), auf denen die Maßnahme oder Auflage nicht durchgeführt worden ist. Diese müssen von ihren Voraussetzungen der Maßnahmenfläche möglichst ähnlich sein. Eine weitere Möglichkeit ist u. U., die potenzielle Entwicklung einer Fläche oder eines Gebietes ohne die betreffende Maßnahme in Form von Szenarien zu prognostizieren.

Ein *Beispiel* für einen Mit-Ohne-Vergleich ist, wenn man den Bruterfolg von Wiesenbrütern auf Vertragsflächen mit dem der Vögel in anderen Wiesenflächen vergleicht. Weiterhin kann man Mit-Ohne-Vergleiche heranziehen, um Auswirkungen zu dokumentieren, die sich bei der Unterlassung von Maßnahmen einstellen (z. B. indem man die Aufgabe der Unterhaltung von Gewässerufern oder des Aufbringens von Dünger mit solchen Flächen vergleicht, die unverändert weiter bewirtschaftet werden).

Auch für die Eingriffsregelung bietet es sich an, über einen Soll-Ist-Vergleich Zielerreichungsgrade für die Ausgleichs- und Ersatzmaßnahmen zu ermitteln und ergänzend den Ausgangszustand auf den Maßnahmenflächen umfassend zu dokumentieren, also einen Vorher-Nachher-Vergleich durchzuführen. Für eine umfassende Funktions- bzw. Wirkungskontrolle, d. h. um systematisch die durch die Maßnahmen herbeigeführten Wirkungen auf die Schutzgüter zu identifizieren, wird man sich hier ergänzend des Mit-Ohne-Vergleichs bedienen.

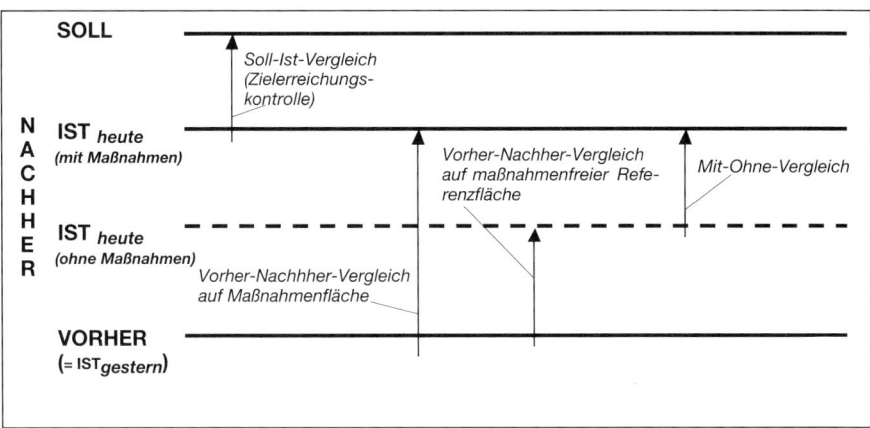

Zu Kasten 6.2 *Herangehensweisen an Nachkontrollen*

6.2.2 Nachkontrollen in der naturschutzrechtlichen Eingriffsregelung

Nachkontrollen in der Eingriffsregelung sollen deren einzelne Schritte von der Planerstellung über die Ausführung und Pflege der Maßnahmen bis zur Betrachtung ihrer Funktionserfüllung begleiten (vergleiche Abb. 6.4). In jedem Schritt ist dabei auf spezifische Problemstellungen zu reagieren und sind bestimmte Fragen zu beantworten (vergleiche Tab. 6.1).

(1) Plankontrolle
Um den Erfolg eines mit einer Maßnahme angestrebten Zieles zu erreichen, sind bereits bei der Planerstellung bestimmte Anforderungen zu erfüllen. Eine umfassende Sichtung der Planunterlagen stellt daher den ersten Schritt von Nachkontrollen in der Eingriffsregelung dar. Mit Blick auf die spätere Kontrolle der Maßnahmen vor Ort sind dabei Angaben zu folgenden Punkten von Bedeutung (IPU 1999; RUDOLF + BACHER et al. 2000a):

Art der Maßnahmen: Die Art der durchzuführenden Maßnahmen muss detailliert beschrieben sein. Für den Fall, dass – wie in manchen Bundesländern gegeben – Kompensationsflächenkataster geführt werden, sollten die Maßnahmen zusätzlich nach den Bezeichnungen des jeweiligen Katasters (z. B. entsprechend der dort angeführten Zielbiotoptypen) benannt werden. Damit ist sicherzustellen, dass die Ergebnisse der Kontrollen mit den Inhalten der Kataster abgeglichen werden können. In den Fällen, in denen sich eine Komplexmaßnahme aus verschiedenen Einzelmaßnahmen zusammensetzt, sind in den Planunterlagen alle Einzelmaßnahmen zu benennen und zu verorten.

Zielzustand: Die Definition der Ziele, die mit einer Maßnahme erreicht werden sollen, ist nicht nur für die spätere Funktions- und Wirkungskontrolle essentiell, sondern auch bereits für die Erstellungskontrolle bedeutsam: Nicht selten hängt es ja von dem zu erfüllenden Ziel ab, wie eine Maßnahme umzusetzen ist. So muss die Exten-

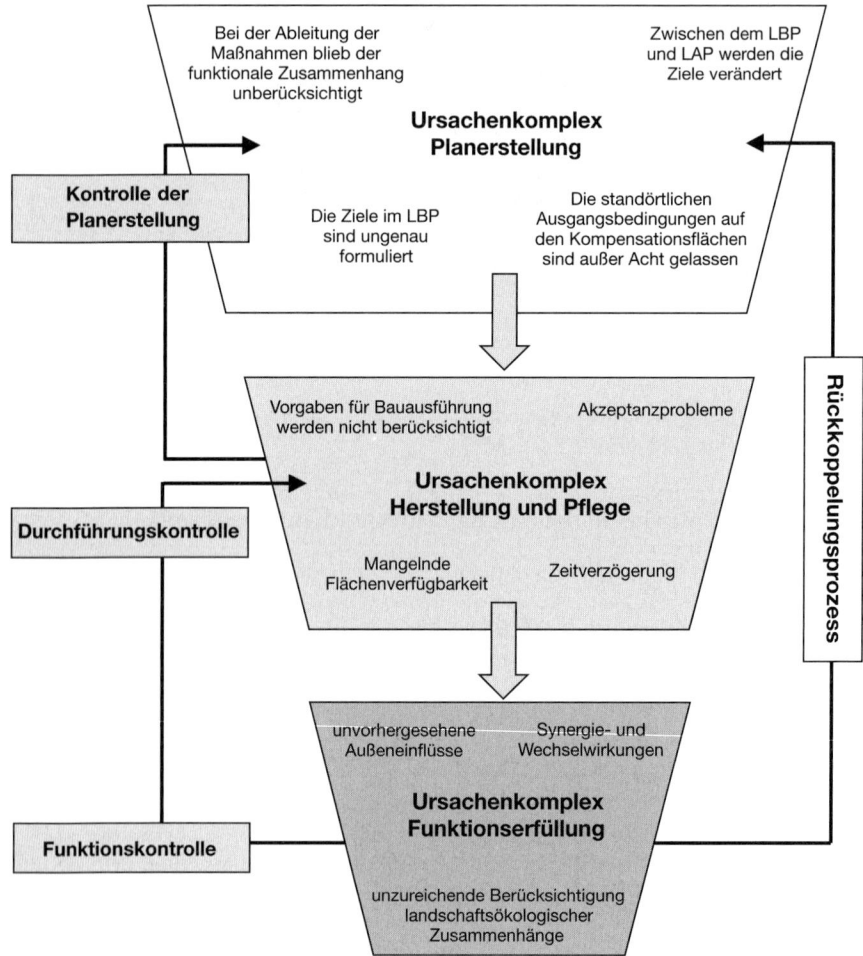

Abb. 6.4 *Ursachenkomplexe für die Verfehlung der mit Ausgleichs- und Ersatzmaßnahmen angestrebten Ziele und Systematik erforderlicher Kontrollen (U-Plan in: RUDOLF + BACHER et al. 2000a).*

sivierung eines intensiv genutzten Grünlandes, die aus Gründen des Gewässerschutzes vorgenommen wird, anders erfolgen als wenn damit spezielle Artenschutzmaßnahmen (z. B. Wiesenbrüterförderung) erreicht werden sollen. Die Anlage eines Gehölzstreifens zum Schutz vor Erosion muss eine kompakte Struktur aufweisen und damit anderen Anforderungen genügen als die Anlage einer Hecke mit den Ziel, eine hohe Artenvielfalt zu etablieren (hier steht der Strukturreichtum im Vordergrund).

Lage der Maßnahmen: Im Hinblick auf Kontrollmöglichkeiten ist eine exakte Verortung der Maßnahme im Plan von Bedeutung. Maßnahmenübersichtspläne im Maßstab 1 : 10 000 bis 1 : 25 000, die ein Auffinden der Maßnahmenfläche im Gelän-

Tabelle 6.1 Nachkontrollen in der Eingriffsregelung – Begriffliche Terminologie und in den einzelnen Schritten zu bearbeitende Fragestellungen

Oberbegriff	Fragestellungen	Bezeichnungen für Teilschritte, Synonyme
1 Plankontrolle	• Entsprechen Begleitplanung (LBP) und Ausführungsplanung (LAP) definierten Anforderungen, die eine spätere Kontrolle ermöglichen?	Verfahrenskontrolle
2 Durchführungskontrolle	• Wurde eine Maßnahme nach Art, Umfang und Qualität, ggf. auch gemäß der verbindlichen Regelwerke fachgerecht und vollständig ausgeführt (z.B. sachgerechte Anlage eines Feldgehölzes; Oberbodenabtrag, Samenauswahl und Ansaat zur Anlage eines Magerrasens)?	Umsetzungskontrolle
	• Werden die zur Herstellung des Maßnahmenzieles notwendigen Pflege- und Entwicklungsmaßnahmen durchgeführt (z.B. Wässerung der Gehölze, extensive Gründlandnutzung)?	Herstellungskontrolle
3 Funktionskontrolle	• Sind die ausgewählten Flächen von ihren Potenzialen/Voraussetzungen her für die angestrebten Ziele von Vermeidung, Ausgleich und Ersatz sinnvoll gewählt (→ Überprüfung der potenziellen Funktionserfüllung; z.B. eignet sich eine Fläche bezüglich Bodenart, Grundwasserstand, latentem Nährstoffeintrag zur Anlage eines Magerrasens)?	Kontrolle der potenziellen Funktionserfüllung: Plausibilitätskontrolle Potenzialkontrolle
	• Sind bei der Auswahl der Fläche funktionsräumliche Beziehungen beachtet worden (z.B. Barriereeffekte, Zerschneidung, Lage von Teilflächen)?	
	• Werden die Ausgleichs- und Ersatzflächen noch von anlagebedingten Wirkungen des Eingriffs beeinflusst (z.B. aufgrund räumlicher Nähe)?	
	• Nehmen die durchgeführten Maßnahmen die prognostizierte Entwicklung auf das in der Planung definierte Ziel? Treten die in der Planung prognostizierten Wirkungen ein, evtl. auch im Sinne eines sich abzeichnenden Trends (z.B.: Wie gestalten sich bei einer angelegten Hecke Aufwuchs, Vitalität, Artendynamik; findet auf einer vorgesehenen Sukzessionsfläche tatsächlich Sukzession statt?)	Kontrolle der aktuellen Funktionserfüllung: Wirkungskontrolle Entwicklungskontrolle, Tendenzkontrolle
	• Erreichen die Maßnahmen die beabsichtigte Wirkung? Wurde das Ziel eines funktionsgleichen Ausgleichs oder wertgleichen Ersatzes erreicht (→ Überprüfung der aktuellen Funktionserfüllung; z.B. Überprüfung eines angelegten Lebensraumes hinsichtlich biozönotischer Ausstattung und gesamträumlichem Zusammenhang)?	Zielerreichungskontrolle
4 Effizienzkontrolle	• Wie stellt sich der Mitteleinsatz im Vergleich zum erzielten Nutzen/Erfolg der Maßnahmen dar (Kosten-/Nutzen- bzw. Aufwands-/Ertrags-Verhältnis)?	Effizienzkontrolle der Planung
	• Ist dasselbe Ziel oder eine in ihrer Wirkung vergleichbare Maßnahme mit geringerem Aufwand zu erreichen?	
	• Wie gestaltet sich die Effizienz der Nachkontrolle bzw. wie kann der Aufwand für spätere Nachkontrollen minimiert werden? (z.B. Minimierung des Aufwands durch gezielte Auswahl von Flächen für Nachuntersuchungen)?	Effizienzkontrolle der Nachuntersuchung

→ Oberziel: Umfassende Qualitätssicherung in der Eingriffsregelung

de ermöglichen, sollten um Maßnahmenpläne mindestens im M 1 : 5 000 oder groß-maßstäbiger ergänzt werden. Diese Detailpläne dienen dann der Kontrolle vor Ort. **Umfang der Maßnahmen**, d. h. es sind z. B. die Flächengröße, die Anzahl der zu pflanzenden Bäume und Sträucher oder die Breite und (Länge in lfm) von linearen Strukturen festzuhalten.

Zeitpunkt der Maßnahmendurchführung sowie die voraussichtliche Dauer bis zum Abschluss der Maßnahmenrealisierung: D. h. es sollte ein Zeitraum bestimmt werden, in welchem ein Verursacher einen als solchen festgesetzten Ausgleich zu erbringen hat.

Pflege- und Entwicklungsmaßnahmen sowie deren Zeitpunkte: In den Genehmigungsunterlagen sind in Abhängigkeit von den jeweiligen Maßnahmentypen Aussagen zu Dauer, Zeitpunkten der Maßnahmen sowie zur Häufigkeit von Pflegegängen zu treffen. So müssen z. B. Gehölzpflanzungen regelmäßig ausgemäht, später vielleicht ausgelichtet oder teilweise auf den Stock gesetzt werden, Obstgehölze benötigen mehrfach einen Erziehungsschnitt.

Ausgangszustand der Maßnahmenfläche: Eine Beurteilung, ob eine Maßnahme sachgerecht und vollständig durchgeführt wurde, ist nur möglich, wenn auch Aussagen zum Ausgangszustand vorliegen. So ist ohne genaue Bezeichnung des Ausgangszustandes bei einer aktuell als extensives Grünland anzusprechenden Fläche nicht klar, ob eine Entwicklung stattgefunden hat oder ob es sich dabei noch um den Ausgangszustand handelt, der sich nach weiterer Aushagerung weiterentwickeln soll.

Aussagen zu Art, Häufigkeit, Zeitpunkten und Zielen von Kontrollen: Die Angaben zu Kontrollen sind als Bestandteil einer Vermeidungs-, Ausgleichs- oder Ersatzmaßnahme exakt zu formulieren, so dass sie Bestandteil der Genehmigung oder Zulassung werden können.

Ein praktisches Problem, das spätere Kontrollen erschwert, liegt oft darin, dass zwischen der Maßnahmendefinition im **Landschaftspflegerischen Begleitplan (LBP)** und der Maßnahmenkonkretisierung im **Landschaftspflegerischen Ausführungsplan (LAP)** vielfach Abweichungen bestehen (RUDOLF + BACHER et al. 2000b). Dies betrifft etwa Fälle, in denen mangels Flächenverfügbarkeit andere Grundstücke erworben werden, auf diesen z. T. andere Kompensationsziele realisiert werden bzw. erhebliche Modifikationen in der Zahl der Pflegedurchgänge oder des zu verwendenden Pflanzmaterials vorgenommen werden.

Der LBP stellt als Bestandteil der Genehmigungsunterlagen dabei eigentlich einen Mindeststandard dar, der bei der darauf aufbauenden detaillierten Ausführungsplanung nicht unterschritten werden darf. Während die Aufgabe des LBP in der Zielformulierung liegt, die mit Blick auf spätere Kontrollen bereits hinreichend konkret zu sein hat, ist Aufgabe des LAP, ein Feinkonzept für die Maßnahmengestaltung zu erstellen. Wichtig ist dabei, dass die Bezeichnungen der einzelnen Maßnahmenflächen und Teilmaßnahmen in LBP und LAP durchgängig sind. Oft werden aber aus Gründen der Vergabe und Ausführung im LAP auf verschiedenen Flächen vorgesehene Maßnahmen desselben Typs zusammengeführt. Bei einer Kontrolle ist dann oft nicht mehr zuordenbar, welcher Beeinträchtigung oder welchem Teilabschnitt des Projektes die betreffende Fläche und die auf ihr eintretenden Veränderungen zugehörig sind.

(2) Durchführungskontrolle

Im Rahmen von Durchführungskontrollen wird überprüft, ob die Maßnahmen ordnungsgemäß, d. h. vollständig, am richtigen Ort und zum richtigen Zeitpunkt ausgeführt wurden (Umsetzungskontrolle, vergleiche Tab. 6.1). Weiterhin fällt hierunter auch die Feststellung, ob Pflegegänge, die zur Fertigstellung der Maßnahmen zu realisieren sind, durchgeführt wurden (Herstellungskontrolle). Dieser Unterteilung kommt insoweit Bedeutung zu, als etwa bei Durchführungskontrollen in Brandenburg gezeigt werden konnte, dass z. B. bei Gehölzpflanzungen zwar ein Großteil der Maßnahmen ordnungsgemäß (d. h. in den vorgesehenen Artenzusammensetzungen und Pflanzgrößen sowie in korrekter Ausführung) umgesetzt worden war, aber infolge mangelnder Pflege (insbesondere mangelnden Wässerns der Gehölze) dennoch hohe Ausfälle auftraten (Rudolf + Bacher et al. 1999, 2000b). Der Begriff Durchführungskontrollen bietet sich in Anlehnung an die Terminologie des § 18 Abs. 5 BNatSchG an: Demnach haben die Länder weitergehende Vorschriften zur „Sicherung der Durchführung" von Vermeidungs-, Ausgleichs- und Ersatzmaßnahmen zu erlassen.

Aspekte, die im Rahmen von Durchführungskontrollen erfasst werden sollten, sind in Kasten 6.3 zusammengestellt. Im Rahmen von mehrjährigen, für das brandenburgische Ministerium für Landwirtschaft, Umweltschutz und Raumordnung durchgeführten Durchführungskontrollen hat sich gezeigt, dass folgende Maßnahmentypen besonders mit Mängeln behaftet waren und daher auch einer besonderen Kontrolle bedurften (Rudolf + Bacher et al. 2000a):

- Graben- und Gewässerrenaturierungen (diese wurden in einem überproportionalen Teil nicht realisiert);
- Pflanzungen von Einzelbäumen, Baumgruppen und Alleen (auch diese wurden überproportional nicht oder nur teilweise realisiert);
- Gehölzpflanzungen (Hecken, Gebüsche; diese wurden vermehrt nur unzureichend gepflegt, so dass z. B. infolge mangelnder Wässerung hohe Ausfallraten auftraten).

Durchführungskontrollen sollten zumindest im Rahmen einer gemeinsamen Bauabnahme unter Beteiligung des Vorhabenträgers und der Naturschutzbehörden stattfin

---

Kasten 6.3 Durchführungskontrollen

Im Rahmen von Durchführungskontrollen sind folgende Aspekte zu erfassen (Rudolf + Bacher et al. 2000a):

- Lage der Fläche bzw. Maßnahme (Verortung gemäß Plandarstellung)
- Flächengröße bzw. Umfang der Maßnahme (ha, lfm, Stck.)
- Zeitpunkt der Maßnahmendurchführung (Datum bzw. zeitlicher Bezug zum Bauvorhaben)
- Landschaftsbauliche Maßnahmen (z. B. Ufergestaltung, Bau von Sohlschwellen u. Ä.)
- Pflanzmaßnahmen (Arten, Pflanzqualitäten, Pflanzschemata)
- Fertigstellungspflege (z. B. Mähen, Wässern)
- Sonstige Maßnahmen und relevante Hinweise (z. B. zur Befestigung der Bäume)
- Maßnahmen zur Dauerpflege.

Tabelle 6.2 Gestufte Durchführungskontrolle am Beispiel der Pflanzung von Obstgehölzen (Neumann 2000; HNL-S-99 = Hinweise zur Berücksichtigung des Naturschutzes und der Landschaftspflege beim Bundesfernstraßenbau)

Phasen der Biotopentwicklung	Initiierung der Biotopentwicklung	Entwicklung des Zielbiotops (Phase I)	Entwicklung des Zielbiotops (Phase II)
HNL-S-99	Herstellung- und Fertigstellungspflege	Einleitende Entwicklungspflege	Weiterführende Entwicklungspflege
Pflege- und Entwicklungsmaßnahmen	• Pflanzung • Pfählung/ Bindung • Wässern	• 3 Jahre lang wässern, lockern • im 3. Jahr Erziehungsschnitt	• im 6. Jahr Erziehungsschnitt • im 12.-15. Jahr Kronenaufbauschnitt
Kontrollzeitpunkt	Nach Fertigstellung	Im 3. Jahr	• Im 7. Jahr • Im 15. Jahr
Kontrollziele	Arten Pflanzqualitäten Bindung	Vitalität Schnitt erfolgt?	Vitalität, Kronenaufbau Kronenaufbau

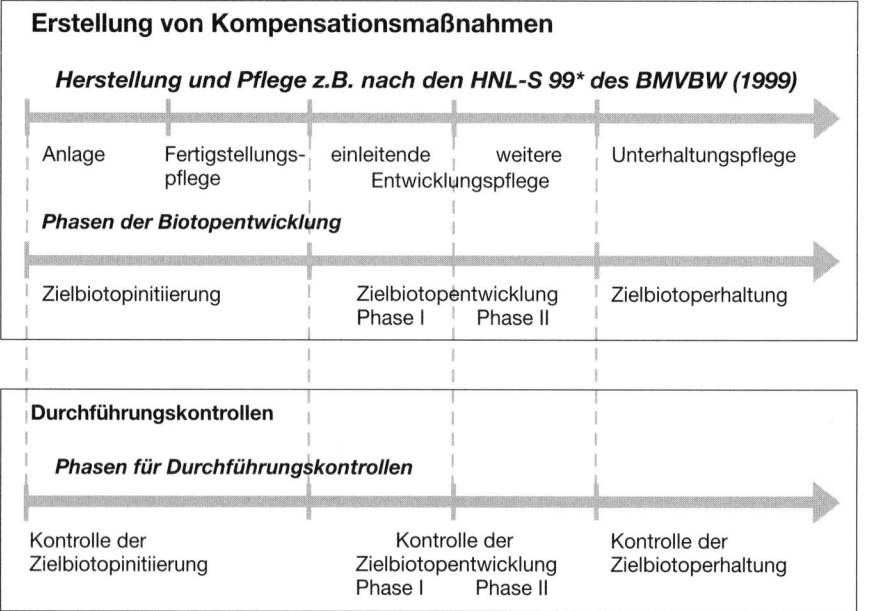

Abb. 6.5 *Phasen von Durchführungskontrollen in Abhängigkeit von Biotopentwicklungsphasen (IPU 1999).*

den. Vielfach ist es darüber hinaus jedoch sinnvoll, die Durchführungskontrolle nicht einmalig, sondern – abgestimmt auf die Phasen der Zielbiotopentwicklung – gestaffelt durchzuführen (vergleiche Abbildung 6.4 und Tab. 6.2): Nach Fertigstellung einer Maßnahme erfolgt eine Kontrolle, ob die Initiierung des gewünschten Zielbiotops ordnungsgemäß erfolgt ist, d. h. ob etwa Pflanzung, Pfählung und Anbinden von Gehölzen oder ein notwendiger Abtrag von Oberboden erfolgt sind. Gemäß der einschlägigen Regelwerke entspricht dies der Herstellung und Fertigstellungspflege. In einem zweiten Kontrollgang werden dann, ggf. nach Phasen unterteilt, die weiteren Maßnahmen zur Zielbiotopentwicklung überprüft, die notwendig sind, um die Biotopentwicklung in die gewünschte Richtung sicher einzuleiten (z. B. Aushagerungsmahd für Grünländer, Ausmähen von Gehölzpflanzungen, erste Erziehungsschnitte für Großgehölze). Diese Maßnahmen werden in der Regel mit dem Begriff der Entwicklungspflege gleichgesetzt. Der dritte Kontrollgang greift, wenn die Biotopentwicklung zwar eingeleitet, der angestrebte Zielbiotop aber noch nicht erreicht ist (z. B. im Laufe der weiteren Entwicklung notwendiger Erziehungs- und Kronenaufbauschnitt bei Obstgehölzen; vergleiche IPU 1999).

(3) Funktionskontrolle

Was die Kontrolle eintretender Maßnahmenwirkungen betrifft, kann aufgrund vielfach langer Entwicklungszeiten häufig nur eine erste Abschätzung getroffen werden, ob eine Fläche bzw. Maßnahme sich von ihren Voraussetzungen her prinzipiell eignet, bestimmte Funktionen zu erfüllen. Ggf. wird man aufgrund sich abzeichnender Entwicklungen eine Tendenzbeurteilung abgeben, oft aber noch keine Aussage treffen können, ob das letztendlich angestrebte Ergebnis erreicht wird. Unter dem Oberbegriff **Funktionskontrolle** ist daher zunächst zu betrachten, ob Ausgleichs- und Ersatzflächen funktional sinnvoll ausgewählt wurden, so dass sie von ihren Voraussetzungen her geeignet sind, die Ziele auf ihnen angestrebter Maßnahmen zu erreichen: Eignet sich eine als Sichtverschattung in puncto Landschaftsbild gedachte Gehölzpflanzung tatsächlich, diese Funktion später zu erreichen? Ist eine zur Anlage eines Magerrasens bestimmte Fläche bezüglich ihres Nährstoffpotenzials im Boden, ihrer Grundwasserverhältnisse und der in sie erfolgenden lateralen Stoffeinträge dazu tatsächlich geeignet? Zwar ist es Aufgabe von Vorhabenträger und genehmigener Behörde, diese Voraussetzungen zu gewährleisten, jedoch zeigt die Erfahrung, dass man nach erfolgter Planfeststellung oft Schwierigkeiten mit dem Erwerb der beabsichtigten Flächen hat oder noch ein Flurneuordnungsverfahren durchgeführt werden muss, in dessen Folge man mit dem Erwerb dann auf andere Grundstücke ausweicht – ohne dass dabei u.U. ausreichend gewährleistet ist, dass diese die ursprünglich beabsichtigten Funktionen erfüllen können. Der **potenziellen Funktionserfüllung** steht dann die Beurteilung der **aktuellen Funktionserfüllung** gegenüber: Hier wird beurteilt, ob auf der Fläche eine Entwicklung in Richtung auf die beabsichtigte Wirkung bereits erkennbar oder sogar schon erreicht ist (z. B. ob sie bezüglich ihrer biozönotischen Ausstattung tatsächlich einem Magerrasen entspricht).

Für Funktionskontrollen sind dabei **schutzgutbezogen** differenzierte Methoden zu entwickeln: So muss die Beurteilung besagten Magerrasens hinsichtlich seiner Bedeutung für die Regeneration von Bodenfunktionen ganz anders ansetzen als ein Nachweis seiner Bedeutung für die Fauna. Für das Landschaftsbild gilt bei Funktionskontrollen, dass ja nicht nur die speziell für dieses Schutzgut konzipierten Maßnahmen in der Landschaft optische Wirksamkeit entfalten, sondern auch andere Maßnahmen, wie etwa aus Artenschutzgründen vorgenommene Gehölzpflanzungen oder Aufforstungen. Gerade letztere können bei ihrem Aufwachsen die Landschaftsstruktur unter Umständen ganz erheblich verändern. Für das Landschaftsbild müssen daher im Rahmen einer Funktionskontrolle grundsätzlich alle sichtbaren Maßnahmen in einem Landschaftsraum in ihrem optischen Zusammenhang betrachtet werden (JESSEL et al. 2000).

Da echte Funktionskontrollen vor allem bei Maßnahmen von jahrzehntelanger Entwicklungsdauer zum heutigen Zeitpunkt vielfach noch nicht möglich sind, kann oft nur mittels **Prognosen** abgeschätzt werden, ob und inwieweit eine Funktionserfüllung zu erwarten ist. Solche Prognosen können ihre Basis in den planerischen und standörtlichen Ausgangsbedingungen einer Fläche, ihrer Einbindung in das Umfeld (einschließlich möglicher von hier wirksamer Beeinträchtigungen) sowie ihrer sich abzeichnenden Entwicklung in den ersten Jahren haben (vergleiche Tab. 6.3 mit einer Zusammenstellung möglicher Einflussfaktoren für eine derartige Prognose). Einzubinden ist dabei auch das Ergebnis der Durchführungskontrolle: Es kann erste Aufschlüsse über die tatsächlich mögliche Funktionserfüllung geben (beispielsweise ist das Erreichen des Entwicklungsziels beeinträchtigt, wenn bereits zu Beginn hohe Pflanzausfälle auftreten, ohne dass nachgepflanzt wird).

Ggf. können im Rahmen einer solchen prognostischen Wirkungsabschätzung auch alternative Entwicklungsmöglichkeiten in Form von **Szenarien** aufgezeigt werden: So ist es beispielsweise bei Gehölzpflanzungen und Aufforstungen denkbar, Einflussfaktoren wie die aktuell gegebene Artenzusammensetzung und deren Vitalität (etwa in Form der festgestellten Ausfallraten), standörtliche Einflüsse wie Wasser- und Nährstoffverfügbarkeit sowie ggf. identifizierbare Einflüsse aus der Umgebung (z. B. deren Artenausstattung) zu Szenarien zu kombinieren, über die in bestimmten Zeitabständen zu erwartende Waldbilder beschrieben werden. Diese können ggf. anhand von Referenzflächen in Form standörtlich vergleichbarer Waldflächen in der Umgebung validiert werden, d. h. es wird hier ein „Mit-Ohne-Vergleich" durchgeführt (HUB 2001).

Bei der Vorbereitung von Durchführungs- und Funktionskontrollen sind biotoptypenspezifisch verschiedene **Zeitintervalle** zu beachten. Damit ist der dynamischen Entwicklung von Biozönosen Rechnung zu tragen. Die Angaben zu den in Tabelle 6.4 zusammengestellten Kontrollzeitpunkten sind dabei als Hinweise zu verstehen, die insbesondere aufgrund der jeweiligen Standortsbedingungen anzupassen sind.

Auch Funktionskontrollen sind durch den Verursacher bzw. die Genehmigungsbehörde durchzuführen. Für die Prognose und die zu treffende Beurteilung ist der Sachverstand der Naturschutzbehörden einzubeziehen. Steht fest, dass der Erfolg nicht erreicht wurde, kann ggf. über einen Auflagenvorbehalt nachgebessert werden. Voraussetzung ist jedoch, dass die Genehmigungsbehörde einen solchen Vorbehalt ausdrücklich bereits als Nebenbestimmung in die Zulassung bzw. Genehmigung des Vorhabens aufgenommen hat.

Dabei ist der **Grundsatz der Verhältnismäßigkeit** zu beachten, d. h. die Notwendigkeit einer Funktionskontrolle muss besonders begründet sein. Dies ist der Fall, wenn Unsicherheiten bestehen, ob die festgelegten Maßnahmenziele erreichbar sind.

Tabelle 6.3 Einflussgrößen für die Prognose zur Funktionserfüllung im Rahmen einer Funktionskontrolle (unter Verwendung von HUB 2001, ZEIDLER 2001)

Einflussgröße	Relevanz für Ziele in den Schutzgütern:		
	Arten und Biotope	Boden und Wasser	Klima und Luft
1. Prinzipielle Eignung des Maßnahmentyps für das angestrebte Ziel	X	X	X
2. Planerische Voraussetzungen der Maßnahmenfläche, z.B.			
• Einbindung in Konzepte übergeordneter Planungen (z.B. Landschaftsplanung, Biotopverbund, ABSP)	X	X	X
• Erreichbarer Funktionsgewinn am jeweiligen Standort	X	(X)	(X)
3. Standörtliche Voraussetzungen, z.B.			
• Nährstoffpotenzial	X	X	
• Wasserverfügbarkeit	X	X	
• Azidität	(X)	(X)	
4. Einfluss der Umgebung, z.B.			
• Arteninventar der Umgebung	X		
• Umgebungsnutzung und Sukzessionsabläufe im Umfeld	X		
• Beeinträchtigungen (z.B. Lärm) und raumstrukturelle Veränderungen im Umfeld	X	(X)	(X)
• Lage der Maßnahmenfläche in Relation zu Emittenten und Hauptwindrichtung		(X)	X
• Vorhandensein benachbarter „Lieferbiotope"	X		
• Nähe von Flächen gleicher oder ähnlicher Ausprägung (Isolationsgrad)	X		
5. Artenwahl			
• Standortgerechtigkeit der einzelnen Arten	X		
• Orientierung der Artenzusammensetzung an angestrebten Vegetationsgesellschaften (z.B. Potenzielle natürliche Vegetation)	X		
6. Ergebnisse der Erstellungskontrolle			
• Vollständigkeit der Herstellung	X	X	X
• Beobachtbares oder ableitbares Konkurrenzverhalten von (Gehölz-)Arten	X		(X)
• Vitalität der Pflanzung bzw. feststellbare Schädigungs- und Mortalitätsraten	X	(X)	(X)
• Sich abzeichnende Entwicklungstendenz der Gesamtmaßnahme (Richtung, Geschwindigkeit, Kontinuität)	X	X	X

X = Relevant; (X) = Bedingt relevant

Tabelle 6.4 Biotopspezifische Zeitangaben für Erfolgskontrollen (RUDOLF + BACHER et al. 2000a, verändert nach IPU 1999)

Zielbiotop/Maßnahme	Zeitplan für Kontrollen
Gewässer	
Renaturierung gefasster Quellbereiche	nach Fertigstellung Herstellungskontrolle, im 3. und 6.-8. Jahr Kontrolle des Umfeldes und der Nutzungsintensität
Renaturierung stark genutzter Quellbereiche	im 3. und 6.-8. Jahr Kontrolle des Umfeldes und der Nutzungsintensität
Neuanlage und Renaturierung von Fließ- oder Stillgewässern	nach Fertigstellung Herstellungskontrolle, im 3.-5. Jahr Kontrolle des Gewässerzustands
Anlage von Ufer- und Verlandungsbereichen von Stillgewässern	nach Fertigstellung Kontrolle der Arten und Pflanzdichte, im 2. Jahr Kontrolle der Bestandsentwicklung, im 5.-8. und 10.-12. Jahr Kontrolle des Röhrichtschnitts und der Bestandsdichte
Anlage von Ufergehölzsaum	nach Fertigstellung Kontrolle der Arten, Pflanzdichte und Pflanzqualitäten, im 3. Jahr Kontrolle der Entwicklung und der Vitalität, im 10. Jahr der Bestandsentwicklung
Moore/Großseggenriede/Röhrichte	
Großseggenriede/Röhrichte auf feuchten Ackerflächen oder Intensivgrünland	im ersten Jahr Kontrolle der Initialpflanzung und ggf. der Nutzungsaufgabe auf der Fläche sowie der Extensivierung des Umfeldes, im 3. und 9. Jahr Kontrolle der Bestandsentwicklung
Überführung brachgefallener oder intensiv genutzter Niedermoorstandorte in extensive Nutzung	nach Erstinstandsetzung Kontrolle, ob Gehölze gerodet, Erstmahd erfolgt, ggf. Drainagen verschlossen und rückgebaut wurden, im 3. und 7. Jahr Kontrolle der Artenzusammensetzung
Zwergstrauchheiden	
Entwicklung anthropogener Zwergstrauchheiden aus Heidebrachen	nach Erstinstandsetzung, Kontrolle, ob Gehölze gerodet und weitere Maßnahmen der Erstinstandsetzung durchgeführt sind, im 3. Jahr Kontrolle der Biotopentwicklung, im 6. Jahr Kontrolle, ob Gehölze aufgewachsen und ggf. zu roden sind
Grünland	
Anlage von Grünland auf Acker	nach Fertigstellung, Kontrolle, ob Einsaat vorhanden bzw. im Falle von Sukzession, ob Herausnahme aus der Ackernutzung erfolgt ist, im 3. und 6. Jahr Kontrolle der Artenzusammensetzung
Extensivierung intensiver Grünlandnutzung	im 3. und 6. Jahr Kontrolle der Artenzusammensetzung

Tabelle 6.4 Biotopspezifische Zeitangaben für Erfolgskontrollen (RUDOLF + BACHER et al. 2000a, verändert nach IPU 1999) (Forts.)

Zielbiotop/Maßnahme	Zeitplan für Kontrollen
Trocken- und Halbtrockenrasen	
Neuanlage von Trocken- und Halbtrockenrasen auf Ackerflächen	nach Fertigstellung bzw. im ersten Jahr Kontrolle, ob der Standort vorbereitet wurde (z.B. ob Oberboden abgetragen wurde), ggf. Kontrolle, ob Einsaat vorhanden bzw. im Falle von Sukzession, ob Herausnahme aus der Nutzung erfolgt ist, im 3. und 6. Jahr Kontrolle der Artenzusammensetzung
Instandsetzung brachgefallener Flächen zu Trocken- und Halbtrockenrasen	nach Fertigstellung Kontrolle, ob Entbuschung und Erstmahd erfolgt sind, im 3. Jahr Kontrolle des Pflegezustands (Ist der Gehölzaufwuchs nachhaltig unterdrückt?), im 6. Jahr Kontrolle der Artenzusammensetzung
Kraut- und Staudenfluren, Säume	
Krautsäume, Hochstaudenfluren (Ansaat)	nach Fertigstellung Kontrolle der Ansaat, im 3. und 6. Jahr Kontrolle der Artenzusammensetzung
Gelenkte Sukzession	im 3. und 6. Jahr Kontrolle der Artenzusammensetzung
Gehölze	
Gehölzflächen mit Sträuchern (linear und flächig), Baum, Baumgruppe, -reihe, Allee	nach Fertigstellung Kontrolle der Artenzusammensetzung, der Pflanzqualitäten und ggf. des Schutzzauns, im 3. Jahr Kontrolle der Entwicklung und Vitalität, im 10. Jahr der Bestandsentwicklung
Obstgehölze, Streuobstwiese, Kopfbäume	nach Fertigstellung Kontrolle der Arten, Pflanzqualitäten und Befestigung, im 3. Jahr Kontrolle der Vitalität, im 10. Jahr Kontrolle der Bestandsentwicklung
Aufforstung (naturnaher Wald)	nach Fertigstellung Kontrolle der Arten, Pflanzqualitäten und ggf. der Zäunung, im 3. und 8.–10. Jahr Kontrolle der Bestandsentwicklung
Entwicklung von Nieder- oder Mittelwäldern	
Entwicklung von Nieder- oder Mittelwäldern aus Intensivacker	nach Fertigstellung Kontrolle der Arten, Pflanzqualitäten und Zäunung, im 3. und im 8.–10. Jahr Kontrolle der Bestandsentwicklung, im 25. Jahr Kontrolle, ob Nieder- oder Mittelwaldbewirtschaftung schon erfolgt ist
Entwicklung von Nieder- oder Mittelwäldern aus durchgewachsenen Nieder- oder Mittelwäldern	in den ersten 2-3 Jahren Kontrolle, ob standortfremde Bäume gerodet bzw. unerwünschte Gehölze auf den Stock gesetzt wurden, im 5. Jahr Kontrolle der Bewirtschaftung
Gehölzsukzession	im ersten Jahr Kontrolle, ob Herausnahme aus der Nutzung erfolgt ist, im 5. Jahr Kontrolle, ob Nutzung auch langfristig aufgegeben ist, im 20. Jahr Kontrolle der Bestandsentwicklung

Tabelle 6.4 Biotopspezifische Zeitangaben für Erfolgskontrollen (RUDOLF + BACHER et al. 2000a, verändert nach IPU 1999) (Forts.)

Zielbiotop/Maßnahme	Zeitplan für Kontrollen
Sonderbiotope	
Offene Flächen, Rohboden-flächen, Lesesteinhaufen, Totholzhaufen, Entsiege-lung, Wiedervernässung	nach Fertigstellung Herstellungskontrolle

Neben Biotopen mit langen Entwicklungszeiten (mit denen sich naturgemäß hohe Unsicherheiten verbinden) ist dies vor allem bei besonders ehrgeizigen Ausgleichszielen der Fall (Beispiel: „Entwicklung eines Sandmagerrasens auf einem nährstoffarmen Acker als Ausgangsbiotop"). Bei Ausgleichsmaßnahmen, die ganz bestimmte Beeinträchtigungen gleichartig kompensieren sollen und dabei nach geltender Rechtslage vorrangig durchgeführt werden sollen, sind daher zudem ganz besonders strenge Maßstäbe an Zielabweichungen anzulegen! Des Weiteren werden Funktionskontrollen in der Regel erforderlich sein, um spezifische Artenschutzmaßnahmen auf ihren Erfolg zu überprüfen, vor allem wenn es sich um gefährdete, um (nach Bundesartenschutzverordnung) streng geschützte Arten oder um Arten der Anhänge 1 und 2 der FFH-Richtlinie sowie des Anhangs 1 der Europäischen Vogelschutzrichtlinie handelt. Hier genügt es nicht, nur die Entwicklung eines bestimmten Zielbiotopes zu kontrollieren, da dieser nur das „Mittel zum Zweck" der positiven Entwicklung der präferierten Population ist (IPU 1999).

(4) Effizienzkontrolle

Eine Effizienzkontrolle betrachtet, wie sich die eingesetzten (personellen, finanziellen, materiellen) Mittel im Vergleich zum erzielten Nutzen bzw. Erfolg einer Maßnahme darstellen (Kosten-Nutzen- bzw. Aufwands-Ertrags-Verhältnis). Im Hintergrund steht die Frage, ob dasselbe Ziel oder eine in ihrer Wirkung vergleichbare Maßnahme auch mit geringerem Aufwand zu erreichen ist. Neben der Planung können dabei auch Nachkontrollen selbst einer Effizienzkontrolle unterliegen: Nach MAURER et al. (1997) sollte ein Kontrollprojekt im Regelfall nicht mehr als 5 – 10 % der Aufwendungen für die Realisierung der Maßnahme kosten. Dabei sind Erfolgskontrollen nach dem Prinzip der minimal nötigen Datenmenge zu entwickeln.

Ein methodisches Problem liegt derzeit noch darin, dass (im Sinne einer Kosten-Nutzen-Betrachtung durchzuführende) Effizienzkontrollen innerhalb der Eingriffsregelung ganz andere Anforderungen an die dazu benötigten Daten stellen als die anderen Arbeitsschritte bei Nachuntersuchungen. „Kosten" und „Nutzen" bauen aus Naturschutzsicht in der Regel auf kaum miteinander vergleichbaren Werteinheiten auf. Hier müssen innovativ noch Ansätze seitens der Umweltökonomie entwickelt werden, um in der Eingriffsregelung eine Optimierung auch unter Effizienzgesichtspunkten umzusetzen.

6.2.3 Nachkontrolle komplexer Projekte

Im Gegensatz zur naturschutzrechtlichen Eingriffsregelung treten bei komplexen Naturschutzprojekten, bei denen es z. B. um die Integration von Naturschutzbelangen in die Landnutzung geht, mit Blick auf eine Erfolgskontrolle andere Problemstellungen auf (SPLETT 1997). U.a.

- sind die Zielobjekte (Arten, Biotope, Landschaft) hier sehr vielfältig und heterogen. Dies erschwert eine umfassende Zielerreichungskontrolle, die auf der genauen Erfassung der Veränderungen der einzelnen Zielaspekte fußt.
- treten messbare bzw. nachweisbare Veränderungen häufig erst mit großen zeitlichen Verzögerungen auf. Verschärft wird dieses Problem unter Umständen durch Vernetzungen zwischen verschiedenen Maßnahmen, die erst im Zusammenspiel ihre volle Wirkung entfalten.
- ändern sich zudem die Ziele im Planungsprozess oder sie werden – dem Motto folgend, dass der Weg das Ziel ist – erst im Zuge dieses Prozesses erarbeitet. Für eine Evaluation bedeutet dies, dass oft keine Konstanz der Ziele und Rahmenbedingungen gewährleistet ist.
- ist aufgrund der großen Anzahl unterschiedlicher Projektbeteiligter oft mit zahlreichen, z. T. auch widersprüchlichen (verdeckten) Zielen zu rechnen. Dementsprechend schwierig ist auch die Frage, was unter „Erfolg" zu verstehen ist, hier eindeutig zu beantworten.

Bei einer Evaluation solcher Projekte, unter die sich wegen ihres umfassenden Ansatzes auch die Landschaftsplanung fassen lässt, müssen die angelegten Erfolgsmerkmale dieser Mehrdimensionalität und Prozesshaftigkeit Rechnung tragen. Der **Erfolgsbegriff** kann hier nicht nur an quantitativen Kriterien bzw. an konkreten in der Fläche fassbaren Veränderungen festgemacht werden, sondern muss weiter gefasst werden (vergleiche Kasten 6.4): Landschaftsplanungen und deren Umsetzung in die Landnutzung sind vielmehr immer auch soziale, vielfach zudem ergebnisoffene Prozesse, in deren Verlauf etwa auch Akzeptanzsteigerungen und Bewusstseinsänderungen als „Erfolge" zu Buche schlagen können. Dementsprechend ist das anzuwendende Methodenrepertoire hier z. B. um die Durchführung von Interviews, zu ergänzen. Deutlich wird dies etwa an dem in Abbildung 6.5 wiedergegebenen Kontrollrahmen, den MÖNNECKE & OTT (1999) für eine Erfolgskontrolle örtlicher Landschaftspläne entwickelt haben. Darin werden vier so genannte „Prüfstellen" unterschieden:

Prüfstelle 1 – Fachliche Vollständigkeit des Landschaftsplans: Diese stellt die inhaltliche Grundlage für die spätere Umsetzung dar. Als Methoden werden eine Ziel-Maßnahmen-Analyse eingesetzt (d. h. eine Aufbereitung und Zuordnung, welche Maßnahmen zur Umsetzung der formulierten Ziele jeweils vorgesehen sind), ergänzt durch einen Text-Karten-Vergleich sowie ein Prüfraster zu den inhaltlichen Anforderungen, die das Bundesnaturschutzgesetz vorgibt und die ein Landschaftsplan abzuarbeiten hat.

Prüfstelle 2 – Art und Umfang der instrumentellen Umsetzung: Hier wird eingeschätzt, ob, in welcher Art und in welchem Umfang Ziele, Erfordernisse und Maßnahmen des Landschaftsplanes bei anderen Planungen, Stellungnahmen der Gemeinde oder im Rahmen von Gutachten übernommen bzw. berücksichtigt wurden.

Methodisch liegt der Schwerpunkt auf einem breiten Dokumentenstudium, um die Integration landschaftsplanerischer Aussagen nachvollziehen zu können.

Prüfstelle 3 – Art und Umfang der Umsetzung: Hier sind zum einen Art und Umfang der direkten Umsetzung zu überprüfen, d. h. die Erfordernisse und Maßnahmen des Landschaftsplanes, die ohne Umweg über andere Fachplanungen direkt von der Gemeinde und anderen Trägern umgesetzt werden. Des Weiteren wird die Umset-

---

Kasten 6.4 Was ist „Erfolg" im Naturschutz? (nach KIEMSTEDT et al. 1999, ergänzt)

Es wird etwas getan, d. h. Schutzgebiete und -objekte ausgewiesen, oder in Umsetzung der Aussagen eines Landschaftsplanes Hecken gepflanzt, Streuobstbestände gepflegt, Gewässer renaturiert.

Es wird etwas unterlassen, beispielsweise wird auf die Ausweisung eines Bau- oder Gewerbegebietes oder auf das Umbrechen von Grünland zu Acker verzichtet.

Es wird etwas geplant, d. h. ein Konzept für die Lenkung der Naherholung am Stadtrand erarbeitet, oder auch – aufbauend auf den Aussagen des Landschaftsplans – ein Grünordnungsplan zu einem Bebauungsplan, ein LBP zu einer Kläranlage oder Abbaustelle.

Der Landschaftsplan, weiter gesprochen: Naturschutzziele, werden bei Planungen, insbesondere der Bauleitplanung berücksichtigt, indem er/sie bei Fortschreibung, Änderung oder Neuaufstellung des Flächennutzungsplans bzw. der Aufstellung von Bebauungsplänen als Abwägungsmaterial herangezogen wird/werden.

Es wird etwas initiiert, z. B. ein kommunales Extensivierungsprogramm für Grünlandbereiche oder ein Punktesystem als Anreiz für Maßnahmen zum Gewässer- und Trinkwasserschutz festgelegt, ein Bauernmarkt für die Direktvermarktung eingerichtet.

Die Argumente des Landschaftsplans werden bei Stellungnahmen verwendet, etwa bei der Ausweisung regional bedeutsamer Gewerbestandorte (in Regionalplänen) oder im Rahmen der TÖB-Beteiligung bei einem Planfeststellungsverfahren zu einem Straßenbauvorhaben als Grundlage für die Stellungnahme der Gemeinde.

Die innere Motivation der Beteiligten für „umweltgerechtes" Handeln ist gestiegen, z. B. indem man sich nunmehr stärker mit seinem Gemeindegebiet identifiziert und dessen naturräumliche Ausstattung „mit anderen Augen" wahrnimmt. Dadurch werden – ggf. erst mit zeitlicher Verzögerung – Verhaltensänderungen angestoßen.

Neue Formen der Zusammenarbeit entstehen, etwa finden durch die Diskussionen im Rahmen der Planaufstellung regelmäßige Treffen zwischen der Verwaltung und den Landwirten oder zwischen Vertretern des Grünflächenamtes und den Naturschutzverbänden statt.

Prozesse werden angestoßen, die über den eigentlichen Plan bzw. das eigentliche Projekt hinaus Bestand haben („Nachhaltigkeit" im Sinne der Planung), d. h. indem sich auch in den Köpfen etwas bewegt, es werden eigenständige Initiativen, etwa zur Biotoppflege oder zum Trinkwasserschutz ergriffen.

zung über andere Fachplanungen beurteilt. Methoden der Datenerhebung sind z. B. Untersuchungen vor Ort, Kartierungen, Luftbildvergleich und Messungen.

Prüfstelle 4 – Art und Umfang prozessualer Effekte und Instrumente: Bewertet wird, inwieweit es durch den Planungsprozess zu Entscheidungsänderungen (z. B. der Dimensionierung von Baugebieten) oder zu Nutzungsänderungen (z. B. Extensivierung der Landnutzung) kommt. Maßgeblich ist zudem die Beteiligung der Akteure: Überprüft wird, in welchem Maß „prozessuale Instrumente" wie Runde Tische, regelmäßige Arbeitskreissitzungen oder Informationsveranstaltungen dazu beigetragen haben, die Aussagen der Landschaftsplanung umzusetzen. Als Methode werden überwiegend Befragungen eingesetzt.

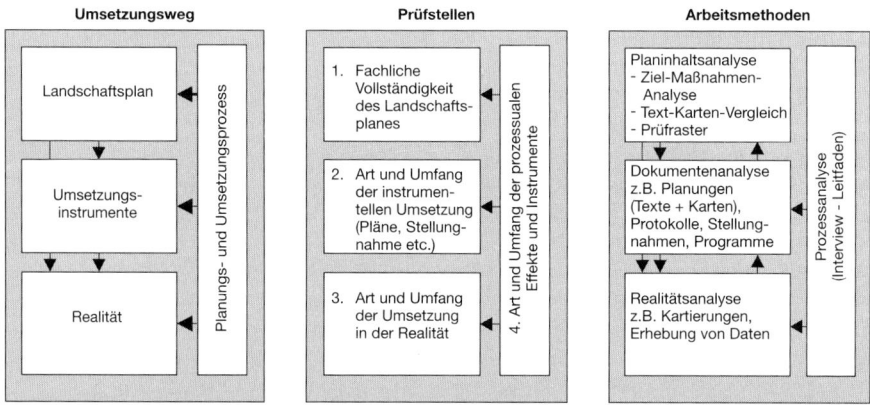

Abb. 6.6 *Verfahren zur Erfolgskontrolle örtlicher Landschaftsplanung* (MÖNNECKE & OTT 1999).

Literaturverzeichnis

ABKAI, L. (1993): Freudenstädter Klimakur – Therapiekonzept zur Behandlung von Patienten mit Funktionsstörungen des Herz-Kreislaufsystems ohne Organbefunde. Dissertation München.

ABRESCH, J.P., GASSNER, E. & V. KORFF, J. (2000): Naturschutz und Braunkohlesanierung. Bundesamt für Naturschutz (Hrsg.), Reihe Angewandte Landschaftsökologie, Heft 27, Bonn-Bad Godesberg.

AG BODEN (1994): Bodenkundliche Kartieranleitung. 4., verb. u. erw. Aufl., Hannover.

AG FFH-Verträglichkeitsprüfung (1999): Handlungsrahmen für die FFH-Verträglichkeitsprüfung in der Praxis. Natur und Landschaft 74, H. 2, 65–73.

AGRICOLA, S. (2000): Freizeit – Infrastruktur – Freiraum – Planung. Schriftliche Fassung eines Vortrages, gehalten am 21.06.2000 an der Fachhochschule Erfurt, 11 S.

AID (= Auswertungs- und Informationsdienst für Ernährung, Landwirtschaft und Forsten): (1993) Waldränder gestalten und pflegen. Heft 1010, Eller Druck, Bonn.

AID (1992): Bodenschutz und Landwirtschaft. Heft 1174, Offset G. Kaiser, Bonn.

AID (1994a): Erosionsschäden vermeiden. Heft 1108, Salzland Druck, Bonn.

AID (1994b): Nitrat in Grundwasser und Nahrungspflanzen. Heft 1136, Druckerei H. Neubert, Bonn.

AID (1994c): Standortansprüche der wichtigsten Waldbaumarten. Heft 1095, Druckerei Hachenburg, Bonn.

AK Waldbau & Naturschutz (1996): Zu viel Stickstoff im Wald? Natur- und Landschaftskunde 32, Heft 2, 31–32.

ALONSO, W. (1969): Bestmögliche Voraussagen mit unzulänglichen Daten. Stadtbauwelt, H. 21, 30–34.

ALTMOOS, M. (1997): Ziele und Handlungsrahmen für regionalen zoologischen Artenschutz. Modellregion Biosphärenreservat Rhön. HGON-Verlag, Echzell.

ALTMOOS, M. (1998): Möglichkeiten und Grenzen des Einsatzes regionalisierter Zielarten am Modellbeispiel des Biosphärenreservates Rhön. In: Bayerische Akademie für Naturschutz und Landschaftspflege: Zielarten, Leitarten, Indikatorarten – Aussagekraft und Relevanz für die praktische Naturschutzarbeit. Laufener Seminarbeiträge 8/98, 127–156.

AMLER, K., BAHL, A., HENLE, K., KAULE, G., POSCHLOD, P. & SETTELE, J. (1999): Populationsbiologie in der Naturschutzpraxis. Ulmer, Stuttgart.

AMERY, C. (1978): Natur als Politik. Die ökologische Chance des Menschen. Reinbek, Hamburg.

ANL (= Bayerische Akademie für Naturschutz und Landschaftspflege) (Hrsg.) (1996):

Biologische Fachbeiträge in der Umweltplanung. Laufener Seminarbeiträge 3/96).

Arbeitsgruppe Eingriffsregelung der LANa (1996): Empfehlungen zur Berücksichtigung der Belange des Naturschutzes und der Landschaftspflege beim Ausbau der Windkraftnutzung. Natur und Landschaft 71, (9), 381–385.

ARL (= Akademie für Raumforschung und Landesplanung) (Hrsg.) (1999): Flächenhaushaltspolitik – Thesen und Empfehlungen eines gleichnamigen Arbeitskreises der Akademie für Raumforschung und Landesplanung. Raumforschung und Raumordnung 4/1999, 291–293.

ATTESLANDER, P. (2000): Methoden der empirischen Sozialforschung. 9., neu bearb. u. erw. Auflage, de Gruyter, Berlin/New York.

AUERSWALD, K. (1998). Funktionen der Böden im Landschaftshaushalt. Bayer. Akad. Natursch. Landschaftspfl. (Hrsg.): Das Schutzgut Boden in der Naturschutz- und Umweltplanung, Laufener Seminarbeitr. 5/98, 13–22.

B.A.U.M. Consult GmbH (2000): Günzburg – auf dem Weg der nachhaltigen Entwicklung. Aktionsprogramm – Nachhaltigkeitsbericht 2000. München.

BACHFISCHER, R. (1978): Die ökologische Risikoanalyse. Eine Methode zur Integration natürlicher Umweltfaktoren in die Raumplanung. Diss. am Fachbereich Architektur der TU München, Werner Blasaditsch, München.

BALLA, S. & MÜLLER-PFANNENSTIEL, K. (1997): „Wechselwirkungen" in planerischer und behördlicher Praxis. Teil A: Begriffsdefinition. UVP-report 4+5/97, 243–246.

BASTIAN, O. & SCHREIBER, K.-F. (Hrsg.): (1994) Analyse und ökologische Bewertung der Landschaft. Gustav Fischer Verlag, Jena.

BASTIAN, O., SYRBE, R.-U. & RÖDER, M. (1999): Bestimmung von Landschaftsfunktionen für heterogene Bezugsräume. Naturschutz und Landschaftsplanung 31, (10), S. 293–301.

BAUMANN, W., BIEDERMANN, U., BREUER, W., HERBERT, M., KALLMANN, J., RUDOLF, E., WEIHRICH, D., WEYRATH, U. & WINKELBRANDT, A. (1999): Naturschutzfachliche Anforderungen an die Prüfung von Projekten und Plänen nach § 19c und § 19d BNatSchG (Verträglichkeit, Unzulässigkeit und Ausnahmen). Natur und Landschaft 74, H. 1, 463–472.

BAUMÜLLER, J. (1994): Klima. In: STORM, P.-C. & BUNGE, T. (Hrsg.) Handbuch der Umweltverträglichkeitsprüfung, Schmidt, Berlin, 14. Lfg. XI/94, Kennzahl 2805, 1–105.

BAUMÜLLER, J., HOFFMANN, U. & REUTER, U. (1994): Städtebauliche Lärmfibel – Hinweise für die Bauleitplanung. Wirtschaftsministerium Baden-Württemberg, Stuttgart.

BAUMÜLLER, J., HOFFMANN, U. & REUTER, U. (1995): Städtebauliche Klimafibel – Hinweise für die Bauleitplanung, Folge 2, Wirtschaftsministerium Baden-Württemberg, Stuttgart.

Bayerische Verwaltung für ländliche Entwicklung (1994): Leitfaden Landschaftsplanung in der Ländlichen Entwicklung. Erstellt vom Bereich Zentrale Aufgaben der Bayerischen Verwaltung für Ländliche Entwicklung.

Bayerisches Landesamt für Wasserwirtschaft (1997): Gewässerpflegeplanung Fließgewässer. Merkblatt vom 20.10.1997, München.

BDLA (= Bund Deutscher Landschaftsarchitekten) (1994): Planen für Mensch und Umwelt. Kapitel „Pflege- und Entwicklungsplanung". Landschriften-Verlag, Bonn.

BECKMANN, E., BERGMANN, E., DOSCH, F., LOSCH, S. & PICK, D. (1994): Nutzungswandel landwirtschaftlicher Flächen: Regionale Verortung eines Rückzugs der Landwirtschaft aus der Fläche. Arbeitspapiere der Bundesforschungsanstalt für Landeskunde und Raumordnung, Band 12/94, Bonn.

BECKMANN, R. & LANG, T. (2001): Neue Wege in der Gemeinde Osburg. Jahrbuch des Kreises Trier-Saarburg 2001, S. 66–74.

BERG, K. & KROOG, V. (1999): Entwicklungs- und Handlungskonzept für Maßnahmen des Naturschutzes und der Landschaftspflege an Kreisstraßen. Natur und Landschaft 74 (1), 11–17.

BERGER-KARIN, T. (2001): Beurteilung von Windkraftanlagen aus regionalplanerischer Sicht. Schriftliche Fassung eines Vortrages gehalten am 14.05.2001 in Lebus, 10 S.

BERNSHAUSEN, F., KREUZIGER, J., RICHARZ, K., SAWITZKY, H. & UTHER, D. (2000): Vogelschutz an Hochspannungsfreileitungen. Naturschutz und Landschaftsplanung 32, (12), 373–378.

BESEMER, C. (1993): Mediation – Vermittlung in Konflikten. Stiftung gewaltfreies Leben, Königsfeld.

BEZZEL, E. (1995): Anthropogene Einflüsse auf die Vogelwelt Europas. Natur und Landschaft 70, (12), 391–411.

BfN (= Bundesamt für Naturschutz) (Hrsg.) (1995): Systematik der Biotoptypen- und Nutzungstypenkartierung (Kartieranleitung). Landwirtschaftsverlag, Münster-Hiltrup.

BfN (2000): Kriterien für die gute fachliche Praxis der Landwirtschaft aus der Sicht des Naturschutzes. Natur und Landschaft (1) 2000, 40.

BIERHALS, E. (1980): Ökologische Raumgliederungen für die Landschaftsplanung. In: BUCHWALD, K. & ENGELHARDT, W. (Hrsg.) Handbuch für Planung, Gestaltung und Schutz der Umwelt. Band 3. BLV Verlagsgesellschaft München, 80–104.

BIERHALS, E., KIEMSTEDT, H. & SCHARPF, H. (1974): Aufgaben und Instrumentarium ökologischer Landschaftsplanung. Raumforschung und Raumordnung 32, H. 2, 76–88.

BISCHOFF, A., SELLE, K. & SINNING, H. (1996): Informieren, Beteiligen, Kooperieren. Kommunikation in Planungsprozessen: Eine Übersicht zu Formen, Verfahren, Methoden und Techniken. Dortmunder Vertrieb für Bau- und Planungsliteratur, Dortmund.

BMU (Bundesministerium für Umwelt, Naturschutz und Reaktorsicherheit) (1986): Leitlinien zur Umweltvorsorge durch Vermeidung und stufenweise Verminderung von Schadstoffen. Umweltbrief Nr. 3, Bonn.

BMU (1997): Umweltgesetzbuch (UGB-KomE). Entwurf der Unabhängigen Sachverständigenkommission zum Umweltgesetzbuch. Bonn.

BMU (o.J.): Umweltpolitik. Konferenz der Vereinten Nationen für Umwelt und Entwicklung im Juni 1992 in Rio de Janeiro. Dokumente – Agenda 21. Bonn.

BMVEL (Bundesministerium für Verbraucherschutz, Ernährung und Landwirtschaft, 2001): Ökologischer Landbau in Deutschland. Stand Mai 2001 (im Internet unter: http://www.verbraucherministerium.de/landwirtschaft/oekolog-landbau).

BOESLER, D. (1996): Die Kulturgüter als Bestandteil der Umweltverträglichkeitsprüfung. Landschaftsverband Rheinland, Beiträge zur Landesentwicklung 52, Rheinland Verlag, Köln.

BÖHRET, C. (1990): Folgen. Entwurf für eine aktive Politik gegen schleichende Katastrophen. Leske + Budrich, Opladen.

BOOS K.-J. (1999): Beeinflussung des Grundwassers durch Baggerseen. In: ISTE (Hrsg.) Kiesgewinnung Wasser- und Naturschutz. Schriftenreihe der Umweltberatung im ISTE Baden-Württemberg. Band 2: 37–41.

BOSCH, C. (1994): Versuch einer Roten Liste natürlicher Böden zum Schutz von Seltenheit und Naturnähe von Böden. Handbuch Bodenschutz, 17. Lfg. XI/94, 7050, Schmidt Verlag, Berlin.

BOURASSA, S. C. (1988): Toward a Theory of Landscape Aesthetics. Landscape and Urban Planning 15, 241–252.

BRÄMER, R. (1998): Unsere Wanderwege sind in die Jahre gekommen – eine kritische Bestandsaufnahme und Vorschläge zur Modernisierung. Reihe: Wandern spezial, Nr. 12, Marburg.

BRINKMANN, R. (1998): Berücksichtigung faunistisch-tierökologischer Belange in der Landschaftsplanung. Informationsdienst Naturschutz Niedersachen 4/98, Niedersächsisches Landesamt für Ökologie, Hildesheim, 58–127.

BROD, H.-G. (1991): Auftausalze – Anwendung im Straßenwinterdienst, Auswirkungen auf Straßenrandböden und -gehölze. Zeitschrift für Umweltchemie und Ökotoxikologie 3 (2), 109–113.

BROGGI, M. (1997): Wo ist Wildnis nötig und sinnvoll? Gedanken zur Umsetzung in der Kulturlandschaft des Alpenraums vor dem Hintergrund des Strukturwandels. Bayer. Akad. Natursch. Landschaftspfl., Laufener Seminarbeitr. 1/97, 87–92.

BRÜDIGAM, G. & DAMASCHKE, G. (1989): Aspekte zur Gebietseinteilung nach Lärmschutzkriterien. Zeitschrift für die gesamte Hygiene und ihre Grenzgebiete 35 (5), 290–292.

BUCHWALD, K. & ENGELHARDT, W. (Hrsg.) (1996): Bewertung und Planung im Umweltschutz. Economica Verlag (= Umweltschutz – Grundlagen und Praxis), Bd. 2, Bonn.

BULLERMANN, M., MOCHE, P. & STELLRECHT-SCHMIDT, S. (1998): Entsiegeln und Versickern in Wohngebieten. – 2. Aufl., Hessisches Ministerium für Umwelt, Energie, Jugend, Familie und Gesundheit, Wiesbaden.

BUNGE, M. (1967): Scientific Research II. The Search for Truth. Studies on the Foundation, Methodology and Philosophy of Science. Springer, Berlin/Heidelberg, New York.

BUNGE, M. (1987): Kausalität. Geschichte und Probleme. J.B.C. Mohr (Paul Siebeck), Tübingen.

BUNGE, T. (1998): Anforderungen des Entwurfs der EG-Richtlinie über die Umweltprüfung von Plänen und Programmen. Überarbeitete Fassung eines Referats auf der Tagung „Umweltverträglichkeitsprüfung für Pläne und Programme" an der Universität Kaiserslautern am 08.05.1998. Unveröff. Manuskript.

BUSCH, M. & FAHNING, I. (1991): Mindestanforderungen an gute landwirtschaftliche Praxis aus der Sicht des Bodenschutzes. Texte 1/92, Umweltbundesamt, Berlin.

CLAẞEN, A., HIERLER, A. & OPPERMANN, R. (1996): Auswirkungen unterschiedlicher Mähgeräte auf die Wiesenfauna in Nordost-Polen. Naturschutz und Landschaftsplanung 28 (5), 139–144.

DAHL, H.-J., ALTMÜLLER, R., GARVE, E., KAUFMANN, W., SÜDBECK, P. & BIERHALS, E. (2000): Artenschutz. In: BUCHWALD, K. & ENGELHARDT, W. (Hrsg.) Umweltschutz: Grundlagen und Praxis – Band 8 Arten-, Biotop- und Landschaftsschutz: Teil A, Economica Verlag, Bonn, 1–172.

DAHL, J. (1983): Verteidigung des Federgeistchens. Über Ökologie und Ökologie hinaus. Bauwelt, H. 7/8, Teil 1: 228–232, Teil 2: 265–266.

DALBECK, L. & BREUER, W. (2001): Der Konflikt zwischen Klettersport und Naturschutz am Beispiel der Habitatansprüche des Uhus (*Bubo bubo*). Natur und Landschaft 76, (1), 1–7.

DICKHAUT, W. & SAAD, S. (1994): Überblick und Wertung von kooperativen Planungsverfahren für die Umweltplanung. In: Verein zur Förderung des Instituts für Wasserversorgung, Abwasserbeseitigung und Raumplanung der TH Darmstadt e.V. (Hrsg.): Von der Umweltverträglichkeitsprüfung zum kooperativen Planungsmanagement. Schriftenreihe WAR Bd. 77, Darmstadt.

Die Zeit (2000): Gierige Platzfresser. Die Zeit 52, Ausgabe vom 20.12.2000, 26.

DIENEL, P.C. (1991): Die Planungszelle. 2., durchges. u. erw. Auflage, Westdeutscher Verlag, Opladen.

DIEPOLDER, U. (1994): Literaturstudie über Auswirkungen von Flussstaustufen auf Natur und Umwelt. In: Bayerisches Landesamt für Umweltschutz (Hrsg.) Landschaftsentwicklung in Flussgebieten (= Schriftenreihe Heft 130), 7–49.

DIEPOLDER, U. (1997): Zustand der deutschen Nationalparke im Hinblick auf die Anforderungen der IUCN. Diss. TU München-Weihenstephan.

DIERßEN, K. & SCHRAUTZER, J. (1997): Wie sinnvoll ist der Rückzug der Landwirtschaft aus der Fläche? Aspekte des Naturschutzes sowie der Landnutzung in intensiv bewirtschafteten agrarischen Räumen. In: Bayer. Akad. Natursch. Landschftspfl., Laufener Seminarbeitr. 1/97, 93–104.

DIFU (= Deutsches Institut für Urbanistik) (Hrsg.) (1999): Kommunale Umweltschutzberichte. – Loseblattsammlung, Berlin.

DINGETHAL, F.J., JÜRGING, P., KAULE, G. & WEINZIERL, W. (1985): Kiesgrube und Landschaft. 2., vollst. neu bearb. u. erw. Aufl., Parey-Verlag, Hamburg.

DÖRHÖFER, G. & JOSOPAIT, V. (1980): Eine Methode zur flächendifferenzierten Ermittlung der Grundwasserneubildungsrate. Geologisches Jahrbuch, Reihe C, Heft 27, 45–65.

DÖRNER, D. (1995): Die Logik des Misslingens. Strategisches Denken in komplexen Situationen. Rowohlt Taschenbuch, Reinbek, Hamburg.

DRL (Deutscher Rat für Landespflege) (1997): Betrachtungen zur „Grünen Charta von der Mainau" im Jahre 1997. Schriftenreihe H. 68, Meckenheim.

DÜRR, A. (1995): Dachbegrünung – ein ökologischer Ausgleich. – korr. Nachdruck der 1. Aufl., Bauverlag, Wiesbaden.

Dürr, H.-J., Petelkau, H. & Sommer, C. (1995): Literaturstudie Bodenverdichtung. Umweltbundesamt, Texte 55/95, Berlin.

DÜRR, T. (2001): Windkraft und Avifauna. – Mitschrift eines Vortrages gehalten am 14.05.2001 in Lebus.

EGERT, M. & JEDICKE, E. (2001): Akzeptanz von Windkraftanlagen. Naturschutz und Landschaftsplanung 33, H. 12, 373–381.

EGGENSCHWILER, K. (1996): Grundlagen der Lärmbekämpfung und Akustik. EMPA – Eidgenössische Materialprüfungs- und Forschungsanstalt. Internet-Beitrag unter: www.empa.ch/deutsch/fachber/abt177/laerm/akugrund.pdf.

EIKMANN, T. & KLOKE, A. (1991): Nutzungs- und Schutzgut-bezogene Orientierungswerte für (Schad-)Stoffe in Böden. – VDLUFA-Mitteilungen 1/1991, S. 19–26.

EISENBEIS, G. & HASSEL, F. (2000): Zur Anziehung nachtaktiver Insekten durch Straßenlaternen. Natur und Landschaft 75 (4), 145–156.

EISSING, H. & LOUIS, H.W. (1996): Rechtliche und fachliche Anforderungen an die Bewertung von Eingriffen. Natur + Recht 18, H. 10, 486–492.

ELLENBERG, H., WEBER, H. E., DÜLL, R., WIRTH, V., WERNER, W. & PAULIßEN, D. (1992): Zeigerwerte von Pflanzen in Mitteleuropa. 2., verbesserte und erweiterte Auflage, Lehrstuhl für Geobotanik der Universität Göttingen (Hrsg.) (= Scripta Geobotanica, Vol. 18), Goltze Verlag, Göttingen.

Enquetekommission „Schutz des Menschen und der Umwelt" (1998): Konzept Nachhaltigkeit. Vom Leitbild zur Umsetzung. Abschlussbericht, Bonn, Dt. Bundestag, Referat Öffentlichkeitsarbeit.

ERMER, K., HOFF, R., & MOHRMANN, R. (1996): Landschaftsplanung in der Stadt. Ulmer, Stuttgart.

FEYERABEND, P. (1986): Wider den Methodenzwang. Suhrkamp, Frankfurt/M.

FGSV (Forschungsgesellschaft für das Straßen- und Verkehrswesen) (1990): Merkblatt zur Umweltverträglichkeitsstudie im Straßenbau (MUVS). Köln.

FINCK, P. et al. (1992): Empfehlungen für faunistisch-ökologische Datenerhebungen und ihre naturschutzfachliche Bewertung im Rahmen von Pflege- und Entwicklungsplänen für Naturschutzgroßprojekte des Bundes. Natur und Landschaft 67, (7/8), 329–340.

FINKE, L. (1989): Ökologische Planung – Nur ein modisches Schlagwort oder eine qualitativ neue Planung ? Verhandlungen der Gesellschaft für Ökologie (Essen 1988), Band XVIII, 581–587.

FINKE, L. (1994): Landschaftsökologie. 2., verb. Aufl., Westermann Schulbuchverlag, Braunschweig (= Das Geographische Seminar).

FISCHER-HÜFTLE, P. (2000): Beeinträchtigungen des Landschaftsbildes, ihr Ausgleich und Ersatz aus rechtlicher Sicht, insbesondere bei der Verkehrswegeplanung. Rechtsgutachten im Rahmen des F+E-Vorhabens „Erarbeitung von Ausgleichs- und Ersatzmaßnahmen für die Wert- und Funktionselemente des Landschaftsbildes" (FKZ 899 82 130), im Auftrag des Bundesamtes für Naturschutz.

FLADE, M. (1991): Norddeutsche Brutvogelgemeinschaften: Leitarten, Strukturwerte, Gefährdungssituation. Natur und Landschaft 66, H. 6, 340–344.

FLADE, M. (1995): Aufbereitung und Bewertung vogelkundlicher Daten für die Landschaftsplanung unter besonderer Berücksichtigung des Leitartenmodells. Schr.-R. f. Landschaftspfl. u. Naturschutz, H. 43. 107–146.

Forschungsgruppe TRENT (1973): Typologische Untersuchungen zur rationellen Vorbereitung umfassender Landschaftsplanungen. Forschungsauftrag des Bundesministers für Ernährung, Landwirtschaft u. Forsten, vervief. Manuskript, Dortmund u. Saarbrücken.

FR (= Frankfurter Rundschau) (2001a): UBA-Studie empfiehlt Emissionsabgabe. Ausgabe vom 10. April 2001, 27.

FR (2001b): Radau lässt viele Deutsche aufstöhnen. Ausgabe vom 25. April 2001, 29.

FRÄNZLE, O. et al. (1992): Erarbeitung und Erprobung einer Konzeption für die ökologisch orientierte Planung auf der Basis der regionalisierten Umweltbeobachtung am Beispiel Schleswig-Holsteins. UBA-Texte Bd. 20/92, Berlin.

FSC (= Forest Stewardship Council)-Arbeitsgruppe Deutschland (1998): Deutsche FSC – Standards. AFZ/Der Wald 21, 1324–1326.

FÜRST, D., KIEMSTEDT, H., GUSTEDT, E., RATZBOR, G. & SCHOLLES, F. (1992): Umweltqualitätsziele für die ökologische Planung. UBA-Texte Bd. 34/93, Berlin.

GARBE, U. (2001): Wir ernten was wir säen. Zusammenarbeit von Naturschutz und Landwirtschaft an einem Fallbeispiel aus Mecklenburg-Vorpommern. Diss. an der Math.-Nat. Fakultät II der Humboldt-Universität Berlin.

GAREIS-GRAHMANN, F. (1993): Landschaftsbild und Umweltverträglichkeitsprüfung. Analyse, Prognose und Bewertung des Schutzgutes „Landschaft" nach dem UVPG. Beiträge zur Umweltgestaltung, Bd. A 132, Erich Schmidt, Berlin.

GASSNER, E. & WINKELBRANDT, A. (1990): UVP – Umweltverträglichkeitsprüfung in der Praxis. Rehm, München.

GASSNER, E. & WINKELBRANDT, A. (1997): UVP – Umweltverträglichkeitsprüfung in der Praxis. 3., überarb. Auflage, Rehm, München.

GEIGER, W. & DREISEITL, H. (1995): Neue Wege für das Regenwasser. Oldenbourgh Verlag, München.

GEIßLER-STROBEL, S., KAULE, G. & SETTELE, J. (2000): Gefährdet Biotopverbund Tierarten? Langzeitstudie zu einer Metapopulation des Dunklen Wiesenknopf-Ameisenbläulings und Diskussion genereller Aspekte. Naturschutz und Landschaftsplanung 31, H. 10, 293–299.

GELBRICH, H. (1995): Landschaftsplanung in der DDR in den 50er-Jahren. Natur und Landschaft 70 (11), 539–545.

GELLERMANN, M. (1998): Europäisches Habitatschutzrecht und seine Durchführung in der Bundesrepublik Deutschland. Schriftenreihe Natur und Recht, Bd. 4, Blackwell, Berlin, Wien.

GEORGII, B. (2000): Damit Gämsen cool bleiben können. Natur & Kosmos 6/2000, 103–105.

GILCHER, S. & BRUNS, D. (1999): Renaturierung von Abbaustätten. Reihe Praktischer Naturschutz, Ulmer. 355 S.

GRAU, S. (1998): Überblick über Arbeiten zur Landschaftszerschneidung sowie zu unzerschnittenen Räumen in der Bundes-, Landes- und Regionalplanung Deutschlands. Natur und Landschaft 10/98, 427–434.

GRUEHN, D. (1998): Die Berücksichtigung der Belange von Naturschutz und Landschaftspflege in der vorbereitenden Bauleitplanung. Europäische Hochschulschriften, Reihe 42 Ökologie, Umwelt und Landespflege, Bd. 22, Peter Lang, Frankfurt/M.

GRUENTER, R. (1953): Landschaft. Bemerkungen zu Wort und Bedeutungsgeschichte. Germanisch-romanische Monatsschrift, Neue Folge 3, 34, 110–120.

HAASE, G. (Hrsg.) (1991): Naturraumerkundung und Landnutzung. Akademie Verlag (= Beiträge zur Geographie), Bd. 34/1 u. 2, Berlin.

HABER, W. (1971): Landschaftspflege durch differenzierte Bodennutzung. Bayerisches Landwirtschaftliches Jahrbuch 48, 19–35.

HABER, W. (1979): Raumordnungskonzepte aus Sicht der Ökosystemforschung. Akademie für Raumforschung und Landesplanung, Forschungs- und Sitzungsberichte 131, 12–34.

HABER, W. (1993a): Vom rechten und falschen Gebrauch der Ökologie. Naturschutz und Landschaftsplanung 25, H. 5, 187–190.

HABER, W. (1993b): Ökologische Grundlagen des Umweltschutzes. Economica Verlag, Bonn.

HABER, W. (1998): Nutzungsdiversität als Mittel zur Erhaltung von Biodiversität. Berichte der ANL 22, 71–76.

HABER, W., LANG, R., JESSEL, B., SPANDAU, L., KÖPPEL, J., SCHALLER, J. (1993): Entwicklung von Methoden zur Beurteilung von Eingriffen nach § 8 Bundesnaturschutzgesetz. – Nomos Verlagsgesellschaft, Baden-Baden.

HABERMAS, J. (1990): Moralbewusstsein und kommunikatives Handeln. Suhrkamp, Frankfurt/M.

HÄCKEL, H. (1990): Meteorologie. 2., verb. Aufl., Ulmer, Stuttgart.

HAECKEL, E. (1866): Generelle Morphologie der Organismen. 2 Bde., Berlin.

HANDKE, K. (2000): Vögel und Windkraft im Nordwesten Deutschlands. LÖBF-Mitteilungen (2), 47–55.

HASSLACHER, P. (1985): Vorstellungen, Maßnahmen, Erfahrungen mit Strategien des so genannten Sanften Tourismus in Österreich. In: MAYER, J. (Hrsg.) Regionalpolitik in der Diskussion – Ansätze, Konzepte, Erfahrungen. Arbeitsmaterialien zur Raumordnung und Raumplanung, Heft 42, Bayreuth, 43–65.

HAUPT, R. (1997): Wildnisgebiete – eine neue Perspektive für den Naturschutz? In: Bayerische Akademie für Naturschutz und Landschaftspflege: Wildnis – ein neues Leitbild!? Möglichkeiten und Grenzen ungestörter Naturentwicklung für Mitteleuropa. Laufener Seminarbeiträge 1/97, 57–66.

HEILAND, S. (1999): Nachhaltigkeitsindikatoren – Instrumente zur Unterstützung von Agenda 21-Prozessen. UVP-report 5/99, 240–242.

HEINZE, G. & KILL, H. (1997): Freizeit und Mobilität. Neue Lösungen im Freizeitverkehr. Hannover.

HERBSTREIT, E. & STOLZENBURG, M. (1999): Vermeidungs-, Verminderungs- und Kompensationsmaßnahmen von Eingriffen in Natur und Landschaft beim Festgesteinsabbau. Natur und Landschaft 3/99, 110–118.

HERMANN, B. (1991): Grundwasserbelastungen. In: STORM, P.-C. & BUNGE, T. (Hrsg.): Handbuch der Umweltverträglichkeitsprüfung, Schmidt, Berlin, 6. Lfg. III/91, Kennzahl 2585, 1–86.

HEYDEMANN, B. (1986): Grundlagen eines Verbund- und Vernetzungskonzeptes für den Arten- und Biotopschutz. Grüne Mappe des Landesnaturschutzverbands Schleswig-Holstein, 11–22.

HEYDEMANN, B. (1996): Die ökologischen Grundlagen des Biotopverbunds und seine Realisierbarkeit. Vortrag auf dem Seminar der Bayerischen Akademie für Naturschutz und Landschaftspflege (ANL) „Biotopverbund vor Ort – Möglichkeiten der Umsetzung" am 25. und 26.04.1996 in Germering bei München.

HIRSCH, G. (1993): Warum ist ökologisches Handeln mehr als eine Anwendung ökologischen Wissens? Gaia 2, H. 3, 141–151.

HOCKWIN, A. (2000): Wanderwege – Anliegen, Nutzen, Bewertungsmöglichkeiten aus verschiedenen Blickwinkeln am Beispiel der Region Tambach-Dietharz. Diplomarbeit am Fachbereich Landschaftsarchitektur der Fachhochschule Erfurt.

HOFMANN, T. (1996): Potenzialbewertung für Landschaftsbild und Erholung als Bestandteile der Landschaftsplanung zwischen Jena und Camburg. Diplomarbeit am Fachbereich Landschaftsarchitektur der Fachhochschule Erfurt.

HOLST, M. (1991): Planungsverfahren für Umweltfachpläne. UBA Berichte 1/91, Erich Schmidt, Berlin.

HÖLTING, B. et al. (1995): Konzept zur Ermittlung der Schutzfunktion der Grundwasserüberdeckung. Geologisches Jahrbuch Reihe C, Heft 63, 5–24.

HOPP, W. (2000): Das Raumordnungsverfahren im Spiegel geänderter bundesrechtlicher Vorgaben. Natur und Recht 22, H. 6, 301–307.

HOVESTADT, T., ROESER, J. & MÜHLENBERG, M. (1991): Flächenbedarf von Tierpopulationen als Kriterien für Maßnahmen des Biotopschutzes und als Datenbasis zur Beurteilung von Eingriffen in Natur und Landschaft. Forschungszentrum Jülich.

HUB, D. (2001): Erfolgskontrollen im Rahmen der Eingriffsregelung – Nachkontrollen, Entwicklungsprognosen und Effizienzüberlegungen zu Aufforstungs- und Sukzessionsflächen an der BAB A 9 in Brandenburg. Diplomarbeit am Lehrstuhl für Landschaftsplanung der Universität Potsdam, unveröff.

Industrieverband Steine und Erden Baden-Württemberg (ISTE, Hrsg.) (1999): Kiesgewinnung, Wasser- und Naturschutz – Beiträge der Fachtagungen Gewinnung von Sand und Kies unter Berücksichtigung der Belange des Grundwasser- und Naturschutzes. Ausgerichtet von der Landesanstalt für Umweltschutz Baden-Württemberg, dem Landesamt für Geologie, Rohstoff und Bergbau und dem Industrieverband Steine und Erden Baden-Württemberg. Schriftenreihe der Umweltberatung im ISTE Baden-Württemberg. Band 2. 161 S.

IPU (Ingenieurbüro für Planung und Umwelt) (1999): Umsetzung von Ausgleichs- und Ersatzmaßnahmen und Kontrolle nach § 8 (9) ThürNatG. Gutachten im Auftrag des Thüringer Ministeriums für Landwirtschaft, Naturschutz und Umwelt, Erfurt, unveröff.

IUCN (International Union for the Conservation of Nature) (1994): Richtlinien für Management-Kategorien von Schutzgebieten. IUCN-Kommission für Nationalparke und Schutzgebiete mit der Unterstützung des World Conservation Monitoring Centre. Übersetzung durch den Sprachendienst des BMU, Juli 1995, N I2-45121/0.

JAEGER, J. (2001): Beschränkung der Landschaftszerschneidung durch die Einführung von Grenz- oder Richtwerten. Natur und Landschaft 76, (1), 26–34.

JANTSCH, E. (1998): Die Selbstorganisation des Universums. 4. Aufl., dtV, München.

JEDICKE, E. (1994a): Biotopverbund. Grundlagen und Maßnahmen einer neuen Naturschutzstrategie. 2., überarb. Auflage, Ulmer, Stuttgart.

JEDICKE, E. (1994b): Biotopschutz in der Gemeinde. Reihe Praktischer Naturschutz, Neumann Verlag GmbH, Radebeul.

JEDICKE, E. (Hrsg.) (1997): Die Roten Listen. Ulmer Verlag, Stuttgart.

JENDRITZKY, G. (1990): Bioklimatische Bewertungsgrundlage der Räume am Beispiel mesoskaliner Bioklimakarten. In: ARL (Hrsg.) Methodik zur räumlichen Bewertung der thermischen Komponente im Bioklima des Menschen. Beiträge der ARL 114, Selbstverlag, Hannover, 7–69.

JESSEL, B. & KÖPPEL, J. (1991): Entwicklung von Methoden zur Beurteilung von Eingriffen nach § 8 Bundesnaturschutzgesetz. Bericht – Teil 2.2. Materialienband: Fallbeispiele. Planungsbüro Dr. Schaller, Kranzberg.

JESSEL, B. & RECK, H. (1999): Umweltplanung. In: FRÄNZLE, O., MÜLLER, F. & SCHRÖDER, W. (Hrsg.): Handbuch der Umweltwissenschaften. Grundlagen und Anwendung der Ökosystemforschung. 5. Erg. Lfg. 11/99, Kapitel VI 3.6, Ecomed, Landsberg, 20 S.

JESSEL, B. & ZSCHALICH, A. (2001): Erarbeitung von Ausgleichs- und Ersatzmaßnahmen für die Wert- und Funktionselemente des Landschaftsbildes. F+E-Vorhaben im Auftrag des Bundesamtes für Naturschutz (FKZ 899 82 139), 2. Zwischenbericht, Juni 2001 (unveröff.).

JESSEL, B. (1989): Ästhetische Wahrnehmung von Freiräumen. Beitrag zu einer Theoriebildung und empirische Untersuchung anhand dreier Wohnhöfe. Diplomarbeit am Lehrstuhl für Landschaftsarchitektur und Planung der Technischen Universität München, unveröff.

JESSEL, B. (1994): Vielfalt, Eigenart und Schönheit von Natur und Landschaft als Objekte der naturschutzfachlichen Bewertung. NNA-Ber. 7 (1), 76–89.

JESSEL, B. (1996): Leitbilder und Wertungsfragen in der Naturschutz- und Umweltplanung. Normen, Werte und Nachvollziehbarkeit von Planungen. Naturschutz und Landschaftsplanung 28, H. 7, 211–216.

JESSEL, B. (1997): Wildnis als Kulturaufgabe? – Nur scheinbar ein Widerspruch! Bayer. Akad. Natursch. Landschaftspfl., Laufener Seminarbeitr. 1/97, 9–20.

JESSEL, B. (1998a): Das Landschaftsbild erfassen und darstellen. Vorschläge für ein pragmatisches Vorgehen. Naturschutz und Landschaftsplanung 30, H. 1, 356–361.

JESSEL, B. (1998b): Landschaften als Gegenstand von Planung. Theoretische Grundlagen ökologisch orientierten Planens. Beiträge zur Umweltgestaltung, Bd. A 138, Erich Schmidt, Berlin.

JESSEL, B. (1998c): Ausgleichsregelungen für Eingriffe in Natur und Landschaft aus Sicht des Naturschutzes. Der Bayerische Bürgermeister, H. 11/98, Jehle, München, 427–432.

JESSEL, B. (1999a): Die FFH-Verträglichkeitsprüfung – Unterschiede gegenüber der UVP und zusätzliche Anforderungen. Naturschutz und Landschaftsplanung 31, H. 3, 69–72.

JESSEL, B. (1999b): Wissenschaftstheoretische Grundlagen zur Bewertung und ihre Bedeutung für die Naturschutzpraxis. In: WIEGLEB, G., SCHULZ, F. & BRÖRING, U. (Hrsg.): Naturschutzfachliche Bewertung im Rahmen der Leitbildmethode. Physica Verlag, Heidelberg/New York, 48–60.

JESSEL, B. (2000): Von der „Vorhersage" zum Erkenntnisgewinn – Aufgaben und Leistungsfähigkeit von Prognosen in der Umweltplanung. Naturschutz und Landschaftsplanung 32, H. 7, 197–203.

JESSEL, B. (2001): Die Darstellung und Erfassung des Landschaftsbildes in der Eingriffsregelung. In: PAAR, P. & STACHOW, U. (Hrsg.): Visuelle Ressourcen – Übersehene ästhetische Komponenten in der Landschaftsforschung und -entwicklung.

ZALF-Bericht Nr. 44 des Zentrums für Agrarlandschaftsforschung ZALF e.V., Müncheberg, 35–47.

JESSEL, B., HÖLLERER, G. & WARTNER, H. (1996): Landschaftsplanung am Runden Tisch. Das Beispiel der Gemeinde Kirchdorf i. Wald. Hrsg. vom Bayerischen Staatsministerium für Landesentwicklung und Umweltfragen und der Bayerischen Akademie für Naturschutz und Landschaftspflege, 16 S.

JESSEL, B., ZSCHALICH, A. & FISCHER-HÜFTLE, P. (2000): F+E-Vorhaben „Erarbeitung von Ausgleichs- und Ersatzmaßnahmen für die Wert- und Funktionselemente des Landschaftsbildes" (FKZ 899 82 130). 1. Zwischenbericht. Im Auftrag des Bundesamtes für Naturschutz.

JOHANNSEN, R., MEYER. H.-H., SPUNDFLASCH, F. & TOBIAS, K., (1998): Naturnahe Fließgewässer in den Ackerbaulandschaften des Thüringer Beckens. Teil A. Forschungsvorhaben im Auftrag des BMBF, Fachbereich Landschaftsarchitektur der Fachhochschule Erfurt.

KAULE, G. (Hrsg.) (1991): Arten- und Biotopschutz. 2., überarbeitete und erweiterte Auflage, Ulmer Verlag, Stuttgart.

KAULE, G. (2000): Ecologically oriented planning. Peter Lang, Frankfurt/M.

KERN, K. (1994): Grundlagen naturnaher Gewässergestaltung. Springer, Berlin.

KIEMSTEDT, H. & WIRZ, S. (1993): Leitfaden zur Landschaftsplanung in der vorbereitenden Bauleitplanung. Im Auftrag des Landesamtes für Umweltschutz und Gewerbeaufsicht Rheinland-Pfalz, Oppenheim.

KIEMSTEDT, H., HORLITZ, T. & OTT, S. (1993): Umsetzung von Zielen des Naturschutzes auf regionaler Ebene. Akademie für Raumforschung und Landesplanung, Hannover, Beiträge 123.

KIEMSTEDT, H., MÖNNECKE, M. & OTT, S. (1999): Erfolgskontrolle örtlicher Landschaftsplanung. Bundesamt für Naturschutz (Hrsg.), BfN-Skripten 4, Bonn-Bad Godesberg.

KIEMSTEDT, H., OTT, S. & MÖNNECKE, M. (1996): Methodik der Eingriffsregelung. Teil III: Vorschläge zur bundeseinheitlichen Anwendung der Eingriffsregelung nach § 8 Bundesnaturschutzgesetz. Hrsg. vom Umweltministerium Baden-Württemberg, Stuttgart.

KIEMSTEDT, H., WIRZ, S. & AHLSWEDE, H. (1990): Gutachten „Effektivierung der Landschaftsplanung". UBA-Texte 11/90, Berlin.

KLEEFELD, K.-D. (1997): Schutz von Kulturgütern in der Umweltverträglichkeitsprüfung (UVP) – das Beispiel Oerding (Nordrhein-Westfalen). In: SCHENK, W., FEHN, K. & DENECKE, D. (Hrsg.): Kulturlandschaftspflege. Beiträge der Geographie zur räumlichen Planung. Borntraeger, Berlin/Stuttgart, 165–175.

KLEINEWEFERS, H. (1985): Prognosen in den Wirtschaftswissenschaften – einige elementare theoretische Aspekte. In: FEYERABEND, P. & THOMAS, L. (Hrsg.): Grenzprobleme der Wissenschaften. Eidgenössische Technische Hochschule Zürich (ETHZ), Verlag der Fachvereine, Zürich, 289–299.

KLIPPEL, P. (1994): Umweltqualitätsziele für Lärm an innerörtlichen Straßen. In: BREIER, S. et al. (Hrsg.): Qualitätsstandards für den Verkehr. Institut für Landes- und Stadtentwicklungsforschung des Landes Nordrhein-Westfalen, ILS-Schriften, Nr. 77, Dortmund, 35–39.

KLOCKOW, S. et al. (1991): Umweltbedingte Folgekosten im Bereich Landschaft und Erholung. Umweltbundesamt (Hrsg.), Reihe UBA-Texte 4/91, Berlin.

KNAPP, H. (1978): Logik der Prognose. Semantische Grundlegung technologischer und sozialwissenschaftlicher Prognosen. Alber, Freiburg/München.

KNAUER, N. (1993): Ökologie und Landwirtschaft. Ulmer Verlag, Stuttgart.

KNAUER, P. (1987): Geplante Vorhaben. In: Umweltbundesamt (Hrsg.): Instrumetarien zur ökologischen Planung. Referate zum Statusseminar am 12./13.6.1986. Reihe UBA-Texte 14/87, 8–22.

KNAUER, P. (1990): Umweltqualitätsziele und Umweltinformationssysteme als Instrument der Umweltpolitik. Akad.Natursch.Landschaftspfl. (ANL), Laufener Seminarbeitr. 6/90, Laufen/Salzach, 36–43.

KNICKEL, K., JANSSEN, B., SCHRAMEK, J. & KÄPPEL, K. (2001): Naturschutz und Landwirtschaft: Kriterienkatalog zur „Guten fachlichen Praxis." Bundesamt für Naturschutz (Hrsg.), Reihe Angewandte Landschaftsökologie, Bonn-Bad Godesberg.

KNOSPE, F. (1998): Handbuch zur argumentativen Umweltbewertung. Methodischer Leitfaden für Planungsbeiträge zum Naturschutz und zur Landschaftsplanung. Dortmunder Vertrieb für Bau- und Planungsliteratur.

KOHL, A., SCHRÖDER, E. & WEY, H. (1992): Empfehlungen für floristisch-vegetationskundliche Datenerhebungen und ihre naturschutzfachliche Bewertung im Rahmen von Pflege- und Entwicklungsplänen für Naturschutzgroßprojekte des Bundes. Natur und Landschaft 67, (7/8), 328.

KOMPA, R., PIDOLL, M. V. & SCHREIBER, B. (Hrsg.) (1997): Flächenrecycling – Inwertsetzung, Bauwürdigkeit, Baureifmachung. Springer Verlag, Berlin.

KORAB, R. (1991): Ökologische Orientierungen. Naturwahrnehmung als sozialer Prozess. In: PELLERT, A. (Hrsg.): Vernetzung und Widerspruch. Zur Neuorganisation von Wissenschaft. Profil, München, 299–342.

KORNECK, D. & SUKOPP, H. (1988): Rote Liste der in der Bundesrepublik ausgestorbenen, verschollenen und gefährdeten Farn- und Blütenpflanzen und ihre Auswertung für den Arten- und Biotopschutz. Schriftenreihe für Vegetationskunde, H. 19. Bonn.

KRAFT, V. (1951): Die Grundlagen einer wissenschaftlichen Wertlehre. 2., neubearb. Auflage, Springer, Wien.

KRAUSE, C.L. & KLÖPPEL, D. (1996): Landschaftsbild in der Eingriffsregelung. Bundesamt für Naturschutz (Hrsg.), Reihe Angewandte Landschaftsökologie, Heft 8, Bonn-Bad Godesberg.

KRAUSE, C.L. (1980): Methodische Ansätze zur Wirkungsanalyse im Rahmen der Landschaftsplanung. Bundesamt für Naturschutz (Hrsg.). Schriftenreihe für Landschaftspflege und Naturschutz, H. 20, Bonn-Bad Godesberg.

KROHN, W. & KÜPPERS, G. (1990): Selbstreferenz und Planung. In: NIEDERSEN, U. & POHLMANN, C. (Hrsg.): Selbstorganisation. Jahrbuch für Komplexität in den Natur-, Sozial- und Geisteswissenschaften, Bd. 1, Duncker & Humblot, Berlin, 109–128.

KRUCKENBERG, H. & JAENE, J. (1999): Zum Einfluss eines Windparks auf die Verteilung weidender Blässgänse im Rheiderland (Landkreis Leer, Niedersachsen). Natur und Landschaft 74, (10), 420–427.

KRUCKENBERG, H., JAENE, J. & BERGMANN, H.-H. (1998): Mut oder Verzweiflung am Straßenrand. Natur und Landschaft 1/98, 3–8.

KÜHLING, D. & RÖHRIG, D. (1996): Mensch, Kultur- und Sachgüter in der UVP. UVP Spezial 12, Dortmunder Vertrieb für Bau- und Planungsliteratur.

KÜHLING, W. & PETERS, H.-J. (1995): Luftverunreinigungen. In: STORM, P.-C. & BUNGE, T. (Hrsg.) Handbuch der Umweltverträglichkeitsprüfung, Schmidt, Berlin, 16. Lfg. VI/95, Kennzahl 2710, S. 1–103.

KÜHLING, W. (1986): Planungsrichtwerte für die Luftqualität. Institut für Landes- und Stadtentwicklungsforschung des Landes Nordrhein-Westfalen (Hrsg.), Schriftenreihe Landes- und Stadtentwicklungsforschung des Landes Nordrhein-Westfalen, Bd. 4.405, Dortmund.

KUHNT, B. & MÜLLERT, N. (1996): Zukunftswerkstätten: Verstehen, anleiten, einsetzen. Ökotopia Verlag, Münster.

LANa (Länderarbeitsgemeinschaft für Naturschutz, Landschaftspflege und Erholung) (1994): Mindestanforderungen an den Inhalt der flächendeckenden örtlichen Landschaftsplanung. Manuskript, 12 S.

Landesamt für Umweltschutz Sachsen-Anhalt (1993): Richtlinie für naturnahe Unterhaltung und Ausbau der Fließgewässer im Land Sachsen-Anhalt. Berichte des Landesamtes für Umweltschutz Sachsen-Anhalt, Heft 11, Halle/Saale.

Landesamt für Umweltschutz Sachsen-Anhalt (Hrsg.) (1998): Bodenschutz in der räumlichen Planung. Berichte des Landesamtes für Umweltschutz Sachsen-Anhalt, Heft 29, Halle.

Landschaftsplanung Uni Potsdam, U-Plan & Schmidt (2000): Bodenbewertung für Planungs- und Zulassungsverfahren im Land Brandenburg. Bericht Teil I – Herleitung und Begründung der Bewertungsergebnisse. Im Auftrag des Ministeriums für Landwirtschaft, Umweltschutz und Raumordnung des Landes Brandenburg.

LARINK, O. & HORN, R. (1998): Ackerböden unter Druck. Forschung – Mitteilungen der DFG, 1+2/98, 32–34.

LAWA (Länderarbeitsgemeinschaft Wasser) (1997): UVP-Leitlinien. Arbeitsmaterialien für die Umweltverträglichkeitsprüfung in der Wasserwirtschaft. Kulturbuchverlag, Berlin.

LESER, H. & KLINK, H.-J. (Hrsg.) (1988): Handbuch und Kartieranleitung Geoökologische Karte 1 : 25 000. Zentralausschuss für deutsche Landeskunde, Selbstverlag, Trier.

LfU (= Bayerisches Landesamt für Umweltschutz) (Hrsg.) (1997): Landschaftsentwicklungskonzept Region Ingolstadt. Schriftenreihe Heft 140, München.

LfU BW (Landesanstalt für Umweltschutz Baden-Württemberg) (1997): Pilotprojekt „Konfliktarme Baggerseen (KaBa)" – Statusbericht.

LOUIS, H.W. & ENGELKE, A. (2000): Bundesnaturschutzgesetz. Kommentar. 2. Aufl., Schapen Edition, Braunschweig.

LUA (Landesumweltamt Brandenburg) (1996): Der Landschaftsplan in Brandenburg. Potsdam.

LUZ, F. (1993): Zur Akzeptanz landschaftsplanerischer Projekte – Determinanten lokaler Akzeptanz und Umsetzbarkeit von landschaftsplanerischen Konzepten zur Extensivierung, Biotopvernetzung und anderer Maßnahmen des Natur- und Umweltschutzes. Diss. am Institut für Landschaftsplanung und Ökologie der Universität Stuttgart, Verlag P. Lang, Frankfurt/Bern.

LUZ, F., LUZ, R. & SCHREINER, M. (2000): Landschaftsplanung effektiver in die Tat umsetzen. Entwicklung eines Leitfadens für bayerische Gemeinden. Naturschutz und Landschaftsplanung 32, H. 6, 176–181.

LYNCH, K. (1965): Das Bild der Stadt. Ullstein Bauwelt Fundamente Bd. 16, Frankfurt/M., Berlin.

MAHN, D. (1993): Untersuchungen zur Vegetation von biologisch und konventionell bewirtschaftetem Grünland. Verh. der Gesellschaft für Ökologie, Bd. 22, Freising-Weihenstephan, 127–134.

MARKS, R., MÜLLER, M.J., LESER, H. & KLINK, H.-J. (Hrsg.) (1992): Anleitung zur Bewertung des Leistungsvermögens des Landschaftshaushalts. Selbstverlag Zentralausschuss für deutsche Landeskunde (Forschungen zur deutschen Landeskunde), Bd. 229, Trier.

MARSCHALL, I. (1998): Wer bewegt die Kulturlandschaft? Eine Zeitreise. ABL Bauernblatt Verlags GmbH, Rheda-Wiedenbrück.

MAURER, R., MARTI, F. & STAPFER, A. (1997): Kontrollprogramm Natur und Landschaft Kanton Aargau. Konzeption und Organisation von Erfolgskontrolle und Dauerbeobachtung. Grundlagen und Berichte zum Naturschutz Bd. 13, Baudepartement des Kantons Aargau, Aargau.

MAYNTZ, R. (1990): Entscheidungsprozesse bei der Entwicklung von Umweltstandards. Die Verwaltung 23, 137–151.

MELF (Ministerium für Ernährung, Landwirtschaft und Forsten des Landes Brandenburg) (1999): Richtlinie über die Gewährung von Zuwendungen für die Förderung der Agrarstrukturellen Entwicklung (AEP) vom 07. März 1997, geändert durch Erlass vom 02. März 1999.

MERIAN, C. & WINKELBRANDT, A. (1993): Tabellarische Übersicht über die Landschaftsplanung in der Gesetzgebung der Bundesländer. Beilage zu Natur und Landschaft 68 (4): 16 S.

MEYHÖFER, T. (2000): Umsetzungsdefizite bei Kompensationsmaßnahmen in Bebauungsplänen. Ursachen und Lösungswege. Rhombos-Verlag, Berlin.

MITSCHANG, S. (1998): Die planexterne Kompensation von Eingriffen in Natur und Landschaft. Anstoß für ein tragfähiges kommunales Flächenmanagement. Naturschutz und Landschaftsplanung 29 (9), 273–281.

MLR (Ministerium Ländlicher Raum) & LfU (Landesanstalt für Umweltschutz Baden-Württemberg) (1997): Leitfaden für die Eingriffs- und Ausgleichsbewertung bei Abbauvorhaben. Fachdienst Naturschutz, Eingriffsregelung 1. 31 S.

MÖNNECKE, M. & OTT, S. (1999): Erfolgskontrolle örtlicher Landschaftsplanung – ein Verfahrensvorschlag. Natur und Landschaft, 74. Jg., H. 2, 47–51.

MOSE, I. (1989): Sanfter Tourismus – Alternative der Tourismusentwicklung. In: Sanfter Tourismus – Theorie und Praxis. Fachbeiträge des Österreichischen Alpenvereins, Serie: Alpine Raumordnung Nr. 3, 9–23.

MULL, R. (1995): Beitrag zur Grundwasserbewirtschaftung in einem urbanen Raum am Beispiel Hannover. Bericht der Naturhistorischen Gesellschaft Hannover, 125–152.

MUVS (1999): Merkblatt zur Umweltverträglichkeitsstudie in der Straßenplanung. Forschungsgesellschaft für Straßen- und Verkehrswesen, Arbeitsgruppe Straßenentwurf, Köln.

NAGEL, H.-D., SMIATEK, G. & WERNER, B. (1994): Das Konzept der kritischen Eintragsraten als Möglichkeit zur Bestimmung von Umweltbelastungs- und -qualitätskriterien. Metzler-Poeschel, Stuttgart.

NENTWIG, W. (1995): Humanökologie. Springer, Berlin/Heidelberg/New York.

NEUGEBAUER, B. (1999): Mediation in der Landschaftgsplanung. Alternative Konfliktregelungsverfahren zur Effizienzsteigerung in der Landschaftsplanung. Naturschutz und Landschaftsplanung 31, H. 1, 12–18.

NEUMANN, F. (2000): Kontrolle mit System – Anforderungen an Effizienzkontrollen von Ausgleichs- und Ersatzmaßnahmen nach § 8 (9) ThürNatG. Tagungsunterlagen zum gleichnamigen Workshop der Thüringer Landesanstalt für Umwelt.

NIEDERSTADT, F. (1998): Die Umsetzung der Flora-Fauna-Habitat-Richtlinie durch das zweite Gesetz zur Änderung des Bundesnaturschutzgesetzes. Natur + Recht 20, H. 10, 515–526.

NOHL, W. (1983a): Sozialwissenschaftliche Humanökologie: ein vernachlässigter Arbeitszweig der Freiraum- und Landschaftsplanung. Natur und Landschaft 58, 275–281.

NOHL, W. (1983b): Städtischer Freiraum und Reproduktion der Arbeitskraft. Imu-Institut, Studien 2, Selbstverlag, München.

NOHL, W. (1993): Anforderungen an landschaftsästhetische Untersuchungen – dargestellt am Beispiel flussbaulicher Vorhaben. Ber. ANL 17, 49–64.

ODUM, E.P. (1975): Ecology. The Link between the Nature and the Social Sciences. Ed. 2, Ronhart & Wilson, New York.

OLBRICH, V. (1997): Die amerikanischen Wildnisgebiete: Freiheit der Natur als Schutzgut. Natur + Recht, H. 8, 381–389.

OLSCHOWY, G. (1993): Bergbau und Landschaft. Parey Verlag, Hamburg.

OPPERMANN, B. (1997): Umsetzungsorientierte Landschaftsplanung als Kommunikations- und Kooperationsmodell. In: OPPERMANN, B., LUZ, F. & KAULE, G. (Hrsg.): Der Runde Tisch als Mittel zur Umsetzung der Landschaftsplanung. Bundesamt für Naturschutz, Reihe Angewandte Landschaftsökologie Bd. 11, 57–78.

OPPERMANN, R. & LUICK, R. (1999): Extensive Beweidung und Naturschutz. Natur und Landschaft 74, (10), 411–419.

PATT, H., JÜRGING, P. & KRAUS, W. (1998): Naturnaher Wasserbau: Entwicklung und Gestaltung von Fließgewässern. Springer Verlag, Berlin.

PETERS, J. (2000): Kulturhistorische Landschaftselemente – systematisieren, kartieren und planen – Untersuchungen in Brandenburg. Naturschutz und Landschaftsplanung 32, H. 5, 147–152.

PFADENHAUER, J. (1988): Naturschutz durch Landwirtschaft. Perspektiven aus Sicht der Ökologie. Bayer. Landwirtschaftliches Jahrbuch 64 (Sonderheft 1), 21–33.

PFLUG, W. & JOHANNSEN, R. (1989): Wege zu naturnahen Fließgewässern. Schriftenreihe des deutschen Rates für Landschaftspflege, Heft 58, 807–819.

PLACHTER, H. (1992): Grundzüge der naturschutzfachlichen Bewertung. Veröffentlichung für Naturschutz und Landschaftspflege in Baden-Württemberg, Bd. 67, 9–34.

Planungsgruppe Ökologie + Umwelt (1999): Die Prüfung nach § 19c BNatSchG: Konsequenzen und Umsetzungsvorschläge für die Straßenplanung. Forschungsvorhaben, gefördert durch die Dr. Joachim und Johanna Schmidt-Stiftung für Umwelt und Verkehr.

POPPER, K.R. (1984): Logik der Forschung. 8., verb. Auflage, Mohr, Tübingen.

POPPER, K.R. (1987): Das Elend des Historizismus. 6., durchges. Aufl., Mohr, Tübingen.

PORST, F. (1999): Auswirkungen der Ableitung von Auftausalzen entlang von Bundesautobahnen und BundesfernStraßen auf Fauna und Flora in Regenbecken und Gewässern. Schriftenreihe der Thüringer Landesanstalt für Umwelt Nr. 34, Jena.

POSCHLOD, P., TRÄNKLE, U., BÖHMER, J. & RAHMANN, H. (1997): Steinbrüche und Naturschutz – Sukzession und Renaturierung. Ecomed. 485 S.

PRACKLEIN, M. (2000): Gemeinsam gegen den Stau. Frankfurter Rundschau vom 22.01.2000.

QUASTEN, H. (1997): Zur konzeptionellen Entwicklung der Kulturlandschaftspflege. In: SCHENK, W., FEHN, K. & DENECKE, D. (Hrsg.): Kulturlandschaftspflege. Beiträge der Geographie zur räumlichen Planung. Borntraeger, Berlin/Stuttgart, 9–12.

RADEMACHER, M. (1999a): Die Bedeutung von Kleingewässern in Kiesgruben für Libellen (Odonata) – Ein Fallbeispiel aus der südbadischen Trockenaue. Ber. Naturf. Ges. Freiburg i.Br. 88/89: 185–222.

RADEMACHER, M. (1999b): Naturschutzwert von Baggerseen am Oberrhein. Steinbruch und Sandgrube 92 (10): 6–11.

RADEMACHER, M. (2000): Sukzession in Kiesgruben als Vorbild für die Rekultivierung? culterra 26: 33–52.

RADEMACHER, M. (2001): Untersuchungen zur Vegetationsdynamik anthropogener Kiesflächen am Oberrhein unter Berücksichtigung landschaftsökologischer und naturschutzfachlicher Belange. Dissertation an der Fakultät für Biologie der Albert-Ludwigs-Universität Freiburg i.Br., 311 S. + Anhang.

RAMMERT, U. (1995): Wechselwirkungen in der UVP – eine Einführung. In: Akademie für Natur und Umwelt des Landes Schleswig-Holstein (Hrsg.): Wechselwirkungen in der UVP. Akademie aktuell, Tagungsband Nr. 4, Neumünster.

RAMSAUER, U. (1993): Strukturprobleme der Landschaftsplanung. Eine kritische Bestandsaufnahme. Natur + Recht 3, 108–117.

RAMSAUER, U. (2000): Die Ausnahmeregelungen des Art. 6 Abs. 4 der FFH-Richtlinie. Natur und Recht 22, H. 11, 601–611.

RASSMUS, J., BRÜNING, H., KLEINSCHMIDT, V., RECK, H. & DIERßEN, K. (2001): Entwicklung einer Arbeitsanleitung zur Berücksichtigung von Wechselwirkungen in der Umweltverträglichkeitsprüfung. Gutachten des Ökologie-Zentrums der Christian-Albrechts-Universität zu Kiel, erarbeitet im Auftrag des Umweltbundesamtes.

RECK, H. (1992): Arten- und Biotopschutz in der Planung. Naturschutz und Landschaftsplanung 92, (4), 129–135.

RECK, H. (1996): Bewertungsfragen im Arten- und Biotopschutz und ihre Konsequenzen für biologische Fachbeiträge zu Planungsvorhaben. in ANL (Hrsg.) Biologische Fachbeiträge in der Umweltplanung. Laufener Seminarbeiträge 3/96, 37–52.

RECK, H. (1998): Der Zielartenansatz in großmaßstäbiger Anwendung – anhand von Beispielen aus Eingriffsplanungen, Flurbereinigungsverfahren sowie der Erfolgskontrolle von Pflege- und Entwicklungsplänen. In: Bayerische Akademie für Naturschutz und Landschaftspflege: Zielarten, Leitarten, Indikatorarten – Aussagekraft und Relevanz für die praktische Naturschutzarbeit. Laufener Seminarbeiträge 8/98, 43–68.

RECK, H. et al. (2001): Auswirkungen von Lärm und Planungsinstrumente des Naturschutzes. Naturschutz und Landschaftsplanung 33, (5), 145–149.

RECK, H., WALTER, R., OSINSKI, E., KAULE, G., HEINL, T., KICK, U. & WEISS, M. (1994): Ziele und Standards für die Belange des Arten- und Biotopschutzes: Das „Zielartenkonzept" als Beitrag zur Fortschreibung des Arten- und Biotopschutzprogramms in Baden-Württemberg. In: Bayerische Akademie für Naturschutz und Landschaftspflege: Leitbilder – Umweltqualitätsziele – Umweltstandards. Laufener Seminarbeiträge 4/94, 65–94.

REICH, M. (1994): Dauerbeobachtung, Leitbilder und Zielarten – Instrumente für Effizienzkontrollen des Naturschutzes? Schr.-R. f. Landschaftspflege und Naturschutz, H. 40, 103–111.

REICHHOLF, J. (2000): Ist der Uhu irre? Interview mit Josef Reichholf. Der Spiegel 29, 160–163.

REICHHOFF, L. & BÖHNERT, W. (1987): Aktuelle Aspekte des Naturschutzes. Archiv für Naturschutz und Landschaftsforschung 27, 139–160.

REIN, H. & SCHAEPE, A. (1998): Landschaftsrahmenplanung in Brandenburg – Neue Wege in der Landschaftsplanung. Natur und Landschaft 73 (9), 375–380.

REININGER, R. & NAVRATIL, K. (1985): Einführung in das philosophische Denken. Franz Deuticke, Wien.

REITER, S. (1999): Lärmbewertungskriterien und Mindestgrößen zur Berücksichtigung von Ruhezonen für die Erholung. UVP-report, Heft 3/1999, 141–144.

RIECKEN, U. & SCHRÖDER, E. (Hrsg.) (1995): Biologische Daten für die Planung. Bundesamt für Naturschutz (= Schriftenreihe für Landschaftspflege und Naturschutz, Heft 43), Bonn – Bad Godesberg.

RIECKEN, U., RIES, U. & SSYMANK, A. (1993): Biotoptypenverzeichnis für die Bundesrepublik Deutschland. In: BfN (Hrsg.) Grundlagen und Probleme einer Roten Liste der gefährdeten Biotoptypen Deutschlands. Schriftenreihe für Landschaftspflege und Naturschutz, Kilda, Greven, 301–339.

RIEDEL, B., PIRKL, A. & THEURER, R. (1994): Planung von lokalen Biotopverbundsystemen. Band 1 – Grundlagen und Methoden. Bayer. Staatsministerium für Ernährung, Landwirtschaft und Forsten (Hrsg.), Ländliche Entwicklung in Bayern, Materialien 31/1994.

RIEHL, C. (1997): Anforderungen an eine strategische UVP – dargestellt am Beispiel der Bauleitplanung der Stadt Erlangen. In: Bayerische Akademie für Naturschutz und Landschaftspflege (Hrsg.) Die UVP auf dem Prüfstand – Bilanz und Perspektiven der Umweltverträglichkeitsprüfung. Laufener Seminarbeitr. 5/97, 85–94.

RINGLER, A. (1999): Biotopverbund: Mehr als ein wohlfeiles Schlagwort? Rechenschaftsbericht und Zielbestimmung zur Jahrtausendwende. Berichte der ANL 23, 5–62.

RINGLER, A., REHDING, G. & BRÄU, M. (1994): Landschaftspflegekonzept Bayern: Band II.19 „Lebensraum Bäche und Bachufer". Bayerische Akademie für Naturschutz und Landschaftspflege, Laufen.

RÖHRIG, D. & KÜHLING, W. (1996): Mensch, Kultur- und Sachguter in der UVP. UVP Spezial 12, Dortmunder Vertrieb für Bau- und Planungsliteratur, Dortmund.

RÖMBKE, J. & DREHER, P. (unter Mitarb. von BECK, L., HAMMERL, W., HUND, K., KNOCHE,

H., KÖRDEL, W., PIEPER, S., RUF, A., SPELDA, J. & WOAS, S., 1999): Bodenbiologische Bodengüte-Klassen. Abschlussbericht zum F+E-Vorhaben Nr. 207 05 006 des Umweltbundesamtes.

ROTH, D., BREITSCHUH, D. & ECKERT, H. (1995): Konzept einer effizienten und umweltverträglichen Landwirtschaft mit Vergütung ökologischer Leistungen im Agrarraum. Bayer. Akad. Natursch. Landschaftspfl. (Hrsg.): Vision Landschaft 2020 – Von der historischen Kulturlandschaft zur Landschaft von morgen. Laufener Seminarbeitr. 4/95, 141–150.

ROTH, D., ECKERT, H. & SCHWABE, M. (1996): Ökologische Vorrangflächen und Vielfalt der Flächennutzung im Agrarraum – Kriterien für eine umweltverträgliche Landwirtschaft. Natur und Landschaft 71, H. 5, 199–203.

ROWECK, H. (1995): Landschaftsentwicklung über Leitbilder? Kritische Gedanken zur Suche nach Leitbildern für die Kulturlandschaft von morgen. LÖBF-Mitteilungen 4/95, 25–34.

ROWECK, H., UNGER, M. & SCHMELZER, B. (1987): Biotopverbundsystem – Untersuchungen für ein Biotopverbundsystem im Gebiet des Nachbarschaftsverbands Stuttgart und in angrenzenden Teilen der Region Mittlerer Neckar. Bd. 1 – Biotopverbundsystem. Bd. 2 – Vorschläge für Maßnahmen in Städten und Gemeinden. Nachbarschaftsverband Stuttgart – Regionalverband Mittlerer Neckar.

RP DARMSTADT (1998): Zusatzbewertung Landschaftsbild. Verfahren gem. Anlage 1 Ziff. 2.2.1 der Ausgleichsabgabenverordnung (AAV) vom 09. Februar 1995 als Bestandteil der Eingriffs- und Ausgleichsplanung. Stand 31.05.98.

RUDOLF + BACHER, JESSEL, B. & U-PLAN (1999): Exemplarische Ermittlung der Umsetzung von Ausgleichs- und Ersatzmaßnahmen am Beispiel ausgewählter Vorhaben. Gutachten im Auftrag des Ministeriums für Landwirtschaft, Umweltschutz und Raumordnung des Landes Brandenburg (MLUR), Potsdam, 17 S.

RUDOLF + BACHER, JESSEL, B. & U-PLAN (2000a): Erfolgskontrolle in der Eingriffsregelung. Handlungsanleitung zur Sicherung des Maßnahmenerfolgs. Im Auftrag des Ministeriums für Landwirtschaft, Umweltschutz und Raumordnung des Landes Brandenburg (MLUR), Potsdam, 18 S.

RUDOLF + BACHER, JESSEL, B. & U-PLAN (2000b): Erfolgskontrolle in der Eingriffsregelung. Gutachten im Auftrag des Ministeriums für Landwirtschaft, Umweltschutz und Raumordnung des Landes Brandenburg (MLUR), Potsdam, 25 S.

RUNDEN, P., SCHEMEL, H.J., LOGEMANN, M., PUSTER, H., MAURER, M., MÜSSIG, B., HOPPENSTEDT, A. & HEROLD, H. (1995): Umweltqualitätsziele für die ökologische Planung. Entwicklung von Umweltqualitätszielen für neun Gemeinden des Landkreises Osnabrück und praxisnahe Konzepte zu deren Umsetzung. Forschungsbericht FKZ 109 01 008/02, im Auftrag des Umweltbundesamtes und von neun Kommunen des Landkreises Osnabrück.

RUNGE, K. (1990): Die Entwicklung der Landschaftsplanung in ihrer Konstitutionsphase 1935–1973. Schr.-R. des Fachbereichs Landschaftsentwicklung der TU Berlin, Nr. 73.

RUNGE, K. (1998): Die Umweltverträglichkeitsuntersuchung. Internationale Entwicklungstendenzen und Planungspraxis. Springer, Berlin/Heidelberg.

RUNKEL, P. (1998): Das neue Raumordnungsgesetz und das Umweltrecht. Natur und Recht, Jg. 20, H. 9, 449–454.

SACHS, I. (1992): Transition Strategies for the 21st century. Nature and Resources 28, 4–17.

SCHALLER, J. (1996): Geografische Informationssysteme – Landschafts- und Umweltinformationssysteme. In: BUCHWALD, K. & ENGELHARDT, W. (Hrsg.): Umweltschutz: Grundlagen und Praxis – Bd. 2: Bewertung und Planung im Umweltschutz. Economica, Bonn, 147–174.

SCHARPF, H. (1998): Tourismus in Großschutzgebieten. – In: BUCHWALD, K. & ENGELHARDT, W. (Hrsg.) Umweltschutz: Grundlagen und Praxis – Band 11: Freizeit, Tourismus und Umwelt. Economica, Bonn, 43–86.

SCHEFFER, F. & SCHACHTSCHABEL, P. (1982): Lehrbuch der Bodenkunde. 11. neu bearb. Aufl., Enke Verlag, Stuttgart.

SCHEIBE, A. (1999): Über die Attraktivität von Straßenbeleuchtungen auf Insekten aus nahe gelegenen Gewässern unter Berücksichtigung unterschiedlicher UV-Emission der Lampen. Natur und Landschaft 4/99, 140–146.

SCHEMEL, H.-J. (1976): Zur Theorie der differenzierten Bodennutzung: Probleme und Möglichkeiten einer ökologisch fundierten Raumordnung. Landschaft und Stadt 8, 159–166.

SCHEMEL, H.-J. (1998): Der Mensch in seinen Nutzungsansprüchen und in seiner Schutzbedürftigkeit im Rahmen der Umweltvorsorge. UVP-report 2+3/98, 135–137.

SCHEMEL, H.-J. & JESSEL, B. (2001): Abwägung in der Bauleitplanung. Eine Diskussion der gängigen Praxis des „Wegwägens". Naturschutz und Landschaftsplanung 33, H. 4, 118–121.

SCHENK, W., FEHN, K. & DENECKE, D. (Hrsg.): Kulturlandschaftspflege. Beiträge der Geographie zur räumlichen Planung. Borntraeger, Berlin/Stuttgart.

SCHERZINGER, W. (1996): Naturschutz im Wald. Qualitätsziele einer dynamischen Entwicklung. Ulmer, Stuttgart.

SCHERZINGER, W. (1997): Tun oder unterlassen? Aspekte des Prozessschutzes und Bedeutung des „Nichts-Tuns" im Naturschutz. Bayer. Akad. Natursch. Landschaftspfl., Laufener Seminarbeitr. 1/97, 31–44.

SCHLUMPRECHT, H. & VÖLKL, W. (1992): Der Erfassungsgrad zoologisch wertvoller Lebensräume bei vegetationskundlichen Kartierungen. Natur und Landschaft, H. 1, 3–7.

SCHMID, W.A. & HERSPERGER, A.M. (1995): Ökologische Planung und Umweltverträglichkeitsprüfung. Lehrmittel für Orts-, Regional- und Landesplanung, vdf Hochschulverlag, Zürich.

SCHOBER, H. M. & NARR, D. (1993): Umweltverträglichkeitsstudie A 94 München-Mühldorf-Simbach. Streckenabschnitt Rattenkirchen-Alzgern. Erarbeitet im Auftrag der Autobahndirektion Südbayern, unveröff. Gutachten.

SCHOBRANSKY, A. (1997): Erstellung eines Muster-Landschaftspflegerischen Begleitplanes für die Steine – Erden – Industrie im Freistaat Sachsen. Diplomarbeit am Fachbereich Landschaftsarchitektur der Fachhochschule Erfurt.

SCHOLLE, B. (1996): Fachliche und rechtliche Integration des Kulturgüterschutzes in der UVP. In: Landschaftsverband Rheinland (Hrsg.) Kulturgüterschutz in der Umweltverträglichkeitsprüfung. Beiträge zur Landesentwicklung 53, Rheinland Verlag, Köln, 11–20.

SCHOLLES, F. (1997): Abschätzen, Einschätzen und Bewerten in der UVP. Weiterentwicklung der Ökologischen Risikoanalyse vor dem Hintergrund der neueren Rechtslage und des Einsatzes rechnergestützter Werkzeuge. Dortmunder Vertrieb für Bau- und Planungsliteratur, UVP spezial 13.

SCHOLLES, F. (1999): Grundlagen und Aufbau von Geo-Informationssystemen. UVP-report 4/99, 176–180.

SCHRAPS, W.G. & SCHREY, H.P. (1997): Schutzwürdige Böden in Nordrhein-Westfalen. Zeitschrift für Pflanzenernährung und Bodenkunde, 160, 407–412.

SCHRETZENMAYR, M. (1996): Was führt zum Scheitern raumplanerischer Konzepte? Raumforschung und Raumordnung, H. 6, 397–410.

SCHWENNINGER, H.R. & WOLF-SCHWENNINGER, K. (1998): Naturschutzorientierte Umgestaltung von Straßenbegleitgrün. Natur und Landschaft 73 (9), 286–392.

SCHWERTMANN, U., VOGL, W. & KAINZ, M. (1987): Bodenerosion durch Wasser. Ulmer Verlag, Stuttgart.

SELLE, K. (1996): Was ist bloß mit der Planung los? Erkundungen auf dem Weg zum kooperativen Handeln. 2., durchges. Aufl., Dortmund.

SELLNOW. R. (1999): Verhandlungsführung und Mediation – Einsatz für den Naturschutz. Teilnehmermaterial für den Lehrgang an der Bayerischen Akademie für Naturschutz und Landschaftspflege (ANL) vom 10. – 12. März 1999 in Laufen.

SPIKA, K. (1993): Entwicklungspotenzial und Chancen des Sanften Tourismus in strukturschwachen Räumen – dargestellt am Beispiel Neukirchen beim Heiligen Blut im Bayerischen Wald. Diplomarbeit am FB Wirtschaftswissenschaften der Gesamthochschule-Universität Kassel.

SPITTHÖVER, M. (1982): Freiraumansprüche und Freiraumbedarf. München.

SPLETT, G. (1999): Erfolgskontrollen im Naturschutz. Entwicklung einer Evaluationsstrategie für großflächige, integrative Naturschutzprojekte und ihre Erprobung am Beispiel des PLENUM-Modellprojekts Isny/Leutkirch. Karlsruher Schriften zur Geographie und Geoökologie, Bd. 8.

SPORBECK, O., BALLA, S. , BORKENHAGEN, J. & MÜLLER-PFANNENSTIEL, K. (1997): Die Berücksichtigung von Wechselwirkungen in Umweltverträglichkeitsstudien zu Bundesfernstraßen. Forschungsgesellschaft für Straßen- und Verkehrswesen e.V. (Hrsg.), Forschungsarbeiten aus dem Straßen- und Verkehrswesen, H. 106, Köln.

SRU (= Rat von Sachverständigen für Umweltfragen) (1985): Sondergutachten Umweltprobleme der Landwirtschaft. Stuttgart: Kohlhammer Verlag.

SRU (1974): Umweltgutachten 1974. Kohlhammer Verlag, Stuttgart.

SRU (1994): Umweltgutachten 1994. Für eine dauerhaft-umweltgerechte Entwicklung. Metzler-Poeschel, Stuttgart.

SRU (1996): Umweltgutachten 1996. Zur Umsetzung einer dauerhaft-umweltgerechten Entwicklung. Metzler-Poeschel, Stuttgart.

SRU (1998): Umweltgutachten 1998. Metzler-Poeschel, Stuttgart.

SRU (1999): Sondergutachten Umwelt und Gesundheit. Metzler-Poeschel, Stuttgart.

STACHOWIAK, H. (1970): Grundriss der Planungstheorie. Kommunikation 1, Vol. VI, 1–18.

STACHOWIAK, H. (1973): Allgemeine Modelltheorie. Springer, Wien/New York.

Stadt Dortmund (1995): Umweltqualitätsziele zur Freiraumentwicklung in Dortmund. Konzept des Planungsbüros Grünplan. Stand: 17.02.95.

Stadt Herne (1993): Modellprojekt Herne: Ökologische Stadt der Zukunft. Zwischenbericht der Projektgruppe. Stand: 15.10.93.

STEINGRUBE, W. (1998): Quantitative Erfassung, Analyse und Darstellung des Ist-Zustandes. In: ARL (Hrsg.) Methoden und Instrumente räumlicher Planung. Hannover, 67–94.

STEIOF, K. (1996): Verkehrsbegleitendes Grün als Todesfalle für Vögel. Natur und Landschaft 12/96, 527–532.

STILLER, B. (2001): Warum werden Windkraftanlagen immer höher? Mitschrift eines Vortrages gehalten am 14.05.2001 in Lebus.

STMLU (Bayerisches Staatsministerium für Landesentwicklung und Umweltfragen, Hrsg.) (1996): Leitfaden zur Fortentwicklung des gemeindlichen Landschaftsplans als Teil des Flächennutzungsplans in Bayern. Akad.Natursch.Landschaftspfl. (ANL), Laufener Seminarbeitr. 6/96, 113–136.

STOCK, M. et al. (1994): Der Begriff Störung in naturschutzorientierter Forschung: ein Diskussionsbeitrag aus ornithologischer Sicht. Zeitschrift für Ökologie und Naturschutz, (3), 49–57.

STRÖKER, E. (1977): Einführung in die Wissenschaftstheorie. 2. Aufl., Nymphenburger Verlagshandlung, München.

STÜBER, U. (1993): Die Zooindikation als Bewertungsinstrument innerhalb der Bauleitplanung, dargestellt am Beispiel des Landespflegerischen Planungsbeitrages nach § 17 LPflG Rheinland-Pfalz. Natur und Landschaft 68, (1), 8–11.

SUKOPP, H., HÜBLER, K.-H., KIEMSTEDT, H., MÖHLER, G., SCHLICHTER, O. & WINKELBRANDT, A. (1985): Umweltverträglichkeitsprüfung für raumbezogene Planungen und Vorhaben. Schriftenreihe des Bundesministers für Ernährung, Landwirtschaft und Forsten, Reihe A: Angewandte Wissenschaft, H. 313, Landwirtschaftsverlag Münster-Hiltrup.

SUKOPP, H. & WITTIG, R. (Hrsg.) (1998): Stadtökologie. 2., überarb. u. ergänzte Auflage, Fischer Verlag, Stuttgart.

TÄUBNER, T. (1998): Entwicklung von Flora und Vegetation des ehemaligen Panzerübungsgeländes im Naturschutzgebiet Lüneburger Heide. Natur und Landschaft 73/95, H. 12, 523–530.

TENT, L. (2001): Landnutzung und Gewässerunterhaltung heute: Gefährdung von Programmen wie LACHS 2000/2020. Wasser & Boden 53, (5), 25–30.

THIENEMANN, A. (1941): Vom Wesen der Ökologie. Biologia Generalis, Bd. 15, Wien, 312–331.

Thüringer Ministerium für Umwelt und Landesplanung (Hrsg.) (1994): Leitfaden Umweltverträglichkeitsprüfung und Eingriffsregelung in Thüringen. Anhang II: Arbeitshilfen, Materialien, Erfurt.

TOBIAS, K. & KAHL, M. (2001): Die Strategische Umweltprüfung SUP. Garten + Landschaft, H. 01/2001, 12–15.

TRÄNKLE, U. & BEIẞWENGER, TH. (1999): Naturschutz in Steinbrüchen – Naturschutz, Sukzession, Management. Schriftenreihe der Umweltberatung im ISTE Baden-Württemberg. Band 1. 83 S.

TRÄNKLE, U. & BÖCKER, R. (2001): Rekultivierung und Renaturierung von Steinbrüchen und Kiesgruben. GR 53 (9).

TRÄNKLE, U., POSCHLOD, P. & KOHLER, A. (1992): Steinbrüche und Naturschutz: vegetationskundliche Grundlagen zur Schaffung von Entwicklungskonzepten in Materialentnahmestellen am Beispiel von Steinbrüchen. Veröffentlichungen Projekt »Angewandte Ökologie«. Landesanstalt für Umweltschutz Baden-Württemberg, Karlsruhe 4. 133 S.

TRAUTNER, J. (Hrsg.) (1992): Methodische Standards zur Erfassung von Tierartengruppen. Berufsverband der Landschaftsökologen Baden-Württemberg (= Ökologie in Forschung und Anwendung, Heft 5), Margraf Verlag, Weikersheim.

TREPL, L. (1995): Die Diversitäts-Stabilitäts-Diskussion in der Ökologie. Berichte der ANL, Beiheft 12, 35–49.

TRILLER, R. (1994): Vorläufiger Leitfaden zu den Zielen sowie den Mindestinhalten der Landschaftsplanung auf Kreisebene in Thüringen. Eine Arbeitshilfe für die Naturschutzbehörden in Thüringen, Stand 28.04.1994. Im Auftrag des Thüringer Ministeriums für Umwelt und Landesplanung.

TROLL, C. (1973): Landschaftsökologie als geographisch-synoptische Naturbetrachtung. In: PAFFEN, K. (Hrsg.): Das Wesen der Landschaft. Wege der Forschung Bd. XXXIX, Wissenschaftl. Buchgesellschaft, Darmstadt, 252–267.

UBA (Umweltbundesamt, Hrsg., 2000): Ziele für die Umwelt – Eine Bestandsaufnahme. Beiträge zur nachhaltigen Entwicklung, Erich Schmidt, Berlin.

Umweltbehörde Hamburg (Hrsg.) (1999): Kurzfassung des Gutachtens „Funktionale Bewertung von Böden bei großmaßstäbigen Planungsprozessen." Vorgelegt von GRÖNGRÖFT, A., HOCHFELD, B. & MIEHLICH, G., Universität Hamburg, Institut für Bodenkunde.

Umweltministerium Baden-Württemberg (1995): Bewertung von Böden nach ihrer Leistungsfähigkeit. Leitfaden für Planungs- und Gestattungsverfahren. UM 20/95, Stuttgart.

UNGER, H.-J. (1998): Differenzierte Landnutzung aus landwirtschaftlicher und agrarökologischer Perspektive: Ausstattung mit extensiv oder nicht genutzten Flächen – Status quo und Zielvorstellungen aus agrarökologischer Sicht. Berichte der ANL 22, 99–105.

USHER, M. B. & ERZ, W. (1994): Erfassen und Bewerten im Naturschutz. Quelle und Meyer, Heidelberg.

UVP-Förderverein (Hrsg.) (1995): Aufstellung kommunaler Umweltqualitätsziele. Anforderungen und Empfehlungen zu Inhalten und Verfahrensweisen. Dortmund.

UVP-Report (1999): Verkehr nimmt immer weiter zu. UVP-report 5/99, 5.

VAN ELSEN, T. & DANIEL, G. (2000): Naturschutz praktisch. Ein Handbuch für den ökologischen Landbau. Stiftung Ökologie und Landbau, Bioland Verlags GmbH, Mainz.

VAN ELSEN, T. (1998): Ökologischer Landbau – eine Perspektive für die Artenvielfalt der Kulturlandschaft. In: Thüringer Minister für Landwirtschaft, Naturschutz und Umwelt (Hrsg.) Einfluss der Großflächenlandwirtschaft auf die Flora, Selbstverlag, Erfurt, 38–45.

VESTER, F. & HESLER, A. (1980): Sensitivitätsmodell. 2. Aufl., Umlandverband Frankfurt (Hrsg.), im Auftrag des Umweltbundesamtes, Frankfurt/M.

VOGEL, B. & ROTHHAUPT, G. (1998): Schnellprognose der Überlebensaussichten von Zielarten. Bayer. Akad. Natursch. Landschaftspfl. (Hrsg.): Zielarten, Leitarten, Indikatorarten – Aussagekraft und Relevanz für die praktische Naturschutzarbeit. Laufener Seminarbeitr. 8/98, 109–119.

VOGEL, K., VOGEL, B., ROTHHAUPT, G. & GOTTSCHALK, E. (1996): Einsatz von Zielarten im Naturschutz: Auswahl der Arten, Methode von Populationsgefährdungsanalyse und Schnellprognose. Umsetzung in der Praxis. Naturschutz und Landschaftsplanung 28, H. 6, 179–184.

VOLK, H. (1998): Chancen für den Naturschutz bei der Umsetzung des Modells der differenzierten Landnutzung in den Wäldern. Berichte der ANL 22. 89–98.

VORHOLZ, F. (2001): Fischhäckselmaschinen. Die Zeit 25/2000, Ausgabe vom 13. Juni 2001, 23.

VUBD (Vereinigung umweltwissenschaftlicher Berufsverbände Deutschlands (Hrsg.) (1994): Handbuch landschaftsökologischer Leistungen. Erlangen.

VWF (= Verband Weihenstephaner Forst-Ingenieure) (1998): Waldbau – Positionspapier. Selbstverlag, St. Oswald.

WÄCHTLER, J. (1992): Leistungsfähigkeit von Wirkungsprognosen in Umweltplanungen – am Beispiel der Umweltverträglichkeitsprüfung. Werkstattberichte des Instituts für Landschaftsökonomie 41, Berlin.

WALTER, R., RECK, H., KAULE, G., LÄMMLE, M., OSINSKI, E. & HEINL, T. (1998): Regionalisierte Qualitätsziele, Standards und Indikatoren für die Belange des Arten- und Biotopschutzes in Baden-Württemberg. Das Zielartenkonzept – ein Beitrag zum Landschaftsprogramm des Landes Baden-Württemberg. Natur und Landschaft 73, H. 1, 9–25.

WEIGER, H. & WILLER, H. (Hrsg., 1997): Naturschutz durch ökologischen Landbau. Ökologische Konzepte 95. Deukalion Verlag, Holm.

WEIHRICH, D. (1999): Rechtliche und naturschutzfachliche Anforderungen an die Verträglichkeitsprüfung nach § 19c BNatSchG. DVBl 15. Dez. 1999, 1697–1704.

WEISS, J. (1996): Landesweite Effizienzkontrollen in Naturschutz und Landschaftspflege. LÖBF-Mitteilungen 2/96, 11–16.

WERNER, A. & DABBERT, S. (Hrsg.) (1993): Bewertung von Standortpotenzialen im ländlichen Raum des Landes Brandenburg. ZALF-Berichte Nr. 4/1 des Zentrums für Agrarlandschafts- und Landnutzungsforschung ZALF e.V., Müncheberg.

WEY (1994): Effizienzkontrollen bei Naturschutzgroßprojekten des Bundes. Schr.-R. f. Landschaftspflege und Naturschutz, H. 40, 187–197.

WHO (= World Health Organization) (1987): Air Quality Guidelines for Europe. – WHO Regional Publications, European Series No. 23, Copenhagen.

WILLECKE, S., ROHNER, M.-S., BACK, H.-E. & SÖNTGEN, M. (1996): Verbesserung des Naturschutzes auf militärischen Liegenschaften – mit Beispielen aus der Modelluntersuchung des Truppenübungsplatzes Baumholder. Natur und Landschaft 71/95, H. 12, 517–526.

WÖBSE, H.-H. (1994): Schutz historischer Kulturlandschaften. Beitrag zur räumlichen Planung (Schriftenreihe des Fachbereichs Landschaftsarchitektur und Umweltentwicklung der Universität Hannover), H. 37.

WOHLRAB, B., EHLERS, M., GÜNEWIG, D. & SÖHNGEN, H.-H. (1995): Oberflächennahe Rohstoffe – Abbau, Gewinnung, Folgenutzung. G. Fischer, Jena.

WOHLRAB, B., ERNSTBERGER, H., MEUSER, A. & SOKOLLEK, V. (1992): Landschaftswasserhaushalt. Parey, Hamburg.

WÜST, A. & SCHERFOSE, V. (1998): Richtlinien für Pflege- und Entwicklungspläne. Naturschutz und Landschaftsplanung 30 (3), 81–88.

ZEHLIUS-ECKERT, W. (1998): Arten als Indikatoren in der Naturschutz- und Landschaftsplanung – Definitionen, Anwendungsbestimmungen und Einsatz von Arten als Bewertungsindikatoren. In: Bayerische Akademie für Naturschutz und Landschaftspflege: Zielarten, Leitarten, Indikatorarten – Aussagekraft und Relevanz für die praktische Naturschutzarbeit. Laufener Seminarbeiträge 8/98, 9–32.

ZEIDLER, K. (2001): Erfolgskontrolle landschaftspflegerischer Maßnahmen. Konzept zur Funktionskontrolle. Unveröff. Konzeptpapier.

ZSCHALICH, A. & JESSEL, B. (2001): Lärm, Landschaftsbild und Erholung. In: Bundesamt für Naturschutz (Hrsg.) Reihe Angewandte Landschaftsökologie, H. 44, Bonn – Bad Godesberg, 115–124.

Sachregister

OLIVER LILIENTHAL

Endlich Stille
in meinem Kopf

Eine humorvolle Erzählung über die Verwandlung von
Gedanken & Gefühlen

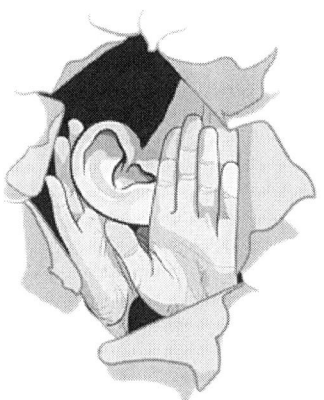

Source Code Verlag

Bibliografische Informationen der deutschen National-bibliothek

Die Deutsche Nationalbibliothek verzeichnet diese Publikation
In der Deutschen Nationalbibliographie; detaillierte Daten sind
im Internet abrufbar über: https://portal.dnb.de

Endlich Stille in meinem Kopf – Eine humorvolle Geschichte über die Verwandlung von Gedanken & Gefühlen

1. Auflage 2021
Alle Rechte vorbehalten

ISBN-13: 978-3-949118-11-1

Der Autor Oliver Lilienthal
wird vertreten durch:

Source Code Verlag
Robert Dominic Hülsmeyer
Geisinger Str. 37
78166 Donaueschingen

info@source-code-institut.com
https://www.source-code-institut.com

Mitwirkende:
Robert Dominic Hülsmeyer

„*Es sind die stillen Momente,*
die uns das Schöne
in allem erkennen lassen."

Oliver Lilienthal

Inhaltsverzeichnis

Über den Autor

Oliver Lilienthal, geboren 1964, ist seit über zwanzig Jahren Coach und Mentaltrainer.

Auf seiner drei Monate dauernden und 1800 Kilometer weiten Pilgerreise von Frankreich nach Santiago de Compostela in Spanien kam die erste Idee, ein Buch zu schreiben. Das Verwandeln von Gedanken und Gefühlen wurde auf dieser langen Reise zu Fuß ein zentrales Thema.

In seinem Buch „Endlich Stille in meinem Kopf" zeigt er auf seine humorvolle Art den Umgang mit Gedanken und Gefühlen mitten im Alltag.

www.oliver-lilienthal.de

Widmung

Ich widme dieses Buch meinen tollen Kindern:

Salome Lilienthal
Diandra Lilienthal
Moses Lilienthal
Raphael Lilienthal

Mein Geschenk an Dich

Eine geführte Meditation zum kostenlosen Downloaden!

Wir Menschen verlieren unsere Aufmerksamkeit schnell in den ständig auf uns einströmenden digitalen Informationsfluten. Hierbei ist es umso wichtiger, regelmäßig innezuhalten und zur Ruhe zu kommen, um dann den Anforderungen im Außen entspannter zu begegnen. Meine geführte Entspannungsmeditation stärkt das emotionale Gleichgewicht und dadurch wirst Du Dich im Körper vitaler und im Geist ausgeglichener fühlen. Du hast die Möglichkeit, diese Entspannungsmeditation kostenlos als mp3 Musikdatei auf meiner Internetseite runterzuladen.

www.oliver-lilienthal.de/meditation

Bei Fragen stehe ich Dir auch gerne als Coach und Mentaltrainer zur Verfügung. Und nun viel Spaß und Freude beim Lesen meines Buches.

1. Lady in Red

„**B**ist du bereit?", hallt es durchs Zimmer. Erschrocken sitze ich kerzengerade in meinem Bett. Mein Herz hämmert, ich schaue im Zimmer herum, aber da ist niemand. Nur Stille um mich. Ich bin mir ganz sicher, da hat gerade einer laut gesprochen. Und jetzt - Leere in meinem Kopf. Ein Blick auf meinen Wecker: 8:32 Uhr. Es ist Sonntag, der 5. Juli, 8:32 Uhr. Verschlafen murmele ich vor mich hin:

„Was war das und was heißt, bist du bereit?" An einen Traum erinnere ich mich nicht. Dieser Sonntagmorgen ist irgendwie anders. Morgen beginnt mein Urlaub auf Balkonien und ich freue mich auf jede Menge Zeit für jede Menge Nichts. Ich gehe ins Bad und ertappe mich dabei, wie ich mich eine Weile im Spiegel anstarre. Kreise mit meinen Augen hin und her, aber die Augen im Spiegel schauen starr.

„Ein magisches Spiel", denke ich. Schade, dass mein Spiegelbild nicht auf kluge Fragen antwortet. Es wird gesagt, die Augen sind das Tor zur Seele. Ob ich durch den Spiegel meine Seele erkenne? Und erfahre, wer ich wirklich bin?

„Schluss mit dem Blödsinn", höre ich mich sagen. Ich öffne den Wasserhahn und wasche mir das Gesicht mit kaltem Wasser. Mein morgendliches Pflegeprogramm läuft auf Knopfdruck an. Wie in einer Autowaschstraße: Programm 1, Basiswäsche, nur Waschen und Trocknen. Für Programm 8, Intensiv, ist keine Zeit. Oder ehrlich gesagt, ich habe keinen Bock darauf.

Zurück im Schlafzimmer öffne ich das Fenster und nehme einen nicht endenden Atemzug. Die Luft fühlt sich frisch und kühl in meinem Körper an. Ruhe und Intensität umgeben mich. Wie angewurzelt bleibe ich am Fenster stehen und bekomme nicht genug von dieser morgendlichen Frische.

„Wow, dieser Tag ist mein Tag", denke ich. Ich fühle mich lebendig und gleichzeitig innerlich still. Kein normaler Morgen an diesem Sonntag. Vor dem Frühstück entscheide ich mich, joggen zu gehen. Nein:

„Joggen zu laufen, muss das doch heißen", verbessere ich mich. Schnell schlüpfe ich in meine Sportsachen. Nicht weit von meiner Wohnung beginnt ein ausgedehntes Waldgebiet mit einem wunderschönen Waldsee.

Beim Joggen über den Bürgersteig spüre ich einen starken Sog in Richtung Wald. Normalerweise kämpfe ich die ersten zehn Minuten beim Joggen mit meinem inneren Schweinehund und an manchen Tagen, wenn es richtig, richtig schlecht läuft, dann mit einem Rudel von Schweinehunden. Aber heute läuft es wie geschmiert. Beim Laufen spüre ich meine Füße, Beine und Hüften, wie ein Uhrwerk läuft's rund und dynamisch. Ich freue mich über meinen Körper.

„Gehöre doch nicht zum alten Eisen", denke ich erfreut. Und da ist diese Frage wieder: Bist du bereit?

„Bist du bereit?", wiederhole ich innerlich immer wieder. Genervt spricht es laut aus mir raus:

„Wofür?" Ein Fußgänger auf der gegenüber liegender Straßenseite schaut mich erstaunt an. Peinlich, wenn ich

14

mein Mundwerk nicht mehr unter Kontrolle habe. Anzeichen von einer Selbstgespräch Psychose?

Am Waldrand angekommen spüre ich den weichen Waldboden unter meinen Füßen. Wie Watte fühlt sich der Boden an. Immer wieder kreist die Frage in meinem Kopf: Bist du bereit? Ich lenke mich ab und richte meine Aufmerksamkeit auf mein Ein- und Ausatmen, es hilft kurz. Wie ein nicht endender Ohrwurm kreist diese Frage in meinem Kopf hin und her. Es steigert sich endlos, mein Kopf scheint förmlich zu platzen. Dann brüllt es aus mir raus:

„Ja, ich bin bereit!" Und mir ist gerade scheißegal, ob irgendeiner mein Brüllen hört. Wie ein Befreiungsschlag fühlt es sich in meinem Kopf an. Was geschieht mit mir? Wieder plötzliche Stille in mir und um mich herum, als wenn einer die Tonspur eines Filmes ausschaltet. Ich bleibe stehen – nichts als Stille.

„Hallo", sage ich leise, um zu überprüfen, ob ich vielleicht Opfer eines Hörsturzes bin. Nein, alles normal. Ich gehe weiter und da ist er wieder, dieser Sog nach vorne und ich jogge weiter. Leicht und beflügelt fühle ich mich jetzt. So lebendig, als ob ich über den Waldboden gleite. Einfach traumhaft sportlich. Eine lästige Stimme in meinem Kopf ertönt:

„Erwähnte ich schon, dass du zu dick bist?" Diese Aussage holt mich auf dem Boden der Tatsachen zurück. Egal, wenn's läuft, dann läuft's. Mein Sonntag! Acht Kilo hin oder acht Kilo mehr. Ich biege links zum Waldsee ab und genieße meinen coolen Körper. Manchmal stelle ich mir beim Joggen vor, dass Menschen am Wegrand stehen und mir zujubeln, genau genommen eigentlich nur weibliche Menschen. In der Ferne sehe ich den verträumten See, umgeben von großen Bäumen und blühenden Büschen. Schade, dass man in diesem grün schimmernden Nass nicht schwimmen darf. Meine Lieblingsbank taucht in der Ferne auf. Ich sehe von weitem, dass sie besetzt ist. Ich jogge näher und da sitzt eine Frau mit einem schimmernden roten Kleid.

„Ein wenig gewagt", denke ich, während ich auf die Bank zu jogge. Wow, wunderhübsch und sexy.

„Ruhig Brauner", sage ich zu mir.

„Erst der Sport und dann das Vergnügen".

„Ach, was für ein Blödsinn", unterbreche ich mich. Ein passender Grund für eine Pause. Bauch rein, Brust raus und eine schnelle Achselhöhlen-Geruchsprüfung, alles im grünen Bereich. Kurz vor dem rot schimmernden Kleid will ich mein Lauftempo drosseln. Ich sehe Rot! Was ist jetzt los? Mein Körper lässt sich nicht ausbremsen und er läuft einfach weiter! Ich höre mich innerlich schreien:

„Stopp, anhalten!" Mein Körper läuft weiter, doch ich sitze gedanklich schon auf der Bank, gespalten von meinem Körper. Auf der Bank sitzend rufe ich meinem Körper hinterher:

„Hallo, wo willst du hin?" Und ‚Er gehört zu mir …', schießt der Schlager durch mein Hirn. Eine scharfe Rechtskurve und er, also mein Körper, hält an. Ich brülle innerlich:

„Du Depp, du Vollidiot, du Blödmann, du verpasst gerade die Abfahrt". Ich fasse es nicht, das wäre mein

Sonntagshauptgewinn gewesen!

„Du Vollpfosten!", rufe ich laut aus. Vor Wut trete ich in einen Laubhaufen. Ich muss pinkeln und stelle mir vor, wie ich als Rüde die Stelle um die Bank markiere, damit sich bloß kein anderer Mann neben diese sexy Frau setzt. Ich verscheuche die absurden Bilder in meinem Kopf.

„Lauf doch zurück", denke ich. Aber wie soll das bitte schön auf diese Frau wirken? Ein Jogger, der sich verläuft oder ein Spanner verkleidet als Jogger, der hin und her läuft? Kurzerhand entscheide ich, dass ich heute nur sechs Kilometer laufen will und sich die Drei-Kilometer-Markierung genau hier befindet, wo ich jetzt stehe. Exakt drei Kilometer hin und drei Kilometer zurück, lüge ich mir in die Tasche und kehre um. Ich erreiche mit klopfendem Herz die Bank und will fragen, ob ich … Erschrocken halte ich inne.

„Warum sitzt jetzt eine ältere Frau im roten Kleid dort?", frage ich mich innerlich. Wie unter Hypnose spricht es aus mir heraus:

„Darf ich mich setzen, gnädige Frau?" ‚Gnädige Frau' ist überhaupt nicht mein Sprachjargon und total altbacken. Sie lacht und sagt:

„Ja gerne, ich liebe Gesellschaft."
Stille
Sie unterbricht die Stille und sagt mit einer warmherzigen Stimme:

„Ich habe auf dich gewartet, Johannes." Mir stockt der Atem. Stotternd frage ich:

„Wo, wo, woher kennen Sie meinen Namen?"
Sie sagt liebevoll:

„Das ist eine längere Geschichte". Ich will fragen, ob hier gerade nicht eine junge, sexy Frau saß, aber ich beiße mir lieber auf die Lippen.

„Was passiert hier", denke ich. Sie schaut zu mir. Steht jetzt sexy Frau auf meiner Stirn oder warum schaut sie zu mir? Mein Gesicht nimmt gleichzeitig die Farbe ihres Kleides an. Sie lacht herzlich, aber es wirkt nicht ironisch, eher mir zugewandt. Irgendwoher kenne ich sie - oder nicht? Als mein Gesicht sich langsam vom Rot verabschiedet, frage ich sie überspielt witzig und locker:

„Haben sie sich gerade verwandelt? Es ist keine fünf Minuten her, da saß hier eine jüngere Frau." Sexy, lasse ich weg. Sie schaut mich fragend an. Alles in mir dreht sich. Das ist ein Traum, eine Fantasie, eine Fata Morgana, das Ende, ich bin verrückt! Und ich sehe mich schon abgeführt in einer Zwangsjacke. Ich will aufstehen und weiter joggen. Mein Körper gehorcht mir aber nicht. Schluss mit lustig! Ich schlage mir heftig auf die Beine.

„Aufwachen!", rufe ich. Eindeutig eine Unterzuckerung. Kein Frühstück und in der Frühe Joggen wie ein Jüngling, da kann dieser alte Körper nur versagen. Ich sage:

„Das ist doch jetzt ein schlechter Traum hier, oder?"

„Oder dein Unterbewusstsein spielt dir gerade einen Streich", gibt sie zurück.

„Hast du heute schon genug getrunken?", fragt sie mich.

„Eindeutig nicht", antworte ich unsicher. Sie holt aus ihrem Beutel eine Wasserflasche, schraubt sie auf und reicht sie mir. Ich nehme sie dankend an und trinke einen großen Schluck. Meine Beine lassen sich wieder bewegen.

„Schön, dass wir wieder ein Team sind", sage ich trotzig zu ihnen, diesen Beinen da unten.

„Johannes, egal was das hier gerade ist, vertraue mir bitte, du wirst es später verstehen." Sie nimmt vorsichtig meine Hand und es schießt eine Wärme und Verbundenheit durch meinen Körper.

„Komm mit mir, ich möchte dir etwas zeigen."

„Gerne, aber dieser Körper will nicht so wie ich möchte. Falls es überhaupt noch mein eigener Körper ist", schießt es raus.

„Komm, Johannes", lädt sie mich liebevoll ein und steht mit der Geschmeidigkeit einer Katze auf. Sie geht voraus. Die Sonne steht hoch und wärmt mich bedingungslos. Die Zeit fliegt nur so dahin. Da ist wieder dieser Sog nach vorne. Ich spüre eine Leichtigkeit und Dynamik in meinem Körper. So surreal diese Situation gerade ist, es geht mir gut und ich könnte dieser Frau stundenlang folgen. Ich gebe ihr den Namen Lady in Red. Lieben Gruß an Chris de Burgh. Wie strahlend die Farben um mich herum sind und wie intensiv die Gerüche. Die Vögel zwitschern nur für mich und wie schön alles duftet.

Da überfällt mich der Gedanke: Das Wasser in der Flasche war mit einem Zauberelixier versetzt, sie ist in Wirklichkeit eine Hexe und ich Depp falle auf einen uralten Trick herein. Herzlichen Glückwunsch, Johannes! Sämtliche Märchen mit Hexen schießen mir durch den Kopf. Wie oft warnte mich als Kind meine Mutter, ich solle

weglaufen, wenn mir ein fremder Mann Süßigkeiten an-
bietet. Meine Mutter erwähnte in diesem Zusammenhang
aber nie, wie es denn bei einer fremden Frau wäre. Sind
Frauen von Natur aus nicht böse? Ich reibe mir mein Gesicht und schüttele meinen Kopf.

„Was unser Verstand für einen Blödsinn projiziert",
denke ich und laufe frohen Mutes weiter. Was für ein
schöner Tag, ich vertraue Lady in Red.

Wir kommen an eine Anhöhe und oben steht ein im-
posantes weißes Haus. Also alles andere als ein Hexen-
häuschen.

„Johannes, hier wohne ich mit meinem Mann", spricht
sie, als wir ankommen.

„Woher kennt sie meinen Namen?", drängt sich wieder die Frage auf. Wir gehen auf die einladende Terrasse
und setzen uns in die bunten Polster. Welch ein Ausblick!
Ich muss blinzeln, weil mir die Sonne direkt ins Gesicht
scheint. Dieser Platz hat eine magische und irgendwie
spirituelle Ausstrahlung und lädt ein zum Entspannen
und Nachsinnen. Lady in Red steht auf mit den Worten:

„Ich hole uns jetzt erst mal etwas zu Trinken. Kaffee
oder Tee?"

„Einen Kaffee", klingt es wie die Erlösung aus meinem Mund.

„Sehr gerne", antwortet Lady in Red. Ich stehe auf und
schaue mich derweil um. Um die Ecke sehe ich einen blau
schimmernden Swimmingpool. Ich bin fassungslos und
fühl mich in meine Kindheit zurückversetzt. Ich schüttle
diese Bilder schnell wieder ab. Dann ertappe ich mich,

wie ich nach einem Porsche Cayenne Ausschau halte, so nach dem Motto, welches Klischee wird denn hier erfüllt?

„War das jetzt ein Vorurteil oder Neid", höre ich mich selbst fragen. Der Platz verwandelt sich jetzt in Oberflächlichkeit und Egotrip. Weit, weit weg von einem mystischen Platz mit Tiefgang und Spirit.

Ich bemerke gar nicht, dass Lady in Red mich beobachtet. Ich drehe mich um und mir schnürt es den Hals zu, ich schnappe nach Luft. Wenn ich anfällig für Ohnmachtsanfälle wäre, würde ich jetzt auf der Stelle umfallen. Da steht sie wieder, diese junge, sexy Frau von der Bank am Waldsee. Wie in einem Spielfilm reibe ich mir mehrmals die Augen. Und als ich meine Augen wieder öffne, ist sie verschwunden.

„Okay", sage ich mit trockener Stimme, „das hier ist nicht mehr lustig". Ich atme tief durch, denn gerade holt mich eine Form von Vergangenheit ein, der ich lange schon den Rücken zugewandt habe. Alles, was ich bis jetzt an diesem Sonntag erlebt habe, erscheint plötzlich in einem anderen Licht.

„Es ist nicht alles immer so, wie es scheint", höre ich eine Stimme in mir. Ich fühle mich zeitversetzt, als ob etwas in mir sich erinnert, aber woran? Plötzlich, wie aus dem Nichts, treffen mich Gefühle wie ein Hammerschlag in der Magengegend. Ich will diese Gefühle nicht, die jetzt in mir aus einer unendlichen Tiefe hoch drängen. Alte Gefühle, die ich in ein sicheres Verlies gesperrt hatte, in meine inneren Katakomben. Vor lauter Panik bekomme ich kaum Luft und setze mich auf den Rasen. Ich hasse diese Bilder und Gefühle, sie gehören definitiv nicht mehr zu mir!

Es war ein Sonntagmorgen. Sonntag, der 5. Juli 1987. Ich stand an unserem Swimmingpool. Jetzt fließen die Tränen unkontrolliert über meine Wangen. Angst steigt in mir auf.

„Was läuft hier jetzt ab?", wehrt es sich in mir. An diesem Morgen hörte mein Herz auf zu schlagen und mein Leben zerbrach in tausend Scherben. Ich fand meine Mutter in ihrem wunderschönen roten Morgenmantel mit dem Gesicht nach unten auf dem Wasser treibend. Jetzt krampft sich alles in mir zusammen und ich will nur noch weg, weg von diesen Gefühlen und Bildern, weg von all diesen alten Erinnerungen, weg von dieser Welt, weg aus diesem Leben. Ich will nicht mehr atmen, nicht mehr fühlen. Da spüre ich eine warme Hand auf meiner Schulter und eine liebevolle Stimme sagt:

„Johannes, du musst es nicht allein tragen." Ich wünschte mir, es wäre meine Mutter gewesen. Dann bricht es aus mir heraus und ich finde mich wie ein kleiner Junge heulend in den Armen dieser Trost schenkenden Frau. Es fühlt sich gut an, aber gleichzeitig schäme ich mich, dass es überhaupt so weit kommen konnte. Tränen waren lange, lange Zeit ein Tabu und ein Ausdruck von Schwäche für mich. Ich spüre eine unendliche Traurigkeit in mir hochsteigen. Und da ist wieder dieser Sog weiterzugehen. Ich suche die Tür aus dieser schmerzhaften Situation.

Plötzlich ruft eine Männerstimme aus der Ferne:

„Hey, der Kaffee wird kalt, Schatz."

Danke! Der erlösende Impuls aufzustehen. Lady in Red reicht mir ein frisches Taschentuch. Dankbar nehme ich es an und putze meine Nase kräftig. Ich schaue verunsichert zu ihr und möchte etwas sagen, aber meine Stimme versagt. Sie drückt mich noch einmal liebevoll und steht dann auf und geht in Richtung Terrasse. Von weitem sehe ich durch meine verquollenen Augen ihren Mann. Stattlich, schlank, graues Haar mit einer blauen Latzhose. Peinlich, peinlich, peinlich! Ich sehe mich, wie ich mit einem Spaten ein Loch unter mir grabe, in dem ich auf der Stelle verschwinde. Einfach weiter graben, bis ich irgendwo rauskomme, bloß weit weg.

Plötzlich regnet es, nur mit dem feinen Unterschied, dass der Regen nicht von oben kommt. Dieses Regenwunder vollbringt der Rasensprenger. Ich werde nass und rette mich schnell auf die Terrasse. Der Mann von Lady in Red entschuldigt sich tausende Male. Er habe gerade den Rasensprenger repariert und jetzt der Schlamassel. Sie reicht mir ein Handtuch und ich komme trocken aus dieser unangenehmen Situation. Ihr Mann geht zum Rasensprenger. Lady in Red lacht plötzlich lauthals auf und zeigt in Richtung ihres Mannes, der tapfer mit dem Rasensprenger kämpft oder besser tanzt. Irgendwie ist eine Schwere von mir abgefallen und ich lache laut mit. Es sieht aber auch lustig aus. ‚Der-mit-dem-Rasensprenger-tanzt' nenne ich ihn, er ist wirklich hartnäckig.

„Na, wir Männer sind halt so", denke ich. Mein Humor kehrt zurück. Danke, ein stetiger Begleiter, in guten Zeiten oder in schlechten Zeiten. Ein Gefühl von so fühlt sich Leichtigkeit und Freiheit an spüre ich in mir hochsteigen. Tränen der Berührtheit laufen. Jetzt bloß nicht schon wieder weinen, ich lenke mich ab und renne auf den Rasen, um zu helfen. Manchmal ist die Lösung, etwas Verrücktes zu tun. Ich rufe ihm zu:

„Dreh die Zuleitung ab!" Er ruft zurück:

„Die ist genau unter dieser Wasserdüse hier."

„Wer hat denn so einen Scheiß konstruiert?", platzt es aus mir raus. Er antwortet:

„Wer wohl", und wir schauen uns an und plötzlich krümmen wir uns vor Lachen. Schnell ziehe ich meine Sportweste aus und werfe sie über die Wasserdüse. Und ab da führt sie ein lebendiges Eigenleben. Die Weste kommt langsam zur Ruhe und liegt platt auf dem Rasen.

„Wie funktioniert das denn?", frage ich mich. Lady in Red kommt mit drei Flaschen Bier zu uns auf den Rasen.

„Na Jungs, habt ihr den Drachen endlich erlegt? Dann stärkt euch besser erstmal, bevor er wieder erwacht." Wir lachen alle und prosten uns zu.

„Und übrigens, ich habe gerade den Hauptwasserhahn abgedreht", spricht sie stolz.

„Danke", sagen wir gleichzeitig.

„Was wären wir Männer ohne die Frauen - auf die Frauen!", proste ich freudig Lady in Red zu. Während wir auf der Terrasse sitzen und uns weiter unterhalten, vergehen die Stunden wie im Flug. Unsere Gespräche drehen sich um Wasserleitungen, Rasensprenger mit einem Eigenleben, Geschichten über Drachen, die wieder auferstehen. Ich weiß nicht, wann ich das letzte Mal so ausgelassen lachte. Am späten Nachmittag verabschieden wir uns herzlich und Der-mit-dem-Rasensprenger-tanzt sagt:

„Johannes, komm doch morgen früh wieder auf einen Kaffee vorbei, wir würden uns sehr freuen."

Komisch, spät im Bett fällt mir erst auf, dass ich die beiden gar nicht nach ihren richtigen Namen gefragt habe.

Erkenntnis des Tages:

Leichtigkeit entsteht, wenn wir uns dem inneren Drachen der Angst stellen.

2. Männerstille

Eine Stimme: „Was willst du wirklich?"
Ich schrecke plötzlich auf, mein T-Shirt ist nass geschwitzt. Wie ein Sturzflug in die Realität sitze ich erschrocken und kerzengerade im Bett.

„Was soll das", fluche ich. Und täglich grüßt das Murmeltier oder was? Erst mal durchatmen! Von mir aus sollten Träume abgeschafft werden, sie sind unnütz und quälend. Punkt! Okay, da gibt es diese erotischen Träume, die sich so echt und verführerisch anfühlen! Aber am Ende des Traumes liegt man wieder allein in seinem Bett. Ich schlendere zum Kaffeeautomaten und schalte ihn ein. Beim Mahlen der Bohnen denke ich:

„Das ist eine der besten Erfindungen. Es war Liebe auf den ersten Blick". Ja, ich liebe ihn, diesen Kaffeevollautomaten. Treu, zuverlässig und er stimmt mich jeden Morgen wach und heiter.

Heute gönne ich mir einen doppelten Espresso. Danke, lieber Automat und ich knie innerlich vor ihm. Ich nehme einen genüsslichen Schluck und schlendere ins Bad. Der aufmerksame Herr im Spiegel fragt mich freundlich:

„Wieder Waschprogramm Basis?" Ich lasse mich überzeugen und sage:

„Ja bitte". Noch ein Schlückchen von dieser köstlichen Bohne, dann schlüpfe ich in meine frischen Sportsachen und ab geht es. Auf der Straße winke ich freundlich meinem Schweinehund zu und motiviere ihn mitzulaufen, aber er bleibt faul liegen, ist auch okay für mich. Mein erster Urlaubstag gefühlt nach Jahren. In der Ferne sehe ich meinen Waldsee und bin gespannt, ob heute meine Bank frei ist.

„Jupp, sie ist frei", rufe ich aus. Mein Waldsee und meine Bank, muss ich innerlich grinsen. Heute drängt mich mein Körper, auf dieser Bank Pause zu machen, aber ich will weiterlaufen, denn der doppelte Espresso verlangt nach Bewegung.

„Du weißt auch nicht, was du willst", spreche ich zu meinem Körper. Okay, der Klügere gibt nach und „Platz" sage ich, wie zu einem Hund. Ich dachte, ich würde jetzt über die gestrige Begegnung auf der Bank nachdenken müssen, ist aber nicht so. Okay, dann vermute ich, sinne ich über den Satz nach, was will ich wirklich? Nein, auch keine Resonanz in meinem Kopf. Dann kann ich ja beruhigt weiterlaufen. Es ist schön, nichts denken zu müssen. Ein ganz neuer Zustand freue ich mich. Mein Kopf ist ruhig, mein Körper hatte seine kurze Pause, alle sind zufrieden und glücklich und ich singe vor mich hin:

„Piep, piep, piep, wir haben uns alle lieb".

Von weitem winkt mir Der-mit-dem-Rasensprenger-tanzt zu. Was für ein vertrautes Willkommen, als ob wir uns schon länger kennen würden.

„Möchtest du einen Kaffee, Johannes?", fragt er mich beim Ankommen.

„Lieber ein Glas Wasser zum Abkühlen."

„Kommt sofort!" Ich frage ihn:

„Wo ist deine Frau?"

„Dolores ist heute unterwegs und kommt erst wieder, wenn der Rasensprenger funktioniert."

„Dolores heißt sie also", denke ich. Er muss selbst über seine Antwort lachen und ich schließe mich an. Wir sitzen und genießen schweigend die Morgensonne. Es ist ein Schweigen, wie ich es nur unter Männern kenne. Ich spüre Dankbarkeit und Frieden in mir.

„Johannes", unterbricht Andreas das Schweigen.

„Ich habe gestern deinen emotionalen Ausflug in deine Vergangenheit gut spüren können", formulierte er sehr achtsam.

„Ich glaube, es ist wichtig, dass wir Männer unsere Gefühle ausdrücken und nicht kompensieren durch höher, weiter und besser."

„Ich möchte dir auch etwas aus meiner Vergangenheit erzählen."

„Ja gerne", sage ich berührt.

„Dolores und ich hatten einen starken Kinderwunsch und nach vielen Versuchen stellte sich heraus, dass ich nicht zeugungsfähig bin. Für mich ist damals meine Männerwelt zusammengebrochen. Mich selbst für eine solche Niederlage zu innerlich foltern war eine Sache, aber meiner Liebsten ihren tiefsten Wunsch nicht erfüllen zu können, brach mir mein Herz." Andreas ist tief gerührt und darum schweige ich. Eine Weile sitzen wir da. Ich unterbreche das Schweigen und sage:

„Danke für deine Offenheit."

„Johannes, es ist kein Zufall, dass wir uns getroffen haben und natürlich verstehe ich, wenn du fragst, wieso und warum, gib dem hier einfach Zeit und deine Fragen werden sich beantworten". Ich erwidere:

„Ich spüre seit gestern, dass hier wichtige und wesentliche Dinge für mein Leben passieren und ich will oder besser gesagt kann mich nicht mehr davor verschließen".

„Ich bin bereit", klingt es deutlich aus meinem Inneren und ich verstehe auf einmal diese Frage, ohne es wirklich erklären zu können. Und ich spüre wieder diesen Sog nach vorne.

„Lieber Andreas, ich vertraue dir". Ich bin selbst überrascht von diesen Worten aus meinem Mund.

„Danke für dein Vertrauen, Johannes."

„Wie heißt du eigentlich?", schiebe ich nach. Er grinst und schaut mich an:

„Der-mit-dem-Rasensprenger-tanzt." Für einen Augenblick muss ich ziemlich doof geschaut haben. Er lacht herzlich.

„Du hast es gestern neben meiner Frau laut ausgesprochen und Dolores hat es mir abends erzählt. Ich heiße Andreas."

„Euch beide muss man einfach gernhaben", schmunzele ich. Wir sitzen eine Weile wieder in dieser Männerstille, wie ich sie ab jetzt nenne, genießen unseren Kaffee und die Sonne schenkt mir ihr schönstes Lächeln. Endlich Urlaub.

„Johannes", unterbricht Andreas die Stille.

„Ja", antworte ich.

„Darf ich dich zu gestern etwas fragen?"

„Gerne".

„Dolores erwähnte, dass dich gestern ein Kindheitstrauma überwältigt hat. Sie erzählte aber nicht, was es war. Nur, dass sie tief berührt war."

„Okay" sage ich, „ich habe bis heute mit wenigen Menschen über diesen Vorfall gesprochen. Genau genommen nur mit einem Kinder-Psychologen. Ich war gestern sehr erstaunt, was da plötzlich über mich kam. Tut mir leid."

„Nein, nein, Johannes, bitte nicht entschuldigen". Ich denke, wir Männer dürfen lernen, über unsere Verletzungen zu sprechen. Auch wenn wir meinen, alles mit uns selbst ausmachen zu müssen". Ich atme durch und versuche den richtigen Anfang zu finden.

„Meine Mutter litt schon als Kind unter einem Herzfehler und hatte ihn aber mit Medikamenten im Griff. Sie sprach mit uns offen darüber oder besser gesagt, über die Risiken dieses Herzfehlers. Aber keiner von uns hatte geglaubt, dass da mal was passieren würde. Für mich als Kind war doch klar: Die Mama lebt ewig! Ich war neun Jahre und zu jung für die Erkenntnis, dass nichts sicher ist. Viel zu früh, viel zu jung!" Mir laufen Tränen und es ist mir nicht peinlich. Andreas schaut mich an. Ich habe noch nie in so mitfühlende Augen gesehen und er muss auch weinen.

„Dafür, dass wir uns erst zwei Tage kennen, überrascht es mich, dass meine Geschichte ihn doch auch so tief berührt", denke ich.

„Schau Andreas", meldet sich mein Humor, „wir können nicht nur zusammen lachen, sondern auch weinen". Ein komisches Gefühl, Lachen und Weinen auf einmal.

„Darf ich dich etwas fragen?", fragt Andreas.

„Ja", antworte ich.

„Was war dein schlimmstes Gefühl als kleiner Junge in dieser Situation?" Ich bin irritiert und auf solch eine Frage nicht vorbereitet. Ich sage spontan:

„Natürlich der Verlust meiner Mutter?" Es schießt wie ein Blitz durch meinen Körper. Ich zucke und als würde sich plötzlich eine bisher verschlossene Tür öffnen erkenne ich: Es ist nicht der Verlust meiner Mutter, sondern das Gefühl, nie wieder lieben zu können.

„Ich kann meine Mutter nie wieder lieben", sprechen meine Lippen! Es öffnet sich eine innere Schleuse und ich kann nichts zurückhalten. Andreas springt in letzter Minute auf und hält mich fest, sonst wäre ich mit samt dem Stuhl umgefallen.

„Nie wieder lieben", schießt es durch mein Herz. Meine Liebe erlosch in meinem Herzen. Es tut so weh. Ich bemerke es nicht, doch ich liege auf dem Rasen in den Armen von Dolores und Andreas. Mein Körper zuckt und schluchzt. Ich weiß nicht, wie lange ich dort liege. Ich wache langsam wie aus einer tiefen Narkose wieder auf.

„Was ist passiert?", frage ich benommen. Beide schauen mich mit einem liebevollen Blick und Tränen in den Augen an. Dieser innige Blick berührt mich tief und ich frage:

„Bin ich jetzt im Himmel?" Da war er, mein bester Freund, mein bester Wegbegleiter, mein Humor.

„Nein, bist du nicht", schmunzelt Andreas. „Du wirst noch auf dieser Erde gebraucht" – ein Blick zu Dolores

„oder?" Sie antwortet:

„Jetzt wäre eigentlich wieder der Einsatz vom Rasensprenger." Alle schauen wir wie auf Kommando zum Rasensprenger und lachen. Dolores reicht mir wieder ein Taschentuch.

„Ich hoffe nicht, dass das mit meinem Heulen ..." Dolores unterbricht mich:

„Alles in Ordnung, Johannes". Wir stehen gemeinsam auf und ich atme tief durch.

„Ich glaube, jetzt haben wir uns alle erst mal eine Stärkung verdient, wer hat Lust auf einen leckeren Käsekuchen?", fragt Dolores einladend.

„Eine Stärkung brauche ich jetzt wirklich, da kann ich nicht nein sagen", erwidere ich. Wir sitzen gemeinsam auf der Terrasse und genießen Kaffee, Käsekuchen und den wunderbaren Sommer.

„Was für ein Urlaubsanfang", denke ich.

Es klingelt an der Haustür, Dolores steht auf.

„Na, welche Überraschung wartet wohl vor der Haustür?" Sie geht ins Haus und später hören wir eine fremde Frauenstimme. Dolores kommt zurück.

„Das ist Susanne, eine liebe und alte Freundin von mir", stellt Dolores sie uns vor.

„Na, so alt sieht sie gar nicht aus." Diesen Kommentar kann ich mir nicht verkneifen. Susanne nimmt es mit Humor und zwinkert Dolores zu.

„Andreas kennst du ja und das ist Johannes", stellt Dolores mich vor.

„Ich bin ein sehr junger Freund", sage ich. Wir lachen

und Andreas spricht:

„Ja, das stimmt. Ein sehr lieb gewonnener Freund, nur zwei Tage alt."

„Na hoffentlich schon stubenrein", Susanne reagiert prompt, das ist die Retourkutsche.

„Wow, nicht schlecht", denke ich.

„Da haben sich zwei Humoristen gefunden", flüstert Andreas Dolores zu. Susanne setzt sich neben mich und duftet dezent nach Rose. Mein Lady-in-Red-Programm fährt hoch, ohne dass ich es will.

„Wie lange ist es jetzt her, dass ich so nah bei einer schönen Frau sitze? Zwei, drei Jahre? Wenn es mit Frauen nicht immer so kompliziert wäre", denke ich.

„Susanne, was treibt dich zu uns und wie geht es Frank?", fragt Dolores.

„Mir fiel die Decke auf den Kopf und ich brauche mal jemanden zum Reden", antwortet sie. „Und Frank? Wie es Frank geht? Ich hoffe, scheiße! Ich hoffe, beiden geht es scheiße!" Ich überlege, wie es möglich ist, dass bei Dolores und Andreas alles unverblümt an die Oberfläche kommt. Scheinbar doch ein mystischer Platz. Susanne fühlt sich für mich vertraut an.

„Entschuldigt bitte, wenn ich in die harmonische Kaffeerunde platze."

„Alles gut, Susanne" spricht Andreas. „Du bist, wie du bist herzlich willkommen."

Susanne kämpft offensichtlich mit ihren Tränen.

„Tut es sehr weh?", flüstert Dolores einfühlsam.

„Sehr, sehr, sehr …" dicke Tränen fließen über ihre Wangen.

„Ich weiß nicht, wie ich mit dieser Mischung aus Enttäuschung und Wut umgehen kann", sagt Susanne. „Warum muss es mit Männern immer so kompliziert sein?" Puh, das trifft mich tief und ich beiße mir auf die Lippen, um meine Gefühle zu unterdrücken.

Stille unter uns Vieren. Ich kann richtig spüren, wie es in Susanne arbeitet. Am liebsten würde ich sie in den Arm nehmen, aber bestimmt bin ich hier genau der Falsche dafür.

„Folge deiner Intuition, Johannes", meine ich Andreas sagen zu hören. Aber Andreas ist abgewandt von mir. Was ist das mit den Stimmen in meinem Kopf? Höre ich jetzt schon Geister sprechen? Mein Körper möchte Susanne umarmen und mein Verstand dreht durch. Da ist er wieder, der Zwiespalt zwischen meinem Körper und meinem Verstand. Meine Hand, eindeutig die körperliche Instanz, berührt die Hand von Susanne und eine ganze Weile liegen beide Hände übereinander auf dem Tisch.

„Hallo, nimm die Hände weg", schreie ich den Körper an. „Das nennt man Übergriff und Nötigung". Ich sitze erstarrt auf meinem Stuhl und ganz selbstverständlich hält die Hand, zu mir gehörig, zärtlich die Hand von Susanne. Sie wendet sich mir zu und fällt schluchzend in meine Arme. Wow, mein Herz hämmert und lebt scheinbar doch! Total verunsichert spüre ich, wie ich etwas geben kann von dem, was ich von Dolores und Andreas bekommen habe. Mein Herz weitet sich immer mehr und mehr aus. Susanne weint gefühlt alles raus, was sie bedrückt. Ich muss nichts machen, nichts sagen und bin einfach da für sie. Ein Teil von mir möchte weglaufen, weil ich nichts mehr unter Kontrolle habe und der andere Teil weiß, dass er dableiben will und sollte. Dolores unterbricht die Stille und fragt:

„Susanne, was fühlst du gerade?" Sie wird still.

„Traurigkeit, Hilflosigkeit und Wut", sagt sie weinend.

„Susanne, was fühlst du wirklich?", fragt Dolores wieder sehr einfühlsam. Susanne klammert sich fester an mich. Dann schießt es aus ihr heraus:

„Ich fühle mich einsam!" Sie bekommt kaum Luft und Tränen über Tränen fließen. Ich habe keine Ahnung von solchen Dingen.

„Die Wahrheit heilt", höre ich es in mir sprechen. Da war er wieder, der Sog weiterzugehen, aber wohin? Ich bin verunsichert und irgendwie geschieht gerade etwas in mir und Andreas scheint es zu spüren. Irgendetwas drängt in mir an die Oberfläche. Andreas steht auf und greift mir liebevoll an die Schulter und fragt:

„Johannes, was willst du wirklich?" Ich bin komplett verwirrt und es sprudelt unerwartet aus mir heraus:

„Ich will lieben."

Erkenntnis des Tages:

Was ich wirklich will, ist lieben. Ich bin selber erstaunt über mich und erkenne mich nicht wieder.

3. Zuckerwatte & Zitroneneis

Ich öffne die Augen und strecke mich genüsslich. Kein Aufschrecken heute Morgen? Keine Frage? Ich hatte mich beinah daran gewöhnt. Der gestrige Tag zieht noch in meinen Gedanken vorbei. Ich fühle mich innerlich sehr bewegt und spüre Leichtigkeit. Und freue mich für Susanne. Sie konnte gestern wie ich mal alle Gefühle, alle Enttäuschungen und Traurigkeit einfach herauslassen. Es ist ein besonderer und mystischer Platz auf der Terrasse von Dolores und Andreas. Diese beiden hat der Himmel geschickt. Susanne war gestern sichtlich erleichtert und ihr Humor kam zurück. Darin sind wir uns sehr ähnlich. Diese Beziehungsprobleme, denke ich so bei mir. In 200 Jahren interessiert sich keiner mehr für diese großen Beziehungsprobleme von heute, winkt mir mein Humor zu. Plötzlich wird mir warm ums Herz. Was will ich wirklich?

„Ich will lieben", klingt es in meinem Herzen nach. Ich hätte nie von mir gedacht, dass ich so emotional werde oder vielleicht doch schon immer war? Ich lerne mich gerade von einer anderen Seite kennen. Es gibt blöde Seiten an mir und es gibt die Schokoladenseiten. Aber nun scheint eine weitere Seite an die Oberfläche zu kommen. Gut, dass ich Urlaub habe. Ich würde von meinen Arbeitskollegen für bekloppt gehalten und einige meiner Freunde würden sich Sorgen machen.

„Was ist mit unserem Johannes bloß los, ist er jetzt zur Heulsuse mutiert?"

„Raus aus dem Bett! Heute ist Waschprogramm 8 Premium dran. Ich lasse das Badewasser ein und schütte für das Premium Lotusprogramm ein Badezusatz dazu. ‚Zweisamkeit‘, heißt es. Ich muss lachen, weil ich es für ganz bestimmte Momente aufbewahrt habe. Aber Zweisamkeit passt heute besonders gut. Mein Herz und ich baden heute zusammen. Ich bin durch die Vorkommnisse dieser letzten zwei Tage gefühlsmäßig so intensiv durchgespült worden, wie ich es in meinem bisherigen Leben noch nie erfahren habe.

Abgesehen vom Tod meiner Mutter. Wow, ich kann diesen Gedanken zulassen und muss ihn nicht verdammen. Ich spüre, es wird wirklich Zeit sich seiner Vergangenheit zu stellen, um in der Zukunft freier zu leben.

„Ups! Johannes, wirst du jetzt ein Philosoph?", spreche ich selbst zu mir.

„Wie soll ich all diese Gefühle verarbeiten?", kommt die Frage auf.

„Bist du bereit?", klingt es leise in mir.

„Ich bin bereit und vertraue – aber wem?

„Dem Leben", beschließe ich.

Ich steige genüsslich, zunächst mit meinem linken Fuß vorsichtig die Temperatur prüfend, in die Badewanne. Das Wasser ist noch sehr warm und ich liebe es sehr warm. Wie ein Indianer gleite ich in die heiße Quelle und stelle mich den Gefahren in der Tiefe. Ein Indianer kennt keinen Schmerz, erinnere ich mich. Wow, da erscheint mein innerer Held, mein Vorbild, mein Erlöser: Winnetou.

„Sei gegrüßt, mein Bruder", schmunzle ich. Ich wollte

immer wie er sein.

„Ich bin Winnetou forever", spreche ich laut aus. Das hat jetzt Jahrzehnte gedauert, bis es an die Öffentlichkeit durfte. Von wegen Bescheidenheit, ich darf endlich sein, wer ich will. Der kleine Junge in mir macht Luftsprünge, wenn es so was überhaupt gibt.

Habe ich das alles verdrängt durch das Abschneiden dieser schmerzhaften Gefühle? War der Tod meiner Mutter so prägend für meine Zukunft? Habe ich meine Kindheit weggeschlossen, habe ich sie in den Fluten meiner Verzweiflung ertränkt?

Ich tauche mit meinem Kopf unter Wasser und höre meinen Pulsschlag. Es überkommt mich ein unglaubliches Mitgefühl für den kleinen Jungen Johannes. Was habe ich bloß mit diesem Jungen gemacht? Was habe ich mit mir gemacht, abgeschnitten von meinen Träumen und meiner Lebendigkeit. Ich tauche auf und beschließe, heute ist Kindertag. Ich kaufe eine große Packung Zitroneneis und ich werde mit diesem kleinen Jungen Winnetou – Filme ansehen und er darf solange aufbleiben, wie er will. Ich zeige dir die Welt, Junge, und werde nie wieder zulassen, dass du eingesperrt bist. Eingesperrt von Enttäuschung, Wut und Angst.

„Hey, Johannes, was ist los mit dir, so kenne ich dich gar nicht", spricht eine Stimme in mir. Da ist dieser Sog wieder weiterzugehen. Ich schieße aus der Badewanne und rufe:

„Dann wirst du mich jetzt kennenlernen". Ich hole mein Handy und suche nach einem Lied, zu dem ich jetzt tanzen möchte. In meinem Körper spüre ich Lebendigkeit und ich will mich bewegen! Such, such, such und finde auf dem Handy zufällig das Lied von der Gruppe Unheilig – *Geboren, um zu leben*. Und los geht es! Das erste Mal, dass ich diesen Text bewusst höre und er passt. Jetzt fließen Tränen, Freude steigt auf, Lebendigkeit kehrt zurück und ich empfinde wieder Liebe für meine Mutter. Ich drehe noch lauter und höre diesen Song weitere Male. Erschöpft und erfüllt lasse ich mich auf mein Bett fallen. Und der Text kreist weiter in meinem Kopf.

„Es tut noch weh, wieder neuen Platz zu schaffen und mit gutem Gefühl etwas Neues zuzulassen“.

Plötzlich klingelt mein Handy. Die Nummer im Display kenne ich nicht und ich überlege, dran zu gehen. Vielleicht ist es das Leben persönlich, mich würde nichts mehr wundern! Ich nehme ab:

„Johannes.“

„Hey, Johannes, hier Susanne.“ Mein Herz klopft heftig in meiner Brust, dass es sich anfühlt, als ob Minuten vergehen, bis ich antworte:

„Hallo Susanne.“

„Störe ich dich?“, fragt sie.

„Ja, äh, ich meine nein. Ich bin gerade überrascht, dass du am Telefon bist.“

„Sorry, Andreas war so nett, mir deine Nummer zu geben.“

„Woher hat er meine Handynummer?“, schießt es mir

durch den Kopf - egal", schiebe ich den Gedanken beiseite.

„Wie geht es dir, Susanne?"

„Na durchgewühlt, aber irgendwie auch freier. Ich
habe gerade Lust auf Kirmes. Ich muss mal durch die
Luft fliegen und ein Dutzend Zuckerwatten essen, weil
die doch so gesund sind. Einfach mal Spaß haben und
mal wieder Kind sein."

„Was geht denn hier ab?", denke ich.

„Hallo Johannes?", höre ich Susannes Stimme am anderen Ende.

„Das passt gut", antworte ich.

„Susanne, glaubst du, dass Zitroneneis und Zuckerwatte zusammenpassen?"

„Hallo? Johannes!", platzt es aus Susanne.

„Es gibt nichts Besseres als Zuckerwatte mit Zitroneneis. Das ist ein Mega-Vitaminshake".

„Wow", denke ich.

„Kommst du mit, Johannes?"

„Natürlich!", rufe ich wie ein kleiner Junge aus.

„Wow, deine Begeisterung kommt rüber".

Schweigen.

„Susanne?", frage ich nach. Sie antwortet zögernd:

„Ich habe jetzt meinen ganzen Mut zusammengenom-
men, um dich anzurufen und nach so einer Offenbarung
meiner tiefsten Gefühle gestern ist es mir schon noch
peinlich".

„Peinlich ist der Bruder von Ehrlich", erwidere ich.

„Dann ist die Schwester von Peinlich Freundschaft."

„Genau, woher weißt du das?", frage ich verblüfft.

„Frauen-Intelligenz", antwortet sie.

„Super, dann tun wir uns zusammen – Wissen plus Nichtwissen ergibt Weisheit", kombiniere ich schnell.

„Ich hole dich ab, Johannes. Ist das okay für dich?"

„Warum denn nicht?", frage ich nach.

„Weil es doch die Aufgabe vom Mann ist."

„Aber wir müssen uns ja nicht an die Regeln halten", sage ich.

„Stimmt", atmet Susanne durch. Ich gebe ihr meine Adresse und wir verabreden uns für später. Ich lege auf.

Was ist denn das jetzt gewesen? Gefühlt ist gerade ein ICE durch meine Wohnung gerast. Ich setze mich auf meine Bettkante und lasse mich nach hinten fallen.

„Ist das nicht ein bisschen zu schnell, Johannes?", meldet sich eine skeptische Stimme in mir. Meine Energie fällt ab. Jetzt sind Stimmen über Stimmen in meinem Kopf:

„Wäre ich bloß nicht ans Telefon gegangen…

Ich hätte es auf nächste Woche verschieben sollen…

Ich fühle mich übergangen…

Es kommt immer richtig, nimm es an…

Es darf auch spontan sein…

Ich muss sie ja nicht heiraten…

Es ist Zeit, dass ich in die Puschen komme beim Thema Frauen…

Wer A sagt, muss auch B sagen…

Was soll ich anziehen…

Ich sage einfach per SMS ab, denn jetzt die ganzen Stimmen…

Ich habe auf dieses alles keinen Bock…
Es ist zu kompliziert mit Frauen… Wusste ich doch."

Ich laufe in meiner Wohnung nervös hin und her. Und setze mich dann aus Versehen auf meine Fernbedienung. Ups, was ist denn das jetzt? Der Fernseher geht an. Eine Doku über das indische Panzernashorn auf dem Bildschirm. Ich denke:

„Was will mir das wohl sagen?" Der Moderator kommentiert:

„Der nachtaktive Einzelgänger kommt nur zur Paarungszeit mit Artgenossen zusammen. Die Paarung beginnt mit ausgiebigen Verfolgungsjagden und Hornkämpfen, die auch zu Verletzungen führen. Die Kämpfe enden mit einer über eine Stunde andauernden Paarung."

Einzelgänger ja, aber Paarung? - und ausschalten. Wenn ich das hier irgendwem erzähle… Okay, ich wiederhole mich nur wieder.

Und jetzt kommt die große Preisfrage: A: Rufe ich Susanne zurück und sage ab? Oder B: Was ziehe ich jetzt an? Großer Trommelwirbel. Frage A scheidet aus, höre ich einen Jingle in meinem Kopf. Dann bleibt Frage B übrig. Gibt es nicht auch Frage C? Ich werde wahnsinnig, wo ist der Ausgang? Holt mich hier raus? Was für ein Tohuwabohu!

„Johannes, reiß dich zusammen", rufe ich laut aus.

„Peinlich", stelle ich fest. Ich gehe zum Kleiderschrank. Das schwarze T-Shirt oder das schwarze T-Shirt? Zum Glück ist diese Auswahl einfach. Jeans, schwarzes T-Shirt – gebongt. Ich rasiere mich. Habe ich mir heute schon die Zähne geputzt? Da fällt mir ein dummer Spruch aus meiner Kindheit von meinem Onkel Werner ein. „Hannes", ich hasste es, wenn er mich Hannes nannte, „du brauchst nur die Zähne zu putzen, die du später behalten willst".

Heute putze ich dann mal wieder alle Zähne. Nehme ich Aftershave oder ist Susanne mehr Öko orientiert? Ich entscheide mich für Nivea, das passt immer. Was bin ich aufgeregt und ich dachte, Frauen wären kompliziert. Wenn dieses Trara die Frauenwelt mitbekommen würde, würde ein Männerbild platzen. Von wegen Eitelkeit ist nur was für Frauen. Ist das alles peinlich. Johannes, eins nach dem anderen. 13:45, schaut mich die Uhr warnend an. Waren wir jetzt um 14:30 Uhr oder um 15:30 Uhr verabredet? Das gibt es doch nicht, es reicht! Johannes, ich knall dir gleich dermaßen eine in die Fresse, schreit eine drohende Stimme in mir. Okay, es war 14:30 Uhr. Geht doch, gibt die Stimme Ruhe.

Am späten Nachmittag sitzen wir in einem idyllischen Café und schlürfen heiße Schokolade.

„Danke Susanne, war das schön, ich habe mich wie ein kleiner Junge auf der Kirmes neben dir gefühlt", sage ich zu ihr.

„Danke dir, Johannes. Es war, nein, es ist wunderschön, wir müssen nur schauen, dass wir noch Zitroneneis bekommen. Zuckerwatte hatten wir jetzt genug."

„Au ja" sage ich, „sie arbeitet schon munter in meinem Bauch."

„Hoffentlich will sie da nicht wieder raus, Johannes",

erwidert Susanne. Wir lachen, was wir genau genommen schon den ganzen Nachmittag machen. Beide sind wir sehr achtsam und gefühlt lassen wir das Thema Mann und Frau außen vor. Uns beiden ist es offensichtlich wichtiger, die Freude und Leichtigkeit zu spüren, die in uns beiden tief verborgen ist und wieder an die Luft will oder muss. Platz machen und alte Gefühle einfach noch einmal fühlen, dann können sie ohne Drama gehen. Raum für Neues schaffen, wie im Songtext. Und vielleicht ist darunter die Freude und Liebe verborgen?

Was mich die letzten Tage gelehrt haben ist: Wie tief ich auch falle, ein Stückchen tiefer ist scheinbar das Leben, das mich auffängt.

„Was sagst du zu deiner heißen Schokolade, Johannes?", unterbricht Susanne meinen inneren Dialog. Ich erschrecke.

„Habe ich das gerade laut gesagt?"

„Ja, du nuscheltest etwas über Liebe und Leben."

„Sorry, das passiert mir in den letzten Tagen öfter, dass ich laut vor mich hinrede, wie peinlich."

„Alles gut, Johannes, ich habe das auch öfter. Liegt an unserem Alter", lacht sie. Es ist, als wenn wir beide immer wieder in einen Lachrausch mit Tiefgang sinken.

„Johannes, erzähl mir bitte, was dir in den letzten Tagen passiert ist". Ich überlege und sage dann:

„Alles begann mit einem Satz, der mich morgens aufgeschreckt hat. ‚Bist du bereit' lautet dieser Satz."

„Bereit wofür, Johannes?", fragt Susanne.

„Zu diesem Zeitpunkt war ich überrascht und irritiert.

Durch Dolores und Andreas, die einfach für mich da waren, habe ich etwas für mich herausgefunden – Gott sei Dank!" Gott sei Dank gehört sonst nicht zu meiner Wortwahl und das ganz bewusst. Oder auch Grüß Gott ist in meinem Sprachjargon verpönt.

„Ich habe erfahren, dass uns das Leben Situationen schenkt, um alte Gefühle oder Bilder in uns aufzulösen oder zu befreien. Alles, was tief in mir brodelt oder gärt und dessen ich mir nicht bewusst bin. Es braucht aber sehr viel Kraft und Lebensenergie, um es unten in meinen Katakomben verschlossen zu halten. Das ist der Deal: Ich bezahle mit meiner Lebendigkeit und sie, die dunklen Gefühle oder Bilder aus der Vergangenheit, lassen mich dafür in Ruhe. Ich kann es irgendwie nicht besser in Worte fassen, Susanne. Ich hoffe, das hört sich nicht nach Kauderwelsch an."

„Nein, nein, tut es nicht, Johannes. Es klingt mehr nach einem Menschen, der einen tieferen Zugang zu seinen Gefühlen bekommt."

„Ja", erzähle ich weiter, „und da war dieser Ruf weiterzugehen oder mehr ein Sog nach vorne. Ich erfuhr, dass die schlimmsten Gefühle einen nicht umbringen, wenn man sich ihnen einfach stellt und noch mal fühlt. Ich muss weiter nichts machen, sondern sie sozusagen durch mich fließen lassen, wie ein Fluss durch eine enge Unterführung fließt und am Ende ins Meer kommt. Ich habe bei Dolores und Andreas eine traumatische Situation noch mal emotional gefühlt. Es hat meinen Körper durchgeschüttelt, aber dann habe ich mich erst mal freier gefühlt. Ich bin dem Sog gefolgt, habe kein Drama daraus gemacht und bin weiter gegangen auf das, was in diesem Moment auf mich zu kam. Und wenn es nur ein doofer Wassersprenger ist."

„Wassersprenger?", fragt Susanne.

„Eine längere Geschichte, aber lustig, erzähle ich später, versprochen."

Die Bedienung kommt an den Tisch und fragt:

„Darf ich euch noch etwas bringen?" Wie aus der Pistole geschossen, sagen wir zusammen:

„Zitroneneis!"

„Zitroneneis?", wiederholt die Bedienung.

„Ja, haben Sie Zitroneneis?", frage ich nach.

„Wir haben Zitroneneis da. Wir benutzen es für einen italienischen Eiscocktail – Scroppino. Das ist ein Schuss Wodka mit Prosecco und einer Kugel Zitroneneis."

„Johannes, das nehmen wir, das ist die erwachsene Variante von Kindereis."

„Und wie ein gesunder Aufguss für unsere Zuckerwatte im Bauch", lege ich nach. Die Bedienung lächelt und sagt:

„Das muss ich jetzt nicht alles verstehen, oder?"

„Nein, nein, bringen sie uns zwei Gläser Scroppino." Sie geht lachend mit den Worten:

„Kommt sofort." Voller Vorfreude, sagt Susanne:

„Es ist nett in diesem Café und diese in sich abgeschlossenen Sitznischen sind süß und kuschelig". Ich erwidere ihr:

„Ich war auch nur einmal hier mit meinem Laptop

in Zweisamkeit.“

„Susanne, möchtest du nicht auch etwas über dich erzählen? Du hast doch irgendwie eine holprige Strecke hinter dir“.

„Eher eine holprige Beziehung“, erwidert sie.

„Irgendwie war es mir auch klar, dass es so enden musste, ehrlich gesagt. Entweder begegnet mir eine neue Versuchung oder Frank. Frank war schneller. Unsere Beziehung war ziemlich am Ende seit diesem einschneidenden Erlebnis vor zwei Jahren.“

„Wie lange wart ihr zusammen?“, frage ich nach.

„Bald sechs Jahre mit mehr oder weniger kurzen Unterbrechungen, man nennt es auch On-off-Beziehung.“

„Was ist geschehen, Susanne? Ich hoffe, es ist okay für dich, wenn ich so direkt frage?“, schiebe ich ein.

„Es ist okay, Johannes, es wird vielleicht emotional, wenn ich darüber spreche.“ Ich stehe auf und hole vom Nachbartisch einen zweiten Stapel Servietten.

„Das sind meine stetigen Begleiter zum Thema Emotionalität, seitdem ich Dolores und Andreas kenne.“ Susanne schaut mich liebevoll an.

„Danke Johannes.“
Die Bedienung kommt mit den leckeren Cocktails.

„So bitte schön, lasst es euch schmecken“. Sie schaut zu den zwei Servietten-Stapeln.

„Wir haben auch noch mehr Servietten, falls das hier ein Spiel werden sollte“, sagt sie lachend und geht zur Theke zurück.

„Wollen wir gemeinsam anstoßen und worauf trinken wir?“, fragt Susanne.

„Auf Dolores und Andreas", sage ich spontan.

„Au ja, stimmt Susanne ein, auf die beiden."

„Mmh, das schmeckt echt lecker", sage ich.

„Wow, mit dem Zitroneneis bekommt es eine schöne exotische Note", erwidert Susanne.

„Aber jetzt zurück zu meinem Lieblingsthema Beziehungen." Susanne verzieht ihr Gesicht. Ich frage:

„Was ist nun vor zwei Jahren bei euch Einschneidendes geschehen?"

„Frank meinte, dass es vom Leben so gewollt ist. Und dass es vielleicht so besser ist. Aua! Das tat sehr weh und ich weiß, er hat wirklich alles für mich getan, dass es mir gut ging". Susanne seufzt und spricht weiter:

„Es gibt Dinge, die kann ein Mann nicht nachfühlen. Ich bin Frank überhaupt nicht böse. Er ist von Grund auf ein ehrlicher Mensch und ist auf seine Art und Weise damals mit der Situation umgegangen."

„Aber?", frage ich nach.

„Aber ich glaube, dieses Erlebnis hinterlässt in uns Frauen eine tiefe, tiefe Wunde". Ich machte damals einen Schwangerschaftstest, der positiv ausfiel. Ja, so einen Schnelltest, den Frau selber macht. Nachwuchs war nicht geplant und auch nicht gewollt, darum war das Erstaunen mehr im Vordergrund als die Freude. Ich sagte es Frank an dem Abend sofort. Ich war in meinem Leben noch nie so unsicher. Zum ersten Mal war ich mit einer Entscheidung konfrontiert, die nicht in den äußeren Umständen lag, sondern in mir". Sie macht eine kurze Pause.

„Ich weiß, es ist grotesk, denn es ist ja nur eine befruchtete Eizelle, aber es war da mehr in mir oder um mich herum. Wenn ich mich dagegen entscheiden würde, entschied ich mich auch gleichzeitig gegen mich selbst. Ich glaube, was in kurzer Zeit in mir vorging, kann ein Mann nicht verstehen. Ich sagte es Frank und Frank reagierte auf diese Nachricht mit gespielter Freude und mit pragmatischen Zweifeln. Dann fühlte ich mich alleingelassen und hilflos und glaub mir, Frank hat nichts falsch gemacht. Aber ich war so überfordert und wünschte mir nichts mehr, als dass mir bitte einer diese Entscheidung abnahm. Dann kam die Entscheidung." Susanne macht wieder eine kurze Pause.

"Ich verlor das Kind nach zwei Monaten." Susanne sitzt mir gegenüber und fängt an zu weinen. Es sind keine Tränen der Traurigkeit, das sind Tränen der Schuld, wird mir sofort klar. Ich nehme, wie fremd gesteuert, ihre Hände und sage:

„Susanne, du musst es nicht allein tragen." Und Tränen über Tränen fließen. Ich bin über mich selbst überrascht. Was mache ich da? Etwas Fremdes in mir übernimmt das Ruder und weiß genau, was zu tun ist. Es ist mein Herz, schießt es durch mich durch. Mein Herz übernimmt das Ruder. Ich bin so erfüllt davon, einfach für Susanne da zu sein, ohne etwas zu tun oder zu sagen. Ich kann ihren Schmerz mitfühlen. Vielleicht stoßen uns diese schlimmen Dinge auch zu, um anderen Menschen unser Mitgefühl ohne Worte schenken zu können. Susanne beruhigt sich langsam wieder und sagt mit zitternder Stimme:

„Komm, Johannes, lass uns auf die ungeborene Seele anstoßen." Ich bin berührt und weiß, auf welche Seele ich danach anstoßen möchte.

Erkenntnis des Tages:

Man kann auch auf Verstorbene anstoßen. Ich liebe meine Mutter!

4. Wo ist Gott?

Wo ist Gott? Ich falle beim Umdrehen zur Seite aus meinem Bett. „Shit, aber Glück gehabt", denke ich. Die meisten tödlichen Unfälle passieren im Haushalt. Der Traum ist verflogen und ich kann mich nur an die letzte Frage erinnern: Wo ist Gott? Ich werde diese immer wieder in meinen Träumen auftauchenden Fragen wohl nie ergründen.

„Wo ist Gott?" wiederhole ich die Frage. Das weiß doch jedes Kind, gebe ich mir selbst die Antwort, im Himmel natürlich. Und dort oben gibt es bestimmt nichts zu lachen, weil Gott ein Spielverderber ist und immer recht haben will. Darum bin ich auch viel lieber auf dieser Erde, weil ich gerne lache. So, jetzt habe ich mir eine der wichtigsten Fragen beantwortet:

„Was mache ich hier auf Erden?" Ich bin hier auf Erden, weil ich gerne lache und weil ich Humor mehr liebe als Gott. Denn mein Humor ist da, wenn ich ihn brauche. Ich schaue nach oben und spreche laut in den Raum: Und, mein Lieber, jetzt schaust du bestimmt wieder grimmig, weil ich dir widerspreche. Mein Lieber, diese Redensart erinnert mich an meinen Vater, denn er begann seine Gespräche auch oft mit ‚Mein Lieber' und alles, was danach kam, war eine Zurechtweisung.

Im Bad schaue ich lustlos und gelangweilt in den Spiegel und sehe plötzlich ein großes Schild: ‚Sämtliche Waschprogramme sind außer Betrieb wegen andauernder Wartungsarbeiten. Wir danken für ihr Verständnis'.

Erlöst antworte ich: „Habe natürlich Verständnis" und tröste mich in der Küche mit einem Espresso. Mmh, dieses Aroma, was für eine ergiebige Kaffeebohne aus Äthiopien. Der Legende nach entdeckte der Hirte Kaldi, dessen Ziegen nach dem Verzehr der roten Kaffeekirschen aufgedreht herumsprangen, die erste Kaffeepflanze. Ich schlürfe meinen Espresso mit einem Hoch auf Kaldi und seine Ziegen. Wieder schaue ich zum Himmel hoch. Nein, du trinkst bestimmt keinen Kaffee, hat doch etwas mit Genuss und Spaß zu tun.

Ich gehe zur Spüle und wasche ein paar Kleinigkeiten im Spülbecken ab. Beim Reinigen meines Lieblingsmessers schneide ich mir leicht in die Finger. Blut tropft in die Spüle. Wie neben mir stehend schau ich zu, wie Tropfen für Tropfen das Spülbecken rot einfärben. Die Blutmenge eines Erwachsenen beträgt etwa fünf bis sechs Liter. Das sind umgerechnet wie viele Tropfen? Ich erwische mich beim Nachrechnen. Ich sollte mal wieder Blut spenden gehen. Ich klebe ein Pflaster auf die Wunde. Meine Mutter hätte früher noch mal gepustet und gesagt:

„Schau, jetzt fliegt das Aua weg". Unwillkürlich muss ich schmunzeln, ob das wirklich geholfen hat? Zumindest stehe ich heute hier lebendig und nicht als Kind verblutet.

„Was geht ab, Alter?" mache ich einen auf jugendlich. Waschstraße ist *out of order*, kein Impuls, Joggen zu laufen und kein Telefon, das klingelt.

„Es geht nichts ab, Alter", antworte ich mir selbst. Diagnose: Langeweile. Früher, wenn mein Sohn sagte: Ich habe Langeweile Papa, habe ich geantwortet: „Ja, herzlichen Glückwunsch, mein lieber Sohn, zur Langeweile und wirklich viel Spaß mit deiner Langeweile". Apropos Sohn, ich sollte mich doch melden bei ihm. Ich hole mein Handy und sehe gleichzeitig eine SMS: „Hallo Johannes, hast du Lust auf einen leckeren Salat heute Nachmittag? Dolores und Andreas."

„Super, passt gut", schreibe ich zurück.

Ich rufe meinen Sohn an. Die nette Frau Mailbox schlägt mir vor, eine Nachricht zu hinterlassen, also mache ich das:

„Hallo, mein lieber Sohn, hier Papa, was du bestimmt an meiner Stimme erkennst, aber sicher ist sicher. Nicht, dass du auf einen gefakten Papa reinfällst, lach. Ich wollte mich melden, wann genau du denn meine Hilfe brauchst. Du weißt, Väter sind grundsätzlich viel beschäftigt und mein Stundenlohn ist sehr, sehr hoch — lach. Jan, ich liebe dich, melde dich, freu mich, Gruß Papa."

Ich beschließe, Dolores und Andreas mit dem Auto zu besuchen und unterwegs im Getränkemarkt vorbeizuschauen. Angekommen. Was für ein nobles Haus, in dem die beiden wohnen. Also kein Porsche vor dem Haus, sondern zwei edle Sterne.

„Johannes, du hast definitiv keine Vorurteile", höre ich mich selbst kommentieren. Aber wie, bitte, passt Bewusstseinsentwicklung, die beide anscheinend leben, mit Luxus zusammen?

Die Sprechanlage schaltet sich ein und die Stimme von Dolores ertönt:

"Hallo Johannes, wir sitzen auf der Terrasse. Komm einfach rein, geradeaus durch die große Schiebetür. Schön, dass du gekommen bist." Das zum Thema Hightech - bevor ich auf die Klingel drücke, weiß der Hausbesitzer, wer vor der Tür steht. Warum bin ich nur so im Widerstand? Ich öffne die Haustür und gehe direkt auf ein überdimensionales Gemälde zu. Wow, es zieht mich förmlich ins Gemälde. Gelb, Orange, Grün, Weiß leuchten mir die Farben entgegen.

Ich sehe eine segnende Figur, alles sehr sphärisch. Und einen leichten, zarten Schriftzug. Der Text ist etwas verschwommen und nicht in deutscher Schrift, scheinbar in italienisch.

Dio è in te Ich weiß nicht, was das heißen könnte. Immer noch beeindruckt vom Gemälde und den intensiven Farben gehe ich weiter auf die Terrasse.

Dolores kommt mir mit offenen Armen entgegen. Wir drücken uns innig.

„Tut das gut", denke ich. Ich freue mich wie ein kleiner Junge, gehe auf Andreas zu und spüre eine tiefe Verbundenheit und Freundschaft.

„Hallo Andreas, ist schon eine Ewigkeit her, dass wir uns das letzte Mal gesehen haben", sage ich ironisch und unterdrücke damit meine Freude.

„Sollte ich in Zukunft sein lassen", weise ich mich selbst zurecht. Andreas lacht und sagt:

„Susanne ist auch da, sie ist gerade in der Küche und bereitet uns einen leckeren Salat zu."

„Lecker? Das stellt sich noch heraus", ertönt Susannes vertraute Stimme. Sie kommt mit einer großen Schüssel Salat auf die Terrasse.

Mein Herz schlägt bis zum Hals. Ich kenne mich selbst nicht wieder. Seitdem der kleine Junge in mir befreit ist, ist eine Lebendigkeit und Freude in mir, die ihresgleichen im Außen findet. Ich hätte laut jubeln können: Ich liebe euch alle.

„Johannes, jetzt halt mal den Ball flach und komm auf

den Boden zurück", ermahnt mich streng mein innerer Kommentator.

„Sei nicht so albern! Sei nicht so albern", tönt es in mir nach. Wie oft hat das meine Mutter zu mir gesagt. Susanne stellt die Salatschüssel ab und umarmt mich hemmungslos. Womit habe ich diese Zuwendung nur verdient und obendrauf bekomme ich noch einen dicken Schmatzer auf die Wange.

„Sorry, war wohl ein bisschen zu feucht", lacht Susanne. „Keinesfalls", sage ich, „bekomme ich auf der anderen Seite auch noch einen? Wegen des Feuchtig-keitsausgleichs meiner Gesichtshaut."
Sie tut es prompt ...

„So, genug beschnuppert, setzt euch doch bitte", for-dert uns Dolores auf.

„Sonst wird der Salat kalt", witzele ich und befreie mich aus der Umarmung. Dolores verteilt den Salat in die Schüsseln auf dem gedeckten Tisch und ich schneide das Baguette dazu.

„Bevor wir anfangen, möchte ich ein Gebet spre-chen", ertönt Andreas' liebevolle Stimme.
Ups. Schon wieder dieser Widerstand in mir. Beten, wie lange habe ich das nicht mehr gemacht und der Kirche den Rücken zugekehrt. Beten, was für ein langweiliges Ritual. Andreas fängt an:

„Mein Vater und Schöpfer, segne bitte unser Essen. Und danke, dass wir hier in Frieden und Freundschaft zusammensitzen. Ich segne die Menschen, die dieses ge-rade nicht haben können. Ach so, mein Vater, das mit dem Rasensprenger gestern war eine echt coole Idee. Danke dir von Herzen und ich wünsche mir für Susanne und Johannes, dass sie ihren inneren Frieden mit sich selbst finden, denn ich habe diese beiden sehr lieb. Ach, noch etwas, Johannes ist ein wenig stur, was dich betrifft, aber das weißt du ja. Guten Appetit und gesegnete Mahlzeit."

Was war denn das jetzt? Hoffentlich kommt sein Vater und Schöpfer jetzt nicht in unsere Runde hereingeplatzt und entschließt sich spontan mitzuessen. Andreas spricht einfach mit ihm, wie mit einem guten Kumpel. Entspricht das denn den Regeln von Gott? Ich schaue innerlich nach oben und denke:

„Du darfst ruhig alle an diesem Tisch beeindrucken, solang du mir meinen Humor lässt".

„Das tut er", unterbricht mich Andreas in meinen inneren Dialog.

„Was tut er?", frage ich komplett verwirrt. Kann Andreas meine Gedanken lesen?

„Das tut er", erwidert Andreas. „Wieder funktionieren – der Rasensprenger, habe ich gerade zu Susanne gesagt. Sie hat nachgefragt, was es mit dem Rasensprenger auf sich hat."

Ich stehe gerade auf dem Schlauch. Alle drei unterhalten sich freudig und ausgelassen weiter. Ich fühle mich auf einmal ausgeschlossen. Es erinnert mich an meine Kindheit. Nur weil ich begriffsstutzig bin, darf ich nicht mitspielen. Hunderte von früheren Situationen schießen durch meinen Kopf. Was habe ich mich als Kind immer anstrengen müssen, um dabei zu sein! Manchmal gelang es, aber vielmals fühlte ich mich anders als die anderen. Meine innere Stimme meldet sich prompt: Du hast jetzt die letzte Chance, aufzustehen und den Wahnsinn zu verlassen! Wie oft bin ich dieser Stimme in meinem Leben gefolgt und habe mich als Außenseiter bestätigt gefühlt. Es wird wirklich Zeit, erwachsen zu werden und sich nicht von kindlichen Verhaltensmustern einholen oder überrollen zu lassen.

„Erde ruft Johannes, Erde ruft Johannes! Der Kontakt scheint abgebrochen", spricht Susanne zu Andreas.

„Versuchen Sie es weiter, wir dürfen ihn auf keinen Fall verlieren", sagt Andreas.

„Sorry, habe mich gerade in meinen Gedanken verloren", antworte ich.

„Das kenne ich gut", sagt Susanne und steht auf. „Will einer einen Prosecco?"

„Au ja!", rufen Dolores und Andreas.

„Was ist mit dir, Johannes? Du bist doch inzwischen wieder hier gelandet, oder?" fragt Susanne.

„Ja, gerne! Ich will doch kein Außenseiter sein." Außenseiter ade! Ich habe Bock auf diese drei Verrückten und deswegen trinke ich mit ihnen Prosecco. Punkt und Schluss mit diesen schrägen Interpretationen in mir. Das Leben ist für mich.

„Andreas", klinke ich mich wieder in die Runde ein, was heißt eigentlich: *Dio è in te*?"

„*Dio è in te* ist italienisch und heißt Gott ist in dir." Ich bin wieder sprachlos. Dieser Spruch macht etwas mit mir. Sogar mein vertrauter innerer Kommentator verstummt jetzt.

„Mir gefällt das Bild, es sind intensive Farben" sage ich beiläufig.

„Spannend", sagt Andreas, es fällt nur sehr wenigen dieser Schriftzug auf – genau genommen nur einer Handvoll guten Freunden. Und wir haben einen großen Freundeskreis."

„Das liegt bestimmt daran, dass ich mal ein Semester Kunst studiert habe", erwidere ich sichtbar verunsichert.

"Ganz, ganz bestimmt!", sagen alle wie im Chor. Ich bin wieder sprachlos und spüre, dieses hier ist eine Herausforderung, mich nicht wieder selbst ins Abseits zu schießen. Ich bleibe im Gespräch und frage nach dem Namen des Malers.

„Marco, er ist ein lieb gewonnener italienischer Freund und begnadeter Maler", antwortet Andreas und fragt:

„Wo ist Gott für dich Johannes?"

„Was für eine Frage", erwidere ich. In dem Moment kommt Susanne mit einem Tablett voller Gläser und einer Flasche Prosecco unterm Arm herein.

„Gott, ein spannendes Thema – lasst uns auf ihn anstoßen", schlägt Susanne vor.

„Gute Idee", stimmt Dolores zu. „Johannes, möchtest du die Flasche öffnen?"

„Gerne!" Ich schnappe mir die Flasche, die unter Susannes Arm klemmt, öffne sie und gieße ein. Ich fühle mich wieder dazugehörig, ohne ein inneres Drama, stelle ich stolz fest.

„Auf Gott!" Andreas hält das Glas nach oben.

„Nein, nein, so geht es nicht", unterbreche ich das Zuprosten. Auch meine Sicherheit und mein Humor sind wieder da.

„Wenn Gott in uns ist, dann müssen wir das Glas an unsere Herzen halten." Ich mache es vor. Alle machen es nach und wir lachen ausgelassen. Und da war er wieder, der Sog weiterzugehen, nach vorne zu schauen und das anzunehmen, was gerade geschieht. Nicht hängen bleiben am Vergangenen. Die Gefühle einfach spüren, wenn sie auftauchen und durch sich durchfließen lassen.

„Ich glaube, ich habe wirklich etwas verstanden", spreche ich laut in die Runde.

„Was genau?", fragt Andreas aufmerksam.

„Gefühle wollen gefühlt und nicht festgehalten werden. Wie oft habe ich Gefühle mit einem Drama verwechselt. Die Vergangenheit abgelehnt und somit auch mein Fühlen. Es gibt negative Gefühle, die ich permanent ablehne und positive Gefühle, denen ich ewig hinterherlaufe. Es will beides einfach nur von mir gefühlt werden und das nennt man dann Lebendigkeit". Ich bin über die Sätze, die meine Lippen formen, selbst erstaunt. Bin ich das gerade wirklich?

„Wenn es keine Dunkelheit gäbe, würden wir das Licht nicht erkennen", fügt Andreas hinzu.

Stille.

Es fühlt sich plötzlich sehr weit und hell in mir an. Dolores und Andreas schließen ihre Augen. Ich schaue Susanne an, sie zeigt mir durch ihre Mimik, dass wir es ihnen nachmachen sollen. Ich atme tief durch und fühle Frieden, Dankbarkeit und Verbundenheit mit diesen tollen Menschen hier am Tisch.

Erkenntnis des Tages:

Ohne negative Gefühle gibt es keine positiven Gefühle. Nur wer die Traurigkeit kennt, kann die Freude leben.

5. Verkatert

„Johannes, aufwachen", höre ich mitten im Schlaf eine liebevoll klingende Stimme.

„Johannes, aufwachen!" Da ist sie wieder, diese Stimme. Ein weiterer Wegweiser, ein Zeichen. Irgendetwas berührt mich leicht an meiner Schulter und es duftet nach Kaffee. Diese Stimme, woher kenne ich sie?

„Johannes, wir haben schon 10 Uhr!" Ich blinzle und sehe Dolores' Gesicht vor mir. Sie schwenkt eine rote Tasse vor mir herum.

„Hier, Johannes, einen frischen Kaffee, den wirst du bestimmt brauchen."

„Puh, mein Kopf schmerzt und wo bin ich?", versuche ich die ersten Worte zu stammeln.

„Du bist bei Andreas und mir oder besser gesagt noch bei Andreas und mir. Ich denke, ihr beiden habt gestern noch ordentlich einen über den Durst getrunken.

„Brötchen oder Toast?", fragt Dolores.

„Erst ein Aspirin, dann Bad und dann melde ich mich zum Dienst." Sie reicht mir ein Glas Wasser mit einer Brausetablette. Ich murmele vor mich hin:

„Das wird doch nicht wieder so ein Elixier von ihr sein, Lady in Red?" Dann trinke ich das Glas in einem Zug aus.

„Was meinst du, Johannes?", fragt Dolores nach.

„Alles gut, ich führe neuerdings morgens gerne Selbstgespräche."

Dolores geht in die Küche mit den Worten:

„Das Bad findest du im zweiten Stock, die erste Tür links.“

„Danke.“ Ich mache mich gefühlt in Zeitlupe auf den Weg.

„Im Spiegelschrank oben rechts findest du eine neu verpackte Zahnbürste“, ruft Dolores mir nach.

„Danke!“ Wow, stehe ich erstaunt im Bad - oder sollte ich sagen im Badeparadies? So viele Spiegel, stelle ich fest. Dann schaue ich in die verschiedenen Spiegel, finde aber nicht das passende Gesicht für mich.

„Egal, Zahnbürste und Gesicht waschen“, denkt es. Ich setze mich zum Zähneputzen aufs Klo und jetzt fühlt es sich ein bisschen heimisch an. In Gedanken versunken gehe ich schätzungsweise nach Stunden zum Frühstück - oder waren es nur zehn Minuten? Ich habe das Zeitgefühl komplett verloren.

Unten angekommen sitzt Dolores schon am frisch ge-deckten Frühstückstisch.

„Mmh, duftet das lecker. Danke, Dolores, wenn einer Gastfreundlichkeit erfunden hat, dann du.“

„Vielen Dank, Johannes“, spricht sie mit einer einla-denden Geste.

„Sollte ich über gestern Abend etwas wissen oder bes-ser nicht?“, frage ich.

„Alles im grünen Bereich, Johannes, es war zum Tot-lachen mit euch beiden“.

„Du meinst mit Andreas und mir?“

„Ihr beiden Formel Eins-Fahrer, da haben sich zwei zum Spielen gefunden, schmunzelt Dolores. Mit Faszi-nation habt ihr die ganze Nacht dieses PC-Spiel gespielt.“

Ich kann mich vage erinnern und verberge mein Gesicht in meinen Handflächen.

„Und wo sind Susanne und Andreas jetzt?", will ich die Konversation langsam in Gang bringen.

„Susanne fuhr gestern Abend noch, denn sie musste heute früh raus. Andreas ist ins Büro, sah aber nicht besser als du heute Morgen aus."

„So schlimm?" Langsam wird's mir peinlich. Wir sitzen eine Weile und frühstücken genüsslich mit leichtem Small Talk, denn mehr ist heute Morgen bei mir nicht möglich. Ich weiß nicht, wann ich das letzte Mal so viel getrunken habe und versinke schweigend hinter meinem Sandwich.

„Lass uns nach dem Frühstück ein paar Runden schwimmen – Badehose und Handtücher sind vorhanden", lädt sie mich ein.

„Liebend gerne, du bist ein Engel Dolores."

Es tut sehr gut, ein paar Runden zu schwimmen. Durch das erfrischende Wasser werde ich immer mehr ich selbst. Die Sonne scheint verführerisch. Was für ein schöner Urlaub. Ich höre mein Handy in der Ferne klingeln und denke:

„Schön, dass es Frau Mailbox gibt".
Dolores lässt es sich im Liegestuhl gut gehen.

„Willst du nicht auch hereinkommen, Dolores?"

„Ich wärme mich erst auf und dann komme ich ins Wasser." Ich schwimme noch mal hin und her und steige aus dem Pool. Trockne mich ab, lege mich in die wärmende Sonne und lasse alles mit einem Ausatmen los. Ich muss weg gedämmert sein, denn als ich aufwache, sehe ich, wie Dolores in einem entspannten Tempo ihre Runden im Pool schwimmt. Nach einer Weile setze ich mich an den Poolrand. Meine Füße baumeln im erfrischenden Wasser. Sie kommt auf mich zu geschwommen, zieht sich elegant am Rand hoch und setzt sich neben mich. Wir genießen diese gemeinsame Stille. Ich nehme ihre angenehme Gegenwart wahr, muss aber nicht reden. Eine neue Qualität in meinem Leben, stelle ich fest. Warum müssen wir Menschen sobald wir zu zweit sind, immer denken und reden, wenn es in Stille auch geht. Ich bin ein Meister im Reden und Diskutieren. Stille war für mich unangenehm und Zeitverschwendung. Ich hole mich aus meinen Gedanken zurück, spüre die Sonnenstrahlen auf meiner Haut und das erfrischende Wasser an meinen Füßen. Ich könnte meinen ganzen Urlaub hier verbringen. Mir fällt auf, irgendetwas hat sich grundlegend bei mir geändert, ich bin mit meiner Aufmerksamkeit mehr im Hier und Jetzt.

„Wie fühlst du dich jetzt, Johannes?", unterbricht mich Dolores in meinen Gedanken.

„Gut und ich bin euch dankbar, hier zu sein – eine richtige Urlaubsatmosphäre bei euch."

„Wir haben uns hier gemeinsam eine kleine Oase erschaffen und teilen dieses gerne mit lieben Freunden."

„Wie lange kennt ihr euch eigentlich? Ich meine, du und Andreas?"

„24 Jahre und davon sind wir 20 Jahre verheiratet."

„20 Jahre!", wiederhole ich anerkennend.

„Die Anzahl der Jahre sagt aber nichts über die Intensität einer Ehe oder einer Beziehung aus", erwidert sie.

„Was heißt denn für dich Intensität in einer Ehe?"

„Intensität ist für mich ein Ausdruck von Lebendigkeit und Nähe. Andreas und ich brauchen beide die persönliche Weiterentwicklung und die beidseitige Bereitschaft zur Reflexion."

„Das hört sich spannend an und gleichzeitig beneide ich euch. Und wenn ich das höre, fühle ich mich als ein Verlierer."

„Warum Verlierer?", fragt Dolores.

„Katja, meine Ex-Frau, und ich schafften es nicht in unserer Ehe. Im achten Jahr unserer Ehe habe ich mich nach anderen Frauen umgeschaut. Es lief mit anderen Frauen nichts Konkretes, aber wo fängt Fremdgehen an? Ich vernachlässigte Katja sehr und verletzte sie damit. Und die Liebe wurde zu einem trockenen Flussbett", sage ich mit gesenkter Stimme.

Stille.

Um die Beklemmung wieder abzuschütteln, frage ich:

„Dolores, wie kommt es eigentlich, dass ich mit dir hier so offen über alles reden kann? Ich spreche mit anderen nie über solche vergangenen Dinge."

„Weil du anfängst zu vertrauen und erkennst, dass du dem Vergangenen nicht mehr ausweichen kannst", antwortet sie herzlich. „Wir sollten uns unseren verdrängten Gefühlen stellen, um sie dann gehen zu lassen, sonst behindern sie unbewusst unsere Zukunft. Und wie du es gestern gut erkanntest, je mehr Gefühle wir unterdrücken, desto mehr verlernen wir das Fühlen. Fühlen ist

Lebendigkeit und Lebendigkeit heißt Menschsein mit allen Aspekten, ob negativ oder positiv".

„Wenn ich dir zuhöre, bekomme ich das Gefühl, dass ich mein ganzes Leben geschlafen habe".

„Eines habe ich für mein Leben erfahren", spricht Dolores weiter, „und das ist, dass es nicht darum geht, ein perfektes Leben zu leben. Leben heißt für mich, neugierig und mit meinem Herzen unterwegs zu sein. Wir Menschen vergessen, dass wir am Ende alle sterben werden, und das ist ganz sicher!" Ich lasse die Worte von Dolores in mir wirken.

Stille.

Dann meldet sich plötzlich mein Humor wieder.

„Und bei mir steht auf dem Grabstein: Johannes hatte noch so viel zu erledigen, aber es kam etwas Unerwartetes dazwischen."

„Johannes und sein Humor", Dolores lacht und stupst mich liebevoll an.

„Hast du Lust auf eine frische Melone?", fragt sie.

„Ja, gerne", antworte ich, „wenn ich sie holen darf. Dolores, du hast heute schon so viel für mich getan."

„Gerne Johannes, du findest alles in der Küche." Ich stehe auf und schnappe mir im Vorbeigehen mein Handy von der Fensterbank.

Mein Sohn war der Anrufer, sehe ich auf dem Display. Angekommen in der Küche höre ich die Mailbox ab.

„Hallo Dad, hier ist dein Sohn, du hörst es bestimmt trotz deines hohen Alters an meiner Stimme. Ja, ich brauche dich, ich muss mich wegen meiner Ausbildung entscheiden und brauche deinen väterlichen Rat. Ich denke, ich werde mir es leisten können, bei deinem

Stundenlohn. Ich hoffe, du genießt deinen Urlaub, ich melde mich die Tage. Ach so, ich liebe dich und hoffe, du hast es nicht vergessen, du weißt, wegen deines hohen Alters. Dad, ich freu mich, dich wiederzusehen, sei geknuddelt von mir. Jan!"

„Ja, der Ast fällt nicht weit vom Apfel." Oder so … „Ich liebe ihn sehr", flammt es in meinem Herzen auf. Ich gehe zur Toilette und bleibe im Flur wieder magisch an diesem Gemälde kleben. Ich lese laut: *„Dio è in te* - Gott ist in dir".

„So, so, du lebst in mir. Jetzt haben wir ein Problem, mein Lieber. Welchen Teil von ‚du da oben und ich hier unten' hast du nicht verstanden? Und wo bitte, rein hypothetisch, gedenkst du in mir zu wohnen? Jetzt sag bitte bloß nicht in meinem Herzen, das ist doch abgedroschen. Wie wäre es in meiner Lunge? Sie ist frisch renoviert, weil ich seit über 15 Jahren nicht mehr rauche". Ich gehe weiter und drehe mich noch mal kurz um:

„Überlege es dir gut und glaub mir, du willst nicht wirklich in meinem inneren Chaos wohnen. Und ehrlich, ich würde gerne selbst ausziehen. Nein, bitte streich den letzten Satz! Ich mag meinen Körper und mein Leben! Da finde ich mich zwar oft nicht zurecht, aber ich weiß, wo ich dran bin".

Ich gehe mit der geschnittenen Melone zurück zum Pool.

„Mm, das sieht lecker aus, Johannes", freut sich Dolores. Ich setze mich mit dem Tablett auf den Rand des Pools zu ihr. Wir genießen in der fast zu heißen Sonne die erfrischenden Melonenstücke. Die Atmosphäre um uns herum fühlt sich dichter an, wenn man es überhaupt so formulieren kann. Es ist, als ob etwas in der Luft liegt.

„Dolores, darf ich dich etwas Persönliches fragen?", spricht es wie von allein aus meinem Mund.

„Ja gerne, Johannes", antwortet sie.

„Ich habe dir einiges, was nicht so gut lief, aus meinem Leben erzählt, gibt es vielleicht ähnliche Ereignisse in deinem Leben?"

„Ja", antwortet sie. „Ereignisse, über die ich lange Zeit nicht reden konnte und wollte."

„Okay", spreche ich neugierig.

„Ich war 16 Jahre alt und wir waren mit fünf Mädels auf einer Party. Es war eine Party, wo wir vielleicht nichts zu suchen hatten, aber das Verbotene hatte einen starken Reiz. Es gab eine sehr leckere Erdbeerbowle auf dieser Party, die mir als unerfahrenem Teenie später zum Verhängnis wurde. Zu vorgerückter Stunde befand ich mich auf einer Hollywoodschaukel mit drei älteren Jungs. Im Polizeiprotokoll musste ich jede Kleinigkeit angeben, die in dieser Nacht geschah. Ich fuhr mit ihnen an einem Badesee. Ich wollte es nicht, aber ich war vom Alkohol benebelt und orientierungslos". Sie macht eine kurze Pause.

„Ich bin von diesen Jungs an diesem Abend genötigt und vergewaltigt worden."

Schweigen.

Mir bleibt der Atem weg und ich bin fassungslos und tief berührt. Ich weiß nicht, was ich sagen soll. Dolores bleibt ruhig und atmet bewusst und konzentriert.

„Wie kann diese Frau so ruhig bleiben?", frage ich

mich innerlich.

„Weil ich vergeben habe", antwortet sie.

„Liest sie gerade meine Gedanken? Auch egal", denke ich.

„In mir ist damals als Mädchen und junger Frau etwas zerbrochen. Von jetzt auf gleich war mein Leben ein fremdes Leben. Ich fand mich lange Zeit nicht mehr zurecht. Scham, Ekel und Schuldgefühle beherrschten meinen Alltag. Ich fühlte mich von allem, was ich mal war, abgeschnitten.

Ich flüchtete mich in den Leistungssport und kämpfte erbarmungslos gegen meinen Körper. Ich hasste ihn abgrundtief und das ließ ich ihn auch spüren. Ich hasste Gott für das, was er zugelassen hat. Die Jungs bekamen ihre gerechte Strafe. Mein Vater tat damals alles für mich. Meine Mutter litt, wie es nur ein Mutterherz konnte. Die Liebe meiner Eltern gab mir Halt, obwohl ich sie damals nicht erwidern konnte. Sie schenkten mir ein Pferd, was schon immer ein großer Traum von mir war. Mein Pferd hat vieles in mir damals geheilt, wenn so etwas überhaupt jemals möglich ist."

„Und wie konntest du diesen Arschlöchern – bitte entschuldige den Ausdruck – jemals vergeben?", frage ich.

„Durch einen großartigen Mann, der mich in kleinen Schritten geduldig unterstützte – mein geliebter Mann Andreas." Jetzt fließen Tränen bei Dolores.

„Andreas wurde von Gott gesandt, das weiß ich heute. Damals war ich blind vor Hass auf Gott und mich."

„Was hat dich verändert?", frage ich Dolores.

„Andreas erzählte mir damals viel über seinen Gott."

„Seinen Gott", wiederhole ich irritiert. „Es gibt aber doch nur einen Gott, so steht es doch geschrieben".

„Ja, es gibt nur einen Gott, der sich in allen Dingen offenbaren kann", sagt Dolores. „Und wir Menschen verwechseln diese oder jene Dinge mit Gott. Und jeder darf sich auf die Suche machen, ihn durch diese vielen Dinge zu erkennen", beendet sie den Satz.

„Ist das nicht anstrengend, jeden Stein umzudrehen, um Gott zu suchen?".

„Die Suche ist immer der Anfang und das Finden die Selbsterkenntnis. Ich selber musste mich von fest geprägten Bildern in mir, wer Gott ist, was Gott ist und wo Gott ist, befreien".

„Und, wer ist jetzt Gott?", frage ich zynisch nach.

„Andreas sagte mal zu mir, als ich wie du zynisch reagiert habe: ‚Meine liebe Dolores, Gott ist genauso, wie ich ihn brauche und Gott will mich genauso, wie ich bin.'"

„Und was hat es dir jetzt gebracht in Bezug auf dein traumatisches Erlebnis?" Dolores schaut liebevoll.

„Hab Geduld, Johannes, du wirst es herausfinden." Andreas gab mir damals, als ich noch voller Hass war, diese fünf Sätze mit auf den Weg:

Du bist nicht allein.
Du musst es nicht verstehen.
Es wird vorbeigehen.
Es gibt keine Kontrolle.
Vertraue, es dient einem höheren Zweck und Erkenntnis.

Für kurze Zeit fühlt es sich in meinem Kopf an, als ob

einer die Reset-Taste gedrückt hat. Diese fünf Sätze bewegen etwas Tiefes in mir. Ich genieße diese Stille in mir. Etwas später fährt mein Kopfrechner langsam wieder hoch und er denkt weiter.

„Ich würde es gerne hier erstmal stehen lassen", schlägt Dolores vor.

„Sehr gerne", erwidere ich. „Danke Dolores, für deine Offenheit". Ich kühle mich jetzt erst mal ab und gleite vom Rand aus in dem Pool und schwimme ein paar Runden. Als ich aus dem Pool steige, ist Dolores im Haus verschwunden. Ich lege mich pitschnass auf die Liege und meine kühle Haut saugt die Wärme der Sonnenstrahlen auf. Ich halte meine Hand vor mein Gesicht und beobachte die Sonne durch die kleinen Spalten zwischen meinen Fingern.

Wie kommt es, dass die Sonne einfach so viel Licht und Wärme produziert und das ohne Stromkabel? Sie scheint schon Milliarden von Jahren. Und wer koordiniert die ganze Laufbahn der Planeten, damit kein Chaos im Weltraum ausbricht?

Und schon läuft mein Denkrechner, gefüttert mit Fragen über Fragen. Gibt es vielleicht doch eine höhere Intelligenz mit größerer Rechenkapazität, die ich mit meinem begrenzten Kopf-PC gar nicht erfassen kann? Mein Kopf läuft schon mit den kleinsten Herausforderungen heiß. Wie heißt denn noch mal der erste Satz von Andreas an Dolores?

Du musst nicht alles verstehen.

Ich spüre, wie mich dieser Satz gerade entspannt. Vielleicht bin ich auf dieser Erdkugel, um das Wunder Leben zu genießen?

„Johannes, Johannes, pass auf, dass dir nicht ein langer weißer Bart wächst", höre ich es aus mir sprechen." Ich blicke mich erstaunt um und frage:

„Bist du jetzt schon eingezogen?"

Erkenntnis des Tages:

Ich muss nicht alles verstehen.

6. Das unerwartete Geschenk

Die Türklingel läutet. Ich mache gerade einen Boxenstopp auf dem Klo. „Wer ist denn das so früh?" Ich blicke auf die Uhr, die mich um 7:13 Uhr verschlafen im Bad anschaut. Der Postbote kann es schlecht sein, der kommt frühestens gegen elf Uhr.

„Na, durchs Grübeln öffnet sich die Tür nicht", spricht der Frühaufsteher alias innerer Kommentator. Ich beende meinen Boxenstopp und schlurfe zur Haustür. Plötzlich kommt mir die Haustür entgegen und ich mache erstaunt über mich selbst einen Satz zur Seite. Im Türrahmen steht mein Sohn.

„Dad, ich bin es!" Dad steht für Vater, will ich dem Leser erklären.

„Bitte mach deinen Mund wieder zu, sonst bekommst du noch eine Maulsperre." Ich befolge seinen Befehl und erwidere:

„Dir auch einen schönen guten Morgen, mein Sohn". Er spricht in einem weiter:

„Du sagtest doch selbst, ich soll klingeln, bevor ich den Zweitschlüssel von deiner Haustür benutze. Und Dad, bitte komm nicht mit der Ausrede: Was ist, wenn dein Vater mal Besuch über Nacht hat. Weil dieses offensichtlich in den letzten 250 Jahren nicht stattgefunden hat", beendet er sein Wortschwall.

„Sag mal, mein Sohn", unterbreche ich seinen Monolog. „Du redest an einem Stück, als ob du einen Kaffee zu viel getrunken hast."

„Dad, ich trinke keinen Kaffee, weil ich gegen Ausbeutung, Kinderarbeit und Hungerlöhne in den Dritte-Welt-Ländern bin." Ich schiebe ein:

„Heißt das nicht Entwicklungsländer?" Strike! Für eine halbe Sekunde hält er seinen Mund.

„Was verschafft mir so früh am Morgen die Ehre, mein lieber Sohn?"

„Du musst wegen der Klassenfahrt etwas unterschreiben, das muss ich heute in der Schule abgeben". Er kramt ein Schriftstück aus seinem Schultornister heraus und hält es mir mit einem Kugelschreiber hin. Er bückt sich und deutet an, dass ich seinen Rücken als Schreibunterlage benutzen soll. Ich unterschreibe es blind, weil ich keine Lust habe, meine Lesebrille zu suchen. Er nimmt mir das Schriftstück aus der Hand und dreht sich um.

„Hab dich lieb Dad" und wusch - weg ist er. Ich wollt gerade erwidern: Ich dich auch …, aber das zu einer zufallenden Tür zu sprechen macht hier keinen Sinn. Ich stehe mit dem Kugelschreiber in der Hand einfach da. Wenn jetzt die Durchsage käme, ‚der kleine Johannes möchte von seinen Eltern aus dem Spielparadies abgeholt werden', würde das meine jetzige Orientierungslosigkeit gut beschreiben. Alle Zeit bereit, das heißt Elternschaft. Vater und Mutter stehen zu jeder Uhrzeit in Bereitschaft, garantiert ein Leben lang. Wäre das mir in meiner Jugend bewusst gewesen, hätte ich manchmal ‚danke Dad', ich meine, Vater gesagt und meine Mutter einfach mal gedrückt dafür.

Mir fällt auf, irgendetwas müffelt hier, meine Dusche

ruft mich mahnend. Unter der Dusche fällt mir nach 20 Minuten auf, dass ich zum Warmduscher mutiere. Früher duschte ich kurz und sportlich kalt, aber seitdem ich … mir fällt kein Grund ein, muss ich mir selbst eingestehen. Nächste Woche fange ich wieder damit an, versprochen!

„Wem versprochen?" kommt ein Echo zurück.

„Dem Heiligen Geist vielleicht?"

„Wenn nicht jetzt, wann dann?", spreche ich laut aus. Ich schaue die Mischbatterie an und sehe auf diesen blauen Punkt.

Ich habe ein plötzliches Dejá vu – mein Körper lässt sich nicht bewegen. Wie auf der Bank am Waldsee bemerke ich den Zwiespalt zwischen meinem Körper und mir. Mein Körper macht nicht, was ich will. Es wird still um mich herum. Ich höre das Plätschern und Rauschen des Wassers intensiv. Ich schließe meine Augen und ahne, dass tiefe Gefühle aus mir aufsteigen möchten. Ich beobachte und stelle mich ihnen. Bilder von meinem Vater steigen innerlich auf und dann eine Flut von Gefühlen strömt auf mich zu, wie die unzähligen Wassertropfen aus dem Duschkopf. Und da öffnet sich wie ein inneres Fenster und ich sehe meinen Vater abends weinend, wie so oft vor dem Bild meiner Mutter. Ich war damals so beschäftigt mit dem Ablenken meines eigenen Schmerzes und sah meinen Vater gar nicht in seinem Schmerz. Heute weiß ich, er war auch nur ein Mensch und kein Übermensch.

„Vielleicht hätte er mich auch gebraucht", schießt es durch mein Herz. Plötzlich tauchen die Bilder auf, wie er in den Pool springt und Mutter aus dem Wasser hinausträgt. Mit einem bestimmenden Ton sagte er zu mir:

„Johannes, geh sofort auf dein Zimmer, Mama wird schon." Ich folgte seiner Anweisung und ging sofort auf mein Zimmer. Ich betete ununterbrochen:

„Lieber Gott, mach, dass meine Mama gesund wird. Ich verspreche dir alles, was du willst, aber mach sie wieder heil". Und ich fing an, eine Liste herunter zu beten von dem, was ich dafür alles tun würde.

„Nur bring mir meine Mutti zurück", flehte ich. Ich war mir sicher, dass der Liebe Gott bei solch einem Opfer von mir nicht Nein sagen konnte und wenn, dann wäre er nicht der Liebe Gott! Aber er gab mir meine Mutti nicht zurück.

Mein Vater kam nie so richtig darüber hinweg. Er heiratete später noch einmal und war auch glücklich, aber ich glaube nie so wie mit meiner Mutter. Als Kind hatte ich meinen Vater für lange Zeit für mich. Er sagte immer, wenn wir allein waren:

"Wir sind und bleiben immer eine Familie Johannes: du, Mama und ich." Genauso fühlte es sich in diesen besonderen Momenten an.

Ich beschließe heute, meinen alten Herrn auf dem Friedhof zu besuchen, obwohl ich Friedhöfe gerne meide, sie haben etwas Schweres und Düsteres. Mein Körper gehorcht mir wieder.

„Was soll das alles bedeuten?", denke ich. Später stehe ich vor meinem Spiegel und zupfe mir drei graue Brusthaare aus.

„Wo kommen die so plötzlich über Nacht her und so

schnell kann ein Haar doch nicht wachsen", denke ich.

Es ist inzwischen 9:00 Uhr und es klingelt wieder an meiner Tür. Wenn das jetzt wieder mein Sohn ist, der dringend seinen Kugelschreiber zurück braucht, dann ... Ich reiße die Haustür auf mit den Worten:

„Erwischt und schneller"! Erschrocken darüber, dass es nicht mein Sohn ist, sage ich:

„Ups, UPS. Das reimt sich sogar", versuche ich die Peinlichkeit zu überspielen.

„Ein Paket für Sie", lächelt mich Herr UPS an. Ich unterschreibe und bedanke mich. Ich halte ein ca. ein Meter langes und breites, ganz flaches Paket in der Hand.

„Wer ist der Absender?", frage ich mich. Ich blicke suchend auf den Aufkleber. Ich lese:

„Andreas Rosenthal." Den Nachnamen kenne ich vom Klingelschild bei Dolores und Andreas.

„Ach, unser Andreas", sage ich laut.

„So, jetzt heißt es schon unser Andreas, nach drei Begegnungen", stellt mein innerer Kommentator fest.

„Was da wohl in diesem Paket ist?", frage ich mich? Aus einem Instinkt heraus schüttele ich das Paket heftig an meinem Ohr, um es zu erlauschen.

„Vielleicht ein Leckerchen für mich", denkt der sicherlich noch vorhandene Affeninstinkt in uns Menschen. Ich gehe in die Küche und will es mit meinem Lieblingsmesser öffnen.

„Schneide dir jetzt nicht wieder in die Hand", schaut mich mein Messer mahnend an. Ich setze das Messer an.

An dieser Stelle sagte mein Lektor beim Schreiben dieses Buches hier, ich solle den Spannungsbogen für den

Leser ruhig noch erhöhen. Also mache ich das an dieser Stelle.

Ich bin neugierig, was Andreas sich wohl dabei gedacht hat? Eine unerwartete Überraschung. Ein Blick auf die Uhr und ich beschließe, erst mal raus an die frische Luft zu gehen und meinen Vater besuchen. Das Paket lege ich ungeöffnet auf den Küchentisch zurück und freue mich, es in Ruhe später bei einem frischen Espresso zu öffnen. Beim Anziehen spüre ich eine unglaubliche Vorfreude auf meinen Vater. Irgendetwas hat sich in mir grundlegend verändert. Mein Herz geht weit auf und trotzdem fühle ich mich nicht verletzlich, im Gegenteil, ich fühle mich männlich und entspannt. Männlichkeit bedeutete sonst alles andere als Entspannung für mich. Da fällt mir etwas Verrücktes ein oder besser wohl dem kleinen verspielten Jungen in mir. Ich entdecke gerade diese verspielte Seite an mir neu. Es bringt Spaß und Leichtigkeit und das zählt im Leben.

Auf dem Friedhof angekommen, stelle ich den zweiten Becher Espresso auf den Grabstein von meinem Vater. Er liebte wie ich seinen Espresso über alles.

„Hey, Vater, der ist schön heiß, wie du es magst." Mir kommen Tränen, das hätte ich schon viel früher machen sollen.

„Dein Enkel Jan hat es nicht so mit Kaffee, du wärst stolz auf ihn - ein sauberer Junge, würdest du sagen." Wir trinken gemeinsam und genüsslich unseren Espresso. Ich erzähle und erzähle und er hört einfach nur zu. Ich fühle mich wie ein kleiner Junge, der einfach spielen möchte und das hier am Grab meines Vaters. Das Spiel heißt: *Leben, so wie ich es möchte, oder besser brauche.*

Hinter mir geht eine gebückte ältere Dame mit einer grünen Gießkanne vorbei. Sie schaut mich lächelnd an und zieht mich an meinem Arm zu sich.

„Früher trank mein Herbert gerne ein Körnchen". Mit vorgehaltener Hand erzählt sie weiter:

„Heute schütte ich ihm immer ein Körnchen aufs Grab. Sie schaut sich auf dem Friedhof um und erzählt weiter: „Und den Rest trinke ich, dann haben wir beide was davon". Sie geht weiter und sprich vor sich hin: „Wie ich dich vermisse, Herbert". Ich spüre noch ihren Griff an meinem Arm und schaue ihr hinterher. Das Leben kann plötzlich vorbei sein, wird mir hier auf dem Friedhof wieder klar. In ihre Richtung schauend, sehe ich ein großes Christuskreuz. Ich gehe zum Kreuz und schaue zu Jesus auf. Ich spreche mit ihm:

„Hey, du Armer, egal was du gemacht hast, die Menschen hängen dich immer wieder ans Kreuz oder besser, wollen dich immer dort oben hängen sehen. Ich weiß natürlich, es soll uns daran erinnern, dass du für unsere Sünden gestorben bist. Aber mal ganz ehrlich, war es wirklich dein Ansinnen, über deinen Tod hinaus symbolisch dort zu hängen? Wenn ich dich da so hängen sehe, löst es definitiv bei mir keine Gefühle von Leben, Freude, Liebe und Freiheit aus. Vielleicht ist das Marketing der Kirche einfach überholt". Jetzt erwische ich mich dabei, wie ich mich auf dem Friedhof umschaue. Ich spreche leise zu ihm:

„Wie wäre es, du stehst lebendig vor dem Kreuz und

jubelst mit erhobenen Händen, weil du es geschafft hast, nach dem Tode weiterzuleben." Das würde mich zu mindestens neugierig machen, an ein Weiterleben nach dem Tod zu glauben. Also liegt es gar nicht an deinen Botschaften, sondern an dem Marketing um dich herum.

„Hey, Jesus, ich bring dir beim nächsten Mal einen wirklich heißen Cappuccino mit extra Milch mit", zwinkere ich ihm zu. Ich gehe zurück zum Grabstein meines Vaters und frage ihn:

„Ist das okay, Vater"? Er lacht herzlich und sagt: „Ganz mein Sohn, ich bin stolz auf dich, mach dein Ding und sei glücklich und für andere da, so wie du bist."
Ich glaube, ich verstehe jetzt, was es heißt, einfach glücklich zu sein. Vielleicht gehören Glaube und Humor doch zusammen.
Prompt kackt mir ein Vogel auf die Jacke. So viel zum Thema Humor. Ich bleibe standhaft und ärgere mich jetzt nicht. Ich schaue in den Himmel und sage:

„Die nächste Kaffeerunde geht auf dich!" Und ich mache mich auf den Heimweg.

Zu Hause angekommen, öffne ich mit Vorfreude das Paket. Ich ziehe ein großes Bild mit einem wunderschönen Rahmen heraus. Ich bin erstaunt, es ist ein Nachdruck von dem Gemälde, das ich aus dem Flur von Andreas kenne. Ich stelle es auf den Boden und lehne es an die Wand. Dieses Bild zieht mich wieder in seinen Bann. *Dio è in te* – Gott ist in dir.

Erkenntnis des Tages:

Ich folge meiner Inspiration und nicht meinen Bedenken.

7. Himmel & Hölle

Ich wache auf und schaue auf den Wecker: 1:63 Uhr und denke:

„Was ist mit meinem Wecker los?" Da ist wieder der Sog weiterzugehen und ich stehe kurzerhand auf. Ich ziehe mich an und möchte die Abendluft genießen. In den letzten Tagen ist viel geschehen und ich spüre, dass sich alles seinen richtigen Platz in meinem Körper und in meiner Psyche sucht. Als ich draußen vor dem Haus stehe, atme ich tief durch. Was tut diese kühle und frische Luft gut. Ich schlendere Richtung Altstadt und genieße die Ruhe und Stille. In den Regenpfützen spiegelt sich das bunte Neonlicht der Altstadt. Ich gehe weiter und weiter. In einer Nebengasse leuchtet ein Kneipenschild. ‚Himmel & Hölle', lese ich laut. Kneipe mit Hausmanns-kost' steht mit Kreide auf der Wandtafel.

„Komisch", denke ich, „ist mir noch nie aufgefallen". Das liegt wohl daran, dass ich kein Kneipengänger bin. Da ist wieder dieser Sog direkt zu dieser Kneipe. Ich werfe einen Blick auf meine Uhr 2:72! Ungläubig schaue ich auf die Ziffern. Was ist mit den Zahlen bloß los? Mein innerer Kommentator unterbricht mich:

„Hey, du bist volljährig und darfst dir ruhig einen ge-nehmigen". Und was ist mit dir jetzt los? Bist doch sonst immer so gescheit. Es folgt darauf kein Kommentar von meinem Kommentator. Ich freue mich auf ein leckeres gezapftes Bier. Humor, Glaube und ein Bier, so gefällt es mir. Ich öffne gut gelaunt die schwere Kneipentür, muss aber erst realisieren, dass diese Tür natürlich nur nach außen aufgeht. Ich stehe mitten in der Kneipe und will spontan auf meinem Absatz kehrtmachen. Wie in einem alten Gangsterfilm, düsteres Licht und die Luft steht vor lauter Zigarettenqualm.

„Okay, dies muss der Höllenteil dieser Kneipe sein und wo bitte schön finde ich den Himmelteil?" frage ich mich. Von rechts brüllt mir eine raue Stimme zu:

„Hey, mach die Tür zu, es zieht!" Wie auf Befehl tue ich es, bevor er seinen Colt zieht - würde zu dieser Stimmung hier gut passen, denke ich.

„Hey, Jungs, ich will keinen Ärger", spreche ich lautlos. Da ich in dieser Woche jede Menge skurriler Situationen erlebte, beschließe ich entspannt, dass diese Situation auch dazu gehört. Abgesehen davon liebe ich alte Gangsterfilme. „Casinos", ein Mafia-Filmklassiker oder „Der Pate". Okay, ich setze mich wie in einem Mafiafilm selbstbewusst an die Bar neben Robert de Niro. Ein Kleiderschrank von einem Barkeeper fragt mit rauer Stimme:

„Was darf es sein, Fremder?" Fremder habe ich gerade dazu gedichtet, würde doch super passen. Ich entscheide mich schnell um, Bier wäre nicht angemessen in meiner neuen Rolle.

„Einen Whisky bitte."

„J&B oder Johnnie Walker"? J&B hört sich nach einer amerikanischen Automarke an und Johnnie Walker hört sich nach einem guten Kumpel an.

„Was jetzt?", unterbricht mich der ungeduldige Barkeeper.

„Johnnie", sage ich verunsichert. „Ich meine Johnnie

Walker". Er schüttelt mit dem Kopf. Peinlich, peinlich, das fängt ja gut an Johannes!

„Hat nicht Marius Müller-Westernhagen einen Song über Johnnie Walker geschrieben?", überspringe ich die Peinlichkeit". Wie war noch mal die Melodie? Der Herr neben mir spricht mit einem erhobenen Glas zu sich selbst:

„Auf dich, Gott, und deinem Schlamassel hier auf Erden". Ich drehe mich um. Er ist eindeutig nicht Robert de Niro! Er scheint Ende 60 zu sein, elegant gekleidet mit einem weißen, kurzen gepflegten Bart. Gemessen an seiner Aussprache scheint er leicht angetrunken zu sein. Mein Whisky kommt rutschend auf der Holztheke auf mich zu. Ich ergreife ihn cool und habe hoffentlich hiermit die Aufnahmeprüfung in dieser Kneipe bestanden. Ich proste und lächle dem Barkeeper zu.

„Schiet, nicht bestanden", denke ich, denn seine Mimik ist eindeutig. Peinlich ist ab heute mein Doppelname. Eigentlich mag ich keinen Whisky, fällt mir beim Nippen auf. Ich hoffe aber, dass es cool wirkt. Ich schaue zu dem Mann neben mir, der offensichtlich ein größeres Problem mit Gott hat.

„Er also auch?", schmunzele ich. Wir sollten uns zusammentun. Gesprächsfreudig, wie ich gerade bin, sage ich zu ihm:

„Hey, mein Name ist Johannes." Das wirkt nicht zu aufdringlich.

„Sei gegrüßt, Johannes", gibt er, ohne mich anzuschauen, zurück.

Schweigen.

„Wie fängt ‚Mann‘ eine nicht plump wirkende Unterhaltung an?“, frage ich mich? Einige Ideen schießen mir durch den Kopf. „Sind sie öfter hier“? Streichen! „Darf ich sie auf ein Getränk einladen?“ Streichen! „Interessieren sie sich für Fußball? Ich nämlich nicht“! Streichen! „He, was geht heute ab?“ Wäre eine jugendliche Variante. Streichen! „Treffen sich zwei in der Bar, sagt der eine …“ Streichen! Ich bin aus der Übung, stelle ich fest. Dann unterbricht er mich und führt sein Selbstgespräch weiter.

„Ich habe versagt, ich habe einfach versagt“, bemitleidet er sich scheinbar selber. Jetzt überwinde ich mich und spreche ihn an, mehr, als dass ich mit einer Kugel im Kopf diese Kneipe verlasse, kann ja an diesem Abend nicht passieren. Ich frage:

„Kann ich helfen“?

Schweigen.

Man, macht der es mir aber schwer, habe ich ihn jetzt gekränkt?

„Mir kann keiner mehr helfen“, spricht der Fremde.

„Oh, er registriert mich“, stelle ich fest. Ich mache einen zweiten Anlauf und frage: „Wie ist dein Name und ist ‚Du‘ okay?“

„Natürlich, murmelt er gelangweilt ins Glas. Hier duzen sich alle“. Ich schaue mich in der Kneipe um und denke:

„Logo, in der Hölle kennt doch jeder jeden, Johannes, du Dummerchen“.

„Mein Name ist Gott“, spricht er in Richtung seines Glases. Ich tue, als wenn ich ihn nicht verstanden habe:

„Wie war noch mal dein Name – sorry, die Musik ist

hier so laut".

„Gott - und übrigens spielt hier gerade keine Musik." Ups. Fällt mir jetzt auch auf.

„Gott mit zwei ‚t'. Ich steige in seine Art Humor ein. Er schaut mich an und gibt zurück:

„Johannes mit zwei ‚n'" und hält meinem Blick stand. Hervorragend, denke ich, meine Humor-Liga.

„Also rein hypothetisch, wenn du Gott bist, warum sprichst du dann zu Gott?" Jetzt habe ich ihn in der Tasche. Er antwortet:

„Hast du mal etwas von Selbstgesprächen gehört"?

„Gespräche mit mir selbst?", antworte ich.

„Ja", gibt er zurück.

„Es sind doch diese vielen Stimmen in unserem Kopf, mit denen wir uns unterhalten, oder?" Er widerspricht mir mit:

„Gott ist Gott und nicht Gott sind viele Stimmen". Okay, er scheint nicht so betrunken zu sein, wie ich dachte.

„Und was heißt, du hast wieder versagt?" Ich halte das Gespräch in Gang. Er nimmt daraufhin einen großen Schluck aus seinem Glas und spricht:

„Ich bin schuld, dass Kriege, Krankheit, Gewalt und Hungersnöte auf dieser Erde herrschen. Ich habe die Verantwortung für das ganze Leid auf dieser Erde und für das Schicksal jedes Einzelnen. Was ich auch mache oder wen ich als Unterstützung sende, nichts ist für euch Menschen richtig. Ich trage die Schuld und schaffe es nicht, euch Menschen zufriedenzustellen. Mir wächst seit

Jahrtausenden alles über den Kopf. Es ist nichts gut genug von dem, was ich für euch erschaffen habe. Im Gegenteil, es werden Kriege meinetwegen geführt und ich bin dann auch noch schuldig an den ganzen Opfern. Die Natur wird ausgebeutet und Tiere werden gequält. Manchmal würde ich gerne den ganzen Scheiß hinwerfen. Ich bin auch nur Gott."

Ich fasse es nicht, er fängt jetzt bitterlich an zu weinen. Wie tröstet man Gott, schießt der Gedanke durch meinen Kopf. Schluchzend spricht er weiter:

„Die wenigen, die an mich glauben, es ist im Vergleich eine Handvoll, und für diese Handvoll mache ich weiter.

Was piept denn hier andauernd? Es wird immer lauter und nervt. Wie aus einem Schock wache ich von dem lauten Gepiepe auf. Das Piepen bricht abrupt ab. 4:81 Uhr und ich würde gerne meinen Wecker an die Wand klatschen. Die Uhrzeit spinnt und er piept wahllos in der Nacht. „Was für ein schräger Traum", denke ich und drehe mich wieder um und schlafe wieder ein.

Ich wache auf und ignoriere meinen Wecker. Der Traum ist noch ganz präsent. Ich kann es nicht erwarten, diese Kneipe aus meinem Traum aufzusuchen. Vielleicht gibt es sie wirklich in der Altstadt? Die Bilder im Traum haben so tiefe und klare Eindrücke hinterlassen.

Am frühen Morgen stehe ich tatsächlich vor dieser Kneipe. Erstaunt stelle ich fest, sie gibt es wirklich. Mein Pulsschlag steigt, das kann nicht wahr sein. Da ist das Schild aus meinem Traum ‚Himmel & Hölle'. Es steht

mit Kreide auf der Wandtafel: Frühstück nach Hausfrau-
enart bis 11:30 Uhr. Da kommt mir die Kneipentür entgegen, ein Dejà vu, wie mit meinem Sohn. Eine Kellnerin
bittet mich ein bisschen überzogen freundlich herein, als
ob sie schon auf mich gewartet hätte. Ich trete ein und
bleibe wie angenagelt stehen. Wieso sieht es hier anders
aus, als in meinem Traum?

„Johannes", spreche ich selbst zu mir, es war auch nur
ein Traum und dies ist hier die Realität." Verwundert darüber, dass es wirklich diese Kneipe gibt, denke ich:

„Magisch, magisch". Es läuft mir kalt den Rücken herunter. Helle, hohe Räume, sphärische Musik im Hintergrund, insgesamt eine entspannte Atmosphäre.

„Hell und strahlend, wie es nur der Weiße Riese waschen kann", geht mir der Werbeslogan durch den Kopf.
Ich bewege mich auf die Theke zu und denke so dabei:

„Das muss wohl der Himmelbereich dieser Kneipe
sein" und dieser Gedanke schenkt mir ein Lächeln auf
die Lippen. Ich spreche die Kellnerin an, sie hat ein so
aufdringliches Lächeln, dass sie bestimmt, um ihr Kellne-
rinnen-Gehalt aufzubessern, von einer Zahnpasta-Firma
gesponsert wird. Komisch, hier strahlt alles so hell, aber
nicht unangenehm. Da hat sich der Innenarchitekt bestimmt ein Denkmal gesetzt.

„Dort drüben, direkt neben dieser netten Dame, ist ein
Platz frei", spricht mich die Kellnerin freundlich und natürlich wieder strahlend an.

„Gerne nehme ich diesen Tisch", erwidere ich. Die ist
mittleren Alters und wirkt fein und gepflegt. Passt gut,
denn für eine Unterhaltung bin ich heute morgen sehr

empfänglich. Ich begrüße sie und sie grüßt mich mit einem breiten Lächeln zurück. Scheinbar ist sie die Werbebeauftragte dieser Zahnpasta-Firma. Sie überprüft undercover, ob die unter Vertrag stehenden Mitarbeiter auch wirklich die weiß geputzten Zähne strahlen lassen.

„Johannes, was bist du heute zynisch", rückt mein innerer Kommentator mich zurecht. Ich lache zurück und überlege, ob ich mir heute die Zähne schon geputzt habe.

„Entschuldigen sie bitte", spricht sie mich an.

„Ja bitte", antworte ich.

„Ich möchte mich nicht aufdrängen, aber haben Sie Lust, sich zu mir zu setzen?" Ich muss daraufhin ein bisschen perplex geschaut haben.

„Habe ich sie jetzt überfallen?"

„Nein, nein. Ein bisschen Gesellschaft tut mir sicherlich gut", erwidere ich. In den letzten Stunden habe ich sehr skurrile Situationen erlebt.

„Das liegt am vollen Mond", erwidert sie.

„Vollmond, ist mir gar nicht aufgefallen. Ah, jetzt verstehe ich, warum ich so schlecht geträumt habe". Ich setze mich und frage:

„Können sie mir ein Frühstück empfehlen?"

„Ja gerne, hier gibt es ein ganz tolles Frühstück. Das müsste die Nummer 13 sein. ‚Wer sucht, der findet' heißt es glaube ich."

„Was für ein seltsamer Name für ein Frühstück", erwidere ich.

„Ja, die haben alle biblischen Verse hier". Ich schaue nebenbei in die Frühstückskarte und stelle fest, dass alle Frühstücke nach einem Bibelvers benannt sind: 8 ‚Liebet einander' aus dem Evangelium nach Johannes. 9 ‚Gott ist die Liebe' aus dem Evangelium nach Johannes. 10 ‚Ich bin die Auferstehung und das Leben' aus dem Evangelium nach Johannes. 11 ‚Ich bin das Licht der Welt' aus dem Evangelium nach Johannes. 12 ‚Ich bin das Brot des Lebens' aus dem Evangelium nach Johannes.

„Johannes. Johannes, Johannes", spreche ich laut aus. Ich bin fassungslos und denke:

„Was geht hier denn ab"? Durch Atmen beruhige ich mich.

Meine Tischpartnerin fragt mich:

„Johannes, ist alles okay bei Ihnen".

„Und woher kennt sie jetzt auch noch meinen Namen?", überlege ich. Ich schlage mit der Handfläche auf den Tisch und sage mit zusammengebissenen Zähnen:

„Hier verarscht mich doch irgendeiner, na, wo ist die versteckte Kamera? Mir reicht es". Ich versuche aufzustehen, aber mein Körper will nicht so wie ich will.

„Fuck", schlucke ich runter. Mein Gegenüber schaut mich verständnisvoll strahlend an, wie auch sonst, und spricht:

„Johannes, du darfst wütend sein." Sie schaut durch den Raum.

„Schau, für deinen Wutausbruch wird dir vergeben." Mittlerweile bin ich jetzt der Hauptgast in dieser Live Morning Show. Peinlich berührt, drehe ich mich um und sage in den Raum:

„Sorry, alles in Ordnung, mir sind gerade die Nerven durchgegangen. Tut mir leid, kommt nicht wieder vor".

„Warum bin ich heute so gereizt?", frage ich mich. In

den letzten Tagen war ich doch auf einem so entspannten Weg. Bin ich wieder in etwas Altes zurückgefallen?"

Dann kommt die Kellnerin an unseren Tisch und berührt leicht meine Schulter.

„Wir sind alle nur Menschen, Johannes". Ich rolle mit meinen Augen und woher kennt sie jetzt meinen Namen, kreischt es in mir auf.

„Darf ich die Bestellung aufnehmen"?

„Ja, Bärbel", sage ich ironisch zurück und „ich nehme das Frühstück 13 von meinem Namensvetter Johannes!"

„Wer sucht, der findet?" wiederholt sie. Dann sagt sie: „Und ich heiße übrigens Barbara."

„Na, da liege ich ja nicht so weit daneben", sage ich.

„Rührei oder ein gekochtes Ei?"

„Rührei", beruhige ich mich.

„Kommt gleich." Sie verschwindet oder besser gesagt, fliegt davon. Um nicht ganz unhöflich zu sein, fange ich die Konversation mit der Frage an:

„Woher kennen sie meinen Namen"? Sie antwortet:

„Ich gehe davon aus, dass Ihre Aussage beim Lesen der Frühstückskarte: Johannes, Johannes ein Selbstgespräch war."

„Ach so", sage ich und „darf ich erfahren, wie ihr Name ist?" Sie antwortet beiläufig:

„Gott".

Schweigen.

„Alles in Ordnung bei Ihnen?", fragt sie nach.

„So, so, Gott, es scheint aktuell sehr modern zu sein, Gott zu heißen", sage ich.

„Wie meinen sie das?", erkundigt sie sich interessiert?

„Ich dachte, Gott wäre männlich?"

„Gott ist nicht geschlechtsspezifisch, er ist alles und in allem", beantwortet sie meine Frage.

„Und was verschafft mir die Ehre, mit Gott zu frühstücken?" Die Kellnerin kommt mit einem großen Tablett an unserem Tisch und tischt mir wirklich ein fürstliches oder sollte ich besser sagen, ein göttliches Frühstück auf.

„Wo kommt sie so schnell mit dem Frühstück her?", bin ich ganz perplex. Mein zweiter Gedanke:

„Johannes, du Depp, hättest vielleicht mal auf die Preise schauen sollen. Ich schaue erstaunt, wirklich alles, was das Herz begehrt.

„Hier sitze ich bestimmt drei Tage dran und ist das nicht übertrieben?", frage ich die Kellnerin mit großen Augen.

„Nein, sie sind doch hier im Himmel", erwidert sie, natürlich wieder übertrieben grinsend.

„Lassen Sie es sich schmecken und wenn sie noch einen Wunsch haben, einfach melden!"

„Danke, ich bin wunschlos glücklich." Genüsslich fange ich mit einem Schluck Kaffee an. Nach den turbulenten Tagen sehe ich dieses Frühstück als Belohnung.

„Lassen Sie es sich schmecken, Johannes und ich lasse mir immer das, was übrigbleibt, einpacken", spricht sie wohlwollend zu mir.

„Für die Hungernden in der Welt?" Den Spruch kann ich nicht unterdrücken. Sie schmunzelt. Irgendwie war der Gott gestern Abend zwar depressiv, aber authentischer und dieser hier wirkt aufgesetzt freundlich oder überzogen heilig.

„Betest du nicht vor dem Essen, Johannes?", fragt sie ein bisschen mahnend.

„Nein, tue ich schon lange nicht mehr."

„Du solltest aber dankbar sein, Johannes, für diese schönen Gaben auf dem Tisch". Genervt denke ich:

„So, mein Lieber. Ich meine natürlich meine Liebe, jetzt verdirb mir nicht das Frühstück!" Prompt sagt sie:

„Ich höre, was du denkst Johannes".

„Ja, ja, Gott sieht und hört alles", ich weiß.

„Warum versteckst du dich hinter deiner Ironie, Johannes?"

„Oh, jetzt bekomme ich noch eine Therapiestunde gratis oben drauf", antworte ich zynisch.

„Vielleicht, lieber Johannes". Jetzt bricht es aus mir heraus:

„Das hier ist doch ziemlich aufgesetzt, die über beide Wangen strahlende Kellnerin und Sie mit ihrer Idee von Gott! Ich habe gestern schon in meinem Traum mit einem depressiven Gott Bekanntschaft gemacht".

„Dann wird es Zeit, dass du von dem Bösen erlöst wirst", spricht sie.

„Okay, ohne unfreundlich zu werden, bis hierhin fand ich unser Lieber-Gott-Spiel unterhaltsam."

„Es ist kein Spiel, und ich spiele keine Spiele, denn ich bin Gott, der Allmächtige!" Fast hätte ich mich an einer Auster verschluckt und huste heraus:

„Dann brauche ich Beweise, mein lieber Gott! Mir reicht es langsam mit Gott hier oder Gott da. Gott ist eine Erfindung, damit der Mensch nicht selbstverantwortlich sein Leben lebt. Und der Quatsch mit dem Leben nach dem Tod oder besser gesagt, dem Leben im Himmel ist ein großer Fake, dieses Mal modern ausgedrückt. Gott ist tot, das sagte schon Nietzsche und der ist, finde ich, mit seiner These nah dran".

„Du bist ein Kind Gottes, Johannes", sagt sie so butterweich, dass sich meine Nackenhaare sträuben.

„Okay, liebe Göttin", so müsste es in ihrem Fall ja jetzt heißen, „ich bestehe auf einen Beweis, Punkt!"

„Was möchtest du, was ich machen soll?"

„Na, geht doch, das ist mal eine konkrete Ansage, aber wenn Sie es nicht schaffen, bezahlen Sie mein Frühstück. Haben wir einen Deal?"

„Ich bin einverstanden, Johannes."

„Super, Gott bezahlt mein Frühstückt, kommt ins allerneuste Testament. Testament Zwei Punkt Null. Ich sehe schon die Schlagzeile:

„Gott packt aus". In roten fetten Buchstaben! Und Johannes war dabei! Ich lache. Er, ich meine, sie schaut ernst und sagt:

„Du weißt, dass das hier Gotteslästerung ist?"

„Ja, aber zu behaupten, dass du, sorry, Sie – Gott sind, nicht, oder?"

„Ich bin und werde immer der einzig wahre Gott sein, Johannes."

„Gut, das kann jeder oder jede behaupten."

„Ich möchte, Johannes, dass du mir, wenn ich dir bewiesen habe, dass ich der wahre Gott bin, auch etwas versprichst."

„Natürlich, fair ist fair".

„Ich möchte, dass du wieder in die Kirche eintrittst und beichtest und um Vergebung deiner Sünden bittest."

„Aber dann muss ich mich noch mal taufen lassen?", schiebe ich ein. Gott nickt.

„Dann brauchen wir auch noch Johannes, den Täufer", gebe ich schlagfertig zurück.

„Wird dann geschehen", spricht sie, unbeeindruckt von meinem Witz.

„Also, was soll ich nun tun für dich?", fragt Frau Gott nach.

„Mmh, lassen Sie mich überlegen?" Ich schlürfe noch mal an meinem Orangensaft.

„Ich habe es, wie wäre es, wenn Sie sich auf der Stelle in Johannes, den Täufer verwandeln?"

„Ist das wirklich dein Wunsch, Johannes?"

„Na, bekommt Gott nasse Füße"?

„Nein, aber vielleicht du gleich".

„Ah schau mal an, Gott hat doch Humor", sage ich lachend.

„Okay, dein Wunsch ist mein Wunsch. Wer darum bittet, dem wird gegeben".

Es gibt einen lauten Blitz und grüner Nebel über Nebel wabert um mich herum. Ich sehe einen Mann mir gegenüber in alter hebräischer Kleidung. Ich bin erstarrt und schaue dem Mann in die Augen. Erschrocken erkenne ich, dass ich in meine eigenen Augen schaue. Alles dreht sich um mich herum, ich schwanke, falle vom Stuhl und dann tiefstes Schwarz.

„Wo bin ich?", stammle ich mit trockener Stimme. Ich liege noch ganz benommen auf dem Boden.

„Hoffentlich habe ich nichts gebrochen?", ist mein erster Gedanke.

Ich realisiere nur langsam, dass es der Fußboden von meinem Schlafzimmer ist. Noch erstarrt am ganzen Körper, tastet sich mein Blick orientierungslos zum Wecker. 8:14 Uhr, Freitag, der 17. Juli. Ich ziehe mich mühsam am Bett hoch und gehe noch ein wenig benommen in die Küche. Ich öffne den Wasserhahn und fülle ein Glas und trinke es in einem Zug aus. Dann schütte ich mir Wasser ins Gesicht, um wirklich sicherzugehen, dass ich zurück in meiner wirklichen realen Welt bin. Ich bin zurück und was für ein Albtraum, stelle ich erleichtert fest. Ich atme entspannt aus. Ich starre eine ganze Weile durch mein Küchenfenster. Ich stelle mir gedanklich immer wieder die Frage:

„Was hat das für eine Bedeutung? Zwei verschiedene Begegnungen mit Gott in einem Traum? Sind es meine eigenen inneren Vorstellungen von Gott?"

Gedanken über Gedanken schießen durch meinen Kopf. Ist es vielleicht ein Zwiespalt in mir, der mich nicht erkennen lässt? Was wäre, wenn das, was ich über Gott denke oder gelernt habe, wer er ist oder wer er nicht ist, am Schluss gar nicht stimmt? Wer ist dann Gott wirklich für mich?

Plötzlich spüre ich eine unbeschreibliche Weite in mir, einen Frieden und eine intensive Liebe um mich herum. Es ist sehr vertraut und ich fühle mich so wie ich gerade bin, angenommen.

Was ist, wenn das Gott für mich ist? Tränen der Dankbarkeit fließen über meine Wangen.

Erkenntnis des Tages:

Wenn es Gott wirklich gibt, will er erfahren werden und nicht erklärt.

8. Frau & Mann

Nachdem ich mich gesammelt habe, mache ich mir, das heißt mein Kaffeevollautomat, einen doppelten Espresso. Angelehnt an der Küchenzeile genieße ich meinen Espresso. Ich sehe auf dem Küchenboden einen kleinen Zettel. Der ist wohl aus dem Paket von Andreas gefallen. Ich hebe ihn auf und lese:

„Lieber Johannes, ich hoffe, ich habe dir mit dem Bild eine kleine Freude gemacht. Wie heißt es so schön: Ein Bild spricht mehr als 1000 Worte. Für mich drückt dieses Bild eine unbeschreibliche Weite aus, einen Frieden und eine intensive Liebe. Und es wirkt durch die Farben lebendig auf mich. Wenn du magst, ruf mich an, ich würde mich über weitere Treffen freuen. Du findest meine Telefonnummer auf der Rückseite. Ganz herzliche Grüße, Andreas!"

„Super Idee" und ich rufe Andreas an. Er ist prompt am Telefon und wir verabreden uns auf seiner Terrasse. Freudig mache ich mich auf den Weg. Im Auto unterwegs genieße ich die Musik aus dem Radio und die warme Sommerluft. Andreas schreibt mir von unterwegs per SMS, dass er sich um eine halbe Stunde verspätet und ich solle es mir auf der Terrasse bequem machen.

Angekommen gehe ich ums Haus und setze mich auf die Terrasse. Hier an diesem Platz fühle ich mich frei und entspannt. Auf dem Tisch entdecke ich ein Taschenbuch mit dem Titel ‚Das Buch der fünf Schritte in die Erfüllung und Unabhängigkeit'. Autor Andreas Rosenthal.

‚Bestseller' klebt ein roter Aufkleber auf dem Buch.

„Wow, Andreas hat einen Bestseller geschrieben. "Ich blättere durch und überfliege die Kapitel. Ich spreche Andreas bei passender Gelegenheit auf diese fünf Schritte an und lege das Buch sorgfältig beiseite. Im Liegestuhl zurückgelehnt, döse ich vor mich hin. Ich fühle solch eine Dankbarkeit für die Wärme, für das Zwitschern der Vögel und dass ich Zeit habe, es zu genießen. Ich fühle mich zufrieden und frei. Den Anspruch, es müsste jetzt immer so sein oder ich muss den Moment festhalten, lasse ich los. Die Kunst, jetzt zu genießen und offen für das zu sein, was dann kommen möchte, könnte für mich eine neue Lebenseinstellung sein.

Ich höre ein Auto heranfahren. Nach einer Weile kommt Andreas strahlend auf die Terrasse, stellt seine Einkaufstüte ab und geht direkt auf mich zu. Wow, was für eine Freude mir da entgegenkommt. Wir umarmen uns schweigend und herzlich.

„Wie geht es dir, mein Freund?", fragt Andreas.

„Emotional durchgeknetet und gut".

„Schön, dann lassen wir es uns an diesem schönen Sommertag gut gehen und ich hoffe, du hast deinen Humor mitgebracht. Dolores meint, dass es mir ein bisschen an Humor fehlen würde". Ich berühre seine Schulter und sage:

„Das bekommen wir gemeinsam hin. Wie geht es dir, Andreas?"

„Wir hatten gestern unseren 20. Hochzeitstag und haben es uns richtig, richtig gut gehen lassen."

„Herzlichen Glückwunsch. Und was heißt richtig gut

gehen lassen?"

„Ich habe vor Monaten durch Zufall eine spannende Serviceagentur über eine Anzeige entdeckt. Diese Agentur bietet folgenden Service an, nein, ich fange anders an. Dieser Agentur hinterlege ich an einer ausgemachten Stelle den Haustürschlüssel. Ich mache eine genaue Zeit mit ihnen aus und dann, eine halbe Stunde vor der Zeit, bekomme ich eine SMS zur Bestätigung, um Peinlichkeiten zu vermeiden."

„Peinlichkeiten, ist das jetzt der intime Teil?", frage ich witzig nach.

„Nein, Johannes, jetzt warte ab." Ich höre weiter gespannt zu.

„Dann klopft es um neun Uhr an unserer Schlafzimmertür und ich sage ahnungslos:

„Herein bitte". Dann kommt die Überraschung herein, eine Art Room-Service, und serviert ein Frühstück vom Feinsten, mir fehlen die Worte dafür." Ich helfe ihm:

„Du meinst ein göttliches Frühstück?"

„Ja, genau. Dolores war perplex, sprachlos und überwältigt. Das Servicepersonal baut alles in Windeseile auf und verschwindet genauso schnell, wie es gekommen ist. Ein seriöses, junges Unternehmen und mehr als freundlich. Wir frühstückten genüsslich zusammen wie Gott in Frankreich. Für uns beide ist es wichtig, uns trotz mancher Herausforderung immer auf das zurückzubesinnen, was wir an uns beiden haben."

Ich sage total begeistert:

„Wow, was eine ausgefallene Überraschung Andreas.

Hut ab - 20 Jahre Ehe, da verneige ich mich."

„Es war nicht immer einfach, denn Beziehung ist ein großer Lehrer und wir erkennen erst später, wofür es gut war oder ist."

„Das kann ich bestätigen", gebe ich zurück. „Andreas, gibt es für dich und Dolores ein Rezept für eine erfüllte Ehe?"

„Du meinst ein Kochbuch", sagt er grinsend.

„Andreas, da ist dein Humor, super und weiter so". Dann lachen wir beide. Ich überlege:

„Gibt es so was, wie eine platonische Liebe unter Männern?" Zu mindestens fühle ich so etwas in unseren gemeinsamen Begegnungen. Hoffentlich hält mein innerer Kommentator hierzu die Klappe.

Schweigen.

„Ja, er tut es."

„Johannes, alles okay?" Fragt mich Andreas.

„Ja, sorry, ich war in meinen Gedanken versunken, aber erzähl bitte weiter".

„Nach einer schwierigen Zeit in unserer Ehe stellten wir in einem Paar-Coaching fest, dass wir unsere Beziehung mit unseren Problemen und Herausforderung verwechselt haben. Unser Beziehungscoach sagte zu uns:

‚Ihr habt Probleme, aber ihr seid nicht eure Probleme'."

„Mein Problem war für lange Zeit, ich wollte Gefühle der Liebe konservieren. Ich dachte, wenn sich meine Liebe zu Dolores mal so angefühlt hat, muss es sich in der Zukunft immer genauso anfühlen. Ich war mir so sicher, wie sich Liebe anfühlen sollte. Und wenn es sich nicht mehr genauso anfühlt, ist keine Liebe mehr für Dolores vorhanden. Vor lauter, warum fühle ich das oder dies nicht mehr, verpasste ich, was wirklich zwischen uns ist oder neu entstehen wollte. Ich kann an guten oder schlechten Gefühlen festhalten, in beiden Fällen verpasse ich die Chancen, mich weiterzuentwickeln." Ich frage Andreas:

„Was heißt Liebe für dich Andreas?" Andreas antwortet nachdenklich:

„Ich kann nur für mich sprechen, Johannes. Die erste Erkenntnis für mich war, ich darf unvollkommen sein und ich gestehe auch meiner Partnerin zu, unvollkommen zu sein. Diese Erkenntnis war für mich ein wichtiger Schritt auf die Liebe zu. Die zweite Erkenntnis war, alles an Forderungen und Erwartungen, mir gegenüber und dem anderen gegenüber einfach mal loszulassen. Forderungen und Erwartungen sind ein Vorbote für Enttäuschung. Und die dritte Erkenntnis war, meine eigenen Bedürfnisse zu erkennen und mich auch für die Bedürfnisse meiner Partnerin zu interessieren".

„Das hört sich nicht einfach an", sage ich nach einer längeren Pause.

„Aber es lohnt sich, diesen Weg gemeinsam zu gehen und heraus zu finden, was wir gemeinsam wirklich wollen, ansonsten dreht sich die Beziehung im Kreis der Probleme. Eine gemeinsame Ausrichtung erzeugt eine Zuversicht und somit eine erfüllende Zukunft. Liebe kann ich nicht erzwingen, Liebe entsteht und will fließen. Wenn ich anfange zu sehen, wer der andere wirklich ist und nicht damit beschäftigt bin, wie er sein sollte".

Männerstille.

„Ich wollte eine Vorzeige-Ehe und immer das Richtige tun", spricht Andreas weiter.

„Und hat es dir geholfen?"

„Ich war dauernd mit gut und richtig beschäftigt. Ich vergaß herauszufinden, was ich wirklich wollte oder meine Partnerin wirklich wollte. Wir waren beide mehr damit beschäftigt, dem anderen es recht zu machen".

„Und habt ihr herausgefunden, was ihr beide wirklich wollt", frage ich interessiert nach. Er lacht.

„Ja, das haben wir".

Es klingelt an der Tür. Andreas schaut mich fragend an. Ich erwidere:

„Ich wohne hier nicht". Er schaut auf sein Handy und zeigt mir, dass Susanne vor der Haustür steht.

„Lass uns unser Gespräch später weiterführen."

„Ja, gerne", antworte ich.

Er drückt auf das Display seines Handys und die Haustür scheint sich zu öffnen.

„Moderne Technik", denke ich. Nach einer Weile stolpert Susanne im wahrsten Sinne des Wortes heraus, direkt auf mich zu und ich fange sie nicht so elegant auf. Die Einkaufstasche von Andreas war der Übeltäter. Eine typische Szene einer Sitcom mit eingespieltem Lachen. Wir schauen alle zur Tüte.

„Entschuldige meine Schludrigkeit, Susanne alles okay bei dir?", fragt Andreas besorgt nach.

„Alles okay, Andreas, das kommt davon, wenn Frau nur Augen für attraktive Männer hat."

„Danke, liebe Tüte", erwische ich mich bei diesem Gedanken und lasse Susanne ungern wieder los.

„Was verschafft uns die Ehre deines Besuches?", frage ich Susanne. Nach dem Ende dieses Satzes denke ich:

„Johannes, du Hohlkopf, was für eine blöde Formulierung. Diese Frage stellt doch eher der Gastgeber". Susanne antwortet:

„Ich war bei einem Raubüberfall dabei und auf der Flucht wurde ich beinahe angeschossen. Die Polizei wollte……"

„Was ist passiert?", unterbreche ich Susanne. Ich bekomme meinen Mund nicht wieder zu. Es schaut wohl richtig doof aus. Susanne bekommt einen Lachflash und jubelt:

"Hereingefallen, hereingefallen. Eins zu eins, das war der Ausgleich!" Sie kann kaum aufhören zu lachen.

„Kommt Jungs, es war schon für mich eine peinliche Begegnung mit dieser Einkaufstüte hier." Andreas schüttelt den Kopf und sagt liebevoll:

„Ihr beiden Clowns, na ja, was sich neckt, das liebt sich". Ich spüre, wie ich im Gesicht rot anlaufe und hoffe, dass Susanne nicht rüber schaut, aber natürlich schaut sie zu mir rüber. Ich tue, als ob ich einen Fleck mit dem Finger aus meinem Hemd kratze.

„Ist das peinlich und bitte, bitte Susanne, schau einfach weg", höre ich ein inneres Flehen. Ich ertappe mich dabei, wie ich auch noch meinen Finger befeuchte und tue, als wenn dieser Fleck jetzt das Wichtigste auf Welt ist". Susanne steht auf und mit einer Handbewegung spricht sie:

„Hex Hex, der Fleck soll an einen anderen Ort und somit fort." Ich erwidere spontan:

„Hasenfuß und Hühnerei, der Fleck soll wieder herbei!" Dann steht Andreas auf und sagt:

„Kann einer diese Einkaufstasche in die Küche zaubern?" Wir schauen uns fragend an.

„Na, läuft doch gut mit meinem Humor, Johannes oder?" Andreas nimmt die Einkaufstüte hoch mit den Worten:

„Ihr findet mich in der Küche und später muss ich noch einen ganz wichtigen Anruf erledigen". Andreas zwinkert mir zu. „Und bitte nehmt euch was ihr braucht und fühlt euch ganz zu Hause."

„Machen wir!", sagt Susanne.

„Danke, Andreas", und ich zwinkere zurück.

„So, Bibi Blocksberg, was jetzt?" Ich schaue Susanne mit aufgebautem Selbstbewusstsein an.

„Wie wäre es mit in den Pool springen?" Noch bevor ich antworte, zieht Susanne ihr Kleid aus und springt mit Slip und BH ins Wasser. Ich bin verunsichert und mein Selbstbewusstsein stürzt in den Keller.

Springe ich jetzt mit meinem Schlüpfer hinterher? Schlüpfer, was für ein altmodisches Wort. Fragen über Fragen in meinem Kopf. Ist meine Unterwäsche sauber? Was passiert, wenn ich eine Erektion bekomme? Susanne unterbricht meine innere Fragestunde:

„Johannes, alles ok mit dir oder bist du noch verhext? Hex Hex, Johannes befreit sich jetzt aus seiner Starre und es wird alles wunderbar."

„Ja, nein", stottere ich, „alles in Ordnung."

„Dann komm rein! Das Wasser ist schön mit Sonnenenergie aufgewärmt", ruft Susanne mir zu und planscht freudig im Pool herum. Ich komme mir vor, wie ein pubertierender Junge und überwinde mich. Ich reiße mir die Kleider vom Leib und springe kopfüber mit meinem muskulösen Körper in den Pool. Stopp! Das wollte ich gerne, aber stattdessen verheddere ich mich in meiner Hose und hüpfe stolpernd ins Wasser.

Zisch, Qualm und Brodel. Unter Wasser entscheide ich, nie wieder aufzutauchen. Susanne kommt langsam auf mich zu geschwommen. Was für ein wunderschöner Körper. Ich muss nach Luft schnappen. Susanne kommt näher und ich spüre an meinem ganzen Körper, hier findet gerade eine neue Begegnung zwischen uns beiden statt. Die Begegnung zwischen Mann und Frau. Ich habe Bedenken, dass ich hier etwas vermassele, was mir ja in der Vergangenheit nicht schwerfiel. Susanne kommt näher und näher. Ich spüre eine Art Anziehung.

„Johannes, nenn es doch beim Namen", spricht mein innerer Kommentator streng. „Es ist sexuelle Anziehung. Punkt!" Was schäme ich mich gerade dafür. Ich bin doch keiner von diesen Männern mit Hintergedanken, sondern nett und lieb und ohne Absichten, scheine ich mir gerade vorzumachen. Zu spät, ich spüre eine Erektion. Und mein Körper macht wieder nicht, was ich will! Susanne steht jetzt vor mir.

Stille.

Ich atme einfach und komme zur Ruhe. Susanne atmet auch bewusst und sieht mich an, als wenn es gerade nichts anderes braucht zwischen uns beiden. Ich bin so dankbar, gerade nicht reagieren zu müssen und spüre, wie sich die Energie von unten in meinem ganzen Körper ausbreitet. Ich bin ganz wach und da und irgendetwas in mir weiß, dass Susanne genau so fühlt.

„Wow, ich kann mein Gegenüber spüren", schießt es durch meinen Kopf. Eine ganz neue Erfahrung.

„Danke, Johannes, dass du in mein Leben getreten bist", flüstert Susanne. Ich schaue sie liebevoll an und es braucht keine Worte. Ich umarme sie und sie erwidert zärtlich die Umarmung. Mein Herz klopft und ich spüre den Pulsschlag bis in mein Becken. Ich halte einfach still und beobachte. Wow, eine wirklich neue Erfahrung mit einer Frau. Früher hätte ich irgendwie etwas gemacht oder einen dummen Spruch gemacht, um die Situation zu kontrollieren. Und jetzt einfach nur beobachten und spüren, welche Kraft durch meinen Körper pulsiert. Ich spüre Susannes Pulsschlag. Sie rückt mit ihrem Becken noch näher. Ich bin verunsichert, weil jetzt auch das Blut in Stellen schießt, wo es eindeutig sichtbar ist. Scham und Verunsicherung steigen in mir auf. Ich will aus dem Pool flüchten, aber mein Körper bleibt stehen und macht nicht, was ich will. Susanne flüstert mir ins Ohr:

„Johannes, ich bin gerade verunsichert und es gibt einen Teil, der möchte weglaufen und der andere Teil will dich nicht loslassen." Ich atme erleichtert aus.

„Mir geht es genauso, Susanne. Ich wollte…" Susanne unterbricht mich mit einem zärtlichen „Schhh………" Jetzt spürt auch Susanne meine starke Erregung und ihr Atem geht schneller. Sie bewegt ganz leicht ihr Becken. Wir umarmen uns noch fester. Susanne flüstert:

„Ich höre Geräusche in der Küche Johannes".

„Wer hat Lust auf einen Cappuccino mit frisch ge-
schlagener Sahne", ruft Andreas aus der Küche. Wir er-
schrecken uns beide. Abrupte gemeinsame Landung zurück in der Realität.

„Fremder Pool, wir sind nicht allein und am falschen
Ort für Zweisamkeit", rattert es durch mein Hirn. Wir
drücken uns freundschaftlich und reiben mit den Händen
unseren Rücken, verunsichert, als wäre nichts passiert.
Ich weiß aber, diese Geschichte hier mit Susanne geht an
einer anderen Stelle weiter.

Andreas bringt uns Handtücher und Bademäntel,
welch ein Luxus. Susanne steigt aus dem Pool und ich
muss aus technischen Gründen zwei, drei, vier oder fünf
Runden schwimmen. Beim Schwimmen laufen Bilder aus
verschiedenen Kinofilmen ab, die typischen Szenen:
Mann und Frau springen sich neckend ins Wasser. Spielen ausgelassen, bis diese Stelle kommt, wo sie sich an-
schauen und zögern und sich dann doch küssen. Mit
Susanne ist es irgendwie anders. Ich fühle nicht den
Trieb, sie haben zu müssen und trotzdem ist diese hoch-
energetische Anziehung da. Und unglaublich viel Raum
für den Moment, wo scheinbar nichts passiert und doch
auf eine bestimmte Art alles. Raum für den Moment und
Raum für Lebendigkeit. Eine innere Stimme spricht:

„Johannes, du bist auserwählt als wahrer Mystiker".
Ich steige mit hocherhobenem Haupt, grinsend, Hand in
Hand mit meinem Humor aus dem Pool.

Eingehüllt im Bademantel setze ich mich zu Susanne und Andreas an den Tisch.

„Hey, Johannes, Andreas erzählt gerade von dem Luxusdinner an ihren Hochzeitstag".

„Es war ein Luxus-Frühstück", verbessert Andreas.

„Hattest du auch schon mal ein solches Luxus-Frühstück?", grinst mich Susanne an.

„Nein, leider noch nicht".

„Macht nichts, ich auch noch nicht", lacht Susanne.

„Dann könnt ihr das doch mal nachholen", schlägt Andreas vor. Susanne und ich schauen uns fragend an. *Stille.*

Jetzt versteht Andreas erst, wie Susanne und ich es aufgefasst haben könnten.

„Jeder von euch beiden einzeln", versucht er sich raus zu winden. Susanne und ich prusten vor Lachen. Susanne nimmt den Kaffeelöffel als Handy an ihr rechtes Ohr.

„Hallo, Johannes, ich sitze gerade, wie abgesprochen, mit dem Luxus-Frühstück in meinem Bett. Ich wollte fragen, wie es dir gerade mit deinem Luxus-Frühstück in deinem Bett geht."

Vor Pein hält sich Andreas die Hände vors Gesicht und spricht:

„Ich bin nicht da". Wie abgesprochen halten Susanne und ich uns auch die Hände vors Gesicht und sagen gemeinsam:

„Wir sind auch nicht da".

Andreas unterbricht das Schweigen:

„Das habe ich als Kind gerne im Heim gespielt."

„In welchem Heim?", frage ich nach.

„Als Baby wurde ich zur Adoption freigegeben".
Schweigen und Betroffenheit breitet sich am Tisch aus.

„Alles klar, meine Lieben, ich bin damit im Reinen".
Die Betroffenheit von Susanne und mir löst sich wieder
auf.

„Magst du mehr erzählen?", fragt Susanne achtsam.

„Gerne, erwidert Andreas. Es war ein gutes und strenges Heim, geleitet von Benediktiner Nonnen. Ich stellte
mir als Kind vor, dass alle Nonnen meine Mütter sind
und im weitesten Sinne waren sie es auch. Es war selbstverständlich für mich, dass alle mich liebten. Ich bin
heute dankbar, was meine Mütter in mir an Samen gesät
haben. Ich lernte viel über Dankbarkeit, Hingabe und
Vergebung. Vermisst habe ich nichts, denn es war für
mich normal, ohne leibliche Eltern dort aufzuwachsen."

„Wie hast du das lästige Beten tagtäglich empfunden?", unterbreche ich ihn.

„Es war für mich wie täglich Zähne zu putzen, eine
Art routinemäßiger Tagesablauf. Das tägliche gemeinsame Beten und Singen war ein Rhythmus, der mir als
Kind Halt und Sicherheit gab und das Gefühl von Zugehörigkeit. Wenn ich mal etwas ausgefressen habe, bekam
ich auch meine Strafe. Ich wurde aber von diesen Ritua-
len nie deswegen ausgestoßen.

„Und wie war es mit der Strenge dort im Heim?", fragt
Susanne nach.

„Ich hatte als Kind keine Vergleiche, weil dieses Kloster meine Welt war. Somit fehlte mir eine Referenz, was
Strenge bedeutet."

„Andreas, wurdest du zu Gehorsam gezwungen?"

„Es gab Regeln und Werte, nach denen wurden wir erzogen", erklärt Andreas.

„Ich halte mehr von freier und individueller Entfaltung", spreche ich protestierend.

„Es spricht auch nichts dagegen, lieber Johannes. Wir sollten nur achtsam sein in einem solchen Gespräch, wie wir es hier gerade führen. Wir Menschen urteilen und bewerten rasch aus unserem eigenen Blickwinkel heraus, aber haben die andere Seite nie erfahren."

„Wie meinst du das genau?", fragt Susanne nach.

„Ich nehme dich mal als Beispiel, Johannes, darf ich?"

„Ja, gerne".

„Du sagtest gerade energisch: Ich stehe lieber auf freie und individuelle Entfaltung".

„Ja, das entspricht eher dem Recht auf freie Persönlichkeitsentfaltung", unterbreche ich ihn wieder.

„Okay, mal andersherum betrachtet", spricht Andreas weiter, „woher weißt du so genau, dass ich mich nicht in diesem Kloster frei entfalten konnte und wie kannst du es wirklich wissen?" Ich werde still und überlege, worauf Andreas hinauswill. Susanne geht ein Licht auf:

„Ah, ich verstehe, Johannes hat ein Vorurteil."

„Stimmt", gebe ich selbst zögernd zu. Wir sind mit unseren Urteilen immer rasch und vergessen, uns für die Erfahrung des anderen zu interessieren.

Mir ist es unangenehm und ich fühle mich von beiden erwischt. Ich spreche mit gesenktem Blick:

„Ihr habt recht". Beide schauen mich liebevoll an, als ich meinen Blick wieder erhebe. Es berührt mich in meinem Herz und ich fühle mich gerade nicht wie ein dummer Junge, wie ich es von früher her kenne.

„Danke für euren Hinweis", spricht es unerwartet aus mir heraus.

Wow, wieder ein neues Verhalten an mir entdeckt. Einfach nachfragen, um die Welt des anderen zu verstehen. Die Erfahrung des anderen kann interessanter sein, als meine eigene Erfahrung. Ich kenne doch schon meine Geschichten. Wo führt das alles hier noch hin?

Mein Urlaub ist fast schon rum und ich entdecke jeden Tag etwas Neues an mir, nein besser mit mir.

Erkenntnis des Tages:

Warum dem anderen meine eigenen Geschichten und Dramen erzählen, die kenne ich ja schon.

9. Danke, Herr Lehrer

„Andreas, magst du uns etwas aus deinem Buch erzählen?"

„Du meinst aus meinem Buch *Das Buch der fünf Schritte*? Gerne", erwidert er. „Ich muss nur jetzt aufpassen, dass es nicht zu belehrend wirkt, denn ich habe schnell die Tendenz dazu".

„Herr Lehrer, machen sie sich darüber keine Sorgen, wir weisen Sie frühzeitig darauf hin", sagt Susanne laut lachend.

„Um einen kleinen Einblick zu bekommen, fange ich mit dem ersten Schritt aus dem Buch an. Die weiteren vier Schritte sind zu komplex, um sie hier in kurzer Zeit zu erläutern".

„Schade", bedauert Susanne.

„Es geht in diesen fünf Schritten um einen Entwicklungsprozess. Es reicht nicht, diese Schritte zu verstehen, man muss sie durchleben, um neue Ergebnisse in seinem Leben zu manifestieren".

„Das hört sich jetzt doch kompliziert an, Andreas", sage ich.

„Ein praktisches Beispiel - stellt euch vor, ihr wollt einen Marathon über 42 Kilometer laufen. Und ich trainiere euch am ersten Tag, sofort die 42 Kilometer mit hohem Tempo zu laufen".

„Mein Kreislauf und meine Muskeln würden sich sofort verabschieden", sage ich.

„Genau, der Kreislauf und die Muskeln müssen sich

langsam aufbauen. Nichts anderes ist es bei den Fünf Schritten. Es ist eine Art Aufbautraining, um störende Denk- und Verhaltensmuster aufzulösen und neue neuronale Verbindungen im Gehirn aufzubauen.

„Jetzt wird es wissenschaftlich", sagt Susanne.

„Darum lasst uns wieder zum ersten Schritt zurückkommen", schlägt Andreas vor.

„Super, ich bin gespannt", sagt Susanne.

„Ich hole mal weiter aus und erzähle anhand eines Beispiels von mir persönlich. Es gab Phasen in meinem Leben, da hatte ich das Gefühl, ich drehe mich mit bestimmten Themen im Kreis. Zum Beispiel das Thema Geld war so eines, nicht, dass ich ständig pleite war, mein verdientes Geld hat immer irgendwie gereicht und hier lag die Betonung auf irgendwie. Ich konnte machen oder besser arbeiten so viel ich wollte, ich hatte immer gerade so genug. Es gab aber auch Phasen, da dachte ich, jetzt läuft's, jetzt bin ich auf der Überholspur, aber immer wieder, wie verhext, landete ich im Bereich von: *Das muss jetzt erstmal bis zum Monatsende reichen*."

„Was hast du verändert? Ich schaue beeindruckt auf sein Haus. Es sieht ja hier nicht so aus wie es reicht gerade so".

„Lass es mich praktisch durch den ersten Schritt meiner Methode erklären", erwidert Andreas.

"Entschuldigt kurz". Andreas steht auf und geht ins Haus.

Ich schaue Susanne an. Sie zieht die Schultern hoch und sieht mich fragend an.

„Wo ist unser Herr Lehrer denn plötzlich hin?", frage

ich. Susanne setzt sich übertrieben aufrecht hin und legt beide Hände ordentlich auf dem Tisch. Ich mache es ihr nach und beide spielen wir Schule. Andreas kommt mit einem Block weißes Papier wieder. Er setzt sich hin und schaut uns fragend an. Wie abgesprochen sagen Susanne und ich:

„Guten Morgen, Herr Lehrer". Andreas muss lachen.

„Da habe ich ja wirklich sehr artige Schüler".

Ich beobachte Andreas, er fühlt sich für mich so vertraut an. Es ist sein Lachen und diese Tiefe, die er ausstrahlt. Irgendwie spüre ich eine tiefe Liebe und gleichzeitig schäme ich mich für dieses Gefühl. Und mein Kommentator kommentiert streng mit den Worten:

"Ein Mann kann doch einen anderen Mann nicht einfach lieben?" Andreas legt ein weißes Blatt Papier auf die Tischmitte.

„Schaut mal, meine aufmerksamen Schüler", und er zieht einen schwarzen Strich senkrecht durch die Mitte des Blattes.

"Ich schreibe jetzt mal auf die linke Seite, was mich früher am Thema Geld gestört hat".

„Da bräuchte ich aber ein größeres Blatt", gebe ich als Zwischenkommentar.

„Lass ihn doch mal!" Susanne stupst mich an.

„Folgendes hat mich zum Thema Geld gestört", schreibt er jetzt auf das leere Blatt:

- *Ich muss mich anstrengen*
- *Es ist nie genug übrig*
- *Irgendetwas mache ich falsch in meinem Leben*
- *Ich will meine Schulden loswerden*

„Das könnte auch zum größten Teil bei mir zutreffen", denke ich so im Stillen. Ich muss mich anstrengen - trifft zu. Es ist nie genug übrig - trifft zu. Aber dieses hier in dieser Runde laut zuzugeben, wäre ja eine Schwäche, gerade Susanne gegenüber.

„Oder ein Vortäuschen falscher Tatsachen", kommentiert mein Kommentator". Ich hole innerlich aus und würde ihm gerne eine klatschen. Susanne meldet sich mit erhobener Hand:

„Ich habe zwar genug Geld für Urlaub oder Shoppen, aber es gäbe da noch einige Wünsche, die ich mir gerne erfüllen würde. Ich fühle mich, was meinen Job betrifft, wie in einem Hamsterrad. Ich muss immer wieder feststellen, dass ich wenig bis gar keine Zeit für das Wesentliche im Leben habe."

„Das Wesentlich in deinem Leben wäre?", frage ich.

„Naja, Beziehung?"

Plötzlich wird es mir wieder heiß, und heiß heißt gleichzeitig rot und rot heißt peinlich und peinlich heißt: Bitte mal alle wegschauen!

„Warum ist das Susanne gegenüber so?", denke ich.

„Vielleicht bist du ein bisschen verliebt?", antwortet eine Stimme in mir.

„Maul halten", unterdrücke ich sie.

„Es war ein großes Thema zwischen Frank, also meinem Ex, und mir. Er hatte wenig Zeit und ich hatte wenig Zeit oder anders, wenn Frank Zeit hatte, hatte ich keine Zeit und umgekehrt". Susanne verstummt. Und dann schießt es aus ihr heraus:

„Aber der blöde Kerl hatte Zeit für seine Arbeitskollegin - Arschloch! Sorry, das musste jetzt mal raus". Andreas bleibt ruhig und ich spüre, hier gibt es nichts weiter zu sagen. Manchmal müssen die Dinge einfach beim Namen genannt werden.

„Lasst uns doch einfach weiter machen", sagt Andreas einfühlsam. Susanne nickt darauf hin.

„Okay, ich hole mal etwas", und Andreas steht auf und verschwindet wieder im Haus. Susanne und ich schauen uns wieder fragend an. Ich setze mich aufrecht und ordentlich hin mit beiden Händen akkurat auf dem Tisch. Susanne prustet vor Lachen und macht es mir gleich, nur mit dem kleinen Unterschied, dass sie ihre rechte Hand liebevoll auf meine linke Hand legt.
Stille.

Tut das gut, fühle ich, eine kleine aber feine Berührung und ich atme diese ganz tief ein. Ich glaube, die Alternative zum Denken ist einfach mal bewusst zu atmen.

Andreas kommt mit einem Tablett mit Gläsern und Getränken zurück. Erschrocken, wie kleine Kinder, oder besser Schulkinder, ziehen wir unsere Hände zurück.

„Hier, eine kleine Erfrischung, unser Geist braucht Energie, bedient euch". Wir bedienen uns und prosten uns mit Orangensaft zu.

„Auf unseren Bestseller-Autor", rufe ich aus.

„Und auf unseren Bestseller-Lehrer", ergänzt Susanne.

„Wie geht es weiter in unserem Unterricht?", frage ich neugierig. Andreas schiebt das Blatt wieder in die Mitte des Tisches.

„So, meine Lieben, jetzt schreiben wir das Gegenteil

von jedem Satz der linken Spalte auf die rechte Spalte. Fangen wir mit der Aussage an:

- Ich muss mich immer anstrengen

> Es fällt mir leicht

- Es ist nie genug übrig

> Ich habe genug und mehr

- Irgendetwas mache ich falsch in meinem Leben

> Ich bin erfolgreich

- Ich will meine Schulden loswerden

> Ich habe keine Schulden

„Ja, ja", jubele ich. So möchte ich es auch haben: *Es fällt mir leicht, ich habe genug und mehr!* Aber ist das nicht eine Illusion, mal ganz ehrlich gesagt Andreas?"

„Für mich war es eine Illusion, Johannes, und meine Realität war damals eine bittere Pille".

„Irgendwie finde ich es spannend, überhaupt schriftlich diese Aussagen mal gegenüberzustellen", sagt Susanne. „Das macht gerade was mit mir. Wie geht es weiter Andreas?"

„Die Situation, wie ich sie auf der linken Seite empfunden habe, lehnte ich total ab und kämpfte dagegen an. Ich war es wirklich leid, mich immer anstrengen zu müssen und trotzdem änderte es nichts an meiner finanziellen Lage. Es nahm mir immer wieder den Wind oder besser gesagt die Inspiration aus dem Segel".

„Kann ich gut verstehen, aber scheinbar hast du den Zauberschlüssel gefunden, mein Lieber", sage ich wertschätzend zu Andreas.

Er denkt nach.

"Entschuldigt mich bitte", er steht wieder auf und geht ins Haus.

„Der Running Gag heute", lacht Susanne. Wir schauen uns an. Da ist plötzlich eine intensive Anziehung zwischen uns und gleichzeitig wieder der Sog weiterzugehen. Ich fasse meinen ganzen Mut und stehe auf. Mein innerer Kommentator reagiert mit strenger Stimme:

„Du riskierst gerade Kopf und Kragen und stehst wie ein Depp da, weil Susanne dich bestimmt zurückweisen wird!" Susanne tut es mir gleich und wir umarmen uns einfach. Als ob sie es auch gerade wollte. Ich schließe meine Augen. Stille, Herzklopfen, Atmen und Prickeln am ganzen Körper. Susanne flüstert mir leise ins Ohr:

"Jetzt ist Zeit fürs Wesentliche". Nach einer Weile gehen wir wieder auseinander. Wow, dieses nichts machen und einfach spüren und atmen, das bringt mich so was von aus meinem Kopf. Einfach spüren und genießen und nicht denken, wie es weitergehen könnte. Wir sind beide doch ein bisschen benommen, stellen wir fest.

Andreas kehrt mit einer Schüssel Obst zurück. Bananen, Mangos, Weintrauben und knackige Äpfel. Aber einen Apfel hält er in der anderen Hand und legt ihn dann auf den Tisch.

„Was fällt euch an diesem Apfel auf?", fragt er.

"Dieser Apfel ist offensichtlich schon sehr in die Jahre gekommen", sage ich laut.

„Der Apfel scheint nicht mehr gut zu sein, schon kleine braune Flecken", antwortet Susanne, ein bisschen die Nase rümpfend. Ganz irritiert frage ich Andreas:

„Was hast du jetzt mit diesem Apfel vor?"

„Diesen älteren Apfel nehmen wir jetzt mal symbolisch für die linke Spalte auf diesem Blatt".

- Ich muss mich immer anstrengen, es ist nie genug übrig.

„Was für ein Stück Obst würdest du, Johannes, symbolisch für die rechte Spalte wählen, also für:

- Es fällt mir leicht, ich habe genug und mehr ..."

Ich nehme einen schönen, frischen Apfel aus der Obstschüssel, als Symbol für die rechte Spalte.

„Habe ich den Test bestanden?", rufe ich ironisch den beiden zu.

„Ja, du bist durchgefallen, du hättest die Weintrauben nehmen müssen", sagt Susanne lauthals lachend.

„Streberin", necke ich Susanne.

„Schaut mal bitte auf die linke und rechte Spalte", führt Andreas weiter aus. Links die negative Beschreibung meiner damaligen Ist-Situation. Rechts die positive Beschreibung meiner Wunsch- und Lösungsvorstellung als Sollzustand. Und ich habe mich damals genau zwischen diesen beiden Spalten bewegt. Es war ein permanentes Spannungsfeld zwischen ‚das lehne ich ab oder bekämpfe es sogar‘ und ‚dort muss ich hin, und ich habe keine Probleme mehr‘."

„Ist das nicht normal?", frage ich.

„Ja, das ist sogar menschlich", antwortet Andreas verständnisvoll. Und ich möchte an dieser Stelle verdeutlichen, dass hier eine bekannte Gesetzmäßigkeit wirkt. Das, was ich am meisten ablehne oder sogar bekämpfe, bekommt meine größte Aufmerksamkeit und Energie."

„Ist das sowas wie: Ich möchte nicht so werden wie

meine Eltern und am Ende werde oder mache es genauso wie sie?" fragt Susanne.

„Ein schönes Beispiel", antwortet Andreas. „Entweder, du wirst wie deine Eltern oder du wirst genau das Gegenteil, aber nicht du selbst". Susanne und ich müssen erst mal diesen Satz wirken lassen.

„Wenn wir genau darauf schauen, bedingt die linke Spalte die rechte Spalte und umgekehrt", fügt Andreas hinzu.

„Herr Lehrer, jetzt wird es schwierig, dir zu folgen", schiebt Susanne ein.

„Kann ich verstehen, liebe Susanne. Warum hat Johannes einen Apfel aus dieser vollen Obstschale gewählt? Hätte er nicht auch eine Mango aus den vielen Früchten wählen können?"

„Ich hätte sicherlich ein anderes Obststück genommen, oder nicht?", überlegt Susanne laut.

„Also doch durchgefallen?", kommentiere ich.

„Nein, keinesfalls, denn hier geht es nicht um richtig oder falsch. Ich möchte nur etwas veranschaulichen."

„Und was bitte?", schiebe ich ein.

„Ich möchte veranschaulichen, dass wir immer eine Wahl aus dem treffen, was wir nicht wollen oder anders wollen. Im Beispiel mit dem Apfel greift unser Unterbewusstsein in den meisten Fällen zu einem frischen Apfel, weil der fast faule Apfel uns nicht gefällt".

„Aber ist es nicht normal, dass man etwas verändern will, was einem nicht gefällt oder einen unglücklich macht?", fragt Susanne.

„Ja, das ist ganz normal. Und das, was wir uns in unserem Leben wünschen, beruht auf dem, was wir nicht haben wollen. Unser Beispiel: Ich muss mich immer anstrengen und darum wünsche ich, dass es mir leichtfällt. Der Wunsch, es möge uns leichtfallen, entsteht daraus, dass ich mich immer anstrengen muss. Also, das was ich möchte, entspringt in den meisten Fällen aus dem, was ich nicht möchte“.

„Aber, Herr Lehrer, was möchtest du uns damit sagen?“, schiebe ich ein. Andreas antwortet:

„Das Grundproblem ist, dass wir meistens die Situation anders haben wollen, als sie ist, genauso wollen wir, dass Menschen anders sind, als sie sind“.

„Wie kommen wir da wieder raus?“, frage ich mit großen Augen.

„In meinem Beispiel musste ich lernen anzunehmen, dass ich einfach zu wenig Geld habe. Punkt. Das ist, was es ist.“

„Toll, was soll sich dadurch ändern, bitte schön? Werden sich dann die Rechnungen von alleine bezahlen?“, frage ich ein bisschen schroff. Andreas trinkt einen Schluck Wasser aus seinem Glas. Susanne meldet sich.

"Ah, ich glaube, ich habe etwas verstanden, also der Wunsch nach *es fällt mir leicht*, bedingt, dass es mir vorher schwerfiel. Und da ich gegen dieses *ich muss mich immer anstrengen* einen Widerstand habe, bekommt es weiterhin meine Aufmerksamkeit und Energie, obwohl ich nach *es fällt mir leicht* strebe?"

Jetzt fällt bei mir der Groschen.

"Moment, das hieße, wir bewegen uns immer zwischen dem, was wir nicht wollen und dem, was wir wollen und sind dann im Hamsterrad gefangen, weil sich nicht wirklich etwas an unserer Situation ändert." Ich bin weiter in meinem Erkenntnisrausch.

„Und wenn ich mit der Ist-Situation nicht mehr im Widerstand bin, bekommt sie auch keine Energie mehr, weil ich sie akzeptiere und nicht mehr bekämpfe." Andreas fügt dazu:

„Wir Menschen beschäftigen uns mehr mit dem, was wir nicht wollen oder ablehnen, als mit dem, wo wir hinwollen oder was wir wollen. Wenn wir nicht mehr im Widerstand mit der Ist-Situation sind und auch keine Energie mehr vergeuden, um sie zu bekämpfen, wird diese Energie und Kraft frei."

„Und was machen wir mit ihr?", fragt Susanne.

„Dann kommt der nächste Schritt aus meinem Buch."

„Und welcher wäre das"?, frage ich.

„Die wichtigste Frage in unserem Leben", antwortet Andreas.

„Wer bin ich?", antwortet Susanne.

„Auch eine spannende Frage, aber die Frage aus meinem Fünf Schritte Programm oder Buch lautet: Was will ich wirklich?"

Schweigen.

„Und zwar unabhängig davon, was wir nicht wollen", unterbricht Andreas das Schweigen.

„Wow, was will ich wirklich?", spricht Susanne total erstaunt. Diese Frage könnte ich gerade gar nicht beantworten. Andreas freut sich und sagt:

„Ich bin stolz auf euch beide, meine Lieblingsschüler. Hier geht dann das Training in meinem Buch *Das Buch der fünf Schritte* weiter. Es ist ein Trainingsprozess und wie schon gesagt, würde es den Rahmen hier sprengen, die weiteren Schritte zu erläutern."

„Ist das jetzt eine Verkaufsstrategie von dir, Andreas?" Ich zwinkere ihm zu.

„Nein, nein, es braucht immer wieder praktische Übung im Alltag, um die nächsten Schritte einzuleiten. Ich denke aber, ihr habt einen kleinen Einblick bekommen, worum es in meinem Buch der Fünf Schritte geht".

„Danke, lieber Andreas!" Susanne gibt ihm einen dicken Kuss auf seine Wange. Andreas genießt es offensichtlich. Johannes, also scheinbar ich, steht auch auf und gibt ihm auf die andere Wange einen leichten Kuss. Wer ist dieser Johannes auf einmal, frage ich mich selber.

Erkenntnis des Tages:

Was will ich wirklich außerhalb von dem, was ich nicht will.

10. Ein perfekter Morgen

Ich habe es geschafft und bin richtig, richtig stolz auf mich. Mein innerer Kommentator ist dadurch verstummt.

„Na, mein Lieber, da biste sprachlos, gell"?, spreche ich laut aus.

„Es gibt nichts Gutes, außer man tut es", singe ich beim Abtrocknen". Fünf Sekunden unter der eiskalten Dusche gestanden und, mein lieber Kommentator, da ist noch jede Menge Luft nach oben.

„Das glaube ich nicht", spricht er in mir. „Na, du alter Schwede, jetzt biste wohl aufgewacht, komm ich spendiere uns einen Espresso. Einen doppelten, einen für dich und einen für mich", schummle ich mir selbst in meine Tasche.

Das Gerät bitte entkalken blinkt es rot auf dem Display. Ich streichle meinen geliebten Kaffeevollautomaten.

„Bitte, bitte, nur noch einen doppelten und dann, ganz hochheilig versprochen, werde ich dich entkalken", flehe ich ihn an. Ich drücke liebevoll auf den Knopf mit den zwei kleinen Tassen und, und … Pause … Bitte, bitte und der Automat unterbricht die Pause mit den Mahlgeräuschen und ich rufe laut:

„Strike!" Ich küsse ihn und sage laut:

„Du bist ein wahrer Freund und da, wenn man dich braucht." Ich trinke genüsslich meinen doppelten Espresso und schaue glücklich und zufrieden aus dem Fenster. Was würdest du auf eine einsame Insel mitnehmen?

Die Frage schießt durch meinen Kopf.

„Kaffee, Kaffee, Kaffee", schlürfe ich genüsslich. Dann wird es ganz still in meinem Zimmer. Ich spüre irgendetwas in mir, aber diesmal lässt sich mein Körper normal bewegen. Mein Blick trifft genau auf das Bild an der Wand. *Dio è in te.* Ich gehe ganz nah zum Bild. Mir laufen Tränen, Tränen der Berührung und Dankbarkeit. Eine innere Frage stellt sich.

„Warst du das, der mir die vielen schönen und intensiven Momente in dieser Woche beschert hat?" Es weitet sich in mir ein innerer Raum aus. Mein Kommentator schreit:

„Halt, fall nicht auf den spirituellen Humbug rein!" Ich atme einfach bewusst und beobachte. Frieden steigt in mir auf. Ein Frieden, wie ich ihn mir immer gewünscht habe. Und wenn ich jetzt auch meinen Verstand verlieren würde, beobachte ich und atme ich doch einfach weiter. Dieses intensive Gefühl macht mich in diesem Augenblick glücklich, dankbar und erfüllt. Ob ich es mir gerade einrede oder ob ich spinne, ist in diesem Moment egal. Diesen Augenblick nimmt mir jetzt keiner. Und vielleicht geht es jetzt in meinem Leben genau um diesen Augenblick und nicht ums Streben nach Erfolg und Erfüllung. Was habe ich mein Leben lang diesen Zustand gesucht! Ich verbeuge mich vor dem Bild und es kommen die Worte aus meinem Mund, ohne das ich die Lippen bewege:

„Ich vergebe dir, Gott, ich vergebe dir, Gott!"
Ich breche weinend zusammen. All der seelische Druck

von Jahrzehnten angestaut, kommt aus mir heraus. Lasten über Lasten fallen von mir. Schuldgefühle, Wut, Verzweiflung und Resignation lösen sich von mir ab. Ich schaue noch einmal zu dem Bild hoch und eine innere Stimme sagt:

„Johannes, es ist Zeit"

„Zeit, wofür?" frage ich.

„Zeit, dir selbst zu vergeben".

Jetzt bricht ein Vulkan von Gefühlen aus mir heraus. Ich beobachte, wie ich mich selber in den Arm nehme.

Plötzlich verstehe ich, wie Dolores ihren Peinigern vergeben konnte. Ich stehe auf, ganz still und innig mit mir, putze mir die Nase und trinke den letzten Schluck von dem inzwischen erkalteten Espresso. Wenn ich jetzt auf die Waage gehen würde, würde diese bestimmt zehn Kilogramm weniger anzeigen, begrüßt mich mein Humor.

Wie kann es auch anders sein, es klingelt an der Haustür. Ich überlege, dass es jetzt peinlich wäre, wenn ich mich so verheult zeigen würde. Also beschließe ich, nicht zu öffnen. Ich will ins Bad und beim Vorbeigehen schaue ich noch mal zum Bild.

„Mach die Tür auf", spricht eine Stimme in mir. Ich bin erstaunt, diese Stimme ist neu und auch wieder nicht. Ich kenne die Stimme im Kopf, also Mr. Kommentator, und ich weiß, wie sich die Stimme in meinem Herzen anfühlt. Wie eine innere Erleuchtung wird mir klar, dass es meine Intuition ist. Diese innere Stimme ist meine Intuition. Gott ist in mir, damit ist meine Intuition gemeint und die ist mit allem verbunden. Er spricht durch mich und ich spreche durch ihn. Gott ist in allem und nicht getrennt von uns.

Es klingelt wieder. Scheiß drauf, wer auch immer vor dieser Tür steht, ist in diesem Moment richtig! Ich öffne sie langsam und mir bleibt, wie so oft in dieser Woche, die Luft weg. Susanne steht mit einer Brötchentüte lächelnd vor meiner Tür.

„Du kannst deinen Mund wieder zu machen", spricht sie freundlich. Ich denke, das habe ich schon einmal letzte Woche von meinem Sohn gehört.

„Sorry, Susanne, komm bitte rein"! Susanne erwidert:

„Normalerweise würde ich jetzt fragen: Störe ich und soll ich später noch mal kommen. Das tue ich jetzt aber nicht. Hast du geweint, Johannes?"

„Ja", antworte ich. Susanne nimmt mich spontan in den Arm. Schon wieder ein Geschenk und ich flüstere ihr ins Ohr:

„Ich bin so dankbar". Und wir drücken uns innig. Irgendetwas fällt gerade auf mein Laminat. Klack, klack, klack.

„Na, super", spricht Susanne, „die Brötchentüte ist gerade gerissen". Wir schauen gleichzeitig zum Boden und müssen lachen. Wie so oft lachen wir gemeinsam und ich fühle wieder diese tiefe Dankbarkeit. *Dio è in te* - Gott ist in uns und das Leben ist drum herum kommt der Gedanke. Wir heben gemeinsam die Brötchen auf und dabei fällt mir wieder auf, dass ich nur mit einem Handtuch bedeckt bin.

„Entschuldigung, Susanne, dass ich dich so empfange".

„Nein, nein, du musst dich nicht entschuldigen. Ich muss mich bei dir entschuldigen, dass ich angezogen vor dir stehe." Sie beginnt sich auszuziehen. Beim Ausziehen sagt sie zu mir:

„Sag mal, Johannes, das mit deinem offenen Mund gerade, ist das angeboren"? Sie huscht schnell durch die offene Badezimmertür. Ich stehe hilflos im Flur, die Haustür offen, mein Mund offen, halb nackt, verheult, und jetzt auch noch eine Erektion. Wo ist dieser dämliche Spaten, ich möchte jetzt wieder ein Loch unter mir graben und nur weg aus dieser peinlichen Situation – nein, nein, das hier ist nicht mehr peinlich, sondern saudoof!

Susanne kommt in ein Handtuch eingewickelt wieder zurück.

„Und, Johannes, jetzt lass bitte, bitte besser deinen Mund zu". Ich lasse meinen Mund zu, schaue an mir runter und laufe rot an. Susanne sieht meine Peinlichkeit und spricht ganz liebevoll.

„Ich habe damit kein Problem, ganz im Gegenteil, ich fühle mich dadurch begehrt als Frau". Ich schaue an Susanne vorbei, wie magisch angezogen von dem Bild. Was habe ich mich früher als Junge geschämt, weil ich dachte, Gott lehnt das ab! Aber anscheinend freut er sich gerade, glaube ich zu spüren. Oder drehe ich gerade durch? Ok, Gott, klare Ansage:

„Hilf mir sofort aus dieser Situation!"

Susanne kommt auf mich zu und lässt ihr Handtuch fallen. Genau genommen ist es ja mein Handtuch, mit dem sie sich bekleidet hat, rette ich mich in meinen Verstand. Sie nimmt meine Hände und legt sie um ihre Hüften und beide Handtücher liegen jetzt auf dem Boden. Gott, ist das deine Art, sofort zu helfen? Ich verliere die Besinnung.

Wir liegen beide erfüllt und zufrieden auf meinem Bett. Ich genieße, genieße und genieße. Schaue Susannes nackten Körper an und denke, was für eine Frau, was für ein tolles Geschöpf Gottes. So, so wunderschön. In einem weiteren inneren Dialog bewegen sich folgende Sätze:

„Ok, ich bin vielleicht verrückt oder durchgeknallt! Aber dies hier war für mich göttlicher Sex. Sowas habe ich mit einer Frau noch nie erlebt. Immer wieder Wellen von Lust und Stille. In Momenten einfach still sein, atmen und nur spüren. Ich schaue die wunderschöne Frau neben mir an. Sie hat ihre Augen geschlossen, mit einem leichten Lächeln auf den Lippen atmet sie tief ein und aus. Ich fühle mich gerade sowas von beschenkt und angekommen oder auch angenommen in genau diesem Moment". Habe ich das gerade wirklich gesagt? Frage ich mich selbst. Susanne flüstert:

„Dieser Moment ist sowas von perfekt, danke, danke, danke". Ich gebe ihr einen zärtlichen Kuss auf ihre vollen Lippen und flüstere:

„Danke, danke, danke".

Vor meinem inneren Auge taucht das Bild auf mit der Aufschrift *Dio è in te.*

Erkenntnis des Tages:

Dio è in te und ich weiß, Gott ist auch in Susanne.

11. Alles ist Gut

Es ist 8:46 Uhr, die Sonne weckt mich liebevoll und draußen ruft die Natur. Die Bettdecke duftet noch nach Susanne. Ich werde diese nie wieder waschen, schmunzele ich, meine Nase tief in die Bettdecke eingetaucht. Sie hatte mit mir gestern noch ausgiebig gefrühstückt und zwischendurch haben wir uns wieder geliebt. Welch ein Luxusfrühstück. Ich vergrabe meine Nase noch einmal in die Bettdecke. Nachmittags musste sie dann zu einer wichtigen Besprechung, schade, aber nicht jeder hat Urlaub.

Ich springe aus meinem Bett und bin selbst überrascht, wo diese Jugendlichkeit herkommt. Das muss am Sex liegen, fällt mir auf. Ich fühle mich nach dieser Begegnung mit Susanne männlich, einfach komplett und potent. Wie lange hatte ich keinen Sex mehr? Ich habe vergessen, wie schön und auch wichtig körperliche Nähe ist. Ich schaue auf das Bild, das Andreas mir geschenkt hat und spreche so vor mich hin:

„Mein Lieber, das ist echt eine tolle Sache mit dem Sex, danke, dass ich Mensch sein darf." Ups. Ich unterbreche mich selbst, ich erkenne mich beinah selbst nicht wieder. Ich schaue auf den Fußboden und denke so dabei:

„Es müsste eigentlich eine Lauffurche im Teppich sein, denn der Gang vom Bett zum Bild und vom Bild zum Kaffeeautomat und vom Kaffeeautomaten ins Badezimmer und zurück ist eine tägliche Geh-Route geworden. Ich nehme meinen Humor unter den Arm und gehe mit ihm zu meinen Kaffeevollautomaten. Dieser grinst mich freudestrahlend an, weil ich ihn gestern entkalkt habe. Irgendwie strahlt heute alles hier in meiner Wohnung. Ich liebe mein Leben und ich liebe dich, mein Schöpfer und Freund. Schöpfer und Freund passt gut zu Gott. Mir ist es nicht wichtig, was die Welt über Gott denkt, ich habe meinen Gott gefunden und somit in mir Frieden gefunden. Ich fühle mich so demütig und dankbar für die ganzen Gegebenheiten, die ich in den letzten zwei Wochen erfahren durfte. Es war mehr als nur ein Urlaub. Ich könnte die Welt umarmen, aber am meisten Dolores, denn ohne sie und ihre Liebe hätte ich Altes nie losgelassen.

Voller Energie beschließe ich, Joggen zu laufen. Aber vorher schnell ins Bad.

„Guten Morgen, Johannes", strahlt mich der Mann im Spiegel an.

„Einen wunderschönen guten Morgen", erwidere ich strahlend. Wir strahlen uns beide eine Weile an.

„Waschprogramm Basis?" Wie gut wir uns beide doch kennen.

„Ja gerne", freue ich mich. Ich putze mir schnell die Zähne mit dem Verlust, den Espresso-Geschmack gegen den Zahnpasta-Geschmack in meinem Mund einzutauschen. Warum gibt es eigentlich nicht Zahnpasta mit Espresso-Geschmack? Mit diesem Gedanken fällt die Haustür hinter mir ins Schloss. Na sowas, was für eine Überraschung. Vor dem Haus liegt mein Schweinehund zusammen mit einer Schweinehündin in der Sonne und sie lassen es sich gut gehen. Ich freue mich und laufe wie ein Teenager weiter bis zum Waldrand. In meinem beschwingten Laufen sehe ich von weitem, dass meine Bank besetzt ist. Ich stocke kurz und da ist er wieder, dieser Sog nach vorne. Wach und sehr neugierig schaue ich, wer da wohl sitzt in der Hoffnung …

Das kann jetzt nicht wahr sein, es ist unglaublich, beinahe magisch. Dolores sitzt dort. Mein Herz jubelt, mein Herzt tanzt, ich laufe schnurstracks auf sie zu. Dolores sieht mich, steht auf und wir umarmen uns, wie Bruder und Schwester, wie Freunde, wie …

Ich weiß nichts mehr, ich liebe diese Frau, und zwar von Anfang an, merke ich jetzt. Die Zeit ist in dieser Umarmung nicht mehr vorhanden. Vielleicht ist es auch das Leben oder die Welt oder Gott, oder alles gleichzeitig, was ich gerade umarme. Die Begegnung mit Dolores hat mein Leben verändert, nein, mich hat sie verändert und ich bin aus einem jahrelangen Schlaf aufgewacht. Wir setzen uns gemeinsam hin. Und wir machen das, was wir immer machen: Stille und atmen und spüren.

„Ich freue mich sehr, dich hier zu treffen, lieber Johannes", spricht Dolores mit ihrer liebevollen Stimme. „Meine Intuition sagte mir, ich werde dich heute wieder hier treffen". Ich schaue in die wärmende Sonne und blinzle.

Stille.

Traurigkeit steigt in mir auf, etwas, was ich früher nie wahrgenommen habe, dass hier etwas vielleicht zu Ende geht. Ich wage nicht, daran zu denken.

„Das Beständige im Leben ist der Wandel", unterbricht Dolores die Stille. „Du hast bestimmt einige Fragen an mich, Johannes."

„Ja", ich schaue sie wie ein Schuljunge an.

„Dann leg los, ich werde deine Fragen bestmöglich beantworten".

„Woher kanntest du meinen Namen, Dolores"?

„Ich fange mal von vorne an, Andreas hatte sich vor drei Jahren auf die Suche nach seiner leiblichen Mutter gemacht. Es war sehr aufwändig und ein Weg voller Steine und Fragezeichen. Andreas hatte auch sehr viel Glück und einen engen Freund, der ihm dabei half, besser gesagt, zwei gute Freunde". Dolores schmunzelt.

„Warum musst du schmunzeln?", frage ich.

„Wenn Andreas irgendwie nicht weiterkommt, dann zieht er sich zurück und spricht mit Gott. Er sagt dann immer zu mir, er hat eine wichtige Sitzung mit Gott. Es ist für Andreas eine Art Zwiegespräch, wo er keine direkten Worte empfängt, sondern innere Impulse spürt, denen er dann vertraut. Andere haben vielleicht Visionen oder Träume oder Eingebungen, aber Andreas nennt es für sich göttliche Impulse.

Er hat dadurch seine Mutter, besser gesagt seine leibliche Mutter gefunden. Sie lebt in New York in einer Art Altenheim und ist schon 96 Jahre alt. Zu dieser Begegnung gibt es noch spannende Einzelheiten, aber ich möchte mich jetzt erst mal auf das Wesentliche beschränken. Auf jeden Fall erfuhr Andreas, dass er eine ältere Schwester hat. Und jetzt kommt der Zusammenhang für dich. Diese Schwester ist deine Mutter."

Mir verschlägt es wieder einmal den Atem. Wie ein Blitz

schlägt diese Vorstellung ein. Andreas ist mein Onkel und darum diese Zugehörigkeit, das Vertraute und die Liebe, schießen Gedanken durch meinen Kopf.

Stille.

„Warum hat Andreas es mir nicht selbst erzählt?“, frage ich stutzend.

„Glaub mir bitte, Johannes, er hätte es so gerne getan, aber als er vor zwei Wochen durch dich erfuhr, wie seine neugewonnene Schwester starb, brach erst mal eine Welt in ihm zusammen und er wollte erst mal deine Wunden heilen“.

Mir laufen wieder die Tränen und Dolores nimmt mich in ihre Arme und schenkt mir ihre grenzenlose Güte.

„Es war eine Frage der Zeit und Andreas setzte alle Hebel in Bewegung, recherchierte und wir fanden dich. Wir zogen vor fünf Jahren an diesem Ort und uns war damals nicht bewusst, warum. Es war ein sogenannter göttlicher Impuls, dem Andreas folgte. Es gibt spannende Umstände drum herum, bis wir herkamen und das würde Bücher füllen“.

Ich bin einfach erstaunt und tief berührt von dem, was Dolores erzählt und mir wurde gerade klar, wozu Gott fähig ist, wenn er durch meine Intuition sprechen darf. Ich bin jahrelang mit einem schmerzhaften Verlust durch meine Welt gegangen und am Ende bin ich beschenkt worden und bekomme einen Onkel, eine neue Familie. Gott sei Dank.

„Darf ich jetzt Tante zu dir sagen?“, frage ich und stupse Dolores liebevoll an.

„Aber unbedingt“, sagt sie lachend.

„Tante Dolores", sprach ich in einer kindlichen Stimme. Mein lieber Humor, denke ich, meldet sich aus den Tiefen zurück. Ich kann es gar nicht fassen und weiß, es braucht seine Zeit, bis sich das Neue alles in mir gesetzt hat.

„Und, was war das für ein Trick mit dieser jüngeren Frau?", frage ich.

„Wie alt war deine Mutter, als sie starb?", fragt Dolores zurück.

„Lass mal überlegen, sie war noch sehr jung, Anfang dreißig".

„Und schwarzhaarig wie ich"?

„Richtig", gebe ich zur Antwort.

„Diese Komponenten, rotes Kleid assoziiert mit dem roten Bademantel deiner Mutter, schwarze Haare, Wasser oder ein Pool in der Nähe, können in Verbindung mit einem tiefen traumatischen Erlebnis eine Art Sinnestäuschung auslösen".

„Und was war das mit dieser kurzfristigen Art von körperlicher Starre?", frage ich neugierig.

„Immer, wenn im Unterbewusstsein durch ähnliche äußere Ereignisse traumatische Gefühle, die wir unterdrückt haben, angesprochen werden, können auch körperliche Reaktionen ausgelöst werden. Bei dir war es eine körperliche Starre, wie du sie als Kind damals genau in dieser Situation erfahren hast. Aber bitte, Johannes, hab Nachsicht mit mir, ich bin keine Psychiaterin und kann es nur in meinen Worten ausdrücken. Ich habe mich selbst weitergebildet, was traumatische Erlebnisse be-

trifft, durch die Vergewaltigung in meiner Jugend damals." Ich lege liebevoll meine Hand auf ihre Hand.
Stille.

Ich unterbreche die Stille und frage:

"Woher kennst du eigentlich Susanne"? Dolores antwortet:

„Vor Jahren habe ich als Frauenärztin in einer Klinik gearbeitet und Susanne war eine Patientin von mir. Sie kam mit einem sehr emotionalen Problem zu mir. Hier unterliege ich noch der Schweigepflicht. Wir haben uns auf den ersten Blick super verstanden und daraus wurde eine Freundschaft. Sie hat uns als Immobilien-Maklerin damals auch dieses Haus besorgt."

„Ah, Frau Susanne ist Immobilien-Maklerin, spannend, spannend", denke ich so bei mir.

„Und was macht Andreas beruflich?", frage ich weiter.

„Andreas ist im Ruhestand und betreibt einen eigenen Verlag, aber dazu musst du ihn selber fragen. Apropos Andreas? - Dolores schaut auf die Uhr.

„Ich bin mit ihm gleich zum Essen verabredet und dabei wollen wir gemeinsam über den Kaufvertrag für eine Villa auf Rhodos schauen".

„Eure Liebe füreinander ist spürbar, wenn du über Andreas sprichst oder besser, wie du über ihn sprichst", sage ich zu Dolores.

„Woran siehst du das?", fragt sie neugierig.

„Deine Augen leuchten".
Sille.

Das wäre mir früher nicht aufgefallen, denke ich so, ich wäre mit höchster Wahrscheinlichkeit neidisch bei der

Villa auf Rhodos hängen geblieben, muss ich vor mir selbst zu geben.

„Na ja, mein lieber Johannes, du musst mal in deine Augen schauen, wenn das Wort Susanne über deine Lippen kommt". Ich werde rot, wie auch sonst, aber diesmal genieße ich diese Wärme in meinem Gesicht und irgendwie wird sich mein Körper auch etwas dabei denken, nur weil ich meine körperlichen Reaktionen nicht unter Kontrolle habe, muss es ja nicht gleich schlecht sein.

„Weise, weise", spricht mein innerer Kommentator.

„Hallo, du stehst ja wieder auf meiner Seite, wie schön", lache ich plötzlich laut.

„Lass mich mit lachen Johannes".

„Manchmal rede ich mit meinem inneren Kommentator und manchmal müssen wir über uns beide lachen", pruste ich los. Mit Tränen in den Augen kriegt sich Dolores vor Lachen nicht mehr ein.

„Den muss ich mir merken."

„Ich finde es spannend, einfach die Gedanken in meinem Kopf zu beobachten und nicht darauf reagieren zu müssen, es kommen da wirklich witzige Dialoge zusammen."

„Und das Leben wird dann nicht mehr so ernst", fügt Dolores einstimmend dazu. Jetzt muss ich leider gehen, Johannes." Sie drückt mich zum Abschied herzlich, steht auf und pustet mir einen Handkuss zu.

„Hab dich lieb, Johannes!"

„Ich dich auch, Tantchen!"

Sie lacht laut und biegt um die Ecke.

Ich mache es mir nochmal bequem auf meiner Lieblingsbank an meinem schönen Waldsee. Spüre die Sonnenstrahlen wärmend auf meinem Gesicht, wie so oft in diesem außergewöhnlichen Urlaub. Ich schließe meine Augen. 14 Tage, die mich verändert haben und alles fing nur mit einer Frage an:

„Bist du bereit?"

Diese Frage war ein Türöffner für mich, um mich meinen unterdrückten Ängsten und Gefühlen zu stellen. Es tat sehr weh, sie noch einmal spüren zu müssen und es hat mich ohne großes Drama befreit.

Ich glaube, es ist gut, manchmal den inneren Müll aus sich raus zu schaffen und sich sich selber zu stellen. Sich sich selber zu stellen - ob das grammatikalisch richtig ist? Egal, richtig oder nicht richtig, mich hat es befreit und mein Herz auch. Es ist im Nachhinein ganz einfach, mit den Ängsten und tiefen Gefühlen. Ich muss nichts an meiner Geschichte ändern oder lösen, einfach nur fühlen, beobachten und loslassen, dann löst sich der Rest wie von alleine. Es gibt scheinbar so etwas wie eine emotionale Intelligenz in uns. Wir müssen nur bereit sein.

Mein innerer Kommentator will sich melden ... Ich spüre es schon im Ansatz, dass ich diesen Gedanken gerade nicht denken möchte und sage:

„Lass stecken, mein Lieber!" Ups, ich habe ja wirklich die Wahl, was ich denke - schön. Und ich atme und spüre meinen Körper im Jetzt. Vor zwei Wochen saß ich hier mit Dolores auf genau dieser Bank und mein Körper wollte nicht so, wie ich es wollte. Diese vielen Male, wo mein Körper scheinbar ein Eigenleben führte. Mein Körper hatte früher eigentlich nur zu funktionieren. Jetzt sage ich schon früher und es ist keine 14 Tage her.

„Es ist wichtig, auf seinen Körper zu achten, denn wir haben nur diesen", fliegt mir die Erkenntnis zu oder warst du dieses gerade, frage ich mich.

Plötzlich höre ich Schritte von weitem. Es kommt eine ältere Dame leicht gebückt auf mich zu. Sie schaut mich freundlich an.

„Grüß Gott, darf ich mich kurz auf dieser Bank ausruhen, fragt sie mich freundlich. Ich antworte:

„Ja, gerne". Sie bedankt sich und setzt sich langsam neben mich. Es ist Stille. Ich bin mir sicher, dass diese ältere Dame die vom Friedhof letzte Woche war. Wie hieß noch gleich ihr verstorbener Mann? Genau, Herbert.

Ich spüre einen tiefen Frieden in mir und eine unendliche Weite. Und ich weiß, Gott ist da. Es braucht keine Worte, einfach nur spüren. Ich weiß nicht, wo diese Sicherheit gerade herkommt, aber ich spüre, Gott ist in mir und gleichzeitig in dieser älteren Dame. Und genau das verbindet uns, es ist mit Worten nicht beschreibbar.

„Denn wo zwei in meinem Namen sich versammeln, da bin ich mitten unter euch."

Der Satz schießt mir in diesem Moment durch mein Herz. Die ältere Dame steht langsam auf, verabschiedet sich lächelnd und wünscht mir noch einen gesegneten Tag. Ich bedanke mich und wünsche ihr auch einen gesegneten Tag.

Jetzt mal ganz ehrlich, meldet sich mein innerer Kommentator: „Wenn ich das hier irgendeinem am Montag aus meiner Firma erzähle, hält er mich für bekloppt und es wäre sowas von peinlich und unglaubwürdig! Und kurz taucht der Gedanke auf: Vielleicht will ich doch mein altes Leben zurück … Und ich weiß gleichzeitig, es gibt kein Zurück. Aber vielleicht kann ich einiges verknüpfen, kommt mir die Idee. Ich muss ja jetzt nicht gleich heilig werden, nur weil Gott in mir ist. Heute Abend trinke ich zwei, drei Bier, hol mir eine große Pizza und schaue Netflix bis zum Abwinken. Und obendrauf noch ein Tiramisu zum Abschied meines Urlaubes. Und wenn du Lust hast, mein Schöpfer und Freund, setzt du dich einfach dazu.

Stille.

Ich schließe meine Augen, atme und spüre in meinem Herzen, dass er mich genau dafür liebt, weil ich halt Johannes bin.

Erkenntnis meines Urlaubes:

Ich bin nicht allein!

Sätze aus dieser Geschichte zum Nachsinnen:

„Es sind die stillen Momente, die uns das Schöne in allem erkennen lassen."

„Leichtigkeit entsteht, wenn wir uns dem inneren Drachen der Angst stellen."

„Ich glaube, es ist wichtig, dass wir Männer unsere Gefühle ausdrücken und nicht kompensieren durch höher, weiter und besser."

„Folge deiner Intuition!"

„Ich spüre, es wird Zeit, sich seiner Vergangenheit zu stellen, um in der Zukunft freier und losgelöster zu leben."

„Ich bin bereit und vertraue – aber wem? Dem Leben, beschließe ich."

„Wie tief ich auch falle, ein Stückchen tiefer ist scheinbar das Leben, das mich auffängt."

„Ich habe erfahren, dass uns das Leben Situationen schenkt, um alte Gefühle oder Bilder in uns aufzulösen oder zu befreien."

„Das ist der Deal: Ich bezahle mit meiner Lebendigkeit und sie, die dunklen Gefühle oder Bilder aus der Vergangenheit, lassen mich dafür in Ruhe."

„Ich erfuhr, dass die schlimmsten Gefühle einen nicht umbringen, wenn man sich ihnen einfach stellt und noch mal fühlt. Ich muss weiter nichts machen, sondern sie sozusagen durch mich fließen lassen, wie ein Fluss durch eine enge Unterführung fließt und am Ende ins Meer kommt."

„Es wird wirklich Zeit, erwachsen zu werden und sich nicht von kindlichen Verhaltensmustern einholen zu lassen."

„Gefühle wollen gefühlt und nicht festgehalten werden."

„Wie oft habe ich Gefühle mit einem Drama verwechselt, die Vergangenheit abgelehnt und somit auch mein Fühlen."

„Es gibt negative Gefühle, die ich permanent ablehne und positive Gefühle, denen ich ewig hinterherlaufe. Es will beides einfach nur von mir gefühlt werden und das nennt man dann Lebendigkeit."

„Wenn es keine Dunkelheit geben würde, würden wir das Licht nicht erkennen."

„Warum müssen wir Menschen, sobald wir zu zweit sind, immer denken und reden, wenn es in Stille auch geht."

&

„Intensität ist für mich ein Ausdruck von Lebendigkeit und Nähe."

&

„Wir sollten uns unseren verdrängten Gefühlen stellen, um sie dann gehen zulassen, sonst behindern sie unbewusst unsere Zukunft."

&

„Je mehr Gefühle wir unterdrücken, desto mehr verlernen wir das Fühlen. Fühlen ist Lebendigkeit und Lebendigkeit heißt Menschsein mit allen Aspekten, ob negativ oder positiv."

&

„Eines habe ich für mein Leben erfahren, dass es nicht darum geht, ein perfektes Leben zu leben. Leben heißt für mich, neugierig und mit meinem Herzen unterwegs zu sein."

&

„Wir Menschen vergessen, dass wir am Ende alle sterben werden, und das ist ganz sicher."

&

„Und bei mir steht auf dem Grabstein: Johannes hatte noch so viel zu erledigen, aber es kam etwas Unerwartetes dazwischen."

&

„Ich mag meinen Körper und mein Leben! Da finde ich mich zwar oft nicht zurecht, aber ich weiß, wo ich dran bin."

„Wie kann diese Frau so ruhig bleiben, frage ich mich innerlich. Weil ich vergeben habe, antwortet sie."

⸎

„Ja, es gibt nur einen Gott, der sich in allen Dingen offenbaren kann und wir Menschen verwechseln diese oder jene Dinge mit Gott. Und jeder darf sich auf die Suche machen, ihn durch diese vielen Dinge zu erkennen."

⸎

„Die Suche ist immer der Anfang und das Finden die Selbsterkenntnis."

⸎

„Du bist nicht allein. Du musst es nicht verstehen. Es wird vorbei gehen. Es gibt keine Kontrolle. Vertraue, es dient einem höheren Zweck und Erkenntnis."

⸎

„Vielleicht bin ich auf dieser Erdkugel, um das Wunder Leben zu genießen."

⸎

„Mein Herz geht weit auf und trotzdem fühle ich mich nicht verletzlich, im Gegenteil, ich fühle mich männlich und entspannt."

⸎

„Ich entdecke gerade diese verspielte Seite an mir neu. Es bringt Spaß und Leichtigkeit und das zählt im Leben."

⸎

„Vielleicht gehören Glaube und Humor doch zusammen."

⸎

„Ich folge meiner Inspiration und nicht meinen Bedenken."

154

„Plötzlich spüre ich eine unbeschreibliche Weite in mir, einen Frieden und eine intensive Liebe um mich herum. Es ist sehr vertraut und ich fühle mich so, wie ich gerade bin, angenommen. Was ist, wenn das Gott für mich ist?"

„Für uns beide ist es wichtig, uns trotz mancher Herausforderung immer auf das zurückzubesinnen, was wir an uns beiden haben."

„Es war nicht immer einfach, denn Beziehung ist ein großer Lehrer und wir erkennen erst später, wofür es gut war oder ist."

„Ihr habt Probleme, aber ihr seid nicht eure Probleme."

„Wir sind mit unseren Urteilen immer rasch und vergessen, uns für die Erfahrung des anderen zu interessieren"

„Vor lauter, warum fühle ich das oder dies nicht mehr, verpasste ich, was wirklich zwischen uns ist oder neu entstehen wollte. Ich kann an guten oder schlechten Gefühlen festhalten, in beiden Fällen verpasse ich die Chancen, mich weiterzuentwickeln."

„Die erste Erkenntnis für mich war, ich darf unvollkommen sein und ich gestehe auch meiner Partnerin zu, unvollkommen zu sein. Diese Erkenntnis war für mich ein wichtiger Schritt auf die Liebe zu."

Die zweite Erkenntnis war, alles an Forderungen und Erwartungen, mir gegenüber und dem anderen gegenüber, einfach mal loszulassen. Forderungen und Erwartungen sind ein Vorbote für Enttäuschung.

Die dritte Erkenntnis war, meine eigenen Bedürfnisse zu erkennen und mich auch für die Bedürfnisse meiner Partnerin zu interessieren."

„Aber es lohnt sich, diesen Weg gemeinsam zu gehen und herauszufinden, was wir gemeinsam wirklich wollen, ansonsten dreht sich die Beziehung im Kreis der Probleme."

„Einfach nachfragen, um die Welt des anderen zu verstehen. Die Erfahrung des anderen kann interessanter sein, als meine eigene Erfahrung. Ich kenne doch schon meine Geschichten."

„Manchmal müssen die Dinge einfach beim Namen genannt werden."

„Ich glaube, die Alternative zum Denken ist einfach mal bewusst zu atmen."

„Entweder du wirst wie deine Eltern oder du wirst genau das Gegenteil, aber nie du selbst."

„Also, das was ich möchte, entspringt in den meisten Fällen aus dem, was ich nicht möchte."

"Ah, ich glaube, ich habe etwas verstanden, also der Wunsch nach ‚es fällt mir leicht‘, bedingt, dass es mir vorher schwerfiel. Und da ich gegen dieses ‚ich muss mich immer anstrengen‘ einen Widerstand habe, bekommt es weiterhin meine Aufmerksamkeit und Energie, obwohl ich nach ‚es fällt mir leicht‘ strebe."

"Moment, das hieße, wir bewegen uns immer zwischen dem, was wir nicht wollen und dem, was wir wollen und sind dann im Hamsterrad gefangen, weil sich nicht wirklich etwas an unserer Situation ändert."

"Jetzt ist Zeit fürs Wesentliche."

„Das, was ich am meisten ablehne oder sogar bekämpfe, bekommt auch meine größte Aufmerksamkeit und Energie."

„Und wenn ich mit der Ist-Situation nicht mehr im Widerstand bin, bekommt sie auch keine Energie mehr, weil ich sie akzeptiere und nicht mehr bekämpfe."

„Wir Menschen beschäftigen uns mehr mit dem, was wir nicht wollen oder ablehnen, als mit dem, wo wir hinwollen oder was wir wollen."

„Wenn wir nicht mehr im Widerstand mit der Ist-Situation sind und auch keine Energie mehr vergeuden, um sie zu bekämpfen, wird diese Energie und Kraft frei."

„Und vielleicht geht es jetzt in meinem Leben genau um diesen Augenblick und nicht ums Streben nach Erfolg und Erfüllung."

❦

„Ich fühle mich gerade sowas von beschenkt und angekommen oder auch angenommen in genau diesem Moment."

❦

„Dio è in te und ich weiß, Gott ist auch in Susanne."

❦

„Manchmal rede ich mit meinem inneren Kommentator und manchmal müssen wir über uns beide lachen."

❦

„Ich finde es spannend, einfach die Gedanken in meinem Kopf zu beobachten und nicht darauf reagieren zu müssen, es kommen da wirklich witzige Dialoge zusammen. Und das Leben wird dann nicht mehr so ernst."

❦

„Ich glaube, es ist gut, manchmal den inneren Müll aus sich raus zu schaffen und sich sich selber zu stellen. Sich sich selber zu stellen - ob das grammatikalisch richtig ist?"

❦

„Das Beständige im Leben ist der Wandel."

❦

„Es ist im Nachhinein ganz einfach mit den Ängsten und tiefen Gefühlen. Ich muss nichts an meiner Geschichte ändern oder lösen, einfach nur fühlen, beobachten und loslassen, dann löst sich der Rest wie von alleine. Es gibt scheinbar so etwas wie eine emotionale Intelligenz in uns. Wir müssen nur bereit sein."

✦

„Ich habe ja wirklich die Wahl, was ich denke."

✦

„Es ist wichtig, auf seinen Körper zu achten, denn wir haben nur diesen."

Ende

Deine Rückmeldung
ist sehr wertvoll!

Mich freut es sehr, wenn Dir meine Geschichte gefallen hat. Noch viel mehr freue ich mich, wenn es Dich dazu inspiriert, Dein Leben noch schöner zu machen. Ebenso freue ich mich zu erfahren, was diese Geschichte mit Dir und Deinem Leben gemacht hat.

Schreib mir einfach unter:

kontakt@oliver-lilienthal.de

Möchtest Du, dass andere Menschen auch Freude an dieser Geschichte haben?

Ich wäre Dir unglaublich dankbar, wenn Du eine kurze Bewertung für mein Buch in Form einer Rezension bei Amazon abgeben würdest. Da Deine Bewertung einen Unterschied machen kann für andere Menschen, die dadurch auf mein Buch aufmerksam gemacht werden.

Seminare mit Oliver Lilienthal

Wenn Dich mein Buch mit seinen Inhalten und Themen motiviert hat auch an Deinen Themen und Herausforderungen zu arbeiten, hast Du auch die Möglichkeit an meinen Seminaren oder Einzelcoachings teilzunehmen. Weitere Informationen auf folgende Internetseite:

www.lilienthal-coaching.de

Erfolg ist niemals alleine möglich!

Mein besonderer Dank gilt:

Daniela Gombel, Andrea Nesseldreher, Anne Franke, Robert Dominic Hülsmeyer und die vielen anderen tollen Menschen, die mich ermutigt haben dieses Buch zu schreiben.

Offizielle Autoren Webseite

www.oliver-lilienthal.de

Haftungsausschluss

Der Autor übernimmt keinerlei Gewähr für die Aktualität, Korrektheit, Vollständigkeit oder Qualität der bereitgestellten Informationen und weiterer Informationen. Haftungsansprüche gegen den Autor, welche sich auf Schäden materieller oder ideeller Art beziehen, die durch die Nutzung oder Nichtnutzung der dargebotenen Informationen bzw. durch die Nutzung fehlerhafter und unvollständiger Informationen verursacht wurden, sind grundsätzlich ausgeschlossen, sofern seitens des Autors kein nachweislich vorsätzliches oder grob fahrlässiges Verschulden vorliegt. Alle Angaben wurden vom Autor mit größter Sorgfalt und nach bestem Wissen und Gewissen recherchiert oder spiegeln seine eigene Meinung wider. Der Inhalt des Buches passt möglicherweise nicht zu jedem Leser und die Umsetzung erfolgt ausdrücklich auf eigenes Risiko. Es gibt keine Garantie dafür, dass alles genau so, bei jedem Leser, zu genau den gleichen Ergebnissen führt. Der Autor und/oder Herausgeber kann für etwaige Schäden jedweder Art aus keinem Rechtsgrund eine Haftung übernehmen.

Der Autor hat bei der Erstellung dieses Buches sämtliche Informationen und Ratschläge mit Sorgfalt recherchiert und geprüft. Sie ersetzen jedoch keinen medizinischen Rat. Daher erfolgen alle Angaben ohne Gewähr. Verlag und Autor übernehmen keine Haftung für Schäden oder Nachteile, die sich aus der Umsetzung der in diesem Buch dargestellten Inhalte ergeben. Der Leser erkennt dies an. Sollten Sie unter Erkrankungen leiden oder sich unsicher sein, ob die Informationen und Techniken, aus diesem Buch, auch für Sie geeignet sind, dann suchen Sie vorab bitte unbedingt einen erfahrenen Arzt oder Heilpraktiker auf.

Urheberrecht

Alle Inhalte dieses Werkes sowie Informationen, Strategien, Methoden, Techniken und Tipps sind urheberrechtlich geschützt. Alle Rechte sind vorbehalten. Jeglicher Nachdruck – auch nur auszugsweise – in irgendeiner Form wie Fotokopie oder ähnlichen Verfahren, Verarbeitung, Vervielfältigung und Verbreitung mithilfe von elektronischen Systemen jeglicher Art ist ohne ausdrückliche schriftliche Genehmigung des Autors untersagt. Die Inhalte dürfen keinesfalls veröffentlicht werden. Bei Miss-achtung behält sich der Autor rechtliche Schritte vor.

Bildquellen

- Die Malerin des Bildes „Dio è in te" ist die geliebte Mutter des Autors - Ottilie Lilienthal.
- Shutterstock: @shchus

Buchempfehlung

Das Buch der Selbstliebe
Robert Dominic Hülsmeyer

Viele Menschen stehen selbst nicht an erster Stelle in ihrem Leben. Das schränkt die Lebensqualität ein und produziert Unglück. Sie fragen sich häufig, wie es ihnen gelingen kann, schnell und nachhaltig in einen selbstliebenden Zustand zu kommen. Schließlich wollen sie frei und unbeschwert leben können.

Nach dem Ansatz von Robert Dominic Hülsmeyer gibt es kein Patentrezept für die Liebe zu sich selbst. Jeder Mensch ist individuell und genau deswegen auch so wertvoll. Wer die Zusammenhänge verstanden hat und mit den passenden Methoden arbeitet, erspart sich einen langen und unnötigen Leidensweg. Wer wünscht sich nicht, die Kontrolle über

seine Gedanken, Gefühle und Emotionen zurückzu-
erhalten.

Der Autor spricht offen über seinen Weg zur
Selbstliebe. Anhand von vielen Fallbeispielen aus seiner Coaching-Tätigkeit gibt er seinen goldenen Me-
thodenkoffer heraus und zeigt, wie auch andere
Menschen ihren eigenen Weg zur Selbstliebe finden.

auf

amazon.de

Printed in Poland
by Amazon Fulfillment
Poland Sp. z o.o., Wrocław

27590157R00095